W0257445

DIE ZWISCHENPRODUKTE DER TEERFARBENFABRIKATION

EIN TABELLENWERK FÜR DEN PRAKTISCHEN GEBRAUCH

NACH DER PATENTLITERATUR

BEARBEITET VON

DR. OTTO LANGE

Springer-Verlag Berlin Heidelberg GmbH

1920

Additional material to this book can be downloaded from http://extras.springer.com.

ISBN 978-3-662-23894-3 ISBN 978-3-662-26006-7 (eBook)
DOI 10.1007/978-3-662-26006-7

Ursprünglich erschienen bei Otto Spamer in Leipzig 1920.
Softcover reprint of the hardcover 1st edition 1920

Einleitung.

Die Zwischenprodukte bilden das Gerüst der Teerfarbenchemie. — Innerhalb der einzelnen Farbstoffgruppen beruhen die Verfahren der Farbstofferzeugung zumeist nur auf der geringfügigen, dem betreffenden Ausgangsmaterial angepaßten Abänderung einer Grundmethode. Im Reiche der Zwischenprodukte herrscht hingegen ein stetig wechselndes, durch den Aufwand allen Scharfsinnes gekennzeichnetes Ringen um das wertvollste, am leichtesten aus einfachem Ausgangsmaterial herstellbare Derivat eines Stoffes, dessen Eignung für den Aufbau von Farbstoffen man erkannt hat.

In diesem Sinne stellt die Erzeugung der Farbstoffe selbst das Gewerbe, jene der Zwischenprodukte seine wissenschaftliche Basis dar.

Diese Erkenntnis von dem wissenschaftlichen Beruf der Zwischenproduktchemie festigte sich jedoch nur allmählich, erst auf Grund der vielen und großen Erfolge, die diesem kräftigen Zweige der angewandten Chemie, und zwar besonders auf wissenschaftlichem Boden beschieden waren. Bis dahin war die Patentliteratur eigenstes Gebiet der Fachkreise gewesen, und so kam es, daß sie in den großen wissenschaftlichen Handbüchern kaum, und wenn, so doch nur in Form unzureichender Zitate Aufnahme fand. Aber auch diese kärglichen, häufig nur die bloßen Patentnummern enthaltenden Angaben sind unvollständig und müssen es sein, da die wichtigsten Verfahren zur Gewinnung der Zwischenprodukte meist nicht in selbständigen Patenten niedergelegt, sondern im Text der Farbstoffpatente enthalten und darum unauffindbar sind.

Diese Tatsache allein hätte den Versuch gerechtfertigt, den sichtbaren und verborgenen Besitz an Zwischenproduktsdarstellungsmethoden zusammenzufassen, mehr noch bildete die Feststellung des in den letzten Jahren vor dem Kriege offensichtlich gewordenen Stillstandes, der in der Entwicklung der Teerfarben und ihrer Zwischenprodukte, wenigstens soweit diese Entwicklung sich in Zahl und Inhalt der Patente spiegelt, den Beweggrund, eine Sammlung der Zwischenproduktverfahren im jetzigen Zeitpunkt zu versuchen. In der Tat, die Zahl der Patentanmeldungen nahm stetig ab, und namentlich Zwischenprodukte blieben mehr als jemals früher internes Gut der Fabrik; die Angaben der Patente aus den letzten fünf bis zehn Jahren vor dem Kriege sind sehr allgemein gehalten oder mangelhaft und verschleiert, und die Vorschriften der Ausführungsbeispiele ermöglichen es kaum einem erfahrenen Fachmann, der zwischen den Zeilen zu lesen weiß, das gewünschte Produkt zu Versuchszwecken in halbwegs zureichender Menge darzustellen.

Der während des Krieges erkannte Fehler früherer Jahrzehnte, zu viel preisgegeben zu haben, wird in den kommenden Zeiten gesteigerten Wettbewerbes noch mehr vermieden werden, und so erscheint der Zeitpunkt günstig, auf der Höhe zurückzublicken und in einer umfassenden Übersicht zu versuchen, den Besitzstand an Zwischenprodukten der Teerfarbenindustrie an Hand des gesamten Patentmateriales zu inventarisieren.

Was fehlt, ist demnach nicht eine Schilderung der allgemeinen Methoden zur Darstellung der Zwischenprodukte, wie ich sie in Muspratts Ergänzungswerk III, 1, S. 358—413 versucht habe, denn die Prozesse der Halogenisierung, Nitrierung, Sulfurierung usw., bezogen auf die Kohlenwasserstoffe und deren Abkömmlinge, sind Gegenstand eigener umfangreicher Arbeiten, auch sind sie Wirkungsgebiet der betreffenden Chemiker und darum nur in allgemeiner Beschreibung darstellbar — wohl aber besteht der Wunsch nach einem Nachschlagewerk über die Herstellungsmethoden, Literaturangaben und näheren Daten der einzelnen Zwischenkörper, und ein derartiges Hilfsbuch für die praktische Arbeit soll vorliegendes Werk sein.

Für die Disposition der Arbeit und für die Anordnung des Materiales war folgende Überlegung maßgebend:

Der in der Teerfarbenfabrikation stehende Chemiker muß den gesuchten Körper rasch finden und sich über seine Herstellungsverfahren sicher orientieren können, so zwar, daß er dieses Zwischenprodukt in kleinen, zum Versuch hinreichenden Mengen evtl. sofort herzustellen und zu identifizieren vermag. Er muß aber ferner auch in der Lage sein, zum genaueren Studium der Verbindungen an Hand von Literaturhinweisen die erschöpfenden Angaben im Original aufsuchen und die oft zahlreichen, zum Teil in Vergessenheit geratenen Methoden zur Herstellung der Zwischenprodukte miteinander vergleichen zu können. Schließlich wünscht der Praktiker einen Überblick über die bisher verwendeten Isomeren oder Homologen eines Zwischenproduktes zu erhalten, denn in dem vorliegenden Zweig der angewandten Chemie ist mehr als auf allen anderen organisch-chemischen Gebieten die genaue Kenntnis der Stellung der Radikale innerhalb des Moleküls von ausschlaggebender Bedeutung.

Die didaktischen Ziele treten demnach völlig zurück; der Suchende wünscht eine bestimmte Verbindung zu finden, deren Name ihm sogar gleichgültig ist, da er gewohnt ist, mit den Vorstellungen der Formelbilder zu rechnen, und da er weiß, daß es häufig stundenlangen Suchens bedarf, um sich in den Registern zurechtzufinden, deren alphabetisches Namensverzeichnis ihm Hunderte von Namen bringt, die z. B. mit Amino, Methyl oder Iso beginnen. Auch die umfangreichen Register der Kohlenstoffverbindungen sind für die Patentliteratur unzureichend, teils wegen der zahlreichen Isomerien der Zwischenprodukte, teils weil sie nur die in selbständigen Arbeiten vom Verfasser gekennzeichneten Verbindungen bringen und die häufig sehr wichtigen im Text der Farbstoffpatente angegebenen Körper nicht anführen.

Aus dem Gesagten geht hervor, daß zur leichten Auffindbarkeit eines bestimmten Körpers, dessen Formel man kennt, seiner näheren oder ferneren Verwandten und aller ähnlich konstituierten Zwischenprodukte die bekannten Systeme der Textanordnung und Registrierung versagen, und es war daher auch mit Rücksicht auf die Chemiker der älteren Schule, falls sie weder Zeit noch Lust hatten, sich in die Prinzipien moderner Nomenklaturbestrebungen zu vertiefen, nötig, in einem neuartigen System als Kennzeichnung der Verbindung lediglich das Formelbild zu wählen und damit in Verbindung eine Anordnung der Körper nach bestimmten einfachen Grundsätzen zu treffen.

Diese lassen sich wie folgt zusammenfassen:

Man bezieht jede chemische Verbindung zunächst auf die Kohlenwasserstoffe Benzol, Naphthalin und Anthracen, dann innerhalb dieser drei Reiche, z. B. des Benzols, auf die fünf zweikernigen, den Kohlenwasserstoffen gleichwertig gehaltenen Stammkörper:

I.	Diphenyl	R—R
II.	Diphenylmethan	R—C—R
III.	Diphenylamin	R—N—R
IV.	Diphenyloxyd	R—O—R
V.	Diphenylsulfid	R—S—R

Fortschreitend erhält man innerhalb der vier Reihen des Kohlenstoffs, Stickstoffs, Sauerstoffs und Schwefels eine zweite Reihe von Grundsubstanzen, die durch die Art der weiteren Verbindungsmöglichkeit jener beiden Phenyl-, Naphthyl- usw. Kerne mittels zweier, dreier und mehrerer Atome oder Atomgruppen gekennzeichnet ist und findet so abgeleitet vom:

Diphenylmethan:	—C·C—	—C·N— —C·N·C—	—C·O— —C·O·C—	—C·S— —C·S·C—
Diphenylamin:	—N·N—	—N·S—	—N·C·N—	—N·C·C·N—
Diphenyloxyd:	—O·S—	—O·C·O—	—O·C·C·O—	—O·S·O—
Diphenylsulfid:	—S·S—	—S·N·S—	—S·C·C·S—	

also Zwischenprodukte, bestehend aus Kohlenwasserstoffresten, die durch offene Ketten verbunden sind, wie z. B.

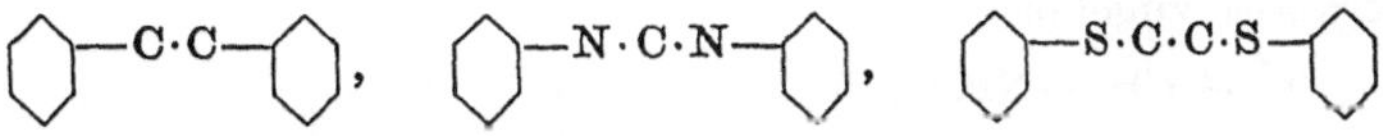

—C·C—, —N·C·N—, —S·C·C·S— usw.

Anschließend folgen die Kombinationen von Benzol-, Naphthalin-, Anthracenringen mit Fünf- und Sechsringen, und man gelangt zu Körpern

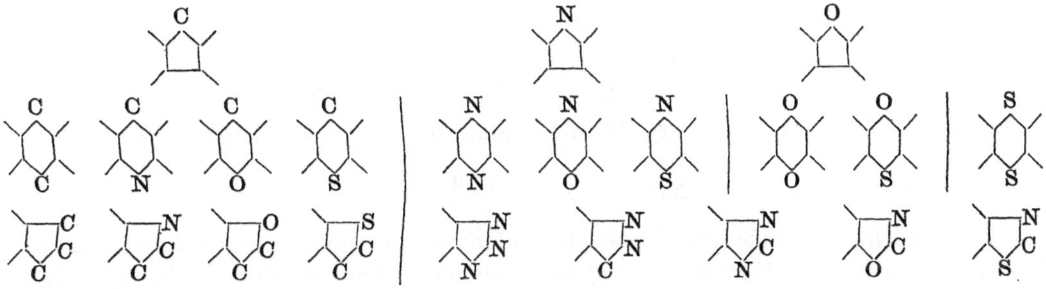

die ihrerseits wieder ein- und mehrfach substituiert, durch offene Ketten oder durch Ringe verbunden sein können.

Diese Substanzreihen, zurückgeführt auf die Skelettkörper, also:

1. die ringförmigen Kohlenwasserstoffe für sich:

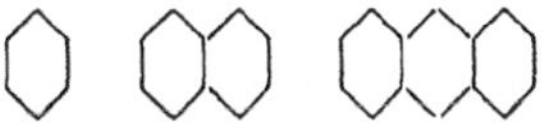

2. diese direkt verbunden,

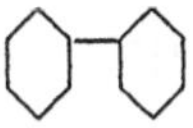

3. durch offene Ketten, —X—

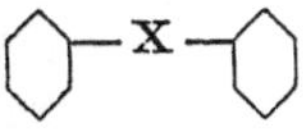

4. durch Ringe oder mit Ringen verbunden:

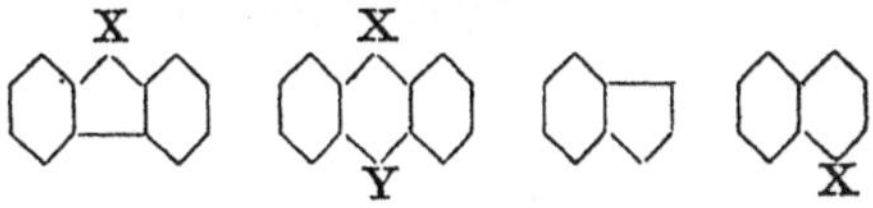

bilden die Basis der Teerfarbenzwischenprodukte. (Vgl. die Tabelle.)

Nun leiten sich weiter von diesen Gebilden Verbindungen ab, die abermals Arylringe in den Seitenketten enthalten, wie z. B.

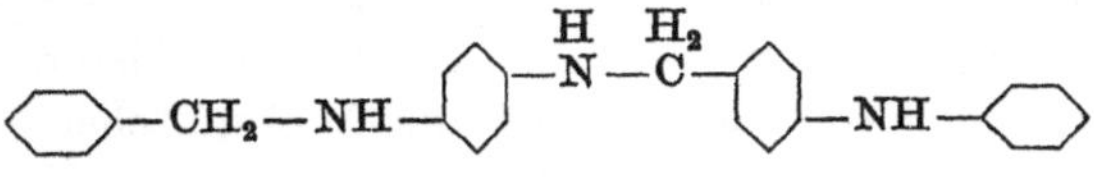

—CH_2—NH— —$\overset{H}{N}$—$\overset{H_2}{C}$— —NH—

oder

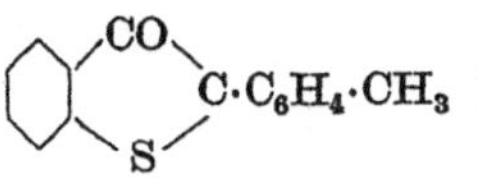

CO, S, $C{\cdot}C_6H_4{\cdot}CH_3$ usw.,

und sie könnten und müßten in ähnlicher Weise eingereiht werden. Ursprünglich war es auch in der Tat beabsichtigt, die außerhalb jener Reihen befindlichen Gebilde mit drei oder mehr Benzol-, Naphthalin- oder Anthracenkernen in derselben Weise anzuordnen, doch ermöglichte es ihre geringe Zahl sie den Stammsubstanzen als Seitenketten anzugliedern und den dritten, vierten usw. Benzol-, Naphthalin- oder Anthracenrest als

$$C_6H_5,\quad C_6H_4X,\quad C_6H_3X_2,\quad C_{10}H_7,\quad C_{14}H_9\quad \text{usw.}$$

zu führen. In den Reihenübersichten und dementsprechend auch in den Tabellen erscheinen diese Reste von Ringgebilden als Substituenten nach allen anderen, und die so entstandenen Körper werden in letzten, kleinen, abgeschlossenen Gruppen für sich behandelt, z. B. [**1721—1746**].

Von diesen wenigen Ausnahmen abgesehen entfallen also alle Seitenketten, die Ringe enthalten, das Benzylanilin beispielsweise ist wie das Diphenylamin einer selbständigen Körperklasse zugehörig

$$C_6H_5—CH_2—NH—C_6H_5 \qquad\qquad C_6H_5—NH—C_6H_5$$

und das mit Recht, da doch in beiden je zwei Benzolreste mit ihren Eigenschaften der Nitrierbarkeit, Sulfierbarkeit usw. vorhanden sind, es ist uns nur zur Gewohnheit geworden, den Benzylrest ebenso wie die aliphatischen Reste zu behandeln und

$$C_6H_4{<}^{C_2H_5}_{CH_2\cdot C_6H_5} \qquad \text{wie} \qquad C_6H_4{<}^{CH_3}_{C_2H_5}$$

zu schreiben. Ebenso erscheint die Phenylanthranilsäure und die Benzoylbenzoesäure

$$C_6H_4{<}^{NH\cdot C_6H_5}_{COOH} \longrightarrow C_6H_4(COOH)—NH—C_6H_5\ ;\qquad C_6H_4{<}^{CO\cdot C_6H_5}_{COOH} \longrightarrow C_6H_4(COOH)—CO—C_6H_5$$

am richtigen Ort, die eine als Diphenylaminderivat, die andere als Abkömmling des Benzophenons, wodurch viele Reaktionen und Übergänge ihre zwanglose Erklärung finden.

Es bleiben demnach nur Atome, einfache Radikale und offene Seitenketten als Substituenten, die in der ganz bestimmten, stets auch bei weiterem Eintritt in schon vorhandene Radikale und Seitenketten wiederkehrenden Reihenfolge der Elemente:

H, Met., Hal., C, N, O, S

und der Radikale und Atomgruppen

$CH_3(C_2H_5)$	NO	OH	SH
$CH_2\cdot X(CH_2Cl\ldots)$	NO_2		SO
$CH:X_2(CHO\ldots)$	NH_2		SO_2
$C\,\vdots\,X_3(COOH\ldots)$	N_2		SO_2H
			SO_3H
			S·S

eintreten.

Der Substitutionsort wird in den Überschriften wie üblich durch arabische Ziffern, jedoch einheitlich und nicht in der willkürlichen Weise bezeichnet, wie sie von den einzelnen Patentinhabern im Laufe der Jahre gewählt wurde. Diese Bezeichnungsweise in Verbindung mit der genügend bekannten Tatsache, daß die Gelehrten und Praktiker früherer Jahre womöglich jeder neuaufgefundenen Verbindung einen eigenen, kunstvoll konstruierten Namen gaben — man denke z. B. an die Stickstoffphenylmethylaminomethansulfosäure des DRP. 153 193, ein in einer Methylgruppe sulfiertes Dimethylanilin! —

$$C_6H_5—N{<}^{CH_2\cdot SO_3H}_{CH_3}$$

ist die Ursache der mangelnden Klarheit, die in dem gesamten Gebiet der Nomenklatur aller organischen und speziell der Verbindungen der Zwischenproduktchemie herrscht.

Überblickt man das neue System der Zwischenprodukte, wie es in der folgenden Inhalts- und Reihenübersicht dargestellt ist, so sieht man vor allem, daß diese Art der Einteilung die Namen der betreffenden Verbindung vorläufig außer acht läßt und sich zum Zweck der Auffindbarkeit jedes Körpers ausschließlich des Formelbildes bedient. Innerhalb der Tabellen erhielt jede Verbindung dann den nach der alten Nomenklatur üblichen Namen, der zum Teil aus den Patenten direkt übernommen, zum Teil zur Erzielung einer gewissen Einheitlichkeit entsprechend verändert wurde, besonders dann, wenn er nicht eindeutig war. Es wäre verfehlt gewesen, die Materie mit den, der älteren Chemikergeneration ebensowenig wie der größeren Zahl der jüngeren Fachgenossen geläufigen Namen neuerer Arten der Namengebung zu belasten oder gar den Versuch zu wagen, die Mißverständnisse zu beseitigen, die sich durch die inkonsequente Anwendung der Worte Benzol und Phenyl oder Oxy-, Hydroxy-, Keto-, Carbonyl, Oxyd usw. ergeben, und darum enthält auch das Register die Namen wie sie bisher üblich waren, allerdings wie erwähnt, in teilweiser Abänderung, die im Sinne der Klarheit der Ausdrücke getroffen werden mußte.

Das System, das, wie ich zugebe, zunächst nur für die relativ einfachen und wenigen Körper und Körperklassen der Teerfarbenzwischenprodukte verwendbar ist, bietet gegenüber der bisher gebräuchlichen Anordnung zunächst den Vorteil der leichten Auffindbarkeit jeder Verbindung. Bei konsequenter Verfolgung des angegebenen Prinzips der Aufeinanderfolge der Atome

H, Me, Hal, C, N, O, S

andererseits der Radikale und Atomgruppen

$CH_3(C_2H_5\ldots)$	NO	*OH*	SH
$CH_2\cdot X(CH_2Cl\ldots)$	NO_2		SO
$CH{:}X_2(CHO\ldots)$	NH_2		SO_2
$C{:}X_3(COOH\ldots)$	N_2		SO_2H
			SO_3H
			S·S

bietet die Auffindung der einzelnen Körper keine Schwierigkeiten. Wünscht man beispielsweise zu erfahren, welche Aminokresolsulfosäuren bisher für die Zwecke der Farbstoffdarstellung Verwendung fanden, so vergegenwärtige man sich zunächst das Formelbild $C_6H_2\cdot CH_3\cdot NH_2\cdot OH\cdot SO_3H$ und findet die Verbindungen in der Gruppe Benzol mit vier Substituenten, und zwar C, N, O, S [**1099** ff.]. Sucht man die m-Aminobenzoyl-p-aminosulfosalicylsäure, so sieht man aus der Formel

$$NH_2\text{–}C_6H_4\text{—CO—NH—}C_6H_2(SO_3H)(OH)(COOH),$$

daß der Körper sich in der Gruppe „Zwei Benzolreste, verbunden durch —C—N—“, und zwar „Abteilung f, —CO—NH—“ finden muß [**1547**].

Ebenso ist eine symmetrische dibenzylierte Diaminodiphenylmethandisulfosäure der Formel

$$C_6H_5\text{—CH}_2\text{—NH(R)—}C_6H_3(SO_3H)\text{—CH}_2\text{—}C_6H_3(SO_3H)\text{—NH(R)—CH}_2\text{—}C_6H_5$$

in der Gruppe „Diphenylmethan“, und zwar „Abteilung g, Diphenylmethan und weitere Benzolreste“ [**1342** ff.] zu suchen usw. Vgl. auch S. 239 (5).

In Zwischenprodukten, die verschiedene Ringe oder Ringsysteme enthalten, wie z. B.

$$C_6H_5\text{—NH—}C_6H_4\text{—}C\langle{}^{S}_{N}\rangle C_6H_4,$$

ist das schwerere Gebilde das primäre, der Körper ist demnach beim Diphenylamin zu suchen. Im übrigen finden sich in Zweifelsfällen auch Hinweise an der betreffenden anderen Stelle des Systems, also hier beim Thiazol.

Außer der raschen und sicheren Auffindbarkeit jedes jemals verwendeten Zwischenproduktes bietet das System aber auch den besonderen Vorteil, die im Sinne der Zwischenproduktchemie zusammengehörigen Verbindungen leicht überblicken und dadurch Anregungen zu neuen Arbeiten gewinnen zu können. Man sieht z. B., welche vierfach substituierten Benzolderivate der C, C, N, N-Reihe bisher für die Zwecke der Farbenfabrikation Verwendung fanden, und ist, was bisher unmöglich war, in der Lage sofort feststellen zu können, welche Gruppen der substituierten Benzole nur in unzureichendem Maße ausgebaut wurden.

Überblickt man nun das System gemäß der eingelegten Tabelle, die als Zusammenfassung neben den wichtigen auch alle, oft recht nebensächlichen Stoffe enthält, so bietet sich als überraschende Tatsache die überaus geringe Zahl der für die Zwischenprodukte- bzw. Farbstoffchemie wertvoll gewordenen Körperklassen, von denen die Farbstoffe in einfachster Weise wie folgt abteilbar sind.

Geht man vom phenylierten bzw. naphthylierten Methan, Ammoniak, Wasser und Schwefelwasserstoff

CH_3 NH_2 OH SH

aus, so erhält man Reste, die allein oder mit den Kohlenwasserstoffen zusammen oxydiert die Skelettkörper der Farbstoffgruppen bilden. Man findet so:

Auramin-, Di- u. Triphenylmethan-, Oxyketonfarbstoffe —C —C

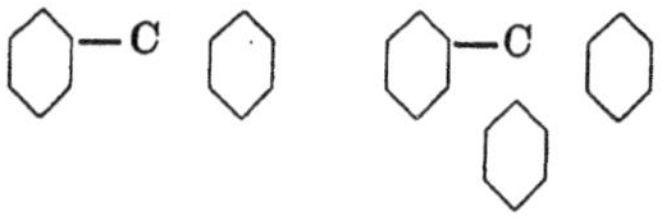

Anthracen-, Anthrachinonfarbstoffe 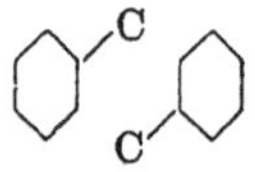 C C

Acridinfarbstoffe 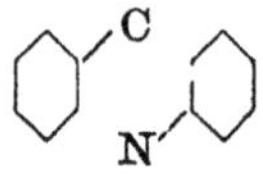 C N

Xanthonfarbstoffe C O

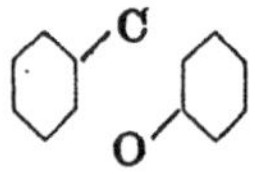

Nitro- und Nitrosofarbstoffe 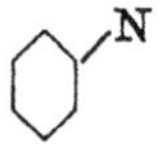 N

Diphenylamin-Indophenolfarbstoffe 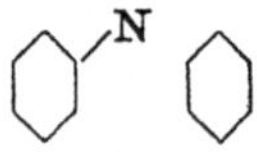 N

Azinfarbstoffe N N

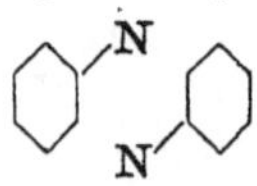

Thiazin- (Schwefel-) Farbstoffe 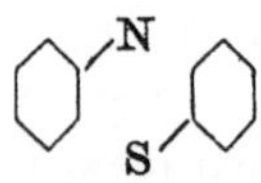 N S

Oxazinfarbstoffe N O

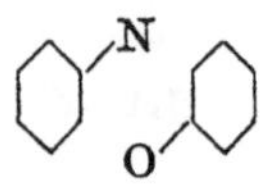

Durch Einbeziehung einfachster aliphatischer Körper von Art des amidierten oder sulfhydrierten Methans $CH_3 \cdot NH_2$, $CH_3 \cdot SH$ vermag man sich ebenso die Grundkörper für

Indigo CH_3 CH_3 NH_2 — Thioindigo CH_3 CH_3 SH

Thiobenzenyl NH_2 CH_3 SH — Imidazole NH_2 CH_3 NH_2

und daraus durch Oxydation die Farbstoffe entstanden denken.

Azo-, Stilben- (Azoxy-) Benzidinfarbstoffe stammen sämtlich vom Anilin ab, in ihnen ist nicht der Grundkörper, sondern es sind nur seine Aminogruppen das Charakteristische, da man mit anderen Basen (p-Phenylendiamin, Diaminocarbazol) ähnliche Resultate erzielt.

Es ergibt sich somit eine neue Anordnung der Teerfarbstoffe nach dem natürlicheren System der Ableitung ihrer Grundsubstanzen von den Produkten der Oxydation des Toluols, Anilins, Phenols und Thiophenols allein oder mit Benzol, Naphthalin und anderen Kohlenwasserstoffen bzw. mit Aminomethan und Sulfhydrylmethan in folgender Art:

I. Kohlenstoffreihe.

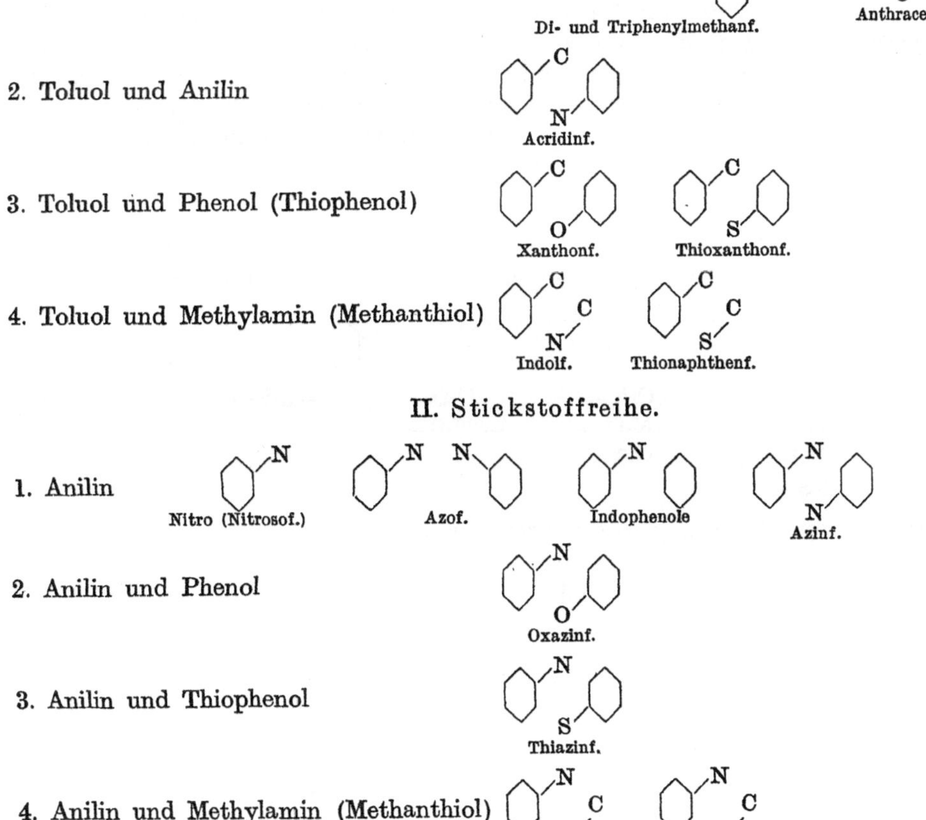

Diese Einteilung der Teerfarbstoffe ermöglicht, wie man sieht, ihre Ableitung von einfachen Grundstoffen nach den Bildungsweisen, die meist zugleich Wege der Herstellung sind. Sie zeigt aber auch den engen Zusammenhang bisher getrennt behandelter Farbstoffgruppen und Verwandtschaften, die dem Chemiker viel wertvollere Ausblicke eröffnen als der Vergleich der tinktoriellen Eigenschaften. So leitet z. B. der Weg zwanglos vom Toluol über Benzylalkohol, Benzaldehyd, Benzoylchlorid und Benzoesäure, vom Diphenylmethan und Diphenylketon zum Anthrachinon, was sich auch in den Synthesen der Di- und Triphenylmethanderivate aus Benzaldehyd und Benzylalkohol und in jenen der Anthrachinonderivate aus o-Benzoylbenzoesäure ausprägt. Ebenso ist offensichtlich wie sich die Azinfarbstoffe (Oxazine, Thiazine) und die Hydronfarben vom Diphenylamin bzw. den Indokörpern und weiter vom Nitro-, Nitroso- und Aminobenzol ableiten, und auch die Eigenart der Imidazole und Thiazole einerseits und jene des Indols und Thionaphthens andererseits zeigt die Unterschiede, die rein chemisch zwischen den Zwischenprodukten und Farbstoffen der Kohlenstoffreihe und jenen der Stickstoffreihe bestehen.

Es würde hier zu weit führen, wenn im einzelnen weiter dargelegt werden würde, wie die Zusammengehörigkeit der Farbstoffgruppen durch diese Anordnung stärker betont wird, als dies bisher der Fall war. Für vorliegenden Zweck, dem Farbenchemiker ein Hilfsbuch zu geben, ist es wichtiger darauf hinzuweisen, daß die aus dem neuen Anordnungssystem der Zwischenprodukte entstandene andere Reihung der Farbstoffgruppen zugleich geeignet ist, Anregungen zu neuen Arbeiten zu bieten.

Vervollständigt man nämlich vorstehende Tabelle, so erhält man Grundstoffe, die in der Patentliteratur bisher nicht als Ausgangsmaterialien für Farbstoffe beschrieben wurden, die also, wenn auch zum größten Teil bekannt und hergestellt, doch entweder herangezogen und als ungeeignet befunden oder, was wohl auf Grund der bisherigen Unmöglichkeit die Zwischenproduktreihen überblicken zu können, häufiger der Fall sein wird, auf ihre Eignung, Teerfarben-Ausgangsmaterialien bilden zu können, noch nicht untersucht wurden.

So fehlt z. B. das dem Carbazol entsprechende Analogon der Schwefelreihe

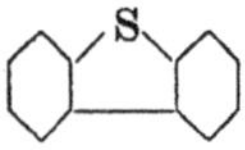

(DRP. Anm. L. 49 908, Kl. 12q vom 2. 3. 20 Lange, Widmann und Wennerberg)

und besonders im Benzol-Fünfringsystem ergibt sich durch Kombination von

	C	N	O	S
mit:	—C·C—	—C·N—	—C·O—	—C·S—
	—N·N—	—N·O—	—N·S—	
	—O·O—	—O·S—		
	—S·S—			

in bei den heterogenen Gruppen je zweimaliger Anreihung z. B.

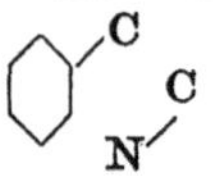

und 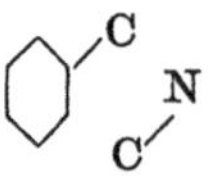 oder

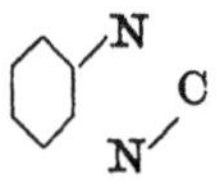

und 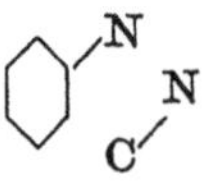 oder

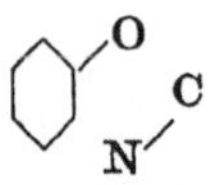

und 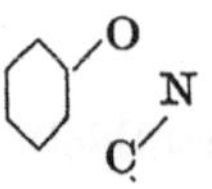 usw.

eine große Zahl von Atomgruppierungen, die chromogene Eigenschaften besitzen.

Das Gesagte gilt ebenso für die Naphthalin- und Anthracenreihe, auch hier zeigt das genaue Studium der Reihen, besonders in den Abteilungen „Drei- und -mehr-Substituenten", recht bedeutende Lücken, deren Ausfüllung vielleicht zu ähnlichen Erfolgen führen wird, wie seinerzeit die Einbeziehung des Thionaphthens in den Bereich des Arbeitsstoffes die bedeutungsvolle Auffindung des roten Indigos brachte.

Die vorliegende Arbeit sollte, wie von vornherein beabsichtigt war, auf das eigentliche Patentgebiet beschränkt bleiben. Es wurden daher nur Zwischenprodukte aufgenommen, deren Herstellung im Patent selbst oder in anderen, auch ausländischen Patenten, beschrieben ist. Hinweise auf die übrige Fachliteratur (Berichte, Annalen usw.) finden sich in der ersten Kolonne unter der zugehörigen Patentnummer, sonst im Text selbst und dann evtl. bis zur kurzen Herstellungsvorschrift erweitert.

Um den Stoff weiter einzuengen, wurden nicht aufgenommen:

1. Elektrolytische Verfahren zur Herstellung von Zwischenprodukten, die ohnedies in erster Linie Apparaturfragen zum Gegenstand haben.

2. Spezialfabrikationen, wie z. B. jene des Saccharins oder der Salicylsäure.

3. Der Konstitution nach völlig unbestimmte Zwischenprodukte, wie z. B. jene der DRP. 113 893, 120 467, 131 468 oder die Dinitronaphthalinumwandlungsprodukte der DRP. 128 118, 125 583 usw.

4. Verbindungen, die selbst schon Farbstoffe sind, wie z. B. das Chinizarinoxydationsprodukt des DRP. 146 223. Die nicht färbenden Oxyanthrachinone finden sich natürlich als echte Zwischenprodukte an den zugehörigen Stellen des Systems, ebenso Farbstoffe, die so offenkundig Zwischenprodukte sind, wie beispielsweise die Indophenole. Im übrigen ließ es sich nicht vermeiden, daß Körper, die färbende Eigenschaften besitzen, eingereiht werden mußten (s. besonders in der Anthrachinonreihe), wenn sie ihrerseits auch als Zwischenprodukte dienen, andererseits wurden Zwischenprodukte nicht aufgenommen, die in erster Linie Farbstoffe sind (z. B. DRP. 236 375).

Die Verwendung der einzelnen Zwischenprodukte innerhalb der Farbstoffgruppen wurde nicht angegeben, einmal weil die einfacheren Glieder vielseitiger Verwendbarkeit zugeführt werden können und ferner, weil der Suchende ohnedies wissen muß, zu welchem Zwecke er ein bestimmtes Zwischenprodukt benötigt.

Der Inhalt der Patente wurde nur getrennt, wenn er nach vorliegendem System völlig verschiedene Körperklassen umfaßt. Dann, z. B. wenn Dibenzylamin- und Naphthylaminharnstoffe in ein und demselben Patent beschrieben werden, finden sich die betreffenden Körper am zugehörigen Orte des Systems unter derselben Patentnummer, in allen übrigen Fällen, wenn also z. B. im DRP. 270 942 Dibenzylaminobenzoldisulfosäure und Benzyl-o-toluidinmonosulfosäure abgehandelt wurden, bleiben diese Körper vereinigt, werden jedoch in den Reihenübersichten am zugehörigen Orte geführt, so daß in vorliegendem Falle der erste Körper im Kapitel: Zwei Benzolreste durch —C—N—C— verbunden, a) Bindung $CH_2—NR—CH_2$, [1566], die Benzyl-o-toluidinmonosulfosäure aber der Formel entsprechend in der Reihenübersicht, Abteilung: Zwei Benzolreste verbunden durch —C—N—, Bindung —CH·NH—, Benzylanilin mit zwei Substituenten zu finden ist. (S. 235.)

Anhydroverbindungen und Lactone, wie Phthalsäureanhydrid und dessen Abkömmlinge, z. B. Oxymethylphthalamid [223] wurden, soweit die betreffenden Körper nicht in den Ringgebilden (Benzol und Fünfringe usw.) erscheinen, auf die (evtl. hypothetische) Form der Verbindung mit offener Kette zurückgeführt:

$$\bigcirc\!<^{CO}_{CO}>N\cdot CH_2OH \longrightarrow \bigcirc\!<^{CO\cdot NH\cdot CH_2OH}_{COOH},$$

wobei die austretenden Bestandteile des Wassers in der dem betreffenden Kapitel vorgesetzten Übersicht fettgedruckt erscheinen:

$$[CONH \cdot CH_2OH - 2\,COOH]\ \text{Anhydr.}$$

Da es natürlich nicht möglich war, alle von einer Grundsubstanz ableitbaren Körper aus den einzelnen Patentschriften zu extrahieren, die häufig, wie z. B. DRP. 281010, sehr viele nach einer Grundmethode darstellbare Zwischenprodukte enthalten, ist noch ein Namenregister und ein Patentnummerverzeichnis beigefügt. Überdies empfiehlt es sich, in manchen Reihen scheinbar fehlende Abkömmlinge, also z. B. Toluidin, Toluylaldehyd, Toluylsäure, bei den betreffenden Benzolderivaten (Anilin, Benzyaldehyd usw.) oder auch bei den höheren Homologen (Xylidin, Xylylaldehyd usw.) oder überhaupt in verwandten Reihen zu suchen.

Es sei nochmals betont, daß die Reihenfolge der Elemente

H, Met., Hal., C, N, O, S

und der Radikale und Atomgruppen

$CH_3(C_2H_5)$	NO	OH	SH
$CH_2 \cdot X(CH_2Cl.....)$	NO_2		SO
$CH{:}X_2(CHO.....)$	NH_2		SO_2
$C\vdots X_3(COOH.....)$	N_2		SO_2H
			SO_3H
			$S \cdot S$

stets eingehalten werden muß.

Bei der kritischen Korrektur eines Teiles der vorliegenden Arbeit, die unter den schwierigsten Verhältnissen im Felde begonnen wurde, erfreute ich mich der dankenswerten Unterstützung des Herrn Dr. phil. Daniek vom Österreichischen Patentamt in Wien, einen Teil des Materiales las Herr W. Goldlust. Ferner gebührt mein Dank Fräulein E. Falk, die den größten Teil der Schreibarbeit übernahm, einen Teil der Korrektur mit mir las und das Schluß- und Patentnummernregister verfaßte, und Frau E. Niendorf-Turel, die diese Register einordnete und mich bei der letzten Revision tatkräftig unterstützte.

Auch dem Verlag möchte ich meinen Dank sagen, da der komplizierte Satz und der durch die Neuheit des Systemes bedingte Umfang der nötigen Korrekturen ihm größere Opfer auferlegte, als sie sonst einem Werke vorliegender Art geleistet werden.

Tausende von Namen und Nummern, die, besonders in den Patenten der Jahre vor 1900, teilweise unrichtig angegeben sind, mußten gesucht, verglichen und häufig umgeändert, die Formeln und Substitutionsorte zum größten Teil erst festgestellt werden, so daß sich wohl Irrtümer und Fehler finden dürften. Für ihren Nachweis werde ich den Fachgenossen dankbar sein.

München, im Dezember 1919.

Dr. Otto Lange.

Inhaltsverzeichnis.

Die Zahlen beziehen sich auf die fortlaufenden Nummern.

Reihenübersicht.

Die Zahlen beziehen sich auf die fortlaufenden Nummern.

Folge:	Hal.—	C————	N————	O————	S
		$CH_3(C_2H_5)$ ...	NO	OH	SH
		CH·X	NO_2		SO
		$CH:X_2$	NH_2		SO_2
		$C⋮X_3$	N_2		SO_2H
					SO_3H
					SS

Benzolreihe.

I. Ein Benzolring im Molekül.

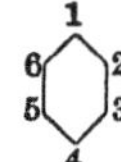

II. Zwei und mehr Benzolreste direkt verbunden.

III. Benzolreste durch —C— verbunden.

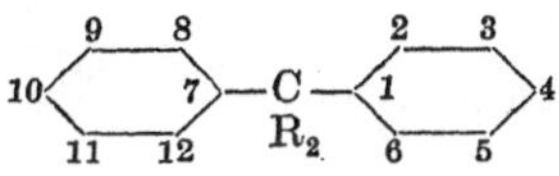

IV. Benzolreste durch Ketten verbunden, die mit —C— beginnen.

a) Bindung $—CH_2—NH—$ 44
1. Benzylanilin ohne und mit einem Substituenten 1462—1472
2. „ mit zwei Subst. 1473—1485
3. „ „ drei „ 1486—1491
4. „ „ vier und mehr Substituenten 1492—1493
5. „ mit weiteren Benzolresten . . . . 1493—1494

b) Bindung $—CH_2—NX—$. 1494—1506
1. $X=CH_3$, C_2H_5 . . . . . 1494—1501
2. $X=(CH_3)_2$ und OH . . 1502—1506
3. $X=C_6H_5$ . . . . 1506—1507
4. $X=CH_2·C_6H_5$ . . . . . 1506—1507
5. $X=CO·CH_3(CO·C_6H_5)$ . . 1507—1508

c) Bindung $—CH(CN)—NH—$ 1509—1517
d) „ $—CH=N—$ . . 1518—1527
e) „ $—C(CN)=N—$. 1528—1532
f) „ $—CO—NX—$ . . 1533—1552
1. $X=H$ . . . . 1533—1547
2. $X=C_2H_5$ . . . . 1548—1549
3. $X=CH_2·COOH$ . . . . . 1550—1551
4. $X=C_6H_5$ 1756
5. $X=CH_2·C_6H_5$ 1549

g) Bindung $—CS—NH—$ 1552

3. Zwei Benzolreste durch —C—O— verbunden:

a) $X_2=H_2$ . . . . 1553—1556
b) $X_2=:NOH$ 1557
c) $X_2=O$ . . . . 1558—1559

4. Zwei Benzolreste durch —C—S— verbunden:

a) $X_2=O$ 1560

5. Zwei Benzolreste durch —C—N—C— verbunden:

a) $X_2=H_2$; $Y_2=H_2$ . . . . . 1561—1569

6. Zwei Benzolreste durch —C—O—C— verbunden:

a) $X_2=H_2$; $Y_2=O$ . . . . . 1570—1571
b) $X_2=O$; $Y_2=O$ . . . . . . 1572—1575

7. Zwei Benzolreste durch —C—S—C— verbunden:

a) $X_2=H_2$; $Y_2=H_2$ . . . . . 1576—1579

V. Benzolreste durch —N— verbunden.

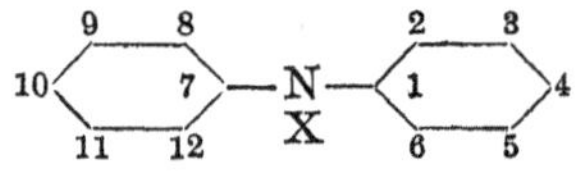

1. N unsubstituiert (Indamine, Indophenole) . . . . 1580—1597

2. X = H

a) Diphenylamin ohne und mit einem Substituenten 1598—1617
b) „ mit zwei Subst. 1618—1649
c) „ „ drei „ 1650—1680
d) „ „ vier „ 1681—1712
e) „ „ fünf „ 1713—1716
f) „ „ sechs und mehr Substituenten . . . . . . 1717—1720
g) Diphenylamin mit weiteren Benzolresten . . . . 1721—1746

3. X = CH_3, C_2H_5, C_6H_5 . . . . 1777—1751
4. X = $CH_2·CN$, ($CH_2·COOH$) oder $CH_2·SO_3H$ 1752
5. X = CHO oder $COCH_3$ 1753
6. X = COCl 1754
7. X = $CH_2·C_6H_5$ 1755
8. X = $CO·C_6H_5$ (subst.) 1756
9. X = $CS·NH·C_6H_5$ 1757

VI. Benzolreste durch Ketten verbunden, die mit —N— beginnen.

1. Zwei Benzolreste durch —N=N— verbunden:

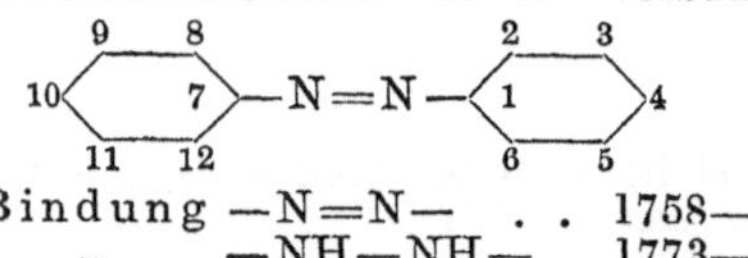

a) Bindung $—N=N—$ . . 1758—1772
b) „ $—NH—NH—$. 1773—1775
c) „ $—N—N—$ (O) . . 1776—1794

2. Benzolreste durch —N—S— verbunden:

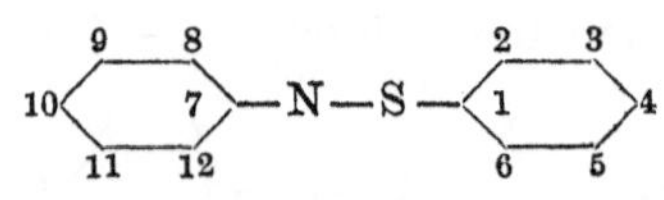

a) Bindung $—NH—SO_2—$ . . 1795—1806

3. Zwei Benzolreste durch —N—C—N— verbunden:

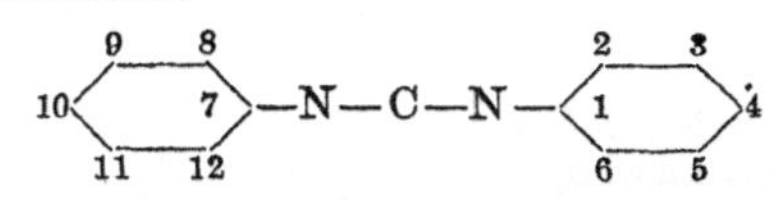

a) Bindung —NX—CH_2—NY—
  1. X=H; Y=H . . . . . 1807—1811
  2. X=C_2H_5; Y=C_2H_5 134
  3. X=OH; Y=OH 1812
b) Bindung —NH—C(CN)=N— 1813—1814
c) „ —NH—C=N— . . . 1815
  CH : NOH
d) „ —NH—C=N— 1816—1817
  CS · NH_2
e) „ —NX—CO—NY—
  1. X=H; Y=H . . . . . 1818—1829
  2. X=CH_2·COOH; Y=CH_2·COOH 1830
f) Bindung —NH—CS—NH— 1831—1836

4. Zwei Benzolreste durch —N—C—C—N— verbunden:

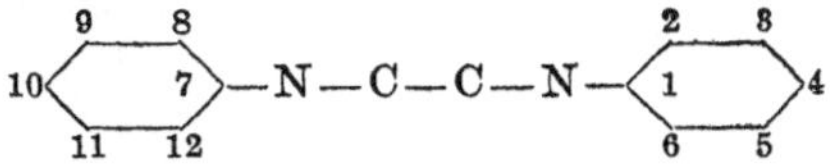

a) Bindung —N=C—C=N— . 1837
  Cl Cl
b) „ —N=CH—CH_2—NH— 1838
c) „ —NH—CH_2—CH_2—NH— 1839—1840
d) „ —NH—CH_2—CO—NY—
  1. Y=H 2. Y=CH_2·COOH 1841—1842, 1843
e) Bindung —NH—CO—CO—NH— 1844—1848

VII. Benzolreste durch —O— und Ketten verbunden, die mit —O— beginnen.

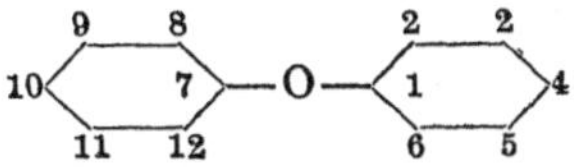

1. Bindung —O— . . . . 1849—1865
2. „ —O·SO_2— . . . . . 1866—1869
3. „ —O·CO·O— . . . . 1869—1870
4. Bindung —O·CH_2·CH_2·O— . . 1870—1871
5. „ —O·SO·O— 1872

VIII. Benzolreste durch —S— und Ketten verbunden, die mit —S— beginnen.

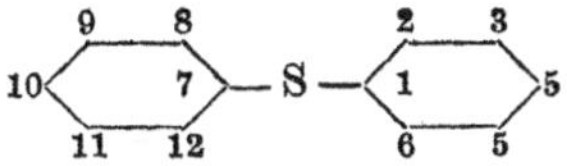

1. Bindung —SX— . . . . 1873—1888
  a) S unsubstituiert . . . . . 1873—1884
  b) X=O 1885
  c) X=O_2 . . . . 1886—1888
2. Bindung —S—S— . . . . 1889—1894
3. „ —SO_2—NH—SO_2— . . . 1895
4. „ —S—CH=CH—S— . . . 1896

IX. Zwei Benzolreste durch Fünfringe verbunden.

1. Fluoren:

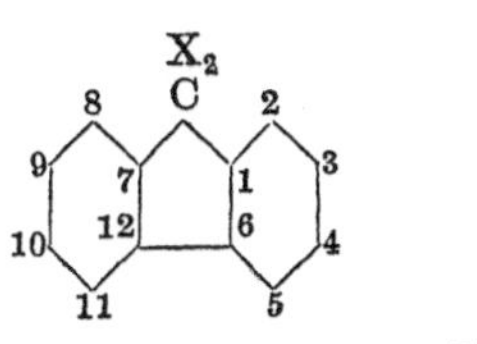

a) X_2=H_2 . . . . 1897—1900
b) X_2=:NOH 1901

2. Carbazol:

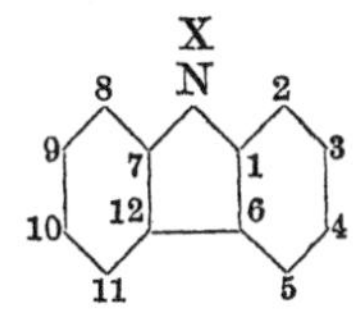

a) X=H . . . . 1902—1925
b) N substituiert . . . . . . 1926—1938
c) Carbazolindophenole (Carbazol und weitere Benzolreste) . . 1940—1950

3. Diphenylenoxyd . . . . 1951—1953

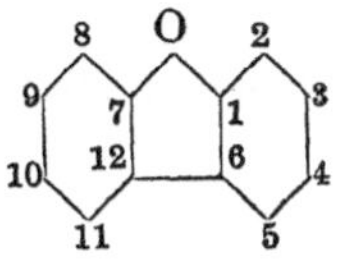

X. Zwei Benzolreste durch Sechsringe verbunden.

1. **Acridin** 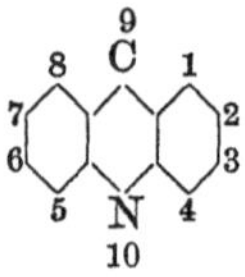 . . . . 1954—1958

2. **Diphenylenmethanoxyd** 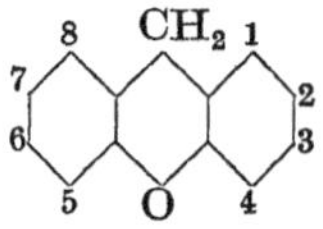 1959 bis 1961

3. **Xanthon und Thioxanthon** 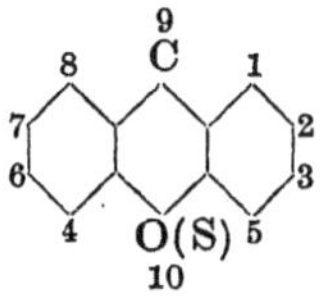 1962 bis 1964

4. **Diphenylenazin** (Diphenylaminarsiniumchlorid) 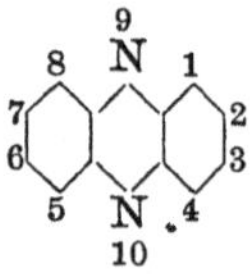 1965 bis 1976

5. **Diphenylenaminoxyd** (Oxaziu) 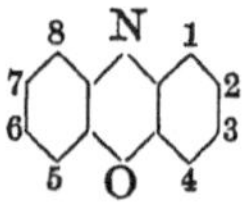 . 1977

6. **Diphenylenaminsulfid** (Thiazin) 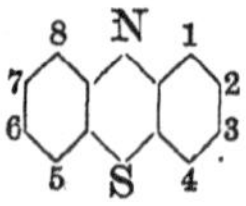 1978 bis 1987

7. **Diphenylendioxyd** 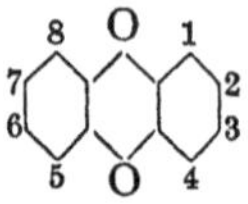 . . 1988

8. **Diphenylenäthersulfid** 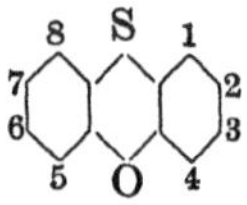 . 1989

9. **Diphenylendisulfid** 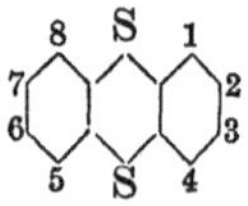 . . 1990

XI. N-haltige Sechsringe.

1. **Pyridin** 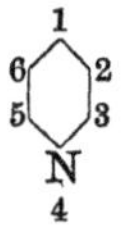 . . . . 1991—1994

2. **Chinolin** 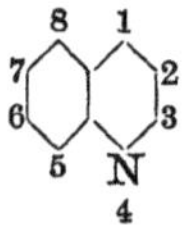 (**Isochinolin**) . . . 1995—2030

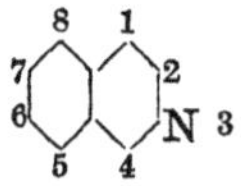

XII. S-haltige Sechsringe.

Sulfazon . . . . 2031—2035

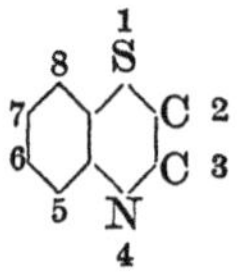

XIII. Benzol und Fünfringe.

1. **Inden u. Hydrinden** 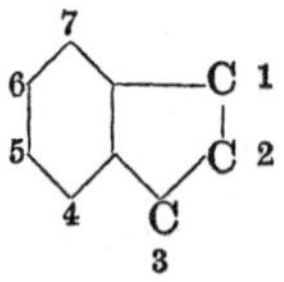 2036 bis 2037

2. **Indol** 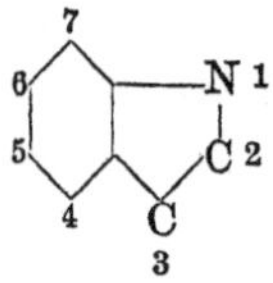 . . . . . 2038—2056

3. **Indoxyl** (Oxindol) 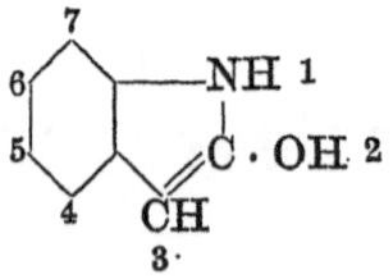 2057 bis 2109

4. **Isatin** 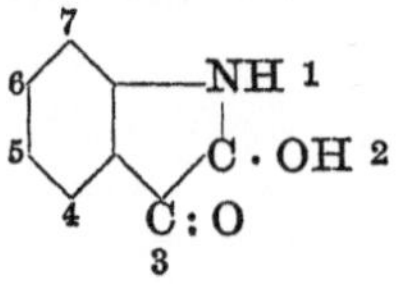 2110—2144

Naphthalinreihe.

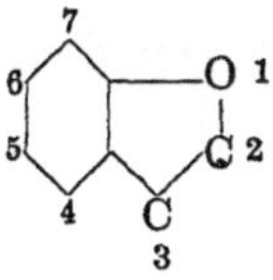

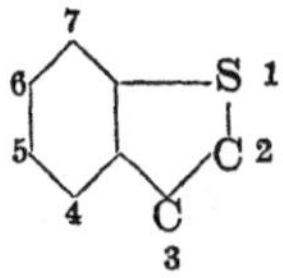

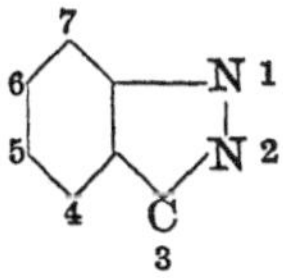

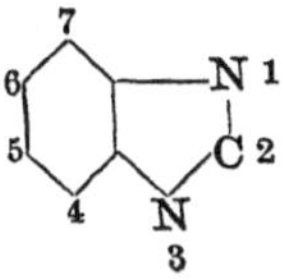

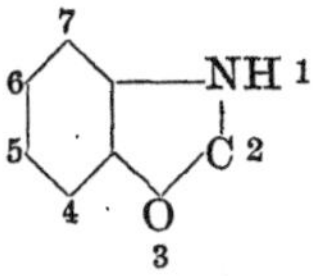

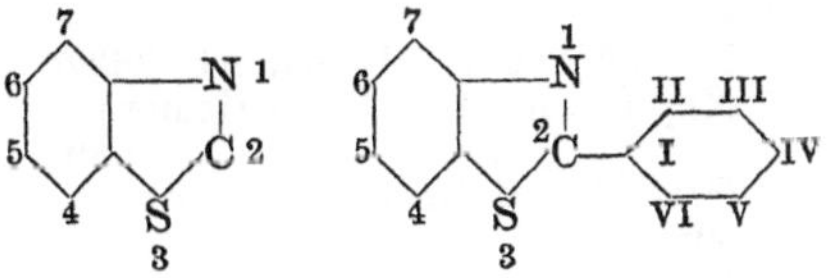

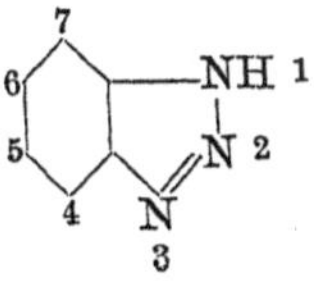

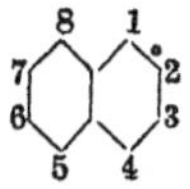

I. Ein Naphthalinkern im Molekül.

II. Naphthalin- und Benzolreste in offener Kette verbunden.

(Ketten, am Naphthalin mit C, N, O, S beginnend).

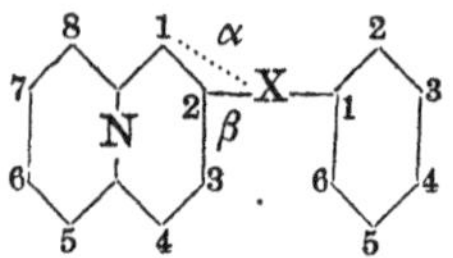

III. Naphthalin und Diphenyl verbunden.

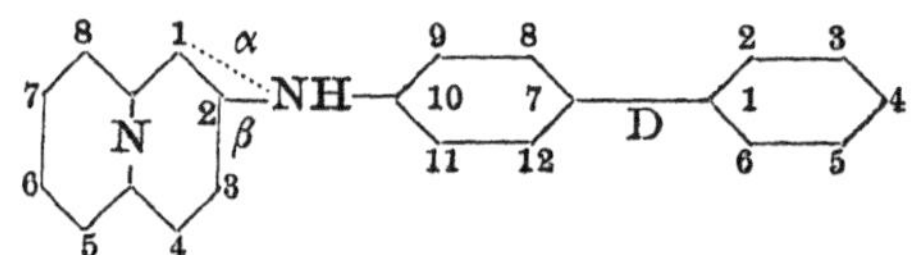

IV. Zwei Naphthalinreste verbunden.

V. Naphthalin und Fünfringe.

VI. Naphthalin und Sechsringe.

(Andere Ringsysteme).

Anthracenreihe.

I. Ein Anthracenring im Molekül.

A. Anthracen

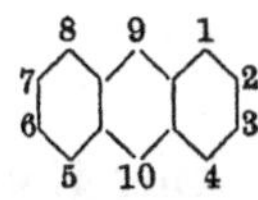

B. Anthrachinon

II. Anthrachinon- und Benzolreste in offener Kette verbunden.

III. Anthrachinon- und Naphthalin-, (Benzidin-, Piperidin-) Reste in offener Kette verbunden.

Bindung —NH— . . . . 3484—3487

IV. Anthrachinonreste direkt, in offener Kette und durch Ringe verbunden.

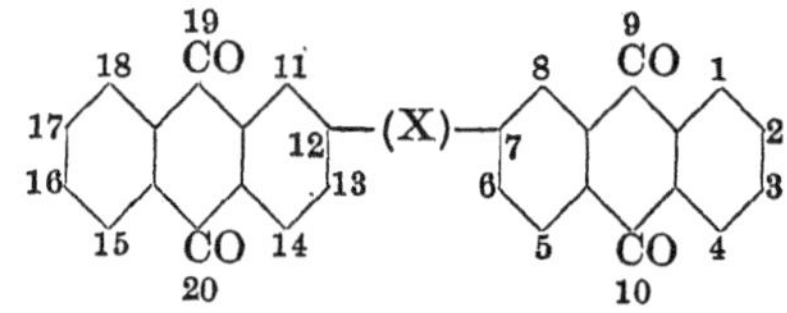

1. Direkt verbunden:
- a) Dianthranol Dianthron 3488—3490
- b) Dianthrachinonyl . . . 3491—3500

2. Durch —X— verbunden:
- a) X = —NH— . . . . 3501—3515
  - α) Dianthrimide . . . . . 3501—3513
  - β) Tri-, Tetra-, Pentaanthrimide 3514, 3515
- b) X = —N=N— 3516
- c) X = —NH·CO(S)·NH— . . 3517—3519
- d) X = —NH·SO_2— 3475
- e) X = —O—(—O·CH_2·CH_2·O—) 3520—3521
- f) X = —S— und —S·S— . 3522—3529

3. Durch Ringe verbunden:
- a) Anthrachinoncarbaxolderivat 3530
- b) Anthrachinonfuranderivat 3531
- c) Anthraflavon. 3532
- d) Anthrachinonacridone und -thioxanthone 3533
- e) Anthrachionazine . . 3534, 3535
- f) Anthrachinonoxazine 3536—3539
- g) Dianthrachinonylendioxyd 3540

V. Anthrachinon und Ringe geschlossen verbunden.

a) Chinongruppen unverändert:
1. Anthrachinonindazole . . 3541
2. Anthrachinonimidazole 3542—3547
3. Anthrachinonazimide . . . 3548
4. Anthrachinonoxazole . . . 3549
5. Anthrachinonthiazole 3550—3555
6. Anthrachinonnaphthaline (Naphthacenchinon, Naphthanthrachinon) . . . . 3556—3561
7. Anthrachinon-(di-)chinoline 3562—3564
8. Anthrachinoncarbazole . . 3565
9. Anthraacridone 3566, 3567
10. Anthrachinonhydroazine . 3568
11. Anthrachinonthiazine . . 3569
12. Anthrachinonphenanthridone : 3570
13. Anthrachinonthioxanthone 3571—3573
14. Anthrachinonaether . . . 3574

b) Chinongruppen in Reaktion:
1. Aceanthrenchinon . . 3575—3576
2. Anthrapyrrole (Pyrrolanthrone) 3577—3579
3. Anthrapyrazole 3580
4. Anthrathiazole . . . . 3581—3582
5. Benzanthrone . . . . 3583—3599
6. Pyranthrene. 3600
7. Pyranthridone 3601
8. Dibenzanthrone . . . 3602, 3603
9. Anthrapyridone und -pyridanthrone . . . . 3604—3614
10. Anthrapyrimidine und -pyrimidone . . . . 3615—3618
11. Anthraisopyrimidone (Anthraketazine) 3619
12. Anthraacridine (Anthranaphthacridine) . . . . 3620—3625
13. Coeroxenderivate . . 3626—3627

Phenanthrenreihe.

(Chrysen und Phenanthrolin).

Phenanthrenderivate . . . 3628—3634 | Chrysen, Phenanthrolin . 3635, 3636

Additional material from *Die Zwischenprodukte der Teerfarbenfabrikation,*
ISBN 978-3-662-23894-3, is available at http://extras.springer.com

Die Zahlen in eckigen Klammern sind Hinweise auf die fortlaufenden Nummern der linken Kolonne.

Benzol.

I. Ein Benzolkern im Molekül.

1. Benzol mit einem Substituenten.

a) Substituent = Halogen.

Cl, Br, J, F 1, 2, 3, 4

---

1 **DRP. 219 242**

Halogenbenzole Cl(Br)(J)(F) ⬡ $= C_6H_5Cl = 112$, C_6H_5Br, C_6H_5J.

300 T. Benzol bei Gegenwart von je 1 T. Eisenchlorid und Eisenpulver mit 156 T. Chlor chlorieren, im Vakuum bei 80° abdestillieren. Bei der Fraktionierung resultieren 205 T. Chlorbenzol vom Sch.-P. 131°—133° und Vorläufe, die weiterchloriert werden. Schließlich gewinnt man in Summe 335 T. reines Monochlorbenzol, 24 T. **Dichlorbenzol** und 13 T. Gemenge. Verbraucht werden 230 T. Chlor, als Nebenprodukt gewonnen 115 T. Salzsäuregas. Ebenso C_6H_5Br und C_6H_5J. — Vgl. auch A. P. 1 180 964: Kontinuierliche Gewinnung von Chlorbenzol durch Behandlung einer Lösung von Chlor in Benzol mit Eisen.

---

2 **DRP. 280 739** — Ber. 42, 764.

2 T. Nitrobenzol mit $3^1/_2$ T. Thionylchlorid 9 St. auf 180°—200° erhitzen. Es bildet sich quantitativ **Chlorbenzol.** Evtl. noch im Kern vorhandene Sulfogruppen oder Wasserstoffatome aliphatischer Seitenketten werden ebenfalls glatt durch Chlor ersetzt. — Mono- und Dichlorbenzol ferner nach J. Am. Chem. Soc. **1914**, 1007 aus Benzol und Königswasser.

---

3 **DRP. 123 746**

10 T. Benzol in 50 T. Benzin (0,7) lösen, mit 20 T. gepulvertem Jodschwefel (J_2S_2) und 160 T. Salpetersäure (1,34) im Wasserbade unter Rückfluß 2—3 St. erwärmen, die dunkle Benzinlösung abheben, mit Schwefeldioxyd vom Jodüberschuß befreien, das Benzin abdestillieren, das zurückbleibende **Jodbenzol** mit Wasserdampf übertreiben und über Kali fraktioniert destillieren. — Analog erhält man reines **Brombenzol.** — Über direkte Jodierung von Benzol mittels Jod und Salpetersäure, die den Wasserstoff des Kohlenwasserstoffes oxydierend selbst zu niederen Stickoxyden reduziert wird, während Jod an die freigewordene Stelle tritt (Benzol gibt so 75—78% Monojodbenzol) siehe J. Amer. Chem. Soc. **1917**, 435.

---

4 **DRP. 96 153**

Fluorbenzol: 10 T. Anilin diazotieren, Diazochloridlösung mit 20 T. Flußsäure unter Rückfluß bis zur Beendigung der Stickstoffentwicklung vorsichtig erwärmen, neutralisieren, das Öl mit Wasserdampf übertreiben, fraktioniert destillieren. Aromatisch riechendes, stark lichtbrechendes Öl vom S.-P. 85°. — Ebenso **Fluortoluol** vom S.-P. 116°.

---

b) Substituent, beginnend mit Kohlenstoff.

$CH_2 \cdot Cl(Br)$	5, 6	$CH:(CH_2OH)_2$	7	COCl	42, 1573
$CH_2 \cdot CH_2OH$	7	$CH:CH \cdot COCH_3$	16	$CO \cdot CH_3$	43
$CH_2 \cdot CHO$	8, 17, 32	$CH:CH \cdot COOH(R)$	14—17	$CO \cdot CN$	42
$CH_2 \cdot COOH$	59	$CH:CH \cdot COCH_3$	16	$CO \cdot OH$	24, 44—55
$CH_2 \cdot CN$	59	$CH:NOH$	18	Anhydrid	1572—1575
$CH_2 \cdot NH_2$	9	$CHOH \cdot COOH$	19	$CO \cdot O \cdot C_2H_5$	56, 57
$CH_2 \cdot OH$	10	$CHOH \cdot CN$	19	$CO \cdot O \cdot CO \cdot CH_3$	58
$CH_2 \cdot O \cdot COOMe$	11	CHO	20—41, 308	$CO \cdot O \cdot CO \cdot O \cdot C_2H_5$	58
$CH_2 \cdot O \cdot COCH_3$	12, 13	CN	59—61	$CS \cdot SH$	62

5 **DRP. 139 552**

Benzylchlorid (Homologe) $C_6H_5 \cdot CH_2Cl = C_7H_7Cl = 126$.

Ein Gemenge von 200 T. Toluol und 180 T. Sulfurylchlorid unter Rückfluß gelinde kochen (Siedetemp. 103°, Badtemp. 120°) und die Reaktionsmasse fraktioniert destillieren, wobei die Hälfte des Toluols zurückgewonnen wird. Die andere Hälfte ist in Benzylchlorid umgewandelt. — Analog: **m-Xylylchlorid** C_6H_4 (1) CH_2Cl·(3) CH_3. S.-P. 195°—196° usw.

Zur Erhöhung der Ausbeute und zur Regenerierung des Sulfurylchlorides werden die in der Hitze entweichenden Gase nach

6 **DRP. 160 102** in Oleum und nach

DRP. 162 394 in die nächste Charge des zu chlorierenden Kohlenwasserstoffes eingeleitet. — Über Herstellung von Benzylchlorid aus Toluoldampf mit soviel Chlor, als zur Verbindung mit 25—50% des Toluols ausreicht, bei einer den S.-P. des Toluols übersteigenden Temperatur siehe A. P. 1 202 040. Über Chlorierung mit Königswasser (Bildung von Benzylchlorid aus Toluol) siehe J. Am. Chem. Soc. **1914**, 1007. — Über **Benzylbromid** (bis 95% Ausbeute) aus Toluol und Brom im Dunkeln bei 50° siehe Rec. trav. chim. **1908**, 435. — Vgl. auch F. P. 483 623: Einwirkung von Chlor oder Brom auf Toluol in Gegenwart von Chloraten.

---

7 **DRP. 164 883**

Phenyläthylalkohol $C_6H_5 \cdot CH_2 \cdot CH_2OH = C_8H_9O = 121$.

Phenylmagnesiumbromid C_6H_5· MgBr mit Glykolmonochlorhydrin in ätherischer Lösung unter Kühlung umsetzen. Beim Abdestillieren des Äthers tritt abermalige Umsetzung ein, wobei die letzten Ätherreste und das entstandene Benzol verdampfen. Man erhitzt nun noch mehrere Stunden auf 100°, zersetzt die Masse mit Eis und verdünnter Schwefelsäure, wäscht den Alkohol mit Bicarbonatlösung und destilliert. Unter 13 mm Druck gehen bei 100°—104° 116 T. Phenyläthylalkohol, einer Ausbeute von 95% entsprechend, über. — Ebenso **1-Phenyl-2, 3-propandiol.**

---

8 **DRP. 107 229**

Phenylacetaldehyd $C_6H_5 \cdot CH_2 \cdot CHO = C_8H_8O = 120$.

α-Oxyphenylpropionsäure-β-lacton mit der 10-fachen Menge Wasser im Dampfstrom destillieren, das unten befindliche Öl im Vakuum fraktionieren; S.-P. 78° bei 11 mm Druck.

---

9 **DRP. 73 812** — Ber. **19**, 748.

Benzylamin $C_6H_5 \cdot CH_2NH_2 = C_7H_9N = 107$.

Herst. aus Hydrobenzamid wie [1462].

---

10 Anm. K. 53 583 Kl. 12o 17. 6. 1913 Klever

Benzylalkohol $C_6H_5 \cdot CH_2OH = C_7H_8O = 108$.

Benzylchlorid im Gemenge mit Zink- oder Magnesiumhydroxyd mit viel Wasser in der Wärme behandeln.

---

11 Anm. K. 55 933, Kl. 12 o 23. 8. 13 Klever

Benzylformiat $C_6H_5 \cdot CH_2 \cdot O \cdot COMe$

Wie [13] aus Benzylchlorid mit 1—1,2 Mol. ameisensaurem Salz und 1,25—1,5 Mol. Ameisensäure für 1 Mol. Benzylchlorid.

---

12 **DRP. 41 507**

Benzylacetat $C_6H_5 \cdot CH_2 \cdot O \cdot COCH_3 = C_9H_{10}O_2 = 150$.

300 T. Benzylchlorid + 200 T. geschmolzenes Natriumacetat + 400 T. Eisessig unter Rückfluß 30 St. oder unter Druck kürzere Zeit erhitzen. Eisessig abdestillieren (bis 140°), Rückstand mit Wasser waschen, rektifizieren. S.-P. 208°—212°.

13 Anm. K. 52 559, Kl. 12 o 11. 9. 12 Klever

1 Mol. Benzylchlorid mit 1,1—1,2 Mol. essigsaurem Salz und 1 Mol. Eisessig unter sorgfältigem Ausschluß von Wasser kochen, kalt vom Benzylacetat filtrieren, den Eisessig als Acetat wiedergewinnen und regenerieren. — Nach einer weiteren Anmeldung (K. 55 597) reduziert man den Eisessig noch weiter bis auf 0,1 Mol. auf 1 Mol. Benzylchlorid. Ebenso kann man nach Anm. K. 57 193 die Benzylester anderer niederer Fettsäuren gewinnen.

---

14 **DRP. 17 467** und **Zus. 18 232**
E. P. 3330/80
F. P. 138 275

Zimtsäure (Substitutionsprodukte) $C_6H_5\cdot CH:CH\cdot COOH = C_9H_8O_2 = 148$.

1 T. Benzalchlorid $C_6H_5\cdot CH\cdot Cl_2$ + 2—3 T. geschmolzenes, feingepulvertes Na- oder K-Acetat im Autoklaven oder unter Rückfluß 10—20 St. auf 180°—200° erhitzen. Produkt in Wasser verteilen, mit Natronlauge schwach alkalisch stellen, Dampf einleiten, Rückstand heiß filtrieren, Filtrat mit Salzsäure fällen, kalt die Zimtsäure abfiltrieren, waschen, pressen, trocknen, destillieren oder aus Wasser oder Spiritus umkrystallisieren. — Analog die **Halogen-** und **Nitrozimtsäuren.**

---

15 **DRP. 18 064**
E. P. 289/81
F. P. 140 742

30 T. Benzalchlorid + 90 T. wasserfreies Bleiacetat 6 St. auf 120° bis 140° erhitzen, dann mit 30 T. wasserfreiem Na-Acetat noch 18 bis 20 St. auf 180°—220° weitererhitzen. Schmelze mit Wasser auskochen, aus dem Rückstand mit 30 T. Soda + 300 T. Wasser die Zimtsäure extrahieren. — Analog die **Halogen-** und **Nitrozimtsäuren.**

---

16 **DRP. 21 162**
A. P. 276 888
E. P. 3218/81
F. P. 149 934
—
DRP. 20 255

15 T. **Benzylidenaceton** (hergestellt nach Ber. 14, 2471 aus Benzaldehyd, Aceton und verd. Natronlauge) + Lösung von 48 T. Brom in 650 T. Natronlauge (4%) im Wasserbad gelinde erwärmen. Wenn unterbromige Säure verschwunden, vom Bromoform trennen, wässerige Flüssigkeit mit Schwefelsäure versetzen, ausgeschiedene Zimtsäure aus Wasser oder Sprit umkrystallisieren. Analog **substituierte Zimtsäuren.**

---

17 **DRP. 53 671**
F. P. 204 686
—
Ber. 23, 976

Zimtsäureäthylester $C_6H_5\cdot CH:CH\cdot COOC_2H_5 = C_{11}H_{12}O_2 = 176$.

In 5—6 Mol. alkoholfreien Essigester (in Eiswasser gekühlt) die einem Atom entsprechende Menge feingeschnittenes, metallisches Natrium eintragen und langsam Benzaldehyd einfließen lassen. Wenn bei stetiger Reaktion das Natrium verschwunden ist, mit der dem Natrium äquivalenten Menge Essigsäure versetzen, verdünnen, ölige Esterschicht abtrennen, mit Calciumchlorid trocknen, Essigester im Wasserbad abdestillieren, Rückstand frakt. rektifizieren. S.-P. 260°—275°. — Liefert nach Veröff. der Ind. Ges. Mülhausen **1913**, 805 in Methylalkohol bromiert, ein gelbes Dibromid, das mit Ätzkali in den **Dioxyzimtsäureester** übergeht. Aus seinem Oxylacton (mit H_2SO_4 neutralisieren) entsteht ein Öl, das mit Soda in den mit Dampf flüchtigen **Phenylacetaldehyd** $C_6H_5\cdot CH_2\cdot CHO$ übergeht.

---

18 **DRP. 114 195**
—
Ber. 32, 3492; 33, 1441

Benzaldoxim (Hom. u. Subst.-Prod.) $C_6H_5\cdot CH:NOH = C_7H_7NO = 121$.

Darstellung aromatischer Aldoxime durch Einwirkung von Knallquecksilber bei Gegenwart von Aluminiumchlorid oder Chlorwasserstoffgas auf Kohlenwasserstoffe oder Phenole: In 40 T. Benzol 40 T. Knallquecksilber und hierauf langsam 35 T. Aluminiumchlorid eintragen, wobei die Temperatur bei 30°—40° gehalten wird. Benzol abgießen, den Kuchen zerreiben, in Eiswasser eintragen, ausäthern, aus der ätherischen Lösung durch Schütteln mit konz. Kochsalzlösung das Quecksilberchlorid entfernen, ätherische Lösung mit konz. Alkalilauge ausschütteln, alkalische Lösung verdünnen, mit Tierkohle kochen und Kohlendioxyd einleiten. Ausbeute 11 T. — In analoger Weise: **o- und p-Toluylaldoxim** aus Toluol, **Resorcylaldoxim** $(OH)_2C_6H_3\cdot CH:NOH$ (Sch.-P. 196°) aus Resorcin, **Orcinaldoxim** $(CH_3)(OH)_2C_6H_2\cdot CH:NOH$ (Sch.-P. 199°—200°) aus Orcin, **Pyrogallolaldoxim** $(OH)_3C_6H_2\cdot CH:NOH$ (Sch.-P. 203°—204°) aus Pyrogallol und **Phloroglucinaldoxim** $(OH)_3C_6H_2\cdot CH:NOH$ aus Phloroglucin. Durch Erhitzen mit verdünnter Schwefelsäure (10—20%) werden aus den Aldoximen die entsprechenden Aldehyde gewonnen.

19 **DRP. 85 230** — Ber. 4, 980

Mandelsäure (Benzolring mit CH·OH·COOH) $= C_8H_8O_3 = 152$.

Benzaldehyd mit konz. Bisulfitlauge schütteln, die Bisulfitverbindung abpressen, mit Sprit waschen, mit Wasser anschlämmen, mit Cyankali (Theorie mit geringem Überschuß) in konz. wässeriger Lösung versetzen. Das ausgeschiedene **Mandelsäurenitril** C_6H_5·CHOH·CN (gelbes Öl) möglichst schnell von der wässerigen Lösung trennen, mit Salzsäure kurz kochen (starke Reaktion!) und die abgeschiedene Mandelsäure abfiltrieren.

Benzaldehyd (Homologe und Substitutionsprodukte) (Benzolring mit CHO) $= C_7H_6O = 106$.

a) Durch Oxydation aliphatischer Seitenketten.

20 **DRP. 101 221**, A. P. 613 460, E. P. 22 121/97, F. P. 276 258 — Ber. 33, 464

Z. B.: 300 T. Toluol (Xylole reagieren noch leichter) + 700 T. Schwefelsäure (65%) langsam mit 90 T. Mangansuperoxydpulver oxydieren. Temperatur etwa 40°. Dampf einleiten und das Destillat (Benzaldehyd und Toluol) wie üblich trennen. Nach

21 **Zus. DRP. 107 722**

arbeitet man unter Vermeidung eines Überschusses an zu oxydierender Substanz in der Weise, daß man z. B. zur Gewinnung des **Toluylaldehyds** 5 T. Xylol mit 120 T. Schwefelsäure (65%) und 17,5 T. regeneriertem Mangansuperxoyd (60%) bei 20° in der im Hauptpatent angegebenen Weise oxydiert. — Analog werden 25 T. p-Kresolmethyläther mit 2930 T. Wasser vermengt und mit 400 T. Schwefelsäure (66°) und 290 T. trockenem Mangansuperoxyd (60%) bei 20° oxydiert, worauf man 125 T. Benzin zusetzt, um die Produkte zu lösen. Das Filtrat scheiden. Es bilden sich zwei Schichten, von welchen die obere **Anisaldehyd** C_6H_4 (1) CHO·(4) OCH_3 ist. Über die Bisulfitverbindung reinigen.

22 **DRP. 127 388**, A. P. 698 355, E. P. 22 887/00, F. P. 306 071

300 T. Toluol mit 150 T. Nickel- oder Kobaltoxyd 5—6 St. im Wasserbad erhitzen, vom Metall abfiltrieren und das Filtrat über die Bisulfitverbindung aufarbeiten. — Analog **o-Nitrobenzaldehyd.**

23 **DRP. 158 609**

0,03 T. Toluol + 1 T. Schwefelsäure (60%) bei 60° mit 0,2 T. Cerdioxyd (67%) (erhalten durch Glühen des Sulfates) versetzen, auf 90° erhitzen, bis rein weißes Cersulfat entstanden ist, Dampf einleiten, Destillat fraktioniert destillieren und so Toluol und Benzaldehyd (Ausbeute 35%) trennen. Daneben entstehen **Tolylphenylmethan** und **Anthrachinon.** Ähnlich **Phthalsäure** und **Naphthochinon** aus Naphthalin und Anthrachinon aus Anthracen.

24 **DRP. 175 295**, A. P. 780 404 — DRP. 163 813

Oxydation von Methylkohlenwasserstoffen mittels Mangansuperoxydsulfat, das man durch elektrolytische Oxydation des Mangansulfates erhält. Namentlich zur Gewinnung von Benzaldehyd und **Benzoesäure.**

25 **DRP. 189 178**, F. P. 323 916

Oxydation von Toluol in schwefelsaurer Lösung mittels Manganoxydsalzen oder deren Doppelsalzen, die nach der Oxydation auf elektrolytischem Wege wieder regeneriert und dann gleich weiterverwendet werden können:

$$Mn_2(SO_4)_3 + H_2O = 2\,MnSO_4 + H_2SO_4 + O.$$

Analog werden **Chinone** erhalten.

26 **DRP. 239 651**

Kohlenwasserstoffdämpfe mit Luft über dunkelrotglühende Kontaktmassen leiten, die durch Glühen von Chrom- oder doppeltchromsaurem Ammon erhalten werden. 100 g Xylol geben so 30—40 g **Toluylaldehyde.**

27 Anm. B. 68 720, Kl. 12 o, 5. 9. 15, Badische

Aus Benzylalkohol (bzw. allgemein aus den entsprechenden Alkoholen) mit Wasserstoff abspaltenden Katalysatoren in der Wärme, wobei man die H-Abspaltung unter vermindertem Druck oder unter Verdünnung der Dämpfe der zu spaltenden Substanz mit einem indifferenten Gas bei gewöhnlichem Druck vornimmt.

b) Nach der Friedel-Craftschen Methode.

28 **DRP. 98 706**
E. P. 13 709/97
F. P. 268 168

Kohlenoxyd und Salzsäure (= Wirkung von Ameisensäurechlorid) bei Gegenwart von Aluminiumchlorid und Kupferchlorür mit Kohlenwasserstoffen zur Reaktion bringen. So werden gewonnen: Benzaldehyd, ferner **p-Toluylaldehyd** (S.-P. 204°) aus Toluol, **3, 4-Dimethylbenzaldehyd** (1) (S.-P. 226°) aus o-Xylol, **2, 4-Dimethylbenzaldehyd** (2) (S.-P. 215°—216°) aus m-Xylol, **2, 5-Dimethylbenzaldehyd** (3) (S.-P. 220°) aus p-Xylol, **2, 4, 6-Trimethylbenzaldehyd** (4) (S.-P. 237°) aus Mesitylen.

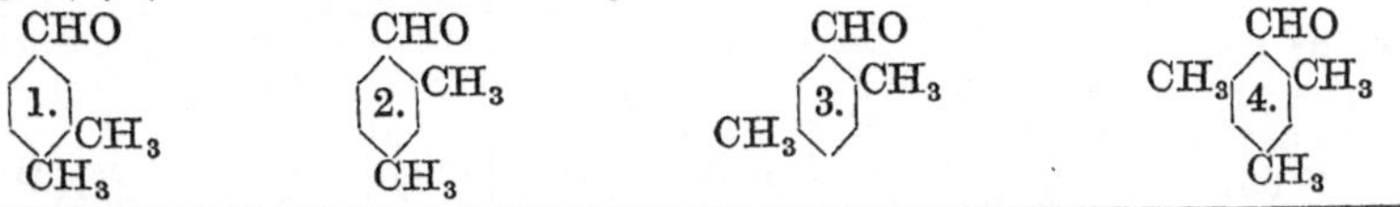

29 **DRP. 126 421**
—
Ber. **30**, 1622
Ch. Z. Bl. **1901**, I, 1226

Benzol bei Gegenwart von Kupfer oder Kupfersalzen und Brom- oder Jodaluminium mit einem Gemisch von Kohlenoxyd und Chlor- oder Bromwasserstoffgas behandeln. Benzaldehyd wie üblich abscheiden. — Siehe auch die Benzaldehydgewinnung nach A. P. 1 321 959.

30 **DRP. 281 212**
—
Ber. **30**, 1622

In Mischung von 100 Vol.-T. Benzol und 45 T. Aluminiumchlorid etwas Salzsäuregas einleiten, sodann bei 40°—50° unter Rühren oder Schütteln mehrere Stunden unter einem Druck von 90 Atm. Kohlenoxyd einpressen. Ausbeute 30 T. Benzaldehyd. — Analog aus Toluol **p-Toluylaldehyd** und aus Chlorbenzol **p-Chlorbenzaldehyd.**

31 **DRP. 99 568**
E. P. 19 204/97
F. P. 270 334
und Zus.
—
Ber. **31**, 1149

Aus Kohlenwasserstoffen und Phenoläthern entstehen mit Blausäure und Salzsäure bei Gegenwart von Aluminiumchlorid Imide

$$ArH + \left[Cl-C\begin{matrix}\diagup H\\ \diagdown NH\end{matrix}\right] \rightarrow Ar\cdot CH=NH+HCl\,,$$

die mit Säuren in Ammoniak und Aldehyd zerfallen. So **p-Toluylaldehyd** aus Toluol, **3, 4-Dimethylbenzaldehyd** aus o-Xylol, **2, 4-Dimethylbenzaldehyd** aus m-Xylol, **2, 5-Dimethylbenzaldehyd** aus p-Xylol, **4-Methoxybenzaldehyd** (S.-P. 248°) aus Anisol.

c) Aus Halogenkohlenwasserstoffen, seitenkettenhalogenisiertem Toluol, Benzylverbindungen.

32 **DRP. 157 573**
—
Ber. **41**, 2217

24 T. Magnesiumspäne mit 157 T. Brombenzol in 200 T. wasserfreiem Äther unter Kühlung am Rückflußkühler zu der Verbindung

$$Mg\begin{matrix}\diagup Br\\ \diagdown C_6H_5\end{matrix}\cdot(C_2H_5)_2\cdot O$$

vereinigen, diese Ätherlösung unter Kühlung in eine Lösung von 222 T. Ameisensäureäthylester in 200 T. wasserfreiem Äther fließen lassen, Eis und etwas Säure (zur Lösung der Magnesiumverbindung) zugeben, ätherische und wässerige Schicht trennen und erstere zur Gewinnung des Benzaldehydes mit Bisulfit schütteln oder fraktioniert destillieren. — Ebenso **Phenylacetaldehyd** $C_6H_5\cdot CH_2\cdot CHO$ aus 180 T. Ameisensäuremethylester in 200 T. abs. Äther mit der aus 24 T. Magnesium, 126,5 T. Benzylchlorid und 200 T. Äther dargestellten komplexen Verbindung

$$Mg\begin{matrix}\diagup Cl\\ \diagdown CH_2\cdot C_6H_5\end{matrix}\cdot(C_2H_5)_2\cdot O\,.$$

33 **DRP. 268 786**
—
Ber. **44**, 1542

Benzylchlorid (oder substituierte Benzylchloride) mit wässeriger oder Spritlösung von Hexamethylentetramin kochen. Dabei bilden sich zunächst Additionsverbindungen, die man beim Arbeiten in niedrig siedenden Lösungsmitteln (Chloroform) isolieren kann, um sie dann erst mit Dampf zu zerlegen. Statt des fertigen Tetramins kann man auch ein Gemisch von 6 T. Formaldehyd und 4 T. Ammoniak verwenden. — Z. B.: 12,5 T. Benzylchlorid und die Lösung von 14 T. Hexamethylentetramin in 400 Vol.-T. Sprit (60%) 5—6 St. unter Rückfluß sieden, 200 T. Wasser zusetzen, den Sprit abdestillieren und den Benzaldehyd mit Dampf übertreiben. — Analog die **Tolyl-, Xylylaldehyde, Äthyl-, Propyl-** usw. **Benzaldehyde,** ferner **Salicylaldehyd** $C_6H_4 1(CHO)\cdot 2(OH)$ aus o-Kresylchloridcarbonat ($ClCH_2\cdot C_6H_4\cdot O\cdot CO\cdot O\cdot C_6H_4\cdot CH_2Cl$). Erwärmt man 37 T. Xylylbromid mit einer Lösung von 28 T. Hexamethylentetramin in 280 T. Tetrachlorkohlenstoff 1/2 St., so erhält man das Additionsprodukt in 70% Ausbeute, das mit der 5-fachen Wassermenge 1/2 St. gekocht in den Aldehyd übergeht.

34	**DRP. 11 494**	Wie [45] aus Benzodichlorid, Eisessig und Chlorzink.
35	**DRP. 20 909**	2 Mol. Benzylchlorid + 1 Mol. Benzalchlorid + 6-fache Menge Wasser + 2 Mol. Braunstein unter Rückfluß kochen; fertigen Aldehyd mit Dampf übertreiben.
36	**DRP. 82 927** **Zus. 85 493**	Wie [46] aus Benzalchlorid.
37	**DRP. 91 503** A. P. 575 237 E. P. 10 689/96 F. P. 258 051	100 T. Benzylanilin + 500—1000 T. Wasser, kochend mit der Lösung von 50 T. Bichromat und 165 T. Salzsäure (21°) in 200 T. Wasser oxydieren. Destillat auf Benzaldehyd verarbeiten. Siehe auch [290]. Analog **o- und p-Nitrobenzaldehyd.** — Vgl. Zus. **DRP. 92 084:** In neutraler oder schwach alkalischer Lösung [**291, 308**].
38	**DRP. 110 173** — Ber. **30**, 3121	27,3 T. Dibenzylanilin (-toluidin, -xylidin) in 300 T. Schwefelsäure (20%) eintragen, Dampf einblasen (absteigender Kühler) und zugleich die Lösung von 40 T. Natriumbichromat in 200 T. Wasser zufließen lassen. Der Benzaldehyd geht über. Analog **o- und p-Nitrobenzaldehyd.**
39	Anm. C. 6876. 12 23. 6. 98 Cohen E. P. 13 214/97 F. P. 268 902	Aromatische Alkohole bzw. ihre Substitutionsprodukte in Chloroformlösung mit Stickstofftetroxyden behandeln.

Isolierung und Reinigung der Aldehyde.

40	**DRP. 124 229** — Ann. **247**, 325	1000 T. eines Gemenges von Benzaldehyd und Toluol werden mit 1000 T. einer 10%igen Lösung von naphthionsaurem Barium (oder dem Erdalkalisalz einer anderen aromatischen Aminocarbon- oder Aminosulfosäure) mehrere Stunden gemischt; das weiße Kondensationsprodukt wird abfiltriert, gewaschen und daraus der Benzaldehyd mit Dampf übergetrieben. Ebenso können **m- und p-Toluylaldehyd, o-Chlorbenzaldehyd** und **o-Nitrobenzaldehyd** isoliert werden.
41	**DRP. 154 499** — Ann. **85**, 183	100 T. Rohprodukt der Toluoloxydation (mit Bleisuperoxyd und Schwefelsäure, 60% Toluol und 40% Benzaldehyd enthaltend) bei 15° mit 400 T. Wasser verrühren, 25—30 T. schweflige Säure in die Emulsion leiten, Toluol abtrennen, die wässerige Schicht zur Entfernung der schwefligen Säure allmählich auf 100° erwärmen und kalt den Benzaldehyd vom Wasser trennen. Ebenso wird Rohnitrobenzaldehyd (aus o-Nitrobenzylalkohol durch saure Oxydation erhalten) und Rohanisaldehyd (aus Anisöl durch Oxydation erhalten) gereinigt.
42	**DRP. 146 690** A. P. 752 947 F. P. 328 120 — Ber. **15**, 1116	**Benzoylchlorid** (Benzolring mit COCl) $= C_7H_5ClO = 140$. (Aus Benzylacetat nach **DRP. 41 065).** — 170 T. chlorsulfonsaures Natrium mit 150 T. wasserfreiem benzoesaurem Natrium bis zum Abdestillieren des Benzoylchlorides erhitzen. Chlorsulfonsaure Salze erhält man durch Behandeln der betreffenden Metallchloride mit Chlorsulfonsäure bei schließlich 150°. — **Benzoylcyanid** $C_6H_5 \cdot COCN$ nach Ber. **41**, 4169.
43	**DRP. 268 786** — Ber. **44**, 1542	**Acetophenon** (Benzolring mit $COCH_3$) $= C_8H_8O = 120$. Eine wässerige oder verdünnt alkoholische Lösung gleicher Teile α-Chloräthylbenzol $C_6H_5 \cdot CHCl \cdot CH_3$ und Hexamethylentetramin kochen.
44	**DRP. 109 122** E. P. 7867/99 F. P. 287 934. — Ber. **43**, 1938	**Benzoesäure** (Homologe und Substitutionsprodukte) (Benzolring mit COOH) $= C_7H_6O_2 = 122$. Steinkohlenteer-Leicht- und -Mittelöle werden so fraktioniert, daß eine möglichst zwischen 160° und 240° siedende Fraktion entfällt, die man zunächst mit kalter verdünnter Natronlauge (1,1 spez. Gewicht) von den Phenolen befreit, worauf im Rückstand das **Benzonitril** mit Natronlauge (1,4 spez. Gewicht) verseift und aus der wässerigen alkalischen Lösung die Benzoesäure gefällt wird.

45	**DRP. 11 494** E. P. 2878/80 F. P. 137 419	Benzotrichlorid + 2 Mol. Eisessig + einige Prozent Chlorzink mischen (Salzsäureabspaltung). Beim Erhitzen destilliert Acetylchlorid über, Benzoesäure bleibt zurück. 1 Mol. Essigsäure durch 1 Mol. essigsaures Zink ersetzt, gibt nur Acetylchlorid, keine Salzsäureabspaltung. Statt Essigsäure 2 Mol. essigsaures Zink gibt Essigsäureanhydrid. Chlorzink evtl. ersetzbar durch Antimontrichlorid oder Kupferchlorid oder die betreffenden Bromide. Nach
	Zus. DRP. 13 127	verwendet man auch andere Metallsalze ($ZnSO_4$), Metalloxyde und Metalle.
46	**DRP. 82 927** **Zus. 85 493**	Aus Benzotrichlorid, Wasser und geringen Mengen einer Kontaktsubstanz (metallisches Eisen, Eisenbenzoat) evtl. unter Zusatz von Alkali.
47	**DRP. 101 682**	Durch Hydrolyse der bei der Saccharinfabrikation als Nebenprodukt erhaltenen Benzoesäuresulfoderivate mit überhitztem Wasserdampf bei Gegenwart überschüssiger konz. Schwefelsäure.
48	**DRP. 136 410**	86 T. 1-Nitronaphthalin (oder 94 T. eines Gemenges von 1, 4- und 1, 2-Nitronaphthol) mit 500 T. Natronlauge (27°) im Autoklaven 2—3 St. auf 170°, dann weitere 2—3 St. auf 250° erhitzen. Bei 80° methylorangesauer stellen, mit Dampf die Benzoesäure übertreiben, den Rückstand von Nebenprodukten (50%!) abfiltrieren und das Filtrat zur Krystallisation des sauren **phthalsauren** Natriums eindampfen.
49	**DRP. 138 790** A. P. 702 171	10 T. 2-Naphthol + 90 T. Ätznatron oder 80 T. Ätzkali + 90 T. Kupferoxyd + wenig Wasser als dicken, eingetrockneten Brei bis zur Umwandlung des Kupferoxydes in Kupferoxydul auf 240°—270°, oder 20 T. 2-Naphthol + 100 T. Natronlauge (50%) + Mangansuperoxydpaste (15 T. MnO_2 enthaltend) in einem Rührkessel eindampfen und 12 St. unter Luftdurchleiten auf 225°—250° erhitzen. Mit möglichst wenig Wasser das überschüssige Ätznatron auslaugen, den Rückstand in Wasser lösen, filtrieren, das Filtrat mit Salzsäure annähernd neutralisieren, mit Kohlensäure das unveränderte 2-Naphthol fällen, filtrieren, das Filtrat konzentrieren, mit Schwefelsäure erhitzen und die abgehobenen Säuren (10—15% Benzoe-, 85—90% **Phthalsäure**) destillieren. Bei höherer Temperatur oder mit 1-Naphthol entsteht mehr Benzoesäure. Nach
50	**Zus. DRP. 139 956**	erhält man beim Extrahieren eines unter Druck auf 250°—260° erhitzten Gemenges von 3,6 T. 2-Naphthol, 8,5 Vol.-T. Natronlauge (27°) und 14 T. Kupferoxyd mit Nitrobenzol ein in Wasser und Alkali unlösliches Zwischenprodukt vom Sch.-P. 241°, das mit mehr Alkali und Kupferoxyd weiter erhitzt ebenfalls **Phthal-** und Benzoe**säure** gibt. Nach dem weiteren
51	**Zus. DRP. 140 999**	wird das Verfahren ferner angewendet auf 1-Nitroso-2-naphthol allein oder im Gemenge mit 1-Nitro-4-naphthol, 1-Nitronaphthalin, 1- oder 2-naphthalinsulfosaurem Natrium und Neville-Winthersche Säure, mit Eisen- oder Kupferoxyd, auch mit Mangan- und Bariumsuperoxyd.
52	**DRP. 175 295** — Vgl. F. P. 498 295	Wie [24] aus 30 T. Benzaldehyd, 500 T. Mangansuperoxydsulfatlösung (0,9% Sauerstoff) mehrere Stunden im Dampfbad oder auch in einer Operation vom Toluol ohne Isolierung des Aldehyds.
53	**DRP. 236 489**	Anchloriertes Toluol (2 Mol. Benzyl- und 1 Mol. Benzalchlorid enthaltend) allmählich in die kochende Lauge von 5 Mol. Chlorkalk (100%) und 4 Mol. Schlämmkreide in der 100—200-fachen Wassermenge (auf Chlorkalk berechnet) einfließen lassen; wenn eine Probe mit Salzsäure kein Chlor mehr entwickelt, mit Dampf unverändertes Material abblasen, die Lauge filtrieren und im Filtrat die Benzoesäure mit Salzsäure fällen. Vgl. **DRP. 311 051:** Toluoloxydation mit Chromschwefelsäure.
54	**DRP. 216 091**	1 T. Toluol und 5 T. Salpetersäure (17°) im Steinguttopf im emaillierten oder mit Aluminium ausgekleideten Eisenautoklaven auf 120° bis 150° erhitzen, bis der Druck nicht mehr steigt, kalt den Inhalt zur Entfernung der als Nebenprodukt entstandenen Nitroverbindungen reduzieren und die Benzoesäure von der Lösung der Salze der Aminoverbindungen filtrieren. Die Metallwand des Autoklaven soll sich während der Operation mit einer schützenden Schicht überziehen.
55	**DRP. 261 775**	Toluoldämpfe in feiner Verstäubung durch ein 85°—100° warmes Gemenge von 130 g Chromsäure und 300—400 g Schwefelsäure im Liter Wasser leiten, die Toluol-Benzoesäurelösung abheben und mit Dampf trennen. Ausbeute 70—90% Benzoesäure (vom Toluolgewicht). — Vgl. schließlich Ber. **41**, 2723.

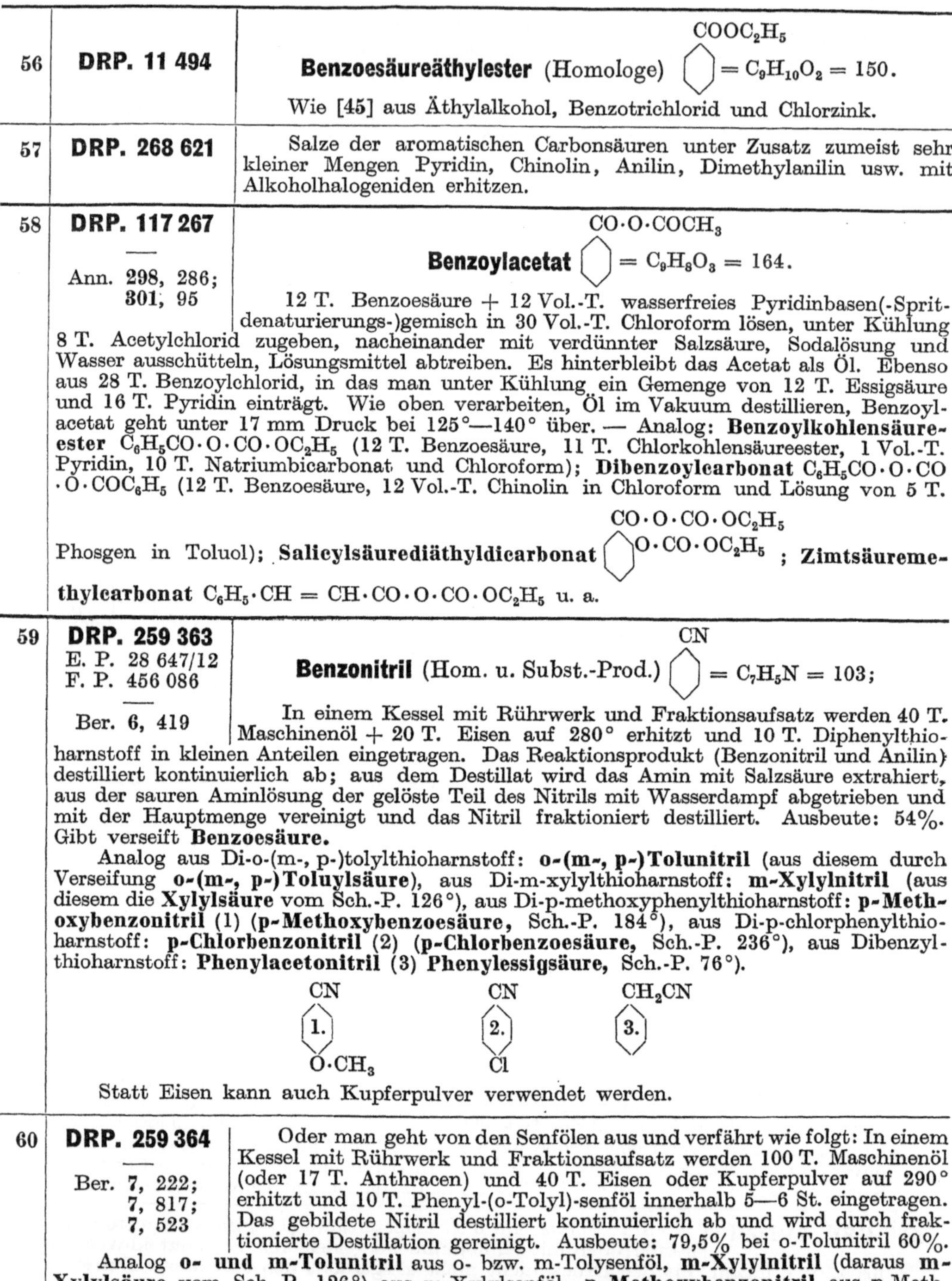

56 **DRP. 11 494**

$COOC_2H_5$

Benzoesäureäthylester (Homologe) $= C_9H_{10}O_2 = 150$.

Wie [45] aus Äthylalkohol, Benzotrichlorid und Chlorzink.

57 **DRP. 268 621**

Salze der aromatischen Carbonsäuren unter Zusatz zumeist sehr kleiner Mengen Pyridin, Chinolin, Anilin, Dimethylanilin usw. mit Alkoholhalogeniden erhitzen.

58 **DRP. 117 267**

—

Ann. 298, 286; 301, 95

$CO \cdot O \cdot COCH_3$

Benzoylacetat $= C_9H_8O_3 = 164$.

12 T. Benzoesäure + 12 Vol.-T. wasserfreies Pyridinbasen(-Spritdenaturierungs-)gemisch in 30 Vol.-T. Chloroform lösen, unter Kühlung 8 T. Acetylchlorid zugeben, nacheinander mit verdünnter Salzsäure, Sodalösung und Wasser ausschütteln, Lösungsmittel abtreiben. Es hinterbleibt das Acetat als Öl. Ebenso aus 28 T. Benzoylchlorid, in das man unter Kühlung ein Gemenge von 12 T. Essigsäure und 16 T. Pyridin einträgt. Wie oben verarbeiten, Öl im Vakuum destillieren, Benzoylacetat geht unter 17 mm Druck bei 125°—140° über. — Analog: **Benzoylkohlensäureester** $C_6H_5CO \cdot O \cdot CO \cdot OC_2H_5$ (12 T. Benzoesäure, 11 T. Chlorkohlensäureester, 1 Vol.-T. Pyridin, 10 T. Natriumbicarbonat und Chloroform); **Dibenzoylcarbonat** $C_6H_5CO \cdot O \cdot CO \cdot O \cdot COC_6H_5$ (12 T. Benzoesäure, 12 Vol.-T. Chinolin in Chloroform und Lösung von 5 T. Phosgen in Toluol); **Salicylsäurediäthyldicarbonat** ($CO \cdot O \cdot CO \cdot OC_2H_5$, $O \cdot CO \cdot OC_2H_5$); **Zimtsäuremethylcarbonat** $C_6H_5 \cdot CH = CH \cdot CO \cdot O \cdot CO \cdot OC_2H_5$ u. a.

59 **DRP. 259 363**

E. P. 28 647/12

F. P. 456 086

—

Ber. 6, 419

CN

Benzonitril (Hom. u. Subst.-Prod.) $= C_7H_5N = 103$;

In einem Kessel mit Rührwerk und Fraktionsaufsatz werden 40 T. Maschinenöl + 20 T. Eisen auf 280° erhitzt und 10 T. Diphenylthioharnstoff in kleinen Anteilen eingetragen. Das Reaktionsprodukt (Benzonitril und Anilin) destilliert kontinuierlich ab; aus dem Destillat wird das Amin mit Salzsäure extrahiert, aus der sauren Aminlösung der gelöste Teil des Nitrils mit Wasserdampf abgetrieben und mit der Hauptmenge vereinigt und das Nitril fraktioniert destilliert. Ausbeute: 54%. Gibt verseift **Benzoesäure.**

Analog aus Di-o-(m-, p-)tolylthioharnstoff: **o-(m-, p-)Tolunitril** (aus diesem durch Verseifung **o-(m-, p-)Toluylsäure**), aus Di-m-xylylthioharnstoff: **m-Xylylnitril** (aus diesem die **Xylylsäure** vom Sch.-P. 126°), aus Di-p-methoxyphenylthioharnstoff: **p-Methoxybenzonitril** (1) (**p-Methoxybenzoesäure**, Sch.-P. 184°), aus Di-p-chlorphenylthioharnstoff: **p-Chlorbenzonitril** (2) (**p-Chlorbenzoesäure**, Sch.-P. 236°), aus Dibenzylthioharnstoff: **Phenylacetonitril** (3) **Phenylessigsäure**, Sch.-P. 76°).

(1.) CN / $O \cdot CH_3$ (2.) CN / Cl (3.) CH_2CN

Statt Eisen kann auch Kupferpulver verwendet werden.

60 **DRP. 259 364**

—

Ber. 7, 222; 7, 817; 7, 523

Oder man geht von den Senfölen aus und verfährt wie folgt: In einem Kessel mit Rührwerk und Fraktionsaufsatz werden 100 T. Maschinenöl (oder 17 T. Anthracen) und 40 T. Eisen oder Kupferpulver auf 290° erhitzt und 10 T. Phenyl-(o-Tolyl)-senföl innerhalb 5—6 St. eingetragen. Das gebildete Nitril destilliert kontinuierlich ab und wird durch fraktionierte Destillation gereinigt. Ausbeute: 79,5% bei o-Tolunitril 60%.

Analog **o- und m-Tolunitril** aus o- bzw. m-Tolysenföl, **m-Xylylnitril** (daraus **m-Xylylsäure** vom Sch.-P. 126°) aus m-Xylylsenföl, **p-Methoxybenzonitril** aus p-Methoxyphenylsenföl und **p-Chlorbenzonitril** aus p-Chlorphenylsenföl.

61 **DRP. 293 094**

44 T. Chlorbenzol (bzw. andere im Kern chlorierte Benzolderivate, wenn es sich um Herstellung anderer Nitrile handelt), 14 T. feinstgegemahlenes wasserfreies Ferrocyancalcium, 6 T. Fullererde und 1 T. Kupferpulver werden im geschlossenen Gefäß 20 St. auf 300°—320° erhitzt. Das Benzonitril wird vom unveränderten Chlorbenzol durch fraktionierte Destillation getrennt.

62 **DRP. 214 888**

Ber. 39, 3219; 40, 1303; 40, 1725

Dithiobenzoesäure (Substitutionsprodukte)

$CSSH$ — C_6H_5 $= C_7H_6S_2 = 154.$

106 T. Benzaldehyd zu einem Gemenge von 100 Vol.-T. rohem Wasserstoffpersulfid und Chlorzink allmählich unter Rühren zusetzen, etwas kühlen, weiter Chlorzink zugeben, solange sich die Masse hierbei noch erwärmt, dann mit Dampf den unveränderten Aldehyd abblasen, den harzartigen Rückstand kalt pulvern, mit konz. Natronlauge erhitzen, die intensiv gelbe Na-Salzlösung vom Schwefel abfiltrieren, das Filtrat ansäuern und die Dithiobenzoesäure abfiltrieren. Dunkelviolettrotes, rasch verharzendes Öl; gibt gut krystallisierende Blei-, Quecksilber-, Wismut-, Eisensalze, die starke Eigenfarbe haben.

Analog: Zu einem Gemenge von 80 Vol.-T. Wasserstoffpersulfid + 300 Vol.-T. Benzol (Verdünnungsmittel) + 50 T. Chlorzink nach und nach 80 T. Salicylaldehyd und nochmals 50 T. Chlorzink zugeben. Man erhält **Dithiosalicylsäure** $C_6H_4 1(CSSH) 2(OH)$, aus Petroläther orangefarbige Nadeln vom Sch.-P. 46°—50°. Auf ähnliche Weise ist **Dithioanissäure:** $C_6H_4(CSSH)(OCH_3)$ darstellbar.

c) Substituent, beginnend mit Stickstoff.

NO	63, 139	$NH\cdot CH(COOH)\cdot R(COOH\cdot R)$	116	$N(C_2H_5)\cdot(CH_2\cdot CH_2\cdot OH)$	94, 130
NO_2	64—68			$N(C_2H_5)\cdot(CH_2\cdot COOH)$	131
NH_2	69—82	$NH\cdot CO\cdot CH_3$	117	$N(CH_3)\cdot(CH_2CN)$	132, 133
NH·Me	83—87	$NH\cdot CO\cdot CH_2Cl$	118, 119	$N(C_2H_5)\cdot(CH_2CN)$	112
Basen-Formald.-Verb.	88—91	$NH\cdot CO\cdot CH_2NH_2$	120	$N(CH_3)\cdot(CH_2\cdot SO_3H)$	133
$NH\cdot CH_3(C_2H_5)$	92, 93	$NH\cdot NO_2$	121	$N(C_2H_5)\cdot(CH_2\cdot SO_3H)$	134
$NH\cdot CH_2\cdot CH_2\cdot OH$	94	NH·NH·R	122, 123	$N:CH\cdot CH_2Cl$	135
$NH\cdot CH_2\cdot CH(CH_3)(CN)$	95	NH·NH·Me	86	N:CO	136
$NH\cdot CH_2\cdot CO\cdot CN$	112	NH·NH·CHO	122	Pyrazolonderivate	138
$NH\cdot CH_2\cdot COOH(R)$	96—101	NH·OH	124, 126	N(NO)·(OH)	139
$NH\cdot CH_2\cdot CN$	110—114	$NH\cdot SO_3H$	127, 246	N:SO	140
$NH\cdot CH_2\cdot SO_3H$	114	$N(Na)(CH_3)$	83—87	N_2Cl	139
$NH\cdot CH(CH_3)(CN)$	112, 115	$N(Na)(COCH_3)$	2093	$N_2\cdot S\cdot CH_2\cdot COOH$	155
		$N(C_2H_5)\cdot(C_2H_5)(R)$	128, 129	$N(Cl)(CH_3)_3$	141

63 **DRP. 110 575**

DRP. 105 857
Ber. 32, 124; 32, 1672; 32, 3625
Z.angew.1898,845

Nitrosobenzol (Homologe) NO — C_6H_5 $= C_6H_5NO = 107.$

In 20 T. Schwefelsäure (66°) unter Kühlung 18 T. feingepulvertes Kaliumpersulfat innerhalb einer Stunde eintragen, die Masse in 80 bis 100 T. Eiswasser lösen, mit fester Soda neutralisieren, Lösung von 3 T. Anilin in 150 T. H_2O zugeben: Grünfärbung und Ausscheidung von Nitrosobenzol. Abfiltrieren und zur Reinigung mit Dampf destillieren. Wenn das Amin (bei Herstellung von Homologen) in Wasser unlöslich ist, arbeitet man in Essigsäure oder in einem indifferenten Lösungsmittel.

64 **DRP. 201 623**

Nitrobenzol (Homologe) NO_2 — C_6H_5 $= C_6H_5NO_2 = 123.$

Nitrobenzol- und Nitronaphthalingewinnung in besonderer Apparatur bei gleichzeitigem und kontinuierlichem Zufluß von Nitriersäure und Kohlenwasserstoff.

65 **DRP. 287 799**

Nitrierverfahren, bei dem z. B. Benzol und Nitrierflüssigkeit im Gegenstrom in Berührung treten, und der fertige Nitrierkörper den Raum verläßt, während am anderen Ende das Rohgut eintritt und die erschöpfte Nitrierflüssigkeit abgelassen wird.

66 **DRP. 207 170**

Benzoldampf mit Luft gemischt durch eine im Sandbad liegende Röhre leiten, die mit dem aus Luftstickoxyd und Zinkoxyd gebildeten Salz gefüllt und auf 300°—350° erhitzt ist. Es destilliert reinstes Nitrobenzol. Ebenso wird Toluol nitriert, wobei jedoch eine um 70° höhere Temperatur erforderlich ist. Man erhält 11% **m-** und 89% **o-Nitrotoluol.**

67 **DRP. 212 906** — Ein Gemenge von **Nitroxylolen, Nitroäthylbenzol, Nitropseudocumol** (Formel: Benzolring mit NO_2, CH_3, CH_3, CH_3) und **Nitromesitylen** (Formel: Benzolring mit NO_2, CH_3, CH_3, CH_3) entsteht beim Nitrieren von Solventnaphtha (Teerfraktion 120°—175°, wiederholt mit Natronlauge und Schwefelsäure gereinigt). Nach

Zus. DRP. 214 887 zerlegt man die Solventnaphtha durch fraktionierte Destillation in einzelne Fraktionen, die für sich nitriert, nach Art der Bestandteile vorwiegend feste oder ölige Nitrokörper liefern. Nach

Zus. DRP. 242 731 arbeitet man statt mit Schwefelsäure mit Oleum und Salpetersäure.

68 **DRP. 221 787** — In ein Gemisch von Benzol und Salpeter bei 60°—80° Schwefelsäure (90—96%) allmählich einfließen lassen. Das gebildete Bisulfat löst sich in dem freigewordenen Wasser und bewirkt gleichmäßige Nitrierung.

69 **DRP. 204 951**
E. P. 3966/08
F. P. 397 485

Anilin (Homologe) (Formel: Benzolring mit NH_2) $= C_6H_7N = 93$.

J. pr. **48**, 465
Angew. Chem. 29, I, 239

a) Aus Halogenverbindungen mit NH_3 oder Aminen.

200 T. Chlorbenzol + 600 T. Ammoniak (25%) + 25 T. Kupfervitriol im Autoklaven 20 St. auf 200° erhitzen und das Anilin isolieren. Ausbeute: 80%. — Über Bildung des Anilins aus Benzol und NH_3 s. Ber. **50**, 541.

b) Durch Reduktion von Nitroverbindungen mit Metallen oder Metallsalzen.

70 **DRP. 43 230** — 100 T. Nitrobenzol bei 130° mit 100 T. einer wässerigen, bei 103° siedenden Calciumchloridlösung und 100 T. Zinkstaub reduzieren. Die abgeschiedenen Öle, **Azoxybenzol** und Anilin werden durch Destillation im Vakuum getrennt.

71 **DRP. 127 815**
E. P. 25 100/01
F. P. 313 599

3,81 T. Kupferpulver mit 6 T. konz. Salzsäure und 12,3 T. Nitrobenzol innig verrühren. Unter Wärmeentwicklung erfolgt quantitativ Bildung von Anilin. Das Kupfer wird elektrolytisch wiedergewonnen. — Ebenso **m-Phenylendiamin** aus 16,8 T. m-Dinitrobenzol, 7,62 T. Kupfer und 12 T. Salzsäure.

72 **DRP. 288 413** — Nitrobenzol mit dem nach DRP. 282 234 erhaltenen Zinkschwamm reduzieren, der gegenüber dem Zinkstaub mit dem wechselnden Zinkgehalt von 82—89% den Vorteil gleichmäßiger Zusammensetzung besitzt. Aus dem mit Eisen oder anderen Metallen und Säure erhaltenen, mit überhitztem Dampf auf 140° erhitzten Reduktionsgemenge destilliert man die Basen nach

Anm. A. 4594
26. 3. 96 Wülfing

statt mit Wasserdampf im Vakuum über. Unter 50 mm Druck siedet Anilin bei 100°.

c) Durch Reduktion von Nitroverbindungen mit Wasserstoff und Kontaktsubstanz.

73 **DRP. 139 457**
F. P. 312 615

Die betreffenden Nitroverbindungen in Dampfform zugleich mit Wasserstoff oder schwefelwasserstofffreiem Wassergas über 200° (Nickel) bis 350° (Kupfer) heißes Metall leiten. Nach

74 **Zus. DRP. 263 396** verwendet man Gold oder Silber als Katalysatoren. Z. B.: Nitrobenzoldampf und überschüssigen Wasserstoff über 230°—250° heiße Bimssteinstücke leiten, auf denen Silber oder Gold niedergeschlagen ist. — Ebenso wirken Gemische von Silber und Gold (5 : 2%), von Silber und Nickel oder Kupfer usw.

75 Anm. B. 71 732
Kl. 12q
1. 12. 1913
Brochet

Nitro-, Azoxy-, Azo- oder Hydrazoverbindungen geschmolzen oder sonst in flüssiger Form unter Druck bei mäßiger Temperatur mit Unedelmetall-Katalysatoren kräftig rühren und Wasserstoff durchleiten bzw. einpressen. Nach einer Zusatzanmeldung werden noch alkalisch wirkende Stoffe beigesetzt.

76 **DRP. 273 322**
A. P. 1 124 776
F. P. 462 006

Nitrobenzoldampf mit Wassergas oder Wasserstoff im Überschuß durch eine heiße, mit Eisenoxydul oder -oxyduloxyd beschickte Röhre treiben.

---

77 **DRP. 282 492**

In 120° warmes Nitrobenzol Wasserdampf und Wasserstoff leiten und das Gas-Dampfgemenge durch ein mit feinverteiltem Nickel beschicktes, 120° heißes Rohr durchleiten, wobei die Geschwindigkeit des Gasstromes so zu regeln ist, daß das am Ende des Rohres austretende Anilin kein Nitrobenzol mehr enthält.

---

78 **DRP. 282 568**
und **Zus.**
DRP. 283 449
E. P. 13 149
u. 15 334/14

Man leitet Nitrobenzoldampf und Wasserstoff bei etwa 200° über einen getrockneten, dann im Wasserstoffstrom bei 180°—220° reduzierten Teig aus 130 T. Bimsstein, 20 T. Natriumsilicatlösung (40%), 24,3 T. Kupfercarbonat, 2,7 T. Zinkcarbonat und etwas Wasser. Die Reduktion zu Anilin ist quantitativ.

---

79 **DRP. 281 100**

In ein mit 31 T. Nitrobenzol, 40 T. Wasser und einigen Eisendrehspänen beschicktes Druckrohr zuerst Kohlensäure bis zu 30 Atm., dann Wasserstoff bis zum Gesamtdruck von 90 Atm. einpressen, erwärmen bis zu einem Druck von 200 Atm. und weitererhitzen, bis der Druck bei 330°—350° auf etwa 130 Atm. gesunken ist. Die Reduktion ist beendet, wenn das Sinken des Druckes aufhört. Ausbeute: 95%. — Vgl. A. P. 1 237 828: Reduktion mit 1 Vol. Dampf und 3 Vol. Kohlenoxyd bei Gegenwart eines Katalysators.

---

d) Durch Reduktion von Nitroverbindungen mit schwefelhaltigen Reduktionsmitteln.

80 **DRP. 144 809**

123 T. Nitrobenzol mit Natriumdisulfidlösung (aus 240 T. kryst. Schwefelnatrium, 200 T. Wasser und 32 T. Schwefel) 12 St. unter Rückfluß kochen, Öl abziehen, waschen, im Vakuum destillieren und die Thiosulfatlauge zur Krystallisation einengen. Vgl. [1637, 1914].

---

81 **DRP. 175 582**
F. P. *362 985*
—
Ber. *39*, 3561

Oder man reduziert Nitrobenzol (aber auch Indigcarmin, Paranitranilinrot usw.) mit einem Gemenge von Schwefeldioxyd (Bisulfit und Salzsäure) und Formaldehyd. Es entsteht Hydrosulfit, das die Reduktion bewirkt (Ätzverfahren).

---

82 **DRP. 282 531**

Zur Extraktion des Anilins und anderer Reduktionsprodukte aromatischer Nitrokörper verwendet man als Extraktionsmittel den ursprünglichen Nitrokörper. Z. B. extrahiert man mit Anilin gesättigtes Wasser mit demselben Volumen Nitrobenzol, läßt absitzen, führt die untere Schicht ab und behandelt die zurückbleibende wässerige Schicht abermals mit Nitrobenzol. Das anilinhaltige Nitrobenzol wird dann der Reduktion zugeführt.

---

83 **DRP. 205 493**
—
Ber. *18*, 2156
DRP. 122 544

Anilin-Metallverbindungen (homologe Metallarylimide)

NH·Me

—NH·Ca·NH—

In 50 T. trockenes Ätzkalipulver bei 200° 11,5 T. metallisches Natrium einrühren und langsam unter Rückfluß 47,5 T. Anilin zufließen lassen. Sehr reaktionsfähige, braune Krystallmassen, die mit Wasser das Amin rückbilden.

Analog die **Alkaliverbindungen** von **o-Toluidin** und **Monomethylanilin.**

---

84 **DRP. 207 981**

In 250 T. trockenes Anilin bei 175°—180° 3—4 T. gepulvertes Zinn-Natrium und weiter 32 T. metallisches Natrium eintragen. Wenn die Gasentwicklung beendet ist, das überschüssige Anilin im Vakuum abdestillieren. Es hinterbleibt hygroskopisches **Anilinnatrium.** Nach

85 **Zus.**
DRP. 215 339
A. P. 903 588
E. P. 11 335/08
F. P. 392 405

trägt man zu demselben Zweck in 300 T. 140° heißes Anilin 0,1—0,2 T. Nickeloxyd oder Kupfercarbonat oder Kobaltoxyd usw. und weiter in Portionen 45 T. metallisches Natrium ein. Die Na-Base wie im Hauptpatent isolieren. — Ebenso **Natrium-o-toluidin** und **Natriummonomethylanilin**: $C_6H_5 \cdot N(Na)(CH_3)$.

---

86 **DRP. 283 597**

1 Mol. Anilin mit 1/2 Mol. Calciumhydrid unter Ausschluß von Wasser und Luft etwa 6 St. bis zur Beendigung der Wasserstoffentwicklung sieden. Das spröde, sehr oxydable Reaktionsprodukt $(C_6H_5NH)_2Ca$ dient zu Kondensationsreaktionen. Analog die **Äthylanilin-, Toluidin-, Naphthylamin-, Diphenylamin-** und **Phenylhydrazin-Calcium**verbindungen.

87 **DRP. 287 601**

100 T. Anilin mit 5 T. Aluminiumspänen auf 150°—160° erhitzen, bis unter Wasserstoffentwicklung und freiwilliger Erwärmung auf den Siedepunkt die Reaktion vor sich geht. Nach dem Abkühlen erstarrt die Masse zu groben Krystallen von der Zusammensetzung $(C_6H_5NH)_3Al \cdot 3\,C_6H_5NH_2$.

Werden statt 5 T. Aluminium 30 T. genommen, so erstarrt die Masse schon in der Wärme zur Verbindung $(C_6H_5NH)_3Al$.

93 T. Anilin mit 24 T. Magnesiumspänen unter Zusatz von etwas gepulvertem Natriumamid unter Rückfluß gekocht, bis die Masse fest geworden ist, gibt die entsprechende Magnesiumverbindung.

Analog die **Toluidin-, Naphthylamin-, Methylanilin-, Benzidin-, Aminophenol-** usw. **Aluminium-** und **Magnesium**verbindungen. Die Verbindungen dienen zu Kondensationsreaktionen.

Basen-Formaldehydverbindungen

88 Anm. K. 11 488, Kl. 12, 4. 10. 94, Kinzlberger — Ber. **11**, 831; **25**, 1936; DRP. 66 737

2 Mol. Base in der 6fachen Menge konz. Schwefelsäure lösen, 1 Mol. Formaldehyd (40%) zugeben. In Wasser gießen, neutralisieren. Amorphe Körper, Sch.-P. unscharf unter 100°. Sind diazotierbar, wie die ursprünglichen Basen. Von den hergestellten Produkten aus o-Toluidin, Naphthylamin und Toluidin ist das Sulfat des letzteren das leichtlöslichste. Die z. B. nach Ann. **302**, 352 (vgl. Ber. **18**, 3302; J. pr. **36**, 227; Ann. **256**, 288) erhaltenen Basen-Formaldehydverbindungen, von denen z. B. jene aus p-Toluidin und Formaldehyd in einer leicht (Nadeln vom Sch.-P. 127°—128°) und in einer schwer löslichen Modifikation (Sch.-P. 225°—227°, Zersetzung) erhalten wurden, sind weiterer Umwandlungen fähig. So gewinnt man nach

89 **DRP. 121 506** — DRP. 87 934; DRP. 95 184; F. P. 303 772; Ber. **17**, 657; **18**, 3302; **31**, 3251

aus 30 T. Anhydroformaldehydanilin und 60 T. Eisessig bei höchstens 25° ein bei 143° schmelzendes, in Krystallen sublimierendes Produkt vom Sch.-P. 177°—178°, das 12 St. mit der 10fachen Wassermenge gekocht ein gelbes Pulver ohne festen Schmelzpunkt liefert. Wird in der Färberei als Solidogen zur Lackbildung mit Baumwollfarbstoffen verwendet.

Ein ähnliches, ebenfalls Färbereizwecken dienendes Produkt erhält man nach

90 **DRP. 122 474** — F. P. 301 450

z. B. aus 16 T. salzsaurem m-Xylidin, 60 T. Wasser + 16 T. konz. Salzsäure, + 8 T. Formaldehyd (40%). Die entstandene Lösung scheidet in 48 St. ein dickes, rotgelbes Öl ab, das man von der wässerigen Schicht trennt und sodaalkalisch mit Dampf vom Xylidin befreit. Das spröde Harz läßt sich kalt pulvern und ist in verdünnter warmer Salzsäure gelb löslich. p-Toluidin, p-Chloranilin und andere p-substituierte Basen verhalten sich ähnlich. Die mutmaßliche Konstitution ist wie folgt angegeben:

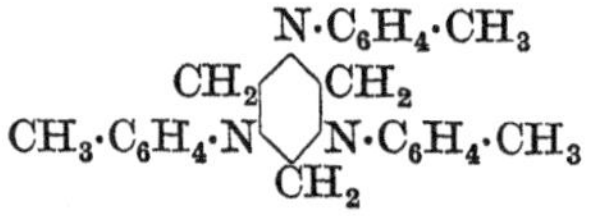

$$\begin{array}{c} N\cdot C_6H_4\cdot CH_3 \\ CH_2 \quad CH_2 \\ CH_3\cdot C_6H_4\cdot N \quad N\cdot C_6H_4\cdot CH_3 \\ CH_2 \end{array} \quad \text{bzw.} \quad \begin{array}{c} N\cdot C_6H_4(CH_3)_2 \\ CH_2 \quad CH_2 \\ (CH_3)_2C_6H_3\cdot N \quad N\cdot C_6H_4(CH_3)_2 \\ CH_2 \end{array}$$

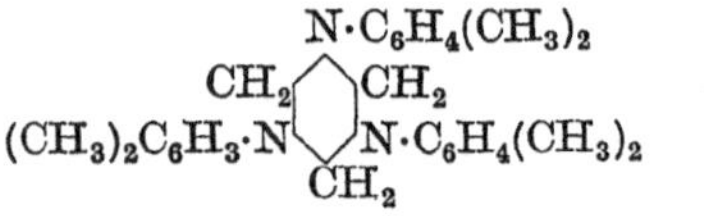

91 Anm. P. 9784, Kl. 12, 23. 3. 99, Prud'homme; E. P. 9435/98; F. P. 274 473 — F. P. 289 482

Mit Formaldehyd und Bisulfit oder SO_2 geben Amine, z. B. Anilin, o-Toluidin, Naphthylamin, p-Nitranilin, Naphthionsäure, Sulfanilsäure und Aminonaphtholsulfosäure G, bzw. Benzidin und Homologe, p-Phenylendiamin, m-Azoxytoluidin usw., beständige, den Aldehydbisulfitverbindungen ähnliche **Amin-Anhydroformaldehyd-Bisulfitadditionsprodukte**, die nicht oder bzw. nur halb diazotierbar sind. — Über Diazotierung arom. Amine siehe A. P. 1 320 443.

---

92 **DRP. 75 854** — F. P. 212 506

Methylanilin (homologe Monoalkylbasen) $C_6H_5\cdot NH\cdot CH_3 = C_7H_9N = 107$.

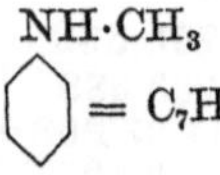

20 T. Anilin mit 22 T. rohem, methylalkoholhaltigem Formaldehyd (30%) und 5 T. Natronlauge (40°) mischen. Es erfolgen: Trübung, Erwärmung, Ölabscheidung. Sofort mit 30 T. Zinkstaub und 200 T. Wasser gut verrühren und unter Zufließenlassen von 45 T. Natronlauge (40°) auf 70°—90° erwärmen, bis eine vom Zinkstaub abgegossene Probe sich in Essigsäure klar löst. Mit Dampf die Basen übertreiben, Methylanilin vom Anilin trennen. — Über Reinigung des technischen Monoäthylanilins s. Ber. **38**, 3876.

93 **DRP. 112 177**

93 T. Anilin mit 200 T. p-Toluolsulfosäureäthylester ($CH_3 \cdot C_6H_4 \cdot SO_2 \cdot OC_2H_5$ [1866]) auf 100° erhitzen. Nach Beendigung der Reaktion erstarrt die Schmelze zum Krystallkuchen von p-toluolsulfosaurem Äthylanilin (neben etwas Diäthylanilin und Anilinsalz), aus dem man mit Alkalien das **Äthylanilin** $C_6H_5 \cdot NH \cdot C_2H_5$ gewinnt. Mit 186 T. p-Toluolsulfosäuremethylester in Benzollösung erhält man ebenso Methylanilin. Das Verfahren bietet den Vorteil, daß man ohne Druckgefäße auskommt.

---

94 **DRP. 163 043**
A. P. 778 772
E. P. 13 956/04
F. P. 350 002

Ber. 17, 677; 22, 2092
J. pr. 44, 17

ω-Oxyäthylanilin (Homologe) $C_6H_5 \cdot NH \cdot CH_2 \cdot CH_2OH = C_8H_{11}NO = 137$.

186 T. Anilin + 200 T. Wasser + 80 T. Glykolchlorhydrin 2 St. unter Rückfluß kochen, alkalisch stellen und das überschüssige Anilin mit Dampf abtreiben. Aus 159 T. anthranilsaurem Natrium erhält man ebenso **Oxyäthylanilin-o-carbonsäure** (Umlösen in verdünnter Sodalösung und Fällung mit Salzsäure, aus Benzol Nadeln vom Sch.-P. 143°), aus 242 T. Monoäthylanilin **Äthyloxyäthylanilin**, aus 214 T. o-Toluidin **Oxyäthyl-o-toluidin** (farbloses Öl vom S.-P. 285°—286°) usw.

---

95 **DRP. 157 710**

Ber. 25, 2023; 31, 2699
DRP. 117 924

β-Cyanpropylanilin $C_6H_5 \cdot NH \cdot CH_2 \cdot CH(CN) \cdot CH_3 = C_{10}H_{12}N_2 = 160$.

26 T. salzsaures Anilin + 14 T. Cyankali (98%) feinst gemahlen in 50 T. Äther eintragen, auf einmal 12 T. Aceton zugeben und weiter noch zur Reaktionsbeschleunigung 2 T. Wasser. Nach längerem Stehen bilden sich Krystalle vom Sch.-P. 93°. In Ligroinlösung ist kein Wasserzusatz nötig. Identisch mit dem in Ber. **15**, 2040 beschriebenen Nitril.

---

96 **DRP. 163 515**

Ber. 10, 2047; 23, 1987; 25, 2270

Phenylglycin (Salze, Ester Homologe) $C_6H_5 \cdot NH \cdot CH_2 \cdot COOH = C_8H_9NO_2 = 151$.

a) Aus Anilin und Chloressigsäure.

140 T. Monochloressigsäureamylester mit 160 T. Anilin 5 St. im Wasserbade, dann auf 150° erhitzen, das salzsaure Anilin mit Wasser extrahieren. Aus Benzol weißliche, nachdunkelnde Blätter des **Phenylglycinamylesters**, Sch.-P. 37°—39°; in Wasser unlöslich. 18 T. des Esters mit 11 T. Natronlauge (Abfallauge 32%) kochen, bis das Öl verschwunden ist (Amylalkohol auffangen), das Na-Salz in Wasser lösen und mit verdünnter Salzsäure, solange ein Niederschlag entsteht, das Phenylglycin fällen. Ausbeute: 97,66%.

---

97 **DRP. 167 698**
E. P. 9774/06

DRP. 88 433,
DRP. 127 178

10 T. Chloressigsäure in 10 T. Wasser lösen und unter Kühlung 8 T. Kalkhydrat eintragen, eine Mischung von 10 T. Sprit und 30 T. Anilin zurühren und bis zur völligen Umsetzung erwärmen, Sprit und Anilin mit Dampf abblasen, kalt das ausgeschiedene Kalksalz abfiltrieren. Dieses verwandelt man mit der berechneten Sodamenge in das Na-Salz, engt ein und setzt mit der berechneten Menge Salzsäure das Phenylglycin in Freiheit.

---

98 **DRP. 169 358**
A. P. 818 341
E. P. 5564/05
F. P. 352 311

Man erhitzt 100 T. Chloressigsäure mit 500 T. Anilin (evtl. noch mit 200 T. Wasser) 3 St. unter Rückfluß auf 100°, destilliert im Vakuum das Wasser ab, versetzt mit Natronlauge, treibt die aus dem salzsauren Anilin freigewordene Base mit Dampf über, verseift das erstarrte **Phenylglycinanilid** unter Druck bei 140°, treibt das Anilin ab und dampft zur Trockne.

---

99 **DRP. 175 797**
E. P. 9700/06

620 T. Nitrobenzol + 1000 T. Gußspäne + 70 T. Anilin auf 70° erwärmen, eine Lösung von 470 T, Chloressigsäure in 1000 T. Wasser in zuerst 50°, schließlich 90° heißen Portionen allmählich so zufließen lassen, daß die Reaktionsmasse in lebhaftem Sieden bleibt, noch 2 St. auf 98°—100° erwärmen, mit einer Lösung von 600 T. Soda neutralisieren, Anilin mit Dampf abtreiben, filtrieren, den Rückstand mit Wasser erschöpfend extrahieren, das Filtrat auf 3000 Vol.-T. einengen und das Phenylglycin mit Säure fällen. — Analog **Tolylglycin.**

100 **DRP. 177 491**

472 T. Chloressigsäure in eine 90°—100° warme wässerige Suspension von Ferrohydroxyd (1250 T. Eisenchlorür in Wasser lösen und mit der entsprechenden Menge Natronlauge oder Soda fällen und 300 T. Kochsalz zufügen) eintragen, rasch 510 T. Anilin zufließen lassen, $1^1/_2$ St. unter Rückfluß kochen, das abfiltrierte Phenylglycineisensalz kalt waschen, in wässeriger Suspension mit Natronlauge zerlegen, das überschüssige Anilin abtreiben und das Filtrat mit Säure fällen.

101 **DRP. 194 884**

In ein kochendes Gemenge von 100 T. Wasser und 50 T. Calciumcarbonatpulver eine Mischung von 93 T. Anilin und 122,5 T. Chloressigester einfließen lassen und wenn die Kohlendioxydentwicklung beendet ist, den **Phenylglycinester** von der Chlorcalciumlauge abheben.

102 Anm. C. 17 285, Kl. 12q, 19. 7. 1912, Weiler ter Meer

Äquivalente Mengen Anilin (usw.) und Chloressigsäure in warmer wässeriger Lösung unter allmählichem Zusatz säurebindender Mittel zur Reaktion bringen, so daß die Lösung bis zum Schluß höchstens schwach alkalisch bleibt.

103 **DRP. 244 825**, — F. P. 322 536

400 T. Anilin auf 80°—90° erhitzen, dazu langsam unter Rühren eine Lösung von 200 T. Chloressigsäure in 100 T. Wasser und eine heiße Lösung von 100 T. Soda in 350 T. Wasser derart einfließen lassen, daß die Reaktion bis zuletzt schwach sauer bleibt. Kurze Zeit weitererhitzen, nach Erkalten das Anilinsalz des Phenylglycins abfiltrieren, waschen und in das Alkalisalz überführen.

104 **DRP. 244 603**, A. P. 1 011 500, E. P. 3980/11, F. P. 426 123

Bei 130° gewonnene Schmelze von 350 T. Anilin, 100 T. Chloressigsäure und 200 T. Xylol, die 100 T. Phenylglycinanilinsalz und 119 T. Anilid enthält, bei 90°—95° mit 350 T. Natronlauge (11,8%) oder der äquivalenten Menge Soda-, Pottasche-, Calciumhydroxyd- oder Calciumcarbonatlösung bzw. Suspension versetzen, das gebildete Öl warm von der Kochsalz- (bzw. Kalium- oder Calciumchlorid-) Lösung trennen und unmittelbar mit 109 T. Kalilauge (50%) in **Phenylglycinkalium** überführen. Zur Herstellung der Salze des Phenylglycins (oder anderer organischer Säuren, z. B. aus Acetamid, Benzamid, Benzonitril usw.) kann man zur Ersparnis der teuren kaustischen Alkalien in folgender Weise verfahren:

105 **DRP. 169 186**

66 T. Phenylaminoacetonitril mit 300—400 T. Wasser, 35 T. Pottasche (oder Soda) und 15 T. gelöschtem Kalk kochen. Wenn die NH_3-Entwicklung beendet ist und der Kalk als Carbonat abgeschieden wurde, filtrieren und das Filtrat im Vakuum zur Trockne dampfen. Statt der Carbonate lassen sich auch die Oxalate verwenden.

b) Auf anderen Wegen.

106 **DRP. 64 909**

Durch Reduktion der Phenyl- bzw. Tolyloxaminsäure, ihrer Na-Salze, Ester oder Amide mit Zinkstaub, Natriumamalgam, Eisenspänen usw. in wässeriger Lösung. Z. B.: 10 T. Phenyloxaminsäure in 200 T. kochendem Wasser lösen, bei 50° + 30—40 T. Zinkstaub. Nach 3—4-tägigem Stehen bei 50° die Zinksalzlösung vom Metall abgießen, Flüssigkeit mit Schwefelwasserstoff entzinken, Filtrat bis zur Krystallisation eindampfen.

107 **DRP. 135 332**, F. P. 315 940

75 T. Formaldehyd (40%) mit einer wässerigen Lösung von 50 T. Cyannatrium (98%) unter Kühlung mischen und eine Lösung von 93 T. Anilin in Sprit zugeben. Homogene Mischung anwärmen, wenn die Ammoniakentwicklung beendet ist, den Sprit abdestillieren und die Lösung zur Trockne dampfen. — Analog **Tolyl-, Xylyl-** und **Naphthylaminoessigsäure.**

108 **DRP. 145 376**

186 T. Anilin + 200 Vol.-T. Sprit + 5 Vol.-T. Natronlauge (30%) + 80 T. Formaldehyd (37,9%) erwärmen. Es bildet sich **Methylendianilin** $(C_6H_5NH)_2CH_2$, in dessen siedende Lösung man dann 132 Vol.-T. einer heißen, wässerigen Cyankaliumlösung (49,3%) einfließen läßt. Nach $^1/_2$ St. Sprit abdestillieren, Anilin abtreiben und die Lösung des phenylaminoessigsauren Salzes zur Trockne dampfen. 90% Ausbeute.

$$
\begin{array}{ccccccc}
C_6H_5 & — & NH & — & CH_2 & \vdots & NH — C_6H_5 \\
 & & & & \vdots & \vdots & \vdots \\
 & & & & CN & \vdots & H
\end{array}
$$

109 **DRP. 199 624**
A. P. 894 149
E. P. 13 176/07
F. P. 379 830

140 T. Dichlorvinyläthyläther ($C_2HCl_2 \cdot OC_2H_5$, nach F. P. 375 167 und E. P. 5014/07 leicht zugänglich), 300 T. Anilin und 100 T. Wasser 24 St. unter Rückfluß kochen, unverändertes Anilin mit Dampf abtreiben, den Rückstand, bestehend aus 10% **Phenylglycinanilid** und 90% **Phenylglycinester,** trennen. — Ebenso mit 230 T. Dibromvinyläthyläther, 300 T. Anilin und 300 Vol.-T. Sprit (85%) 12 St. im Autoklaven bei 150°. — Oder: 140 T. Dichlorvinyläthyläther, 100 T. Anilin, 100 T. Wasser und 5 T. konz. Salzsäure kochen, bis Kongo gebläut wird, so viel Kreide zugeben, daß nur $^9/_{10}$ T. des salzsauren Anilins gespalten werden, 24 St. weiterkochen und wie oben aufarbeiten.

110 **DRP. 132 621**
E. P. 16 420/01
F. P. 313 872

Ber. 25, 2020; 31, 2714

ω-Cyanmethylanilin (Benzolring mit NH·CH_2CN) $= C_8H_8N_2 = 132$.

105 T. Anhydroformaldehydanilin mit 500 T. Natriumbisulfitlösung (40°) auf 80° bis zur Lösung erwärmen, durch einstündiges Kochen das überschüssige Schwefeldioxyd verjagen, bei 50° einfließen lassen in eine Lösung von 75 T. Cyankalium in 300 T. Wasser, das gebildete Nitril nach dem Erstarren von der wässerigen Lösung trennen. Reaktion: $C_6H_5N:CH_2 + HSO_3Na = C_6H_5 \cdot NH \cdot CH_2 \cdot SO_3Na$, dieses $+ KCN = C_6H_5 \cdot NH \cdot CH_2 \cdot CN$. — Analog **Cyanmethyltoluidin, Cyanmethylxylidin.** Die **Anhydroformaldehydanilin-(toluidin-, -xylidin-)bisulfitverbindung** ist auch in beständiger Form in weißen Krystallblättern durch Abkühlen der auf 80° erwärmten Lösung erhaltbar.

111 **DRP. 138 098**
A. P. 701 044
E. P. 19 998/01
F. P. 314 860
F. P. 315 268

9,3 T. Anilin mit einer wässerigen Lösung von 5,7 T. Glykolsäurenitril (OH)—CH_2—CN im Wasserbade digerieren, bis das Anilin verschwunden ist; das abgeschiedene, erstarrende Öl aus Äther + Ligroin umkrystallisieren, Sch.-P. 42°—43°. Gibt verseift **Phenylglycin.** — Analog **o- und p-Tolylaminoacetonitril** C_6H_4—(1) CH_3—(2) NH·CH_2CN und C_6H_4—(1) CH_3—(4) NH·CH_2CN und daraus die beiden **Tolylglycine.**

112 **DRP. 142 559**
A. P. 715 680
E. P. 4434/02

J. pr. 65, 188

1 T. salzsaures Aminoacetonitril (HCl·$NH_2 \cdot CH_2 \cdot$CN) in 2 T. Wasser lösen, mit 1 T. Anilin und 1 T. Sprit vermischen, die klare Lösung mehrere Stunden im Wasserbade erwärmen, Sprit abdestillieren und das abgeschiedene Öl mit Salzsäure waschen. Das in der Kälte zu farblosen Krystallen erstarrte **Anilidoacetonitril** aus Äther umkrystallisieren. Sch.-P. 43°. — Aus 18,5 T. salzsaurem Aminoacetonitril und 21,4 T. p-Toluidin entsteht ebenso **p-Toluidoacetonitril,** Sch.-P. 61° (gibt mit Schwefelsäure das Amid C_6H_4—(1) CH_3—(4) NH·CH_2·$CONH_2$, Sch.-P. 168°), ferner aus Äthylanilin: **Äthylanilidoacetonitril** $C_6H_5 \cdot N \langle {C_2H_5 \atop CH_2 \cdot CN}$, Sch.-P. 24°; aus α-Aminopropionitril CH_3—CH(NH_2)·CN und Anilin: **α-Anilidopropionitril** $C_6H_5 \cdot NH \cdot CH \langle {CH_3 \atop CN}$, Sch.-P. 92°; aus α-Amino-Phenylacetonitril $C_6H_5 \cdot CH(NH_2) \cdot CN$ und Anilin: **Phenylanilidoessigsäurenitril** $C_6H_5 \cdot NH \cdot CH \langle {C_6H_5 \atop CN}$, Sch.-P. 84°—85°. Schließlich erhält man [373] aus 30,8 T. salzsaurem Aminoacetonitril und 53 T. anthranilsaurem Natrium: **ω-Cyanmethylanthranilsäure** (Benzolring mit NH·CH_2CN und COOH).

113 **DRP. 151 538**

Ber. 25, 2028

9,3 T. Anilin + 6,5 T. Cyankali (100%) + 7,5 T. Formaldehyd (40%) + 12 T. Salzsäure (30%) oder: 13 T. salzsaures Anilin + 7,5 T. Formaldehyd + 6,5 T. Cyankali oder: 9,3 T. Anilin + 13,5 T. Blausäure (20%) + 7,5 T. Formaldehyd in 150—200 T. Wasser lösen. Erwärmt findet Ölabscheidung statt. Wenn das Öl erstarrt ist, filtrieren und aus Äther + Ligroin umkrystallisieren; Sch.-P. 43°.

114 **DRP. 157 909**

DRP. 157 840

75 T. Formaldehyd (40%) und 260 T. Bisulfitlösung (40%) kurze Zeit im Wasserbade erwärmt geben Formaldehydbisulfit. 93 T. Anilin eintragen, kurze Zeit auf 90° erwärmen, die erhaltene Lösung des Na-Salzes der **Methylanilin-ω-sulfosäure** mit der Lösung von 70 T. Cyankali (95%) in 200 T. Wasser vermischen und das ausgeschiedene ω-Cyanmethylanilin abfiltrieren. — Analog **ω-Cyanmethyl-o- und p-toluidin** und **ω-Cyanmethylxylidin.** Bei Herstellung des **ω-Cyanmethyl-2-naphthylamins** muß vor der Zugabe der Cyankalilösung zur Lösung des Na-Salzes des **ω-Sulfomethyl-2-naphthylamins** etwa entstandenes Naphthacridin abfiltriert werden. — Vgl. DRP. 157 617 [**1510, 1515, 1516, 2902**]: Eintragen von Anhydroformaldehydanilin in wässerige Blausäure, 2 St. im Wasserbade sieden, erstarrtes Nitril von der Flüssigkeit filtrieren.

115 **DRP. 157 910**
Zusatz zu
DRP. 157 909
—
DRP. 157 840,
DRP. 132 621

α-Cyanäthylanilin $C_6H_5 \cdot NH \cdot CH(CN) \cdot CH_3 = C_9H_{10}N_2 = 146.$

44 T. Acetaldehyd und 260 T. Bisulfitlösung (40%) kurze Zeit im Wasserbad erwärmen, 93 T. Anilin eintragen, auf 90° erwärmen, 70 T. Cyankalium (95%) gelöst in 250 T. Wasser zufügen und erwärmen, bis die Nitrilabscheidung beendet ist, abheben, mit verdünnter Säure schütteln, umkrystallisieren. Sch.-P. 92°.

116 **DRP. 95 268**
A. P. 620 562
F. P. 259 689

Anilidomalonsäure (Ester) $C_6H_5 \cdot NH \cdot CH(COOH)_2 = C_9H_9NO_4 = 195.$

7,4 T. Chlormalonsäure in wenig Wasser lösen, mit 10 T. (2 Mol.) Anilin 1 St. im Wasserbad erwärmen, kalt mit Salzsäure fällen und abfiltrieren. Farblose Nadeln, Sch.-P. 115°. Aus 10 T. Brommalonsäureester und 7,8 T. (2 Mol.) Anilin erhält man nach 1—2-tägigem Stehen (2 St. im Wasserbad erwärmen, mit Salzsäure das Anilin entfernen) **Anilidomalonsäureäthylester** in zuweilen rötlichen Krystallen vom Sch.-P. 45°.

117 **DRP. 98 070**
A. P. 615 828
und 615 829
E. P. 6220/97
F. P. 262 808
und 264 801

Acetanilid $C_6H_5 \cdot NH \cdot CO \cdot CH_3 = C_8H_9NO = 135.$

1 T. Anilin mit 1½—1¾ T. Essigsäure (50%) (d. i. 30% Essigsäure über Theorie) im Autoklaven 30 St. auf 150°—160° erhitzen. Die Masse erstarrt beim Erkalten; destillieren, wobei zuerst Wasser und Essigsäure, dann Acetanilid übergehen; oder mit Natronlauge die Essigsäure abstumpfen, vom Acetanilid dekantieren und dieses umkrystallisieren.

118 **DRP. 84 654**

ω-Chlor-Acetanilid $C_6H_5 \cdot NH \cdot CO \cdot CH_2Cl = C_8H_8ClNO = 169.$

129 T. salzsaures Anilin + 93 T. Chloracetamid auf 120°—130° erhitzen, nach etwa 1 St. in kochendem Wasser lösen, filtrieren; beim Erkalten scheidet sich das ω-Chloracetanilid aus. — Analog Homologe und Substitutionsprodukte.

119 **DRP. 175 586**
F. P. 366 646
—
Ann. **214**, 222;
279, 57
Ber. **10**, 1377

260 T. salzsaures Anilin und 200 T. Chloressigsäure bei 100° verschmelzen, 100 T. Phosphortrichlorid zufließen lassen; wenn die Salzsäureabspaltung beendet ist, kurze Zeit auf 140°—160° erhitzen, kalt in Wasser eintragen, das Produkt abfiltrieren und aus Sprit umkrystallisieren. Sch.-P. 131°—134°. Ebenso mit 250 T. Thionylchlorid oder Phosphoroxy- oder -pentachlorid. Wird auch auf die Anilinhomologen angewendet.

120 **DRP. 59 121**
E. P. 5269/91
F. P. 212 312

Glykokollanilid $C_6H_5 \cdot NH \cdot CO \cdot CH_2NH_2 = C_8H_{10}N_2O = 150.$

10 T. Halogenacetanilid + 250—300 T. stärkstes alkoholisches Ammoniak im Autoklaven 12—24 St. auf 50°—60° erhitzen, Ammoniak und Sprit abtreiben und wiedergewinnen, Rückstand mit viel schwach-salzsaurem Wasser auskochen, kalt filtrieren, Filtrat eindampfen, mit Ammoniak schwach alkalisch stellen, filtrieren, aus dem Filtrat mit überschüssigem Ammoniak das Glykokollanilid fällen. Aus der heißen Lösung des Glykokollanilides in abs. Sprit fällt mit konz. Salzsäure (berechnete Menge) das Chlorhydrat aus. Zahlreiche Homologe, die ebenfalls nur therapeutisches Interesse haben, im Original. Mono- und **Diglykokollanilid**

$$(C_6H_5 \cdot NH \cdot CO \cdot CH_2)_2NH$$

(letzteres entsteht, wenn man nur mit der berechneten Ammoniakmenge arbeitet) könnten für die Teerfarbenindustrie in Betracht kommen.

121 **DRP. 70 813**
—
Ber. **26**, 471, 482;
27, 359, 584,
668, 915,
1181, 2601

Diazobenzolsäure $C_6H_5 \cdot NH \cdot NO_2 = C_6H_6N_2O_2 = 138.$

10 T. Anilin in 30 T. Salzsäure (1,17) lösen, mit 7,4 T. Nitrit diazotieren und die Diazoverbindung zu der mit Eis gekühlten Mischung von 71 T. Ferricyankalium in 250 T. Wasser und 100 T. Natronlauge

(20%) langsam zufügen. Wenn eine Probe + Rhodaminsalz keinen Farbstoff mehr gibt, ausäthern, wässerige Flüssigkeit mit verdünnter Schwefelsäure eben tropäolinviolett stellen, einige Male ausäthern, ätherische Lösung mit Ammoniak schütteln, die Ammoniaklösung vorsichtig ansäuern und ausäthern. Sch.-P. 46°. Starke Säure, verpufft bei 70°.

122 **DRP. 57 944** — Ber. 27, 1522; 27, 1693

Alkylphenylhydrazine symm. (NH·NH·R)

Formylphenylhydrazin (erhalten durch Kochen von Phenylhydrazin mit Ameisensäure) in Xylollösung mit metallischem Natrium erhitzen. Die so erhaltene Na-Verbindung mit Halogenalkyl umsetzen und das Produkt verseifen. (Antipyrinfabrikation.)

123 **DRP. 75 854** F. P. 212 506

Wie [122] aus 20 T. Phenylhydrazin mit 20 T. Formaldehyd. Wasserdampfdestillat bei Luftabschluß oder in Kohlensäureatmosphäre ausäthern, das symmetrische **Methylphenylhydrazin** fraktioniert destillieren.

124 **DRP. 84 138** E. P. 11 216/94 F. P. 239 173

Phenylhydroxylamin (NH·OH) $= C_6H_7NO = 109$.

100 T. Nitrobenzol + 10 T. Chlorcalcium (zur Reaktionsbeschleunigung) mit 400 T. siedendem Sprit (60%) mischen, möglichst schnell 150 T. Zinkstaub eintragen, auf dem Wasserbade erwärmen, bis Anilin aufzutreten beginnt (Chlorkalkreaktion). Filtrieren, im Vakuum bis zur Schichtenbildung destillieren, in Eis stellen, das Hydroxylamin abfiltrieren, mit Ligroin waschen. Aus Benzol weiße, glänzende Nadeln, Sch.-P. 82°. In 10 T. heißem und 20 T. kaltem Wasser leicht löslich. Nach

125 **Zus. DRP. 84 891** — Ber. 24, 1785

arbeitet man mit folgendermaßen hergestelltem verkupferten Zinkstaub: 100 T. Zinkstaub mit viel Wasser anschwemmen, mit einer konz. Lösung von 4 T. Kupfersulfat rühren, bis die Flüssigkeit farblos ist, das rote Pulver abfiltrieren, waschen, trocknen. — S. Angew. Chem. **1903**, 1330.

126 **DRP. 89 978**

12,3 T. Nitrobenzol durch kräftiges Rühren in der Lösung von 6 T. Salmiak in 300 T. Wasser suspendieren, unter 15° allmählich 16 T. Zinkstaub eintragen (kühlen!), nach Verschwinden des Nitrobenzolgeruches vom Zinkoxyd filtrieren, Hydroxylaminlösung direkt verwenden. Bei genauer Arbeit ist im Zinkoxydfiltrat kein Anilin nachweisbar (Chromsäureprobe).

127 **DRP. 151 134** — Zahlreiche Literaturangab. im Orig.

Benzolsulfaminsäure und Homologe ($NH·SO_3H$) $= C_6H_7NO_3S = 143$.

12,5 T. Nitrobenzol mit 36 T. K-Sulfit in 200 T. Wasser lösen, bei 70°—80° oder siedend SO_2 einleiten. Wenn Nitrobenzol verschwunden (nach etwa 45 Min.), vom Gips filtrieren, die Säure als Na-Salz aussalzen. — Ebenso: 14 T. p-Nitrotoluol + 130 T. Bisulfitlösung (40%) oder + 100 T. $^1/_2$—$^1/_3$-neutralisierte Bisulfitlösung oder + 75 T. Na-Sulfit und 45 T. Essigsäure (40%) + 250—300 T. Wasser bis zur Lösung 1 St. kochen, das Na-Salz der **p-Tolylsulfaminsäure** aussalzen oder, besser, die Lösung einengen, vom Glaubersalz filtrieren und dann erst aussalzen, filtrieren, bei 100° trocknen, aus Sprit (95%) umkrystallisieren. Ausbeute 80%. — Mutterlauge mit Salzsäure übersättigen, aufkochen, mit Soda übersättigen, das evtl. gebildete p-Toluidin mit Dampf entfernen und kalt das abgeschiedene Na-Salz der zugleich gebildeten **1, 4, 5-Toluolaminosulfosäure** filtrieren. — **Xylolsulfaminsäure** bildet sich ebenso, jedoch erst nach 5—6 stündigem Sieden. — Zur Gewinnung der **o- und p-Aminobenzolsulfosäuren** werden die so erhaltenen Sulfaminsäuren bzw. ihre Salze für sich oder mit konz. Schwefelsäure erhitzt. Die Umlagerung erfolgt schon mit $^1/_2$ Mol. oder noch weniger konz. Mineralsäure.

128 **DRP. 21 241** — Ann. 190, 150

Diäthylanilin (Homologe) ($N(C_2H_5)_2$) $= C_{10}H_{15}N = 149$.

1 Mol. Anilinbromhydrat + 1 Mol. (+10% Überschuß) Sprit, 8—10 St. im Autoklaven auf 145°—150° erhitzen. (Jodhydrate reagieren schon bei 125°—135°.) Alkalisch stellen und destillieren. 95—98% der Theorie Ausbeute an tertiärer Base. Ohne Überschuß an Sprit erhält man gemischt primäre, sekundäre und tertiäre Basen, wobei die sekundären zu 35—55% überwiegen. Ebenso: **Diäthyl-p-toluidin** und **Diäthyl-o-toluidin.**

129 **DRP. 250 236**

93 T. Anilin und 96 T. Methylalkohol (Sprit, Isoamylalkohol) mit 1 T. Jod 7 bzw. 10 St. auf 230°—240° erhitzen, das Produkt vom Wasser trennen und das Jod mit Alkali entfernen. Im Vakuum destilliert **Dimethylanilin** bzw. Diäthylanilin bzw. **Diisoamylanilin.** — Aus Benzophenon und Anilin erhält man ebenso **Benzophenonanil** $C_6H_5—C(=N\cdot C_6H_5)—C_6H_5$. Über die technische Herstellung des Dimethylanilins, Apparate, Einzelheiten der Arbeitsweise im Betrieb, Prüfung usw. s. Chem.-Ztg. **1910**, 681, 690, 701.

---

130 **DRP. 163 043**
A. P. 778 772
E. P. 13 956/04
F. P. 350 002
Ber. **17**, 677; **22**, 2092; J. pr. **44**, 17

ω-Oxydiäthylanilin $C_6H_5\cdot N\langle^{C_2H_5}_{CH_2\cdot CH_2OH}$ $= C_{10}H_{15}NO = 165.$

Aus 242 T. Monoäthylanilin, 300 T. Wasser und 80 T. Glykolchlorhydrin durch zweistündiges Kochen.

---

131 **DRP. 58 276**
E. P. 13 627/90
F. P. 206 567

N-Äthylphenylglycin $C_6H_5\cdot N\langle^{C_2H_5}_{CH_2\cdot COOH}$ $= C_{10}H_{13}NO_2 = 179.$

2 Mol. Monoäthylanilin + 1 Mol. Monochloressigsäure 3 St. auf 100°, dann 4 St. auf 110°—115° erhitzen, die Masse in Wasser eintragen, alkalisch stellen, das überschüssige Monoäthylanilin mit Dampf abblasen, wässerige Lösung mit Essigsäure versetzen. Wasserlösliches, gelbes, dickes, nicht erstarrendes Öl. Rest aus der Mutterlauge ausäthern.

---

132 **DRP. 181 723**
Zusatz zu DRP. 157 909
DRP. 132 621
DRP. 157 910

ω-Cyandimethylanilin $C_6H_5\cdot N\langle^{CH_3}_{CH_2CN}$ $= C_9H_{10}N_2 = 146.$

Wie [110—114] aus Monomethylanilin, Formaldehydbisulfit und Cyankalium.

---

133 **DRP. 153 193**
Ber. **37**, 2636, 2825

ω-Sulfodimethylanilin $C_6H_5\cdot N\langle^{CH_3}_{CH_2\cdot SO_3H}$ $= C_8H_{11}NO_3S = 201.$

107 T. Monomethylanilin in ein warmes Gemenge von 75 T. Formaldehyd (40%) und 275 T. Natriumbisulfitlösung (40°) einrühren. In der Kälte krystallisiert ω-Sulfodimethylanilin (N-Phenylmethylaminomethansulfosäure) als Natriumsalz aus. Analoge Verbindungen aus Äthylanilin, Benzylanilin, Piperidin usw. — Mit Cyankalium entsteht aus dem Salz des ω-Sulfodimethylanilins **ω-Cyandimethylanilin** [132].

In der gleichen Weise sind auch aus aromatischen Hydrazinen ω-Sulfosäuren und Cyanide (s. vorstehendes Patent) darstellbar. Die Reaktion kann ferner zur Reinigung der Nitrile von etwa beigemengten Aminen und zur Trennung von Amingemischen Anwendung finden, da die Nitrile und tertiäre Amine überhaupt keine Sulfosäure, manche Amine nur mit Formaldehydbisulfit (nicht aber mit anderen Aldehydbisulfiten) ω-Sulfosäuren zu liefern vermögen.

---

134 **DRP. 156 760**
DRP. 132 621
Ber. **27**, 1804
Ann. **302**, 335

Diphenylaminverbindungen aus 1 Mol. Formaldehyd und 2 Mol. primärem Amin oder sekundärem Amin vom Typus $C_6H_5\cdot NHCH_3$ mit Bisulfit behandeln: $(ArNR)_2CH_2 + HSO_3Na = ArNR\cdot CH_2\cdot SO_3Na + ArNHR$ (Ar = aromatischer Rest, R = H oder aliphatischer Rest).

Zur Herstellung von **ω-Sulfomethyl-p-toluidin** trägt man 22,6 T. Methylendi-p-toluidin [1808] in 50 T. Bisulfit (40%) bei 80° ein, verdünnt mit dem gleichen Volumen warmem Wasser und trennt das abgeschiedene Öl von der warmen wässerigen Lösung, aus welcher beim Erkalten die Bisulfitverbindung auskrystallisiert. Diese kann durch Eintragen in eine wässerige Lösung von 7,2 T. Cyankalium in das Nitril übergeführt werden.

Zur Herstellung von **ω-Sulfomethyläthylanilin** wird das aus 121 T. Monoäthylanilin + 40 T. Formaldehyd (38%) gewonnene **Methylendimonoäthylanilin** $(C_6H_5\cdot N\cdot C_2H_5)_2CH_2$ noch flüssig in 175 T. 80° warme Bisulfitlösung (30%) eingetragen und das Äthylanilin abgetrennt. Aus der wässerigen Lösung krystallisiert beim Erkalten die Bisulfitverbindung aus. Aus dieser kann mit Cyankalium das Nitril, ein schwer erstarrendes Öl, gewonnen werden, das beim Stehen in konz. Schwefelsäure das Amid (Sch.-P. 114°—115°), mit Schwefelammon das Thiamid (Sch.-P. 140°) und mit Hydroxylamin das Amidoxim (Sch.-P. 72°) gibt.

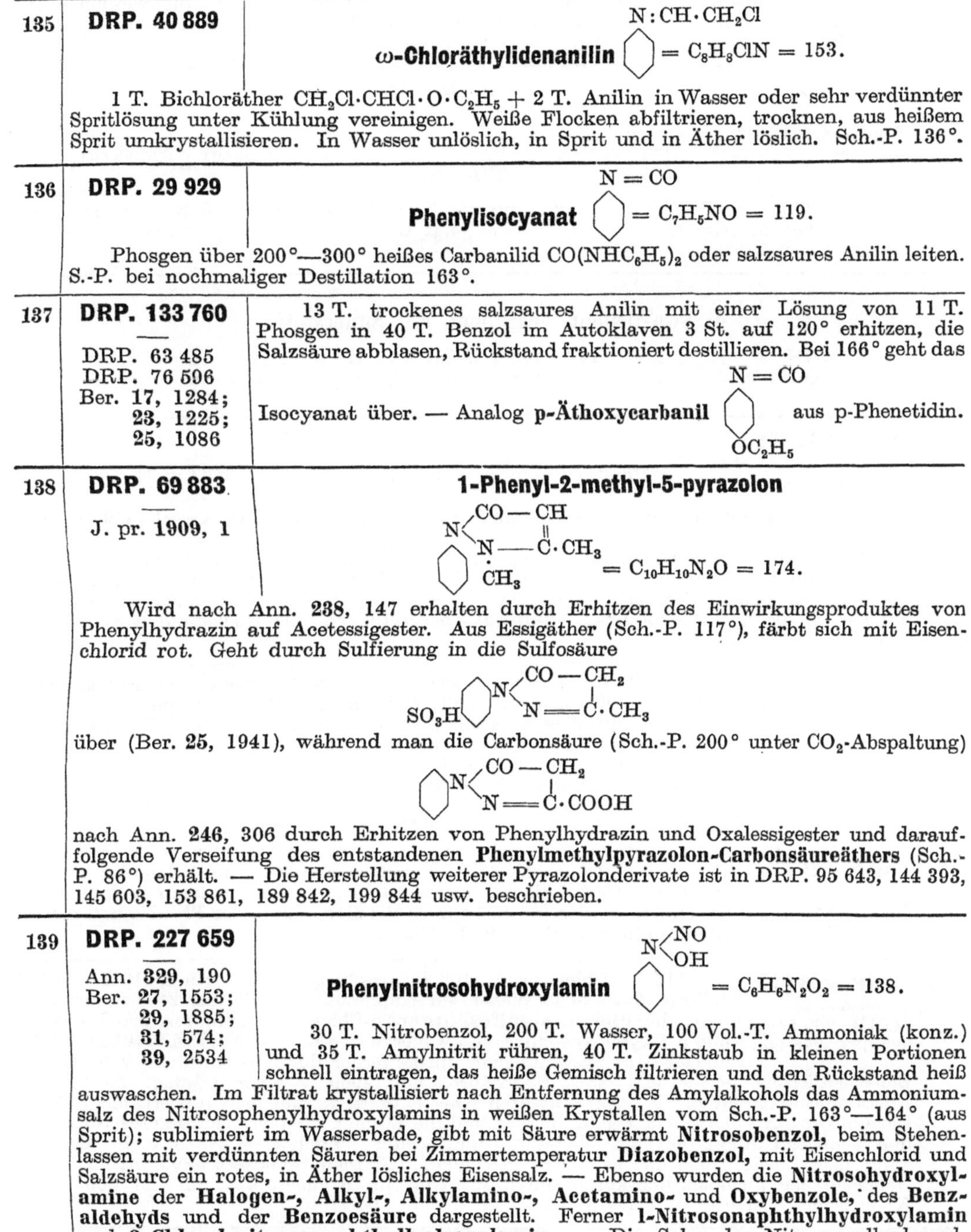

135 **DRP. 40 889**

ω-Chloräthylidenanilin $C_6H_5 \cdot N:CH \cdot CH_2Cl = C_8H_8ClN = 153$.

1 T. Bichloräther $CH_2Cl \cdot CHCl \cdot O \cdot C_2H_5$ + 2 T. Anilin in Wasser oder sehr verdünnter Spritlösung unter Kühlung vereinigen. Weiße Flocken abfiltrieren, trocknen, aus heißem Sprit umkrystallisieren. In Wasser unlöslich, in Sprit und in Äther löslich. Sch.-P. 136°.

---

136 **DRP. 29 929**

Phenylisocyanat $C_6H_5 \cdot N=CO = C_7H_5NO = 119$.

Phosgen über 200°—300° heißes Carbanilid $CO(NHC_6H_5)_2$ oder salzsaures Anilin leiten. S.-P. bei nochmaliger Destillation 163°.

---

137 **DRP. 133 760**

—

DRP. 63 485
DRP. 76 596
Ber. **17**, 1284; **23**, 1225; **25**, 1086

13 T. trockenes salzsaures Anilin mit einer Lösung von 11 T. Phosgen in 40 T. Benzol im Autoklaven 3 St. auf 120° erhitzen, die Salzsäure abblasen, Rückstand fraktioniert destillieren. Bei 166° geht das Isocyanat über. — Analog **p-Äthoxycarbanil** $C_2H_5O \cdot C_6H_4 \cdot N=CO$ aus p-Phenetidin.

---

138 **DRP. 69 883**

—

J. pr. **1909**, 1

1-Phenyl-2-methyl-5-pyrazolon

$C_6H_5 \cdot N\langle{}^{CO-CH}_{N(CH_3)-C \cdot CH_3} = C_{10}H_{10}N_2O = 174$.

Wird nach Ann. **238**, 147 erhalten durch Erhitzen des Einwirkungsproduktes von Phenylhydrazin auf Acetessigester. Aus Essigäther (Sch.-P. 117°), färbt sich mit Eisenchlorid rot. Geht durch Sulfierung in die Sulfosäure

$SO_3H \cdot C_6H_4 \cdot N\langle{}^{CO-CH_2}_{N=C \cdot CH_3}$

über (Ber. **25**, 1941), während man die Carbonsäure (Sch.-P. 200° unter CO_2-Abspaltung)

$C_6H_5 \cdot N\langle{}^{CO-CH_2}_{N=C \cdot COOH}$

nach Ann. **246**, 306 durch Erhitzen von Phenylhydrazin und Oxalessigester und darauffolgende Verseifung des entstandenen **Phenylmethylpyrazolon-Carbonsäureäthers** (Sch.-P. 86°) erhält. — Die Herstellung weiterer Pyrazolonderivate ist in DRP. 95 643, 144 393, 145 603, 153 861, 189 842, 199 844 usw. beschrieben.

---

139 **DRP. 227 659**

—

Ann. **329**, 190
Ber. **27**, 1553; **29**, 1885; **31**, 574; **39**, 2534

Phenylnitrosohydroxylamin $C_6H_5 \cdot N\langle{}^{NO}_{OH} = C_6H_6N_2O_2 = 138$.

30 T. Nitrobenzol, 200 T. Wasser, 100 Vol.-T. Ammoniak (konz.) und 35 T. Amylnitrit rühren, 40 T. Zinkstaub in kleinen Portionen schnell eintragen, das heiße Gemisch filtrieren und den Rückstand heiß auswaschen. Im Filtrat krystallisiert nach Entfernung des Amylalkohols das Ammoniumsalz des Nitrosophenylhydroxylamins in weißen Krystallen vom Sch.-P. 163°—164° (aus Sprit); sublimiert im Wasserbade, gibt mit Säure erwärmt **Nitrosobenzol,** beim Stehenlassen mit verdünnten Säuren bei Zimmertemperatur **Diazobenzol,** mit Eisenchlorid und Salzsäure ein rotes, in Äther lösliches Eisensalz. — Ebenso wurden die **Nitrosohydroxylamine** der **Halogen-, Alkyl-, Alkylamino-, Acetamino-** und **Oxybenzole,** des **Benzaldehyds** und der **Benzoesäure** dargestellt. Ferner **1-Nitrosonaphthylhydroxylamin** und **8-Chlor-1-nitrosonaphthylhydroxylamin.** — Die Salze der Nitrosoarylhydroxylamine sind sehr beständig.

---

140 **DRP. 59 062**

—

Ann. **274**, 173
Ber. **23**, 3480

Thionylanilin $C_6H_5 \cdot N:SO = C_6H_5NOS = 139$.

Anilin oder Anilinchlorhydrat in Benzol lösen bzw. suspendieren, mit dem gleichen Gewicht Thionylchlorid 1 St. unter Rückfluß kochen, filtrieren, destillieren. Nach Entfernung des Benzols geht bei 200° das Thionylanilin über. Gelbe Flocken; gibt mit Basen und Kondensationsmitteln Farbstoffe. — Analog **Thionyltoluidin.**

---

141 **DRP. 112 177** — Apoth.-Z. **1912**, 18

Trimethylphenylammoniumchlorid

$C_6H_5-\ddot{N}(CH_3)_2(Cl)-CH_2-C_6H_4-SO_3\cdot CH_3$ $\qquad$ $C_6H_5-N{\equiv}(Cl)(CH_3)_3\cdot C_6H_4(SO_3H)(CH_3)$

Wie [**93**]. 121 T. Dimethylanilin und 186 T. p-Toluolsulfosäuremethylester bis zum Reaktionsbeginn erhitzen. Das p-Toluolsulfonat des Trimethylphenylammoniums ist in Wasser löslich.

---

d) Substituent, beginnend mit Sauerstoff.

OH	142—145	$O\cdot CH_2\cdot COOH$	147
O·Na	146	$O\cdot CH_2\cdot N(CH_3)_2$	148—151

---

142 **DRP. 192 881** — DRP. 12 938

Phenol (Hom. u. Subst.-Prod.) $C_6H_5OH = C_6H_6O = 94.$

(Die Verfahren der Phenolabscheidung aus Teerölen sind beim Kresol [**439 f.**] aufgenommen.)

Phenol- bzw. Naphtholalkalischmelzen mit Wasser auslaugen, vom ungelösten Sulfit trennen und unter Druck bei 170° sauerstofffreies Kohlenoxyd (aus Generatorgas) einpressen. Der Druckkessel ist mit einer fast unter gleichem Druck stehenden Vorlage verbunden, in die das Phenol bzw. **Naphthol** überdestilliert. Als Rückstand wird Alkaliformiat gewonnen.

---

143 Anm. M. 46 173 Kl. 12q. 10. 10. 12 K. Meyer und F. Bergius. A. P. 1 062 351 E. P. 25 555/12 F. P. 450 305

100 T. Chlor-(Brom-)benzol mit 400 T. Wasser im Autoklaven 10 St. auf 300° oder mit 400 T. Natronlauge (10%) 8 St. auf 280°—300° erhitzen. Mit Wasser erhält man 5%, mit Natronlauge 70% Ausbeute (Ansäuern mit konz. Schwefelsäure) neben 10% eines bei 240° siedenden Öles. Näheres Ber. **47**, 3155, auch über Bildung von **p-Kresol** aus Chlortoluol und von **α-Naphthol** aus Chlornaphthalin. Vgl. ebd. S. 3160: Phenole aus Sulfosäuren. Vgl. Anm. A. 24 027 Kl. 12q. 26. 5. 13, Berlin, ferner Anm. M. 53 721 Kl. 12q Meyer u. Bergius.

---

144 **DRP. 281 175** — Wiener Monatsh. 1886, 621

30 T. Chlorbenzol, 36 T. Ätznatron und 70 T. Methylalkohol 40 St. auf 190°—195° erhitzen. Ausbeute 90%. — Analog kann **1-Naphthol** gewonnen werden. — Siehe auch die Herstellung der Phenole und ihrer Abkömmlinge nach A. P. 1 321 271.

---

145 **DRP. 288 116** Zusatz zu DRP. 269 544, 284 533, 286 266

115 T. Chlorbenzol, 100 T. frisch gelöschter Kalk, 10 T. Jodkalium und 500 T. Wasser im Kupferkessel 30 St. bei 240° schütteln. — Analog **Phenol-p-sulfosäure** aus p-Chlorbenzolsulfosäure und **Salicyl-** und **p-Oxybenzoesäure** aus o-Chlorbenzoesäure. — Nach E.P. 101807/1916 und 522/1916 gewinnt man Phenol ferner durch Behandlung von 100 T. Benzolsulfierung (enthaltend 85% Sulfosäure) mit 2000 T. einer Lösung, die 244 T. Natriumbisulfat und 100 T. feingepulverten Kalk enthält, worauf man filtriert, mit 145 T. Bariumhydroxyd behandelt, wieder filtriert und die Lösung, die benzolsulfosaures Natrium und genügend Alkali enthält, eindampft und weiter schmilzt. — Nach E. P. 108 938 kann man Phenol auch in der Weise gewinnen, daß man Rohkresol oxydiert, aus dem Gemenge der Phenolcarbonsäuren durch Erhitzen im Kohlensäurestrom auf 300° die Kohlensäure abspaltet und das freiwerdende Phenol abdestilliert.

---

146 Anm. R. 15 192 29. 7. 01 Raschig

Phenolnatrium $C_6H_5ONa = C_6H_5NaO = 116.$

Benzolsulfosaures Natrium mit Ätznatron verschmelzen, mit einer zur Lösung unzureichenden Wassermenge der Schmelze nur das Phenolnatrium und Ätznatron entziehen, vom schwerlöslichen Na-Sulfit abfiltrieren und das Filtrat mit der dem vorhandenen Ätznatron entsprechenden Phenolmenge eindampfen.

147 | **DRP. 79514** — J. pr. 19, 396; 20, 269

Phenoxyessigsäure $C_6H_5 \cdot O \cdot CH_2 \cdot COOH = C_8H_8O_3 = 152.$

Trennung von Phenol-(Kresol-)gemischen durch Überführung in Phenoxyacetsäuren, deren Natriumsalze fraktioniert krystallisiert werden. Die einfachste dieser **Phenoxyacetsäuren,** die Phenoxyessigsäure, wird nach J.ber. üb. d. Fortschr. d. Chem. **1859**, 361 in der Weise dargestellt, daß man je 1 T. Phenol und Chloressigsäure allmählich mit 4 T. Natronlauge (1,3) versetzt, das ausgeschiedene phenoxyacetsaure Natrium abpreßt und mit verdünnter Salzsäure zerlegt. Die Ausbeute steigt, wenn man 10 T. Phenolnatrium und 12 T. Chloressigsäure über freiem Feuer erhitzt. Aus Wasser Nadeln vom Sch.-P. 96°; S.-P. (unter geringer Zersetzung) bei 285°.

---

148 | **DRP. 89979** — Ber. 21, 2118; 27, 2409; 28, Ref. 851

Dimethylaminomethyl-Phenyläther (Homologe u. Substitutionsprod.) $C_6H_5 \cdot O \cdot CH_2 \cdot N(CH_3)_2 = C_9H_{13}NO = 151.$

Einführung der Gruppe $—O \cdot CH_2 \cdot NR_2$ an Stelle von Phenolhydroxyl durch Einwirkung von sekundären Aminen und Formaldehyd auf Phenole, Naphthole, Dioxynaphthaline. Z. B.: 9,4 T. Phenol + 50 Vol.-T. Sprit + 13,5 T. wässerige Dimethylaminlösung (33%) + 7,5 T. Formaldehyd (40%) rühren. Die Masse erwärmt sich; Sprit abdestillieren, Rückstand in Salzsäure lösen, filtrieren, aus dem Filtrat mit konz. Natronlauge die Verbindung als in Wasser ziemlich leicht lösliches Öl fällen.

Analog: **Dimethylaminomethyl-2-naphtholäther** und **Dimethylaminomethyl-7-oxy-2-naphtholäther** $HO \cdot C_{10}H_6 \cdot O \cdot CH_2 \cdot N(CH_3)_2$.

Auch Piperidin und Piperazin reagieren in gleicher Weise wie aliphatische sekundäre Amine. Nach

149 | **Zus.DRP. 90907** und
150 | **Zus.DRP. 90908**

werden zuerst aus Formaldehyd und sekundären Aminen die tertiären Amine $CH_2{<}^{NR_2}_{NR_2}$ bzw. die substituierten Aminomethylalkohole $OH \cdot CH_2 \cdot NR_2$ gebildet und dann diese Produkte mit Phenolen umgesetzt. Nach

151 | **DRP. 92309** — E. P. 8988/95 — F. P. 250440

reagieren Phenol zum Teil, Acetaminophenole und Oxychinolin zur Gänze abweichend von der Regel, indem an Stelle des Hydroxylwasserstoffes Kernwasserstoff durch $—CH_2 \cdot NR_2$ ersetzt wird.

---

e) Substituent, beginnend mit Schwefel.

---

152 | **DRP. 296986** — Ber. 20, 1851; 28, 2319; J.pr.(N.F.)41, 187

Thiophenol (Homologe) $C_6H_5 \cdot SH = C_6H_6S = 110.$

Cyclohexan mit Schwefel 24—48 St. unter 50—100 Atm. Druck auf 240°—280° erhitzen. Man erhält nach fünfmaligem Erhitzen des nicht in Reaktion getretenen Kohlenwasserstoffes aus 100 T. Cyclohexan 13 T. Thiophenol. — Analog **Thiokresol** und **Thioxylenol** aus Methylcyclohexan bzw. Dimethylcyclohexan.

---

153 | Anm. C. 22138, Kl. 12q. 10. 4. 13 Claaß. — Ber. 45, 2424

Disulfide warm, alkalisch mit Traubenzucker reduzieren.

154 **DRP. 181 658**
E. P. 11 174/06
F. P. 366 612

Phenylthioglykolsäure (Homologe und Substitutionsprodukte)

$S \cdot CH_2 \cdot COOH$ (Benzolring) $= C_8H_8O_2S = 168.$

Diazolösung aus 46 T. Anthranilsäure, 40 T. konz. Salzsäure, 23 T. Nitrit und Wasser zwischen 0° und 5° in eine Polysulfidlösung aus 80 T. Schwefelnatrium, 11 T. Schwefel und Wasser einlaufen lassen. Wenn die Stickstoffentwicklung beendet ist (stets unter 10°), ansäuern, das ausgefallene Gemisch (Schwefelderivat der Benzoesäure und Schwefel) kalt in Soda lösen, filtrieren, eine Lösung von 41 T. chloressigsaurem Natrium und 40 T. Natronlauge zugeben, auf 80° erhitzen, filtrieren, Filtrat ansäuern und die ausgefallene **Phenylthioglykol-o-carbonsäure** filtrieren. Gibt unter CO_2-Abspaltung Phenylthioglykolsäure.

---

155 **DRP. 194 040**
—
Ber. 17, 2075

Die Diazolösung aus 9,3 T. Anilin in eine zimmerwarme Lösung von 10 T. Thioglykolsäure einfließen lassen, den krystallinischen Niederschlag der **Diazobenzolthioglykolsäure** $C_6H_5 \cdot N_2 \cdot S \cdot CH_2 \cdot COOH$ durch Kochen (Stickstoffabspaltung) zersetzen und die Krystalle der Phenylthioglykolsäure abfiltrieren. — Ebenso aus 17,5 T. p-Bromanilin: **p-Bromphenylthioglykolsäure** $Br \cdot C_6H_4 \cdot S \cdot CH_2 \cdot COOH$, farblose Nadeln vom Sch.-P. 117° und aus 10,7 T. p-Toluidin: **p-Tolylthioglykolsäure** $CH_3 \cdot C_6H_4 \cdot S \cdot CH_2 \cdot COOH$, aus Äther oder Ligroin lange Nadeln vom Sch.-P. 93°. Sie ist auch in der Weise herstellbar, daß man die filtrierte, luftgetrocknete Diazotoluolthioglykolsäure in der 5—10-fachen Ligroinmenge bis zur Beendigung der Stickstoffabspaltung auf 60°—70° erhitzt, mit verdünnten Alkalien ausschüttelt und das Ligroin abdestilliert. Nach

156 **Zus. DRP. 201 231**

wird **Phenylthioglykol-o-carbonsäure** gewonnen, indem das Reaktionsprodukt von 13,7 T. diazotierter Anthranilsäure und der berechneten Menge Thioglykolsäure mit Wasser und 0,2 T. molekularem Kupfer bei 20°—25° verrührt wird. Nach Beendigung der Stickstoffentwicklung aufarbeiten. Nach

157 **Zus. DRP. 201 232**

werden Diazoanthranilsäure und Thioglykolsäure in schwach alkalischer Lösung kombiniert, hierauf angesäuert, abfiltriert, der Rückstand in verdünnter Sodalösung gelöst, gekocht. Nach Beendigung der Stickstoffentwicklung mit Salzsäure die **Phenylthioglykol-o-carbonsäure** fällen.

---

158 **DRP. 95 830**
E. P. 26 139/96
F. P. 252 787
und Zusatz
—
Ber. 23, 1218;
23, 1454;
25, 1086;
32, 1136;
Ch.-Ztg. 21, 799

Benzolsulfinsäure (Homologe und Substitutionsprodukte)

SO_2H (Benzolring) $= C_6H_6O_2S = 142.$

1 T. Anilin in 3 T. konz. Schwefelsäure und 15 T. Wasser lösen, diazotieren, die Diazolösung unter Kühlung möglichst schnell in überschüssige kalte, gesättigte, wässerige Lösung von SO_2, in der 6 T. Kupferpulver suspendiert sind, einfließen lassen, nach Beendigung der heftigen Stickstoffentwicklung ausäthern; Sch.-P. 83°—84°. — Ebenso werden **o-Anisidin, o-Toluidin, 1-Naphthylamin-4-sulfosäure, Tetramethyldiaminodiphenylaminotolylmethan** über die Diazoverbindungen mit SO_2 und Kupferpulver oder Kupferoxydul oder Kupferoxydulhydrat oder mit Kupfersulfit direkt (E. P. 23 047/97) in die **Sulfinsäuren** übergeführt. Nach

159 **Zus. DRP. 100 702**

trägt man Kupferoxydul als Paste in die Diazolösung ein und behandelt mit SO_2.

---

160 **DRP. 130 119**
E. P. 12 872/00

Diazoverbindungen mit geringen Mengen Kupfer oder Kupfersalzen (-oxydul, -oxyd) bei Gegenwart von Bisulfit und Sprit umsetzen. Z. B.: 9,3 T. Anilin in 40 T. Salzsäure (20%) mit 7 T. Nitrit in 10 T. Wasser gelöst bei 0°—5° diazotieren, die Diazolösung bei 0°—5° mit 30 T. Natriumbisulfitlösung (40%), 30 T. einer Lösung von Schwefeldioxyd in Sprit (35%) und einer konz. wässerigen Lösung von 2,5 T. Kupfersulfat versetzen, Temperatur auf 15°—20° steigen lassen, wenn die Stickstoffentwicklung beendet ist, mit Soda neutralisieren, Sprit abdestillieren, kalt filtrieren, Filtrat mit Salzsäure ansäuern, die abgeschiedene Sulfinsäure filtrieren, in Soda lösen und mit Salzsäure fällen.

161 **DRP. 171 789**

100 T. Aluminiumchlorid unter Kühlung in 200 T. Benzol eintragen, 3 T. Salzsäuregas einleiten, weiter zwischen 5° und 10° während 5 St. trockenes Schwefeldioxydgas einleiten, 24 St. bei Feuchtigkeitsausschluß stehen lassen, auf Eis gießen, den Brei in 125 T. Natronlauge und 600 T. Wasser lösen, Dampf einleiten, wenn der Benzolüberschuß entfernt ist, Kohlendioxyd einleiten, vom Aluminiumoxydhydrat filtrieren, Filtrat einengen und die Benzolsulfinsäure mit konz. Schwefelsäure abscheiden. Sch.-P. roh 81°, rein 83°—84°. Wenn das Ausgangsmaterial nicht mit Wasserdampf flüchtig ist, einen größeren Überschuß desselben verwenden und in Schwefelkohlenstofflösung usw. arbeiten.

162 **DRP. 224 019**
—
Vgl. E. P. 7288/06

191 T. p-Toluolsulfochlorid in eine heiße Lösung von 300 T. Schwefelnatrium in 300 T. Wasser einrühren, $^1/_2$—1 St. im Dampfbad erhitzen, filtrieren und bei 0° absaugen. Das erhaltene sulfinsaure Natrium wird durch Salzsäure zerlegt. Die **o-Toluolsulfinsäure** scheidet sich unter 0° bei längerem Stehen ab. — Ebenso **Benzolsulfinsäure, 1-Chlorbenzol-4-sulfinsäure, ψ-Kumolsulfinsäure**

CH_3
SO_2H (Benzolring) CH_3
CH_3

und **1-Naphthalinsulfinsäure.**

163 **DRP. 71 556**

Benzolmonosulfosäure (Homologe) (Benzolring mit SO_3H) $= C_6H_6O_3S = 158.$

Benzol (aromatischen Kohlenwasserstoff) mit gleichem Volumen Schwefelsäure (66°) durchschütteln, dann so viel trockene geglühte Infusorienerde zugeben, daß sich ein dünner Brei bildet. Nach 4 Tagen ist die Monosulfosäure gebildet. Die Umsetzung ist nicht immer vollständig, da sich verschiedene Infusorienerden verschieden verhalten. Nach

164 **Zus. DRP. 74 639** verwendet man statt Infusorienerde Tierkohle.

165 **DRP. 113 784**
—
Ber. 23, 1912

100 T. Benzol und 250 T. Polysulfat ($NaH_3(SO_4)_2$) unter Rückfluß längere Zeit im Wasserbad erwärmen, bis das Benzol aufgenommen ist.

$$C_6H_4\genfrac{}{}{0pt}{}{NH_2}{H} + NaH_3(SO_4)_2 = C_6H_4\genfrac{}{}{0pt}{}{NH_2}{SO_3H}\cdot NaHSO_4.$$

Das zähflüssige, beim Erkalten krystallinisch erstarrende Produkt in Wasser lösen, mit Kalkmilch neutralisieren, kochen, vom Gips filtrieren, Filtrat eindampfen, von etwas Gips abgießen und krystallisieren lassen.

166 **DRP. 199 959**
A. P. 889 799
E. P. 2565/07
F. P. 373 338
—
Ber. 24, 2124

58 T. Benzolrohsulfierung (10% Wasser enthaltend) allmählich mit 12 T. Kochsalz versetzen, vorsichtig erhitzen, den entweichenden Chlorwasserstoff verdichten. Bei 130°—140° erfolgt Schichtenbildung, unten Bisulfat (90—95%), oben Sulfosäure als Na-Salz. Durch aufeinanderfolgendes Ausfließenlassen gut trennbar. — Kontinuierliche Darstellung von Sulfonsäuren arom. Kohlenwasserstoffe: F. P. 499 782.

167 **DRP. 229 537**
E. P. 24 326/06
F. P. 371 089

800 T. Benzol + 2000 T. Schwefelsäure (66°) sulfurieren. Die Sulfosäureschmelze in eine Lösung oder Suspension von 1700 T. calcinierter Soda in 5000 T. Wasser einlaufen lassen. Das Kohlendioxyd ableiten. Längere Zeit kochen, das abgeschiedene Sulfat absaugen, mit kochender Sulfatlauge waschen und das Salz gewinnen. Die Lauge wird bei der nächsten Operation statt des Wassers zur Bereitung der Sodalösung benützt. An Stelle von Soda kann auch Sulfit verwendet werden — Vgl. Herst. der Benzolsulfonsäuren nach E. P. 127 614.

2. Benzol mit zwei Substituenten.

a) Halogen mit (Hal., C, N, O, S).

Cl—2 CH:CH·COOH	14, 177, 460	Cl—2 NH·CO·CH_2·$COCH_3$	197
Cl—2 CHBr·COOH	178	Cl—3 NR_2	196
Cl—2 (3) (4) CHO	30, 40, 179, 185—187	Cl—4 N(NR) (NH_2)	198
Br—3 CHO	188	Cl—N(NO) (OH)	139
Cl—2 (4) C⋮Cl_3	171, 176, 189	Cl(Br)—2 (4) OH	199—202, 206
Cl—4 CN	59	Cl—2 O·K(Na)	1988
Cl—2 (3) (4) COOH	184, 190—192	Cl—2 (3) OR	203—205
Cl—2 (4) NO_2	193, 194	Br—4 S·CH_2·COOH	155
Cl—3 NH·R	196	Cl—4 SO_2H	162
Cl—2 NH·CH_2·SO_3H	1313	Cl—2 SO·CH_2·COOH	207

168 **DRP. 280 739**

Ber. 42, 764

1, 4-Dichlorbenzol (Cl, Cl) $= C_6H_4Cl_2 = 146$.

Wie [2] aus 1, 4-Dinitrobenzol und Thionylchlorid. Ebenso **1, 3-Dichlorbenzol.**

169 **DRP. 133 000**

Ann. 221, 210

o-Chlortoluol (Cl, CH_3) $= C_7H_7Cl = 126$.

In 85 T. p-Toluolsulfochlorid und 2 T. Antimontrichlorid bei 70°—80° bis zur Gewichtszunahme von 15$^1/_2$ T. trockenes Chlor einleiten. Das so erhaltene **o-Chlor-p-toluolsulfochlorid** gibt mit Alkali erwärmt Salze der **o-Chlortoluolsulfosäure,** die ebenso wie das Chlorid mit Schwefelsäure (80%) erhitzt die Sulfogruppe abspaltet. S.-P. des o-Chlortoluols 159°—160°.

170 **DRP. 294 638**

300 T. geschmolzenes p-Toluolsulfochlorid in 300 T. 95° warme Schwefelsäure (60°) einfließen lassen, bis zur völligen Entfernung des Chlorwasserstoffes 2 St. bei 100° rühren, bei 20° 3 T. sublimiertes Eisenchlorid zugeben und die nunmehr etwa 49,5° Bé spindelnde Lösung durch Einleiten von Chlor auf 53,5° Bé bringen. Zur Abspaltung der Sulfogruppe auf 180° erhitzen und mit überhitztem Wasserdampf das o-Chlortoluol übertreiben.

171 **DRP. 280 739**

Halogensubstituierte Chlortoluole.

p-Nitrotoluol mit Thionylchlorid erhitzt, gibt je nach der Erhitzungsdauer ein verschieden zusammengesetztes Gemenge von **p-Chlor-benzylchlorid, -benzalchlorid** und **-benzotrichlorid.** — **o-Chlorbenzylbromid** nach J. Chem. Soc. **1916,** 570 aus o-Chlortoluol und Brom.

172 **DRP. 128 046**

Ber. 25, 3291
DRP. 48 722,
DRP. 110 010
E. P. 11 259/98

o- und **p-Chlorbenzylalkohol** (Cl, CH_2OH) (Cl, CH_2OH) $= C_7H_7ClO = 142$.

500 T. o-Nitrotoluolchlorierungsöl mit einer Lösung von 300 T. Soda in 4000 T. Wasser 24 St. bei 85° unter Luftabschluß rühren, den Prozeß der Verseifung durch Bestimmung des zunehmenden Kochsalzgehaltes verfolgen, kalt das ölige Gemenge von Chlor- und Nitrobenzylalkohol, o-Nitrotoluol und o-Chlortoluol von der Sodalösung trennen und nach

173 **DRP. 128 998**

im Vakuum fraktioniert destillieren. In den ersten Fraktionen geht reines o-Chlortoluol, dann reines Nitrotoluol (S.-P. 218°), dann nach einer Zwischenfraktion reiner o-Chlorbenzylalkohol (S.-P. 230°) über. Der Rückstand ohne Fraktioniervorrichtung direkt destilliert gibt **o-Nitrobenzylalkohol** vom S.-P. über 270°. Die S.-P. beziehen sich auf Normaldruck.)

174 **DRP. 215 704**

Zusatz zu
DRP. 207 157

Trennung der Gemische von o- und p-Chlorbenzylalkohol:

Das geschmolzene Gemisch auf 41° abkühlen, wobei ein Teil des vorwiegend vorhandenen Alkohols auskrystallisiert. Den auskrystallisierten Anteil abnutschen oder abschleudern, den flüssigen Anteil, vorteilhaft im Vakuum, so weit fraktioniert destillieren, als aus dem Destillat beim Abkühlen auf 41° noch o-Chlorbenzylalkohol auskrystallisiert, Destillat sowie Destillationsrückstand bei 41° krystallisieren lassen. Der auskrystallisierte Anteil des Destillates ist o-Chlorbenzylalkohol, der des Rückstandes p-Chlorbenzylalkohol. Die abgeschleuderten flüssigen Anteile vereinigen, wieder fraktioniert destillieren usw.

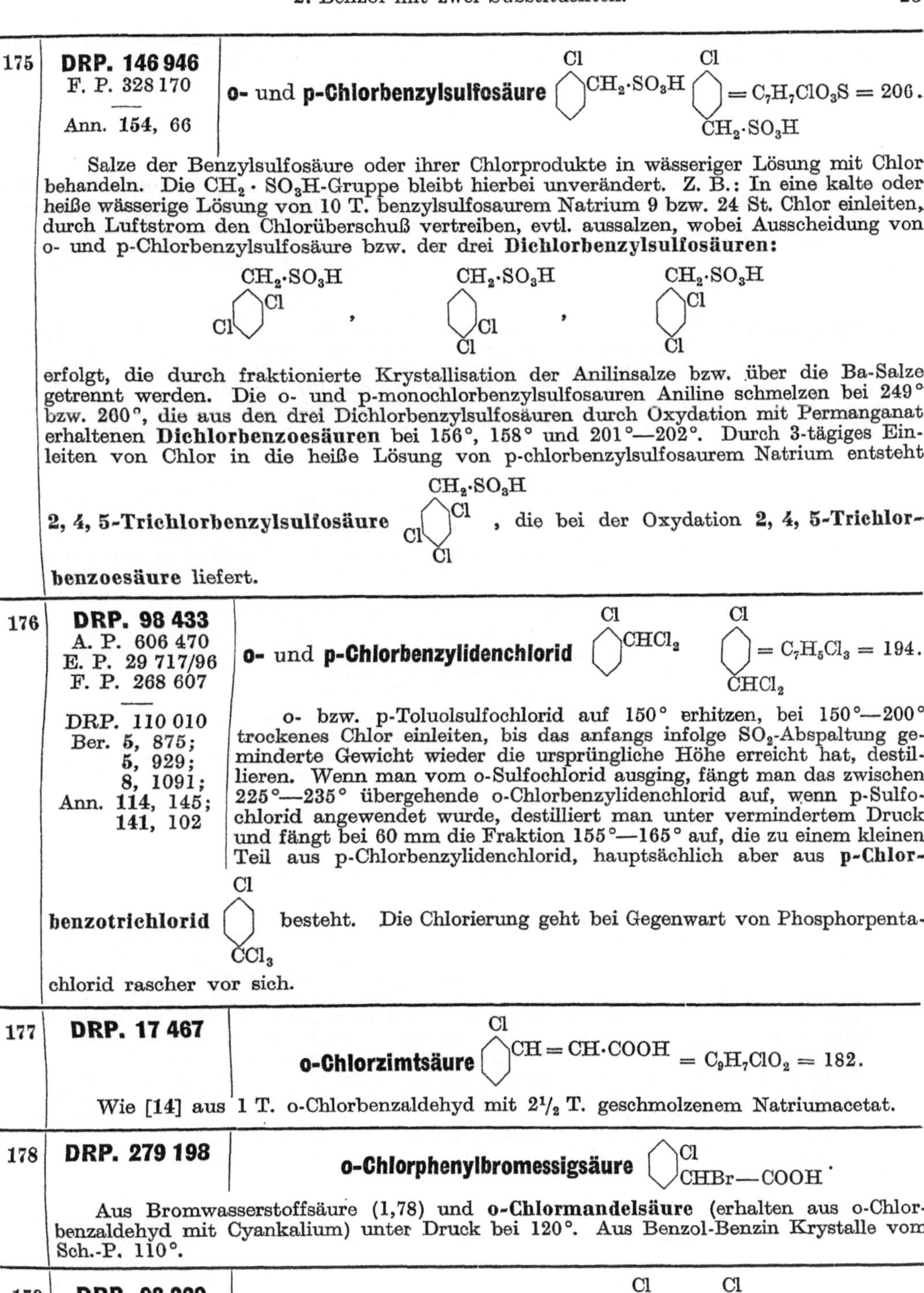

175 **DRP. 146946**
F. P. 328170

Ann. 154, 66

o- und p-Chlorbenzylsulfosäure (Cl, $CH_2 \cdot SO_3H$) (Cl, $CH_2 \cdot SO_3H$) $= C_7H_7ClO_3S = 206$.

Salze der Benzylsulfosäure oder ihrer Chlorprodukte in wässeriger Lösung mit Chlor behandeln. Die $CH_2 \cdot SO_3H$-Gruppe bleibt hierbei unverändert. Z. B.: In eine kalte oder heiße wässerige Lösung von 10 T. benzylsulfosaurem Natrium 9 bzw. 24 St. Chlor einleiten, durch Luftstrom den Chlorüberschuß vertreiben, evtl. aussalzen, wobei Ausscheidung von o- und p-Chlorbenzylsulfosäure bzw. der drei **Dichlorbenzylsulfosäuren:**

($CH_2 \cdot SO_3H$, Cl, Cl), ($CH_2 \cdot SO_3H$, Cl, Cl), ($CH_2 \cdot SO_3H$, Cl, Cl)

erfolgt, die durch fraktionierte Krystallisation der Anilinsalze bzw. über die Ba-Salze getrennt werden. Die o- und p-monochlorbenzylsulfosauren Aniline schmelzen bei 249° bzw. 260°, die aus den drei Dichlorbenzylsulfosäuren durch Oxydation mit Permanganat erhaltenen **Dichlorbenzoesäuren** bei 156°, 158° und 201°—202°. Durch 3-tägiges Einleiten von Chlor in die heiße Lösung von p-chlorbenzylsulfosaurem Natrium entsteht **2, 4, 5-Trichlorbenzylsulfosäure** ($CH_2 \cdot SO_3H$, Cl, Cl, Cl), die bei der Oxydation **2, 4, 5-Trichlorbenzoesäure** liefert.

176 **DRP. 98433**
A. P. 606470
E. P. 29717/96
F. P. 268607

DRP. 110010
Ber. 5, 875; 5, 929; 8, 1091;
Ann. 114, 145; 141, 102

o- und p-Chlorbenzylidenchlorid (Cl, $CHCl_2$) (Cl, $CHCl_2$) $= C_7H_5Cl_3 = 194$.

o- bzw. p-Toluolsulfochlorid auf 150° erhitzen, bei 150°—200° trockenes Chlor einleiten, bis das anfangs infolge SO_2-Abspaltung geminderte Gewicht wieder die ursprüngliche Höhe erreicht hat, destillieren. Wenn man vom o-Sulfochlorid ausging, fängt man das zwischen 225°—235° übergehende o-Chlorbenzylidenchlorid auf, wenn p-Sulfochlorid angewendet wurde, destilliert man unter vermindertem Druck und fängt bei 60 mm die Fraktion 155°—165° auf, die zu einem kleinen Teil aus p-Chlorbenzylidenchlorid, hauptsächlich aber aus **p-Chlorbenzotrichlorid** (Cl, CCl_3) besteht. Die Chlorierung geht bei Gegenwart von Phosphorpentachlorid rascher vor sich.

177 **DRP. 17467**

o-Chlorzimtsäure (Cl, $CH=CH \cdot COOH$) $= C_9H_7ClO_2 = 182$.

Wie [14] aus 1 T. o-Chlorbenzaldehyd mit $2^1/_2$ T. geschmolzenem Natriumacetat.

178 **DRP. 279198**

o-Chlorphenylbromessigsäure (Cl, CHBr—COOH).

Aus Bromwasserstoffsäure (1,78) und **o-Chlormandelsäure** (erhalten aus o-Chlorbenzaldehyd mit Cyankalium) unter Druck bei 120°. Aus Benzol-Benzin Krystalle vom Sch.-P. 110°.

179 **DRP. 98229**

Ann. 237, 151; 296, 62

o- u. p-Chlorbenzaldehyd (Trennung) (Cl, CHO) (Cl, CHO) $= C_7H_5ClO = 140$.

1 T. techn. Monochlorbenzaldehyd (61% o- und 39% p-Verbindung) in 5 T. Oleum 30%) bei höchstens 25° einrühren, Temperatur auf höchstens 85° steigern, nach etwa

45 Min. auf Eis gießen, wobei der p-Chlorbenzaldehyd sich in krystallinischer Form rein abscheidet, während die aus dem o-Chlorbenzaldehyd entstandene **Chlorbenzaldehyd-sulfosäure** (Cl, CHO, SO_3H) — identisch mit [899] — in Lösung geht. Filtrieren, Rückstand mit wenig Wasser und dann mit verdünnter Sodalösung waschen, bei 100° unter Luftabschluß trocknen, aus Sprit umkrystallisieren, Sch.-P. 47,5°. Filtrat mit Kalkmilch oder Kreide neutralisieren, vom Gips abfiltrieren, bis zur Krystallhautbildung eindampfen und kalt das Ca-Salz der Chlorbenzaldehydsulfosäure abnutschen. Dieses enthält 8 aq. Die freie Säure ist sehr leicht löslich und schmilzt unter Wasserabgabe zu einer glasigen Masse zusammen, die beim Kratzen krystallinisch wird.

---

180 **DRP. 102 745**

1 T. techn. Monochlorbenzaldehyd (58% o- und 42% p-Verbindung) in 5 T. kalter Schwefelsäure (66°) lösen, langsam mit $^1/_2$ T. Mischsäure (53,6% Salpetersäure) unter 5° nitrieren, in Eiswasser gießen, filtrieren, Rückstand, bestehend aus p-Chlorbenzaldehyd und **m-Nitro-o-chlorbenzaldehyd**, unter schwach sodaalkalischem Wasser schmelzen, mit $2^1/_2$ T. Natriumbisulfitlösung (35%) (genau mit Soda neutralisiert) 1 St. unter Rückfluß kochen, wobei der m-Nitro-o-chlorbenzaldehyd in das Na-Salz der **m-Nitrobenzaldehyd-o-sulfosäure** (CHO, SO_3H, NO_2) übergeht, während der p-Chlorbenzaldehyd unverändert bleibt. Dieser wird mit Wasserdampf übergetrieben, die rückständige Lösung des m-nitrobenzaldehyd-o-sulfosauren Natriums kann direkt nach [843] oder auf m-Amino- und m-Oxybenzaldehyd-o-sulfosäure verarbeitet werden. Die freie m-Nitrobenzaldehyd-o-sulfosäure und ihre Salze geben in neutraler oder schwach essigsaurer Lösung mit Eisensalzen eine dunkelgranatrote Färbung.

Das Phenylhydrazon ist beim Aussalzen der Lösungsgemische von essigsaurem Phenylhydrazin und m-nitrobenzaldehyd-o-sulfosaurem Salz als krystallinisch erstarrendes Öl erhaltbar. — Über **o-Fluorbenzaldehyd** und andere o-Fluorkörper siehe Z. Bl. **1919**, I. 820.

---

181 **DRP. 110 010**
E. P. 11 260/97
—
DRP. 97 847
E. P. 22 041/96

600 T. Chlorierungsöl des o-Nitrotoluols, enthaltend 40% seitenkettenchlorierte Körper, + 800 Vol.-T. Sprit + 250 T. kryst. Acetat + 90 T. Soda + 150 T. Wasser unter Rückfluß 24—30 St. sieden, Sprit abdestillieren, Rückstand mit Wasser verdünnen, Öl abtrennen und dieses mit Wasserdampf destillieren. 1000 T. des mit Wasserdampf übergetriebenen Öles (bestehend aus **o-Chlorbenzylalkohol,** o-Nitrotoluol und o-Chlortoluol) mit 1000 T. Schwefelsäure (54°) verrühren, auf 50° erwärmen, 38—45 T. Salpetersäure in Form von Mischsäure bei höchstens 45° zufließen lassen. Die Oxydation ist beendet, sobald die Stickoxydgasentwicklung aufhört. Bei 20° mit 900 T. Wasser verdünnen, das Öl von der nun 30—35-grädigen Säure trennen, mit verdünnter Sodalösung waschen, mit 300—400 T. Bisulfitlösung (40%) rühren. Die zum großen Teil in fester Form abgeschiedene Bisulfitverbindung des o-Chlorbenzaldehyds durch Zusatz von Wasser in Lösung bringen, vom ungelösten Öl trennen, durch Natronlauge den Aldehyd wieder ausfällen, abtrennen und mit Wasserdampf destillieren. Oder: 600 T. Chlorierungsöl wie oben verseifen, Sprit abdestillieren, durch Wasserzusatz die Salze lösen, Öl abtrennen, dieses mit 600—900 T. Schwefelsäure (53°) verrühren und auf 40°—45° erwärmen, unter Rühren 115 T. Mischsäure von 38% Salpetersäure zugeben, wobei die Temperatur bei 40° zu halten ist. Nach beendigter Oxydation abkühlen, durch Wasserzusatz die Säure auf 30° Bé bringen, Öl abtrennen. Dieses mit verdünnter Sodalösung waschen, mit 500 T. Bisulfitlösung (40%) verrühren, die abgeschiedene Bisulfitverbindung durch Wasserzusatz lösen und aus der Lösung durch Alkali das Gemisch von o-Nitro- und o-Chlorbenzaldehyd ausfällen, abtrennen und der Wasserdampfdestillation unterwerfen, bis der o-Chlorbenzaldehyd vollständig übergegangen ist. Als Rückstand verbleibt fast reiner **o-Nitrobenzaldehyd.**

---

182 **DRP. 115 516**
A. P. 673 887
—
DRP. 110 010,
DRP. 97 847,
DRP. 91 503
und Zusatz

100 T. o-Nitrotoluolchlorierungsöl (mit 45% Seitenketten-Chlorprodukten) und 50 T. Anilin auf 100° erwärmen. Wenn die Umsetzung beendet ist, 12 T. Soda zugeben, mit Dampf das überschüssige Anilin und das unveränderte o-Nitrotoluol übertreiben, den Rückstand (**o-Nitrobenzylanilin** und **o-Chlorbenzylanilin**) in Aceton lösen, bei möglichst niedriger Temperatur mit einer wässerigen Lösung von 22 T. Kaliumpermanganat oxydieren, vom Braunstein abfiltrieren, Aceton abdestillieren, den Rückstand mit 40 T. Salzsäure ansäuern, die wässerige salzsaure Anilinlösung abtrennen, aus dem öligen Rückstand mit Dampf den zuerst übergehenden o-Chlorbenzaldehyd übertreiben und evtl. im Vakuum destillieren.

183 **DRP. 207 157** E. P. 9107/08 F. P. 389 750

Das aus chloriertem Toluol erhältliche Gemisch von o- und p-Chlorbenzaldehyd auf —4° abkühlen, den ausgeschiedenen Anteil des p-Chlorbenzaldehydes abtrennen, den flüssigen Anteil des Aldehydgemisches durch Destillation in mehrere Fraktionen zerlegen und diese auf —20° abkühlen, wobei aus den ersten o-Chlorbenzaldehyd, aus den letzten p-Chlorbenzaldehyd auskrystallisiert. Die Mutterlaugen und Zwischenfraktionen werden nochmals fraktioniert destilliert und krystallisiert.

184 **DRP. 174 238** Zusatz zu DRP. 158 609

Wie [23] angewendet auf Substitutionsprodukte der Kohlenwasserstoffe. Z. B.: 40 T. o-Chlortoluol mit Schwefelsäure (60—65%) und techn. Cerdioxyd (Nebenprodukt der Glühstrumpffabrikation) bei 50°—90° rühren, bis weißes Cerosulfat entstanden ist. Man erhält neben wenig **o-Chlorbenzoesäure** 66% o-Chlorbenzaldehyd. Ebenso **Anthrachinonsulfosäure** aus roher Anthracendisulfosäure.

185 **DRP. 30 329**

m-Chlorbenzaldehyd (Cl, CHO) $= C_7H_5ClO = 140$.

Benzaldehyd in Schwefelsäure gelöst mit oder ohne Jodzusatz chlorieren. Farblose Flüssigkeit, S.-P. roh 206°, rein 210°—213°. Nach

186 **Zus.DRP. 33 064** A. P. 315 932 F. P. 166 905 — Ber. 17, 752

werden in ein Gemenge von 100 T. Benzaldehyd und 50—60 T. Chlorzink 32 T. Chlor eingeleitet, wobei evtl. etwas erwärmt wird. In Wasser gießen, mit Dampf übertreiben, fraktioniert destillieren: Öl unter 210° wird zu weiteren Chlorierungen benützt; bei 210°—213° geht m-Chlorbenzaldehyd, bei 240°—243° **Dichlorbenzaldehyd** über. Letzterer erstarrt krystallinisch.

187 **DRP. 31 842** — Ber. 15, 1633

50 T. m-Nitrobenzaldehyd mit 225 T. Zinnchlorür und 300 T. Salzsäure reduzieren, in wenig Wasser lösen, bei 0° mit der Lösung von 23 T. Nitrit in 90 T. Wasser diazotieren, Diazolösung in siedende Lösung von Kupferchlorür in Salzsäure einfließen lassen. Aldehyd mit Dampf übertreiben.

188 **DRP. 33 064** Zusatz zu DRP. 30 329 — Ber. 17, 752; 38, 2809

m-Brombenzaldehyd (Br, CHO) $= C_7H_5BrO = 185$.

Wie [186] mit 1 Mol. Brom. Schweres Öl, S.-P. 233°—236°, spez. Gewicht 1,56. Blumenartiger Geruch.

189 **DRP. 229 873** — Ann. 299, 358

o-Chlorbenzotrichlorid (Cl, CCl_3) $= C_7H_4Cl_4 = 228$.

In **o-Chlorbenzylsulfochlorid** (kalt erstarrendes Öl vom Sch.-P. 56°—58°, wird aus o-chlorbenzylsulfosaurem Natrium und Phosphorpentachlorid erhalten) bei 150°—180° Chlor einleiten, solange Salzsäure entweicht. — Destilliert im Vakuum unter 5—6 mm bei 115°—118° über.

190 **DRP. 146 174** — Ann. 133, 239; Ber. 20, 1623

o-, m- und p-Chlorbenzoesäure

(Cl, COOH), (Cl, COOH), (Cl, COOH) $= C_7H_5ClO_2 = 156$.

100 T. Benzoesäure mit 5400 T. verdünnter Chlorkalklösung (58 T. wirksames Chlor) 18 St. auf 40°—50° erwärmen. Der Niederschlag enthält freie p-Chlorbenzoesäure neben etwas m-Säure und Benzoesäure; Filtrat mit Kalk neutralisieren und fraktioniert einengen. Zuerst krystallisiert ein Gemenge von chlorbenzoesaurem und benzoesaurem Calcium, dann benzoesaurer Kalk; die dritte und vierte Fraktion ist vorwiegend o-chlorbenzoesaurer Kalk.

191 **DRP. 282 133**

100 T. o-toluolsulfosaures Natrium mit 180 T. Thionylchlorid 10 bis 12 St. auf 250°—260° erhitzen, Dampf einleiten, Rückstand abfiltrieren, mit Natronlauge kochen und mit Salzsäure fällen. Ausbeute an o-Chlorbenzoesäure 80%. — Ebenso p-Chlorbenzoesäure aus p-Toluolsulfosäure oder ihrem Na-Salz.

192 **DRP. 266 577**

20 T. Benzoesäure, 400 Vol.-T. Salzsäure (1,19), 125 Vol.-T. Salpetersäure (1,4) $^1/_2$ St. im Wasserbad erwärmen, nach 1 St. möglichst heiß filtrieren und die m-Chlorbenzoesäure mit Wasser waschen. Sch.-P. 155°—156°.

---

193 **DRP. 97 013**

Ann. **176**, 36; **182**, 107
Darst.: A. P. 1 220 078

o- und p-Chlornitrobenzol (Trennung)

Cl, NO_2 — Cl, NO_2 $= C_6H_4ClNO_2 = 157.$

1000 T. rohes Nitrierprodukt von Chlorbenzol, das etwa gleiche Teile o- und p-Derivat enthält, im Vakuum oder unter gewöhnlichem Druck fraktioniert destillieren, Destillate fraktioniert krystallisieren lassen; Verfahren fortsetzen, bis die Fraktionen rein sind.

---

194 **DRP. 137 847**

Ber. **4**, 463; **24**, 3187
Z. f. Ch. **1868**, 343
Z. f. Ch. **1870**, 230

100 T. rohes Chlornitrobenzol mit 50 Vol.-T. Sprit (80%), d. i. eine zur Lösung unzureichende Menge, bei 33° verrühren, absitzen lassen, das nicht gelöste Gemisch der beiden Chlornitrobenzole abziehen, trocknen, auf 16° abkühlen; 0,9 T. p-Chlornitrobenzol (Sch.-P. 83°) krystallisieren aus, werden abfiltriert. Aus der alkoholischen Lösung durch fraktionierte Destillation den Sprit abtreiben, das rückbleibende Gemenge vom Wasser trennen, auf 16° abkühlen und das auskrystallisierte o-Chlornitrobenzol (1,8 T.) vom Sch.-P. 82,5° abfiltrieren. Die von beiden Prozessen zurückbleibenden flüssigen Anteile gehen in den Apparat zurück.

---

195 Anm. V. 8349, Kl. 12q. 9. 2. 1911 Vaniček

Anilinhalogensubstitutionsprodukte.

Mineralsaure Basensalze ohne Wasser in organischen Verdünnungsmitteln mit Halogen oder halogenabgebenden Mitteln behandeln.

---

196 **DRP. 105 103**

Zusatz zu DRP. 103 578

M. f. Ch. **1898**, 638
Ber. **31**, 2532

m-Chloräthylanilin (Homologe und Substitutionsprodukte)

Cl, NHC_2H_5 $= C_8H_{10}ClN = 155.$

Das Chlor- oder Bromhydrat des m-Chloranilins allein oder bei Gegenwart von freiem Amin mit Äthylalkohol im Autoklaven durch 10—12 St. auf 200°—240° erhitzen. Reinigung durch Überführung in die Acetylverbindung und Spaltung dieser durch Säuren. Farbloses, sich bräunendes Öl. S.-P. 243°—244°. — Analog: **1-Chlormethyl-o-toluidin** ($NHCH_3$, CH_3, Cl) (S.-P. 245°—246°); **p-Chloräthyl-o-toluidin** (S.-P. 252°—253°); **m-Chlordiäthylanilin** (S.-P. 248°—249°); **o-m-Dichlordimethylanilin** ($N(CH_3)_2$, Cl, Cl) (S.-P. 242°—243°); **m, m-Dichlordimethylanilin** ($N(CH_3)_2$, Cl, Cl) (Sch.-P. 55°, S.-P. 264°). — Die Siedepunkte beziehen sich auf 740 mm Druck.

---

197 **DRP. 256 621**

E. P. 16 928/12
F. P. 445 321

Acetessig-o-chloranilid (Cl, $NH\cdot CO\cdot CH_2\cdot COCH_3$) $= C_{10}H_{10}ClNO = 195.$

127,5 T. o-Chloranilin und 225 T. Solventnaphtha am absteigenden Kühler siedend mit einem Gemenge von 130 T. Acetessigester und 130 T. Chlorbenzol versetzen. Im Rückstand bleibt Acetessig-o-chloranilid; farblose Nadeln vom Sch.-P. 105°, in Äther und Ligroin unlöslich. Ausbeute 75%. Mit 3-Chlor-2-aminotoluol ebenso **Acetessig-3-chlor-2-toluid** (CH_3, $NH\cdot CO\cdot CH_2\cdot COCH_3$, Cl) vom Sch.-P. 120°, Ausbeute 66%. Mit o-Anisidin: **Acetessig-o-anisidid** (OCH_3, $NH\cdot CO\cdot CH_2\cdot COCH_3$) vom Sch.-P. 84°, Ausbeute 77%. Das Produkt aus o-Aminophenolphenyläther schmilzt bei 61°.

198 **DRP. 128 660**
Zusatz zu DRP. 121 837
—
DRP. 127 245

Unsymm. Methyl-p-chlorphenylhydrazin (Cl, N(CH$_3$)NH$_2$) $= C_7H_9ClN_2 = 156$.

Nitrosamin des Monomethyl-p-chloranilins (Ber. **20**, 2460) mit Zinkstaub und Essigsäure reduzieren. — Analog das unsymm. **Äthyl-p-chlorphenylhydrazin.**

199 **DRP. 84 828**
—
F. P. 265 901

o-Chlorphenol (Cl, OH) $= C_6H_5ClO = 128$.

Phenol-p-sulfosäure in Essigsäure suspendieren, mit K-Chlorat und Salzsäure chlorieren. Die erhaltene **3-Chlor-4-oxybenzolsulfosäure** (SO_3H, Cl, OH) mit Wasser auf 180°—200° erhitzt gibt reines o-Chlorphenol.

200 **DRP. 141 751**

Ein kühl bereitetes Gemenge von gleichen Teilen Phenol und Schwefelsäure auf 150° erhitzen, Wasser abdestillieren lassen, nach 8—10 St. weitere Schwefelsäure zugeben (5% der ersten Menge), Gefäß evakuieren, auf höchstens 110° erhitzen, 5—6 St. halten und aufarbeiten. Man erhält so 95% der Theorie **Phenol-p-sulfosäure.** Bei Verwendung reinsten Phenols kann man in die Essigsäurelösung der Sulfosäure direkt Chlor einleiten, oder man löst die Phenol-p-sulfosäure (aus 100 T. Phenol) warm in 70 T. Wasser + 105 T. gewöhnlicher Salzsäure und gibt innerhalb 5—6 St. portionenweise 41 T. Kaliumchlorat bei höchstens 50°—60° zu. Ist man von unreinem Phenol ausgegangen, so reinigt man die Sulfosäure über ihr Ca- und Na-Salz. Die gebildete **3-Chlor-4-oxybenzolsulfosäure** wird durch Filtration vom gleichzeitig gebildeten **Chloranil** getrennt. Zur Abspaltung der Sulfogruppe entweder das neutrale Na-Salz der Sulfosäure (+ etwas freie Säure) auf 180°—200° erhitzen, wobei o-Chlorphenol überdestilliert, besser jedoch im Autoklaven 2—3 St. mit Wasser auf 180° bis 200° erhitzen und das schwarze Öl durch Dampfdestillation reinigen. Fast chemisch rein, Ausbeute 90%.

201 **DRP. 155 631**
—
Ann. **173**, 303
Ber. **1**, 68
J. pr. **36**, 18; **36**, 22
DRP. 76 597
DRP. 141 751

In eine sehr kalte Lösung von 94 T. Phenol in 750 T. Tetrachlorkohlenstoff langsam bei niedriger Temperatur eine ebenfalls kalte Lösung von 71 T. Chlor in 1200 T. Tetrachlorkohlenstoff einfließen lassen, Lösungsmittel aus der farblosen Lösung abdestillieren (Chlorwasserstoff wiedergewinnen), Rückstand fraktioniert destillieren, wobei 82% reine o-Verbindung zwischen 176°—187° übergeht. Der zwischen 187°—210° übergehende Teil ist ebenfalls Monochlorphenol. Oder: In eine Lösung von 94 T. Phenol in 1600 T. Benzol bei der Temperatur des schmelzenden Benzols Chlor einleiten, die farblose Lösung vom Benzol befreien und den Rückstand destillieren. — Wird nach Ber. **16**, 1749 auch als Hauptmenge bei Einwirkung der berechneten Menge alkalischer Hypochloritlösung auf Phenol erhalten.

202 **DRP. 281 175**
—
Wiener Monatsh. 1886, 621

p-Chlorphenol: 30 T. p-Dichlorbenzol, 36 T. Ätznatron und 70 T. Methylalkohol 40 St. auf 190° bis 195° erhitzen. Man erhält p-Chlorphenol (ähnlich **o-Chlorphenol**) in einer Ausbeute von 90%.

203 **DRP. 280 739**

1-Chlor-3-methoxybenzol (Cl, O·CH$_3$) $= C_7H_7ClO = 142$.

Wie [2] aus m-Nitroanisol mit Thionylchlorid.

204 **DRP. 284 533**
—
Ber. **6**, 1022; **6**, 1399
DRP. 137 119

75 T. o-Dichlorbenzol, 300 T. Alkohol, 25 T. Wasser und 120 T. Ätzkali mit Kupferblech im Druckgefäß mit Porzellaneinsatz 21 St. bei 200° rühren, unverändertes Dichlorbenzol mit organischem Lösungsmittel extrahieren, ansäuern.

205 **DRP. 286 266**

Wie [145] aus o-Dichlorbenzol (200 T.), 400 ccm 10-fach normaler Natronlauge, 160 T. Barythydrat, 150 T. Wasser, 100 T. Alkohol und 2 T. Jodkalium im Kupferkessel 40 St. bei 230°—240° neben **Brenzcatechin,** das in gleicher Weise mit dem o-Chlorphenol entsteht und durch Dampfdestillation von ihm befreit wird.

---

206 **DRP. 76 597**
E. P. 12 942/93
F. P. 231 254

Ann. **173,** 303
Ber. **6,** 171

o-Bromphenol (Br, OH am Benzolkern) $= C_6H_5BrO = 181.$

160 T. Bromdampf unter Rückfluß in 94 T. 150°—180° heißes Phenol einleiten. Das Produkt kann durch teilweise Bindung an Basen (Zugabe von 10 T. Ätznatron in Form von Lauge) und darauffolgende Wasserdampf- oder Vakuumdestillation gereinigt werden. Das Destillat siedet bei 196°—202°. — Analog **o-Chlorphenol** mit 71 T. Chlor.

---

207 **DRP. 221 261**
Zusatz zu
DRP. 216 725

Ber. **19,** 3139;
39, 1060;
42, 2282;
43, 1401

o-Chlorphenylsulfoxyessigsäure

(Cl, $SO \cdot CH_2 \cdot COOH$ am Benzolkern) $= C_8H_7ClO_3S = 218.$

Wie [**526**] aus 40,6 T. o-Chlorphenylthioglykolsäure, 25 T. Natronlauge (40°) und 318 Vol.-T. Chlorlauge (45 T. Chlor im Liter). Aus Wasser weiße Nadeln, die sich, in Monohydrat vorsichtig erwärmt, blauviolett lösen.

---

b) C—C.

CH_3—3 CH_2Cl 5
CH_3—2 (4) CH:NOH 18
CH_3—2 (3) (4) CHO 21, 26, 28, 30, 31, 33, 40, 208—210
C_2H_5—2 (3) (4) CHO 33
C_3H_7—2 (3) (4) CHO 33
CH_3—2 CN 60
CH_3—2 (3) (4) COOH 211
CH_2Cl—4 COCl 212
CH_2Cl—4 COOH 212
[CH_2**OH**—2 CONH**H**] Anhydr. 213
CH_2OH—2 COOH 213
[CH_2**OH**—2 COO**H**] Anhydr. 213
[CHOH·CH**OH**·COOH—2 COO**H**] Anhydr. 1997
$CH(COCH_3)_2$—2 (3) (4) $CH(COCH_3)_2$ . . . 275
CH:CH·COOH—2 CN 214
CHO—2 (3) (4) CHO 275
CHO—3 CN 215
CHO—2 COOH 216
[CH**OH**·$CONH_2$—2 COO**H**] 218
CO·COOH—2 COOH . . . . . 216—218
[CO·COO**H**—2 COO**H**] 218
CO·CO·NH_2—2 COOH 218
$CONH_2$—2 COOH 222
[CON**H**·Hal.—2 COO**H**] Anhydr. . 219—221
[CON**H**·CH_2OH—2 COO**H**] Anhydr. . . . 223
Diphthalimiddimethyläther 224
CONH·OH—2 COOH 226
[CON**H**·OH—2 COO**H**] Anhydr. 225
CO·N:CH_2—2 COOH 223
COOH—2 COOH 23, 217, 228

---

208 **DRP. 21 683**

m- und p-Tolylaldehyd (CH_3, CHO am Benzolkern in m- bzw. p-Stellung) $= C_8H_8O = 120.$

„Verfahren zur Darstellung von o-Nitro-m-methylbenzaldehyd aus m-Methylbenzaldehyd.“ Letzteren gewinnt man nach Ber. **20,** 1212 aus m-Xylylchlorid oder -bromid in der gleichen Weise wie Benzaldehyd aus Benzylchlorid [**33**].

---

209 **DRP. 87 255**
Zusatz zu
DRP. 86 874

Diazolösung aus p-Amido-m-toluylaldehyd (NH_2, CH_3, CHO am Benzolkern) mit Alkohol und Kupferoxydul versetzen (m-Toluylaldehyd).

---

210 **DRP. 98 706**
Lit. wie [28]

In 10 T. Toluol + 10 T. Aluminiumchlorid + 1 T. Kupferchlorür bei 60°—70° durch ein Gabelrohr Kohlenoxyd und Chlorwasserstoff einleiten. Nach 6 St. die gelbrote Lösung abermals mit 5 T. Aluminiumchlorid und $^1/_2$ T. Kupferchlorür versetzen, Gase weiter einleiten, nach weiteren 6 St. in Eiswasser gießen, Dampf einleiten und im Destillat Toluol und p-Toluylaldehyd mit Bisulfit trennen. S.-P. 204°.

211 **DRP. 79 028**
E. P. 16 559/94
F. P. 241 109

Ber. 24, 718
DRP. 57 910
DRP. 64 979
Ann. 239, 72

o-Toluylsäure (CH_3, COOH) $= C_8H_8O_2 = 136$.

13,3 T. 2-naphthol-4-sulfosaures Natrium [2428] oder 1-naphthol-3-sulfosaures Natrium mit 40 T. Natronlauge (60%) im Autoklaven 4 St. auf 180° erhitzen, kalt 200 T. Wasser zugeben, mit Salzsäure neutralisieren, aufkochen, filtrieren, Filtrat stark ansäuern, ausgeschiedene Säure abfiltrieren; Sch.-P. 105°. — Ebenso aus 20 T. 2-Naphthylamin-4-sulfosäure oder 1-Naphthylamin-3-sulfosäure und 60 T. Natronlauge (60%) durch 8-stündiges Erhitzen im Autoklaven auf 230°—280° [774]. (Die Reaktion verläuft nach Ber. 28, 1952 nur bei hoher Temperatur — 250°—300° — und Anwendung wässeriger Natronlauge quantitativ.) — Über Nitroderivate der o-Toluylsäure s. J. pr. Chem. **1915**, 137. — Über Derivate der m-Toluylsäure s. Ber. **42**, 423.

212 **DRP. 239 311**

DRP. 239 763
240 835

Benzylchlorid-p-Carbonsäure (CH_2Cl, COOH) $= C_8H_7ClO_2 = 170$.

Durch Chlorieren von p-Toluylsäurechlorid in der Hitze erhält man das unter 22 mm bei 150°—155° siedende **Benzylchlorid-p-carbonsäurechlorid.** 30 T. hiervon bei 0°—5° in 200 T. Schwefelsäure (98%) eintragen, wenn die Salzsäureentwicklung beendet ist, auf Eis gießen, absaugen und kalt waschen. Die Benzylchlorid-p-carbonsäure schmilzt bei 190°—192° unter Zersetzung.

213 **DRP. 267 596**

Ber. 46, 1484

Phthalid (CH_2—O, CO) $= C_8H_6O_2 = 134$.

147 T. Phthalimid innerhalb ½ St. unter Außenkühlung in ein Gemisch von 400 T. Natronlauge (20%) und 180 T. Zinkstaub (70%) eintragen, ½ St. rühren, mit 400 T. Wasser langsam, bis die Ammoniakentwicklung nachläßt, zum Sieden erhitzen, auf 400 T. eindampfen, vom Zink filtrieren und das Filtrat mit konz. Salzsäure gut sauer stellen, wobei, wenn gekühlt wird, **Oxymethylbenzoesäure** (CH_2OH, COOH), sonst diese zusammen mit Phthalid entsteht. 1 St. unter Rückfluß kochen und kalt das Phthalid filtrieren. Schmilzt bei 71°—74° zu einer trüben Flüssigkeit, die bei 117° klar wird. Zur Reinigung in Soda lösen, absaugen, aus Wasser umkrystallisieren, von etwas gebildeter Diphthalylverbindung filtrieren und kalt krystallisieren lassen. Ausbeute 95%. Durch Reduktion wie oben, bei sorgfältiger Kühlung (filtrieren vom Zink und Ausfällung mit konz. Salzsäure unter Kühlung) erhält man **Phthalimidin** (CH_2—NH, CO); aus heißem Wasser schnell umkrystallisieren. Nadeln vom Sch.-P. 171°—172°.

214 **DRP. 116 123**
E. P. 12 492/99
F. P. 289 955

Ber. 24, 2574
Weitere o-Derivate Ber. 49, 1608

o-Cyanzimtsäure (CH = CH·COOH, CN) $= C_{10}H_7NO_2 = 173$.

Trockenes Nitroso-2-naphtholnatrium

C = N(ONa)
C = O
CH
C
H

mit der 5-fachen Menge Sand oder Kieselgur gemischt schnell auf 250° erhitzen. Die grüne Masse wird sehr bald grau. Mit Wasser extrahieren, die Lösung des o-cyanzimtsauren Natriums ansäuern und die gelblichen Flocken der freien Säure abfiltrieren. Aus Nitrobenzol umkrystallisieren; Sch.-P. 255°. Mit unterchlorigsauren Alkalien entsteht **o-Aminozimtsäure,** die weiter in **Carbostyril** umwandelbar ist.

215 **DRP. 70537**

Ber. **24**, 2422

m-Cyanbenzaldehyd (CHO, CN) $= C_8H_5NO = 131$.

50 T. m-Nitrobenzaldehyd in 300 T. konz. Salzsäure + 225 T. Zinnchlorür lösen. Bei 40° beginnt die Reduktion; kühlen; wenn mit Quecksilberchlorid kein Zinnchlorür mehr nachweisbar, mit wenig Wasser verdünnen, bei 0° eine Lösung von 23 T. Nitrit in 150 T. Wasser einfließen lassen, die Diazolösung langsam in eine 90° warme Lösung von 100 T. Kupfersulfat und 112 T. Cyankalium (96%) in 600 T. Wasser gießen, sofort den Cyanaldehyd mit Dampf übertreiben, öliges Destillat mit Äther extrahieren, mit Natronlauge, dann mit verdünnter Schwefelsäure waschen, trocknen, fraktioniert destillieren. S.-P. 210°.

216 **DRP. 97241**
A. P. 607056
E. P. 10183/97
F. P. 271985

Ber. **31**, 369

o-Phthalaldehydsäure (CHO, COOH) $= C_8H_6O_3 = 150$.

Die bei der Permanganatoxydation von Naphthalin und Naphthalinderivaten nach dem Abfiltrieren des Mangansuperoxydes und Ansäuern mit Essigsäure gewonnene Lösung, welche **o-Glyoxylbenzoesäure** (CO·COOH, COOH) und stets auch Phthalsäure enthält, mit 3 Mol. Anilin 30 Min. auf 80°—100° erwärmen. Kalt krystallisiert das Anilinsalz $C_6H_4\langle{}^{C(=NC_6H_5)COOH \cdot C_6H_5NH_2}_{COOH \cdot C_6H_5NH_2}$ aus, Phthalsäureanilinsalz bleibt in Lösung. Abfiltrieren, trocknen, in der 5-fachen Menge käuflichem Xylol suspendieren, 1 St. unter Rückfluß kochen, wobei Kohlendioxyd entweicht. Aus der kalten Lösung krystallisiert die Benzylidenverbindung $C_6H_4\langle{}^{CH=NC_6H_5}_{COOH}$ (Sch.-P. 174°) aus. Diese mit der 10-fachen Menge Salzsäure (10%) im Wasserbad erwärmen, die filtrierte Lösung ausäthern. Aus dem Ätherextrakt erhält man die Phthalaldehydsäure; Sch.-P. 87°—88°.

217 **DRP. 79693**
F. P. 241156

Ann. **144**, 71; **236**, 49
Ber. **18**, 378; **21**, 1607; **26**, 1121

Phthalonsäure (o-Glyoxylbenzoesäure) (CO·COOH, COOH) $= C_9H_6O_5 = 194$.

12 T. Naphthalin + 75 T. Kaliumpermanganat + 750 T. Wasser unter Rückfluß oder unter Druck erhitzen bis entfärbt, mit Dampf den Naphthalinüberschuß (3,5 T.) abtreiben, zurückbleibende Lösung filtrieren, Filtrat angesäuert zur Trockne dampfen, das erhaltene Gemenge von 1,4 T. **Phthal-** und 10 T. Phthalon**säure** und anorganischem Salz mittels Wasser oder organischer Lösungsmittel trennen. Aus kaltem Wasser große, derbe Krystalle, sehr leicht löslich, Sch.-P., wenn völlig trocken, 144°—145°. Oder ebenso nach

218 **DRP. 86914**

aus 10 T. Naphthalin, 1000 T. Wasser und so viel Kaliummanganat, als 90 T. Permanganat entspricht. Wie oben aufarbeiten; Phthalonsäure bei weitem vorwiegend. — Mit Kaliumcyanid gibt eine alkalische Lösung der **Phthalonsäure** das **Phthalidcarboxylsäureamid,** das bei der Hydrolyse die Säure

$$C_6H_4\langle{}^{CH(COOH)}_{CO}\rangle O$$

liefert. Aus Phthalonsäure und Essigsäureanhydrid resultiert quantitativ das **Phthalonsäureanhydrid** vom Sch.-P. 185°—186°, das unter Kühlung mit konzentriertem Ammoniak versetzt die Phthalonaminsäure gibt.

$$C_6H_4\langle{}^{CO-CO}_{CO-O}\rangle \longrightarrow C_6H_4\langle{}^{CO \cdot CO \cdot NH_2}_{COOH}.$$

Vgl. J. Chem. Soc. **1916**, 1236.

219 **DRP. 102 068**
E. P. 20 801/98
—
Ber. 33, 24

Chlorphthalimid $C_6H_4\langle{CO \atop CO}\rangle NCl = C_8H_4ClNO_2 = 181$.

In 400 T. Wasser Chlor einleiten, unter Kühlung langsam Lösung von 20 T. Phthalimid in 150 T. Wasser + 6,4 T. Natronlauge zufließen lassen, wobei stets Chlor im Überschuß vorhanden sein muß. Chlorphthalimid abfiltrieren, waschen und trocknen. Aus Benzol farblose Krystalle, welche bei 170° erweichen, bei 184° schmelzen. Ebenso: 2 T. Phthalimid in 5—6 T. Wasser und 0,64 T. Natronlauge lösen, Lösung in eiskalte Mischung von 2,17 T. Brom und 20 T. Wasser einfließen lassen, filtrieren und mit Eiswasser waschen. Aus Chloroform **Bromphthalimid** in Krystallen. Aus Benzol gelbliches Krystallpulver, das bei 180° erweicht, bei 206°—207° schmilzt. In indifferenten Lösungsmitteln (Tetrachlorkohlenstoff, Chloroform) statt in Wasser kann man bei höherer Temperatur arbeiten (30°—45°).

220 **DRP. 139 553**

In eine 10°—20° warme Suspension von 50 T. Phthalimid in 500 T. Wasser die theoretisch nötige Menge Chlor einleiten und filtrieren.

221 **DRP. 161 340**

100 T. Phthalimid in 500 T. Wasser suspendieren, bei gewöhnlicher Temperatur die äquivalente Menge freie unterchlorige Säure bzw. in die Lösung von 147 T. Phthalimid in 1000 T. Wasser und 60 T. Eisessig Natriumhypobromid zufließen lassen und die ausgeschiedenen weißen Flocken filtrieren. (Hypochloritlösung angesäuert gibt die Lösung von unterchloriger Säure.)

222 Anm. B. 32 762, Kl. 12 o
19. 5. 04
Badische
Ber. 32, 2133

Phthalamidsäure $C_6H_4\langle{CONH_2 \atop COOH}\rangle = C_8H_7O_3 = 151$.

Aminoverbindungen des Benzols oder Naphthalins in Anwesenheit von Wasser bei gewöhnlicher oder mäßig erhöhter Temperatur evtl. unter Zusatz säurebindender Mittel mit Phthalsäureanhydrid kondensieren, Produkte reduktiv spalten. Sch.-P. 169°.

223 **DRP. 104 624**

Oxymethylphthalimid $C_6H_4\langle{CO \atop CO}\rangle N\cdot CH_2OH = C_9H_7NO_3 = 177$.

150 T. Phthalimid + 350 T. Formaldehyd (10%) unter Druck auf 100° erwärmen, bis alles gelöst ist. Kalt die ausgefallene krystallinische Masse erst aus Sprit, dann aus Toluol umkrystallisieren. Weiße Blättchen, Sch.-P. 141°—142°. (Das Acetylderivat schmilzt bei 118°.) Mit Wasser gekocht, ebenso trocken oder mit Alkali erwärmt, wird Formaldehyd abgespalten. — Nicht identisch damit ist die nach Ber. 26, 957 aus Phthalamid und Formaldehyd erhaltene **Methylenphthalaminsäure** $C_6H_4(CO\cdot N{:}CH_2)(COOH)$.

224 **DRP. 134 980**
Zusatz zu
DRP. 134 979
—
Ber. 31, 1232

Diphthalimiddimethyläther

$C_6H_4\langle{CO \atop CO}\rangle N\cdot CH_2\cdot O\cdot CH_2\cdot N\langle{CO \atop CO}\rangle C_6H_4 = C_{18}H_{12}N_2O_5 = 336$.

Aus Oxymethylphthalimid [755] mit konz. Schwefelsäure. Sch.-P. 207°.

225 **DRP. 130 680**
—
Ann. 205, 295
Ber. 16, 1781
J. pr. 55, 298

Phthalylhydroxylamin $C_6H_4\langle{CO \atop CO}\rangle NOH = C_8H_5NO_3 = 163$.

Eine Lösung von 5 T. salzsaurem Hydroxylamin in 50 T. Wasser und 3,6 T. Soda mit 10 T. Phthalsäureanhydrid auf 70° erwärmen, bis die Lösung klar ist. Auf 50° abkühlen, Temperatur halten, bis die Hydroxamsäurereaktion (mit Eisenchlorid violettrot) verschwindet, kalt den Krystallbrei absaugen und waschen. Nach

226 **Zus. DRP. 130 681**

wird die klare, kalt gewonnene Lösung von 5 T. salzsaurem Hydroxylamin, 3,6 T. Soda, 25 T. Wasser, 10 T. Phthalsäureanhydrid und weiteren 3,6 T. Soda in 25 T. Wasser auf 30° erwärmt und bis zum Aufhören der Hydroxamsäurereaktion mit 7 T. Salzsäure (36%) auf 50° erwärmt. Das ausgeschiedene Phthalhydroxylamin abfiltrieren und trocknen. Die freie **Hydroxylphthalamidsäure** $C_6H_4\langle{CO\cdot NHOH \atop COOH}\rangle$ (Sch.-P. 205°) erhält man aus obiger klarer Lösung durch Ansäuern mit Salzsäure bei 5° bis 10° als weißen, breiigen Niederschlag. Die wässerige Lösung der Hydroxylphthalamidsäure, auf 50° erwärmt, gibt Phthalylhydroxylamin.

227 **DRP. 135 836** 15 T. Phthalsäureanhydrid mit einer Lösung von 7 T. Hydroxylaminchlorhydrat und 5,3 T. Soda (wasserfrei) (oder 4 T. Ätznatron) in 100 T. Wasser bei gewöhnlicher Temperatur rühren und den Krystallbrei der Phthalhydroxylaminsäure abfiltrieren. Farblose Krystalle vom Sch.-P. 220°. Das Silbersalz schwärzt sich beim Erwärmen. Die wässerige Lösung der Säure gibt mit Eisenchlorid einen rotbraunen Niederschlag, der im Überschuß tiefviolett löslich ist; mit Kupferacetat einen grasgrünen Niederschlag, im Überschuß von Natriumacetat löslich. Die Acetylverbindung schmilzt bei 190°. Mit Mineralsäuren erwärmt erfolgt Spaltung in Phthalsäure und Hydroxylaminsalz.

---

228 **DRP. 91 202**
E. P. 18 221/96
F. P. 259 766

Phthalsäure $C_6H_4(COOH)(COOH)$ $= C_8H_6O_4 = 166.$

100 T. Naphthalin mit 1500 T. Schwefelsäuremonohydrat und 50 T. Quecksilbersulfat in einem Destilliergefäß über 300° erhitzen, bis die Masse dickflüssig oder ganz trocken geworden ist. Phthalsäure bzw. -anhydrid und ein Teil der ebenfalls gebildeten **Sulfophthalsäure** destilliert über. Die Phthalsäure scheidet sich aus dem Destillat aus und wird abgeschleudert.

Auch 2-Naphthol (100 T. + 300 T. Oleum von 20% + 1000 T. Monohydrat + 40 T. Quecksilbernitrat) oder Naphthionsäure (100 T. + 1000 T. Schwefelsäure von 66° + 30 T. Quecksilberoxyd) oder Phenanthren (100 T. + 2000 T. Monohydrat + 20 T. Quecksilber) werden in ähnlicher Weise zu Phthalsäure oxydiert.

---

c) C—N.

1. CH_3—N.

---

229 **DRP. 89 978**

o- und p-Nitrosotoluol $C_6H_4(CH_3)(NO)$ $C_6H_4(CH_3)(NO)$ $= C_7H_7NO = 121.$

Durch Oxydation von o- bzw. p-Tolylhydroxylamin [244] mit Chromsäuregemisch. Sch.-P. 72° (o-) bzw. 48° (p-).

---

230 Anm. L. 5842,
Kl. 22.
M. Lange
19. 5. 90.

o- und p-Nitrotoluol (Trennung) $C_6H_4(CH_3)(NO_2)$ $C_6H_4(CH_3)(NO_2)$ $= C_7H_7NO_2 = 137.$

In Rohnitrotoluol (= Gemenge von o- und p-Nitrotoluol) bei höchstens 100° Oleum oder Chlorsulfonsäure einfließen lassen, bis Probe in Wasser gegossen nur festes p-Nitrotoluol ausscheidet. Masse in Wasser gießen, filtrieren. Als Rückstand bleibt p-Nitrotoluol, aus dem Filtrat erhält man durch Auskalken das Kalksalz der **o-Nitrotoluolsulfosäure.**

---

231 **DRP. 78 002**
—
J. pr. 50, 563

50 T. Nitrierungsprodukt des Toluols + 50 T. arseniger Säure + 65 T. Ätznatron + 250 T. Wasser im Autoklaven 8—24 St. auf 130°—150° erhitzen. Öl von der wässerigen Lösung abheben, mit Salzsäure von den Amidoverbindungen befreien, Dampf einleiten. o-Nitrotoluol ist im Destillat enthalten, **m- und p-Azoxytoluol** bleiben als Rückstand.

---

232 **DRP. 92 991**
F. P. 255 957

200 T. Nitrierungsprodukt des Toluols + 400 T. Leblanc-Sodarückstand + 400 T. Wasser 12 St. erhitzen. Mit Dampf die Toluidine und die unveränderten Nitrotoluole abtreiben, vom Wasser trennen, mit verdünnter Salzsäure die Toluidine abtrennen. Es bleibt reines o-Nitrotoluol zurück. Die Toluidine mit Alkali aus der salzsauren Lösung ausfällen, **p-Toluidin** durch Ausfrieren und Schleudern separieren.

233 **DRP. 158 219**
F. P. 350 200
—
Ber. **24**, 1987
Z. phys. Ch. **19**, 157

Technisches o-Nitrotoluol (m- und p-Nitrotoluol enthaltend) bei —4° bis —10° zur Hälfte ausfrieren, Krystalle des reinen o-Nitrotoluols bei —4° von der Mutterlauge durch Zentrifugieren befreien.

234 **DRP. 34 234**

o-, m-, p-Toluidin $C_6H_4(CH_3)(NH_2)$ $= C_7H_9N = 107.$

p-Toluidin durch Reduktion von p-Nitrobenzylchlorid in salzsäurehaltiger Lösung mit Zinkstaub. Ähnlich nach Ber. **14**, 2583 m-Toluidin aus m-Nitrobenzalchlorid.

235 **DRP. 22 139**
E. P. 3111/83

Abscheidung von o-Toluidin aus seiner Mischung mit p-Toluidin oder Anilin und p-Toluidin durch Zugabe von sekundärem Natriumphosphat zu der mit Salzsäure neutralisierten Lösung der Basen. Es bildet sich ein Krystallbrei von p-Toluidin- und evtl. Anilinphosphat, der durch Erwärmen in Lösung gebracht wird, während freies o-Toluidin sich abscheidet. Vgl. Ber. **19**, 1717 und 2132.

236 **DRP. 37 932**

Abscheidung von p-Toluidin aus seiner Mischung mit o-Toluidin durch Diazotieren des Gemenges mit der dem o-Toluidingehalt entsprechenden Nitritmenge bei 40°. Bei der nach Zusatz von Lauge erfolgenden Wasserdampfdestillation bleibt **o-Aminoazotoluol** im Rückstand, während p-Toluidin übergeht. Die Trennung des p-Toluidins vom o-Amidoazotoluol kann auch durch Zusatz der zur Bindung und Lösung des p-Toluidins erforderlichen Salzsäure oder durch Zusatz von Schwefelsäure und Abscheidung des unlöslichen schwefelsauren o-Amidoazotoluols erfolgen.

237 **DRP. 40 424**

Abscheidung von p-Toluidin aus seiner Mischung mit o-Toluidin und Anilin durch 4—5-stündiges Erhitzen des Basengemenges mit gleichviel Molekülen Schwefelsäure auf 170°—175°, darauffolgendes Alkalischmachen und Wasserdampfdestillation. p-Toluidin geht über, die Sulfosäuren des o-Toluidins und Anilins bleiben zurück.

238 **DRP. 71 328**

Abtrennung der primären Amine, Diamine und solcher Diimide, deren Imidgruppen durch kohlenstoffhaltige Reste getrennt sind von anderen Basen durch konz. alkoholische Metaphosphorsäurelösung, wobei die genannten Basenarten als Metaphosphate gefällt werden.

239 **DRP. 87 615**

100 T. Rohtoluidingemenge (60% o- + 40% p-) mit der nötigen Menge Salzsäure in 300—400 T. Wasser lösen, mit 21 T. Formaldehyd (40%) einige Stunden auf 70°—100° erhitzen, mit Alkali übersättigen, mit Wasserdampf das reine p-Toluidin übertreiben; **Diaminodi-o-tolylmethan** vom Sch.-P. 149° bleibt zurück. — Auf die gleiche Weise können auch andere Basen, bei welchen der zur NH_2-Gruppe paraständige Wasserstoff substituiert ist aus der Mischung mit Basen, deren Parawasserstoff nicht substituiert ist, isoliert werden, z. B. p-Toluidin, as-m-Xylidin usw.

240 **DRP. 282 568**

Gemenge von o-Nitrotoluoldämpfen und Wassergas bei 200°—220° über eine Masse leiten, die man erhält, wenn man einen Teig aus 130 T. Bimsstein, 25 T. Kupferoxalat, 1 T. Magnesiumoxyd und der nötigen Wassermenge nach dem Trocknen zuerst an der Luft und dann im Wasserstoffstrom auf 200° erhitzt. o-Toluidin wie üblich abscheiden.

241 **DRP. 58 276**
Zusatz zu
DRP. 54 626
—
Ber. **13**, 137

o-Tolylglycin $C_6H_4(CH_3)\cdot NH\cdot CH_2\cdot COOH = C_9H_{11}NO_2 = 165.$

2 T. o-Toluidin + 1 T. Monochloressigsäure + 7 T. Wasser 4 bis 5 St. unter Rückfluß kochen. Kalt die Krystalle abfiltrieren. — Über die Glycerinderivate

$$C_6H_4(CH_3)NH\cdot CH_2\cdot CHOH\cdot CH_2Cl \longrightarrow C_6H_4(CH_3)NH\cdot CH_2\cdot CHOH\cdot CH_2OC_2H_5$$

siehe Ber. **37**, 3034.

242 **DRP. 98070** Lit. wie [117]

Acet-o- (-m-, -p-)toluid

CH_3 / $NH \cdot COCH_3$ (o), (m), (p) $= C_9H_{11}NO = 149$.

Wie [117] mit überschüssiger verdünnter Essigsäure in der Hitze und unter Druck.

243 **DRP. 262327**

o-Toluoloxaminsäure CH_3 / $NH \cdot CO \cdot COOH$ $= C_9H_9NO_3 = 179$.

„Verfahren zur Darstellung von in α-Stellung substituierten Indolen." Zur Darstellung von **α-Indolcarbonsäure** wird 1-Methylbenzol-2-oxaminsäure verwendet, die nach M. f. Ch. 7, 234 gewonnen wird, indem 30 T. K-monoäthyloxalat mit 25 T. o-Toluidin auf 180° bis 190° erhitzt, die Masse mit Wasser ausgezogen, die Lösung mit Schwefelsäure übersättigt und mit Äther ausgeschüttelt wird. Krystalle, Sch.-P. (wasserfrei) 130°.

244 **DRP. 84138**

o- und p-Tolylhydroxylamin CH_3 / $NHOH$ (o), (p) $= C_7H_9NO = 123$.

Wie [124] aus 100 T. p-Nitrotoluol + 20 T. Chlorcalcium in 1700 T. Sprit (70%) + 120 T. Zinkstaub. Fettige Blätter, Sch.-P. 94°.

245 **DRP. 89978** 13,7 T. o- bzw. p-Nitrotoluol + 300 T. Wasser + 6 T. Salmiak allmählich bei höchstens 15° mit 140 T. Zinkstaub versetzen. Nach 5 St. vom Zinkoxyd filtrieren, Lösung des Hydroxylamins ohne abzuscheiden direkt verwendbar. Ebenso wie o- und p-Tolylhydroxylamin wurden auf diesem Wege hergestellt: **p-Hydroxylaminbenzylalkohol, -benzaldehyd, -benzoesäure,** ferner **o-Hydroxylaminphenylmilchsäuremethylketon.**

246 **DRP. 151134**

p-Tolylsulfaminsäure CH_3 / $NH \cdot SO_3H$ (p) $= C_7H_9NSO_3 = 187$.

14 T. p-Nitrotoluol mit 130 T. Bisulfitlösung oder mit 75 T. krystallisiertem neutralem Sulfit und 45 T. 40prozentiger Essigsäure mit 250—300 T. Wasser unter Rückfluß sieden, das Natronsalz aussalzen oder die Lösung etwas eindampfen, vom Glaubersalz filtrieren und dann erst aussalzen. — Ebenso **Phenylsulfaminsäure** aus Nitrobenzol und Calciumsulfit und weniger glatt **Nitroxylolsulfaminsäure.**

247 **DRP. 61712** **DRP. 63309** Zusatz zu DRP. 54626

Äthyl-o- und **-p-Tolylglycin**

CH_3 / $N(C_2H_5)(CH_2COOH)$ (o), (p) $= C_{11}H_{15}NO_2 = 193$.

Wie [131] aus Monoäthyl-o- bzw. -p-toluidin und Monochloressigsäure.

Das Äthyl-o-Tolylglycin erstarrt krystallinisch, bildet aus Benzol Krystalle vom Sch.-P. 63°—64° und ist in organischen Lösungsmitteln leicht, in Wasser schwerer löslich.

2. $CH_2 \cdot X—N$.

248 **DRP. 182 217** — Z. angew. Ch. *1900*, 385

o-Nitrotoluol-Quecksilberverbindungen.

10 T. o-Nitrotoluol in 1000 T. Wasser suspendieren, 60 T. Natronlauge (30%), dann 24 T. frisch gefälltes Quecksilberoxyd zugeben, 8 St. unter Rückfluß kochen, unverändertes Nitrotoluol mit Dampf abtreiben, kalt filtrieren und das Filtrat mit Salzsäure fällen. Herstellung des Chlorides und zwei weitere Beispiele mit Quecksilberchlorid und rotem Quecksilberoxyd im Original. Sch.-P. des Chlorides 145°.

Diese Verbindung enthält auf einen Rest des o-Nitrotoluols 1 Atom Quecksilber und dürfte eine der folgenden Konfigurationen besitzen: $CH_2 \cdot HgOH$ / NO_2 oder $CHHg$ / NO_2. Nach

249 **Zus. DRP. 182 218**

wird eine Diquecksilberverbindung folgendermaßen gewonnen: 30 T. o-Nitrotoluol + 95 T. Quecksilberoxyd + 1000 Vol.-T. Natronlauge (1,8%) unter Rückfluß 30 St. kochen, filtrieren, den Rückstand durch Ausäthern oder Wasserdampfdestillation von Nitrotoluol befreien und kalt mit Salzsäure (10%) digerieren. Das unlösliche Chlorid des Reaktionsproduktes mit heißer, sehr verdünnter Natronlauge in die freie Quecksilberverbindung, diese mit überschüssiger kalter Essigsäure (10%) in das lösliche Acetat überführen. Das Filtrat mit verdünnter Natronlauge gefällt, gibt ein hellgelbes, später orangegelbes Produkt. Natronlauge ist bei der Herstellung durch Soda oder Kalk ersetzbar. In den alkalischen Lösungen sind noch geringe Mengen der Mono- und auch einer Diquecksilberverbindung enthalten. — Verpufft rasch erhitzt, zersetzt sich über 200°; ist in Salzsäure unlöslich, in Schwefelsäure schwer, in verdünnter Essigsäure und in Salpetersäure (20%) leicht löslich.

---

250 Anm. L. 9395, Kl. 12. 6. 6. 95. H. Loesner F. P. 247 711 — Ber. *25*, 3545

o-Nitrobenzylchlorid CH_2Cl / NO_2 $= C_7H_6ClNO_2 = 171.$

Nitrotoluol bei 120°—150° mit Chlor behandeln, bis die Gewichtszunahme 50% der berechneten beträgt, das unveränderte Nitrotoluol im Vakuum abdestillieren, Chlorid hierauf mit Dampf übertreiben. (Trennung unvollkommen).

---

251 **DRP. 283 448**

p-Formylaminophenacetonitril $CH_2 \cdot CN$ / $NH \cdot CHO$ $= C_9H_8N_2O = 160.$

10 T. p-Aminophenacetonitril (nach Ber. **15**, 836) mit 10 T. Ameisensäure ansetzen. Die erwähnte Masse scheidet aus der Benzollösung die Formylverbindung aus, die aus wenig Wasser umkrystallisiert bei 135° schmilzt. Liefert nitriert die gelbe m-Nitroverbindung vom Sch.-P. 154°—155°, die reduziert in die Aminoverbindung vom Sch.-P. 124° übergeht, die ihrerseits mit Nitrit- und Salzsäure das Azimid gibt, das mit Eisessig gekocht in das **Benzimidazolacetonitril** [2188] übergeht. — Ebenso **p-Acetylaminophenacetonitril** durch Acetylierung des p-Aminophenacetonitrils; gibt nitriert, reduziert usw. ebenfalls Benzimidazolderivats.

---

252 **DRP. 48 722** F. P. 193 686

o-Nitrobenzylrhodanid $CH_2 \cdot CNS$ / NO_2 $= C_8H_6N_2O_2S = 194.$

100 T. o-Nitrobenzylchlorid in 330 T. Sprit lösen, mit 60 T. Sulfocyankalium unter Rückfluß einige Stunden kochen, vom Kaliumchlorid filtrieren, Sprit verjagen, Rückstand mit wenig Wasser verreiben: Krystalle. Aus Sprit gelbliche Tafeln. Sch.-P. 68°.

---

253 **DRP. 92 794** — Ber. *30*, 1030; *33*, 3002

o- und p-Nitrophenylbrenztraubensäure

$CH_2 \cdot CO \cdot COOH$ / NO_2 (ortho) $CH_2 \cdot CO \cdot COOH$ / NO_2 (para) $= C_9H_7NO_5 = 209.$

13,7 T. o- bzw. p-Nitrotoluol + 14,6 T. (mol.) Oxalsäurediäthylester unter Kühlung eintragen in eine Lösung von 4,6 T. Natrium in 92 T. abs. Sprit. Maximaltemperatur 50°. Mit der der Natriummenge entsprechenden Menge Salzsäure versetzen, Sprit abdestillieren, verdünnen. Mit Dampf das unveränderte Nitrotoluol abtreiben, Rückstand kalt filtrieren,

Filtrat einengen oder ausäthern. o-Verbindung krystallisiert aus Benzol in Nadeln, Sch.-P. 121°. Phenylhydrazon schmilzt bei 148°—149°. Die p-Verbindung bildet aus Eisessig gelbe Krystalle mit 1 Mol. Eisessig, Sch.-P. 194°. Phenylhydrazon schmilzt bei 168°. Oxydation führt zu den entsprechenden **Nitrobenzoesäuren** bzw. **Nitrobenzaldehyden.**

---

254 **DRP. 239953.**
A. P. 1015496, 1015691
E. P. 6076/11, 17985/11
F. P. 426635

DRP. 238381
Ann. **155**, 25
Ber. **27**, 2209; **28**, 1860

o- und p-Nitrophenylnitromethan (Homologe und Substitutionsprodukte)

CH_2NO_2 / NO_2 (o) — ($CH = NO(OH)$ / NO_2 (o)) — CH_2NO_2 / NO_2 (p)

($CH = NO(OH)$ / NO_2 (p)) $= C_7H_6N_2O_4 = 182.$

In 2000 T. o-Nitrotoluol bei 110°—120° innerhalb 8 St. 1000 T. Salpetersäure (70%) einfließen lassen. Salpetersäure und Wasser destillieren ab. **o-Nitrobenzoesäure** und **o-Nitrobenzaldehyd** mit Soda bzw. Bisulfit extrahieren; o-Nitrophenylnitromethan bleibt zurück und wird durch wiederholtes Ausziehen mit Natronlauge und Zersetzung des gebildeten Natronsalzes mit Kohlendioxyd vom unveränderten Nitrotoluol getrennt. Ausbeute 70%. — Analog: p-Nitrophenylnitromethan vom Sch.-P. 91°, **p-Chlor-o-nitrophenylnitromethan** vom Sch.-P. 112°, **3-Methyl-6-nitrophenylnitromethan** vom Sch.-P. 86,5° (aus o-Nitro-m-xylol) usw. Stets gilt: möglichst starke Salpetersäure, jedoch nicht von so hoher Konzentration, daß Nitrierung im Benzolkern einträte, und Überschuß an Nitrokohlenwasserstoff. Nach

Zus. DRP. 246381 leitet man Salpetersäure in Dampfform in die erhitzten Nitrotoluole.

---

255 **DRP. 70678**
Ber. **17**, 385

p-Nitrobenzyldimethylamin $CH_2 \cdot N(CH_3)_2$ / NO_2 (p) $= C_9H_{12}N_2O_2 = 180.$

Aus p-Nitrobenzylchlorid und Dimethylamin durch Kondensation. Wenn das Produkt rückstandfrei in Salzsäure löslich ist, filtrieren und reduzieren. Wie das reine p-Nitrobenzylchlorid ist auch das beim Nitrieren des Benzylchlorides erhaltene Gemenge von Isomeren verwendbar.

---

256 **DRP. 194811**
DRP. 114839

o-Nitrosobenzylalkohol CH_2OH / NO (o) $= C_7H_7NO_2 = 137.$

16,5 T. o-Nitrotoluol + 20 T. Natronlauge (40°) + 50 T. Wasser 3 St. im Rührautoklaven auf 170° erhitzen, Dampf einleiten, das übergegangene Öl vom Wasser trennen, in eine konz. heiße Spritlösung von 15 T. Quecksilberchlorid eintragen, den gebildeten weißen Niederschlag filtrieren, mit Sprit waschen, bei gewöhnlicher Temperatur mit konz. Salzsäure behandeln, verdünnen und die Nitrosoverbindung ausäthern oder mit Dampf übertreiben; die Mutterlauge von der Quecksilberchloridverbindung und Waschsprit vereinigen, Sprit abdestillieren, den Rückstand mit konz. Salzsäure ausschütteln und aus der salzsauren Lösung nach Verdünnen mit Wasser das gleichzeitig gebildete **Anthranil** gewinnen.

---

257 **DRP. 48722**
F. P. 193686

o- und p-Nitrobenzylalkohol CH_2OH / NO_2 (o) — CH_2OH / NO_2 (p) $= C_7H_7NO_3 = 153.$

Die nach **[266]** erhaltene, vom Kochsalz abfiltrierte Spritlösung des o-Nitrobenzylacetats unter Kühlung bis zur dauernden Alkalität mit wässeriger Natronlauge versetzen (etwa 58 T. von 40%). Nach 24 St. den evtl. vorhandenen Natronlaugenüberschuß neutralisieren, Sprit vom Krystallbrei abdestillieren, Rückstand mit etwas Wasser verreiben (zur Lösung des Na-Acetats), weiße Krystalle filtrieren. Oder: 100 T. o-Nitrobenzylamin in 1500 bis 2000 T. Wasser + 150—200 T. Salzsäure (20°) lösen, kalt allmählich die wässerige Lösung von 67 T. Kaliumnitrit zufließen lassen, langsam auf Siedetemperatur erhitzen. Kalt krystallisiert o-Nitrobenzylalkohol in Nadeln aus.

258 **DRP. 104 360** E.P. 11259—60/98 F. P. 278 102

100 T. Chlorierungsprodukt des o-Nitrotoluols (40—50% seitenketten-chlorierte Körper) + 300 T. Sprit + 25—30 T. wasserfreies Natriumacetat 70—80 St. unter Rückfluß kochen, den Sprit abdestillieren, das unangegriffene Nitrotoluol mit Dampf abblasen. Als Rückstand bleibt **o-Nitrobenzylacetat,** eine ölige, krystallinisch erstarrende Masse. Dieses mit Sodalösung unter Rückfluß verseifen. Das Nitrobenzylacetat braucht nicht isoliert zu werden; wird das Chlorierungsöl mit Acetat, Soda und verdünntem Sprit direkt umgesetzt, so ist die Operation schon in 24 St. beendet. Mit Hyposulfit, Salzen der Oxal-, Benzoe- oder Phthalsäure erhält man ähnliche Resultate.

259 **DRP. 214 949**

60 T. p-Nitrotoluol in 200 T. (Vol.) Schwefelsäure (95%) lösen, bei höchstens 5° eine Paste aus 104 T. Bleisuperoxyd und 50 T. (Vol.) Schwefelsäure einrühren, mit 400 T. Wasser verdünnen, das unveränderte Nitrotoluol mit Dampf abtreiben, heiß vom Bleisulfat filtrieren. Kalt krystallisiert p-Nitrobenzylalkohol aus.

260 **DRP. 83 544** E. P. 1963/95 F. P. 246 918 — Ber. 14, 723; 28, 879; 28, 914

p-Aminobenzylalkohol CH_2OH / NH_2 $= C_7H_9NO = 123.$

15 T. p-Nitrobenzylalkohol in einen neutralen oder schwach alkalischen heißen Brei von Ferrohydroxyd (aus 200 T. Eisenvitriol in 800 T. Wasser + der nötigen Menge Natronlauge) eintragen. Filtrieren, Filtrat ausäthern; der Alkohol hinterbleibt als schnell erstarrendes Öl. Auch mit Benzaldehyd als Benzylidenverbindung abscheidbar; diese dann mit Soda und Wasserdampf spalten. Oder: 20 T. p-Nitrobenzylalkohol in 400 T. Wasser mit 40 T. Zinkstaub + 2 T. Chlorcalcium reduzieren, Zinkstaub abfiltrieren, heiß waschen, den Kalk mit Soda ausfällen, filtrieren, Filtrat eindampfen [vgl. 548]. Oder: 20 T. p-Nitrobenzylalkohol mit 400 T. konz. Ammoniak und 40 T. Zinkstaub kochen, filtrieren, Filtrat mit etwas Soda eindampfen. Aus Benzol helle Tafeln, Sch.-P. 65° [750].

261 **DRP. 83 544**

Anhydro-p-aminobenzylalkohol (Homologe) CH_2 / NH $= C_7H_7N = 105.$

Wässerige Lösung von [260] mit sehr wenig Eisessig erwärmen, den gebildeten weißen Niederschlag abfiltrieren. Das Produkt schmilzt bei 214°—216°, ist in kalten verdünnten Säuren leicht löslich [750]. Höhere Polymerisationsstufen dieses Anhydroproduktes entstehen in stark saurer Lösung, z. B.: 67 T. p-Nitrobenzylalkohol + 670 T. Wasser + 500 T. konz. Salzsäure kalt verrühren, unter starker Kühlung mit 110 T. Zinkstaub versetzen, die gelbe Lösung vom Zink filtrieren, Filtrat kalt mit Acetat fällen, Niederschlag abfiltrieren, waschen, trocknen; Sch.-P. über 300°. Alle diese Produkte werden am Licht gelb, sind in Säuren gelb löslich, unverändert mit Alkali fällbar; mit salpetriger Säure entstehen Nitrosamine, mit aromatischen Basen Diphenylmethanderivate, mit Schwefelwasserstoff **Diaminodibenzylsulfid** [1576]; mit Zinkstaub und Salzsäure **p-Toluidin.**

262 **DRP. 97 710** Zusatz zu DRP. 95 184

p-Methylaminobenzylalkohol (Homologe)

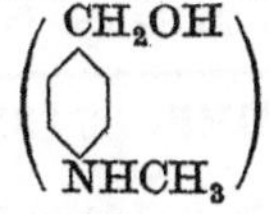

10,7 T. Monomethylanilin in 12 T. Salzsäure (21°) und 50 T. Wasser lösen und unter Kühlung 7,5 T. Formaldehyd (40%) zugeben. Nach 24 St. die Krystalle des salzsauren p-Methylaminobenzylalkohols absaugen, lösen und mit Natronlauge umsetzen. Es resultiert ein weißes, amorphes Pulver, dessen salzsaures Salz in Sprit verrührt mit alkoholischem Ammoniak feine Nadeln gibt. In Benzol sehr leicht, in Äther schwer löslich. Sch.-P. etwa 210°. Analog mit 12 T. Monoäthylanilin, 12 T. Salzsäure (21°), 60 T. Eis und 7,5 T. Formaldehyd (40%) und Umsetzung des salzsauren Salzes mit Alkali farblose Nadeln des **p-Äthylaminobenzylalkohols,** Sch.-P. 86°. (Diese Substanzen sind als Kondensationsprodukte der Alkylaminobenzylalkohole aufzufassen; der ersten Substanz kommt die Formel $C_{16}H_{20}N_2O$ zu. Sie spalten mit Säuren Formaldehyd ab. Friedländer.) — Über **Acetylamino-o-benzylalkohol** und seine Umwandlungsprodukte

CH_2OH / $NH{\cdot}COCH_3$ ⟶ $CH_2{\cdot}O{\cdot}COCH_3$ / NH_2 ⟶ CH_2, O, $C{\cdot}CH_3$, N

siehe Ber. 37, 2249 **(C-Methylphenpentoxazol).**

263	Anm. C. 22 278, Kl. 12 q 20. 8. 12 Cassella	**Dialkylaminobenzylalkohol** $C_6H_4(N(R)_2)(CH_2OH)$

Formaldehyd in erheblichem Überschuß auf tertiäre aromatische Amine bei Gegenwart von Säuren einwirken lassen. Die Produkte reagieren mit Zinkchlorid erst bei höherer Temperatur unter Bildung von Diphenylmethanbasen.

264	**DRP. 89 978**	**p-Hydroxylaminbenzylalkohol** $C_6H_4(CH_2OH)(NHOH) = C_7H_9NO_2 = 139$.

15,3 T. p-Nitrobenzylalkohol in einer Lösung von 5 T. Salmiak in 400 T. Wasser suspendieren, bei höchstens 20° mit 14 T. Zinkstaub verrühren und vom Zinkoxyd abfiltrieren. Wird diese Lösung des p-Hydroxylaminbenzylalkohols mit der äquivalenten Menge Salzsäure auf 60°—70° erwärmt, so scheidet sich ein ziegelrotes salzsaures Salz des polymeren Anhydrohydroxylaminbenzylalkohols aus (identisch mit [265]). Zugehörige Base ist amorph, gelb und in den meisten Lösungsmitteln schwer löslich.

265	**DRP. 87 972** — Ber. 28, 881	**Anhydro-p-hydroxylaminbenzylalkohol** $(C_6H_4(CH_2)(NH)O)_x$

1,09 T. Phenylhydroxylamin in 50 T. Wasser und 2,4 T. Salzsäure lösen, unter Kühlung 0,75 T. Formaldehyd (40%) zusetzen. Zuerst weißer, schließlich hellroter Niederschlag. Nach 12 St. abfiltrieren, waschen und trocknen. Ein analoges Anhydroprodukt ist aus o-Tolylhydroxylamin (1,23 T.) darstellbar.

266	**DRP. 48 722** F. P. 193 686	**o-Nitrobenzylacetat** $C_6H_4(CH_2\cdot O\cdot COCH_3)(NO_2) = C_9H_9NO_4 = 195$.

100 T. o-Nitrobenzylchlorid mit 360 T. Sprit und 60—70 T. wasserfreiem Na-Acetat unter Rückfluß 70—80 St. kochen, vom Kochsalz abfiltrieren, Sprit abdestillieren, Rückstand mit wenig Wasser verreiben, den erhaltenen Krystallbrei absaugen. Aus Benzol weiße Krystalle; Sch.-P. 71°. Färbt sich am Lichte rötlich, schließlich dunkel.

267	**DRP. 48 722** F. P. 193 686	**o-Nitrobenzylsulfosäure** $C_6H_4(CH_2\cdot SO_3H)(NO_2) = C_7H_7NO_5S = 217$.

100 T. o-Nitrobenzylchlorid + 90 T. neutrales Natriumsulfit + 350 T. Wasser 12 bis 14 St. bei 70° rühren. Aus der hellgelben Lösung krystallisiert kalt das Na-Salz aus, die Mutterlauge ist weiter aussalzbar. Aus Sprit umkrystallisieren. Glänzende Nadeln.

268	**DRP. 55 138** — Ann. 154, 55 221, 219	**p-Nitrobenzylsulfosäure:** Aus p-Nitrobenzylchlorid durch Kochen mit wässeriger Alkalisulfitlösung. Die klare, gelbliche Lösung erstarrt zu einem Krystallbrei von p-nitrobenzylsulfosaurem Alkali. Mit Zinkstaub und Salz- oder Essigsäure reduziert (Lösung mit Soda entzinken) entsteht **p-Aminobenzylsulfosäure** $C_7H_9NO_3S = 187$.

269	**DRP. 48 722** F. P. 193 686	**o-Nitrobenzylthiosulfosäure** $C_6H_4(CH_2\cdot S\cdot SO_3H)(NO_2) = C_7H_7NO_5S_2 = 249$.

100 T. o-Nitrobenzylchlorid + 200 T. kryst. Natriumthiosulfat + 100 T. Wasser 12—14 St. auf 55° erwärmen. Kalt aussalzen. Große, blätterige Krystalle.

3. CH:X₂—N.

---

270 **DRP. 24 152**
A. P. 278 926
—
Ber. 2, 213; **17**, 2936; **18**, 996
Ann. **185**, 272
DRP. 19 304

p-Nitrobenzylidenchlorid $CHCl_2$ / NO_2 = $C_7H_5Cl_2NO_2$ = 205.

Trockenes Chlor zwischen 130°—160° in reines p-Nitrotoluol einleiten (Ölbad). Wenn berechnetes Gewicht erreicht, nacheinander mit Wasser, Sodalösung, Wasser waschen. Aus Sprit umkrystallisieren.

---

271 **DRP. 11 857**
A. P. 233 458
E. P. 1177/80
F. P. 135 742
nebst Zus.
—
J. pr. **52**, 292

o-Nitrophenyldibrompropiolsäure $CHBr·CHBr·COOH$ / NO_2 = $C_9H_7Br_2NO_4$ = 353.

Trockene o-Nitrozimtsäure mit Brom behandeln, bis keines mehr aufgenommen wird. Aus Benzol umkrystallisieren.

---

272 **DRP. 20 255**
E. P. 1453/82
—
Ber. **15**, 2856; **16**, 1953; **16**, 33, 161
DRP. 21 162

o- und p-Nitrobenzylidenaceton

$CH:CH·COCH_3$ / NO_2 (o) und $CH:CH·COCH_3$ / NO_2 (p) = $C_{10}H_9NO_3$ = 191.

1 T. Monobenzylidenaceton [16] mit 5 T. Schwefelsäure verreiben, zwischen 0° und 15° mit der berechneten Menge Salpetersäure (1,46), gelöst in der doppelten Menge Schwefelsäure, langsam nitrieren. In Wasser gießen, abfiltrieren, sorgfältig waschen, in Sprit (1½-fache Menge) lösen. Nach einigen Stunden scheidet sich die p-Nitroverbindung aus. Mutterlauge mit der 3—4-fachen Menge Wasser gefällt gibt die o-Verbindung.

---

273 **DRP. 19 768**
A. P. 257 812
257 813
E. P. 1266/82
F. P. 146 714
150 750
—
Ber. **15**, 2856

o-Nitrobenzylidenbrenztraubensäure (o-Nitrocinnamylameisensäure)

$CH:CH·CO·COOH$ / NO_2 = $C_{10}H_7NO_5$ = 221.

10 T. o-Nitrobenzaldehyd + 6 T. Brenztraubensäure gelinde erwärmen, bei 10° mit Salzsäuregas sättigen. Krystallinische Masse nach 3 Tagen mit Wasser waschen, trocknen, aus Benzol umkrystallisieren.

---

274 **DRP. 21 162**
—
DRP. 20 255

o-Nitrozimtsäure $CH:CH·COOH$ / NO_2 = $C_9H_7NO_4$ = 193.

Wie [19] aus 20 T. o-Nitrobenzylidenaceton [272] + 800 T. der wässerigen Lösung von unterchlorigsaurem Natrium (3%).

---

275 **DRP. 121 788**
F. P. 295 939
—
Ann. **311**, 353
F. P. 276 258
Acetate:
Ann. **146**, 340
Ber. **31**, 1249

p-Nitrobenzaldehyddiacetat $CH(COCH_3)_2$ / NO_2 = $C_{11}H_{11}NO_4$ = 221.

5 T. p-Nitrotoluol unter Kühlung in ein Gemenge von 40 T. Essigsäureanhydrid, 40 T. Eisessig und 15 T. Schwefelsäure eintragen, bei 5°—10° 10 T. Chromsäure zusetzen, die zuerst rotbraune, dann grüne Lösung mit weißem Niederschlag und grünem Harz auf Eis gießen. Es tritt zunächst Lösung und dann Ausscheidung des weißen, pulver-

förmigen p-Nitrobenzaldehyddiacetates ein. Aus Sprit umkrystallisieren. Sch.-P. 125°. Durch Verseifung entsteht daraus **p-Nitrobenzaldehyd** vom Sch.-P. 106°. Aus m-Xylol analog: **Isophthalaldehydtetraacetat** $C_6H_4(CH(COCH_3)_2)_2$ (Sch.-P. 101°) und **Isophthalaldehyd** (Sch.-P. 89°); aus p-Xylol **Terephthalaldehyd;** aus o-Xylol **Phthalaldehyd** und aus o-Nitrotoluol **o-Nitrobenzaldehyd.**

---

276 **DRP. 269 337**

o-Aminophenylsulfoessigsäure $C_6H_4(NH_2)\cdot CH(COOH)(SO_3H) = C_8H_9NO_5S = 231.$

50 T. o-Nitrophenylsulfoessigsäure [2031] in 100 T. Wasser + 15 T. Kochsalz mit 60 T. Eisenspänen 2 St. bei 80°—90° reduzieren, natronalkalisch filtrieren und das Filtrat kalt genau mit Salzsäure neutralisieren. Bei Säureüberschuß bildet sich leicht das Sulfazon [2031]. Das abgeschiedene Öl erstarrt bald. Bildet eine strohgelbe Diazoverbindung.

---

277 **DRP. 107 095**
F. P. 290 643
—
Ber. 14, 826; 30, 1036;
Z. Bl. 1899, II, 371

o- und p-Nitrobenzaldoxim $C_6H_4(NO_2)\cdot CH:NOH = C_7H_6N_2O_3 = 166.$

57 T. o-Nitrotoluol mit 50 T. Amylnitrit und der kalten (z. T. erstarrten) Lösung von 10 T. metallischem Natrium in 120 T. abs. Sprit unter Kühlung verrühren. Die braunrote Masse wird gelb. Nach 24 St. in Wasser gießen, überschüssiges Nitrotoluol abtrennen, Filtrat ansäuern oder Kohlendioxyd einleiten. Aus Benzol umkrystallisieren. Sch.-P. 97°. Ebenso p-Nitrobenzaldoxim vom Sch.-P. 128° aus p-Nitrotoluol.

---

278 **DRP. 199 147**
Zusatz zu DRP. 186 881
—
Ber. 14, 2334

55,1 T. mit Wasser angeschlämmte Diquecksilberbase [249] und 2 Mol. Nitrit mischen, in verschlossener Flasche 1 Mol. Schwefelsäure (10%) so zutropfen lassen, daß keine freie salpetrige Säure auftritt, das abgesaugte Dinitrit

$$C_6H_4\langle^{CH(Hg\cdot NO_2)_2}_{NO_2}$$

innerhalb 2 St. unter Rühren in 30 T. eisgekühlte Salzsäure (25%) eintragen und zugleich 100 T. Salzsäure (36,5%) zutropfen lassen. Zum Schluß ist die Salzsäure 25%ig. Die farblose krystallinische Masse (Gemenge von **o-Nitrobenzaldehyd** und dem o-Nitrobenzaldoxim) wird mittels verdünnter Natronlauge, die nur letzteres löst, getrennt.

---

279 **DRP. 286 762**

Anhydroformaldehydophenylglycin-o-aldoxim
(analoge Kondensationsprodukte)

$$C_6H_4\langle^{CH=N(O)-CH_2}_{N(CH_2\cdot COOH)-} = C_{10}H_{10}N_2O_3 = 206.$$

1 T. Phenylglycinamid-o-aldoxim $C_6H_4\langle^{CH\cdot NOH}_{NH\cdot CH_2\cdot CONH_2}$ mit 10 T. Formaldehyd (35%) bis zur Lösung im Wasserbade erwärmen. Kalt krystallisiert das **Amid** des **Anhydroformaldehydophenylglycin-o-aldoxims** vom Sch.-P. 233°—234° aus. Durch Kochen mit Alkali und darauffolgendes Ansäuern erhält man die Säure (Sch.-P. ca. 215°). Analoge Kondensationsprodukte mit Acetaldehyd, Glyoxal und Benzaldehyd.

---

280 **DRP. 146 294**
E. P. 16 917/02
—
Ber. 15, 2856
DRP. 19 768
27 101
F. P. 325 109
327 973

o-Nitrophenyl-β-oxyäthylmethylketon (o-Nitrophenylmilchsäureketon)

$C_6H_4(NO_2)\cdot CHOH\cdot CH_2\cdot COCH_3 = C_{10}H_{11}NO_4 = 209.$

25 T. o-Nitrobenzaldehyd in 125 T. Aceton lösen, 40—60 T. Wasser, dann eine Lösung von 3—5 T. Natriumsulfit in 16 T. Wasser zugeben,

bei gewöhnlicher Temperatur rühren, bis die Lösung hellgrün ist, mit etwas Salzsäure versetzen, Aceton abdampfen und das bald erstarrende Öl aus Benzol umkrystallisieren. Oder: Zu einer Mischung von 20 T. o-Nitrobenzaldehyd und 300 T. Aceton 100 T. Wasser, 150 T. Eis und eine Lösung von 10 T. tertiärem Natriumphosphat in 50 T. lauwarmem Wasser zufügen.

---

281 **DRP. 148 943**
A. P. 726 688
733 777
E. P. 11 522/02
F. P. 316 121,

Um das Keton in wässerige Lösung bringen zu können, mischt man es mit der 3-fachen Menge p-toluolsulfosaurem Natrium oder m-Xylolsulfosäure. Die wässerigen Lösungen dieser Mischungen können unmittelbar zum Zeugdruck verwendet werden.

---

282 **DRP. 89 978**

o-Hydroxylaminphenyl-β-oxyäthylmethylketon

$CH(OH) \cdot CH_2 \cdot COCH_3$, NHOH (an Benzolring) $= C_{10}H_{13}NO_3 = 195.$

Wie [264]; Produkt ist aussalzbar, krystallisiert in farblosen Nadeln, Sch.-P. 78°. In Sprit leicht, in Wasser, Benzol und Äther schwerer löslich.

---

283 **DRP. 11 857**
E. P. 1177/80
F. P. 135 742
nebst Zus.

o-Nitrophenylchlormilchsäure $CH(OH) \cdot CHCl \cdot COOH$, NO_2 (an Benzolring) $= C_9H_8ClNO_5 = 245.$

o-Nitrozimtsäure in Soda lösen, in die kalte Lösung Chlorgas einleiten, bis Chlor im Überschuß vorhanden. Ansäuern, ausäthern.

---

284 **DRP. 61 551**
Ber. 18, 1516;
19, 365;
20, 3193;
21, 782

p-Dimethylaminophenyloxytrichloräthan (Homologe)

$CH(OH) \cdot C \vdots Cl_3$, $N(CH_3)_2$ (an Benzolring) $= C_{10}H_{12}Cl_3NO = 267.$

14 T. Chloral (Anhydrid) in 30 T. Phenol lösen, 12 T. Dimethylanilin zufließen lassen. Nach ca. 24 St. färbt sich die häufig gerührte Flüssigkeit grün und scheidet Krystalle aus, die nach völlig beendeter Reaktion abgesaugt, mit verdünnter Natronlauge und Wasser gewaschen und getrocknet werden. Sch.-P. 111°. Aus den Lösungen ihrer Salze wird die Base durch Soda als grüne, durch Alkali als weiße Fällung erhalten.

Analog: **p-Monomethylamidophenyloxytrichloräthan** (Sch.-P. 111°—112°), **p-Monoäthylamidophenyloxytrichloräthan** (Sch.-P. ca. 98°), **p-Diäthylamidophenyloxytrichloräthan** (erstarrt nur bei starker Abkühlung amorph). Alle geben mit Natronlauge (26%) in der Wärme unter Chloroformabspaltung die entsprechenden **alkylierten p-Aminobenzaldehyde.**

---

285 **DRP. 191 855**
Ber. 39, 2339;
16, 2222

Anthroxansäure $C(COOH)$—O—N (an Benzolring) $= C_8H_5NO_3 = 163.$

197 T. o-Nitromandelsäure in 1500 T. Wasser + 75 T. Ammoniak (23%) + 80 T. Salmiak lösen, bei 10°—20° mit 77 T. Zinkstaub (84,6%) reduzieren, filtrieren und das Filtrat mit Salzsäure fällen. Die gebildeten weißen Krystalle einer neuen Verbindung in überschüssige Natronlauge einrühren, die dunkle Lösung im Wasserbade erwärmen, bis sie hellgelb geworden ist, und die Säure mit Salzsäure in weißer, sandiger Form fällen. Nach

286 **Zus. DRP. 195 812**

arbeitet man in wässeriger Suspension ohne Ammoniak und Salmiak mit 2—3 T. Zinkstaub auf 5 T. Nitromandelsäure.

---

287 **DRP. 184 693**

Anhydro-o-hydroxylaminmandelsäure $C(OH) \cdot COOH$—NH (an Benzolring) $= C_8H_7NO_3 = 165.$

5 T. o-Nitromandelsäure in 50 T. Wasser und 20 T. Sodalösung (10%) oder Ammoniak gelöst bei gewöhnlicher Temperatur + 2 T. Salmiak + 12 T. Zinkstaub. Temperatur steigt auf 30°—35°, kalt filtrieren, gut waschen, aus dem Filtrat mit 5 T. Salzsäure (20°) die weißlich-gelben Krystalle fällen. Intermediär dürfte sich **o-Hydroxylaminmandelsäure** bilden.

288 **DRP. 89 978**

Ber. 51, 606

p-Nitrosobenzaldehyd (CHO / NO) = $C_7H_5NO_2$ = 135.

Durch Oxydation von p-Hydroxylaminbenzaldehyd [**332**] mit Chromsäuregemisch. Sch.-P. 137°.

289 **DRP. 48 722**
F. P. 193 686

Ber. 13, 310; 14, 2801; 17, 121

o-Nitrobenzaldehyd (CHO, NO_2) = $C_7H_5NO_3$ = 151.

100 T. o-Nitrobenzylacetat [**266**] + 250 T. Bleisuperoxydpaste (51,3%) + 250 T. Wasser 6 St. kochen. 150 T. Essigsäure (40%) zusetzen, 3 St. weiterkochen, heiß filtrieren, kalt krystallisiert der Aldehyd zuerst ölig, bald erstarrend aus. Oder: 100 T. o-Nitrobenzylacetat bei gewöhnlicher Temperatur in 700 T. Schwefelsäure (55°—60°) lösen, auf 35°—40° erwärmen, 30,5—31 T. Salpetersäure (70%) zufließen lassen, Temperatur halten bis Stickoxydgas entwichen. Noch etwas erwärmen, kalt in 2400 T. kaltes Wasser gießen, nach einigen Stunden hellgelbe Nadeln filtrieren. — Über **Anthroxan**bildung aus o-Nitrobenzaldehyd s. Ber. **41**, 1845.

290 **DRP. 91 503**

Wie [**37**] aus 120 T. o-Nitrobenzylanilin oder der äquivalenten Menge o-Nitrobenzyltoluidin. Nach

291 **Zus. DRP. 92 084**

führt man die Oxydation in neutraler oder schwach alkalischer Lösung aus, läßt also z. B. bei 10° eine kalt gesättigte wässerige Lösung von 12,5 T. Permanganat in die Acetonlösung von 23 T. o-Nitrobenzylanilin einfließen, filtriert und destilliert das Aceton ab, um den o-Nitrobenzaldehyd abzuscheiden. Der in der Retorte verbleibende Rückstand von **o-Nitrobenzylidenanilin** wird mit Salzsäure gespalten. Nach

292 **Zus. DRP. 93 539**

werden 17,1 T. o-Nitrobenzylchlorid + 23,3 T. sulfanilsaures Natrium (83,5%) + 100 T. Wasser + 6 T. Soda kondensiert. Es resultiert die **o-Nitrobenzylsulfanilsäure** SO_3H⟨ ⟩—NH · CH_2—⟨ ⟩ (NO_2), die wie [**291**] mit einer wässerigen Lösung von 10,5 T. Kaliumpermanganat oxydiert **o-Nitrobenzylidensulfanilsäure** SO_3H⟨ ⟩—N = CH—⟨ ⟩ (NO_2) gibt, deren wässerige Lösung nach Filtration vom Braunstein wie [**291**] mit Salzsäure gespalten wird.

293 **DRP. 97 948**
A. P. 636 994, 622 854
E. P. 30 118/97
F. P. 273 423

164 T. o-nitrobenzylidensulfanilsaures Natrium [**291**] mit der wässerigen Lösung von 72 T. salzsaurem p-Toluidin vereinigen, die Benzylidenverbindung abfiltrieren, mit kaltem Wasser waschen, mit verdünnter Salzsäure kalt anrühren, wobei das p-Toluidin in Lösung geht. Der Aldehyd wird abfiltriert und getrocknet.

294 **DRP. 106 712**
Zusatz zu DRP. 104 360
E. P. 21 575/98
F. P. 282 383

600 T. Chlorierungsöl aus o-Nitrotoluol nach [**258**] zum Alkohol verseifen, Sprit abdestillieren, Wasser zusetzen, bis die Salze gelöst sind, Ölgemisch abtrennen und mit 1000 T. Schwefelsäure (56°) verrühren. Das ungelöste Öl (Nitrotoluol usw.) abheben und die schwefelsaure Lösung, die alle durch Oxydation in o-Nitrobenzaldehyd überführbaren Zwischenprodukte enthält, direkt oxydieren. Oder: Das verseifte Chlorierungsöl mit 600 T. Schwefelsäure (55°) verrühren, und ohne das Nitrotoluol usw. abzutrennen, bei 35°—40° mit Salpeter- oder Mischsäure oxydieren. Hierauf in 600 T. Eiswasser gießen, das Öl (eine Lösung von Aldehyd in Nitrotoluol) abtrennen, mit Soda entsäuern, bei 30°—40° mit 400 T. Bisulfitlösung (40%) und 200 T. Wasser behandeln, mit weiteren 800 T. Wasser verdünnen, das o-Nitrotoluol abziehen, die Bisulfitverbindung mit verdünnter Natronlauge zerlegen und den Aldehyd abfiltrieren.

295 **DRP. 110 173**

Wie [**38**]. Lösung von 233 T. o-dinitrodibenzylsulfanilsaurem Natrium oder der äquivalenten Menge eines o-dinitrodibenzyltoluidin- oder o-dinitrodibenzylxylidinsulfosauren Salzes in 1500 T. Wasser mit 820 T. Eisenchloridlösung (40%) versetzen und mit Wasserdampf destillieren. Aldehyd geht über.

296 | **DRP. 116124** | 15,1 T. Rohaldehydgemenge unter Kühlung mit 50—60 Vol.-T. Natriumbisulfitlösung (1,4) versetzen, die Bisulfitverbindungen in 60 bis 70 T. Wasser (45°) lösen, krystallisieren lassen, nach 48 St. (rascher bei künstlicher Kühlung) die Krystalle **(m- und p-Nitrobenzaldehyd)** abschleudern und die o-Verbindung aus der Filtratlauge abscheiden.

297 | Anm. S. 12 310, 25. 4. 01 Lyon — Vgl. DRP. 101 221, 107 722 | Durch Oxydation von o-Nitrotoluol mit Chromsäure oder chromsauren Salzen und mäßig verdünnter Schwefelsäure.
Ferner nach [20] durch Oxydation des o-Nitrotoluols mit Mangansuperoxyd. Die Oxydation bei Gegenwart von Schwefelsäure ist in [298, 299] beschrieben.

298 | **DRP. 175 295** | 169 T. Mangansulfat mit 4780 T. Schwefelsäure (55°) in der Wärme langsam mit 250 T. Bleisuperoxyd verrühren, Mangansuperoxydsulfat-Bleisulfatpaste mit 200 T. o-Nitrotoluol 3—4 St. auf 50°—60°, dann auf 100°—110° erwärmen, wenn entfärbt im Dampf destillieren, den o-Nitrobenzaldehyd aus dem Destillat isolieren.

299 | **DRP. 179 589** — DRP. 101 221 | 100 T. o-Nitrotoluol, 1000 T. Schwefelsäure (30°—40°) und 200 T. Braunsteinpulver im Druckgefäß 2—3 St. auf 140°—150° (= 10 Atm) erhitzen, kalt das oben schwimmende Öl von Braunstein und Flüssigkeit abziehen, mit Wasser und Soda waschen, kalt mit Natriumbisulfit schütteln und die Bisulfitverbindung mit Alkalien zerlegen. Mit einer Säure von 50° bis 60° Bé entsteht bei 135°—145° vorwiegend **o-Nitrobenzoesäure.**

300 | **DRP. 186 881** F. P. 370 522 | 20 T. o-Nitrotoluoldiquecksilberverbindung [249] mit 4,2 T. Kalisalpeter und 40 T. Wasser unter Rückfluß sieden, allmählich während des Siedens 60 T. Schwefelsäure (20%) so zufließen lassen, daß keine braunen Dämpfe auftreten; wenn die gelbe Farbe verschwunden ist, die Flüssigkeit samt dem Niederschlag ausäthern und den Aldehyd aus dem Äther abscheiden. Oder besser: in 10 T. Quecksilberverbindung und 100 Vol.-T. Schwefelsäure (10%) Dampf einleiten, langsam 12 T. Salpetersäure (20%) zufließen lassen und den Aldehyd zugleich übertreiben.

301 | **DRP. 237 358** A. P. 997 301 E. P. 24 872/10 F. P. 421 922 | Eine verdünnte Lösung von 204 T. Na-Salz des o-Nitrophenylnitromethans [254] in 2000 T. Wasser kalt mit einer Lösung von 105 T. Kaliumpermanganat in 3000 T. Wasser oxydieren und den ausgefallenen Aldehyd vom Braunstein trennen. In Lösung bleiben Ätzkali und Natriumnitrit. — Nach

302 | **Zus. DRP. 246 659** | setzt man obigem Ansatze zur Vermeidung der schädlichen Alkaliwirkung 60 T. Magnesiumsulfat oder Magnesium- oder Calciumchlorid zu, oder man oxydiert statt mit Kalium- mit Calciumpermanganat.

303 | **DRP. 15 743** — Ber. 16, 2714; Ann. 229, 203 | **p-Nitrobenzaldehyd** (CHO, NO_2) $= C_7H_5NO_3 = 151.$

1 T. p-Nitrozimtsäure in 10—20 T. Schwefelsäure lösen, mit $^1/_2$ T. gepulvertem Salpeter oder mit Salpetersäure bei gelinder Wärme oxydieren. In Wasser gießen; abgeschiedenen Aldehyd mittels Alkalien oder schwefligsaurem Natrium reinigen.

304 | **DRP. 15 881** — Ber. 13, 670 | 1 T. p-Nitrobenzylchlorid + 1—2 T. Kupferoxyd auf 200°—250° erhitzen. Wenn Chlorid verschwunden, Aldehyd mit heißem Wasser extrahieren.

305 | Anm. F. 2506, 12. 10. 85 A. Faust | Durch 12-stündiges Kochen von p-Nitrobenzylchlorid mit einer gesättigten Lösung von Blei- oder Kupfernitrat. Quantitativ.

306 | **DRP. 91 503** | Wie [37] aus 120 T. p-Nitrobenzylanilin oder der äquivalenten Menge p-Nitrobenzyl-o- oder -p-toluidin, nach

307 | **Zus. DRP. 93 539** | Wie [292] aus p-Nitrobenzylsulfanilsäure.

308	**DRP. 92 084** Zusatz zu DRP. 91 503 A. P. 575 237 E. P. 10 689/96 F. P. 258 051	23 T. o-Nitrobenzylanilin in Aceton lösen, bei 10° allmählich + kalt gesättigte Permanganatlösung (12,5 T.). Die farblose Flüssigkeit vom Braunstein filtrieren, Aceton abdestillieren, Rückstand + 15 T. Salzsäure, Krystallbrei vom gelösten salzsauren Anilin filtrieren, mit Wasser waschen, evtl. durch Dampfdestillation reinigen. — Ebenso auch **Benzaldehyd.**
309	**DRP. 97 948**	Wie [293] aus p-nitrobenzylidensulfanilsaurem Natrium.
310	Anm. B. 25 232, 26. 4. 00. Ludwigshafen E. P. 21 947/99 F. P. 294 490	Durch Erhitzen von p-Nitrotoluol mit Mangansuperoxyd. Die Oxydation bei Gegenwart von verdünnter Schwefelsäure ist in [20] beschrieben.
311	**DRP. 110 173** — Ber. 30, 3121	Wie [38] aus 233 T. p-dinitrodibenzylsulfanilsaurem Natrium. Der Aldehyd wird mit Benzol oder Äther aus der Reaktionsmasse extrahiert.

312 **DRP. 118 567** F. P. 304 695

Durch Spaltung der Benzylidenverbindung, die man durch Zusammenoxydieren aromatischer Alkohole mit primären aromatischen Aminen oder deren Sulfosäuren erhält. — Z. B.: Die vereinigten, filtrierten Lösungen von 7 T. p-Nitrobenzylalkohol in 300 T. kochendem Wasser, verdünnt mit 2000 T. kaltem Wasser und 8,5 T. Sulfanilsäurerohschmelze (= 8 T. reine Säure) in 100 T. Wasser und der berechneten Sodamenge bei 18° mit 100 T. Permanganatlösung (5%) oxydieren. Wenn der Auslauf hellgelb ist, vom Braunstein abfiltrieren, Filtrat mit Essigsäure neutralisieren, eindampfen, aussalzen, das voluminöse Kondensationsprodukt stark ansäuern und den p-Nitrobenzaldehyd mit Dampf übertreiben. Der Alkohol braucht nicht fertig gebildet zu sein, und man erhält z. B. **Dimethyl-p-aminobenzaldehyd** wie folgt: Die Lösungen von 1. 120 T. p-toluidinsulfosaurem Natrium in 600 T. Wasser und 2. 50 T. Kaliumbichromat in 500 T. Wasser einfließen lassen in ein Gemenge von 60 T. Dimethylanilin, 70 T. Salzsäure, 300 T. Wasser und 50 T. Formaldehyd (30%); rühren, nach 12—20 St. mit 130 T. Salzsäure ansäuern, nach weiteren 24 St. aussalzen, die orangegelben Blätter des Kondensationsproduktes aus Dimethyl-p-aminobenzaldehyd und p-Toluidinsulfosäure abfiltrieren und zur Verseifung mit Sodalösung kochen. Kalt krystallisiert der Aldehyd aus. Im Filtrat ist p-toluidinsulfosaures Natrium enthalten. — Ebenso aus Phenol, p-toluidinsulfosaurem Natrium und Formaldehyd: **o- und p-Oxybenzaldehyd;** aus **chromsaurem Benzidin** (M. f. Ch. 5, 193: 6 T. Benzidin in 500 T. Wasser und 60 T. Salzsäure lösen, kalt eine mit Soda neutralisierte Lösung von 50 T. Kaliumbichromat in 500 T. Wasser zugeben, 3 St. rühren und filtrieren) Monoäthylanilin und Formaldehyd: **Monoäthyl-p-aminobenzaldehyd;** aus demselben Benzidinchromat und Homosaligenin

OH / CH_2OH / CH_3

den **Homosalicylaldehyd;** aus p-Toluidin, 2-Naphthol und Formaldehyd den **2-Naphtholaldehyd.**

313 **DRP. 100 968** A. P. 640 564 E. P. 10 516/98 F. P. 277 774

o-Aminobenzaldehyd CHO / NH_2 = C_7H_7NO = 121.

o-Aminobenzylidenanilinsulfosäure [1523] oder ein Homologes mit Wasserdampf destillieren, Destillat nach Ber. 15, 2572 und 17, 456 aufarbeiten. Man erhält den Aldehyd in monomerer Form [319f; 1523].

314	**DRP. 106 509** Zusatz zu DRP. 99 542 A. P. 640 563 640 564 E. P. 10 516/98 F. P. 277 774 — DRP. 91 503, 92 084, 93 539 99 542, 104 360	17,2 T. o-Nitrobenzylchlorid mit einer Lösung von 24 T. $Na_2S \cdot 9H_2O$, 4 T. Ätznatron und 6 T. Schwefel in 100 T. Wasser 3 St. auf dem Wasserbad erwärmen, hierauf Aldehyd mit Dampf übertreiben. Oder: Lösung von 45 T. o-dinitrodibenzylanilinsulfosaurem Natrium in 200 T. Wasser mit einer Lösung von 16 T. Ätznatron und 30 T. Schwefelblumen in 100 T. Wasser 1 St. auf dem Wasserbad erwärmen, Aldehyd mit Dampf übertreiben. (Die Nitrobenzylverbindungen werden durch Polysulfide in der Nitrogruppe reduziert und gleichzeitig zu Benzylidenverbindungen oxydiert.)

315 **DRP. 218 364**

Neben der m-Verbindung nach [318].

316 **DRP. 62 950**
E. P. 11 049/91
—
Ber. 15, 2044; 16, 1999

m-Aminobenzaldehyd (CHO, NH_2) $= C_7H_7NO = 121$.

27 T. m-Nitrobenzaldehyd in 60 T. Bisulfitlauge (30%) + 250 T. Wasser lösen, die Bisulfitverbindung mit Eisen und Schwefelsäure oder Eisensulfat + Soda oder schwefligsauren Salzen reduzieren. Am besten ist: Die Bisulfitverbindung in eine kochende Lösung von 340 T. Eisenvitriol in 1800 T. Wasser eintragen, kochend 130 T. calcinierte Soda zufügen, kochen, filtrieren, Filtrat mit Salz- oder Schwefelsäure fällen, zur Entfernung der schwefligen Säure kochen. Der Gehalt der direkt weiter verwendbaren Lösung kann durch Titration mit Nitrit bestimmt werden. Zur Abscheidung die saure Lösung mit Acetat oder Soda fällen, die gelblichen Flocken abfiltrieren, trocknen. Man erhält so als Kondensationsprodukt **Anhydro-m-aminobenzaldehyd**, C_7H_5N; krystallisiert aus Sprit in verfilzten Nadeln. Schmilzt sehr hoch, verhält sich wie der Aldehyd selbst. — Besser noch nach

317 **DRP. 66 241**

Eine Lösung von 60 T. m-Nitrobenzaldehyd in 120 T. Bisulfit (30%) und 500 T. Wasser einfließen lassen in eine kochende Suspension bzw. Lösung von 250 T. Schlämmkreide und 680 T. Eisensulfat in 2000 T. Wasser. Heiß abpressen, Filtrat direkt verwenden.

318 **DRP. 218 364**
A. P. 961 915
E. P. 22 398/09
F. P. 408 184

2,19 T. rohen Nitrobenzaldehyd (25% o-Verbindung) mit 100 T. Wasser und 10 T. Natriumhydrosulfit 10 Min. kochen, auf 50° abkühlen und so viel Salzsäure zugeben, als der Basensumme entspricht. Kochen, bis die schweflige Säure vertrieben ist. Kalt scheidet sich die **o-Aminobenzaldehydanhydro**verbindung

$$C_6H_4(NH_2)-CH=N-C_6H_4(CHO)$$

aus, im Filtrat ist salzsaurer m-Aminobenzaldehyd. Statt Salzsäure ist ebenso Oxalsäure anwendbar.

319 **DRP. 16 710**
A. P. 248 153
F. P. 141 077
—
Ber. 16, 1968

p-Aminobenzaldehyd (CHO, NH_2) $= C_7H_7NO = 121$.

10 T. p-Nitrobenzaldehyd in 50 T. Sprit lösen, mit 50 T. Salzsäure versetzen und langsam 12 T. Zinkstaub eintragen, schwach erwärmen, bis gelöst. Sprit abdestillieren, im Wasserbade eindicken; Masse direkt zu Kondensationsreaktionen verwendbar.

320 **DRP. 86 874**

12 T. Schwefelblumen + 20 T. Natronlauge + 160 T. Wasser unter Rückfluß bis zur Lösung kochen, 20 T. p-Nitrotoluol und 80 T. Sprit zugeben, 1 St. weiterkochen, Dampf einleiten, Rückstand kalz ausäthern. Bald erstarrendes Öl.

321 **DRP. 100 968**
A. P. 640 564
—
Lit. wie [313]

50 T. p-Aminobenzylidenanilin (bzw. Homologe) mit 100 Vol.-T. Bisulfitlösung (45%) übergießen, mit Dampf das Anilin bzw. das Homologe abtreiben, rückbleibende Lösung abfiltrieren und mit überschüssiger Soda oder Natronlauge erwärmen. Der Aldehyd scheidet sich zum Teil als gelbes, amorphes Pulver aus, zum Teil wird er, und zwar die Hauptmenge, aus der Mutterlauge gewonnen; er entsteht nach diesem Verfahren nicht in der roten polymeren, sondern in monomolekularer Form.

322 **DRP. 89 601**
—
DRP. 87 972

20 T. salzsauren p-Hydroxylaminbenzylalkohol mit 400 T. Wasser und 20 T. Ammoniak unter Rückfluß 20 St. kochen, filtrieren und eindampfen. Oder: 100 T. p-Hydroxylaminbenzylalkohol mit 2000 T. Wasser 12 St. unter 5—6 Atm. erhitzen, filtrieren und eindampfen. In beiden Fällen scheidet sich **Anhydro-p-aminobenzaldehyd** als sandiges gelbes Pulver ab.

323 **DRP. 103 578**
F. P. 280 514
und Zus.
—
Ber. 18, 1516; 19, 365; 20, 3193; 21, 782

Darstellung von p-Aminoaldehyden durch Einwirkung von Formaldehyd + aromatischer Hydroxylaminverbindung bzw. deren Sulfosäure auf primäre, sekundäre oder tertiäre Amine oder deren Sulfosäure mit freier Parastellung. Es bildet sich eine Anhydroverbindung, z. B. $(CH_3)_2N \cdot C_6H_4 \cdot CH : NC_6H_3(SO_3H)(CH_3)$, die mit Alkalien oder Säuren gespalten unter Wasseraufnahme den Aldehyd liefert. Die sulfosauren aromatischen Hydroxylamine reagieren am besten. Zahlreiche Beispiele im Original. Z. B.: Eine eisgekühlte Lösung von 28 T. Anilin in 100 T. Wasser und 50 T. Salzsäure mit der bei 5° hergestellten Mischung von 600 T. angesäuerter **m-Sulfo-p-tolylhydroxylamin**lösung (erhalten nach DRP. 84138 und 89978 aus 100 T. p-nitrotoluolsulfosaurem Natron, 80 T. Zinkstaub und 15 T. Salmiak) und 22,5 T. Formaldehyd (40%) vereinigen. Nach 24 St. die dunkelrote Anhydroverbindung abfiltrieren und mit Ammoniak oder verdünnter Natronlauge kochend zerlegen. Die wasserlösliche Modifikation des Aldehydes ausäthern: Im Rückstand bleibt als polymerer Körper ein Teil des Aldehydes zurück, der Toluidinsulfosäure einschließt. — Die meisten Aldehyde dieser Reihe geben mit p-Phenylendiamin zinnober- bis blaurote Färbungen. Nach

324 **Zus. DRP. 105 103**

läßt man die Hydroxylaminverbindungen im Entstehungszustande auf die Amine bei Gegenwart von Formaldehyd einwirken, indem man das Gemisch des entsprechenden Nitrokörpers und Amins mit Formaldehyd bei Gegenwart einer Säure der Reduktion unterwirft. Nach dem weiteren

325 **Zus. DRP. 105 105**

arbeitet man in der Weise, daß man nach [**262**] zuerst aus dem Amin mit Formaldehyd bei Gegenwart von Säure das Aminobenzylalkoholderivat bildet und dieses mit fertigem oder nascierendem Hydroxylaminderivat in Reaktion bringt. Die erhaltenen Benzylidenverbindungen werden dann gespalten.

---

326 **DRP. 106 509**
Zusatz zu
DRP. 95 542
—
Lit. wie [1518]

Zu einer heißen Lösung von 22,9 T. p-Nitrobenzylphenyläther in 100 T. Sprit unter Rückfluß eine Lösung von 24 T. kryst. Natriumsulfid und 6 T. Schwefel in 30 T. Wasser zufließen lassen, so daß die Lösung im Sieden bleibt, 2 St. kochen, Sprit abdestillieren, p-Aminobenzaldehyd abfiltrieren, waschen, über die Bisulfitverbindung reinigen. Oder: Zu einer Lösung von 19,5 T. p-Nitrobenzylacetat in 100 T. Alkohol unter Erwärmen und Rückfluß eine Lösung von 24 T. kryst. Natriumsulfid, 6 T. Schwefel und 4 T. Ätznatron in 50 T. Wasser zulaufen lassen, einige Zeit erhitzen und wie oben aufarbeiten. [Vgl. **1518**.]

---

327 **DRP. 108 026**
F. P. 291 129
—
Gaz. chim. **17**, 412

Durch Spaltung von Anilalloxan (Kondensationsprodukt aus Anilin und Alloxan) oder der daraus erhaltenen Säure $C_9H_8N_2O_3$ mittels Schwefelsäure in der Hitze. Die schwefelsaure Lösung des Aldehyds wird neutralisiert und ausgeäthert. — Analog: **p-Mono- und Dialkylaminobenzaldehyde, p-Amido-m-toluylaldehyd** und **p-Amido-m-methoxybenzaldehyd.**

---

328 **DRP. 103 578**
F. P. 280 514
und Zus.

p-Alkylaminobenzaldehyd (Benzolring mit CHO und NHR in p-Stellung)

Wie [**333**] mit Methyl- bzw. Äthylanilin. Die Methylverbindung, gelbliche Krystalle, schmilzt bei 57°—58°. Die Äthylverbindung krystallisiert aus Benzol + viel Benzin in weißen Nadeln aus.

---

329 **DRP. 105 105**

Wie [**761**]: 35 T. Monoäthylanilin in 36 T. Salzsäure (20°) und 150 T. Wasser lösen und nach [**323**] unter Eiskühlung mit 22,5 T. Formalin (40%) versetzen, 24 St. stehen lassen und mit 600 Vol.-T. einer nach [**323**] dargestellten und angesäuerten Lösung von m-Sulfo-p-tolylhydroxylamin mischen und bis zur völligen Lösung erwärmen. Aufarbeitung wie [**761**].

---

330 **DRP. 286 761**
—
Journ. of Chem. Soc. **103**, 1254
Ber. **48**, 420

o-Aldehydophenylglycin (Benzolring mit CHO und $NH \cdot CH_2 \cdot COOH$ in o-Stellung) $= C_9H_9NO_3 = 179.$

1 T. Oxim des o-Aldehydophenylglycinamids mit 5 T. Natriumbisulfit und 25 T. Wasser 3 Stunden unter Rückfluß kochen, 20 T. $^1/_5$ n.-Schwefelsäure zusetzen, schweflige Säure wegkochen. Aldehyd krystallisiert beim Erkalten aus. Ausbeute 75—85%. — Nach

331 **Zus. DRP. 286 762** behandelt man das Oxim des Glycins so kurze Zeit mit Aldehyden bei erhöhter Temperatur, daß die Oximgruppe nicht abgespalten wird und so Körper entstehen, die als Farbstoffe oder Übergangsstoffe zu substituierten Indolen dienen sollen:

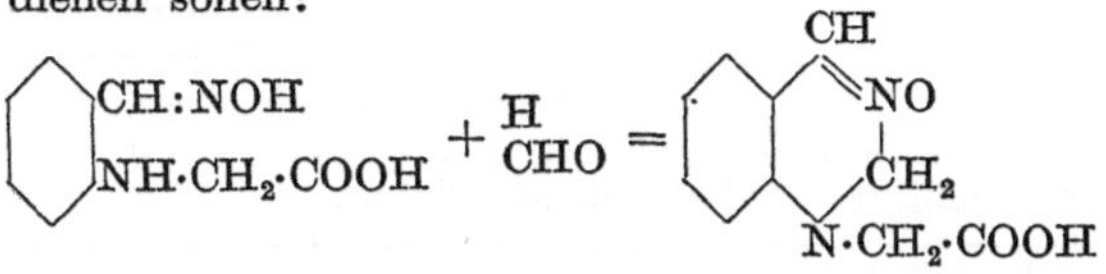

$C_6H_4(CH:NOH)(NH\cdot CH_2\cdot COOH) + H\cdot CHO = C_6H_4\langle CH{=}NO,\ CH_2,\ N\cdot CH_2\cdot COOH\rangle$

---

332 **DRP. 89 978**

p-Hydroxylaminbenzaldehyd $C_6H_4(CHO)(NHOH) = C_7H_7NO_2 = 137.$

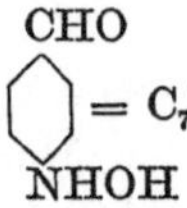

Wie [126] aus p-Nitrobenzaldehyd.

---

333 **DRP. 103 578**, F. P. 280 514 und Zus. — Ber. 37, 1733

p-Dimethylaminobenzaldehyd $C_6H_4(CHO)(N(CH_3)_2) = C_9H_{11}NO = 149.$

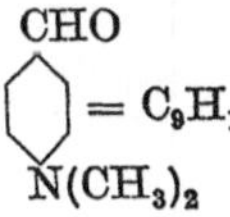

36 T. Dimethylamin in 45 T. Salzsäure (21°) lösen, kalt 22,5 T. Formalin (40%) und ca. 600 Vol.-T. einer frisch bereiteten Lösung von m-Sulfo-p-tolylhydroxylamin [323] zugeben. Die orangegelbe Flüssigkeit scheidet Krystalle aus, die nach 2 Tagen abfiltriert, gewaschen und in Ammoniak gelöst werden. Diese Lösung zum Kochen erhitzt, scheidet den Aldehyd als Öl ab, das beim Erkalten krystallinisch erstarrt. Aus Wasser umkrystallisieren. Sch.-P. 73°. Nach

334 **Zus. DRP. 105 103** Wie [704, 705] durch Reduktion einer Lösung von 30 T. nitrobenzolsulfosaurem Natrium, 12 T. Dimethylanilin, 20 T. Schwefelsäure und 7,5 T. Formalin (40%) in 1200 T. Wasser. Zweckmäßig wird elektrolytisch reduziert. Nach

335 **Zus. DRP. 105 105** Wie [760, 761]. Lösung von 24 T. Dimethylanilin in 24 T. Salzsäure (20°) und 200 T. Wasser auf 5° abkühlen, mit 16 T. Formalin (38%) versetzen, nach 24 Stunden 500 T. Wasser, 60 T. nitrobenzolsulfosaures Natrium und 50 T. Gußeisenspäne und langsam 130 T. Salzsäure zufügen. Zerlegung der ausgeschiedenen Benzylidenverbindung wie [761].

---

4. C ⁝ X₃—N.

336 **DRP. 11 857**
E. P. 1177/80
F. P. 135 742
nebst Zus.

o-Nitrophenylbromacrylsäure $C_6H_4(NO_2)\cdot CBr{=}CH\cdot COOH = C_9H_6BrNO_4 = 272$.

Alkoholische Lösung von o-Nitrozimtsäuredibromid [271] [$C_6H_4(NO_2)C_2H_2\cdot Br_2\cdot COOH$), aus o-Nitrozimtsäure und überschüssigem Brom, aus Benzol umkrystallisiert] heiß + 2 Mol. alkoholisches Kali, bis die Bromkaliumabscheidung aufhört. Mit Wasser verdünnen, mit Schwefelsäure fällen.

---

337 **DRP. 19 266**
A. P. 251 499
—
Ber. **15**, 57

o-Nitrophenylacetylen $C_6H_4(NO_2)\cdot C\equiv CH = C_8H_5NO_2 = 147$.

Durch Kochen einer wässerigen Lösung von o-Nitrophenylpropiolsäure.

---

338 **DRP. 21 592**
—
Ber. **17**, 963

o-Acetylaminophenylacetylenbromderivat

$C_6H_4(NH\cdot COCH_3)\cdot C\equiv CBr = C_{10}H_8BrNO = 238$.

Aus o-Acetylaminophenylacetylen durch Bromierung in Schwefelkohlenstofflösung.

---

339 **DRP. 11 857**
A. P. 233 460
E. P. 1177/80
F. P. 135 742
nebst Zus.
—
Ber. **13**, 2258; **14**, 1741; **15**, 775

o-Nitrophenylpropiolsäure $C_6H_4(NO_2)\cdot C\equiv C\cdot COOH = C_9H_5NO_4 = 191$.

Wie [**336**] aus o-Nitrozimtsäuredibromid, jedoch mit Überschuß von alkoholischem Kali. Mit Wasser verdünnen und mit Salzsäure fällen. Durch Umlagerung ihres Äthylesters mittels der 10—12-fachen Menge gekühlter Schwefelsäure (66°) erhält man eine dunkelrote Lösung, aus der mit Wasser der **Isatogensäureäthylester** $C_6H_4<\genfrac{}{}{0pt}{}{CO-C\cdot COOC_2H_5}{N{>}O}$ gefällt wird. Aus heißem Wasser gelbe Nadeln vom Sch.-P. 115°.

---

340 **DRP. 109 663**
Zusatz zu
DRP. 107 095
—
Ann. **250**, 163; **291**, 280

o-Nitroacetophenonoxim $C_6H_4(NO_2)\cdot C(CH_3){=}NOH = C_8H_8N_2O_3 = 180$.

Wie [277]. Zu einer Lösung von 5 T. Natrium in 100 T. abs. Sprit unter Kühlung ein Gemisch von 30,2 T. o-Nitroäthylbenzol und 23,4 T. Amylnitrit zufügen. Aufarbeitung wie [277]. Aus verdünntem Sprit umkrystallisieren. Sch.-P. 115°.

---

341 **DRP. 210 563**
—
Ber. **18**, 1494

o-Nitrobenzonitril $C_6H_4(NO_2)\cdot CN = C_7H_4N_2O_2 = 148$.

10,5 T. o-Nitrophenylbrenztraubensäure in 100 T. Wasser heiß lösen, 36,5 T. Salpetersäure (10%) zugeben und bei 70° unter Rühren eine konz. wässerige Lösung von 3,6 T. Nitrit zufließen lassen, die Krystalle filtrieren, waschen und trocknen; Sch.-P. 109°. Im Filtrat ist sämtliche abgespaltene Oxalsäure enthalten. — Ähnlich verläuft die Reaktion mit **o-Nitro-p-methylphenylbrenztraubensäure** (nach Ber. **30**, 1050 aus Nitro-p-xylol und Oxalsäureester).

---

342 **DRP. 212 207**
—
Ber. **10**, 1714; **28**, 149; **29**, 624
M. f. Ch. **19**, 636

o-Aminobenzonitril $C_6H_4(NH_2)\cdot CN = C_7H_6N_2 = 118$.

Reduktion von 148 T. des o-Nitrobenzonitrils [**341**] unter 70° mit 500 T. Eisen, 1000 T. Wasser und 50 Vol.-T. Essigsäure (50%). Sodaalkalisch heiß filtrieren, Filtrat mit 10% Kochsalz aussalzen und die weißen Krystalle abfiltrieren. Sch.-P. 103°. Ebenso die Substitutionsprodukte.

343 **DRP. 112 174**
A. P. 667 382, 676 859, 676 862
E. P. 1088/00
F. P. 296 236
—
Gaz. chim. **17**, 412
DRP. 120 375

p-Aminophenyltartronsäure $C_6H_4(NH_2)C(OH)(COOH)_2$ (para) $= C_9H_9NO_5 = 211.$

Alloxan mit Anilin kondensieren (Erwärmung des Gemisches der Komponenten in wässerig-alkoholischer Lösung, evtl. bei Gegenwart von Essigsäure) und aus dem erhaltenen **p-Aminophenyltartronylureid**

$NH_2C_6H_4{\cdot}C(OH)<\begin{matrix}CO-NH\\ \\CO-NH\end{matrix}>CO$

den Harnstoffrest durch Erhitzen mit Alkali abspalten. — Analog die Homologen aus Alkylanilalloxanen, Phenylanilalloxan usw.

344 **DRP. 11 857**
A. P. 233 459
E. P. 1177/80
F. P. 135 742 nebst Zus.

o-Nitrophenyloxyacrylsäure $C_6H_4(NO_2)(C_2H_2O)COOH$ (ortho) $= C_9H_7NO_5 = 209.$

o-Nitrophenylchlormilchsäure [283] in Sprit lösen, mit berechneter Menge alkoholischem Kali erwärmen, bis die Kaliumchloridabscheidung aufhört. Mit Salzsäure fällen.

345 **DRP. 170 045**
—
Über **Dimethylaminobenzoylchlorid** siehe Ber. **50**, 1046

p-Acetaminobenzoylchlorid $C_6H_4(COCl)(NH{\cdot}COCH_3)$ (para) $= C_9H_8ClNO_2 = 197.$

Aus p-Acetaminobenzoesäure und Phosphorpentachlorid.

346 **DRP. 23 785**

o-Nitroacetophenon $C_6H_4(COCH_3)(NO_2)$ (ortho) $= C_8H_7NO_3 = 165.$

„Neuerungen in dem Verfahren zur Darstellung des künstlichen Indigos." Das dazu nötige o-Nitroacetophenon wird nach Ann. **221**, 330 und Ber. **15**, 2084 aus o-Nitrobenzoylchlorid und Acetessigester dargestellt.

347 **DRP. 56 971**

o- und p-Aminoacetophenon $C_6H_4(COCH_3)(NH_2)$ (ortho) und $C_6H_4(COCH_3)(NH_2)$ (para) $= C_8H_9NO = 135.$

4 T. Acetanilid + 5 T. Eisessig + 6 T. sirupöse Phosphorsäure 45 St. auf dem Sandbad unter Rückfluß erhitzen. Schmelze mit verdünnter Salzsäure 20 Min. kochen, mit Alkali fällen, Dampf einleiten und so die flüchtige o- von der rückbleibenden p-Verbindung trennen. Benzanilid gibt bei gleicher Behandlung Aminoacetophenon neben Benzoesäure.

Analog: **1-Methyl-?-acetyl-2 (4)-aminobenzol** $C_6H_3(COCH_3)(CH_3)(NH_2)$ bzw. $C_6H_3(COCH_3)(NH_2)(OH)$ und **1, 3-Dimethyl-?-acetyl-5-aminobenzol** aus m-Xylidin vom Sch.-P. 119°. — Das **Acetyl-2-amino-5-oxybenzol** (aus p-Aminophenol) löst sich in Sodalösung unter CO_2-Entwicklung und schmilzt bei 163°.

348 **DRP. 105 199**
—
DRP. 56 971

20 T. Acetanilid + 50 T. Acetylbromid + 50 T. Schwefelkohlenstoff innerhalb 5—10 Min. mit 70 T. Aluminiumchlorid verrühren, die rote Masse 1/2 St. im Wasserbad erwärmen, Schwefelkohlenstoff abgießen, den Rückstand mit Eiswasser versetzen, die braune, bröcklige Masse abfiltrieren, in Sprit lösen, mit Tierkohle kochen, filtrieren, aus dem Filtrat mit Wasser rötliche Krystalle des **p-Acetylacetanilids** fällen, umkrystallisieren; Sch.-P. 165°—167°. Mit 60 T. Salzsäure (15%) gekocht tritt Verseifung ein.

349 **DRP. 21 592**
—
Ber. **17**, 963

o-Acetylaminoacetophenon-N-bromderivat

$C_6H_4(COCH_3)(N(Br)(COCH_3))$ (ortho) $= C_{10}H_{10}BrNO_2 = 256.$

Aus o-Acetylaminoacetophenon durch Bromierung in Schwefelkohlenstofflösung.

350 **DRP. 105199** — DRP. 56971

p-Aminochloracetophenon (CO·CH_2Cl, NH_2) = C_8H_8ClNO = 169.

Wie [347] aus 10 T. Acetanilid, 15 T. Chloracetylchlorid, 70 T. Schwefelkohlenstoff, 35 T. Aluminiumchlorid. Die Acetylverbindung krystallisiert aus Chloroform + Sprit in Nadeln, Sch.-P. 212°; das verseifte Keton in gelben Blättchen, Sch.-P. 146°—147°.

351 **DRP. 117021** und Zus. **DRP. 117168**

p-Aminophenylglyoxylsäure (NH_2, CO·COOH) = $C_8H_7NO_3$ = 165.

20 T. des sauren K-Salzes der nach [343] erhaltenen p-Aminophenyltartronsäure in ein kochendes Gemenge von 15 T. Braunsteinpulver und 200 T. Wasser eintragen, wenn die Kohlensäureentwicklung beendet ist, filtrieren, im Filtrat mit Sodalösung Mangancarbonat ausfällen, dessen Filtrat mit Tierkohle einengen, filtrieren und mit Salzsäure schwach sauer stellen. Nach dem Zus.-Patent braucht man die Tartronsäuren nicht darzustellen, sondern kann direkt z. B. 5 T. Methylanilalloxan in alkalischer Lösung mit frisch gefälltem Quecksilberoxyd oxydieren und die **Methylaminophenylglyoxylsäure** abscheiden.

352 **DRP. 204477** — Ber. 26, 1252; 39, 2503

o-Nitrobenzamid ($CONH_2$, NO_2) = $C_7H_6N_2O_3$ = 166.

20 T. o-Nitrobenzaldoxim [277] mit 200 T. Wasser und 1,6 T. kryst. Soda 9 St. unter Rückfluß kochen, kalt die Krystalle abfiltrieren und wenig waschen. Im Filtrat ist etwas **o-Nitrobenzoesäure.** Statt mit Soda mit 0,6 T. Cyankali gekocht, entsteht fast reines **o-Nitrobenzonitril,** im Filtrat finden sich o-Nitrobenzoesäure und o-Nitrobenzamid.

353 **DRP. 137846** — DRP. 135638, 136779

Phenylglycinamid-o-carbonsäureester (COOR, NH·CH_2·$CONH_2$)

1 T. ω-Cyanmethylanthranilsäureäthylester [372 ff.] bei gewöhnlicher Temperatur in 5 T. Schwefelsäure (66°) eintragen, nach einigen Stunden in Eiswasser gießen, das ausgeschiedene Säureamid aus Sprit umkrystallisieren; Sch.-P. 180°. Analog: **Phenylglycinamid-o-carbonsäuremethylester,** Sch.-P. 195°. — Über Herstellung von **Phenylglycinamid-o-carbonsäureamid** siehe Ber. 33, 555.

354 **DRP. 77329**

p-Dimethylaminobenzamid ($CONH_2$, $N(CH_3)_2$) = $C_9H_{12}N_2O$ = 164.

Dimethylanilin mit Phosgen behandelt gibt zunächst das Säurechlorid, das mit Ammoniak in das Amid übergeht. Nädelchen, Sch.-P. 206°, in Wasser und in Sprit heiß löslich.

355 **DRP. 211959** — Ber. 24, 796 DRP. 115410

m-Nitrobenzoesäure (COOH, NO_2) = $C_7H_5NO_4$ = 167.

In 151 T. m-Nitrobenzaldehyd langsam Natriumhypochloritlösung (71 T. wirksames Chlor und 40 T. Natron enthaltend) einfließen lassen, die Selbsterwärmung durch temporäre Kühlung einschränken, dann die Lösung einige Zeit erwärmen, kalt die Krystalle des Na-Salzes abfiltrieren und den Rest der Nitrobenzoesäure aus dem Filtrat durch Ansäuern gewinnen.

356 Anm. U. 8569, Kl. 12 o 16. 3. 09 Voigt

Toluol bei höherer Temperatur in Gegenwart von Ammonsalpeter mit Schwefelsäure behandeln. Es findet Nitrierung und Oxydation statt. Ausbeute 70%, mit K- oder Na-Salpeter nur 30% der Säure, daneben entstehen nitrierte Kohlenwasserstoffe.

357 **DRP. 55 988**

—

Derivate: Ber. 38, 1683

Anthranilsäure $C_6H_4(COOH)(NH_2)$ = $C_7H_7NO_2$ = 137.

1 T. feinverteiltes Phthalimid in der Lösung von 2 T. Ätznatron in 7 T. Wasser unter Kühlung mit 10 T. Natriumhypochloritlösung (5,06% NaOCl) versetzen, einige Minuten auf 80° erwärmen. Kalt mit Salzsäure neutralisieren, mit überschüssiger Essigsäure die Säure fällen, abfiltrieren, waschen. Mutterlauge + Kupferacetat gibt anthranilsaures Kupfer, aus dem ebenfalls Anthranilsäure gewonnen werden kann. — Über **p-Aminobenzoesäure** s. E. P. 111 328/1916.

---

358 **DRP. 133 950**

Pthhalchlorimid unter Eiskühlung mit 4 Mol. einer Ätznatronlösung (8%) mehrere Stunden kalt dirigieren und die gebildete Anthranilsäure wie üblich isolieren.

---

359 **DRP. 130 301**

—

Ann. 205, 304

10 T. Phthalylhydroxylamin [225] in 100 T. Wasser + 4 T. Soda warm lösen, die blutrote Lösung kochen, bis die Kohlendioxydentwicklung beendet ist, die hellgelbe Flüssigkeit konzentrieren und die Anthranilsäure mit Salzsäure ausfällen. — Nach

360 **Zus. DRP. 130 302**

wird die rote Lösung von 10 T. Phthalylhydroxylamin [225] in 100 T. Natronlauge (2,45%) mit 1 T. Soda oder Pottasche oder die Lösung von 10 T. Phthalylhydroxylamin, 3,43 T. Ätzkali und 1 T. Pottasche in 300 T. Sprit (80%) gekocht, bis sie hellgelb geworden ist (4—5 St.), und wie oben aufgearbeitet.

---

361 **DRP. 136 788**

E. P. 1982/02

F. P. 318 050

—

DRP. 130 680, 130 681

Ann. 205, 302

Eine durch Digerieren von 15 T. Phthalsäureanhydrid + 7 T. salzsaurem Hydroxylamin + 5,3 T. Soda in 100 T. Wasser erhaltene Lösung von Phthalhydroxylaminsäure mit 6 T. Ätznatron oder 8 T. Soda $^1/_2$ St. kochen, die Lösung auf die Hälfte des Volumens eindampfen und durch die berechnete Menge Salzsäure die Anthranilsäure ausfällen. Oder: Die wie oben erhaltene Phthalhydroxylaminsäurelösung mit 20 T. Bariumcarbonat oder 10 T. Calciumcarbonat oder 31,5 T. kryst. Baryt oder 5,6 T. Kalk bei gewöhnlicher Temperatur bis zur neutralen Reaktion rühren, mit einer wässerigen Lösung von 12 T. Soda 1 St. kochen und die Anthranilsäure abscheiden.

---

362 **DRP. 114 839**

E. P. 18 319/99

F. P. 292 468

—

Ann. 172, 208

Ber. 13, 1875; 19, 3235; 24, 2233

Z. angew. Chemie 1900, 385

137 T. o-Nitrotoluol + 120 T. Ätznatron + 500 T. Sprit unter Rückfluß kochen, bis der Nitrotoluolgeruch verschwunden ist. Mit Ammoniak und Schwefelwasserstoff sättigen, einige Stunden kochen, zur Trockne dampfen, Rückstand in Wasser lösen, filtrieren und die Anthranilsäure abscheiden. Auch erhaltbar durch 12-stündiges Erhitzen von 100 T. Natronlauge (40°) und 100 T. o-Nitrotoluol auf 150°; Öl mit Dampf übertreiben und den wässerigen Rückstand auf Anthranilsäure verarbeiten. — Siehe auch die neue Methode der Anthranilsäuregewinnung nach A. P. 1 322 052.

---

363 **DRP. 119 462**

—

DRP. 94 629

In eine 65°—70° heiße Lösung von 250 T. Kaliumchlorid in 1500 T. Wasser, 15 T. o-Acettoluid, dann 35—37 T. Permanganat eintragen, nach $1^1/_2$—2 St. vom Braunstein abfiltrieren, Filtrat mit 18 T. Salzsäure (1,19) fällen, die reine Anthranilsäure abfiltrieren. Die Mutterlauge mit Pottasche neutralisiert ist direkt wiederverwendbar. Ausbeute 80—85%.

---

364 **DRP. 129 165**

22 T. Sulfoanthranilsäure [855] in 500 T. Wasser lösen, mit Soda neutralisieren und bei gewöhnlicher Temperatur 200 T. Natriumamalgam (5%) eintragen. Wenn die Gasentwicklung beendet ist, vom Quecksilber abgießen, mit Essigsäure schwach ansäuern und evtl. eindampfen, wenn die Lösung nicht direkt auf Glycin verarbeitet wird.

---

365 Anm. F. 11 697, Kl. 12; 18. 1. 00. Elberfeld

Carboxyanthranilsäuredialkylester [411] durch Kochen mit Kalkmilch verseifen.

---

366 **DRP. 110 386**

DRP. 113 942

Anthranilsäureester $C_6H_4(COOR)(NH_2)$

1. Acetanthranilsäure mit Methylalkohol unter Zusatz von Mineralsäuren erhitzen, wobei Verseifung eintritt. 2. Acetanthranilsaures Silber mit Halogenmethyl behandeln, den entstandenen Acetanthranilsäuremethylester verseifen.

367 **DRP. 139 218**

—

DRP. 55 988

7 T. Phthalimid in 5 Vol.-T. Natronlauge (40%) und 15 T. Wasser lösen, 15 T. Sprit zugeben, bei 0° mit 25 Vol.-T. einer ebenfalls auf 0° abgekühlten Natriumhypochloritlösung (14,8%) versetzen, die Mischung innerhalb 1/2 St. in 80 T. kochenden Sprit einlaufen lassen, Sprit abdestillieren, Öl mitBenzol extrahieren und durch Destillation im Vakuum den Anthranilsäureäthylester von geringen Mengen des als Nebenprodukt entstandenen **Isatosäurediäthylesters** befreien. Statt die Mischung in kochenden Sprit einlaufen zu lassen, kann man diesen auch der Phthalimidlösung zusetzen, die Hypochloritlösung bei 25° einstürzen und sofort 2 T. Kalkhydrat (90%) zugeben, wobei die Temperatur nicht über 60° steigen soll. Aufarbeiten wie oben.

368 **DRP. 199 317**

—

Ann. 295, 191
Ber. 48, 1183; 49, 523

Anthranil CO, NH oder CH, O, N $= C_7H_5NO = 119.$

1 T. o-Nitrotoluol-Monoquecksilberverbindung [248] mit 50 T. Salzsäure (5—7%) erwärmen, mit Dampf das Anthranil übertreiben. In der Kälte entsteht mit konz. Salzsäure zunächst o-Nitrobenzylalkohol [257].

369 **DRP. 194 364**

100 T. o-Nitrotoluoldiquecksilberverbindung [248] mit 133 T. Salzsäure (10%) verrühren, das entstandene Chlorid absaugen, trocknen und in kleinen Teilen, anfangs unter Kühlung in 300 T. Salzsäure (spez. Gew. 1,185) eintragen. Wenn eine verdünnte Probe der farblosen Krystallmasse nur rötliches Öl, aber keine festen Massen mehr abscheidet, filtrieren, den Niederschlag mit Wasser verreiben und das Anthranil mit Dampf übertreiben. Weitere Mengen sind aus der Mutterlauge nach Abstumpfen der Salzsäure mit Soda durch Wasserdampfdestillation erhaltbar.

370 **DRP. 145 604**
E. P. 2302/03
F. P. 336 907

—

Ber. 36, 2382
DRP. 142 507

N-Methylanthranilsäure COOH, $NHCH_3$ $= C_8H_9NO_2 = 151.$

195 T. o-chlorbenzoesaures Kalium + 250 T. wässerige Monomethylaminlösung (33%) + 1 T. Kupferpulver im Autoklaven 1—2 St. auf 125° erhitzen, kalt mit Wasser verdünnen, mit Salzsäure den anfänglich entstehenden Niederschlag lösen, von unveränderter Chlorbenzoesäure abfiltrieren, Filtrat mit Acetat fällen und die N-Methylanthranilsäure aus verdünntem Sprit umkrystallisieren. Sch.-P. 179°. — Analog die **N-Äthylanthranilsäure** vom Sch.-P. 152°—153°.

371 **DRP. 189 335**

p-Aminobenzoesäurealkaminester $CO{\cdot}O{\cdot}CH_2{\cdot}CH_2{\cdot}N(R)_2$, NH_2

18 T. Chloräthyldiäthylamin mit 25 T. völlig trockenem p-aminobenzoesaurem Natrium 1 St. auf 120°—130° erhitzen, Produkt in Wasser lösen, alkalisch stellen, ausäthern, den Ätherrückstand mit verdünnter Salzsäure neutralisiert im Vakuum krystallisieren lassen, das ausgefallene Monochlorhydrat des **Diäthylaminoäthanol-Aminobenzoesäureesters** vom Sch.-P. 156° filtrieren.

372 **DRP. 117 924**
A. P. 662 754
E. P. 5763/00
F. P. 300 287

—

Ber. 24, 3521; 25, 2020

ω-Cyanmethylanthranilsäure COOH, $NH{\cdot}CH_2CN$ $= C_9H_8N_2O_2 = 176.$

13,7 T. Anthranilsäure als salzsaures Salz in 100 T. Wasser lösen, bei gewöhnlicher Temperatur mit der wässerigen Lösung von 6,7 T. Cyankalium versetzen (die Anthranilsäure fällt dabei in feiner Verteilung aus). Wenn noch kongosauer, noch etwas Cyankalium oder Acetat zugeben. Nun mit 7,5 T. Formalin (40%) schütteln und den weißen, voluminösen Niederschlag des Nitriles absaugen. Aus verdünntem Sprit umkrystallisieren, Sch.-P. 184°. Ähnlich in essigsaurer oder in Spritlösung. In letzterem Falle kann man zuerst aus 13,7 T. Anthranilsäure in 70 Vol.-T. Methylalkohol mit 7,5 T. Formalin (40%) die bei 165° schmelzende Methylenverbindung bilden, die dann mit 6 T. wasserfreier Blausäure 1—2 St. auf 50° erhitzt wird, worauf nach Zugabe von 60 T. Wasser das Nitril auskrystallisiert.

373	Anm. F. 15 725, Kl. 12q 31. 7. 02 Höchst	Darstellung der Alkali- und Erdalkalisalze der ω-Cyanmethylanthranilsäure durch Erwärmen der gemeinsamen Lösung von Alkali- bzw. Erdalkalicyanid mit Anthranilsäure und Formaldehyd oder von anthranilsaurem Alkali- bzw. Erdalkalisalz mit Blausäure und Formaldehyd. Nach
374	Anm. F. 17 810, Kl. 12q. 8. 5. 05 Höchst	soll hierbei überschüssiges Alkali oder Alkalicarbonat bzw. Erdalkali vermieden oder vor Einleitung der Reaktion durch Mineralsäuren abgestumpft werden.
375	**DRP. 132 621** — Lit. wie [372]	137 T. Anthranilsäure in 1000 T. Wasser + 40 T. Natronlauge lösen, auf Eis gießen, unter 10° 79 T. Formalin (39%) zufließen lassen und mit 150 T. Salzsäure (25%) die **Methylenanthranilsäure** fällen; aus Sprit umkrystallisieren. Sch.-P. 165°. Daraus wie [110] die **Methylenanthranilsäurebisulfitverbindung** darstellen; aus Sprit umkrystallisieren. Sch.-P. 195°. Diese mit 1000 T. Wasser anteigen, mit Soda neutralisieren, in die klare, 40°—50° warme Lösung 70 T. Cyankalium, in 200 T. Wasser gelöst, einfließen lassen und mit Salzsäure die ω-Cyanmethylanthranilsäure ausfällen.
376	**DRP. 138 098** — Lit. wie [111]	Wie [111] durch Erhitzen von 16 T. anthranilsaurem Natrium mit 5,7 T. Glykolsäurenitril.
377	**DRP. 157 710** — Lit. wie [95]	Wie [95] mit 14 T. Anthranilsäure, 7 T Cyankali, 50 T. Äther und 7,5 T. Formaldehyd (40%), nach dessen Zugabe der Äther zu sieden beginnt. Schichtenbildung. Die unterste Schicht enthält das gewünschte Produkt und erstarrt bald zu großen Krystallen des ω-cyanmethylanthranilsauren Kaliums.
378	**DRP. 157 909** —	Wie [114] durch Vermischen einer Lösung von 28 T. Anthranilsäure in 100 T. Wasser und der äquivalenten Menge konz. Natronlauge mit einer Lösung von 15 Vol.-T. Formalin (40%) und 40 Vol.-T. Bisulfitlösung (40%), Erwärmen auf dem Wasserbade, Zufügen von 14 T. Cyankalium (90%) in 50 T. Wasser, Erwärmen auf 80°—90°. Durch Ansäuern der kalten Lösung mit Essigsäure wird die ω-Cyanmethylanthranilsäure abgeschieden.
379	**DRP. 158 346** A. P. 765 576 F. P. 338 902 — DRP. 120 105 Ann. **324**, 118	137 T. Anthranilsäure in 1000 Vol.-T. Äther im Wasserbade lösen' mit 70 T. Formalin (40%) versetzen, Äther abdestillieren, das krystallinische, alkaliunlösliche Kondensationsprodukt (Sch.-P. 145°—150°) in eine aus 75 T. Cyankalium, 500 T. Wasser und der berechneten Salzsäure bereitete Blausäurelösung eintragen und auf dem Wasserbade gelinde erwärmen. Ohne Salzsäure erhält man eine Lösung des K-Salzes, die zur Gewinnung des neutralen Salzes der **Phenylglycin-o-carbonsäure** mit 115 T. Natronlauge (40°) verseift wird.
380	**DRP. 158 090** — J. pr. **63**, 243	Zur Darstellung des alkaliunlöslichen Kondensationsproduktes aus Anthranilsäure und Formaldehyd werden 160 T. Anthranilsäurepaste (85,6%) mit 500 T. Wasser und 80 T. Formalin (40%) verrührt, bis die gelbliche Säure in das reinweiße Kondensationsprodukt übergegangen ist. (Auch als Abscheidungsmethode für Anthranilsäure aus Lösungen verwendbar.)
381	**DRP. 129 375** — DRP. 120 138	**ω-Cyanmethylanthranilsäureester** $C_6H_4(COOR)(NH \cdot CH_2CN)$ 20 T. ω-Cyanmethylanthranilsäure [372] mit 200 T. Methylalkohol und 20 T. Monohydrat 4 St. unter Rückfluß erhitzen, Methylalkohol zum Teil abdestillieren und die Krystalle des Methylesters abfiltrieren. Sch.-P. 108°. — Mit Äthylalkohol und Salzsäure (20°) wird der Äthylester gewonnen, der zur Entfernung unveränderter Nitrilsäure mit Sodalösung gewaschen und aus Sprit umkrystallisiert wird. Sch.-P. 89°. Durch Kochen mit Salzsäure entstehen aus diesen Estern die **Phenylglycin-o-carbonsäureester** [394]. Nach
382	**DRP. 129 562**	erhält man den ω-Cyanmethylanthranilsäureäthyl- bzw. -methylester auch aus 17 T. ω-Cyanmethylanthranilsäure + 60 Vol.-T. Sodalösung (10%) oder 55 Vol.-T. Kalkmilch (10%) + 60 Vol.-T. Sprit bzw. Methylalkohol + 15 T. Bromäthyl bzw. -methyl durch 12stündiges Erhitzen unter Druck im Wasserbade. Kalt die Krystalle abfiltrieren und aus Sprit umkrystallisieren.

383 **DRP. 56 273** — Ber. 23, 3431

Phenylglycin-o-carbonsäure $C_6H_4(COOH)(NH{\cdot}CH_2{\cdot}COOH)$ = $C_9H_9NO_4$ = 195.

6,8 T. Monochloressigsäure + 4,7 T. Anthranilsäure + 50 T. Wasser 1—2 St. unter Rückfluß kochen, erkalten lassen, die körnigen Krystalle abschleudern, trocknen. Aus Wasser gelbliches Krystallpulver, Sch.-P. 198° unter Zersetzung. Spritlösung fluoresziert blau. In kaltem Wasser nur schwer löslich.

384 **DRP. 111 067** E. P. 13 533/99 F. P. 284 075, 290 482

137 T. Anthranilsäure mit 342 T. Ätzalkali zuerst auf 150° dann nach dem Eintragen von 270 T. Glycerin langsam auf 220° erhitzen, bis die Wasserstoffentwicklung beendet ist; in Wasser lösen, filtrieren und mit Mineralsäuren die Carbonsäure fällen. Statt Glycerin kann auch Mannit oder Stärke verwendet werden.

385 **DRP. 125 456**

100 T. o-Chlorbenzoesäure und 48 T. Glykokoll in Form der Alkalisalze in wässeriger Lösung im Vakuum zur Trockne dampfen, das trockene Salzgemenge auf 220° erhitzen, in Wasser lösen und die Säure mit Salzsäure ausfällen.

386 **DRP. 127 178** A. P. 690 325 E. P. 21 821/00 F. P. 305 909

137 T. Anthranilsäure + 2000 T. Wasser + 157,5 T. Barythydrat (oder 120 T. Natronlauge (40°) und 300 T. Wasser) breiig anrühren, bei niederer Temperatur eine Lösung von 116 T. monochloressigsaurem Natrium in 200 T. Wasser zugeben, einige Tage bei 40° stehen lassen und das gebildete Salz abschleudern.

387 **DRP. 149 346** — DRP. 127 577

20 T. Anthranilodiessigsäure [420] mit 10 T. Ätznatron in 200 T. Wasser neutralisieren, kalt eine Lösung von 17 T. Kaliumpermanganat in 200 T. Wasser zufließen lassen und das Braunsteinfiltrat mit Säure fällen. Die Oxydation kann auch mit 18 T. Braunstein bei 50° oder mit einer Lösung von 54,5 T. Kaliumferricyanid und 6,5 T. Ätznatron in 250 T. Wasser vorgenommen werden. Durch zu weitgehende Oxydation entsteht nebenbei etwas Anthranilsäure, die durch Chloressigsäure in die Phenylglycincarbonsäure übergeführt werden kann.

388 **DRP. 120 105** A. P. 662 754, 662 755 E. P. 5763/00 F. P. 300 287

Das nach [372] aus 13,7 T. Anthranilsäure erhaltene Nitril mit 30 Vol.-T. Natronlauge (30%) kochen, bis die Ammoniakentwicklung beendet ist, schwach ansäuern und die Krystalle abfiltrieren. Auch aus dem durch Stehenlassen des Nitrils in konz. Schwefelsäure erhaltbaren Säureamid (Sch.-P. 195°) und aus dem durch Behandeln des Nitriles mit Ammoniak und Schwefelammon gewonnenen Thiamid (Sch.-P. 190°) durch Kochen mit Natronlauge herstellbar.

389 **DRP. 125 456** A. P. 675 217 E. P. 22 758/00 F. P. 306 302

Die vereinigten wässerigen Lösungen der Alkalisalze von 100 T. o-Chlorbenzoesäure und 48 T. Glykokoll im Vakuum zur Trockne dampfen (100°—120°), das Salzgemenge auf 220° erhitzen, in Wasser lösen, evtl. filtrieren, mit Salzsäure fällen, etwas Chlorbenzoesäure mit Chloroform entfernen, Produkt aus salzsäurehaltigem Wasser umkrystallisieren. Nach

390 **Zus. DRP. 142 506** F. P. 306 302 Zus. — DRP. 145 604

195 T. o-chlorbenzoesaures Kali + 75 T. Glykokoll + 56 T. Ätzkali (100%) + 70 T. Kaliumcarbonat + 130 T. Wasser im Ölbad unter Rückfluß 4—6 St. sieden. Krystallabscheidung. Mit dem gleichen Volumen Wasser verdünnen, die klare Lösung in überschüssige Mineralsäure einfließen lassen und das sandige Krystallpulver abfiltrieren. Ausbeute quantitativ. Nach

391 **Zus. DRP. 142 507** F. P. 306 302 Zus.

arbeitet man unter Zusatz von 0,2 T. Kupferpulver zu denselben Mengen. Die erst blaue, dann grüne, schließlich gelbe Flüssigkeit reagiert beim Kochen unter Schäumen und Krystallabscheidung. Aufarbeitung wie [390]. Die Reaktion ist in $^1/_4$ der Zeit beendet. Nach

392 **Zus. DRP. 143 902**

195 T. o-chlorbenzoesaures Kali + 102 T. des schwer löslichen Oxalyldiglykokolls (gelöst in der berechneten Menge Kalilauge) + 140 T. Pottasche in konz. wässeriger Lösung mit 0,5—1 T. Kupferpulver 3 bis 4 St. unter Rückfluß kochen. Aufarbeitung wie [390]. Mit der halben Pottaschemenge krystallisiert das schwer lösliche, saure Kaliumsalz aus.

393 **DRP. 102 893**

Behandlung der Acidylphenylglycin-o-carbonsäuren [423—426] mit Säuren oder Alkalien.

---

394 **DRP. 111 911**
F. P. 285 008

Ber. 33, 553
M. f. Ch. 9, 732
Ann. 301, 349

Phenylglycin-o-carbonsäureester

$C_6H_4(COOR)(NH \cdot CH_2 \cdot COOR)$ $C_6H_4(COOH)(NH \cdot CH_2 \cdot COOR)$ $C_6H_4(COOR)(NH \cdot CH_2 \cdot COOH)$

302 T. (2 Mol.) **Anthranilsäuremethylester** (durch Veresterung der Anthranilsäure oder Reduktion des o-Nitrobenzoesäureesters erhaltbar) mit 108 T. (1 Mol.) Chloressigsäuremethylester im Ölbad 10 St. auf 140°—150° erhitzen; Krystallkuchen mit Wasser auslaugen (Anthranilsäureester geht als Chlorhydrat in Lösung) oder die Masse mit Soda- oder Acetatlösung behandeln und das erhaltene Gemisch von Anthranilsäureester und Phenylglycin-o-carbonsäureester durch Vakuum- oder Wasserdampfdestillation trennen. (In letzterem Falle geht nur der Anthranilsäureester über.) Der **Phenylglycin-o-carbonsäuredimethylester** krystallisiert aus Sprit in farblosen Nadeln vom Sch.-P. 90°. Statt 1 Mol. Chloressigester mit 2 Mol. Anthranilsäureester umzusetzen, kann man auch gleichviel Moleküle beider bei Gegenwart von Alkali- oder Erdalkalicarbonaten oder Acetaten zur Reaktion bringen.

Analog andere Ester. Der **Phenylglycin-o-carbonsäuremethyläthylester** $C_6H_4(COOCH_3)(NH\ CH_2 \cdot COOC_2H_5)$ schmilzt bei 48°, der **-diäthylester** bei 73°. Diese Ester gehen durch Natrium oder Natriumalkoholat in **Indoxylsäureester [2087 ff.]** über.

---

395 Anm. F. 10 982,
Kl. 22. 15. 5. 99
Elberfeld
F. P. 280 041

Phenylglycin-o-carbonsäure in 3 T. Sprit lösen, mit Chlorwasserstoff sättigen, 12 St. stehen lassen und schließlich im Wasserbade erwärmen.

---

396 **DRP. 120 138**
E. P. 5763/00
F. P. 300 287

DRP. 120 105

397 **Zus. DRP. 136 779**

398 **Zus. DRP. 137 846**

18 T. ω-Cyanmethylanthranilsäure [372] mit 100 T. Sprit oder Methylalkohol und 15 T. Monohydrat 8 St. unter Rückfluß kochen, Sprit abdestillieren, Rückstand in kalte Sodalösung gießen und die abgeschiedenen Krystalle des Esters aus Sprit umkrystallisieren. Der Methylester schmilzt bei 93°—94°, der Äthylester bei 75°. Nach erhält man aus neutralen Estern die Estersäuren, indem man 1 T. Ester mit 3 T. konz. Salzsäure und 3 T. Wasser einige Stunden unter Rückfluß kocht. — Nach dem weiteren gehen die ω-Cyanmethylanthranilsäureester durch Behandlung mit konz. Schwefelsäure in die Amidsäureester über, die durch Kochen mit Säuren **Phenylglycin-o-carbonestersäuren** ergeben.

---

399 **DRP. 122 687**
F. P. 289 621

Gleiche Moleküle Anthranilsäureäthylester und Chloressigsäure mit Acetat oder Soda erwärmen:

$$C_6H_4(COOC_2H_5)(NH \cdot CH_2 \cdot COOH),\ \text{Sch.-P. } 167°.$$

Gleiche Moleküle Anthranilsäure und Chloressigsäureäthylester mit Acetat oder Soda erwärmen:

$$C_6H_4(COOH)(NH \cdot CH_2 \cdot COOC_2H_5),\ \text{Sch.-P. } 145°—150°.$$

---

400 **DRP. 141 698**

Ann. 192, 46

Phenylglycinthioamid-o-carbonsäureester $C_6H_4(COOR)(NH \cdot CH_2 \cdot CSNH_2)$

100 T. ω-Cyanmethylanthranilsäuremethylester in 400 T. Sprit suspendieren, 160 T. alkoholisches Ammoniak zugeben, mit Schwefelwasserstoff sättigen, 12 St. stehen lassen, den Niederschlag absaugen, mit Wasser waschen und aus Benzol umkrystallisieren; Sch.-P. 178°. — Analog der Äthylester vom Sch.-P. 188°.

---

401 **DRP. 155 628**

DRP. 117 924,
132 621

ω-Sulfomethylanthranilsäure $C_6H_4(COOH)(NH \cdot CH_2 \cdot SO_3H) = C_8H_9NO_5S = 231.$

Das aus 160 T. Anthranilsäurepaste (85,6%) mit 80 T. Formalin (40%) bei 50°—60° oder aus 137 T. trockener Anthranilsäure in 1000 Vol.-T. Äther gelöst mit 79 T. Formalin (40%) durch Erwärmen im Wasserbad erhaltene alkaliunlösliche Kondensationsprodukt vom Sch.-P. 145°—150° (leuchtet im Dunkeln beim Reiben mit dem Glasstab) in die Lösung von 255 T. neutralem Natriumsulfit in 500 T. Wasser unter Rühren und Erwärmen eintragen. Die entstandene klare Lösung enthält das neutrale Na-Salz der ω-Sulfomethylanthranilsäure.

Bei Anwendung von Bisulfit statt des neutralen Sulfites krystallisiert das saure Salz aus.

402 **DRP. 156 760**

—

Lit. wie [134]

Wie [134] durch Eintragen von 29 T. Methylendianthranilsäure [Ann. **302**, 349] in eine 90° warme Lösung von 30 T. kryst. Natriumsulfit in 60 T. Wasser. Es tritt Lösung ein; beim Erkalten scheidet sich die abgespaltene Anthranilsäure ab, aus dem Filtrate gewinnt man durch Ansäuern die ω-Sulfomethylanthranilsäure.

---

403 **DRP. 94 629**

E. P. 6475/97

Acetanthranilsäure $C_6H_4(COOH)(NH\cdot COCH_3) = C_9H_9NO_3 = 179.$

5 T. Acet-o-toluidid + 10,33 T. kryst. Magnesiumsulfat + 600 T. Wasser im Emailkessel bei 75°—80° lösen, auf einmal 14,6 T. kryst. Kaliumpermanganat zugeben, wobei die Temperatur auf 85° steigt, $1^1/_2$ St. so halten bis zur Entfärbung, heiß filtrieren, Filtrat einengen, mit verdünnter Schwefelsäure ansäuern, Niederschlag absaugen, waschen, bei 70° trocknen. — Das m-Derivat nach Ber. **18**, 2946.

---

404 **DRP. 272 530**

Acetessiganilid-p-carbonsäure $C_6H_4(COOH)(NH\cdot C_4H_5O_2) = C_{13}H_{15}NO_4 = 259.$

In eine Paste von 249 T. Acetessiganilid-p-carbonsäureäthylester und 100 T. Sprit eine heiße Lösung von 125 T. Ätznatron in 400 T. Wasser einfließen lassen, Temperatur auf 50° halten und aus der entstandenen Lösung die Carbonsäure mit Salzsäure fällen. Sch.-P. 185°.

---

405 **DRP. 273 321**

Die **Acetessiganilid-p-carbonsäureester** werden erhalten, indem man p-Aminobenzoesäureester mit Acetessigester ohne oder mit Verdünnungsmitteln erhitzt. Der Äthylester schmilzt bei 125°, der Methylester bei 119°, der Benzylester bei 129°. Ausbeuten quantitativ.

---

406 **DRP. 153 576**

E. P. 4538/03

F. P. 337 634

—

DRP. 153 577

Glykolsäureanilid-o-carbonsäure $C_6H_4(COOH)(NH\cdot CO\cdot CH_2OH) = C_9H_9NO_4 = 195.$

100 T. Anthranilsäure mit 40 T. Glykolsäureanhydrid im Ölbad bei 180°—200° mehrere Stunden schmelzen. Oder: 100 T. Anthranilsäure und 55 T. Glykolsäure so lange verschmelzen, als Wasserdampf entweicht. Aus Wasser umkrystallisieren, Sch.-P. 167°. Zerfällt beim Erwärmen mit verdünnter Natronlauge oder Säuren in die Komponenten.

---

407 **DRP. 110 577**

—

Ber. **16**, 2227; **22**, 1673; **32**, 2159

J. pr. **30**, 84, 124, 467, 484; **33**, 18

J. pr. **1909**, 281

Isatosäure $C_6H_4\langle CO\cdot O\cdot CO\cdot NH\rangle$ (Ring) oder $C_6H_4\langle CO, N\cdot COOH\rangle$

137 T. Anthranilsäure in 1370 T. Wasser + 53 T. Soda lösen, Chlorkohlenoxyd einleiten und dabei 53 T. Soda als 5%ige Lösung zugeben, den gelben, flockigen Niederschlag abfiltrieren, mit verdünnter Schwefelsäure, dann mit Wasser waschen. Aus Sprit umkrystallisieren. — Ebenso in Benzollösung oder mit flüssigem Chlorkohlenoxyd unter Druck (2 St. bei 100°—125°) darstellbar.

---

408 **DRP. 112 976**

—

Ber. **22**, 1673

10 T. Carboxyäthylanthranilsäure [410] mit 30 T. Acetylchlorid einige Stunden im Wasserbade erwärmen, den Acetylchloridüberschuß abdestillieren und die rückbleibende Isatosäure reinigen.

---

409 **DRP. 127 138**

100 T. Phthalimid in 1 Mol. verdünnter Natronlauge lösen und unter Kühlung 1 Mol. Natriumhypochlorit zugeben. Ausgeschiedene, glänzende Blätter des sauren isatosauren Natriums filtrieren. Ebenso auch mit Chlorkalk.

---

410 **DRP. 113 762**

—

Ber. **22**, 1674

J. pr. **36**, 370

Carboxyalkylanthranilsäuren $C_6H_4(COOH)(NH\cdot COOR)$

Die Lösung von 10 T. Carboxyanthranilsäuredimethylester [411] in 20 Vol.-T. abs. Methylalkohol mit 12 T. methylalkoholischer Kalilauge (340 g im Liter) mehrere Stunden unter Rückfluß sieden, wobei ein zuerst entstandener weißer Niederschlag wieder verschwindet, Methylalkohol abdestillieren, Rückstand in Wasser lösen, mit verdünnter Schwefelsäure ansäuern, den weißen Niederschlag abfiltrieren und aus Wasser oder Benzol umkrystallisieren. Sch.-P. 176°. Die **Carboxymethylanthranilsäure** ist in Ligroin fast unlöslich. — Analog die **Carboxyäthylanthranilsäure** aus 17,5 T. Carboxyanthranilsäurediäthylester in 20 Vol.-T. abs. Sprit mit 1,9 T. Ätznatron in 20 Vol.-T. abs. Sprit. Aus viel Wasser umkrystallisieren. Sch.-P. 126°.

---

411 **DRP. 119661**
F. P. 291 881
—
Ber. **33**, 21

Carboxyanthranilsäuredialkylester $C_6H_4(COOR)(NH\cdot COOR)$

In eine 0° kalte Lösung von 4 T. metallischem Natrium in 200 Vol.-T. absolutem, acetonfreiem Methylalkohol 40 T. Bromphthalimid [219] eintragen, die gelbrote Flüssigkeit mehrere Stunden stehen lassen, die Lösung dann noch eine Stunde im Wasserbade erwärmen, kalt mit verdünnter Salzsäure neutralisieren, mit Essigsäure schwach ansäuern, Alkohol abdestillieren, das rotbraune, festgewordene Öl zur Entfernung des Phthalimids mit verdünnter Natronlauge verreiben, abfiltrieren, mit Wasser auswaschen und trocknen. Der Methylester geht unter 12 mm Druck bei 165°—166° als farbloses, erstarrendes Öl über. Aus Ligroin Nadeln, Sch.-P. 60°—61°. — Analog der Diäthylester, der unter 10 mm Druck bei 174° siedet und aus Sprit oder Ligroin umkrystallisiert den Sch.-P. 43°—44° zeigt. — Die Verseifung des **Isatosäurediäthylesters** zu Anthranilsäure erfolgt am besten mit Barythydrat.

---

412 **DRP. 84138**
E. P. 11216/94
F. P. 239 173
—
DRP. 43 239

o- und m-Hydroxylaminbenzoesäure

$C_6H_4(COOH)(NHOH)$ (o), $C_6H_4(COOH)(NHOH)$ (m) $= C_7H_7NO_3 = 153.$

Wie [124, 244]: 100 T. m-nitrobenzoesaures Natrium + 10 T. Calciumchlorid in 1000 T. Wasser lösen, bei Siedehitze 75 T. Zinkstaub eintragen und kochen, bis der Zinkstaub verbraucht ist. Aus der abfiltrierten Lösung ist die m-Hydroxylaminbenzoesäure als Benzylidenverbindung abscheidbar, indem die gekühlte Lösung mit Benzaldehyd mehrere Stunden geschüttelt, der überschüssige Aldehyd ausgeäthert und die Benzylidenverbindung (hellgelbe Nadeln) ausgesalzen wird.

---

413 **DRP. 89978**

Wie [244, 264]: 16,7 T. o-Nitrobenzoesäure + 5,3 T. Soda in 400 T. Wasser lösen, 5 T. Salmiak zufügen, mit 14 T. Zinkstaub reduzieren, filtrieren, ansäuern und aussalzen. Sch.-P. 119°.

---

414 **DRP. 101483**
A. P. 604 503
E. P. 1164/97

o- und p-Sulfaminbenzoesäureester $C_6H_4(COOR)(NH\cdot SO_3H)$ (o), $C_6H_4(COOR)(NH\cdot SO_3H)$ (p)

10 T. o-Sulfaminbenzoesäure und 2 T. konz. Schwefelsäure nacheinander in 40 T. Sprit eintragen, mehrere Stunden unter Rückfluß kochen, Sprit abdestillieren, Rückstand in Wasser gießen und den als bald erstarrendes Öl ausgefallenen o-Sulfaminbenzoesäureäthylester aus Sprit umkrystallisieren. Sch.-P. 83°—84°. — Analog der Methylester vom Sch.-P. 118°—120°.

---

415 **DRP. 147552**

10 T. p-Nitrobenzoesäureäthylester mit 65 T. Natriumbisulfitlauge (40%) und 200 T. Wasser bis zur Lösung (1/2—1 St.) kochen, eindampfen oder mit Kochsalz das Na-Salz der Benzoesäureäthylester-p-sulfaminsäure abscheiden, filtrieren und bei 15°—20° trocknen. Bei 100° tritt Spaltung ein, ebenso mit heißen verdünnten Mineralsäuren. Natronlauge verseift die Estergruppe schon in der Kälte.

---

416 **DRP. 34463**

p-Dimethylaminobenzoesäure $C_6H_4(COOH)(N(CH_3)_2) = C_9H_{11}NO_2 = 165.$

„Verfahren zur Darstellung violetter und blauer Farbstoffe der Rosanilingruppe.“ U. a. wird p-Dimethylaminobenzoesäure verwendet, die nach Ber. **9**, 400 und **32**, 1407 durch Oxydation von Dimethyl-p-toluidinchlorhydrat mit Permanganat oder durch Kochen von p-Aminobenzoesäure mit 3 Mol. Ätzkali, 2 Mol. Methyljodid und Holzgeist dargestellt wird. Aus Sprit umkrystallisieren. Sch.-P. 235°.

417 **DRP. 44 238** Die aus Dimethylanilin und Chlorkohlenoxyd gewonnene Schmelze verdünnen, alkalisch stellen, mit Dampf das überschüssige Dimethylanilin abtreiben, aus dem Rückstand das Produkt vom Sch.-P. 235° mit Essigsäure fällen. Monosubstituierte Dimethyl- und Diäthylbenzoesäureamide, z. B. **Dimethylaminobenzoanilid** oder **-o-toluidid,** ferner auch **Dimethylaminobenzo-m-phenylendiamin, Dimethylaminobenzobenzidin, Dimethylaminobenzo-α-** und **-β-naphthylamin,** ferner auch die disubstituierten Produkte: **Dimethylaminobenzo-methylanilin, Dimethylaminobenzodiphenylamin, Dimethylaminobenzo-α-** und **-β-phenylnaphthylamin** usw. gewinnt man ebenfalls aus der Base (Dialkylanilin), Chlorkohlenoxyd und der zweiten Base von Art des Anilins, Toluidins, Naphthylamins usw.

418 **DRP. 139 393**
A. P. 722 246
F. P. 317 122

Methylformylanthranilsäure $C_6H_4(COOH)N(CH_3)CHO = C_9H_9NO_3 = 179.$

Chinolinhalogenmethylate mit Manganat oder Permanganat in wässeriger Lösung oxydieren. Aus Wasser Nadeln vom Sch.-P. 167°.

419 **DRP. 123 695**
F. P. 307 205
—
J. pr. **63,** 385

ω-Cyanmethyl-acetylanthranilsäureester $C_6H_4(COOR)N(CH_2CN)COCH_3$

Äquimolekulare Mengen Anthranilsäure, Cyankalipulver, Eisessig und Formaldehyd unter möglichst vollkommenem Wasserausschluß gemischt, geben **Anthranilidoacetonitril** $COOH·C_6H_4NH·CH_2CN$ [**372**] vom Sch.-P. 180°. 60 T. dieses Nitriles in 70 T. warmem Wasser + 25 T. Natriumbicarbonat lösen, bei 40° bis 50° 20 T. Methylsulfat und 28 T. Methylalkohol und so viel Sodalösung allmählich zufließen lassen, daß die Flüssigkeit stets alkalisch bleibt. Den in der Kälte ausgefallenen **Anthranilidoacetonitrilmethylester** absaugen und aus Sprit umkrystallisieren. Sch.-P. 106°. 5 T. dieses Esters + 2 T. geschmolzenes Natriumacetat + 10 T. Essigsäureanhydrid 5 St. im 160° heißen Ölbad erhitzen, Essigsäureanhydrid im Vakuum abdestillieren und den Rückstand mit Sodalösung waschen. Farblose Nadeln des **ω-Cyanmethylacetylanthranilsäuremethylesters** vom Sch.-P. 85°. — Analog: **Anthranilidoacetonitriläthylester** vom Sch.-P. 89° und ω-Cyanmethylacetylanthranilsäureäthylester. Diese Acetylester geben bei der Alkalischmelze Indigo.

420 **DRP. 128 955**
A. P. 699 581
E. P. 16 566/00
F. P. 304 491

Anthranilodiessigsäure $C_6H_4(COOH)N(CH_2COOH)_2 = C_{11}H_{11}NO_6 = 253.$

137 T. Anthranilsäure + 190 T. (2 Mol.) Monochloressigsäure + 125 T. Soda in 1000 T. Wasser gelöst 10 St. auf 80° erwärmen, das Produkt mit Mineralsäure fällen. Farblose Blätter, Sch.-P. 215°. Lösungen fluoreszieren blau.

421 **DRP. 216 748**
—
Ber. **42,** 3529
DRP. 132 621
Anm. **276,** 43

176 T. ω-Cyanmethylanthranilsäure bei 70°—80° mit 120 T. Formalin (30%) und 200 T. Wasser digerieren, bis ein in der Kälte erstarrendes Öl entsteht. Die so erhaltene Anhydroverbindung $C_6H_4\langle CO—O—CH_2 / N·CH_2CN \rangle$ (aus Methylalkohol weiße Blätter vom Sch.-P. 104° bis 106°) mit einer Lösung von 72 T. Cyankali in 400 T. Wasser bis zur Lösung verrühren, mit Salzsäure die **Di-ω-cyandimethylanthranilsäure** $C_6H_4(COOH)N(CH_2CN)_2$ (aus Methylalkohol, Sch.-P. 168°—171° unter Zersetzung) fällen, diese mit überschüssiger Natronlauge bis zur Beendigung der Ammoniakentwicklung kochen und die Anthranilodiessigsäure mit Salzsäure fällen. Dasselbe Resultat erhält man, wenn man von der Phenylglycin-o-carbonsäure ausgeht. — Analog erhält man aus Phenylanthranilsäure [**1604**] die **Diphenylglycin-o-carbonsäure** (aus verdünntem Methylalkohol, Sch.-P. 165°—167°).

422 **DRP. 127 648**
E. P. 23 123/99
F. P. 295 814

Formylphenylglycin-o-carbonsäurediäthylester

$C_6H_4(C_2H_5OOC)N(CH_2·COOC_2H_5)CHO = C_{14}H_{17}NO_5 = 279.$

1 T. Phenylglycin-o-carbonsäurediäthylester mit 2 T. Ameisensäure im Autoklaven 1—2 St. auf 150° erhitzen, kalt filtrieren, die Lösung im Vakuum eindampfen, Rückstand

ausäthern, Ätherlösung mit verdünnter Sodalösung schütteln und die ätherische Lösung eindunsten. Der erhaltene Formylphenylglycin-o-carbonsäurediäthylester ist leicht löslich und wenig krystallisationsfähig. Analog der **Formylphenylglycin-o-carbonsäure-dimethylester.** Durch Erwärmen von 1 T. Phenylglycin-o-carbonsäurediäthylester mit 2 T. Benzoylchlorid gewinnt man **Benzoylphenylglycin-o-carbonsäurediäthylester** als zähflüssiges, auch im Vakuum nicht unzersetzt destillierendes Öl. Durch Erwärmen von 27 T. Phenylglycin-o-carbonsäurediäthylester mit 11 T. Chlorameisensäureester bis zur Beendigung der Salzsäureabspaltung und Behandlung des entstandenen festen Kuchens mit Wasser und verdünnter Sodalösung erhält man **Äthoxycarbonylphenylglycin-o-carbonsäurediäthylester** $COOC_2H_5 \cdot C_6H_4N\langle^{CH_2 \cdot COOC_2H_5}_{COOC_2H_5}$ (S.-P. über 360°, Sch.-P. 48°). — Analog: **Methoxycarbonylphenylglycin-o-carbonsäuredimethylester** (zähes Öl, bei 10 mm Druck S.-P. 210°—215°).

---

423 **DRP. 102 893**
F. P. 276 199
—
Ber. 33, 556
M. f. Ch. 9, 727

Acetylphenylglycin-o-carbonsäure

$$HOOC\cdot C_6H_4\cdot N\langle^{CH_2\cdot COOH}_{COCH_3} = C_{11}H_{11}NO_5 = 237.$$

20,7 T. Acetyl-o-tolylglycin in 200 T. Wasser suspendieren, bei 80° mit 40 T. festem Kaliumpermanganat oxydieren, die entfärbte Flüssigkeit vom Braunstein abfiltrieren, im Filtrat mit Schwefelsäure die Säure ausfällen. Glänzende, farblose Krystalle, schmelzen bei 210°—212° unter Kohlendioxydentwicklung. Oder: 20,7 T. Acetyl-o-tolylglycin in 100 T. Wasser + 5,3 T. calcinierter Soda lösen, kalt innerhalb 24 St. mit 440 T. Chlorlauge (60,08 g Chlor im Liter) oxydieren, ansäuern, den Niederschlag abfiltrieren, mit Acetatlösung behandeln, vom unveränderten o-Tolylglycin abfiltrieren, Filtrat ansäuern, Krystalle abfiltrieren.

---

424 **DRP. 122 473**
A. P. 690 346
E. P. 16 565/00
F. P. 304 178

240 T. neutrales phenylglycin-o-carbonsaures Natrium oder 195 T. freie Säure in 1000 T. Wasser (mit oder ohne Zusatz von 170 T. Soda oder 150 T. Acetat) lösen, 120 T. Essigsäureanhydrid unter Kühlung einfließen lassen und mit 250 T. Schwefelsäure (40°) fällen. Sch.-P. 210°.

---

425 **DRP. 147 633**

10 T. Phenylglycin-o-carbonsäure [383] mit 20 Vol.-T. Essigsäureanhydrid und 5,5 T. Monohydrat schütteln, nach 24 St. auf 30 T. Eis gießen und aus Wasser umkrystallisieren; Sch.-P. 213°. Mit 50 T. Schwefelsäure (66°) und 30 Vol.-T. Essigsäureanhydrid oder mit 30 T. Monohydrat und 20 Vol.-T. Acetylchlorid muß man 3 St. im Wasserbad auf 60° erwärmen. Ebenso mit 30 T. Essigsäureanhydrid, das man vorher unter Kühlung mit trockenem Chlorwasserstoffgas gesättigt hat. Nach

426 **Zus. DRP. 151 435**
—
DRP. 113 240

erhält man die acetylierte Säure auch durch kurzes Erwärmen des sauren phenylglycin-o-carbonsauren Na-Salzes [386] (mit demselben Gewicht Wasser zur Paste verrieben) mit 110 T. Essigsäureanhydrid im Wasserbade. Mit Mineralsäure ausfällen.

---

427 **DRP. 117 059**
A. P. 647 263
E. P. 14 542/99
—
Ber. 33, 556

Acetylphenylglycin-o-carbonsäuredialkylester

$$ROOC\cdot C_6H_4\cdot N\langle^{CH_2\cdot COOR}_{COCH_3}$$

25 T. Phenylglycin-o-carbonsäurediäthylester [394] mit 16 T. Acetylchlorid unter Rückfluß im Wasserbade erwärmen, das überschüssige Acetylchlorid abdestillieren, den Rückstand mit kaltem Wasser waschen, die zuerst ölige, dann krystallisierende Acetylverbindung in Äther lösen und bis zur Trübung Ligroin zugeben. Große Würfel vom Sch.-P. 62°. Der Dimethylester schmilzt bei 83°.

---

428 **DRP. 132 422**
E. P. 6628/00

Man übergießt 1 T. Acetylphenylglycin-o-carbonsäure mit 3 T. mit Chlorwasserstoffgas gesättigtem Sprit oder löst sie in 4 T. Methylalkohol und setzt unter Eiskühlung 2 T. Monohydrat zu, läßt einige Tage stehen, gießt in Eiswasser und scheidet den zuerst öligen, bald krystallinisch erstarrenden Diäthyl- bzw. Dimethylester ab.

429 **DRP. 138 207**
Lit. wie [434]

Äthoxycarbonylphenylglycin-o-carbonsäureäthylester

$H_5C_2OOC-C_6H_4-N{<}^{CH_2\cdot COOH}_{COOC_2H_5} = C_{14}H_{17}NO_6 = 295.$

245 T. Phenylglycin-o-carbonsäureäthylester in 3000 T. Wasser + 75 T. Soda lösen, kühlen, 120 T. Chlorameisensäureester zufließen lassen, geringe Mengen gleichzeitig gebildeten Diesterurethans durch Filtrieren oder Extrahieren entfernen, die Lösung kühlen und mit Salzsäure das **Phenylglycin-o-carbonsäureäthylesterurethan** als bald erstarrendes Öl fällen. Sch.-P. 106°—108°.

Das isomere **Phenylglycinäthylester-o-carbonsäureurethan** $HOOC-C_6H_4-N{<}^{CH_2\cdot COOC_2H_5}_{COOC_2H_5}$ wird gewonnen, indem man 233 T. Phenylglycinäthylester-o-carbonsäure mit 120 T. Chlorameisensäureester im Ölbad auf 120° erhitzt, wenn die Salzsäureentwicklung beendet ist, mit Sodalösung verrührt und wie oben aufarbeitet. Nach Reinigung durch mehrmaliges Umlösen mit Soda und Fällen mit Säure Sch.-P. 114°—116°.

---

430 **DRP. 217 945**
—
DRP. 105 569,
DRP. 109 319

Glykoseanilid-o-carbonsäure

$COOH-C_6H_4-N:CH(CHOH)_4CH_2OH = C_{13}H_{17}NO_7 = 299.$

10 T. Anthranilsäure in 15 T. Sprit lösen und mit 15 T. Glykose bis zur vollständigen Lösung erwärmen, kalt die krystallinische Verbindung abfiltrieren und mit verdünntem Sprit waschen. Sch.-P. 126°—128°. Gibt mit Ätzalkali verschmolzen **Indoxyl** bzw. Indigo.

---

431 **DRP. 121 287**
—
Ber. 34, 1646
DRP. 102 893

Phenylnitrosoglycin-o-carbonsäure

$HOOC-C_6H_4-N{<}^{CH_2\cdot COOH}_{NO} = C_9H_8NO_5 = 210.$

33 T. o-Tolylglycin in 300 Vol.-T. Schwefelsäure (20%) und 300 T. Wasser mit 15 T. Nitrit unter Eiskühlung zu **o-Tolylnitrosoglycin** nitrosieren, dieses in einer Lösung von 230 T. kryst. Soda auflösen, mit 80—90 T. Permanganat bei 75°—85° zu Phenylnitrosoglycin-o-carbonsäure oxydieren, die aus der vom Braunstein abfiltrierten, eisgekühlten Lösung durch Ansäuern mit Salzsäure und Aussalzen gewonnen wird. Sch.-P. 120°. — Zur Abspaltung der Nitrosogruppe 45 T. Phenylnitrosoglycin-o-carbonsäure in 600 T. Wasser und 60 T. kryst. Soda lösen, zum Sieden erhitzen, 300 T. Natronlauge (15%) und 90 T. Zinkstaub zusetzen, eine Stunde kochen. Wenn die Ammoniakentwicklung beendet ist, mit Salzsäure übersättigen und die ausgefallene Säure aus Methylalkohol umkrystallisieren.

---

432 **DRP. 127 577**
—
Ber. 23, 1994; 34, 1649

Lösung von 112 T. o-Toluidindiessigsäure, 200 T. Krystallsoda und 110 T. Nitrit in 1500 T. Wasser unter Eiskühlung in eine Mischung von 350 T. Salzsäure (36%) und 1500 T. Wasser einfließen lassen, das abgeschiedene, zäh-ölige o-Tolylnitrosoglycin in sodaalkalischer Lösung mit Permanganat zur Phenylnitrosoglycin-o-carbonsäure oxydieren und diese wie [431] aufarbeiten.

---

433 **DRP. 134 986**

Phenylnitrosoglycin-o-carbonsäuremono- und -dialkylester

(Substitutionsprodukte)

$ROOC-C_6H_4-N{<}^{CH_2COOH}_{NO}$ $ROOC-C_6H_4-N{<}^{CH_2COOR}_{NO}$

251 T. Phenylglycin-o-carbonsäurediäthylester in 1000 T. Eisessig lösen, eisgekühlt mit einer Lösung von 70—72 T. Nitrit in 200 T. Wasser versetzen, in Eiswasser gießen und den Phenylnitrosoglycin-o-carbonsäurediäthylester abscheiden. — Analog: 330 T. **p-Bromphenylglycin-o-carbonsäurediäthylester** (durch Bromierung von Phenylglycin-o-carbonsäurediäthylester in Eisessiglösung, Sch.-P. 97°) in 1500 T. Benzol lösen, mit 1500 T. Schwefelsäure (5%) versetzen, kühlen und unter gutem Rühren obige Nitritlösung einfließen lassen, Benzolschicht abziehen, mit Wasser und sehr verdünnter Sodalösung waschen. Nach dem Abdestillieren des Benzols bleibt **p-Bromphenylnitrosoglycin-o-carbonsäurediäthylester** als schweres, dunkelrotes Öl zurück.

434 **DRP. 138 207**

—

DRP. 117 059, 122 473

F. P. 295 814

245 T. Phenylglycin-o-carbonsäureäthylester $C_6H_4\langle{}^{COOC_2H_5}_{NH \cdot CH_2 \cdot COOH}$ mit 70—72 T. Nitrit in 3000 T. kaltem Wasser lösen und in eisgekühlte, überschüssige verdünnte Salzsäure einlaufen lassen, den abgeschiedenen Phenylnitrosoglycin-o-carbonsäureäthylester $C_6H_4\langle{}^{COOC_2H_5}_{N\langle{}^{CH_2 \cdot COOH}_{NO}}$ mit Äther aufnehmen. Nach dem Verjagen des Äthers hinterbleibt ein dickes rotes Öl, das teilweise erstarrt.

---

435 **DRP. 37 330**

E. P. 12 022/86

F. P. 175 376

p-Dimethylaminothiobenzoesäure (Hom). $C_6H_4(COSH)(N(CH_3)_2) = C_9H_{11}NOS = 181.$

20 T. Dimethylanilin in 100 T. Schwefelkohlenstoff lösen und im geschlossenen Rührapparat zwischen 0° und 10° 9,5 T. Kohlenstoffsulfochlorid (Herstellung nach DRP.-Anm. 5430, Kl. 22, 27. 8. 87; vgl. Ber. 20, 2381) verdünnt mit 20 T. Schwefelkohlenstoff langsam zusetzen. Nach einigen Stunden den Schwefelkohlenstoff abdestillieren, Rückstand mit Natronlauge alkalisch stellen, das unveränderte Dimethylanilin abtreiben, Lösung stark einengen, wobei das Na-Salz auskrystallisiert. Beim Ansäuern der Lösung mit Essigsäure fällt die freie Säure aus. — Analog andere Alkylderivate.

---

d) C—O.

CH_3, (C_2H_5)—2 (3) (4) OH . . 143, 436—452
CH_3—4 OCH_3 21
CH_3—4 O·CO·COOH 444, 445
CH_2Cl—2 (4) O·$COCH_3$ 455
$CH_2 \cdot CH_2 \cdot CH(CH_3)_2$—4 OH 454
$CH_2 \cdot CH : CH_2$—4 OR 453
$CH_2 \cdot N(CH_3)_2$—OH 456
CH_2OH—2 (4) OH 457, 458
$CH_2 \cdot SO_3H$—4 OH 459
[CH:CH·COOH—2 OH] Anhydr. 460
CHO—2 (3) (4) OH . . . 33, 312, 461—465
CHO—3 OCH_3 466
CHO—4 OCH_3 . . . . . 31, 462
CN—4 OCH_3 59
CN—2 O·CH_2·COOH 481
COCl—2 (3) (4) OH 467, 468
COCl—2 O·$COCH_3$ 469
$COCH_3$—4 OH 470
COOH—2 (3) (4) OH 145, 471—475, 477—480
COONa—2 ONa 1558
[COOH—2 OH] Anhydr. 476
COOH—4 OCH_3 59
COOH—2 O·CH_2·COOH . . . . . 481—483
COOH—2 O·$COCH_3$ . . . . . 484—486
COOH—2 O·PO_2 487
CO·O·COOR—2 O·COOR 58
CS·SH—2 OH 62
CS·SH—2 (4) OCH_3 62

---

436 **DRP. 17 311**

o-, m-, p-Kresol $CH_3 \cdot C_6H_4 \cdot OH = C_7H_8O = 108.$

p-Kresol wie andere Phenolhomologe, durch Erhitzen gleicher Moleküle Phenol und Methylalkohol unter Zusatz von Chlorzink.

---

437 **DRP. 167 211**

—

Lit. wie [650]

o-Kresol wie [650] durch Diazotieren von o-Toluidin und Zersetzung der Diazoniumsalzlösung mit einer heißen Kupfersulfatlösung. Das o-Kresol geht mit Wasserdampf über.

---

438 **DRP. 81 484**

60 T. Naphthalin-1, 3, 6-trisulfosäure mit 120 T. Ätznatron und 90 T. Wasser im Autoklaven 5 St. auf 280° erhitzen, aus der Schmelze mit Salzsäure m-Kresol neben etwas **o-Toluylsäure** abscheiden, mit Soda neutralisieren und mit Wasserdampf das m-Kresol übertreiben. An Stelle der Naphthalintrisulfosäure kann 1-Naphthol-3, 6-disulfosäure oder 1-Naphthylamin-3, 6-disulfosäure verwendet werden, wobei in jedem Falle als Zwischenprodukt **2-Methyl-4-oxybenzoesäure** entsteht. Als Ausgangsmaterial kann auch 1-Naphthol-3, 8-disulfosäure oder 1-Naphthylamin-3, 8-disulfosäure oder 1-Naphthol-6, 8-disulfosäure verwendet werden; in diesen Fällen entsteht als Zwischenprodukt **2-Methyl-6-oxybenzoesäure.**

Trennung und Reinigung der Kresole.

439 **DRP. 53 307**

F. P. 202 952

Die Phenolkörper des Teers (schon vorgereinigt) mit Barytlauge neutralisieren. Die Barytsalzlösung filtrieren und eindampfen. Zuerst krystallisiert das Phenolbarytsalz mit den Barytsalzen von o- und p-Kresol (m-Kresol bleibt in Lösung), diese auf Grund ihrer verschiedenen Löslichkeit in Wasser trennen Einzelheiten im Original. Vgl. **DRP. 147 999** und **87 971.**

440	**DRP. 79 514** F. P. 241 670 — J. pr. 19, 396; 20, 269	10 T. Rohkresol + 9 T. Chloressigsäure + 33 T. Natronlauge (25%) 12 St. auf 100°—120° erhitzen und kalt den Krystallbrei abpressen. In der Lauge, die durch Ausschütteln mit Äther oder Abblasen mit Wasserdampf von geringen Verunreinigungen befreit worden ist, befindet sich o-kresoxyacetsaures Natrium. Den abgepreßten Krystallkuchen mit warmem Wasser auslaugen: m-kresoxyacetsaures Natrium geht in Lösung, p-kresoxyacetsaures Natrium bleibt zurück. Aus Wasser umkrystallisieren. Oder: Reaktionsmasse (nach Entfernung der unveränderten Kresole mit Äther oder Wasserdampf) mit Salzsäure zerlegen, aus dem Gemenge der freien **Kresoxacetsäuren** mit wenig warmem Benzol die m-Verbindung extrahieren, Rückstand mit der 4-fachen Menge Benzol ausgekocht gibt in Lösung die p-Verbindung, die o-Verbindung bleibt zurück. Zur Verseifung 1 T. z. B. p-Kresoxacetsäure mit 5 T. Salzsäure 2 St. auf 200°—210° erhitzen, mit Wasserdampf das p-Kresol übertreiben.
441	**DRP. 100 418**	Absolut trockenes Trikresol mit 75 T. gepulvertem, geschmolzenem Natriumacetat innig verreiben, die teilweise erstarrte Masse mit Petroläther anrühren, Rückstand absaugen und mit Petroläther auswaschen. Die gebildete trockene Molekularverbindung gibt mit Wasser zersetzt 25 T. eines Öles, welches nach der Destillation bei mäßiger Abkühlung erstarrt. Nach dem gleichen Prinzip können auch andere Phenole gereinigt und Phenolgemische in Komponenten zerlegt werden (z. B. Kreosot, Nelkenöl, Guajacol), wobei je nach Art des zu behandelnden Gemisches auch andere wasserfreie Salze, wie Lithium-, Calcium-, Strontiumchlorid usw., verwendet werden.
442	**DRP. 112 545** A. P. 655 117 E. P. 18 334/99 F. P. 292 760	Kresolgemisch (60% m- und 40% p-Verbindung) mit dem gleichen Gewicht Oleum (hochprozentig) oder dem 3-fachen Gewicht Oleum (20%) oder dem 1½—4-fachen Gewicht konz. Schwefelsäure sulfieren und die auskrystallisierende **p-Kresolsulfosäure** abscheiden. Aus den so getrennten Kresolsulfosäuren werden die Sulfogruppen mit überhitztem Dampf abgespalten.
443	**DRP. 114 975** A. P. 656 263 F. P. 272 760 Zus.	Das Sulfierungsgemisch direkt bei höchstens 130° mit überhitztem Dampf behandeln (am besten so viel Wasser beimengen, daß das Gemisch bei 130° siedet), wobei nur die **m-Kresolsulfosäure** gespalten wird und m-Kresol überdestilliert, während die p-Kresolsulfosäure, die zuerst bei 140°—160° zerlegt wird, unangegriffen bleibt.
444	**DRP. 137 584** A. P. 711 572 E. P. 286/02 F. P. 317 512	Das Gemisch von p- und m-Kresol warm mit wasserfreier Oxalsäure behandeln, den abgeschiedenen **p-Kresoloxalsäureester** $C_6H_4\left\langle\begin{matrix}CH_3\\O\cdot CO\cdot COOH\end{matrix}\right.$ mechanisch abtrennen und mit Wasser spalten. Nach
445	**Zus.** **DRP. 141 421**	verwendet man statt Oxalsäure wasserfreie saure Oxalate zur Esterifizierung des p-Kresols, m-Kresol gibt keine Ester.
446	**DRP. 148 703**	p- und m-Kresol (technisch im Gemenge von 60% m- und 40% p-Verbindung) mittels evtl. pyrosulfathaltigem Natriumbisulfat trennen. Bei 100°—110° bildet sich so nur die m-Kresolsulfosäure und wird von dem unveränderten, öligen p-Kresol mechanisch getrennt. Nach
447	**DRP. 152 652**	erhält man hochprozentiges m-Kresol aus dem Handelsrohkresol durch dessen Behandlung mit nur so viel Kalkhydrat und Wasser, daß sich kein basisches Kresolcalciumsalz zu bilden vermag, worauf man das ausgeschiedene **m-Kresolcalcium** in zwar nicht reiner, doch stark angereicherter Form abscheidet und mit Säure zersetzt.
448	**DRP. 245 892** A. P. 1 025 615 E. P. 25 166/11 F. P. 434 534 — DRP. 112 545, 148 703	1000 T. Rohkresol (60 T. m- und 40 T. p-Verbindung) unter 100° mit 750 T. Oleum (20%), oder in 500 T. Benzol gelöst, bei 40° mit 950 T. Schwefelsäure (96%) sulfieren, Sulfierungsgemisch mit 500 T. Schwefelsäure (50%) verdünnen, das unsulfierte Kresol bei 50° mit Benzol extrahieren bzw. im zweiten Falle die Benzollösung abziehen. Kalt krystallisiert aus der schwefelsauren Lösung die m-Kresolsulfosäure aus. Mit überhitztem Dampf spalten. Der Benzolextrakt ergibt nach dem Abdestillieren des Lösungsmittels das in der Kälte erstarrende p-Kresol. Nach

449 **Zus. DRP. 247 272** E. P. 2458/12, 3923/12 A. P. 1 025 615

werden 500 T. nach dem Hauptpatent gewonnenes m-Kresol, das wie das m-Kresol des Handels nicht unbedeutende Mengen p-Verbindung enthält, mit 400 T. Oleum (20%) unter 100° sulfiert, das Sulfierungsgemisch mit 260 T. Schwefelsäure von 50% vermischt und mit Benzol extrahiert. In der Kälte krystallisiert aus der schwefelsauren Lösung reine m-Kresolsulfosäure aus, aus der durch Behandeln mit überhitztem Wasserdampf reines m-Kresol in guter Ausbeute gewonnen wird. Man kann so nach A. P. 1 025 616 und F. P. 439 643 reines m-Kresol (Sch.-P. 11°) aus nahezu reinem Produkt durch Auskrystallisierenlassen gewinnen.

---

450 **DRP. 267 210**

Rohkresol mit Natronlauge in eine Lösung der Kresolnatriumsalze verwandeln, aus diesen durch Zusatz von Chlorcalciumlösung die Calciumsalze herstellen und die breiige Masse mit mäßig überhitztem Dampf behandeln, wodurch nur das m-Kresolcalcium zersetzt wird und m-Kresol überdestilliert. Nach

451 **DRP. 268 780**

behandelt man das Gemenge von m- und p-Kresol längere Zeit bei gewöhnlicher Temperatur (24 St.) mit Schwefelsäure (80—90%), wobei nur m-Kresol sulfuriert wird. In Wasser gießen und das ungelöste p-Kresol von der gelösten m-Kresolsulfosäure abfiltrieren.

---

452 **DRP. 281 054**

100 T. Kresolgemisch (40% p- und 60% m-Verbindung enthaltend) mit 70 T. Schwefelsäure (60°) bei einem Druck von 30 mm und einer Temperatur von 35°—40° behandeln. Nach 5 St. ist das m-Kresol sulfuriert; man neutralisiert mit Soda, treibt das p-Kresol (37 T.) mit Wasserdampf über, zersetzt im Rückstand das Na-Salz der m-Kresolsulfosäure mit Schwefelsäure und zerlegt jene durch Destillation mit überhitztem Wasserdampf. Ausbeute an m-Kresol 51 T.

---

453 **DRP. 154 654**

p-Allylphenolalkyläther $C_6H_4(CH_2\cdot CH{:}CH_2)(OCH_3) = C_{10}H_{12}O = 148.$

p-Bromphenolalkyläther-Magnesiumverbindungen mit Halogenallyl behandeln. So z. B. p-Allylanisol aus der durch Kochen von 35 T. Allylbromid mit der aus 7,5 T. Magnesiummetall und 10 T. einer Lösung von 51,2 T. p-Bromanisol in 150 T. trockenem Äther erhaltenen Organomagnesiumverbindung in ätherischer Lösung, Verdünnen mit Wasser, Abdampfen des Äthers und fraktionierter Destillation, zuerst unter gewöhnlichem Druck und dann im Vakuum. Unter 25 mm geht bei 70°—75° Anisol über, dann zwischen 108° und 114° **p-Allylanisol.** Geht durch Kochen mit alkoholischem Kali in **Anetol** (Propenylverbindung) über. — Ebenso **p-Allylphenetol** aus p-Bromphenetol [**865, 2145, 2302**].

---

454 **DRP. 17 311**

Ber. 14, 1474; 14, 1842; 15, 150; 15, 1990

p-Isoamylphenol $C_6H_4(CH_2\cdot CH_2\cdot CH(CH_3)_2)(OH) = C_{11}H_{16}O = 164.$

94 T. Phenol + 94 T. Isoamylalkohol + 300 T. Chlorzink 2 St. unter Rückfluß kochen, bis zwei Schichten entstehen. Wasser zusetzen. Amylphenol abtrennen, rektifizieren. S.-P. 248°—250°, Sch.-P. 87°. Ebenso: **Isoamylnaphthol** und **Isoamylresorcin,** ferner: **p-Äthylphenol, p-Propylphenol, p-Butylphenol, p-Amylphenol, p-Benzylphenol, p-Benzylresorcin** (Diphenylmethanderivate), **Benzylnaphthole, p-Isobutylphenol, Äthylnaphthol.**

---

455 Anm. Sch. 43 561, Kl. 12q. 1. 12. 13 Schmitz

Seitenkettenhalogenisierte Ester der Phenolhomologen

$C_6H_4(CH_2Cl)(O\cdot COCH_3) = C_9H_9ClO_2 = 184.$

Säureester der Phenolhomologen für sich oder in geeigneten Lösungsmitteln, wie Tetrachlorkohlenstoff mit Halogen oder halogenabspaltenden Mitteln evtl. bei Gegenwart von Halogenüberträgern unter 100° im Licht, besonders im ultravioletten Licht behandeln.

---

456 **DRP. 92 309** E. P. 14 488/95 F. P. 250 440

Oxydimethylbenzylamin $C_6H_4{<}^{OH}_{CH_2\cdot N(CH_3)_2} = C_9H_{13}N = 134.$

9,4 T. Phenol in 94 T. Sprit lösen, mit 8 T. Formaldehyd (40%) + 9 T. Dimethylaminlösung (50%) 4—6 St. unter Rückfluß kochen, Sprit abdestillieren, das Öl mit starker Natronlauge durchrühren, rückständiges Öl, bestehend aus reinem **Dimethylaminomethylphenol** abfiltrieren, Laugenfiltrat mit Salzsäure neutralisieren. Farbloses Öl, siedet unter teilweiser Zersetzung bei 200°.

457 **DRP. 85 588** — Ber. 27, 2409; J. pr. 50, 223

o- und p-Oxybenzylalkohol $C_6H_4(CH_2OH)(OH)$ (o- und p-) $= C_7H_8O_2 = 124.$

30 T. Phenol in 150 T. Natronlauge (10%) lösen, mit 45 T. Formaldehyd (33%) stehen lassen. Nach einigen Tagen ansäuern, ausäthern, Phenolreste mit Dampf entfernen, die beiden Isomeren fraktioniert aus Benzol krystallisieren. Statt der Natronlauge auch 75 T. Bleioxyd oder 27 T. Zinkoxyd oder 10 T. Zinkstaub oder das Pulver eines anderen Metalls, das sich bei Gegenwart von Wasser oxydiert, verwendbar; ebenso wirken 22 T. Pottasche oder 45 T. Na-Acetat in der 5- bzw. 10-fachen Menge Wasser gelöst.

458 **DRP. 233 631** — A. P. 1 023 758; E. P. 8069/09; F. P. 401 843

242 T. o-Kresolcarbonat [Ann. **301,** 115] bei 180° bis zur Gewichtszunahme von 69 T. mit Chlor behandeln. Kalt krystallisiert **ω-Monochlor-o-kresolkohlensäureester** $(CH_2Cl)C_6H_4-O-CO-O-C_6H_4(CH_2\cdot Cl)$ (aus Eisessig oder Benzin umkrystallisiert, Sch.-P. 70°) aus; durch Erhitzen mit Wasser und überschüssigem Calciumcarbonat unter 4—5 Atm. Druck geht er in **Saligenin** (o-Oxybenzylalkohol) über (krystallisiert aus der vom Kalk filtrierten, eingeengten Lösung).

459 **DRP. 87 335** — Ber. 31, 1858

p-Oxybenzylsulfosäure $C_6H_4(CH_2\cdot SO_3H)(OH) = C_7H_7O_3S = 171.$

Wie [2303] aus Phenol, Natriumsulfit und Formaldehyd. — Reaktionsprodukt mit Salzsäure auf dem Wasserbad zur Trockne verdampfen, Rückstand mit Sprit auskochen, Spritextrakt eindunsten: kleine Krystalle der Sulfosäure. Die Lösungen der Alkalisalze geben mit Eisenchlorid tiefblaue Färbung. — Die p-Verbindung nach Ann. **221,** 221.

460 **DRP. 276 667** — Ber. 16, 2037; 44, 657; DRP. 249 939

Cumarin (H—C, HC, CO, O am Benzolring) $= C_9H_6O_2 = 146.$

1 Mol. Natriumsalz der **o-Chlorphenylpropionsäure** (erhalten durch Reduktion von o-Chlorzimtsäure mittels Natriumamalgam) mit 2 Mol. Ätznatron und der zur Lösung nötigen Menge Wasser im Autoklaven auf 240°—260° erhitzen, die durch Ansäuern erhaltene **o-Oxyphenylpropionsäure (Melilotsäure)** durch Erhitzen in ihr Anhydrid **(Hydrocumarin)** überführen und dieses durch Destillation reinigen. Sch.-P. 25°. Dieses wird durch langsames Erhitzen mit äquimolekularen Mengen Schwefelpulver auf 300° oder durch Behandlung mit äquimolekularen Mengen Bromdampf oder Chlor bei 270°—300° zu Cumarin dehydriert, das durch Destillation im Vakuum gereinigt wird.

461 **DRP. 101 333** — Zusatz zu DRP. 99 568 — Lit. wie [31]

o-, m-, p-Oxybenzaldehyd $C_6H_4(CHO)(OH)$ (o-, m-, p-) $= C_7H_6O_2 = 122.$

Zu 20 T. Phenol (evtl. mit Verdünnungsmittel) und 20 T. wasserfreier Blausäure unter Eiskühlung 30 T. Aluminiumchlorid zugeben, mehrere Stunden Chlorwasserstoffgas einleiten, wobei anfangs gekühlt, später langsam die Temperatur auf schließlich 40°—50° gesteigert wird, sodann kalt auf Eis gießen, kurze Zeit mit Salzsäure aufkochen, aussalzen, ausäthern, die Ätherlösung mit Bisulfit ausschütteln und sofort mit Schwefelsäure den p-Oxybenzaldehyd freisetzen. Sch.-P. 115°—116°.

$$\left(C_6H_5OH \xrightarrow{HCN + HCl} C_6H_4\begin{matrix}OH\\CH:NH\end{matrix} \longrightarrow C_6H_4\begin{matrix}OH\\CHO\end{matrix}\right).$$

Nach

462 **Zus. DRP. 106 508** — Ber. 31, 1765; 32, 278

gelingt die Reaktion auch bei Abwesenheit von Aluminiumchlorid und das Verfahren gibt dann besonders gute Resultate bei mehrwertigen Phenolen. Man erhält so aus 10 T. Resorcin, 30 T. wasserfreiem Äther, 3 T. wasserfreier Blausäure und gasförmiger Salzsäure über das Aldimid-Chlorhydrat durch Auskochen des Ätherrückstandes mit Wasser (Na-Acetatlösung) **Resorcylaldehyd** vom Sch.-P. 135°. — Ebenso aus Guajacol: **Vanillin,** aus Orcin: **Orcinaldehyd** (Sch.-P. 177°—178°), ferner **Pyrogallolaldehyd** (Sch.-P. 157°—158°) und **Anisolaldehyd** (Sch.-P. 153°).

463 **DRP. 105798**
F. P. 283920

Anwendung des Verfahrens nach [323—325] auf Phenole und Naphthole. 600 Vol.-T. der nach [323] dargestellten Lösung von m-Sulfo-p-tolylhydroxylamin ansäuern, 22,5 T. Formalin (40%) und 28 T. Phenol zusetzen. Nach 48 St. anwärmen, Acetat zugeben, kalt so lange mit essigsaurem Anilin versetzen, als sich noch Anilid abscheidet, dieses abfiltrieren, waschen, in Soda oder Bisulfit lösen, mit Dampf das Anilin abblasen, Rückstand ansäuern und den ausgeschiedenen p-Oxybenzaldehyd durch Umkrystallisieren aus Wasser reinigen.

464 **DRP. 196239**
—
Ber. **41**, 5
Red. der Salicylsäure:
Ber. **26**, 1913; **39**, 2935
J. pr. **15**, 165
DRP. 177490

15 T. Salicylsäure mit der entsprechenden Sodamenge (5,5 T.) in Wasser lösen, die genau neutrale Lösung auf 1000 Vol.-T. verdünnen, 18 T. p-Toluidin darin heiß lösen, kalt 250 T. Kochsalz zugeben, die feine Suspension mit 15 T. Borsäure und 325—425 T. Natriumamalgam (2%) versetzen, zur steten Erhaltung schwach borsaurer Reaktion weiter allmählich 120 T. Borsäure zugeben, das gebildete **o-Oxybenzyliden-p-toluidin** absaugen und aus verdünnter saurer Lösung mit Dampf den **Salicylaldehyd** abtreiben. — Entsteht auch aus Salicylsäure (Na-Salz) mit Na-amalgam in wässeriger Lösung bei Gegenwart von Borsäure nach Ber. **41**, 4147.

465 **DRP. 233631**
—
Lit. wie [458]

Wie [458] durch Behandeln von 242 T. o-Kresolcarbonat mit Chlor bei 180°, jedoch bis zu einer Gewichtszunahme von 138 T. Es entsteht **ω-Dichlor-o-kresolkohlensäureester** (Öl, S.-P. bei 30 mm Druck 247°, Sch.-P. 73°), der bei erschöpfender Verseifung Salicylaldehyd gibt. p-Kresolcarbonat (Ber. **19**, 2268) gibt bei der gleichen Behandlung **ω-Dichlor-p-kresolcarbonat** und dann p-Oxybenzaldehyd. Salicylaldehyd wird ferner aus **o-Kresolphosphat** $(CH_3C_6H_4)_3PO_4$ (erhalten nach Ber. **16**, 1767 und Ann. **224**, 173 durch längeres Kochen von 1 Mol. Phosphoroxychlorid mit 3 Mol. o-Kresol) oder aus **o-Kresolphosphorigsäureester** $(CH_3C_6H_4)_3PO_3$ (erhalten durch Erhitzen von o-Kresol mit Phosphortrichlorid) oder aus o-Kresolbenzolsulfosäureester (C.Bl. **1900**, **I**, 543) durch Behandlung mit Chlor bei 160°—180° bis zur theoretischen Gewichtszunahme und darauffolgende Verseifung des entstandenen **o-Oxybenzylidenchloridphosphorsäureesters** $(CHCl_2 \cdot C_6H_4)_3PO_4$ bzw. **o-Oxybenzylidenchloridphosphitchlorides** $(CHCl_2 \cdot C_6H_4 \cdot O)_3PCl_2$ bzw. **o-Oxybenzylidenchloridbenzolsulfosäureesters** $CHCl_2 \cdot C_6H_4 \cdot O \cdot SO_2 \cdot C_6H_5$ gewonnen. Durch Chlorierung von 212 T. Benzoyl-m-kresol (Gaz. chim. **30**, II, 224) bei 180° bis zur Gewichtszunahme von 69 T. erhält man den öligen **ω-Dichlor-m-kresolbenzoesäureester** $CHCl_2 \cdot C_6H_4 \cdot O \cdot CO \cdot C_6H_5$, der durch Verseifen mit Wasser und überschüssigem Calciumcarbonat bei 4—5 Atm. Druck m-Oxybenzaldehyd neben chlorfreier Benzoesäure liefert.

466 **DRP. 99568**
—
Lit. wie [31]

p-Oxymethylbenzaldehyd (CHO / Benzolring / OCH_3) $= C_8H_8O_2 = 136$.

In 10 T. Anisol + 10 T. Aluminiumchlorid bei 30°—40° mehrere Stunden gasförmige Blausäure und Chlorwasserstoff einleiten, das braunrote Produkt auf Eis gießen, mit konz. Salzsäure zerlegen, Dampf einleiten, in dem Destillat den **Anisaldehyd** vom unveränderten Anisol durch Behandlung mit Bisulfit trennen, die Lösung der Bisulfitverbindung mit Soda versetzen und den Aldehyd mit Wasserdampf übertreiben. S.-P. 248°. — An Stelle von Blausäure können auch Cyanide wie KCN, $Hg(CN)_2$ verwendet werden.

467 **DRP. 262883**
—
Ann. **239**, 301
Ber. **30**, 221
M. f. Ch. **22**, 415
DRP. 89596, 211403

o-, m-, p-Oxybenzoylchlorid

(COCl / Benzolring / OH) (COCl / Benzolring / OH) (COCl / Benzolring / OH) $= C_7H_5ClO_2 = 156$.

16 T. salicylsaures Natrium in kleinen Mengen in 25 T. Thionylchlorid bei höchstens 30° eintragen, wenn die Schwefeldioxydentwicklung beendet ist, den Thionylchloridrest im Vakuum abdestillieren, aus dem Rückstand das **Salicylsäurechlorid** mit Schwefelkohlenstoff oder Ligroin extrahieren und das Lösungsmittel bei möglichst niederer Temperatur im Vakuum abtreiben. Riecht angenehm, wird bei niederer Temperatur fest (Nädelchen vom Sch.-P. 9°—11°). Leicht unter Salzsäureabspaltung zersetzlich, bildet mit Alkoholen leicht die Ester. — Analog: m- und p-Oxybenzoylchlorid (heftig riechende, nicht erstarrende Öle). Nach

468 **Zus. DRP. 266351**
—
DRP. 29669

verwendet man statt Thionylchlorid mit Phosgen gesättigtes Toluol (200 T. auf 50 T. scharf getrocknetes Natriumsalicylat), läßt über Nacht stehen und arbeitet wie oben auf.

469 **DRP. 277 659**

Acetylsalicylsäurechlorid COCl, O·$COCH_3$ $= C_9H_7ClO_3 = 198.$

90 T. Acetylsalicylsäure innerhalb 2 St. im Wasserbade mit 70 T. Thionylchlorid in 90 T. Benzol zur Reaktion bringen, wenn Salzsäure und Schwefeldioxyd entwichen sind, vorsichtig das Benzol abdestillieren und das Produkt im Vakuum destillieren. S.-P. 140°. Ausbeute 90%. — Die Ca-Salze der Acetylsalicylsäure werden mittels Calciumcarbid nach Anm. C. 22 684, Kl. 12_9 Chem. Fabrik Rixdorf gewonnen.

---

470 **DRP. 70 718**

—

Ber. **25**, 3531

p-Oxyacetophenon $COCH_3$, OH $= C_8H_8O_2 = 136.$

Wie [685]. 1 T. p-Acetylanisol allmählich mit 1 T. Aluminiumchlorid versetzen, die Mischung $1^1/_2$ St. auf 140° erhitzen, kalt mit Wasser zersetzen, mit Salzsäure ansäuern, Produkt umkrystallisieren.

---

471 **DRP. 426**

o-Oxybenzoesäure COOH, OH $= C_7H_6O_3 = 138.$

An das erste **Salicylsäure**-Patent (DRP. 426) von Kolbe reihen sich weiter: Nr. 24 151, 27 609, 30 172, 28 985, 29 939, 33 635, 38 742, 65 131, 67 893 usw., bezüglich derer auf die Originale verwiesen werden muß. — Über elektrolytische Oxydation des Kresols zu Salicylsäure siehe E. P. 103 709/1916.

---

472 **DRP. 73 279**

—

DRP. 76 441.

Phenol mit Pottasche und Kohlensäure im geschlossenen Gefäß auf 130°—160° erwärmen; dabei soll die Pottasche im Überschuß vorhanden sein, um ein Zusammenbacken der Masse auch in der Wärme zu verhindern. Nach

473 **Zus. DRP. 78 708**

wird nur so viel Pottasche zugesetzt, daß das Gemisch auch in der Wärme nicht zusammenschmilzt (1 T. Phenol + 3 T. Pottasche).

---

474 **DRP. 133 500**

E. P. 274/01

F. P. 307 186

Gemenge von Phenolalkali und Alkalisulfit, wie man es bei der Ätzalkalischmelze des benzolsulfosauren Alkalis erhält, mit Kohlendioxyd behandeln.

---

475 **DRP. 170 230**

—

Ann. **154**, 360

Ber. **19**, 704; **39**, 794

DRP. 80 747

10 T. o-Kresol + 50 T. Ätznatron + 50 T. Kupferoxydpulver und so viel Wasser, daß die Masse bei 230° flüssig wird, offen auf 260°—270° erhitzen, die in wenigen Minuten vom metallischen Kupfer rotgewordene Schmelze erkalten lassen, mit wenig Wasser auslaugen und die Salicylsäure abscheiden. Mit Blei- oder Mangansuperoxyd gelingt die Reaktion schon bei 250°, mit Eisenoxyd erst über 300°.

---

476 **DRP. 134 234**

—

Ann. **74**, 13; **87**, 218;

Ber. **16**, 339; **25**, 3056

DRP. 68 960

Salicylid CO, O $= C_7H_4O_2 = 120.$

10 T. Acetsalicylsäure langsam im offenen Gefäß auf 200°—210° erhitzen und 5—6 St. bei dieser Temperatur halten, kalt mit der 4- bis 6-fachen Menge Wasser 2—3-mal auskochen, den Rückstand in der 4—5-fachen Menge Aceton lösen, in die 20—30-fache Menge Wasser einfiltrieren und die weißen käsigen Flocken abfiltrieren. Sintert bei 110°, schmilzt bei 210°, ist nicht unzersetzt destillierbar und gibt mit Alkalien schon beim Stehenlassen die salicylsauren Salze. Bei Behandlung mit konz. Schwefelsäure entsteht **Sulfosalicylsäure**, mit konz. Salpetersäure (20—30% rauchende HNO_3 enthaltend) **Trinitrosalicylid** vom Sch.-P. 121°, das gegen Salzsäure beständig ist.

---

477 **DRP. 48 356**

A. P. 407 906

F. P. 194 813

—

Ber. **38**, 1375

m- und p-Oxybenzoesäure COOH, OH; COOH, OH $= C_7H_6O_3 = 138.$

Salicylsaures Kalium oder basisch-salicylsaures Kalium für sich oder Phenolkalium mit Kohlendioxyd unter Druck auf 180° oder darüber erhitzt und die Reaktionsmasse mit Mineralsäure zersetzt, gibt p-Oxybenzoesäure.

478	**DRP. 233 631** — Lit. wie [458]	Durch Behandlung von 242 T. m-Kresolcarbonat [458, 465] mit Chlor bei 150° bis zur Gewichtszunahme von 207 T. wird **ω-Trichlor-m-kresolcarbonat** $(CCl_3C_6H_4)_2CO_3$, ein nicht unzersetzt destillierendes Öl, gewonnen, das bei der Verseifung m-Oxybenzoesäure liefert.
479	**DRP. 258 887** — Ber. 9, 1285; 10, 2185; 12, 816	9,4 T. Phenol + 39,2 T. Ätzkali in 40%iger Lösung + 16 T. Tetrachlorkohlenstoff + 0,3 T. Kupferpulver unter Rückfluß kochen, Tetrachlorkohlenstoff abdestillieren, salzsauer mit Dampf das unangegriffene Phenol abtreiben und aus dem Rückstand durch zweimaliges Auskochen mit Chloroform 25% **Salicylsäure** extrahieren. 35% p-Oxybenzoesäure bleiben zurück.

Analog werden auch aus anderen Phenolen durch Erhitzen mit Tetrachlorkohlenstoff, Ätzkali und Kupfer in offenen Gefäßen Oxysäuren erhalten. Aus p-Kresol: **p-Methylsalicylsäure** (Formel: Benzolring mit CH_3, COOH, OH) vom Sch.-P. 146°—147°; Ausbeute 60%. Aus o-Kresol: **o-Methyl-p-oxybenzoesäure** (Formel: Benzolring mit CH_3, OH, COOH) vom Sch.-P. 172°—173° mit 85% Ausbeute neben wenig **1-Oxy-2-methyl-6-benzoesäure** (Formel: Benzolring mit CH_3, HO, COOH), von der sie durch Extraktion mit Chloroform getrennt wird. Aus o-Nitrophenol (10—12-stündiges Kochen!): **6-Nitro-1-oxy-2-benzoesäure** (Formel: Benzolring mit NO_2, OH, COOH) (Sch.-P. 125°, wasserfrei 145°—146°) mit 45% Ausbeute. Aus p-Chlorphenol: **1-Oxy-4-chlor-2-benzoesäure** (Formel: Benzolring mit COOH, HO, Cl) (Sch.-P. 167° bis 168°) mit 75% Ausbeute. Aus Guajacol (2-stündiges Kochen!): **1-Oxy-2-methoxy-4-benzoesäure** (Sch.-P. 207°) mit 85—90% Ausbeute. Aus Hydrochinon (4—5-stündiges Kochen!): **1, 4-Dioxy-2-benzoesäure (Gentisinsäure)** mit 70% Ausbeute. Aus Salicylsäure: **1-Oxybenzol-2, 4-dicarbonsäure** mit 70—75% Ausbeute neben wenig **1-Oxybenzol-2, 6-dicarbonsäure** (nach Ber. 10, 2194 über die Ba-Salze trennen). Aus 1-Oxy-3-methyl-6-benzoesäure: **1-Oxy-3-methylbenzol-4, 6-dicarbonsäure** (**α-Coccinsäure**) quantitativ. Aus 1-Oxy-2-methylbenzol-6-carbonsäure: **1-Oxy-2-methylbenzol-4, 6-dicarbonsäure (α-Oxyuvitinsäure)** vom Sch.-P. 295°.

480	**DRP. 288 116** Zusatz zu DRP. 286 266 u. DRP. 284 533	**p-Oxybenzoesäure:** Wie [145] aus p-Brombenzoesäure mit Ätzkalk allein oder im Gemenge mit Ätzalkali.
481	**DRP. 93 110** — Ber. 17, 2995	**Salicylessigsäure** (Formel: Benzolring mit COOH, $O\cdot CH_2\cdot COOH$) $= C_9H_8O_5 = 196$.

12 T. o-Oxybenzonitril oder 13,7 T. Salicylsäureamid + 8 T. Ätznatron + 9,5 T. Chloressigsäure in Wasser lösen, die Lösung bis zum Krystallisationsbeginn eindampfen, dann unter Rückfluß bis zum Verschwinden der alkalischen Reaktion kochen, durch Säurezusatz das **Salicylessigsäurenitril** $C_6H_4<^{CN}_{O\cdot CH_2\cdot COOH}$ fällen und dieses durch längeres Kochen mit Alkalien verseifen. Nach

482	**Zus. DRP. 110 370** A. P. 611 014 — DRP. 98 707	Salicylsäureanilid als Na-Salz $C_6H_4<^{CO\cdot NH\cdot C_6H_5}_{ONa}$ mit chloressigsauren Salzen kondensieren zu den Salzen **Salicylanilidoacetsäure** $C_6H_4<^{CO\cdot NH\cdot C_6H_5}_{O\cdot CH_2\cdot COONa}$ vom Sch.-P. 159°. Längere Zeit mit Natronlauge gekocht, tritt Verseifung zu Salicylessigsäure ein. Aus trockenem Chloroform weiße, in Wasser ziemlich schwer lösliche Nadeln, Sch.-P. 135°.

483	Anm. M. 43548, Kl. 12q. 18.9.1911 Meyer	Chloressigsäure bei Gegenwart starker Alkalien auf Salicylsäure einwirken lassen.
484	Anm. F. 10563, 12 und 10581, 12 5. 1. u. 16. 3. 99 — E. P. 11596/97 Ber. 32, 3572	**Acetylsalicylsäure** $C_6H_4(COOH)(O\cdot COCH_3) = C_9H_8O_4 = 180$. Salicylsäure unterhalb 160° mit Essigsäureanhydrid oder Acetylchlorid behandeln. Weiße, glänzende Nadeln, Sch.-P. 135°. **(Aspirin.)**
485	**DRP. 270326**	Das Na-Salz der Acetylsalicylsäure wird durch Verkneten eines Gemenges von Acetylsalicylsäure und trockener, wasserfreier Soda mit dem halben Gewichtsteil Essigäther gewonnen. Nach
486	**Zus. DRP. 276668**	in der Abänderung, daß man trockene, feingepulverte Acetylsalicylsäure und äquivalente Mengen wasserfreier Soda mit Ameisensäureäthylester verknetet, bis sich eine Probe ohne Kohlensäureentwicklung in Wasser klar löst. — Analog die Salze der Kernhomologen.
487	**DRP. 76830** — DRP. 85565	**Salicylmetaphosphorsäure** $C_6H_4(COOH)(O\cdot PO_2) = C_7H_5O_5P = 200$. 150 T. Salicylsäure + 78 T. Phosphorpentoxyd in einem Luft- oder Ölbade und zweckmäßig in Kohlendioxydatmosphäre unter gelindem Druck langsam anwärmen und dann die Temperatur 2 St. auf 90° halten. Die in der Kälte erstarrte Masse mit spritfreiem Chloroform zweimal auskochen, um das harzige Nebenprodukt zu entfernen. Es hinterbleibt die in siedendem Chloroform unlösliche Salicylmetaphosphorsäure. Die Bildung des harzigen Nebenproduktes wird vermieden, wenn auf 150 T. Salicylsäure 100 T. Phosphorpentoxyd verwendet werden. Die Krystallmasse ist in Wasser sehr leicht löslich, die wässerigen Lösungen leicht zersetzlich, konzentrierte sind jedoch haltbarer als verdünnte; auch in alkoholischer Lösung tritt schon in der Kälte Zersetzung ein.

e) C—S.

488	**DRP. 95830** — J. pr. 1910, 320	**Toluol-o-** und **-p-sulfinsäure** $C_6H_4(CH_3)(SO_2H)$ (o- und p-) $= C_7H_8O_2S = 156$. Wie [158]. Diazolösung aus 1 T. o-Toluidin + 6 T. Kupferpulver möglichst schnell in 5 T. Natriumbisulfitlösung (40°) eingießen, auskalken, Ca-Salzlösung eindampfen, Rückstand mit Sprit extrahieren. Sch.-P. der freien Toluol-o-sulfinsäure 80°. — Schwefelhaltige Kondensationsprodukte der Sulfinsäuren mit Azofarbstoffen sind in DRP. 285501 beschrieben.
489	**DRP. 130119**	Toluol-o-sulfinsäure wie [160] aus 10,7 T. o-Toluidin. (Auch in den dort angegebenen Mengenverhältnissen.)
490	**DRP. 171789**	Toluol-o-sulfinsäure wie [161] aus Toluol, Aluminiumchlorid und Schwefeldioxydgas.

491 **DRP. 224 019** Wie [162]. 191 T. Toluol-p-sulfochlorid allmählich in eine heiße Lösung von 300 T. kryst. Schwefelnatrium in 300 T. Wasser eintragen, 1/2—1 St. auf dem Dampfbad erhitzen, filtrieren, auf 0° abkühlen und das ausgeschiedene Na-Salz der Toluol-p-sulfinsäure absaugen. Daraus durch Mineralsäuren die freie Säure. Analog aus 191 T. Toluol-o-sulfochlorid die Toluol-o-sulfinsäure.

492 **DRP. 98 030**

Toluol-o-sulfochlorid $C_6H_4(CH_3)(SO_2Cl)$ = $C_7H_7ClO_2S$ = 190.

100 T. Toluol unter 5° allmählich in 400 T. Chlorsulfonsäure einfließen lassen, 12 St. in der Kälte rühren, auf Eis gießen, die flüssigen Toluolsulfochloride abgießen, auf —20° abkühlen, das abgeschiedene krystallisierte p-Chlorid von dem flüssigen Chlorid absaugen.

493 **DRP. 124 407** — Ann. 141, 372; 221, 349; Ber. 24, 478

10 T. Toluol-o-sulfinsäure in verdünnter Natronlauge lösen, lebhaften Chlorstrom durchleiten (evtl. auch durch die salzsaure Lösung des Na-Salzes bei höchstens 40°) bis nichts mehr ausfällt, das abgeschiedene, ölige Sulfochlorid von der warm gewordenen wässerigen Flüssigkeit trennen, evtl. gleich auf Toluolsulfamid weiterverarbeiten.

494 **DRP. 142 116** A. P. 692 598; E. P. 14 390/01; F. P. 312 797 — Ber. 15, 1118

Rohe Toluol-o-sulfosäure [500] aus dem Sulfurierungsgemisch auskalken, vom Gips abfiltrieren, das Filtrat mit Magnesit neutralisieren und zur Staubtrockne eindampfen. 250 T. des Magnesiumsalzes völlig trocken bei höchstens 15°—18° in 1250 T. Chlorsulfonsäure eintragen, nach einigen Stunden auf 1000 T. Eis gießen, absitzen lassen und das Sulfochlorid abziehen. Ausbeute bis zu 90%.

495 **DRP. 154 655**

o- und p-Toluolsulfamid (Trennung) $C_6H_4(CH_3)(SO_2NH_2)$ (o) und $C_6H_4(CH_3)(SO_2NH_2)$ (p) = $C_7H_9NSO_2$ = 171.

Durch fraktionierte Fällung der ätzalkalischen Lösung mit Chlorammonium. (Saccharinfabrikation.) Näheres im Original und mit Hinweisen auf engl. Pat. in Friedländer VII, 771.

496 **DRP. 68 708**

Toluol-o- und -p-sulfosäure $C_6H_4(CH_3)(SO_3H)$ (o) und $C_6H_4(CH_3)(SO_3H)$ (p) = $C_7H_8O_3S$ = 172.

Toluol-o-sulfosäure auf umständlichem Wege aus p-Toluidin-o-sulfosäure [*837*] über die sulfosauren Salze der p-Tolylhydrazin-o-sulfosäure. Näheres auch Ann. **161**, 8; **172**, 233; Ber. 19, 893.

497 **DRP. 57 391** F. P. 232 539

Trennung von Toluol-o- und -p-sulfosäuren durch Digerieren von 1 T. Natronsalzgemenge mit 4 T. kalter oder lauwarmer Schwefelsäure von 66°. Nach 4 St. filtrieren. Im Rückstand ist die p-Verbindung, im Filtrat die o-Verbindung, die durch Behandlung mit Kalk als Kalksalz gewonnen wird. Oder: 110 T. Toluol mit 600 T. Schwefelsäure (66°) bei gewöhnlicher Temperatur sulfurieren, wenn alles gelöst ist, von außen kühlen, 250 T. Eis zugeben, rühren, bis ein dicker Krystallbrei entsteht. Die p-Verbindung absaugen, die o-Verbindung ist im Filtrat.

498 **DRP. 103 943** und **DRP. 103 299**

Trennung von Toluol-o- und -p-sulfosäure durch Überführung in die Magnesium- und Zinksalze und fraktionierte Krystallisation der Lösungen, wobei sich das Mg- bzw. Zn-Salz der Toluol-p-sulfosäure zum größten Teile in fester Form abscheidet.

499 **DRP. 293 982** Verfahren der Umsetzung von Sulfosäure-Erdalkalisalzen mit Alkalialuminosilicaten (Zeolithen) zu Alkalisalzen. Anwendbar auf naphthol-, naphthalinsulfosaure, anthrachinonsulfosaure und toluolsulfosaure Erdalkalisalze.

500 **DRP. 137 935** E. P. 14 390/11; F. P. 312 797

Aus dem durch Sulfurieren von 184 T. Toluol mit 400 T. Schwefelsäure (66°) und 240 T. Oleum (25%) bei 14°—16° erhaltenen Sulfurierungsgemisch durch Zugabe von 140 T. Eiswasser (Temperatur der Mischung nicht über 20°) 95% der Toluol-p-sulfosäure abscheiden, die rückbleibende Lösung auf 45—55% Schwefelsäuregehalt verdünnen, 24 St. auf —5° abkühlen und die ausgeschiedene reine Toluol-o-sulfosäure absaugen.

501	**DRP. 234 913** E. P. 29 720/10 — DRP. 98 433, 210 856	**Benzylchlorid-m-** und **-p-sulfochlorid** (Substitutionsprodukte) CH_2Cl / SO_2Cl (m) ; CH_2Cl / SO_2Cl (p) $= C_7H_6Cl_2O_2S = 224$.

In ein Gemisch von 762 T. Toluol-p-sulfochlorid und 50 T. Phosphorpentachlorid bei 120°—140° 300 T. Chlor so einleiten, daß kein Chlor den Apparat passiert, dann im Vakuum bei 20 mm bis 170° unverändertes Ausgangsmaterial und schwefelfreie Nebenprodukte abdestillieren und den Rückstand aus Ligroin umkrystallisieren. Weiße Nadeln vom Sch.-P. 64°—65°, S.-P. bei 15 mm 183°—185°. — Analog aus Toluol-m-sulfochlorid: Benzylchlorid-m-sulfochlorid (Sch.-P. 65°, S.-P. bei 21 mm etwa 190°); aus 2-Chlor-1-toluol-4-sulfochlorid: **2-Chlor-1-benzylchlorid-4-sulfochlorid** (S.-P. bei 15,5 mm 185° bis 190°); aus 6-Chlor-1-toluol-3-sulfochlorid: **6-Chlor-1-benzylchlorid-3-sulfochlorid** (S.-P. bei 14 mm 182°—186°).

502	**DRP. 239 311** — DRP. 239 763	**Benzylchlorid-p-sulfosäure** CH_2Cl / SO_3H (p) $= C_7H_7ClO_3S = 206$.

225 T. Benzylchlorid-p-sulfochlorid [**501**] in 80 T. Sprit lösen, im Wasserbade 18 T. Wasser zufließen lassen, bis zur Beendigung der Salzsäureentwicklung erwärmen und den Sprit bei etwa 80° oder besser im Vakuum abdestillieren. Die zurückbleibende Benzylchlorid-p-sulfosäure erstarrt in der Kälte krystallinisch. Das Na-Salz ist in Wasser ziemlich leicht löslich. — Analog aus anderen Halogenalkarylsulfosäurechloriden die entsprechenden Sulfosäuren, z. B. die **2-Chlor-1-benzylchlorid-4-sulfosäure,** ferner aus **Benzalchlorid-m-sulfochlorid** (dargestellt aus Benzaldehyd-m-sulfosäure und Phosphorpentachlorid) die **Benzalchlorid-m-sulfosäure** $CHCl_2$ / SO_3H (m). Vgl. F. P. 483 690: Zur Herstellung seitenkettenhalogenisierter p-Toluolsulfosäure halogenisiert man ihre Salze bei hoher Temperatur bei Gegenwart oder Abwesenheit von Überträgern. Zur Kernhalogenisierung dieser Produkte behandelt man die Salze in wässeriger oder verdünnt saurer Lösung bei niederer Temperatur mit Halogen. Vgl. [**691**].

503	**DRP. 293 319**	193 T. trockenes p-toluolsulfosaures Natron fein gepulvert mit 1000 T. Tetrachlorkohlenstoff unter Rückfluß kochen, 71 T. Chlor

einleiten. Wenn Salzsäureentwicklung beendet, kalt filtrieren, Lösungsmittel verdrängen, rückbleibendes Na-Salz der **Benzylchlorid-p-sulfosäure** rasch aus Wasser umkrystallisieren, da sonst Verseifung eintritt. — Ebenso Benzylchlorid-o-sulfosäure, ferner aus m-Xylolsulfosäure die **m-Tolylchloridsulfosäure.** Das Chlor ist in diesen Substanzen leicht austauschbar.

504	**DRP. 88 952** — Monatsh. 57, 125	**Benzaldehyd-o-** u. **-p-sulfosäure** CHO / SO_3H (o) ; CHO / SO_3H (p) $= C_7H_6O_4S = 186$.

50 Vol.-T. Bisulfitlösung (40%) mit 150 T. Wasser verdünnen, mit Natronlauge genau neutralisieren, 20 T. o-Chlorbenzaldehyd zusetzen, im Autoklaven 8 St. auf 190°—200° (Öltemperatur) erhitzen (etwa 8 Atm. Druck), Masse mit 13 T. Schwefelsäure aufkochen (zur Entfernung der schwefligen Säure und des unveränderten Chloraldehydes), kalt filtrieren, mit Soda neutralisieren, zur Trockne dampfen, mit Sprit auskochen, filtrieren, Spritlösung verdunsten: sehr leicht wasserlösliches Krystallpulver des benzaldehyd-o-sulfosauren Natriums. Die freie Sulfosäure ist nur als Sirup herstellbar. Lösung + fuchsinschweflige Säure zeigt rotviolette Färbung.

505	**DRP. 119 163** Zusatz zu DRP. 115 410	Wie [845]. 25 T. Calciumsalz der Stilben-o-disulfosäure in 500 T. Wasser gelöst, bei 0° mit 14 T. Permanganat in 300 T. Wasser gelöst oxydieren, Kohlendioxyd einleiten, Mangansuperoxyd abfiltrieren und die Lösung des o-Sulfobenzaldehydes zur Trockne dampfen.

506	**DRP. 154 528**	40 T. Mangansuperoxyd in 200 T. Oleum (25%) eintragen, unter Eiskühlung portionenweise eine Lösung von 20 T. p-toluolsulfosaurem

Natrium in 40 T. Monohydrat zwischen 0°—10° zugeben und wie [**901**] aufarbeiten. Das Hydrazon ist schwer löslich. — Analog **o-Sulfobenzaldehyd.**

507 **DRP. 69 073** — Ber. 22, 2206 (aus Sulfobenzoesäure) J. pr. 1890, 193

Thiophenol-o-carbonsäure (Thiosalicylsäure)

COOH

SH $= C_7H_6O_2S = 154$.

10 T. Anthranilsäure in 150—200 T. verdünnter Salzsäure (5 T. Chlorwasserstoff enthaltend) lösen, 20 T. Eis und 6,7 T. Nitrit zugeben und in die **o-Diazobenzoesäure** enthaltende Lösung Schwefelwasserstoff einleiten (oder Sulfide, Sulfhydrate, Xanthogenate zugeben), bis der gelbe Niederschlag zinnoberrot ist und sich nicht mehr vermehrt. Diesen abfiltrieren und feucht in Soda oder Natronlauge lösen, erwärmen, bis Salzsäure eine rein weiße Fällung liefert, mit überschüssiger Salz- oder Schwefelsäure versetzen, den Niederschlag der **Thiosalicylsäure** aus verdünnter Sodalösung umlösen.

508 **DRP. 205 450** — DRP. 69 073, Ber. 31, 1666, DRP. 181 658

137 T. Anthranilsäure mit 500 T. Wasser und 240 T. konz. Salzsäure anrühren, Eis zugeben, mit einer konz. Lösung von 69 T. Nitrit diazotieren und die Diazolösung bei höchstens 5° in eine mit 300 T. Eis versetzte Lösung von 33,6 T. Schwefel, 260 T. Schwefelnatrium und 120 T. Natronlauge (40°) in 260 T. Wasser einfließen lassen (Stickstoffentwicklung, Temperatursteigerung auf 15°—25°). Nach einigen Stunden mit Salzsäure kongosauer stellen, filtrieren, den Rückstand mit 1000 T. Wasser waschen, in 60 T. Soda kochend lösen, evtl. vom Schwefel abfiltrieren, mit 60—100 T. Eisen oder Zinkstaub mehrere Stunden kochen, bis eine angesäuerte Probe nicht mehr nach Schwefelwasserstoff riecht und die Fällung sich in Sprit klar löst, 120 T. Natronlauge (40°) zugeben, aufkochen, filtrieren, das Filtrat mit Salzsäure fällen und die Krystalle abfiltrieren.

509 **DRP. 189 200** — Ber. 39, 1062

50 T. o-Chlorbenzoesäure mit wenig Wasser angerührt mit 38,5 T. Natronlauge (40°), 100 T. Kaliumsulfhydrat und einer Lösung von 0,2—0,5 T. Kupfervitriol versetzen, zunächst auf 150°—200°, dann, wenn das Wasser verdampft ist, die dunkelrötliche Schmelze auf 250° erhitzen, wobei die Masse unter Temperatursteigerung fest wird. In 1000 T. Wasser lösen, filtrieren, Filtrat ansäuern und den gelblichweißen krystallinischen Niederschlag der freien Säure abfiltrieren. Direkt rein. Auch im Druckkessel mit verdünntem Sulfhydrat in 6 bis 12 St. bei 200°—250° erhaltbar. Nach

510 **Zus. DRP. 193 290**

200 T. geschmolzenes, auf 125°—130° eingedampftes Schwefelnatrium mit 50 T. o-chlorbenzoesaurem Natrium im Autoklaven 6—10 St. auf 200° erhitzen, Schmelze in kochendem Wasser lösen, filtrieren und das Filtrat ansäuern. Die gleichzeitig gebildete geringe Menge **Dithiosalicylsäure** [1890] wird durch Reduktion mit Zink und Salzsäure in Mercaptan übergeführt. Ein Zusatz von Kupfer oder Kupfersalzen begünstigt die Reaktion.

511 **DRP. 193 800** — A. P. 889 010, E. P. 593/07, F. P. 383 744

Thiophenolalkyläther-o-carbonsäure (Alkylthiosalicylsäure) **u. Ester**

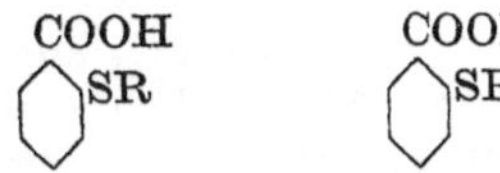

15,3 T. Dithiosalicylsäure, 8 T. Ätznatron, 58 T. methylschwefelsaures Natrium (46%), 40—50 T. Wasser im Ölbad unter Rückfluß 5 St. sieden, mit Dampf etwas **Methylthiosalicylsäuremethylester** (Sch.-P. 66°—67°) abtreiben und im Rückstand die **Methylthiosalicylsäure** mit verdünnter Salzsäure ausfällen. Sch.-P. 168°—169°.

512 **DRP. 197 520**

179 T. o-Rhodanbenzoesäure in 600 T. Natronlauge (27°) lösen, mit 585 T. methylschwefelsaurem Natrium 5 St. unter Rückfluß sieden, verdünnen, filtrieren und aus dem Filtrat durch Ansäuern die Methylthiosalicylsäure fällen. — Oder: 320 T. Jodäthyl, 1000 T. Sprit, 179 T. o-Rhodanbenzoesäure und 184 T. Ätzkali (90%) unter Rückfluß sieden, die flüchtigen Produkte abdestillieren, mit Dampf den **Äthylthiosalicylsäureäthylester** übertreiben (S.-P. 152°, 10 mm), mit heißem, wässerigem Alkali verseifen, Dampf einleiten und im Rückstand die **Äthylthiosalicylsäure** mit Salzsäure fällen. Sch.-P. 134°—135°.

513 **DRP. 203 388**

o-Diazobenzoesäurelösung aus 139 T. Anthranilsäure (98,3%) mit Soda neutralisiert in eine 60°—70° warme Lösung von 250 T. Schwefelnatrium und 300 T. methylschwefelsaurem Natrium (46%) langsam einfließen lassen, einige Stunden unter Rückfluß kochen, mit Salzsäure die Methylthiosalicylsäure fällen und umkrystallisieren. — Ebenso mit äthylschwefelsaurem Natrium die Äthylthiosalicylsäure.

514 **DRP. 203 882**

154 T. Thiosalicylsäure in 400 T. Natronlauge (27°) lösen, bei Luftabschluß mit 200 T. Dimethylsulfat mehrere Stunden rühren, den Methylthiosalicylsäuremethylester mit Wasserdampf übertreiben und aus dem Rückstand kleine Mengen Methylthiosalicylsäure mit Salzsäure fällen. Als Hauptprodukt entsteht Methylthiosalicylsäure, wenn 154 T. Thiosalicylsäure in 400 T. Natronlauge (27°) gelöst, mit der berechneten Menge methylschwefelsaurem Natrium versetzt einige Stunden unter Luftabschluß auf 100°—120° erhitzt und wie oben aufgearbeitet werden. — Analog: Äthylthiosalicylsäure (Sch.-P. 134°—135°) und Äthylthiosalicylsäureäthylester (Sch.-P. 27°—28°, S.-P. 152°—153° bei 10 mm). Nach

515 **Zus. DRP. 211 679**

geht man nicht von fertiger Thiosalicylsäure, sondern von **Xanthogensäurephenylester-o-carbonsäure** $COOH \cdot C_6H_4 \cdot S \cdot CSOC_2H_5$ bzw. von ihrer Lösung aus, die man durch Einwirkung eines Xanthogenates auf o-Diazobenzoesäure erhält. Z. B.: 242 T. Xanthogensäurephenylester-o-carbonsäure mit 125 T. Ätzkali (90%) in 800 T. Sprit (70%) lösen, 300 T. Jodmethyl zufügen, einige Stunden auf 90°—100° erhitzen, flüchtige Produkte abdestillieren und Methylthiosalicylsäuremethylester mit Wasserdampf übertreiben. Oder: Diazolösung aus 139 T. 98,3%iger Anthranilsäure in eine sodaalkalische Lösung von 180 T. xanthogensaurem Kali bei 70° bis 80° einfließen lassen, nach Beendigung der Stickstoffentwicklung kalt die berechnete Menge Ätzkali und methylschwefelsaures Natron zufügen und auf 100°—120° erhitzen. Als Hauptprodukt entsteht Methylthiosalicylsäure, die man nach Abtreiben geringer Mengen des Methylesters mit Salzsäure fällt.

---

516 **DRP. 219 830**
E. P. 14 192/06
F. P. 367 709

Thiosalicylsäure-Formaldehydkondensationsprodukt.

2 Mol. Thiosalicylsäure + 1 Mol. Formaldehyd im Wasserbad erwärmen, die klare Lösung mit wenig Salzsäure (3 T. auf 100 T. 40%iges Formalin) kurze Zeit weitererwärmen und den Krystallbrei absaugen. Weiße Nadeln vom Sch.-P. 270°—272°, die in Benzol schwer, in Eisessig leichter, in Schwefelsäure (66°) kalt gelb, bei längerem Stehen rot, heiß braunrot löslich sind.

---

517 Anm. F. 35 230 u. 35 257, Kl. 12q. 5. 7. 13 Elberfeld — Ber. 44, 769

Thiosalicylsäureschwefelchlorid $C_6H_4(COOH)(SCl) = C_7H_5ClO_2S = 188.$

Thio- oder Dithiosalicylsäure mit Chlor oder chlorabgebenden Mitteln behandeln.

---

518 **DRP. 187 586**

o-Carboxylphenylthioglykolsäure $C_6H_4(COOH)(S \cdot CH_2 \cdot COOH) = C_9H_8O_4S = 212.$

„Verfahren zur Darstellung eines roten Küpenfarbstoffes." Die als Ausgangsstoff benötigte **Salicylthioessigsäure** wird durch Einwirkung von Monochloressigsäure auf Thiosalicylsäure gewonnen.

---

519 **DRP. 194 040** — Ber. 23, 2471

Wie [155—157] aus 13,7 T. Anthranilsäure und 10 T. Thioglykolsäure. Sch.-P. 213°.

---

520 Anm. K. 43 994, Kl. 12 o 21. 10. 07 Kalle

14,5 T. Thiosalicylsäure in 24 T. Natronlauge (40°) und Wasser lösen, mit 9,5 T. chloressigsaurem Natron gelinde erwärmen und die Carbonsäure mit Salzsäure ausfällen. Aus Wasser gelbliche Krystalle vom Sch.-P. 215°.

---

521 **DRP. 199 249** und **Zus. DRP. 199 349**
E. P. 6930/07
F. P. 385 675
—
F. P. 366 612

137 T. Anthranilsäure in 1200 T. Wasser und 200 T. konz. Salzsäure mit 75 T. Nitrit diazotieren, die mit Soda neutralisierte Lösung in eine 5° warme Lösung von 240 T. Schwefelnatrium in 500 T. Wasser portionenweise einfließen lassen, eine Lösung von 100 T. Chloressigsäure in 100 T. Wasser und 114 T. Natronlauge (40°), dann noch 114 T. Natronlauge (40°) zugeben, im Wasserbade erwärmen und mit Salzsäure fällen. Aus Sprit oder Nitrobenzol umkrystallisieren. Auch in einer Operation: Neutrale Diazolösung + chloressigsaures Salz in Schwefelnatrium fließen lassen.

---

522 **DRP. 229 067**
F. P. 380 053

13,7 T. Anthranilsäure mit 20 T. Salzsäure (20°) und 7 T. Nitrit diazotieren und die erhaltene Lösung allmählich in eine 80°—90° warme Lösung von 16 T. Kaliumxanthogenat und 5 T. kryst. Soda in 150 T. Wasser eintragen. Noch 1/2 St. erwärmen, kalt von etwas Harz abfiltrieren, 30 T. kryst. Soda und 9,5 T. Chloressigsäure zusetzen und 2—3 St. auf 90°—100° erwärmen, filtrieren und kalt mit Salzsäure die o-Carboxylphenylthioglykolsäure fällen. 93% Ausbeute. — Analog aus substituierten Anthranilsäuren über die entsprechenden substituierten Xanthogensäurephenylester-o-carbonsäuren andere Arylthioglykol-o-carbonsäuren: Aus **4-Acetamino-2-aminobenzoesäure** (erhalten durch Oxydation von 2-Nitro-4-acettoluidid und darauffolgende Reduktion, Sch.-P. 193°—194°): **2-Carboxyl-5-acetaminophenylthioglykolsäure** (Sch.-P. 249°); aus **4-Methoxyanthranilsäure** (erhalten durch Acetylieren, Alkylieren und Oxydieren von o-Amino-p-kresol (CH_3, NH_2, OH) und darauffolgende Verseifung): **2-Carboxyl-5-methoxyphenylthioglykolsäure** (Sch.-P. 224°—225°). Aus **4-Äthylthio-2-aminobenzoesäure** (COOH, NH_2, SC_2H_5) (erhalten aus o-Nitro-p-acettoluid durch Oxydation zu o-Nitro-p-acetaminobenzoesäure, Verseifung, Diazotierung, Umsetzung mit Xanthogenat, Erhitzen der erhaltenen Xanthogensäureverbindung mit äthylschwefelsaurem Natron und darauffolgende Reduktion, Sch.-P. 168°): **2-Carboxyl-5-äthylthiophenylthioglykolsäure** (Sch.-P. 188°). Aus **5-Äthoxyanthranilsäure** (erhalten durch Acetylieren und Äthylieren der p-Aminophenol-m-carbonsäure und Wiederabspaltung der Acetylgruppe, Sch.-P. 174°): **2-Carboxyl-4-äthoxyphenylthioglykolsäure** (Sch.-P. 186°—187°).

---

523 **DRP. 210 644**
A. P. 910 839
E. P. 26 053/07
F. P. 385 044

ω-Dichlorvinylthiosalicylsäure (COOH, $S \cdot CH:CCl_2$) $= C_9H_7Cl_2O_2S = 248.$

15,4 T. Thiosalicylsäure in 50 T. Sprit + 12,4 T. Ätzkali lösen, mit 13 T. Trichloräthylen im Wasserbade 8 St. unter Rückfluß erwärmen, ω-Dichlorvinylthiosalicylsäure mit Salzsäure ausfällen. Aus Benzol umkrystallisieren. Sch.-P. 173°. — Analog aus p-Bromthiosalicylsäure: **p-Brom-ω-dichlorvinylthiosalicylsäure** (COOH, $S \cdot CH:CCl_2$, Br) (Sch.-P. 188°). Aus dem Kaliumsalz des Thiosalicylsäureäthylesters (44 T. + 100 T. Sprit + 27 T. Trichloräthylen im Autoklaven 3 St. auf 120°—140° erhitzen): **ω-Dichlorvinylthiosalicylsäureäthylester** ($COOC_2H_5$, $S \cdot CH:CCl_2$)

An Stelle der Thiosalicylsäuren können auch die Dithiosalicylsäuren sowie die Rhodan- und Xanthogenbenzoesäuren verwendet werden, z. B.: 28,6 T. 4-Äthoxy-2-xanthogenbenzoesäure in 100 T. Sprit + 18 T. Kaliumhydroxyd lösen, 14 T. Trichloräthylen zufügen, 4 St. auf dem Wasserbad unter Rückfluß kochen, wenig Wasser zugeben, Sprit abdestillieren, Rückstand ansäuern, die ausgefallene **m-Äthoxy-ω-dichlorvinylthiosalicylsäure** (COOH, $S \cdot CH:CCl_2$, OC_2H_5) aus Benzol-Ligroin umkrystallisieren. Sch.-P. 155°.

Mit Tribromäthylen entstehen die analogen Bromderivate.

---

524 Anm. B. 43 607,
Kl. 12 o
27. 6. 07
Badische
E. P. 17 559/06
F.P. 367 709 Zus.

Thiosalicylsäure-Chloralhydrat-Kondensationsprodukt

(CO—O—$CH \cdot CCl_3$—S, am Benzolring) $= C_9H_5Cl_3O_2S = 282.$

Thiosalicylsäure und Chloralhydrat bei 130°—140° kondensieren. Aus Sprit farblose Blätter, Sch.-P. 102°.

525 **DRP. 211 679** Zusatz zu DRP. 203 882

o-Methoxycarbonylphenylxantogensäureester

$C_6H_4(COOCH_3)(S{\cdot}CSOC_2H_5) = C_{11}H_{12}O_3S_2 = 256.$

Diazolösung aus 151 T. Anthranilsäuremethylester in Lösung von 180 T. xanthogensaurem Kali und 120 T. Soda einfließen lassen. Wenn die Stickstoffentwicklung beendet ist, ausäthern. Bräunliches, unter Zersetzung destillierendes Öl. Gibt mit Alkali und alkylschwefelsaurem Natrium erhitzt **Alkylthiosalicylsäure** und ihre Ester [**511—515**].

526 **DRP. 216 725** — Ber. **19**, 3139; **42**, 2282; **43**, 1401 C. Bl. **1907**, I, 1791

o-Carboxylphenylsulfoxyessigsäure

$C_6H_4(COOH)(SO{\cdot}CH_2{\cdot}COOH) = C_9H_8O_5S = 228.$

21,2 T. o-Carboxylphenylthioglykolsäure in 80 T. Natronlauge (10%) lösen, 130 Vol.-T. Natriumhypochloritlösung (55 g wirksames Chlor im Liter) oder die entsprechende Menge Chlorkalk zugeben und mit Säure fällen. Aus Wasser umkrystallisieren. Sch.-P. 177° unter Zersetzung.

527 **DRP. 130 119** — Lit. wie [158]

o-Sulfinbenzoesäureester $C_6H_4(COOR)(SO_2H)$

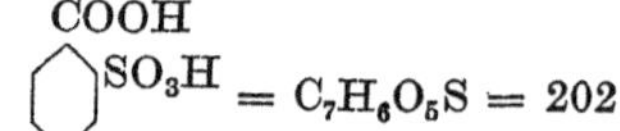

Wie [160]. 15 T. Anthranilsäuremethylester in 22 T. Salzsäure (36,5%) + 40 T. Alkohol lösen, mit 7 T. Nitrit in 20 T. Wasser bei 0°—5° diazotieren, die Diazolösung mit 35 T. Bisulfit (40%) unter Abkühlung vermischen und das Ganze in eine Mischung von 40 T. alkoholischer Schwefeldioxydlösung (30%) und einer konz. wässerigen Lösung von 2,6 T. Kupfersulfat unter Rühren bei 10° eintragen, mit Soda neutralisieren, Alkohol abdestillieren und mit Salzsäure den o-Sulfinbenzoesäuremethylester fällen. Sch.-P. 98° bis 99°.

528 **DRP. 69 073** — Ann. **263**, 1

o-Sulfobenzoesäure $C_6H_4(COOH)(SO_3H) = C_7H_6O_5S = 202.$

4 T. Thiosalicylsäure mit 10 T. Salpetersäure (36°) und 30—40 T. Wasser im Wasserbad zur Trockne dampfen, in Wasser lösen, filtrieren, das evtl. mit Tierkohle entfärbte Filtrat eindampfen. Oxydiert man mit Permanganat statt mit HNO_3, so resultiert das Kaliumsalz der Sulfosäure.

f) N—N.

529 **DRP. 40 379**

Ber. 19, 2991; 20, 1274; 20, 2471

p-Nitrosomonomethylanilin (NO, $NHCH_3$) $= C_7H_8N_2O = 136$.

1 T. Methylphenylnitrosamin kalt mit 2 T. starker alkoholischer Salzsäure verrühren. Die dunkelorangefarbige Flüssigkeit erstarrt bald zu einem Krystallbrei von p-Nitrosomonomethylanilin. Oder: In eine Lösung von Monomethylanilin in der zweifachen Menge starker alkoholischer Salzsäure unter Kühlung salpetrige Säure einleiten. — Über **Dinitrosobenzol** (?) Ber. 38, 1899.

530 **DRP. 268 208**

E. P. 22 694/13

Ber. 19, 2991; 20, 1247; 20, 2471; 21, 685; 32, 247; 40, 4740; 42, 2750; 42, 3192

p-Nitrosophenylglycin (NO, $NH \cdot CH_2 \cdot COOH$) $= C_8H_8N_2O_3 = 180$.

In 732 T. rauchende Salzsäure unter starker Kühlung 25,2 T. gepulvertes Nitrit und darauf 50 T. techn. Phenylglycin eintragen, rühren, bis alles Phenylglycin in ein braunes Pulver übergegangen ist (Auftreten von Schaum muß vermieden werden), dieses absaugen und mit Wasser waschen. Braunes, stäubendes Pulver, das in Alkali mißfarbig braun, löslich, mit Salzsäure wieder fällbar ist. Gibt mit Ammoniak eine beständige grüne Lösung, mit Basen (z. B. m-Toluylendiamin oder 1-Naphthylamin) blaue bzw. violettblaue Farbstoffe.

531 **DRP. 1886**

A. P. 204 796
E. P. 3751/77
F. P. 122 720

p-Nitrosodimethylanilin (NO, $N(CH_3)_2$) $= C_8H_{10}N_2O = 150$.

10 T. Dimethylanilin in 30 T. konz. Salzsäure + 200 T. Wasser kalt lösen und in diese Lösung innerhalb von 4—5 St. eine Lösung von 5,7 T. Nitrit in 200 T. Wasser einfließen lassen. p-Nitrosodimethylanilin aussalzen. — Die Kondensationsprodukte dieser sekundären und auch tertiärer Basen mit Benzylcyanid sind in [1528] beschrieben.

532 **DRP. 119 902**

Um diese Nitrosobasen haltbar zu machen, verreibt man sie mit 5% calc. Soda in wässeriger Lösung oder mit Bicarbonat zu einer gleichmäßigen Paste.

533 **DRP. 65 212**

Ber. 18, 294; 21, 3220

o-, m-, p-Nitroanilin (NO_2, NH_2) $= C_6H_6N_2O_2 = 138$.

24 T. feingemahlenes Oxanilid mit 144 T. Schwefelsäure (66°) auf dem Wasserbade erwärmen, bis Probe in Wasser klar löslich ist. Zum Sulfurierungsgemisch (enthaltend Oxaniliddisulfosäure [**1845**]) 17 T. Salpetersäure (1,44) bei 40°—50° zusetzen, nach einiger Zeit mit Wasser verdünnen, aussalzen, filtrieren, Niederschlag abpressen. Preßgut (**Dinitrooxaniliddisulfosäure** [1847]) mit 180 T. Wasser + 72 T. Salzsäure (1,19) 4—5 St. im Autoklaven auf 170° erhitzen, Masse mit Alkali versetzen: Gelber Niederschlag des o-Nitranilins. Nach

Zus. DRP. 66 060

wird die Abspaltung der Sulfogruppen und des Oxalylrestes aus der Dinitrooxaniliddisulfosäure in einfacher Weise durch 2—4-stündiges Kochen mit verdünnter Schwefelsäure (Konzentration so, daß die Masse bei 120°—150° siedet) herbeigeführt. Ausbeute 75%, bezogen auf Oxanilid. Siehe Ber. **25**, 985: Sulfogruppenabspaltung aus o-Nitrosulfanilsäure. — Genaue Angaben über die fabrikatorische Gewinnung des p-Nitroanilins macht P. Müller in Chem. Ztg. **1912**, 1049ff.

534 **DRP. 30 889**

E. P. 4065/84

Nitroanilin, **Nitro-o-toluidin,** Nitro-p-toluidin erhaltbar aus den Nitraten der Basen durch Eintragen in die vierfache Menge Schwefelsäure zwischen —5° und +5°. In 40-fache Menge Wasser gießen, mit Natronlauge fällen, abgeschiedene Nitrokörper über die salzsauren Salze reinigen: Über die Gewinnung von 75% **o-Nitroacetanilid** neben 25% der p-Verbindung durch Nitrierung bei Gegenwart von Essigsäureanhydrid s. Ber. **39**, 3901.

535 **DRP. 70 813**

Lit. wie [121]

Diazobenzolsäure [**121**] durch Erwärmen mit verdünnter Schwefelsäure in o-Nitranilin umlagern.

536	**DRP. 67018**	84 T. Dinitrobenzol + 3 T. Salzsäure (30%) + 10 T. Wasser auf 100° erhitzen, rühren, sehr langsam 90 T. feine Eisenspäne zugleich mit 40 T. Wasser in der Weise zusetzen, daß das letzte Eisen und das letzte Wasser zur selben Zeit verbraucht werden, 1/2 St. rühren, alkalisch stellen, Masse mit 50 T. heißem Wasser aufkochen, mit 50 T. kaltem Wasser verdünnen, bei 50° das Wasser abfiltrieren. Selbe Operation 1—2-mal wiederholen, wodurch das als Nebenprodukt entstandene **m-Phenylendiamin** entfernt wird. Rückstand mit heißem Benzol oder Toluol extrahieren, filtrieren; kalt krystallisiert reines m-Nitroanilin vom Sch.-P. 110° aus, nicht angegriffenes Dinitrobenzol bleibt in Lösung. Ebenso **m-Nitrotoluidin** aus Dinitrotoluol. — Die technische Herstellung des m-Nitroanilins beschreibt A. Cobenzl in Chem. Ztg. **1913**, 299; vgl. Z. f. Farbenind. **1903**, 16.
537	**DRP. 86097** — Ber. **29**, 2448	Durch Abspaltung der Sulfogruppe aus m-Nitranilinsulfosäure [918] mittels verdünnter Schwefelsäure bei 180° unter Druck wird m-Nitranilin gewonnen. Oder nach Ztschr. f. Sprengst. **8**, 405 durch partielle Reduktion von Dinitrobenzol mit wässeriger Alkalibisulfidlösung.
538	**DRP. 72173**	18,1 T. Benzylidenanilin in 70 T. Schwefelsäure (66°) eintragen (Temperatur bis 50°), abkühlen, zwischen 5° und 10° mit 10,8 T. Salpetersäure (40°) nitrieren, Nitriergemisch mit demselben Volumen Wasser verdünnen, in die heiß gewordene Masse Dampf einleiten, Benzaldehyd abtreiben, Rückstand mit Eis versetzt gibt gelben Krystallbrei des p-Nitranilins. Vollständige Fällung durch Abstumpfen mit Alkali. Aus Sprit umkrystallisieren. Sch.-P. 148°, Ausbeute 90%. — So wurde auch **Nitro-m-xylidin** erhalten.
539	**DRP. 141893** A. P. 729876 F. P. 325334	2,23 T. Phthalanil fein gepulvert in 14 T. Schwefelsäure (66°) warm lösen, durch Abkühlen auf 0° in feiner Form zur Abscheidung bringen, bei höchstens 3° mit einem Gemenge von 2,55 T. Monohydrat und Salpetersäure (25% HNO_3) nitrieren, auf Eis gießen, **Nitrophthalanil** absaugen, eben neutral waschen, trocknen, mit 1,1 T. Anilin im Autoklaven 1/2—1 St. auf 170°—180° erhitzen, Anilin und etwas o-Nitroanilin mit Dampf entfernen, aus dem Rückstand mit kochendem Wasser das **p-Nitroanilin** extrahieren, das zurückbleibende Phthalanil nach dem Trocknen bei 150° wieder nitrieren usw. — Ebenso **2-Nitro-p-toluidin** aus p-Tolylphthalimid und **2, 4-Dinitroanilin** aus Phthalanil durch Dinitrierung und Spaltung der Nitrophthalanile mit Anilin oder anderen Basen, evtl. unter Druck. Um letzteren zu vermeiden, verwendet man nach
540	**Zus.** **DRP. 148874**	statt der Nitrophthalimide die leichter spaltbaren Nitrophthalaminsäuren. Z. B.: 28,4 T. rohe **Nitrophthalanilsäure** (Nitrierung des Kondensationsproduktes von Phthalsäure und Anilin, Kochen des erhaltenen Nitrophthalanils mit der berechneten Menge Lauge, Fällung der freien Säure mit berechneter Menge Mineralsäure) mit 18 T. Anilin mehrere Stunden auf 120°—130° erhitzen, p-Nitranilin aus der Schmelze, die auch o-Nitranilin und Phthalanil enthält, nach Abblasen der o-Verbindung und des Anilins mit Dampf, durch Auskochen mit Wasser gewinnen. (Phthalanil bleibt ungelöst, wird bei 150° getrocknet, gemahlen und wiederverwendet.)
541	**DRP. 148749** E. P. 24869/02 F. P. 335204 — Z. f. Ch. **1870**, 234	157,5 T. p-Nitrochlorbenzol mit einer 18 Mol. entsprechenden Menge reinem Ammoniak (30%) im Autoklaven 18 St. auf 165°—170° erhitzen und kalt das p-Nitranilin abfiltrieren. Ausbeute 98%. Sch.-P. 147,5°. Je mehr Ammoniak, um so kürzere Dauer der Operation und entsprechend niedrigere Temperaturen. — Ebenso o-Nitranilin und **p-Nitroanilinsulfosäure** aus o-Nitrochlorbenzol bzw. p-Chlornitrobenzolsulfosäure.
542	**DRP. 289454**	168 T. m-Dinitrobenzol mit 200 T. Eisenspänen und 1000 T. Wasser auf 80°—90° erwärmen, Schwefeldioxydgas einleiten und erkalten lassen. Ausbeute an m-Nitroanilin 100 T.
543	**DRP. 72253** — J. pr. **41**, 164 Ber. **11**, 1155; **26**, 267; **27**, 378	**o-Nitromonomethylanilin** $C_6H_4(NO_2)(NHCH_3) = C_7H_8N_2O_2 = 152.$ 100 T. Rückstände der Reindarstellung des m-Dinitrobenzols aus dem Nitrierungsprodukt des Benzols mit etwas mehr als der dem o-Dinitrobenzolgehalt entsprechenden Menge wässeriger Methylaminlösung (2 Mol. CH_3NH_2 auf 1 Mol. $C_6H_4(NO_2)_2$) und 200 T. Sprit im Druckkessel rasch auf 100° erhitzen, Temperatur 5 Min. halten, abkühlen, mit Natronlauge versetzen, Alkohol und Methylamin mit indirektem Dampf abtreiben, Rückstand durch wiederholtes Ausziehen mit kaltem

Wasser vom Natriumnitrit befreien, mit Salzsäure (20%) zum Kochen erhitzen, kalt das **m-Dinitrobenzol** abfiltrieren, salzsaures Filtrat mit überschüssigem Alkali versetzen, wobei das o-Nitromonomethylanilin als rotgelbes, in der Kälte krystallinisch erstarrendes Öl gewonnen wird. — Analog andere mono- und dialkylierte o-Nitraniline.

---

544 Anm. F. 34 856, Kl. 12o. 21. 4. 12 Höchst; F. P. 459 885 und Anm. F. 35 544, Kl. 12o. 18. 8. 13 Höchst

p-Nitrophenylcarbamidchlorid (NO_2 / $NH \cdot COCl$) $= C_7H_5ClN_2O_3 = 200$.

Wie [3123]. p-Nitroanilin mit Phosgen bis zum Verschwinden des salzsauren Amins, und zwar bei Temperaturen behandeln, die unterhalb der Umwandlungstemperatur des p-Nitrophenylcarbamidchlorids in das entsprechende Isocyanat liegen. Nach der Zus.-Anm. arbeitet man hierbei in indifferenten Lösungsmitteln.

---

545 **DRP. 246 382**

Ber. **27**, 1169; **21**, 624; Ann. **236**, 75

p-Nitroacetessiganilid (NO_2 / $NH \cdot CO \cdot CH_2 \cdot COCH_3$) $= C_{10}H_{10}N_2O_4 = 222$.

177 T. Acetessiganilid bei 0° in 350 T. Schwefelsäure (66°) lösen, bei höchstens 3° mit 250 T. Nitriersäure nitrieren, in Wasser gießen und abfiltrieren. Aus Wasser hellgelbe Blätter vom Sch.-P. 124°. Gibt reduziert **p-Aminoacetessiganilid,** das diazotier- und kuppelbar ist.

---

546 **DRP. 78 874**

p-Nitrophenylnitrosamin (NO_2 / $NHNO$) $= C_6H_5N_3O_3 = 167$.

Die aus 138 T. p-Nitranilin dargestellte, etwa 10%ige Lösung des p-Nitrodiazobenzolchlorides in 8000 T. heiße Natronlauge (18%) eintragen. Beim Erkalten scheidet sich das Na-Salz aus. 10 T. Natronsalz in 250 T. Wasser lösen und durch 30 T. Salzsäure (6%ig) das freie p-Nitrophenylnitrosamin fällen. — Die fast ausschließlich als Entwickler dienenden analogen Nitrosamine von der Art der Isodiazoverbindungen von Schraube u. Schmidt (Nitrazol, Azophosphorrol usw.) sind in den DRP. 80 263, 81 134, 81 202—81 204, 81 206, 84 389, 84 609 usw. beschrieben. Siehe auch DRP. 292 118.

---

547 **DRP. 62 004**

Ber. **22**, 2815; **25**, R. 119; **26**, 1306; **41**, 3665; Angew. Chem. **1916**, 255

p-Nitrophenylhydrazin (NO_2 / $NHNH_2$) $= C_6H_7N_3O_2 = 153$.

1 T. p-Nitranilin in 2,5 T. Wasser und 1,4 T. Salzsäure (1,19) suspendieren, auf 0° kühlen, mit 1,3 Vol.-T. Nitritlösung (0,3832 g in 1 ccm) diazotieren, Diazolösung einfließen lassen in eine —2° kalte Lösung von 2,4 T. Natriumsulfit (enthaltend 40—42% Na_2SO_3) in 5 T. Wasser, tiefrote Lösung des nitrodiazobenzolsulfosauren Natriums mit 2,4 T. gepulvertem Natriumsulfit auf 50°—55° erhitzen, vorsichtig mit 1,4 T. Salzsäure (1,19) versetzen, weiter auf 70° erhitzen, hellgelbrote Lösung aussalzen. Kalt krystallisiert die **p-Nitrophenylhydrazinsulfosäure** als Natriumsalz $C_6H_4<^{(p-)NO_2}_{NH \cdot NH \cdot SO_3Na}$ in gelben Nädelchen aus. Abpressen, mit 1,5 T. konz. Salzsäure anrühren, Krystallbrei des salzsauren p-Nitrophenylhydrazins absaugen, in viel Wasser lösen, die Lösung mit Tierkohle behandeln und mit Acetat das freie p-Nitrophenylhydrazin (gelbroter, flockig-krystallinischer Niederschlag) fällen. Aus abs. Sprit umkrystallisieren, schmilzt bei 155° bis 175° unter Gasentwicklung. In Wasser, Äther, Benzol sehr schwer löslich. Das salzsaure Salz krystallisiert aus Wasser in rötlichen, durchsichtigen Blättern aus; die durch Kochen der freien Base mit Eisessig erhältliche Acetylverbindung $C_6H_4<^{NO_2}_{NH \cdot NH \cdot COCH_3}$ schmilzt bei 199°—201°.

---

548 **DRP. 84 138**

m-Nitrophenylhydroxylamin (NO_2 / $NHOH$) $= C_6H_6N_2O_3 = 154$.

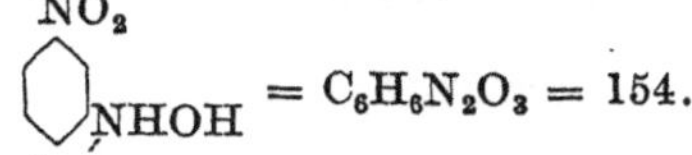

Wie [124] aus 100 T. m-Dinitrobenzol + 20 T. Chlorcalcium + 900 T. Sprit (60%) + 110 T. Zinkstaub, jedoch längere Zeit auf dem Wasserbade erwärmen. Aus Benzol orangegelbes Pulver, Sch.-P. 178°.

549 **DRP. 87 997**

Ber. 19, 1940

m-Nitrophenyltrimethylammonsalze $C_6H_4(NO_2)N(CH_3)_3$· Säurerest.

Durch Erhitzen von m-Nitranilin in methylalkoholischer Lösung mit Bromwasserstoffsäure wird m-Nitrophenyltrimethylammonbromid neben **m-Nitrodimethylanilin** gewonnen. Andere Nitrophenyltrialkylammonsalze sind auf analogem Wege darstellbar, können aber auch durch Nitrierung der entsprechenden Phenyltrialkylammonsalze gewonnen werden, z. B. wird m-Nitrophenyltrimethylammonsulfat durch Behandlung der Lösung von Phenyltrimethylammonsulfat in konz. Schwefelsäure mit Salpetersäure hergestellt. — Zur Kenntnis des **p-Nitrobenzoldiazoniumchlorides** s. Ber. **42**, 881. — Über Nitrierung N-substituierter Aniline siehe Science **25**, 404. — Über **p-Nitromethylformanilid** siehe E. P. 111 321/1916.

550 **DRP. 127 815**

Lit. wie [71]

m-Phenylendiamin $C_6H_4(NH_2)NH_2$ $= C_6H_8N_2 = 108.$

Wie [71] aus 16,8 T. m-Dinitrobenzol, 7,62 T. Kupfer und 12 T. Salzsäure.

551 **DRP. 269 542**

100 T. m-Dinitrobenzol und 1270 Vol.-T. Salzsäure (30%) auf 40° bis 50° erwärmen, 247 T. Flußeisennägel nach und nach zugeben, kräftig rühren, die siedende Flüssigkeit erkalten lassen und das ausgeschiedene salzsaure m-Phenylendiamin abfiltrieren. Ebenso aus 100 T. 3, 3'-Diaminoazoxybenzol [1790], 90 T. Eisen und 500 T. Salzsäure. Nach dem gleichen Prinzip (genaue Dosierung des Eisens und der Salzsäure, so daß das Eisenchlorür in Lösung bleibt und das salzsaure Salz der Base auskrystallisiert) wird **2, 4-Diaminophenol** (100 T. 2, 4-Dinitrophenol, 1100 Vol.-T. Salzsäure, 225 T. Eisen), **p-Phenylendiamin** (100 T. p-Nitranilin, 730 Vol.-T. Salzsäure, 150 g Eisen oder 100 T. salzsaures Aminoazobenzol, 300 Vol.-T. Salzsäure, 60 T. Eisen), **p-Aminophenol** (100 T. p-Nitrosophenol, 550 Vol.-T. Salzsäure, 113 T. Eisen) und **1-Amino-2-oxynaphthalin** (100 T. Benzol-1-azo-2-naphthol, 400 T. Salzsäure. 50 T. Eisen) dargestellt.

552 **DRP. 80 323**

Ber. 21, 3468

p-Phenylendiamin $NH_2C_6H_4NH_2$ $= C_6H_8N_2 = 108.$

Aminoazobenzol mit Zinnchlorür ohne Salzsäure in alkoholischer Lösung reduzieren. Es scheidet sich salzsaures p-Phenylendiamin krystallinisch quantitativ aus. Absaugen, mit etwas Sprit waschen, krystallisiert schneeweiß aus verdünnter Salzsäure. Aus der Mutterlauge den Sprit abdestillieren, Zinn und Anilin wiedergewinnen. — Über das Oxydationsprodukt des p-Phenylendiamins durch Wasserstoffsuperoxyd zu **Tetraminodiphenyl-p-azophenylen (Bandrowskische Base)** siehe Arch. Pharm. **1916**, 584. — Vgl. ferner Ber. **37**, 2776 u. 2906.

553 **DRP. 138 496**
A. P. 691 132
E. P. 15 706/01
F. P. 314 699

100 T. p-Nitroacetanilid gelöst in 500 Vol.-T. genügend hoch siedendem Kohlenwasserstoff im Rührwerkskessel mit 250 T. Eisen und 200 T. Natronlauge (50°) auf 130° erhitzen, Lösung abziehen und die p-Phenylendiaminkrystalle absaugen. Oder: 200 T. Amidoazobenzol in 1000 Vol.-T. Kohlenwasserstoff mit 250 T. Eisen und 200 T. Natronlauge (50°) auf 130° erhitzen und wie oben aufarbeiten.

554 **DRP. 202 170**
F. P. 397 443

Wie [618] aus 150 T. p-Dichlorbenzol, 750 T. Ammoniak (25%) und 20 T. Kupfervitriol, 20 St. bei 170°, schließlich 200°. Die Base als salz- oder schwefelsaures Salz isolieren. Oder nach

555 **Zus. DRP. 204 848**

ebenso aus p-Chloranilin, 500 Vol.-T. Ammoniak (25%) und 10 T. Kupfersulfat, 20 St. bei 150°; Dampf einleiten, Rückstand eindampfen und die p-Chloranilinreste mit Ligroin extrahieren.

556 **DRP. 88 433**

Ber. 19, 8

p-Aminophenylglycin $NH_2C_6H_4NH\cdot CH_2\cdot COOH$ $= C_8H_{10}N_2O_2 = 166.$

4 T. p-Nitranilin + 50 T. Wasser + 1 T. kalte konz. Lösung von Monochloressigsäure kochen. Wenn letztere verschwunden, mit fester Soda schwach alkalisch stellen, kalt

filtrieren, Filtrat mit überschüssiger Salzsäure fällen und das hochgelbe Krystallpulver des **p-Nitrophenylglycins** abfiltrieren. Aus heißem Wasser umkrystallisiert, schmilzt unter Gasentwicklung bei 225°, sintert schon bei 210°. 1 T. Nitroprodukt mit 10—12 T. starker Salzsäure verrühren, mit 60—70 T. granuliertem Zinn reduzieren, wenn farblos, das krystallisierte Zinndoppelsalz der Base nach dem Erkalten abfiltrieren, in Wasser lösen, mit H_2S entzinnen, die salzsaure Salzlösung mit Acetat fällen. Aus Wasser krystallisiert die Base in glänzenden, farblosen Blättern, Sch.-P. 208°. Bei 180° Gelbfärbung. Alkalische und saure Lösungen färben sich beim Stehen violett; Base wird mit Eisenchlorid grün, dann violett. Mit Edelmetallsalzlösung Violettfärbung, dann Edelmetallabscheidung. + Ferricyankalium = orangefarbig, erwärmt grün.

---

557 | Anm. A. 8760, Kl. 12o, 24. 11. 02, Basel Geigy, F. P. 321 351

Formyl-p-phenylendiamin $C_6H_4(NH_2)(NH{\cdot}CHO)$ $= C_7H_8N_2O = 136.$

p-Nitroformanilid mit Eisen und Essigsäure reduzieren. Sch.-P. 123°. — Analog die p-Aminoalkylformanilide, wie z. B. **p-Aminoäthylformanilid** (Sch.-P. 63°—64°) aus den entsprechenden p-Nitroalkylformaniliden.

---

558 | Anm. F. 23 311, Kl. 12 o, 12. 10. 08, Elberfeld, A. P. 902 150, F. P. 388 454

Herstellung von Monoacidyl-p-diaminen aus den Acylderivaten der durch Einwirkung von Diazoverbindungen auf Amine erhältlichen Aminoazoverbindungen durch Behandeln mit reduzierenden Mitteln in neutraler Lösung oder in saurer Lösung unter Vermeidung eines Überschusses freier Mineralsäure. Darstellung und Eigenschaften des **p-Aminoacetanilids** sind in Ber. **17**, 344 beschrieben.

---

559 | **DRP. 95 060** — Ber. *7*, 1261; *18*, 2409

m- und p-Aminophenyloxaminsäure

$C_6H_4(NH_2)(NH{\cdot}CO{\cdot}COOH)$ (m) und $C_6H_4(NH_2)(NH{\cdot}CO{\cdot}COOH)$ (p) $= C_8H_8N_2O_3 = 180.$

m-Phenylenoxaminsäure durch Erhitzen von m-Phenylendiamin mit Oxalsäure in wässeriger Lösung. p-Phenylenoxaminsäure aus Oxalsäure und salzsaurem p-Phenylendiamin.

---

560 | **DRP. 84 138**

m-Aminophenylhydroxylamin $C_6H_4(NH_2)(NHOH)$ $= C_6H_8N_2O = 124.$

Wie [124] aus 100 T. m-Nitranilin, 20 T. Chlorcalcium, 2500 T. Alkohol (70%) und 90 T. Zinkstaub. Gelbgrüne Nadeln.

---

561 | **DRP. 1886** — Lit. wie [531]

p-Aminodimethylanilin $C_6H_4(NH_2)(N(CH_3)_2)$ $= C_8H_{12}N_2 = 136.$

Die nach [531] gewonnene Lösung von salzsaurem p-Nitrosodimethylanilin mit 500 T. Wasser und 50 T. konz. Salzsäure versetzen, Schwefelwasserstoff einleiten, bis die Lösung farblos geworden ist, und aussalzen. An Stelle von Schwefelwasserstoff können auch andere Reduktionsmittel (Schwefelnatrium, Eisen, Zinn, Zink usw.) verwendet werden. Oder durch Reduktion von p-Nitrodimethylanilin, oder durch reduktive Spaltung von Azofarbstoffen mit Dimethylanilin als Komponente.

---

562 | **DRP. 15 915**

10 T. salzsaures Nitrosodimethylanilin in 1000 T. Wasser gelöst unter Rühren bei 45°—50° mit 10 T. Zinkstaub reduzieren.

---

563 | **DRP. 38 573** — A. P. 362 592, E. P. 43/86, F. P. 173 137

12 T. Dimethylanilin in 40 T. Wasser + 65 T. konz. Salzsäure gelöst mit 7,1 T. Nitrit versetzen, schließlich so viel Zink, als zum Salzsäureverbrauch nötig ist (etwa 20 T.), zusetzen. Die Lösung enthält das salzsaure Salz der Base.

564 **DRP. 87 997**
E. P. 14 494/95
F. P. 249 227
Ber. 19, 1940

m- und p-Aminophenyltrimethylammonsalze

NH_2 — $N(CH_3)_3$·Säurerest (meta); NH_2 — $N(CH_3)_3$·Säurerest (para)

1 T. m-Nitrophenyltrimethylammonchlorid in $2^1/_2$ T. Wasser lösen, mit $2^1/_2$ T. Salzsäure versetzen und allmählich 1 T. Zinkspäne eintragen. Beim Eindampfen scheidet sich m-Aminophenyltrimethylammonzinkchlorid aus. Oder 1 T. m-Nitrophenyltrimethylammonchlorid in 10 T. Wasser lösen und in der Hitze mit der entsprechenden Menge Zinkstaub reduzieren. Oder 1 T. m-Nitrophenyltrimethylammonchlorid mit 7 T. Bisulfitlösung (40%) auf 80° erwärmen, wobei sich das sulfaminsaure Salz $C_6H_4\langle{}^{NH}_{N(CH_3)_3}\rangle SO_3$ ausscheidet, das beim Kochen mit Säuren die entsprechenden Salze gibt. — Analog die Salze anderer Amidoaryltrialkylammonbasen wie: **m-Aminophenyldimethyläthylammonzinkchlorid, m-Amino-p-methylphenyltrimethylammonchlorid, p-Aminobenzyltrimethylammonchlorid, p-Aminobenzyltriäthylammonchlorid** und **Amino-1- und -2-naphthyltrimethylammonchlorid.**

565 **DRP. 88 557**
E. P. 14 494/95
F. P. 249 227
Ber. 30, 2860

p-Acetylamidodimethylanilin mit 1 Mol. Jodmethyl auf dem Wasserbad erwärmen und das entstandene **p-Acetylaminophenyltrimethylammonjodid** oder das analog dargestellte Chlorid durch Kochen mit Salzsäure (6—10%) zum Salz der p-Amidophenyltrimethylammonbase verseifen. — Analog: **p-Aminophenyldiäthylmethylammonchlorid, m-Aminophenyltrimethylammonjodid.**

Es können auch die Monoalkylidenverbindungen der Diamine alkyliert und die entstandenen Alkylidenaminoaryltrialkylammonsalze durch Erhitzen mit Wasserdampf bei Gegenwart von Säure gestalten werden, z. B. p-Aminophenyltrimethylammonchlorid aus Benzyliden-p-aminodimethylanilin. Schließlich können auch Monoazoderivate der Diamine, z. B. p-Dimethylaminoazobenzol, alkyliert und das entstandene Salz der Ammonbase (Azobenzol-p-trimethylammonjodid) durch reduktive Spaltung mit Zink und Salzsäure in das Aminoaryltrialkylammonsalz (z. B. p-Aminophenyltrimethylammonjodid) übergeführt werden.

566 **DRP. 154 556**
Zusatz zu
DRP. 152 012

p-Aminoformylphenylglycin

NH_2 — $N\langle{}^{CH_2 \cdot COOH}_{CHO}$

358 T. Formylphenylglycin bei 5°—10° in 1500 T. Schwefelsäure (66°) zwischen —5° und 0° mit 370 T. Nitriersäure (bestehend aus 36% Salpetersäure von 50° und 64% Oleum von 23%) nitrieren, nach 1 St. auf 3000 T. Eis gießen, **p-Nitroformylphenylglycin** absaugen, waschen und aus Eisessig umkrystallisieren. Sch.-P. 159°—160° (Zersetzung) 150 T. des Nitroproduktes mit 140 T. Eisenpulver und 10 T. Essigsäure (30%) in 900 T Wasser reduzieren, sodaalkalisch vom Eisen abfiltrieren. Die Base ist aus der Lösung nicht abscheidbar, sondern muß in Lösung weiterverarbeitet werden.

567 **DRP. 152 012**
Ber. 19, 7;
23, 2595
DRP. 88 433

p-Aminoacetylphenylglycin

NH_2 — $N\langle{}^{CH_2 \cdot COOH}_{COCH_3}$

193 T. Acetylphenylglycin bei 5°—10° in 750 T. Monohydrat lösen, zwischen —5° und 0° mit 180 T. Nitriersäure (bestehend aus 36% Salpetersäure von 50° und 64% Oleum von 23%) nitrieren, nach 1 St. auf 1000 T. Eis gießen, das harzige, später sandige **p-Nitroacetylphenylglycin** abfiltrieren, waschen und aus Eisessig umkrystallisieren. Sch.-P. 191°—192°. 150 T. des Nitroproduktes mit Eisen und Essigsäure reduzieren. Die Base ist aus der Lösung nicht abscheidbar.

568 **DRP. 108 634**
Ann. 294, 232
DRP. 80 843

1-p-Aminophenylpyrazolon-3-carbonsäure

NH_2 — $N\langle{}^{CO-CH_2}_{N=C\cdot COOH}$ $= C_{10}H_9N_3O_3 = 219.$

p-Acetylaminophenylhydrazin [547] mit Oxalessigester kondensieren und das Produkt mit Natronlauge verseifen.

569 **DRP. 145062**

F. P. 290 205
Ber. 16, 514

p-Phenylendiglycin $C_6H_4(NH\cdot CH_2\cdot COOH)_2 = C_{10}H_{12}N_2O_4 = 224.$

21,6 T. p-Phenylendiamin in 150 T. Wasser gelöst mit 2 Mol. Glykolsäurenitril sieden, kalt das **p-Phenylendiaminodiacetonitril** $C_6H_4(NH\cdot CH_2CN)_2$ filtrieren und aus Sprit umkrystallisieren. Sch.-P. 170°—171°. Mit 2 Mol. wässeriger Natronlauge längere Zeit gekocht tritt Verseifung ein; aus der Lösung mit verdünnter Mineralsäure das p-Phenylendiglycin fällen. Aus viel Wasser umkrystallisieren, Sch.-P. 233°—235°. Durch 24-stündiges Stehenlassen des Dinitrils mit konz. kalter Schwefelsäure entsteht **p-Phenylendiaminodiacetamid** $C_6H_4(NH\cdot CH_2\cdot CONH_2)_2$, das aus der auf Eis gegossenen schwefelsauren Lösung mit Soda ausfällt. Sch.-P. 270°—275° (Zersetzung).

Einfacher gewinnt man das p-Phenylendiglycin durch 1-stündiges Kochen von 30 T. p-Phenylendiamin + 42 T. Cyankalium + 45 T. Formaldehyd (40%) unter Rückfluß oder durch Kochen der aus 11 T. p-Phenylendiamin, 15 T. Formaldehyd und 100 T. Wasser erhaltenen bläulichen Anhydroverbindung (Sch.-P. 235°) mit 14 T. Cyankalium bis zur klaren Lösung und zum Aufhören der Ammoniakentwicklung. Kalt fällt man das Diglycin mit Salzsäure.

570 **DRP. 221 301**

DRP. 205 037

p-Acetylaminophenylsulfaminsäure $C_6H_4(NH\cdot COCH_3)(NH\cdot SO_3H) = C_8H_{10}N_2O_4S = 230.$

10 T. p-Nitroacetanilid mit 500 T. Bisulfitlösung (40%) 1 St. kochen, die Lösung eindampfen, bis das Glaubersalz zu krystallisieren beginnt, mit Sprit fällen und dem Salzgemenge mit heißem Sprit die p-Acetylaminophenylsulfaminsäure entziehen. — Ebenso aus Benzoyl-p-nitranilin die **p-Benzoylaminophenylsulfaminsäure** und aus 1-Benzoylamino-4-nitro-6-toluol die **3-Methyl-4-benzoylaminophenylsulfaminsäure.** — Die Säuren geben Halogensubstitutionsprodukte, aus denen halogenisierte Diamine erhalten werden können; beim Kochen mit Alkali erhält man unter bloßer Verseifung der Acetylgruppe z. B. **Anilinsulfaminsäure,** die sich diazotieren läßt. Diazobenzolsulfaminsäure gibt mit Säuren **p-Aminodiazobenzol.**

571 **DRP. 205 037**

p-Aminodiazobenzol $C_6H_4(N_2Cl)(NH_2) = C_6H_6N_3Cl = 155.$

15 T. Acetyl-p-phenylendiamin wie üblich diazotieren und die Lösung mit 30 T. Salzsäure 1 St. auf 70° erhitzen, bis eine Probe mit einer sodaalkalischen Lösung von β-Naphtholdisulfosäure R in der Kälte keinen Farbstoff gibt.

572 **DRP. 15 272**

Z. f. Farbenind.
1907, 289:
Azophenin-bildung

Chinondichlordiimid

NCl=C₆H₄=NCl (chinoid) oder $C_6H_4(NCl)_2$ (Ring mit zwei NCl) $= C_6H_4N_2Cl_2 = 174.$

p-Phenylendiaminchlorhydrat in wässeriger Lösung mit Chlorkalklösung bis zur Gelbfärbung behandeln. Über **Chinondiimid** s. Ber. 37, 1494.

g) N—O.

573 **DRP. 25469**

Ber. 21, 429

p-Nitrosophenol (NO, OH in p-Stellung) $= C_6H_5NO_2 = 123$.

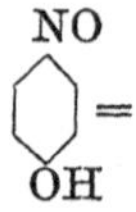

20 T. kryst. Kupfersulfat in 120 T. Wasser lösen, mit 10 T. Phenol + 7 T. Nitrit (in wenig Wasser gelöst) unter Rühren auf 40° erwärmen, bis Probe angesäuert keine salpetrige Säure mehr entwickelt. Kalt das gebildete **Nitrosophenolkupfer** mit Schwefelsäure zerlegen, Nitrosophenol abfiltrieren. Die Bildung des Nitrosophenols aus Nitrosylchlorid und Magnesiumphenyl ist in Gazz. chim. ital. 39, I, 659 beschrieben.

574 **DRP. 43515**

Ann. 147, 71

o- und p-Nitrophenol (NO_2, OH) (NO_2, OH) $= C_6H_5NO_3 = 139$.

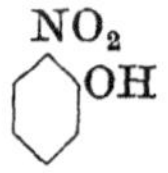

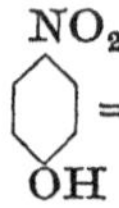

Ein Salz der o-Nitrophenol-p-sulfosäure im Emaillekessel mit Destillieransatz (Ölbad) mit der berechneten Menge Schwefelsäure (60°) auf 150° erwärmen, überhitzten Wasserdampf einleiten; o-Nitrophenol destilliert über. — Vgl. F. P. 499 302.

575 **DRP. 70718**

o- bzw. p-Nitrophenol wie [635] durch Verseifung von in Schwefelkohlenstoff gelöstem o- bzw. p-Nitrophenetol mit Aluminiumchlorid.

576 **DRP. 91314**

Ber. 19, 1833; 25, 3531

100 T. Phenol in 1000 T. Wasser und 42 T. Ätznatron lösen, Dampf einleiten, allmählich 210 T. Toluol-p-sulfochlorid zusetzen und weiter erwärmen. Wenn der Überschuß des Sulfochlorides zersetzt ist, kalt den **Toluol-p-sulfosäurephenylester** abfiltrieren, waschen, trocknen. Sch.-P. 94°—95°. Eine fein pulverisierte Mischung von 100 T. dieses Esters mit 100 T. K-Salpeter bei 10°—25° in kleinen Portionen in 1000 T. Schwefelsäure (66°) eintragen, **o-Nitrotoluol-p-sulfosäure-p-nitrophenylester** $CH_3\langle\ \rangle—SO_2·O—\langle\ \rangle NO_2$ (NO_2) absaugen, waschen, trocknen. Sch.-P. 115°. 100 T. dieses Esters in der wässerigen Lösung von 30 T. Ätznatron suspendieren bis zur Lösung (Verseifung), auf 100° erhitzen, das Gemenge von p-Nitrophenol und **o-Nitrotoluol-p-sulfosäure** abfiltrieren. Auch bei Verwendung von Benzolsulfochlorid, Toluol-o-sulfochlorid, Naphthalin-1-sulfochlorid oder Naphthalin-2-sulfochlorid wird p-Nitrophenol gewonnen.

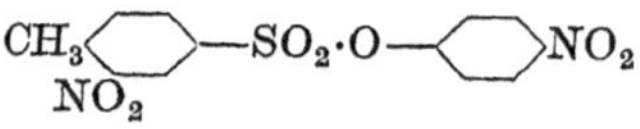

577 **DRP. 116790**

Ber. 32, 3486

100 T. Ätzkalipulver mit 30 T. Nitrobenzol erwärmen, Temperatur bei 40°—50° halten, nach 4 St. die pulverige, rote Masse unter Kühlung in 770 T. Wasser eintragen, kalt das ungelöste o-Nitrophenolkalium abfiltrieren, in Wasser lösen, durch Einblasen von Dampf vom überschüssigen Nitrobenzol befreien, die Lösung mit Mineralsäure eben übersättigen und aus dem abgeschiedenen, bald erstarrenden Öl mit Dampf das o-Nitrophenol übertreiben. Im Rückstand sind geringe Mengen der p-Verbindung. — Analog **m-Nitro-o-kresol** aus m-Nitrotoluol, **2-Nitro-6-chlorphenol** aus m-Nitrochlorbenzol und **2, 4-Dinitrophenol** aus 1, 3-Dinitrobenzol.

578 **DRP. 7217**

m- und p-Nitrophenylalkyläther (NO_2, OR) (NO_2, OR)

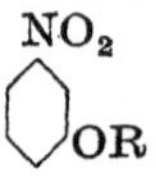

Die Alkyläther der Nitrophenole werden durch Einwirkung von Bromalkyl auf Nitrophenolkalium erhalten.

579 **DRP. 95965**

Zusatz zu DRP. 91314

2 T. metallisches Natrium in 200 T. abs. Sprit lösen, mit 20 T. des nach [576] erhaltenen o-Nitrotoluol-p-sulfosäure-p-nitrophenylesters einige Stunden unter Rückfluß kochen, Sprit abtreiben und das **p-Nitrophenetol** $NO_2·C_6H_4·O·C_2H_5$ mit Dampf übertreiben. Als Rückstand bleibt eine Lösung des Na-Salzes der **o-Nitrotoluol-p-sulfosäure.**

580 **DRP. 98637**

m-Nitroanisol vom Sch.-P. 37°—38° und p-Nitroanisol vom Sch.-P. 51°—52° durch Eliminierung der Amidogruppe aus 2-Methoxy-4-Nitroanilin bzw. 2-Methoxy-5-Nitroanilin.

581 **DRP. 55 506**

J. pr. 20, 145; 20, 283; 55, 122

o-Nitrophenoxylessigsäure $C_6H_4(NO_2)\cdot O\cdot CH_2\cdot COOH = C_8H_7NO_5 = 197.$

Je 1 Mol. o-Nitrophenol und Chloressigsäure mit genau 2 Mol. Ätznatron, gelöst in möglichst wenig Wasser, unter Rückfluß 10—11 St. im Wasserbad erwärmen, kalt filtrieren, Filtrat mit HCl fällen, Niederschlag aus HCl-haltigem Wasser umkrystallisieren. Sch.-P. 157°. In Wasser schwer löslich, mit Dampf nicht flüchtig.

---

582 **DRP. 44 792**
A. P. 403 678
F. P. 190 096

Ber. 11, 2101

m-Aminophenol $C_6H_4(NH_2)(OH) = C_6H_7NO = 109.$

20 T. Ätznatron + 4 T. Wasser schmelzen, bei 270° 10 T. scharf getrocknete m-Aminobenzolsulfosäure eintragen, 1 St. auf 280°—290° erhitzen, die kalte Schmelze in Wasser lösen, mit Salzsäure ansäuern, von Harzen abfiltrieren, Filtrat mit Soda oder Bicarbonat fällen, mit Äther extrahieren. Aus Wasser harte Nadeln. Sch.-P. 121°. Leicht in Alkoholen löslich (bildet übersättigte Lösungen). In Benzol schwer, in Ligroin unlöslich.

---

583 **DRP. 49 060**
F. P. 198 290, 198 178

Ber. 11, 2101

10 T. Resorcin + 6 T. Salmiak + 20 T. Ammoniak (10%) (oder 12 T. Salmiak + 14 T. kryst. Na-Acetat + 30 T. Wasser) 12 St. im Autoklaven auf 200° erhitzen. Mit Salzsäure ansäuern, unverändertes Resorcin mit Äther extrahieren, wässerige Flüssigkeit mit Soda sättigen, bis zur Krystallisation eindampfen. Völlig luftbeständig.

---

584 **DRP. 77 131**

Ber. 11, 210; 18, 963

18 T. m-Phenylenoxaminsäure in 100 T. Wasser und 15 T. Soda lösen, + 7 T. Nitrit, mit Eis kühlen, die Lösung einfließen lassen in eine mit Eis gekühlte Mischung von 50 T. Wasser und 25 T. Schwefelsäure. Nach einigen Stunden diese Lösung der **m-Diazophenylenoxaminsäure** auf dem Wasserbade bis zum Aufhören der Stickstoffentwicklung erwärmen, kochen, fast zur Trockne dampfen, mit Kreide neutralisieren, filtrieren, das m-Aminophenol aus der Lösung ausäthern; oder besser: Das Filtrat stark eindampfen, das Glaubersalz mit Sprit fällen, Sprit abdestillieren, m-Aminophenol im Vakuum destillieren.

---

585 **DRP. 83 433**

p-Aminophenol $C_6H_4(NH_2)(OH) = C_6H_7NO = 109.$

10 T. Phenylhydroxylamin in 200 T. konz. Schwefelsäure + 200 T. Eis lösen, auf 1000 T. verdünnen, filtrieren, 1 St. kochen, mit 225 T. Soda neutralisieren, mit Benzol ausschütteln, Lösungsmittel abdunsten, Krystalle abfiltrieren. — Die quantitative Bildung von Aminophenolen durch reduktive Spaltung von Oxyazobenzolen mittels Phenylhydrazins ist in Ber. 38, 2752 (vgl. Soc. chim. Roma **1905**, 114), beschrieben.

---

586 **DRP. 82 426**

15 T. p-Dioxyazobenzol + 30 T. Wasser als Paste unter Rückfluß in eine siedende Lösung von 10 T. Zinnchlorür in 50 T. roher Salzsäure eintragen; allmählich 6 T. metallisches Zinn zugeben, erwärmen bis entfärbt, auf dem Wasserbade konzentrieren, Rückstand mit dem doppelten Volumen roher Salzsäure versetzen, Krystallbrei absaugen, mit Salzsäure waschen. Oder: 107 T. p-Azophenol (p-Dioxyazobenzol) in 500 T. Wasser und 120 T. Ätznatron lösen, bei 80° allmählich 90 T. Zinkstaub (80%) zusetzen, die entfärbte Masse mit Salzsäure schwach ansäuern, filtrieren; das Filtrat enthält salzsaures p-Aminophenol.

---

587 **DRP. 95 755**
E. P. 5697/97
F. P. 264 511

2,1 T. Oxyazobenzol + 3 T. Schwefelnatrium + 1,1 T. Ätznatron auf 180° erhitzen, Wasser zusetzen, bis die gelbe Färbung verschwunden ist, eindampfen, die trockene Masse in Wasser lösen und das p-Aminophenol mit Säure ausfällen. Auf gleiche Weise kann auch p-Nitrophenol zu p-Aminophenol und o-Nitrophenol zu **o-Aminophenol** reduziert werden.

---

588 **DRP. 96 853**
F. P. 274 728, 275 862

Ber. 29, 2935

30 T. Nitrobenzol in 250 T. konz. Schwefelsäure lösen, bei 50°—80° innerhalb 4 St. 50 T. Zinkstaub eintragen, 10 St. Temperatur halten, auf Eis gießen, aus dem Rückstand und dem Filtrat das p-Aminophenol abscheiden. — Analog **2-Oxy-5-aminobenzoesäure** aus m-Nitrobenzoesäure und ein **Diaminodioxyanthrachinon** aus Dinitroanthrachinon.

589 **DRP. 205 415** F. P. 397 524

50 T. p-Chlorphenol, 400 Vol.-T. Ammoniak und 8 T. Kupfersulfat wie [618, 554 usw.] 12 St. auf 140° erhitzen, ansäuern, Dampf einleiten und im Rückstand die Base mit Sulfit und Soda fällen. — Ebenso erhält man **Monoäthyl-p-aminophenol** aus 130 T. p-Chlorphenol, 270 T. Monoäthylaminlösung (33%) und 2 T. Kupfersulfat in 10 St. bei 135°. Ansäuern, Dampf einleiten, einengen und die Base als Sulfat abscheiden. Die Base bildet aus Wasser weiße Krystalle, Sch.-P. 100°. Die Nitrosoverbindung ist ölig.

---

590 **DRP. 69 006**

DRP. 48 543
DRP. 72 173

p-Aminophenyläthyläther $NH_2 \cdot C_6H_4 \cdot OC_2H_5 = C_8H_{11}NO = 137.$

14,3 T. salzsaures p-Aminophenol in 100 T. Wasser lösen, 13,6 T. Acetat und 10,6 T. Benzaldehyd zusetzen, stehen lassen, nach einiger Zeit die gebildete Essigsäure mit Natronlauge neutralisieren, nach 1 St. die Benzylidenverbindung abfiltrieren. 12 T. der Benzylidenverbindung + 10 T. Sprit (95%) + 6,5 T. Bromäthyl + 6,8 T. Natronlauge (35,6%) im Autoklaven 3 St. auf 100° erhitzen. Die Benzylidenverbindung des Äthyläthers bildet gelbliche derbe Prismen, ist in Wasser unlöslich, in Sprit und Eisessig leicht, in Äther und Benzol sehr leicht löslich. Mit Säuren (Salz- oder Schwefelsäure) versetzen, Dampf einleiten, Benzaldehyd vertreiben, Lösung filtrieren, **p-Phenetidin** als salz- oder schwefelsaures Salz abscheiden.

---

591 **DRP. 48 543**

13,7 T. p-Aminophenol diazotieren, die Diazolösung mit der sodaalkalischen Lösung von 9,5 T. Phenol kombinieren, das quantitativ abgeschiedene **Dioxyazobenzol** (10 T.) in 50 T. Alkohol und 1,66 T. Ätznatron gelöst mit 4,6 T. Bromäthyl 10 St. unter Druck bei 150° behandeln, Alkohol abdestillieren, Natriumbromid mit Wasser, unangegriffenes Ausgangsmaterial mit verdünnter Natronlauge extrahieren und das **Diäthyldioxyazobenzol** mit Zinn und Salzsäure reduzieren. Alkalisch stellen, das **p-Aminophenetol** mit überhitztem Wasserdampf übertreiben.

---

592 **DRP. 88 502**

p-Amidophenyl-ω-aminoäthyläther $NH_2 \cdot C_6H_4 \cdot OCH_2 \cdot CH_2 \cdot NH_2 = C_8H_{12}N_2O = 152.$

p-Nitrophenolkalium mit Bromäthylamin kondensieren und die entstandene Verbindung reduzieren. Aus p-Nitrophenyl-β-bromäthyläther mit Dimethylanilin und darauffolgende Reduktion wird **p-Aminophenyl-ω-dimethylaminoäthyläther** und aus o-Nitrophenyl-β-bromäthyläther mit Piperidin und darauffolgende Reduktion **o-Aminophenyl-ω-pentamethylenaminoäthyläther** gewonnen.

---

593 **DRP. 48 151**

Zusatz zu
DRP. 44 792

m-Monoalkylaminophenol $NHR \cdot C_6H_4 \cdot OH$

10 T. monomethylanilin-m-sulfosaures Natron + 25 T. Ätzalkali 10 St. bei Luftabschluß auf 200°—220° erhitzen. Schmelze in Wasser lösen, ansäuern, filtrieren, Filtrat mit Soda fällen, Niederschlag mit Äther oder Benzol ausschütteln, Lösungsmittel verdunsten, zäh-öligen Rückstand durch Umlösen reinigen. In Ligroin unlöslich, in Wasser schwer, in Sprit, Benzol, Äther leicht löslich. — Analog m-Äthylaminophenol. Produkt durch Destillation reinigen, gelbe Krystallmasse aus Benzol + Ligroin umkrystallisieren. Federförmige Krystalle, Sch.-P. 62°. — Über die Gewinnung des Monomethyl-m-aminophenols aus m-Aminophenol, Jodmethyl und Ätzkali im Rohr (Ausbeute 49%) siehe Chem.-Ztg. **1912**, 389.

---

594 **DRP. 76 419**

20 T. m-phenylenoxaminsaures Natrium + 11—12 T. Bromäthyl + 20 T. Sprit im Autoklaven 6—8 St. auf 120°—150° erhitzen, Sprit abdestillieren, den Rückstand mit kaltem Wasser extrahieren, Rückstand mit der gleichen Menge Schwefelsäure und der 3—4-fachen Menge Wasser kochen, verseifen, Wasser z. T. abdestillieren, die erhaltene stark schwefelsaure Lösung von Monoäthyl-m-phenylendiaminsulfat eiskalt mit der berechneten Menge Nitrit versetzen und bei zum Aufhören der Stickstoffentwicklung langsam erwärmen und das m-Äthylamidophenol durch Neutralisieren mit Soda oder Kreide in Freiheit setzen. An Stelle von Bromäthyl kann auch 20 T. äthylschwefelsaures Natrium und 2—5 T. Soda verwendet werden. — Analog: m-Methylamino-, m-Propylamino-, m-Butylamino- und m-Amylaminophenol.

595 **DRP. 82 765**

18,9 T. Aminophenolsulfosäure IV [940] mit 5,6 T. Ätzalkali in wässeriger Lösung neutralisieren, auf 200 T. verdünnen, mit 18,5 T. äthylschwefelsaurem Natrium (80%) im Autoklaven 8—10 St. auf 170°—180° erhitzen, kalt mit Soda fällen, m-Monoäthylaminophenol wie üblich reinigen.

596 **DRP. 260 234**
—
DRP. 49 060, 205 415

55 T. Hydrochinon, 34 T. Methylaminchlorhydrat, 34 T. Natriumäthylat (bzw. die äquivalente Menge Ätznatron und 200 T. Sprit [96%]) im Autoklaven 5—20 St. auf 200° bis 250° erhitzen, kalt mit verdünnter Schwefelsäure ansäuern, die Hydrochinonreste ausäthern und das Sulfat des p-Methylaminophenols **(Metol)** abscheiden. — Ebenso aus 55 T. Hydrochinon mit 55 T. wässeriger Methylaminlösung ($33^1/_3$%) in 6 St. bei 200° oder trocken aus 55 T. Hydrochinon, 34 T. salzsaurem Methylamin und 72 T. Krystallsoda in 7 St. bei 250°. Auch mit Zusatz von Chlorzink oder Chlorcalcium.

597 **DRP. 208 434**

50 T. technisches Metol (mit 8—12% p-Aminophenol verunreinigt) in 1000 T. Wasser lösen, mit 10 T. Kaliumacetat und 5 T. Benzaldehyd schütteln, nach 1 St. das gebildete **Benzyliden-p-aminophenol** (5—7,5 T.) abfiltrieren und das Filtrat auf reines Metol verarbeiten.

598 **DRP. 230 043**
und
599 **DRP. 233 551**
—
Ber. 42, 2372

p-Oxyphenyläthylamin erhält man aus 16,5 T. p-Methoxyphenylacetaldoxim in Spritlösung mit 700 T. $2^1/_2$%igem Na-Amalgam über das **p-Methoxyphenyläthylamin** (Öl) durch dessen Spaltung mit konz. Mineralsäuren; diese und ähnliche Körper, z. B. der nach DRP. 234 795 erhaltene **p-Äthoxyphenyläthylalkohol,** dienen als Arzneimittel.

600 **DRP. 310 967**

Acetyl-p-aminophenolallyläther: Durch Acetylierung von p-Aminophenolallyläther in essigsaurer Lösung. — N-acyl-p-aminophenole: **DRP. 316 902** und **318 803.**

601 **DRP. 138 104**
—
Ber. 16, 375

p-Oxyphenylthioharnstoff $C_6H_4(NH{\cdot}CS{\cdot}NH_2)(OH) = C_7H_8N_2OS = 168.$

Rhodanwasserstoffsäure auf p-Aminophenol einwirken lassen.

602 Anm. G. 36 786, Kl. 12q
20. 3. 13
Scheiblin & Kunz

Oxyalkylphenylsulfaminsäure $C_6H_4\begin{smallmatrix}NH{\cdot}SO_3H\\OR\end{smallmatrix}$

Nitrophenylalkyläther mit sauren Sulfiten evtl. unter Zusatz neutraler Sulfite behandeln.

603 **DRP. 44 002**
—
Ber. 19, 200

m-Dialkylaminophenol $C_6H_4(NR_2)(OH)$

m-Aminodimethylanilin diazotieren, im Wasserbad bis zum Aufhören der Stickstoffentwicklung erwärmen, sodaalkalisch stellen, ausäthern, Äther verdunsten, rückbleibendes m-Dimethylaminophenol im Vakuum oder im Kohlensäurestrom destillieren. Aus Benzol oder Ligroin umkrystallisieren. Sch.-P. 86°. Oder: 1 T. salzsaures m-Aminophenol mit 3 T. Methylalkohol im Autoklaven 8 St. auf 170° erhitzen, überschüssigen Methylalkohol abdestillieren, Rückstand sodaalkalisch stellen, mit Äther extrahieren, weiter reinigen wie oben. — Analog gewinnt man auch m-Diäthylaminophenol, wobei nach der Destillation im Kohlensäurestrom zur Entfernung des die Krystallisation verhindernden m-Monoäthylaminophenols in Essigsäure gelöst und mit Soda fraktioniert gefällt wird, bis die Öltröpfchen in Berührung mit einem m-Diäthylaminophenolkrystall erstarren, dann filtrieren, Filtrat mit Soda völlig ausfällen, Niederschlag aus einem Gemisch von Schwefelkohlenstoff und Petroläther umkrystallisieren.

604 **DRP. 44 792**
A. P. 403 678
F. P. 190 096

Wie [582] aus Dimethylaminobenzol-m-sulfosäure durch Alkalischmelze. Zur Reinigung wird das rohe m-Dimethylaminophenol im Kohlendioxydstrom bei 265°—268° fraktioniert destilliert und aus Benzol umkrystallisiert. Leicht löslich in Sprit, Äther, Benzol, Salzsäure, Natronlauge. — Ebenso Diäthyl-m-aminophenol. Dieses destilliert bei 276°—281°. Löslichkeit und andere Eigenschaften wie Dimethyl-m-aminophenol.

605 **DRP. 82 765**

21,7 T. **Monomethylaminophenolsulfosäure** (aus 1 Mol. Amidophenolsulfosäure III [942] + 1 Mol. Ätzalkali in wässeriger Lösung + 1 Mol. Jodmethyl im Autoklaven bei 100°—110°) in 150 T. Wasser suspendieren, + 5,6 T. Ätzalkali in wässeriger Lösung + 16,8 T. methylschwefelsaures Natrium (80%) im Autoklaven 8—9 St. auf 170°—180° erhitzen. Isolierung des m-Dimethylamidophenols wie [593, 594].

---

606 **DRP. 49 060**
—
Lit. wie [583]

m-Dimethylamidophenol wie [583] aus 55 T. Resorcin + 40 T. salzsaurem Dimethylamin + 200 T. Dimethylaminlösung (10%). In Wasser unlöslich, in Ligroin schwer, in Äther, Sprit, Benzol leicht löslich. Aus Ligroin Krystallbüschel. Hat saure und basische Eigenschaften. — Ebenso Diäthyl-m-aminophenol, mit Diäthylamin. Durch fraktionierte Destillation reinigen.

---

607 **DRP. 93 307**

Diacetyl-p-alkylaminophenol $C_6H_4(N(C_2H_5)COCH_3)(O\cdot COCH_3) = C_{12}H_{15}NO_3 = 221.$

1 T. p-Acetyläthylaminophenol mit 3 T. Essigsäureanhydrid kochen, dessen Überschuß abdestillieren, Rückstand ausäthern, mit verdünnter Natronlauge entsäuern, Äther abdunsten.

---

608 **DRP. 206 455**

Diazoaminophenolacetylverbindungen $C_6H_4(N_2Cl)(O\cdot COCH_3) = C_8H_7N_2O_2Cl = 184.$

Aminophenol diazotieren und bei gewöhnlicher Temperatur mit Acetat (bis zum Verschwinden der mineralsauren Reaktion) und Essigsäureanhydrid verrühren. — Ebenso gewinnt man die in der Hydroxylgruppe acetylierte **l-Diazoamino-8-naphthol-3,6-disulfosäure.** Die Verbindungen und die Farbstoffe spalten die Acetylgruppe leicht ab.

---

609 **DRP. 278 779**
A. P. 1 144 141
E. P. 28 736/13
F. P. 467 085

p-Oxyphenyltrimethylammonsalze $C_6H_4(N(CH_3)_3\cdot\text{Säurerest})(OH)$

Man erhält sie ebenso wie das p-Dimethylaminophenol als Nebenprodukt bei der Herstellung von p-Monomethylaminophenol. N-Dimethyl-p-aminophenol wie p-Oxyphenyltrimethylammonium lassen sich aus Lösungen ihrer Salze gewinnen, wenn man diese mit Ferrocyanaten versetzt und stark ansäuert. Die beiden Substanzen unterscheiden sich dadurch, daß sich Dimethyl-p-aminophenol aus neutraler Lösung mit Ferrocyanat als schwerlösliches neutrales ferrocyanwasserstoffsaures Salz der Formel

$$\left(C_6H_4\begin{matrix}\diagup N(CH_3)_2\\ \diagdown OH\end{matrix}\right)_4\cdot H_4Fe(CN)_6$$

ausscheidet, während die Ammoniumbase in Lösung bleibt. Auf diese Weise kann man die Salze der tertiären und der Ammoniumbase rein abscheiden. Das Chlorhydrat der letzteren krystallisiert aus Alkohol, Sch.-P. 239°—240°, spaltet im Vakuum destilliert Chlormethyl ab und gibt quantitativ **Dimethyl-p-aminophenol.**

---

h) N—S.

610 **DRP. 228 868**

Ber. **41**, 2269; **42**, 3463; **45**, 2424 J. pr. **41**, 199

o- und p-Nitrothiophenol = $C_6H_5NO_2S$ = 155.

30 T. feingepulvertes p, p'-Dinitrophenyldisulfid $NO_2\langle\rangle-S-S-\langle\rangle NO_2$ mit 80 T. Sprit, 8—10 T. Ätznatron und einer durch Sättigen von 2,6—3 T. Ätznatron mit Schwefelwasserstoff erhaltenen Menge Natriumsulfhydrat auf dem Wasserbade erwärmen. Die goldgelben Blätter des Na-Salzes vom p-Nitrothiophenol filtrieren und mit Salzsäure zerlegen. — Ebenso o-Nitrothiophenol aus o, o'-Dinitrophenyldisulfid.

611 **DRP. 199 619**

M. f. Ch. 28, 247

o- und p-Nitrophenylthioglykolsäure

NO_2, S·CH_2·COOH ; NO_2, S·CH_2·COOH = $C_8H_7NO_4S$ = 213.

15,7 T. p-Nitrochlorbenzol in Sprit (80%) heiß lösen, 9,2 T. Thioglykolsäure zugeben, allmählich mit einer Lösung von 8 T. Ätznatron in 60 T. Wasser versetzen, 2 St. unter Rückfluß kochen, Sprit abdestillieren, von wenig **p, p'-Dichlorazobenzol** abfiltrieren und die p-Nitrophenylthioglykolsäure im Filtrat ausfällen. Aus Sprit oder Wasser gelbe Nadeln vom Sch.-P. 152°. — Ebenso o-Nitrophenylthioglykolsäure vom Sch.-P. 157° aus o-Nitrochlorbenzol. Statt vom o-Nitrochlorbenzol kann man auch vom o-Dinitrobenzol ausgehen.

612 **DRP. 89 997**

Ber. **4**, 356 Z. f. Ch. **1871**, 321

Nitrobenzolsulfochlorid (NO_2, SO_2Cl) = $C_6H_4ClNO_4S$ = 221.

75 T. Nitrobenzol mit 150 T. Schwefelsäurechlorhydrin erhitzen, bis die Chlorwasserstoffentwicklung beendet ist, auf Eis gießen, Nitrobenzolsulfochlorid abfiltrieren, waschen. In der Mutterlauge ist etwas Nitrobenzolsulfosäure gelöst. — Analog: **o-Nitrotoluol-p-sulfochlorid** aus o-Nitrotoluol, **p-Nitrotoluol-o-sulfochlorid** aus p-Nitrotoluol, **Nitroxylolsulfochlorid** (CH_3, NO_2, CH_3, SO_2Cl) aus Nitro-m-xylol und **Chlornitrobenzolsulfochlorid** C_6H_3·Cl·NO_2·SO_2Cl aus m-Chlornitrobenzol.

613 Anm. C. 21 467, Kl. 12 q 15. 8. 12 Claasz

o-Aminothiophenol (NH_2, SH) = C_6H_7NS = 125.

o, o'-Dinitrodiphenylsulfid sauer reduzieren. Vgl. Ber. **12**, 2359; **20**, 2259; **45**, 1029; J. pr. **66**, 551;

614 **DRP. 269 337**

o-Aminophenylsulfoessigsäure (SO_2·CH_2·COOH, NH_2) = $C_8H_9NO_4S$ = 215.

50 T. o-Nitrophenylsulfoessigsäure mit 15 T. Kochsalz in 100 T. kaltem Wasser verrühren, 60 T. feine Eisenspäne zugeben, selbsterwärmtes Gemenge 2 St. auf 80°—90° erwärmen, natronalkalisch vom Eisen filtrieren, kalt mit Salzsäure fällen. Ölige, bald krystallinische Abscheidung aus Äther reinigen.

615 **DRP. 71 556**

Anilin-o-, m-, p-sulfosäure

NH_2, SO_3H ; NH_2, SO_3H ; NH_2, SO_3H = $C_6H_7NO_3S$ = 173.

Anilin-p-sulfosäure (**Sulfanilsäure**) wie [**163**] erhaltbar durch Schütteln von Anilin mit Schwefelsäure (66°) und Infusorienerde.

616 **DRP. 84 141** — Ber. 8, 1095

p-Bromacetanilid + Schwefelsäure (66°) in molekularen Mengen zusammen erhitzen, bis die flüssige Masse erstarrt. Weiter auf 170° bis 180° erhitzen, bis Probe sodalöslich ist. Aus heißem Wasser farblose Krystalle der **p-Bromanilin-o-sulfosäure.** 126 T. von dieser in 1500 T. Wasser und 150 T. Natronlauge (40°) gelöst mit 100 T. Zinkstaub kochend reduzieren, vom Zink abfiltrieren, das Filtrat bis zur Krystallhautbildung eindampfen, Na-Salz der Anilin-o-sulfosäure abfiltrieren. (Nach Ber. **30**, 654 und 2274 entsteht die Sulfosäure auch aus Schwefeldioxyd und Phenylhydroxylamin über die primär gebildete **Phenylsulfaminsäure.**)

617 **DRP. 113 784** — Ber. 23, 1912

Anilin-p-sulfosäure: 100 T. Anilin mit 200 T. Natriumpolysulfat $NaH_3(SO_4)_2$ einige Stunden bis zur Staubtrockne auf 200° erhitzen, mit wenig kaltem Wasser auslaugen und die zurückbleibende Sulfanilsäure aus heißem Wasser umkrystallisieren. Das Na-Salz gewinnt man unmittelbar durch Neutralisieren der sulfathaltigen Reaktionsmasse mit Kalkmilch und Eindampfen der vom Gips abfiltrierten Lauge.

618 **DRP. 205 150** — DRP. 145 604, 148 749 Ber. 24, 3805

85 T. Chlorbenzol-p-sulfosäure mit 400 T. Ammoniak (25%) und 5 T. Kupferchlorid 12 St. im Autoklaven auf 170° erhitzen, sodaalkalisch das Ammoniak abtreiben, filtrieren und das Filtrat eindampfen. 80% Ausbeute an Sulfanilsäure.

619 **DRP. 281 176** — J. pr. 89, 70

7,8 T. Benzol innerhalb 5—6 St. bei 50°—100° mit 23 T. Monohydrat sulfurieren, innerhalb 2 St. bei 90°—100° 9 T. Salpetersäure (43°) zufließen lassen, Nitriergemisch in 100 T. Wasser einrühren, aufkochen, 2,5 T. Magnesiumoxyd zugeben, bis zur neutralen Reaktion auskalken, vom Gips abfiltrieren, Filtrat eindampfen bis zum spez. Gewicht der kalten Mutterlauge von 1,25 (nach beendigter Krystallisation). Die abfiltrierten Krystalle sind fast chemisch reines Magnesiumsalz der **m-Nitrobenzolsulfosäure.** Mutterlauge durch Kochen mit Eisenspänen reduzieren, warm mit etwas Magnesia das Eisen entfernen, abermals bis zum spez. Gewicht 1,25 der völlig kalten Lösung eindampfen, die abgeschiedenen Salze der m- und **p-Aminobenzolsulfosäure** abfiltrieren, aus der schließlich zurückbleibenden Lösung die o-Aminobenzolsulfosäure gewinnen.

620 **DRP. 287 756**

p- und m-Aminobenzolsulfosäure gewinnt man auch aus Benzol (1 T.), 3 T. Monohydrat oder Oleum (1,84), 2 T. Hydroxylaminsulfat und 3 T. Ferrisulfat oder Ferrosulfat oder Eisen, 3—4 St. im Wasserbad, dann bei 150° im Ölbad nach 1—1½ St., bis unter spontaner Temperaturerhöhung auf 200° Reaktion eintritt, worauf man noch einige Zeit auf 175° erhitzt und kalt mit Wasser verdünnt.

621 **DRP. 120 504** E. P. 4792/00 — DRP. 45 839, 120 560

Anilin-o- und p-thiosulfosäure $C_6H_4(NH_2)(S\cdot SO_3H)$ (o) und (p) $= C_6H_7NO_3S_2 = 205.$

100 T. salzsaures Anilin-o- bzw. -p-disulfid [1891] in 300—500 T. Wasser verteilen, mit Schwefeldioxyd sättigen, einige Zeit stehen lassen, kochen, dabei weiter Schwefeldioxyd einleiten, Schwefel abfiltrieren. Kalt erfolgt Abscheidung der Anilin-o- bzw. p-thiosulfosäure in langen farblosen Nadeln. In saurer oder alkalischer Lösung gekocht erfolgt Rückbildung des Disulfides unter Schwefeldioxydabspaltung. Die p-Verbindung gibt mit Nitrit eine kuppelnde Diazoverbindung, die o-Verbindung **Diazosulfid** (N=N, —S am Benzolring) (Ber. 21, 3104). — Vgl. Anm. C. 22 530, Kl. 12 q: Schwefelhaltige Basen aus Aminen mit freier p-Stellung Formaldehyd, Alkalithiosulfat und Säuren; geben, auf 150°—215° erhitzt, solange H_2S entweicht, diazotierbare Basen für echte Baumwollfarbstoffe.

622 **DRP. 48 151** Zusatz zu DRP. 44 792

Monoalkylanilin-m-sulfosäure $C_6H_4(NHR)(SO_3H)$

Monomethylanilin-m-sulfosäure: 10 T. Monomethylanilin unter 60° in 20 T. Oleum (23%) eintragen, dann unter Kühlung + 30 T. Oleum (75%). Bei 40° einige Zeit stehen lassen, weiter wie [631] behandeln. — Analog Monoäthylanilin-m-sulfosäure.

623 **DRP. 295 104** Zusatz zu DRP. 293 101

Monoäthylanilinsulfosäure erhält man auch durch Sulfierung von 75 T. in 40 T. Monohydrat gelöstem Äthylanilin mit 30 T. Oleum (80%) bei 150°—170°, ebenso auch eine **Äthylaminonaphthalinsulfosäure** und **Diäthylaminobenzol-** bzw. **Diäthylaminonaphthalin-o- und -p-sulfosäure**, z. B. aus 90 T. p-aminobenzolsulfosaurem Natrium in 300 T. Wasser, 12 T. gebrannter Magnesia und 95—100 T. Bromäthyl in 6—8 St. bei 80°—100°.

---

624 **DRP. 244 615** Zus. zu 243 087 u. 241 910

m-Acetaminophenylthioglykolsäure

$C_6H_4(NH{\cdot}COCH_3)(S{\cdot}CH_2{\cdot}COOH) = C_{10}H_{11}NO_3S = 225.$

Wie z. B. [**155ff; 518ff**] aus Acet-m-phenylendiamin.

---

625 **DRP. 170 045**

Acetaminobenzolsulfochlorid $C_6H_4{<}^{NH\cdot COCH_3}_{SO_2Cl} = C_8H_8ClNO_3S = 233.$

Aus Acetanilid und Chlorsulfonsäure oder Acetaminobenzolsulfosäure und Phosphorpentachlorid.

---

626 **DRP. 92 796**

Acetaminobenzol-p- und **-m-sulfosäure** $C_6H_4(NH{\cdot}COCH_3)(SO_3H) = C_8H_9NO_4S = 215.$

Herstellung von reiner **Acetsulfanilsäure** als Na-Salz: 1 T. sulfanilsaures Natrium mit 1 T. Eisessig unter Rückfluß 6—8 St. sieden, überschüssige Essigsäure abdestillieren, Rückstand in möglichst wenig heißem Wasser lösen, Lösung filtrieren, mit Alkohol (98%) in der Kälte fällen, Niederschlag mit starkem Alkohol waschen und trocknen.

---

627 **DRP. 101 777**

53,5 T. p-Bromacetanilid + 250 T. Wasser + 63 T. neutrales Natriumsulfit mehrere Stunden im Autoklaven auf 160°—200° erhitzen, zur Trockne dampfen und das Bromnatrium mit kochendem Sprit extrahieren. Es hinterbleibt **Acetanilid-p-sulfosäure** als Na-Salz, ein weißes Krystallpulver. In Wasser leicht, in Sprit, Äther, Chloroform usw. unlöslich. Die freie Säure ist nur in wässeriger Lösung beständig.

---

628 **DRP. 129 000**

Acetylmetanilsäure: 23,3 T. metanilsaures Calcium (82,8%) in kaltgesättigter wässeriger Lösung mit 12 T. Essigsäureanhydrid zur Trockne dampfen, aus der konzentriert wässerigen Kalksalzlösung mit Salzsäure das freie Acetylprodukt fällen. — Ebenso die Acetylderivate der Sulfanil-, o- und p-Toluidin-, m-Xylidin- und Nitro-ψ-cumidinsulfosäure.

---

629 **DRP. 40 745** F. P. 183 805

Phenylhydrazin-m- und **-p-sulfosäure**

$C_6H_4(NH{\cdot}NH_2)(SO_3H)$ (m) und $C_6H_4(NH{\cdot}NH_2)(SO_3H)$ (p) $= C_6H_8N_2O_3S = 188.$

Durch Reduktion der Diazobenzol-m- und -p-sulfosäure mit Zinnchlorür oder Schwefeldioxyd.

---

630 **DRP. 84 138**

Hydroxylaminbenzol-m-sulfosäure $C_6H_4(NHOH)(SO_3H) = C_6H_7NO_4S = 189.$

Durch Reduktion von nitrobenzol-m-sulfosaurem Kalium mit Zinkstaub bei Gegenwart von Calciumchlorid wie [412].

---

631 **DRP. 44 792** A. P. 403 678 F. P. 190 096

Dialkylanilin-m-sulfosäure $C_6H_4(NR_2)(SO_3H)$

Dimethylanilin-m-sulfosäure: 10 T. Dimethylanilin in 65 T. Oleum (30%) gelöst auf 55°—60° erwärmen, bis Probe klar in Wasser und Alkali löslich ist. In Wasser gießen, auskalken und das Ca-Salz in das Na-Salz überführen. — Analog mit 10 T. Diäthylanilin und 70 T. Oleum (30%) bei 40°—50° die Diäthylanilin-m-sulfosäure.

632 **DRP. 120 504**

Lit. wie [621]

Dimethylanilinthiosulfosäure $C_6H_4\genfrac{}{}{0pt}{}{N(CH_3)_2}{S\cdot SO_3H} = C_8H_{11}NO_3S_2 = 233.$

Wie [621] aus 100 T. Dimethylanilindisulfid (Ber. 19, 1570). Die wässerige Lösung der erhaltenen Dimethylanilinthiosulfosäure wird mit Nitrit gelbrot (Nitrosoderivat?). — Analog **Diäthylanilinthiosulfosäure.**

633 **DRP. 176 954**

Ann. 294, 232

1-p-Sulfophenyl-3-methyl-5-pyrazolon

$$N\genfrac{}{}{0pt}{}{\diagup N{=\!=}CCH_3}{\diagdown CO-CH_2}$$

$$C_6H_4(SO_3H) = C_{10}H_{10}N_2O_4S = 254.$$

Durch Kondensation von Acetessigester mit Phenylhydrazin-p-sulfosäure. Wenn an Stelle von Phenylhydrazin-p-sulfosäure deren Isomere, Homologe, Analoge mit Acetessigester bzw. Oxalessigester kondensiert werden, erhält man die entsprechenden Pyrazolonsulfosäuren bzw. Pyrazolonsulfocarbonsäuren.

i) O—O.

634 **DRP. 68 944**

Derivate: Bull. Soc. chim. 1909, 501 u. 509.

o-Dioxybenzol $C_6H_4(OH)_2 = C_6H_6O_2 = 110.$

Brenzcatechinabscheidung aus Lösungen durch Zusatz von *Bleisulfatpaste* und so viel verdünnter Natronlauge, daß schwach alkalische Reaktion besteht (Überschuß vermeiden). Brenzcatechinblei abfiltrieren, waschen und mit Schwefelsäure umsetzen. Die wässerige Phenollösung wird eingedampft, das Bleisulfat ist wieder verwendbar. Ebenso sind auch andere Polyoxybenzole abscheidbar. Bei **Brenzcatechin** kann an Stelle von Ätznatron auch Soda verwendet werden.

635 **DRP. 70 718**

Ber. 25, 3531
Ann. 210, 262

12 T. Aluminiumchlorid in 15 T. eisgekühltes Guajacol eintragen, einige Zeit ohne Kühlung stehen lassen, dann 2—3 St. auf 200°—230° erhitzen; Chlormethyl entweicht; Rückstand mit Wasser zersetzen, filtrieren, Filtrat ausäthern, Äther verdampfen. Als Rückstand bleibt völlig reines Brenzcatechin zurück. (Evtl. bei Gegenwart von 12 T. Xylol arbeiten.) — Ebenso entsteht **Homobrenzcatechin** aus Kresol.

636 **DRP. 76 597**

Durch Verschmelzen von o-Bromphenol oder o-Chlorphenol mit Ätzalkalien.

637 **DRP. 80 817**
E. P. 21 853/93
F. P. 243 303

o-Dioxybenzol-p-sulfosäure (gewonnen durch Alkalischmelze aus α-Phenoldisulfosäure [969]) mit Schwefelsäure (25—50%) im Autoklaven auf 180°—220° erhitzen, mit Wasserdampf etwas Phenol abtreiben und das Brenzcatechin ausäthern.

638 **DRP. 81 209**
E. P. 154/95
F. P. 244 052

Rohe konz. wässerige Lösung von Brenzcatechindisulfosäure [1155] oder deren Salzen für sich im Autoklaven 10—15 St. auf 200°—215° erhitzen. Kalt krystallisiert ein Teil aus; den Rest ausäthern und destillieren. S.-P. 240°. Evtl. noch vorhandenes Phenol bleibt beim Umkrystallisieren aus Benzol in diesem zurück. Sehr rein.

639 **DRP. 84 828**
A. P. 554 974

1 Mol. (17,3 T.) o-Brom- bzw. (12,85 T.) o-Chlorphenol mit 3 bis 4 Mol. (16 T.) Ätznatron (als Lauge vom spez. Gewicht 1,53) im Autoklaven offen auf 180°, dann geschlossen auf 250° (Chlorphenol 50° höher) erhitzen, 6—8 St. unter 5—8 Atm. Druck belassen, Masse in wenig Wasser lösen, mit Salzsäure ansäuern, filtrieren, ausäthern.

640 **DRP. 167 211**

Wie [651] aus o-Aminophenol. Produkt ausäthern.

641 **DRP. 249 939**
F. P. 437 281

130 T. o-Chlorphenol, 530 T. kryst. Strontiumhydroxyd und 500 T. Wasser 9 St. im Autoklaven auf 170° erhitzen, noch heiß mit 230 T. Schwefelsäure (60%) ansäuern, vom Strontiumsulfat abfiltrieren, das Filtrat eindampfen, äusathern und das erhaltene Brenzcatechin destillieren. S.-P. 240° bis 245°.

642 **DRP. 269 544**
DRP. 82 078
E. P. 17 200/11
F. P. 437 281

26 T. o-Chlorphenol, 130 Vol.-T. 5-fach normale Natronlauge (oder 8 T. Soda und 30 T. Wasser) und etwas Kupfersulfat oder im Kupferautoklaven 9 St. auf 190° erhitzen, ansäuern, Produkt ausäthern und im Vakuum destillieren. Ausbeute 83,5%. — Ebenso auch Bromphenol als Ausgangsmaterial verwendbar.

643 **DRP. 164 666**
Ann. 174, 280

o-Dioxybenzolalkaliverbindung (OH, OMe) . (OH, OH)

Eine 33%ige Lösung von 11 T. Brenzcatechin mit einer konz. wässerigen Lösung von 2,8 T. Ätzkali oder 3,45 T. Pottasche bzw. 2 T. Ätznatron versetzen. Die Alkaliverbindung krystallisiert aus. — Dioxybenzol-di-p- und o-amino-(bzw. -2, 5-dianilido-di-p- und m-)-benzoesäure (Additionsverbindungen) sind in J. pr. Chem. **1914**, 467 beschrieben.

644 **DRP. 81 068**

p-Dioxybenzol (OH, OH) $= C_6H_6O_2 = 110.$

1,2 T. Phenol in 75 T. Wasser + 2,5 T. Ätznatron lösen, allmählich 3 T. Kaliumpersulfat zugeben und 1—2 Tage bei 40° stehen lassen. Kohlensäure einleiten, mit Wasserdampf die Phenolreste abtreiben, Rückstand mit verdünnter Salzsäure kochen, **Hydrochinon** ausäthern.

645 **DRP. 167 211**

Wie [651] aus p-Aminophenol. Produkt ausäthern.

646 **DRP. 269 544**

Wie [642]. — 65 T. p-Chlorphenol, 600 Vol.-T. 10-fach normale Kalilauge im Kupferautoklaven (oder mit etwas Kupfer) 12 St. bei 195° rühren. Mit 450 Vol.-T. konz. Salzsäure (1,19) ansäuern, die Chlorphenolreste mit Dampf abtreiben und das Hydrochinon extrahieren. Ausbeute 74%. — Ebenso auch aus Bromphenol.

647 **DRP. 249 939**
F. P. 437 281

Wie [641] aus p-Chlorphenol mit 630 T. Bariumhydroxyd in 13 St. bei 170°—195°.

648 **DRP. 189 178**
F. P. 323 916

Chinon (O, O) oder (O, O) $= C_6H_4O_2 = 108.$

Durch Oxydation von Benzol mit Manganisalzen wie [25]. — Ebenso werden andere seitenkettenfreie Kohlenwasserstoffe oxydiert, wie Naphthalin zu **Naphthochinon,** Anthracen zu **Anthrachinon,** Phenanthren zu **Phenanthrenchinon.**

649 Anm. D. 29 740,
Kl. 12 o
22. 10. 13
d'Ans

Zur Gewinnung von Chinon behandelt man Hydrochinon mit Halogensauerstoffsäuren oder deren Salzen in Gegenwart von Verbindungen der Elemente der Vanadingruppe. — Über **o-Chinon** s. Ber. **37,** 4605 u. 4744.

650 **DRP. 95 339**
E. P. 7233/87

o-Oxyphenylmethyläther (OH, OCH_3) $= C_7H_8O_2 = 124.$

62 T. o-Anisidin in 400 T. Eiswasser und 140 T. Schwefelsäure (50%) lösen und mit 34,5 T. Nitrit in 100 T. Wasser diazotieren. Die Diazolösung eintropfen lassen in ein 140° heißes Gemisch von 550 T. konz. Schwefelsäure + 300 T. Wasser + 400 T. wasserfreiem Glaubersalz. Der Dampf reißt das **Guajacol** mit. Destillat aussalzen, Reste noch ausäthern. S.-P. etwas über 200°. Krystalle, Sch.-P. 30°.

651 **DRP. 167 211**
F. P. 361 732
—
F. P. 228 539
Ber. 33, 2547

500 T. o-Anisidin diazotieren, die Diazolösung in eine kochende Lösung von 600 T. Kupfersulfat in 600 T. Wasser einfließen lassen. Das Produkt geht mit Dampf über.

652 **DRP. 94 947**
A. P. 606 930
F. P. 267 165
—
Ber. 10, 57, 868

Zur Isolierung der hydroxylierten Phenoläther werden die Holzteeröle mit fester Pottasche behandelt und die erhaltenen krystallinischen Doppelverbindungen von K-Carbonat, z. B. mit Guajacol, Kreosot usw., abgeschieden. Die Verbindungen werden mit verdünnten Säuren oder nach

DRP. 70 718
—
Ber. 25, 3531

mit Aluminiumchlorid [618] zerlegt, der betreffende hydroxylierte Phenoläther wird mit Dampf übergetrieben.

653 **DRP. 305 281**
—
Ann. 147, 247; 327, 115

11 T. Brenzcatechin in Gegenwart von 15 T. Veratrol als Verdünnungsmittel mit Alkali- oder Erdalkalisalzen der Methylschwefelsäure oder mit 25 T. Kaliummethylsulfat, unter allmählicher Zugabe einer schwachen Base (Soda oder 25 T. Bicarbonat), so daß nur eine Hydroxylgruppe des Brenzcatechins methyliert wird, auf 160° bis 180° erhitzen. Angesäuert mit Dampf destillieren, im Destillat das Guajacol von dem unveränderten Veratrol trennen. Ausbeute an Guajacol 85%.

654 **DRP. 103 857**

m-Dioxybenzolmonoacetat $C_6H_4(OH)(O\cdot COCH_3) = C_8H_8O_3 = 152.$

10 T. Resorcin + 2,2 Vol.-T. Essigsäureanhydrid + 1,8 Vol.-T. Eisessig 1½ St. bei 40° digerieren, ½ St. auf 45° erwärmen, vorsichtig Wasser zusetzen, den Eisessig im Kohlensäurestrom im Vakuum völlig abdestillieren. Im Rückstand ist reines **Resorcinmonoacetat**, S.-P. 283°. Oder: 5 T. Resorcin in 7,5 Vol.-T. Eisessig lösen, bei 25° mit 3,5 Vol.-T. Acetylchlorid digerieren, zum Schluß 1 St. auf 40° erwärmen und wie oben aufarbeiten.

655 **DRP. 122 145**

2 T. Resorcin mit 3 T. Resorcindiacetat 2 St. auf 170° erhitzen. Das erstarrende Öl besteht aus fast reinem Monoacetat. — Ebenso **Pyrogallolmonoacetat** aus gleichen Teilen Pyrogallol und Pyrogalloltriacetat [Ann. **107, 244**]. Auch in Xylollösung ausführbar. — Über Resorcinfabrikation siehe Angew. Ch. **1887**, II, 1.

656 **DRP. 281 099**

Zur Gewinnung eines reinen, fast geruchlosen Produktes wird aus dem Rohacetylierungsprodukt (hergestellt durch Erwärmen auf dem Wasserbade von 8 T. Resorcin + 7½ T. Essigsäureanhydrid + 2 T. Eisessig) die Hauptmenge der Essigsäure im Vakuum abdestilliert und der Rückstand ebenfalls im Vakuum bei etwa 100° mit schwach überhitztem Wasserdampf behandelt.

657 **DRP. 115 535**

Resorcinschwefligsäureester: Resorcin mit überschüssiger Bisulfitlösung im Wasserbade erwärmen, die Reste des Ausgangsmateriales mit Äther beseitigen, das überschüssige Bisulfit mit Säure zerstören und den sehr leicht wasserlöslichen Ester abscheiden. Er liefert durch Spaltung mit Alkalien wieder Resorcin und geht mit Ammoniak in Aminoverbindungen über. — Ebenso erhält man die Schwefligsäureester der 1, 4-Naphtholsulfosäure und der 1, 8-Aminonaphthol-3-sulfosäure, während die 2, 5-Aminonaphthol-7-sulfosäure bei derselben Behandlung unter Verlust einer Aminogruppe in **2, 5-Dioxynaphthalin-7-sulfosäure**, bzw. deren Schwefligsäureester übergeht.

658 **DRP. 72 806**

o-Dioxybenzolcarbonat $C_6H_4\langle O \rangle CO = C_7H_4O_3 = 136.$

1 Mol. Brenzcatechin + 1 Mol. Phosgen bei Gegenwart von als Lösungsmittel dienendem Benzol im Druckgefäß auf 130°—180° erhitzen, Benzol im Wasserbad abdestillieren, Rückstand **(Brenzcatechincarbonat)** aus Alkohol umkrystallisieren. Sch.-P. 120°. —

Analog die **Brenzcatechinmonoalkyläthercarbonate** $(RO\cdot C_6H_4\cdot O)_2CO$.

659 **DRP. 51 348** F. P. 200 347 — Ber. 13, 610

Resorcinbenzeinchlorid $C_{38}H_{30}O_9(Cl_x)$.

Gleiche Teile Resorcinbenzein und Phosphorpentachlorid langsam zunächst auf 100°, dann auf 140° erwärmen, bis die Reaktion beendet ist. Kalte Masse wiederholt mit kaltem Wasser verreiben, dekantieren, mit Natronlauge bis zur bleibenden Alkalität versetzen, filtrieren, pressen, trocknen. Aus Äther große, gelbliche Prismen. Sch.-P. 149°.

k) O—S.

660 **DRP. 202 168** — Ber. 2, 330 Z. f. Ch. 1867, 199 1868, 77

Phenol-o- und **-p-sulfosäure** (Trennung)

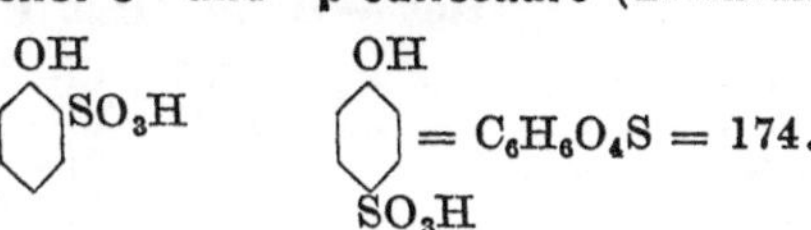

Trennung des Gemisches von o- und p-Säure (aus Phenol und kalter konz. Schwefelsäure) durch die verschiedene Löslichkeit der Monobarium- und Mono- und Dimagnesiumsalze. Das Kalisalz der o-Säure spaltet beim Schmelzen reinstes Phenol ab und es bildet sich **Phenol-2, 4-disulfosäure** neben geringen Mengen Trisulfosäure; Näheres s. Ber. 43, 1413.

661 **DRP. 202 632** — Ber. 23, 3394

m-Alkoxythiophenol OR / SH

Alkoxybenzol-m-sulfosäure oder deren Chlorid mit Zinkstaub und verdünnter Schwefelsäure reduzieren. Oder: m-Aminophenol in der Hydroxylgruppe alkylieren und die Aminogruppe durch SH ersetzen. **m-Methoxythiophenol** siedet unter 9—10 mm bei 96° bis 100°; **m-Äthoxythiophenol** unter 9—10 mm bei 104°—105°.

662 **DRP. 95 830** — Lit. wie [158]

Methoxybenzol-o-sulfinsäure

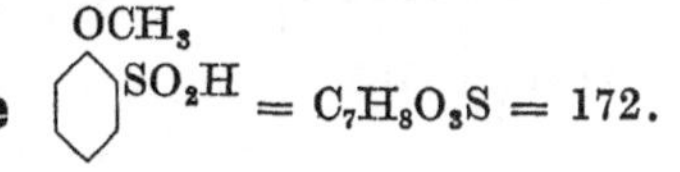

Wie [158] durch Diazotieren von o-Anisidin, Einleiten von Schwefeldioxyd in die Diazolösung und Zugabe von Kupferpulver. Die **Anisol-o-sulfinsäure** wird dem Reaktionsgemisch mittels Äther entzogen. Aus Wasser umkrystallisiert Sch.-P. 87°—88°, aus wässerigen Lösungen aussalzbar, in organischen Solventien, ausgenommen Schwefelkohlenstoff und Ligroin, leicht löslich.

663 **DRP. 130 119** — Lit. wie [160]

Wie [160]. 12 T. o-Anisidin in 20 T. Sprit und 27 T. Salzsäure (30%) lösen, mit einer wässerigen Lösung von 7 T. Nitrit bei 0°—10° diazotieren und zur Diazolösung 50 T. einer Lösung von Schwefeldioxyd in Sprit (25%) und eine konz. wässerige Lösung von 2,5 T. Kupfersulfat zugeben. Auf 30° erwärmen, langsam eine Natriumbisulfitlösung (enthaltend 14 T. Bisulfit) zugeben, Temperatur bei 30° halten. Aufarbeitung der Anisol-o-sulfinsäure wie [160].

664 **DRP. 171 789**

Wie [161] aus Anisol, Aluminiumchlorid und Schwefeldioxydgas.

l) S—S.

665 **DRP. 41 514** — Ber. 21, 263

m-Dithiophenol SH / SH $= C_6H_6S_2 = 142.$

110 T. Resorcin, in wenig Wasser gelöst, + 120 T. Natronlauge + 70 T. Schwefel im Wasserbad bis zur Lösung erwärmen. Das erhaltene **Thioresorcin** in verdünnte Salzsäure eintragen, filtrieren Rückstand in Soda lösen, abermals fällen.

666 **DRP. 113 784**

Benzol-m- und **-p-disulfosäure** $C_6H_4(SO_3H)_2$ (m und p) $= C_6H_6O_6S_2 = 238$.

Benzolmonosulfosäure [165] mit weiterem Polysulfat (1½-faches Gewicht) 2—3 St. auf 200° bis höchstens 240°, oder Benzol direkt mit dem 5-fachen Gewicht Polysulfat auf diese Temperatur erhitzen. Das Produkt besteht aus m-Disulfosäure neben wenig p-Disulfosäure, wenn nicht viel über 200° gearbeitet wird.

3. Benzol mit drei Substituenten.

a) Hal. mit (Hal., C, N, O, S).

1. Hal. — Hal. — (Hal. C, N, O, S).

667 **DRP. 280 739**
Ber. 42, 764

1, 2, 4-Trichlorbenzol

Wie [2] aus 1, 2, 4-Trinitrobenzol und Thionylchlorid.

668 **DRP. 32 238**
Zusatz zu DRP. 19 768

Dichlorbenzylidenchlorid $C_6H_3{Cl_2 \atop CHCl_2} = C_7H_4Cl_4 = 228$.

Dichlortoluol vom S.-P. 194°—200° mit Chlor bei 150°—170° behandeln. (Gemisch isomerer Dichlorbenzylidenchloride.)

669 **DRP. 32 238**
Zusatz zu DRP. 19 768
—
DRP. 25 827

Dichlorbenzaldehyde $C_6H_3{Cl_2 \atop CHO} = C_7H_4Cl_2O = 174$.

Dichlorbenzylidenchlorid [668] bei 40°—50° mit der 4-fachen Menge einer Mischung aus gleichen Teilen Schwefelsäure (66°) und Oleum (20%) bis zum Aufhören der Chlorwasserstoffentwicklung digerieren; Bisulfitverbindung herstellen, überschüssige Sodalösung zugeben, Aldehyde mit Wasserdampf übertreiben, krystallinisch erstarrten Anteil scharf abpressen, destillieren. Bei 234° geht die Hauptmenge (Gemisch isomerer Dichlorbenzaldehyde) über. Das Hauptprodukt der Benzaldehydchlorierung bei Gegenwart von Jod oder Antimonchlorid ist nach A. P. 315 932 **1, 4-Dichlor-5-benzaldehyd.** Vgl. Ber. 29, 875.

670 **DRP. 213 502**

1-Chlor-3-brom-2-benzaldehyd $C_6H_3(Cl)(CHO)(Br) = C_7H_4ClBrO = 219$.

Aus o-Chlor-o-bromtoluol. Aus Sprit farblose Krystalle vom Sch.-P. 68°.

671 **DRP. 234 290**

1, 3-Dichlor-4-benzotrichlorid $C_6H_3(Cl)(Cl)(CCl_3) = C_7H_3Cl_5 = 262$.

225 T. 2-Chlor-1-toluol-4-sulfochlorid auf 150° erhitzen, bei 150°—200° Chlor einleiten, bis keine merkliche Chlorwasserstoffentwicklung mehr stattfindet, im Vakuum destillieren. Der bei 20 mm zwischen 155°—159° übergehende Anteil ist nahezu reines 1, 3-Dichlor-4-benzotrichlorid (geringfügige Verunreinigung mit Dichlorbenzalchlorid). Gibt bei der Verseifung **1, 3-Dichlor-4-benzoesäure.**

672 **DRP. 282 133**

Ann. 231, 316

2, 4-Dichlorbenzoesäure (COOH, Cl, Cl) $= C_7H_4O_2Cl_2 = 190.$

50 T. 2-chlortoluol-4-sulfosaures Natron mit 240 T. Thionylchlorid 8 St. auf 230° erhitzen, alkalische Schmelze mit Wasserdampf behandeln, Rückstandlösung filtrieren und mit Mineralsäure fällen. Dieselbe Säure entsteht ebenso aus 4-Chlortoluol-2-sulfosäure.

673 **DRP. 167 297**
E. P. 10 678/04

Ann. 146, 41
196, 216
M. f. Ch. 11, 331

Dichlornitrobenzol $C_6H_3{Cl_2 \atop NO_2} = C_6H_3Cl_2NO_2 = 191.$

In 20 T. p-Chlornitrobenzol + 1 T. wasserfreies Eisenchlorid (oder 3 T. Antimonpentachlorid oder 2 T. Jod oder 5 T. Phosphorpentachlorid, in letzterem Falle bei 150°) bei 95°—120° 4,37 T. Chlor einleiten. In kaltes Wasser gießen, mit Wasser von 50° waschen. (Beim Arbeiten mit Jod noch mit Natriumthiosulfatlösung waschen.) **1, 2-Dichlor-4-nitrobenzol** technisch rein. Nach Umkrystallisieren aus Sprit Sch.-P. 43°, S.-P. 256°—260°

674 Anm. A. 15 932,
Kl. 12o
13. 9. 09
Berlin

o-Nitrobenzol chlorieren, die Hauptmenge des **1, 4-Dichlor-5-nitrobenzols** abscheiden und das verbleibende Öl durch kombinierte fraktionierte Krystallisation und Destillation in 1, 4-Dichlor-5-nitrobenzol und **1, 2-Dichlor-3-nitrobenzol** zerlegen.

675 **DRP. 180 204**

Ber. 32, 3636

1, 3-Dichlor-4-formylanilin (Cl, Cl, NH·CHO) $= C_7H_5Cl_2NO = 189.$

1 Mol. 1, 3-Dichlor-4-anilin mit 1,6 Mol. Ameisensäure (90%) 1 St. im Wasserbad erwärmen.

676 **DRP. 245 633**
Zusatz zu
DRP. 198 864

1, 2-Dichlorphenyl-4-thioglykolsäure (Cl, Cl, S·CH₂·COOH) $= C_8H_6Cl_2O_2S = 236.$

Wie [z. B. **155 ff.; 518 ff.**] aus 1, 2-Dichlor-4-aminobenzol.

677 Anm. K. 35 205,
Kl. 12 o
26. 10. 08
Kalle

1, 3-Dichlorphenyl-2-thioglykolsäure

(Cl, S·CH_2·COOH, Cl) $= C_8H_6Cl_2O_2S = 236.$

Durch Einwirkung halogenisierender Mittel auf Arylthioglykolsäuren.

2. Hal.—C—(C, N, O, S).

---

678 **DRP. 123 746**

1-Jod-3, 4-xylol (J; CH_3; CH_3) $= C_8H_9J = 232.$

Wie [3] mit 13 T. o-Xylol, 50 T. Benzin, 23 T. Jodschwefel und 112 T. Salpetersäure. Mit Dampf destilliert geht ein farbloses Öl über, das über Kali fraktioniert destilliert bei 225° siedet.

---

679 **DRP. 282 133**

4-Chlorisophthalsäure (COOH; COOH; Cl) $= C_8H_5O_4Cl = 235.$

Wie [191] aus 1, 3, 4-Xylolsulfosäure.

---

680 **DRP. 107 505**

1-Chlor-3-nitro-2-toluol (Cl; CH_3; NO_2) $= C_7H_6ClNO_2 = 171.$

In 500 T. reinstes, trockenes o-Nitrotoluol und 100 T. Antimonpentachlorid bei höchstens 30°—40° trockenes Chlor einleiten, bis die Gewichtszunahme 130 T. beträgt. Produkt mit verdünnter Salzsäure, Wasser und Natronlauge waschen und mit überhitztem Dampf übertreiben. Destillat bei 2° stehen lassen und festen Anteil vom flüssigen trennen. Der feste Anteil ist reines 1-Chlor-3-nitro-2-toluol vom Sch.-P. 37°, S.-P. 236°—238°. Der flüssige Anteil ist vermutlich ebenfalls, jedoch verunreinigtes, o-Chlor-o-nitrotoluol.

4-Brom-2-nitro-1-toluol vom Sch.-P. 45° erhält man nach Ber. 48, 432 neben dem 6-Bromisomeren durch Bromierung von o-Nitrotoluol mit Eisen als Katalysator. Gibt mit Permanganat oxydiert **4-Brom-2-nitro-1-benzoesäure,** mit Chromsäure 4-Brom-2-nitro-1-benzaldehyd. — Über **2-Chlor-3-nitrototuol** siehe Rec. trav. chim. **1908,** 455.

---

681 **DRP. 107 505**

Ber. 20, 2417

1-Chlor-3-amino-2-toluol (Cl; CH_3; NH_2) $= C_7H_8ClN = 141.$

1-Chlor-3-nitro-2-toluol [681], und zwar sowohl den festen als auch den flüssigen Anteil reduzieren. Das Acetylderivat der Base schmilzt bei 157°—159°.

---

682 **DRP. 90 847**

Ber. 16, 1598; 17, 2528; 19, 927

Chlorkresole $C_6H_3\left\{\begin{matrix} Cl \\ CH_3 \\ OH \end{matrix}\right. = C_7H_7ClO = 142.$

1-Chlor-2-methyl-4-phenol: 10,8 T. m-Kresol mit 55 T. Eisessig verdünnen, gut kühlen, genau berechnete Menge Chlor einleiten. Wenn genaue Gewichtszunahme erfolgt ist, in viel Wasser gießen, ausäthern, das ölige Rohprodukt destillieren, S.-P. 235°. Das Destillationsprodukt, wenn erstarrt, aus Ligroin umkrystallisieren, Sch.-P. 66°. Völlig geruchlos, leicht löslich in organischen Lösungsmitteln, auch in Glycerin und Alkalien. Nach

683 **Zus. DRP. 93 694** verläuft die Chlorierung noch glatter wie folgt: In das Gemenge einer Benzollösung von 21,2 T. Benzoyl-m-kresol und etwas metallischem Eisen sehr gut gekühlt 7,1 T. Chlor einleiten, Eisen und Benzol entfernen, gelbe Krystallmasse aus Sprit umkrystallisieren: **Benzoylmonochlor-m-kresol,** Sch.-P. 86°—87°. 24,6 T. hiervon mit berechneter Menge alkoholischer Kalilauge auf dem Wasserbade erwärmen, ausgeschiedenes K-Benzoat abfiltrieren; 1-Chlor-2-methyl-4-phenol bleibt in Lösung, Sprit abtreiben, Reinigung wie oben.

684 **DRP. 232 071**

180 T. Rohkresol (bei 200° siedender Rückstand der Phenoldestillation, enthaltend 60% m- und 40% p-Verbindung) allmählich unter Kühlung mit 135 T. Sulfurylchlorid (d. i. der dem Gehalt an m-Kresol entsprechenden Menge) versetzen. Bei der fraktionierten Destillation geht bei 200° reines p-Kresol und bei 235° reines 1-Chlor-2-methyl-4-phenol über. Oder: In 180 T. Rohkresol unter Kühlung 71 T. Chlor (d. i. die dem Gehalt an m-Kresol entsprechende Menge) einleiten. Hierbei entsteht aus einem Teil des m-Kresols **1-Chlor-4-methyl-6-phenol,** das bei der fraktionierten Destillation gemeinsam mit dem p-Kresol zwischen 195°—200° übergeht, während das 1-Chlor-2-methyl-4-phenol bei 235° überdestilliert.

685 **DRP. 233 118**
E. P. 7653/11
F. P. 433 118

Das durch vollständige Chlorierung von Rohkresol mittels Sulfurylchlorid erhaltene Gemenge von 1-Chlor-2-methyl-4-phenol und **1-Chlor-3-methyl-6-phenol** mit der doppelten Menge Schwefelsäure (60°) 4 St. auf 100° erhitzen (hierbei wird bloß 1-Chlor-2-methyl-4-phenol sulfuriert), in Wasser gießen, unsulfuriertes Öl abscheiden, mittels konz. Kochsalzlösung das Na-Salz der p-Chlor-m-kresolsulfosäure abscheiden und aus diesem durch Erhitzen mit der sechsfachen Menge Schwefelsäure (3 : 1) auf 140° die Sulfogruppe abspalten und das 1-Chlor-2-methyl-4-phenol mit Wasserdampf abdestillieren.

686 **DRP. 156 333**
A. P. 785 003
E. P. 9675/04
F. P. 342 518

1-Chlor-2-methyl-5-phenol: 190,5 T. 1-Chlor-2-methyl5-anilinsulfat in 1200 T. Schwefelsäure (25%) fein verteilen, mit 70 T. Natriumnitrit in konz. wässeriger Lösung diazotieren, kochen und das Chlorkresol überdestillieren. Aus Wasser umkrystallisieren. Sch.-P. 55°, S.-P. 228°. — Analog: **1, 2-Dichlor-4-phenol** aus 1, 2-Dichlor-4-anilin; Sch.-P. 64°—65°, S.-P. 145°—146°.

687 **DRP. 245 632**
Zusatz zu
DRP. 198 864

1-Chlor-2-methylphenyl-4-thioglykolsäure

Cl / CH_3 / $S \cdot CH_2 \cdot COOH$ $= C_9H_9ClO_2S = 216.$

Wie [z. B. **155 ff.; 518 ff.**] aus p-Chlor-m-toluidin ($NH_2 = 1$).

688 **DRP. 245 631**
Zusatz zu
DRP. 198 864
A. P. 916 029
E. P. 2769/08
F. P. 384 606

1-Chlor-3-methylphenyl-4-thioglykolsäure

Cl / CH_3 / $S \cdot CH_2 \cdot COOH$ $= C_9H_9ClO_2S = 216.$

Wie [z. B. **155 ff.; 518 ff.**] aus p-Chlor-o-toluidin ($NH_2 = 1$) durch Diazotieren, Kuppelung mit Xanthogenaten, Verseifung des Xanthogensäureesters zum Mercaptan und dessen Kondensation mit Chloressigsäure.

689 **DRP. 208 343**
und
DRP. 221 261

Ber. 19, 3139;
39, 1060
Z.Bl. 1907, I, 1791

1-Chlor-3-tolyl-4-sulfoxydessigsäure Cl / CH_3 / $SO \cdot CH_2 \cdot COOH$ $= C_9H_9ClO_3 = 200.$

44 T. p-Chlor-o-tolylthioglykolsäure in Wasser und 25 T. Natronlauge (40°) lösen (eben alkalisch), heiß auf Eis filtrieren, bei 0°—5° 318 T. Chlorlauge (im Liter 45 g Chlor) zufließen, 12—24 St. stehen lassen, filtrieren, das Filtrat mit Salzsäure ansäuern, filtrieren und die Krystalle aus Wasser umkrystallisieren. Weiße, in Schwefelsäure (66°) violettblau lösliche Nadeln. — **Phenylsulfoxydessigsäure** entsteht in schlechter Ausbeute. Ebenso wurden aus m-Chloranisylthioglykolsäure **m-Chlor-o-anisylsulfoxydessigsäure** und aus m-Xylylthioglykolsäure die **m-Xylylsulfoxydessigsäure** erhalten.

690 **DRP. 286 712**
F. P. 473 518

1-Chlor-2-toluol-5-sulfosäure Cl / CH_3 / SO_3H $= C_7H_7ClO_3S = 206.$

105 T. p-Toluolsulfochlorid (90%) mit 120 T. Natronlauge (40°) und 500 T. Wasser verseifen, bei 15°, höchstens 20° langsam 100 T. Chlor einleiten. Es scheidet sich das Na-Salz der 1-Chlor-2-toluol-5-sulfosäure fast völlig rein ab. Oder: 97 T. p-toluolsulfosaures Natron in 400 T. Wasser lösen, 30—40 T. Kochsalz, 110 T. Salzsäure (21°) zusetzen und allmählich 25—27 T. Kaliumchlorat eintragen, einige Stunden bei 50° rühren und kalt das abgeschiedene 1-chlor-2-toluol-5-sulfosaure Natrium absaugen. Nach

691 **Zus. DRP. 287 932** geht man anstatt von reiner p-Toluolsulfosäure von dem beim Sulfurieren von Toluol gewonnenen Gemisch von p- und o-Toluolsulfosäure aus. Auch hier scheidet sich bloß das 1-chlor-2-toluol-5-sulfosaure Natrium ab, während das Na-Salz der chlorierten o-Toluolsulfosäure in Lösung bleibt. Man erwärmt z. B. 460 T. Toluol 7 St. mit 2300 T. Schwefelsäure (84%) auf 100° bis 105°, gießt auf 2600 T. Eis, setzt 600 T. Salz und 900 T. rohe Salzsäure und innerhalb 8 St. bei 55° 250 T. Kaliumchlorat zu, rührt noch einige Stunden, läßt erkalten, saugt ab. Ausbeute 80% reiner Chlortoluolsulfosäure. — Nach **DRP. 312 959** erhält man halogenisierte p-Toluolsulfosäuren durch Behandlung ihrer trockenen Salze bei Gegenwart oder Abwesenheit von Überträgern mit Halogen. Vgl. [502].

---

692 **DRP. 132 475** — Lit. wie [778]

Chloroxybenzylchlorid $C_6H_3\begin{matrix}Cl\\CH_2Cl\\OH\end{matrix} = C_7H_6Cl_2O = 176.$

Wie [778] aus 100 T. o-Chlorphenol mit 1500 T. stärkster Salzsäure, 300 T. Formalin (40%) und 10 T. konz. Schwefelsäure durch 1-stündiges Erwärmen auf 50°. Beim Erkalten scheidet sich das Chloroxybenzylchlorid als allmählich erstarrendes Öl ab. Aus Ligroin umkrystallisieren, Sch.-P. 112°. Eine isomere Verbindung ist auf analoge Weise aus p-Chlorphenol darstellbar. Sch.-P. 85°.

---

693 **DRP. 107 501**

1-Chlor-3-nitro-2-benzylbromid $C_6H_3(Cl)(CH_2Br)(NO_2) = C_7H_5ClBrNO_2 = 250.$

200 T. festes o-Chlor-o-nitrotoluol [681] vom Sch.-P. 37° auf 160°—180° (nicht unter 150°!) erhitzen und rasch 210 T. Brom zutropfen lassen. (2 m langes, oben mit einem Chlorcalciumrohr versehenes Aufsatzrohr, zur Kondensation des mitgerissenen Broms und zur Ableitung des BrH.) Das kalte Produkt auf Ton trocknen, in Sprit lösen, die klare Spritlösung vom zuerst ausgeschiedenen flüssigen Nebenprodukt abgießen, das ausgeschiedene 1-Chlor-3-nitro-2-benzylbromid wiederholt aus Sprit + Benzin umkrystallisieren. Gelbliche Krystalle, Sch.-P. 51°. Mit Wasser + Soda gekocht erfolgt Austausch des Br gegen OH, ebenso auch beim Kochen mit Bleinitrat oder Kaliumacetat.

---

694 **DRP. 107 501**

1-Chlor-3-nitro-2-benzylalkohol $C_6H_3(Cl)(CH_2OH)(NO_2) = C_7H_6ClNO_3 = 187.$

o-Chlor-o-nitrobenzylbromid [693] mit alkoholischer Kaliumacetatlösung kochen. Sch.-P. des Alkohols 58°—59°.

---

695 **DRP. 154 493**

1-Chlor-4-nitro-2-benzylsulfosäure

$C_6H_3(Cl)(CH_2\cdot SO_3H)(NO_2) = C_7H_6ClNO_5S = 251.$

16,1 T. o-Chlorbenzylchlorid mit einer Lösung von 27 T. Natriumsulfit kochen, **o-Chlorbenzylsulfosäure** aussalzen; aus Sprit weiße Blätter. — 23,8 T. ihres Na-Salzes in 230 T. Monohydrat lösen, bei 10° allmählich mit 23,5 T. Mischsäure (6,6 T. HNO_3 [43°], d. i. 28%) nitrieren, Temperatur unter 50° halten, nach 2—3 St. auf Eis gießen, filtrieren und aus Wasser umkrystallisieren. Gelbliche Nadeln. — Die Nitrochlorbenzylsulfosäure geht durch Oxydation mit Permanganat über in **1-Nitro-4-chlor-3-benzoesäure,** Sch.-P. 165°, mit Natronlauge erhitzt entsteht **Nitrooxybenzylsulfosäure,** mit Ammoniak unter Druck: **Nitroaminobenzylsulfosäure,** mit aromatischen Aminen: **Diphenylaminderivate.**

---

696 **DRP. 30 329** F. P. 164 271

Halogennitrobenzaldehyde $C_6H_3\begin{matrix}Hal.\\CHO\\NO_2\end{matrix}$

Nitrieren von m-Chlorbenzaldehyd mit Mischsäure, in Eiswasser gießen. Es scheidet sich **m-Chlor-o-nitrobenzaldehyd** ab; aus Alkohol gelbliche Nadeln vom Sch.-P. 60°. Nach

697 **Zus. DRP. 33 064** — Ber. **37**, 1861

entstehen beim Nitrieren von m-Chlorbenzaldehyd zwei durch Krystallisation aus Benzol trennbare Isomere. Hauptprodukt: **1-Chlor-4-nitro-3-benzaldehyd,** gelbe Nadeln vom Sch.-P. 78°. Nebenprodukt: Isomerer m-Chlor-o-nitrobenzaldehyd, dickes, rötliches Öl. — Ebenso entstehen beim Nitrieren von m-Brombenzaldehyd zwei isomere o-Nitro-m-brombenzaldehyde. Hauptprodukt: **1-Brom-4-nitro-3-benzaldehyd,** aus Benzin farblose Nadeln, Sch.-P. 73°—74°.

698 **DRP. 62180** — Ann. 247, 367; 260, 63; 272, 152

1 T. p-Chlorbenzaldehyd unter Kühlung in 6 T. Schwefelsäure (66°) lösen, unter +25° mit 0,629 T. Salpetersäure (78%) nitrieren; schließlich auf dem Wasserbade $^1/_4$ St. auf 80°—90° erwärmen, kalt + 18 T. Eiswasser, nach mehreren Stunden filtrieren, trocknen. Ausbeute: 1,3 T. Aus kochendem Wasser weiße Nadeln des **1-Chlor-2-nitro-4-benzaldehyds**, in Methylalkohol sehr leicht löslich. Sch.-P. 62°.

699 **DRP. 107501**

o-Chlor-o-nitrobenzylbromid [693] gibt mit Salpetersäure im Wasserbad erwärmt **1-Chlor-3-nitro-2-benzaldehyd** vom Sch.-P. 70° bis 71°.

700 **DRP. 149748** — Ber. 36, 3229

In eine Mischung von 36 T. p-Amino-o-nitrobenzaldoxim (Ber. **35**, 1234 [277]) 500 T. konz. Salzsäure und 165 T. Eisenchloridlösung (10%) Dampf einleiten, bis das Destillat mit essigsaurem Phenylhydrazin kaum mehr reagiert. **1-Chlor-3-nitro-4-benzaldehyd** scheidet sich z. T. fest ab, der Rest wird aus der Lösung ausgeäthert. Sch.-P. 67°—68°. — Analog: **1-Brom-3-nitro-4-benzaldehyd.** Aus verdünntem Sprit umkrystallisieren, Sch.-P. 97° bis 98°. Nach

701 **DRP. 149749**

kocht man p-Amino-o-nitrobenzaldoxim in Salzsäure (bzw. Bromwasserstoff) gelöst mit 7 T. Kupfervitriol, 4 T. Kochsalz, 15 T. Wasser, 4 T. Kupferspänen (oder -paste nach Gattermann) und 3 T. konz. Salzsäure (5 T. Bromwasserstoff), läßt 7,4 T. Nitrit in 30 T. Wasser gelöst zufließen und treibt den 1-Chlor-(Brom)-3-nitro-4-benzaldehyd über. — Analog: **1-Jod-3-nitro-4-benzaldehyd** vom Sch.-P. 110°—111°.

702 Anm. B. 26363, Kl. 12 o. 1. 10. 06 Badische Zusatz zu Anm. B. 25225

1-Chlor-3-nitro-4-benzaldehyd durch Oxydation von p-Chlor-o-nitrotoluol mit Braunstein und Schwefelsäure bei Temperaturen über 100°.

703 **DRP. 86874**

1-Chlor-5-amino-2-benzaldehyd] (Cl, CHO, NH_2 am Benzolring) $= C_7H_6ClNO = 155.$

Wie [320] aus o-Chlor-p-nitrotoluol. Nach dem Abtreiben des als Nebenprodukt entstandenen o-Chlor-p-toluidins den schwer löslichen Aldehyd abfiltrieren, in sehr verdünnter Salzsäure lösen, kochend mit Soda neutralisieren, langsam erkalten lassen. Gelbliche Nadeln vom Sch.-P. 147°.

704 **DRP. 88338** — Ber. 18, 1520

1-Chlor-5-dimethylamino-2-benzaldehyd

(Cl, CHO, $N(CH_3)_2$ am Benzolring) $= C_9H_{10}ClNO = 183.$

m-Chlordimethylanilin + Chloralhydrat kondensiert gibt die Base

$$Cl_3\equiv C—C\begin{matrix}H\\ C_6H_3\cdot Cl\cdot N(CH_3)_2\\ OH\end{matrix},$$

die mit alkoholischem Kali gespalten wird. Den Aldehyd über die Bisulfitverbindung oder durch Umkrystallisieren reinigen. Aus Wasser feine Nadeln, Sch.-P. 82°, mit Dampf schwer flüchtig.

705 **DRP. 105103** Zusatz zu DRP. 103578

25 T. nitrobenzolsulfosaures Natrium + 10 T. m-Chlordimethylanilin in 90 T. Salzsäure und 300 T. Wasser lösen, bei 40° 5 T. Formaldehyd (40%) und 15 T. Gußspäne auf einmal zusetzen. Die tiefgelbe Flüssigkeit scheidet rotgelbe Krystalle aus. Abfiltrieren, in Soda lösen, vom Eisen abfiltrieren, Filtrat mit Natronlauge kochen und so den Aldehyd in Freiheit setzen. — Ebenso **1-Chlor-3-mono-** bzw. **-diäthylamino-6-benzaldehyd** aus m-Chlormono- bzw. -diäthylanilin. Gelbliche Nädelchen, Sch.-P. 101°, bzw. leicht bewegliches, bei 0° zähes Öl.

706 **DRP. 105798** F. P. 283920 — Ber. 10, 2199

Halogenoxybenzaldehyde $C_6H_3\begin{matrix}Hal.\\ CHO\\ OH\end{matrix}.$

1-Chlor-(Brom-, Jod-)-2-oxy-5-benzaldehyd nach dem Verfahren von [**463**, **781** usw.] aus o-Chlor-(Brom-, Jod-)phenol.

707 **DRP. 228 838** Zusatz zu DRP. 216 305

1-Chlor-2-oxy-3-benzaldehyd (Cl, OH, CHO), wie [z. B. 464] durch Reduktion der aus o-Chlorphenol und Kohlendioxyd erhaltenen **1-Chlor-2-oxy-3-benzoesäure** vom Sch.-P. 180°; in Natronlauge citronengelb löslich, schmilzt bei 54°.

708 **DRP. 91 818** Zusatz zu DRP. 89 397

Chlorsulfobenzaldehyde C_6H_3 Cl CHO SO_3H = $C_7H_5ClO_4S$ = 220.

1-Chlor-4-sulfo-3-benzaldehyd: Wie [z. B. 504] aus 1, 4-Dichlor-3-benzaldehyd mit neutralem Sulfit unter Druck, wobei nur das in o-Stellung zur CHO-Gruppe befindliche Chlor gegen die Sulfogruppe ausgetauscht wird.

709 **DRP. 117 540** E. P. 21 968/97 F. P. 276 007

1-Chlor-3-sulfo-4-benzaldehyd: 11,5 T. p, p-Dichlorstilben-o, o-disulfosäure [1451] gelöst in 500 T. Wasser mit Soda neutralisieren, bei 10° mit der Lösung von 5,75 T. Permanganat in 100 T. Wasser verrühren, anwärmen, Braunstein abfiltrieren, das Filtrat einengen und die kleinen, weißen Krystalle des K-Salzes abfiltrieren. Die wässerige Lösung gibt mit Anilin und Essigsäure einen gelben, krystallinischen Niederschlag, mit p-Toluylendiamin eine braunrote Fällung, mit p-Nitrophenylhydrazin einen orangefarbenen Wollfarbstoff, mit Stilbendihydrazindisulfosäure einen grüngelben Woll- und Baumwollfarbstoff.

710 **DRP. 199 943** A. P. 877 054 F. P. 384 979

1-Chlor-3-sulfo-2-benzaldehyd: Aus 1, 3-Dichlor-2-benzaldehyd mit 1 Mol. Natriumsulfit unter Druck, oder aus 1-Chlor-3-sulfo-2-toluol durch Oxydation mit Braunstein und Schwefelsäure.

711 **DRP. 23 785**

1-Brom-3-nitro-4-acetophenon (Br, NO_2, $COCH_3$) = $C_8H_6BrNO_3$ = 244.

o-Nitroacetophenon in 5-facher Menge Eisessig gelöst + 1 Mol. Brom. In Wasser gießen. Gelbes, bald erstarrendes Öl.

712 **DRP. 107 501**

1-Chlor-3-nitro-2-benzoesäure (Cl, COOH, NO_2) = $C_7H_4ClNO_4$ = 201.

o-Chlor-o-nitrobenzylbromid [693] in alkalischer Lösung mit Permanganat oxydieren. Sch.-P. 162°.

713 **DRP. 152 484**

Chlor-o-aminobenzoesäure C_6H_3 Cl COOH (1) NH_2 (2) = $C_7H_6ClNO_2$ = 171.

o-Acettoluid chlorieren, CH_3-Gruppe oxydieren, verseifen; Sch.-P. 206°. Aus Dichlor-o-acettoluid analog: **Dichloranthranilsäure** (Sch.-P. 225°).

714 **DRP. 244 207** — DRP. 145 604 DRP. 202 564 DRP. 205 415

Chlor-3-amino-4-benzoesäure (Cl, NH_2, COOH) = $C_7H_6ClNO_2$ = 171.

191 T. 2, 4-Dichlorbenzoesäure [Ann. 231, 316] mit 800 T. Ammoniak (30%) und 2 T. Kupfer im Autoklaven 50 St. auf 120° erhitzen, Ammoniak durch Kochen vertreiben, filtrieren und das Filtrat mit Salzsäure fällen. Die auskrystallisierende **Chloranthranilsäure** ist sehr rein, identisch mit dem Produkt M. f. Ch. 22, 485.

715 **DRP. 231 962** — Lit. wie [717]

1-Chlor-3-amino-2-benzoesäuremethylester

(Cl, $COOCH_3$, NH_2) = $C_8H_8ClNO_2$ = 185.

Wie [717]. 80 T. **6-Chlorisatosäureanhydrid** (H N, CO, O, CO, Cl) (nach Ber. 32, 2164 aus 6-Chloranthranilsäure und Phosgen erhaltbar, aus Nitrobenzol umkrystallisieren; Zersetzungspunkt 280°) + 330 T. Methylalkohol und 80 T. Monohydrat bei 40°—50° rühren bis Lösung eingetreten ist, (etwa 30 St.), in Wasser gießen, filtrieren, Lösung mit Soda schwach alkalisch machen, ausgeschiedenen Ester mit Äther aufnehmen. S.-P. bei 10 mm 156°—159°.

716 **DRP. 148615**
A. P. 761 007
F. P. 315 180
—
DRP. 131 401
DRP. 132 266

Chlor-(Brom-)phenylglycin-o-carbonsäure

C_6H_3 Cl, COOH (1), NH·CH_2·COOH (2) = $C_9H_8ClNO_4$ = 229. (Br = 274).

195 T. Phenylglycin-o-carbonsäure in 600 T. Eisessig suspendieren, allmählich mit 160 T. Brom versetzen, nach einigen Stunden in Wasser gießen, Niederschlag abfiltrieren und erschöpfend waschen. Aus Sprit gelbe Nadeln der Bromphenylglycin-o-carbonsäure vom Sch.-P. 228°. Mit 71 T. Chlor entsteht ebenso die Chlorphenylglycin-o-carbonsäure vom Sch.-P. 210°—215°. Mit 142 T. Chlor: **Dichlorphenylglycin-o-carbonsäure** vom Sch.-P. 237°—238°. — Von der ω-Cyanmethylanthranilsäure [372] ausgehend, gelangt man ebenso zur **Brom-ω-cyanmethylanthranilsäure**, Sch.-P. 209°—210° (vgl. J. pr. 63, 403), **Chlor-ω-cyanmethylanthranilsäure**, Sch.-P. 199°—200°, und **Dichlor-ω-cyanmethylanthranilsäure**, Sch.-P. 222°—223°. Durch Kochen mit überschüssigem Alkali, solange Ammoniak entweicht, gehen diese Säuren in die Phenylglycincarbonsäurederivate über, die man mit Schwefelsäure ausfällt.

717 **DRP. 231 962**
—
DRP. 110 386, 110 577
Ber. 32, 1215; 32, 2163
J. pr. 30, 474

1-Chlor-3-phenylglycin-2-carbonsäuredimethylester

Cl, $COOCH_3$, NH·CH_2·$COOCH_3$ = $C_{11}H_{12}ClNO_4$ = 257.

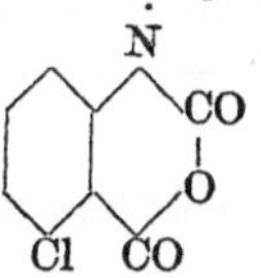

In eine Lösung von 230 T. 3-Chlorphenylglycin-2-carbonsäure (M. f. Ch. 22, 487, [716, 997, 996]) in 1600 T. Wasser und 80 T. Ätznatron bei 10° bis zur Gewichtszunahme von 100 T. Phosgen einleiten, **6-Chlorisatoessigsäure** (CH_2·COOH, N, CO, O, Cl, CO) absaugen. 256 T. der Säure in ein kaltes Gemenge von 1000 T. Methylalkohol und 250 T. Monohydrat kalt eintragen, nach 2—3 Tagen die Lösung in Wasser gießen, sodaalkalisch stellen und die zuerst ölige, dann krystallinische Masse kalt absaugen. Aus Ligroin umkrystallisieren, Sch.-P. 55°—56°.

718 **DRP. 69 116**
E. P. 17 147/92
F. P. 224 548
—
Ann. 146, 285
J. pr. 13, 432

Chloroxybenzoesäuren C_6H_3 Cl, COOH, OH = $C_7H_5ClO_3$ = 172.

1-(2)-Chlor-3-oxy-6-benzoesäure: 414 T. p-Oxybenzoesäure in 600 T. Essigsäure lösen, allmählich mit 380 T. konz. Salzsäure und 122,5 T. Kaliumchlorat versetzen. Die Temperatur soll nicht über 90° steigen. Die Lösung mit der 3-fachen Menge Wasser verdünnen, Krystalle abfiltrieren, waschen; Sch.-P. 169°. Oder: In eine Lösung von 138 T. p-Oxybenzoesäure in 200 T. Essigsäure 71 T. Chlor einleiten. Die **Dichlor-p-oxybenzoesäure** entsteht ebenso mit der doppelten Menge Chlor. — Über **Chlor-p-oxybenzaldehyd** und 1-Chlor-2-oxy-3-benzaldehyd siehe Ber. 37, 4003.

719 **DRP. 74 493**

1-Chlor-2-oxy-4-benzoesäure (Cl, OH, COOH): 138 T. m-Oxybenzoesäure in 500—700 T. Schwefelkohlenstoff suspendieren, $^1/_2$ T. Eisenchlorür (wasserfrei) zufügen und 75 T. Chlor einleiten. Den Schwefelkohlenstoff abdestillieren, Rückstand aus der doppelten Menge Wasser umkrystallisieren: Feine, weiße Nadeln. Oder: Statt Chlor einzuleiten, 12 T. Schwefelchlorür einfließen lassen, einige Zeit auf dem Wasserbade erwärmen, wenn die Chlorwasserstoffentwicklung beendet ist, weiter wie oben behandeln. Statt Schwefelkohlenstoff auch Tetrachlorkohlenstoff, Chloroform, Eisessig oder Schwefelsäure als Verdünnungsmittel verwendbar. — Über **m-Methoxy-o-chlorbenzoësäure** siehe Ber. 38, 2111, 2211.

720 **DRP. 60 637** — Ann. 134, 276; Ber. 28, 2411

Bromoxybenzoesäure $C_6H_3(Br)(COOH)(OH) = C_7H_5BrO_3 = 217$.

1-(2)-Brom-3-oxy-6-benzoesäure: 1 T. p-Oxybenzoesäure mit Eisessig anrühren, allmählich 1 Mol. Brom zutropfen lassen, Wasser zugeben, Krystalle abfiltrieren. Wird an Stelle der Säure der Alkylester verwendet, so entsteht der Ester der Brombenzoesäure. Den **Dibrom-p-oxybenzoesäurealkylester** erhält man aus dem in der entsprechenden Menge Natronlauge gelösten p-Oxybenzoesäurealkylester mit 2 Mol. Brom.

721 **DRP. 71 260**

1-Brom-2-oxy-4-benzoesäure (Br, OH, COOH), wie [719]: In 135 T. m-Oxybenzoesäure, gelöst in 350 T. Schwefelkohlenstoff, 1/2 T. wasserfreies Eisenbromür einrühren und 160 T. Brom einfließen lassen, unter Rückfluß auf 30°—40° erhitzen. Aus Wasser rötliche Spieße.

3. Hal. — N — (N, O, S).

722 **DRP. 251 103**

1-Chlor-3-nitroso-6-oxybenzol (Cl, OH, NO) $= C_6H_4ClNO_2 = 157$.

Aus 2-Chlorbenzochinon und Hydroxylamin (Ber. **21**, 3316).

723 **DRP. 108 165** — Ber. 24, 1655; 24, 2939; 24, 3749; F. P. 286 888

1-Chlor-3, 5-dinitrobenzol (Cl, NO_2, NO_2) $= C_6H_3ClN_2O_4 = 202$.

In 16,5 T. geschmolzenes m-Dinitrobenzol nach Zusatz von 1 1/2 T. Eisendraht bei 95° langsam trockenes Chlor einleiten, bis die Gewichtszunahme einem Atom Chlor entspricht. Produkt mit lauwarmem Wasser waschen. Aus Sprit Nadeln, Sch.-P. 59°.

DRP. 199 318 — F. P. 385 199 — Z. Bl. 1900, I, 543

1-Chlor-2, 4-dinitrobenzol: 184 T. 2, 4-Dinitrophenol, 190 T. o-Toluolsulfochlorid und 129 T. Chinolin 1—2 St. unter Rückfluß auf 110°—130° erhitzen, Schmelze sodaalkalisch stellen, Chinolin abblasen, den mit Wasser gewaschenen Rückstand mit Sprit oder starker Schwefelsäure von geringen Mengen gleichzeitig gebildeten 2, 4-Dinitrophenol-Toluolsulfosäureesters befreien.

724 **DRP. 109 189** — E. P. 19 327/98; F. P. 281 333 — Ann. 215, 109; Ber. 8, 144

1-Chlor-3-nitro-6-anilin (Cl, NH_2, NO_2) $= C_6H_5ClN_2O_2 = 172$.

In 34,5 T. p-Nitranilin, gelöst in 200 T. konz. Salzsäure oder 200 T. Schwefelsäure (60°) und 400 T. Eis bei —10° Chlor, stets unter 0° einleiten, bis die Gewichtszunahme 10 T. beträgt. Die Ausscheidung beginnt schon während des Einleitens. Mit Wasser fällen, das gelbe Produkt aus Essigsäure (25%) umkrystallisieren, Sch.-P. 105°. — Ebenso wie Chlor verhält sich eine Lösung von 18,8 T. unterchlorigsaurem Natrium, wobei man unter +3° arbeiten muß.

725 **DRP. 206 345**

—

Bisher nach:
DRP. 204 574
F. P. 373 475
Ann. 182, 98; 265, 104
Ber. 9, 1826
Chem. Z. 25, 182

1-Chlor-4-nitro-3-anilin (Cl, NH_2, NO_2) $= C_6H_5ClN_2O_2 = 172.$

169,5 T. 1-Chlor-3-acetylaminobenzol in 1350 T. Oleum (23%) eintragen; wenn eine Probe nach etwa 12-stündigem Stehen bei gewöhnlicher Temperatur klar wasserlöslich ist, mit 135 T. Schwefelsäure (50°) verdünnen, bei −6° bis −7° innerhalb 2—3 St. mit 103 T. Salpetersäure (40°) stets unter −5° nitrieren, in 4000—5000 T. Wasser gießen, zur Verseifung $^1/_2$ St. auf 70°—80° erwärmen, die gelbe Lösung mit 100 T. Kaliumchlorid aussalzen und kalt das K-Salz der **1-Chlor-4-nitro-3-aminobenzol-6-sulfosäure**

(Cl, SO_3H, NH_2, NO_2)

absaugen. 290,5 T. des Salzes zur Abspaltung der Sulfogruppe mit 1000 T. Schwefelsäure (55°) 7 St. im Wasserbade erhitzen, in 1000 T. Wasser gießen und die Base aus Sprit oder Benzol umkrystallisieren. Sch.-P. 124°—125°.

726 **DRP. 140 133**

—

Ann. 182, 110
Ber. 7, 1600; 29, 2599

1-Chlor-3-nitro-4-methoxybenzol (Cl, NO_2, OCH_3) $= C_7H_6ClNO_3 = 187.$

192 T. 2, 5-Dichlor-1-nitrobenzol + 250 T. Methylalkohol + 114,3 T. Natronlauge (40°) 5 St. unter Rückfluß kochen, den größten Teil des Alkohols abdestillieren und das Produkt aus Sprit umkrystallisieren. Blaßgelbe Prismen, Sch.-P. 94°—96°.

727 **DRP. 161 664**
E. P. 25 505/04

—

Ber. 2, 710
Arch. f. Pharm. 233, 31

In 153 T. o-Nitroanisol + 23 T. Ameisensäure (98%) oder Essigsäure oder Monochloressigsäure und evtl. Eisen als Überträger Chlor einleiten, bis die Gewichtszunahme 35,5 T. beträgt. Temperatur steigt auf 60°—65°. Um die Masse flüssig zu erhalten, wird sie zum Schluß auf 80° erhitzt. In Wasser gießen. Technisch rein, sonst aus Sprit umkrystallisieren, Sch.-P. 96,5°.

728 **DRP. 89 997**

1-Chlor-3-nitrobenzol-5 (?)-sulfochlorid

(Cl, SO_3Cl, NO_2) $= C_6H_4ClNO_5S = 237.$

Wie [836] aus m-Chlornitrobenzol mit Schwefelsäurechlorhydrin.

729 **DRP. 118 013**

1-Chlor-3, 5-phenylendiamin (Cl, NH_2, NH_2) $= C_6H_7ClN_2 = 142.$

Durch Reduktion des 1-Chlor-3, 5-dinitrobenzols [723].

730 **DRP. 146 654**

—

Ann. 182, 108

1-Chlor-3-amino-6-acetanilid (Cl, $NH\cdot COCH_3$, NH_2) $= C_8H_9ClN_2O = 184.$

Durch Reduktion von 1-Chlor-3-nitro-6-acetanilid.

731 **DRP. 197 035**

1-Chlor-2-amino-5-dialkylanilin (Cl, NH_2, NR_2)

Aus den Nitrosoverbindungen durch Reduktion mit Zinkstaub und Salzsäure. Die Dimethylverbindung schmilzt bei 42°, siedet bei 158°, die Diäthylverbindung ist eine Flüssigkeit, die bei 285° (760 mm) siedet.

732 **DRP. 143 449**

Ann. 173, 306; 234, 6

1-Chlor-2-amino-5-phenol (Cl, NH_2, OH) $= C_6H_6ClNO = 143.$

25 T. Salpetersäure (33%) bei höchstens 15° in 4 T. geschmolzenes m-Chlorphenol einlaufen lassen, das auskrystallisierende Rohnitroprodukt sofort abfiltrieren und neutral waschen. Wenn es ölig ausfällt, im Scheidegefäß abtrennen, mit Dampf die geringen Mengen eines isomeren Produktes entfernen und den erstarrenden Rückstand trocknen. Aus Benzol umkrystallisiert, schmilzt das reine **1-Chlor-2-nitro-5-phenol** bei 133°. Zur Reduktion 2 T. mit 3 T. Eisen, 1 T. Wasser und 0,2 T. Salzsäure (20°) kochen, die Brühe mit 10 T. Wasser verdünnen, genau sodaneutral stellen, kochend filtrieren. Die abgeschiedene krystallinische Base schmilzt bei 160°. Wenig oxydabel. — Über **1-Chlor-3-amino-4-phenol** und **1-Chlor-3-amino-6-phenol** siehe Ann., Suppl. 7, 193 bzw. Z. f. Ch. 1871, 339.

733 **DRP. 234 742**

1-Chlor-3-acetylamino-4-oxybenzol

(Cl, NH·COCH$_3$, OH) $= C_8H_8ClNO_2 = 185.$

1-Chlor-3-amino-4-oxybenzol in Essigsäureanhydrid einrühren. Selbsterwärmung. Die erstarrte Masse in Natronlauge lösen, mit Salzsäure fällen, abfiltrieren und waschen. Graues Pulver vom Sch.-P. 183°. In Benzol, Wasser und Ammoniak löslich.

734 Anm. F. 19 707, Kl. 12 q, 12. 8. 05, Höchst

Ann. 265, 94; Ber. 34, 2753

1- Chlor-4-aminobenzol-3-sulfosäure (Cl, SO_3H, NH_2) $= C_6H_6ClNO_3S = 207.$

Das saure Sulfat des 1-Chlor-4-anilins auf Temperaturen über 200° erhitzen.

735 **DRP. 129 808**

Jodsulfanilsäure: In die 10° warme Lösung von 173 T. Sulfanilsäure und 244 T. Salzsäure in Wasser mittels eines Luftstromes 162 T. Chlorjod einblasen, mehrere Stunden rühren, die Lösung auf 20% ihres Volums konzentrieren, kalt den Krystallbrei absaugen. — Ebenso erhält man mit der doppelten Jodmenge die **Dijodsulfanilsäure,** ferner auf ähnlichem Wege **Jod-o-toluidinsulfosäure** und **Dijodmetanilsäure.**

4. Hal.—O—(O, S).

736 Anm. S. 10 126, 20. 6. 98, Soc. chim. Rhône

1-Chlor-2-phenol-5-sulfosäure (Cl, OH, SO_3H) $= C_6H_5ClO_4S = 208.$

In Lösung von p-Phenolsulfosäure in 1/3 T. Wasser und 5—10% Schwefelsäure Chlor einleiten bzw. bromieren oder jodieren. Daneben entstehen wenig Di- und Trisubstitutionsprodukte.

737 **DRP. 132 423**

F. P. 311 722

F. P. 301 530

1-Chlor-4-phenol-3-sulfosäure (Cl, SO_3H, OH) $= C_6H_5ClO_4S = 208.$

500 T. feinstgepulvertes Na-Salz der p-Dichlorbenzolsulfosäure in eine Lösung von 500 T. Ätznatron in 1000 T. Wasser eintragen, 12 St. bei 170°—190° verschmelzen, kalt 500 T. Wasser und 1100 T. Salzsäure (1,19) zugeben und das ausgeschiedene Na-Salz absaugen, in Wasser lösen und aussalzen. Aus Sprit farblose Blätter.

5. Hal.—S—S.

$Cl(Br)-SO_3H-SO_3H$ 738

---

738 **DRP. 260 563** — Ann. 143, 108

Chlorbenzoldisulfosäure $C_6H_3{Cl \atop (SO_3H)_2} = C_6H_5ClO_6S_2 = 272$.

1 T. p-Chlorbenzolsulfochlorid und 4 T. Monohydrat auf 160°—180° erhitzen, bis die Salzsäureentwicklung nachläßt, kalt in Wasser gießen, kalken, das Filtrat mit Soda umsetzen und zur Trockne dampfen. — Zur Gewinnung der **Brombenzoldisulfosäure** muß man die p-Brombenzolmonosulfosäure mit der 8—10-fachen Menge kryst. Pyroschwefelsäure unter Druck 6 St. auf 220°—240° erhitzen (Ber. **24**, 3805). **o-Chlortoluol-4, 5-** und **-4, 6-** bzw. **-3, 5-disulfosäure** entsteht aus der Monosulfosäure (im Verhältnis: 1 T. 4, 5- zu 2 T. 4, 6-Säure) auch nur mit Oleum (35%). (C. Bl. **1899**, I, 201.)

---

b) C—C—C.

$CH_3-3\,CH_3-4\,CH_2Cl$ 5
$CH_3-2\,CH_3-4\,CHO$ 28, 31, 740
$CH_3-1\,CH_3-4\,CHO$ 28, 31, 740
$CH_3-4\,CH_3-2\,CHO$ 28, 31, 33, 740
$CH_3-3\,CH_3-4\,CN$ 59
$CH_3-2\,CH_3-4\,COOH$ 741
$CH_3-3\,CH_3-4\,COOH$ 59
$CH_3-4\,CH_3-2\,COOH$ 741

739
740 **DRP. 98 706** und **DRP. 99 568** — Lit. wie [28 u. 31]

Dimethylbenzaldehyde $C_6H_3{CH_3 \atop {CH_3 \atop CHO}} = C_9H_{10}O = 134$.

Wie [28 und 31] aus den Xylolen mit Kohlenoxyd und Salzsäure bei Gegenwart von Aluminiumchlorid und Kupferchlorür oder mit Salzsäure und Blausäure bei Gegenwart von Aluminiumchlorid. So erhält man: Aus o-Xylol: **1, 2-Dimethyl-4-benzaldehyd,** S.-P. 226°, sein Phenylhydrazon schmilzt bei 90,5°; aus m-Xylol: **1, 3-Dimethyl-4-benzaldehyd,** S.-P. 215°—216°; aus p-Xylol: **1, 4-Dimethyl-2-benzaldehyd,** S.-P. 220°, sein Phenylhydrazon schmilzt bei 86°.

---

741 **DRP. 98 706**

Dimethylbenzoesäuren $C_6H_3{CH_3 \atop {CH_3 \atop COOH}} = C_9H_{10}O_2 = 150$.

Aus den entsprechenden Aldehyden durch Oxydation mit Permanganat. **1, 2-Dimethyl-4-benzoesäure,** Sch.-P. 163°; **1, 4-Dimethyl-2-benzoesäure,** Sch.-P. 132°.

---

c) C—C—N.

$CH_3-CH_3-NO_2$ 67
$CH_3-CH_3-NH_2$ . . . . 742—747
$CH_3-4\,CH_3-2\,NH_2$ 742
$CH_3-3\,CH_3-4\,NH\cdot CH_2\cdot CN$ 110, 114
$CH_3-3\,CH_3-4\,NH\cdot CH_2\cdot COOH$ . . . 107, 748
$CH_3-3\,CH_3-4\,NH\cdot SO_3H$ 127
$CH_3-4\,CH_2\cdot CO\cdot COOH-5\,NO_2$ 749
$CH_3-3\,CH_2NO_2-4\,NO_2$ 254
$CH_3-3\,CH_2NH_2-4\,NO_2$ 755, 756
$CH_3-3\,CH_2OH-6\,NH_2$ 761
CH_3—[3 CH_2**OH**—6 NH**H**] Anhydrid . . . 750
$CH_3-3\,CH_2OH-4\,NR_2$ 754
$CH_3-4\,CH:NOH-5\,NO_2$ 757
$CH_3-3\,CHO-2\,NO_2$ 758, 759
$CH_3-3\,CHO-4\,NO_2$ 758, 759
$CH_3-3\,CHO-6\,NH_2$ 327, 760
$CH_3-3\,CHO-6\,NHR$ 762
$CH_3-2\,CHO-5\,NR_2$ 763
$CH_3-2\,COCH_3-4\,NH_2$ 347
$CH_3-CO\cdot COOH-NH_2$ 351
$COOH-2\,COOH-3\,(4)\,NH_2$ 764
$COOH-2\,COOH-3\,NH\cdot CH_2\cdot COOH$. 764
$COOH-3\,COOH-4\,N(CH_2\cdot COOH)(COCH_3)$ 765

---

742 **DRP. 34 854** — Ber. 18, 2664

Xylidine (Trennung und Reinigung) $C_6H_3{CH_3 \atop {CH_3 \atop NH_2}} = C_8H_{11}N = 121$.

Handelsxylidin als Rohöl mit Oleum (20%) bei 80°—100° behandeln. Gemenge der Monosulfosäuren in Wasser gießen: Schwer lösliche Sulfosäure des m-Xylidins scheidet sich ab, jene des p-Xylidins wird aus dem Filtrat als Natronsalz isoliert. **m-Xilidin** erhält man aus der Monosulfosäure durch Erhitzen mit verdünnten Mineralsäuren auf höhere Temperatur, **p-Xilidin** durch trockene Destillation seiner Sulfosäure.

---

743 **DRP. 39 947** — E. P. 11 822/86 — F. P. 178 616

Handelsxylidin mit Eisessig oder verdünnter Essigsäure behandeln, wobei as-m-Xylidin (1, 3-Dimethyl-4-anilin) ein krystallisiertes, leicht abschleuderbares, essigsaures Salz liefert. Das p-Xylidin der Mutterlauge wird mittels Salzsäure abgeschieden.

744 **DRP. 56 322** In Handelsxylidin schweflige Säure bis zur Sättigung einleiten; schwache spontane Erwärmung und Aufhellung. Krystallbrei pressen oder zentrifugieren, das abgetrennte Öl allein oder mit Wasser kurz erhitzen: Reines p-Xylidin. Krystalle mit Wasser erwärmen, mit Salzsäure (molekulare Menge) stehen lassen: Das salzsaure Salz des m-Xylidins krystallisiert aus, das Isomere bleibt gelöst.

745 **DRP. 71 969** — Ber. 26, 39. 121 T. rohes, jedoch von der m-Verbindung möglichst befreites p-Xylidin + 106 T. Benzaldehyd. (Selbsterwärmung auf 60°.) Evtl. Wärme zuführen, das gebildete Wasser abscheiden oder verdampfen; die ölige Benzylidenverbindung erstarrt teilweise zum Krystallbrei. Nach 24 St. pressen, abschleudern, mit Sprit waschen. Aus Sprit schwachgelbe Krystalle. Sch.-P. 102°—103°. Mit Mineralsäure zersetzen, mit Dampf den Benzaldehyd abtreiben, Rückstand + Natronlauge oder Kalkmilch, Dampf einleiten. Im Destillat ist reines p-Xylidin. S.-P. 213,5°, Sch.-P. 15°. Die öligen Benzylidenverbindungen ebenso spalten.

746 **DRP. 87 615** 100 T. Rohxylidin (60 T. as-m-Xylidin und 40 T. p-Xylidin) in der erforderlichen Menge Salzsäure und 300—400 T. Wasser lösen, 12,4 T. Formalin (40%) zufügen, einige Stunden auf 70°—100° erwärmen, mit Alkali übersättigen und mit Wasserdampf destillieren. Reines as-m-Xylidin destilliert über, **Diamidodi-p-xylylmethan** (Sch.-P. 140°—141°) bleibt zurück.

747 **DRP. 251 334** — Ber. 21, 3150; 32, 1008. Aus 1 T. Rohxylidin [743] die Hauptmenge des as-m-Xylidins und p-Xylidins entfernen, Rest in 0,8 T. konz. Schwefelsäure und 4,15 T. Wasser lösen, 4—6 St. unter Rückfluß erhitzen, die entstandene Trübung durch Dampfeinleiten beseitigen, kalt die erste Krystallisation (25% unreine Xylidine) entfernen, die Lauge zum Sirup eindampfen, aus den beim Erkalten ausgeschiedenen Krystallen mit Natronlauge das v-m-Xylidin (1-Amino-2, 6-dimethylbenzol) freimachen (10—20%). Die Lauge wird auf p- und as-m-Xylidin verarbeitet.

748 **DRP. 61 711** Zusatz zu DRP. 54 626, E. P. 8726/90, F. P. 206 567

1, 3-Dimethylphenyl-4-glycin

CH_3 / CH_3 / $NH \cdot CH_2 \cdot COOH$ $= C_{10}H_{13}N = 147.$

Wie [241]: 2 T. as-m-Xylidin + 1 T. Monochloressigsäure + 7 T. Wasser unter Rückfluß 4—5 St. kochen. Sch.-P. 134°.

749 **DRP. 92 794** — Ber. 30, 1030

1-Methyl-5-nitrophenyl-4-brenztraubensäure

CH_3 / NO_2 / $CH_2 \cdot CO \cdot COOH$ $= C_{10}H_9NO_5 = 223.$

Wie [253] aus Nitro-p-xylol. Sch.-P. 145°. Das Phenylhydrazon schmilzt bei 170°.

750 **DRP. 95184**

Anhydro-p-aminotolylalkohol

CH_3, NH_2, CH_2OH → CH_2, CH_3, NH $= C_8H_9NO = 135.$

Anhydroformaldehydtoluidin mit der 5-fachen Menge konz. Salz- oder Schwefelsäure umlagern. Die erstarrte Masse in Wasser lösen, mit Natronlauge neutralisieren, filtrieren, waschen, trocknen. Ebenso **Anhydro-p-aminobenzylalkohol** [261]; geben mit Anilin bzw. Toluidin usw. erwärmt glatt **Diphenylmethan**derivate. Oder nach

751 **Zus. DRP. 95 600** 107 T. o-Toluidin mit 75 T. Formaldehyd (40%) und 500 T. Salz- oder Schwefelsäure kalt rühren, bis kein Ausgangsmaterial mehr nachweisbar ist, verdünnen, neutralisieren, den Anhydro-p-amido-m-tolylalkohol abfiltrieren und trocknen. Oder nach

752 **Zus. DRP. 96 851** 130 T. Anilinsalz in 600 T. Wasser lösen, kühlen und 75 T. Formaldehyd (40%) zusetzen. Den anfangs farblosen, später gelblichen Krystallbrei mit Natronlauge alkalisch stellen, abfiltrieren, waschen und trocknen.

753 **DRP. 93 540** identisch mit [261]. p-Tolylhydroxylamin in kalte konz. Schwefelsäure eintragen. In Wasser gießen, neutralisieren. Gelbliches, schwer lösliches Pulver,

754 **DRP. 268 486**

Ber. 35, 359; 45, 2977; 46, 3460

1-Methyl-4-dimethylamino-3-benzylalkohol

CH_3, CH_2OH, $N(CH_3)_2$ $= C_{10}H_{15}NO = 165.$

10 T. Dimethyl-p-toluidin, 10 T. konz. Salzsäure und 40—50 T. Formaldehyd (40%) 24 St. im Wasserbade erwärmen und fraktioniert destillieren. Zwischen 130°—144° geht der reine Alkohol über, der im Vakuum (10 mm) bei 132°—134° siedet, erstarrt, bei 30° schmilzt. Gibt mit Natrium und Sprit reduziert **1, 3-Dimethyl-4-dimethylaminobenzol** und erst mit Chlorzink bei höherer Temperatur das Diphenylmethanderivat.

755 **DRP. 134 979**

Benzylaminbasen

Die eiskalte Lösung von 137 T. o-Nitrotoluol in 650 T. Schwefelsäure (1,84) rasch mit 177 T. fein gepulvertem, trockenem Oxymethylphthalimid versetzen und schütteln. Die nach 48—72 St. erstarrte Masse in Sprit eintragen, aufkochen und filtrieren. Kalt krystallisiert das **Nitrotolylmethylphthalimid** vom Sch.-P. 155°—156° in 95% Ausbeute aus.

$C_6H_4(CO)_2N—CH_2 \cdots C_6H_3(CH_3)(NO_2)$ [OH H]

Ebenso gewinnt man **Benzylphthalimid, m-Nitrobenzylphthalimid** ferner aus m-Nitrotoluol, p-Nitrotoluol, o-Nitroanisol und Dimethylanilin, die bisher unbekannten Benzylphthalimidderivate, die bei 196°, 175°, 160° und 104° schmelzen. — Aus 94 T. Phenol, 650 T. Schwefelsäure (1,84) + 130 T. Wasser und 177 T. Oxymethylphthalimid erhält man ebenso 235 T. Kondensationsprodukt, das, mit Sprit ausgekocht, durch Lösen des Rückstandes in siedendem Nitrobenzol ein **Oxyxylylendiphthalimid** (Sch.-P. 295°) und ein **Oxybenzylphthalimid** (Sch.-P. 205°) liefert.

$C_6H_4(CO)_2N—CH_2—C_6H_3(OH)—CH_2—N(CO)_2C_6H_4$ $\qquad$ $C_6H_4(CO)_2N—CH_2C_6H_4OH$

während ein isomeres Oxybenzylphthalimid (Sch.-P. 150°) in der Mutterlauge bleibt. p-Nitrotoluol gibt ein einheitliches Produkt vom Sch.-P. 233°—234°. Diese Benzylphthalimide geben nun mit Säuren gespalten Benzylaminbasen. Z. B.: Nitrotolylmethylphthalimid mit 40 T. Wasser 24 St. auf 120° erhitzen, kalt in 1500 T. Wasser gießen, kalt von der Phthalsäure filtrieren, das Filtrat mit überschüssigem Ammoniak versetzen und ausäthern. Im Vakuum bei 12 mm Druck destilliert, geht bei 169°—170° **6-Nitro-m-tolylmethylamin**

$CH_2 \cdot NH_2$, NO_2, CH_3

als bald erstarrendes Öl über. Aus Dimethylaminbenzylphthalimid resultiert ebenso mit konz. Salzsäure bei 180° gespalten **Dimethylaminobenzylamin,** aus Sprit farblose Nadeln vom Sch.-P. 212°:

$$C_6H_4\begin{matrix}\diagup N(CH_3)_2 \cdot HCl \\ \diagdown CH_2 \cdot NH_2 \cdot HCl\end{matrix},$$

ferner aus Benzylphthalimidsulfosäure: **Benzylaminsulfosäure** und aus p-Nitrooxybenzylphthalimid das **Nitrooxyphenylmethylamin** $C_6H_3 \cdot OH \cdot NO_2 \cdot (CH_2NH_2)$. Nach

756 **Zus. DRP. 134 980** wird statt des Oxymethylphthalimids Diphthalimiddimethyläther [224] angewendet, und zwar im obigen Phenolbeispiel 168 T., wobei dieselben Körper entstehen.

757 **DRP. 107 095**

Lit. wie [277]

1-Methyl-5-nitro-4-benzaldoxim CH_3, NO_2, $CH:NOH$ $= C_8H_8N_2O_3 = 180.$

Wie [277] aus Nitro-p-xylol. Aus Benzol + Ligroin krystallisieren. Sch.-P. 128°.

758 **DRP. 21 683**
A. P. 276 889
A. P. 276 890
E. P. 3216/82
F. P. 149 935
—
Ber. **20**, 1212

Methylnitrobenzaldehyde $C_6H_3\begin{matrix}CH_3\\CHO\\NO_2\end{matrix} = C_8H_7NO_3 = 165$.

12 T. Toluylaldehyd in der 6-fachen Menge Schwefelsäure unter Kühlung lösen, unter 15° mit 10 T. Salpetersäure (1,4), gelöst in 20 T. konz. Schwefelsäure nitrieren. In Eiswasser gießen, Öl mit Wasser und verdünnter Sodalösung waschen. Gelbliches Öl, in Wasser schwer, in Sprit, Benzol, Äther, Acetonleicht löslich; mit Wasserdampf flüchtig.

759 **DRP. 113 604**
A. P. 662 074
A. P. 662 075
E. P. 25 634/98

Das bei der Nitrierung von m-Toluylaldehyd erhaltene Öl enthält drei Nitrotoluylaldehyde. Die ersten zwei Drittel des bei 2 mm Druck erhaltenen Destillates geben beim Abkühlen auf 0° eine Fraktion, die nach dem Umkrystallisieren bei 64° schmilzt, das letzte Drittel bei der gleichen Behandlung eine Fraktion vom Sch.-P. 43°—44°.

760 **DRP. 87 255**
Zusatz zu
DRP. 86 874

1-Methyl-6-amino-3-benzaldehyd (CH_3, NH_2, CHO am Benzolring) $= C_8H_9NO = 135$.

12 T. Schwefelblumen bis zur vollständigen Lösung mit 20 T. Ätznatron und 80 T. Wasser unter Rückfluß kochen, 20 T. as-Nitro-m-xylol und 80 Vol.-T. Sprit zufügen, 6—8 St. unter Rückfluß kochen, Alkohol und als Nebenprodukt entstandenes Xylidin mit Wasserdampf abtreiben. Aus der rückständigen Lösung krystallisiert beim Erkalten der **Aminotoluylaldehyd** aus; dieser wird zur Reinigung in verdünntem Bisulfit gelöst und aus der filtrierten Lösung durch Natronlauge in unlöslicher (polymerer?) Form ausgefällt. Sch.-P. 92°. Gibt mit Mineralsäuren rote Kondensationsprodukte.

761 **DRP. 105 105**
Zusatz zu
DRP. 103 578

22 T. o-Toluidin + 100 T. Salzsäure (20°) bei 10°—5° rühren und den Brei des salzsauren Salzes mit 16 T. Formaldehyd (38%) versetzen. Es entsteht eine Lösung, die bald Krystalle des salzsauren **p-Amido-m-toluylalkohols** abscheidet. Nach 12 St. 50 T. Salzsäure, 60 T. nitrobenzolsulfosaures Natrium, 800 T. Wasser und 50 T. Gußspäne zugeben. Der Niederschlag bleibt ungelöst, färbt sich jedoch erst gelb, dann orange. Wenn er alkalilöslich ist (nach einigen Stunden), abfiltrieren, waschen, in Soda lösen, vom Eisen abfiltrieren, Benzylidenverbindung mit Natronlauge kochen, Aldehyd separieren.

762 **DRP. 103 578**
F. P. 280 514
und Zus.

1-Methyl-6-monoalkylamino-3-benzaldehyd (CH_3, NHR, CHO am Benzolring)

Wie [333] aus Monoalkyl-o-toluidin. Das Methylderivat schmilzt bei 114°, das Äthylderivat bei 70°.

763 **DRP. 105 103**
Zusatz zu
DRP. 103 578

1-Methyl-5-dimethylamino-2-benzaldehyd

(CH_3, CHO, $N(CH_3)_2$ am Benzolring) $= C_{10}H_{13}NO = 163$.

Wie [705] aus Dimethyl-m-toluidin. Aus verdünntem Sprit weiße Krystallblättchen, Sch.-P. 67°. Die salzsaure Lösung dissoziiert beim Verdünnen mit Wasser nicht.

764 **DRP. 73 687**

1, 2-Dicarboxylphenyl-3-glycin (COOH, COOH, $NH\cdot CH_2\cdot COOH$ am Benzolring) $= C_{10}H_9NO_6 = 239$.

12,5 T. 1, 2, 3-aminophthalsaures Natrium + 5,85 T. Soda + 12 T. Monochloressigsäure zur Trockne dampfen. Gelbbrauner, hygroskopisch erstarrender Sirup des Na-Salzes. Färbt Wolle gelb. — **3-Amino-1, 2-phthalsäure** u. Derivate sind in J. Am. Chem. Soc. 1909, 483 beschrieben. Vgl.: Science **25**, 405, Derivate der **4-Aminophthalsäure.**

765 **DRP. 113 240**
—
DRP. 102 893

1, 3-Dicarboxylphenyl-4-acetylglycin

(COOH, COOH, $N\begin{matrix}CH_2\cdot COOH\\COCH_3\end{matrix}$ am Benzolring) $= C_{12}H_{11}NO_7 = 281$.

As. m-Xylidin in Acetylxylylglycin umwandeln und dieses oxydieren. Sch.-P. über 270°. In organischen Lösungsmitteln, besonders Äther, schwer löslich.

d) C—C—O.

766 **DRP. 254 716**

1,3-Dimethyl-5-oxybenzol (Strukturformel: CH_3, OH, CH_3) $= C_8H_{10}O = 122$.

Die zwischen 200°—225° siedenden Anteile des Teerphenols im Vakuum fraktionieren, dabei die unter gewöhnlichem Druck bei 215°—220° destillierenden Anteile gesondert auffangen und diese Fraktion auskrystallisieren lassen.

767 **DRP. 61 575**
Zusatz zu
DRP. 49 739
E. P. 7026/91
F. P. 203 745

Isoamyl-o-kresol (Strukturformel: CH_3, OH, C_5H_{11}) $= C_{12}H_{18}O = 178$.

10,8 T. o-Kresol + 8,8 T. Isoamylalkohol + 17 T. Chlorzink rasch auf 180° erhitzen, dann bei niederer Temperatur mäßig weitersieden, schließlich 1 St. auf 190° erhitzen. Es bilden sich zwei Schichten; mit verdünnter Salzsäure versetzen, die obere, ölige, von der unteren wässerigen Chlorzinkschicht abtrennen, die Ölschicht mit verdünnter Natronlauge extrahieren, Extrakt mit Salzsäure fällen, Öl fraktioniert destillieren, S.-P. 256°—258°. Ebenso erhaltbar: **Methyl-, Äthyl-** (220°), **n-Propyl-** (231°), **Isoamyl-m-kresol** (246°—248°).

768 **DRP. 87 255**
Zusatz zu
DRP. 86 874

Methyloxybenzaldehyde C_6H_3 CH_3 CHO OH $= C_8H_8O_2 = 136$.

1-Methyl-6-oxy-3-benzaldehyd: 1-Methyl-6-amino-3-benzaldehyd in heißer verdünnter Schwefelsäure lösen, kalt diazotieren (wobei der vor Zugabe des Nitrits vorhandene gelbrote Niederschlag in Lösung geht), bis zum Aufhören der Stickstoffentwicklung kochen, aussalzen, aus Wasser umkrystallisieren, in Bisulfit lösen und mit Salzsäure fällen. Sch.-P. 115°. — Über die **m-Homosalicylaldehyde**

(Strukturformeln: CH_3, CHO, OH; CH_3, CHO, OH)

vom Sch.-P. 60°—61° bzw. 32° und die Trennung der nach der Tiemann-Reimerschen Reaktion aus m-Kresol entstehenden Körper über ihre Anile s. Ber. **50**, 395.

769 **DRP. 105 798**
F. P. 283 920

Wie [463] u. z.: **1-Methyl-6-oxy-3-benzaldehyd** aus o-Kresol; **1-Methyl-5-oxy-2-benzaldehyd** aus m-Kresol; **1-Methyl-4-oxy-3-benzaldehyd** aus p-Kresol.

770 **DRP. 65 316**

Methyloxybenzoesäuren C_6H_3 CH_3 COOH OH $= C_8H_8O_3 = 152$.

1-Methyl-2-oxy-3-benzoesäure: Trockenes o-Kresolkalium mit Kohlendioxyd auf Temperaturen unter 160° erhitzen.

771 **DRP. 81 281**

1-Methyl-5-oxy-2-benzoesäure?: 8 T. Na-Salz der 2-Naphthylamindisulfosäure G (oder der aus ihr in der Kalischmelze entstehenden Aminonaphtholsulfosäure G) mit 6 T. Wasser und 15 T. Ätznatron 3 St. auf 270°—280° erhitzen, Schmelze in Wasser lösen, ansäuern. In Wasser schwer, in Sprit und Äther sehr leicht löslich, stark sauer, Sch.-P. 180°, sublimiert unzersetzt.

772 **DRP. 81 333**

Ebenso auch aus Dioxynaphthalinsulfosäure G oder aus 2-Naphthol-disulfosäure.

---

773 **DRP. 87 255** Zusatz zu DRP. 86 874

1-Methyl-6-oxy-3-benzoesäure: p-Oxy-m-toluylaldehyd mit Ätznatron verschmelzen. Sch.-P. 172°.

---

774 **DRP. 91 201** Zusatz zu DRP. 79 028

1-Methyl-6-oxy-2-benzoesäure: 60 T. Naphthalin-1, 3, 5-trisulfosäure (aus der 1, 5-Disulfosäure mit Oleum bei niederer Temperatur) mit 120 T. Natronlauge und 90 T. Wasser im Autoklaven 15 St. auf 250° erhitzen, in Wasser gießen, ansäuern, kochen, bis das Schwefeldioxyd verschwunden ist, kalt die 1-Methyl-6-oxy-2-benzoesäure abfiltrieren, Sch.-P. 142°. Ihr Acetylderivat schmilzt bei 144,5°. — **1-Methyl-4-oxy-2-benzoesäure:** Ebenso aus 1, 3, 7-Naphthalintrisulfosäure, Sch.-P. 179°. — Ebenso verwendbar zur Herstellung der o-Verbindungen die Sulfosäuren [**2597**, **2658**, **2586**, **2512**] für die p-Verbindungen jene der [**2578**, **2510**] und die nach **DRP.** 58 352 erhaltbare **8-Amino-2-naphthol-6-sulfosäure** (aus α-Naphthylamindisulfosäure B durch Verschmelzen mit Ätznatron).

---

775 **DRP. 138 563** Zusatz zu DRP. 133 500

o- bzw. p-Kresotinsäure: 200 T. o- bzw. p-toluolsulfosaures Natrium mit Ätznatron verschmelzen, kalt pulvern (Gemenge von Kresolnatron und Natriumsulfit), Kohlensäure überleiten. Oder: Schmelze in wenig Wasser lösen (400 T.), vom größten Teil des Sulfits abfiltrieren, das Filtrat eindampfen und den Rückstand mit Kohlensäure behandeln. — Ebenso **1- und 2-Oxynaphthoesäure.**

---

776 **DRP. 114 194** A. P. 675 543

Chlormethyl-oxy-benzaldehyd $C_6H_3\begin{matrix}CH_2Cl\\CHO\\OH\end{matrix} = C_8H_7ClO_2$.

Wie [778]. 1220 T. Salicylaldehyd in 10 T. konz. Salzsäure suspendieren, mit 665 T. Chlormethylalkohol bei 25°—30° schütteln, die Krystallnadeln abfiltrieren und aus Benzol umkrystallisieren. Sch.-P. 88°. Auch erhaltbar durch langsames Eintragen von 30 T. konz. Schwefelsäure in eine mit 200 T. Eisessig verdünnte Lösung von 122 T. Salicylaldehyd in 67 T. Chlormethylalkohol und mehrtägiges Stehenlassen bei 20°—30°. Der aus Salicylaldehyd, Formaldehyd und Bromwasserstoff erhaltbare **Brommethyloxybenzaldehyd** schmilzt bei 106°. Nach

777 **Zus. DRP. 120 374**

verläuft die Reaktion bei Gegenwart von Chlorzink oder Phosphoroxychlorid oder Phosphorpentoxyd (z. B. 122 T. Salicylaldehyd, 200 T. Eisessig, 111 T. Brommethylalkohol, 50 T. Chlorzink) schneller.

---

778 **DRP. 113 723** A. P. 675 544 E. P. 17 118/99 F. P. 292 568 — Ann. **263**, 284

Chlormethyl-oxy-benzoesäure $C_6H_3\begin{matrix}CH_2Cl\\COOH\\OH\end{matrix} = C_8H_7ClO_3 = 186$.

1,5 T. feingepulverte Salicylsäure in 10 T. stärkster Salzsäure suspendieren und mit 0,75 T. Chlormethylalkohol [DRP. 57 621] versetzen. Nach 48 St. auf 30° erwärmen, kalt das körnige Produkt abfiltrieren, dieses bei niederer Temperatur trocknen, die anhaftende Salzsäure wegblasen und das Produkt aus Benzol umkrystallisieren. Sch.-P. 163°. Wesentlich verschieden von der Salicylsäure. — Auch der daraus mit Methylalkohol und Salzsäure erhaltene **Chlormethylsalicylsäuremethylester** unterscheidet sich vom flüssigen Salicylsäuremethylester durch den Sch.-P. von 68°. — Ebenso reagieren p-Oxybenzoesäure und Methylal in sehr starker Salzsäure bzw. Brom- oder Jodwasserstoffsäure. Das Halogen ist schon mit kaltem Wasser unter Bildung aromatischer Alkohole austauschbar [**779**].

---

779 **DRP. 113 512** — DRP. 113 723

3-Carboxy-4-oxy-1-benzylalkohol (Benzolring mit CH_2OH, $COOH$, OH) $= C_8H_8O_4 = 168$.

40 T. Chlormethylsalicylsäure [778] in 1000 T. siedendes Wasser eintragen, die stark saure Lösung heiß filtrieren und den in der Kälte auskrystallisierten 3-Carboxy-4-oxy-1-benzylalkohol absaugen. Aus Essigäther umkrystallisieren, Sch.-P. 142°. Identisch mit Ber. **11**, 792. — In methylalkoholischer statt in wässeriger Lösung entsteht nach $^1/_2$-stündigem Erwärmen im Wasserbade **3-Carboxy-4-oxy-1-benzylmethyläther.** Aus Ligroin Nadeln vom Sch.-P. 103°.

780 **DRP. 268 982**

DRP. 268 099

C-Propenylsalicylsäure

$$C_6H_3OH(COOH)(CH_2 \cdot CH:CH_2) \longrightarrow C_6H_3OH(COOH)(CH:CH \cdot CH_3) = C_{10}H_{10}O_3 = 178.$$

1 T. des aus O-Allylsalicylsäureäthylester bei 230° erhaltenen C-Allylsalicylsäureäthylesters (S.-P. unter 12 mm 142°) durch kurzes Erwärmen mit methylalkoholischem Kali verseifen, die gebildete **C-Allylsalicylsäure** (Sch.-P. 96°) mit 2,5 T. Ätzkali und 1 T. Wasser 1 St. auf 170° erhitzen. Kalt in Wasser gießen, schwefelsauer stellen, das fast reine Produkt aus verdünntem Holzgeist umkrystallisieren. Weiße Nadeln vom Sch.-P. 158°.

781 **DRP. 105 798**

F. P. 283 920

Ber. 9, 1274; 10, 1562

DRP. 80 950

1-Aldehydo-4-oxy-3-benzoesäure CHO, COOH, OH $= C_8H_6O_4 = 166.$

13,8 T. Salicylsäure und 30 T. nitrobenzolsulfosaures Natron bei 80° in 500 T. Wasser lösen, 25 T. Gußeisenspäne und 8 T. Formalin (38%) und innerhalb 2 St. 75 T. Salzsäure zufügen, Niederschlag abfiltrieren, waschen, in Na-Acetat lösen, der filtrierten Lösung essigsaures Anilin zufügen, den Niederschlag (Anilid der Säure) abfiltrieren, waschen, in Soda lösen, die Lösung zur Entfernung ds Anilins kochen, durch Ansäuern die Aldehydosalicylsäure fällen. Falls noch mit Anilin verunreinigt, in Alkali lösen und unter Zusatz von wenig Nitrit mit Salzsäure fällen. Sch.-P. 245°, in Natronlauge farblos, in kaltem Wasser sehr schwer, in Sprit und Äther sehr leicht löslich. Die wässerige Lösung gibt mit Eisenchlorid eine kirschrote Färbung. — Über Oxydationsschmelzen die vom Xylenol und von der o-Kresotinsäure zu **4-** bzw. **2-Oxyisophthalsäure** führen s. Ber. **39**, 794.

e) C—C—S.

782 **DRP. 242 997**

Zusatz zu DRP. 237680

1, 3-Dimethylphenyl-5-thioglykolsäure

CH_3, CH_3, $S \cdot CH_2 \cdot COOH$ $= C_{10}H_{12}O_2S = 196.$

Wie [1064] mit symm. Xylidin: Diazotieren, mit Xanthogenat umsetzen, mit Natronlauge zum Mercaptan verseifen, mit Natriumchloracetat in Spritlösung kondensieren und die symm. **m-Xylylthioglykolsäure** abfiltrieren. — Analog **ψ-Cumylthioglykolsäure** aus 1, 4, 5-Trimethyl-2-anilin.

783 **DRP. 71 556**

Xylolmonosulfosäure $C_6H_3(CH_3)(CH_3)(SO_3H) = C_8H_{10}O_3S = 186.$

Wie [163] durch Sulfurieren von Xylol in Gegenwart von Infusorienerde.

784 **DRP. 134 978**

E. P. 21 365/00

F. P. 311 739

DRP. 21 683, 94 948

1-Methyl-3-benzaldehyd-4-sulfosäure CH_3, CHO, SO_3H $= C_8H_8O_4S = 200.$

1 T. m-Toluylaldehyd langsam zwischen 0°—5° in Oleum (60%) einfließen lassen. Wenn eine Probe in Wasser löslich ist, auf Eis gießen, den Überschuß der Schwefelsäure mit Bariumcarbonat entfernen und das Ba-Salz umkrystallisieren.

785 **DRP. 202 243** — **1-Methyl-4-carboxylphenyl-3-thioglykolsäure**

DRP. 69 073
F. P. 366 612
Ber. **31**, 1666

CH_3 / $S\cdot CH_2\cdot COOH$ / COOH $= C_{10}H_{10}O_4S = 226.$

151 T. 1-Methyl-3-amino-4-benzoesäure in 200 T. konz. Salzsäure und 1200 T. Wasser mit 75 T. Nitrit diazotieren, Lösung mit Soda neutralisieren und portionenweise in eine Lösung von 200 T. kryst. Natriumsulfid in 500 T. Wasser bei 50°—60° einlaufen lassen, dann eine Mischung von 100 T. Chloressigsäure, 100 T. Wasser und 114 T. Natronlauge (40°) und schließlich noch 114 T. Natronlauge (40°) zugeben, auf dem Wasserbade erwärmen und die **Methylphenylthioglykol-o-carbonsäure** durch Ansäuern der Lösung ausfällen. — Analog andere Substitutionsprodukte der Phenylthioglykol-o-carbonsäure.

786 **DRP. 204 763**
Zus. zu 199 551

15,1 T. 1-Methyl-3-amino-4-benzoesäure mit 20 T. Salzsäure (20°) und 6,9 T. Nitrit diazotieren, die Diazolösung in eine mit 40 T. Soda versetzte Lösung von 20 T. Kaliumxanthogenat eintragen, nach Beendigung der N-Entwicklung 25 T. Natronlauge (40°) und 15 T. Na-Chloracetat zufügen, 5—6 St. auf 100° erhitzen und nach dem Erkalten die Methylphenylthioglykol-o-carbonsäure durch Ansäuern ausfällen. Sch.-P. 194°—195°. — Wird statt des Na-Chloracetates 32 T. methylschwefelsaures Natrium (40%ig) verwendet, so erhält man den **1-Methyl-3-thiophenol-4-carbonsäuremethyläther** CH_3 / SCH_3 / COOH.

787 **DRP. 189 943** — **4-Thiophenol-1, 2-dicarbonsäure**

E. P. 4159/07
F. P. 373 892

COOH / COOH / SH $= C_8H_6O_4S = 198.$

β-sulfophthalsaures Salz mit Phosphorchloriden behandeln, in Eiswasser gießen, das gebildete **1, 2-Phthalsäure-4-sulfochlorid** abfiltrieren und mit Zinkstaub reduzieren. Gelbe Krystallmasse. Sch.-P. 160°—170° (unter Anhydridbildung).

788 **DRP. 91 202** — **Sulfophthalsäure**

E. P. 18 221/96
F. P. 259 766

COOH / COOH } $SO_3H = C_8H_6O_7S = 246.$

100 T. Naphthalin + 300 T. Oleum (20%) + 1200 T. Schwefelsäure (66°) 10 St. auf 250° erhitzen. Etwas Phthalsäure geht über [s. 228]. Den rotbraunen Rückstand auskalken oder mit Bariumcarbonat das Ba-Salz der **Disulfophthalsäure** bilden. Bei 220° entsteht **Monosulfophthalsäure.**

f) C—N—N.

789 Anm. G. 6139, Kl. 12 7. 12. 96 — Griesheim Ch.-Z. 1896, 839

Dinitrotoluole CH_3, NO_2, NO_2 $= C_7H_6N_2O_4 = 182$.

Aus Summen-Dinitrotoluol. Das auskrystallisierte Dinitrotoluol entfernen, den flüssigen Rückstand im Vakuum fraktioniert destillieren. Die erste Fraktion gibt **Methyl-2, 6-dinitrobenzol,** die letzten Fraktionen geben **1-Methyl-2, 4-dinitrobenzol. Trinitrotoluol** bleibt zurück. — Über die fabrikatorische Herstellung des Dinitrotoluols s. Z. f. Farbenind. **1903,** 16.

790 **DRP. 72 173**

Nitrotoluidine $C_6H_4 \begin{matrix} CH_3 \\ NO_2 \\ NH_2 \end{matrix} = C_7H_9N_2O_2 = 153$.

Wie [538] durch Nitrierung aus Benzyliden-p-toluidin: **1-Methyl-?-nitro-4-aminobenzol** vom Sch.-P. 88°, aus Benzyliden-o-toluidin: **1-Methyl-4-nitro-6-aminobenzol** vom Sch.-P. 107°. — Über **1-Methyl-3-nitro-2-toluidin** (Imidazolgew.) siehe Ber. **52,** 1079.

791 **DRP. 289 454**

2, 4-Nitroamino-1-methylbenzol aus Dinitrotoluol mit Eisen und Schwefeldioxyd. Ausbeute 110 T. aus 182 T. Dinitrotoluol.

792 **DRP. 92 014** — DRP. 68 141, 121 754 Ann. **304,** 106

1-Methyl-4-alkylamino-2-anilin CH_3, NH_2, NHR

1 Mol. Halogenalkyl mit 1 Mol. 1-Methyl-2, 4-diaminobenzol zur Reaktion bringen oder 1 Mol. Halogenalkyl auf 1 Mol. 1-Methyl-2-nitro-4-anilin einwirken lassen und das Reaktionsprodukt reduzieren.

793 **DRP. 125 586** — Ann. **268,** 313

1-Methylphenylen-2, 4-oxamid

CH_3, —NH—CO, —NH—CO $\left(CH_3, NHH, NH\cdot CO\cdot COOH \right) = C_9H_8N_2O_2 = 176$.

Durch Kondensation von 1-Methylphenylen-2, 4-diamin mit Oxalsäure.

794 **DRP. 152 027**

1-Methyl-2-aminophenyl-4-thioharnstoff

CH_3, NH_2, $NH\cdot CS\cdot NH_2$ $= C_8H_{11}N_3S = 181$.

122 T. 1, 2, 4-Toluylendiamin in 500 T. Wasser + 100 T. Salzsäure (20°) als einfach salzsaures Salz lösen, eine wässerige Lösung von 97 T. Rhodankalium zugeben, im Wasserbade eindampfen, den Rückstand zur Überführung in den Thioharnstoff 6—8 St. auf 120° erhitzen, pulvern, mit Wasser auslaugen und den Rückstand aus Sprit umkrystallisieren, Sch.-P. 170°.

795 **DRP. 136 617**

m-Toluylendiamin-Formaldehydverbindung

25 T. m-Toluylendiamin in 300 T. Wasser lösen, bei 30° 15 T. Formaldehyd (40%) zufügen, nach einigen Stunden (nach Zugabe von 20 T. Kochsalz) auf 60° erwärmen. Leicht filtrierbar, nur in mineralischen und organischen Säuren löslich. Absorbiert 1 Mol. Nitrit.

CH_3, NH_2, $N=CH_2$ oder: CH_3, $\cdot NH_2$, CH_2—OH, NH_2 oder: CH_3, —NH_2, H_2C—NH.

Gibt mit verdünnten Säuren erwärmt Acridinfarbstoffe.

796 **DRP. 130 943**

Ber. **24**, 2130; **33**, 913
DRP. 107 517

1. 13 T. m-Toluylendiamin, gelöst in 50 T. Sprit, mit 7,7 T. Formaldehyd (40%) 12 St. bei gewöhnlicher Temperatur stehen lassen oder kurze Zeit erwärmen und das hellgraue Pulver absaugen. Oder 2. statt Sprit Wasser verwenden, wobei die Reaktion unter Selbsterwärmung rascher verläuft. Das harzige Produkt wird bald hart. Oder 3. nach [**DRP. 107 517**]. — Die Substanz ist nur in Chloroform und Äthylenbromid leicht löslich, die Lösung zersetzt sich beim Erwärmen. In Eisessig und in Mineralsäuren leicht löslich; die Lösungen färben sich bei längerem Erhitzen orange. 4. In alkalischer Lösung (sonst wie 1.) entsteht nach [**DRP. 130 721**] eine dickflüssige, nicht krystallisierbare Substanz, wahrscheinlich **Methylendiaminoditolylimid**

CH_3 H H CH_3; $C_6H_3(NH_2)$—N—CH_2—N—$C_6H_3(NH_2)$; NH_2 NH_2.

In Sprit oder Benzol leicht löslich, ebenso ohne Fluorescenz in kalter, verdünnter Säure. In Wasser und Ligroin unlöslich.

797 **DRP. 69 188**

DRP. 86 608

1-Methyl-2-amino-4-dimethylanilin (CH_3, NH_2, $N(CH_3)_2$) $= C_9H_{14}N_2 = 150$.

1 T. Dimethyl-p-toluidin in 10 T. Monohydrat lösen, mit der berechneten Menge Salpetersäure mischen und mit 2 T. Monohydrat versetzen, das entstandene **1-Methyl-2-nitro-4-dimethylanilin** (aus Sprit orangerote Prismen, Sch.-P. 35°, schwach basisch) zur Aminoverbindung reduzieren. Aus Ligroin farblose Prismen, Sch.-P. 54°. Seine Acetylverbindung schmilzt bei 132°.

798 **DRP. 145 062**

Lit. wie [569]

Methyl-p-phenylendiglycin

(CH_3, $NH{\cdot}CH_2{\cdot}COOH$, $NH{\cdot}CH_2{\cdot}COOH$) $= C_{11}H_{14}N_2O_4 = 238$.

Wie [569] mit äquivalenten Mengen p-Toluylendiamin. Sch.-P. 150°—160°; das **p-Toluylendiaminodiazetonitril** schmilzt bei 100°—103°.

799 **DRP. 138 839**

Diformyltoluylendiamin (CH_3, $NH{\cdot}CHO$, $NH{\cdot}CHO$) $= C_9H_{10}N_2O_2 = 178$.

m-Toluylendiamin mit 2 Mol. Ameisensäure unter Rückfluß kochen, Diformyl-m-toluylendiamin aus Wasser umkrystallisieren. Sch.-P. 176°—177°. Mit 1 Mol. Ameisensäure entsteht **Monoformyl-m-toluylendiamin** vom Sch.-P. 113°—114°.

800 **DRP. 153 916**

Ann. **148**, 157

1-Methylphenylen-2, 4-diharnstoff (CH_3, $NH{\cdot}CONH_2$, $NH{\cdot}CONH_2$) $= C_9H_{12}N_4O_2 = 208$.

Aus 1-Methylphenylen-2, 4-diaminsulfat und Kaliumcyanat. Aus Wasser umkrystallisieren. Sch.-P. 252° unter Zersetzung.

801 **DRP. 144 762**

DRP. 139 429
Ann. **221**, 11
Ber. **18**, 3293; **20**, 230

1-Methyl-2, 4-phenylendithioharnstoff

(CH_3, $NH{\cdot}CS{\cdot}NH_2$, $NH{\cdot}CS{\cdot}NH_2$) $= C_9H_{12}N_4S_2 = 240$.

Durch mehrstündiges Erhitzen von m-Toluylendiaminrhodanid im Wasserbade nach Ber. **7**, 1265 und **18**, 3293.

802 **DRP. 131 725**

Ann. **221**, 225

3, 5-Dinitro-1-benzylsulfosäure ($CH_2{\cdot}SO_3H$, NO_2, NO_2) $= C_7H_6N_2O_7S = 262$.

Benzylsulfosäure in der Wärme mit Mischsäure nitrieren.

803 **DRP. 150 366**

3-Nitro-6-amino-1-benzylsulfosäure $CH_2 \cdot SO_3H$, NH_2, NO_2 $= C_7H_8N_2O_5S = 232.$

16,1 T. o-Chlorbenzylchlorid mit einer Lösung von 27 T. Natriumsulfit kochen, bis das Ausgangsmaterial verschwunden ist; Na-Salz der **o-Chlorbenzylsulfosäure** aussalzen, evtl. aus Sprit umkrystallisieren. 23,8 T. dieses Salzes in 230 T. Monohydrat lösen, bei 10° langsam mit 23,5 T. eines Gemenges von 17,1 T. Schwefelsäure und 6,6 T. Salpetersäure nitrieren, nach 2—3 St. auf Eis gießen, aussalzen, die gelben Nadeln der **1-Chlor-4-nitro-2-benzylsulfosäure** abfiltrieren und aus Wasser umkrystallisieren. 280 T. dieser Sulfosäure als Na-Salz mit 2,8 T. konz. Ammoniak (24%) 12 St. im Autoklaven auf 150° erhitzen, Ammoniak abdestillieren, verdünnen, heiß filtrieren und das beim Erkalten ausfallende Ammoniumsalz der Aminonitrobenzylsulfosäure absaugen. — Analog aus 27,3 T. wasserfreiem nitrochlorbenzylsulfosaurem Natrium und 20 T. Anilin und so viel Wasser, daß die Nitrosäure heiß gelöst bleibt, durch 10-stündiges Erhitzen auf 140° (ansäuern, abfiltrieren, alkalisch mit Dampf das überschüssige Anilin abblasen, aussalzen): Salz der **3-Nitro-6-anilido-1-benzylsulfosäure (10-Nitro-12-sulfomethyldiphenylamin).** Mit o-Toluidin: **3-Nitro-6-o-toluido-1-benzylsulfosäure (10-Nitro-12-sulfomethyl-6-methyldiphenylamin).**

804 **DRP. 89 244**

—

DRP. 72 173

3 (?)-Nitro-4-amino-1-benzaldehyd CHO, $(?)NO_2$, NH_2 $= C_7H_6N_2O_3 = 166.$

19,6 T. p-Aminobenzylidenanilin in 200 T. Schwefelsäure (66°) lösen, bei höchstens 5°—6° mit 50,4 T. Mischsäure (25% Salpetersäure) nitrieren. In Eiswasser gießen, gelbe Flocken abfiltrieren, pressen, trocknen. Aus Aceton oder Sprit gelbe Spieße, Sch.-P. 170°. (Nach den Analysenzahlen ein Anhydroprodukt $C_7H_6N_2O_3—H_2O$.) Nicht basisch.

805 **DRP. 92 010**

3-Nitro-4-dimethylamino-1-benzaldehyd CHO, NO_2, $N(CH_3)_2$ $= C_9H_{10}N_2O_3 = 194.$

14,9 T. p-Dimethylaminobenzaldehyd in 90 T. Schwefelsäure (66°) lösen, mit 10 T. Salpetersäure (40,5°) + 20 T. konz. Schwefelsäure bei max. 10° nitrieren, noch 1 St. rühren, in 100 T. Eiswasser gießen, feine gelbe Nadeln abfiltrieren. Aus Sprit umkrystallisieren, Sch.-P. 102°—103°.

806 **DRP. 256 461**
A. P. 1 079 246
E. P. 14 341/12
F. P. 446 425

—

Ber. **19**, 2991; **20**, 2476; **40**, 4740; **42**, 2750; **42**, 3192; **46**, 3984

1-Carboxyl-3-nitrosophenyl-6-glycin

$COOH$, $NH \cdot CH_2 \cdot COOH$, NO $= C_9H_8N_2O_5 = 224.$

1,8 T. Natriumnitritpulver in eine gekühlte Lösung von 5 T. Phenylglycin-o-carbonsäure in rauchender Salzsäure eintragen, den gelben Niederschlag absaugen und mit wenig konz. Salzsäure waschen. Dieses salzsaure Salz der p-Nitrosophenylglycin-o-carbonsäure löst sich in verdünnter Salzsäure rot, zersetzt sich über 100°, ebenso die mit Acetat- oder Sodalösung erhaltene freie **p-Nitrosophenylglycin-o-carbonsäure,** die nur trocken haltbar ist. Mit p-Nitrobenzylcyanid kondensiert (in Methylalkohol mit Natriummethylat) resultiert ein rotes Azomethin (Sch.-P. 258°), mit Benzylcyanid ein gelbes, mit Malonitril ein blutrotes Azomethin. — Analog werden die Ester der p-Nitrosophenylglycin-o-carbonsäure gewonnen. **1-Carboxyl-3-nitrosophenyl-6-glycindimethylester,** Sch.-P. 164°—165°; **1-Carboxyl-3-nitrosophenyl-6-glycindiäthylester,** Sch.-P. 131°; **1-Carboxyl-3-nitrosophenyl-6-glycinesomethylexoäthylester,** Sch.-P. 125°; **1-Carboxyl-3-nitrosophenyl-6-glycinmonoexoäthylester,** Sch.-P. 115°—116°.

807 **DRP. 141 893**
A. P. 729 876
F. P. 325 334

—

Ann. **198**, 112

Nitroaminobenzoesäuren $C_6H_3 \begin{smallmatrix} COOH \\ NO_2 \\ NH_2 \end{smallmatrix} = C_7H_6N_2O_4 = 182.$

2,67 T. **Phthalyl-o-imidobenzoesäure** (aus Phthalsäure und Aminobenzoesäure) in 15 T. Schwefelsäure (66°) lösen, unter guter Kühlung mit 2,6 T. Nitriersäure (26% HNO_3) nitrieren, auf Eis gießen, filtrieren, die getrocknete Nitroverbindung mit 2 T. Anilin $^1/_2$ St. unter Rückfluß auf 180° erhitzen, die Schmelze mit Sodalösung auskochen, wobei Phthalanil ungelöst zurückbleibt, das Anilin aus der Sodalösung mit Dampf abtreiben und mit Essigsäure die Nitroaminobenzoesäure (wahrscheinlich ein Gemenge von **4-Nitro-2-amino-1-benzoesäure** und **5-Nitro-2-amino-1-benzoesäure**) ausfällen. Aus verdünntem Sprit umkrystallisieren, Sch.-P. 265°—267°.

---

808 **DRP. 204 884** **2-Nitro-4-amino-1-benzoesäure:** 21,2 T. 2, 4-Dinitrobenzoesäure mit etwas Wasser verrührt in die 60° warme Lösung von 33 T. Schwefelnatrium in 1320 T. Wasser eintragen, rasch auf 90° erwärmen, 3 St. halten, wenn die Lösung hellweinrot ist, kalt schwach mineralsauer stellen, das gelbe, sandige Krystallpulver aus Wasser umkrystallisieren, Sch.-P. 234°—235°. In Acetat, Alkali und viel kalter Salzsäure löslich.

---

809 **DRP. 104 495**
—
Ber. 18, 2946

Aminoacetylaminobenzoesäure $C_6H_3\begin{matrix}COOH\\NH_2\\NH\cdot COCH_3\end{matrix} = C_9H_{10}N_2O_3 = 194.$

2-Amino-5-acetylamino-1-benzoesäure: 10 T. m-Acetaminobenzoesäure (Ber. 18, 2946) allmählich unter 10° in 40 T. Monohydrat eintragen, zwischen —5° und 0° mit einem Gemisch von 5,6 T. Salpetersäure (40°) und 15 T. Monohydrat nitrieren, Temperatur auf 10° steigen lassen, auf Eis gießen, das erstarrte Produkt absaugen, mit kaltem Wasser breiig anrühren, unter Kühlung 20 T. Eisenspäne zusetzen, allmählich zum Kochen erhitzen, 1 T. Essigsäure (30%) zufließen lassen, mit Kaliumcarbonat alkalisch stellen, heiß filtrieren, Filtrat bei 10°—20° mit Salzsäure ansäuern und den Rest des Produktes mit K-Chlorid aussalzen, filtrieren. Aus heißem Wasser lange, weiße Nadeln. Sch.-P. 240° unter Zersetzung. In Lösungen stark violett fluoreszierend. In Benzol, Äther, Aceton kaum, in Sprit leicht löslich.

---

810 **DRP. 133 679**
E. P. 19 202/02

3-Amino-6-acetylamino-1-benzoesäure: 182 T. 3-Nitro-6-amino-1-benzoesäure in 240 T. Eisessig und 110 T. Essigsäureanhydrid lösen, die Lösung 6 St. auf 125° erhitzen, Essigsäure abdestillieren, die zurückbleibende **3-Nitro-6-acetylamino-1-benzoesäure** (Ann. **228**, 240) aus Wasser umkrystallisieren, Sch.-P. 213°. 200 T. dieser Säure in 2000 T. Essigsäure (25%) lösen, kochend allmählich mit 250 T. Zinkstaub reduzieren, mit Schwefelwasserstoff entzinken, heiß vom Schwefelzink abfiltrieren, Essigsäure abdestillieren, Rückstand aus Sprit umkrystallisieren.

---

811 **DRP. 124 907** **3-Amino-6-dimethylamino-1-benzoesäure**

$$N(CH_3)_2\text{—}C_6H_3(COOH)\text{—}NH_2 = C_9H_{12}N_2O_2 = 180.$$

20,2 T. 1-Chlor-4-nitro-6-benzoesäure in 70—80 T. Wasser und 3,5 T. Soda lösen, mit einer konz. wässerigen Lösung von 11 T. Dimethylamin im Autoklaven 5 St. auf 130° erhitzen, mit 5,5 T. Soda alkalisch stellen, überschüssiges Dimethylamin abblasen. Aus der zurückbleibenden filtrierten Lösung krystallisiert beim Erkalten das Na-Salz der **3-Nitro-6-dimethylamino-1-benzoesäure** aus. Dieses mit Eisen und Essigsäure reduzieren, mit Soda das Eisen fällen, filtrieren, mit Salzsäure ansäuern, eindampfen, vom Kochsalz abfiltrieren, weiter einengen bis zur Abscheidung des sehr leicht löslichen, grauen salzsauren Salzes der 3-Amino-6-dimethylamino-1-benzoesäure. Die freie Aminocarbonsäure aus Sprit umkrystallisieren, Sch.-P. 178°.

---

g) C—N—O.

812 **DRP. 206 638**

Ann. 215, 87
Ber. 15, 299; 15, 2980

Methyl-nitro-oxybenzole $C_6H_3(CH_3)(NO_2)(OH) = C_7H_7NO_3 = 153$.

1-Methyl-2-nitro-4-oxybenzol: 12,1 T. **p-Kresolcarbonat** (aus p-Kresolalkali und Phosgen, aus Sprit Nadeln vom Sch.-P. 115°, durch Säure schwer, mit Alkali leicht verseifbar) in 120 T. Monohydrat gelöst bei 10°—15° mit 24,5 T. Mischsäure (27% Salpetersäure) nitrieren, bei 20° weiterrühren, auf Eis gießen, den ausgeschiedenen **1-Methyl-2-nitro-4-oxybenzolkohlensäureester**

CH_3⟨ ⟩—O·CO·O—⟨ ⟩CH_3,
NO_2 NO_2

der sich im Verhältnis zur 1:3:4-Verbindung wie 96:4 bildet (Rec. trav. chim. **1917**, 271) aus Sprit umkrystallisieren, Sch.-P. 143°—144°. 16,5 T. dieser Substanz mit einer Lösung von 15 T. Soda oder 9 T. Ätznatron unter Rückfluß kochen, bis eine klare, gelbrote Lösung resultiert, filtrieren, das Filtrat kalt mit Salzsäure ansäuern, das ausgefallene 1-Methyl-2-nitro-4-oxybenzol aus Sprit umkrystallisieren, Sch.-P. 77°.

---

813 Anm. D. 19 486, Kl. 22 q, 22. 10. 08, van Dorp

1-Methyl-4-nitro-6-oxybenzol: 1-Methyl-2-amino-4-nitrobenzol in saurer Lösung diazotieren (6 Vol.-T. Schwefelsäure [94%], 17 Vol.-T. Wasser) und die Diazolösung so weit erwärmen, als zu ihrer Zerlegung nötig ist.

---

814 **DRP. 69 074**

DRP. 69 596, 44 792, 48 151

1-Methyl-2-monoalkylamino-4-oxybenzol

CH_3
⟨ ⟩NHR
OH

Monoalkyl-o-toluidin mit Oleum (40%) zwischen 40° und 70° sulfurieren, in Eiswasser gießen, die abgeschiedene **1-Methyl-2-monoalkylaminobenzol-4-sulfosäure** ins Na-Salz überführen, dieses mit der 2—3-fachen Menge Ätzkali bei 220°—260° verschmelzen, die Schmelze in Wasser lösen, mit Salzsäure ansäuern, filtrieren, Filtrat mit Soda übersättigen und ausäthern. Nach dem Verdunsten des Äthers bleibt 1-Methyl-2-monoalkylamino-4-oxybenzol als rasch erstarrendes Öl zurück. Aus Benzol + Ligroin umkrystallisieren. Die Methylverbindung schmilzt bei 108°, die Äthylverbindung bei 87°.

---

815 **DRP. 62 367** und **Zus. DRP. 63 238**

1-Methyl-2-dialkylamino-4-oxybenzol

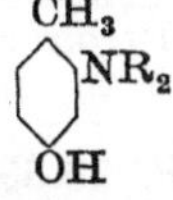

Dialkyl-o-toluidin in schwefelsaurer Lösung nitrieren, die Nitroverbindung reduzieren, die Aminoverbindung diazotieren, die Diazoverbindung mit Wasser zersetzen. Seine Formaldehydverbindung erhält man nach

816 **DRP. 103 645**
E. P. 28 604/97

30 T. Dimethyl-m-aminokresol in 300 T. Wasser + 24 T. Natronlauge (40°) lösen, mit 7,6 T. Formaldehyd (40%) kochen, bis der Formaldehydgeruch verschwunden ist, evtl. filtrieren, bei 30° mit Essigsäure neutralisieren und den weißen Niederschlag filtrieren. S. a. Diphenylmethanreihe.

---

817 **DRP. 132 475**
A. P. 696 020
F. P. 311 778

Ber. 34, 2459; 39, 3174

Chlormethyl-nitro-oxybenzole $C_6H_3(CH_2Cl)(NO_2)(OH) = C_7H_6ClNO_3 = 187$.

1-Chlormethyl-3-nitro-6-oxybenzol: 10 T. p-Nitrophenol in 8 T. Chlormethylalkohol lösen, mit 5 T. Chlorzink versetzen (Selbsterwärmung) und nach 24 St. absaugen. Aus Benzol farblose Nadeln vom Sch.-P. 132°. Das Cl-Atom ist leicht gegen OH, OCH_3 usw. austauschbar.

1-Chlormethyl-3-nitro-4-oxybenzol: Chlorwasserstoffgas mehrere Stunden in eine warme Lösung von 40 T. o-Nitrophenol und 72 T. Formalin (40%) in 360 T. stärkster Salzsäure einleiten, das Öl noch warm abtrennen und kalt erstarrt aus Benzol oder Ligroin umkrystallisieren, Sch.-P. 75°.

818 **DRP. 94 630**
Zusatz zu DRP. 92 794

4-Nitro-5-methoxyphenyl-1-brenztraubensäure

$CH_2 \cdot CO \cdot COOH$, OCH_3, NO_2 $= C_{10}H_9NO_6 = 239.$

Wie [253]: 10 T. 4-Nitro-5-methoxy-1-toluol in abs. Alkohol gelöst zu einer Lösung von 9,2 T. Natrium und 29,2 T. Oxalsäureäthylester in 148 T. abs. Sprit zugeben, Mischung 3 Tage im verschlossenen Gefäß bei 35°—40° stehenlassen, mit Salzsäure genau neutralisieren, Sprit abtreiben, Rückstand mit Äther extrahieren, ätherische Lösung mit verdünnter Natronlauge schütteln, aus der alkalischen Flüssigkeit durch Ansäuern die Nitromethoxyphenylbrenztraubensäure ausfällen. Aus Eisessig hellgelbe Krystalle, 1 Mol. Krystallessig enthaltend, Sch.-P. 161°. Die Lösung in Natronlauge ist tiefrot gefärbt. Das Phenylhydrazon schmilzt bei 107°—108°.

819 **DRP. 92 309**
E. P. 14 488/95
F. P. 250 440

Acetaminooxydimethylbenzylamin

$C_6H_3 \begin{matrix} CH_2 \cdot N(CH_3)_2 \\ NH \cdot COCH_3 \\ OH \end{matrix} = C_{11}H_{16}N_2O_2 = 208.$

Wie [456] aus p-Acetaminophenol. Sch.-P. 110°.

820 **DRP. 136 680**
—
DRP. 113 512, 132 475

Nitro-oxy-benzylalkohole $C_6H_3 \begin{matrix} CH_2OH \\ NO_2 \\ OH \end{matrix} = C_7H_7NO_4 = 169.$

3-Nitro-4-oxy-1-benzylalkohol: 100 T. 1-Chlormethyl-3-nitro-4-oxybenzol [817] in 1000 T. Wasser suspendieren, durch Erhitzen in Lösung bringen und die saure Lösung filtrieren. Es krystallisiert 3-Nitro-4-oxy-1-benzylalkohol vom Sch.-P. 97° aus. Oder: 200 T. o-Nitrophenol in ein Gemisch von 500 T. Formalin (40%) und 1000 T. höchstkonz. Salzsäure eintragen, 6 St. unter Rückfluß kochen, kalt das braune Öl abtrennen, mit Wasser übergießen, durch Dampf das unveränderte o-Nitrophenol abtreiben. Aus der zurückbleibenden Flüssigkeit krystallisiert der 3-Nitro-4-oxy-1-benzylalkohol aus. — Analog: **3-Nitro-6-oxy-1-benzylalkohol** aus 1-Chlormethyl-3-nitro-6-oxybenzol [817] bzw. aus p-Nitrophenol. Sch.-P. 128°.

821 **DRP. 148 977**

3-Amino-6-oxy-1-benzylalkohol CH_2OH, OH, NH_2 $= C_7H_9NO_2 = 139.$

1 T. 3-Nitro-6-oxy-1-benzylalkohol [820] mit 10 T. konz. Salzsäure und 2 T. Zinn (evtl. unter Erwärmung) reduzieren, das Zinndoppelsalz in Wasser lösen, mit Soda zerlegen, den Aminooxybenzylalkohol ausäthern, ätherische Lösung im Vakuum oder Kohlendioxydstrom eindunsten. Farblose Blätter, die bei 135°—142° unter Bräunung schmelzen und an der Luft unbeständig sind. Die Salze sind beständig.

822 **DRP. 96 852**
Zusatz zu DRP. 95 184
—
DRP. 70 402

Anhydro-4-amino-5-methoxy-1-benzylalkohol

$\left(CH_2, OCH_3, NH \right)_x = (C_8H_9NO)x = 135\,x.$

160 T. salzsaures o-Anisidin in 500 T. Wasser lösen und 75 T. Formaldehyd (40%) zugeben. (Temperaturerhöhung!) Nach einiger Zeit mit Alkali fällen und abfiltrieren. Ebenso mit Methylal, dann jedoch auf dem Wasserbade arbeiten. Sch.-P. rein 205°. In organischen Solventien kaum löslich. Eine Lösung in verdünnter Säure zeigt gelbe Färbung. Gibt mit Nitrit ein Nitrosamin. — Analog homologe Äther.

823 **DRP. 136 680**
—
DRP. 113 512, 132 475

Nitro-oxy-benzylalkyläther $C_6H_3 \begin{matrix} CH_2OR \\ NO_2 \\ OH \end{matrix}$

3-Nitro-4-oxy-1-benzyläthyläther: 100 T. 1-Chlormethyl-3-nitro-4-oxybenzol [817] mit Sprit 4 St. unter Rückfluß stark sieden (zur Bindung der Salzsäure etwas Soda zusetzen), Sprit abdestillieren. Gelbes, bei starker Kälte erstarrendes Öl. Sch.-P. 26°. — Analog: **3-Nitro-6-oxy-1-benzyläthyläther** aus 1-Chlormethyl-3-nitro-6-oxybenzol [817].

824 **DRP. 148 977**

3-Amino-6-oxy-1-benzylalkyläther (CH_2OR, OH, NH_2)

Wie [821] durch Reduktion der entsprechenden Nitroverbindungen in 4 T. Wasser und $2^1/_2$ T. Sprit mit 2 T. Zinkstaub. Wenn entfärbt, heiß absaugen, Filtrat ansäuern und bis zur Krystallisation eindampfen, das abgeschiedene salzsaure Salz in Wasser lösen und die Base mit Soda abscheiden. **3-Amino-6-oxy-1-benzylmethyläther,** Sch.-P. 124° bis 126°; **3-Amino-6-oxy-1-benzyläthyläther,** Sch.-P. 76°—78°. — Analog: **3-Amino-6-oxy-1-benzylessigsäureester,** Sch.-P. 136°—137°.

825 **DRP. 150 313**
F. P. 311 778

3-Amino-6-oxy-1-benzylsulfosäure ($CH_2 \cdot SO_3H$, OH, NH_2) $= C_7H_9NO_4S = 203$.

10 T. m-Nitro-o-oxybenzylchlorid [817] in einer Lösung von 13,4 T. Natriumsulfit in 100 T. Wasser gelöst mehrere Tage stehenlassen, filtrieren, ansäuern und aussalzen. 10 T. der erhaltenen **3-Nitro-6-oxybenzylsulfosäure** in 20 T. Wasser gelöst mit Zinkstaub kochen, die entfärbte Lösung filtrieren, das Filtrat ansäuern und die farblosen Nadeln abfiltrieren. Verbrennt ohne zu schmelzen.

826 **DRP. 60 077**
Ber. 13, 310

3-Nitro-4-oxy-1-benzaldehyd (CHO, NO_2, OH) $= C_7H_5NO_4 = 167$.

3-Nitro-4-chlor-1-benzaldehyd mit dem doppelten Gewicht K-Acetat verreiben, im Ölbad auf 150° erwärmen; wenn flüssig herausnehmen, kalte Schmelze in heißem Wasser lösen, mit Salzsäure fällen, Reinigung über die Na-Verbindung. Ebenso erfolgt Ersatz des Cl gegen OH durch Erhitzen des p-Chlor-m-nitrobenzaldehyds mit einer wässerigen Sodalösung auf 140°—150° im Autoklaven oder durch Kochen mit Natronlauge.

827 **DRP. 60 077**

3-Nitro-4-methoxy-1-benzaldehyd (CHO, NO_2, OCH_3) $= C_8H_7NO_4 = 181$.

10 T. 3-Nitro-4-chlor-1-benzaldehyd in Methylalkohol lösen, mit der Lösung von 3 T. Ätzkali in 15 T. Methylalkohol auf dem Wasserbad erwärmen, Methylalkohol abdestillieren, Rückstand mit Wasser versetzen, auskrystallisieren, Aldehyd über die Bisulfitverbindung reinigen. Aus Chloroform + Ligroin Nadeln, Sch.-P. 85°.

828 **DRP. 103 578**
F. P. 280 514
und Zus.

4-Amino-5-alkyloxy-1-benzaldehyd (CHO, OR, NH_2)

Wie [323] mit o-Alkyloxyanilin. — **4-Amino-5-methoxy-1-benzaldehyd,** Sch.-P. 98°; **4-Amino-5-äthoxy-1-benzaldehyd,** Sch.-P. 67°. Mit anorganischen Säuren färbt sich die Methoxyverbindung wie der p-Aminobenzaldehyd selbst schwarzbraun.

829 **DRP. 105 103**
Zusatz zu
DRP. 103 578

4-Dialkylamino-6-oxy-1-benzaldehyd (CHO, OH, NR_2)

Wie [324] aus m-Dialkylaminophenol. — **4-Dimethylamino-6-oxy-1-benzaldehyd,** bräunliche Prismen, Sch.-P. 79°—80°; **4-Diäthylamino-6-oxy-1-benzaldehyd,** farblose bis rötliche Krystalle, Sch.-P. 67°.

830 **DRP. 48 491**

Nitroso-3-oxy-2-benzoesäure (NO, COOH, OH) $= C_7H_5NO_4 = 167$.

10 T. Salicylsäure in 500 T. Wasser mit der berechneten Menge Alkali lösen, 5 T. festes Na-Nitrit zugeben, bis zur stark sauren Reaktion Essigsäure zutropfen lassen. Nach 12-stündigem Stehen kann die gelbe Lösung der Nitrosoverbindung direkt weiter auf Farbstoffe verarbeitet werden.

831 **DRP. 50 835**
A. P. 427 564

Aminooxybenzoesäuren $C_6H_3 \begin{matrix} COOH \\ NH_2 \\ OH \end{matrix} = C_7H_7NO_3 = 153.$

2-Amino-4-oxybenzoesäure: 10 T. m-Aminophenol + 40 T. kohlensaures Ammon + 50 T. Wasser im Autoklaven 12 St. auf 110° erhitzen. Inhalt auf 30 T. eindampfen, wobei das Ammonsalz zum größten Teil entweicht, vorsichtig mit Salzsäure fraktioniert fällen, filtrieren, das Chlorhydrat im Filtrat mit 7 T. Salzsäure völlig ausfällen, durch Umlösen mit Soda reinigen. Flache Nadeln. Sulfat sehr schwer löslich. Freie Säure aus der wässerigen Lösung des salzsauren Salzes mit der berechneten Menge Acetat oder Soda fällen, ausäthern, Sch.-P. 148°, dabei Zersetzung in Kohlensäure und m-Aminophenol. In Benzol, Chloroform schwer, in Sprit, Äther leicht löslich.

832 **DRP. 96 853**
—
Lit. wie [588]

3-Amino-6-oxy-1-benzoesäure: 30 T. m-Nitrobenzoesäure in 250 T. Schwefelsäure (66°) lösen, bei 50°—80° innerhalb 4 St. 45—50 T. Zinkstaub eintragen, nach 10 St. auf Eis gießen, Niederschlag absaugen, aus Wasser umkrystallisieren: Sulfat der 3-Amino-6-oxy-1-benzoesäure vom Sch.-P. 334°.

833 **DRP. 97 335**
A. P. 610 348
E. P. 12 179/97
F. P. 268 557

4-Amino-5-oxy-1-benzoesäure: 1, 2, 5-Oxynitrobenzoesäure mit konz. Salzsäure und der $1^1/_2$-fachen Menge Zinn im Wasserbade reduzieren, kalt das Zinndoppelsalz abfiltrieren, entzinnen, Filtrat konzentrieren, das auskrystallisierte salzsaure Salz abfiltrieren, in Wasser lösen, mit Acetat die 4-Amino-5-oxy-1-benzoesäure fällen. (Aus Sprit Sch.-P. 216°.) Das salzsaure Salz mit konz. Schwefelsäure und Methylalkohol mehrere Stunden im Wasserbade erwärmen, Methylalkohol abdestillieren, wässerige Lösung mit Acetat fällen: **4-Amino-5-oxy-1-benzoesäuremethylester,** Sch.-P. 120°. — Analog der 4-Amino-5-oxy-1-benzoesäureäthylester, Sch.-P. 98° (J. pr. **43**, 462).

834 **DRP. 232 277**
Zusatz zu
DRP. 192 275

2-Acetamino-4-methoxy-1-benzoesäure

$$C_6H_3(COOH)(NH{\cdot}COCH_3)(OCH_3) = C_{10}H_{11}NO_4 = 209.$$

12,3 T. 1-Methyl-2-amino-4-phenol mit 50 T. Eisessig 10 St. kochen, die Hälfte der Essigsäure abdestillieren und das in der Kälte abgeschiedene **1-Methyl-2-acetamino-4-phenol** abfiltrieren. 16,5 T. hiervon in 100 T. Wasser + 20 T. Natronlauge (40°) lösen, kalt mit 15—20 T. Dimethylsulfat rühren, dabei stets alkalisch halten, das abgeschiedene **2-Acetamino-4-methoxy-1-toluol** aus verdünntem Sprit umkrystallisieren, Sch.-P. 96°. 18 T. hiervon in warmem Wasser lösen, bei 70°—80° allmählich 33 T. Kaliumpermanganat zugeben, Mangansuperoxyd abfiltrieren, 2-Acetamino-4-methoxy-1-benzoesäure mit Salzsäure fällen, aus Holzgeist umkrystallisieren, Sch.-P. 197°—199°.

835 **DRP. 50 835**
A. P. 427 565
F. P. 199 942

Dimethylaminooxybenzoesäure $C_6H_3 \begin{matrix} COOH \\ N(CH_3)_2 \\ OH \end{matrix} = C_9H_{11}NO_3 = 181.$

5 T. m-Dimethylaminophenol mit der berechneten Menge Natronlauge staubtrocken eindampfen. Im Autoklaven mehrere Stunden bei 120°—140° mit gespanntem Kohlensäure behandeln. Na-Salz der Carbonsäure mit Wasser extrahieren, Lösung mit Essigsäure fällen, abgeschiedene Krystalle aus siedendem Toluol umkrystallisieren. Sch.-P. 145°. In neutraler oder schwach saurer Lösung leicht zersetzlich.

h) C—N—S.

---

836 **DRP. 89 997** — Ber. 4, 356; Z. f. Ch. 1871,321

Methylnitrobenzolsulfochloride $C_6H_3\begin{matrix}CH_3\\NO_2\\SO_2Cl\end{matrix} = C_7H_6ClNO_4S = 235.$

Wie [612]: **1-Methyl-2-nitrobenzol-4-sulfochlorid** aus o-Nitrotoluol und **1-Methyl-4-nitrobenzol-6-sulfochlorid** aus p-Nitrotoluol.

---

837 **DRP. 68 708**

Methylnitrobenzolsulfosäuren $C_6H_3\begin{matrix}CH_3\\NO_2\\SO_3H\end{matrix} = C_7H_7NO_5S = 217.$

1-Methyl-4-nitrobenzol-6-sulfosäure durch Sulfurieren von p-Nitrotoluol. — Vgl. die Angaben in A. Chem. J. **1910**, 483 und Norw. Pat. 30 325.

---

838 **DRP. 80 165**

1-Methyl-2-nitrobenzol-4-sulfosäure: 1 T. o-Nitrotoluol mit 2 T. Oleum (40%) bei Temperaturen über 100° sulfurieren.

---

839 **DRP. 68 708**

Methylaminobenzolsulfosäuren $C_6H_3\begin{matrix}CH_3\\NH_2\\SO_3H\end{matrix} = C_7H_9NO_3S = 187.$

1-Methyl-4-aminobenzol-2-sulfosäure durch Reduktion der 1-Methyl-4-nitrobenzol-2-sulfosäure.

---

840 **DRP. 151 134**

1-Methyl-4-aminobenzol-5-sulfosäure: Neben p-Tolylsulfaminsäure [246] aus dessen Mutterlauge durch Sieden mit überschüssiger Mineralsäure. Mit Soda übersättigen, evtl. vorhandenes Toluidin mit Dampf abtreiben und das Filtrat krystallisiren lassen.

---

841 **DRP. 40 745** F. P. 183 805

Methylsulfophenylhydrazine $C_6H_3\begin{matrix}CH_3\\NH{\cdot}NH_2\\SO_3H\end{matrix} = C_7H_{10}N_2O_3 = 170.$

Wie [629]: **1-Methyl-4-sulfophenyl-2-hydrazin** und **1-Methyl-2-sulfophenyl-4-hydrazin** durch Reduktion von 1-Methyl-2-diazobenzol-4-sulfosäure bzw. 1-Methyl-4-diazobenzol-2-sulfosäure.

---

842 **DRP. 61 843**

Nitrosulfobenzaldehyde $C_6H_3\begin{matrix}CHO\\NO_2\\SO_3H\end{matrix} = C_7H_5NO_6S = 231.$

3-Nitro-4-sulfo-1-benzaldehyd: 185 T. 4-Chlor-3-nitro-1-benzaldehyd + 300 T. Wasser + 300 T. Na-sulfit ½ St. unter Rückfluß kochen. Die orangerote Flüssigkeit erstarrt kalt zum Krystallbrei des Na-Salzes. Aus Wasser umkrystallisieren; weiche, gelbe Blätter.

---

843 **DRP. 94 504** Zusatz zu DRP. 93 701 — DRP. 88 952

3-Nitro-6-sulfo-1-benzaldehyd: 10 T. 3-Nitro-6-chlor-1-benzaldehyd + 20 T. mit Soda neutralisierte Natriumbisulfitlösung (40%) 10 bis 20 Min. kochen, bis der Aldehyd gelöst ist. Die gelbe Lösung wird unmittelbar verwendet. — Oder nach

844 **DRP. 165 613**

104 T. Bisulfit in 40%iger Lösung mit Natronlauge eben neutralisieren, in das doppelte Volumen Sprit einlaufen lassen (wobei sich Na-Sulfit ausscheidet), 185 T. 3-Nitro-6-chlor-1-benzaldehyd zugeben, 24 St. unter Rückfluß kochen, filtrieren, Sprit abdestillieren. Kalt krystallisiert das Na-Salz aus.

---

845 **DRP. 115 410** — Ber. 30, 3101; DRP. 106 961; E. P. 21 825/97; F. P. 275 967

4-Nitro-6-sulfo-1-benzaldehyd: 12 T. dinitrostilbendisulfosaures Natrium [1453] und in 250 T. Wasser lösen und bei 5°—10° mit einer Lösung von 5 T. Permanganat in 100 T. Wasser langsam oxydieren. Beim Eindampfen des Braunsteinfiltrates im Kohlensäurestrom erhält man das Na-Salz des Aldehydes als gelbliches, sehr leicht lösliches Pulver technisch rein. Oder: Mit 70 T. einer Lösung von unterchlorigsaurem Natrium (150 g aktives Chlor im Liter) bei 80° oxydieren und den Aldehyd aussalzen. — Ebenso kann man Mikadogelb [1454] oxydieren.

846 Anm. Sch. 19 523, Kl. 12o. 23. 11. 03 Schwalbe

Nitrobenzaldehyd-m-sulfosäure: Benzyliden-m-nitranilin sulfurieren, dann nitrieren, auf Eis gießen und die entstandene Nitrobenzaldehyd-m-sulfosäure vom m-Nitranilin trennen.

847 **DRP. 61 843**

Aminosulfobenzaldehyd $C_6H_3\begin{matrix}CHO\\NH_2\\SO_3H\end{matrix} = C_7H_7NO_4S = 211.$

3-Amino-4-sulfo-1-benzaldehyd: Die nach [842] aus 185 T. 3-Nitro-4-chlor-1-benzaldehyd gewonnene Lösung des 3-nitro-1-benzaldehyd-4-sulfosauren Natriums mit 675 T. Zinnchlorür und 800 Vol.-T. Salzsäure (27%) erwärmen, kalt nach 24 St. den ausgeschiedenen Amidosulfobenzaldehyd abfiltrieren. In Wasser schwer löslich.

848 **DRP. 86 874**

4-Amino-6-sulfo-1-benzaldehyd: 20 T. p-Nitrotoluol mit 60 T. Oleum bei 120° sulfurieren, das Gemisch mit Sodalösung neutralisieren, mit einer aus 12 T. Schwefelblumen, 20 T. Ätznatron und 160 T. Wasser bereiteten Schwefelnatriumlösung 1 St. kochen, mit Schwefelsäure ansäuern, bis zur Schwefelabscheidung kochen, auskalken, filtrieren, Filtrat mit Salzsäure schwach ansäuern, durch Zugabe einer Lösung von salzsaurem Benzidin das orangerote Kondensationsprodukt der Aldehydsulfosäure fällen. Produkt waschen, zur Spaltung in kochender verdünnter Schwefelsäure lösen, kochend mit Kalkmilch neutralisieren, filtrieren, Filtrat stark einengen, vom auskrystallisierten Benzidin abfiltrieren, letzten Rest im Filtrat noch mit Essigsäure ausfällen, filtrieren, Filtrat zur Trockne dampfen. Das zurückbleibende Ca-Salz des Amidosulfobenzaldehyds ist ein braunrotes, in warmem Wasser fast farblos lösliches Pulver, dessen essigsaure Lösung mit Anilin eine Gelbfärbung, mit p-Phenylendiamin eine Orangefärbung und einen braunroten Niederschlag, mit salzsaurem Benzidin eine rote Fällung gibt. — Oder nach

849 **DRP. 119 878** Zusatz zu DRP. 115 410 — DRP. 119 163

Wie [845]. 55,5 T. p-Diamino-stilben-o-disulfosäure in 300 T. Wasser und der theoretischen Sodamenge lösen und mit 31,6 T. Permanganat in 500 T. Wasser oxydieren.

850 **DRP. 99 223** F. P. 268 172 und Zus. — DRP. 62 950

3-Amino-?-sulfo-1-benzaldehyd: 15 T. m-Nitrobenzaldehyd in eine heiße Lösung von 150 T. neutralem Na-Sulfit in 650 T. Wasser eintragen und erhitzen, bis der Aldehyd verschwunden, was je nach der Temperatur (50°—102°) einige Stunden oder Minuten dauert; mit Chlorcalcium das überschüssige Sulfit zerstören, Ca-Sulfit abfiltrieren, Filtrat mit 25 T. Schwefelsäure ansäuern, eindampfen, ausgeschiedene Mineralsalze abfiltrieren, Rest durch Alkohol fällen, Alkohol abdestillieren, den Rückstand, der das Na-Salz des 3-Amino-?-sulfo-1-benzaldehyds enthält, trocknen.

851 **DRP. 95 829**

Dimethylaminosulfobenzaldehyde $C_6H_3\begin{matrix}CHO\\N(CH_3)_2\\SO_3H\end{matrix} = C_9H_{11}NO_3S = 213.$

4-Dimethylamino-?-sulfo-1-benzaldehyd: 1 T. p-Dimethylaminobenzaldehyd + 5 T. Oleum (30%) auf 170° oder mit 6 T. Oleum (43%) auf 100° erwärmen, bis eine Probe mit überschüssigem Ammoniak klare Lösung gibt, Eiswasser zugeben, auskalken, filtrieren, Filtrat zur Trockne dampfen. Rückstand ist das Ca-Salz des Dimethylaminosulfobenzaldehyds.

852 **DRP. 107 918** — DRP. 88 952

4-Dimethylamino-6-sulfo-1-benzaldehyd: 10 T. p-Dimethylamino-o-chlorbenzaldehyd + 60 T. Wasser + 30 T. Bisulfitlauge (30°), die mit 3,8 T. Natronlauge neutralisiert wurde, 8 St. im Autoklaven auf 190°—200° erhitzen, kalt filtrieren, Filtrat mit 6,5 T. konz. Schwefelsäure bis zur Entfernung der schwefligen Säure kochen, mit Soda alkalisch stellen, zur Trockne dampfen, dem Rückstand mit kochendem Sprit das Na-Salz des 4-Dimethylamino-2-sulfo-1-benzaldehyds entziehen, Sprit abdestillieren. Gibt eine charakteristische gelbe Benzylidenverbindung und ein schwach gelbliches Hydrazon, mit p-Phenylendiamin entsteht eine orangefarbige Verbindung.

853 **DRP. 80 165**

2-Nitro-4-sulfo-1-benzoesäure $C_6H_3(COOH)(NO_2)(SO_3H) = C_7H_5NO_7S = 247.$

3 T. rohe o-Nitrotoluol-p-sulfosäure + 8 T. Wasser + 5 T. Ammoniumpersulfat 8 bis 10 St. auf dem Wasserbade erwärmen, bis das Persulfat verschwunden und nur noch schwefelsaures Ammonium vorhanden ist; kalt feine weiße Nadeln abfiltrieren.

854 **DRP. 109 487** — Ann. 78, 31; Ber. 21, 182; 29, 2448; DRP. 62 932, 86 097, 92 082

Aminosulfobenzoesäuren $C_6H_3\begin{matrix}COOH\\NH_2\\SO_3H\end{matrix} = C_7H_7NO_5S = 217.$

3-Amino-?-sulfo-1-benzoesäure: In eine kochende Lösung von 25 T. m-nitrobenzoesaurem Natrium in 50 T. Wasser langsam 40 T. Natriumbisulfitlösung (30% SO_2-Gehalt) einfließen lassen, während die Flüssigkeit ruhig weiterkocht. Nach 6 St. 50 T. Wasser + 50 T. Salzsäure zugeben, Schwefeldioxyd durch Kochen verjagen, die in der Kälte ausgeschiedene Aminosulfobenzoesäure abfiltrieren und abpressen. Im Filtrat findet sich etwas **3-Amino-?-disulfo-1-benzoesäure.** Diese entsteht in vorwiegender Menge wie folgt: 25 T. m-nitrobenzoesaures Natrium in 250 T. Wasser lösen, kochend eine sodaalkalisch gestellte Lösung von 50 T. Natriumbisulfit in 150 T. Wasser zugeben, 12 St. kochen, dabei die Hälfte der Flüssigkeit verdunsten, 65 T. Salzsäure zusetzen, Schwefeldioxyd wegkochen, kalt von etwas entstandener Monosulfosäure abfiltrieren, Lösung der Disulfosäure direkt zur Farbstoffgewinnung verwenden.

---

855 **DRP. 138 188** — DRP. 114 839

2-Amino-4-sulfo-1-benzoesäure: 250 T. o-nitrotoluol-p-sulfosaures Natrium in 500 T. heißem Wasser lösen und 360 T. 90°—95° heiße Natronlauge (40°) zugeben. Der anfangs entstehende Niederschlag löst sich wieder unter heftigem Schäumen. Einige Zeit kochen, kalt mit 500 T. Salzsäure ansäuern und die abgeschiedene **p-Sulfoanthranilsäure** abfiltrieren. Die wässerige Lösung fluoresciert blau.

---

856 **DRP. 296 941** — Ber. 24, 3804; 29, 386

2-Amino-5-sulfo-1-benzoesäure: 137 T. Anthranilsäure mit 800 T. Nitrobenzol verrühren, 116,5 T. Schwefelsäurechlorhydrin einlaufen lassen (Temperatur steigt bis 60°), weiter auf 90°—100° erwärmen, bis die Salzsäure größtenteils entfernt ist, dann 2—3 St. auf 140°—150° erhitzen, warm absaugen, mit Äther waschen und über das Na-Salz reinigen. Bei 280° noch ungeschmolzen. Nach

Zus. DRP. 307 284

verwendet man statt des indifferenten Lösungsmittels auf 137 T. Anthranilsäure 350 T. Monohydrat, arbeitet zunächst bei 50°, läßt dann 116,5 T. Schwefelsäurechlorhydrin zufließen, erwärmt bis zum Aufhören der Salzsäureentwicklung auf 90°—100°, dann 3—4 St. auf 130°—140°, gießt kalt in Eiswasser und reinigt die **Sulfoanthranilsäure** durch Umfällen über das Na-Salz.

---

857 **DRP. 143 141**

1-Carboxyl-4-sulfophenyl-2-glycin

COOH / NH·CH_2·COOH / SO_3H (Benzolring) $= C_9H_9NO_7S = 275.$

21,7 T. 2-Amino-4-sulfo-1-benzoesäure + 11 T. Monochloressigsäure in 300 T. Wasser + 17 T. Soda lösen, zum Sieden erhitzen, eine konz. Lösung von weiteren 6 T. Soda zufließen lassen, mehrere Stunden sieden, kalt mit 30 T. Salzsäure ansäuern, die ausgeschiedenen Krystalle abfiltrieren. Die Säure fluoresciert in wässeriger Lösung grünstichig blau. Oder: 18,9 T. 2-Amino-4-sulfo-1-benzoesäure in 100 T. Wasser + 5,5 T. Soda warm lösen, 12 T. Salzsäure zugeben, bei 20°—30° zuerst eine konz. wässerige Lösung von 6,7 T. Cyankali, dann 7,5 T. Formaldehyd (40%) zufließen lassen, nach mehrstündigem Rühren mit 30 T. Natronlauge (40°) versetzen, bis zur Beendigung der Ammoniakentwicklung kochen und das 1-Carboxy-4-sulfophenyl-2-glycin durch Ansäuern fällen.

---

i) C—O—O.

858 **DRP. 20 713**
E. P. 4389/81
—
Ann. 165, 366

Methyldioxybenzole $C_6H_3(CH_3)(OH)(OH) = C_7H_8O_2 = 124.$

1-Methyl-3, 5-dioxybenzol (Orcin) aus 1-Toluol-3, 5-disubstitutionsprodukten durch Austausch der Substituenten (NH_2 durch Diazotieren, Halogene und die Sulfogruppe durch Alkalischmelze) gegen Hydroxyl.

859 **DRP. 81 068**

1-Methyl-2, 5-dioxybenzol wie [644] aus o- oder m-Kresol.

860 **DRP. 249 939**
F. P. 437 281

Wie [641]. **1-Methyl-3, 4-dioxybenzol (Homobrenzcatechin,** S.-P. 250°—253°) aus 3-Chlor-4-oxy-1-methylbenzol. — Analog **1-Methyl-2, 5-dioxybenzol (Toluhydrochinon,** S.-P. bei 11 mm 163°) aus 1-Oxy-4-brom-2-methylbenzol.

861 **DRP. 256 345**
—
Ber. 24, 4137; **49**, 1482

1-Methyl-2, 3-dioxybenzol (Isohomobrenzcatechin, Sch.-P. 62° bis 65°, S.-P. 241° unkorr.): 1 T. o-Kresol mit 1 T. konz. Schwefelsäure und 0,1 T. Oleum (20%) auf dem Wasserbade erwärmen, die entstandene **1-Methyl-2-oxybenzol-5-sulfosäure** durch Einleiten von 0,67 T. Chlor in die abgekühlte, stark verdünnte Lösung in die **1-Methyl-2-oxy-3-chlorbenzol-5-sulfosäure** überführen. Filtrierte Lösung mit Kalk von der Schwefelsäure befreien, Kaliumsalz der Sulfosäure herstellen, dieses mit Ätzkali bei 160°—168° 8—10 St. verschmelzen, Schmelze mit der 5-fachen Wassermenge verdünnen, mit Salzsäure ansäuern, einige Stunden im Autoklaven auf 200° erhitzen, Lösung filtrieren und ausäthern.

862 **DRP. 78 882**
—
Ber. **14**, 1842

Brenzcatechinhomologe

Z. B.: 11 T. Brenzcatechin + 8 T. Isobutylalkohol + 8—10 T. wasserfreies Chlorzink 8—10 St. am Rückflußkühler oder im geschlossenen Gefäß auf 180°—220° erhitzen, Schmelze in Wasser gießen, das abgeschiedene Produkt in 4 T. Natronlauge lösen, Wasserdampf einleiten, kalt filtrieren, mit Salzsäure ansäuern und ausäthern. Das gebildete **Isobutylbrenzcatechin** bildet einen zähen Sirup vom S.-P. 270°—280°. Ferner wurden erhalten: **o-Oxyäthylphenol** (mit Äthylalkohol), **o-Oxypropylphenol** und **o-Oxyamylphenol.** — In ähnlicher Weise erfolgt die Bildung höherer Oxybenzolhomologer nach

863 Anm. B. 14 689, 17. 6. 93 Baum

durch Einwirkung fetter Alkohole auf Halogenphenole bei 150°—200° mit Kondensationsmitteln.

864 **DRP. 103 146**
Zusatz zu DRP. 95 339
—
DRP. 97 012

1-Methyl-3, 4-dioxybenzolmonoalkyläther (Formeln: CH_3, OH, OR bzw. CH_3, OR, OH)

151 T. 1-Methyl-4-äthoxy-3-anilin in schwefelsaurer Lösung diazotieren, die Diazolösung in ein 135°—140° heißes Gemisch von 1100 T. Schwefelsäure und 450 T. Wasser einfließen lassen. Das **1-Methyl-4-äthoxy-3-phenol** destilliert mit dem Wasserdampf über und wird dem Destillat mit Äther entzogen. Sch.-P. 58°. — Analog: **1-Methyl-3-äthoxy-4-phenol** aus 1-Methyl-3-äthoxy-4-anilin.

865 **DRP. 268 099**
—
Ber. **45**, 3157
Ann. **401**, 21

1-Allyl-2-oxy-3-methoxybenzol ($CH_2-CH=CH_2$, OH, OCH_3) $= C_{10}H_{12}O_2 = 164.$

Guajacolallyläther (gelbliches Öl aus Guajacolkalium und Allylbromid, S.-P. 116°) im Ölbad erhitzen. Bei 230° erfolgt plötzliches Aufsieden und Umlagerung des O-Äthers zur Kern-C-Allylverbindung. 1 St. bei 230° halten, destillieren, die Fraktion 245°—255° in Alkali lösen, mit Salzsäure fällen und unter 12 mm bei 122° überdestillieren [2302], **Eugenol.** Diese Umlagerung tritt auch bei Nitroderivaten der Phenolallyläther ein.

866 **DRP. 82 078**
F. P. 240 956
—
Ber. **10**, 2199

3, 4-Dioxy-1-benzaldehyd (CHO, OH, OH) $= C_7H_6O_3 = 138.$

20 T. Brom-p- oder -m-oxybenzaldehyd mit 9—12 T. Ätznatron und 20 T. Wasser im Autoklaven auf 150°—200° (mit Kalk, Baryt usw. anstatt Ätznatron über 200°) er-

hitzen. Inhalt in Wasser lösen, ansäuern, filtrieren, Filtrat ausäthern, **Protocatechualdehyd** evtl. über die Bisulfitverbindung reinigen. Die Lösung zeigt mit Eisenchlorid tiefgrüne Färbung, + ammoniakalische Silberlösung: Silberspiegel. Sch.-P. 150°. Ein anderer Dioxybenzaldehyd entsteht als gelber Sirup aus Bromsalicylaldehyd.

---

867 **DRP. 105 798**
F. P. 283 920

Eine Lösung von 11 T. Brenzcatechin und 30 T. nitrobenzolsulfosaurem Natrium in 600 T. Wasser (Kühlung) mit Gemenge von 75 T. konz. Salzsäure + 8 T. Formaldehyd (38%) + 25 T. Gußspäne verrühren, nach 24-stündigem Stehen vom Eisen abfiltrieren, Filtrat mit Kochsalz sättigen, ausäthern; Ätherauszüge mit Bisulfit schütteln, Bisulfitlösung mit Säure zerlegen. Aus siedendem Toluol umkrystallisieren. Die in den Mutterlaugen noch vorhandene Benzylidenverbindung des Aldehydes nach [873] aufarbeiten.

---

868 **DRP. 155 731**

12,2 T. p-Oxybenzaldehyd in kaltem Wasser lösen, + 1 T. Eisenvitriol, gelöst in 30 T. Wasser, langsam + 115 T. Wasserstoffsuperoxyd (3%) 1 St. auf 50° erwärmen, Eisen mit Ätzbaryt ausfällen und im Filtrat den Aldehyd mit Bleizucker fällen. Niederschlag gut waschen, mit warmer, verdünnter Schwefelsäure zerlegen, vom Bleisulfat filtrieren und das Filtrat ausäthern oder mit Ätzbaryt neutralisieren.

---

869 **DRP. 165 727**
E. P. 18 992/05
F. P. 357 633
—
Ann. 159, 148, 168, 97

15,4 T. Piperonal mit 26,8 T. Einfachchlorschwefel auf 130° erhitzen, nach Beendigung der Reaktion die Masse längere Zeit mit Wasser kochen, Schwefel abfiltrieren, Protocatechualdehyd ausäthern. — An Stelle von Einfachchlorschwefel kann auch Zweifachchlorschwefel oder Sulfurylchlorid oder Schwefel + Chlor und an Stelle von Piperonal auch Piperonalchlorid angewendet werden.

---

870 **DRP. 269 544**

Wie [646] aus Brom-p-oxybenzaldehyd und wässerigen Alkalihydroxyden oder Alkalicarbonaten (5- oder 10-fach n.-KOH) bei Gegenwart von Kupfer oder Kupfersalzen in der Silberbombe unter Druck (9—12 St. 180°—190°).

---

871 **DRP. 278 778**
F. P. 471 986
—
Ann. 159, 148
Ber. 43, 2605

15 T. Piperonal in 150 T. Toluol lösen, 21 T. Phosphorpentachlorid zugeben, bis zur Auflösung rühren, eine Lösung von 14 T. Chlor in 250 T. Toluol zugeben, bis zur Farblosigkeit erwärmen, Toluol abdestillieren, Rückstand mit 60 T. Wasser zersetzen, Protocatechualdehyd ausäthern. Nach

872 **Zus. DRP. 295 337**

wird das aus Piperonal erhaltbare Piperonaldiacetat trocken mit einer Lösung von Chlor in Tetrachlorkohlenstoff behandelt, worauf man das in der Methylengruppe substituierte Dichlorpiperonaldiacetat durch Kochen mit Wasser zum reinen Aldehyd verseift.

---

873 **DRP. 105 798**
F. P. 283 920

2, 4-Dioxy-1-benzaldehyd (CHO, OH, OH) $= C_7H_6O_3 = 138$.

Eine gekühlte Lösung von 60 T. nitrobenzolsulfosaurem Natrium und 22 T. Resorcin in 800 T. Wasser mit 50 T. Gußspänen versetzen und langsam 150 T. Salzsäure (20°), gemischt mit 16 T. Formaldehyd (38%), einfließen lassen. Die Lösung wird neutral. Nach 24 St. die Benzylidenverbindung mit dem Eisen abfiltrieren, in sehr verdünnter heißer Natronlauge lösen, schnell filtrieren und mit einer Bleizuckerlösung die Bleiverbindung des Aldehydes fällen, den grauen Niederschlag abfiltrieren, gut waschen, mit verdünnten Säuren zerlegen, den abgeschiedenen **Resorcylaldehyd** über die Bisulfitverbindung reinigen. Sch.-P. 134°.

---

874 **DRP. 106 508**
Zusatz zu
DRP. 101 333
—
Lit. wie [462]

In 10 T. Resorcin + 30 T. wasserfreiem Äther 3 T. wasserfreie Blausäure zugeben und unter Kühlung Chlorwasserstoff bis zur Sättigung einleiten; den amorphen, weißen Niederschlag des salzsauren Aldimides abfiltrieren und mit Wasser, evtl. mit Na-Acetat aufkochen. Kalt scheidet sich der Aldehyd quantitativ ab. Sch.-P. 135°.

---

875 **DRP. 155 731**
—
Ber. 14, 2021

2, 3-Dioxy-1-benzaldehyd (CHO, OH, OH) $= C_7H_6O_3 = 138$.

Wie [868]. 12,2 T. Salicylaldehyd in 400 T. Wasser suspendieren, 115 T. Wasserstoffsuperoxyd und 1,2 T. Eisenammonalaun in 30 T. Wasser gelöst langsam unter Eiskühlung und Rühren zufließen lassen, 1 St. auf 50°—60° erwärmen, mit Schwefelsäure ansäuern, ausäthern, Ätherrückstand fraktioniert destillieren. Bei 160°—170° und 22 mm Druck geht 2, 3-Dioxy-1-benzaldehyd als Hauptprodukt über, bei 220°—228° geringe Mengen **2, 4-Dioxy-1-benzaldehyd.**

---

876 **DRP. 101 333** Zusatz zu DRP. 99 568

Oxyalkyloxybenzaldehyde $C_6H_3 \begin{matrix} CHO \\ OH \\ OR \end{matrix}$

4-Oxy-6-methoxy-1-benzaldehyd (Sch.-P. 153°) wie [461] aus Resorcinmonomethyläther.

---

877 **DRP. 105 798** F. P. 283 920

4-Oxy-5-methoxy-1-benzaldehyd: 15 T. Nitrobenzol mit 45 T. Oleum bei 120°—130° sulfurieren, in 600 T. Wasser eintragen, bei 15° 10 T. Guajacol, 8 T. Formaldehyd (38%) und 25 T. Gußspäne zusetzen. Nach 24 St. filtrieren, Filtrat aussalzen, **Vanillin** ausäthern. Aufarbeitung wie [873]. Aus Ligroin umkrystallisieren, Sch.-P. 80°. Über **Homovanillinaldehyd** aus Eugenol mit Ozon s. Ber. **48,** 32.

---

878 **DRP. 193 958** F. P. 378 856

Durch unvollständige Verseifung von Dialkyloxybenzaldehyden mit Aluminiumchlorid.

---

879 **DRP. 209 910** — Ber. **41,** 1035 M. f. Ch. **1908,** 123 **1909,** 49

2-Oxy-4-methoxy-1-benzaldehyd (Sch.-P. 41°) durch alkalische Spaltung des aus Resorcinmonomethyläther und α-Isatinanilid herstellbaren indigoiden Farbstoffes.

CH_3O-(O=)C_6H_3=C<(CO—, NH—)C_6H_4 → CH_3O(OH)C_6H_3CHO + C_6H_4(COOH)(NH_2)

---

880 **DRP. 214 153**

p-Methoxysalicylaldehyd: Resorcinaldehyd in wässeriger Sodalösung bei 70°—80° mit Dimethylsulfat verrühren, wenn keine weitere Ölvermehrung mehr erfolgt ansäuern, und den gebildeten Aldehyd mit Wasserdampf übertreiben. Bei Vermeidung fixen Alkalis kann man auch mit Halogenalkyl alkylieren.

---

881 **DRP. 57 938** — Ann. 159, 222

Dioxybenzoesäuren $C_6H_3 \begin{matrix} COOH \\ OH \\ OH \end{matrix} = C_7H_6O_4 = 154.$

3, 5-Dioxy-1-benzoesäure durch Alkalischmelze aus m-Disulfobenzoesäure.

---

882 **DRP. 71 260**

3, 4-Dioxy-1-benzoesäure (Protocatechusäure) aus 4-Brom-3-oxy-1-benzoesäure [720] durch Alkalischmelze bei 180°—200°. Oder nach

DRP. 80 747

Durch Alkalischmelze aus Eugenoxacetsäure. Oder nach

DRP. 81 298

Durch Oxydation von p-Oxybenzoesäure mit K-persulfat in alkalischer Lösung [884]. Oder

883 **DRP. 278 778** F. P. 471 986

15 T. Piperonal in 300 T. Tetrachlorkohlenstoff lösen, im Sonnenlichte 22 T. Chlor einleiten, wenn die Mischung entfärbt ist, den Tetrachlorkohlenstoff abdestillieren, zurückbleibendes Öl mit 100 T. Wasser versetzen, kochen, bis alles in Lösung gegangen ist. Beim Erkalten krystallisiert die Protocatechusäure aus. Umkrystallisieren aus Wasser, Sch.-P. 199°—200°. Über Bildung von **2, 4-** und **2, 6-Dioxybenzoesäure** aus Resorcin und Kaliumbicarbonat unter Druck bei völligem Wasserausschluß s. Monatsh. **1917,** 77.

---

884 **DRP. 81 297**

2, 5-Dioxybenzoesäure (Hydrochinoncarbonsäure): 180 T. Salicylsäure in 3750 T. Wasser + 250 T. Ätznatron lösen, kühlen, + Lösung von 350 T. Kaliumpersulfat in 3500 T. Wasser. Nach 2—3 Tagen (evtl. auf 40° erwärmen) kalt sauer stellen, Salicylsäurereste mit Äther entfernen, aufkochen, kalt ausäthern. Sch.-P. 196°—197°.

---

885 **DRP. 281 214**

2, 3-Dioxy-1-benzoesäure: Guajacol-o-carbonsäure mit dem dreifachen Gewicht konz. Salzsäure unter Druck auf 140° erhitzen. Sch.-P. der Säure 204°, ihres Diacetates 148°—150°, des Methylesters 76°—79°, des Amids 175°.

886 **DRP. 286 266** **1, 3-Dioxybenzol-5-carbonsäure:** 12 T. 3, 5-Dibrombenzoesäure und 20 T. Calciumhydroxyd mit 120 T. Wasser 7 St. im Kupferkessel auf 160°—170° erhitzen, ansäuern, ausäthern, im Ätherrückstand die Säure mit Benzol abscheiden.

887 **DRP. 51 381**
F. P. 197 214

2-Oxy-3-methoxy-1-benzoesäure COOH, OH, OCH_3 $= C_8H_8O_4 = 168$.

Guajacolnatrium kalt unter Druck mit Kohlensäure sättigen, dann im Autoklaven auf über 100° erhitzen. In Wasser lösen, mit Salzsäure fällen, abgeschiedene Krystalle der **Guajacolcarbonsäure** abfiltrieren (kryst. mit 2 aq). Sch.-P. wasserfrei 148°—150°. Oder: Kohlensäure über 100° warmes Guajacolsalz leiten oder in das Salz eindrücken.

k) C—O—S.

888 **DRP. 64 736**

Oxysulfobenzaldehyde C_6H_3 CHO, OH, SO_3H $= C_7H_6O_5S = 202$.

3-Oxy-4-sulfo-1-benzaldehyd: 1100 T. m-Aminobenzaldehyd-p-sulfosäure in der 10-fachen Menge Wasser mit etwas weniger als der berechneten Sodamenge lösen, bei 30° in das gleiche Volumen Salzsäure (13%) gleichzeitig mit einer Lösung von 350 T. Nitrit (10%) einfließen lassen. Kleine, hellgelbe Prismen der Diazoverbindung (CHO, N=N, SO_3—N) abkolieren, mit kaltem Wasser waschen und in ein kochendes Gemisch von 1 Vol.-T. konz. Schwefelsäure + 8 Vol.-T. Wasser eintragen. Wenn die Stickstoffentwicklung beendet ist, die klare Lösung auskalken, Filtrat mit Soda eindampfen, den Aldehyd mit konz. überschüssiger Salzsäure als schwer lösliches, sauer reagierendes Salz fällen.

889 **DRP. 105 006** **3-Oxy-6-sulfo-1-benzaldehyd:** 5 T. scharf getrocknetes, fein gepulvertes **m-Oxybenzylidenanilin** (erhalten durch Erhitzen der Komponenten; aus Chloroform + Ligroin umkrystallisiert, Sch.-P. 92°—93°) unter Kühlung in 30 T. Oleum (65%) langsam eintragen, auf 40°—50° erwärmen, bis in einer auf Eis gegossenen Probe durch Ausäthern kein m-Oxybenzaldehyd mehr nachweisbar ist. Sulfurierungsgemisch auf Eis gießen, den ausgeschiedenen Teil der Sulfanilsäure abfiltrieren, Filtrat auskalken, Ca- in Na-Salze überführen, deren Lösung direkt verwendet werden kann. Zur Trennung des Oxysulfobenzaldehydes von dem gelösten Teil der Sulfanilsäure und Disulfanilsäure krystallisiert man das zur Trockne gedampfte Gemenge der Na-Salze fraktioniert aus Sprit von 80%. Derselbe Aldehyd kann in gleicher Weise auch aus anderen m-Oxybenzylidenverbindungen wie m-Oxybenzyliden-p-toluidin (Sch.-P. 129°) und **m-Oxybenzyliden-1-naphthylamin** (hergestellt durch Erwärmen von 6 T. m-Oxybenzaldehyd mit 7 T. 1-Naphthylamin im Wasserbade, solange Wasser entweicht) erhalten werden.

890 Anm. F. 10 358,
Kl. 12. 17. 3. 98
Höchst
E. P. 28 707/97
F. P. 272 726

3-Oxy-6-sulfo-1-benzaldehyd: 3-Amino-6-sulfo-1-benzaldehyd diazotieren und die Diazolösung bis zur Beendigung der Stickstoffentwicklung kochen.

891 **DRP. 228 838** **4-Oxy-3-sulfo-1-benzaldehyd:** 4-Amino-3-sulfo-1-benzaldehyd diazotieren und die Diazolösung auf 70°—95° erwärmen. Auf die gleiche Weise entsteht aus 4-Amino-6-sulfo-1-benzaldehyd der **4-Oxy-6-sulfo-1-benzaldehyd.** Dieser gibt mit salzsaurem Benzidin einen feuerroten Niederschlag.

892 **DRP. 202 632**

Ber. 23, 3394
DRP. 198 509

1-Acetyl-4-alkyloxy-6-thiophenol

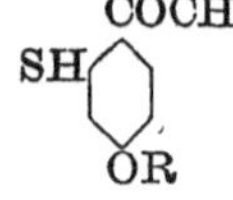

60 T. Aluminiumchloridpulver mit trockenem Schwefelkohlenstoff überschichten, 35 T. Acetylchlorid einrühren, unter Kühlung 30 T. 3-Methoxy-1-thiophenol [661] einfließen lassen, wenn die Salzsäureentwicklung beendet ist, die obere Schwefelkohlenstoffschicht entfernen, die untere Schicht auf Eis gießen, das abgeschiedene ölige **1-Acetyl-4-methoxy-6-acetylthiophenol** ($COCH_3$; $S{\cdot}COCH_3$; OCH_3) zur Verseifung mit verdünnter Salzsäure unter Rückfluß kochen, das Öl in verdünnter Natronlauge lösen, filtrieren, das Filtrat ansäuern, das ausgeschiedene **1-Acetyl-4-methoxy-6-thiophenol** im Vakuum destillieren und aus Sprit umkrystallisieren, Sch.-P. 94°—96°. — Analog die anderen Alkyloxyverbindungen. Die Äthoxyverbindung schmilzt bei 64°—65°. — Über die Herstellung des **1, 4-Kresol-3-mercaptans** und weiterer Derivate des Carbäthoxymercaptans und die Gewinnung der **1, 4-Kresol-3-sulfinsäure** s. Ber. 50, 116.

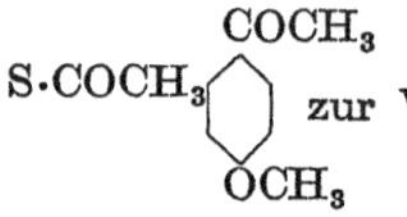

893 **DRP. 212 434**
Zusatz zu
DRP. 203 882

Ann. 263, 234
Ber. 27, 1933

3-Alkyloxy-6-alkylthio-1-benzoesäure ($COOH$; SR_1; OR)

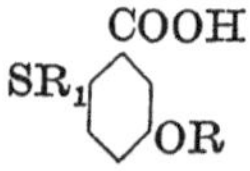

2-Amino-5-oxy-1-benzoesäure mit 500 T. Eisessig 12 St. unter Rückfluß kochen, Eisessig teilweise abdestillieren, durch Wasserzusatz die **2-Acetamino-5-oxy-1-benzoesäure** fällen, 195 T. davon in 200 T. Natronlauge (40°) und 2000 T. Wasser lösen, 180 T. Diäthylsulfat zusetzen, mehrere Stunden bei stets alkalischer Reaktion rühren, 150 T. Natronlauge zusetzen, 1 St. am Rückflußkühler kochen, kalt ansäuern, 200 T. Salzsäure (20°) zusetzen und mit 69 T. Nitrit diazotieren; die filtrierte Diazolösung bei 20°—25° in eine Lösung von 180 T. Kaliumxanthogenat und 300 T. Soda einlaufen lassen, bis zur Beendigung der Stickstoffentwicklung rühren, 300 T. Natronlauge (27°) und 300 T. methylschwefelsaures Natrium (46%) zusetzen und 2—3 St. kochen, nach dem Erkalten durch Ansäuern **5-Äthoxy-2-methylthio-1-benzoesäure** (Sch.-P. 135°) abscheiden. — Analog andere Äther z. B. **4-Chlor-2-methylthiobenzoesäure** ($COOH$; $S{\cdot}CH_3$; Cl), aus Sprit Sch.-P. 210°—211° und **4-Acetamino-2-methylthiobenzoesäure.** Letztere weiter durch Kochen mit der doppelten Menge Natronlauge (40°) und wenig Wasser verseifen, die freie Aminogruppe wieder diazotieren, die Diazolösung mit Xanthogenat umsetzen und mit methylschwefelsaurem Natrium in alkalischer Lösung kochen. Es entsteht **4-Methylthio-2-methylthiobenzoesäure** ($COOH$; $S{\cdot}CH_3$; $S{\cdot}CH_3$), Sch.-P. 194°. — Ebenso mit anderen Alkylierungsmitteln und Schwefelsäureestern.

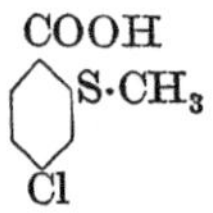

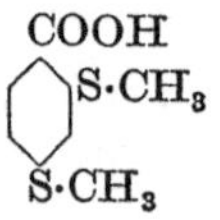

894 **DRP. 204 763**
Zusatz zu
DRP. 199 551

1-Carboxyl-3-methoxyphenyl-6-thioglykolsäure

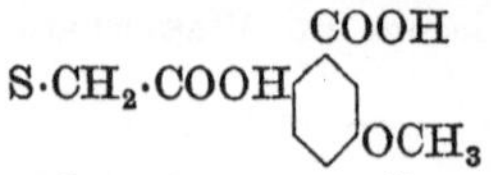

($COOH$; $S{\cdot}CH_2{\cdot}COOH$; OCH_3) $= C_{10}H_{10}O_5S = 242.$

15,3 T. 2-Amino-5-phenol-1-carbonsäure acetylieren (kochen mit Eisessig), 19,5 T. der Acetylverbindung in 20 T. Natronlauge (40°) und 200 T. Wasser lösen, 20 T. Dimethylsulfat zusetzen, rühren, stets alkalisch halten. Produkt mit 30 T. Natronlauge (40°) kochend verseifen, wenn eine Probe mit überschüssiger Salzsäure keine bleibende Fällung mehr gibt, kalt neutralisieren, diazotieren (20 T. Salzsäure von 20° und 6,9 T. Nitrit), die filtrierte Diazolösung bei 20°—25° in eine Lösung von 18 T. Kaliumxanthogenat und 30 T. Soda einlaufen lassen, wenn die Stickstoffentwicklung beendet ist, mit 16 T. Natriumchloracetat und 25 T. Natronlauge (40°) kochen und kalt mit Salzsäure fällen. Gelbes Pulver vom Sch.-P. 197°—199°. Die Überführung der Säure in **5-Methoxy-3-oxy (1) thionaphten** (über seine Carbonsäure) erfolgt wie [786].

---

895 **DRP. 232 277** Zusatz zu DRP. 192 075

1-Carboxyl-4-methoxyphenyl-6-thioglykolsäure

COOH, S·CH_2·COOH, OCH_3 $= C_{10}H_{10}O_5S = 242.$

21 T. 2-Acetamino-4-methoxy-1-benzoesäure [834] zur Abspaltung der Acetylgruppe mit 35 T. Natronlauge (40°) und 70 T. Wasser verseifen, ansäuern, mit 20 T. Salzsäure (20°) und 7 T. Nitrit diazotieren, die Diazolösung bei 25°—30° in eine Lösung von 18 T. Kaliumxanthogenat und 25 T. Soda einfließen lassen, wenn die Stickstoffentwicklung beendet ist, mit 15 T. chloressigsaurem Natrium und 25 T. Natronlauge (40°) 1—2 St. kochen und kalt mit Salzsäure fällen. Aus Wasser Nadeln vom Sch.-P. 224°—225° (unter Zersetzung).

---

896 **DRP. 264 786** E. P. 18 430/13; F. P. 461 320 — Ber. 27, 1206; 42, 1802; 42, 2057; DRP. 74 602, 77 596, 89 997, 98 030, 278 091, 276 331

1-Carboxyl-2-oxybenzol-5-sulfochlorid

COOH, OH, SO_2Cl $= C_7H_5ClO_5S = 236.$

138 T. Salicylsäure unter 30° in 552 T. Schwefelsäurechlorhydrin eintragen, wenn die Salzsäureentwicklung beendet ist, auf 40° erwärmen, dann auf Eis gießen, das abgeschiedene **Salicylsäuresulfochlorid** aus Benzol umkrystallisieren. Sch.-P. 171°—172°. Gibt bei der Verseifung **1-Carboxyl-2-oxybenzol-5-sulfosäure.** — Analog werden erhalten: **1-Carboxymethyl-2-oxybenzol-5-sulfochlorid** ($COOCH_3$, OH, SO_2Cl) (Sch.-P. 82°—83°) aus Salicylsäuremethylester; **1-Carboxyl-2-oxy-3-methylbenzol-5-sulfochlorid** (Sch.-P. 179°—180°) aus o-Kresotinsäure; **1-Carboxyl-2-oxy-4-methylbenzol-5-sulfochlorid** (Sch.-P. 172°—173°) aus m-Kresotinsäure; **1-Carboxyl-2-oxy-5-methylbenzol-3-sulfochlorid** (Sch.-P. 189°—190°) aus p-Kresotinsäure; **1, 5-Dicarboxyl-2-oxybenzol-3-sulfochlorid** (Sch.-P. 251°) aus o-Oxyisophthalsäure; **1-Carboxyl-2-oxy-3-chlorbenzol-5-sulfochlorid** (Sch.-P. 163°—164°) aus o-Chlorsalicylsäure; **1-Carboxyl-2-oxy-5-chlorbenzol-3-sulfochlorid** (Sch.-P. 206°—207°) aus p-Chlorsalicylsäure. Reagieren nach DRP. 276 331 [897, 1798, 2470, 2920] leicht mit Ammoniak, Aminen, Phenolen usw. [2433].

---

897 **DRP. 276 331**

1-Carboxyl-2-oxybenzol-5-sulfamid

COOH, OH, SO_2NH_2 $= C_7H_8NO_5S = 218.$

236,5 T. feingepulvertes 1-Carboxyl-2-oxybenzol-5-sulfochlorid [896] unter Kühlung allmählich in 1200 T. Ammoniak (20%) eintragen, eindampfen, mit Salzsäure bis zur mineralsauren Reaktion versetzen, zur Trockne dampfen, **Salicylsulfamid** mit Alkohol ausziehen. Sch.-P. 253°—255°. — Analog werden gewonnen: **1-Carboxyl-2-oxybenzol-5-sulfodimethylamid** (Sch.-P. 192°—193°), **1-Carboxyl-2-oxybenzol-5-sulfanilid** (Sch.-P. 218°—220°), ferner die Kondensationsprodukte aus Salicylsulfochlorid mit 2-Amino-7-oxynaphthalin, 2-Amino-5-oxynaphthalin-7-sulfosäure usw.

---

898 **DRP. 15 889** — Ber. 33, 3228

Sulfo-o-oxybenzoesäure (COOH, OH) $SO_3H = C_7H_6O_6S = 218.$

Durch Sulfurieren von Salicylsäure bei 160° erhält man die **Sulfosalicylsäure**; die sulfierte p-Oxybenzoesäure

(COOH, SO_3H, OH) neben wenig (COOH, NO_2, OH) und (NO_2, NO_2, OH)

nach Ber. 48, 1314 aus p-Oxybenzoesäure und Nitrosylschwefelsäure.

l) C—S—S.

899 **DRP. 91 315** Zusatz zu DRP. 89 397 — DRP. 88 952, 90 486

Benzaldehyddisulfosäuren C_6H_3 CHO SO_3H SO_3H = $C_7H_6O_7S_2$ = 266.

2, 5-Disulfo-1-benzaldehyd: Wie [504]. In 20 T. o-Chlorbenzaldehyd langsam bei höchstens 120° 50 T. Oleum (25%) einfließen lassen. Wenn eine Probe mit Wasser keine Öltropfen mehr zeigt, die Lösung des **2-Chlor-5-sulfobenzaldehyds** in 250 T. Wasser gießen, mit Soda genau neutralisieren, mit 50 Vol.-T. Natriumbisulfitlösung (40%) im Autoklaven 8 St. auf 190°—200° erhitzen, den Inhalt mit 13 T. Schwefelsäure aufkochen, Schwefeldioxyd verjagen und vom Glaubersalz abfiltrieren. Die Lösung ist direkt verwendbar. — Ferner:

DRP. 98 321

2, 4-Disulfo-1-benzaldehyd: 100 T. 2, 4-Dichlor-1-benzaldehyd mit einer genau neutralisierten Mischung von 70 T. Bisulfitlauge (40%) und 100 T. Wasser im Autoklaven 9—10 St. auf 190°—200° erhitzen, Lösung mit 10 T. Schwefelsäure kochen, bis das Schwefeldioxyd verschwunden ist. Die Lösung wird unmittelbar zur Farbstoffgewinnung verwendet. — Oder:

DRP. 154 528 E. P. 18 255/02 F. P. 320 621

2, 4-Disulfo-1-benzaldehyd: 10 T. Toluol mit Oleum zur **1, 2, 4-Toluoldisulfosäure** (Hauptprodukt) sulfurieren und das Sulfurierungsgemisch bei 15°—20° in ein Gemisch von 50 T. feinstgemahlenem Braunstein und 500 T. Oleum (25%) eintragen. Es tritt Selbsterwärmung auf 30°—35° ein. Temperatur 48 St. halten, zuweilen stärkeres Oleum zur Erhaltung der ursprünglichen SO_3-Konzentration zugeben, auf Eis + Bisulfit gießen, wenn der Braunsteinüberschuß gelöst ist, auskalken, vom Gips und Manganoxyd abfiltrieren und die eingeengte Aldehyddisulfosäurelösung direkt verwenden oder zur Reindarstellung die konz. wässerige Na-Salzlösung mit dem gleichen Volumen Methylalkohol fällen, von den Mineralsalzen abfiltrieren, bis zur Krystallhautbildung eindampfen und mit Sprit das Di-Na-Salz der 1, 2, 4-Benzaldehyddisulfosäure (+ 2 aq) ausfällen. Sehr leicht lösliches, mit Sprit ölig fällbares, gelbes Hydrazon. — Schließlich:

DRP. 199 943 A. P. 877 054 F. P. 384 979

2, 6-Disulfo-1-benzaldehyd: Aus 2, 6-Dichlor-1-benzaldehyd durch Erhitzen mit 2 Mol. Natriumsulfit unter Druck. Nicht aussalzbar.

900 **DRP. 232 277** Zusatz zu DRP. 192 075

Carboxylalkylthiophenylthioglykolsäuren C_6H_3 COOH SR S·CH_2·COOH

2-Nitro-4-acetamino-1-toluol zuerst oxydiert, dann reduziert gibt **4-Acetamino-2-amino-1-benzoesäure** (Sch.-P. 193°—194°), von der 19,4 T. diazotiert werden. Diese Diazolösung mit einer Lösung von 18 T. Kaliumxanthogenat und 40 T. Soda umsetzen, mit 15 T. chloressigsaurem Natrium und 30 T. Natronlauge (40°) 3 St. auf 100° erwärmen, filtrieren und kalt mit Salzsäure die **1-Carboxyl-4-acetaminophenyl-2-thioglykolsäure** (Sch.-P. 249°) fällen. 26 T. dieser Säure mit 40 T. Natronlauge (40°) und 80 T. Wasser kochend verseifen, ansäuern, kalt diazotieren, mit Xanthogenat umsetzen, mit Salzsäure die **1-Carboxyl-4-xanthogenphenyl-2-thioglykolsäure** (COOH, S·CH_2·COOH, S·$CSOC_2H_5$) als rotgelbes Pulver fällen, dieses durch mehrstündiges Kochen mit 45 T. Natronlauge (40°) und einer Lösung von 26 T. äthylschwefelsaurem Natrium in 200 T. Wasser unter Rückfluß äthylieren und die **1-Carboxyl-4-äthylthiophenyl-2-thioglykolsäure** (Sch.-P. 188°) mit Salzsäure fällen. — Analog aus 5-Acetamino-2-amino-1-benzoesäure über die **1-Carboxyl-5-acetaminophenyl-2-thioglykolsäure** (Sch.-P. 249°—250°) und **1-Carboxyl-5-xanthogenphenyl-2-thioglykolsäure** die **1-Carboxyl-5-methylthiophenyl-2-thioglykolsäure** (Sch.-P. 195°).

m) N—N—N.

901 **DRP. 123 375**

Ber. 33, 2116; 37, 2276
DRP. 82 635

Nitroso-m-phenylendiamin (NO, NH_2, NH_2) $= C_6H_7N_3O = 137.$

324 T. destilliertes m-Phenylendiamin in 2500 T. Wasser + 444 T. Salzsäure (33%) lösen und 3000 T. Eis zugeben. Unter 0° auf einmal eine kalte Lösung von 156 T. Nitrit in 660 T. Wasser einstürzen, 5 Min. rühren, einige Stunden stehen lassen, auf 50° erwärmen, bei dieser Temperatur das Bismarckbraun mit 800 T. Kochsalz aussalzen, bei 30° abfiltrieren und mit 1000 T. Salzwasser (10%) nachwaschen. Zur Reinigung das Filtrat mit 2000 Vol.-T. Äther überschichten, 800 T. Sodapulver zugeben, schütteln, nach 12 St. (öfters rühren bzw. schütteln) die an der Grenzfläche gebildeten Krystalle absaugen und mit Äther waschen. Granatrote, in Sprit leicht lösliche Blätter vom Sch.-P. 210°, bläht sich geschmolzen auf. Das salzsaure Salz des Nitroso-m-phenylendiamins bildet leicht lösliche, rotbraune Nadeln.

---

902 **DRP. 77 353**

Ann. 215, 344
Ber. 1, 402; 15, 1597
M. f. Ch. 18, 755

1, 3, 5-Trinitrobenzol (NO_2, NO_2, NO_2) $= C_6H_3N_3O_6 = 213.$

2, 4, 6-Trinitro-1-benzoesäure [1082] oder deren Salze mit Wasser kochen, bis die Kohlendioxydabspaltung beendet ist. — Oder:

DRP. 234 726

25 T. 2, 4, 6-Trinitro-1-chlorbenzol + 8 T. Kupferpulver + 250 Vol.-T. Sprit (95%) + 25 T. Wasser unter Rückfluß 2 St. im Wasserbade kräftig sieden, heiß filtrieren, erkalten lassen und die abgeschiedenen Krystalle abfiltrieren. Das Produkt ist rein. — Ebenso aus 2, 4, 6-Trinitro-1-brom- oder -jodbenzol.

DRP. 130 438
F. P. 314 468

Ber. 7, 1257; 17, 150
DRP. 80 973

1-Nitro-2, 4-diaminobenzol (NO_2, NH_2, NH_2) $= C_6H_7N_3O_2 = 139.$

5 T. 4-Nitro-1-anilin-3-sulfosäure (Ber. 21, 2581) mit 20 T. Ammoniak (25%) im Autoklaven 3 St. auf 170°—180° erhitzen und kalt die Krystalle abfiltrieren.

---

903 **DRP. 194 951**
E. P. 20 367/07
F. P. 392 006

Ber. 41, 1870

1, 3-Dinitro-6-dimethylaminobenzol

(NO_2, $N(CH_3)_2$, NO_2) $= C_8H_9N_3O_4 = 211.$

10 T. Dimethylaminlösung (33%) mit 10 T. Benzolsulfosäure-2, 4-dinitrophenolester [1869] mischen. Selbsterwärmung! Kühlen und schließlich das erstarrte 2, 4-Dinitrodimethylanilin in Salzsäure lösen und mit Wasser fällen. Sch.-P. 87°. — Andere Ester, auch der Naphthalinreihe aus p-Toluolsulfochlorid und Nitrophenolen, verhalten sich ähnlich.

---

904 **DRP. 151 204**
F. P. 334 140

1, 3-Diamino-4-acetaminobenzol (NH_2, NH_2, $NH \cdot COCH_3$) $= C_8H_{11}N_3O = 165.$

o, p-Dinitroacetanilid mit Eisen und verdünnter Essigsäure reduzieren. Sch.-P. der Base 158° bis 159°. — Oder:

DRP. 183 843
A. P. 742 845

Ber. 5, 923; 30, 1911
DRP. 100 880

22,5 T. 2, 4-Dinitroacetanilid heiß mit 60 T. Eisen, 250 T. Wasser, 1,5 T. Essigsäure (30%) ohne weitere Wärmezufuhr reduzieren, sodaalkalisch filtrieren, heiß waschen, Filtrat einengen, kalt **Acetyltriaminobenzol** absaugen und aus 23 T. Sprit (80%) umkrystallisieren, Sch.-P. 158°—159°. Höher erhitzt oder mit Eisessig gekocht entsteht **Aminomethylbenzimidazol** (NH_2, (CH_3), —NH, —N≫C·CH₃). — Ebenso wird 3, 5-Dinitro-2-acettoluid (aus Nitro-o-acettoluid zu Acettriaminotoluol reduziert.

n) N—N—O.

---

905 **DRP. 82 635**
Zusatz zu DRP. 78 924

Nitroso-m-aminophenol [Ring: NO, NH_2, OH] $= C_6H_6N_2O_2 = 138.$

1 T. m-Aminophenol in 0,9 T. Natronlauge (30%) und 3 Vol.-T. Sprit lösen, unter Eiskühlung mit 1,4 T. Amylnitrit versetzen. Nach längerem Stehen erstarrt die rotgelbe Flüssigkeit zu einem Krystallbrei von Nitrosoaminophenolnatrium. Dieses wird abgesaugt und mit Sprit gewaschen. — Oder:

DRP. 86 068 5 T. Acetyl-m-aminophenol in 3 T. Wasser heiß lösen, auf 30 T. Eis + 30 T. konz. Salzsäure gießen, Lösung von 25 T. Nitrit in 3 T. Wasser zufließen lassen, Nitrosoverbindung absaugen, mit kaltem Wasser waschen, in 20 T. Wasser + 8 Vol.-T. Natronlauge (40°) lösen, 1 St. auf 70° erwärmen, kalt verdünnen, mit Salzsäure ansäuern, filtrieren, Filtrat mit Acetat und Kochsalz fällen, die roten Krystalle absaugen und über das schwer lösliche salzsaure Salz reinigen. Siehe auch [1086].

---

906 **DRP. 45 268**
A. P. 431 541
E. P. 4476/88
F. P. 189 359

Nitroso-m-dialkylaminophenol 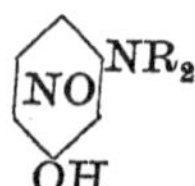

10 T. m-Dimethylaminophenol in 30 T. Salzsäure (32%) lösen, Eisstückchen zugeben, bei 0° die kalte Lösung von 5,3 T. Nitrit (96%) in 9 T. Wasser zufließen lassen. 0° nicht überschreiten! Gelbe Krystalle des salzsauren **Nitroso-m-dimethylaminophenols** abfiltrieren, abpressen, bei gewöhnlicher Temperatur trocknen. — Ebenso **Nitroso-m-diäthylaminophenol,** mit 4,4 T. Nitrit.

---

907 **DRP. 214 045**
—
Vgl. Z. Bl. **1919,** III, 993

Dinitrophenol: In die Mischung von 120 T. Benzol und 20 T. Quecksilber 270 T. Stickstoffdioxyd einleiten, einige Tage stehen lassen und die erstarrte Masse des reinen Produktes absaugen. — Über 3,5-Dinitrophenol und Derivate s. Ber. **42,** 2191.

---

908 **DRP. 165 650**
E. P. 7910/05
—
DRP. 167 143

Nitroaminooxybenzole $C_6H_3\begin{matrix}NO_2\\NH_2\\OH\end{matrix} = C_6H_6N_2O_3 = 154.$

1-Nitro-4-amino-5-oxybenzol: 42 T. Äthenyl-o-aminophenol in 100 T. Monohydrat lösen, zwischen 0° und 5° mit Mischsäure aus 35 T. Salpetersäure (40°) und 35 T. Monohydrat nitrieren, nach 2 St. auf Eis gießen, das abgeschiedene **Nitroäthenylaminophenol** abfiltrieren, abpressen, mit dem gleichen Gewicht Salzsäure (20°) im Wasserbade erwärmen und durch Neutralisieren der Lösung mit Soda oder Kreide das 1-Nitro-4-amino-5-oxybenzol fällen. — Ferner:

DRP. 184 689 **1-Nitro-4-amino-5-oxybenzol:** Phosgen auf o-Aminophenol einwirken lassen, die entstandene Carbonylverbindung nitrieren und das Nitrierungsprodukt mit Kalkhydrat, Soda od. dgl. in der Hitze verseifen. — Analog auch Derivate des 1-Nitro-4-amino-5-oxybenzols, wie **1-Nitro-2-methyl-4-amino-5-oxybenzol, 1-Nitro-2-chlor-4-amino-5-oxybenzol, 1-Nitro-4-amino-5-oxy-2-benzoesäure.** — Weiter:

DRP. 258 059
Ann. **85,** 328
Ber. **21,** 3471; **36,** 168; **37,** 4452; **39,** 3929

1-Nitro-3-amino-6-oxybenzol: 32 T. Azofarbstoff

$$\overset{NO_2}{OH\langle\;\rangle}N=N\langle\;\rangle SO_3H$$

in 150 T. Wasser verteilen; 30 T. Jod in 150 T. Wasser mit Schwefeldioxyd zur Lösung bringen, beide Lösungen mischen und im Wasser-

J. pr. **76**, 124; **76**, 133 Z. f. physiol. Ch. **60**, 71 C.Bl.**1903**,II,1270

bade 3 St. unter Einleiten von Schwefeldioxyd erwärmen, warm filtrieren, kalt von der Sulfanilsäure abfiltrieren, das Filtrat mit Natriumbicarbonat neutralisieren und die Krystalle des 1-Nitro-3-amino-6-oxybenzols abscheiden. Aus Wasser rote Nadeln vom Sch.-P. 127°. Ebenso auch gemeinsam mit **1-Chlor-4-aminobenzol-6-sulfosäure** als Nebenprodukt aus dem Azofarbstoff $OH\langle\rangle(NO_2)-N=N-\langle\rangle(SO_3H)Cl$. — Analog auch andere Substitutionsprodukte des m- und p-Nitranilins, jedoch nicht solche des o-Nitranilins.

909 **DRP. 285 638**
—
Ann, **205**, 72; **210**, 382

1-Nitro-4-amino-6-oxybenzol: 26 T. 1-Nitro-4-acetylaminobenzol-6-sulfosäure mit 60 T. Methylalkohol und 40 T. Natronlauge (40°) 1 St. unter Druck auf 135° erhitzen, kalte Masse in 50 T. Wasser eintragen, das abgeschiedene, leicht sublimierbare **1-Nitro-4-amino-6-methoxybenzol** aus Sprit umkrystallisieren. Gelbe Nadeln vom Sch.-P. 161°. Die alkalische Mutterlauge gibt neutralisiert 1-Nitro-4-amino-6-oxybenzol vom Sch.-P. 162°. (Vgl. Ber. **12**, 763). — Ferner:

DRP. 289 454

1-Nitro-3-amino-4-oxybenzol: 184 T. 1, 3-Dinitro-4-oxybenzol und 200 T. Eisenspäne mit 1000 T. Wasser übergießen, auf 80°—90° erwärmen und bei dieser Temperatur so lange Schwefeldioxyd einleiten, bis das Eisen fast ganz gelöst ist. Durch die vom Eisen abgegossene Flüssigkeit einen Luftstrom durchblasen, bis keine Ausscheidung mehr stattfindet, das ausgefallene 1-Nitro-3-amino-4-oxybenzol aus Wasser umkrystallisieren. — Analog **1-Methyl-4-nitro-6-aminobenzol** aus 2, 4-Dinitro-1-methylbenzol. (Zahlreiche Literaturangaben im Original).

910 **DRP. 64 510**

Nitroaminooxyalkylbenzole $C_6H_3\begin{matrix}NO_2\\NH_2\\OR\end{matrix}$

1-Nitro-2-amino-5-äthoxybenzol: Phenacetin mit verdünnter Salpetersäure erwärmen oder in Eisessiglösung nitrieren. Sch.-P. 103°—104°. — Oder nach:

DRP. 72 173

Wie [538]: 12,3 T. Benzyliden-p-anisidin in 50 T. konz. Schwefelsäure lösen, unter 15° allmählich 10,1 T. feingepulverten Kalisalpeter eintragen, nach kurzem Stehen mit dem gleichen Volumen Wasser mischen, mit Wasserdampf den abgespaltenen Benzaldehyd abtreiben. Die rückständige Lösung erstarrt zum Krystallbrei des Sulfates der Nitrobase, aus welchem das **Nitro-2-amino-5-methoxybenzol** vom Sch.-P. 60° isoliert wird. — Analog aus Benzyliden-o-anisidin das **Nitro-2-amino-3-methoxybenzol** vom Sch.-P. 117°. — Ferner:

DRP. 98 637
F. P. 271 908
—
Ann. **74**, 301; **207**, 242

1-Nitro-4-amino-5-methoxybenzol und **1-Nitro-3-amino-4-methoxybenzol:** 20 T. o-Acetanisidid in einem auf 10° abgekühlten Gemisch von 120 T. Salpetersäure (38°) und 100 T. Eisessig lösen, nach einigen Minuten, wenn die Nitrierung beendet ist, mit Wasser fällen, das Produkt, ein Gemenge von 66% **1-Nitro-4-acetamino-5-methoxybenzol** und 33% **1-Nitro-3-acetamino-4-methoxybenzol** abfiltrieren und auswaschen. [Werden 12 T. o-Acetanisidid mit 200 T. Salpetersäure (41°) bei 25° bis 40° ohne Eisessig nitriert, so entstehen 75% des erstgenannten und 25% des zweitgenannten Nitroacetanisidids; werden 15 T. o-Acetanisidid mit 50 T. Salpetersäure (46,5°) bei 10°—40° nitriert, so entstehen 71% des erstgenannten und 23% des zweitgenannten Nitroacetanisidids und 6% **Dinitro-o-acetanisidid.**] Das Gemenge der Nitroacetanisidide mit Schwefelsäure (40—60%) verseifen, das Gemenge der Nitroanisidine in warmer Schwefelsäure (25%) lösen, aus der Lösung durch Verdünnung mit Wasser das reine 1-Nitro-4-amino-5-methoxybenzol (Sch.-P. 139°—140°) ausfällen. Das Filtrat scheidet beim Neutralisieren das 1-Nitro-3-amino-4-methoxybenzol (Sch.-P. 117°—118°) ab.

911 **DRP. 228 357**

1-Nitro-4-amino-5-methoxybenzol und **1-Nitro-3-amino-4-methoxybenzol:** Das beim Nitrieren des o-Acetanisidids erhaltene Gemenge der Nitro-o-acetanisidide mit warmer Schwefelsäure (70%) verseifen, warm auf eine Konzentration von 40%iger Schwefelsäure verdünnen, erkalten lassen und das ausgeschiedene Sulfat des 1-Nitro-4-amino-5-methoxybenzols abfiltrieren, mit Schwefelsäure (40%) waschen, in Wasser lösen und mit Natronlauge das freie 1-Nitro-4-amino-5-methoxybenzol fällen. Sch.-P. 139°. Aus der Schwefelsäuremutterlauge das 1-Nitro-3-amino-4-methoxybenzol mittels Alkalien fällen.

DRP. 101 778 — DRP. 99 338

1-Nitro-3-amino-6-methoxybenzol: 16 T. p-Acetanisidin in 80 T. Schwefelsäure (66°) lösen, mit einem Gemisch aus 12 T. Salpetersäure (36°) und 12 T. Schwefelsäure (66°) bei 5° nitrieren, auf Eis gießen, den Niederschlag mit verdünnter Schwefelsäure einige Stunden auf 80° bis 90° erwärmen, das beim Erkalten ausgeschiedene Sulfat des 1-Nitro-3-amino-6-methoxybenzols aus Wasser umkrystallisieren, aus seiner wässerigen Lösung mit Alkali die Base als dunkelrotes Öl fällen, das nach kurzer Zeit erstarrt. Sch.-P. gegen 50°. — Analog: **1-Nitro-3-amino-6-äthoxybenzol** aus Phenacetin. Sch.-P. 170°. — Ferner:

DRP. 222 062

1-Nitro-3-amino-5-methoxybenzol: Durch partielle Reduktion des 3, 5-Dinitro-1-anisols vom Sch.-P. 105°. Das Produkt krystallisiert in orangegelben Nadeln vom Sch.-P. 120°.

912 **DRP. 95 755** — Lit. wie [587]

Diaminooxybenzole $C_6H_3\begin{matrix}NH_2\\NH_2\\OH\end{matrix} = C_6H_8N_2O = 124.$

1, 3-Diamino-6-oxybenzol und **1, 5-Diamino-6-oxybenzol** durch Reduktion von 1, 3-Dinitro-6-oxybenzol bzw. 1, 5-Dinitro-6-oxybenzol mit Schwefelnatrium in Gegenwart von Ätzalkali wie [587]. — Oder:

DRP. 269 542

Reduktion von 100 T. 2, 4-Dinitrophenol mit 1100 Vol.-T. HCl (19°) und 225 T. Eisen wie [551]. Ausbeute quantitativ.

913 **DRP. 258 653** — Ber. 12, 763

1, 3-Diamino-4-alkyloxybenzole (Benzolring mit NH_2, NH_2, OR)

Durch Reduktion der 1, 3-Dinitro-4-alkyloxybenzole mit Eisen und Essigsäure. Bräunen sich an der Luft.

914 **DRP. 164 295** — DRP. 163 185, DRP. 156 564, DRP. 162 069 — Ber. 31, 2599

1-Amino-3-acetylamino-6-phenol

(Benzolring mit NH_2, OH, $NH·COCH_3$) $= C_8H_{10}N_2O_2 = 166.$

Die wässerige Lösung von 197 T. 2, 4-Diaminophenoldichlorhydrat bei 50° mit der Lösung von 280 T. Na-Acetat (kryst.) und sofort weiter mit 102 T. Essigsäureanhydrid versetzen. Produkt krystallisiert aus den evtl. einzuengenden Lösungen aus. Sch.-P. 248°.

915 **DRP. 47 375**

Amino-m-dialkylaminophenole (Benzolring mit $N(R)_2$, OH; NH_2)

Amino-m-diäthylaminophenol: 20 T. 1-Azonaphthalin-m-diäthylaminophenol in 60 bis 80 T. starker Essigsäure lösen, 10 T. Salzsäure zugeben, mit 12—14 T. Zinkstaub reduzieren. Wenn die braunrote Lösung entfärbt ist, mit 80 T. Wasser und 20 T. Salzsäure auf 100° erwärmen, vom überschüssigen Zinkstaub abfiltrieren. Nur neben abgespaltenem 1-Naphthylamin in Lösung erhaltbar; Isolierung der Base ist schwierig. — Analog: **Amino-m-dimethylaminophenol.**

o) N—N—S.

916 **DRP. 199 619** — M. f. Ch. 28, 247

1, 3-Dinitrophenyl-4-thioglykolsäure

$C_6H_3(NO_2)_2\cdot S\cdot CH_2\cdot COOH = C_8H_6N_2O_6S = 258.$

Wie [154]. 20,2 T. 2, 4-Dinitro-1-chlorbenzol mit 9,2 T. Thioglykolsäure in Sprit (80%) unter Zusatz von 13,6 T. Na-Acetat lösen. Die Flüssigkeit erstarrt schon in der Hitze zu einem Krystallbrei. Abfiltrieren, waschen, trocknen. Sch.-P. 167°—168°. — Analog: **1-Carboxyl-3-nitrophenyl-6-thioglykolsäure** aus 1-Chlor-4-nitro-2-benzoesäure; **1-Nitro-5-sulfophenyl-4-thioglykolsäure** aus 1-Chlor-4-nitrobenzol-6-sulfosäure und **1-Nitro-5-sulfophenyl-2-thioglykolsäure** aus 1-Chlor-2-nitrobenzol-4-sulfosäure.

917 **DRP. 65 240**

1, 3-Dinitrobenzol-4-sulfosäure $C_6H_3(NO_2)_2\cdot SO_3H = C_6H_7N_2O_7S = 251.$

2 T. 2, 4-Dinitro-1-chlorbenzol in 4 T. Sprit heiß lösen; mit einer Lösung von 2,3 T. neutralem schwefligsaurem Kali in der 1½-fachen Menge Wasser unter Rückfluß kochen, aus der gelben Lösung Sprit abdestillieren, gelben Krystallbrei aus Wasser umkrystallisieren: gelbe Blättchen.

918 **DRP. 86 097** — Ber. 18, 294; 21, 2579; 29, 2448; Ann. 205, 102

Nitroaminobenzolsulfosäuren $C_6H_3(NO_2)(NH_2)(SO_3H) = C_6H_6N_2O_5S = 218.$

1-Nitro-3-aminobenzol-?-sulfosäure: 1,68 T. m-Dinitrobenzol portionenweise eintragen in eine erwärmte Lösung von 5 T. Na-Sulfit in 20—25 T. Wasser, die gelbbraune Lösung heiß mit 2,5—3 T. roher Salzsäure fällen. Rein, fast farblose, nicht unzersetzt schmelzende Krystallnadeln.

919 **DRP. 294 547** — Ann. 205, 102

1-Nitro-3-aminobenzol-4-sulfosäure: 138 T. m-Nitranilin in 276 T. Monohydrat bei Zimmertemperatur eintragen (Temperatur steigt bis 80°), 138 T. Oleum (63%) langsam zugeben, 3—4 St. auf 130°—140° erwärmen, auf Zimmertemperatur abkühlen, in 850 T. Wasser gießen, den Niederschlag abfiltrieren, waschen, über das schwerlösliche Na-Salz reinigen.

920 **DRP. 64 908** — Ber. 8, 290

Diaminobenzolsulfosäuren $C_6H_3(NH_2)_2(SO_3H) = C_6H_8N_2O_3S = 188.$

1, 4-Diaminobenzol-5-sulfosäure: 1,5 T. salzsaures p-Phenylendiamin in 12 T. Wasser und 1,8 T. Eisessig lösen, kühlen, mit der Lösung von 0,825 T. Kaliumbichromat in 9 T. Wasser versetzen und sofort die Lösung von 3,45 T. neutralem Natriumsulfit in 5 T. Wasser einstürzen. Die grüne Flüssigkeit wird entfärbt. Wenn die Krystallabscheidung beendet ist, abfiltrieren, aus heißem Wasser umkrystallisieren. Oder: 1,6 T. Chinondichlordiimid mit wenig Wasser anrühren, 10 T. Bisulfitlauge (50%) zugeben, im Wasserbade erwärmen, Sulfosäure abfiltrieren; aus heißem Wasser krystallisiert die freie Säure mit 2 Mol. aq.

921 **DRP. 65 240**

1, 3-Diaminobenzol-4-sulfosäure: 400 T. des trockenen K-Salzes der 1, 3-Dinitrobenzol-4-sulfosäure mit 3 Vol.-T. starker Salzsäure und 2½ T. Zinnchlorür im Wasserbad erwärmen, bis klare Lösung eintritt. Das beim Erkalten auskrystallisierte Chlorzinndoppelsalz abfiltrieren, mit Schwefelwasserstoff entzinnen, Lösung zur Krystallisation eindampfen.

922 **DRP. 202 564**

1, 4-Diaminobenzol-5-sulfosäure: Wie [618] durch 12-stündiges Erhitzen von 75 T. p-Dichlorbenzolsulfosäure + 400 T. Ammoniak (25%) + 5 T. Kupferchlorid auf 170°. Die Sulfosäure wird durch Ansäuern gefällt. Nach

923 **Zus. DRP. 202 565**

auch durch 20-stündiges Erhitzen von 100 T. 1-Chlor-4-aminobenzol-5-sulfosäure [734] + 600 T. Ammoniak (25%) + 8 T. Kupfersulfat auf 165°—170° und nach

924 **Zus. DRP. 204 972**

ebenso aus 1-Chlor-4-aminobenzol-6-sulfosäure [Ann. 265, 92] erhaltbar. Siehe Ber. 21, 2581 und 22, 849.

925 **DRP. 129 000** **Acetyl-p-phenylendiaminsulfosäure:** 18,8 T. p-Phenylendiaminsulfosäure mit 5 T. Soda in kalter wässeriger Lösung mit 12 T. Essigsäureanhydrid zur Trockne dampfen. Mit Salzsäure die freie Monoacetylverbindung abscheiden. **Diacetyl-p-phenylendiaminsulfosäure** gewinnt man mit überschüssigem Essigsäureanhydrid bei 90°. — Ebenso die Mono- und Diacetylderivate der m-Phenylen- und Toluylendiaminsulfosäure.

926 **DRP. 113 941**
F. P. 290 205

1-Aminophenyl-3-glycin-6-sulfosäure

$$C_6H_3(NH_2)(SO_3H)(NH{\cdot}CH_2{\cdot}COOH) = C_8H_{10}N_2O_5S = 246.$$

60 T. 1, 3-diaminobenzol-4-sulfosaures Natrium in 300 T. Wasser lösen und mit 40 T kryst. Acetat und 30 T. Monochloressigsäure 3 St. auf 80°—100° erwärmen. Die so erhaltene Lösung der Glycinsulfosäure direkt zur Farbstoffbildung verwenden oder zur Isolierung Produkt mit Salzsäure und Kochsalz in kleinen Nadeln fällen. Aus Wasser in weißen Blättern umkrystallisieren. Die neutralen Salze sind sehr leicht, die freie Säure kalt schwer wasserlöslich. — Analog: **1-Methyl-4-aminophenyl-2-glycin-5-sulfosäure.**

927 **DRP. 45 839**
E. P. 10 314/88
—
Ber. 16, 2235

1-Amino-4-dialkylamino-6-thiophenol $C_6H_3(NH_2)(SH)(NR_2)$

10 T. 1-Amino-4-dimethylaminobenzol-6-thiosulfosäure [931] in 200 T. Wasser + 90 T. Salzsäure (1,18) lösen, kühlen, allmählich mit so viel Zinkstaub (etwa 18 T.) versetzen, daß nach der Schwefelwasserstoffentwicklung eine lebhafte Wasserstoffentwicklung eintritt. Das Filtrat durch kurzes Aufkochen vom Schwefelwasserstoff befreien, kühlen, mit Natronlauge nahezu neutralisieren und Na-Acetat so lange zufügen, als noch Fällung eintritt, das abgeschiedene Zinksalz des **1-Amino-4-dimethylamino-6-thiophenols** abfiltrieren, waschen, abpressen, trocknen. Nach

Zus. DRP. 47 374 analog das Zinksalz des **1-Amino-4-diäthylamino-6-thiophenols.**

928 **DRP. 124 907**

Aminodialkylaminobenzolsulfosäuren $C_6H_3(NH_2)(NR_2)(SO_3H)$

1-Amino-4-dimethylaminobenzol-5-sulfosäure: 26 T. 1-chlor-4-nitrobenzol-6-sulfosaures Natrium in 100 T. Wasser gelöst mit einer konz. wässerigen Lösung von 11 T. Dimethylamin im Autoklaven mehrere Stunden auf 120°—130° erhitzen, die grünlichgelbe Masse kalt sodaalkalisch stellen, mit Dampf vom überschüssigen Dimethylamin befreien, kalt das rückbleibende Na-Salz der 1-Nitro-4-dimethylaminobenzol-5-sulfosäure (gelbe Nädelchen) abfiltrieren, in wässeriger Lösung mit Eisen und Essigsäure reduzieren, mit Soda das Eisen ausfällen, filtrieren und im Filtrat mit Essigsäure die glänzenden Krystalle der 1-Amino-4-dimethylaminobenzol-5-sulfosäure fällen. Gibt mit Eisenchlorid Rotfärbung, mit Dimethylanilin und thioschwefelsaurem Natrium zusammenoxydiert einen blauen Farbstoff.

929 **DRP. 264 927**
—
DRP. 14 014, 65 236, 77 536

1-Amino-4-dimethylaminobenzol-6 (?)-sulfosäure: 10 T. salzsaures p-Nitrosodimethylanilin in 100 T. Wasser lösen, eine Lösung von 28 T. Soda und dann eine konz. Lösung von 30 T. neutralem Natriumsulfit zufügen und die klare Lösung mit 90 T. konz. Salzsäure aufkochen. Die Lösung der Sulfosäure ist direkt verarbeitbar. Zur Abscheidung neutralisieren, 6 T. Salicylaldehyd zusetzen, die auskrystallisierte Benzylidenverbindung abfiltrieren, mit Salzsäure heiß spalten, den Aldehyd mit Wasserdampf abtreiben, die Lösung zur Trockne dampfen und aus dem Rückstand die 1-Amino-4-dimethylaminobenzol-6 (?)-sulfosäure mit Alkohol extrahieren. — Analog aus p-Nitrosodiäthylanilin **1-Amino-4-diäthylaminobenzol-6 (?)-sulfosäure,** aus p-Nitrosoäthylbenzylanilin **1-Amino-4-äthylbenzylaminobenzol-6 (?)-sulfosäure,** aus **1-Methyl-3-nitroso-6-äthylanilin** (gewonnen aus Äthyl-o-toluidin durch Behandlung mit Salzsäure und Nitrit und darauffolgende Umlagerung des entstandenen Nitrosamins mittels absolut alkoholischer Salzsäure) **1-Methyl-3-amino-6-äthylaminobenzolsulfosäure.**

930 **DRP. 120 504** — Lit. wie [621]

1, 3-Diaminobenzolthiosulfosäuren

$C_6H_3(NH_2)_2 \cdot S \cdot SO_3H = C_6H_8N_2O_3S_2 = 220.$

2 Mol. m-Phenylendiamin bei 60°—120° gelinde mit (3—6 Mol.) Schwefel verschmelzen. Es entsteht ein Gemenge, dem mit verdünnten Säuren ein unter 100° schmelzender (bei 100°—120° sich zersetzender) Körper entzogen wird (A). In Pyridinlösung erhält man der Hauptmenge nach den, auch in geringer Menge beim Arbeiten ohne Lösungsmittel erhaltbaren, in Säuren unlöslichen Körper (B), der bei 250° noch nicht schmilzt. Aus beiden gewinnt man mit Schwefeldioxydgas nach [621] die Thiosulfosäuren (wahrscheinlich **1, 3-Diaminobenzol-5-mono-** bzw. **2, 5-dithiosulfosäuren**). A ist in Wasser schwer, B leicht löslich. Ganz analog verhalten sich die **m-Toluylendiaminthiosulfosäuren,** doch muß die zur Lösung dienende Salzsäure nachträglich mit Natronlauge abgestumpft werden, da die Monothiosulfosäure in Säuren löslich ist. Die **m-Toluylendiamindithiosulfosäure** wurde krystallinisch nicht erhalten.

931 **DRP. 45 839** — E. P. 10 314/88, Ber. 16, 2235

1-Amino-4-dialkylaminobenzol-6-thiosulfosäure $C_6H_3(NH_2)(NR_2)(S \cdot SO_3H)$

10 T. p-Aminodimethylanilinsulfat (neutral, frei von Dimethylanilin) in 100 T. Wasser lösen, Lösung auf 0° abkühlen und eine kalte (0°—10°) Lösung von 5,5 T. K-Bichromat in 60 T. Wasser + 18 Vol.-T. Essigsäure (50%) in feinem Strahl schnell unter Rühren zufließen lassen, den bronzeglänzenden Krystallbrei (in Wasser rein rot löslich) sofort in eine Lösung von 22 T. Na-Thiosulfat und 27 T. kryst. Tonerdesulfat in 70 T. Wasser einstürzen und die Mischung bei 10°—20° rühren. Es tritt Lösung ein, beim Abkühlen auf 0° scheidet sich die **1-Amino-4-dimethylaminobenzol-6-thiosulfosäure** nach mehreren Stunden in glänzenden Krystallen ab. Abfiltrieren, in kalter verdünnter Sodalösung lösen, filtrieren und mit Essigsäure fällen. Nach

932 **Zus. DRP. 47 374** gewinnt man ähnlich die **1-Amino-4-diäthylaminobenzol-6-thiosulfosäure** aus 12 T. p-Aminodiäthylanilinchlorzinkdoppelsalz in 90 T. Wasser gelöst mit einer Lösung von 25 T. Tonerdesulfat und 20 T. Na-Thiosulfat in 70 T. Wasser; schließlich wird mit 3 T. K-Bichromat in 30 T. Wasser oxydiert. Temperatur und Aufarbeitung wie [931].

p) N—O—O.

? NO_2—2 OH—4 OH	936	NO_2—2 OH—3 OCH_3	938
NO_2—2 OH—5 OH	933	NH_2—2 OH—3 OCH_3	938
NO_2—2 OH—6 OH	937	NO_2—3 OH—4 O·COONa	935
NO_2—3 OH—4 OH	934, 935		

933 **DRP. 81 068**

Nitrodioxybenzole $C_6H_3(NO_2)(OH)(OH) = C_6H_5NO_4 = 155.$

1-Nitro-2, 5-dioxybenzol: Nach J. pr. 48, 179 durch Oxydation des o-Nitrophenols mit Persulfat in alkalischer Lösung. Nach dem Ansäuern wird das **Nitrohydrochinon** mit Wasserdampf destilliert [644].

934 **DRP. 81 298** **1-Nitro-3, 4-dioxybenzol:** 18 T. p-Nitrophenol in 750 T. Wasser und 25 T. Ätznatron lösen, die Lösung mit 35 T. feingepulvertem Kaliumpersulfat unter Kühlung schütteln. Nach 2 Tagen in der Kälte sauer stellen, mit Äther das unveränderte p-Nitrophenol entfernen, zum Kochen erhitzen, ausäthern, den Ätherrückstand in Wasser lösen, mit essigsaurem Blei das Bleisalz fällen, dieses mit Schwefelwasserstoff zersetzen. Sch.-P. 168°.

935 **DRP. 264 012** **1-Nitro-3, 4-dioxybenzol:** 2 T. Brenzcatechincarbonat unter Kühlung allmählich in 32 T. rauchende Salpetersäure eintragen, auf Eis gießen, ausgefallenes **1-Nitro-3, 4-dioxybenzolcarbonat** absaugen, waschen, aus Benzol umkrystallisieren. Sch.-P. 104°. Durch Erhitzen mit Wasser wird es zu 1-Nitro-3, 4-dioxybenzol (Zersetzungspunkt 176°) verseift.

936 **DRP. 127 283** — **Nitro-m-dioxybenzol:** Die aus 120 T. Acetylmetanilsäure erhaltene Nitroacetylmetanilsäure in 350 T. Wasser und Soda lösen, mit 500 T. Natronlauge (40°) 30 Min. im Autoklaven auf 135° erhitzen und kalt mit Salzsäure neutralisieren. Das Na-Salz des **Nitroresorcins** scheidet sich in gelben, blätterigen Krystallen ab.

937 **DRP. 145 190** — Ber. **36**, 660; **37**, 874; M. f. Ch. **1**, 887 — **1-Nitro-2, 6-dioxybenzol:** 44 T. gepulvertes Resorcin in 440 T. konz. Schwefelsäure unter Erwärmen eintragen, nach beendeter Sulfurierung unter Kühlung eine Mischung von 28 T. Salpetersäure (1,52) und 80 T. Schwefelsäure (1,875) einfließen lassen. Der dünne Brei wird nach mehreren Stunden zur Lösung. Mit 400 T. Wasser verdünnen und mit überhitztem Dampf das 1-Nitro-2, 6-dioxybenzol übertreiben. Sch.-P. 85°. In der sauren Flüssigkeit sind als Nebenprodukte ein **Dinitroresorcin** und eine **Nitroresorcinsulfosäure** enthalten.

938 **DRP. 76 771** — Ann. **255**, 184; Ber. **30**, 2444; M. f. Ch. **3**, 827

Amino-o-oxymethoxybenzol $C_6H_3\left\{\begin{matrix}OH\\OCH_3\end{matrix}\right\}NH_2 = C_7H_9NO_2 = 139.$

40 T. Nitro-o-acetanisidin (Ann. **207**, 239; aus o-Acetanisidin) und 400 T. Natronlauge (7%) 10 St. unter Rückfluß kochen, bis die Ammoniakentwicklung aufhört. Mit starker Natronlauge das Na-Salz abscheiden, dieses mit Salzsäure zersetzen, **Nitroguajacol** absaugen, Mutterlaugen zur Gewinnung weiterer erheblicher Mengen ausäthern. Zur Reduktion unter Kühlung abwechselnd in kleinen Anteilen 115 T. Zinn und 46 T. Nitrokörper in 410 T. konz. Salzsäure eintragen, kurze Zeit auf 70°—80° erwärmen, das abgeschiedene Zinndoppelsalz mit Schwefelwasserstoff zerlegen, die wässerige Lösung des salzsauren Salzes im Vakuum eindampfen, seine konz. wässerige Lösung mit Na-Bisulfitlösung im Vakuum bis zur Krystallisation eindampfen, die Base **(Aminoguajacol)** in Freiheit setzen. Sch.-P. 140°. In Wasser schwer löslich. Das salzsaure Salz zersetzt sich bei 242°.

q) N—O—S.

939 Anm. B. 15 933, 18. 6. 94 — DRP. 77 192

1-Nitro-2-oxybenzol-5-sulfosäure $C_6H_3(NO_2)(OH)(SO_3H) = C_6H_5NO_6S = 219.$

1-Chlor-2-nitrobenzol-4-sulfosäure mit wässerigen Ätzalkalilösungen behandeln. — Analog die **1-Nitro-2-alkyloxybenzol-5-sulfosäuren** durch Einwirkung von Lösungen der Ätzalkalien in den entsprechenden Alkoholen auf 1-Chlor-2-nitrobenzol-4-sulfosäure.

940 **DRP. 70 788**

Aminooxybenzolsulfosäuren $C_6H_3\begin{matrix}NH_2\\OH\\SO_3H\end{matrix} = C_6H_7NO_4S = 189.$

1-Amino-3-oxybenzol-4-sulfosäure (Aminophenolsulfosäure IV): 1-Amino-3-oxybenzol 1-sulfosäure? (Aminophenolsulfosäure III) [942] mit Schwefelsäure (66°) 5 St. im Wasserbad erwärmen, in Wasser gießen, Rückstand abfiltrieren, in Soda lösen, mit Salzsäure fällen. Oder: 1 T. m-Aminophenol mit 3 T. Schwefelsäure (66°) einige Stunden auf dem Wasserbad erwärmen. Aufarbeitung wie oben. Die wässerige Lösung gibt mit Eisenchlorid eine intensiv weinrote Färbung. Das Na-Salz krystallisiert in Nadeln oder dünnen Prismen mit 1 aq. Oder

941 **DRP. 84 143** — 10 T. m-aminophenoldisulfosaures Natrium [1152] in 50 T. Schwefelsäure (66°) kalt lösen, auf dem Wasserbad 6—8 St. erwärmen, auf Eis gießen, Rückstand abfiltrieren, die Säure IV aus heißem Wasser umkrystallisieren.

942 **DRP. 74 111** — DRP. 71 229, Ber. 3347

1-Amino-3-oxybenzol-6-sulfosäure (Aminophenolsulfosäure III): 100 T. anilindisulfosaures Natrium [957] + 100 T. Ätznatron + 100 T. Wasser im Autoklaven 6 St. auf 200° erhitzen, kalt mit Salzsäure die Sulfosäure fällen, abfiltrieren, abpressen, in das Na-Salz überführen, mit Säure fällen, aus Wasser umkrystallisieren. Farblose Krystalle; gibt mit Salzsäure auf 170° erhitzt p-Aminophenol. Das Na-Salz sowie das Ba-Salz krystallisiert mit 3 Mol. Krystallwasser.

943 **DRP. 79 120** Zusatz zu DRP. 74 111

1-Amino-3-oxybenzol-5-sulfosäure (Aminophenolsulfosäure V): 12 T. 1-Aminobenzol-3, 5-disulfosäure als saures K-Salz (aus m-Benzoldisulfosäure) mit 36 T. Natronlauge (50%) 7 St. auf 220° erhitzen, Schmelze in Wasser lösen, mit Salzsäure ansäuern, kalt die ausgeschiedene Sulfosäure abfiltrieren, abpressen. Krystallisiert aus Wasser in Nadeln. Im Gegensatz zu den Säuren III und IV ist die Säure V mit Salzsäure bei 200° noch beständig. Mit Eisenchlorid zeigt sich sehr schwache Färbung, die jedoch stärker bräunlichrot ist als bei Säure III. Na-Salz + 2 aq, Ba-Salz schwer löslich ohne aq.

944 Anm. T. 6642 Kl. 12. 25. 4. 01 Turner

1-Amino-2-oxybenzol-?-sulfosäure durch Kochen von o-Nitrophenol mit dem mehrfachen Gewicht Bisulfit. — Analog: **1-Amino-4-oxybenzol-?-sulfosäure** aus p-Nitrophenol.

945 **DRP. 150 982** — Ber. 7, 77

1-Amino-4-oxybenzol-6-sulfosäure: 240 T. acetylmetanilsaures Natrium in 1500 T. Schwefelsäure (66°) bei 0° lösen, kalt mit 160 T. Mischsäure (38,5% HNO_3) nitrieren, 12 St. bei 15°—20° stehenlassen, auf 1750 T. Eis gießen, **Nitroacetylmetanilsäure** abfiltrieren, mittels Soda in 700 T. Wasser lösen, mit 250 T. Natronlauge (40°) im Autoklaven 3 St. auf 125° erhitzen, ansäuern (Schwefeldioxyd entweicht) und ausäthern. Der Ätherrückstand ist **Nitroresorcin** (aus Wasser umkrystallisiert, Sch.-P. 115°), die wässerige saure Lösung wird nach dem Neutralisieren mit Soda mittels Eisen und Essigsäure reduziert, sodaalkalisch filtriert, angesäuert und die Aminophenolsulfosäure abfiltriert. Nach

946 **Zus. DRP. 153 123**

löst man die aus 240 T. Acetylmetanilsäure erhaltene Nitroacetmetanilsäure mit Soda und Wasser auf ein Volum von 1000 Vol.-T. und kocht mit 250 T. Natronlauge (40°) 4—5 St. unter Rückfluß, bis durch Auftreten von Schwefeldioxyd in einer Probe die beginnende Sulfogruppenabspaltung bemerkbar wird. Dann reduziert man die Nitrophenolsulfosäurelösung wie oben.

947 **DRP. 160 170** E. P. 27 498/04, F. P. 350 415

1-Amino-4-oxybenzol-6-sulfosäure: 21 T. Na-Salz der p-Phenylendiaminsulfosäure [920] und 21 T. Schwefelsäure (66°) in 250 T. Wasser lösen, Eis und 7 T. Nitrit, hierauf 80 T. Schwefelsäure (66°) zugeben, unter Rückfluß erhitzen und kalt die Krystalle abfiltrieren.

948 **DRP. 197 496** — Ann. 205, 51

1-Amino-2-oxybenzol-4-sulfosäure: 135 T. Carbonyl-o-aminophenol in 300 T. Monohydrat lösen, bei 5°—10° 140 T. Oleum (63%) eintragen, auf Eis gießen, kalken, filtrieren, das Filtrat auf 1000 Vol.-T. eindampfen, das Ca-Salz in das Na-Salz überführen und dieses aussalzen. 237 T. dieses Na-Salzes der Carbonyl-o-aminophenolsulfosäure in 750 T. Wasser lösen, mit 250 T. Natronlauge (40°) unter Rückfluß kochend verseifen, bis der Diazotiter nicht meht zunimmt, filtrieren, mit Salzsäure die freie 1-Amino-2-oxybenzol-4-sulfosäure ausfällen.

949 **DRP. 202 566** F. P. 397 524 — Ann. 205, 49; 309, 236

1-Amino-4-oxybenzol-5-sulfosäure: 100 T. 1-Chlor-4-oxybenzol-5-sulfosäure [737] mit 600 Vol.-T. Ammoniak und 6 T. Kupferchlorid 12 St. auf 165° erhitzen, ansäuern und die 1-Amino-4-oxybenzol-5-sulfosäure abscheiden.

950 **DRP. 12 451** A. P. 213 563, A. P. 213 564, E. P. 4726/78, F. P. 128 564

Aminoalkyloxybenzolsulfosäuren $C_6H_3 \begin{cases} NH_2 \\ OR \\ SO_3H \end{cases}$

Aminomethoxybenzolsulfosäure: 1 T. Anisidin + 4 T. Schwefelsäure (1,84) mehrere Stunden im Wasserbad erwärmen, bis eine Probe klar wasserlöslich ist. Masse in Wasser lösen, Schwefelsäure als Gips entfernen, mit Soda das Natriumsalz der **Aminoanisolsulfosäure** abscheiden. Oder: 1 T. anisolsulfosaures Na vorsichtig unter Kühlung in 2 T. Salpetersäure (1,48) eintragen, die Krystalle der **Nitromethoxybenzolsulfosäure** von der Salpetersäure trennen, aus Wasser umkrystallisieren, mit Zinn und Salzsäure zur Aminomethoxybenzolsulfosäure reduzieren.

951 **DRP. 98 839**
A. P. 602 690
E. P. 14 375/97
DRP. 146 655

Aminoäthoxybenzolsulfosäure: Phenetidin in 2—3-fache Menge Schwefelsäure oder Oleum (10%) eintragen, die Sulfurierung durch längeres Erhitzen auf 100°—120° beenden, Masse mit Wasser mischen, Rückstand abfiltrieren, waschen, über das Na-Salz reinigen.

952 **DRP. 98 839**

p-Acetaminoäthoxybenzolsulfosäure

$NH \cdot COCH_3$, SO_3H, OC_2H_5 (Benzolring) $= C_{10}H_{13}NO_5S = 259.$

Gleiche Teile p-phenetidinsulfosaures Natrium und Eisessig (oder entsprechende Menge Essigsäureanhydrid) mehrere Stunden unter Rückfluß kochen, Essigsäure möglichst weit abdestillieren, Rückstand in sehr wenig Wasser lösen, filtrieren und mit starkem Sprit fällen. Rötlichweiße, hygroskopische Krystallmasse. Durch Kochen mit Mineralsäuren verseifbar.

953 **DRP. 101 777**

Wie [627] aus **Bromphenacetin** (durch Bromierung des Phenacetins in Essiglösung erhaltbar) und Bisulfit.

954 **DRP. 258 017**

2-Oxyphenyl-1-hydrazin-5-sulfosäure

$NH \cdot NH_2$, OH, SO_3H (Benzolring) $= C_6H_8N_2O_4S = 204.$

18,9 T. 1-Amino-2-oxybenzol-5-sulfosäure in 40 T. Wasser und 1 Mol. Ätznatron (in Form 40-grädiger Lauge) lösen, mit $3^1/_2$ Mol. Salzsäure (20°) in feiner Form ausfällen, mit 6,9 T. Nitrit in 16 T. Wasser diazotieren, Mischung in eine Lösung von 70 T. kryst. Natriumsulfit in 150 T. Wasser eingießen, den entstandenen Diazosulfonat-Krystallbrei mit 35 T. Essigsäure und 20 T. Zinkstaub auf einmal versetzen, wenn die warm gewordene Lösung entfärbt ist, filtrieren, sofort 175 T. Salzsäure (20°) zugießen. Aus der Lösung (die auch unmittelbar zur Farbstoffbildung verwendet wird) scheidet sich binnen 24 St. die 2-Oxyphenyl-1-hydrazin-5-sulfosäure ab. — Ebenso: **1-Hydrazino-3-methyl-6-oxybenzol-5-sulfosäure** und **1-Hydrazino-3-nitro-6-oxybenzol-5-sulfosäure.**

955 **DRP. 138 268**

1-Diazo-2-oxybenzol-4-sulfosäure N_2Cl, OH, SO_3H (Benzolring) $= C_6H_5ClN_2O_4S = 236.$

113 T. **o-Nitrophenylnitrosamin-p-sulfosäure** als Na-Salz (aus 117,5 T. Ammonsalz der o-Nitroanilinsulfosäure [DRP. 81 202] erhalten) in 2000 T. Wasser lösen, eine Lösung von 68 T. Acetat in 200 T. Wasser, dann 30 T. Eisessig zugeben, 15 Min. bei 40° digerieren, bis die Gasentwicklung beendet ist, und die gelbbraune Diazolösung (NO_2 ist gegen OH ersetzt) direkt zum Kuppeln verwenden.

956 **DRP. 249 626**
DRP. 131 537
Ann. 221, 314

1, (2′-Oxy)-5′-sulfophenyl-3-methyl-5-pyrazolon

Pyrazolonring: $C \cdot CH_3$ (3), N (2), CH_2 (4), N (1), CO (5); an N(1) Benzolring (1′–6′) mit OH (2′) und SO_3H (5′) $= C_{10}H_{10}N_2O_5S = 270.$

189 T. 1-Amino-2-oxybenzol-4-sulfosäure [948] mit 69 T. Nitrit diazotieren und die Diazoverbindung allmählich in eine unter 0° abgekühlte Lösung von 470 T. Zinnchlorür in Salzsäure einrühren, das abgeschiedene **2-Oxy-5-sulfophenyl-1-hydrazin** mit wenig Wasser anrühren, mit 130 T. Acetessigester versetzen, langsam auf 60° erwärmen und das gebildete 1, 2′-Oxy-5′-sulfophenyl-3-methyl-5-pyrazolon abfiltrieren. Es gibt leicht lösliche Alkalisalze und färbt sich mit Eisenchlorid kräftig rot. — Analog: **1, 3′, 5′-Dichlor-**

2'-**oxyphenyl-3-methyl-5-pyrazolon** aus 1, 3-Dichlor-5-amino-6-oxybenzol, **1, 5'-Chlor-2'-oxy-3'-sulfophenyl-3-methyl-5-pyrazolon** aus 1-Chlor-3-amino-4-oxybenzol-5-sulfosäure. Aus 1-Chlor-4-oxy-5-sulfophenyl-3-hydrazin und Oxalessigester wird auf ähnliche Weise **1, 5'-Chlor-2'-oxy-3'-sulfophenyl-5-pyrazolon-3-carbonsäure** erhalten.

r) N—S—S.

957 **DRP. 77 192** Zusatz zu DRP. 61 843 — DRP. 65 240; 74 111 Ber. 24, 3186 Ann. 100, 164; 188, 167; 198, 17

1-Aminobenzol-2, 5-disulfosäure (NH_2, SO_3H, SO_3H) = $C_6H_7NO_6S_2$ = 253.

26 T. 1-chlor-2-nitrobenzol-4-sulfosaures Natrium in 50 T. Wasser lösen, mit 30 T. kryst. Na-Sulfit 1—2 St. unter Rückfluß kochen, kalt das Na-Salz der **1-Nitrobenzol-2, 5-disulfosäure** aussalzen, abpressen, trocknen. Aus verdünntem Sprit fast farblose Nadeln. In absolutem Sprit fast unlöslich. 32 T. des rohen 1-nitrobenzol-2, 5-disulfosauren Natriums in 200 T. Wasser lösen, mit 10 Vol.-T. Essigsäure (30%) und 30 T. Eisenpulver auf dem Wasserbade reduzieren, sodaalkalisch filtrieren, Filtrat etwas einengen, die 1-Aminobenzol-2, 5-disulfosäure als saures Na-Salz fällen.

s) O—O—O.

958 **DRP. 69 116**

1, 2, 3-Trioxybenzol (OH, OH, OH) = $C_6H_6O_3$ = 126.

Dibrom- oder Dichlor-p-oxybenzoesäure [718] mit Ätzalkalien verschmelzen, Schmelze auf **Pyrogallol** aufarbeiten.

959 **DRP. 207 374** F. P. 387 170 — Ann. 157, 136 DRP. 80 817

20 T. 1, 3-dichlor-2-oxybenzol-5-sulfosaures Kalium mit konz. Kalilauge (40 T. Ätzkali enthaltend) auf 150°—160° erhitzen, bis Reaktion eintritt. Die dunkle Masse in die doppelte Menge kaltes Wasser gießen, mit Schwefelsäure (50%) ansäuern, kalt das Kaliumsulfat abfiltrieren, das Filtrat eindampfen und aus dem Salzrückstand mit Sprit (75%) das K-Salz der **1, 2, 3-Trioxybenzol-5-sulfosäure** extrahieren. Aus Wasser Krystalle; wässerige Lösung + Chlorkalk = gelbbraun, + Eisenchlorid = blau. Die freie Säure ist sehr leicht löslich. — Lösung des K-Salzes schwach ansäuern, unter Druck 8 St. auf 200° erhitzen, kalt das Kaliumsulfat abfiltrieren, aus dem Filtrat mit Äther das Pyrogallol ausziehen.

960 **DRP. 102 358** E. P. 445/98 F. P. 273 830 u. Zus. — M. f. Ch. 18, 755; 19, 223

1, 3, 5-Trioxybenzol: 10 T. 1, 3, 5-Triaminobenzol oder die äquivalente Menge 2, 4, 6-Triamino-1-benzoesäure [1082] in 150 T. Wasser lösen, bei Gegenwart eines indifferenten Gases 8 St. unter Rückfluß kochen, auf 30 Vol.-T. konzentrieren, das in der Kälte ausgefallene **Phloroglucin** abfiltrieren und umkrystallisieren.

961 **DRP. 155 568**

Dioxyphenylglykolsäure C_6H_3 OH, OH, O·CH_2·COOH v = $C_8H_8O_5$ = 184.

1 Mol. Pyrogallol + 1 Mol. Monochloressigsäure + 2 Mol. Ätznatron in wässeriger Lösung 3 St. unter Rückfluß erhitzen, mit Salzsäure ansäuern, die auskrystallisierte **Pyrogallolmonoglykolsäure** abfiltrieren, aus Wasser umkrystallisieren. Sch.-P. 153°—154°. Die alkalische Lösung färbt sich an der Luft braun. Aus 1 Mol. Pyrogallol + 2 Mol. Monochloressigsäure und 4 Mol. Ätznatron entsteht auf analoge Weise **Oxyphenyldiglykolsäure;** deren alkalische Lösung bleibt unverändert.

962 **DRP. 104 663**

1, 3, 5-Trioxybenzolmonoacetat $C_6H_3\begin{cases}OH\\OH\\O\cdot COCH_3\end{cases}$ v = $C_8H_8O_4$ = 168.

Wie [654]: 10 T. Pyrogallol + 10 Vol.-T. Eisessig + 10 Vol.-T. Essigsäureanhydrid 1 St. auf 100° erwärmen, Essigsäure unter vermindertem Druck abdestillieren. Rückstand ist fast reines **Pyrogallolmonoacetat.**

963 **DRP. 162 658**

—

DRP. 78 910
Ber. **9**, 125; **11**, 329; **11**, 333; **11**, 798; **36**, 216

1-Oxy-2, 6-dialkyloxybenzole (OH, OR, OR)

11,3 T. Trimethylgallussäuremethylester + 7,5 T. Ätznatron + 40 T. Wasser mehrere Stunden auf 195°—200° erhitzen (oder 10,5 T. Trimethylpyrogallol + 40 Vol.-T. Sprit + 5 T. Ätznatron + 5 T. Wasser 8 St. auf 190°—195° erhitzen), das in der Kälte ausgeschiedene Na-Salz des **Dimethylpyrogalloläthers** absaugen, wenig waschen, mit Salzsäure verreiben, das **1-Oxy-2, 6-dimethoxybenzol** ausäthern und destillieren. S.-P. 258°; Sch.-P. 55°—56°. — Analog **1-Oxy-2, 6-diäthoxybenzol,** Sch.-P. 79°—80°.

964 **DRP. 101 607**

—

E. P. 10 590/98
F. P. 277 771
Ber. **14**, 1327; **31**, 1147
Ann. **209**, 127

Triacetyloxyhydrochinon (O·COCH₃, O·COCH₃, O·COCH₃) = $C_{12}H_{12}O_6$ = 252.

15 T. Benzochinon in Gemenge von 40—45 T. Essigsäureanhydrid und 1 Vol.-T. konz. Schwefelsäure oder Phosphorsäure eintragen. Wärmeentwicklung, Lösung bei 40°—50° halten, in Wasser gießen, als bald erstarrendes Öl ausgeschiedenes **Oxyhydrochinontriacetat** $C_6H_3(O\cdot COCH_3)_3$ (aus Methylalkohol Krustenkrystalle, Sch.-P. 97°, S.-P. über 300°) mit Salzsäure verseifen. — Nach

Zus. DRP. 107 509

läßt man 10 T. Chinon, 30—40 T. Essigsäureanhydrid und 0,5 T. kryst. Phosphorsäure einige Tage stehen und kristallisiert das erstarrende Öl aus Sprit um. — Ebenso **Diacetyltoluchinon** und **Diacetyl-α- oder -β-naphthochinon.**

965 **DRP. 124 408**

—

Ann. **107**, 244

1, 2, 3-Triacetrioxybenzol: 200 T. Pyrogallol mit 500 T. Essigsäureanhydrid und 1 T. konz. Schwefelsäure versetzen. Unter Wärmeentwicklung tritt Lösung und dann Krystallausscheidung ein. In Wasser gießen, das 1, 2, 3-Triacetyltrioxybenzol abfiltrieren, waschen.

t) O—O—S, (O—S—S).

966 **DRP. 175 070**

1, 4-Dioxy-5-thiophenol (OH, SH, OH) = $C_6H_6O_2S$ = 142.

216 T. Benzochinon in 200 T. Eisessig lösen, 29 T. Salzsäure (23°) zufügen, eine wässerige Lösung von etwas mehr als der berechneten Menge Rhodankalium einstürzen, 1½ St. bei 0°—5° rühren, 1000 T. Eis zugeben, mit Natronlauge fast neutralisieren, ausgefallenes Produkt **(1, 4-Dioxyphenyl-5?-rhodanid)** absaugen, mit kaltem Wasser waschen, trocknen. Sch.-P. 152°. Dieses längere Zeit mit Salzsäure kochen, wobei über ein Zwischenprodukt vom Sch.-P. 167°—170 **(1, 4-Dioxyphenyl-5?-thiocarbaminat)** das **Hydrochinonmercaptan** entsteht. Dieses ist auch durch Reduktion der 1, 4-Dioxybenzol-5-thiosulfosäure [**975**] mit Zinkstaub und Säure erhältlich. Sch.-P. 119°—120°.

967 **DRP. 175 070**

Acetylhydrochinonmercaptan $C_6H_3(OH)_2 \cdot S \cdot COCH_3 = C_8H_8O_3S = 184.$

Wie [975], durch Acetylierung der Hydrochinonmercaptane. — Ebenso **Diacetylhydrochinondimercaptan.**

---

968 **DRP. 175 070**

1, 4-Dioxyphenyl-5-xanthogenat

$CSOC_2H_5 \cdot S \cdot C_6H_3(OH)_2 = C_9H_{10}O_3S_2 = 230.$

5,4 T. Benzochinon in 40 T. Äther lösen, unter Kühlung 24 T. Essigsäure (25%) und die berechnete Menge Kaliumxanthogenat (8 T. in 50 T. Wasser) zugeben, die Essigsäure mit Bicarbonat neutralisieren, ätherische Lösung eindampfen. Grünliche Krystallmasse (Sch.-P. 75°—79°), gibt mit Salzsäure (1 : 1) anhaltend gekocht, über eine bei 148°—149° schmelzende Verbindung, **Hydrochinonmercaptan** [966]. — Analog das **1, 3-Dichlor-2, 5-dioxyphenyl-6-xanthogenat.**

---

969 Anm. M. 10 372 20. 12. 94 Merck — Ber. 12, 1260 DRP. 81 210

Dioxybenzolsulfosäuren $C_6H_3(OH)(OH)(SO_3H) = C_6H_6O_5S = 190.$

1, 2-Dioxybenzol-4-sulfosäure: α-Phenoldisulfosäure (Sulfierungsprodukt des Phenols mit Oleum) mit der gleichen oder $1^1/_2$-fachen Menge Ätzalkali im Autoklaven (bei Gegenwart eines indifferenten Gases) 8—10 St. auf 280°—300° erhitzen. Die Lösung zeigt mit Eisenchlorid nach Sodazugabe zunächst violette, dann rote Färbung. — Zur direkten Sulfierung des Hydrochinons und Gewinnung der **1, 4-Dioxybenzolmonosulfosäure** soll man nach Elektrochem. Z. **1915,** 380 mit geringem H_2SO_4-Überschuß im Vakuum arbeiten.

---

970 **DRP. 97 099** A. P. 604 066 E. P. 14 931/96 F. P. 266 488 — Ann. **156,** 105; **157,** 151

1, 2-Dioxybenzol-4-sulfosäure: 1 T. 1-phenol-2-chlor-4-sulfosaures Natrium [736] mit $^1/_2$—1 T. Ätznatron und wenig Wasser offen oder unter Druck 8—10 St. über 250° erhitzen; Schmelze in Wasser lösen, mit Schwefelsäure (30%) schwach ansäuern, die violette Lösung zum Sirup eindampfen, kalt vom Glaubersalz abfiltrieren, dieses farblos waschen. Die Filtrate geben als konz. Lösungen der **Brenzcatechin-p-sulfosäure,** mit Mineralsäuren erhitzt, reines **Brenzcatechin.**

---

971 **DRP. 137 119**

1, 2-Dioxybenzol-4-sulfosäure: Rohes Dichlorbenzol sulfieren, das ausgeschiedene p-Dichlorbenzol abscheiden und **1, 2-Dichlorbenzol-4-sulfosäure** aus dem Sulfierungsgemisch aussalzen. 100 T. trockenes Na-Salz dieser Sulfosäure bei 220°—230° in 200 T. mit 30 T. Wasser geschmolzenes Ätznatron eintragen, nach einigen Stunden (der NaCl-Gehalt der Schmelze bestimmt den Stand der Reaktion) in Wasser lösen, mit Schwefelsäure neutralisieren, eindampfen, das Glaubersalz entfernen und das Filtrat nach [637] auf Brenzcatechin verarbeiten oder die Sulfosäure nach Ber. **12,** 1261 abscheiden.

---

972 Anm. S. 35 125 Kl.12q. 3. 4. 1913 Fahlberg

Monobromphenolsulfosäuren mit Kalkmilch bei Gegenwart von Kupferpulver, -bronze, Silber usw. unter Druck erhitzen.

---

973 **DRP. 284 533** Zusatz zu DRP. 269 544

1, 2-Dioxybenzol-4-sulfosäure: 50 T. 1, 2-dichlorbenzol-4-sulfosaures Natrium mit 170 Vol.-T. 10-fach normaler Kalilauge im Kupferkessel 24 St. auf 220° erhitzen, Flüssigkeit einengen, Rückstand in Methylalkohol suspendieren, Chlorwasserstoff einleiten, filtrieren, Filtrat eindampfen. Ausbeute über 80%. — Analog: **1, 4-Dioxybenzol-5-sulfosäure** aus 1, 4-dichlorbenzol-5-sulfosaurem Natrium. — Nach

974 **Zus. DRP. 286 266**

arbeitet man mit Ätzkalk und erhitzt 250 T. 1, 2-dichlorbenzol-4-sulfosaures Natrium, 220 T. Calciumhydroxyd und 1500 T. Wasser in einer Kupferbombe 10 St. auf 200°—220°. Neutralisieren, vom Calciumsulfat filtrieren, Filtrat einengen und die **Brenzcatechin-4-sulfosäure** mit Alkohol gewinnen. — Ebenso mit Barythydrat.

975 **DRP. 175 070**

1, 4-Dioxybenzol-5-thiosulfosäure (Ring: OH, S·SO_3H, OH) $= C_6H_6O_5S_2 = 222$.

43,2 T. Chinon in 150 T. Eisessig lösen, 40°—50° warm in eine Lösung von 150 T. Natriumthiosulfat in 200 T. Wasser so einfließen lassen, daß die Temperatur des Gemisches 10° nicht übersteigt, mit Kaliumchlorid sättigen, nach 2 St. das K-Salz der **Hydrochinonmonothiosulfosäure** absaugen und mit Kaliumchloridlösung waschen. Farbloses Krystallpulver. — 13 T. dieses K-Salzes in 95 T. einer Schwefelsäure, die in 400 ccm 98 g Schwefelsäure enthält, suspendieren, bei höchstens 15° mit 4,9 T. Bichromat in 30 T. Wasser oxydieren und die gelbroten Krystalle des K-Salzes der **Chinonmonothiosulfosäure** (Ring: O, S·SO_3H, O) abfiltrieren und mit Sprit und Äther waschen.

976 Anm. H. 18 406 Kl. 12 17. 6. 97 Hofmann, La Roche

Oxymethoxybenzolsulfosäure C_6H_3 OH OCH_3 SO_3H $= C_7H_8O_5S = 204$.

Guajacol mit konz. Schwefelsäure kalt mischen, dann auf 70°—80° erwärmen, **Guajacolsulfosäure** abscheiden. — Ebenso nach Anm. C. 22 627, Kl. 12 q (Heyden) Monoalkylbrenzcatechinsulfosäure aus Monoalkylbrenzcatechin und konz. Schwefelsäure unter 50°. Das Gemenge zweier Sulfosäuren über die K-Salze trennen.

u) S—S—S.

977 **DRP. 113 784**

Benzol-1, 3, 5-trisulfosäure (Ring: SO_3H, SO_3H, SO_3H) $= C_6H_6O_9S_3 = 318$.

Benzol-m-disulfosäure [666] mit dem $1^1/_2$-fachen Gewicht Polysulfat über freiem Feuer auf 280°—300° bis zur beginnenden Verkohlung erhitzen, in Wasser gießen, mit Bleicarbonat die Verunreinigungen wegfällen, Filtrat mit Schwefelwasserstoff entbleien und aufarbeiten.

4. Benzol mit vier Substituenten.

a) Hal., mit (Hal., C, N, O, S).

1. Hal.—Hal.—Hal.—(C, N, S.)

978 **DRP. 25 827**

Ann. 152, 238

Trichlorbenzaldehyd C_6H_2 Cl Cl Cl CHO $= C_7H_3Cl_3O = 208$.

1 T. Trichlorbenzalchlorid + 5—10 T. konz. Schwefelsäure bis zur Lösung gelinde erwärmen, in Wasser gießen; Aldehyd scheidet sich krystallinisch aus. Mit anhydridhaltiger Schwefelsäure erfolgt Reaktion schon bei gewöhnlicher Temperatur. Sch.-P. 110°—111°.

979 **DRP. 199 943** A. P. 877 054 F. P. 384 979

1, 2, 5-Trichlor-6-benzaldehyd wie [324] aus 1, 5-Dichlor-2-amino-6-benzaldehyd. Aus Ligroin farblose Nadeln vom Sch.-P. 86° bis 87°. — **1, 3, 5-Trichlor-6-benzaldehyd** aus 1, 5-Dichlor-3-amino-6-benzaldehyd. Aus Ligroin farblose Nadeln vom Sch.-P. 58°—59°.

980 **DRP. 180 204**

1, 3, 5-Trichlor-6-alkylaminobenzole (Formel: Benzolring mit NHR, Cl, Cl, Cl)

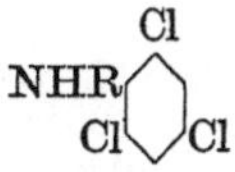

Durch Chlorieren der Alkylanilinchlorhydrate.

981 **DRP. 180 204**

1, 3, 5-Trichlor-6-acetylalkylaminobenzole (Formel: Benzolring mit Cl, $N:(R)(COCH_3)$, Cl, Cl)

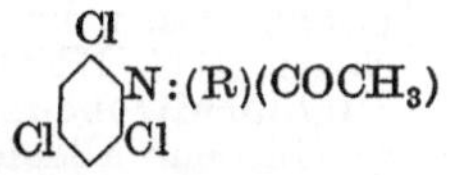

100 T. s-Monomethyltrichloranilin (Sch.-P. 28°—29°) + 100 T. Eisessig + 20 T. Acetylchlorid im Wasserbad unter Druck erwärmen, Salzsäure abblasen, Acetylchlorid- und Eisessigüberschuß abdestillieren und das zurückbleibende **1, 3, 5-Trichlor-6-acetylmethylaminobenzol** aus verdünntem Sprit umkrystallisieren. Sch.-P. 89°—90°. — Ähnlich **1, 3, 5-Trichlor-6-acetyläthylaminobenzol** durch 6—8-stündiges Erhitzen unter Rückfluß von 100 T. s-Trichloräthylanilin (S.-P. 148°—153° bei 25 mm Druck) mit 35 T. Eisessig und 65 T. Essigsäureanhydrid, Abdestillieren der Essigsäure und Umkrystallisieren des Rückstandes. Sch.-P. 50°—51°.

2. Hal.—Hal.—C—C.

982 **DRP. 50 177** — Ber. *17, 1482; 33, 2019*

Dibromphthalsäure $Br_2 C_6H_2(COOH)_2 = C_8H_4Br_2O_4 = 324.$

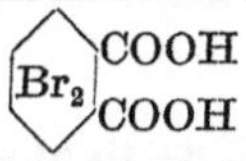

10 T. Phthalsäureanhydrid in 30 T. Oleum (50—60%) lösen, bei 60° 13 T. Brom zufließen lassen, auf 200° erhitzen, kalt mit Wasser fällen, das bald erstarrende Öl abfiltrieren. Aus Wasser glänzende Schuppen der Dibromphthalsäure, die bei 200° schmelzen, wobei die Umwandlung in das Anhydrid erfolgt. Sch.-P. des letzteren 208°.

3. Hal.—Hal.—C—N.

983 **DRP. 217 896**

1, 2-Dichlor-3-methyl-4-acetaminobenzol

(Formel: Benzolring mit Cl, Cl, CH_3, $NH·COCH_3$) $= C_9H_9Cl_2NO = 217.$

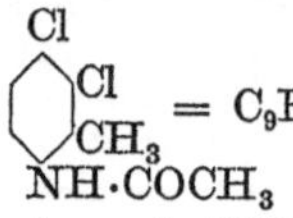

365 T. 2-Chlor-3-methyl-4-acetaminobenzol [681] in 3650 T. warmem Nitrobenzol lösen, bei 20°—30° langsam 170 T. Chlor einleiten, das Produkt absaugen, mit Soda neutralisieren, Nitrobenzol mit Dampf abtreiben und den Rückstand aus Sprit umkrystallisieren. Sch.-P. 144°—145°. — Analog, jedoch bei etwas höherer Temperatur, das **1-Brom-2-chlor-3-methyl-4-acetaminobenzol.** Sch.-P. 154°—155°.

984 **DRP. 163 055**

Anm. **168**, 187
274, 291
DRP. 234 375

1, 2-Dichlor-5-amino-4-benzylsulfosäure

$C_6H(Cl)(Cl)(NH_2)(CH_2 \cdot SO_3H) = C_7H_7Cl_2NO_3S = 255.$

22,85 T. p-chlorbenzylsulfosaures Natrium in 100 T. heißem Wasser lösen, 100 T. Salzsäure (20°), dann in der Hitze allmählich eine Lösung von 3,4 T. Natriumchlorat zusetzen, einige Stunden heiß rühren, kalt das Na-Salz der **Dichlorbenzylsulfosäure** aussalzen und aus Wasser umkrystallisieren. 26,3 T. dieses Na-Salzes in 140 T. Schwefelsäure (100%) lösen, bei 30°—40° 24 T. Mischsäure (aus 100%iger Schwefelsäure und Salpetersäure, 27% HNO_3 enthaltend) langsam zusetzen, 6—8 St. rühren, auf Eis gießen, die **Dichlornitrobenzylsulfosäure** aussalzen, mit Zink und Salzsäure reduzieren und die abgeschiedene Dichloraminobenzylsulfosäure aus Wasser umkrystallisieren. Nach Sandmeyer behandelt gibt sie **1, 2, 5-Trichlor-4-benzylsulfosäure,** diese mit Permanganat oxydiert **1, 2, 5-Trichlor-4-benzoesäure** vom Sch.-P. 163°.

---

985 **DRP. 32 238**
Zusatz zu
DRP. 19 768

Ann. **296**, 74

Dichlornitrobenzaldehyde $C_6H_2(Cl)(Cl)(CHO)(NO_2) = C_7H_3Cl_2NO_3 = 219.$

Das nach [669] erhaltene Gemenge der Dichlorbenzaldehyde unter 20° in die 15-fache Menge einer Mischung von 1 T. Salpetersäure (1,5) und 2 T. Schwefelsäure (1,848) eintragen. Anfangs klar, dann Auftreten von Krystallflittern. In Eiswasser gießen. Aus Sprit perlmutterartige Blättchen. Sch.-P. 136°—138°.

---

986 **DRP. 33 064**
Zusatz zu
DRP. 30 329

Durch Nitrieren des nach [669] erhaltenen Dichlorbenzaldehydes. Aus Benzol rhombische Tafeln. Sch.-P. 134°—137°.

---

987 **DRP. 199 943**
A. P. 877 054
F. P. 384 979

1, 3-Dichlor-4-nitro-2-benzaldehyd durch Nitrieren des 1, 3-Dichlor-2-benzaldehydes. Aus Benzol Blätter vom Sch.-P. 77°.

---

988 **DRP. 254 467**

1, 2-Dichlor-5-nitro-4-benzaldehyd durch Nitrieren von 1, 2-Dichlor-4-benzaldehyd. Aus Benzol gelbe Krystalle vom Sch.-P. 73°. Gibt in alkalischer Lösung mit Aceton kondensiert **Dichlornitrophenylmilchsäureketon** vom Sch.-P. 116°

---

989 **DRP. 105 103**
Zusatz zu
DRP. 103 578

1, 3-Dichlor-5-amino-2-benzaldehyd

$C_6H_2(Cl)(CHO)(Cl)(NH_2) = C_7H_5Cl_2NO = 189.$

Wie [705] aus m, m-Dichloranilin. Gelbliche Nadeln, die in konz. Salzsäure orangefarbig, bei Erwärmung gelb löslich sind. Mit heißem Wasser verdünnt wird die Lösung entfärbt, und es krystallisiert kalt der Aldehyd aus. Sch.-P. (rasch erhitzt) 203°—205°. Langsam erhitzt entsteht ein unschmelzbares Kondensationsprodukt unter Wasseraustritt.

---

990 **DRP. 105 103**
Zusatz zu
DRP. 103 578

Dichlordimethylaminobenzaldehyde

$C_6H_2(Cl)(Cl)(CHO)(N(CH_3)_2) = C_9H_9Cl_2NO = 217.$

Wie [705]: **1, 3-Dichlor-5-dimethylamino-2-benzaldehdyd** aus m, m-Dichlordimethylanilin. Kleine, rötliche Nadeln vom Sch.-P. 167°, in Äther schwer löslich.

1, ?-Dichlor-5-dimethylamino-2-benzaldehyd aus o, m-Dichlordimethylanilin. Aus verdünntem Sprit gelbliche Nadeln vom Sch.-P. 170°. In verdünnten Säuren unlöslich.

---

991 **DRP. 23 785**

Dibrom-o-nitroacetophenon $C_6H_2Br_2(COCH_3)(NO_2) = C_8H_5Br_2NO_3 = 323.$

Wie [711] aus o-Nitroacetophenon mit 2 Mol. Brom.

992 **DRP. 216 749**

DRP. 130 680
DRP. 107.501

Dichlor-o-aminobenzoesäuren $Cl_2 C_6H_2(COOH)(NH_2) = C_7H_5Cl_2NO_2 = 205.$

Rohe Dichlorphthalsäure [982] als Na-Salz in wässeriger Lösung mit Chlorzinklösung versetzen, solange ein Niederschlag entsteht. Es fallen **1, 2-Dichlor-3, 4-phthalsäure** mit etwas **1, 2-Dichlor-4, 5-phthalsäure** als Zinksalze aus, die **1, 4-Dichlor-3, 6-phthalsäure** (Ber. **33**, 2019) bleibt in Lösung und kann mit Chlorcalcium als Kalksalz abgeschieden werden. Das Zinksalz mit Schwefelsäure zerlegen, ausäthern, durch Destillation in das Anhydrid verwandeln, mit Hydroxylamin umsetzen und das Produkt mehrmals aus Methylalkohol umkrystallisieren. Es resultiert reines **1, 2-Dichlor-3, 4-phthalylhydroxylamin**, das in Nadeln vom Sch.-P. 216°—219° auskrystallisiert. Das **1, 2-Dichlor-4, 5-phthalylhydroxylamin** bleibt in Lösung. 1, 2-Dichlor-3, 4-phthalylhydroxylamin nach [**359, 360**] in verdünnter Sodalösung kochend lösen, mit Salzsäure das Gemenge der isomeren Dichloranthranilsäuren fällen, das Gemenge in sehr verdünntem heißem Ammoniak lösen, mit Salzsäure ansäuern, heiß filtrieren. Im Rückstand bleibt reine **1, 2-Dichlor-6-amino-5-benzoesäure**, die durch Wiederholung des Verfahrens weiter reinigbar ist. Sch.-P. 240° bis 242°, sublimiert unzersetzt, gibt länger erhitzt **1, 2-Dichlor-3-anilin.** Aus der abgekühlten sauren Mutterlauge krystallisiert die **1, 2-Dichlor-4-amino-3-benzoesäure** z. T. aus, der Rest wird ausgeäthert. Sch.-P. 175°—180°; gibt bei 180° reines **1, 2-Dichlor-4-anilin.**

993 **DRP. 244 207**

DRP. 145 604;
DRP. 202 564;
DRP. 205 415

1, 2-Dichlor-5-amino-4-benzoesäure wie [714] durch 12-stündiges Erhitzen von 150 T. 1, 2, 4-Trichlor-5-benzoesäure mit 300 T. Ammoniak (30%) und 1 T. Kupferpulver auf 135°—140°. Aus Eisessig Nadeln vom Sch.-P. 210°. — **Dihalogendialkylaminobenzoesäureester:** F. P. 497 701.

994 **DRP. 220 839**

A. P. 948 241
E. P. 6992/09
F. P. 401 506

Ber. **42**, 3529
DRP. 155 628
DRP. 226 689;

1, 3-Dichlorphenyl-6-glycin-5-carbonsäure

$$COOH\cdot CH_2\cdot NH\cdot C_6H_2Cl_2\cdot COOH = C_9H_7Cl_2NO_4 = 263.$$

206 T. 1, 3-Dichlor-6-amino-5-benzoesäure [J. pr. **33**, 52] mit 120 T. Formaldehyd (30%) verreiben, bis eine Probe in kalter Sodalösung unlöslich ist. Dieses entstandene Kondensationsprodukt (aus Sprit Nadeln vom Sch.-P. 170°—171°) mit einer Lösung von 75 T. Cyankali in 250 T. Wasser behandeln (Selbsterwärmung). Wenn eine Probe in Wasser klar löslich ist, die **1, 3-Dichlor-6-ω-cyanmethylamino-5-benzoesäure** (aus Methylalkohol farblose Nadeln vom Sch.-P. 157° bis 158°) mit Salzsäure fällen. Diese oder unmittelbar die Lösung mit 50 T. Ätznatron im mehrfachen Gewicht Wasser gelöst, unter Ersatz des verdampfenden Wassers kochen, bis die Ammoniakentwicklung beendet ist, und durch starkes Ansäuern mit Salzsäure die 1, 3-Dichlorphenyl-6-glycin-5-carbonsäure fällen. Aus Eisessig Nadeln vom Sch.-P. 240° unter Zersetzung (identisch mit [**716**]).

995 **DRP. 216 266**

DRP. 148 615

Dibromphenylglycin-o-carbonsäure

$$Br_2 C_6H_2(COOH)(NH\cdot CH_2\cdot COOH) = C_9H_7Br_2NO_4 = 353.$$

32 T. Brom im Luftstrom in eine 30° warme Lösung von 19,5 T. Phenylglycin-o-carbonsäure in 400 T. Schwefelsäure (50%) einblasen, mit 200 T. Wasser verdünnen, die abfiltrierte rohe Dibromphenylglycin-o-carbonsäure in der berechneten Menge Alkali lösen, mit Salzsäure fällen, kurze Zeit erhitzen und den nunmehr krystallinisch gewordenen Niederschlag abfiltrieren. Sch.-P. 227°—228°.

996 **DRP. 220 839**

Lit. wie [994]
Ber. **48**, 432

Wie [**994**]: 295 T. **Dibromanthranilsäure** (Ber. **13**, 228, aus o-Nitrotoluol und Brom [bei Gegenwart von S], Sch.-P. 225°), 200 T. Formaldehyd (30%) und 200 T. Wasser 2 St. bei 60°—70° kondensieren, das Kondensationsprodukt (aus Chloroform Nadeln vom Sch.-P. 184° bis 185°) mit 75 T. Cyankali und 300 T. Wasser bei 30°—40° bis zur Lösung umsetzen und die ω-Cyanverbindung (aus Sprit Sch.-P. 185°—190°) wie [**994**] zur Dibromphenylglycin-o-carbonsäure (aus Eisessig Sch.-P. 245°—248°) verseifen.

997 **DRP. 231 687** — **1, 2-Dichlorphenyl-4-glycin-3-carbonsäuredimethylester**

Ber. 33, 554; 42, 3529
DRP. 220 839

Cl, Cl, $COOCH_3$, $NH \cdot CH_2 \cdot COOCH_3$ $= C_{11}H_{11}Cl_2NO_4 = 291.$

264 T. 1, 2-Dichlorphenyl-4-glycin-3-carbonsäure in 1000 T. Methylalkohol warm lösen, 105 T. Formaldehyd (30%) zugeben. Kalt krystallisiert die **Anhydroformaldheyd-1, 2-dichlorphenyl-4-glycin-3-carbonsäure** (Cl, Cl, CO, O, CH_2, $N \cdot CH_2 \cdot COOH$) in Nadeln aus. Sch.-P. 246°.

276 T. dieser Säure wie [717] mit 250 T. Methylalkohol und 80 T. Monohydrat 12—15 St. auf 70° erwärmen, 1000 T. Wasser zugeben, von außen kühlen, den erstarrenden Ester zur Entfernung sauren Esters mit 1500 T. Wasser auf 70°—80° erwärmen und sodaalkalisch stellen. Kalt krystallisiert der 1, 2-Dichlorphenyl-4-glycin-3-carbonsäuredimethylester in farblosen Nadeln. — Ebenso verhält sich nach

998 **DRP. 231 962** die 6-Chlorisatoessigsäure, die bei der Esterifizierung die mit der Aminogruppe verbundene Carboxylgruppe schon bei gewöhnlicher Temperatur abspaltet. **Chlorisatoessigsäure** erhält man aus Chlorphenylglycin-2-carbonsäure (Monatsh. f. Ch. **1901**, 487; [**994, 996, 1189, 1191**] oder [**992, 999**], angewendet auf 6-Chloranthranilsäure) mit Phosgen in alkalischer Lösung:

$$C_6H_3Cl(NH \cdot CH_2 \cdot COOH)(COOH) + COCl_2 = C_6H_3Cl<(N \cdot CH_2 \cdot COOH)(CO \cdot O \cdot CO)> + 2\,HCl$$

Ähnlich auch ihre Ester.

999 **DRP. 216 749** — **1, 2-Dichlor-3-carboxy-4-anilidodiessigsäure**

Cl, Cl, COOH, $N(CH_2 \cdot COOH)_2$ $= C_{11}H_9Cl_2NO_6 = 321.$

Wie [994] erhält man aus 1, 2-Dichlor-4-amino-3-benzoesäure [992] in methylalkoholischer Lösung in der Wärme den bei 151°—152° schmelzenden **Dianhydroformaldehyd-1, 2-dichlor-4-amino-3-benzoesäuremethylester** (Cl, Cl, $C \cdot O$ mit OCH_3, O, CH_2, CH_2, N); dieser gibt mit Cyankalium **Anhydroformaldehyd-1, 2-dichlor-4-ω-cyanmethylamino-3-benzoesäure** (Cl, Cl, CO, O, CH_2, $N \cdot CH_2CN$) (Sch.-P. 169°—172°, in Soda unlöslich), die mit verdünnter Natronlauge verseift die **1, 2-Dichlorphenyl-4-glycin-3-carbonsäure** (Zersetzungspunkt 200°) gibt, andererseits mit weiterem Cyankalium bei 30°—40° in die **1, 2-Dichlor-4-ω-dicyandimethylamino-3-benzoesäure** übergeht. Dieses Dinitril gibt mit Natronlauge (10%) bis zum Aufhören der Ammoniakentwicklung gekocht, 1, 2-Dichlor-3-carboxy-4-anilidodiessigsäure. Aus Wasser Nadeln vom Sch.-P. 190° unter Zersetzung.

4. Hal. — Hal. — C — (O, S).

1000 **DRP. 244 826**

Dichlor-m-oxybenzaldehyd (Cl₂, CHO, OH) $= C_7H_4Cl_2O_2 = 190.$

Durch Chlorieren des m-Oxybenzaldehydes. Sch.-P. 139°—140°. — Über **1, 3-Dichlor-6-oxy-5-benzaldehyd** siehe Ber. **37**, 4003.

1001 **DRP. 210 856**

—

DRP. 98 433
DRP. 133 000

1, 3-Dichlor-2-methylbenzol-5-sulfochlorid

(Cl, CH_3, Cl, SO_2Cl) $= C_7H_5Cl_3O_2S = 258.$

In ein Gemenge von 95 T. Toluol-p-sulfochlorid und 4 T. Antimonchlorid bei 70°—75° bis zur Gewichtszunahme von 35 T. Chlor einleiten. Das in der Kälte erstarrte Gemenge des 1, 3-Dichlor-2-methylbenzol-5-sulfochlorides und des **1, 3, 4-Trichlor-2-methylbenzol-5-sulfochlorides** gibt mit Schwefelsäure (66°) oder Alkalien verseift die entsprechenden Sulfosäuren, aus welchen man durch Spaltung mit heißer Schwefelsäure (80%) flüssiges **1, 3-Dichlor-2-methylbenzol** (S.-P. 190°—200°) und festes, krystallinisches **1, 3, 4-Trichlor-2-methylbenzol** gewinnen kann.

1001 **DRP. 199 943**

—

A. P. 877 054
F. P. 384 979

1, 3-Dichlor-2-benzaldehyd-4-sulfosäure

(Cl, CHO, Cl, SO_3H) $= C_7H_4Cl_2O_4S = 254.$

Durch Sulfurieren des 1, 3-Dichlor-2-benzaldehydes.

---

5. Hal.—Hal.—N—(N, O, S).

1002 Anm. W. 28 062
Kl. 12 q. 1. 10. 08
Witt

1, 3-Dichlor-5-nitro-2-aminobenzol

(Cl, NH_2, Cl, NO_2) $= C_6H_4Cl_2N_2O_2 = 206.$

p-Nitroanilin in stark überschüssiger, höchst konzentrierter Salzsäure gelöst, in der Kälte chlorieren. — Entsteht auch quantitativ durch Einleiten von überschüssigem Chlor in eine Lösung von 1 T. p-Nitroanilin in 3 T. Essigsäure und 6 T. konz. Salzsäure unter Kühlung nach J. Chem. Soc. **1908**, 1772. — Über **Dinitro-o-dichlorbenzole** (I. und II. vom Sch.-P. 108° bzw. 53°) siehe Ber. **37**, 3892.

1003 **DRP. 120 345**

—

Ann. **182**, 97

Dichlor-nitrobenzolsulfosäuren C_6H_2(Cl, Cl, NO_2, SO_3H) $= C_6H_3Cl_2NO_5S = 271.$

1, 3-Dichlor-4-nitrobenzol-6-?-sulfosäure: 1500 T. m-Dichlorbenzol in 4150 T. Oleum (23%) einlaufen lassen. Die Temperatur steigt auf 70°, noch 2 St. im Wasserbade erwärmen, bis eine Probe klar wasserlöslich ist. Kalt ein Gemenge von 2050 T. Oleum (13%) und 725 T. Salpetersäure (48°) einlaufen lassen. Die Temperatur steigt auf 70°—80°, noch 2 St. im Wasserbade erwärmen, kalt das Reaktionsprodukt in 10 000 T. Wasser eintragen, kochend mit K-Chlorid aussalzen und kalt das in Nadeln krystallisierende K-Salz absaugen.

1004 **DRP. 175 022**
F. P. 362 574

—

DRP. 137 139
DRP. 153 299

1, 2-dichlorbenzol-4-sulfosaures Natrium, in Monohydrat gelöst, mit Mischsäure nitriert gibt zwei isomere Dichlornitrobenzolsulfosäuren. Zur Trennung wird die Reaktionsmasse auf Eis gegossen, das durch Aussalzen gewonnene Na-Salzgemenge in heißem Wasser gelöst und die Lösung bis zum Krystallisationsbeginn eingedampft. Beim Abkühlen fällt das Na-Salz der **1, 2-Dichlor-4-nitrobenzol-5-sulfosäure** aus.

Bei weiterem Eindampfen scheidet sich zuerst noch etwas Na-Salz derselben Säure und dann das Na-Salz einer isomeren Säure (entweder **1, 2-Dichlor-3-nitrobenzol-4-sulfosäure** oder **1, 2-Dichlor-3-nitrobenzol-5-sulfosäure**) aus, das durch nochmalige fraktionierte Krystallisation gereinigt wird.

1005 **DRP. 162 635**
A. P. 787 767
E. P. 19 165/04
F. P. 346 007
Ann. 181 212

Dichloraminobenzolsulfosäuren $C_6H_2 \cdot Cl \cdot Cl \cdot NH_2 \cdot SO_3H = C_6H_5Cl_2NO_3S = 241.$

1, 2-Dichlor-4-aminobenzol-6-sulfosäure: 100 T. 1, 2-Dichlor-4-nitrobenzol [678] (Sch.-P. 43°) in 500 T. Oleum (23%) eintragen, 5 St. auf 120° erwärmen, innerhalb 1/2 St. 100 T. Oleum (70%) zutropfen lassen, bei 120° halten, bis eine Probe klar in Wasser löslich ist, in Eiswasser gießen und das Na-Salz der **1, 2-Dichlor-4-nitrobenzol-6-sulfosäure** aussalzen. Dieses mit Eisen und Essigsäure reduzieren und aus dem sodaalkalischen Eisenfiltrat die 1, 2-Dichlor-4-aminobenzol-6-sulfosäure mit Salzsäure fällen. — **1, 2-Dichlor-4-aminobenzol-5-sulfosäure:** 50 T. 1, 2-Dichlor-4-aminobenzol [673] (Sch.-P. 71°—72°) bei Zimmertemperatur in 200 T. Oleum (23%) eintragen, auf 110°—120° erwärmen, bis eine sodaalkalische Probe keine Base mehr zeigt, kalt auf Eis gießen und die rötlich gefärbte Sulfosäure absaugen. — Oder: Das saure Sulfat des 1, 2-Dichlor-4-aminobenzols 5—8 St. bei 200° backen, bis eine Probe in Soda ohne Trübung löslich ist. — Oder: 100 T. 1, 2-Dichlorbenzol-4-sulfosäure [971] in der 2 1/2-fachen Menge Schwefelsäure (66°) lösen, mit berechneter Menge Mischsäure nitrieren, auf Eis gießen, Nitrosulfosäure aussalzen, reduzieren und die 1, 2-Dichlor-4-aminobenzol-5-sulfosäure abscheiden. — **1, 4-Dichlor-3-aminobenzol-5-sulfosäure** durch Sulfurieren, Nitrieren und Reduzieren von p-Dichlorbenzol. — **1, 4-Dichlor-3-aminobenzol-6-sulfosäure** durch Sulfurieren von p-Dichloranilin. — **1, 3-Dichlor-4-aminobenzol-6-sulfosäure** durch Sulfurieren, Nitrieren und Reduzieren von m-Dichlorbenzol.

1006 **DRP. 172 461**
F. P. 353 447
Ann. 265, 104

1, 2-Dichlor-4-aminobenzol-5 (?)-sulfosäure: Molekulare Mengen von 1, 2-Dichlor-4-aminobenzol und konz. Schwefelsäure im Backofen auf 215° erhitzen, die Masse in Soda lösen, mit Salzsäure fällen. Technisch rein. Aus Wasser in feinen farblosen Nadeln. In 200 T. kochendem und in 1000 T. Wasser von 20° löslich. Die Salze krystallisieren gut, das Cu-Salz ist gelbgrün.

1007 **DRP. 175 022**

Das Rohgemenge der Na-Salze der 1, 2-Dichlor-4-nitrobenzol-5-sulfosäure und 1, 2-Dichlor-3-nitrobenzol-4- oder -5-sulfosäure [1005] mit Essigsäure und Eisenpulver kochend reduzieren, sodaalkalisch filtrieren, im Filtrat mit Salzsäure die **1, 2-Dichlor-4-aminobenzol-5-sulfosäure** fällen, abfiltrieren, die Mutterlauge eindampfen, wobei die **1, 2-Dichlor-3-aminobenzol-4- oder -5-sulfosäure** mit Kochsalz verunreinigt ausfällt. Zur Reinigung die Fällung in Wasser lösen, mit Natronlauge oder Soda eindampfen, aus dem Rückstand mit Alkohol das Na-Salz der letztgenannten Aminosäure extrahieren und aus Sprit umkrystallisieren.

---

6. Hal. — Hal. — O — S.

---

7. Hal. — C — C — (C, N, O, S).

1008 **DRP. 123 746**
Ber. 19, 212

1-Brom-2, 4, 6-trimethylbenzol $C_6H_2(Br)(CH_3)_3 = C_9H_{11}Br = 199.$

Wie [3]: 25 T. Mesitylen in 80 T. Benzin lösen, 167 T. Salpetersäure (1,4), dann zuerst 5 T., nach Eintritt der Reaktion noch 40 T. Bromschwefel (Br_2S) innerhalb 3—6 St. eintragen; die Benzinlösung mit verdünnter Kalilauge durchschütteln, Benzin abdestillieren und den Rückstand durch Destillation mit Dampf reinigen. S.-P. 225°. Das **Brommesitylen** erstarrt in der Kältemischung und schmilzt dann bei —1°.

1009 **DRP. 105 103** Zusatz zu DRP. 103 578

1-Chlor-4-methyl-5-amino-2-benzaldehyd

Cl, CHO, NH_2, CH_3 $= C_8H_8ClNO = 169.$

Wie [705] aus 1-Chlor-4-methyl-5-aminobenzol. Kleine, gelbe Krystalle, Sch.-P. 153°, färben sich mit Salzsäure orangerot, gekocht tritt Lösung ein.

1010 **DRP. 105 103** Zusatz zu DRP. 103 578

1-Chlor-4-methyl-5-alkylamino-2-benzaldehyd Cl, CHO, NHR, CH_3

Wie [705] resultiert aus 1-Chlor-4-methyl-5-alkylaminobenzol **1-Chlor-4-methyl-5-methylamino-2-benzaldehyd.** Gelbliche Krystalle, Sch.-P. 157°, in konz. Salzsäure leicht löslich, wird aus dieser Lösung mit Wasser gefällt, in Sprit oder Äther nur in der Wärme löslich. **1-Chlor-4-methyl-5-äthylamino-2-benzaldehyd,** aus verdünntem Sprit gelbliche Nädelchen, Sch.-P. 78°—79°, in Sprit oder Äther auch kalt löslich. — Die Herstellung von **1-Chlor-3-nitro-5-methyl-4-benzoesäure** ist in **DRP. 239 094** beschrieben.

1011 **DRP. 275 093**

1-Chlor-2-methyl-4-oxy-5-benzoesäure

Cl, CH_3, COOH, OH $= C_8H_7ClO_3 = 186.$

1-Chlor-2-methyl-4-phenol mit Kohlendioxyd 6 St. unter 5 Atm. Druck auf 160°—180° erhitzen. Aus Sprit oder Wasser Krystalle, Sch.-P. 205°. Besitzt antiseptische Eigenschaften.

1012 **DRP. 216 269**

1-Chlor-3-methyl-5-thiophenol-4-carbonsäure

Cl, SH, CH_3, COOH $= C_8H_7ClO_2S = 202.$

25 T. **1-Chlor-3-methyl-4-cyanbenzol-5-sulfochlorid** (erhalten aus **1-Chlor-3-methyl-4-cyanbenzol-5-sulfosäure** mit Phosphorpentachlorid; diese Sulfosäure entsteht ihrerseits aus 1-Chlor-3-methyl-4-aminobenzol-5-sulfosäure durch Diazotieren und Umsetzen der Diazoverbindung mit Kupfercyanür) in warmem Aceton lösen, eine wässerige Suspension von 60 T. Zinkstaub (gesiebt) zugeben, 12 St. bei 10°—20° rühren, die entstandene Lösung des sulfinsauren Salzes bei 20°—30° mit 100 T. Schwefelsäure (30°) rühren, bis nach etwa 48 St. der Ammoniakgehalt einer filtrierten Probe nicht mehr zunimmt, absaugen, den Rückstand in warmer verdünnter Sodalösung lösen und in der filtrierten Lösung die 1-Chlor-3-methyl-5-thiophenol-4-carbonsäure mit Salzsäure fällen. Aus Sprit Sch.-P. 235°. — Oxydiert sich an der Luft leicht zu **Dithiochlormethylbenzolcarbonsäure.** — Analog: **1-Methyl-3-thiophenol-4-carbonsäure** aus 1-Methyl-4-cyanbenzol-3-sulfochlorid; **1, 3-Dimethyl-5-thiophenol-4-carbonsäure** aus 1, 3-Dimethyl-4-cyanbenzol-5-sulfochlorid; **2-Thionaphthol-1-carbonsäure** aus 1-Cyannaphthalin-2-sulfochlorid; **8-Thionaphthol-1-carbonsäure** aus 1-Cyannaphthalin-8-sulfochlorid. Jede dieser Thiophenolcarbonsäuren gibt mit Schwefelsäure eine charakteristische Färbung.

18. Hal. — C — N — N.

1013 **DRP. 107 505**

—

1, 3, 4, 6-Verbindung: Ber. 37, 2093; 37, (1516); 37, (1727)

1-Chlor-2-methyl-3, 5-dinitrobenzol

Cl, CH_3, NO_2, NO_2 $= C_7H_5ClN_2O_4 = 216.$

o-Chlor-o-nitrotoluol (festes oder flüssiges Produkt [608]) im gleichen Gewicht Salpetersäure (1,52) lösen und unter 50° die doppelte Gewichtsmenge Schwefelsäure (66°) zusetzen. Sch.-P. 106°—107°.

1014 Anm. F. 24 071 Kl. 12 q 12. 10. 08 Höchst

1-Chlor-2-methyl-5-nitro-4-aminobenzol

Cl, CH_3, NO_2, NH_2 $= C_7H_7ClN_2O_2 = 186.$

1-Chlor-2-methyl-5-nitrobenzol in 5 T. Monohydrat zu **1-Chlor-2-methyl-4, 5-dinitrobenzol** (Sch.-P. 88°) nitrieren, dieses mit Ammoniak (10%) längere Zeit auf 150° erhitzen. Rotgelbe Nadeln, Sch.-P. 144°.

1015 **DRP. 226 772** 1-Chlor-2-methyl-5-nitro-4-aminobenzol (Sch.-P. 158°—159°) entsteht als Hauptprodukt bei der Nitrierung von **1-Chlor-2-methyl-4-acetaminobenzol** (erhalten aus 1-Chlor-2-methyl-4-aminobenzol-5-sulfosäure [1002] durch Erhitzen mit Schwefelsäure (75%) und folgende Acetylierung) und darauffolgende Verseifung. Es wird von dem in geringerer Menge gleichzeitig entstandenen **1-Chlor-2-methyl-3-nitro-4-aminobenzol** auf Grund seiner Schwerlöslichkeit in Sprit getrennt. — Über **1-Chlor-3-methyl-5-nitro-6-aminobenzol** und das entsprechende Bromderivat siehe Anm. **192**, 202.

1016 **DRP. 134 988**

1-Chlor-2, 6-diamino-4-benzylsulfosäure

Cl, NH_2, NH_2, $CH_2 \cdot SO_3H$ $= C_7H_9ClN_2O_3S = 236.$

228,5 T. p-chlorbenzylsulfosaures Natrium [175] bei gewöhnlicher Temperatur in 1500 T. Schwefelsäure (66°) lösen, bei 20°—30° ein Gemenge von 220 T. Salpetersäure (40°) und 220 T. Schwefelsäure (66°) einfließen lassen, auf 60° anwärmen, kalt mit 1000 T. Eiswasser verdünnen, die freie Säure abfiltrieren oder mit Kaliumchlorid ihr Gemisch mit K-Salz fällen, mit Eisen und Essigsäure reduzieren, sodaalkalisch filtrieren und die Na-Salzlösung ansäuern. Die ausgefallene freie Diaminosäure (rötliche Nadeln) ist aus Wasser rein weiß erhaltbar. Mit Eisenchlorid zunächst rot, dann violett, schließlich blau; verdünnte schwach mineralsaure Lösung mit Nitrit gibt braunrote, trübe Färbung.

1017 **DRP. 90 382**

1-Chlor-?-nitro-5-dimethylamino-2-benzaldehyd

Cl, CHO, $N(CH_3)_2$ } $NO_2 = C_9H_9ClN_2O_3 = 228.$

18,4 T. o-Chlor-p-dimethylaminobenzaldehyd in 90 T. Schwefelsäure (66°) lösen, unter 10° mit einem Gemisch von 10 T. Salpetersäure (40,5°) und 20 T. Schwefelsäure (66°) versetzen, 1 St. rühren, in 100 T. Eiswasser gießen, abgeschiedenen Nitroaldehyd abfiltrieren, aus Alkohol umkrystallisieren. Sch.-P. 122°—123°.

1018 **DRP. 106 510**

Dinitro-o-chlorbenzoesäure Cl, COOH, NO_2 } $NO_2 = C_7H_3ClN_2O_6 = 246.$

62,6 T. o-Chlorbenzoesäure in 400 T. Monohydrat lösen, bei 15°—20° zunächst langsam 44,4 T. Kalisalpeter eintragen. Die Masse erstarrt zum Krystallbrei von ausgeschiedener **1-Chlor-4-nitro-2-benzoesäure.** Auf 70°—75° anwärmen, in die entstandene Lösung weitere 44,4 T. Kalisalpeter eintragen, einige Zeit auf 90°—100° erwärmen, die dicke Masse in 800 T. Eiswasser gießen, weiße, pulverige Masse abfiltrieren, waschen und trocknen. Aus Essigsäure (50%) dicke Prismen, aus Wasser Nadeln. Sch.-P. 199°—200°. In Sprit, Eisessig, Aceton leicht, in Wasser schwer, in Benzol kaum löslich. Verschieden von der nach Ann. 222, 195, 201 erhaltenen **Chlordinitrobenzoesäure,** die man durch Eintragen von 2-Chlorbenzoesäure in rauchende Salpetersäure gewinnt. Sie schmilzt bei 238°. Daneben entsteht die obige Mononitrobenzoesäure.

9. Hal. — C — N — O.

1019 **DRP. 160 304** Ber. 18, 1513

1-Chlor-3-methyl-5-nitro-2-oxybenzol Cl, OH, CH_3, NO_2 $= C_7H_6ClNO_3 = 187.$

100 T. o-Kresol mit 100 T. Monohydrat einige Stunden auf 100° erhitzen, die **1-Methyl-2-oxybenzol-5-sulfosäure** in 800 T. Wasser lösen, bis zur Gewichtszunahme von 70 T.

Chlor einleiten, die erhaltene Lösung der **1-Chlor-3-methyl-2-oxybenzol-5-sulfosäure** (aus der Lösung durch Sättigen mit Salzsäuregas unter Kühlung isolierbar) mit 80 T. Natronsalpeter versetzen. Die spontan siedende Flüssigkeit scheidet beim Abkühlen 1-Chlor-3-methyl-5-nitro-2-oxybenzol aus. Mit Dampf flüchtige, in organischen Lösungsmitteln außer Ligroin leicht lösliche, hellgelbe Nadeln vom Sch.-P. 123°. (Dieser Umweg zur Herstellung eines p-Nitroderivates des o-Kresols ist nötig, da die 1-Methyl-2-oxybenzol-5-sulfosäure — wie auch ihr 3-Bromderivat — beim Nitrieren **1-Methyl-3, 5-dinitro-6-oxybenzol** gibt.)

1020 **DRP. 15 889** Zusatz zu DRP. 15 117 — Ber. 13, 1216; 30, 222

Bromnitro-o-oxybenzoesäuren $C_6H_2(COOH)(OH)\{Br, NO_2\} = C_7H_4BrNO_5 = 262.$

Durch Nitrieren von Bromsalicylsäure mit verdünnter Salpetersäure (1,11), ferner durch Bromieren von Nitrosalicylsäure und auch durch Bromieren von Sulfonitrosalicylsäure (unter Schwefelsäureabspaltung).

1021 **DRP. 137 118** — Ber. 6, 174; 8, 816; 10, 2190; 13, 34 J.-Ber. 1864, 385 J. pr. 36, 19 DRP. 144 475

1-Chlor-5-amino-4-oxy-3-benzoesäure

$C_6H_2(Cl)(NH_2)(OH)(COOH) = C_7H_6ClNO_3 = 187.$

138 T. Salicylsäure in 700 T. Nitrobenzol suspendieren, bei 50°—60° 71 T. Chlor einleiten, mit verdünnter Sodalösung wiederholt ausschütteln und die alkalische Lösung nach Abtrennung des Nitrobenzols mit verdünnter Säure fällen. Das Rohprodukt besteht zu 95% aus **1-Chlor-4-oxy-3-benzoesäure,** Sch.-P. 160°—165°. 334 T. der Säure in 1600 T. Schwefelsäure (66°) bei 35° gelöst bei —5°—0° mit 218 T. Salpetersäure (40°) + 218 T. Monohydrat stets unter 0° nitrieren, nach 3—4 St. auf Eis gießen, 375 T. dieser **1-Chlor-5-nitro-4-oxy-3-benzoesäure** als feuchten Preßkuchen bis zur Beendigung der Kohlendioxydentwicklung mit Sodalösung verrühren, das orangefarbige Gemisch mit 2700 T. Bisulfitlösung (40°) 1½—3 St. unter Rückfluß erwärmen und die farblose Lösung mit 1200 T. Salzsäure (21°) kochen, bis die Schwefeldioxydentwicklung beendet ist. Die freie Säure, aus dem Na-Salz durch genaues Neutralisieren mit Salzsäure erhaltbar, ist sehr schwer löslich, Sch.-P. 236°.

---

10. Hal. — C — N — S.

1022 **DRP. 145 908**

Chlor-methyl-aminobenzolsulfosäuren

$C_6H_2(Cl)(CH_3)(NH_2)(SO_3H) = C_7H_8ClNO_3S = 221.$

1-Chlor-2-methyl-4-aminobenzol-5-sulfosäure: o-Chlortoluol-p-sulfosäure nitrieren und die erhaltene o-Chlor-m-nitrotoluol-p-sulfosäure reduzieren. Weißes Pulver. Freie Säure in Acetatlösung gelöst gibt mit Eisenchlorid Braunfärbung.

1023 **DRP. 217 370** — DRP. 229 525

1-Chlor-3-methyl-2-aminobenzol-5-sulfosäure: 1-Methyl-2-acetylaminobenzol-5-sulfosäure in wässeriger Lösung chlorieren, verseifen, Produkt aus Wasser umkrystallisieren. Mit Schwefelsäure (75%) erhitzt resultiert **1-Chlor-3-methyl-2-aminobenzol.**

1024 **DRP. 129 808**

Jod-o-toluidinsulfosäure [735] aus 280 T. 1-Amino-2-toluol-5-sulfosäure, 1096 T. Salzsäure (30°) und 250 T. Chlorjod in wässeriger Lösung bei 10°. Das Produkt ist sofort rein.

11. Hal.—C—O—(O, S).

Br—3 CH_3—5 OH—6 OH 1025
Cl—3 CH_3—2 OH—5 SO_3H 1019
Cl—4 CH_3—2 OH—5 (6) SO_3H 861
Cl—2 CH_3—5 OCH_3—4 S·CH_2·COOH . . 1043
Cl—3 COOH—2 (4) OH—5 SO_2Cl . . . 896

1025 **DRP. 249 939** F. P. 437 281 — DRP. 82 078 Ann. **311**, 374

1-Brom-3-methyl-5, 6-dioxybenzol

Br, OH, OH, CH_3 $= C_7H_7BrO_2 = 203.$

Wie [641] aus 1, 3-Dibrom-5-methyl-2-oxybenzol in 6 St. bei 175°. Gibt mit wenig Eisenchlorid Blaufärbung, mit mehr Eisenchlorid Grünfärbung; Zusatz von wenig Soda bewirkt wieder Blaufärbung, mehr Soda Rotfärbung.

---

12. Hal.—C—S—S.

Cl—2 CH_3—3 SO_3H—5 SO_3H 738
Cl—2 CH_3—4 SO_3H—5 SO_3H 738
Cl—2 CH_3—4 SO_3H—6 SO_3H 738
Cl—CH_3—SO_3H—SO_3H 738
Cl—2 CHO—3 SO_3H—5 SO_3H 1026

1026 **DRP. 199 943** A. P. 877 054 F. P. 384 979

1-Chlor-2-benzaldehyd-3, 5-disulfosäure

Cl, CHO, SO_3H, SO_3H $= C_7H_5ClO_7S_2 = 300.$

Durch Oxydation von 1-Chlor-2-methylbenzol-3, 5-disulfosäure mit Braunstein und Schwefelsäure. Nicht aussalzbar.

---

13. Hal.—N—N—(N, O).

Cl—2 NO_2—4 NO_2—6 NO_2 . . . . 1027, 1028
Cl—3 NO_2—4 NO_2—6 NO_2 1029
Cl—3 NO_2—4 NH_2—6 NH_2 1806
Cl—3 NO_2—5 NO_2—6 OH 1030
Cl—2 NO_2—5 NH_2—4 OH 908, 1032
Cl—3 NO_2—5 NH_2—2 OH . 1031, 1032, 1033
Cl—3 NO_2—5 NH_2—4 OH 1031
Cl—2 NO_2—5 NH_2—4 OCH_3 1034
Cl—3 NO_2—5 NH · $COCH_3$—4 OH . . . 1033
Cl—3 NH_2—5 NH · $COCH_3$ —6 OH . . 1035

1027 **DRP. 78 309**

Chlor-trinitrobenzole $C_6H_2Cl(NO_2)_3 = C_6H_2ClN_3O_6 = 247.$

1-Chlor-2, 4, 6-trinitrobenzol: 100 T. Chlordinitrobenzol in 200 T. Oleum (40%) lösen, mit 400 T. Monohydrat und 300 T. starker Salpetersäure allmählich auf 140°—150° erhitzen. Kalt die Krystalle abfiltrieren, mit Wasser waschen, aus Sprit oder Benzol umkrystallisieren. Oder nach

1028 **DRP. 199 318** F. P. 385 199 — Z. Bl. **1900**, I, 543

80 T. Pyridin + 229 T. Pikrinsäure + 176 T. Benzolsulfochlorid + 300 T. Nitrobenzol 4—6 St. auf 80°—85° erwärmen, Dampf einleiten und den Rückstand, **Pikrylchlorid,** aus Benzol umkrystallisieren.

1029 Anm. N. 5583 Kl. 12. 16. 9. 01 Nietzki

1-Chlor-3, 4, 6-trinitrobenzol: 3, 4-Dinitro-1-chlorbenzol mit einem Gemisch von Oleum und Salpetersäure weiternitrieren. In Sprit schwer lösliche Nadeln vom Sch.-P. 119°—120°. Alkalien substituieren zuerst eine NO_2-Gruppe, dann Chlor.

1030 Anm. F. 16 334, Kl. 12q 23. 2. 03 Höchst

1-Chlor-3, 5-dinitro-6-oxybenzol

Cl, OH, NO_2, NO_2 $= C_6H_3ClN_2O_5 = 218.$

In die wässerige Lösung von Dinitrophenol-p-sulfosäure bei 40°—60° Chlor einleiten.

1031 **DRP. 147 060**

Chlor-nitro-amino-oxybenzole $C_6H_2\begin{matrix}Cl\\NO_2\\NH_2\\OH\end{matrix} = C_6H_5ClN_2O_3 = 188.$

1-Chlor-3-nitro-5-amino-4-oxybenzol vom Sch.-P. 152° durch partielle Reduktion des entsprechenden Dinitro-p-chlorphenols vom Sch.-P. 80,5°.

1-Chlor-3-nitro-5-amino-2-oxybenzol vom Sch.-P. 130° durch Nitrieren von 1-Chlor-3-amino-6-oxybenzol in schwefelsaurer Lösung.

1032 **DRP. 186 655**
E. P. 9264/06
F. P. 365 415

1-Chlor-2-nitro-5-amino-4-oxybenzol: Entsteht neben **1-Chlor-3-nitro-5-amino-4-oxybenzol** beim Nitrieren von 1-Chlor-3-amino-4-oxybenzol oder wird erhalten durch Nitrieren der 1-Chlor-3-amino-4-oxybenzoläthenylverbindung und darauffolgende Verseifung des ent standenen Nitroproduktes. In Sprit leicht lösliche Nadeln, die sich bei 200° dunkel färben und bei 225° unter Zersetzung schmelzen.

1033 **DRP. 234 742**

1-Chlor-3-nitro-5-amino-4-oxybenzol: 18,6 T. 1-Chlor-3-acetyl-amino-4-oxybenzol bei 25° allmählich in 14 T. Salpetersäure (40°) und 24 T. Wasser einrühren. Temperatursteigerung auf 50°. Einige Zeit halten, auf Eis gießen und das **1-Chlor-3-nitro-5-acetylamino-4-oxybenzol** (Sch.-P. 150°—160°) abfiltrieren. Die Paste zur Verseifung mit 24 T. Natronlauge (40°) und 24 T. Wasser mehrere Stunden im Wasserbade erwärmen, die rotbraunen Krystalle in Wasser lösen, filtrieren und das Filtrat mit Salzsäure fällen. Gelbbraunes Pulver.

1034 **DRP. 137 956**

Ber. 15, 1684
DRP. 131 364

1-Chlor-2-nitro-5-amino-4-methoxybenzol

Cl, NO_2, NH_2, OCH_3 $= C_7H_7ClN_2O_3 = 202.$

20 T. Nitro-p-dichlorbenzol + 75 T. Methylalkohol + 16,5 T. Natronlauge (44°) unter Rückfluß kochen. Wenn die Reaktion beendet ist, mit verdünnter Schwefelsäure neutralisieren, den Methylalkohol abdestillieren, das zurückbleibende **1-Chlor-3-nitro-4-methoxybenzol** abfiltrieren, waschen und umkrystallisieren. Sch.-P. 98°. Dieses mit Eisen und Salzsäure reduzieren zu **1-Chlor-3-amino-4-methoxybenzol.** Aus Benzol umkrystallisieren. Sch.-P. 84°. Die Acetylverbindung schmilzt bei 104°. 40 T. dieses Acetylderivates in 160 T. Schwefelsäure (66°) gelöst mit 21,5 T. Salpetersäure (40°) + 21,5 T. Schwefelsäure (66°) bei 20°—25° nitrieren, auf Eis gießen, abfiltrieren und waschen: Nitroacetverbindung, aus Xylol umkrystallisieren, Sch.-P. 193°. Mit Natronlauge bei 90° verseift resultiert die Base; aus Benzol umkrystallisieren, Sch.-P. 132°.

1035 **DRP. 164 295**

DRP. 163 185
DRP. 156 564
DRP. 162 069
Ber. 31, 2599

Chlor-3-amino-5-acetamino-6-phenol

Cl, OH, $NH \cdot COCH_3$, NH_2 $= C_8H_9ClN_2O_2 = 200.$

Wie [914] aus Chlordiaminophenol. Die Abscheidung der Acetylverbindung erfolgt als Chlorhydrat durch Übersättigen der Flüssigkeit mit Salzsäure.

14. Hal.—N—N—S.

1036 **DRP. 116 339**

Chlor-dinitrobenzolsulfosäuren $C_6H_2\begin{matrix}Cl\\NO_2\\NO_2\\SO_3H\end{matrix} = C_6H_3ClN_2O_7S = 282.$

1-Chlor-2, 4-dinitrobenzol-6-sulfosäure: 2 T. p-Nitrochlorbenzol ohne Kühlung in 8 T. Oleum (20%) eintragen, auf 120° erhitzen, bis eine Probe in Wasser löslich ist; bei

25°—50° 2 T. Mischsäure (50%) einlaufen lassen, Temperatur langsam auf 90° steigern, 4 St. halten, bis eine ausgesalzene Probe in Lauge gelb löslich ist (Mononitroverbindung löst sich farblos!); in Eiswasser gießen, aussalzen und aus Wasser umkrystallisieren. Die Sulfosäure gibt mit Alkali **1, 3-Dinitro-4-oxybenzol-5-sulfosäure,** mit Ammoniak gekocht jedoch **1, 3-Dinitro-4-aminobenzol-5-sulfosäure.**

1037 **DRP. 116 759** F. P. 287 180

1-Chlor-2, 6-dinitrobenzol-4-sulfosäure: 27,5 T. 1-chlor-2-nitrobenzol-4-sulfosaures Kalium in 100 T. Oleum (25%) lösen, allmählich 15 T. Salpetersäure (87%) zugeben und auf 120°—130° erhitzen. In Wasser gießen, Krystalle abfiltrieren und aus Wasser umkrystallisieren. Zweckmäßiger in einer Operation: 34 T. Chlorbenzol in 72 T. Monohydrat + 30 T. Oleum (25%) lösen, im Wasserbade bis zum Verschwinden des Chlorbenzols erwärmen, kalt mit 26 T. rauchender Salpetersäure (87%) nitrieren, wobei die Temperatur bis 40° steigen darf, 2 St. stehenlassen. Weitere 100 T. Oleum (60%) und 40 T. Kaliumnitrat zugeben, 2—3 St. auf 120°—130° erwärmen. Aufarbeitung wie oben. Derbe, sehr leicht in Wasser lösliche, zerfließliche Krystalle. K-Salz aus Wasser umkrystallisieren, schmilzt bei 300°, verpufft bei höherer Temperatur.

1038 **DRP. 132 968**

Chlor-nitro-aminobenzolsulfosäuren

$$C_6H_2\begin{matrix}Cl\\NO_2\\NH_2\\SO_3H\end{matrix} = C_6H_5ClN_2O_5S = 222.$$

1-Chlor-2-nitro-4-aminobenzol-5-sulfosäure: 40 T. m-Nitro-p-chloranilinsulfat mit einem Gemenge von 100 T. Oleum (23%) und 100 T. Monohydrat im Ölbad auf 170°—180° erhitzen, bis in verdünnter sodaalkalischer Probe keine Base mehr nachweisbar ist. Kalt auf 500 T. Eis gießen und die Sulfosäure absaugen. Bräunliche Krystalle der freien Säure, gelbliche Nadeln des Na-Salzes. Die Diazoverbindung ist sehr schwer löslich.

1039 **DRP. 141 750** — DRP. 141 538

1-Chlor-2-nitro-6-aminobenzol-4-sulfosäure: Eisenoxydulcarbonatbrei (aus konz. wässeriger, heißer Lösung von 800 T. kryst. Eisenvitriol mit so viel Soda, daß fast alles Eisen ausgefällt ist, die Lösung aber nicht alkalisch reagiert) in eine Suspension von 160 T. K-Salz der 1-Chlor-2, 6-dinitrobenzol-4-sulfosäure [**1037**] in 1000 T. Wasser eintragen, auf 60°—90° erwärmen, bis die Kohlensäureentwicklung beendet und der grüne Oxydulschlamm zu braunem Eisenoxydhydrat geworden ist. Nun mit wenig Soda schwach alkalisch stellen, heiß filtrieren und die Lösung direkt weiterverarbeiten oder eindampfen und mit Kaliumchlorid das K-Salz der Sulfosäure abscheiden. Gelblicher Körper, der beim Erhitzen verpufft.

1040 **DRP. 204 574** — Ch. Ztg. 1901, 182

1-Chlor-4-nitro-3-aminobenzol-6-sulfosäure: 1, 3-Dichlor-4-nitrobenzol-6-sulfosäure mit Ammoniak in wässeriger oder Spritlösung umsetzen.

1041 **DRP. 210 886**

1-Chlor-2, 5-diaminophenyl-4-thioglykolsäure

$$C_6H_2(Cl)(NH_2)(NH_2)(S\cdot CH_2\cdot COOH) = C_8H_9ClN_2O_2S = 232.$$

17,5 T. 1, 4-Dichlor-2-nitro-5-acetylaminobenzol in 150 Vol.-T. Sprit (95%) lösen, mit der Lösung von Natriumdisulfid in 150 Vol.-T. Sprit (12 T. Schwefelnatrium + 1,6 T. Schwefel schmelzen, über 100° entwässern, pulvern, mit Sprit auskochen, filtrieren) 4—5 St. unter Rückfluß kochen, das kalt auskrystallisierende Nitrodisulfid 5—7 St. mit 150 T. Eisen, 200 T. Wasser und 8 T. Essigsäure (50%) bei 80°—95° reduzieren, kalt mit 25 T. Natronlauge (40°) und 7,5 T. Chloressigsäure 1 St. auf 80°—90° erwärmen und heiß vom Eisen abfiltrieren. Die Lösung enthält das Na-Salz der **1-Chlor-3-amino-6-acetaminophenyl-4-thioglykolsäure.** Beim Ansäuern fällt das Anhydrid

$$NH\cdot COCH_3\,C_6H_2(Cl)\begin{matrix}—NH\\ \quad\diagdown\\ S\cdot CH_2\cdot CO\end{matrix}$$

in weißen Nadeln, welche durch längeres Erhitzen mit verdünnter Natronlauge auf 120° die 1-Chlor-2, 5-diaminophenyl-4-thioglykolsäure liefern. — Ebenso aus 1-Acetamino-3-chlor-4-nitro-5-toluol oder -5-anisol über die betreffenden Anhydride nach der Verseifung: **1-Methyl-3, 6-diamino-4-phenylthioglykolsäure** und **1-Methoxy-3, 6-diamino-4-thiophenolmethyläther.** Ferner nach

1042 **DRP. 244 616** **m-Acetylamino-o-tolylthioglykolsäure** aus 4-Acetylamino-2-amino-1-toluol, nach

1043 **DRP. 245 544** **3-Methyl-4-halogen-6-alkyloxyphenylthioglykolsäure,** nach

1044 **DRP. 246 265** **4, 6-Dichlor-3-methyl-** und **3, 6-Dimethyl-4-chlor-1-phenylthioglykolsäure** aus den betreffenden Basen, nach

1045 **DRP. 248 264** **3, 5-Dichlor-4-methoxyphenyl-1-thioglykolsäure** aus 3, 5-Dichlor-4-methoxy-1-anilin, nach

1046 **DRP. 241 910** und **DRP. 243 087** zahlreiche weitere Thioglykolsäuren mit freier o- bzw. peri-Stellung und keinen OH-, SH- oder NH_2-Gruppen im Arylkern. Behandlung mit Schwefelsäurechlorhydrin allein oder bei Gegenwart eines Nitrokohlenwasserstoffes.

1047 **DRP. 150 373**

Chlor-diaminobenzolsulfosäuren $C_6H_2\begin{matrix}Cl\\NH_2\\NH_2\\SO_3H\end{matrix} = C_6H_7ClN_2O_3S = 222.$

1-Chlor-2, 6-diaminobenzol-4-sulfosäure: 10 T. 1-chlor-2, 6-dinitrobenzol-4-sulfosaures Kali [1037] mit 80 T. Salzsäure (1,19) übergießen und allmählich 20 T. granuliertes Zinn zugeben. Selbsterwärmung. Kalt das Zinndoppelsalz abfiltrieren, in Wasser lösen, mit Schwefelwasserstoff entzinnen und die farblosen Nadeln der Base abfiltrieren.

1048 **DRP. 156 828** **1-Chlor-2, 4-diaminobenzol-6-sulfosäure:** 15 T. 1-chlor-2, 4-dinitrobenzol-6-sulfosaures Natrium allmählich in ein heißes Gemenge von 100 T. Wasser, 30 T. Eisen und 1 T. Essigsäure eintragen, nach vollendeter Reduktion mit 1,3 T. Soda alkalisch stellen, filtrieren, das Filtrat einengen und mit Salzsäure fällen. Aus Wasser farblose Nadeln.

1049 **DRP. 205 421**

1-Chlor-3-amino-6-acetamino-4-methylthiobenzol

Cl; NH·$COCH_3$; NH_2; SCH_3 $= C_9H_{11}ClN_2OS = 230.$

Aus 1-Chlor-3-amino-6-acetamino-4-thiophenolnatrium mit Methylsulfat. In Wasser leicht löslich.

1050 **DRP. 210 886** 20 T. des nach [1041] aus 1, 4-Dichlor-2-nitro-5-acetylaminobenzol erhaltenen Nitrodisulfids mit Eisen und Essigsäure reduzieren, bei 50° mit Natronlauge (40°) alkalisch stellen, filtrieren, zum Filtrat in der Kälte noch 24 T. Natronlauge (40°) und allmählich 11,2 T. Dimethylsulfat zugeben. In der Kälte scheidet sich der Methyläther ab.

1051 **DRP. 205 421**

1-Chlor-3-amino-6-acetaminophenyl-4-thioglykolsäure

Cl; NH·$COCH_3$; NH_2; S·CH_2·COOH $= C_{10}H_{11}ClN_2O_3S = 274.$

Aus 1-Chlor-3-amino-6-acetamino-4-thiophenol und Chloressigsäure durch Erwärmen mit säurebindenden Mitteln.

---

15. Hal.—N—O—(O, S).

1052 **DRP. 135 331**

1-Chlor-3-amino-4, 6(?)-dialkyloxybenzole Cl; OR; NH_2; OR

680 T. 1, 2, 4-Trichlor-5-nitrobenzol in 1000 T. Methylalkohol warm lösen, eine Lösung von 375 T. Ätzkali in 1000 T. Methylalkohol zufließen lassen. Es tritt Selbst-

erwärmung bis zum Sieden ein. Einige Zeit im Wasserbade weiterkochen, heiß filtrieren. Kalt krystallisiert der größte Teil des **1-Chlor-3-nitro-4, 6-dimethoxybenzols** (aus Sprit umkrystallisieren, Sch.-P. 125,5°) aus, der Rest ist nach Abdampfen des Filtrates gewinnbar. Mit Eisen und Essigsäure reduzieren, nach etwa 3 St. sodaalkalisch stellen und aus der Reaktionsmasse mit Benzol oder Äther das 1-Chlor-3-amino-4, 6-dimethoxybenzol extrahieren. Sch.-P. 90°. Sein Acetylderivat schmilzt bei 136°—137°. — Analog: **1-Chlor-3-amino-4, 6-diäthoxybenzol,** Sch.-P. 63°—64°; sein Acetylderivat schmilzt bei 136°.

1053 **DRP. 124 790**
A. P. 644 239

Chlor-amino-oxybenzol-sulfosäuren $C_6H_2\begin{smallmatrix}Cl\\NH_2\\OH\\SO_3H\end{smallmatrix} = C_6H_6ClNO_4S = 223.$

1-Chlor-3-amino-2-oxybenzol-5-sulfosäure: 234 T. 1-Nitro-3-amino-2-oxybenzol-5-sulfosäure [1131] in 1000 T. Wasser + 230 T. Natronlauge (40°) lösen, eine konz. wässerige Lösung von 70 T. Nitrit zugeben und in ein Gemisch von 400 T. Salzsäure (19°) und 500 T. Wasser einlaufen lassen. Die Diazolösung mit 600 T. Salzsäure (19°), dann unter Eiskühlung langsam mit 50 T. molekularem Kupfer als 50-prozentige Paste versetzen. Die Temperatur darf 15° nicht übersteigen. Wenn die Diazoverbindung verbraucht ist, filtrieren, das Filtrat mit 400 T. Kaliumchlorid aussalzen, das K-Salz mit Eisen und Essigsäure reduzieren, alkalisch vom Eisenschlamm abfiltrieren, Filtrat einengen und die 1-Chlor-3-amino-2-oxybenzol-5-sulfosäure mit Salzsäure ausfällen, evtl. durch Umlösen reinigen.

1054 **DRP. 132 423**
F. P. 311 722

1-Chlor-3-amino-4-oxybenzol-5-sulfosäure: Eine Lösung von 231 T. Na-Salz der 1-Chlor-4-oxybenzol-5-sulfosäure [736] in 1500 T. Schwefelsäure (66°) unter 0° mit einem Gemenge von 102 T. Salpetersäure (40°) und 102 T. Monohydrat langsam nitrieren, auf 4000 T. Eis gießen, mit K-Chlorid sättigen, den hellgelben, krystallinischen Niederschlag fällen und wie üblich mit Eisen und Essigsäure reduzieren. Dieselbe Säure wird auch nach F. P. 311 700 durch Kochen von 1-Chlor-3-nitro-4-oxybenzol mit sauren oder neutralen Sulfiten und Reduktion der entstandenen Nitrosulfosäure erhalten. — Oder nach:

1055 Anm. F. 13 009
Kl. 12. 12. 11. 00
Höchst
F. P. 301 530

p-Dichlorbenzol sulfurieren, nitrieren, die erhaltene Dichlornitrobenzolsulfosäure mit Natronlauge erhitzen und die entstandene Chlornitrooxybenzolsulfosäure reduzieren. — Schließlich nach:

1056 **DRP. 144 618**

1-Chlor-3-amino-4-oxybenzol mit 4 T. Monohydrat einige Zeit im Wasserbad erwärmen, auf Eis gießen und den Niederschlag abfiltrieren.

1057 **DRP. 134 162**

1-Chlor-3-amino-2-oxybenzol-5-sulfosäure: 1-Nitro-3-amino-2-oxybenzol-5-sulfosäure diazotieren, die Diazolösung mit Salzsäure und Kupferchlorür erwärmen und die erhaltene **1-Chlor-3-nitro-2-oxybenzol-5-sulfosäure** reduzieren.

1058 **DRP. 194 935**
F. P. 376 135

1-Chlor-3-amino-4-oxybenzol-6-sulfosäure: 20 T. 4-Chlor-1^1-oxybenzoxazol (Cl-C₆H₃<O—, —NH>CO) oder (Cl-C₆H₃<O, —N≥COH) mit 80 T. Oleum (12,5%) 10 St. auf 80° erwärmen, kalt verdünnen, kalken, vom Gips abfiltrieren, das Filtrat mit 25 T. Ätznatron eindampfen, ansäuern und die ausgeschiedenen Krystalle abfiltrieren. — Oder auch aus 100 T. 4-Chlor-1^1-methylbenzoxazol (Cl-C₆H₃<O, —N≥C·CH_3) mit 475 T. Oleum (21%) in 10 St. bei 140°—150°. Aussalzbare, rein gelbe Diazoverbindung.

1059 **DRP. 198 469**

1-Chlor-3-amino-6-alkyloxybenzol-4-sulfosäuren (Benzolring mit Cl, OR, NH_2, SO_3H)

Saure Sulfate der 1-Chlor-3-amino-6-oxyalkylbenzole erhitzen. Die freien Sulfosäuren sind in Wasser schwer löslich.

---

16. Hal.—O—S—S.

1 Cl—4 OH—SO_3H—SO_3H . . . 3276

b) C—C—C—C.

CH_3—3 CH_3—5 CH_3—6 CHO . . . 28, 1060

1060 **DRP. 98 706**

Lit. wie [28]

1, 3, 5-Trimethyl-6-benzaldehyd (CHO, CH_3, CH_3, CH_3) $= C_{10}H_{12}O = 148$.

Wie [210] aus Mesitylen. Das Dampfdestillatgemisch von Aldehyd und Kohlenwasserstoff ist mit Bisulfit nicht trennbar, daher wendet man folgendes Trennungsverfahren an: Dampfdestillatgemisch mit dem gleichen Volum Anilin 1 St. gelinde sieden (mit kurzem Steigrohr zur Entfernung des Wassers), mit Dampf das überschüssige Anilin und das unveränderte Mesitylen entfernen, die Benzylidenverbindung des Rückstandes mit Schwefelsäure zerlegen und mit Dampf den Aldehyd übertreiben. S.-P. 237°.

c) C—C—C—N.

CH_3—3 CH_3—4 (5) CH_3—6 (4) NO_2 . . .	67	CH_3—3 CH_3—4 CN—5 NO_2	1064
CH_3—2 CH_3—4 CH_3—5 NH_2	1061	CH_3—3 CH_3—4 COOH—5 NO_2	1064
CH_3—3 CH_3—5 C_2H_5—6 NH_2	1062	CH_3—3 CH_3—4 COOH—5 NH_2	1064
CH_3—3 C_2H_5—5 C_2H_5—4 NH_2	1063	CH_3—3 CH_3—$COCH_3$—5 NH_2	347

1061 **DRP. 22 265**
A. P. 268 113
E. P. 3997/82
F. P. 151 113

Ber. 4, 742; 18, 2680

1, 2, 4-Trimethyl-5-aminobenzol (CH_3, CH_3, NH_2, CH_3) $= C_9H_{13}N = 135$.

Salzsaures Xylidin + Methylalkohol im Autoklaven erhitzt gibt bei 280° rohes salzsaures **Cumidin.** Nitrat bilden, abschleudern und etwas waschen. Dieses Nitrat-Krystallmehlgemenge (Cumidin- und Xylidinnitrat) in die Base verwandeln, fraktioniert destillieren, wobei der zwischen 225° und 245° übergehende Teil erstarrt. Krystalle zentrifugieren und abpressen. S.-P. 235°—236°. Sch.-P. 62°. Ebenso erhält man **Äthyl-** und **Isobutylxylidin** durch Erhitzen von salzsaurem Xylidin mit dem betreffenden Alkohol auf höhere Temperaturen.

1062 **DRP. 67 844**

1, 3-Dimethyl-5-äthyl-6-aminobenzol (CH_3, NH_2, C_2H_5, CH_3) $= C_{10}H_{15}N = 149$.

Salzsaures 1, 3-Dimethyl-4-aminobenzol mehrere Stunden mit Sprit auf 280°—300° erhitzen. S.-P. 241°. Seine Acetylverbindung schmilzt bei 157°—158°.

1063 **DRP. 67 844**

1-Methyl-3, 5-diäthyl-4-aminobenzol

(CH_3, C_2H_5, C_2H_5, NH_2) $= C_{11}H_{17}N = 163$.

Salzsaures p-Toluidin mehrere Stunden mit Sprit auf 300° erhitzen. S.-P. 238°. Seine Acetylverbindung schmilzt bei 167°.

1064 **DRP. 239 092**
Zusatz zu
DRP. 237 680
A. P. 881 159
E. P. 2592/07
F. P. 384 532

1, 3-Dimethyl-5-amino-4-benzoesäure

(CH_3, NH_2, CH_3, COOH) $= C_9H_{11}NO_2 = 165$.

16,6 T. 1, 3-Dimethyl-5-nitro-6-aminobenzol diazotieren, die Diazolösung in eine warme Kupfercyanürlösung (aus 25 T. Kupfersulfat und 28 T. Cyankalium) eintragen, erwärmen, den Niederschlag kalt absaugen, in Sprit heiß lösen und mit Wasser das **1, 3-Dimethyl-5-nitro-4-benzonitril** (aus Sprit gelbe Nadeln vom Sch.-P. 126°) fällen. 17 T. des Nitrils mit 85 T. Schwefelsäure (80%) 12 St. auf 100° erwärmen, in 140 T. heißes Wasser gießen, unter die Oberfläche der heißen Flüssigkeit eine konz. Lösung von 18 T. Nitrit einfließen lassen, 1/2 St. auf 100° erwärmen und die **1, 3-Dimethyl-5-nitro-4-benzoesäure** kalt abfiltrieren. Aus Sprit gelbliche Nadeln vom Sch.-P. 180°. 20 T. der Säure in 5,6 T. Soda lösen, mit 11 T. Natriumdisulfid einige Stunden kochen, essigsauer stellen, stark eindampfen, kalt mit verdünnter Salzsäure kongosauer stellen und filtrieren. Das Filtrat enthält die Aminosäure, die durch Acetat gefällt werden kann. Aus Wasser gelbes Krystallpulver vom Sch.-P. 126° unter Zersetzung.

d) C—C—C—O.

CH_3—3 CH_2Cl—5 COOH—6 OH	1065	CH_3—2 COOH—4 COOH—5 OH	. 479, 1068
CH_3—3 CH_2OH—5 COOH—6 OH . . .	1065	CH_3—3 COOH—5 COOH—6 OH	. 479, 1067
CH_3—CHO—COOH—OH	1066		

1065 **DRP. 236 046** **1-Methyl-5-carboxy-6-oxy-3-benzylalkohol**

CH_3; OH, COOH, CH_2OH (Benzolring) $= C_9H_{10}O_4 = 182.$

Wie [778]. o-Kresotinsäure bei Gegenwart hochprozentiger rauchender Salzsäure mit Chlormethylalkohol oder Chlormethyläther behandeln. Es entsteht **1-Methyl-5-carboxy-6-oxy-3-benzylchlorid;** aus Benzol weißes Krystallpulver vom Sch.-P. 197°. Mit Wasser wird das Chlor als Salzsäure abgespalten, wobei zum Teil 1-Methyl-5-carboxy-6-oxy-3-benzylalkohol vom Sch.-P. 186° gebildet wird, der aus dem Filtrat krystallisiert und zum anderen Teil dessen Anhydroverbindung entsteht, die als unlösliches weißes Pulver auf dem Filter bleibt.

1066 **DRP. 216 924**

Methyl-carboxy-oxybenzaldehyde C_6H_2 (CH_3, CHO, COOH, OH) $= C_9H_8O_4 = 180.$

Aus den entsprechenden Methyl-oxy-benzoesäuren mit Chloroform und Natronlauge. Die **o-Aldehydo-p-kresotinsäure** schmilzt bei 190°, die p-o-Säure bei 211°. — Analog erhält man **3-Carboxy-2-oxy-5-sulfo-1-benzaldehyd.**

1067 **DRP. 65 316** **1-Methyl-6-oxybenzol-3, 5-dicarbonsäure**

CH_3; OH, COOH, COOH (Benzolring) $= C_9H_8O_5 = 196.$

Bildet sich wie [770], aus o-Kresolkalium und Kohlendioxyd jedoch bei einer Temperatur von ca. 220°. Kalt in Wasser lösen, mit Salzsäure fällen. Sch.-P. 290°. *Zur* Reinigung die Alkalisalzlösung der **α-Oxyuvitinsäure** partiell mit Salzsäure fällen.

1068 **DRP. 258 887** **1-Methyl-5-oxybenzol-2, 4-dicarbonsäure**

Ber. 30, 691; 30, 1743

CH_3; COOH, OH, COOH (Benzolring) $= C_9H_8O_5 = 196.$

Wie [479] aus 1 Mol. 1-Methyl-5-oxy-4-benzoesäure (m-Kresotinsäure) in alkalischer Lösung mit 1 Mol. Kohlenstofftetrachlorid bei Gegenwart von 0,2 T. Kupfer. **(α-Coccinsäure).**

---

e) C—C—C—S.

CH_3—3 CH_3—4 CH_3—6 $S{\cdot}CH_2{\cdot}COOH$ . .	782	CH_3—3 CH_3—4 COOH—5 SH	1012
CH_3—2 CH_3—4 CH_3—6 SO_2H	162	CH_3—3 CH_3—6 COOH—5 $S{\cdot}CH_2{\cdot}COOH$	2173
CH_3—3 CH_3—4 CH_3—6 SO_2H	162		

---

f) C—C—N—(N, O, S).

CH_3—3 CH_3—6 NO_2—4 NH_2.	538	CH_3—3 CH_3—5 NH_2—6 OH	1070
CH_3—CH_3—NO_2—$NH{\cdot}SO_3H$	246	CH_3—3 CH_3—4 NO_2—6 SO_2Cl . .	612, 1071
CH_3—3 CH_3—4 $NH{\cdot}COCH_3$—6 $NH{\cdot}COCH_3$	1069	CH_3—3 CH_3—4 NH_2—5 SO_3H	1071
CH_3—3 CH_2OH—4 NH_2—6 NH_2	795	CH_3—3 CHO—6 NH_2—4 SO_3H	1072
CH_3—[3 CH_2**OH**—4 NH**H**] Anhydr.—6 NH_2	795	CH_3—3 COOH—6 NO_2—2 SO_3H	1072
COOH—3 COOH—4 NH_2—6 NH_2 . . .	1069	COOH—2 COOH—3 NH_2—SO_3H . . .	1073

1069 **DRP. 236 848** **2, 4-Diaminoisophthalsäure** NH_2, NH_2, COOH, COOH (Benzolring) $= C_8H_8N_2O_4 = 196.$

m-Xylylendiamin acetylieren und oxydieren. — 209 T. salzsaures 4, 6-Diamino-1, 3-xylol mit 164 T. geschmolzenem Na-Acetat und 250 T. Essigsäureanhydrid 1 St.

kochen, 1000 T. Wasser zusetzen, Lösung zur Hälfte einkochen, **4, 6-Diacetamino-1, 3-xylol** abscheiden (aus Eisessig Sch.-P. 295°). 1 T. des Produktes mit 2 T. Magnesiumsulfat und 100 T. Wasser kochen, allmählich 3 T. Permanganatpulver zusetzen, heiß filtrieren, Filtrat mit HCl ansäuern, Produkt filtrieren, mit Wasser waschen, trocknen.

1070 **DRP. 70 541** — Ch. Z. 1892, Nr. 98

1, 3-Dimethyl-5-amino-6-oxybenzol (CH_3, OH, NH_2, CH_3) $= C_8H_{11}NO = 137$.

Durch Nitrieren und darauffolgendes Reduzieren aus 1, 3-Dimethyl-4-oxybenzol.

1071 **DRP. 89 997** — DRP. 66 021; Ber. **19**, 141

1, 3-Dimethyl-4-nitrobenzol-6-sulfochlorid

(CH_3, SO_2Cl, CH_3, NO_2) $= C_8H_8ClNO_4S = 249$.

Wie [612] aus 1, 3-Dimethyl-4-nitrobenzol. — Über **1, 3-Dimethyl-4-aminobenzol-5-sulfosäure** siehe Ber. **18**, 2664; vgl. Chem. Ind. **1903**, 57.

1072 **DRP. 87 255** Zusatz zu DRP. 86 874

1-Methyl-6-amino-3-benzaldehyd-4-sulfosäure

(CH_3, NH_2, CHO, SO_3H) $= C_8H_9NO_4S = 215$.

20 T. a-Nitro-m-xylol mit 60 T. Oleum sulfurieren, das Gemisch bei 15° allmählich mit einer Lösung von 10 T. Schwefelblumen in 140 T. Oleum versetzen. Die Temperatur darf am Schlusse des Eintragens höchstens 80° betragen. In Wasser gießen und wie [848] über das rote Kondensationsprodukt mit salzsaurem Benzidin reinigen. — Über **4-Nitro-5-methyl-2-sulfo-1-benzoesäure** und einige Abkömmlinge siehe J. Am. Chem. Soc. **1916**, 1338.

1073 **DRP. 109 487** — Lit. wie [854]

3-Aminosulfobenzol-1, 2-carbonsäure

(COOH, COOH, SO_3H, NH_2) $= C_8H_7NO_7S = 261$.

12 T. α-Nitrophthalsäure in 30 T. Wasser kochend lösen, mit Soda neutralisieren, 30 T. Ammoniumbisulfitlösung (40% SO_2-Gehalt) zusetzen, 5 St. kochen, kochend mit überschüssiger verdünnter Schwefelsäure versetzen, kalt 24 St. stehen lassen, das erstarrte Harz abfiltrieren. — In Wasser oder Sprit schwer, gelbgrün fluorescierend, in Alkali leicht, ebenfalls fluorescierend löslich, unlöslich in Benzol.

---

g) C—C—O—(O, S).

1074 **DRP. 81 297** — Ber. **33**, 676; DRP. 81 068

Methyl-dioxybenzoesäuren C_6H_2 (CH_3, COOH, OH, OH) $= C_8H_8O_4 = 168$.

Wie [718, 884]: **1-Methyl-2, 5-dioxy-3-benzoesäure** (Sch.-P. 215°) aus o-Kresotinsäure; **1-Methyl-2, 5-dioxy-4-benzoesäure** (Sch.-P. 205°) aus m-Kresotinsäure. — Über **1, 4-Dimethyl-2, 6-dioxybenzol (β-Orcin)** aus p-Xylidin → Acetyl-p-xylidin → m-Dinitro-p-xylol siehe Ber. **49**, 621.

1075 **DRP. 117 005**
F. P. 295 938
—
Ber. **33**, 675

1, 2-Dicyan-3, 6-dioxybenzol CN, OH, CN, OH $= C_8H_4N_2O_2 = 160$.

2 T. Chinon in 60 Vol.-T. Sprit und 2,5 Vol.-T. Schwefelsäure lösen, bei gewöhnlicher Temperatur eine konz. wässerige Lösung von Cyankalium bis zur schwach alkalischen Reaktion zugeben, die grün fluorescierende Flüssigkeit mit Mineralsäure ansäuern, verdünnen und ausäthern. Im Ätherrückstand das Produkt mit Wasser fällen, aus Wasser gelbliche Nadeln. Fluorescenz in neutraler Lösung blau, in saurer violett, in alkalischer sehr stark grün. Wässerige Lösung + Eisenchlorid = blauviolett. Mit konz. Schwefelsäure erwärmt entsteht **p-Dioxyphthalimid.** — Über Herstellung der α- und **β-Resodicarbonsäure** aus Resorcin bzw. α-Resorcylsäure (3, 5-Dioxybenzoesäure) durch Erhitzen mit Kaliumbicarbonat bei völligem Wasserausschluß unter Druck siehe Monatsh. f. Ch. **1917**, 77.

1076 **DRP. 283 306**
—
Ber. **2**, 330
DRP. 202 168
DRP. 254 716

1, 3-Dimethyl-5-oxybenzol-4-sulfosäure

CH_3, OH, CH_3, SO_3H $= C_8H_{10}O_4S = 202$.

1, 3-Dimethyl-5-oxybenzol mit dem doppelten Gewicht Monohydrat oder dem gleichen Gewicht Chlorsulfonsäure 1 St. auf 100° erhitzen, in Wasser gießen, die Sulfosäure in 95% Ausbeute mittels starker Salzsäure in farblosen Nadeln vom Sch.-P. 102°—103° ausfällen.

h) C—C—S—S.

$COOH-2\,COOH-SO_3H-SO_3H$ 788

i) C—N—N—N.

$CH_3-3\,NO-4\,NH_2-6\,NH_2$ 1077	$CH_3-2\,NH_2-4\,NH_2-6\,NH_2$ 1078
$CH_3-2\,NO_2-4\,NO_2-6\,NO_2$ 789, 1078—1081	$CH_3-3\,NH_2-5\,NH_2-6\,NH{\cdot}COCH_3$ . . 910
$CH_3-2\,NO_2-6\,NO_2-3\,NH_2$ 1115	$COOH-2\,NO_2-4\,NO_2-6\,NO_2$. 1082—1084
$CH_3-2\,NO_2-4\,NH_2-6\,NH_2$ 1078	$COOH—2\,NH_2-4\,NH_3-5\,(6)\,NH_2$ 910, 1882
$CH_3-3\,NO_2-4\,NH_2-6\,NH_2$ 1806	

1077 **DRP. 123 375**
—
Lit. wie [904]

Nitroso-3-methyl-4, 6-diaminobenzol NO, NH_2, CH_3, NH_2 $= C_7H_9N_3O = 151$.

Wie [904] aus m-Toluylendiamin. Entsteht in besserer Ausbeute als [**904**]. Sch.-P. 195°.

1078 Anm. Sch. 33 402
Kl. 12 o
9. 1. 11
Schultz

1-Methyl-2, 4, 6-trinitrobenzol CH_3, NO_2, NO_2, NO_2 $= C_7H_5N_3O_6 = 227$.

Nitrieren von Toluol oder Mono- oder Dinitrotoluol mit Oleum und rauchender Salpetersäure zuerst bei 40°—45°, dann bei 80°—90°. — Gibt reduziert **2, 4, 6-Triaminotoluol,** Ann. **215**, 344. — Über **1-Methyl-2, 4-diamino-6-nitrobenzol** siehe Ber. **8**, 1211.

1079 **DRP. 237 738**
E. P. 18 281/09
F. P. 405 812

Reinigung: Rohes **Trinitrotoluol** in heißer Schwefelsäure lösen oder aus der Rohnitrierung die Salpetersäure abdestillieren und die Lösung evtl. unter gleichzeitiger Verdünnung mit Wasser abkühlen.—Oder:

1080 **DRP. 277 325**

Man erhitzt 2000 T. rohes Trinitrotoluol mit 700 T. o-Nitrotoluol auf 80°, erhitzt die stark übersättigte Lösung, kühlt nicht unter 16° ab, schleudert den Krystallbrei, wäscht ihn mit wenig kaltem Alkohol und erhält sehr reines Trinitrotoluol vom Sch.-P. 80° in 90% Ausbeute.

1081 Anm. V. 11 822,
Kl. 12 o
8. 7. 13
Vergu
E. P. 17 128/13

Flüssige Trinitrotoluolpräparate erhält man durch Auflösen von Trinitrotoluol oder durch Weiternitrierung des auf übliche Weise gewonnenen Dinitrotoluolgemisches, das einem Mononitrotoluol mit einem Gehalt von 45—85% an m-Nitrotoluol entspricht. — Reinigung des Trinitrotoluols: F. P. 498 947.

1082 **DRP. 77 559** — Ber. 3, 24

2, 4, 6-Trinitro-1-benzoesäure $C_6H_2(COOH)(NO_2)_3 = C_7H_3N_3O_8 = 257$.

100 T. Trinitrotoluol mit 500 T. starker Salpetersäure und 1000 T. Schwefelsäure (66°) unter Rückfluß auf 150°—200° erhitzen, bis eine Probe völlig wasserlöslich ist. Kalt auskrystallisierende Nadeln abfiltrieren, mit Wasser waschen, aus Wasser oder Essigsäure umkrystallisieren. Sch.-P. 210° (Zersetzung). Auch in einer Operation aus Toluol herstellbar. Die sym. **Triaminobenzoesäure** wird durch Reduktion der Trinitroverbindung mit Zinn und Salzsäure gewonnen.

1083 **DRP. 127 325** — Ber. 3, 224

40 T. Trinitrotoluol mit 400 T. starker Schwefelsäure und 45 T. Chromsäureanhydrid versetzen. Die Temperatur steigt auf 40°—50°, einige Zeit halten, auf Eis gießen, die abgeschiedene Säure abfiltrieren, in verdünnter Natronlauge lösen und mit Schwefelsäure ausfällen.

1084 **DRP. 226 225**

25 T. 2, 4, 6-Trinitrotoluol in 75 T. Salpetersäure (48°) lösen, bei 90°—95° mit 50 T. Kaliumchlorat oxydieren. Temperatursteigerung, Auftreten weißer Dämpfe. Temperatur zwischen 100°—120° halten. Trinitrobenzoesäure scheidet sich schon in der Wärme aus. — Analog werden die **Dinitrobenzoesäuren** erhalten.

k) C—N—N—O.

1085 **DRP. 82 635** — Zusatz zu DRP. 78 924

Methyl-nitroso-amino-oxybenzole $C_6H_2(CH_3)(NO)(NH_2)(OH) = C_7H_8N_2O_2 = 152$.

13 T. m-Amino-p-kresol in 60 Vol.-T. Sprit + 9 Vol.-T. Natronlauge (40°) lösen, bei 0° mit 13 T. Amylnitrit versetzen, 24 St. kalt stehenlassen, die rotgelbe Flüssigkeit unter Kühlung mit Eisessig schwach übersättigen, nach 2 St. den Niederschlag abfiltrieren, mit Wasser waschen, trocknen. — Ein Isomeres analog aus m-Amino-o-kresol.

1086 **DRP. 86 068**

Wie [913]. **1-Methyl-3-nitroso-6-amino-4-oxybenzol** durch Nitrosieren von 1-Methyl-2-acetamino-4-oxybenzol und Verseifen des entstandenen **1-Methyl-3-nitroso-6-acetamino-4-oxybenzols** mit der fünffachen Menge konz. Salzsäure bei 50°. — **1-Methyl-3-nitroso-4-amino-6-oxybenzol** durch Nitrosieren des (aus alkalischer Lösung mittels Säure fein verteilt ausgefällten) 1-Methyl-4-acetamino-6-oxybenzols und Verseifung des entstandenen **1-Methyl-3-nitroso-4-acetamino-6-oxybenzols** mit der sechsfachen Menge konz. Schwefelsäure bei gelinder Wärme.

1087 **DRP. 82 627** — Zusatz zu DRP. 78 924

Methyl-nitroso-alkylamino-oxybenzole $C_6H_2(CH_3)(NO)(NHR)(OH)$

1,5 T. reines Monoäthyl-m-aminokresol in 60 T. Wasser + 1,2 T. Salzsäure (30%) lösen, mit Eis kühlen, mit 8 T. Nitritlösung (10%) versetzen, Krystalle des **Methyl-nitroso-äthylamino-oxybenzols** abfiltrieren. Sch.-P. 150°. In Säuren und Alkalien löslich. — Analog das **Methyl-nitroso-methylamino-oxybenzol**, Sch.-P. 190°.

1088 **DRP. 75 753**

Methyl-nitroso-dialkylamino-oxybenzole $C_6H_2(CH_3)(NO)(NR_2)(OH)$

1-Methyl-?-nitroso-2-dimethylamino-4-oxybenzol: Als braunroter, allmählich ausfallender Niederschlag beim Vermischen der kalten wässerigen Lösungen von Nitrit und salzsaurem 1-Methyl-2-dimethylamino-4-oxybenzol bei absolutem Ausschluß freier Säure erhaltbar. — Analog: **1-Methyl-?-nitroso-4-dimethylamino-6-oxybenzol** und **1-Methyl-?-nitroso-3-dimethylamino-5-oxybenzol** aus den entsprechenden Dimethylaminokresolen.

1089 **DRP. 78 924** — DRP. 45 268

1-Methyl-?-nitroso-2-dimethylamino-4-oxybenzol: 15 T. Dimethyl-m-amino-p-kresol in 45 Vol.-T. Sprit + 4 T. Ätznatron lösen, von außen mit Eis kühlen, 14 T. Amylnitrit allmählich zufließen lassen. Nach 24 St. die grünglänzenden Krystalle des Na-Salzes des Nitrosodimethylamino-p-kresols abfiltrieren, abpressen, trocknen. — Oder: 15 T. m-Dimethylamino-p-kresol in 10 Vol.-T. Salzsäure + 15 T. Wasser lösen, unter Eiskühlung allmählich eine Lösung von 7,5 T. Nitrit in 15 T. Wasser zugeben und die nach einiger Zeit abgeschiedenen Krystalle abfiltrieren. Nach

1090 **Zus. DRP. 83 432** — DRP. 78 924

7 T. salzsaures **Diäthyl-m-aminokresol** (durch Zersetzen von m-Diazodiäthyl-o-toluidin in wässeriger Lösung) in 200 T. Wasser lösen, unter Eiskühlung mit einer wässerigen Lösung von 3 T. Nitrit versetzen. Nach einigen Tagen aussalzen. Aus Ligroin, Sch.-P. 77°.

1091 **DRP. 141 783**

Nitro-2-aminooxy-1-benzylsulfosäure

$CH_2 \cdot SO_3H$; NH_2; NO_2; OH $= C_7H_8N_2O_6S = 248.$

In eine Lösung von 22,85 T. o-chlorbenzylsulfosaurem Natrium in 115 T. Monohydrat bei 10°—20° 10,6 T., dann bei 75° wieder 10,6 T. Kalisalpeter langsam eintragen, 1 St. auf 95° erwärmen, kalt in Eiswasser gießen, die **Dinitrochlorbenzylsulfosäure** mit Kreide in das Kalksalz verwandeln und seine Lösung eindampfen. 31,55 T. des Kalksalzes als Preßkuchen mit 35 T. Ammoniak (25%) im Autoklaven 5 St. auf 135°—140° erhitzen und die bräunlichen Krystalle aus Wasser umkrystallisieren. Die Diazoverbindung ist leicht löslich. — **Diaminooxybenzylsulfosäure** erhaltbar aus der p-Oxybenzylsulfosäure [459] durch Dinitrierung und folgende Reduktion.

1092 **DRP. 85 989**, E. P. 9645/95, F. P. 247 770 — Ber. **12**, 1345, Ann. **133**, 221; **195**, 45, DRP. 68 303

3-Nitro-5-amino-2-oxy-1-benzoesäure

$COOH$; OH; NH_2; NO_2 $= C_7H_6N_2O_5 = 198.$

77 T. 3-Amino-6-oxy-1-benzoesäure in 350 T. Schwefelsäure (66°) lösen, bei 0°—5° langsam mit 110 T. Salpeterschwefelsäure, 30% HNO_3 enthaltend, nitrieren, Temperatur in $^1/_2$ St. auf 15° steigen lassen, rasch auf Eis gießen, das ausgeschiedene Produkt abfiltrieren und waschen. Das verdünnte Nitrierungsgemisch kann direkt diazotiert und die schwer lösliche **Diazonitrooxybenzoesäure** isoliert werden. In diesem Falle ist auch die Verwendung reiner p-Aminooxybenzoesäure nicht nötig, sondern man kann auch von der aus der rohen Nitrosalicylsäure erhaltenen Säure ausgehen. Das Produkt ist in Wasser schwer löslich, krystallisiert in glänzenden Blättern, Sch.-P. 240°. In organischen Lösungsmitteln fast unlöslich. Die neutralen Salze sind orange, die basischen carmesinrot gefärbt.

1093 **DRP. 163 186**, F. P. 338 844 — DRP. 85 989

3-Amino-5-acetamino-2-oxy-1-benzoesäure

$COOH$; OH; $NH \cdot COCH_3$; NH_2 $= C_9H_{10}N_2O_4 = 210.$

15,3 T. 3-Amino-6-oxy-1-benzoesäure mit 50 T. Eisessig 30 St. kochen, bis nicht mehr diazotierbar, Eisessig abdestillieren, Rückstand verdünnen, 19 T. der filtrierten, gewaschenen und getrockneten **3-Acetamino-6-oxy-1-benzoesäure** in 100 T. Schwefelsäure (66°) bei 10°—20° lösen, bei 5°—10° mit 22 T. Mischsäure (gleiche Teile H_2SO_4 (66°) und HNO_3 von 40%) nitrieren, nach 12 St. auf Eis gießen, die Säure abfiltrieren, mit Eisen und Essigsäure reduzieren, sodaalkalisch filtrieren und die abgeschiedenen Krystalle sammeln. Sch.-P. 220°.

1094 **DRP. 164 295** — Lit. wie [914]

Wie [914] aus 241 T. 2,4-Diaminophenol-6-carbonsäuredichlorhydrat in Wasser suspendieren und durch Natronlauge eben in das Na-Salz verwandeln, bei 45° mit 102 T. Essigsäureanhydrid versetzen und schließlich mit Salzsäure die 3-Amino-5-acetamino-2-oxy-1-benzoesäure fällen. Sch.-P. 218°. — Analog mit Benzoylchlorid die **3-Amino-5-benzoylamino-2-oxy-1-benzoesäure.** Sch.-P. 221°.

l) C—N—N—S.

1095 **DRP. 86 097**
—
Ber. 29, 2448

Methyl-nitro-aminobenzolsulfosäure $C_6H_2(CH_3)(NO_2)(NH_2)(SO_3H) = C_7H_8N_2O_5S = 232.$

Wie [918] aus 1,82 T. 1-Methyl-2, 4-dinitrobenzol mit 5 T. Na-Sulfit in 20 T. Wasser und 2—3 Vol.-T. Sprit. Die Reaktion verläuft jedoch weniger glatt.

1096 **DRP. 51 662**
—
DRP. 58 657

Methyl-diaminobenzol-sulfosäuren $C_6H_2(CH_3)(NH_2)(NH_2)(SO_3H) = C_7H_{10}N_2O_3S = 202.$

1-Methyl-2, 4-diaminobenzol-5-sulfosäure aus 1-Methyl-2, 4-diaminobenzol durch Sulfurieren (Ber. 7, 464). — **1-Methyl-2, 4-diaminobenzol-6-sulfosäure** durch Reduktion der 1-Methyl-2, 4-dinitrobenzol-6-sulfosäure, p-Nitrotoluol sulfieren, nitrieren, reduzieren (Ann. **186**, 349). Aus Wasser derbe, bräunliche Prismen. — **1-Methyl-2, 6-diaminobenzol-4-sulfosäure** ebenso aus o-Nitrotoluol; vgl. Z. f. Farb. u. Textilind. **1904**, 137.

1097 **DRP. 121746**
E. P. 13 206/00
E. P. 13 207/00
F. P. 302 420
F. P. 302 440

Methyl-amino-sulfophenyloxaminsäuren

$$C_6H_2(CH_3)(NH_2)(NH\cdot CO\cdot COOH)(SO_3H) = C_9H_{10}N_2O_6S = 274.$$

100 T. 1-Methyl-2, 4-diaminobenzol-5-sulfosäure (durch Sulfurieren von m-Toluylendiaminsulfat mit Oleum) + 180 T. Oxalsäure und 800 T. Wasser etwa 12 St. auf 85°—100° erhitzen, bis eine angesäuerte Probe eine bei gewöhnlicher Temperatur beständige Diazoverbindung (weder Braunfärbung noch Schäumen!) liefert. Die abgeschiedenen weißen Krystalle der Sulfosäure A abfiltrieren. Ebenso aus der 1-Methyl-2, 6-diaminobenzol-4-sulfosäure die Oxaminosulfosäure B. Das Kalksalz von A ist schwer löslich, die Diazoverbindung kuppelt mit R-Salz rot; jenes von B ist leicht löslich, die Diazoverbindung kuppelt mit R-Salz orangefarbig. Verseifende Agentien spalten den Oxalsäurerest wieder ab.

1098 **DRP. 152 879**
E. P. 18 283/03

Methyl-amino-diazobenzol-sulfosäure $C_6H_2(CH_3)(NH_2)(N_2\cdot\text{Säurerest})(SO_3H)$

20,2 T. 2, 6, 4-Toluylendiaminsulfosäure + 5,5 T. Soda + 6,9 T. Nitrit in Wasser lösen, auf 0°—5° abkühlen und in eine 0° kalte Lösung von 50 T. Salzsäure (20°) in 200 T. Wasser einlaufen lassen. (Nicht umgekehrt, jedenfalls muß die Diaminosäure stets mit der für die halbe Diazotierung nötigen Menge freier Salpetrigsäure zusammentreffen.) Dunkelgelbe Lösung, die allmählich braungelbe Krystalle der Aminodiazoverbindung abscheidet. Ebenso verhalten sich die anderen (2, 4, 6-; 2, 4, 5-) Toluylendiaminsulfosäuren, m-Phenylendiaminsulfosäuren, Chlor-m-phenylendiaminsulfosäure 1, 2, 6, 4- usw.

m) C—N—O—S.

1099 **DRP. 129 283**

Methyl-nitro-oxybenzol-sulfosäuren

$$C_6H(CH_3)(SO_3H)(OH)(NO_2) = C_7H_7NO_6S = 233.$$

Durch Nitrieren von m-Kresolsulfosäure. Bei der Dinitrierung entsteht **2, 6-Dinitro-4-sulfo-1, 3-kresol.**

1100 **DRP. 45 994** — Ber. 6, 974; 20, 3209

Methyl-amino-oxybenzol-sulfosäuren

$$C_6H_2\begin{matrix}CH_3\\NH_2\\OH\\SO_3H\end{matrix} = C_7H_9NO_4S = 203.$$

o- sowie p-Kresolsulfosäure nitriert, geben Nitrokresolsulfosäuren, die mit Eisen und Salzsäure oder mit Schwefelnatrium reduziert die entsprechenden Aminosulfosäuren liefern. Aus Wasser derbe Nadeln. Versetzt man die wässerige Lösung der Amino-o-kresolsulfosäure mit Eisenchlorid, so zeigt sich vorübergehend violettrote Färbung; die Amino-p-kresolsulfosäure zeigt mit Eisenchlorid schwach grünliche Farbenreaktion.

1101 **DRP. 74 111** — DRP. 44 792

Aminokresolsulfosäure III wie [942] aus 100 T. p-toluidinsulfosaurem Natrium. Das Na-Salz krystallisiert in farblosen Nadeln oder Tafeln mit 1 aq. Die freie Säure, mit konz. Salzsäure auf 170° erhitzt, gibt **Aminokresol** $CH_3 : OH : NH_2 = 1 : 2 : 4$ vom Sch.-P. 160°—161°. Mit Eisenchlorid versetzt zeigt sich so gut wie keine Färbung.

1102 **DRP. 79 120** Zusatz zu DRP. 74 111 — DRP. 110 881

Aminokresolsulfosäure IV: o-Toluidindisulfosäure [1108] mit der 2—3-fachen Menge Natronlauge (50%) 6 St. auf 200° erhitzen. Aufarbeitung wie [943]. Farblose Nadeln, in Wasser schwer löslich, mit Eisenchlorid schwach rotviolette Färbung. Mit verdünnter Salzsäure auf 170°—180° erhitzt wird die Sulfogruppe abgespalten; das erhaltene o-Aminokresol schmilzt bei 157°.

1103 **DRP. 134 163**

1-Methyl-3-amino-2-oxybenzol-5-sulfosäure aus 1-Methyl-2-oxybenzol-5-sulfosäure (Ber. 20, 3210) durch Nitrierung und darauffolgende Reduktion. — Analog: **1-Methyl-3-amino-4-oxybenzol-5-sulfosäure** aus 1-Methyl-4-oxybenzol-5-sulfosäure (Z. f. Ch. **1869**, 619; Ann. **173**, 203) und **1-Methyl-3-amino-4-oxybenzol-6-sulfosäure** aus 1-Methyl-4-oxybenzol-6-sulfosäure (Ann. **172**, 237). Alle diese Sulfosäuren sind in Wasser relativ schwer löslich. Die Diazoverbindungen sind gelb. — **1-Methyl-2-amino-5-oxybenzol-4-sulfosäure** erhält man nach Ber. **27**, 1938.

1104 **DRP. 258 017**

1-Methyl-4-oxy-5-sulfophenyl-3-hydrazin

$$C_6H_2(CH_3)(SO_3H)(OH)(NH\cdot NH_2) = C_7H_{10}N_2O_4S = 218.$$

Wie [954] aus 1-Methyl-3-amino-4-oxybenzol-5-sulfosäure. — Analog: **2-Oxy-4-sulfonaphthyl-1-hydrazin**, ferner **1-Nitro-2-oxy-5-sulfophenyl-3-hydrazin** und **1-Methyl-3-nitro-4-oxyphenyl-5-hydrazin**. Bei den beiden letzteren läßt sich die Zinkreduktion vermeiden, da Natriumsulfit und Salzsäure allein genügen.

1105 Anm. F. 36 596, Kl. 12 q, 29. 5. 13, Elberfeld

Nitro-o-oxycarbonsäuresulfochloride

$$C_6H_2(OH)(COOH)\left\{\begin{matrix}NO_2\\SO_2Cl\end{matrix}\right. = C_7H_4NO_7SCl = 281.$$

Sulfochloride von Phenol-o-carbonsäuren nitrieren.

1106 Anm. P. 5107, Kl. 22, 28. 5. 91, Pick, Lange

Amino-2-oxy-sulfo-1-benzoesäuren $C_6H_2(COOH)(OH)\left\{\begin{matrix}NH_2\\SO_3H\end{matrix}\right. = C_7H_7NO_6S = 233.$

Salicylsäure zwischen 50° und 100° mit Schwefelsäure (66°) sulfurieren. Das entstandene Hauptprodukt nitrieren und reduzieren. — **3-Amino-2-oxy-5-sulfobenzoesäure** erhält man nach Ber. **10**, 1701.

1107 **DRP. 123 115** — DRP. 109 487

100 T. o- oder p-Nitrosalicylsäure (oder das Nitrierungsprodukt der Salicylsäure) mit 100 T. Natriumbisulfit kochen, bis farblos, mit Salzsäure ansäuern und weiterkochen, bis das Schwefeldioxyd entfernt ist. Kalt krystallisiert die betreffende Säure aus. Die **o-Aminosulfosalicylsäure** ist ein braungelbes, sehr leicht wasserlösliches Pulver, dessen wässerige Lösung mit Bichromat gelbbraun wird; die p-Amidosulfosalicylsäure ist grau, in Wasser schwer löslich und wird mit Chromat rötlichbraun.

n) C—N—S—S.

1108 **DRP. 79 120**

Ber. 18, 2181

1-Methyl-2-aminobenzol-disulfosäure

CH_3—C_6H_2(NH_2)(SO_3H)(SO_3H) $= C_7H_9NO_6S_2 = 267.$

Sulfuriertes o-Nitrotoluol reduzieren und weitersulfurieren. — Über **o-Nitrotoluol-mercaptansulfosäure** und **o-Nitrotoluoldimercaptan**

CH_3, NO_2, SO_3H, SH und CH_3, NO_2, SH, SH

aus Nitrotoluidinsulfosäure siehe Ber. 40, 4420.

o) C—O—O—O.

1109 **DRP. 103 683**
Zusatz zu DRP. 102 358

1-Methyl-2, 4, 6-trioxybenzol CH_3, OH, OH, OH $= C_7H_8O_3 = 140.$

10 T. salzsaures 1-Methyl-2, 4, 6-triaminobenzol [1078] in 150 T. Wasser lösen, 8 bis 10 St. im Kohlensäurestrom unter Rückfluß kochen, auf 30 Vol.-T. konzentrieren, mit Amylalkohol das **Methylphloroglucin** aufnehmen, mit Dampf den Amylalkohol abblasen, aus der rückbleibenden, wässerigen Lösung mit Bleiessig partiell die farbige Verunreinigung herausfällen, mit Schwefelwasserstoff entbleien und das Filtrat im Vakuum konzentrieren. Leicht lösliche Nadeln, + Eisenchlorid = violett, Sch.-P. 214°—216°.

1110 **DRP. 101 607**
und **Zus.**
DRP. 107 508
E. P. 10 590/98
F. P. 277 771

Ann. 209, 127
Ber. 14, 1327; 31, 1147

1-Methyl-2, 5, ?-triacetoxybenzol

CH_3, O·$COCH_3$, O·$COCH_3$, O·$COCH_3$ $= C_{13}H_{14}O_6 = 266.$

20 T. Toluchinon allmählich in das Gemenge von 60 T. Essigsäureanhydrid und 1,3 bis 1,5 Vol.-T. Schwefelsäure (66°) oder Phosphorsäure eintragen, Temperatur auf 60°—70° halten, in Wasser gießen, die Ausscheidung aus Methylalkohol umkrystallisieren. Sch.-P. 112°—114°. Durch Verseifung entsteht das **1-Methyl-2, 5, ?-tri oxybenzol.**

1111 **DRP. 71 312**

J. pr. 23, 147, 538

Chloracetyl-2, 3, 4-trioxybenzol (OH, OH, OH) CO·CH_2Cl $= C_8H_7ClO_4 = 202.$

50 T. Pyrogallol + 40 T. Chloressigsäure + 40 T. Phosphoroxychlorid erhitzen, bis stürmische Chlorwasserstoffentwicklung stattfindet, dann das doppelte Volumen heißes Wasser zugeben, heiß filtrieren. Beim Erkalten erstarrt das Filtrat zu einem Krystallbrei. Sch.-P. 168°. Das ?-Chloracetyl-2, 3, 4-trioxybenzol gibt mit Basen kondensiert substituierte Aminoketone von der Art des **Anilidoacetopyrogallols** $C_6H_5NH·CH_2·COC_6H_2(OH)_3$.

1112 **DRP. 249 939**
F. P. 437 281

DRP. 82 078

3, 4, 5-Trioxy-1-benzoesäure COOH, OH, OH, OH $= C_7H_6O_5 = 170.$

Wie [641]: 157 T. 3, 5-Dibrom-4-oxy-1-benzoesäure (Ber. 28, 3236) mit 586 T. kryst. Bariumhydroxyd und 600 T. Wasser 5 St. im Kupferdruckkessel auf 175° erhitzen, mit Schwefelsäure das Bariumsulfat ausfällen, eindampfen, wobei sich die **Gallussäure** ausscheidet. Sch.-P. 225°—230°. — Über Bildung von **2, 3, 4-Trioxybenzoesäure** aus Pyrogallol mit Kaliumbicarbonat unter völligem Wasserausschluß siehe Monatsh. **1917**, 77.

1113 **DRP. 269 544**

Wie [642]: 8 T. 3, 5-Dibrom-4-oxy-1-benzoesäure + 30 T. Ätzkali + 10 T. Wasser und etwas Kupfersulfat im Nickelgefäß 5 St. auf 150° erhitzen, ansäuern, ausäthern, umkrystallisieren. Sch.-P. 232°.

1114 **DRP. 45 786**
A. P. 396 574
Ann. 159, 27

3, 4, 5-Trioxy-1-benzoesäuremethylester

$COOCH_3$; OH, OH, OH $= C_8H_8O_5 = 184.$

20 T. Gallussäure in 50 Vol.-T. Methylalkohol lösen, am Rückflußkühler Chlorwasserstoffgas einleiten, solange es absorbiert wird. Kalt krystallisiert der Ester aus. Beim Eindampfen erhält man weitere Mengen. Aus Methylalkohol oder Wasser umkrystallisieren, Sch.-P. 202°. Verliert bei 100°—110° sein aq. — Oder: 40 T. kryst. Gallussäure in 80 T. Methylalkohol gelöst, vorsichtig mit 4 T. konz. Schwefelsäure vermischen, 8—10 St. unter Rückfluß schwach sieden, 12 St. stehenlassen, Methylalkohol abdestillieren, Rückstand mit 50 T. kaltem Wasser verreiben, filtrieren, Krystalle waschen, bei 60°—80° trocknen. — Oder: 40 T. Tannin, 80 T. Methylalkohol und 12 T. Schwefelsäure (66°) 8—10 St. unter Rückfluß schwach sieden. 12 St. stehenlassen, Methylalkohol fast völlig abdestillieren, Rückstand mit 50 T. kaltem Wasser verreiben, filtrieren, Krystalle waschen, bei 60°—80° trocknen.

---

p) N—N—N—N.

1115 Anm. M. 28 239, Kl. 12 q 25. 5. 06
Meisenheimer Ber. 39, 2533; 41, 3090

1, 3-Dinitro-4, 6-diaminobenzol NO_2, NH_2, NO_2, NH_2 $= C_6H_6N_4O_4 = 198.$

Aminogruppen in Benzoldi- und -polynitroverbindungen mittels Hydroxylamins in alkoholischer Natronlauge einführen. Darstellbar sind so außer m-Dinitro-m-phenylendiamin **Pikramid** (aus 3-Trinitrotoluolnatriumsalz), **2, 6-Dinitro-3-toluidin** (aus Dinitrotoluol), **2-Nitro-1-naphthylamin** (aus 2-Nitronaphthalin).

---

q) N—N—N—O.

1116 **DRP. 51 321**
F. P. 198 147

1, 3, 5-Trinitro-6-oxybenzol OH, NO_2, NO_2, NO_2 $= C_6H_3N_3O_7 = 229.$

Phenol mit Pyroschwefelsäure bei 100°—110° trisulfieren und die **Phenoltrisulfosäure** mit Na-Salpeter umsetzen.

1117 **DRP. 67 074**

Aus Nitrophenoldisulfosäure [1151] bzw. Dinitrophenol-p-sulfosäure [1128] durch Behandlung mit verdünnter Salpetersäure bzw. Salpeterschwefelsäure. — Vgl. Pikrinsäuregewinnungsverfahren: F. P. 498 782.

1118 **DRP. 125 096**
A. P. 666 627
E. P. 16 371/00
F. P. 303 683

100 T. rohe Sulfanilsäure als dünnen wässerigen Brei mit 40 T. Nitrit versetzen, die Lösung evtl. filtrieren, zum Filtrat 28 T. Schwefelsäure zugeben, die Diazoverbindung abfiltrieren und als Paste (80%) in Salpetersäure von der Stärke eintragen, daß nach dem Eintragen eine 40-grädige Säure resultiert. Bis zur Beendigung der Stickstoffentwicklung erwärmen, 36 St. stehenlassen, die auskrystallisierte Pikrinsäure abschleudern und waschen. Verbesserungen in der Pikrinsäurefabrikation: F. P. 499 747 und 499 711.

1119 **DRP. 126 197**
E. P. 16 628/00
E. P. 9398/01
F. P. 304 224

Eine Lösung von 1 T. Phenol in 4 T. Paraffinöl allmählich der Salpetersäure beimischen, die mit einer Schicht desselben Öles bedeckt ist. Oder: Nach Anm. W. 21 960, Kl. 12q durch Behandlung von Phenol in der Kälte bei Gegenwart aliphatischer Alkohole mit Salpetersäure.

1120 **DRP. 194 883**
A. P. 923 761
E. P. 17 521/07
F. P. 380 121
—
DRP. 161 954

Aromatische Kohlenwasserstoffe in der Wärme bei Gegenwart von Quecksilber oder seinen Verbindungen mit Salpetersäure behandeln. Es entstehen so z. B. aus 400 T. Benzol, 660 T. Salpetersäure (1,48) und 50 T. Quecksilbernitrat im Wasserbade 180 T. Pikrinsäure neben Nitrobenzol bzw. neben Chlornitrophenol, wenn man Chlorbenzol mit Salpetersäure (50%) bei Quecksilbergegenwart nitriert. Nach

1121 **Zus. DRP. 214 045**

arbeitet man mit Stickstoff-Sauerstoffverbindungen oder ihren Hydraten statt mit Salpetersäure. Man erhält so aus 120 T. Benzol, 20 T. Quecksilber und 270 T. Stickstoffdioxyd oder 350 T. Salpetrigsäureanhydrid nach mehrtägigem Stehen bei gewöhnlicher Temperatur **2, 4-Dinitrophenol,** in der Wärme Pikrinsäure. — Nach einem neuen Verfahren (A. P. 1 168 266) führt man Phenol zuerst in p-Phenolsulfosäure über und nitriert dann erst diese, um zu reiner Pikrinsäure zu gelangen.

1122 **DRP. 161 341**
—
Ann. 154, 202; 239, 366

Nitro-amino-acetamino-oxybenzole

$$C_6H_2\begin{matrix}NO_2\\NH_2\\NH\cdot COCH_3\\OH\end{matrix} = C_8H_9N_3O_4 = 211.$$

1-Nitro-3-amino-5-acetamino-4-oxybenzol: 200 T. Pikraminsäure (siehe auch Ann. 88, 281 und 96, 83) und 120 T. Soda in 10 000 T. Wasser lösen, bei 60° langsam 112 T. Essigsäureanhydrid zugeben, die zuerst rote, jetzt gelbe Lösung mit 480 T. Schwefelnatrium 12 St. bei 80° stehenlassen, die rote Lösung ansäuern, den Niederschlag in Soda lösen und das Filtrat aussalzen. — Über **Dinitro-p-aminophenol** siehe Ber. 38, 1593.

1123 **DRP. 172 978**
—
Azof.: DRP. 179 224

1-Nitro-3-amino-5-acetamino-2-oxybenzol: 15 T. Acet-p-aminophenol bei 0° in 75 T. Schwefelsäure lösen, bei 0°—5° mit 44 T. Mischsäure (60% HNO_3) nitrieren, nach einigen Stunden auf 200 T. Eis gießen, **1, 3-Dinitro-5-acetamino-2-oxybenzol** abfiltrieren, waschen, mit einer Lösung von 48 T. Schwefelnatrium in 300 T. Wasser auf 25° erwärmen (Temperatursteigerung auf 50°), die braunrote Flüssigkeit mit Salzsäure neutralisieren, das abgeschiedene Produkt abfiltrieren, in verdünnter Sodalösung lösen, filtrieren, im Filtrat das Nitroacetdiaminophenol mit Salzsäure fällen. Aus Sprit braunrote Nadeln, Sch.-P. 190°. Das salzsaure Salz ist gelb, leicht zersetzlich, die Diazoverbindung orangegelb.

1124 **DRP. 191 549**
E. P. 27 322/06
F. P. 381 943
—
DRP. 191 862

1-Amino-3, 5-diacetamino-6-oxybenzol

$$C_6H(NH_2)(OH)(NH\cdot COCH_3)_2 = C_{10}H_{13}N_3O_3 = 223.$$

104 T. **1, 3-Diacetylamino-4-oxybenzol** (nach Ber. 31, 2399 aus Triacetyldiaminophenol oder aus 1 Mol. 2, 4-Diaminophenol in wässeriger Lösung + 2 Mol. Essigsäureanhydrid) mit 2000 T. Wasser und 200 T. Salzsäure zu einer Paste verrühren und 105 T. Natriumnitrit in wässeriger Lösung einfließen lassen. Stickoxydentwicklung, Abscheidung des **1-Nitro-3, 5-diacetylamino-6-oxybenzols.** Nach mehrstündigem Rühren filtrieren. In Sprit leicht, in Äther oder Benzol schwer löslich, Sch.-P. 215°. Mit 500 T. Wasser anrühren und bei höchstens 15° 400 T. Schwefelsäure (50%) und 120 T. Zinkstaub abwechselnd in kleinen Mengen eintragen. Wenn farblos, das krystallinische Sulfat der Base abfiltrieren, zur Reinigung in Acetat lösen und mit Schwefelsäure fällen. In Lösung mit Natronlauge neutralisiert, fällt die freie Base aus. Sch.-P. 205°. Färbt sich an der Luft.

---

r) N—N—N—S.

NO_2—3 NO_2—4 NH_2—5 SO_3H 1036
NO_2—2 NH_2—4 NH_2—5 SO_3H 1125

1125 **DRP. 120 345**
—
DRP. 113 891

1-Nitro-2, 4-diaminobenzol-5?-sulfosäure

$$C_6H(NO_2)(NH_2)_2(SO_3H) = C_6H_7N_3O_5S = 233.$$

350 T. K-Salz der Nitro-m-dichlorbenzolsulfosäure [1003] mit 1200 T. Ammoniak (30%) 6 St. im Autoklaven auf 150° erhitzen. Das in der Kälte abgeschiedene K-Salz der Nitrodiaminobenzolsulfosäure aus Wasser umkrystallisieren. Gelbe, glänzende Nädelchen. Das Pb-Salz bildet chromgelbe, das K-Salz rötlichgelbe Nadeln.

s) N—N—O—O.

1126 **DRP. 141 975**

DRP. 137 956
DRP. 141 398

1-Nitro-4-amino-2, 5-dialkyloxybenzole (Ring: NO_2, OR, OR, NH_2)

203 T. 1-Chlor-2-nitro-5-amino-4-methoxybenzol + 56 T. Ätzkali (100%) + 800 T. Methylalkohol im Autoklaven 8 St. auf 120° erhitzen, Methylalkohol völlig abdestillieren, Rückstand in kochendem Benzol lösen und heiß filtrieren. Kalt krystallisiert das **1-Nitro-4-amino-2, 5-dimethoxybenzol** in gelben Prismen vom Sch.-P. 158° aus. Bei Verwendung von Äthylalkohol erhält man **1-Nitro-4-amino-2-äthoxy-5-methoxybenzol.** Sch.-P. 148°. — Über **2,6-Dinitrohydrochinon** s. Ber. **49,** 1398.

1127 **DRP. 139 286**

Ann. **207,** 254
Ber. **14,** 71;
17, 2119

1-Amino-4-acetamino-2, 5-dimethoxybenzol

(Ring: NH_2, OCH_3, OCH_3, NH·$COCH_3$) $= C_{10}H_{14}N_2O_3 = 210.$

Aminohydrochinondimethyläther acetylieren, nitrieren und reduzieren oder mit einer Diazoverbindung kombinieren, die erhaltene Aminoazoverbindung acetylieren und durch Reduktion spalten.

---

t) N—N—O—S.

1128 **DRP. 27 271**

A. P. 300 874
E. P. 3088/83

Dinitro-oxybenzolsulfosäuren C_6H_2 (NO_2, NO_2, OH, SO_3H) $= C_6H_4N_2O_8S = 264.$

Dinitrophenol-p-sulfosäure: 100 T. nitrophenol-p-sulfosaures Kalium mit einem Gemenge von 100 T. Salpetersäure, 100 T. Schwefelsäure und 500 T. Wasser oder 100 T. phenol-p-sulfosaures Kalium mit 168 T. Salpeter + 200 T. Schwefelsäure + 500 T. Wasser kochen, bis die Gasentwicklung beendet ist, heiß filtrieren, beim Erkalten krystallisiert das Produkt (früher als Farbstoff „Flavaurin" bekannt) aus. — **Dinitrophenol-o-sulfosäure** auf analogem Wege aus Phenol-o-sulfosäure.

1129 **DRP. 67 074**

Dinitrophenol-p-sulfosäure: 100 T. Phenol mit 1000 T. Schwefelsäure (66°) auf 80° erwärmen, in die gekühlte Lösung portionenweise 192 T. (= 2 Mol.) Chilesalpeter eintragen, wobei die Temperatur allmählich auf 100° steigen soll. Wenn alles gelöst ist, auf 140° erwärmen, kalt verdünnen, auskalken, vom Gips abfiltrieren, eindampfen, mit Salzsäure fällen.

1130 **DRP. 93 443**

Nitro-amino-oxybenzolsulfosäuren C_6H_2 (NO_2, NH_2, OH, SO_3H) $= C_6H_6N_2O_6S = 234.$

1-Nitro-3-amino-2-oxybenzol-5-sulfosäure: 100 T. o-Aminophenol in 480 T. Schwefelsäure (66°) lösen, mit 240 T. Oleum (24%) 1 St. auf 90°—95° erwärmen und kalt direkt bei 0°—3° mit 58 T. Salpetersäure + 116 T. Schwefelsäure langsam nitrieren. 2 St. stehenlassen, auf Eis gießen, nach 4 St. die Krystalle abfiltrieren, pressen, in 400 T.

kochendem Wasser lösen und kalt die glänzenden Prismen der 1-Nitro-3-amino-2-phenol-5-sulfosäure abfiltrieren. In heißem Wasser rotgelb, + Säure hellgelb löslich. In Sprit schwer gelb löslich, + Eisenchlorid = mißfarben gelbgrün. Die Alkalisalze sind in Wasser ziegelrot, das Ba-Salz rotbraun, das Pb-Salz gelb und das Cu-Salz grün löslich.

1131 **DRP. 121 427** — Ann. 202, 358

1-Nitro-3-amino-2-oxybenzol-5-?-sulfosäure: 10 T. Phenol in 13 T. Schwefelsäure (66°) lösen, erwärmen, die Sulfierungsmasse, die p-Phenolsulfosäure enthält, in 100 T. Wasser gießen, mit 40 T. Salpetersäure (40°) kochen, bis eine Probe in der Kälte Krystalle abscheidet. Kalt vom Dinitrophenol abfiltrieren, im Filtrat mit 10 T. Pottasche das K-Salz der **1, 3-Dinitro-2-oxybenzol-5-sulfosäure** fällen. 30 T. dieses Salzes in 300 T. Wasser lösen und kalt 200 T. Schwefelammonium zusetzen. Die Reduktion ist unter schwacher Selbsterwärmung in 2—3 St. beendet. Mit Salzsäure die freie Säure oder nach dem Ansäuern mit Essigsäure mit Kaliumchlorid ihr K-Salz fällen.

1132 **DRP. 123 610**

1-Nitro-3-amino-6-oxybenzol-5-?-sulfosäure: 75,6 T. p-Aminophenol-o-sulfosäure in 320 T. Schwefelsäure (66°) lösen, auf —5° abkühlen, 40 T. Mischsäure (40 T. HNO_3 (40°) + 40 T. H_2SO_4) unter 0° eintropfen lassen, auf Eis gießen, abfiltrieren und waschen. Krystallisiert aus Wasser in rötlichbraunen Nadeln. Das Mono-Na-Salz ist rötlichgelb, das Di-Na-Salz blutrot in Wasser löslich.

1133 **DRP. 123 611** — DRP. 27 271

1-Nitro-3-amino-4-oxybenzol-5-?-sulfosäure: 60 T. K-Salz der **1, 3-Dinitro-4-oxybenzol-5-sulfosäure?** (erhalten durch Behandeln von 1-Oxybenzol-2, 4-disulfosäure mit Salpetersäure nach Ber. 7, 1323 oder durch Weiternitrieren von p-Nitrophenol-o-sulfosäure) in 40 T. Wasser suspendieren, zur Bildung des Dikaliumsalzes 11,2 T. Ätzkali in konz. wässeriger Lösung zugeben, unter 20° eine Lösung von 135 T. Schwefelnatrium in 137 T. Wasser zufließen lassen. Es tritt Lösung und Abscheidung des K-Salzes der neuen Säure ein. Filtrieren und mit Mineralsäure die freie Säure abscheiden. Verpufft gegen 285°.

1134 **DRP. 188 378** — Ber. 19, 2271 J. pr. 42, 2441

1-Nitro-4-amino-3-oxybenzol-6-sulfosäure: Phosgen in die gekühlte wässerige Lösung des basischen Na-Salzes der o-Aminophenol-p-sulfosäure einleiten, bis eine Probe nicht mehr diazotierbar ist. Lösung einengen, die ausgeschiedenen Krystalle abfiltrieren, 10,75 T. dieser **Carbonylaminophenolsulfosäure** in 45 T. Monohydrat bei 10°—15° lösen, bei 5°—10° mit Mischsäure (26% HNO_3) nitrieren, auf Eis gießen, mit Kaliumchlorid das K-Salz der **Nitrocarbonyl-o-aminophenol-p-sulfosäure** fällen. 14,9 T. dieses Salzes in wenig Wasser lösen, zur Verseifung mit 10 T. Natronlauge (40°) ½ St. auf 90° erwärmen, abkühlen, ansäuern und die kleinen Krystalle abfiltrieren.

1135 **DRP. 141 750**

1-Nitro-3-diazo-2-oxybenzol-5-sulfosäure

NO_2, OH, N_2·Säurerest, SO_3H (Benzolring) — NO_2, SO_3H, —O—N=N— (Ring)

K-Salz der 1-Chlor-2-nitro-6-aminobenzol-4-sulfosäure [1039] unter Kühlung diazotieren und die Diazolösung (die bei genügender Konzentration Krystalle abscheidet) mit überschüssiger Soda- oder Acetatlösung stehenlassen, wobei der gewünschte Austausch des Cl gegen OH erfolgt.

1136 **DRP. 128 619** A. P. 693 670 F. P. 313 748

Diamino-oxybenzol-sulfosäuren $C_6H_2\begin{matrix}NH_2\\NH_2\\OH\\SO_3H\end{matrix} = C_6H_8N_2O_4S = 204.$

1, 3-Diamino-4-oxybenzol-5-sulfosäure: 30,2 T. saures K-Salz der o, p-Dinitrophenol-o-sulfosäure mit 100 T. heißem Wasser übergießen, 140 T. Salzsäure zusetzen und mit 40 T. Zinkstaub reduzieren. Die braunrote Lösung wird farblos. Filtrieren, das Filtrat stark abkühlen und die Krystalle abfiltrieren.

1137 **DRP. 148 212**

1, 3-Diamino-2-oxybenzol-5-sulfosäure: oo-Dinitrophenol-p-sulfosäure mit Zinkstaub und Salzsäure reduzieren.

1138 **DRP. 148 085** — DRP. 145 906

1, 3-Diamino-2-methoxybenzol-5-sulfosäure

NH_2, OCH_3, NH_2, SO_3H (Benzolring) $= C_7H_{10}N_2O_4S = 218$.

Anisol-p-sulfosäure dinitrieren oder ihre Mononitroverbindung weiternitrieren, die farblose, am Licht gelb werdende **1, 3-Dinitro-2-methoxybenzol-5-sulfosäure** mit Eisen und Essigsäure reduzieren und die Diamidosäure wie üblich abscheiden. Farblose, in kaltem Wasser schwer lösliche Nadeln.

1139 **DRP. 163 185** — DRP. 113 337

Amino-acetamino-oxybenzol-5-sulfosäuren

$$C_6H_2\begin{matrix}NH_2\\NH\cdot COCH_3\\OH\\SO_3H\end{matrix} = C_8H_{10}N_2O_5S = 246.$$

1-Amino-3-acetamino-6-oxybenzol-5-sulfosäure: 150 T. Acet-p-aminophenol bei 40°—90° in 750 T. Schwefelsäure (66°) lösen, 2 St. auf 95° erwärmen, bei 0°—5° mit 210 T. Mischsäure (gleiche Teile Salpetersäure von 40° und Schwefelsäure) nitrieren, nach 12 St. mit 3000 T. Eiswasser verdünnen, so daß die Temperatur 30° nicht übersteigt, und bei dieser Temperatur langsam so lange Zinkstaub eintragen, bis vollständige Reduktion eingetreten ist. Aus der sauren Lösung scheidet sich die 1-Amino-3-acetamino-6-oxybenzol-5-sulfosäure ab. Oder:

1140 **DRP. 164 295** — Ber. 31, 2599; DRP. 109 609; DRP. 129 000

Eine wässerige Lösung von 22,6 T. 1, 3-diamino-4-oxybenzol-5-sulfosaurem Natrium mit 10,2 T. Essigsäureanhydrid 1/2 St. bei 45° rühren, in der Kälte mit Salzsäure die 1-Amino-3-acetamino-6-oxybenzol-5-sulfosäure fällen.

1141 **DRP. 182 853**

1-Amino-3-acetamino-2-oxybenzol-5-sulfosäure: 60 T. saures Na-Salz der **1-Nitro-3-acetamino-2-oxybenzol-5-sulfosäure** (hergestellt durch Acetylieren der o-Nitro-o-aminophenol-p-sulfosäure oder durch Nitrierung der o-Acetaminophenol-p-sulfosäure) in ein kochendes Gemenge von 500 T. Wasser, 150 T. Eisen, 10 T. Essigsäure (50%) eintragen, sodaalkalisch filtrieren und das Filtrat mit Salzsäure fällen.

1142 **DRP. 291 963**

1-Amino-4-acetamino-3-methoxybenzol-6-sulfosäure

NH_2, SO_3H, OCH_3, $NH\cdot COCH_3$ (Benzolring) $= C_9H_{12}N_2O_5S = 260$.

1-Amino-2-methoxy-5-benzolsulfosäure mit Toluolsulfochlorid kondensieren, das Sulfamid mit Salpeter-Schwefelsäure nitrieren, die Toluolsulfogruppe abspalten, die Nitrogruppe reduzieren und die entstandene **1, 4-Diamino-3-methoxybenzol-6-sulfosäure** in wässeriger Lösung mit Essigsäureanhydrid acetylieren.

1143 **DRP. 148 085**

Tetrazo-oxybenzol-sulfosäuren $C_6H_2\begin{matrix}N_2\cdot\text{Säurerest}\\N_2\cdot\text{Säurerest}\\OH\\SO_3H\end{matrix}$

1, 3-Tetrazo-2-oxybenzol-5-sulfosäure: 240 T. Na-Salz der 2, 6-Diaminoanisol-4-sulfosäure [1138] mit 140 T. Natriumnitrit in wässeriger Lösung bei 10° in verdünnte Salzsäure (enthaltend 160 T. HCl) einfließen und bei 15°—20° stehenlassen. ($O\cdot CH_3$ wird gegen OH ausgetauscht.) Die tiefgelbe Tetrazolösung ist direkt weiterverarbeitbar. Dieselbe Phenolsulfosäure entsteht durch Ersatz der Alkyloxygruppe gegen OH aus 2, 6-Diaminophenetol-4-sulfosäure.

1144 **DRP. 158 532** — F. P. 339 004 — Ber. 27, 679; 27, 2211; DRP. 78 834; DRP. 141 750

1, 3-Tetrazo-oxybenzol-sulfosäure: 26,8 T. m-Phenylendiamindisulfosäure [1147] mit 10,7 T. Soda in Wasser lösen, 17 T. Nitrit zusetzen und die 4—5-prozentige Lösung unter eine 15° warme Lösung von 80 T. Salzsäure (20%) in 400 T. Wasser einlaufen lassen; gelbe Krystalle der Tetrazosäure scheiden sich z. T. aus. Man kann die Nitritlösung auch in die salzsaure Basenlösung einstürzen.

u) N—N—S—S.

1145 **DRP. 122 569**

Lit. wie [1728]

1, 3-Dinitro-4, 6-dirhodanbenzol $C_6H_2(NO_2)_2(SCN)_2$ = $C_8H_2N_4O_4S_2$ = 282.

47,4 T. 1, 3-Dichlor-4, 6-dinitrobenzol in 100 T. Aceton gelöst mit 39 T. feingepulvertem Rhodankalium bei gewöhnlicher Temperatur schütteln, die gebildeten Krystalle abfiltrieren, mit Wasser verreiben, die K-Chloridlösung absaugen, Rückstand aus Sprit umkrystallisieren. Blaßgelbe Blättchen, Sch.-P. 185° unter Zersetzung. Auch in Spritlösung ausführbar (Erwärmen auf 40°—50°). — Mit Aminophenolderivaten zu Diphenylaminkörpern kondensierbar [1708].

1146 **DRP. 47 426**

Diaminobenzoldisulfosäuren $C_6H_2(NH_2)_2(SO_3H)_2$ = $C_6H_8N_2O_6S_2$ = 268.

1, 4-Diaminobenzol-3, 5-disulfosäure: 21 T. p-Phenylendiaminsulfat langsam in 80 T. Oleum (25%) einrühren, auf 140° erwärmen, bis eine sodaalkalische Probe an Äther kein p-Phenylendiamin mehr abgibt. Mit 100 T. Eiswasser verdünnen, die Sulfosäure wie üblich abscheiden. Aus heißem Wasser glänzende, fast weiße Nadeln. 100 T. Wasser von 14,5° lösen 22,9 T. der Sulfosäure. In Sprit schwer, in Äther unlöslich. Ihr saures Na-Salz krystallisiert je nachdem es aus dem neutralen Salz mit Schwefelsäure oder mit Salzsäure bereitet wurde, mit 3 oder 6 aq., die wässerige Lösung des Salzes fluoresciert. Alle Salze färben sich an der Luft dunkel.

1147 **DRP. 78 834**
E. P. 14 678/93

Ber. 8, 290
Ann. 205, 104
DRP. 73 369

1, 3-Diaminobenol-4, 6-disulfosäure: 1 T. salzsaures m-Phenylendiamin unter Kühlung in 5 T. Oleum (40%) eintragen, einige Stunden auf 100°, dann 6—10 St. auf 120° erhitzen, bis eine alkalisierte Probe mit diazotiertem Primulin gekuppelt Baumwolle orangegelb und nicht braun oder braunstichig färbt. In Eiswasser gießen, auskalken, das Na-Salz herstellen. Direkt in Lösungen weiterverwendbar oder zur Gewinnung der freien Sulfosäure stark eindampfen, mit überschüssiger Salzsäure versetzen, filtrieren, Niederschlag trocknen. Farbloses Krystallpulver.

1148 **DRP. 202 016**

DRP. 78 834

1, 3-Diaminobenzol-4, 6-disulfosäure erhält man auch direkt durch Sulfierung des m-Phenylendiamins.

1149 Anm. B. 31 237
Kl. 12 q
2. 10. 02
Badische

DRP. 202 016

1, 3-Diaminobenzol-2, 5-disulfosäure: 1-Chlor-2, 6-dinitrobenzol-4-sulfosäure mit neutralem Alkalisulfit behandeln und die erhaltene **1, 3-Dinitrobenzol-2, 5-disulfosäure** reduzieren. Mit Schwefelsäure (75—80%) erhitzt, gibt die 1, 3-Phenylendiamin-2, 5-disulfosäure unter Abspaltung einer Sulfogruppe **1, 3-Diaminobenzol-5-sulfosäure.**

1150 **DRP. 120 560**
A. P. 641 588
F. P. 341 587

1, 4-Diaminobenzol-2, 5-dithiosulfosäure

$C_6H_2(NH_2)_2(S{\cdot}SO_3H)_2$ = $C_6H_8N_2O_6S_4$ = 332.

30,7 T. Phenylendiaminchlorhydrat in 50 T. Wasser lösen, 400 Vol.-T. Aluminiumsulfatlösung (440 g im Liter) zugeben, bei 0° mit 400 Vol.-T. Natriumthiosulfatlösung (445 g im Liter) rühren und sofort eine Mischung von 500 Vol.-T. Kaliumbichromatlösung (91,6 g im Liter) und 144 Vol.-T. Essigsäure (50%) in dünnem Strahl zufließen lassen. (Temperatur soll 5° nicht übersteigen.) Aus der neutralisierten, vom Chrom befreiten Lösung fällt das Kalisalz der **p-Phenylendiamindithiosulfosäure** $C_6H_2(NH_2)_2(S_2O_3K)_2$ + 2 aq, das mit Salzsäure zerlegt die freie Dithiosulfosäure gibt. Quarzähnliche, in Soda gelb (Monothiosulfosäure farblos) lösliche Krystalle. — Analog erhält man **Dialkyl-p-phenylen-**

diamin-, p-Aminophenol- und **Hydrochinon-** und **p-Toluylendiamindithiosulfosäuren.** Mit Basen oder Aminophenolen zusammen oxydiert, geben die Dithiosulfosäuren schwefelfarbstoffartige Farbstoffe. — Durch schnelles Einlaufenlassen eines Lösungsgemisches von 750 T. Thiosulfat und 283 T. Bichromat in je 1200 T. Wasser, in eine Lösung von 54 T. p-Phenylendiamin in 440 T. Eisessig + 1200 T. Eis, erhält man nach dem Aussalzen mit Chlorkali rote Nadeln des K-Salzes der **1, 4-Diaminobenzol-2, 3, 5, 6-tetrathiosulfosäure.**

v) N—O—O—S.

NO_2—2 OH—4 OH—SO_3H 954

w) N—O—S—S.

NO_2—OH—SO_3H—SO_3H 1151	NH_2—4 OH— SO_3H— SO_3H 1154
NH_2—3 OH— SO_3H— SO_3H. . . 1152—1154	NH_2—4 OH— S·SO_3H—3 S·SO_3H . . . 1150

1151 **DRP. 67 074**

Nitro-oxybenzol-disulfosäure $C_6H_2\begin{matrix}NO_2\\OH\\SO_3H\\SO_3H\end{matrix} = C_6H_5NO_9S_2 = 299.$

100 T. Phenol + 1000 T. Schwefelsäure (66°) 2 St. auf 160°—170° erhitzen. In die erhaltene Lösung der Phenoldisulfosäure portionenweise 96 T. (1 Mol.) Chilisalpeter eintragen, schließlich auf 140° erhitzen. Kalt verdünnen usw. wie [1129].

1152 **DRP. 83 447**

1-Amino-3-oxybenzol-disulfosäure

NH_2, OH $\left\{\begin{matrix}SO_3H\\SO_3H\end{matrix}\right. = C_6H_7NO_7S_2 = 269.$

Resorcindisulfosäure mit der doppelten Menge Ammoniak (15%) 8—10 St. im Autoklaven unter 35—40 Atm. Druck erhitzen.

1153 **DRP. 65 236**
E. P. 15 692/92
F. P. 216 780
—
Ann. 215, 237

5 T. Nitrosodimethylanilin mit 15 T. Natriumbisulfitlösung (38°) auf 55° erwärmen, Lösung der entstandenen Disulfosäure (Na-Salz)

$$(CH_3)_2 \cdot N—C_6H_4—N\langle\begin{matrix}SO_3Na\\SO_3Na\end{matrix}$$

von etwas Harz filtrieren, Filtrat mit 23 T. konz. Salzsäure fällen, Dampf einleiten und so 2 St. kochen. Kalt krystallisiert die α-Säure als saures Na-Salz in langen, verfilzten Nadeln aus. Filtrieren, waschen, trocknen. Wird obige Lösung für sich kochend bis zur Temperatur von 115°—120° eingedampft, kalt mit etwas Wasser und dem gleichen Volumen konz. Salzsäure versetzt, so fällt in einigen Stunden ein dichter Niederschlag des sauren Na-Salzes der β-Säure aus (Wanderung der SO_3H-Gruppe). Aus kochendem Wasser umkrystallisiert, in kleinen, kurzen Prismen erhaltbar. Beide Sulfosäuren zeigen in verdünnter alkalischer Lösung blaue Fluorescenz. Die α-Säure bildet mit Bleizucker sofort das unlösliche Bleisalz, mit Eisenchlorid in wässeriger Lösung wird sie zunächst rotviolett, dann mißfarbig. Die β-Säure gibt mit Bleizucker keine Fällung, dagegen bei Ammoniakgegenwart weißen Niederschlag des basischen Bleisalzes, mit Eisenchlorid violettschwarze, unbestimmte Färbung. — Nach

1154 **Zus. DRP. 71 368**

a) Schweflige Säure in eine lauwarme Suspension von 9 T. feuchtem (= 6,3 T. trockenem) Nitrosophenol in 50 T. Wasser einleiten, Lösung aufkochen, kalt von der Sulfosäure c) filtrieren, Filtrat mit Soda neutralisieren, stark eindampfen, mit überschüssiger konz. Salzsäure versetzen, Salzmasse aus heißem Wasser umkrystallisieren: Flache Nadeln des salzsauren Natriumsalzes einer **p-Aminophenoldisulfosäure.** b) 9 T. feuchtes Nitrosophenol in 35 T. Natriumbisulfitlauge (30°) lösen, die warm gewordene Lösung mit 30 T. konz. Salzsäure aufkochen, nach einiger Zeit erkalten lassen, Salzmasse filtrieren, mit heißem Wasser von der schwerlöslichen Sulfosäure c) trennen, im Filtrat ist das saure Natriumsalz der β-Sulfosäure [1153] c) 9 T. feuchtes Nitrosophenol mit 34 T. Natriumbisulfit (30°) einkochen, bis die Salzmasse auskrystallisiert, mit 50 T. konz. Salzsäure versetzen, erkalten lassen, filtrieren, mit heißem Wasser anrühren, wobei die schwerlösliche p-Aminophenolsulfosäure zurückbleibt. Aus siedendem Wasser quadratische Blättchen. c) fluoresciert in Lösungen im Gegensatze zu a) und b) gar nicht. Die Mutterlauge dieser Säure c) ist auf a) und b) verarbeitbar. — S. 2. Anm. S. 48 006. Kl. 12q: **Herst. d. 2-Amino-1-oxybenzol-4, 6-disulfosäure.**

x) O—O—O—S.

OH—2 OH—3 OH—5 SO_3H 959

y) O—O—S—S und O—S—S—S.

OH—4 OH—SH—SH	1157	OH—4 OH— S·SO_3H— S·SO_3H	1150, 1157
OH—4 OH—2 S·$COCH_3$—5 S·$COCH_3$	967	O—4 O—2 S·SO_3H—5 S·SO_3H	1157
OH—2 OH—4 SO_3H—6 SO_3H	1155	OH—2 SO_3H—4 SO_3H—6 SO_3H	1116
OH—3 OH—4 SO_3H—6 SO_3H	1155		

1155 **DRP. 81 210**

Ber. 12, 1260; 12, 2179
J. pr. 20, 300

1, 2-Dioxybenzol-4, 6-disulfosäuren (OH, OH, SO_3H, SO_3H) $= C_6H_6O_8S_2 = 270.$

10 T. gemahlenes, bei 100° getrocknetes Tetra-Na-Salz der Phenoltrisulfosäure portionenweise in eine 230° heiße Schmelzo von 15—17 T. Ätznatron und 2,5 T. Wasser eintragen und schließlich einige Zeit auf 250°—260° erhitzen. Die Schmelze in 40 T. Wasser lösen, mit Schwefelsäure (40—50%) neutralisieren, vom Glaubersalz trennen, dieses mit kaltem Wasser waschen, Filtrat etwas eindampfen, in Eis kühlen, von Glaubersalzresten abfiltrieren. Die Lauge ist direkt zur Brenzcatechingewinnung nach [970] verwendbar. Oder: Durch Eindampfen das Na-Salz gewinnen. — Die freie Säure ist sirupös. Lösung + Eisenchlorid zeigt blaugrüne, nach Sodazugabe violette, dann rote Färbung. Das Ba-Salz ist ziemlich schwer löslich. — Über **1, 3-Dioxybenzoldisulfosäure** siehe Ber. 9, 1479.

1156 **DRP. 276 273**

E. P. 15 275/14
DRP. 80 817
97 099

20 T. Phenol in 100 T. Oleum (20%) eintragen, 1 St. auf dem Wasserbad erwärmen, die erhaltene Lösung der **1-Phenol-2, 4-disulfosäure** auf 200 Vol.-T. verdünnen, 15 T. Chlor (oder 34 T. Brom) bei Temperaturen unter 30° einleiten, auskalken, mit Sodalösung neutralisieren, auf 200 Vol.-T. eindampfen, mit 10 T. Ätznatron 12 St. auf 180° bis 190° (wenn Brom verwendet worden war, auf 160°) erhitzen, dann mit Schwefelsäure schwach ansäuern und eindampfen. Es krystallisiert das Natriumsalz aus, das in wässeriger Lösung mehrere Stunden auf 220° erhitzt reines **Brenzcatechin** liefert.

1157 **DRP. 175 070**

1, 4-Dioxybenzoldithiosulfosäuren

(OH, S·SO_3H, SO_3H·S, OH) $= C_6H_6O_8S_4 = 334.$

43,2 T. Chinon in 320 T. Eisessig lösen, bei 25°—30° mit einer Lösung von 110 T. Natriumthiosulfat in 150 T. Wasser versetzen, 50 T. Wasser und 50 T. Chlorkalium zugeben. Nach mehrstündigem Rühren scheidet sich bei Eiskühlung α-hydrochinondithiosulfosaures Kalium ab. Bei der Reduktion entsteht daraus ein **1, 4-Dioxydithiophenol** vom Sch.-P. 190°—192°. — 12,9 T. chinonmonothiosulfosaures Kalium in 60 T. Wasser bei 65°—70° lösen, 5 T. Eisessig zusetzen und die Mischung in eine Lösung von 14 T. Natriumthiosulfat in 30 T. Wasser bei 10° eintropfen, durch Chlorkaliumzusatz das K-Salz der **β-Hydrochinondithiosulfosäure** abscheiden. Durch Reduktion entsteht daraus ein Dimercaptan vom Sch.-P. 163°—166°, durch Oxydation **Chinondithiosulfosäure** (41 T. β-hydrochinondithiosulfosaures Kalium in 125 T. Schwefelsäure, 98 g H_2SO_4 in 400 ccm enthaltend, 9,8 T. K-Bichromat in 70 T. Wasser).

5. Benzol mit fünf Substituenten.

Cl—Cl—Cl—Cl—CH_3	1158	Br—3 Br—5 Br—2 CHO—4 NH_2	1165
Cl—Cl—Cl—Cl—CH_2Cl	1159	Cl—3 Br—5 Br—2 CHO—4 OH	1165
Cl—Cl—Cl—Cl—$CHCl_2$	1159	Cl—2 Cl—5 Cl—6 CH_3—3 SO_2Cl	1001
Cl—Cl—Cl—Cl—CHO	1160	Cl—2 Cl—6 Cl—3 NO_2—5 NO_2	1731
Cl—2 Cl—4 Cl—5 Cl—6 NO_2	1161	Cl—3 Cl—4 Cl—5 NO_2—6 NH·CHO	1166, 2190
Cl—Cl—Cl—Cl—NHR	1162	Cl—3 Cl—4 Cl—5 NO_2—6 NH·$COCH_3$	1166, 2199
Cl—2 Cl—3 Cl—4 Cl—5 NH·CHO	1163	Cl—2 Cl—4 Cl—3 NH_2—6 OH	1167
Cl—3 Cl—4 Cl—5 Cl—6 NR·$COCH_3$	1164	Cl—3 Cl—4 Cl—5 NH_2—6 NH·CHO	2190
Cl—3 Br—5 Br—2 CHO—4 NH_2	1165		

1158 **DRP. 282 567**
E. P. 16 317/14
—
Ann. **139**, 327
150, 287

Tetrachlor-methylbenzol $C_6H \begin{matrix} Cl \\ Cl \\ Cl \\ Cl \\ CH_3 \end{matrix} = C_7H_4Cl_4 = 228.$

Man leitet unter Benützung von Eisen oder wasserfreiem Eisenchlorid (1 T.) als Überträger bei anfänglicher Kühlung auf 12°—15° Chlor über die Oberfläche des gerührten Toluols (92 T.), steigert nach erfolgter Bildung des Trichlortoluols die Temperatur auf 35°—50°, so daß die Masse eben noch dünnflüssig bleibt und erreicht so, da das Chlor durch den gebildeten Chlorwasserstoff verdünnt wird, eine Ausbeute von 90% **Tetrachlortoluol,** das zwischen 266° und 276° überdestilliert.

1159 **DRP. 290 209**
E. P. 13 970/15
—
Ann. **152**, 245
150, 303

Tetrachlorbenzalchlorid $C_6H \begin{matrix} Cl \\ Cl \\ Cl \\ Cl \\ CHCl_2 \end{matrix} = C_7H_2Cl_6 = 296.$

Tetrachlortoluol tief unter seinem Siedepunkt, zweckmäßig bei 100°—130°, am besten im Licht einer Quecksilberbogenlampe, wobei nur Chlorwasserstoff und kein Chlor entweicht, bis zur theoretischen Gewichts- bzw. Volumzunahme chlorieren, schließlich fraktioniert destillieren und die Fraktion bei 305°—306° als analysenreines Produkt auffangen. Krystallisiert aus Petroläther in langen, farblosen Nadeln vom Sch.-P. 97°—98°.

1160 **DRP. 290 209**
E. P. 13 970/15

Tetrachlorbenzaldehyd $C_6H \begin{matrix} Cl \\ Cl \\ Cl \\ Cl \\ CHO \end{matrix} = C_7HCl_4O = 242.$

Tetrachlorbenzalchlorid bei 90° in 7 T. starker Schwefelsäure lösen, mit Eiswasser den Aldehyd als weißes Pulver ausfällen, über die Bisulfitverbindung reinigen. Aus Petroläther farblose Nadeln vom Sch.-P. 97°—98°. In organischen Lösungsmitteln leicht, in Wasser nicht, in Schwefelsäure (konz.) gelblich löslich.

1161 **DRP. 167 297**
—
Ann. 225, 206

1, 2, 4, 5-Tetrachlor-6-nitrobenzol (Strukturformel: Benzolring mit Cl, Cl, NO_2, Cl, Cl) $= C_6HCl_4NO_2 = 259.$

Nitrobenzol bei 100° und in Gegenwart eines Überträgers chlorieren.

1162 **DRP. 180 204**

Tetrachlor-alkylaminobenzole $C_6H \begin{matrix} Cl \\ Cl \\ Cl \\ Cl \\ NHR \end{matrix}$

Ass. Tetrachloralkylaniline durch Chlorieren der niederer chlorierten Alkylanilinchlorhydrate, welche ein Chloratom in Metastellung zur Aminogruppe enthalten.

1163 **DRP. 180 204** — Ber. 32, 3636

1, 2, 3, 4-Tetrachlor-5-formylaminobenzol

$$\text{CHO·NH}\text{-}C_6H(Cl)_4 = C_7H_3Cl_4NO = 257.$$

1, 2, 3, 4-Tetrachlor-5-aminobenzol mit 90-prozentiger Ameisensäure in geringem Überschuß erwärmen.

1164 **DRP. 180 203** E. P. 8077/06 F. P. 365 297

1, 3, 4, 5-Tetrachlor-6-alkylacetylaminobenzole $\frac{R}{COCH_3}>N\text{-}C_6HCl_4$

100 T. 1, 3, 4, 5-Tetrachlor-6-acetaminobenzol mit einer Lösung von 15 T. Ätznatron in 250 T. Holzgeist und 20 T. Chlormethyl im Autoklaven 24 St. im Wasserbad erhitzen, Alkohol abdestillieren, Rückstand mit warmem Wasser auslaugen und aus Alkohol umkrystallisieren: **1, 3, 4, 5-Tetrachlor-6-methylacetylaminobenzol,** Sch.-P. 96°—97°. — Analog: **1, 3, 4, 5-Tetrachlor-6-äthylacetylaminobenzol,** Sch.-P. 73°—74°.

1165 **DRP. 213 502**

1-Chlor-3, 5-dibrom-4-amino-2-benzaldehyd

$$C_6H(Cl)(CHO)(Br)_2(NH_2) = C_7H_4ClBr_2NO = 313.$$

Bromieren von 1-Chlor-4-amino-2-benzaldehyd in wässeriger Suspension. Aus Benzol krystallisiert der Aldehyd als braunes Pulver vom Sch.-P. 124°. — Ferner: **1, 3, 5-Tribrom-4-amino-2-benzaldehyd** durch Bromieren von m-Aminobenzaldehyd. Aus Benzol umkrystallisieren. Sch.-P. 136° bis 137°, und **1-Chlor-3, 5-dibrom-4-oxy-2-benzaldehyd** durch Bromieren von 1-Chlor-4-oxy-2-benzaldehyd in wässeriger Lösung. Aus Sprit gelblichbraune Nadeln vom Sch.-P. 116°.

1166 **DRP. 178 299** E. P. 10 228/06

1, 3, 4-Trichlor-5-nitro-6-formylaminobenzol

$$C_6H(Cl)_3(NO_2)(NH\cdot CHO) = C_7H_3Cl_3N_2O_3 = 268.$$

Nitrieren des 1, 3, 4-Trichlor-6-formylaminobenzols. Sch.-P. 164°. — Ebenso **1, 3, 4-Trichlor-5-nitro-6-acetaminobenzol** durch Nitrieren von 1, 3, 4-Trichlor-6-acetaminobenzol. Sch.-P. 194°.

1167 **DRP. 139 327** — DRP. 131 288

1, 2, 4-Trichlor-3-aminobenzol-5-sulfosäure

$$C_6H(Cl)_3(NH_2)(SO_3H) = C_6H_4Cl_3NO_3S = 275.$$

92 T. Trichlorbenzol unter 50° in 350 T. Oleum (23%) einfließen lassen. Wenn eine Probe wasserlöslich ist (**Trichlorbenzolmonosulfosäure,** Ann. **192,** 231), unter 50° 100 T. Mischsäure, enthaltend 36% HNO_3 und 14% freies SO_3 eintropfen lassen, auf 500 T. Eis gießen, mit 20 T. Kochsalz aussalzen, 250 T. des abfiltrierten, gewaschenen Na-Salzes in 1200 T. Wasser mit 100 T. Eisenpulver und 25 T. Essigsäure (30%) reduzieren, sodaalkalisch filtrieren, Filtrat heiß mit Salzsäure ansäuern und die farblosen, glänzenden Schuppen abfiltrieren. — **1, 2, 4-Trichlor-3-amino-6-phenol** nach J. pr. **23,** 437.

1168 **DRP. 137 108** A. P. 695 835 E. P. 6546/01 F. P. 293 138 Zus.

1, 3-Dichlor-2, 4, 6-trinitrobenzol $C_6H(Cl)_2(NO_2)_3 = C_6HCl_2N_3O_6 = 281.$

400 T. Dinitro-m-dichlorbenzol mit 280 T. Salpetersäure (1,5) und 800 T. Oleum (23%) 3 St. auf 140°—145° erhitzen, auf Eis gießen, Produkt aus Sprit umkrystallisieren. Sch.-P. 128°—129°.

1169 **DRP. 139 327**

Ber. 39, 79

1, 4-Dichlor-2-diazo-3-oxybenzol-6-sulfosäure

Cl; SO_3H; N_2·Säurerest; OH; Cl — Cl; SO_3H; N; N; Cl; O

14 T. 1, 2, 4-Trichlor-3-aminobenzol-5-sulfosäure [1167] in etwa 150 T. heißem Wasser lösen, bei 25°—30° mit einer konz. Lösung von 3,5 T. Nitrit und 12 T. Salzsäure (21°) diazotieren. Die Diazoverbindung scheidet sich als gelblicher, pulveriger Niederschlag ab. Nun eine Lösung von 34 T. Acetat in 100 T. Wasser zugeben, bei gewöhnlicher Temperatur digerieren, wobei das 3-Chloratom gegen OH ausgetauscht wird. Die neue Diazoverbindung scheidet sich z. T. in glänzenden Krystallen ab, z. T. bleibt sie in Lösung. Direkt zum Kuppeln verwenden.

1170 **DRP. 175 070**

1, 3-Dichlor-2, 5-dioxybenzol-6-thiosulfosäure

Cl; S·SO_3H; OH; OH; Cl $= C_6H_4Cl_2O_5S_2 = 290.$

180 T. 2, 6-Dichlorchinon in 1500 T. Eisessig lösen, bei 5°—10° unter Rühren eine Lösung von 250 T. Natriumthiosulfat in 250 T. Wasser einlaufen lassen. Das Na-Salz scheidet sich aus. Durch Reduktion mit Zink in saurer Lösung entsteht das **1, 3-Dichlor-2, 5-dioxy-6-thiophenol** vom Sch.-P. 171°—172°.

1171 **DRP. 197 807**
Zusatz zu
DRP. 188 378

1-Chlor-2-nitro-5-amino-4-oxybenzol-3-sulfosäure

Cl; NO_2; NH_2; SO_3H; OH $= C_6H_5ClN_2O_6S = 268.$

Wie [1134]: In 22,3 T. p-Chlor-o-aminophenol-o-sulfosäure, gelöst in wenig Wasser und 19 T. Natronlauge (40°), bei 5°—10° Phosgen einleiten, bis freie Salzsäure nachweisbar ist, das abgeschiedene Na-Salz der Carbonylverbindung aus Wasser umkrystallisieren. 27,2 T. dieses Na-Salzes in 160 T. Monohydrat eintragen und bei 10°—20° 25 T. Mischsäure (26% HNO_3) allmählich zugeben, 1—2 St. rühren, auf Eis gießen und mit Chlorkalium das K-Salz der Nitrosäure ausfällen. 33,2 T. dieses K-Salzes in heißem Wasser lösen, mit 45 T. Calciumhydroxyd bis zur vollständigen Verseifung kochen, filtrieren, mit Soda in das Na-Salz verwandeln. Durch Ansäuern fällt die 1-Chlor-2-nitro-5-amino-4-oxybenzol-3-sulfosäure z. T. als Salz aus. — Analog: **1-Methyl-2-nitro-5-amino-4-oxybenzol-3-sulfosäure** aus 1-Methyl-3-amino-4-oxybenzol-5-sulfosäure; **1-Methyl-2-nitro-5-amino-6-oxybenzol-3-sulfosäure** aus 1-Methyl-3-amino-2-oxybenzol-5-sulfosäure; **1-Chlor-2-nitro-5-amino-6-oxybenzol-3-sulfosäure** aus 1-Chlor-3-amino-2-oxybenzol-5-sulfosäure.

1172 Anm. O. 1238,
Kl. 22
10. 4. 90
Oehler

Nitroxylylhydrazinsulfosäure C_6H CH_3, CH_3, NO_2, NH·NH_2, SO_3H $= C_8H_{11}N_3O_3S = 261.$

Nitroxylidinsulfosäure diazotieren, die Diazoverbindung mit Natriumbisulfit oder Zinnchlorür reduzieren. Bräunliches Krystallpulver; in kaltem Wasser sehr schwer löslich, aus heißem Wasser kurze Prismen. Das Na-Salz kryst. in langen Nadeln.

1173 **DRP. 103 683**
Zusatz zu
DRP. 102 358

Ber. 17, 2427
Ann. 144, 277

1, 3-Dimethyl-2, 4, 6-trioxybenzol

CH_3; OH; OH; CH_3; OH $= C_8H_{10}O_3 = 154.$

Wie [1109] aus salzsaurem 1, 3-Dimethyl-2, 4, 6-triaminobenzol durch 8—10-stündiges Kochen mit der 15-fachen Wassermenge unter Rückfluß, eindampfen, ausäthern. Aus Xylol wiederholt umkrystallisieren. Sch.-P. 163°. Aus Wasser krystallisiert der Stoff mit 2 aq.

1174 **DRP. 194 883**

Lit. wie [1120]

Methyl-trinitro-oxybenzol $C_6H(CH_3)(NO_2)(NO_2)(NO_2)(OH) = C_7H_5N_3O_7 = 243.$

Wie [1120] aus Toluol, Quecksilbernitrat und Salpetersäure. Zugleich entsteht **Mononitrooxybenzoesäure,** welche auch durch Nitrierung der Benzoesäure mit Salpetersäure (1,35) bei Gegenwart von Quecksilbernitrat erhalten werden kann. — Über die **Purpursäuren:** $C_6H(CN)(NO_2)(NH_2)(NHOH)(OH)$ und $C_6H(CN)(NO_2)(NO_2)(NH_2)(OH)$ ferner $C_6H(COOH)(CN)(NO_2)(NHOH)OH$ siehe Ber. 38, 3538, 3938. Vgl. Ber. 37, 1843, Ber. 37, 4388.

1175 **DRP. 129 283**

Ann. 128, 166
163, 104

1-Methyl-2, 4-dinitro-6-amino-5-oxybenzol

CH_3, NO_2, NO_2, OH, NH_2 $= C_7H_7N_3O_5 = 213.$

1-Methyl-2, 4, 6-trinitro-5-oxybenzol partiell reduzieren.

1176 **DRP. 78 924**

Ber. 5, 1084;
20, 3135

Methyl-dinitroso-dioxybenzol $C_6H(CH_3)(NO)(NO)(OH)(OH) = C_7H_6N_2O_4 = 182.$

Aus Dimethylamino-p-kresol mit Nitrit in verdünnt wässerigsaurer Lösung. **(Dinitrosokresorzin.)**

1177 **DRP. 168 857**
F. P. 346 005

1-Methyl-?-nitro-3-amino-4-oxybenzol-5-sulfosäure

CH_3, SO_3H, NH_2, OH, NO_2 $= C_7H_8N_2O_6S = 248.$

23 T. 1-Methyl-3-amino-4-oxybenzol-5-sulfosäure (88% rein) in 100 T. heißem Wasser lösen, neutralisieren und bei 25° 13 T. Essigsäureanhydrid zugeben. Es tritt Selbsterhitzung auf 45° ein. Zur Trockne dampfen, in 120 T. Schwefelsäure eintragen, bei höchstens 5° mit 16,2 T. Mischsäure (38,34% HNO_3) nitrieren, 6 St. bei 12° rühren, auf Eis gießen, die Nitrosäure absaugen, mit wenig Wasser umlösen, von einem Nebenprodukt filtrieren, zur Verseifung mit 10 T. Salzsäure aufkochen, kalt die Krystalle abfiltrieren, pressen und trocknen.

1178 **DRP. 74 602**

3, 4, 5-Trioxy-6-sulfo-1-benzoesäure

$COOH$, SO_3H, OH, OH, OH $= C_7H_6O_8S = 250.$

10 T. wasserfreie, bei 120° getrocknete Gallussäure allmählich in 50 T. Oleum (25%) unter 50° einrühren (oder in 18,75 T. Monohydrat lösen und mit 31,25 T. Oleum (40%) sulfieren), 1 St. bei 50° halten, in 50 T. Eiswasser gießen, 24 St. stehenlassen, Krystalle abfiltrieren. Aus Wasser umkrystallisieren oder mit Salzsäure fällen.

1179 **DRP. 243 079**
E. P. 9520/11
F. P. 425 706

Ber. 41, 3095
Z. f. Farben- und Text.-Chem. 1, 632 u. 654

1, 2, 3, 5-Tetranitro-6-aminobenzol NO_2, NH_2, NO_2, NO_2, NO_2 $= C_6H_3N_5O_8 = 273.$

1 T. m-Nitroanilin und 3 T. Kaliumnitrat unter Kühlung in 36 T. Schwefelsäure (98%) lösen, auf 70° erwärmen, evtl. kühlen, wenn die Temperatur sich 100° nähert; wenn die Reaktion vorüber ist, kurze Zeit auf 100° erwärmen und kalt filtrieren. Statt Nitroanilin sind auch seine Nitro-, Sulfo- oder Carboxylderivate und Substitutionsprodukte (Aminogruppe durch -CO · Alkyl-, -CO · Aryl- oder SO_2 · Aryl substituiert) verwendbar. — Z. B.: 2-Amino-4-nitrobenzol-1-sulfo- bzw. -carbonsäure, oder m-Nitroacetanilid im Gemenge mit m-Nitroanilin oder m-Nitrobenzyliden-m-nitroanilin usw. Aus Eisessig gelbe Krystalle vom Sch.-P. 210° unter Zersetzung. Die 2-Nitrogruppe ist leicht austauschbar. So entsteht aus Tetranitroanilin in Acetonlösung mit Acetat bei gewöhnlicher Temperatur **1, 3, 5-Trinitro-2-amino-6-oxybenzol.**

6. Benzol mit sechs Substituenten.

1180 **DRP. 167 297**

Ann. 225, 206

Hexachlorbenzol (Cl, Cl, Cl, Cl, Cl, Cl am Benzolring) $= C_6Cl_6 = 282$.

Nitrobenzol über 100° bei Gegenwart eines Überträgers chlorieren.

1181 **DRP. 243 416**
A. P. 998 140
F. P. 428 369

Ann. **150**, 286; **150**, 308; **152**, 224; **152**, 246

Pentachlorbenzaldehyd (CHO, Cl, Cl, Cl, Cl, Cl am Benzolring) $= C_7HCl_5O = 276$.

10 T. **Pentachlorbenzalchlorid** (erhalten durch Chlorierung von Benzalchlorid oder aus Pentachlortoluol oder Pentachlorbenzylchlorid) bis zum Aufhören der Salzsäureentwicklung mit 50 T. Schwefelsäure (66°) bei 60°—100° verrühren und auf Eis gießen. Aus Sprit + Benzol Nadeln vom Sch.-P. 197°—199°. Wird an Stelle von konz. Schwefelsäure Oleum (20%) genommen und dieses mit dem Pentachlorbenzalchlorid auf 40°—50° erwärmt, so erhält man eine citronengelbe Lösung, aus welcher erst beim Eintragen in Eis der Chlorwasserstoff entbunden wird.

1182 **DRP. 180 204**

Pentachlor-alkylaniline (NHR, Cl, Cl, Cl, Cl, Cl am Benzolring)

Chlorieren der niedrigeren Chlorderivate der Alkylanilinchlorhydrate, die zwei Chloratome in m-Stellung zur Alkylaminogruppe enthalten.

1183 **DRP. 180 204**

Pentachlor-alkylacetylaniline (R, $COCH_3$ > N; Cl, Cl, Cl, Cl, Cl am Benzolring)

Acetylieren der Pentachloralkylaniline [1182]. — Über **Tetra- und Pentachlorphenol** siehe Ber. **37**, 4003.

1184 **DRP. 32 564** A. P. 322 368 — Ann. 238, 330; 238, 355 E. P. 447/79

Tetrachlorphthalsäure und **-anhydrid**

$C_6Cl_4(COOH)_2 = C_8H_2Cl_4O_4 = 302$ $O\langle(CO)_2\rangle C_6Cl_4 = C_8Cl_4O_3 = 284.$

5 T. Phthalsäureanhydrid + 30 T. Antimonpentachlorid einige Stunden auf 200° erwärmen und durch die geschmolzene Masse während 8—12 St. Chlor leiten. Bei der darauffolgenden Destillation geht zuerst das Antimonpentachlorid und dann das Anhydrid der Tetrachlorphthalsäure über. — Eigenschaften der Säure in Americ. Chem. J. 1909, 393.

1185 **DRP. 50 177** — Ber. 14, 1205; 20, 2837 M. f. Ch. II, 192

10 T. Phthalsäureanhydrid mit 30 T. Oleum (50—60%) und 0,5 T. Jod mischen, bei 50°—60° trockenes Chlor einleiten; wenn die Masse dick wird, Temperatur auf 200° steigern. Wenn das Jod als Chlorjod entwichen ist (auch gebildete Chlorsulfosäure, SO_3HCl destilliert ab), so viel Eis zugeben, daß die Temperatur sich auf 50° einstellt. Ausgeschiedenes Tetrachlorphthalsäureanhydrid mit kaltem Wasser waschen, trocknen. Zur Umwandlung des Anhydrids in die Säure löst man es in kochender Sodalösung und fällt mit Schwefelsäure.

1186 **DRP. 50 177** — Lit. wie [1185]

Dichlordibromphthalsäureanhydrid $C_6(CO)_2O \{Cl, Cl, Br, Br\} = C_8Cl_2Br_2O_3 = 374.$

10 T. Dichlorphthalsäureanhydrid (Sch.-P. 187°) in 50 T. Oleum (50—60%) lösen, bei 60° 15 T. Brom zufließen lassen, sonst wie [1185]. Produkt krystallisiert aus dem Oleum in glänzenden Prismen. Sch.-P. 261°, höher sublimiert es unzersetzt.

1187 **DRP. 50 177** — Lit. wie [1185]

Tetrabromphthalsäureanhydrid $O\langle(CO)_2\rangle C_6Br_4 = C_8Br_4O_3 = 464.$

10 T. Phthalsäureanhydrid in 60 T. Oleum (50%) lösen, bei 60° allmählich 40 T. Brom zufließen lassen, Temperatur bis 200° steigern, jedoch so regeln, daß das Brom nicht zu stark abdestilliert. (Jodzusatz wirkt günstig, ist jedoch nicht nötig.) Aufarbeitung wie [1185]. Sch.-P. 270°.

1188 **DRP. 50 177** — Lit. wie [1185]

Tetrajodphthalsäure und **-anhydrid**

$C_6J_4(COOH)_2 = C_8H_2J_4O_4 = 670.$ $O\langle(CO)_2\rangle C_6J_4 = C_8J_4O_3 = 652.$

10 T. Phthalsäureanhydrid in 60 T. Oleum (50—60%) lösen, bei 90°—100° vorsichtig (um starkes Schäumen zu verhüten) 40 T. Jod zusetzen, Temperatur auf 180° steigern, bis die Gasentwicklung beendet ist. Das Tetrajodphthalsäureanhydrid krystallisiert in schweren, gelben Prismen; Flüssigkeit abgießen, Krystalle mit schwefligsäurehaltigem Wasser waschen. Sch.-P. 325°, etwas höher sublimiert das Produkt in feinen gelben Nadeln, dann tritt Verkohlung ein. Durch Kochen mit Lauge und Ansäuern der Lösung wird die Tetrajodphthalsäure gefällt. Sie geht schon beim Trocknen über konz. Schwefelsäure teilweise in ihr Anhydrid über.

1189 **DRP. 220 839** — Ber. 20, 2441; 42, 3549

Tetrachlor-o-aminobenzoesäure $C_6Cl_4(NH_2)(COOH) = C_7H_3Cl_4NO_2 = 273.$

Tetrachlorphthalsäureanhydrid unter Kühlung mit Ammoniak (15—20%) bis zur Lösung digerieren, die **Tetrachlorphthalaminsäure** mit Salzsäure ausfällen und in stark alkalischer Lösung mit Hypochlorit oxydieren. Aus Wasser feine Nadeln vom Sch.-P. 182°. Schwer lösliches Ba- und Ca-Salz.

1190 **DRP. 231 687**

Tetrachlor-o-aminobenzoesäuremethylester

(Ring: NH_2, $COOCH_3$, 4 Cl) $= C_8H_5Cl_4NO_2 = 287.$

Wie [715] aus 137 T. Tetrachloranthranilsäure [1189], 500 T. Methylalkohol, 150 T. Monohydrat und 15 T. Methylal bei 50°. Aus Methylalkohol krystallisiert der Ester in Nadeln vom Sch.-P. 120°—121°.

1191 **DRP. 220 839**
A. P. 948 241
E. P. 6992/09
F. P. 401 506
—
Ber. **42**, 3529
DRP. 226 689

Tetrachlorphenylglycin-o-carbonsäure

(Ring: $NH\cdot CH_2\cdot COOH$, $COOH$, 4 Cl) $= C_9H_5Cl_4NO_4 = 331.$

Wie [994]; 265 T. frisch gefällte Tetrachloranthranilsäure [1189] als 20%ige Paste mit 24 T. Formaldehyd im Wasserbade verrühren, wenn nicht mehr diazotierbar (Formaldehydverbindung aus Aceton Sch.-P. 216°), die konz. wässerige Lösung von 15 T. Cyankalium zugeben, bei 40°—60° digerieren, mit Salzsäure die **ω-Cyanmethyltetrachloranthranilsäure** als rasch erstarrendes Öl fällen. Aus Wasser Sch.-P. 178°. Zur Überführung in die Carbonsäure wie [994] mit Lauge kochen. Aus Wasser weiße Krystalle vom Sch.-P. 198° (Zersetzung).

1192 **DRP. 68 583**

Tetrabromdihydro-m-oxybenzaldehyd (Ring: OH, H_2, Br_4, CH) $= C_7H_4Br_4O_2 = 440.$

1 Mol. m-Oxybenzaldehyd in wässeriger Lösung mit 3 Mol. Brom rühren, Fällung abfiltrieren, mit Wasser waschen, aus Sprit umkrystallisieren, Sch.-P. 118°. Bei höherer Erhitzung tritt Zersetzung und Bromwasserstoffabspaltung auf. In Bisulfitlösung löslich, ebenso in Soda (unter Kohlensäureentwicklung). Letztere Lösung ist intensiv gelb. Säuren zersetzen die Salze unter Rückbildung des Aldehydes.

1193 **DRP. 256 034**
—
Ann. **263**, 19
Ann. Suppl. **6**, 209
Ber. **5**, 460

Tetrachlorchinon (Ring: O=, =O, 4 Cl) $= C_6Cl_4O_2 = 244.$

Neben **Trichlorchinon** aus Phenol mit chlorsaurem Kali und Salzsäure (Ann. **52**, 57; **267**, 15; Ber. **36**, 4390). — Ohne Nebenprodukte wird es in reiner krystallinischer Form folgendermaßen gewonnen: In 100 T. Phenol + 2000 Vol.-T. konz. Salzsäure bis zur Sättigung Chlor einleiten, überschüssiges Königswasser zugeben, erwärmen, solange sich **Chloranil** in gelben Krystallen abscheidet, und das Produkt erst mit Wasser, dann mit Sprit waschen. Sch.-P. 285°—286°. Ausbeute 90%. — Oder: In 20 T. Phenol + 450 Vol.-T. konz. Salzsäure unter Kühlung 150 Vol.-T. konz. Salpetersäure eintragen, auf 100° erwärmen, solange Chlor und Stickoxyde entweichen (24 St.). Ausbeute 50%. Gibt sublimiert chemisch reines Tetrachlorchinon. — Oder: p-Phenylendiamin oder Hydrochinon mit Königswasser oder letzteres mit Chloral und HCl chlorieren und oxydieren (Am. Chem. Soc. **1914**, 1011).

1194 **DRP. 175 070**

1, 3-Dichlor-2, 5-dioxybenzol-4, 6-dithiosulfosäure

(Ring: Cl, OH, Cl, $S\cdot SO_3H$, OH, $S\cdot SO_3H$) $= C_6H_4Cl_2O_8S_4 = 402.$

Wie [975]. 16 T. 2, 6-dichlorchinonmonothiosulfosaures Natrium mit 100 T. Eisessig anreiben, 30 T. Natriumthiosulfat in 30 T. Wasser gelöst einstürzen. Mit Chlorkalium das K-Salz abscheiden. Bei der Reduktion entsteht **1, 3-Dichlor-2, 5-dioxy-4, 6-dithiophenol** (Sch.-P. 215°), (das **Dichlorhydrochinonmonomercaptan** schmilzt bei 171°—172°) bei der Oxydation die **2, 6-Dichlorchinondithiosulfosäure.**

1195 **DRP. 214 252**

Benzolhexacarbonsäure $C_6(COOH)_6 = C_{12}H_6O_{12} = 342.$

450 T. Holzkohle (Korngröße: Sieb von 1250 Maschen pro cm²) mit 3750 T. Salpetersäure (1,5) 24 St. rühren, dann 3 Tage stark kochen, bis die Kohle gelöst ist. Entweichende Stickoxyde auffangen. Salpetersäureüberschuß im Ölbad bei 130°—140° abdestillieren und die **Mellitsäure** von 90% Reinheit (Ausbeute 475 T.) abscheiden.

1196 **DRP. 103 683** Zusatz zu DRP. 102 358

1, 3, 5-Trimethyl-2, 4, 6-triaminobenzol

$C_6(CH_3)_3(NH_2)_3 = C_9H_{15}N_3 = 165.$

Reduktion des 1, 3, 5-Trimethyl-2, 4, 6-trinitrobenzols mit Zinn und Salzsäure (Ann. **179**, 176 und M. f. Ch. **19**, 250).

1197 **DRP. 103 683** Zusatz zu DRP. 102 358

1, 3, 5-Trimethyl-2, 4, 6-trioxybenzol $C_6(CH_3)_3(OH)_3 = C_9H_{12}O_3 = 168.$

Wie [1109] aus 1, 3, 5-Trimethyl-2, 4, 6-triaminobenzol [1196]. Sch.-P. 184°. Keine Fichtenspanreaktion.

1198 **DRP. 175 070**

1, 4-Dioxybenzoltetrathiosulfosäure

$C_6(OH)_2(S\cdot SO_3H)_4 = C_6H_6O_{14}S_8 = 558.$

Man erhält die **Hydrochinontetrathiosulfosäure** [975] durch Vereinigen der Lösung von 11 T. Hydrochinon in 300 T. Essigsäure (20%) mit jener (konzentriert) von 28 T. Chromsäure und 100 T. Thiosulfat bei 0°; bräunliche Lösung mit so viel Kalilauge fällen, daß Rotfärbung auftritt; aus heißem Wasser umkrystallisieren, weiße Nadeln. — Über
1199 **Hexaoxybenzol** (Kohlenoxydkali: $C_6O_6K_6$) und seine Überführung in das **Trichinon** (C_6O_6), **Tetraoxychinon** [$C_6O_2(OH)_4$], **Dioxydichinoyl** [$C_6(O_2)(O_2)(OH)_2$] und **Trichinoyl** [$C_6(O_2)(O_2)(O_2)$] s. Ber. **18**, 505, 1836.

II. Zwei und mehr Benzolreste direkt verbunden.

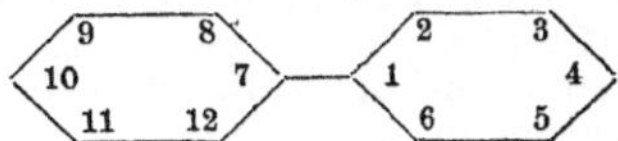

1. Diphenyl mit einem Substituenten.

1200 **DRP. 62 309**

Ber. **25**, 1973
Ann. **260**, 233

4-Aminodiphenyl $C_6H_5-C_6H_4NH_2 = C_{12}H_{11}N = 169.$

Wie [1598]. 10 T. Diazoaminobenzol schnell in 80 T. 120° heißes Anilin eintragen, auf 150° erhitzen, wenn die Stickstoffentwicklung beendet ist, bei 180°—200° den größten Teil des Anilins abdestillieren, Rückstand mit der 30-fachen Menge Wasser und Salzsäure (fuchsinsauer) aufkochen, heiß von Harz und Diphenylamin abfiltrieren, kalt die Krystalle des p-Aminodiphenyls abfiltrieren, Rest mit Glaubersalz aussalzen. Aus dem Filtrat wird durch Übersättigen mit Alkali ein Gemisch von Anilin und **o-Aminodiphenyl** abgeschieden, das durch fraktionierte Destillation in die Komponenten zerlegt wird. (Die Hauptfraktion zwischen 290° und 300° enthält das o-Aminodiphenyl.)

2. Diphenyl mit zwei Substituenten.

1201 **DRP. 186 005**

Difluordiphenyl C_6H_4—C_6H_4 } F F = $C_{12}H_8F_2$ = 190.

Die salzsaure Lösung von Benzidintetrazochlorid unter Zusatz von Eisenchlorid in 10%iger Lösung mit konz. wässeriger Flußsäure bis zur Beendigung der Stickstoffentwicklung erwärmen. Das Produkt wird zur Reinigung mit Wasserdampf übergetrieben. — Ebenso die Fluorverbindungen des Benzols und seiner Homologen, des ψ-Cumidins und Naphthylamins. — Herst. von **Diphenyl:** A. P. 1 322 983.

1202 **DRP. 61 125**
E. P. 5122/91

2-Oxydiphenyl-3-carbonsäure (HO COOH) = $C_{13}H_{10}O_3$ = 214.

160 T. o-Oxydiphenyl (Sch.-P. 80°) + 40 T. Natronlauge zur Trockne dampfen, mit Kohlensäure im Autoklaven auf 100°—220° erhitzen, Produkt in Wasser lösen, mit Salzsäure fällen, den dicken Niederschlag abfiltrieren. Sch.-P. 180°.

1203 **DRP. 126 961**
E. P. 1766/01
F. P. 307 467
—
Ber. **23**, 1126; **33**, 1826; **33**, 2549; **34**, 3802; **24**, 197; **25**, 133

2, 8-Dinitrodiphenyl (O_2N NO_2) = $C_{12}H_8N_2O_4$ = 244.

14 T. o-Nitranilin in 60 T. Salzsäure (1,17) und Wasser lösen, mit 7 T. Nitrit diazotieren, die stark verdünnte Diazolösung bei 0° mit einer Lösung von 12 T. Cuprochlorid in 40 T. roher Salzsäure versetzen. Milchige Trübung und Stickstoffentwicklung. Niederschlag (Gemenge von Dinitrodiphenyl und Nitrochlorbenzol) abfiltrieren, letzteres mit Dampf abtreiben, den bräunlichen Rückstand abfiltrieren und trocknen. Aus Sprit umkrystallisieren. Sch.-P. 124°. (Identisch mit Ber. **25**, 133.)

1204 **DRP. 172 569**
—
Ann. **85**, 328; **165**, 202
C.Bl.**1903**,II,1270

4, 10-Diaminodiphenyl NH_2—C_6H_4—C_6H_4—NH_2 = $C_{12}H_{12}N_2$ = 184.

45 T. feingepulvertes Azobenzol in 250 Vol.-T. Salzsäure (1,18) suspendieren, 5 T. Jodkali zusetzen, 6—10 St. Schwefeldioxyd durchleiten, **Benzidin**sulfat absaugen, zur Entfernung von etwas Jod mit Wasser anschlämmen, mit etwas Natriumsulfat auf 60° erwärmen, filtrieren, mit wenig Wasser waschen, die Mutterlauge (die auch Diphenylin enthält) zur Jodrückgewinnung mit Kupfervitriol versetzen, Schwefeldioxyd einleiten und das Jodkupfer filtrieren. — Ebenso **m-** oder **o-Tolidin** (neben etwas Ditolylin) aus m- bzw. o-Azotoluol (bei 40°—50° Schwefeldioxyd einleiten); **o-Dianisidin** aus o-Anisol, wobei das abgeschiedene Sulfat seiner größeren Löslichkeit wegen in warmem Wasser suspendiert mit Bichromat in das schwerlösliche Dianisidinchromat verwandelt wird. Aus dem K-Salz der m-Azobenzoldisulfosäure erhält man ebenso **Benzidin-2, 8-disulfosäure.**

1205 **DRP. 90 070**
—
Ann. **207**, 330; **207**, 354

2, 10-Diaminodiphenyl NH_2—C_6H_4—C_6H_4 (NH_2) = $C_{12}H_{12}N_2$ = 184.

Hydrazobenzol mit Salzsäure behandeln und das Benzidin mit Schwefelsäure abscheiden. Die Mutterlaugen enthalten das **Diphenylin,** das zur Darstellung von Disazofarbstoffen nicht abgeschieden zu werden braucht. Lösung titrieren. Krystallisiert in Nadeln. Sch.-P. 45°, S.-P. 363°.

1206 **DRP. 95 060**

4-Aminodpiphenyl-10-oxaminsäure

NH_2—C_6H_4—C_6H_4—NH·CO·COOH = $C_{14}H_{12}N_2O_3$ = 256.

100 T. Benzidin + 1500 T. Wasser + 200 T. Oxalsäure unter Rückfluß kochen. Wenn Probe in 70°—80° warmem, verdünntem Ammoniak völlig löslich ist, kalt absaugen, mit Wasser waschen. Auch in heißem Wasser völlig unlöslich; NH_4-Salz bildet weiße Blätter. Na-Salz ist unlöslich, als Gallerte aussalzbar.

1207 **DRP. 51 576**

4-Amino-10-diazodiphenylchlorhydrat

$N\equiv N(Cl)-C_6H_4-C_6H_4-NH_2\cdot HCl = C_{12}H_{11}N_3Cl_2 = 267.$

25,7 T. salzsaures Benzidin in 500 T. Wasser + 6 T. Eisessig lösen, unter Kühlung bei 10°—15° 6 T. Nitrit zusetzen. Braunen Niederschlag (**Diazoaminodiphenyl** C_6H_4-NH / C_6H_4-N $>$N) mit 100—200 T. Wasser und 30 T. Salzsäure 12—18 St. stehenlassen. Es entsteht eine Lösung von 4-Amino-10-diazodiphenylchlorhydrat, die unmittelbar weiter verwendet werden kann.

1208 **DRP. 95 060**

J. B. 1860, 356.

Diphenyl-4, 10-dioxaminsäure

$COOH\cdot CO\cdot NH-C_6H_4-C_6H_4-NH\cdot CO\cdot COOH = C_{16}H_{12}N_2O_6 = 316.$

Oxalsaures Benzidin auf 200°—210° erhitzen. Enthält keine freie Aminogruppe.

1209 **DRP. 127 179**

Ber. 14, 2161; 17, 115; 24, 41

4, 10-Disdialkylaminodiphenyl $NR_2-C_6H_4-C_6H_4-NR_2$.

Zur Gewinnung tertiärer Basen der Diphenylreihe oxydiert man tertiäre Basen der Benzolreihe mittels Schwefelsäure, und bei Gegenwart organischer Verbindungen, die bei 180°—220° Schwefelsäure leichter zu zersetzen vermögen, als die Ausgangsstoffe, bzw. mittels Schwefelsäure unter Zusatz von Quecksilber oder seinen Verbindungen bei der genannten Temperatur. Man erhält so **Tetramethylbenzidin** aus 100 T. Dimethylanilin, 0,3—1 T. Quecksilber und 300 T. Schwefelsäure bei 200°. Oder:

100 T. Dimethylanilin in 300 T. Schwefelsäure lösen, bei 200°—210° 0,5—5 T. einer die Reaktion beschleunigende Substanz (Nitroderivate oder Aldehyde des Benzols, Naphthalins, ferner Diphenylamin oder Terpentinöl) zugeben und weitererhitzen, bis eine alkalisierte Probe kein Öl mehr abscheidet. In Wasser gießen und die Base mit Alkali ausfällen. Nach

1210 **Zus. DRP. 127 180**

eignen sich als Beschleuniger auch 0,1—3% Quecksilber oder ein Quecksilbersalz. Dabei entstehen jedoch zugleich bis zu 40% spritunlösliche komplexe Basen, die vom spritlöslichen Tetraalkylbenzidin (60%) getrennt werden. — Ebenso **Tetraäthylbenzidin, Tetraäthyltolidin, Tetramethyltolidin** usw.

1211 **DRP. 79 727**

Ber. 8, 148

4, 10-Tetrazodiphenyldiäthylamid

$HO\cdot N=N\longrightarrow C_6H_4-C_6H_4-N=N\cdot N(C_2H_5)_2 = C_{16}H_{19}N_5O = 297.$

18,4 T. Benzidin in 44 T. Salzsäure (22°) (4 Mol.) + 500 T. Wasser lösen, Eis zusetzen, mit der konz. Lösung von 14 T. Nitrit (2 Mol.) diazotieren. Zu dieser Diazolösung 11 T. salzsaures Diäthylamin, gelöst in wenig Wasser, zufügen und die Mischung in eine kalte Lösung von 18 T. Soda eingießen, den tieforangegelben Niederschlag abfiltrieren, in Wasser lösen und aussalzen. In Lösungen oder feucht auch in kalten verdünnten Mineralsäuren haltbar. Die schwach alkalische Lösung gibt gekocht unter Stickstoffabspaltung **10-Oxy-4-diazodiphenyldiäthylamid** $OH\cdot C_6H_4\cdot C_6H_4\cdot N=N\cdot N(C_2H_5)_2$. Diese Tetrazodialphyldialkylamine entstehen allgemein außer mit Benzidin auch mit Tolidin oder Anisidin oder Phenetidin bzw. Dimethylamin statt Diäthylamin.

1212 **DRP. 289 290**

Diphenylendihydrazin-Pyrazolonderivat

$Pyraz.\cdot N-C_6H_4-C_6H_4-N\cdot Pyraz.$

Aus 28,7 T. Diphenylendihydrazindichlorhydrat und 26 T. Acetessig- bzw. Oxalessigsäureäthylester bei Gegenwart von 150 T. Essigsäure (90%) und 30 T. krystallisiertem Acetat kochen, wenn das Hydrazin verschwunden, filtrieren. Das erhaltene **Diphenylenmethylpyrazolon** schmilzt bei 300° bzw. die aus dem gebildeten Dipyrazolondicarbonsäureester erhaltene Carbonsäure über 320°.

1213 **DRP. 78 006**

Benzidintriazine

$NH_2-C_6H_3(-N-N-)-C_6H_4-C_6H_4-(-N-N-)C_6H_3-NH_2 = C_{38}H_{22}N_8 = 590.$

(Ringschluss: N——$CH(C_6H_5)$ bzw. $HC(C_6H_5)$——N)

21,1 T. des Kombinationsproduktes aus Tetrazodiphenyl und m-Phenylendiamin mit 11 T. Benzaldehyd, 22 T. konz. Salzsäure und 50 T. Eisessig im Wasserbade lösen, verdünnen, filtrieren, die Base als hellgraues Pulver fällen. — Ebenso werden die Produkte aus Benzidin, Salicylsäure und m-Toluylendiamin oder anderen gemischten Körpern verarbeitet.

1214 **DRP. 52 661** | **4-Amino-10-oxydiphenyl** $OH\langle\rangle-\langle\rangle NH_2 = C_{12}H_{11}NO = 135$.

Die Lösung von 4-Amino-10-diazodiphenylchlorhydrat [**1207**] mit 22 T. Schwefelsäure (66°) kochen, bis die Stickstoffentwicklung aufhört, mit überschüssiger Natronlauge versetzen, kalt filtrieren, Filtrat mit Salzsäure fällen, solange ein Niederschlag entsteht, das salzsaure Salz der Base abfiltrieren, pressen, mit der fünffachen Menge Sprit (96%) auskochen (Entfernung des beigemengten Diphenylalkohols), Rückstand aus schwach salzsaurem Wasser umkrystallisieren. Kleine, farblose Blätter, in kaltem Wasser kaum löslich. Aus der wässerigen Lösung krystallisiert nach Sodazusatz die freie Base nach dem Erkalten aus. — Über die Herstellung von **2, 8-Dioxydiphenyl,** aus dem leicht zugänglichen Phenylbenzochinon-3-oxim $\langle\rangle-\langle\rangle$ (O, NOH), ferner die Darstellung des **3, 9-Diphenols** aus Benzidindisulfosäure durch Entamidieren und Kalischmelze

$$NH_2\langle\rangle-\langle\rangle NH_2\ (SO_3H,\ SO_3H) \longrightarrow \langle\rangle-\langle\rangle\ (SO_3H,\ SO_3H) \longrightarrow \langle\rangle-\langle\rangle\ (OH,\ OH)$$

siehe Ber. **50**, 596 u. 827.

1215 **DRP. 283 271** | **4-Aminodiphenyl-3-sulfosäure** $\langle\rangle-\langle\rangle(SO_3H)NH_2 = C_{12}H_{11}NO_3S = 249$.

In die mit 1 Äquiv. Nitrit versetzte Benzidin-3-sulfosäure bei 10°—15° eine $^1/_2$-normale Lösung von 1—$1^1/_2$ Äquiv. Essigsäure eintropfen lassen, gebildete Monodiazoverbindung absaugen, mit wenig Wasser anrühren, bei —5° unter Rühren die Lösung von 750 T. Zinnchlorür in 750 T. Salzsäure eintropfen lassen, oder durch Eintragen der Verbindung in die konz. Lösung von Natriumsulfit und folgende Zerlegung des hydrazonsulfosauren Salzes mit konz. Salzsäure das Hydrazin abscheiden, in die kochende Lösung von 500—600 T. Kupfersulfat in 5000 T. Wasser eintragen, nach Beendigung der Stickstoffentwicklung alkalisch stellen, Natriumsalzlösung von den Kupferoxyden absaugen und die Sulfosäure mit Säure ausfällen. Man kann die Diazogruppe auch durch Verkochen der Verbindung mit Alkohol abspalten. — Ebenso **4-Amino-10-oxydiphenyl-3-sulfosäure** durch Eintragen der diazotierten Benzidin-3-monosulfosäure in 24-grädige Schwefelsäure bei 85°—95°, ferner **4-Amino-10-cyandiphenyl-3-sulfosäure** durch Umkochen der Diazoverbindung mit der Lösung von 260 T. Kupfervitriol und 290 T. Cyankalium in $1^1/_2$ l Wasser, und **10-Äthylthio-4-aminodiphenyl-3-sulfosäure** durch Umkochen mit Xanthogenat.

---

3. Diphenyl mit drei Substituenten.

1216 **DRP. 54 112** | **Methyl-4, 10-diaminodiphenyl**

Ber. **23**, 3222
DRP. 52 839

$NH_2\langle\rangle-\langle CH_3\rangle NH_2 = C_{13}H_{15}N = 185$.

Das bei alkalischer Reduktion eines molekularen Gemenges von Nitrobenzol und o-Nitrotoluol erhaltene Basengemisch (z. B. aus 47 T. Nitrobenzol und 53 T. Nitrotoluol in 500 T. Sprit, mit Zinkstaub und Lauge) nach Entfernen des Sprits mit Salzsäure umlagern und 15 T. des Basengemenges zur Abtrennung des unlöslichen **Tolidins** (2,5 T.) zuerst mit 1000, dann nochmals mit 400 T. Wasser auskochen. Die Lösungen bei 25° auskrystallisieren lassen, das ausgeschiedene **Benzidin** und **Methylbenzidin** abfiltrieren, im Filtrat mittels Schwefelsäure den größten Teil des Methylbenzidins als Sulfat abscheiden und aus dieser Ausscheidung durch Kochen mit Natronlauge das Methylbenzidin in Freiheit setzen.

1217 **DRP. 54 599** A. P. 429 350 E. P. 13 558/89

3-Methyl-4, 10-diaminodiphenyl: 10 T. Anilin in 42,5 T. Salzsäure (25%) gelöst, + 20 T. Eis, mit 7,8 T. Nitrit (96%) gelöst in 20 T. Wasser diazotieren. Diazolösung + 60 T. o-Toluidin 12 St. rühren, bis Probe mit überschüssiger Salzsäure erhitzt keinen Stickstoff mehr abspaltet. Mit Dampf das überschüssige o-Toluidin abtreiben, die braunen Krystalle des Gemenges von **Aminoazobenzoltoluol** und **o-Aminoazotoluol** abfiltrieren; 10 T. dieses Gemenges in 100 T. Sprit (95%) + 12,5 T. Schwefelsäure (66°) lösen, kühlen und rühren, bei 0° 3,4 T. Nitrit (96%), gelöst in 4,5 T. Wasser, zusetzen, einige Stunden unter Kühlung weiterrühren, dann bis zur Beendigung der Stickstoffentwicklung auf dem Wasserbade erhitzen, mit Ligroin extrahieren, Ligroin abdestillieren, Rückstand mit überhitztem Dampf destillieren; es hinterbleibt **Azobenzoltoluol** als orangerotes Öl. 10 T. dieses Öles in 20 T. Sprit (95%) warm lösen, langsam in eine Lösung von 26 T. Chlorzink in 60 T. Salzsäure (25%) einfließen lassen, auf dem Wasserbade unter Rückfluß bis zur Krystallabscheidung des m-Methylbenzidinchlorhydrates erwärmen, kalt filtrieren, Rückstand mit Salzsäure (25%) waschen, pressen; Kuchen in 60 T. warmem Wasser lösen, mit Zinkblech entzinnen, Filtrat mit einer Lösung von 20 T. Natriumsulfat in 40 T. Wasser fällen, das abgeschiedene benzidinsulfatfreie, jedoch o-m-Tolidinsulfat enthaltende m-Methylbenzidinsulfat pressen und trocknen. Die Base konnte krystallisiert noch nicht erhalten werden.

1218 Anm. E. 1840, Kl. 22 27. 10. 87 Ewer & Pick

Benzidinhomologe

$NH_2\langle R \rangle-\langle\ \rangle NH_2$; $R = CH_3$, C_2H_5, $CH_2 \cdot C_6H_5$ usw.

1 Mol. normales oder basisches halogenwasserstoffsaures Benzidin mit 1—4 Mol. Methyl-, Äthyl-, Propyl-, Benzyl- usw. -alkohol auf Temperaturen über 250° erhitzen.

1219 **DRP. 56 971** — Ber. **33**, 662

p-Diaminoacetyldiphenyl $NH_2\langle\ \rangle-\langle\ \rangle NH_2$ (mit $COCH_3$)

5 T. Diacetylbenzidin, 7 T. Eisessig und 13 T. strengflüssige Phosphorsäure wie [**347**] 20 St. im Sandbade erhitzen, die Stickstoff-Acetylgruppen mit Salzsäure abspalten, evtl. vorhandenes Benzidin mit Schwefelsäure ausfällen, im Filtrat die Ketonbase mit Alkali abscheiden. Hellgelbes, amorphes, acetylierbares Pulver.

1220 **DRP. 72 867** — DRP. 94 635 Ber. **23**, 794

2-Nitro-4, 10-diaminodiphenyl

$NH_2\langle\ \rangle-\langle\ \rangle NH_2$ (mit NO_2) $= C_{12}H_{11}N_2O_2 = 215$.

Benzidin in Schwefelsäure lösen und mit 1 Äquiv. Salpetersäure + Schwefelsäure nitrieren.

1221 Anm. F. 34 720, Kl. 12 q 22. 6. 12 Elberfeld

4-Nitro-2, 10-diaminodiphenyl, erhaltbar durch Nitrieren des Diphenylins (2, 10-Diaminodiphenyls) nach den üblichen Methoden. — Über **Nitroaminodiphenyloxaminsäuren** siehe J. pr. **1908, 353.**

1222 **DRP. 44 770** Zusatz zu DRP. 44 209

Diaminooxydiphenyl $C_{12}H_7 \begin{matrix} NH_2 \\ NH_2 \\ OH \end{matrix} = C_{12}H_{12}N_2O = 200$.

Durch Erhitzen der Diaminooxydiphenylsulfosäure mit Wasser über 100°.

1223 **DRP. 90 960** E. P. 25 136/97 F. P. 258 735

10 T. Acetyl-Oxyazobenzol (Ber. **14**, 2617), feinst zerrieben, bei höchstens 40° in 60 cm³ Zinnchlorürlösung — 40 T. $SnCl_2$ + 100 T. Salzsäure (38°) — eintragen. Nach 24 St. das Zinndoppelsalz scharf absaugen, pressen, in 20 T. Wasser lösen, mit Schwefelwasserstoff warm entzinnen, vom Zinn abfiltrieren, im Kohlensäurestrom eindampfen, mit verdünnter Schwefelsäure das Benzidin als Sulfat fällen. Wenn die filtrierte Lösung mit Schwefelsäure keine Fällung mehr gibt, partiell mit Natronlauge, völlig mit konz. Sodalösung neutralisieren. Teils krystallinische, teils harzige Fällung der Base. Aus Wasser oder Benzol umkrystallisieren, Sch.-P. 148°. Schwer nur in Benzol löslich. Die alkalische Lösung färbt sich braun. Mit je 2 Mol. Essigsäureanhydrid bzw. Aldehyd erhält man: das Diacetylderivat, Sch.-P. 269°; p-Nitrobenzaldehydderivat, orangerotes Pulver, Sch.-P. 218°; Salicylaldehydderivat, goldglänzende Blätter, Sch.-P. 206°—207°.

1224 **DRP. 44 209**
A. P. 380 067
E. P. 14 464/87
Ber. 20, 3171

4, 10-Diaminoäthoxydiphenyl

$NH_2\langle\ \rangle-\langle OC_2H_5 \rangle NH_2 = C_{14}H_{17}N_2O = 245.$

30,8 T. Äthoxybenzidinmonosulfosäure [1249] mit 100 T. Wasser im Autoklaven 6 St. auf 170° erhitzen, die Sulfogruppe wird abgespalten. Den Brei weißer Krystalle des Diaminoäthoxydiphenylsulfates abfiltrieren, evtl. mit Soda die in Wasser unlösliche freie Base abscheiden.

1225 **DRP. 38 664**
E. P. 3198/86
F. P. 174 814

4, 10-Diaminodiphenylsulfosäure

$NH_2\langle\ \rangle-\langle SO_3H \rangle NH_2 = C_{12}H_{13}N_2O_3S = 265.$

1 T. Benzidinsulfat + 2 T. Monohydrat $1^1/_2$ St. auf 170° erhitzen. In Wasser gießen, filtrieren, Rückstand in Alkali lösen, filtrieren, Filtrat mit Salzsäure oder mit Essigsäure fällen. Letzteres, wenn durch zu weitgehende Sulfierung Tri- und Tetrasulfosäuren gebildet wurden. Krystallinisch, auch in kochendem Wasser schwer löslich, in Sprit oder Äther unlöslich.

1226 **DRP. 71 556**

Wie [163]. Es entsteht **Benzidinmonosulfosäure** neben **Benzidinsulfon** [1254].

1227 **DRP. 129 000**

Diacetylbenzidinmonosulfosäure [628] aus Benzidinsulfosäure durch Diacetylieren mit Essigsäureanhydrid.

4. Diphenyl mit vier Substituenten.

1228 **DRP. 126 961**
Lit. wie [1203]

Dichlordinitrodiphenyl $C_{12}H_6 \begin{cases} Cl \\ Cl \\ NO_2 \\ NO_2 \end{cases} = C_{12}H_6N_2O_4Cl_2 = 312.$

Wie [1203]. Aus dem bei 115° schmelzenden p-Chlor-o-nitroanilin erhält man das **2, 8-Dinitro-4, 10-dichlordiphenyl.** Bräunliche, in Sprit schwer, in Eisessig leicht lösliche Nadeln vom Sch.-P. 136°. Aus m-Chlor-o-nitroanilin erhält man auf gleiche Weise das **2, 8-Dinitro-3, 9-dichlordiphenyl.** Gelbbraune Nadeln, Sch.-P. 170°.

1229 **DRP. 94 410**
E. P. 25 752/96
F. P. 265 155
Ber. 33, 3552

Dichlor-4, 10-diaminodiphenyl

$NH_2\langle\ \rangle-\langle\ \rangle NH_2 = C_{12}H_{10}N_2Cl_2 = 252.$ (Cl, Cl)

In 26,8 T. Diacetylbenzidin in feinst verteilter Form (in 50—75 T. Schwefelsäure (90%) lösen und mit Eiswasser fällen), bei 0° 4 Mol. Chlorlauge einfließen lassen, wenn primäre Grünfärbung verschwunden, auf 40° erwärmen, ausgeschiedene sehr schwer lösliche Krystalle abfiltrieren. Zur Verseifung 3 St. mit der vierfachen Menge Salzsäure (20%) unter Rückfluß kochen, bis Probe in verdünnter Salzsäure völlig löslich ist, verdünnen, als salzsaures Salz aussalzen oder die freie Base durch überschüssiges Alkali fällen. In Wasser unlöslich, in organischen Lösungsmitteln leicht löslich. Sch.-P. (aus Benzol) 133°. Oxydationsmittel färben die Lösung des salzsauren Salzes grün, salzsaures Benzidin hingegen blau bis violett. Nach

1230 **Zus. DRP. 97 101** — Ber. 14, 82

26,8 T. Diacetbenzidin in 55 T. Schwefelsäure (66°) lösen, mit 350 T. Eis in fein verteilter Form fällen, in 200 T. Salzwasser suspen dieren, nach Zusatz von etwas Eisendraht unter Kühlung Chlor einleit en, bis eine verseifte, tetrazotierte Probe mit Naphthionsäure keine Zu nahme nach Blaurot zeigt. Zur Verseifung: 1 T. Acetylverbindung m it 2 T. Schwefelsäure (50%) 2—3 St. kochen, die freie Base mit Alkali ausfällen.

1231 **DRP. 289 290**

2, 8-Dichlorbenzidin-Pyrazolonderivat Pyraz:N⟨⟩—⟨⟩N·Pyraz. (Cl, Cl)

Wie [1212] aus dem betreffenden Dichlorbenzidin durch Tetrazotierung und Kondensation des **Dichlordiphenylendihydrazindichlorhydrates** mit Acetessigester. Das erhaltene Dipyrazolon schmilzt unter Zersetzung bei 195°—200°.

1232 **DRP. 97 101** Zusatz zu DRP. 94 410

Dibrom-4, 10-diaminodiphenyl

NH_2⟨⟩—⟨⟩$NH_2 = C_{12}H_{10}N_2Br_2 = 342.$ (Br_2)

26,8 T. feinverteiltes Diacetylbenzidin [1229] in 400 T. Wasser suspendieren, allmählich 300 T. unterbromigsaures Natrium (im Liter 160 g aktives Brom) zusetzen, den sch warzen Niederschlag mit verdünnter Sodalösung auskochen, die zurückgebliebene, gelbg efärbte Acetylverbindung wie [1229] verseifen. Leicht lösliche Salze. Ebenso erfolgt die Bildung des **Dibrombenzidins** in einem mit Bromdampf gesättigten Luftstrom.

1233 **DRP. 126 961** — Lit. wie [1203]

4, 10-Dimethyl-2, 8-dinitrodiphenyl

CH_3⟨⟩—⟨⟩$CH_3 = C_{14}H_{12}N_2O_4 = 284.$ (NO_2 NO_2)

Wie [1203] mit m-Nitro-p-toluidin (vom Sch.-P. 114°). Der Nitrokörper bildet gelbbraune, in Sprit schwer, in Eisessig oder Benzol leicht lösliche Krystalle vom Sch.-P. 139°.

1234 **DRP. 95 060**

Dimethylaminodiphenyloxaminsäure

$$C_{12}H_6\begin{cases}CH_3\\CH_3\\NH_2\\NH\cdot CO\cdot COOH\end{cases} = C_{16}H_{16}N_2O_3 = 284.$$

Wie [1208] aus Tolidin. Das Na-Salz ist in Flocken abscheidbar.

1235 **DRP. 145 063** — DRP. 114 839

Diaminomethyldiphenylcarbonsäure

$$C_{12}H_6\begin{cases}CH_3\\COOH\\NH_2\\NH_2\end{cases} = C_{14}H_{14}N_2O = 226.$$

10 T. o-Nitrotoluol + 20 T. Natronlauge (50°) + 13 T. Eisenpulver auf 100° erhitzen. Wenn die Reduktion größtenteils beendet ist, mit Waser auf 10° Bé. verdünnen, so daß das Azoxytoluol beim Eisen ungelöst bleibt und die gebildete **Tolylazobenzoesäure** in Lösung geht; filtrieren, Filtrat ansäuern: blau schillernde Nadeln, Sch.-P. 148°. Das Na-Salz der Säure mit Natronlauge + Zinkstaub bis zur Entfärbung erwärmen, verdünnen, kalt mit verdünnter Säure die Hydrazoverbindung fällen, Sch.-P. 136°. Diese mit starker Salzsäure bis zur klaren Lösung auf 40° erwärmen, die klare Lösung von etwas ungelöster Azosäure abfiltrieren, das Filtrat mit Natronlauge neutralisieren und das rasch erstarrende ausgefallene Öl aus Wasser umkrystallisieren; weiße Nädelchen vom Sch.-P. 183°. Die Säuresalze sind in Wasser leicht, die Basensalze schwer löslich.

1236 **DRP. 43 524** — Ber. 8, 1609

Diaminodiphenyldicarbonsäuren $C_{12}H_6\begin{cases}COOH\\COOH\\NH_2\\NH_2\end{cases} = C_{14}H_{14}N_2O_4 = 272.$

3, 9-Diaminodiphenyl-2, 8-dicarbonsäure: In ein Gemisch von 1 T. o-Nitrobenzoesäure, 1 T. Natronlauge (40°) und 1 T. Wasser bei Siedehitze 1 T. Zinkstaub eintragen;

wenn farblos, die Reduktionsmasse mit überschüssiger Salzsäure aufkochen, filtrieren; kalt krystallisiert das salzsaure Salz aus, filtrieren, Niederschlag in Ammoniak lösen, die **o-Diaminodiphensäure** mit Essigsäure fällen [1238]. Die **m-Diaminodiphensäure** gewinnt man nach Ann. **196**, 1; **167**, 144; Ber. **10**, 75; Ann. **193**, 133; **203**, 95 [1238] aus Phenanthren über sein Chinon, **Dinitrophenanthrenchinon** und **Dinitrodiphensäure** oder nach Ber. **7**, 1509 aus m-Nitrobenzoesäure.

1237 **DRP. 69 541**

4, 10-Diaminodiphenyl-2, 8-dicarbonsäure: 5 T. m-Nitrobenzaldehyd in 25 T. Natronlauge (40°) und 40 T. Wasser warm lösen, kochen, bis kalte Probe an Äther nichts mehr abgibt, 5 T. Zinkstaub zufügen (heftige Reaktion!), wenn entfärbt, langsam mit 36 T. roher Salzsäure sauer stellen, filtrieren. Im Rückstand ist neben überschüssigem Zink das schwer lösliche salzsaure Salz einer isomeren Diaminodiphenyldicarbonsäure (**2, 10-Diaminodiphenyl-4,8-dicarbonsäure** oder **2, 8-Diaminodiphenyl-4, 10-dicarbonsäure**). Das Filtrat mit Soda entzinken, filtrieren, Natriumacetat zugeben und mit Salzsäure die 4, 10-Diaminodiphenyl-2, 8-dicarbonsäure fällen.

1238 **DRP. 41 819**

Ann. **196**, 1; **167**, 144; **203**, 95; Ber. **10**, 75

4, 10-Diaminodiphenyl-2, 8-dicarbonsäureester

ROOC COOR
NH_2—⟨ ⟩—⟨ ⟩—NH_2

Salzsaures Salz der m-Diaminodiphensäure in Methylalkohol suspendieren, Chlorwasserstoffgas einleiten, bis Lösung eintritt. Methylalkohol abdestillieren, Rückstand in Wasser gießen, vom unlöslichen Produkt abfiltrieren, Filtrat fast zur Trockne dampfen, mit NH_3 versetzen: Methylester scheidet sich in kleinen Öltröpfchen aus, unveränderte Diaminodiphensäure geht in Lösung. Harzige Öltropfenmasse mit Wasser waschen, in Salzsäure lösen, ausäthern, salzsaures Salz als Harz fällen, Harz in Wasser lösen, mit Salzsäure den Ester als krystallinisches salzsaures Salz fällen. — Dinitrodiphensäureester (Ann. **196**, 1; aus Sprit hellgelbe Krystalle, Sch.-P. 158°—160°) in Sprit lösen, $^1/_4$ Vol. konz. Ammoniak zufügen, Schwefelwasserstoff bis zur Sättigung einleiten, Sprit z. T. abdestillieren, vom Schwefel abfiltrieren, Sprit völlig verdampfen, Harz mit verdünnter Salzsäure erwärmen, wieder vom Schwefel abfiltrieren, im kalten Filtrat krystallisiert das salzsaure Salz des Esters aus.

1239 Anm. P. 3099, Kl. 22, 13. 11. 86, L. Paul

Umlagerung der m-Azobenzoesäureester durch Kochen *mit Zinn* und Salzsäure. Mit Wasser verdünnen, mit Schwefelwasserstoff entzinnen, Lösung eindampfen, Rückstand in Wasser lösen, filtrieren. Aus dem Filtrat krystallisiert der Ester in feinen Nadeln.

1240 **DRP. 42 006**

Ber. **20**, 3171

Methylalkyloxydiaminodiphenyle $C_{12}H_6\begin{cases}CH_3\\NH_2\\NH_2\\OR\end{cases}$

21,2 T. Azobenzol-p-kresol in 5 T. Alkohol lösen, eine Lösung von 4 T. Ätznatron und 5 T. Chlormethyl zufügen und einige Stunden auf 100° erhitzen, Rückstand in Salzsäure lösen, 20 T. Zinnsalz zufügen und aus dem abgeschiedenen Zinndoppelsalz das **Methylmethoxydiaminodiphenyl** vom Sch.-P. 82° in bekannter Weise gewinnen. — Analog aus o-Azotoluol-p-kresol **Dimethyl-methoxydiaminodiphenyl:**

OR
NH_2—⟨ ⟩—⟨ ⟩—NH_2
CH_3 CH_3

1241 Anm. F. 13 650, 1. 4. 01, Kl. 12, Höchst

Tetranitrodiphenyl $C_{12}H_6\begin{cases}NO_2\\NO_2\\NO_2\\NO_2\end{cases} = C_{12}H_6N_4O_8 = 334.$

Chlordinitrobenzol + Kupferpulver in Naphthalin oder anderen hochsiedenden Lösungsmitteln auf 200° erhitzen. Vgl. Ber. **29**, 1878 und **34**, 2174.

1242 **DRP. 129 147**

m-Dinitrobenzidin tetrazotieren, Tetrazolösung in kochenden Sprit einlaufen lassen, 1 T. des erhaltenen **2, 8-Dinitrodiphenyls** [1203] durch Eintragen in eine Mischung von 4 T. rauchender Salpetersäure und 3 T. Schwefelsäure nitrieren und wie üblich aufarbeiten. Auch nach Ber. 4, 405 erhaltbar aus p, p'-Dinitrodiphenyl. Sch.-P. roh 144°, aus Sprit (Soxhlet-Extraktion) weiße Krystalle, Sch.-P. 165°—166°.

1243 **DRP. 126165**

Ber. 23, 795

Dinitro-4, 10-dis-dimethylaminodiphenyl

$N(CH_3)_2\langle\rangle-\langle\rangle N(CH_3)_2$ $(NO_2)_2$ $= C_{16}H_{18}N_4O_4 = 330.$

Tetramethylbenzidin (1 Mol.) in Schwefelsäure (66°) lösen und langsam 2 Mol. Kalisalpeter einrühren. Nach kurzer Zeit aufarbeiten; rote Krystalle vom Sch.-P. 231° evtl. filtrieren; wenn man jedoch nach 12 St. abermals mit 2 Mol. Kalisalpeter weiternitriert, resultiert **Tetranitrotetramethylbenzidin.**

1244 Anm. E. 7699, Kl. 12 13. 3. 02 Epstein

Ber. 24, 3084

4, 10-Diaminodiphenylen-2, 8-azomonoxyd

N_2O

$NH_2\langle\rangle-\langle\rangle NH_2 = C_{12}H_{10}N_4O = 226.$

o, o-Dinitrobenzidin mehrere Stunden mit einer Lösung von Schwefel in Schwefelnatrium auf 130° erhitzen.

1245 **DRP. 38802**

J. pr. (2) 19, 381

Diaminodialkyloxydiphenyle $C_{12}H_6\begin{cases}NH_2\\NH_2\\OR\\OR\end{cases}$

Nitrophenolmethyl-(alkyl-)äther alkalisch reduzieren, die erhaltenen Hydrazoverbindungen umlagern.

1246 **DRP. 55506**

J. pr. 20, 283, 145

4, 10-Diaminodiphenyl-2, 8-diglykolsäureanhydrid

$O{\cdot}CH_2{\cdot}COOH$ $O{\cdot}CH_2{\cdot}COOH$

$NH_2\langle\rangle-\langle\rangle NH_2$ minus $2\,H_2O = C_{16}H_{16}N_2O_6 = 330.$

2 T. o-Nitrophenoxylessigsäure in 10 T. Wasser + 3 Vol.-T. Natronlauge (40°) lösen, kochend bei Luftabschluß abwechselnd in kleinen Mengen Zinkstaub und Natronlauge (40°) zusetzen, bis gerade farblos. Wenn entfärbt, sofort in überschüssige konz. Salzsäure gießen, erwärmen, bis der Zinkstaub gelöst ist, Ausscheidung kalt abfiltrieren, waschen, Produkt als Paste verarbeiten. Abgeschieden und getrocknet ist das Säureanhydrid ein weißes krystallinisches Pulver, Sch.-P. über 300°, in neutralen Lösungsmitteln fast unlöslich, in konz. Schwefelsäure farblos, in konz. warmer Natronlauge leicht löslich, krystallisiert kalt aus, wenn nur kurze Zeit erwärmt wurde. — Oder: 2 T. Azophenoxylessigsäure (oder die entsprechende Menge Azoxyverbindung) portionenweise in eine heiße Lösung von 3 T. Zinnchlorür und 9 T. Salzsäure (1,19) eintragen, so lange auf dem Wasserbade erwärmen, bis die rote Farbe des Niederschlages verschwunden ist und eine filtrierte Probe weitererhitzt keinen weißen Niederschlag mehr gibt. Mit Wasser verdünnen, filtrieren, Niederschlag waschen. — Das so erhaltene Anhydrid $C_{16}H_{12}N_2O_4$ gibt bei einstündigem Kochen mit der $2^1/_2$-fachen Menge Natronlauge (40°) und der $2^1/_2$-fachen Menge Wasser die **4, 10-Diaminodiphenyl-2, 8-diglykolsäure,** die man beim Aussalzen als Na-Salz gewinnt. Gibt mit verdünnten Säuren erhitzt oder bei längerem Stehen in konz. saurer Lösung das Anhydrid zurück.

1247 **DRP. 95060**

4-Aminodimethoxydiphenyl-10-oxaminsäure

$COOH{\cdot}CO{\cdot}NH\langle OCH_3\rangle-\langle OCH_3\rangle NH_2 = C_{16}H_{18}N_2O_6 = 334.$

Wie [1208] aus Dianisidin. Alle Derivate sind in Wasser bedeutend löslicher als eine der Aminodiphenyloxaminsäure.

1248 **DRP. 44770** Zusatz zu DRP. 44209

Diaminooxydiphenylsulfosäure

OH

$NH_2\langle\rangle-\langle\rangle NH_2 = C_{12}H_{12}N_2O_4S = 264.$

SO_3H

Wie [1249, 1763] aus 30 T. benzolazo-phenolsulfosaurem Natrium. Entzinnte Lösung zur Krystallisation stark eindampfen.

1249 **DRP. 44 209**
A. P. 380 067
E. P. 14 464/87
—
Ber. 20, 3171

Diaminoalkyloxydiphenylsulfosäure $NH_2\langle\rangle-\langle\rangle NH_2$ (OR, SO_3H).

32,8 T. benzolazo-p-phenetolsulfosaures Natrium [1763] in wässeriger Lösung mit einer Lösung von 19 T. Zinnchlorür in 40 T. Salzsäure reduzieren. Nach kurzer Zeit die entfärbte Lösung mit Zink oder Schwefelwasserstoff entzinnen; Base vorsichtig mit Soda oder Acetat ausfällen. Farblose Nadeln, in Wasser schwer löslich. Ebenso erhält man andere, z. B. den Isoamyläther.

1250 **DRP. 126 961**
—
Lit. wie [1203]

2, 8-Dinitrodiphenyl-4, 10-disulfosäure

NO_2 NO_2
$SO_3H\langle\rangle-\langle\rangle SO_3H = C_{12}H_8N_2O_{10} = 338.$

Diazoverbindung aus 20 T. 2-nitro-1-anilin-4-sulfosaurem Ammon langsam in eine kalte Lösung von 12 T. Cuprochlorid in 40 T. Salzsäure einfließen lassen. Heftige Stickstoffentwicklung. Die braune Lösung stark verdünnen, filtrieren, mit Schwefelwasserstoff das Kupfer entfernen und die gelbbraune Lösung zur Entfernung der Salzsäure wiederholt mit Wasser eindampfen. Es hinterbleibt die Disulfosäure als braune Masse, deren leicht lösliches K-Salz durch Neutralisation mit Pottasche entsteht.

1251 **DRP. 38 795**

Thiobenzidin $NH_2\langle\rangle-\langle\rangle NH_2$ (S) (?).

Molekulare Mengen Benzidin mit Schwefel auf 180°—200° erhitzen. Wenn Schwefelwasserstoffentwicklung beendet, mit verdünnter Salzsäure auskochen, Filtrat mit viel Wasser kochen, mit Ammoniak neutralisieren, kochend filtrieren. Thiobenzidin bleibt als gelbes Harz zurück. In Wasser unlöslich, in Sprit oder Äther leichter löslich.

1252 **DRP. 43 100**

4, 10-Diaminodiphenyldisulfosäure

SO_3H SO_3H
$NH_2\langle\rangle-\langle\rangle NH_2 = C_{12}H_{12}N_2O_6 = 278.$

4, 10-Diaminodiphenyl-2, 8-disulfosäure: m-Nitrobenzolsulfosäure mit Zinkstaub alkalisch reduzieren, die erhaltene m-Hydrazobenzolsulfosäure mit Salzsäure umlagern, Benzidin-o-disulfosäure abscheiden.

1253 **DRP. 44 779**
—
Ber. 22, 2459;
23, 3625

Pulvertrocken eingedampftes Gemenge von 50 T. Benzidinsulfat, genau 17,5 T. Monohydrat und Wasser (dünner Brei) auf Blechen in dünner Schicht 24 St. bei 200° backen. Schmelze mahlen, mit Kalk kochen, Kalksalz lösen, kalt mit Salzsäure schwach ansäuern, den grauweißen Niederschlag des Gemenges von Mono- und Disulfosäure nach [1225] trennen. Eigenschaften und Herstellungsmethode durch kurzes Erhitzen von Benzidin mit der doppelten Menge Oleum auf 170° (siehe Ber. 14, 300).

1254 **DRP. 33 088**
E. P. 1099/84
—
Ber. 14, 300

4, 10-Diaminodiphenyl-2, 8-sulfon

SO_2
$NH_2\langle\rangle-\langle\rangle NH_2 = C_{12}H_{10}N_2O_2S = 246.$

1 T. Benzidin mit 3—4 T. Oleum (40%) im Wasserbad 1 St. erhitzen, bis aus Probe + Natronlauge kein Benzidin mehr ausfällt. In Wasser gießen, nach 24 St. filtrieren, Rückstand mit Natronlauge auskochen, filtrieren, gelben Rückstand heiß in verdünnter Salzsäure lösen, mit Natronlauge fällen. Gelb, amorph, auch in heißem Wasser schwer löslich, Sch.-P. über 300°. Schwefelsaures Salz in heißem, saurem Wasser leicht löslich.

1255 **DRP. 90 341**

2, 4, 8, 10-Tetraoxydiphenyl $OH\langle\rangle-\langle\rangle OH = C_{12}H_{10}O_4 = 218.$ (OH OH)

4, 10-Dioxydiphenyl-2, 8-disulfosäure mit Ätzalkali verschmelzen. Sch.-P. des **Diresorcins** 222°.

5. Diphenyl mit fünf Substituenten.

1256 **DRP. 81 036**

Ber. 25, 1032

Dimethylnitrodiaminodiphenyl

NO_2

NH_2⟨ ⟩—⟨ ⟩NH_2 = $C_{14}H_{14}N_3O_2$ = 256.

CH_3 CH_3

1 Mol. Tolidinsulfat, gelöst in Schwefelsäure (66°), unter Kühlung mit 1 Mol. Kalisalpeter oder der entsprechenden Menge Nitriersäure nitrieren. Die Nitrogruppe steht zur Aminogruppe in m-Stellung. Aus Sprit rote Nadeln, Sch.-P. 156°.

1257 **DRP. 44 209**

A. P. 380 067
E. P. 14 464/87

Ber. 20, 3171

Methyl-diamino-alkyloxydiphenylsulfosäure

NH_2, OR, SO_3H {⟨ ⟩—⟨ ⟩} CH_3, NH_2

Wie [1249] aus toluolazo-alkyloxyphenyl-sulfosaurem Natrium. Zur Reduktion jedoch mit 8 T. Zinkstaub und Natronlauge erwärmen. — **Methyldiaminooxydiphenylsulfosäure** wird ebenso aus 31,4 T. toluolazophenolsulfosaurem Na erhalten und nach den Zusätzen [1222, 1248, 1257, 2809] und [1257, 1265, 1764, 1772] aufgearbeitet.

1258 **DRP. 53 436**

Zusatz zu
DRP. 33 088

DRP. 27 954
DRP. 44 784
DRP. 52 839

Methyl-4, 10-diaminodiphenyl-2, 8-sulfon

SO_2

NH_2⟨ ⟩—⟨ CH_3 ⟩NH_2 = $C_{13}H_{13}N_2O_2S$ = 261.

1 T. Diaminophenyltolylsulfat mit 4 T. Oleum (40%) 2 St. auf 80° erhitzen, auf Eis gießen, abgeschiedenes Sulfon abfiltrieren, mit Alkali behandeln, filtrieren, mit Sprit auskochen, Rückstand in Salzsäure lösen, mit Natronlauge fällen. Grüngelb, amorph; das salzsaure Salz krystallisiert in braunen Nadeln. Die Salze mit Wasser gekocht geben die Base.

1259 **DRP. 27 954**

E. P. 1099/84

Ber. 22, 2469
Ann. 261, 311

4, 10-Diaminodiphenyltrisulfosäure

NH_2⟨ ⟩—⟨ ⟩NH_2 = $C_{12}H_{12}N_2O_9S_3$ = 424.

$(SO_3H)_3$

Neben der **Benzidindisulfosäure** und **-tetrasulfosäure** sowie einer **Mono- und Disulfosäure des Benzidinsulfons** beim ein-, auch mehrstündigen Erhitzen von Benzidin mit Oleum (auch Pyroschwefelsäure usw.) auf 170°—200°. In 20-fache Wassermenge gießen: Tri- und Tetrasulfosäure lösen sich (A, B), Mono- und Disulfosäure des Sulfons (C, D) ebenso wie Disulfosäure (E) bleiben als Rückstand zurück. Filtrieren, auswaschen. Trennung: A und B über Calcium- und Natriumsalze reinigen, Ba-Salze bilden; jenes von A ist leicht, jenes von B schwer löslich. C, D, E mit heißem Wasser wiederholt auskochen: D löslich, aussalzen, Rückstand C und E in kochendem Wasser lösen, mit Calcium- oder Bariumcarbonat die löslichen, z. B. Ba-Salze bilden. Vom Baryt abfiltrieren, gibt beim Erkalten im Filtrat gelbe Krystalle von C, Mutterlauge eingedampft und ausgesalzen gibt E. D am wertvollsten, aus C darstellbar durch weiteres Erhitzen mit zwei- und mehrfacher Menge Oleum auf 170° und mehr.

1260 **DRP. 289 290**

Benzidin-o, o-disulfosäure-Pyrazolonderivate

HO_3S SO_3H

(Pyraz.)N⟨ ⟩—⟨ ⟩N·Pyraz.

Wie [1212] über die Hydrazinsulfosäure.

6. Diphenyl mit sechs Substituenten.

1261 **DRP. 82 140** — M. f. Ch. 22, 490

Dichlor-dimethyl-diaminodiphenyle

$$C_{12}H_4\left\{\begin{matrix}Cl\\Cl\\CH_3\\CH_3\\NH_2\\NH_2\end{matrix}\right. = C_{14}H_{14}N_2Cl_2 = 280.$$

In 30 T. o-Nitrotoluol 1,5 T. sublimiertes Eisenchlorid lösen, im Wasserbad vorwärmen, bis zur Gewichtszunahme von 8,4 T. raschen Chlorstrom durchleiten, Luft einblasen, Natronlauge zusetzen, **6-Chlor-2-nitrotoluol** mit Wasserdampf abblasen; öliges Destillat in Wasser lösen, mit Zinkstaub, Natronlauge und etwas Sprit reduzieren, die so erhaltene Hydrazoverbindung mit Salzsäure umlagern. Aus Benzol hellbraune Krystalle, Sch.-P. 202°, in Wasser fast unlöslich, in organischen Lösungsmitteln löslich; das salzsaure Salz ist in salzsäurehaltigem Wasser kaum löslich, weiße Nadeln. — Eine isomere Verbindung entsteht nach Ber. **21**, 746 beim Chlorieren des Diacettolidins (Ber. **5**, 236).

1262 **DRP. 97 101** Zusatz zu DRP. 94 410 — Ber. **21**, 746

Wie [1230] aus Diacettolidin (Ber. **5**, 236) vom Sch.-P. 306. Das aus dem Diacetylprodukt erhaltene **Dichlortolidin** färbt sich an der Luft dunkel, ist in Wasser unlöslich, in organischen Solvenzien leicht löslich. Sch.-P. 290°.

1263 **DRP. 229 029** Zusatz zu DRP. 226 241

Dichlordinitro-4, 10-diaminodiphenyl

$$NH_2\langle Cl, NO_2\rangle-\langle Cl, NO_2\rangle NH_2 = C_{12}H_8N_4O_4Cl_2 = 342.$$

Diacetyl-m, m′-dichlorbenzidin mit Salpetersäure (2 Mol.) nitrieren und das Produkt verseifen.

1264 **DRP. 96 104** — E. P. 5143/94, DRP. 66 737

Kondensprod.: 3, 9-Dimethyl-4, 10-diaminodiphenyl u. Formaldehyd

$$\left[NH_2\langle CH_3\rangle-\langle CH_3\rangle NH_2 + H_2CO\right] \text{Anhydr.}$$

21,2 T. Tolidin in 200 T. Schwefelsäure lösen, kalt langsam 11,25 T. Formaldehyd (40%) zufließen lassen, nach 12-stündigem Stehen auf 300 T. Eis gießen, Sulfat filtrieren, mit kaltem Wasser waschen, Base zur Reinigung in Salzsäure lösen, Chlorhydrat mit überschüssiger Salzsäure fällen. Base aus Sprit oder Benzol umkrystallisieren; weiße Nädelchen, Sch.-P. 216°.

1265 **DRP. 45 827** Zusatz zu DRP. 44 209

2, 9-Dimethyl-4, 10-diamino-3-oxydiphenyl-6-sulfosäure (Äthyläther)

$$NH_2\langle CH_3\rangle-\langle H_3C,\ OH(C_2H_5),\ SO_3H\rangle NH_2.$$

Aus o-Kresoläther-p-sulfosäure wie [1763]. In diese Sulfosäuren des Diaminooxyditolyls werden dann zur Bildung der Phenoläther Alkylreste eingeführt.

1266 **DRP. 38 795**

3, 9-Dimethyl-4, 10-diaminodiphenyl-6, 12-sulfid

$$NH_2\langle\ \rangle\!-\!\langle\ \rangle NH_2\ (?)\quad (CH_3,\ CH_3;\ S)$$

Wie [1251] aus Tolidin.

1267 **DRP. 44 784**

DRP. 27 954
DRP. 33 088
Ber. 23, 2473

3, 9-Dimethyl-4, 10-diaminodiphenyl-6, 12-sulfon

$$NH_2\langle\ \rangle\!-\!\langle\ \rangle NH_2\ (CH_3,\ CH_3;\ SO_2) = C_{14}H_{14}N_2O_2S = 274.$$

1 T. Tolidinsulfat und 4 T. Oleum (40%) 2 St. auf 80° erhitzen, auf Eis gießen, Sulfonsulfat abpressen, mit Alkali in die freie Base überführen, filtrieren, mit Sprit auskochen (Tolidinentfernung), Rückstand in Salzsäure lösen, mit Natronlauge fällen. Sulfat in quantitativer Ausbeute, gelbgrün, amorph, in verdünnter Salzsäure heiß löslich, kalt krystallisiert das salzsaure Salz in braungelben Nadeln aus.

1268 Anm. A. 24 478, Kl. 12 q 22 .8. 13 Geigy

m-Tolidindisulfosäure

Im Gegensatz zum o-Tolidinprodukt in einheitlicher Form erhaltbar durch Sulfierung des 3, 9-Dimethyl-4, 10-diaminodiphenyls mit gewöhnlicher oder rauchender Schwefelsäure. Liefert eine einheitliche, schön krystallisierende Tetrazoverbindung.

1269 **DRP. 29 957**

Ann. 203, 76
J. pr. 66, 560

3, 9-Dimethyl-4, 10-diaminodiphenyldisulfosäure

$$NH_2\langle\ \rangle\!-\!\langle\ \rangle NH_2\ (CH_3,\ CH_3;\ SO_3H,\ SO_3H) = C_{14}H_{16}N_2O_6S_2 = 340.$$

o-Nitrotoluol bei 105° mit 3 T. Oleum sulfieren, die erhaltene Nitrosulfonsäure z. B. elektrolytisch reduzieren, Aminsäure umlagern. Ausbeute an **Tolidindisulfosäure** 50—60%. Vgl. Anmeld. A. 24 478 Kl. 12 q.

1270 **DRP. 44 779**

Wie [1253] durch Erhitzen von Tolidinsulfat auf 220°. Trennung des Gemenges von Mono- und Disulfosäure: Die **Tolidinmonosulfosäure** ist in schwach essigsaurer Lösung unlöslich, die Disulfosäure löslich und wird daher erst mit Mineralsäuren abgeschieden. Die Monosulfosäure ist in Wasser (auch heißem) kaum löslich, man erhält sie bei wiederholtem Ausfällen mit Salzlösung als körnigen Niederschlag. Die Disulfosäure dagegen ist leichter in Wasser löslich, krystallisiert aus heißen, gesättigten Lösungen beim Erkalten aus. Die Salze der Monosulfosäure haben geringes, jene der Disulfosäure ausgeprägtes Krystallisationsvermögen.

1271 **DRP. 50 140**

Zusatz zu DRP. 48 709

Ber. 22, 2474

Wie [1252]. o-Nitrotoluol-m-sulfosäure alkalisch reduziert gibt **Tolidin-o-disulfosäure,** d. i. 3, 9-Dimethyl-4, 10-diaminodiphenyl-5, 11-disulfosäure.

1272 **DRP. 53 436**

Lit. wie [1258]

3-Methyl-4, 10-diaminodiphenyl-6, 12-sulfonsulfosäure

$$NH_2\langle\ \rangle\!-\!\langle\ \rangle NH_2\ (SO_3H,\ CH_3;\ SO_2) = C_{13}H_{12}N_2O_5 = 264.$$

Rohe Schmelze von [1258] auf 120°—170° erhitzen, bis Probe in verdünntem Alkali löslich ist; auf Eis gießen, das abgeschiedene Gemenge der Sulfosäuren in Alkali lösen, Filtrat mit Essigsäure schwach sauer stellen. Nach 24 St. scheidet sich die Monosulfosäure fast völlig ab. Im Filtrat die Disulfosäure mit Salzsäure fällen. Operation wiederholen. Die Monosulfosäure ist in kochendem Wasser schwer, die Disulfosäure leicht, beide sind in Alkali gelb löslich.

1273 **DRP. 172 106** F. P. 359 214 — Ber. 14, 300; 22, 2459; 22, 2473

4, 10-Diamino-5, 11-dismethoxydiphenyl-2, 8-disulfosäure

SO_3H SO_3H

NH_2⟨⟩—⟨⟩$NH_2 = C_{14}H_{16}N_2O_8S_2 = 404.$

OCH_3 OCH_3

25 T. Di-o-anisidinbase (97,3%) bei höchstens 4° in 100 T. Oleum (10%) eintragen, auf 20°—25° erwärmen, auf Eis gießen, kalken, mit Soda aus dem Kalk das Na-Salz herstellen, das schwer löslich ist und sich in glänzenden Blättchen ausscheidet. Freie Säure aus der Na-Salzlösung mit viel Mineralsäure oder Kochsalz ausfällen. Nach

1274 **Zus. DRP. 174 497**

ebenso **4, 10-Diamino-5, 11-disäthoxydiphenyl-2, 8-disulfosäure.** Das Na-Salz ist ebenfalls schwer, die freie Säure leicht löslich.

1275 **DRP. 33 088** E. P. 1099/84 — Ber. 14, 300; 22, 2469 DRP. 27 954

4, 10-Diaminodiphenyl-6, 12-sulfondisulfosäure

$2\,(SO_3H)$

NH_2⟨⟩—⟨⟩$NH_2 = C_{12}H_{10}N_2O_8S_2 = 374.$

SO_2

1 T. schwefelsaures Benzidin mit 4 T. Oleum (40%) im geschlossenen Gefäß 1 St. auf 100° erhitzen (Sulfon [1254]), dann auf 150° weitererhitzen, bis das Sulfon verschwunden und Probe in kochendem Wasser leicht löslich ist und mit Basen kein gelber Niederschlag entsteht. In Wasser gießen, **Benzidinsulfondisulfosäure** filtrieren, nach [1259] reinigen.

1276 **DRP. 27 954** — Ber. 22, 2466

4, 10-Diaminodiphenyl-tetrasulfosäure

NH_2⟨⟩—⟨⟩$NH_2 = C_{12}H_{12}O_{12}S_4 = 476.$

$4\,SO_3H$

Siehe [1259]: Gewinnung von Benzidinsulfosäuren.

---

7. Diphenyl mit sieben (acht) Substituenten.

1277 **DRP. 44 784** — DRP. 27 954 DRP. 33 088

3, 9-Dimethyl-4, 10-diaminodiphenyl-6, 12-sulfonsulfo- und -disulfosäure

$(2)SO_3H$

CH_3 CH_3

NH_2⟨⟩—⟨⟩NH_2.

SO_2

Tolidinsulfon [1267] mit Oleum auf 120° oder die bei 80° erhaltene Tolidinsulfonschmelze weiter auf 120° erhitzen, bis Probe in verdünntem Alkali löslich ist. In Wasser gießen. Das Gemenge der Mono- und Disulfosäure fällt aus. Trennung: Die Monosulfosäure wird aus ihren Salzen mit Essigsäure ausgeschieden, die Disulfosäure nicht. Salze beider gelb, aussalzbar. Freie Monosulfosäure in kochendem Wasser unlöslich, Disulfosäure löslich.

---

8. Diphenyl und ein Benzolrest.

III II — 9 8 — 2 3

IV⟨ I ⟩—X—⟨10 7⟩—⟨1⟩4

V VI — 11 12 — 6 5

1278 **DRP. 72 431** Zusatz zu DRP. 66 737 — Vgl. Ber. d. ind. Ges. Mülh. 75, 43

Kondensationsprodukte von: Formaldehyd mit 3, 9-Dimethyl-4, 10-diaminodiphenyl und Aminobenzol

$$\left[CH_2O + \begin{array}{l} NHH\text{-}C_6H_3(CH_3)\text{-}C_6H_3(CH_3)\text{-}NH_2 \\ H\text{-}C_6H_4\text{-}NH_2 \end{array}\right] \text{Anh.}$$

Wie [1287] aus Anilin, Tolidin und Formaldehyd. Sch.-P. 50°—55°. — Ebenso die Verbindung aus Dianisidin, Anilin und Formaldehyd. Sch.-P. 75°—80°.

1279 **DRP. 74 386** Zusatz zu DRP. 66 737

Formaldehyd mit 3, 9-Dimethyl-4, 10-diaminodiphenyl und 1, 3- oder 1, 4-Diaminobenzol

$$\left[CH_2O + \begin{array}{l} NHH\text{-}C_6H_3(CH_3)\text{-}C_6H_3(CH_3)\text{-}NH_2 \\ NHH\text{-}C_6H_4\text{-}NH_2 \quad (\text{oder} \quad NHH\text{-}C_6H_4\text{-}NH_2) \end{array}\right] \text{Anh.}$$

Wie [1287] aus Tolidin, (Anisidin), m- oder p-Phenylendiamin und Formaldehyd. Sch.-P. unscharf über 130°.

1280 **DRP. 74 642** Zusatz zu DRP. 66 737

Formaldehyd mit 3, 9-Dimethyl-4, 10-diaminodiphenyl und 1-Amino-2-oxybenzol

$$\left[CH_2O + \begin{array}{l} NHH\text{-}C_6H_3(CH_3)\text{-}C_6H_3(CH_3)\text{-}NH_2 \\ NHH\text{-}C_6H_4\text{-}OH \end{array}\right] \text{Anh.}$$

Wie [1287]. Sch.-P. über 75°. Bei 100° Zersetzung. — Statt Tolidin ebenso Anisidin.

1281 **DRP. 60 332**

4-Amino-10-benzoyliminodiphenyl

$$C_6H_5-CO-NH-C_6H_4-C_6H_4-NH_2 = C_{19}H_{16}N_2O = 288.$$

10 T. Benzidin in 400 T. Toluol gelöst mit 7 T. Benzoylchlorid unter Rückfluß auf 100° erhitzen. Nach 2—3 St., wenn das Benzoylchlorid verschwunden ist, Toluol abdestillieren, Rückstand in 200 T. Wasser + 5 T. Salzsäure (21°) lösen, filtrieren, mit 100 T. Wasser waschen, Rückstand mit verdünntem Ammoniak digerieren, mit viel Wasser waschen, Rückstand im Extraktionsapparat mit Sprit ausziehen, wobei etwas **Dibenzoylbenzidin** zurückbleibt. In Wasser und Äther unlöslich, in Schwefelkohlenstoff, Sprit oder Benzol schwer löslich. Aus Sprit, Sch.-P. 203°—205°. Das salzsaure Salz ist in Wasser unlöslich. — Ebenso **Mono- u. Dibenzoyltolidin.** Aus Sprit, Sch.-P. 198°—200°.

1282 Anm. A. 4667, Kl. 12, 31. 8. 96, Berlin — F. P. 255 157 — DRP. 97 105, DRP. 86 250

4-Amino-10-iminodiphenyl-IV-aminobenzol-II-sulfosäure

$$NH_2-C_6H_3(SO_3H)-NH-C_6H_4-C_6H_4-NH_2 = C_{18}H_{17}N_3O_3S = 355.$$

184 T. Benzidin mit 27,8 T. 1-Chlor-4-nitro-2-benzolsulfosäure (als Na-Salz) in heißem Sprit (50%) lösen, 6 St. im Autoklaven auf 150° erhitzen, in Wasser lösen, aussalzen, 4,08 T. braune Krystalle des Na-Salzes der **Benzidin-4-nitrobenzol-2-sulfosäure** mit 5 T. Schwefelnatrium reduzieren. Die schmutziggrüne Lösung gibt kalt das Na-Salz der Aminosäure; vollends aussalzen, graue Flocken filtrieren, mit Essigsäure die freie Sulfosäure darstellen.

1283 Anm. W. 44 546, Kl. 12 q 27. 2. 14 Weil

Indophenolartige Oxydationsprodukte aus p-freien Phenolen oder Naphtholen mit Benzidin oder dessen Methylhomologen in wässeriger, alkalischer oder neutraler Flüssigkeit.

9. Diphenyl und zwei Benzolreste.

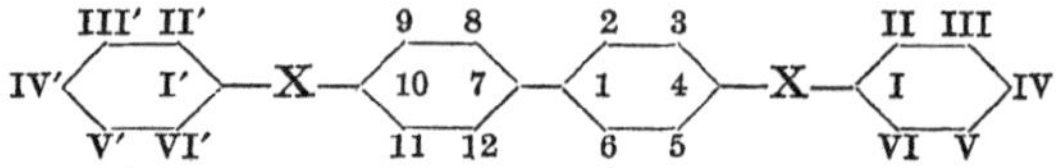

4 NH·CO·C_6H_5—10 NH·CO·C_6H_5 1281
4 NH·CH_2·C_6H_4 (NO_2)—10 NH·CH_2·C_6H_4 (NO_2) 1284
4 NH·CH_2·C_6H_4 (NH_2)—10 NH·CH_2·C_6H_4 (NH_2) 1284
3 CH_3—9 CH_3—4 NH·CH_2·C_6H_4 (NO_2)—10 NH·CH_2·C_6H_4 (NO_2). 1285
3 CH_3—9 CH_3—4 NH·CH_2·C_6H_4 (NH_2)—10 NH·CH_2·C_6H_4 (NH_2) 1285
3 CH_3—9 CH_3—4 NH·CO·C_6H_5—10 NH·CO·C_6H_5 1281
4 N:N·C_6H_4 (NH_2)—10 N:N·C_6H_4 (NH_2) (Homologe) 1286, 1766
4 NH·SO_2·C_6H_4·(CH_3)—10 NH·SO_2·C_6H_4·(CH_3) 1801
2 NO_2—4 NH·SO_2·C_6H_4 (CH_3)—10 NH·SO_2·C_6H_4 (NH_2) 1801

1284 **DRP. 53 282** — Ber. 6 1056

IV, IV'-Diamino-dis-benzyl-4, 10-diimidodiphenyl

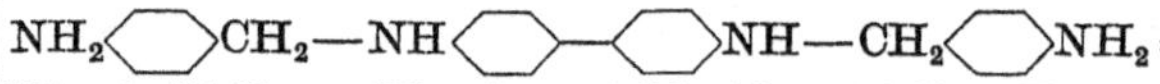
$= C_{26}H_{26}N_4 = 394.$

18,4 T. Benzidin + 34 T. p-Nitrobenzylchlorid + 70 T. Wasser unter Rückfluß 3—4 Tage auf 100° erhitzen. Krystallmehl (**Dinitrodibenzylbenzidin**) filtrieren, Rückstand zweimal mit verdünnter Salzsäure auskochen, filtrieren, Rückstand mit 35 T. Zinn + 155 T. Salzsäure reduzieren, Produkt in Wasser gießen, filtrieren, mit Zink entzinnen. Die so erhaltene Lösung der Diaminobase darf mit Schwefelsäure keinen Niederschlag von Benzidinsulfat geben. Eigenschaften wie [1285].

1285 **DRP. 53 282** — Ber. 6, 1056

IV, IV'-Diamino-dis-benzyl-3, 9-dimethyl-4, 10-diimididophenyl

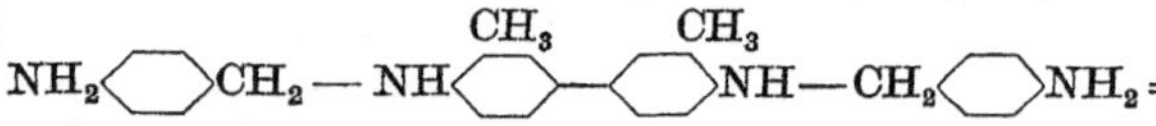
$= C_{28}H_{30}N_4 = 424.$

Wie [1284] über das **Dinitrobenzyltolidin.** Weißes Pulver, in Sprit leicht, in Wasser schwer löslich. Das salzsaure Salz ist in Wasser und, zum Unterschiede von Benzidin, auch in verdünnter Schwefelsäure leicht löslich. Das Sulfat ist aus der Spritlösung der Base (nicht aus der wässerigen Lösung!) durch Fällung mit Schwefelsäure erhaltbar; getrocknet ist es sehr schwer löslich.

1286 **DRP. 42 227** und **Zus. DRP. 43 486**

IV, IV'-Diamino-4, 10-dis-azobenzol-diphenyl und Homologe

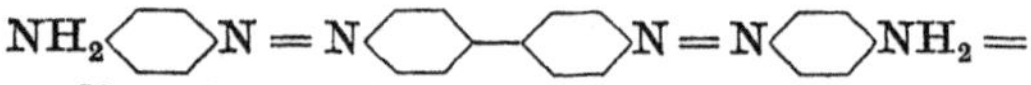
$= C_{24}H_{20}N_6 = 392.$

Durch Kuppeln von diazotiertem Benzidin oder Homologen (in schwefelsaurer Lösung) mit Anilin und Umlagerung der Dis-Diazoverbindung bei Gegenwart von Anilin und salzsaurem Anilin (in der Wärme angeblich als Paste erhalten).

10. Zwei Diphenylreste.

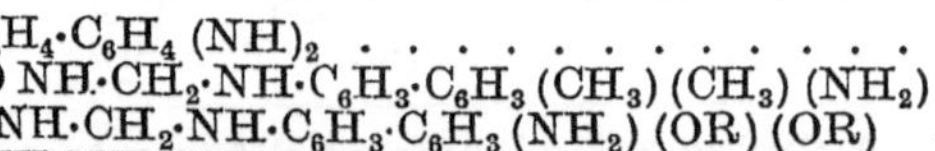

4 NH_2—10 NH·CH_2·NH·C_6H_4·C_6H_4 $(NH)_2$ 1287, 1288
3 CH_3—9 CH_3—4 NH_2—10 NH·CH_2·NH·C_6H_3·C_6H_3 (CH_3) (CH_3) (NH_2) 1287
4 NH_2—3 OR—9 OR—10 NH·CH_2·NH·C_6H_3·C_6H_3 (NH_2) (OR) (OR) 1288
4 NH_2—10 NH_2—2 NH·S·IX·NH·C_6H_3·C_6H_4 (NH_2) (NH_2) 1289

1287 **DRP. 66 737** F. P. 220 724 — Ber. 11, 831

Kondensationsprodukte von Formaldehyd mit 3, 9-Dimethyl-4, 10-diaminodiphenyl und mit 4, 10-Diaminodiphenyl

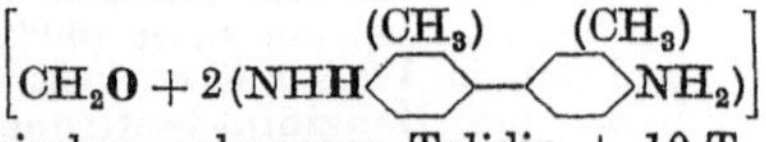
Anh.

21,2 T. Tolidin + 24,8 T. basisches, salzsaures Tolidin + 10 T. Sprit als Paste mit 7,5 T. Formaldehyd (40%) verreiben, 12 St. stehenlassen, die graugrüne Masse auf dem

Wasserbade 12 St. erwärmen; die zuerst dünne Masse wird dick, harzig und schließlich zu grünem Pech. Kalt pulverisieren, Pulver mit etwas mehr als der theoretischen Menge verdünnter heißer Schwefelsäure extrahieren, vom Tolidin filtrieren, im Filtrat mit Soda das harzige, erstarrende Produkt fällen. Beginnt bei 60°—65° zu sintern, bei 85°—90° ist alles geschmolzen. Leicht in Sprit, kaum in Benzol löslich, in Äther unlöslich. Die Salze sind leicht löslich. Nach

1288 **Zus. DRP. 68 920** — wird ebenso die Benzidinformaldehydverbindung vom unscharfen Sch.-P. zwischen 84° und 100°, und ferner das Kondensationsprodukt von Formaldehyd mit 3,9-Dismethoxy-4,10-diaminodiphenyl vom Sch-P. 75—90° erhalten.

1289 **DRP. 86 096** — Lit wie [1879]

4, 10, IV, X-Tetramino-dis-diphenyl-II, 8-disimidosulfid

NH —— S —— NH

$NH_2\langle\rangle\!-\!\langle\rangle\!-\!NH_2$ $NH_2\langle\rangle\!-\!\langle\rangle NH_2 = C_{24}H_{24}N_4S = 400.$

Wie [1879] Kleine Blättchen. Schmilzt unter Schwarzfärbung bei 190°.

---

11. Triphenyl und Triphenylbenzol.

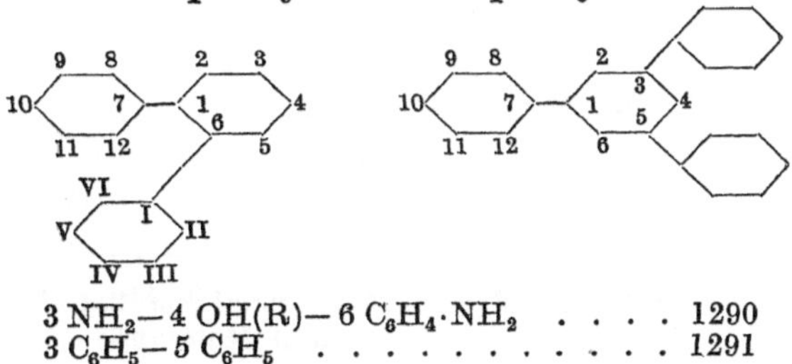

$3\ NH_2-4\ OH(R)-6\ C_6H_4\cdot NH_2$ 1290

$3\ C_6H_5-5\ C_6H_5$ 1291

1290 **DRP. 58 295** — DRP. 44 209

6-(IV-Aminophenyl)-3-amino-4-äthoxydiphenyl

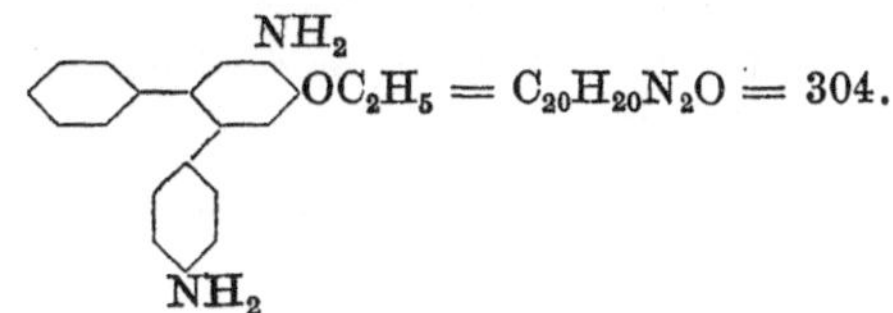

10 T. **p-Oxydiphenyl** (nach [1849] oder durch Verschmelzen von Diphenylsulfosäure mit Ätzalkali) in 200 T. Wasser + 4,5 T. Natronlauge lösen, kalt eine Diazolösung aus 5,5 T. Anilin + 20 T. Salzsäure + 100 T. Wasser + 4,1 T. Nitrit zusetzen, den ausgeschiedenen Azokörper

$$C_6H_5-C_6H_3\begin{cases}(4)\ OH\\(3)\ N=N\cdot C_6H_5\end{cases}$$

filtrieren, pressen, trocknen, in 2,5 T. Natronlauge + 80 T. Sprit lösen, mit 7,5 T. Brommethyl oder 6,2 T. Bromäthyl 1 St. auf 50° erwärmen. Kalt rote Nadeln des alkylierten Azokörpers filtrieren, mit einer Lösung von 20 T. Chlorzink in 40 T Salzsäure übergießen; die entstandene Hydrazoverbindung

$$C_6H_5-C_6H_3\begin{cases}(4)\ O\cdot C_2H_5\\(3)\ NH\cdot NH\cdot C_6H_5\end{cases}$$

wird durch die vorhandene Salzsäure in den weißen Krystallbrei von **Phenyläthoxybenzidin = (Äthoxydiaminotriphenyl)**

$$\begin{array}{c}(4)\ O\cdot C_2H_5\\|\\(3)\ NH_2\cdot C_6H_2-(6)\ C_6H_4\cdot NH_2\\|\\C_6H_5\end{array}\ \text{d. i.}\ \begin{array}{c}(4)\ NH_2\\|\\(4)\ NH_2\cdot C_6H_4\cdot C_6H_2\cdot(2)\ C_6H_5\\|\\(5)\ O\cdot C_2H_5\end{array}$$

übergeführt. Zinnhaltige Mutterlauge filtrieren, Salz in sehr wenig heißem Wasser lösen, filtrieren, mit Glaubersalz fällen. — Das Sulfat ist in heißem Wasser leichter löslich als das Benzidinsulfat, die salzsauren Salze sind sehr schwer löslich. Die Basen sind aus wässerigen Salzlösungen mit Ammoniak in weißen Flocken fällbar, in Wasser unlöslich, in organischen Lösungsmitteln leicht löslich.

1291 **DRP. 250 236**

Z.Bl. 1900, II, 255
Ber. 31, 1020

1, 3, 5-Triphenylbenzol $= C_{24}H_{18} = 306.$

Wie [129] aus Acetophenon und 1% Jod bei 180°—190° Sch.-P. des Produktes 169°—170°.

III. Benzolreste durch —C— verbunden.

1. $R_2 = H$ (ein Kern chinoid).

1292 **DRP. 223 337** und **DRP. 231 992**

Ber. 31, 148

4-Oxyphenyl-7-methyliden-10-chinon-3, 9-dicarbonsäure und Homologe

$= C_{15}H_{10}O_6 = 286.$

Durch Oxydation von Methylendisalicylsäure bzw. Methylen-di-o-kresotinsäure in konz. schwefelsaurer Lösung mit der berechneten Menge nitroser Schwefelsäure. Gelbrotes Pulver der **Formaurindicarbonsäure** aus Aceton. (Ber. 31, 148.)

2. $R_2 = H_2$.

a) Diphenylmethan unsubstituiert und mit einem Substituenten.

1293 **DRP. 281 802**

Diphenylmethan $C_6H_5-CH_2-C_6H_5 = C_{13}H_{12} = 168.$

12,6 T. Benzylchlorid, 47 T. Benzol und 0,3 T. Phosphorpentoxyd 7 St. auf 230° erhitzen, Produkt unter vermindertem Druck destillieren. Ausbeute 80%.

1294 Anm. F. 4927, Kl. 22
25. 9. 90
Elberfeld

4-Aminodiphenylmethan $C_6H_5-CH_2-C_6H_4NH_2 = C_{13}H_{13}N = 183.$

10 T. salzsaures Aminobenzylanilin [1466] evtl. im Autoklaven, jedenfalls aber unter Luftabschluß, 8—12 St. auf 180°—220° erhitzen. Masse in wenig (5—10 T.) Wasser lösen, mit 15—20 T. konz. Salzsäure fällen. Oder: Masse in Sprit lösen und mit 5 T. Schwefelsäure das sehr reine Sulfat fällen. Base aus wässeriger Lösung mit Alkali fällen; das ölige Produkt erstarrt bald zu einer gelblich-weißen Krystallmasse. In Benzol, Sprit leicht, in Äther schwer löslich. — Ebenso gewinnt man: **Aminophenyl-o-aminotolylmethan, Aminophenyl-amino-m-xylylmethan, Aminophenyldiaminophenylmethan, Aminophenyl-o-methoxyaminophenylmethan, Aminophenyldiaminoditolylmethan** aus Aminobenzyl-o-toluidin, -xylidin-, -benzidin, -anisidin, -tolidin.

1295 **DRP. 18 977** — Ber. 5, 435; 6, 735

4-Oxydiphenylmethan $C_6H_5—CH_2—C_6H_4OH = C_{13}H_{12}O = 183$.

Molekulare Mengen Phenol und Benzylchlorid mit wenig Chlorzink innig vermischen. Reaktion unter Selbsterwärmung in 40 Min. beendet, waschen, trocknen, unter 10 mm Druck fraktioniert destillieren. S.-P. 198°—200°, Sch.-P. 84°. — Ebenso **Benzylnaphthol,** Sch.-P. 68°.

b) Diphenylmethan mit zwei Substituenten.

1296 **DRP. 67 001** — Ber. 27, 3314

3, 9-Dinitrodiphenylmethan und Homologe

$NO_2C_6H_4—CH_2—C_6H_4NO_2 = C_{13}H_{10}N_2O_4 = 270$.

21 T. Nitrobenzol in 3—5 T. konz. Schwefelsäure gelöst + 9 T. Formaldehyd (34%) 24—26 St. auf 40°—50° erwärmen, in Wasser gießen, mit Dampf das Nitrobenzol abtreiben, Rückstand reinigen. Sch.-P. 174°. (Ber. 5, 795.) Ebenso wie die Homologen in Sprit oder Benzol leicht, in Äther schwer löslich. **Dinitrodi-o-ditolylmethan,** Sch.-P. 170°; **Dinitrodi-p-ditolylmethan,** Sch.-P. 153°. Die Reaktion erfolgt nach Ber. 27, 2321 nicht glatt, doch entstehen jedenfalls m, m-Dinitrodiphenylmethane. Nach Ber. 27, 2295 auch aus Nitrobenzol + m-Nitrobenzylalkohol erhaltbar.

1297 **DRP. 53 937** — Ber. 5, 796; 17, 652; 18, 3309; Ch.-Z. 1889, 1089; J. pr. 35, 319; 36, 226

4, 10-Diaminodiphenylmethan

$NH_2C_6H_4—CH_2—C_6H_4NH_2 = C_{13}H_{14}N_2 = 210$.

50 T. Anhydroformaldehydanilin (Ber. 18, 3309) + 70 T. salzsaures Anilin + überschüssiges Anilin, oder nach [1305]: 100 T. Anhydroformaldehyd-p-toluidin + 250 T. salzsaures Anilin + 800 T. Anilin (da die Anhydroverbindungen nur als Überträger des Formaldehydes dienen) bis zur Dickflüssigkeit auf dem Wasserbade erwärmen. Nach 12 St. alkalisch stellen, das Anilin mit Dampf abtreiben. Der Rückstand erstarrt zum Krystallkuchen. Aus Benzol derbe Krystalle, aus Wasser silberglänzende Blättchen (ähnlich wie Benzidin). Sch.-P. 80° (?).

1298 **DRP. 55 848**

Durch Erhitzen der entsprechenden Aminobenzylbasen-Chlorhydrate auf 160°—250° unter Druck oder bei gewöhnlichem Druck erhält man ebenfalls Diaminodiphenylmethan, **Aminophenyl-amino-** und **-diamino-diphenyl-** und **-tolylmethane** und **Aminophenyl-o-methoxyaminophenylmethan.**

1299 **DRP. 96 762** — DRP. 83 544; DRP. 95 184

12,3 T. Aminobenzylalkohol (wasserlösliche oder schwerlösliche Form) in 50 T. Wasser lösen, mit einer Lösung von 13 T. salzsaurem Anilin bei 80° digerieren, bis die erste Ausscheidung wieder gelöst ist und eine Probe mit Alkali keinen Anilingeruch gibt. Die gelbliche Lösung mit Natronlauge neutralisieren, das bald erstarrende Öl filtrieren und waschen. Aus Wasser umkrystallisieren, Sch.-P. 93°.

1300 **DRP. 148 760** — DRP. 105 862; F. P. 274 473; F. P. 289 482; Ann. 316, 128

4-Amino-10-methyliminodiphenylmethan-ω-sulfosäure, Stellungsisomere und Homologe

$SO_3H·CH_2·NH·C_6H_4—CH_2—C_6H_4NH_2 = C_{14}H_{16}N_2O_3S = 292$.

Schweflige Säure und Formaldehyd auf aromatische Amine mit freien o- oder p-Stellen bei 70°—90° oder längere Zeit bei gewöhnlicher Temperatur einwirken lassen. Die Sulfosäuren spalten sich beim Kochen ihrer alkalischen Lösungen in Diaminodiarylmethane, Formaldehyd und Alkalibisulfit. Z. B.: 37,2 T. Anilin in 60 T. Salzsäure (20°) und 250 T. Wasser lösen, 140 T. Bisulfit (38°), dann 36,4 T. Formaldehyd (38%) zugeben. Selbsterwärmung auf 50°. Sofort auf 70° weitererhitzen, nach 1 St. die abgeschiedenen Krystalle filtrieren, waschen und bei möglichst niedriger Temperatur trocknen. Sch.-P. 168° (Zersetzung). Löst sich in Ammoniak (20%), aus der Lösung krystallisiert das NH_3-Salz in silberglänzenden Blättern aus. In konz. Schwefelsäure unter Abspaltung von Schwefeldioxyd löslich.

1301 **DRP. 107 718** — DRP. 55 848, DRP. 87 934, DRP. 104 230, DRP. 105 797, DRP. 108 064, Ber. **30**, 61, Z. f. Farbenind. **10**, 18

4, 10-Diaminodiphenylmethan tetra- oder unsymmetrisch dialkyliert

$NR_2\langle\rangle—CH_2—\langle\rangle NH_2$,

$NR_2\langle\rangle—CH_2—\langle\rangle NR_2$.

Aus p-Aminobenzylanilin bzw. -p-toluidin, o- und p-Amino-m-xylyl-p-toluidin, Dimethyl- und Diäthylaminobenzyl-p-toluidin, o-Amino-mesidyl-m-xylidin mit: Anilin, o-Toluidin, m-Phenylen- und Toluylendiamin, Alkyl- und Dialkylanilin und -toluidin, Diphenylamin, wobei der mit dem Aminobenzylrest verbundene Anilinrest durch ein anderes Anilinmolekül verdrängt wird, und nicht, wie man annahm, eine Umlagerung in dem Sinne

$\langle\rangle—NH·CH_2—\langle\rangle \rightarrow \langle\rangle—CH_2—\langle\rangle NH_2$ stattfindet. Weiteres bei den einzelnen Verbindungen [z. B. **1315**]. — **Tetramethyldiaminodiphenylmethan** erhält man z. B. aus 24 T. Dimethylaminobenzyl-p-toluidin [1477] + 12,1 T. Dimethylanilin + 200 T. Wasser + 30 T Salzsäure (21°). — Ebenso das unsymmetrische **Dimethyldiaminodiphenylmethan** aus 19,8 T. p-Aminobenzylanilinbase [1466] 12,1 T. Dimethylanilin, 400 T. Wasser und 30 T. HCl. Der Rückstand der Dampfdestillation erstarrt krystallinisch. In organischen Solvenzien, außer Ligroin, leicht löslich. Aus Sprit umkrystallisieren, Sch.-P. 84°.

1302 **DRP. 96 762** — Lit. wie [1297], Ber. **21**, 3296

4-Amino-10-dimethylaminodiphenylmethan

$(CH_3)_2N\langle\rangle—CH_2—\langle\rangle NH_2 = C_{15}H_{18}N_2 = 226.$

12,3 T. p-Aminobenzylalkohol (unlösliche Form) + 48,4 T. Dimethylanilin + 12 T. Salzsäure (20°) 12 St. im Wasserbade erwärmen, Dimethylanilin abtreiben, die Base waschen und trocknen. Sch.-P. 93°. Mit Bleisuperoxyd entsteht das Hydrol, das in Eisessig blauviolett löslich ist.

1303 **DRP. 68 011** — Zusatz zu PDR. 67 478

4, 10-Dis-Methyliminodiphenylmethan

$CH_3·NH\langle\rangle—CH_2—\langle\rangle NH·CH_3 = C_{15}H_{13}N_2 = 226.$

Wie [1318]: 10,7 T. Monomethylanilin + 14,5 T. seines salzsauren Salzes + 7 T. Formaldehyd (40%), 10 St. auf 100°—120° erwärmen. Aus Ligroin, Sch.-P. 56°—57°. — Über **4, 10-Diaminodiphenylmethandiglycin** s. J. pr. **1908**, 353.

1304 **DRP. 74 629**

4, 10-Dioxydiphenylmethan

$OH\langle\rangle—CH_2—\langle\rangle OH = C_{13}H_{12}O_2 = 200.$

Aus 2 Mol. geschmolzenem Phenol mit 1 Mol. Formaldehyd bei Gegenwart von Salzsäure.

c) Diphenylmethan mit drei Substituenten.

1305 Anm. C. 4640, Kl. 22, 28. 7. 90, Zus. DRP. 53 937, F. P. 202 769

3-Methyl-4, 10-diaminodiphenylmethan

$NH_2\langle\rangle—CH_2—\langle\rangle(CH_3) NH_2 = C_{14}H_{16}N_3 = 200.$

Wie [1297]: 100 T. Anhydroformaldehyd-o-toluidin + 250 T. salzsaures Anilin + 500 T. Anilin auf dem Wasserbade erhitzen, bis Probe mit verdünnter Schwefelsäure gekocht keinen Formaldehyd mehr abspaltet. Aus Wasser oder Sprit umkrystallisieren, Sch.-P. 129°.

1306 **DRP. 96 762** — Lit. wie [1297], Ber. **18**, 3302

13,5 T. p-Amino-m-tolylalkohol (wasserlösliche Form) + 28 T. Anilin + 13 T. salzsaures Anilin 12 St. im Wasserbade erwärmen, das Anilin alkalisch abblasen, die Base waschen. Sch.-P. 129°.

1307 **DRP. 107 718** — Lit. wie [1297]

3-Methyl-4-methylimino-10-dimethylaminodiphenylmethan

$(CH_3)_2N\langle\rangle—CH_2—\langle\rangle NH·CH_3$ (mit CH_3) $= C_{17}H_{22}N_2 = 254$.

Wie [1297] aus 24 T. Dimethylaminobenzyl-p-toluidin + 12,1 T. Monomethyl-o-toluidin. Sch.-P. 85°.

1308 **DRP. 117 890** — DRP. 113 723, DRP. 114 194

4, 9-Dioxydiphenylmethan-10-carbonsäure, -aldehyd und Derivate

$COOH\langle\rangle—CH_2—\langle\rangle OH$. (mit OH; (COH))

Das sehr leicht bewegliche Halogenatom in [778] und [776] ist auch gegen die Reste aromatischer Oxyverbindungen austauschbar. Z. B.: 1900 T. Chlormethylsalicylsäure [778] + 1440 T. 2-Naphthol in Eisessiglösung kochen und wenn die Chlorwasserstoffentwicklung beendet ist, kalt die Krystalle filtrieren. Aus Eisessig oder Wasser umkrystallisieren, Sch.-P. 198°. In Soda und Ammoniak sehr leicht löslich. Mit Eisenchlorid intensiv blau. — Ebenso entstehen mit Resorcin, Phenol, o-Kresol usw. derartige Kondensationsprodukte.

1309 **DRP. 139 989**

2-Nitro-4, 10-diaminodiphenylmethan

$NH_2\langle\rangle—CH_2—\langle\rangle NH_2$ (mit NO_2) $= C_{13}H_{13}N_3O_2 = 243$.

Zur Vermeidung der Bildung von Dinitroverbindung 2 Mol. Diaminodiphenylmethan in schwefelsaurer Lösung mit 1 Mol. Kalisalpeter bzw. Mischsäure nitrieren und das erhaltene Gemenge von unveränderter Base und Mononitroverbindung durch fraktionierte Fällung der schwefelsauren Lösung mit Soda trennen. Aus Sprit gelbe Nadeln. Sch.-P. 100—101°.

1310 **DRP. 79 250** — E. P. 5711/94, F. P. 239 031

2-Nitro-4, 10-dis-dimethylaminodiphenylmethan

$R_2N\langle\rangle—CH_2—\langle\rangle NR_2$. (mit NO_2)

25,4 T. Tetramethyldiaminodiphenylmethan in 200 T. Schwefelsäure (66°) lösen, mit 10,8 T. Salpetersäure (40°) + 14,2 T. Schwefelsäure (66°) bei max. 10° nitrieren, in Eiswasser gießen, Nitroverbindung mit Alkali oder Acetat ausfällen. Aus Sprit rote Krystalle, Sch.-P. 95°.

1311 **DRP. 79 250** — E. P. 5711/94, F. P. 239 031

2-Amino-4, 10-dis-dimethylaminodiphenylmethan

$R_2N\langle\rangle—CH_2—\langle\rangle NR_2$. (mit NH_2)

30 T. [1310] in 100 T. Salzsäure (20°) und Eis mit 20 T. Zinkstaub reduzieren, filtrieren, Filtrat mit überschüssiger Natronlauge fällen, Base aus Äther + Ligroin umkrystallisieren. Große Krystalle, Sch.-P. 96°. Die Acetylverbindung aus Benzol + Ligroin, umkrystallisiert schmilzt bei 136°.

1312 **DRP. 183 793** — E. P. 25 498/05 — DRP. 65 017, DRP. 88 085

4, 10-Dis-dialkylaminodiphenylmethan-2-sulfosäure

$R_2N\langle\rangle—CH_2—\langle\rangle NR_2$. (mit SO_3H)

In eine 15° warme Lösung von 62,5 T. dimethylmetanilsaurem Natrium + 30 T. Dimethylanilin in 100 T. Wasser + 30 T. Schwefelsäure (66°) 19 T. Formaldehyd (40%) eintragen, 48 St. bei 25°—30° stehenlassen, mit 520 T. Wasser verdünnen, eine Lösung von 18 T. Soda in 100 T. Wasser zusetzen und die krystallinisch erstarrende Sulfosäure filtrieren. Das Na-Salz ist aus der wässerigen Lösung aussalzbar. — Ebenso **Tetraäthyldiaminodiphenylmethansulfosäure.**

d) Diphenylmethan mit vier Substituenten.

1313 **DRP. 148 760** — Lit. wie [1300]

3, 9-Dichlor-10-aminodiphenylmethan-4-methylimido-ω-sulfosäure

$NH_2\langle\rangle$(Cl)$—CH_2—\langle\rangle$(Cl)$NH\cdot CH_2\cdot SO_3H = C_{14}H_{14}Cl_2N_2O_3S = 360.$

25,5 T. o-Chloranilin mit 260 T. wässeriger schwefliger Säure (5%) übergießen und unter starkem Rühren 18,2 T. Formaldehyd (33%) zugeben. Es fällt ein dichter Niederschlag der noch am Stickstoff substituierten Verbindung $\langle\rangle$(Cl)$NH\cdot CH_2\cdot SO_3H$ **(1-Chlorbenzol-2-methylimido-ω-sulfosäure)**. Rasch auf 80°—85° erwärmen, wobei Lösung erfolgt, den dann erst abgeschiedenen Krystallbrei der Methansulfosäure kalt filtrieren und bei 30°—40° trocknen. Sch.-P. 168°—169°. Das Ammonsalz krystallisiert nicht aus, sonst wie [1300]. — Ebenso: **Monomethyl-p-diamino-o-ditolylmethan-ω-sulfosäure** aus 21,4 T. m-Toluidin, jedoch nicht erwärmen, sondern einige Tage stehenlassen und die Methanbase filtrieren. Sch.-P. 178°—180°. Bei Bildung der **Monomethyl-o-diamino-m-ditolylmethan-ω-sulfosäure** aus 21,4 T. p-Toluidin erwärmt man auf 70°. Sch.-P. 159°—160°. **Monomethyl-p-diamino-m-ditolylmethan-ω-sulfosäure** aus 42,0 T. o-Toluidin wie [1300], jedoch ohne zu erwärmen. Sch.-P. 172°. — Das **4, 10-Diamino-3, 9-dichlordiphenylmethan** selbst entsteht aus Methylendi-o-chloranilin durch Umlagerung. Vgl. J. pr. **1909**, 492.

1314 **DRP. 234 026**

8-Chlor-3-methyl-4-oxydiphenylmethan-5-carbonsäure

$\langle\rangle$(Cl)$—CH_2—\langle\rangle$(CH_3, COOH)$OH = C_{15}H_{13}ClO_3 = 276.$

Durch Kondensation von o-Chlorbenzylalkohol und o-Kresotinsäure.

1315 **DRP. 107 718** — Lit. wie [1301]

3, 9-Dimethyl-4, 10-diaminodiphenylmethan

$NH_2\langle\rangle$(CH_3)$—CH_2—\langle\rangle$(CH_3)$NH_2 = C_{15}H_{18}N_2 = 226.$

22,6 T. Aminobenzylbase [1487] (aus Anhydroformaldehyd-p-toluidin + o-Toluidin) + 10,7 T. o-Toluidin + 300 T. Wasser + 30 T. Salzsäure (21°) einige Stunden im Wasserbade erwärmen, das p-Toluidin alkalisch mit Dampf abblasen, den Rückstand auf Base verarbeiten [1301].

1316 Anm. C. 4640, Kl. 22. 28. 7. 90

Wie [1297] aus 100 T. Anhydroformaldehydanilin + 250 T. salzsaurem o-Toluidin + 500 T. o-Toluidin.

1317 **DRP. 107 718** — Lit. wie [1301]

3, 9-Dimethyl-10-amino-4-äthylimidodiphenylmethan

$NH_2\langle\rangle$(CH_3)$—CH_2—\langle\rangle$(CH_3)$NH\cdot C_2H_5 = C_{17}H_{22}N_2 = 254.$

Wie [1315] mit 13,5 T. Monoäthyl-o-toluidin.

1318 **DRP. 67 478**

3, 9-Dimethyl-4, 10-dis-methylimidodiphenylmethan

$CH_3\cdot NH\langle\rangle$($CH_3$)$—CH_2—\langle\rangle$($CH_3$)$NH\cdot CH_3 = C_{17}H_{22}N_2 = 254.$

In ein Gemenge von 2 Mol. Monomethyltoluidin und 1 Mol. Formaldehyd unter Kühlung 1 Mol. Chlorwasserstoff einleiten, 10 St. auf dem Wasserbade erwärmen (oder: 1 Mol.

Methyltoluidin + 1 Mol. seines salzsauren Salzes + 1 Mol. Formaldehyd), mit Wasser verdünnen, mit Soda fällen, Dampf einleiten. Kalt erstarrt die Base im Rückstand krystallinisch. Aus Sprit oder Ligroin farblose Tafeln, Sch.-P. 86°—87°. — Nach

1319 **Zus. DRP. 68 004** gewinnt man sym. **Diäthyldiaminoditolylmethan** ebenso. Es bildet aus Sprit oder Ligroin gelbliche Tafeln vom Sch.-P. 92°—93°.

1320 **DRP. 264 287** **3, 9-Dimethyldiphenylmethan-4, 10-dipyrazolon**

$CH_3{\cdot}C=N$ ... $N=C{\cdot}CH_3$

$CH_2\langle$ | CH_3 ... CH_3 | $\rangle CH_2 = C_{24}H_{24}N_4O_2 = 400.$

OC—N—⟨⟩—CH_2—⟨⟩—N—CO

Kondensation von Diphenylmethanderivaten: 4, 4′-Dihydrazino-3, 3′-dimethyldiphenylmethan, 4, 4′-Diamino-3, 3′-dichlor- oder -2, 5, 2′, 5′-tetramethyldiphenylmethan mit Acetessigester in alkalischer Lösung. Farbloses, in Wasser unlösliches Pulver, ohne scharfen Sch.-P. Das Dipyrazolon des 4, 4′-Diamino-3, 3′-dimethylbenzophenons ist gelblich und löst sich in Schwefelsäure orangegelb.

1321 **DRP. 236 046** **3-Methyl-10-dimethylamino-4-oxydiphenylmethan-5-carbonsäure**

CH_3

$(CH_3)_2N$⟨⟩—CH_2—⟨⟩$OH = C_{17}H_{19}NO_3 = 285.$

$COOH$

50 T. p-Chlormethyl-o-kresotinsäure [1065] als neutrale Paste (50%) in 50 T. Diäthylanilin eintragen. Selbsterwärmung auf 70°, weitererwärmen auf 100°, bis eine Probe bis auf geringe Mengen **Methylendi-o-kresotinsäure** in Salzsäure klar löslich ist, die Masse mit verdünnter Sodalösung aufkochen, das Diäthylanilin mit Dampf entfernen, den Rückstand einengen, die Krystalle der gebildeten Methanverbindung filtrieren, mit Salzwasser waschen, trocknen, die freie Säure aus der wässerigen Na-Salzlösung mit Essigsäure fällen und aus verdünntem Sprit umkrystallisieren, Sch.-P. 171°.

1322 **DRP. 107 718** **3-Methyl-4, 6, 10-triaminodiphenylmethan**

Lit. wie [1301]

CH_3

NH_2⟨⟩—CH_2—⟨⟩$NH_2 = C_{14}H_{17}N_3 = 227.$

NH_2

Wie [1315] aus 19,8 T. Aminobenzylbase [1487] + 12,2 T. m-Toluylendiamin. Aus Sprit umkrystallisieren, Sch.-P. 135°.

1323 **DRP. 139 989** **2, 8-Dinitro-4, 10-dis-dimethylaminodiphenylmethan**

NO_2 NO_2

$(CH_3)_2N$⟨⟩—CH_2—⟨⟩$N(CH_3)_2 = C_{17}H_{19}N_4 = 279.$

Herstellung nach Ber. 27, 3163 durch Nitrierung des Tetramethyldiaminodiphenylmethans in schwefelsaurer Lösung mit $^1/_2$ Mol. Kalisalpeter oder der entsprechenden Menge Mischsäure. — **2, 8-Dinitro-4, 10-diaminodiphenylmethan** wird nach Ber. 25, 304 erhalten.

1324 **DRP. 133 709** **Tetraaminodiphenylmethanbasen unsym. alkyliert**

A. P. 675 568
E. P. 11 035/00
F. P. 301 256

NH_2 NH_2

$(CH_3)_2N$⟨⟩—CH_2—⟨⟩$NH_2.$

1 Mol. asym. dialkyliertes m-Diamin + 1 Mol. nicht- oder monoalkyliertes m-Diamin + 1 Mol. Formaldehyd kondensieren oder die entsprechend alkylierten Diaminodiphenylmethanbasen dinitrieren und folgend reduzieren. Man erhält so z. B.: **Dimethyltetraaminodiphenylmethan,** aus Toluol, Sch.-P. 189°. — **Dimethyl-(-äthyl-)tetraaminophenyl-o-tolylmethan,**

H_2 CH_3

$(C_2H_5)_2{\cdot}N$⟨⟩—C—⟨⟩$NH_2.$

NH_2 NH_2

aus Chloroform Blätter vom Sch.-P. 177°, bzw. aus Sprit Körner vom Sch.-P. 120°. — **Trimethyltetraaminodiphenylmethan** und **Trimethyltetraaminophenyl-o-tolylmethan,**

H_2 ... H_2 CH_3

$(CH_3)_2N$⟨⟩—C—⟨⟩$NH{\cdot}CH_3$ und $(CH_3)_2N$⟨⟩—C—⟨⟩$NH{\cdot}CH_3.$

NH_2 NH_2 ... NH_2 NH_2

aus Toluol umkrystallisieren, Sch.-P. 95°. bzw. 155°. — Farblose, krystallinische, in Wasser unlösliche Körper, die in organischen Lösungsmitteln gut löslich sind. Die Salzlösungen werden an der Luft gelbbraun.

1325 **DRP. 60 505**

2, 8-Diamino-4, 10-dis-dimethylaminodiphenylmethan

$(CH_3)_2N\langle\rangle(NH_2)—CH_2—\langle\rangle(NH_2)N(CH_3)_2 = C_{17}H_{24}N_4 = 284.$

10 T. Tetramethyldiaminodiphenylmethan in 200 T. Schwefelsäure (66°) eintragen, bei 0° mit Mischsäure aus 9,5 T. Salpetersäure (53%) und 30 T. Schwefelsäure (66°) unter + 5° nitrieren, in 1000 T. Eiswasser gießen, **Dinitrotetramethyldiaminodiphenylmethan** direkt mit 40 T. Zinkstaub reduzieren, filtrieren, kalt (5°—10°) gleich weiterverarbeiten (diazotieren usw.).

1326 **DRP. 72 490**

Ber. 27, 2331

3, 9-Dinitro-dioxydiphenylmethan

$\langle OH\rangle(NO_2)—CH_2—\langle OH\rangle(NO_2) = C_{13}H_{12}N_2O_6 = 292.$

Wie [1296] aus 200 T. Schwefelsäure + 56 T. o-Nitrophenol + 15 T. Formaldehyd. In Sprit, Äther, Benzol, Chloroform usw. fast unlöslich, besser löslich in Xylol, Amylalkohol und Ätzalkali. Aus Xylol, Sch.-P. 200°. Ebenso die isomeren Verbindungen nach

1327 **DRP. 73 946**
DRP. 73 951

aus p- oder m-Nitrophenol. In Sprit, Methylalkohol, Aceton, Ätzalkali leicht, in Xylol, Benzol schwer, in Ligroin, Chloroform, Schwefelkohlenstoff unlöslich. Die m-Verbindung schmilzt bei 110°, die p-Verbindung (aus wässerigem Sprit) bei 230° (unter Zersetzung), beide zeigen ähnliche Löslichkeitseigenschaften.

1328 **DRP. 73 946**
DRP. 73 951

Dinitro-dis-äthoxydiphenylmethan

$C_2H_5O\langle\rangle(NO_2)—CH_2—\langle\rangle(NO_2)OC_2H_5$ $\quad C_2H_5O\langle\rangle(NO_2)—CH_2—\langle\rangle(NO_2)OC_2H_5$

$= C_{17}H_{18}N_2O_6 = 346.$

Wie [1326] aus p- oder m-Nitrophenetol. In abs. Sprit und Methylalkohol fast unlöslich, leichter löslich in Benzol, Toluol, Xylol. Sch.-P. 217°—218°. Die m-Verbindung schmilzt, aus Sprit umkrystallisiert, bei 85°—90°; zeigt ähnliche Löslichkeitseigenschaften.

1329 **DRP. 140 690**
A. P. 713 447
E. P. 15 599/02
F. P. 322 985

DRP. 72 490

3, 9-Diamino-4, 10-dis-methoxydiphenylmethan

$CH_3O\langle\rangle(NH_2)—CH_2—\langle\rangle(NH_2)OCH_3 = C_{15}H_{13}N_2O_2 = 258.$

153 T. o-Nitroanisol in 500 T. Schwefelsäure (66°) lösen, bei 60° allmählich 38 T. Formaldehyd (40%) zugeben, wenn der Aldehyd verschwunden ist, in 5000 T. Wasser gießen, das Produkt filtrieren, völlig neutral waschen, das erhaltene **Dinitro-p-methoxydiphenylmethan** (aus Sprit + Benzol, Sch.-P. 160°) mit 250 T. Eisen, 500 T. Wasser und 30 T. Essigsäure reduzieren, sodaalkalisch (10,6 T. Soda) filtrieren, den Eisenrückstand mit Sprit extrahieren, filtrieren, Sprit vertreiben, die braungelbe Masse in Wasser + Salzsäure lösen und aussalzen. Aus Ligroin feine, weiße Nadeln, Sch.-P. 107°.

1330 **DRP. 70 402**
Zusatz zu
DRP. 53 937

3, 9-Diamino-4, 10-dis-äthoxydiphenylmethan

$C_2H_5O\langle\rangle(NH_2)—CH_2—\langle\rangle(NH_2)OC_2H_5 = C_{17}H_{22}N_2O_2 = 286.$

Wie [1297] aus 27,4 T. o-Phenetidin. Produkt in Eis + Ammoniak oder Acetat gießen; das ausgefallene Öl wird nicht fest. Nur das salzsaure Salz (Einleiten von Chlorwasserstoff in die ätherische Basenlösung) wurde krystallisiert erhalten. Die wässerige Lösung des HCl-Salzes färbt sich mit Eisenchlorid intensiv violett.

1331 **DRP. 58 955**

DRP. 59 003

4, 10-Dis-dimethylamino-2, 8-dioxydiphenylmethan

$(CH_3)_2N\langle\rangle(OH)—CH_2—\langle\rangle(OH)N(CH_3)_2 = C_{17}H_{22}N_2O_2 = 286.$

28 T. Dimethyl-m-aminophenol in 60 T. Sprit lösen und 3 T. Formaldehyd (30%) zugeben. Die warm gewordene Lösung scheidet nach mehreren Stunden das Produkt aus. Aus Sprit Blätter, Sch.-P. 180°. Saure und basische Eigenschaften. Ebenso die Diäthylmethanverbindung aus 33 T. Diäthyl-m-aminophenol in 70 T. Methylalkohol + 10 T. konz. Salzsäure mit 3 T. Formaldehyd. Die Lösung mit 15 T. Acetat in 30 T. Methylalkohol fällen, filtrieren, Sch.-P. 165°. — Einfacher arbeitet man in wässeriger Lösung nach

1332 **Zus. DRP. 63 081**

14 T. Dimethyl-m-aminophenol in 100 T. Wasser + 11 T. konz. Salzsäure lösen, Lösung kalt mit 3,8 T. Formaldehyd (40%) versetzen, nach einiger Zeit mit Soda fällen. Oder: 14 T. Dimethyl-m-aminophenol in 12 T. Lauge (33%) und 100 T. Wasser lösen, kalt + Formaldehyd wie oben, mit Essigsäure fällen, aus Sprit umkrystallisieren. — Ebenso die Äthylverbindung.

1333 **DRP. 65 017**
F. P. 211 913

4, 10-Dis-dimethylaminodiphenylmethandisulfosäure

$$(CH_3)_2N\langle\text{SO}_3\text{H}\rangle—CH_2—\langle\text{SO}_3\text{H}\rangle N(CH_3)_2 = C_{17}H_{22}N_2O_6S_2 = 414.$$

20 T. Tetramethyldiaminodiphenylmethan mit 20 T. Monohydrat auf 110° erhitzen, dann 60 T. Oleum (25%) zugeben, wobei die Temperatur bei 110° bleiben muß, da das Oleum nur das Wasser binden soll. Mit Wasser verdünnen, mit Soda neutralisieren, aufkochen, filtrieren, Filtrat heiß aussalzen, kalt krystallisiert das Na-Salz in glänzenden, feinen Nadeln aus. — Über das zugehörige Sulfon s. [1963].

---

e) Diphenylmethan mit fünf Substituenten.

1334 **DRP. 236 046**

3, 9-Dimethyl-10-äthylimido-4-oxydiphenylmethan-5-carbonsäure

$$C_2H_5{\cdot}NH\langle\text{CH}_3\rangle—CH_2—\langle\text{CH}_3\rangle OH(\text{COOH}) = C_{18}H_{21}NO_3 = 299.$$

50 T. p-Oxymethyl-o-kresotinsäure oder ihre Anhydroverbindung [1065] mit 50 T. Monoäthyl-o-toluidin und 30 T. Salzsäure auf 3 St. 110°—120° erhitzen und wie [1065] aufarbeiten. Die freie Säure krystallisiert aus Sprit, Sch.-P. 184°. — Man erhielt ebenso: **p-Methylenmonomethylanilin-o-kresotinsäure,** Sch.-P. 193°; **p-Methylendimethylanilin-o-kresotinsäure,** Sch.-P. 195°; **p-Methylendimethyl-m-toluidin-o-kresotinsäure,** Sch.-P. 167°; **p-Methylen-m-chlordiäthylanilin-o-kresotinsäure,** Sch.-P. 152°; **p-Methylen-m, m-dichlordiäthylanilin-o-kresotinsäure,** Sch.-P. 230°. Letztere Verbindung wird in Spritlösung erhalten; nach Abdestillieren des Sprits löst man das überschüssige Amin in verdünnter Salzsäure, in der das Produkt selbst unlöslich ist.

1335 **DRP. 107 718**

Lit. wie [1301]

3, 9-Dimethyl-4, 6, 10-triaminodiphenylmethan

$$NH_2\langle\text{CH}_3\rangle—CH_2—\langle\text{CH}_3\rangle NH_2(\text{NH}_2) = C_{15}H_{19}N_3 = 241.$$

Wie [1301] aus 22,7 T. Aminobenzylbase [1487] + 22 T. m-Toluylendiaminchlorhydrat. Aus Sprit umkrystallisieren, Sch.-P. 155°.

---

f) Diphenylmethan mit sechs bis acht Substituenten.

1336 **DRP. 123 260**

m-Xylidin-Formaldehydbase

$$CH_3\langle\text{CH}_3,\ \text{NH}_2\rangle—CH_2—\langle\text{CH}_3,\ \text{NH}_2\rangle CH_3 = C_{17}H_{22}N_2 = 254.$$

12 T. as-m-Xylidin + Lösung von 2 T. Ätzkali in 4 T. Sprit + 5 T. Formaldehyd (39%). Das Gemisch scheidet die ölige Methylenbase aus, die langsam fest wird. Filtrieren, mit Wasser waschen. Weiße Krystalle vom Sch.-P. 68°.

1337 **DRP. 270 663**

DRP. 264 684
DRP. 87 615

2, 5, 8, 11-Tetramethyl-4, 10-diaminodiphenylmethan

$NH_2\langle CH_3, CH_3 \rangle - CH_2 - \langle CH_3, CH_3 \rangle NH_2 = C_{17}H_{20}N_2 = 252.$

725 T. Rohxylidin (60—66% asym. m-Verbindung, 1-Amino-2, 4-dimethylbenzol enthaltend) mit 600 T. Salzsäure (22°) in 3000 T. Wasser lösen, mit 75 T. Formaldehyd (40%) 1 St. sieden, alkalisch Dampf einleiten. Das Destillat ist reines **1-Amino-2, 4-dimethylbenzol.** Rückstand in 200 T. Salzsäure (22°) und 1000 T. Wasser lösen und das Sulfat der Methanbase mit Glaubersalz aussalzen. Die Base krystallisiert aus Sprit in Nadeln vom Sch.-P. 144°. Das salzsaure Salz, mit Eisenchlorid erwärmt, zeigt violettrote Färbung.

1338 **DRP. 148 760**

Lit. wie [1300]

2, 5, 8, 11-Tetramethyl-10-aminodiphenylmethan-4-methylimino-ω-sulfosäure

$NH_2\langle CH_3, CH_3 \rangle - CH_2 - \langle CH_3, CH_3 \rangle NH\cdot CH_2\cdot SO_3H = C_{18}H_{22}N_2SO_3 = 346.$

24,2 T. p-Xylidin in 30 T. Salzsäure (20°) und 400 T. Wasser gelöst bei 80° mit 70 T. Bisulfit (38°), dann sofort mit 18,2 T. Formaldehyd (33%) versetzen und den schneeweißen Niederschlag des Methanderivates filtrieren. Sch.-P. 170°. Sehr schwer lösliches Ammonsalz.

1339 **DRP. 52 324**

E. P. 17 971/88
F. P. 201 798

3, 9-Dimethyl-4, 6, 10, 12-tetraminodiphenylmethan

$NH_2\langle CH_3, NH_2 \rangle - CH_2 - \langle CH_3, NH_2 \rangle NH_2 = C_{15}H_{20}N_4 = 256.$

26 T. m-Toluylendiamin in 350 T. Wasser und 10 T. Schwefelsäure lösen, mit 3 T. Formaldehyd versetzen, sofort ausgeschiedenen Krystallbrei absaugen, waschen. Mit 90 T. konz. Salzsäure und 270 T. Wasser mehrere Stunden im Autoklaven auf 150° erhitzen. Direkt auf Hydroacridinderivate bzw. Farbstoffe verarbeitbar.

1340 **DRP. 75 373**

Zusatz zu
DRP. 58 955

3, 9-Dimethyl-4, 10-diamino-6, 12-dioxydiphenylmethan

$NH_2\langle CH_3, OH \rangle - CH_2 - \langle CH_3, OH \rangle NH_2 = C_{15}H_{18}N_2O_2 = 258.$

Wie [1331] aus 12 T. m-Aminokresol ($CH_3 : NH_2 : OH = 1 : 2 : 4$), 12 T. Salzsäure (30%), 200 T. Wasser und 3,8 T. Formaldehyd (40%). Bei 60° mit Soda fraktioniert fällen. Auch in schwefelsaurer Lösung (2,5 T. konz. Schwefelsäure + 300 T. Wasser) erhaltbar, das Sulfat krystallisiert aus. Saure und basische Eigenschaften. Aus Sprit, Sch.-P. 225°. — Wesentlich verschieden von dem Produkt aus p-Aminokresol erhalten wir das **Methylen-p-aminophenol** nach **DRP. 68 707** durch alkalische Kondensation von p-Aminophenol mit Formaldehyd. Es gibt wie das **Methylen-p-amino-o-kresol** eine beständige Bisulfitverbindung: $C_6H_3(CH_2)(OH)(N:CH_2)\cdot NaHSO_3$.

1341 **DRP. 84 988**

Zusatz zu
DRP. 58 955
E. P. 1414/94
F. P. 200 401

2, 8-Dimethyl-4, 10-dis-äthylimino-5, 11-dioxydiphenylmethan

$C_2H_5\cdot NH\langle CH_3, OH \rangle - CH_2 - \langle CH_3, OH \rangle NH\cdot C_2H_5 = C_{19}H_{26}N_2O_2 = 314.$

15 T. reines Monoäthyl-m-aminokresol in 300 T. Wasser und 10 T. Natronlauge (30%) warm lösen, 3,7 T. Formaldehyd (40%) zugeben, kochen, mit Essigsäure fraktioniert fällen, filtrieren, Filtrat mit Essigsäure fällen, die ausgefallene Base aus Sprit umkrystallisieren. Sch.-P. 169°.

g) Diphenylmethan mit weiteren Benzolresten.

1342 **DRP. 107 718** — **4-Phenylimino-10-dimethylaminodiphenylmethan**

Lit. wie [1301]

$(CH_3)_2N\langle\rangle—CH_2—\langle\rangle—NH—\langle\rangle = C_{21}H_{22}N_2 = 302.$

Wie [1301]: 24 T. Dimethylaminobenzyl-p-toluidin [1477] + 17 T. Diphenylamin + 200 T. Sprit + 10 T. Salzsäure (21°) 6 St. im Wasserbade erwärmen, alkalisch mit Dampf das Toluidin abtreiben. Dickflüssiges Öl, in konz. Säuren löslich, mit Wasser z. T. wieder ausfällbar.

1343 **DRP. 53 072** — **4, 10-Dis-Phenyliminodiphenylmethan**

Zusatz zu DRP. 53 937
Zusatz zu DRP. 55 565
A. P. 471 659

$\langle\rangle—NH—\langle\rangle—CH_2—\langle\rangle—NH—\langle\rangle = C_{25}H_{22}N_2 = 350.$

100 T. Diphenylamin in 200 T. Sprit lösen, + 22,2 T. Formaldehyd, bei 60° + 5 T. Salzsäure (20%), weiter wie im Hauptpatent angegeben. Nach heftiger Reaktion ausgeschiedene Krystallmasse filtrieren. In organischen Lösungsmitteln fast unlöslich, färbt sich an der Luft braun.

1344 **DRP. 62 339** — **4, 10-Dis-(Phenylmethylen-äthylimino-)diphenylmethan-2, 8-disulfosäure**

A. P. 464 538
E. P. 857/91
F. P. 211 026

$\langle\rangle CH_2 (C_2H_5) N\langle\rangle(SO_3H)—CH_2—\langle\rangle(SO_3H) N (C_2H_5) CH_2\langle\rangle = C_{31}H_{34}N_2S_2O_6 = 594.$

58 T. Äthylbenzylanilinsulfosäure mit 3 T. Formaldehyd und 50 T. Wasser im Wasserbade erwärmen. Es bilden sich zwei Schichten, die obere, wässerige, besteht aus **Diäthyldibenzyldiaminodiphenylmethandisulfosäure.** Ebenso ausgehend von Dimethylanilin, Diäthylanilin, Methyl-o-toluidin, Benzyl-o-toluidinsulfosäure, Dibenzylanilindisulfosäure usw.

1345 **DRP. 67 649** — **4, 10-Dis-(IV, IV'-Aminoazobenzol-)diphenylmethan**

$NH_2\langle\rangle—N=N—\langle\rangle—CH_2—\langle\rangle—N=N—\langle\rangle NH_2.$
$= C_{25}H_{22}N_6 = 406.$

1 Mol. Diaminodiphenylmethanbase tetrazotieren, mit 2 Mol. aromatischer Basen in Tetrazoaminokörper überführen, diese bei Gegenwart eines Basenüberschusses und bei Anwesenheit ihrer salzsauren Salze in Aminoazokörper umwandeln.

1346 **DRP. 68 665** — **Benzylalkyl-4-amino-10-dialkylaminodiphenylmethan**

$R_2N\langle\rangle—CH_2—\langle\rangle N(R)CH_2—\langle\rangle$

50 T. Tetramethyl- oder -äthyldiaminodiphenylmethan + 50 T. Benzylchlorid unter Rückfluß etwa 6 St. schwach sieden, bis der Gewichtsverlust 20 T. beträgt. Strohgelbes, seideglänzendes Harz, bei 120°—130° entwässern. In Benzol leicht, in Ligroin schwerer, in Sprit unlöslich, in heißer Salzsäure klar löslich, kalt tritt Ölabscheidung ein. Die Base in essigsaurer Lösung mit Bleisuperoxyd versetzt zeigt blaugrüne Färbung. Bei Einwirkung von nur 1 Mol. Benzylchlorid entstehen flüssigere, bei mehr als 2 Mol. festere Produkte.

3. $R_2 = H$ und CH_3.

1347 **DRP. 143 983** — **3, 9-Dimethyl-4, 6, 10, 12-tetramino-αα-diphenyläthan**

E. P. 15 659/02
F. P. 241 916

$NH_2\langle\rangle(CH_3)(NH_2)—CH(CH_3)—\langle\rangle(CH_3)(NH_2) NH_2 = C_{16}H_{22}N_4 = 270.$

25 T. m-Toluylendiamin in 500 T. Wasser + 10 T. Schwefelsäure (66°) lösen, bei 5°—10° 4,4 T. Acetaldehyd zufügen, nach einigem Stehen mit Natronlauge neutralisieren und das gelbe, atlasglänzende Harz nach dem Erhärten pulvern. Mit 27 T. m-Aminodimethylanilin erhält man ebenso **Tetramethyldiaminodiphenylmethylmethan.**

4. R_2 = H und CN (bzw. COOH).

1348 **DRP. 75 334**

Ber. 27, 1403

4, 10-Dis-Dimethylaminodiphenylessigsäure

$(CH_3)_2N\langle\ \rangle-CH(COOH)-\langle\ \rangle N(CH_3)_2 = C_{18}H_{22}N_2O_2 = 298.$

2,7 T. Tetramethyldiaminobenzhydrol [1354] in 12 T. Sprit lösen, 4 T. wässerige Blausäurelösung (10%) zugeben. Nach 24 St. die ausgeschiedenen Krystalle filtrieren, mit Sprit waschen, bei 100° trocknen. Man kann auch mit 1,4 T. Cyankali in wässeriger Lösung arbeiten, muß das Produkt jedoch dann zur Entfernung des Chlorkalis mit Wasser waschen. Oder: Das Hydrol in 1,5—1,8 T. Salzsäure (29,6%) lösen, mit 0,7—1 T. Cyankali in konz. wässeriger Lösung auf dem Wasserbade erwärmen, bis kein Hydrol mehr nachweisbar. — Das abgeschiedene **Tetramethyldiaminodiphenylmethan-exo-cyanid** schmilzt aus Sprit umkrystallisiert bei 124°. Es ist in Wasser unlöslich, gibt mit Eisessig erwärmt keine Blaufärbung und liefert mit Mineralsäure gekocht die beständige **Tetramethyldiaminodiphenylmethan-exo-carbonsäure.** 5,6 T. des Exocyanides in Eisessig lösen, + 16 T. Bleisuperoxydpaste (30%), Bleisalz mit Natriumsulfat zersetzen, vom Bleisulfat filtrieren, grünes Filtrat aussalzen, Niederschlag trocknen; es resultiert das Chlorhydrat des **Tetramethyldiaminobenzhydrol-exo-cyanids** $\begin{matrix} HO \\ N\equiv C \end{matrix}\rangle C\langle\begin{matrix} C_6H_4\cdot N(CH_3)_2 \\ C_6H_4\cdot N(CH_2)_3 \end{matrix}$. Blauviolette Krystalle mit Metallglanz, in Wasser grün löslich, beim Stehen, schneller noch beim Kochen, Entfärbung und Blausäureabspaltung. In Schwefelsäure (66°) gelb löslich, Lösung erwärmt, verdünnt, gibt mit Acetat eine blaue Lösung, aus der mit Natronlauge Ammoniak abgespalten wird.

5. R_2 = H und NH_2 $\left(\text{bzw. } N\langle^{H}_{COH}\right)$.

1349 **DRP. 103 858**
E. P. 13 453/98
F. P. 278 951

Ber. 31, 1770

C-Aminodiphenylmethan

$\langle\ \rangle-CH(NH_2)-\langle\ \rangle = C_{13}H_{13}N = 183.$

In 12 T. Benzol und 10 T. Blausäuresesquichlorhydrat ($2\ CNH\cdot 3\ HCl = C\langle^{H}_{NH}{}_{NH\cdot} CHCl_2 + HCl$, das salzsaure Salz des Dichlormethylformamidins, Ber. 16, 309) unter Kühlung allmählich 10 T. Aluminiumchlorid eintragen. Wenn die Salzsäureentwicklung beendet ist, auf Eis gießen, die farblosen Krystalle des Produktes

$$C\begin{matrix} \diagup H \\ \Leftarrow NH \\ \diagdown NH\cdot CH\langle^{C_6H_5}_{C_6H_5} \end{matrix}$$

filtrieren, mit kohlendioxydfreier Natronlauge kochen, solange Ammoniak entweicht. Es entsteht über das **Formyl-Benzhydrylamin** (Ber. 19, 2129) **Benzhydrylamin,**

$$C\begin{matrix} \diagup H \\ \Leftarrow O \\ \diagdown NH\cdot CH\langle^{C_6H_5}_{C_6H_5} \end{matrix} \longrightarrow \begin{matrix} C_6H_5 \\ C_6H_5 \end{matrix}\rangle CH\cdot NH_2$$

(Abspaltung auch des Formaldehyds) und man erhält ein Öl, das sich klar in verdünnter Salzsäure löst, und die Eigenschaften des nach Ber. 19, 2130 dargestellten Produktes besitzt.

1350 **DRP. 103 858**

Ber. 24, 2798

C-Amino-4, 10-dimethyldiphenylmethan

$CH_3\langle\ \rangle-CH(NH_2)-\langle\ \rangle CH_3 = C_{15}H_{17}N = 211.$

Wie [1349]. Base vom S.-P. 317°—318°; aus Ligroin derbe Nadeln Sch.-P. 93°. — Ebenso **C-Amino-4, 10-dimethoxydiphenylmethan.** Das Chlorhydrat bildet ein schwach gelbliches Pulver vom Sch.-P. 200°. Aus der klaren salzsauren Lösung fällt Ammoniak die freie Base als farbloses Öl aus.

6. R_2 = H und OH.

a) Diphenylcarbinol mit einem, zwei und drei Substituenten.

1351 **DRP. 119 461**

4-Nitro-10-aminodiphenylcarbinol

$NH_2\langle\rangle$—CH(OH)—$\langle\rangle NO_2 = C_{13}H_{12}N_2O_3 = 234.$

Den aromatischen Aldehyd mit salzsaurem, primärem Amin, das z. T. durch die Base ersetzt sein kann, bei Gegenwart von Sprit kondensieren. — Z. B.: 93 T. Anilin + 130 T. salzsaures Anilin in 600 T. Sprit lösen, bei 20°—25° 151 T. p-Nitrobenzaldehyd (direkt oder in Spritlösung) zugeben, 12—24 St. rühren oder unter Rückfluß kochen und sodaalkalisch mit Dampf den Sprit und Anilinüberschuß abtreiben. Ebenso auch aus 226 T. p-Nitrobenzylidenanilin, 1000 T. Sprit und 120 T. Salzsäure. Die pulverigen, zuweilen auch öligen Produkte werden zur Reinigung wiederholt mit Sprit ausgekocht und getrocknet. Sch.-P. etwa 240°. Nur im Gemisch von Eisessig und Salzsäure leicht löslich. Mit Eisessig + Zinkstaub erwärmt entsteht die fuchsinrote Lösung des **Diaminobenzhydrols.** — Analog reagieren: 140 T. o-Chlorbenzaldehyd, 93 T. Anilin, 130 T. salzsaures Anilin in 600 T. Sprit, bei 20°—25°; mit weiteren 140 T. o-Chlorbenzaldehyd versetzen, 12—24 St. rühren, mit 55 T. Soda alkalisch stellen und das **2-Chlor-4, 10-diaminobenzhydrol** wie oben aufarbeiten.

1352 **DRP. 45 806**

DRP. 27 032

4-Nitro-10-dimethylaminodiphenylcarbinol

$(CH_3)_2N\langle\rangle$—CH(OH)—$\langle\rangle NO_2 = C_{15}H_{16}N_2O_3 = 272.$

15,1 T. p-Nitrobenzaldehyd + 12,1 T. Dimethylanilin + 300 T. Salzsäure (21°) 40 St. auf 100° erhitzen. Mit dem gleichen Volumen Wasser verdünnen, kalt filtrieren, Lösung neutralisieren; Niederschlag fällt in gelben Flocken aus. Aus verdünntem Sprit gelbe Nadeln. Sch.-P. 95°. Gibt reduziert: **Unsym. Dimethyldiaminobenzhydrol.** In Eisessig blau löslich (Ber. 9, 1900). — Ebenso: **4-Nitro-10-diäthylaminobenzhydrol,** Sch.-P. 92°; **4-Nitro-10-methyliminobenzhydrol,** Sch.-P. 108°; **4-Nitro-10-äthyliminobenzhydrol,** Sch.-P. 99°; **3-Nitro-10-dimethylaminobenzhydrol,** Sch.-P. 74°; **3-Nitro-10-diäthylaminobenzhydrol,** Sch.-P. 65°; **4-Dimethylaminobenzhydrol,** Sch.-P. 70° (aus 10,6 T. Benzaldehyd + 12,1 T. Dimethylanilin + 300 T. Salzsäure).

1353 **DRP. 39 958**

4, 10-Diaminodiphenylcarbinol

$NH_2\langle\rangle$—CH(OH)—$\langle\rangle NH_2 = C_{13}H_{14}N_2O = 214.$

Diaminodiphenylketon [1379] in verdünnter überschüssiger Salzsäure gelöst, mit soviel Zinkstaub wie Keton reduzieren, wenn reduziert, mit überschüssigem Alkali fällen.

1354 **DRP. 27 032**
A. P. 290 891/93
E. P. 5450/83
F. P. 158 438

Ber. 27, 1403
27, 3316
DRP. 67 434

4, 10-Dis-Dimethylaminodiphenylcarbinol

$(CH_3)_2N\langle\rangle$—CH(OH)—$\langle\rangle N(CH_3)_2 = C_{13}H_{22}N_2O = 222.$

100 T. Tetramethyldiaminobenzophenon und 60 T. Ätznatron in 1000 T. Amylalkohol lösen, auf 120°—130° erhitzen, rühren, 80 T. Zinkstaub eintragen, 48 St. weitererhitzen. Wenn Blaufärbung einer mit Eisessig versetzten Probe nicht mehr zunimmt, absitzen lassen. Rückstand mit Dampf vom Amylalkohol befreien, feste, harzartige Brocken mit Wasser waschen, in 250 T. Wasser + 100 T. Salzsäure (1,18) lösen, filtrieren, Filtrat + 1500 T. Wasser mit Natronlauge fraktioniert fällen. Bis zum Eintritt der Blaufärbung fällt Ketonbase, dann Tetramethyldiaminobenzhydrol. Waschen, pressen, feucht verarbeiten oder unter 40° trocknen. — Ebenso **Tetraäthyldiaminobenzhydrol.** Mono- und dialkylierte Aminobenzhydrolbasen sind ferner erhalten nach Ber. **9,** 716 und 1900, 1914; **13,** 2225; Ann. **210,** 268; Ber. **14,** 2180 u. A.

1355 Anm. S. 10 659, Kl. 12, 14. 2. 98, Lyon

Diäthyl-m-aminophthalid

OH, NR$_2$ — CH — ; OH H—O——CO

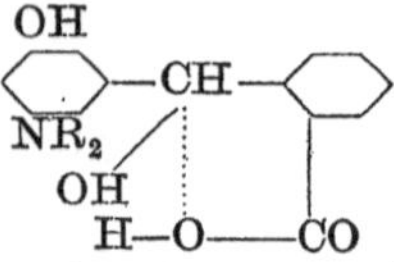

Gleiche Moleküle Phthalaldehydsäure und Diäthyl-m-aminophenol in Ätherlösung vereinigen. Weiße Blättchen, Sch.-P. 152°, in kalter Sodalösung unlöslich, in Säuren farblos, in Alkali gelbrot löslich.

b) Diphenylcarbinol mit weiteren Benzolresten.

1356 **DRP. 73 147** Zusatz zu DRP. 45 806

4 (3)-Nitro-10-phenyliminodiphenylcarbinol-IV-sulfosäure

$SO_3H \langle \rangle$—NH—$\langle \rangle$—CH(OH)—$\langle \rangle NO_2$ (NO$_2$) $= C_{19}H_{15}N_3O_8 = 413.$

15,1 T. p- (oder m-) Nitrobenzaldehyd eintragen in die Lösung von 24,9 T. Diphenylaminsulfosäure in 200 T. Salzsäure (20°), rasch aufkochen, Ausscheidung durch Wasserzusatz vervollständigen. Eigenschaften des zähen Harzes wie [1357]. Die p-Nitrobenzaldehydverbindung gibt reduziert eine blaugefärbte, die m-Nitroaldehydverbindung eine farblose Aminohydrolsulfosäure.

1357 **DRP. 73 147** Zusatz zu DRP. 45 806

4 (3)-Nitro-10-(benzyl-äthyl-)aminodiphenylcarbinol-IV-sulfosäure

$SO_3H \langle \rangle$—CH_2, C_2H_5 >N—$\langle \rangle$—CH(OH)—$\langle \rangle NO_2$ (NO$_2$) $= C_{22}H_{22}N_2O_6S = 422.$

15,1 T. m- (oder p-) Nitrobenzaldehyd + 29,1 T. Benzyläthylanilinsulfosäure + 200 T. Salzsäure (20°) 10 St. bei 100° digerieren, gelbe Lösung in 100 T. Wasser gießen. Die Sulfosäure scheidet sich in grünen Flocken ab. Ebenso entstehen mit Dibenzylanilindisulfosäure, Benzyl-o-toluidinsulfosäure, Benzyläthyl-o-toluidinsulfosäure amorphe, leicht schmelzende Körper, die in heißem Wasser oder Sprit, auch in Schwefelsäure (1 : 1) leicht löslich sind. Reduziert entstehen Aminohydrolsulfosäuren, die in verdünnten Säuren löslich sind. Mit Bleisuperoxyd keine Farbstoffbildung. In schwach saurer Lösung mit senkundären oder tertiären aromatischen Aminen zu Triphenylmethanderivaten kondensierbar.

7. R_2 = H und SH (bzw. SO_3H) (bzw. $SO_2 \cdot C_6H_5$).

1358 **DRP. 58 198**

4, 10-Dis-Dimethylaminodiphenylthiocarbinol

$(CH_3)_2N \langle \rangle$—CH(SH)—$\langle \rangle N(CH_3)_2 = C_{17}H_{22}N_2S = 286.$

Tetramethyldiaminobenzhydrol (aus dem Benzophenon durch Reduktion in alkalischer Spritlösung mit Zink oder durch Oxydation des Diphenylmethans mit Bleisuperoxyd in schwach saurer Lösung erhaltbar) in der 4—5-fachen Menge Sprit lösen, mit Essigsäure schwach ansäuern, Schwefelwasserstoff einleiten. Das ausgeschiedene Öl erstarrt zu gelben Krystallkrusten. Sch.-P. 81°. Mit verdünnten warmen Säuren erfolgt Rückbildung des schwefelfreien Hydrols.

1359 **DRP. 67 434**

4, 10-Dis-Dimethylamino-diphenylmethan-C-sulfosäure

$(CH_3)_2N\langle\rangle-CH(SO_3H)-\langle\rangle N(CH_3)_2 = C_{17}H_{22}N_2SO_3 = 334.$

20 T. Tetramethyldiaminobenzhydrol + 150 T. Bisulfitlösung (30%) unter Rückfluß bis zur Lösung kochen, heiß filtrieren, heiß aussalzen, kalt das Na-Salz der Bisulfitverbindung filtrieren. Dieses, mit nicht zuviel Salz- oder Schwefelsäure kurze Zeit gekocht, gibt die freie Sulfosäure als sandiges Krystallpulver. In Wasser unlöslich, im Überschuß der Mineralsäuren löslich, zerfällt mit konz. Schwefelsäure unter Rückbildung des Hydrols. Nach

1360 **Zus. DRP. 69 948**

kann man auch mit wässerigen Lösungen von schwefliger Säure (13%) arbeiten. — Über die Herstellung von **Phenylsulfontetramethyldiaminodiphenylmethan**

$R_2N\langle\rangle-CH(SO_2C_6H_5)-\langle\rangle NR_2$

aus Benzolsulfinsäure und Tetramethyldiaminobenzhydrol in schwach salzsaurer Lösung siehe Ber. **50**, 468.

8. $R_2 = :N \cdot OH$.

1361 **DRP. 109 663**
Zusatz zu DRP. 107095
—
Lit. wie [277]

3, 10-Dinitrodiphenylketoxim

$NO_2\langle\rangle-C(=NOH)-\langle\rangle(NO_2) = C_{13}H_9N_3O_5 = 287.$

Wie [277], [340] mit 3, 10-Dinitrodiphenylmethan. Aus Benzol + Ligroin umkrystallisieren. Sch.-P. 130°—153°.

1362 **DRP. 65 826**
—
Ber. **25**, 1498
Ind.-Ges. Mülhausen **1906**, 213: Imid.

2-Oxydiphenylketoximanhydrid

$\langle\rangle-C(=N-O-)-\langle\rangle = C_{13}H_9NO = 195.$

5 T. o-Brombenzophenon in Sprit lösen, + wässerige Lösung von 4 T. salzsaurem Hydroxylamin, + Lösung von 9,6 T. Ätzkali in verdünntem Sprit, 2 Tage kochen, in kaltes Wasser gießen, das abgeschiedene, langsam fest werdende Öl ausäthern, Äther z. T. verdampfen: große Krystalle des **Phenylindoxazens**, Sch.-P. 83°—84°. In Alkali unlöslich, in kleineren Mengen unzersetzt destillierbar.

9. $R_2 = O$.

a) Diphenylketon ohne und mit einem Substituenten.

1363 **DRP. 281 802**

Diphenylketon $\langle\rangle-C(=O)-\langle\rangle = C_{13}H_{10}O = 182.$

14 T. Benzoylchlorid, 30 T. Benzol und 0,2—0,3 T. Phosphorpentoxyd im Autoklaven auf 200° erhitzen, bis die Salzsäureentwicklung aufhört; von Zeit zu Zeit wird der Chlorwasserstoff bei etwa 70° abgeblasen. — Ebenso wie das **Benzophenon** werden andere aromatische oder fettaromatische Ketone oder auch Kohlenwasserstoffe gewonnen, z. B. **Diphenylmethan, 1-Benzylnaphthylamin, Naphthylphenylketon** usw.

1364 **DRP. 65 826** — Ber. **25**, 1498

2-Bromdiphenylketon ⬡—C(=O)—⬡(Br) = $C_{13}H_9BrO$ = 261.

Aluminiumchlorid in eine Lösung von o-Brombenzoylchlorid und Benzol in Schwefelkohlenstoff eintragen. In Sprit sehr leicht löslich, warm als Öl, kalt in Krystallen abscheidbar, farblose Prismen, Sch.-P. 42°. Oxim: Sch.-P. 125°. — Über Behandlung der Halogenbenzophenone und der Halogenaminobenzophenone mit alkoholischer Kalilauge und die hierbei eintretende Reduktion der Ketongruppe siehe Ber. **49**, 2243.

1365 **DRP. 287 756** — Z.Bl. **1899**, II, 371; Ber. **34**, 1178; **36**, 1812; **38**, 2574; **39**, 2533

4-Aminodiphenylketon ⬡—C(=O)—⬡NH_2 = $C_{13}H_{11}NO$ = 197.

1 T. Benzophenon, 5 T. Schwefelsäure (66°), 0,5 T. Hydroxylaminsulfat und 1 T. entwässertes Ferrosulfat unter starkem Rühren auf 140° erhitzen, bis unter eigener Erwärmung über 200° heftige Reaktion eintritt. Kalte Masse mit wenig Wasser extrahieren, Lösung krystallisieren lassen. Zahlreiche Beispiele zur Einführung von Aminogruppen in aromatische Verbindungen mittels Hydroxylamins, Säuren und Kontaktstoffen in der Schrift. — Über die drei **Nitrobenzophenone** und ihre alkalischen Reduktionsprodukte siehe Bll. Soc. Chim. **1909**, 277.

1366 **DRP. 41 751** — Ber. **13**, 22, 2225; DRP. 27 789

4-Dialkylaminodiphenylketone ⬡—C(=O)—⬡NR_2.

20 T. Benzanilid + 40 T. Dimethylanilin + 20 T. Phosphoroxychlorid im Wasserbad anwärmen, bis Temperatur spontan steigt. Nun Reaktion bei 120° weiterleiten, schließlich 1—2 St. auf dem Wasserbad kochen. Gelblichen, metallglänzenden Sirup entweder: 1. bei 50° in 100 T. Wasser + 5 T. Salzsäure eintragen (Selbsterwärmung, körniger Niederschlag) + 500 T. Wasser, vorsichtig + Natronlauge, bis Dimethylanilingeruch auftritt und **Dimethylaminobenzophenon** sich abscheidet; filtrieren, aus Salzsäure umlösen, waschen, trocknen. Öle der Filtrate abtreiben und trennen. Oder 2.: Kesselinhalt alkalisch stellen, Dampf einleiten, körnigen Rückstand filtrieren und nun erst wie bei 1. mit 110 T. Salzsäure (10%) bei 50—70° zersetzen. In Sprit oder Benzol leicht löslich, großes Krystallisationsvermögen. Reduziert entsteht: **Dimethylaminobenzhydrol,** weiße Nadeln, Sch.-P. 69°—70°. Sulfiert: **Dimethylaminobenzophenonsulfosäure,** Sch.-P. 275°—276°. Nitriert: Zwei **Nitrodimethylaminobenzophenone,** Sch.-P. a) 173°, b) 133°—134°. — Ebenso **Diäthylaminobenzophenon** aus 20 T. Benzanilid + 40 T. Diäthylanilin + 20 T. Phosphoroxychlorid. Schwache Base. In Sprit oder Benzol leicht löslich. Spritlösung mit Wasser verdünnt: Krystalle, Sch.-P. 78°—79. — Nach

1367 **Zus. DRP. 42 853** erhält man Dimethylaminobenzophenon aus 20 T. Benzomethylanilin, 40 T. Dimethylanilin und 20 T. Phosphoroxychlorid durch 2 stündiges vorsichtiges Erhitzen im Wasserbade. Aufarbeitung wie oben. Schließlich gewinnt man Dialkylaminobenzophenon nach

1368 **DRP. 27 789** durch Alkylierung des Aminobenzophenons (Anm. **210**, 268). — Über **4-Oxybenzophenon** siehe Ber. **42**, 1015.

---

b) Diphenylketon mit zwei Substituenten.

2 Cl—5 CH_3	1369, 1385	8 COOR—3 OH	1376
3 Cl—6 COOH	1370, 3082	8 COOH—4 OR	1376
4 CH:Br_2—8 COOH	1371, 1372	8 COOH—4 SH	3527
4 CHO—8 COOH	1371, 3094	4 NO_2—10 NO_2	1377
6 COOH—10 COOH	3102	NO_2—4 NR_2	1366
8 COOH—2 (3) NO_2	1373, 1375	3 NO_2—10 NR_2	1366, 1378
8 COOH—2 NH_2	1373	4 NH_2—10 NH_2	1379—1381
8 COOH—3 NH_2	1373, 1375	4 NR_2—10 NR_2	1382
(8 COOH—2 NH·H) Anhydr.	1374	4 NR_2—9 OR	1383
8 COOH—3 OH	1375	4 NR_2—SO_3H	1366, 1384
8 COOH—4 OR	1376		

1369 **DRP. 267 271** — Ber. **10**, 1478

5-Chlor-2-methylbenzophenon

⬡—C(=O)—⬡(Cl)(CH_3) = $C_{14}H_{11}OCl$ = 230.

Wie [1385]. 264 T. Aluminiumchlorid in die Mischung von 500 T. 4-Chlortoluol und 140 T. Benzoylchlorid eintragen. Öl, S.-P. unter 30 mm Druck 210°.

1370 **DRP. 75 288**

3-Chlordiphenylketon-6-carbonsäure

$C_6H_5-CO-C_6H_3(Cl)(COOH) = C_{14}H_8OCl = 227.$

Aus m-Chlorphthalsäureanhydrid, Benzol und Aluminiumchlorid nach Ann. **233**, 238 und [3082].

1371 **DRP. 297 018**

ω-Dibrom-4-methyldiphenylketon-8-carbonsäure

$C_6H_4(COOH)-CO-C_6H_4-CHBr_2 = C_{15}H_{10}O_3Br_2 = 398.$

In 240 T. 140° heiße p-Toluyl-o-benzoesäure langsam 320 T. Brom eintropfen lassen, Produkt zur Reinigung in Alkali lösen, mit Säure fällen. Die neue Säure entwickelt an der Luft rauchend Bromwasserstoff und spaltet beim Erhitzen der alkalischen Lösung leicht alles Brom ab, wobei sich **p-Aldehydobenzophenon-o-carbonsäure** bildet. Weiter aufarbeitbar zu **Anthrachinonaldehyd.**

1372 **DRP. 293 981**

4-Aldehydodiphenylketon-8-carbonsäure

$C_6H_4(COOH)-CO-C_6H_4-CHO = C_{15}H_{10}O_4 = 254.$

Die durch Einwirkung von Brom auf p-Toluyl-o-benzoesäure erhaltene **ω-Dibrom-p-toluyl-o-benzoesäure** [1371] mit der 10-fachen Menge Schwefelsäure (66°) bis zur Beendigung der Bromwasserstoffentwicklung auf 70°—80° erwärmen. Ebenso wie Schwefelsäure wirken verseifende Agenzien z. B. 50 T. Soda (für 100 T. des Ausgangsmateriales 2000 T. Wasser); $^1/_2$ Stunde kochen, mit Säure fällen.

1373 **DRP. 258 343**

2-Aminodiphenylketon-8-carbonsäure

$C_6H_4(COOH)-CO-C_6H_4(NH_2) = C_{14}H_{11}O_3 = 227.$

Benzoyl-o-benzoesäure nitrieren, das Gemenge der 2- und 3-Nitroverbindung mit Hilfe der Calciumsalze trennen und die 2-Nitroverbindung reduzieren. Aus verdünntem Sprit schwefelgelbe Krystalle, die unter Lactambildung bei 195° schmelzen. Hierdurch auch evtl. von der 3-Verbindung trennbar, wenn man beide Nitroverbindungen zusammen reduziert. — Über **o-Benzoyl-m-nitrobenzoesäure** siehe Monatsh. f. Chem. **1908**, 177.

1374 **DRP. 258 343**
E. P. 22 440/12

Diphenylketon-2-amino-8-carbonsäureanhydrid (Lactam)

$C_6H_4(CO—NH)C_6H_4$ mit $-C(=O)-$ $= C_{14}H_9NO_2 = 223.$

1 T. 2-Aminobenzoyl-o-benzoesäure [1373] mit 2 T. Nitrobenzol kurze Zeit auf 200° erhitzen und kalt die Krystalle des Lactams filtrieren. Sch.-P. 245°. Regeneriert mit Natronlauge (5%) gekocht 2-Aminobenzoylbenzoesäure. Ebenso erhält man aus 1 T. **2-Amino-5-acetylaminobenzoylbenzoesäure** (3-Acetylaminobenzoylbenzoesäure nitrieren und reduzieren) mit 3 T. Schwefelsäure (30%) das Lactam; aus Sprit gelbe Nadeln vom Sch.-P. 265°. Das Lactam der **2-Amino-5-acetylamino-4-methylbenzoyl-o-benzoesäure** [1404] schmilzt bei 280°, jenes der **2, 5-Diamino-4-carboxybenzoyl-o-benzoesäure** bei 340°.

1375 **DRP. 148 110**
Ber. **19**, 2105; **28**, 118
ZBl. **1898** II, 210

3-Oxydiphenylketon-8-carbonsäure

$C_6H_4(COOH)-CO-C_6H_4(OH) = C_{14}H_{10}O_4 = 242.$

22,6 T. Benzoyl-o-benzoesäure in 50 T. Monohydrat lösen, bei 15° bis 20° mit einem Gemenge von 35 T. Oleum (25%) und 15 T. Mischsäure (44,5% HNO_3 + 51 T. H_2SO_4)

nitrieren, 1/2 St. auf 50° erwärmen, auf Eis gießen, filtrieren und aus Eisessig umkrystallisieren: **m-Nitrobenzoyl-o-benzoesäure,** Sch.-P. 186°—187°. Die durch Reduktion mit Eisen und Essigsäure aus ihr gewonnene **m-Aminobenzoyl-o-benzoesäure** schmilzt, aus Sprit umkrystallisiert, unter Zersetzung bei 165°. In verdünnter schwefelsaurer Lösung diazotiert, verdünnt und im Wasserbade bis zur Beendigung der Stickstoffentwicklung erwärmt, erhält man nach dem Filtrieren durch Einengen der Mutterlauge die Oxyverbindung vom Sch.-P. 181°—182°.

1376 **DRP. 279 201** Zusatz zu **DRP. 269336**

3-Oxydiphenylketon-8-carbonsäureäthylester

$$\bigcirc\!\!-\underset{\underset{O}{\|}}{\overset{COOC_2H_5}{C}}-\!\!\overset{OH}{\bigcirc} = C_{16}H_{14}O_4 = 270.$$

Durch normale Veresterung mittels Alkohols, bzw. z. B. aus der 3-Aminobenzoyl-o-benzoesäure [1373] durch Ersatz der (diazotierten) Amino- gegen die Hydroxylgruppe. Der **3-Oxybenzoyl-o-benzoesäureäthylester** schmilzt bei 91°—93°. Die **p-Anisoyl-o-benzoesäure** wird nach Ber. **19**, 2103 erhalten.

1377 **DRP. 58 360**

4, 10-Dinitrodiphenylketon

$$NO_2\bigcirc-\underset{\underset{O}{\|}}{C}-\bigcirc NO_2 = C_{13}H_8N_2O_5 = 272.$$

Wie [1402]. Aus Eisessig, Sch.-P. 189°. — Über **4-Halogendinitrobenzophenon** siehe Ber. 49, 2262.

1378 **DRP. 42 853**

3-Nitro-10-dimethylaminodiphenylketon

$$(CH_3)_2N\bigcirc-\underset{\underset{O}{\|}}{C}-\overset{NO_2}{\bigcirc} = C_{15}H_{14}N_2O_3 = 270.$$

Wie [1367] aus 20 T. Nitrobenzanilid + 40 T. Dimethylanilin + 16 T. Phosphoroxychlorid. Gelbes, in Sprit schwer lösliches Krystallpulver. Sch.-P. 173°.

1379 **DRP. 39 958** Ber. 19, 110

4, 10-Diaminodiphenylketon

$$NH_2\bigcirc-\underset{\underset{O}{\|}}{C}-\bigcirc NH_2 = C_{13}H_{12}N_2O = 212.$$

Fuchsin (Rosanilin und Pararosanilinsalze) einige Tage mit Salzsäure (unter zeitweiligem Salzsäureersatz) unter Rückfluß kochen, alkalisch stellen, mit Wasserdampf die Basen abtreiben, Rückstand mit verdünnter Schwefelsäure genau neutralisieren, eindampfen bis zur Krystallhautbildung, Sulfat des Diaminodiphenylketons filtrieren.

1380 **DRP. 58 360**

Reduktion von [1377] bzw. [1402] in Eisessiglösung mit der vierfachen Menge Zinnchlorür unter Einleiten von Chlorwasserstoff. Filtrieren, Keton mit Natronlauge fällen. Die Tolylverbindung schmilzt aus sehr verdünntem Sprit umkryst., bei 171°—172°, ihre Acetylverbindung bei 197°—198°. Die Phenylverbindung hat den Sch.-P. 237°, ihre Acetylverbindung schmilzt bei 235°.

1381 **DRP. 289 108** Zusatz zu DRP. 287 994

198 T. 4, 10-Diaminodiphenylmethan in ein bei 125° siedendes Gemisch von 480 T. kryst. Schwefelnatrium und 320 T. Schwefel eintragen, 50 St. unter Rückfluß kochen, aus dem Rückstand mit verdünnter Schwefelnatriumlösung Polysulfid und Schwefel extrahieren, weiter den Rückstand kalt mit 2000 T. Wasser und 360 T. Salzsäure (20%) ausziehen, Lösung mit Alkali abstumpfen, filtrieren, im Filtrat mit Alkali das **4, 10-Diaminodiphenylketon** ausfällen. Über das Chlorhydrat gereinigt Sch.-P. 241°. — Ebenso **4, 10-Diamino-3, 9-dimethyldiphenylketon,** das entsprechende Dichlorderivat und die entsprechende Dicarbonsäure (J. pr. Ch. **79**, 493 bzw. Ann. **324**, 122).

1382 **DRP. 44 077** Zus. DRP. 41 751 — Ber. **9**, 716; **9**, 1900; **9**, 1914 DRP. 27 789 Ber. **11**, 716 **11**, 1914

4, 10-Dis-Dimethylaminodiphenylketon

$$(CH_3)_2N\bigcirc-\underset{\underset{O}{\|}}{C}-\bigcirc N(CH_3)_2 = C_{17}H_{20}N_2O = 268.$$

10 T. Dimethylaminobenzanilid + 18 T. Dimethylanilin + 8,5 T. Phosphoroxychlorid (oder 10 T. Dimethylaminobenzodiphenylamin + 12 T. Dimethylanilin + 5 T. Phosphoroxychlorid) vorsichtig 2 St. auf dem Wasserbade bei Verhütung spontaner Temperatursteigerung erwärmen. Zähe, gelbbraune, metallglänzende Schmelze entweder: in

der 5-fachen Menge Wasser + 1 T. Salzsäure bei 50°—60° lösen, mit dem 20-fachen Volumen Wasser verdünnen, wobei Dimethylanilinabscheidung nicht erfolgen darf, neutralisieren, filtrieren, Keton als Rückstand, Sch.-P. 173°—174°, oder: Schmelze alkalisch stellen, mit Dampf das Dimethylanilin abtreiben, körnigen Rückstand filtrieren, waschen, bei 50°—70° mit verdünnter Salzsäure (10%) spalten, gelbrote, bald wieder entfärbte Lösung mit Wasser verdünnen, vorsichtig neutralisieren, das krystallisierte Keton filtrieren. Filtrat enthält das Anilin. — Ebenso **Tetraäthyldiaminobenzophenon,** gelbliche Krystalle, Sch.-P. 95° und **Dimethyldiäthyldiaminobenzophenon,** Sch.-P. 94°. In der Schrift findet sich die Beschreibung der Herstellung von etwa 16 Basen aus Dialkylanilin mit Dialkylaminobenz-anilid, -xylilid, -toluidid, Dialkylamino-p-dimethyl-anilin, -1- und -2-naphthylamin usw. und Phosphoroxychlorid. Gelbliche Krystallpulver.

1383 **DRP. 65 952**

4-Dimethylamino-9-methoxydiphenylketon

$$\overset{OCH_3}{\langle\ \rangle}-\underset{\underset{O}{\|}}{C}-\langle\ \rangle N(CH_3)_2 = C_{15}H_{17}NO_2 = 243.$$

10 T. m-Methoxybenzanilid + 14 T. Dimethylanilin + 7 T. Phosphoroxychlorid auf dem Wasserbade vorsichtig 3 St. auf 90° erhitzen. Braune, zähflüssige, etwas metall glänzende Schmelze mit 50 T. Wasser (20°—30° warm) und 5 T. Salzsäure verrühren, gelbrotbraune Lösung auf 70°—80° erwärmen, bis die Färbung verschwunden ist, also die Abspaltung von Anilin sich vollzogen hat, mit Wasser verdünnen, bis alles Benzophenon als Niederschlag abgeschieden ist, filtrieren, waschen, trocknen, aus 2 T. Sprit umkrystallisieren. Aus dem Filtrat Anilin und Dimethylanilin rückgewinnbar. Es wurden dargestellt: **m-Methoxydimethylaminobenzophenon** (Sch.-P. 67°), **m-Äthoxydimethylaminobenzophenon** (Sch.-P. 90°), **m-Benzyloxydimethylaminobenzophenon** (Sch.-P. 86°), auch **m-Methoxydiäthylaminobenzophenon, m-Äthoxydiäthylaminobenzophenon, m-Benzyloxydiäthylaminobenzophenon,** farbstoffartige Körper, schwache Basen, in starker Salzsäure löslich, mit Wasser völlig fällbar, in organischen Lösungsmitteln leicht löslich, geben reduziert Hydrole.

1384 **DRP. 58 689**

4-Dimethylaminodiphenylketonsulfosäure

$$SO_3H\langle\ \rangle-\underset{\underset{O}{\|}}{C}-\langle\ \rangle N(CH_3)_2 = C_{15}H_{15}NO_4S = 305.$$

1 T. Dimethylmonoaminobenzophenon mit 4 T. Oleum (24%) im Wasserbad erwärmen, bis Probe in Ammoniak klar löslich ist. Auf Eis gießen, filtrieren. Die Sulfosäure ist ohne weitere Reinigung rein.

---

c) Diphenylketon mit drei Substituenten.

3 Cl—8 Cl—6 CH_3	1385	4 CH_3—2 COOH—SO_3H	1389
3 Cl—8 Cl—6 C:Cl_3	1385	1 CH_3—8 COOH—4 OH	3217
3 Cl—8 Cl—6 COOH	1385	4 COOH—12 COOH—5 $(NO_2)NH_2$	3215
8 Cl—2 CH_3—4 CH_3	1385	3 CH_3—4 NH_2—10 NH_2	1390
4 Cl(Br)—3 CH_3—8 COOH	3167, 3592	8 CO·NH_2—3 NH·R—5 OH	1393
4 Cl—10 CH_3—8 COOH	3208	8 COOH—6 NO_2—3 NH·CO·CH_3	1391
8 Cl—2 CCl_3—4 CCl_3	1385	8 COOH—2 NH_2—5 NH·CO·CH_3	1374
8 Cl—2 COOH—4 COOH	1385	(8 COOH—2 NH·H) Anh.—5 NH·CO·CH_3	1374
4 Br—3 COOH—8 COOH	3592	8 COOH—3 NH_2—4 OR	3258
4 Cl—8 COOH—3 NO_2	1386	8 COOH—3 NH·R—5 OH	1393
4 Cl—8 COOH—3 NH_2	1386	8 COOH—3 NR_2—5 OH	1394, 1395
6 Br—8 COOH—3 NH·CO·CH_3	1387	8 COOH—3 OH—5 OH	1396
4 Cl—8 COOH—3 OH	1388	8 COOH—3 NH·COCl—2 SO_3H	3267
4 Cl—NO_2—NO_2	1377	4 NH_2—10 NH_2—SO_3H	1397
10 CH_3—8 COOH—4 NH_2	3208	4 NR_2—10 NR_2—SO_3H	1398
2 CH_3—4 CH_3—SO_3H	1389	2 (3) OH—3 (4) OH—4 (5) OH	1399

1385 **DRP. 267 271**
E. P. 10 790/13
F. P. 457 641
Ber. **10,** 1478

3, 8-Dichlor-6-ω-trichlormethyl-diphenylketon

$$\overset{Cl}{\langle\ \rangle}-\underset{\underset{O}{\|}}{C}-\overset{Cl}{\underset{CCl_3}{\langle\ \rangle}} = C_{14}H_6 \cdot OCl_5 = 365.$$

In 700 T. 4-Chlortoluol und 175 T. 2-Chlorbenzoylchlorid 264 T. Aluminiumchlorid eintragen, spontane Temperaturerhöhung von 40°. Auf 60° anwärmen, in Eis gießen, etwas Salzsäure zusetzen, den Chlortoluolrest mit Dampf übertreiben und das zurückbleibende ölige **3, 8-Dichlor-6-methylbenzophenon** gewaschen und getrocknet im Vakuum destillieren. S.-P. 225° 12 mm. In dieses gelbliche Öl bei 170°—180° die 3-Atom-Chlormenge einleiten, kalt die Krystallmasse absaugen und das 3, 8-Dichlor-6-trichlormethylbenzophenon aus Ligroin umkrystallisieren. Sch.-P. 117°. — Ebenso erhält man aus 4-Chlortoluol bzw. 1, 3-Xylol und Benzoyl- bzw. Chlorbenzoylchlorid: **5-Chlor-2-methyl-(8-chlor)-benzophenon** bzw. **2, 4-Dimethyl-8-chlorbenzophenon,**

(Cl) CH_3 — C_6H_5—C(=O)—C_6H_3(Cl) (Cl) CH_3 — C_6H_5—C(=O)—C_6H_3—CH_3

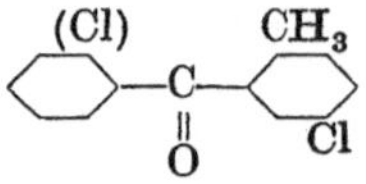

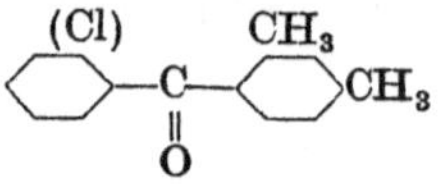

die beide unter 30 bzw. 10 mm bei 210° sieden. Wie oben chloriert geben sie die **6-Trichlormethylbenzophenonderivate,** die mit Schwefelsäure (66°) verrührt oder mit verdünnter Natronlauge gekocht (unter Druck erhitzt) in **Benzophenon-o-carbonsäure-** oder mit Kondensationsmitteln erhitzt, direkt in **Anthrachinonderivate** übergehen. Man erhält also z. B. aus obigem 3, 8-Dichlor-6-trichlormethylbenzophenon die **3, 8-Dichlorbenzophenon-6-carbonsäure**

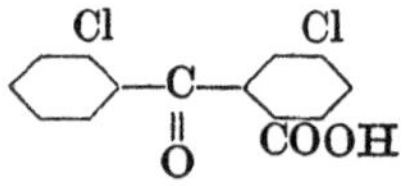

Cl Cl — C_6H_4—C(=O)—C_6H_3 COOH

(Sch.-P. 190°), aus 2-Trichlormethyl-4-trichlormethyl-8-chlorbenzophenon die **8-Chlorbenzophenon-2, 4-dicarbonsäure**

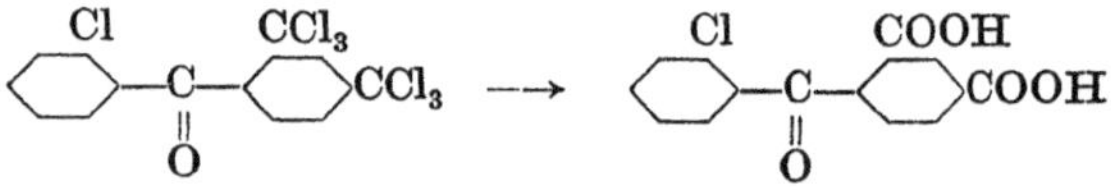

Cl CCl_3 — C_6H_4—C(=O)—C_6H_3—CCl_3 ⟶ Cl COOH — C_6H_4—C(=O)—C_6H_3—COOH

(Sch.-P. 304°) und ferner aus 2-Trichlormethyl-5-chlorbenzophenon für sich oder in Schwefelkohlenstofflösung mit Aluminiumchlorid erwärmt über das Mesochlorid

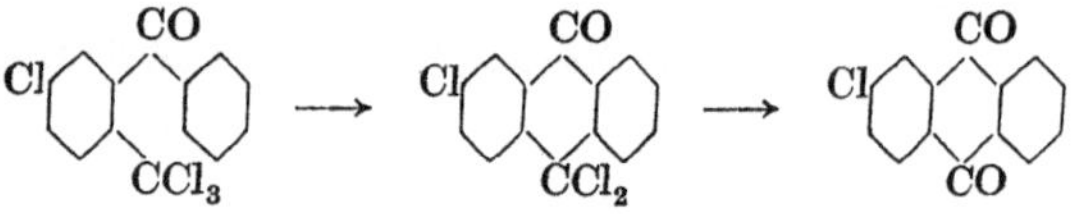

CO, Cl, CCl_3 ⟶ CO, Cl, CCl_2 ⟶ CO, Cl, CO

das nicht isoliert zu werden braucht, mit Wasser oder Sprit behandelt das **7-Chloranthrachinon.** Mit konz. Schwefelsäure gehen 2-Trichlormethylbenzophenone in einer Operation in Anthrachinonderivate über, z. B. 2-Trichlormethyl-4-trichlormethyl-8-chlorbenzophenon in **1-Chloranthrachinon-6-carbonsäure:**

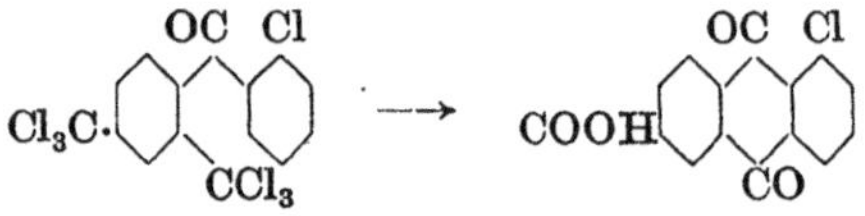

OC Cl, Cl_3C·, CCl_3 ⟶ OC Cl, COOH, CO

1386 **DRP. 148 110** — Lit. wie [1375]

4-Chlor-3-aminodiphenylketon-8-carbonsäure

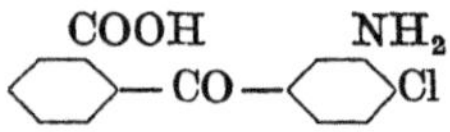

COOH NH_2 — C_6H_4—CO—C_6H_3—Cl $= C_{14}H_{10}NO_3Cl = 275.$

Wie [1375] aus p-Chlorbenzoylbenzoesäure [1370] vom Sch.-P. 151°—153° über die **m-Nitro-p-chlorbenzoyl-o-benzoesäure** (aus Sprit, Sch.-P. 202°—204°). Die m-Amino-p-chlorbenzoyl-o-benzoesäure schmilzt bei 175°—176°. — Analoge Produkte gibt die p-Brombenzoyl-o-benzoesäure vom Sch.-P. 169°.

1387 **DRP. 254 091**

6-Brom-3-acetyliminodiphenylketon-8-carbonsäure

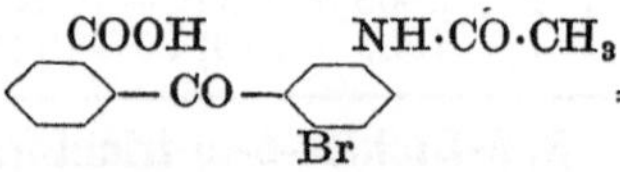

COOH NH·CO·CH_3 — C_6H_4—CO—C_6H_3 Br $= C_{16}H_{12}NO_4Br = 362.$

241 T. 3-Aminobenzoylbenzoesäure in 500 T. Eisessig heiß lösen, mit 110 T. Essigsäureanhydrid kurz erwärmen, sofort mit 1000 T. Wasser und bei 50° mit 160 T. Brom versetzen, auf 90° erwärmen; **6-Brom-3-acetylaminobenzoylbenzoesäure,** Sch.-P. 218°, scheidet sich aus. Ebenso aus 3-Amino-4-methyl- (oder -carboxyl-) benzoylbenzoesäure die **6-Brom-3-acetylamino-4-methylbenzoylbenzoesäure** (weiße Nadeln, Sch.-P. 226°) bzw. die **6-Brom-3-acetylamino-4-carboxylbenzoylbenzoesäure** (Sch.-P. 266°). Durch

Chloreinleiten (Gewicht zweier Atome) in die 50° warme Lösung von 4 T. 3-p-Toluolsulfamino-4-methylbenzoylbenzoesäure in 8 T. Eisessig und 4 T. Wasser erhält man analog **6-Chlor-3-p-toluolsulfamino-4-methylbenzoylbenzoesäure**, aus Eisessig umkrystallisieren. Sch.-P. 135°.

1388 **DRP. 148 110**

Lit. wie [1375]

4-Chlor-3-oxydiphenylketon-8-carbonsäure

COOH OH

⬡—CO—⬡Cl $= C_{14}H_9O_4Cl = 276$.

Wie [1375] aus [1386].

1389 **DRP. 285 700**

J. pr. **35**, 469
Ber. **33**, 3489

4-Methyldiphenylketon-2-carbonsulfosäure

COOH

⬡—CO—⬡CH_3 $= C_{15}H_{12}O_6S = 321$.

SO_3H

1 T. asym. Dimethylbenzophenon in 3 T. Oleum (20%) bei gewöhnlicher Temperatur bis zur Wasserlöslichkeit rühren, 150 T. des Na-Salzes der **Dimethylbenzophenonsulfosäure** in wässeriger Lösung mit 160 T. Permanganat oxydieren und die entstandene Monocarbonsäure (COOH in o-Stellung zur CO-Gruppe) als saures Kalisalz aussalzen. Gibt mit konz. Schwefelsäure eine neue **Methylanthrachinonsulfosäure.**

1390 **DRP. 108 346**

Lit. wie [1443]
Ber. **16**, 1929

3-Methyl-4, 10-diaminodiphenylketon

CH_3

NH_2⬡—CO—⬡NH_2 $= C_{14}H_{14}N_2O = 226$.

Wie [1444]. Reduktion der Base aus p-Nitrobenzaldehyd und o-Toluidin über das Auramin.

1391 Anm. A. 21 336,
Kl. 12 o
1. 8. 12
Berlin

6-Nitro-3-acetyliminodiphenylketon-8-carbonsäure

COOH NH·CO·CH_3

⬡—CO—⬡ $= C_{16}H_{12}N_2O_6 = 328$.

NO_2

Wie [1387] durch Nitrierung, wobei die Nitrogruppe ebenfalls in o-Stellung zum CO tritt. — Gelbliche Nadeln vom Sch.-P. 226°. Gibt nach

1392 **DRP. 260 899**

zur Aminoverbindung reduziert, mit 10 T. Schwefelsäure (95%) kurze Zeit auf 190°—200° erhitzt (auf Eis gießen, Säure mit Alkali abstumpfen), **1, 4-Diaminoanthrachinon,** das zur Reingewinnung mit Sodalösung extrahiert wird.

1393 **DRP. 162 034**
A. P. 821 452
E. P. 23 198/04
F. P. 347 546

DRP. 85 931
DRP. 87 068

3-Alkylimino-5-oxydiphenylketon-8-carbonsäure

COOH NH·C_2H_5

⬡—CO—⬡ $= C_{16}H_{15}NO_4 = 285$.

OH

147 T. Phthalimid + 137 T. Monoäthyl-m-aminophenol + 130 T. kryst. Borsäure auf 150°—160° erhitzen, die zähe, dann feste Schmelze des Säureamides bis zur Beendigung der NH_3-Abspaltung mit verdünnter Natronlauge kochen, die Krystalle der **Äthylaminooxybenzoylbenzoesäure** mit Essigsäure ausfällen. Sch.-P. 152°—153° unter Rotfärbung. Aus der in verdünnter Salzsäure gelösten Rohschmelze fällt mit Salz das **Äthylaminooxybenzoylbenzoesäureamid** (Farbstoffcharakter) aus. **Methylaminooxybenzoylbenzoesäure** schmilzt bei 178°—179°.

1394 **DRP. 85 931**

3-Dialkylamino-5-oxydiphenylketon-8-carbonsäure

COOH $N(CH_3)_2$

⬡—CO—⬡ $= C_{16}H_{15}NO_4 = 285$.

OH

30 T. Phthalsäureanhydrid + 30 T. Dimethyl- (33 T. Diäthyl-)-m-aminophenol in 150 T. Benzol heiß lösen, filtrieren, das Filtrat 8—10 St. kochen, kalt die Krystalle filtrieren. Sch.-P. beider Verbindungen unscharf bei 180°. Mit Diazoverbindungen kombinierbar. Nach

1395 **Zus. DRP. 87 068**

auch ohne Benzol herstellbar, indem man einfach beide Körper einige Stunden auf 100° erwärmt, die Masse in Sprit löst und mit Wasser fällt.

1396 **DRP. 54 085**

3, 5-Dioxydiphenylketon-8-carbonsäure

COOH OH
⬡—CO—⬡ $= C_{14}H_{10}O_5 = 258.$
OH

1 T. Fluorescin + 2—3 T. Natronlauge + 1 T. Wasser auf 130°—135° erhitzen, bis Probe in Wasser gelöst nur geringe Fluorescenz zeigt. In Wasser lösen, mit Salzsäure fällen.

1397 **DRP. 39 958**

4, 10-Diaminodiphenylketonsulfosäuren

NH_2⬡—CO—⬡$NH_2 = C_{13}H_{12}N_2O_4S = 292.$
SO_3H

Aus [1379], mit Oleum bei 170°—200°. Über die Kalisalze reinigen. Es entstehen mehrere Sulfosäuren, die nicht getrennt wurden.

1398 **DRP. 38 789**

4, 10-Dis-Dimethylaminodiphenylketonsulfosäure

$(CH_3)_2N$⬡—CO—⬡$N(CH_3)_2 = C_{17}H_{20}N_2O_4S = 348.$
SO_3H

50 T. Tetramethyldiaminobenzophenon + 200 T. Oleum (20%) 9 St. im Wasserbade erhitzen. In 1500 T. Wasser gießen, mit Natronlauge alkalisieren, vom unveränderten Keton filtrieren, Filtrat + Salzsäure, abgeschiedene Sulfosäure filtrieren, mit heißem Wasser extrahieren, Rückstand in Alkali lösen, mit Salzsäure fällen. Feine Nadeln aus Wasser oder Sprit. Aus der Mutterlauge krystallisiert etwas Tetramethyldiaminobenzophenondisulfosäure [1406].

1399 **DRP. 49 149**

Ber. **30**, 2592
32, 1686

2, 3, 4-Trioxydiphenylketon

HO OH
⬡—CO—⬡OH $= C_{13}H_{10}O_4 = 230.$

Benzoesäure, Pyrogallol und Chlorzink auf 145° erhitzen. Man erhält das **Alizaringelb** auch nach Ber. **24**, 378 aus Benzotrichlorid und einer kochenden, alkoholischen Pyrogallollösung. Gelbe Nadeln. Schmilzt wasserfrei bei 140°—141°. — Über **3, 4, 5-Trioxybenzophenon** siehe Ber. **42**, 1015.

---

d) Diphenylketon mit vier Substituenten.

1400 **DRP. 289 108**

Zusatz zu DRP. 287 994

J. pr. **79**, 493

3, 9-Dichlor-4, 10-diaminodiphenylketon

Wie [1381] aus 133 T. 3, 9-Dichlor-4, 10-diaminodiphenylmethan, 360 T. kryst. Schwefelnatrium, 336 T. Schwefel in 80 St. bei 125°—130° unter Rückfluß. Mit 50° heißer, sehr verdünnter Salzsäure extrahiert, hinterbleibt das Benzophenonderivat, das, aus Dichlorbenzol umkrystallisiert, bei 250° schmilzt. — Ebenso die **4, 10-Diaminobenzophenon-3, 9-dicarbonsäure** vom Sch.-P. 305° unter Zersetzung.

1401 **DRP. 54 085**

Monobrom-3, 5-dioxydiphenylketon-8-carbonsäure

COOH OH
⬡—CO—⬡(Br) $= C_{14}H_{10}O_5Br = 338.$
OH

1 Mol. [1396] in Eisessig lösen, + 2 Mol. Brom, einige Zeit stehenlassen, mit Wasser verdünnen, Niederschlag filtrieren.

1402 **DRP. 58 360** — **4, 10-Dimethyl-3, 9-dinitrodiphenylketon**

$$\overset{NO_2}{}\qquad\overset{NO_2}{}$$
$$CH_3\langle\ \rangle\!-CO-\!\langle\ \rangle CH_3 = C_{15}H_{12}N_2O_5 = 300.$$

1 T. Di-p-tolyldichloräthylen oder Di-p-ditolyldichloräthylen (erhalten nach Ber. 7, 1191) langsam unter Kühlung in 12 T. rauchende Salpetersäure eintragen; in viel Wasser gießen, filtrieren. Aus Essigäther, Sch.-P. 144°. — Ebenso verfährt man bei Anwendung des Di-p-ditolyltrichloräthans.

1403 **DRP. 289 108** — **4, 10-Dimethyl-3, 9-diaminodiphenylketon**

Zusatz zu DRP. 287 994

Ann. 324,122

$$\overset{CH_3}{}\qquad\overset{CH_3}{}$$
$$NH_2\langle\ \rangle\!-CO-\!\langle\ \rangle NH_2 = C_{15}H_{16}N_2O = 240.$$

226 T. 4, 10-Diamino-3, 9-dimethyldiphenylmethan mit 480 T. krystallisiertem Schwefelnatrium und 448 T. Schwefel bei 135° 50 St. unter Rückfluß kochen. Produkt aus Sprit umkrystallisieren, Sch.-P. 207°—210°.

1404 **DRP. 258 343** — **6-Amino-3-acetyliminodiphenylketon-4, 12-dicarbonsäure**

$$NH{\cdot}COCH_3$$
$$\langle\ \rangle\!-CO-\!\langle\ \rangle COOH = C_{17}H_{14}N_2O_6 = 342.$$
$$COOH\qquad NH_2$$

2-Nitro-5-acetylamino-4-methylbenzoyl-o-benzoesäure mit Permanganat oxydieren und die Nitrocarboxylverbindung (Sch.-P. 247°) reduzieren. Gelbe Nadeln vom Sch.-P. 315°.

1405 **DRP. 54 085** — **Mononitro-3, 5-dioxydiphenylketon-8-carbonsäure**

$$COOH\qquad OH$$
$$\langle\ \rangle\!-CO-\!\langle NO_2\rangle = C_{14}H_9NO_7 = 303.$$
$$OH$$

1 T. [1396] in 5 T. Salpetersäure (1,4) vorsichtig eintragen, in Wasser gießen, filtrieren.

1406 **DRP. 38 789** — **4, 10-Dis-Dimethylaminodiphenylketon-disulfosäure**

$$2\,SO_3H$$
$$(CH_3)_2N-\!\langle\ \rangle\!-CO-\!\langle\ \rangle N(CH_3)_2 = C_{17}H_{20}N_2O_7S_2 = 428.$$

50 T. Tetramethyldiaminobenzophenon + 200 T. Oleum (40%) auf 140°—150° erhitzen, bis eine mit Ammoniak versetzte Probe keinen Niederschlag gibt. Aufarbeitung wie [1398]. Aus Wasser gelbe, lange Prismen, in Sprit unlöslich.

e) Diphenylketon mit fünf bis sieben Substituenten.

1407 **DRP. 118 077** — **11, 12-Dichlor-3-diäthylamino-5-oxydiphenylketon-8-carbonsäure**

$$COOH\qquad N(C_2H_5)_2$$
$$\langle\ \rangle\!-CO-\!\langle\ \rangle = C_{18}H_{17}NO_4Cl_2 = 381.$$
$$Cl\ Cl\qquad OH$$

108 T. Di- bzw. Tetrachlorphthalsäureanhydrid + 82,5 T. Diäthyl-m-aminophenol + 650 T. Toluol 10 St. unter Rückfluß erhitzen, den Sirup mit Dampf vom Toluol befreien, Lösung von 93 T. Soda in 1000 T. Wasser zugeben, mit direktem Dampf kochen, kalt das Öl abheben, in Wasser lösen, mit Soda fällen, den Niederschlag in Wasser lösen, mit Äther das Diäthyl-m-aminophenol entfernen, das rückbleibende sirupöse Na-Salz mit Essigsäure umsetzen und die amorphe freie Säure filtrieren. Wenn rein, ist sie in Soda ohne Ölabscheidung löslich, im Gegensatz zum Tetrachlorprodukt, das außerdem in Chloroform schwerer löslich ist.

1408 **DRP. 54 085**

Dibrom-3, 5-dioxydiphenylketon-8-carbonsäure

COOH, OH, OH; Br$_2$ — CO — $= C_{14}H_8O_5Br_2 = 416$.

Wie [1401] mit 4 Mol. Brom.

1409 **DRP. 49 149**

2, 3, 4, 8, 9, 10-Hexaoxydiphenylketon

HO OH HO OH; OH — CO — OH $= C_{13}H_{10}O_7 = 278$.

Pyrogallol und seine Carbonsäure mit Chlorzink erhitzen. Gelbe Nadeln, Sch.-P. 238°. In alkalischer Lösung an der Luft beständig (Ann. **209**, 270).

f) Diphenylketon mit weiteren Benzolresten.

1410 **DRP. 41 751**
F. P. 181 351

(Phenylmethyl)-4-aminodiphenylketon

— CO — — N(C$_6$H$_5$)(CH$_3$) $= C_{20}H_{17}NO = 287$.

Wie [1366] aus 20 T. Benzanilid + 20 T. Methyldiphenylamin + 20 T. Phosphoroxychlorid. Aufarbeitung nach [1366] 1); rohes Keton mit heißer Petrolnaphtha extrahieren, von Schmieren filtrieren, Filtrat krystallisieren, Sch.-P. 82°. Kaum basisch.

1411 **DRP. 41 751**
F. P. 181 351

(Benzylmethyl)-4-aminodiphenylketon

— CO — — N(CH$_2$—)(CH$_3$) $= C_{21}H_{19}NO = 301$.

Wie [1366] aus 20 T. Benzanilid + 40 T. Methylbenzylanilin + 20 T. Phosphoroxychlorid. Aufarbeitung nach [1366] 1). Kaum basisch, in Salzsäure unlöslich, aus Sprit Krystalle, Sch.-P. 78°—79°.

1412 **DRP. 114 197**
und **Zusatz**
DRP. 114 198
—
DRP. 85 931
DRP. 87 068
DRP. 108 837
DRP. 112 297
DRP. 112 913
C.R. 1894, 119, 205
Ber. 27, 665

(Benzyläthyl-)4-aminodiphenylketon-8-carbonsäure

COOH; — CO — — N(CH$_2$—)(C$_2$H$_5$) $= C_{23}H_{21}NO_3 = 359$.

Phthalsäureanhydrid und Äthylbenzylanilin bei Gegenwart von Aluminiumchlord kondensiert geben **Äthylbenzylaminobenzoylbenzoesäure** (aus Sprit oder Eisessig blaßgelbe Nadeln vom Sch.-P. 172°, mit schwach süßem Geschmack), die stark, z. B. mit Zinkstaub und Natronlauge reduziert, in **Äthylbenzylaminobenzylbenzoesäure** übergeht. Am Licht gelbwerdende Krystalle, aus Sprit umkrystallisieren. Sch.-P. 145°.

1413 **DRP. 122 352**

(III-Oxyphenyl-methyl-)3-aminodiphenylketon-8-carbonsäure

COOH; — CO — ; N(C$_6$H$_4$OH)(CH$_3$) $= C_{21}H_{16}NO_4 = 346$.

Nach [**DRP. 85 931**] Phthalsäure mit **m-Oxyphenylalkylaminobenzol** kondensieren. Letzterse erhält man als im Kältegemisch erstarrendes Öl durch Erhitzen von Resorcin mit Monoalkylanilin.

1414 Anm. F. 3414, Kl. 22, 12. 1. 88, Höchst, Zus. DRP. 41 751

(Phenylmethyl-)4-amino-10-dimethylaminodiphenylketon

$(CH_3)_2N\langle\;\rangle-CO-\langle\;\rangle-N\langle^{\langle\;\rangle}_{CH_3} = C_{22}H_{22}N_2O = 330.$

Dieses **Trimethylphenyldiaminobenzophenon** entsteht aus Dimethylamino-p-benzoesäure oder ihrem Chlorid und N-Methyldiphenylamin oder aus dem Harnstoffchlorid der sekundären Base und tertiärer Base mit Chlorzink. Sch.-P. 141°—142°.

1415 **DRP. 72 808**

(Benzyl-methyl-)4-amino-10-dimethylaminodiphenylketon

$(CH_3)_2N\langle\;\rangle-CO-\langle\;\rangle-N\langle^{CH_2-\langle\;\rangle}_{CH_3} = C_{23}H_{24}N_2O = 344.$

27 T. Tetramethyldiaminobenzophenon wie [1346] mit 13 T. reinstem Benzylchlorid 5 St. auf 171°—175° erhitzen, bis der Gewichtsverlust an Chlormethyl 5 T. beträgt. Die Schmelze erstarrt kalt glasartig. Zur Reinigung in 4—5 T. Schwefelsäure (50%) oder in konz. Salzsäure warm lösen, die Harze vorsichtig mit Eiswasser fällen, filtrieren, mit Wasser oder Soda das Keton ausfällen, filtrieren, bei Luftabschluß trocknen. Weiß, leicht schmelzbar, in Sprit, Benzol, Toluol leicht, in Äther schwer löslich. Aus Sprit gelbe Blättchen, Sch.-P. 136°. Identisch mit [1382]. — **Triäthylmonobenzyldiaminobenzophenon** analog aus Tetraäthyldiaminobenzophenon.

1416 **DRP. 72 808**

Dis-(Benzylalkyl)-4, 10-diaminodiphenylketon

$\langle\;\rangle-CH_2-N(C_2H_5)-\langle\;\rangle-CO-\langle\;\rangle-N(C_2H_5)-CH_2-\langle\;\rangle$

$= C_{31}H_{32}N_2O = 448.$

Wie [1346]: 32,5 T. Tetraäthyldiaminobenzophenon mit 26 T. Benzylchlorid 6 St. auf 190°—195° bis zum Gewichtsverlust von 13 T. erhitzen, Dampf einleiten, Rückstand in Schwefelsäure (50%) lösen, fraktioniert mit Wasser fällen. **Dimethyldibenzyldiaminobenzophenon** entsteht in 5 St. bei 170°—175°. Produkt mit Sprit bei 40° digerieren, dann aus Sprit umkrystallisieren. Sch.-P. 182°. Identisch mit [1382].

1417 **DRP. 122 352**

(III-Oxyphenyl)-3-amino-4-methyldiphenylketon-8-carbonsäure

$\langle\;\rangle(COOH)-CO-\langle\;\rangle(NH-\langle\;\rangle OH)CH_3 = C_{21}H_{17}NO_4 = 347.$

Phthalsäure und m-Oxyphenyl-o-tolylamin vorsichtig kondensieren und aus Sprit umkrystallisieren. Ähnliche Produkte wie [1413].

10. $R_2 = S$.

1418 **DRP. 121 837**

4, 10-Dis-Methyliminodiphenylthioketon

$CH_3{\cdot}NH\langle\;\rangle-C(=S)-\langle\;\rangle NH{\cdot}CH_3 = C_{15}H_{16}N_2S = 256.$

Aus dem Auramin [1303] nach Ber. 20, 2857 und 3267.

1419 **DRP. 29 060** — Ber. 20, 2857; 20, 3261

4, 10-Dis-Dialkylaminodiphenylthioketon

$(CH_3)_2N\langle\;\rangle-C(=S)-\langle\;\rangle N(CH_3)_2 = C_{17}H_{20}N_2S = 284.$

25 T. Tetramethyldiaminobenzophenon + 25 T. Salmiak + 25 T. Chlorzink bei 150° bis 160° 4—5 St. verschmelzen. Schmelze, die klar wasserlöslich sein muß (Auramin), in Sprit lösen, Schwefelwasserstoff einleiten, wobei Ammoniak entweicht und das Thioketon sich ausscheidet; mit Schwefelkohlenstoff statt mit Schwefelwasserstoff behandelt entsteht Rhodanwasserstoffsäure und Thioketon.

1420 **DRP. 37 330**
E. P. 12 022/86
F. P. 175 376
—
Ber. 20, 1731; 20, 3289

In 50 T. Dimethylanilin im geschlossenen Rührapparat zwischen 0° und 10° innerhalb 3—4 St. 10 T. Kohlenstoffsulfochlorid (erhalten nach DRP. Anm. 5430, Kl. 22, 27. 8. 87) gelöst in 30 T. Schwefelkohlenstoff einrühren. 10—12 St. ohne Kühlung weiterrühren. Aufarbeitung: 1. mit stark verdünnter Salzsäure versetzen, bis das Dimethylanilin völlig neutralisiert ist, Schwefelkohlenstoff abdestillieren, Keton filtrieren, waschen. Oder 2.: Schmelze alkalisch stellen, Schwefelkohlenstoff und Dimethylanilin zusammen abdestillieren, das krystallinisch ausgeschiedene Keton filtrieren. Auch erhaltbar aus dem Reaktionsprodukt [435] und 20 T. Dimethylanilin durch 10-stündiges Rühren bei 20°—30°. Auch gemischte Ketone herstellbar.

1421 **DRP. 39 074**

1 T. Tetramethyldiaminobenzophenon mit 0,2 T. Phosphorpentasulfid gemischt, in kleinen Portionen im Emailkessel auf höchstens 160° erhitzen. Schmelze mit Wasser, dann mit Sodalösung, dann wieder mit Wasser auskochen. Aus der 9—10-fachen Menge heißem Amylalkohol umkrystallisieren. — Ebenso **Tetraäthyldiaminothiobenzophenon.** Nach

1422 **Zus. DRP. 40 374**

erwärmt man 100 T. Tetraäthyldiaminobenzophenon mit 32 T. Phosphoroxychlorid und 40 T. Toluol im Wasserbade, bis die Ketonbase in ihr blaues Halogenderivat verwandelt ist. Trockenen Schwefelwasserstoff einleiten, bis sich eine Probe in kaltem Wasser nicht mehr blau löst. Lösliche Schmelze in Wasser verteilen, mit Soda neutralisieren, Toluol abtreiben. Aus Sprit umkrystallisieren. — Auch in Chloroformlösung mit Phosgen und Schwefelnatrium erhaltbar. Ebenso die Tetramethylverbindung.

1423 **DRP. 57 963**
—
Ann. 259, 300

50 T. Tetramethyldiaminodiphenylmethan + 15 T. Schwefel auf 230° erhitzen, bis die Schwefelwasserstoffentwicklung aufhört. Noch warm in 25 T. Amylalkohol lösen; kalt krystallisiert das Thioketon aus. Identisch mit dem Körper Ber. 20, 1731. Tetraäthylverbindung ebenso identisch mit [1421].

1424 **DRP. 287 994**

25,4 T. 4, 10-Tetramethyldiaminodiphenylmethan mit 29 T. Schwefel und 24 T. kryst. Schwefelnatrium unter Rückfluß bis zum Verschwinden der Base erhitzen, Schmelze mit schwefelnatriumhaltigem Wasser auskochen, Reste der Methanbase mit Sprit oder verdünnter Salzsäure extrahieren. Das **Tetramethyldiaminodiphenylthioketon** schmilzt bei 202° bis 204°. Das ebenso gewonnene **4, 10-Dimethyldiamino-3, 9-dimethylthiobenzophenon** bildet ein rotes Krystallpulver vom Schm.-P. 189°.

1425 **DRP. 80 223**
—
DRP. 57 963

4, 10-Diaminodiphenylmethan-Thiobase $(C_6H_4 \cdot NH_2)C[S]$.

4—5 T. Diaminodiphenylmethan mit 1 T. Schwefel im Ölbade 6—8 St. auf 140°—180° erhitzen. Wenn die Schwefelwasserstoffentwicklung nachläßt mit verdünnter Salzsäure reinigen. (Patentangaben unklar.) Das salzsaure Salz ist in Wasser braun bis violettrot löslich, mit Salzsäure ausfällbar. Spritlösung + wenig Wasser = braune Flocken der ausgefallenen Base. Färbt Baumwolle, verhält sich völlig anders als die Thiobenzophenone.

1426 **DRP. 73 267**

4, 10-Dioxydiphenylthioketon

$$OH\langle\bigcirc\rangle-\overset{\overset{S}{\|}}{C}-\langle\bigcirc\rangle OH = C_{13}H_{10}O_2S = 230.$$

Na-Salze von [1428] mit Schwefelsäure (30%) auf 100° erhitzen, wobei die SO_3H-Gruppen abgespalten und gegen OH ersetzt werden. In Alkali lösen, mit Salzsäure fällen.

1427 **DRP. 121 837**

3, 9-Dimethyl-4, 10-dis-methyliminodiphenylthioketon

$$CH_3NH\overset{CH_3}{\langle\bigcirc\rangle}-\overset{\overset{S}{\|}}{C}-\overset{CH_3}{\langle\bigcirc\rangle}NHCH_3 = C_{17}H_{20}N_2S = 284.$$

Aus dem Auramin G des Handels nach Ber. 20, 2857 und 3267.

1428 **DRP. 73 267**

4, 10-Dioxydiphenylthioketonsulfosäuren $OH\langle\bigcirc\rangle-\overset{\overset{S}{\|}}{C}-\langle\bigcirc\rangle OH.$ $\underbrace{\hphantom{xxxxxxxx}}_{(SO_3H)_n}$

10 T. Schwefelblumen in 10 T. Oleum (30%) lösen und in diese Sesquioxydlösung 10 T. gepulvertes Dioxydiphenylmethan einrühren. Die Temperatur soll 50° nicht übersteigen. Nach mehreren Stunden in Eiswasser gießen, auskalken, vom Gips filtrieren, Filtrat mit Soda fällen, vom kohlensauren Kalk filtrieren. Das Filtrat, enthaltend Mono- und Polysulfosäuren, kann direkt für Azofarbstoffe verwendet werden. Die Na-Salze sind durch Eindampfen als rotbraune Pulver erhaltbar.

11. R_2 = Ar.

a) Ar = H und C_6H_5, $C_6H_4\cdot Cl$ usw.

1429 **DRP. 106 497** — DRP. 64 270, DRP. 68 144, DRP. 106 719, DRP. 107 718

4, 10-Diaminotriphenylmethan

$= C_{19}H_{18}N_2 = 274.$

100 T. Aminobenzylbase erhalten z. B. aus 130 T. salzsaurem Anilin, 400 T. Anilin und 90 T. Benzilidenanilin bei 15—20° (alkalisch stellen, Anilin abblasen) oder direkt aus Benzaldehyd und Anilin mit 100 T. salzsaurem Anilin 300 T. Anilin 6 St. im Wasserbade erwärmen, alkalisch mit Dampf das Anilin abtreiben und den Rückstand aus Benzol umkrystallisieren. Sch.-P. 106°. — Über die Bildung von **Di-p-tolylphenylmethan** aus Toluol und Benzaldehyd siehe Ber. 38, 84.

1430 **DRP. 111 041** — Lit. wie [1429] Ber. 39, 2478

3-Methyl-4, 6, 10-triaminotriphenylmethan

$= C_{20}H_{21}N_3 = 303.$

12,2 T. o, p-Toluylendiamin in 200 T. Wasser und 50 T. Salzsäure (21°) lösen, warm mit 27,4 T. der Base aus Anilin und Benzaldehyd [1429] versetzen, 4 St. im Wasserbade erwärmen und wie [1429] aufarbeiten. Aus Benzol umkrystallisieren, Sch.-P. 180°. — Ebenso weitere 22 Triphenylmethanbasen aus den Aminobenzylbasen [1429] aus Benzaldehyd oder Nitrobenzaldehyden und Anilin oder o-Toluidin, umgesetzt mit o-Toluidin oder m-Phenylendiamin oder o, p-Toluylendiamin.

1431 **DRP. 95 830**

16-Methyl-4, 10-dis-dimethylaminotriphenylmethan-15-sulfinsäure

$= C_{24}H_{28}N_2O_2S = 408.$

Wie [158]. 1 T. des Kondensationsproduktes von Tetramethyldiaminobenzhydrol und o-Toluidin in 2 T. Schwefelsäure und 10 T. Wasser lösen, diazotieren und die Diazolösung weiter wie [158] mit 4—5 T. Kupferpulver oder rotem Cuprosulfit behandeln.

Die Salze färben sich an der Luft. — Nach Schweiz. Pat. 78 895 von 1916 erhält man **Tetramethyldiamino-aminooxytriphenylmethandisulfosäure**

$(C_2H_5)_2N$—C₆H₄—CH—C₆H₄—$N(C_2H_5)_2$; am CH: Benzolring mit HO_3S, NH_2, OH, SO_3H

aus 88,2 T. Tetramethyldiaminooxytriphenylmethandisulfosäure. In 500 T. Schwefelsäure (98%) bei 20°—30° gelöst zwischen 0°—5° mit 26,5 T. Mischsäure (50%) nitrieren, Nitrokörper mit Eisen und Essigsäure reduzieren, sodaalkalisches Filtrat ansäuern.

1432 **DRP. 43 714** und **Zus. DRP. 43 720**, A. P. 382 832, E. P. 9614/88

2, 8-Dimethyl-4, 6, 10, 12-tetraminotriphenylmethan

CH_3, NH_2, NH_2 / CH_3, NH_2, CH, NH_2 $= C_{21}H_{23}N_4 = 331.$

1. 75 T. [1520] mit 85 T. m-Toluylendiamin und 500 T. Wasser auf 60°—70° erwärmen, bis alles gelöst ist. Mit Wasser verdünnen, filtrieren, Filtrat mit Alkali fällen. Oder 2.: 48 T. m-Toluylendiaminsulfat mit 20 T. Natronlauge (40%) und 30 T. Wasser verreiben, Krystallbrei mit 10,6 T. Benzaldehyd, gelöst in 24 T. Sprit (95%), auf 60° erwärmen, bis alles gelöst ist. Mit Wasser verdünnen, Base mit Alkali fällen, filtrieren, waschen, trocknen. Oder 3.: 61 T. m-Toluylendiamin mit 98 T. seines salzsauren Salzes in 200 T. Sprit gelöst mit 53 T. Benzaldehyd auf dem Wasserbad auf 70°—80° erwärmen, Krystalle des Chlorides der Tetraaminobase filtrieren, mit Sprit waschen.

1433 **DRP. 71 362** Zusatz zu DRP. 68 908

3, 9-Dimethyl-2, 8-diamino-5, 11-dis-methyliminotriphenylmethan

H_2N CH_3, NHR / H_3C NH_2, CH, NHR

1 Mol. Benzaldehyd und 2 Mol. m-Aminoalkyl-o-toluidin mit wenig Schwefelsäure in Spritlösung erhitzen; das Methylprodukt scheidet sich kalt krystallinisch ab, das Äthylprodukt wird durch Lösen in verdünnter Salzsäure und Fällen mit Ammoniak isoliert.

1434 **DRP. 308 785** — J. p. Ch. 1907, 331, DRP. 71 969

4, 10-Diamino-2, 8, 5, 11-tetramethyltriphenylmethan

CH_3, NH_2, CH_3 / CH_3, HN_2, CH, CH_3 $= C_{23}H_{26}N_2 = 330.$

12 T. techn. Xylidin mit 60 T. Benzaldehyd einige Stunden auf 80°—90° erwärmen, kalt 200 T. Salzsäure (21°) zusetzen, unter Luftabschluß einen Tag auf 100° erhitzen, 250 T. Natronlauge (40°) und 200 T. Wasser beigeben, Xylidin mit Dampf abblasen, das rohe, sprödharzige Produkt mit Sprit extrahieren, Rückstand aus Sprit umkrystallisieren, Sch.-P. 210°.

1435 **DRP. 286 433**

14-Chlor-2, 8-dimethyl-4,10-dioxytriphenylmethan-3,9-dicarbonsäure

H_3C COOH, OH / HOOC CH_3, OH, CH, Cl $= C_{23}H_{19}O_6Cl = 426.$

Benzaldehyd bzw. 14 T. o-Chlorbenzaldehyd (m-Nitro-p-diäthylamino-2, 6-dichlorbenzaldehyd) und 30 T. o-Kresotinsäure in 50 T. Phosphoroxychlorid einrühren und 15 T. Chlorzink zugeben. Die erstarrte Masse mit Wasser verreiben. Sch.-P. des in theoretischer Ausbeute entstehenden Produktes 280°. Man kann auch nach

1436 **Zus. DRP. 286 744** das Kondensationsprodukt von 1 Mol. o-Chlor- oder m-Oxybenzaldehyd mit 2 Mol. o-Kresol (oder Dimethylanilin) als Dialkalisalz mit Kohlensäure einige Stunden unter schwachem Druck auf 150—200° erhitzen, und erhält so **10, 16-Bisdimethylamino-3-oxytriphenylmethan-4-carbonsäure** usw. — Nach

1437 **Zus. DRP. 290 601** verrührt man 21 T. Benzalchlorid (statt Benzaldehyd des Hauptpatentes), 40 T. o-Kresotinsäure, 70 T. Phosphoroxychlorid, 24 T. Chlorzink und 40 T. Toluol bei 40°—50° bis zum Verschwinden des Ausgangsmaterials. und erhält so die **2, 8-Dimethyl-4, 10-dioxytriphenylmethan-3, 9-dicarbonsäure.**

1438 **DRP. 45 294**
Zusatz zu DRP. 43 714
—
Ber. 9, 1759

3, 9, 16-Trimethyl-4, 6, 10, 12-tetraminotriphenylmethan

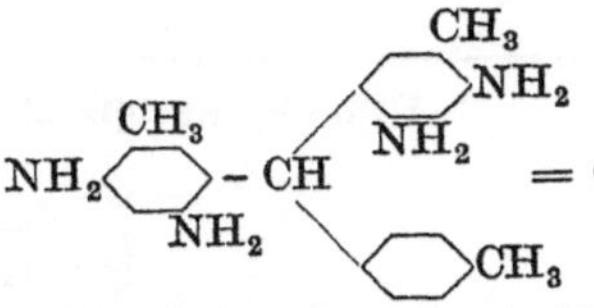

$$= C_{22}H_{26}N_4 = 346.$$

12 T. Toluylaldehyd und 31,6 T. einfach salzsaures m-Toluylendiamin in Spritlösung auf dem Wasserbade erwärmen, nach beendeter Reaktion den Sprit abdestillieren, Rückstand mit Wasser aufnehmen, filtrieren, Filtrat + überschüssiges Kali, Base filtrieren, waschen, trocknen. Grau gefärbtes Pulver in Wasser unlöslich, in Benzol oder Sprit löslich.

1439 **DRP. 45 298**
Zusatz zu DRP. 43 714

Nitro-2, 8-dimethyl-4, 6, 10, 12-tetraminotriphenylmethan

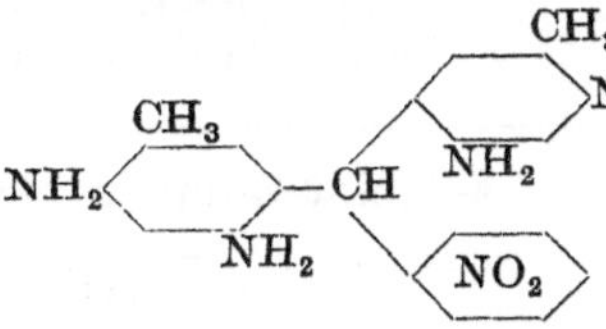

$$= C_{21}H_{23}N_5O_2 = 377.$$

10 T. Tetraaminoditolylphenylmethan [1432] als Sulfat in 50 T. Schwefelsäure (66°) lösen, zwischen 5° und 15° mit 4,6 T. Nitriersäure (2 T. Schwefelsäure (66°) + 1 T. Salpetersäure (44°)) nitrieren. In Wasser gießen, mit Soda fällen, durch Umlösen mit Salz- oder Schwefelsäure reinigen. Orangefarbiges Pulver, in Eisessig leicht, in Benzol schwer, in Sprit, Chloroform und Äther sehr schwer löslich. Oder: 100 T. schwefelsaures m-Toluylendiamin mit 200 T. Sprit (50%) und 36 T. p-Nitrobenzaldehyd einige Stunden unter Rückfluß sieden. Sandiges, blaß-rötlichgelbes Krystallpulver filtrieren. Oder wie [1440] aus 21,5 T. Nitrobenzaldehyd (o, m, p), 34,7 T. m-Toluylendiamin, 28 T. Salzsäure (22,5°) und 100 T. Sprit (96%).

1440 **DRP. 70 065**
Zusatz zu DRP. 68 908

3, 9-Dimethyl-16-nitro-4, 10-diamino-6, 12-dis-dimethylamino-triphenylmethan

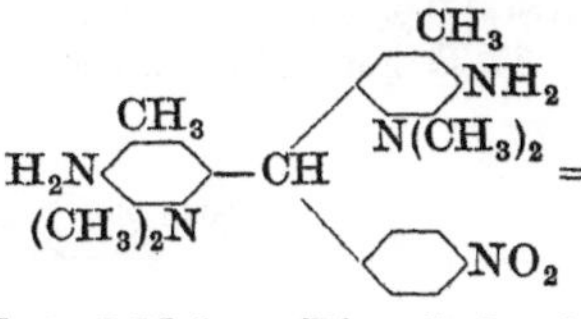

$$= C_{25}H_{32}N_4O_2 = 420.$$

1 Mol. p-Nitrobenzaldehyd + 2 Mol. m-Dimethylamino-o-toluidin + 1 Mol. Schwefelsäure in Spritlösung erwärmen, das Sulfat des Kondensationsproduktes krystallisiert aus. Oder: Tetramethyltetraaminoditolylmethan in konz. schwefelsaurer Lösung nitrieren, die erhaltene Nitroverbindung reduzieren.

1441 **DRP. 45 294**
Zus. DRP. 43 714

2, 8-Dimethyl-4, 6, 10, 12, x-pentaminotriphenylmethan

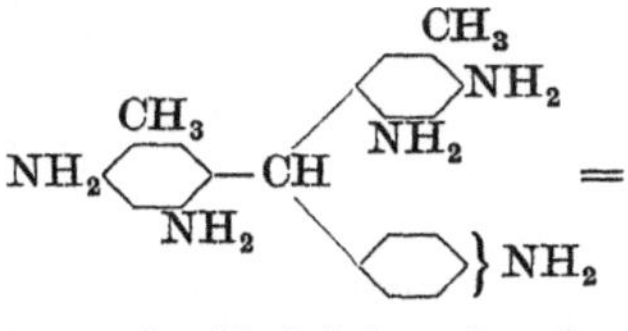

$$= C_{21}H_{25}N_5 = 347.$$

26,5 T. salzsaures Nitrotetraaminoditolylphenylmethan [1439] allmählich in eine warme Mischung von 45 T. Zinnchlorür und 120 T. Salzsäure (22,5°) eintragen, reduzierte

Lösung mit viel Wasser verdünnen, mit Schwefelwasserstoff entzinnen, Filtrat mit Alkali fällen, farblose Krystalle aus siedendem Wasser umkrystallisieren. — **4, 16-Tetraäthyldiamino-8-amino-9-oxytriphenylmethan-10, 12-disulfosäure** erhält man nach Schweiz. Pat. 77 541/1916 durch Nitrierung und folgende Reduktion der entsprechenden Tetraäthyldiaminooxytriphenylmethandisulfosäure. Läßt sich diazotieren und liefert Azofarbstoffe.

b) Ar = : $N \cdot C_6H_5$.

1442 **DRP. 250 236**
Zusatz zu
DRP. 241 853

Diphenylketophenylimid (Benzophenonanil)

C_6H_5—C(=$N \cdot C_6H_5$)—C_6H_5 = $C_{19}H_{15}N_2$ = 257.

Benzophenon und Anilin im molekularen Verhältnis mit 1% Jod bis zur Wasserabspaltung erhitzen.

c) Ar = $NH \cdot C_6H_5$.

1443 **DRP. 106 497**

Ber. **13**, 667; **15**, 676; **16**, 1321; **18**, 2094; J. pr. **36**, 246
DRP. 87 934

4-Amino-C-phenylimino-diphenylmethan

C_6H_5—CH($C_6H_4 \cdot NH_2$)(NH·C_6H_5) = $C_{19}H_{18}N_2$ = 274.

130 T. salzsaures Anilin in 400 T. Anilin lösen, bei 15°—20° 90 T. Benzylidenanilin zusetzen. Wenn in einer Probe mit Säure kein Benzaldehyd mehr nachweisbar ist, die Masse in kalt gehaltene Natronlauge gießen, mit Dampf das Anilin abblasen. Das zurückbleibende Öl — **Aminophenylanilidotoluol** — ist nicht krystallisierbar. In Spritlösung entsteht mit Essigsäure + Bleisuperoxyd gelbe, dann mißfarbige Braunfärbung, während Diaminotriphenylmethan so einen violetten Farbstoff gibt. In organischen Lösungsmitteln leicht löslich. Die krystallinischen Basen aus p-Nitrobenzaldehyd + Anilin und o-Nitrobenzaldehyd + o-Toluidin vom Sch.-P. 148° bzw. 154° sind nur in heißem Benzol leicht löslich und bilden nach

1444 **DRP. 108 346**
Zusatz zu
DRP. 99 542

DRP. 31 936
DRP. 29 060

Zwischenprodukte zur Darstellung von Diaminobenzophenon und Homologen. — 32 T. gepulverte Base aus p-Nitrobenzaldehyd und Anilin

$NO_2 \cdot C_6H_4$—CH($C_6H_4 \cdot NH_2$)(NH·C_6H_5)

in 100 T. Sprit suspendieren, mit der Lösung von 24 T. Schwefelnatrium und 6,4 T. Schwefel in 25 T. Wasser erwärmen, bis die rotgelb werdende Flüssigkeit ins Sieden gerät. Nach 8-stündigem, stetigem Erwärmen den Sprit abdestillieren, das rotgelbe Öl, das nicht erstarrt, wiederholt mit Wasser waschen, **4-10-Diaminobenzophenonanil** (Auramin)

$NH_2 \cdot C_6H_4$—C($C_6H_4 \cdot NH_2$)=$N \cdot C_6H_5$

in überschüssiger Säure warm lösen (farblos), alkalisch mit Dampf vom Anilin befreien. Als Rückstand bleibt **p-Diaminobenzophenon** vom Sch.-P. 236° zurück, welches in Sprit und Äther schwer löslich ist (Ber. **19**, 110). Das Auramin ist vielleicht identisch mit dem Produkt des DRP. 31 936.

IV. Benzolreste durch Ketten verbunden, die mit —C— beginnen.

1. Zwei Benzolreste durch —C—C— (—C⋮C—C⋮C—) verbunden.

$$\underset{11\ 12}{\overset{9\ 8}{10\langle\ 7\rangle}}-\overset{|}{\underset{|}{C}}-\overset{|}{\underset{|}{C}}-\underset{6\ 5}{\overset{2\ 3}{\langle 1\ \rangle 4}}$$

a) Bindung —C⋮C—.

1445 **DRP. 45 371** — J. pr. **34**, 343/47

4, 10-Diamino-diphenylacetylen

$NH_2\langle\ \rangle-C\equiv C-\langle\ \rangle NH_2 = C_{14}H_{22}N_2 = 208.$

Durch Reduktion des p-Nitrotolans. Diaminotolan siedet bei 236°. Mit verdünnten Säuren erwärmt gibt es glatt **Diaminodesoxybenzoin** $NH_2{\cdot}C_6H_4{\cdot}CH_2{\cdot}CO{\cdot}C_6H{\cdot}NH_2$ vom Sch.-P. 145°.

b) Bindung —CH : CH—

1446 **DRP. 79 241** — Ber. **6**, 328; **13**, 1875; **16**, 941;

4, 10-Dinitrosodiphenyläthylen

$NO\langle\ \rangle-CH=CH-\langle\ \rangle NO = C_{14}H_{10}N_2O_2 = 238.$

Aus p-Nitrotoluol mit sehr starker methylalkoholischer Natronlauge. Aus Benzoesäureäthyläther umkrystallisieren, Sch.-P. 263°. In Schwefelsäure kirschrot löslich.

1447 **DRP. 124 681** — E. P. 19 125/00 — F. P. 304 749 — Ber. **34**, 2842

2, 4-Dinitrodiphenyläthylen

$\langle\ \rangle-CH=CH-\overset{NO_2}{\langle\ \rangle}NO_2 = C_{14}H_{10}N_2O_4 = 262.$

6 T. Benzaldehyd, 9 T. o-p-Dinitrotoluol und 0,4—0,5 T. Piperidin auf 170° erwärmen. Wenn die Wasserausscheidung beginnt, Temperatur auf 130°—140° sinken lassen, 2 St. halten, kalt den Krystallkuchen zerkleinert mit Sprit anrühren, absaugen und trocknen. Aus Eisessig umkrystallisieren. Sch.-P. 139°—140°. In Sprit sehr schwer löslich. Statt Piperidin zuzusetzen, kann man auch trockenes Ammoniakgas durchleiten. — Über **2-Oxystilben** siehe Ber. **42**, 825; Stilben selbst aus Phenylnitromethan: Ber. **38**, 502.

1448 **DRP. 39 756** — E. P. 7284/84 — Ber. **6**, 328

4, 10-Diaminodiphenyläthylen

$NH_2\langle\ \rangle-CH=CH-\langle\ \rangle NH_2 = C_{14}H_{14}N_2 = 210.$

Aus 2 Mol. p-Nitrobenzylchlorid in alkoholischer Kalilaugelösung resultiert **Dinitrostilben.** Dieses nach [1454] oder mit Zinn und Salzsäure reduziert gibt **Diaminostilben.** Nadeln oder Blättchen, Sch.-P. 226°—227°. Salzsaures Salz und Sulfat in Wasser schwer löslich.

1449 **DRP. 115 287**

—

Ber. **6**, 329
J. pr. **39**, 502

Anm. F. 13 091, Kl. 12. 4. 10. 00

0,1 T. p-Dinitrostilben mit $1^1/_2$ T. Wasser kurze Zeit kochen, 0,25 T. Schwefelnatrium zusetzen, $^1/_2$ St. weiterkochen, kalt den braunroten Niederschlag filtrieren, mehrere Male mit Wasser auskochen, in verdünnter Salzsäure lösen, filtrieren und mit Alkali fällen. Zur Reinigung in verdünnter Salzsäure lösen und mit rauchender Salzsäure als grauweißes salzsaures Salz fällen. Statt Schwefelnatrium kann man nach auch K- oder Na-Sulfhydrat verwenden.

1450 **DRP. 124 681**

—

Lit. wie [1447]

2, 4, 10-Trinitrodiphenyläthylen

$$NO_2\langle\rangle{-}CH{=}CH{-}\langle\rangle NO_2 \text{ (}NO_2\text{)} = C_{14}H_9N_3O_6 = 315.$$

Wie [1447] mit 8 T. p-Nitrobenzaldehyd. Nach dem Verrühren mit Sprit absaugen, aus Nitrobenzol umkrystallisieren und mit Sprit waschen. Verfilzte, gelbe Nadeln vom Sch.-P. 240°. — Ein anderes Trinitrostilben erhält man aus o-p-Dinitrotoluol und m-Nitrobenzaldehyd. Sch.-P. 183°—184°. — Über **Tetraaminostilben** siehe Ber. **37**, 3596. — Über **Dinitrodimethyl-, Dinitrodimethoxystilben** und **Dinitrostilbendicarbonsäure** siehe J. Chem. Soc. **93**, 1721.

1451 **DRP. 117 540**

4, 10-Dichlordiphenyläthylen-2, 8-disulfosäure

$$Cl\langle\rangle{-}CH{=}CH{-}\langle\rangle Cl \text{ (je }SO_3H\text{)} = C_{14}H_{10}O_6S_2Cl_2 = 408.$$

25 T. Diaminostilbendisulfosäure in 150 T. Wasser und 8 T. Soda lösen, 150 T. Salzsäure (30%) zufließen lassen, bei 0° mit 10 T. Nitrit diazotieren, langsam 8 T. Kupferpulver zugeben, wenn die Stickstoffentwicklung beendet ist, das Kupfer mit Schwefelnatrium entfernen, evtl. zur Isolierung eindampfen und den Rückstand mit Sprit extrahieren, sonst direkt die Lösung benützen.

1452 **DRP. 79 241**

—

Ch. Ind. 1887, 309

4, 10-Dinitrosodiphenyläthylen-2, 8-disulfosäure

$$NO\langle\rangle{-}CH{=}CH{-}\langle\rangle NO \text{ (je }SO_3H\text{)} = C_{14}H_{10}N_2O_8 = 334.$$

p-Nitrotoluolsulfosäure mit großem Überschuß von Natronlauge (17°) auf 80° erwärmen. (Direkt gelb.)

1453 **DRP. 106 961**
E. P. 5351/97
F. P. 272 384

—

Ber. **19**, 3237; **30**, 3097; **31**, 1078

4, 10-Dinitrodiphenyläthylen-2, 8-disulfosäure

$$NO_2\langle\rangle{-}CH{=}CH{-}\langle\rangle NO_2 \text{ (je }SO_3H\text{)} = C_{14}H_{10}N_2O_{10} = 366.$$

24 T. p-nitrotoluolsulfosaures Natrium in 200 T. Wasser lösen, bei 80° allmählich 70 T. einer Lösung von unterchlorigsaurem Natrium, die in einem Teil 0,15 T. aktives NaOCl und 0,03 T. NaOH enthält (mit geringem Überschuß) zufließen lassen. Wenn nach mehrstündigem Rühren kein Hypochlorit mehr nachweisbar ist, erkalten lassen, gelbliche, glänzende Blätter filtrieren, Mutterlauge aussalzen oder eindampfen und ansäuern. Wird mit Chlorkalk gearbeitet, so setzt man zur Einleitung der Reaktion etwas Natronlauge zu. Stark reduziert entsteht **Diaminostilbendisulfosäure,** schwach alkalisch reduziert bilden sich Azoxy-, Azo- und Hydrazoverbindungen, die z. T. Farbstoffe sind. Vgl. das vermutlich identische Produkt des **DRP. 113 514.**

1454 **DRP. 38 735**
A. P. 360 553

—

Ber. **19**, 3237

4, 10-Diamino-diphenyläthylen-2, 8-disulfosäure

$$NH_2\langle\rangle{-}CH{=}CH{-}\langle\rangle NH_2 \text{ (je }SO_3H\text{)} = C_{14}H_{14}N_2O_6 = 306.$$

Aus 50 T. p-nitrotoluolsulfosaurem Natrium, in 700 T. Wasser gelöst, und 30 T. Natronlauge (40°) entsteht **Azoxystilbendisulfosäure** (Sonnengelb). Die gelbrote Flüssigkeit bis zur Entfärbung reduzieren (z. B. mit Zinkstaub), heiß filtrieren, Filtrat mit Salzsäure fällen. Unlösliches, gelbliches Pulver. Nach

1455 **Zus. DRP. 40 475**

beide Operationen vereinigen, also p-nitrotoluolsulfosaures Natrium mit Natronlauge und Zinkstaub bis zur Entfärbung kochen.

1456 **DRP. 46 321**

4, 10-Dihydrazino-diphenyläthylen-2, 8-disulfosäure

$$NH_2\cdot NH\langle\text{ring}(SO_3H)\rangle-CH=CH-\langle\text{ring}(SO_3H)\rangle NH\cdot NH_2 = C_{14}H_{16}N_4O_6 = 336.$$

100 T. Diaminostilbendisulfosäurepaste (50%) in 1000 T. Wasser + 50 T. Salzsäure verteilen, mit der Lösung von 19 T. Nitrit in 80 T. Wasser tetrazieren, unter starker Kühlung langsam eine Lösung von 125 T. Chlorzink in 160 T. Salzsäure zufließen lassen, schließlich nach mehrstündigem Stehen aufkochen, Hydrazin filtrieren, waschen, trocknen oder direkt verwenden.

1457 **DRP. 252 376**
Zusatz zu DRP. 250 342

X,X'-Diamino-dibenzoyl-IV, IV'-diimino-dibenzoyl-4, 10-diimino-diphenyläthylen-2, 8-disulfosäure

$$R-\overset{H}{N}-\langle\text{ring}(SO_3H)\rangle-CH=CH-\langle\text{ring}(SO_3H)\rangle-\overset{H}{N}-R$$

$$R=CO\cdot C_6H_4\cdot NH-CO\cdot C_6H_4\cdot NH_2 = C_{42}H_{34}N_6O_{10}S_2 = 826.$$

Wie [1826]. — Weitere Einwirkung von Nitrobenzoylhalogeniden auf die dort erhaltenen Produkte und Reduktion zu den Basen, die dann noch besser auf die Faser ziehen als die ursprünglichen Körper. Die aus 52 T. Na-Salz der Diaminostilbendisulfosäure und 47 T. p-Nitrobenzoylchlorid erhaltene reduzierte Verbindung in der 10-fachen Menge heißem Wasser lösen, in 1/2 St. 50 T. geschmolzenes p-Nitrobenzoylchlorid eintragen, mit 200 T. Eisen und 100 T. Essigsäure in 1/2 St. reduzieren, sodaalkalisch filtrieren und im Filtrat die **Dis-(diaminodibenzoyl)-diaminostilbendisulfosäure** aussalzen.

1458 **DRP. 289 290**

Diaminostilbendisulfosäure-Pyrazolonderivate

$$(\text{Pyraz.})N\langle\text{ring}\rangle-CH=CH-\langle\text{ring}\rangle N\cdot\text{Pyraz.}$$

Wie [1212] aus diaminostilbendisulfosaurem Hydrazin und Acetessigester bei 70°.

---

c) Bindung $-CH_2\cdot CH_2-$.

1459 **DRP. 39 381**
F. P. 178 582
—
Ann. **238**, 236

4, 10-Dinitro-diphenyläthan

$$NO_2\langle\text{ring}\rangle-CH_2-CH_2-\langle\text{ring}\rangle NO_2 = C_{14}H_{12}N_2O_4 = 272.$$

1 T. p-Nitrobenzylchlorid mit einer Lösung von 1 T. Zinnchlorür in 5 T. konz. Natronlauge 1 St. bei 80°—90° digerieren. Filtrieren, Rückstand mit Wasser waschen, pressen, trocknen.

1460 **DRP. 98 760**
F. P. 269 466 und Zus.
—
DRP. 79 241
DRP. 86 874
DRP. 100 613
DRP. 101 861
Ber. **28**, 422; **30**, 2618; **30**, 3099 **31**, 354;

4, 10-Dinitro-diphenyläthan-2, 8-disulfosäure

$$NO_2\langle\text{ring}(SO_3H)\rangle-CH_2-CH_2-\langle\text{ring}(SO_3H)\rangle NO_2 = C_{14}H_{12}N_2O_{10}S_2 = 432.$$

12 T. p-nitrotoluolsulfosaures Natrium in 50 T. Wasser heiß lösen, mit 100 T. Natriumhypochloritlösung (2% HOCl) und 50 T. Natronlauge (40°) auf 70° erwärmen: Brei geht in Lösung, feinkrystallinische Ausscheidung beginnt. Wenn keine weitere Vermehrung des Niederschlages stattfindet, mit Eis auf 40° abkühlen und nach einigen Stunden filtrieren. Ebenso wie HOCl wirken z. B. auch Lösungen von 6 T. Brom in 24 T. Natronlauge (20°) [unterbromigsaures Natrium] oder Kaliumpersulfat. — Aus Wasser derbe Krystalle der **Dinitrodibenzyldisulfosäure.** Aussalzbar, Lösung in Schwefelsäure (66°) ist farblos. Kalte, wässerige Lösung + Natronlauge + Reduktionsmittel (Pyrogallol) gibt eine rote Färbung. Über 300° verpufft die Verbindung. Schwer lösliches Ba-Salz. — **p-Diaminodibenzyldisulfosäure** gewinnt man nach Ber. **30**, 3099.

d) Bindung —C ⋮ C·C ⋮ C—.

1461 | **DRP. 19 266** A. P. 251 670 — Ber. 15, 57

2, 8-Dinitro-diphenyl-diacetylen

NO_2-C_6H_4—C≡C—C≡C—C_6H_4-NO_2 = $C_{16}H_8N_2O_4$ = 292.

1 T. o-Nitrophenylacetylen gibt mit ammoniakalischer Kupferchlorürlösung eine rote Kupferverbindung. Waschen, pressen, feucht in die Lösung von 2,25 T. Ferricyankalium und 0,38 T. Kalilauge in 6,75 T. Wasser eintragen, 24 St. stehenlassen, bis die rote Farbe verschwunden ist, Niederschlag waschen, trocknen, mit Chloroform extrahieren. Goldgelbe Nadeln, Sch.-P. 212°. — Zur Herstellung des **Diisatogens** $C_{16}H_8N_2O_4$ rührt man die gemahlenen Krystalle in Schwefelsäure (66°) ein und fügt bis zur Lösung unter Kühlung Oleum zu. Die über Glaswolle filtrierte kirschrote Flüssigkeit scheidet mit Sprit dunkelrote Nadeln des Diisatogens aus, das man zur Überführung in seine SO_2-Verbindung bis zur Lösung mit Ammoniumbisulfit kocht, worauf man die schweflige Säure mit essigsaurem Baryt entfernt und die Verbindung filtriert.

2. Zwei Benzolreste durch —C—N— verbunden.

C_6H_5(9 8 / 10 7 / 11 12)—C—N—C_6H_5(1 2 3 4 5 6)

a) Bindung —CH_2·NH—.

1. Benzylanilin ohne und mit einem Substituenten.

1462 | **DRP. 73 812**

Benzyliminobenzol C_6H_5—CH_2—NH—C_6H_5 = $C_{13}H_{13}N$ = 183.

Benzylidenanilin mit Zinkstaub und Salzsäure reduzieren, nach 24 St. alkalisch machen und das Benzylanilin abscheiden. (Ber. 19, 748.)

1463 | **DRP. 97 710** Zusatz zu DRP. 95 184

Benzyliminobenzol-4-carbinol

C_6H_5—CH_2—NH—C_6H_4·CH_2OH = $C_{14}H_{15}NO$ = 213.

Wie [262] mit Benzylanilin. Aus Benzol feine Nadeln, Sch.-P. 161°.

1464 | **DRP. 103 578** F. P. 280 514 und Zus.

Benzyliminobenzol-4-aldehyd

C_6H_5—CH_2—NH—C_6H_4·CHO = $C_{14}H_{13}NO$ = 211.

Wie [333]. Ebenso der **Benzyl-p-amino-m-tolylaldehyd.** — Gelbe, z. T. krystallisierende Harze.

1465 | **DRP. 97 847** — DRP. 91 503 Ber. 6, 1062; 19, 1505

8 (10)-Nitro-benzyliminobenzol

(NO_2)NO_2-C_6H_4—CH_2—NH—C_6H_5 = $C_{13}H_{12}N_2O_2$ = 228.

o- oder p-Nitrotoluol bei 120°—180° mit oder ohne Überträger bis zu 50% chloriert, gibt ein molekulares Gemenge von o- bzw. p-Nitrobenzylchlorid und o- bzw. p-Nitrotoluol. 300 T. dieses Gemenges (enthaltend 170 T. o- oder p-Nitrobenzylchlorid) mit 190 T. Anilin oder der äquivalenten Menge Toluidin oder Xylidin auf 85°—190° erhitzen (Temperatur steigt spontan auf 120°—180°). Wenn die Temperatur zu sinken beginnt, bei 90° mit 300 T. Wasser das salzsaure Anilin herauskochen, die Lauge abziehen, aus dem Rückstand mit Dampf das Nitrotoluol abblasen, das rückbleibende Nitrobenzylanilin evtl. aus Sprit umkrystallisieren.

1466 Anm. B. 9354, Kl. 22, 25. 9. 90, Elberfeld — Ber. 6, 1063

10-Amino-benzyliminobenzol

$$NH_2\langle\;\rangle—CH_2—NH—\langle\;\rangle = C_{13}H_{14}N_2 = 198.$$

25 T. Nitrobenzylanilin in 75 T. Anilin (oder in 25 T. Anilin + 50 T. Sprit), Toluidin oder Xylidin gelöst, mit 20 T. Eisenspänen + 20 T. Salzsäure + 50 T. Wasser kochend reduzieren, bis ammoniakalisch gemachte Probe farblos (nicht gelb) ist und sich farblos in Salzsäure löst. Ammoniak- oder sodaalkalisch stellen, vom Eisenschlamm filtrieren, Anilin bzw. Sprit mit Dampf entfernen. Ebenso sind die Basen aus Nitrobenzyl-anilin, -äthylanilin, -o-toluidin, -xylidin, -benzidin, -p-phenylendiamin, -o-anisidin, -toluidin bei 30° zähflüssige, bei 15° lackartige, später evtl. krystallinisch werdende Körper, deren salzsaure Salze und Sulfate sowie die Basen selbst in Sprit oder Benzol leicht löslich sind.

1467 **DRP. 87 934**

Im Scheidegefäß 550 T. Anilin mit 75 T. Formaldehyd (40%) mischen. Die Masse wird warm und trüb. Nach 24—48 St. das vom Wasser getrennte Öl (Lösung von Anilin in Anhydroformaldehydanilin) bei höchstens 15° mit 275 T. salzsaurem Anilin verrühren. Die gelbliche Masse erstarrt allmählich zum Krystallbrei. Diesen in überschüssiger Natronlauge verteilen, Öl abziehen, Dampf einleiten; das zurückbleibende zähe Öl erstarrt nicht, ist nicht unzersetzt destillierbar, in Wasser unlöslich, gibt mit verdünnter Salzsäure **Diaminodiphenylmethan.**

1468 **DRP. 108 064** Zusatz zu DRP. 87 934

10-Diäthylamino-benzyliminobenzol

$$(C_2H_5)_2N\langle\;\rangle—CH_2{\cdot}NH—\langle\;\rangle = C_{14}H_{22}N_2 = 254.$$

Wie [1477]. Gelbes, nicht erstarrendes Öl.

1469 **DRP. 98 972**

3 (4)-Oxy-benzyliminobenzol

$$\langle\;\rangle—CH_2—NH—\langle\;\rangle(OH)\ (OH) = C_{13}H_{13}NO = 199.$$

Gleiche Teile Resorcin und Benzylamin 5 St. auf 200° erhitzen. Dickes Öl (**Benzyl-m-aminophenol**), dessen in Wasser leicht lösliches salzsaures Salz krystallisieren.

1470 **DRP. 109 498** — Ann. 24, 344; Ber. 27, 1803

47 T. Phenol + 53 T. Anhydroformaldehydanilin (evtl. mit Chlorzink) 5 St. im Wasserbade erwärmen, kalt die Krystalle vom Öl absaugen. Aus Sprit weiße Blätter des **Benzyl-p-aminophenols** vom Sch.-P. 108°. Aus alkalischen Lösungen mit Kohlendioxyd fällbar. Auch erhaltbar durch Reduktion von Oxybenzylidenanilin und o-Oxybenzylanilin.

1471 **DRP. 211 869** A. P. 922 040, F. P. 382 367

30 T. Benzal-p-aminophenol [1519] in überschüssiger Natronlauge gelöst mit 15 T. Zinkstaub rühren bis farblos (etwa 8 St.), unter Kühlung mit Salzsäure neutralisieren, filtrieren, den Rückstand ausäthern und den Ätherrückstand aus Methylalkohol (50%) umkrystallisieren, Sch.-P. 89°. Ebenso **Methoxybenzyl-4-oxyiminobenzol** ebenfalls aus Holzgeist (50%) umkrystallisieren, vom Sch.-P. 102—103° und **8-Oxybenzyl-4-oxyiminobenzol** aus Salicyl-p-aminophenol (Ber. 25, 2754) aus Benzol, Sch.-P. 122—123°.

1472 Anm. F. 12 699, Kl. 12, 22. 10. 00, Fritsch

Alkyloxy-benzyliminobenzol und Homologe

$$\langle(OR)\rangle—CH_2—NH—\langle\;\rangle$$

Anhydroformaldehydverbindungen primärer aromatischer Amine mittels Schwefelsäure mit Phenoläthern kondensieren.

2. Benzylanilin mit zwei Substituenten.

1473 **DRP. 105 103** Zusatz zu DRP. 103 578

3-Chlor-benzyliminobenzol-4-aldehyd

$C_6H_5-CH_2-NH-C_6H_3(Cl)CHO = C_{14}H_{12}NOCl = 246.$

Wie [705] aus m-Chlormonobenzylanilin.

1474 **DRP. 213 592** Zusatz zu DRP. 211 869 — DRP. 143 449

2-Chlor-(methyl)-4-oxy-benzyliminobenzol

$C_6H_5-CH_2-NH-C_6H_3(Cl(CH_3))OH = C_{13}H_{12}NOCl = 234.$

Aus der Benzylidenverbindung des 3-Chlor-(bzw. -methyl-)-4-amino-1-phenolsulfats (erhalten nach [597] durch Reduktion nach [1471]). — Nach der Entfärbung kongosauer stellen, mit Tierkohle und Wasser kochen, heiß filtrieren und das Filtrat kalt mit Salmiak fällen. Die amorphe Chlorbase schmilzt bei 195°, die Methylbase (aus Benzol + Petroläther) bei 84°.

1475 **DRP. 88 365**

4-Methyl-2-nitro-benzyliminobenzol

$C_6H_5-CH_2-NH-C_6H_3(NO_2)CH_3 = C_{14}H_{14}N_2O_2 = 242.$

Benzylchlorid und m-Nitro-p-toluidin (1, 3, 4) in verdünnter Spritlösung mittels Alkali kondensieren.

1476 **DRP. 128 754** — DRP. 141 297

2-Methyl-4-amino-benzyliminobenzol

$C_6H_5-CH_2-NH-C_6H_3(CH_3)(NH_2) = C_{13}H_{16}N_2 = 228.$

2-Benzyl-m-toluylendiamin durch Benzylieren von 4-Nitrotoluidin und *folgende* Reduktion. (Weiße, in Wasser schwer lösliche Nadeln vom Sch.-P. 62°.) Das **Nitrobenzyltoluidin** bildet gelbe Blätter vom Sch.-P. 124°. — Über **4-Methyl-10-aminobenzyliminobenzol** siehe [1487].

1477 **DRP. 108 064** Zusatz zu DRP. 87 934

4-Methyl-10-diäthylamino-benzyliminobenzol

$(C_2H_5)_2N-C_6H_4-CH_2-NH-C_6H_4-CH_3 = C_{18}H_{24}N_2 = 268.$

Wie [1492]. 286 T. salzsaures p-Toluidin + 500 T. Diäthylanilin bei höchstens 20° mit 120 T. Anhydroformaldehyd-p-toluidin versetzen. Erstarrendes Öl. Aus Sprit umkrystallisieren. Sch.-P. 58°. — Ebenso die Dimethylbase. Sch.-P. 103°.

1478 **DRP. 109 498**

4-Methyl-8-oxy-benzyliminobenzol

$C_6H_4(OH)-CH_2-NH-C_6H_4-CH_3 = C_{14}H_{15}NO = 213.$

Aus Anhydroformaldehydanilin und Phenol nach Ann. **241**, 347; vgl. Ber. **27**, 1804.

1479 **DRP. 62 174** Zusatz zu DRP. 59 304

4-Nitroso-benzyliminobenzol-10-sulfosäure

$SO_3H-C_6H_4-CH_2-NH-C_6H_4-NO = C_{13}H_{12}N_2O_4S = 292.$

Wie [1498] aus 1 Mol. Benzylanilinsulfosäure; die Nitrosoverbindung aussalzen. Besser: Benzylanilinsulfosäure mit einer Nitritlösung (Überschuß von 10%) übergießen; die Sulfosäure geht in Lösung; das Nitrosamin aussalzen (farblose, glänzende Blättchen), pressen, den Kuchen mit konz. Salzsäure übergießen; die Lösung erstarrt bald unter schwacher Erwärmung zum Krystallbrei der Nitrosoverbindung; verdünnen, fitrieren.

1480 **DRP. 135 335**

10-Nitro-4-oxy-benzyliminobenzol

$NO_2-C_6H_4-CH_2-NH-C_6H_4-OH = C_{13}H_{12}N_2O_3 = 244.$

25 T. p-Aminophenol + 35 T. p-Nitrobenzylchlorid + 25 T. Na-Acetat in 100 T. Sprit unter Rückfluß kochen, mit Wasser verdünnen und die ausgeschiedenen Krystalle des **Nitrobenzyl-p-aminophenols** filtrieren. — Ebenso eine große Zahl von Methylenamino-, Nitro-, Amino- und Oxybenzylaminoverbindungen.

1481 **DRP. 103 859**
E. P. 11 003/98
F. P. 278 089

8 (10)-Nitro-benzyliminobenzol-4-sulfosäure

$$(NO_2)\langle\rangle(NO_2)-CH_2-NH-\langle\rangle SO_3H = C_{13}H_{12}N_2O_5S = 308.$$

85 T. o- oder p-Nitrobenzylanilin (oder Homologe) in 170 T. Monohydrat lösen, im Wasserbade langsam + 52 T. Oleum (60%) in 3—4 St. erkalten lassen, 1000 T. Eiswasser zugeben, die Sulfosäure filtrieren, den Rückstand mit Wasser anrühren, das Kalksalz bilden, vom Gips filtrieren, aus dem Filtrat mit verdünnter Säure die Sulfosäure fällen. Oxydiert liefert diese wie auch die homologen **o-** oder **p-Nitrobenzyl-o-** bzw. **-p-toluidin-** und **-xylidinsulfosäuren** die betreffenden **Nitrobenzaldehyde.**

1482 **DRP. 109 608**
E. P. 11003/98

17,1 T. o- oder p-Nitrobenzylchlorid mit Lösung von 23,3 T. sulfanilsaurem Natrium (83,5%) und 6 T. Soda in 100 T. Wasser kochen, die gelbliche Flüssigkeit kalt filtrieren, das Filtrat mit Salzsäure ansäuern, den Niederschlag filtrieren. Die Sulfosäure schmilzt nicht unzersetzt. o-Nitrobenzylanilinsulfosäure gibt ebenso wie die mit 2-Toluidin-4- oder -5-sulfosäure, 4-Toluidin-2- oder -3-sulfosäure, 1, 3, 4- oder 1, 4, 2-Xylidin-6- (-6-) bzw. -5-sulfosäure erhaltenen Homologen mit Permanganat oxydiert (neutral oder alkalisch) **Nitrobenzylidenanilinsulfosäuren,** die nach [292] zur Gewinnung der **Nitrobenzaldehyde** dienen. Nach

1483 **Zus.**
DRP. 111 210
A. P. 636 043
E. P. 15 890/97
F. P. 230 329
—
DRP. 97 847

verwendet man statt des reinen o- oder p-Nitrobenzylchlorides sein Gemenge mit o- oder p-Nitrotoluol, wie man es nach [250] gewinnt, und läßt das Gemenge, wie daselbst geschildert, auf Anilinsulfosäure oder Homologe einwirken. Z. B.: 34,2 T. 50-prozentige Rohchlorierung von o- bzw. p-Nitrotoluol (entsprechend 17,1 T. Nitrobenzylchlorid) + 23,3 T. sulfanilsaures Natrium (83,5%) (oder der äquivalenten Menge von Metanilsäure, Toluidin-, Xylidinsulfosäure usw.) + 6 T. calc. Soda + 100 T. Wasser mehrere Stunden gelinde sieden, kalt die wässerige Lösung des nitrobenzylanilinsulfosauren Natriums abziehen (Nitrotoluol geht zur nächsten Chlorierung), mit Salzsäure die freie Sulfosäure fällen, filtrieren und pressen.

1484 **DRP. 116 959**
Zusatz zu
DRP. 87 934
DRP. 104 230
DRP. 105 797
DRP. 108 064

10-Amino-benzyliminobenzol-4-sulfosäure

$$NH_2\langle\rangle-CH_2-NH-\langle\rangle SO_3H = C_{13}H_{14}N_2O_3S = 278.$$

235 T. sulfanilsaures Natrium in 2000 T. Wasser lösen und 75 T. Formaldehyd (40%) mit der Lösung von 129,5 T. salzsaurem Anilin in 500 T. Wasser zugeben. Kalt rühren, den gelben Niederschlag filtrieren, in Soda lösen und mit Essigsäure die **Amidobenzylanilinsulfosäure** ausfällen. In überschüssiger Mineralsäure gelb löslich; gibt nach [1301] mit salzsaurem o-Toluidin erwärmt **Diaminophenyltolylmethan.**

1485 **DRP. 116 959**

10-Dimethylamino-benzyliminobenzol-4-sulfosäure

$$(CH_3)_2N\langle\rangle-CH_2-NH-\langle\rangle SO_3H = C_{15}H_{18}N_2O_3S = 306.$$

Wie [1301], jedoch statt salzsaurem Anilin 121 T. Dimethyl-(äthyl-)anilin und 120 T. Salzsäure (30%). Die Sulfosäure scheidet sich als weißes Pulver ab. Auch ihr Na-Salz ist schwer löslich.

3. Benzylanilin mit drei Substituenten.

1486 **DRP. 105 103**
Zusatz zu
DRP. 103 578

8-Chlor-2-methyl-benzyliminobenzol-4-aldehyd

$$\langle\rangle(Cl)-CH_2-NH-\langle\rangle(CH_3)CHO = C_{15}H_{14}NOCl = 260.$$

Wie [705] aus o-Chlormonobenzyl-o-toluidin. Zähflüssiges, in Säuren unlösliches Harz.

1487 **DRP. 104 230** Zusatz zu DRP. 87 934 — DRP. 75 674

4, 9-Dimethyl-10 (12)-amino-benzyliminobenzol

$NH_2\langle\;(CH_3)(NH_2)\;\rangle—CH_2—NH—\langle\;\rangle CH_3 = C_{15}H_{18}N_2 = 226.$

In ein Gemenge von 400 T. p-Toluidin, 300 T. o-Toluidin und 286 T. salzsaurem p-Toluidin bei 20° 120 T. Anhydroformaldehyd-p-toluidin eintragen. Die gelbe, anfangs breiige Masse wird dünnflüssiger und bildet ein Öl. Nach 48 St. in kalte Natronlauge einrühren, mit Dampf die Toluidine abtreiben; als Rückstand bleibt als erstarrendes, ätherlösliches Öl das **p-Amino-m-xylyl-p-toluidin** zurück. Aus Sprit umkrystallisieren, Sch.-P. 93°, in verdünnter Säure gelb löslich. Mit Anilin statt o-Toluidin resultiert **Aminobenzyl-p-toluidin,** ein gelbes, dickes, mit Dampf nicht flüchtiges Öl, das mit Schwefel erhitzt **Dehydrothiotoluidin** gibt. Sch.-P. 191°. Nach

1488 **Zus. DRP. 105 797** — Ann. 256, 288 Ber. 18, 3302; 27, 1805 J. pr. 36, 227

erhält man **o-Amino-m-xylyl-p-toluidin** aus 300 T. p-Toluidin + 140 T salzsaurem p-Toluidin + 60 T. Anhydroformaldehyd-p-toluidin + 100 T. Nitrobenzol als Verdünnungsmittel, 48 St. bei 20° rühren. Das entstandene dünnflüssige gelbe Öl kalt alkalisch stellen, Dampf einleiten. Der Rückstand erstarrt krystallinisch. Aus Sprit flache Prismen, Sch.-P. 86°.

1489 **DRP. 103 578** F. P. 280 514 und Zus.

2-Methyl-benzyliminobenzol-10-aldehyd-4-sulfosäure

$CHO\langle\;\rangle—CH_2—NH—\langle\;(CH_3)\;\rangle SO_3H = C_{15}H_{15}NO_4S = 305.$

Wie [1486] nach [1626]. Mit p-Phenylendiamin gibt die Sulfosäure ziegelrote, mit Phenylhydrazin erst flockige, dann harzige Niederschläge.

1490 **DRP. 194 951**

4-Methyl-2, 6-dinitro-benzyliminobenzol

$\langle\;\rangle—CH_2—NH—\langle\;(NO_2)(NO_2)\;\rangle CH_3 = C_{14}H_{13}N_3O_4 = 287.$

Aus 21,4 T. Benzylamin und dem bei 152° schmelzenden Ester aus 19 T. p-Toluolsulfochlorid und 19,8 T. 3, 5-Dinitro-p-kresol in 8 T. Pyridin gelöst. Sch.-P. der Dinitroverbindung 80° (orangefarbige Nadeln).

1491 **DRP. 116 959** — Lit. wie [1301]

2-Methyl-10-methylimino-benzyliminobenzol-4-sulfosäure

$CH_3{\cdot}NH\langle\;((CH_3))\;\rangle—CH_2—NH—\langle\;(CH_3)\;\rangle SO_3H = C_{15}H_{15}N_2O_3S = 306.$

Wie [1301] mit 187 T. 1, 2-Toluidin-4 sulfosäure in 53 T. Soda und 1500 T. Wasser, 75 T. Formaldehyd (40%), 107 T. Monomethylanilin und 60 T. Salzsäure (30%). Mit Soda neutralisieren, filtrieren und das Filtrat mit Essigsäure fällen. Die gelben Flocken sind in Mineralsäuren löslich. — Ebenso erhält man **p-Äthylamino-m-xylylsulfanilsäure** mit 135 T. Äthyl-o-toluidin, 235 T. sulfanilsaurem Natron, 75 T. Formaldehyd und 120 T. Salzsäure (30%). Nach 24-stündigem Rühren mit Soda neutralisieren, zur Trockne dampfen und das Na-Salz der Sulfosäure mit kochendem Sprit extrahieren. Säuren fällen seine wässerige Lösung nicht. — Ebenso **9-Methyl-10-aminobenzyliminobenzol-4-sulfosäure** aus salzsaurem o-Toluidin. — Mit salzsaurem o-Toluidin weitererwärmt entsteht **Diaminoditolylmethan** neben Sulfanilsäure.

4. Benzylanilin mit vier und mehr Substituenten.

1492 **DRP. 105 797** — Lit. wie [1488]

2, 4, 9, 11-Tetramethyl-8-amino-benzyliminobenzol

$\langle\;(H_3C)(NH_2)(CH_3)\;\rangle—CH_2—NH—\langle\;(CH_3)\;\rangle CH_3 = C_{17}H_{22}N_2 = 254.$

500 T. as- m-Xylidin mit 75 T. Formaldehyd (40%) längere Zeit schütteln, 24 St. im Scheidetrichter stehenlassen, das abgeschiedene ölige **Anhydroformaldehydxylidin**

vom Wasser trennen und mit 160 T. m-Xylidinchlorhydrat verrühren. Wenn in einer mit Schwefelsäure gekochten Probe kein Formaldehyd mehr nachweisbar ist, kühlen, alkalisch stellen, Dampf einleiten. Das **o-Aminomesidyl-m-xylidin** bildet ein nicht erstarrendes Öl. Mit Essigsäureanhydrid erwärmt resultiert das Acetylderivat, das aus heißem Amylalkohol umkrystallisiert bei 278° schmilzt.

1493 **DRP. 118 076** Zusatz zu DRP. 107 517 und DRP. 118 075 — Ber. 27, 1804

Kondensationsprodukt aus 1-Methyl-3, 5-diaminobenzol und Formaldehyd

244 T. m-Toluylendiamin in 200 T. Sprit lösen, 57 T. Natronlauge (40°) zugeben, langsam bei 40°—60° mit 75 T. Formaldehyd (40%) versetzen, einige Zeit im Wasserbade erhitzen, Sprit abdestillieren, Rückstand in Wasser gießen und trennen. Dickes, nicht krystallisierbares Öl, das in Chloroform leicht löslich und mit Äther fällbar ist. — Ebenso die m-Phenylendiaminformaldehydverbindung.

5. Benzylanilin mit weiteren (subst.) Benzolresten.

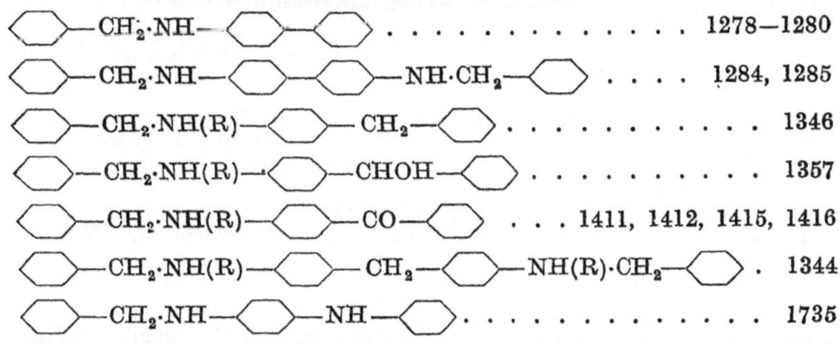

b) Bindung —CH_2·NX—.

1. X = CH_3, C_2H_5.

4 CHO	1494	10 CHO—4 SO_3H	1497
3 OH	1495	4 NO—9 SO_3H	1498
3 SO_3H	1495	4 NH_2—5 (9) SO_3H	929, 1499
3 Cl—4 CHO	1496	SO_3H—SO_3H	1500
2 CH_3—SO_3H	1344	4 NH_2—9 SO_3H—2 S·SO_3H	1501

1494 **DRP. 103 578** F. P. 280 514 und Zus.

Benzylalkylaminobenzol-4-aldehyd

C_6H_5—CH_2—N(CH_3(C_2H_5))—C_6H_4CHO = $C_{15}H_{15}NO(C_{16}H_{17}NO)$ = 225 (239).

Wie [333] aus 60 T. Methyl-(Äthyl-)benzylanilin in 500 T. Sprit und 100 T. Salzsäure mit 22,5 T. Formaldehyd und der Lösung von Sulfo-p-tolylhydroxylamin. Zur Reinigung die Benzollösung des harzig ausgeschiedenen Aldehydes öfter mit verdünnter Salzsäure, dann mit Sodalösung durchschütteln, mit Chlorcalcium trocknen und mit Ligroin fällen. Gelbliche Prismen, Sch.-P. 63°. Die Lösung in konz. Salzsäure dissoziiert völlig bei Wasserzusatz. Die Äthylverbindung ist ein dickes Öl, das unter 0° erstarrt.

1495 **DRP. 59 996** E. P. 7258/91 F. P. 186 697

3-Oxy-benzyläthylaminobenzol

C_6H_5—CH_2—N(C_2H_5)—C_6H_4(OH) = $C_{15}H_{17}NO$ = 227.

Lösung von 10 T. monoäthylmetanilsaurem Natrium in 20 T. heißem Wasser mit 6 T. Benzylchlorid auf dem Wasserbade erwärmen, portionenweise 5 T. Natronlauge (40°) zusetzen, wobei die Temperatur 95° nicht übersteigen soll. Wenn das Benzylchlorid verbraucht ist, die Masse in 50 T. Kochsalzlösung (50° Bé) gießen, das Na-Salz der **Äthylbenzylmetanilsäure** filtrieren, pressen, trocknen; 1,5 T. davon mit 3 T. Ätzalkali + 0,2 T. Wasser bei 260°—265° verschmelzen, in 10 T. Wasser lösen, filtrieren, Filtrat mit Salzsäure neutralisieren, filtrieren, Filtrat ausäthern; hellbraune, leicht lösliche Krystallmasse.

1496 **DRP. 105 103** Zusatz zu DRP. 103 578

3-Chlor-benzyläthylaminobenzol-4-aldehyd

$C_6H_5-CH_2-N(C_2H_5)-C_6H_3(Cl)CHO = C_{16}H_{16}NOCl = 274.$

Wie [705] aus m-Chloräthylbenzylanilin. Dickes, bräunliches Öl, das mit organischen Solventien mischbar ist. In konz. Salzsäure löslich, mit Wasser fällbar.

1497 **DRP. 103 578** F. P. 280 514 und Zus.

Benzylalkylaminobenzol-10-aldehyd-4-sulfosäure

$CHO-C_6H_4-CH_2-N(R)-C_6H_4-SO_3H = C_{15}H_{15}NO_4S(C_{16}H_{17}NO_4S) = 305\ (319).$

Wie [333]. Die Methylverbindung gibt mit p-Phenylendiamin einen zinnoberroten, die Äthylverbindung einen blauroten Niederschlag mit Metallglanz. Die Hydrazone (Erwärmen mit Phenylhydrazin in essigsaurer Lösung) sind ungefärbt.

1498 **DRP. 59 034** F. P. 206 563

4-Nitroso-benzylalkylaminobenzol-9-sulfosäure

$SO_3H-C_6H_4-CH_2-N(R)-C_6H_4-NO = C_{14}H_{14}N_2O_4S(C_{15}H_{16}N_2O_4S) = 306\ (320).$

31 T. (1 Mol.) äthyl-(methyl-)benzylanilinsulfosaures Natrium (Sulfierung von Äthyl-(Methyl-)benzylanilin mit Oleum; enthält die Sulfogruppe im Benzylrest) in 500 T. Wasser lösen, + 7 T. Nitrit (1 Mol.), kühlen, mit Salzsäure ansäuern, gelbe Krystallnadeln der Nitrosoverbindung filtrieren.

1499 **DRP. 68 141**

4-Amino-benzyläthylaminobenzol-9-sulfosäure

$SO_3H\{C_6H_4-CH_2-N(C_2H_5)-C_6H_4-NH_2 = C_{15}H_{18}N_2O_3S = 306.$

Aus Benzyläthylanilinsulfosäure durch Nitrosierung und folgende Reduktion.

1500 **DRP. 69 777** E. P. 19 062/91 F. P. 217 020 — DRP. 68 291

Benzylalkylaminobenzol-3, 9 (?)-disulfosäuren

$SO_3H-C_6H_4-CH_2-N(CH_3)-C_6H_4-SO_3H = C_{14}H_{15}NO_6S_2 = 357,3.$

10 T. Äthylbenzylanilin unter guter Kühlung in 20 T. Oleum (20%) lösen, weiter mit 25 T. Oleum (80%) auf 60° erhitzen, bis eine Probe, mit Soda teilweise neutralisiert, durch Na-Sulfat nicht mehr aussalzbar ist. In Wasser gießen, auskalken, filtrieren, Filtrat eindampfen; als Rückstand bleibt das Kalksalz zurück. Es ist so leicht löslich, daß der eingedickte Sirup erst in einiger Zeit krystallisiert. Ebenso das Barytsalz. Die Alkalisalze sind ebenfalls sehr leicht löslich, jedoch mit Kochsalz oder konz. Natronlauge aussalzbar. Ebenso die **Methylbenzylanilindisulfosäure.**

1501 **DRP. 68 141** E. P. 19 065/90

4-Amino-benzyläthylaminobenzol-9-sulfo-2-thiosulfosäure

$SO_3H-C_6H_4-CH_2-N(C_2H_5)-C_6H_3(S\cdot SO_3H)-NH_2 = C_{15}H_{18}N_2O_6S_3 = 412.$

30 T. [1499] in 23 T. Salzsäure (21°) und 300 T. Wasser lösen, 100 T. Chlorzinklösung (55°) hinzufügen, eine Lösung von 25 T. Na-Thiosulfat zufließen lassen, mit rasch zugegossener Lösung von 10 T. Kaliumbichromat in 100 T. Wasser oxydieren, farblose Lösung der Thiosulfosäure direkt verwenden.

2. X = $(CH_3)_2$ und OH.

[10 SO_3**H**—(X) **OH**] Anhydr. . . . . . . 1502—1506
10 SO_3H—[3 SO_3**H**—(X) **OH**] Anhydr. . 1502—1506

1502 bis 1506 **DRP. 234 915** und **Zusätze** **DRP. 234 916** **DRP. 245 535** ferner: **DRP. 233 328**

Benzyl-phenyl-dimethylammonium-10-sulfosäure-X-Innensalz

$SO_3-C_6H_4-CH_2-\ddot{N}(R_2)-C_6H_4(SO_3H) = C_{15}H_{17}NO_3S = 291\ (371).$

Methylbenzylanilinmono- bzw. -disulfosäure [1500] in Salzform mit Halogenmethyl, Dimethylsulfat oder Sulfosäuremethylestern (p-Toluol-

und **Zus. DRP. 239 763** und **Zus. DRP. 240 835** — DRP. 87 997 Ber. 31, 1152	sulfosäuremethylester) methylieren, bzw. durch Sulfierung der mindestens einen Alkylrest enthaltenden Ammoniumverbindung. Oder durch Einwirkung von Sulfosäuren solcher Halogenalkylaryle, die Halogen in der Seitenkette enthalten, auf tertiäre Ammoniumverbindungen. Nach dem weiteren Zusatz gewinnt man ebenso Carbonsäuren aus den Carbonsäuren jener Halogenalkylaryle und tertiären Aminoverbindungen, z. B. die Verbindung

$$HOOC-C_6H_4-CH_2-\overset{Cl}{\underset{(CH_3)_2}{N}}-C_6H_5$$

aus Benzylchlorid-p-carbonsäure [212] und Dimethylanilin. Wird wie alle ähnlichen Körper obiger Patente für Druckereizwecke verwendet.

3. X = C_6H_5.

4. X = $CH_2 \cdot C_6H_5$.

5. X = $CO \cdot CH_3(CO \cdot C_6H_5)$.

1507 **DRP. 180 204**

2, 4, 6-Trichlor-benzyl-acetyl-aminobenzol

$$C_6H_5-CH_2-\underset{CH_3 \cdot CO}{N}-C_6H_2Cl_3 = C_{15}H_{12}NOCl_3 = 329.$$

100 T. s-Monobenzyltrichloranilin (S.-P. 225°—227° bei 21 mm Druck) + 100 T. Eisessig + 20 T. Acetylchlorid im Wasserbad unter Druck erhitzen, Salzsäure abblasen, Eisessig und Acetylchlorid abdestillieren, Rückstand aus verdünntem Alkohol umkrystallisieren. Sch.-P. 61°.

1508 **DRP. 180 203**
E. P. 8077/06
F. P. 365 297

2, 3, 4, 6-Tetrachlor-benzyl-acetyl-aminobenzol

$$C_6H_5-CH_2-\underset{CH_3 \cdot CO}{N}-C_6HCl_4 = C_{15}H_{11}NOCl_4 = 363,0.$$

Wie [2380] mit 50 T. Benzylchlorid, 500 T. Sprit und 15 T. Ätznatron 6 St. am Rückflußkühler. Sch.-P. 97°. — Ebenso **Benzylbenzoyltetrachloranilid** aus 100 T. as-Benzoyltetrachloranilid, Lösung von 6,9 T. Natrium in 300 T. Sprit und 38 T. Benzylchlorid. Sch.-P. 134°.

c) Bindung —CH(CN)·NH—.

1509 **DRP. 142 559**

Benzyliminobenzol-C-nitril

$$C_6H_5-\underset{CN}{CH}-NH-C_6H_5 = C_{14}H_{12}N_2 = 208.$$

Durch 3—4-stündiges Kochen von 16,8 T. salzsaurem α-Aminophenylacetonitril und 9,3 T. Anilin unter Rückfluß. Vom Chlorammon filtrieren, Sprit verdunsten, Produkt aus Ligroin umkrystallisieren. Sch.-P. 4°—85°.

1510 **DRP. 157 617**
A. P. 778 656
F. P. 338 818
—
Ber. **6**, 748; **11**, 246; **25**, 2020
DRP. 132 621

In 90 T. Benzylidenanilin + 200 T. Eis + 35 T. Cyankalium (95%) Salzsäure einlaufen lassen, bis schwach kongosauer, Gefäß schließen, 2 St. auf 140°—150° erhitzen und die dunklen Krystalle aus Sprit umkrystallisieren. Sch.-P. 85°. (Ber. **15**, 2032.) — Oder: In eine Blausäurelösung (5%) — aus 70 T. Cyankalium (95%), 200 T. Wasser, 300 T. Eis und der berechneten Menge Salzsäure — 110 T. Anhydroformaldehydanilin (bzw. -p-toluidin) als feines Pulver eintragen, zur gleichmäßigen Paste verrühren, im geschlossenen Gefäß 2 St. auf 100° erwärmen und das erstarrte Nitril abheben.

1511 **DRP. 157 710**

Wie [115] aus 130 T. salzsaurem Anilin, 70 T. Cyankali in 250 T. Benzol + 108 T. Benzaldehyd bei höchstens 50°. Das Produkt ist identisch mit [1513] und [1511].

1512 **DRP. 157 840**

Das Verfahren [114] angewendet auf die Bisulfitverbindungen Schiff scher Basen. So geben z. B. die Bisulfitverbindungen des Anhydroformaldehydanilins oder -2-naphthylamins

$$C_6H_5{-}N{=}CH{-}C_6H_4{\cdot}SO_3H{\cdot}Na \longrightarrow C_6H_5{-}NH{\cdot}CH\begin{cases}C_6H_5\\SO_3Na\end{cases}$$

mit Cyankalium das Nitril

$$C_6H_5{\cdot}NH{\cdot}CH\begin{cases}C_6H_5\\CN\end{cases}$$

identisch mit Ber. **18**, 2028. Sch.-P. 85°.

1513 **DRP. 157 909**

Wie [114] durch Vereinigung der Benzaldehydbisulfitlösung (aus 21,2 T. Benzaldehyd, 40 T. Bisulfitlösung (40%) und 250 T. Wasser) mit 19 T. Anilin bei 70°—80° und Hinzufügung einer Lösung von 14 T. Cyankalium (95%) in 55 T. Wasser. Sofortige Ölabscheidung, Sch.-P. des erstarrten Produktes 80°.

1514 Anm. K. 25 501
Kl. 12 q
9. 3. 05
Knoevenagel

Aliphatische Amine und sekundäre aromatische Amine mit Aldehydbisulfiten und dann mit Cyanmetallen umsetzen. Vgl. Ber. **37**, 4059 und 4510; **38**, 213.

1515 **DRP. 157 617**
—
Lit. wie [1510]

8-Chlor-benzyliminobenzol-C-nitril

$$\text{(Cl)}C_6H_4{-}CH(CN){-}NH{-}C_6H_5 = C_{14}H_{11}N_2Cl = 242.$$

Ölige Schiff sche Base aus 140,5 T. o-Chlorbenzaldehyd und 93 T. Anilin (kurz erwärmt) mit 300 T. Sprit und 250 T. wässeriger Blausäure (11%) im geschlossenen Gefäß 2 St. auf 80°—100° erwärmen. Die Base ist z. T. abgeschieden, z. T. wird sie mit Wasser ausgefällt. Sch.-P. 77°.

1516 **DRP. 157 617**
—
Lit wie [1510]

Benzyliminobenzol-C-nitril-2-carbonsäure

$$C_6H_5{-}CH(CN){-}NH{-}C_6H_4\text{(COOH)} = C_{15}H_{12}N_2O_2 = 252.$$

Benzylidenanthranilsäure (aus 137 T trockener Anthranilsäure und 106 T. Benzaldehyd, Sch.-P. 130°) mit 300 T. Methylalkohol und 510 T. wässeriger Blausäure (5,3%) bei 60°—75° im geschlossenen Gefäß rühren und das Nitril abscheiden; Sch.-P. 175°. — Ebenso wird die aus Anthranilsäure und Acetaldehyd in wässeriger Suspension erhaltene **Äthylidenanthranilsäure** in **Anthranilido-α-propionnitril** (Sch.-P. 192°) übergeführt. — Oder nach

1517 **DRP. 157 909** | wie [114] mit Anthranilsäure statt Anilin [378].

d) Bindung —CH:N—.

2 COOH	1516	9 OH	889
$2 NO_2$	291	10 OH	464
10 (8) NH_2	1518	$4 CH_3 - 9 NO_2$	3018
4 OH	597, 1519	$4 CH_3 - 5 NH_2$	1520

1518 **DRP. 99 542**
A. P. 640 563
und 640 564
E. P. 10 516/98
F. P. 277 774

DRP. 52 647
DRP. 56 908
DRP. 86 874
DRP. 87 255
Ber. 6, 1063

10 (8)-Amino-benzylidenaminobenzol

NH_2⟨⟩—CH = N—⟨⟩ = $C_{13}H_{12}N_2$ = 196.

114 T. p- bzw. o-Nitrobenzylanilin in 400 T. Sprit lösen, Lösung von 120 T. Schwefelnatrium und 32 T. Schwefel in 100 T. Wasser zugeben, die warm werdende, rotgelbe Flüssigkeit 2—3 St. gelinde sieden, Sprit abdestillieren und das Öl wiederholt mit Wasser waschen. Dickes, rotgelbes, nicht destillierbares Öl, das bei längerem Stehen in eine amorphe, halbfeste Modifikation übergeht [**321**, **326**]. Mit verdünnter Säure übergossen resultiert ein Krystallbrei des roten polymeren **p- bzw. o-Aminobenzaldehyds.**

1519 **DRP. 208 434**

4-Oxy-benzylidenaminobenzol

⟨⟩—CH = N—⟨⟩OH = $C_{13}H_{11}NO$ = 197.

Herstellung nach Ber. **25**, 2753 aus p-Aminophenol und Benzaldehyd in schwach essigsaurer Lösung.

1520 **DRP. 43 714**
A. P. 382 832
E. P. 9614/88

4-Methyl-5-amino-benzylidenaminobenzol

⟨⟩—CH = N—⟨⟩CH_3 = $C_{14}H_{14}N_2$ = 210.
NH_2

12 T. m-Toluylendiamin mit Wasser verreiben, 10,6 T. Benzaldehyd zugeben. Die Masse erwärmt sich und scheidet ein Harz aus, das bald erstarrt. Pulvern, waschen.

1521 **DRP. 99 542**

Lit. wie [1518]

4 (2)-Methyl-10 (8)-amino-benzylidenaminobenzol

(NH_2) (CH_3)
NH_2⟨⟩—CH = N—⟨⟩CH_3 = $C_{14}H_{14}N_2$ = 210.

Wie [**1518**] aus p- bzw. o-Nitrobenzyl-o- und -p-toluidin.

1522 **DRP. 97 948**

8-Nitro-benzylidenaminobenzol-4-sulfosäure

NO_2
⟨⟩—CH = N—⟨⟩SO_3H = $C_{13}H_{10}N_2O_5S$ = 306.

Durch Oxydation von Nitrobenzylsulfanilsäure.

1523 **DRP. 99 542**

Lit. wie [**1518**]

10 (8)-Amino-benzylidenaminobenzol-4-sulfosäure und Homologe

(NH_2)
NH_2⟨⟩—CH = N—⟨⟩SO_3H = $C_{13}H_{12}N_2O_3S$ = 276.

Wie [**1518**]. Z. B.: 230 T. p-nitrobenzylsulfanilsaures Natrium, in 1000 T. Wasser + 250 T. Schwefelnatrium und 65 T. Schwefel in 200 T. Wasser, 4—5 St. im Wasserbad erwärmen. Das kalte Filtrat gibt gelbe Krystalle des Na-Salzes, das mit verdünnter Säure warm gespalten in Sulfanilsäure und den polymeren **Aminobenzaldehyd** [**321**] zerfällt. Die freien o-Aminosulfosäuren zerfallen schon mit warmem Wasser in o-Aminoaldehyd und Anilinsulfosäure.

1524 **DRP. 79 857**

p-Aminophenolalkyläther-Oxybenzylidenverbindung

⟨⟩—CH = N—⟨⟩OR = $C_{15}H_{15}NO_2$ = 241.
OH

17 T. o-Oxybenzyliden-p-aminophenol in 50 T. Alkohol und 4,5 T. Ätzkali gelöst, mit 5 T. Bromäthyl erwärmen, kalt den mit dem Kondensationsprodukt aus p-Phenetidin und Salicylaldehyd identischen Körper filtrieren.

1525 **DRP. 99 542** Lit. wie [1518]

4, 6-Dimethyl-10 (8)-amino-benzylidenaminobenzol

$NH_2C_6H_3(NH_2)-CH=N-C_6H_2(CH_3)CH_3 = C_{15}H_{16}N_2 = 224.$

Wie [1518] aus p- bzw. o-Nitrobenzyl-m-xylidin. Öl.

1526 **DRP. 126 964** Ber. 10, 1161

Phthalyltoluylendiamin

$C_6H_4(CO\cdot O)-C=N-C_6H_3(CH_3)-N=C(O\cdot OC)-C_6H_4$ $C_6H_4(CO\cdot O)-C=N-C_6H_3(NH_2)CH_3$

Durch einfaches Zusammenschmelzen der Komponenten im Verhältnis 1:1 oder 1:2 erhält man Mono- und Diphthalyltoluylendiamin vom Sch.-P. 192° bzw. 232°. — Ebenso lassen sich die beiden Nitrotoluidine mit Phthalsäureanhydrid kondensieren: 1. o-Nitro-p-toluidinprodukt schmilzt bei 222°, 2. p-Nitro-o-toluidinprodukt bei 232°. Mit Eisen und Essigsäure reduziert entsteht aus 1. die obige Verbindung (Sch.-P. 192°), die sich mit einem weiteren Molekül Phthalsäure kondensieren läßt.

1527 **DRP. 243 079**

3, 4, 9-Trinitro-benzylidenaminobenzol

$C_6H_4(NO_2)-CH=N-C_6H_3(NO_2)NO_2 = C_{13}H_8N_4O_6 = 316.$

Entsteht in Lösung neben **m-Nitrobenzyliden-m-nitroanilin** durch Nitrieren von 1 T. Benzyliden-m-nitroanilin in 10 T. Schwefelsäure (66°) mit einem Gemisch von 1,25 T. Schwefelsäure (66°) und 0,65 T. höchstkonz. Salpetersäure bei 25°—35°.

e) Bindung —C(CN):N—.

4 NR_2 . . . . 1528—1532
10 NO_2—4 NR_2 . . . . 1528—1532

1528 **DRP. 109 486** F. P. 289 602 Ber. 27, 3317; 33, 959

4-Dialkylamino-benzylidenaminobenzol-C-nitril ***und Substitutionsprodukte***

$C_6H_5-C(CN)=N-C_6H_4NR_2 = C_{16}H_{15}N_3(C_{18}H_{19}N_3) = 249\ (277).$

Zu 17,8 T. p-Nitrosodiäthylanilin + 11,7 T. Benzylcyanid in warmer Spritlösung etwas Kalilauge geben. Grüne Lösung wird unter Erhitzung tiefrot, beim Erkalten krystallisieren scharlachrote, goldschimmernde Nadeln. Oder: Komponenten ohne jeden Zusatz im Ölbad erhitzen, bis kein Wasserdampf entweicht. Aus Essigester große granatähnliche, grüngoldglänzende Nadeln. Sch.-P. 111°. Dimethylprodukt Sch.-P. 90°, orangebraune Nadeln. — Disubstituierte Azomethine erhält man durch Einwirkung von Aldehyden auf aromatische Amine (Ber. 31, 2250). Z. B.: 17,8 T. p-Nitrosodiäthylanilin und 16,2 T. p-Nitrobenzylcyanid in warmem Sprit lösen und einige Tropfen Kalilauge oder Piperidin zugeben. Die Masse erstarrt unter lebhaftem Aufsieden, zuweilen in explosionsartiger Reaktion (!), kalt stahlblaue Nädelchen absaugen. In organischen Lösungsmitteln kirschrot löslich, Sch.-P. 152°. Dimethylverbindung dunkelbraun, Sch.-P. 170°. — Ähnliche Verbindungen aus Malonitril, Cyanessigester, aber auch mit stark sauren Methylenverbindungen, mit Desoxybenzoin, Acetessigester, Phloroglucin, Nitroäthan, Diaminodiphenylmethansulfon und seinem Tetramethylderivat, sämtlich mit Nitrosodimethylanilin. — Nach

1529 **Zus. DRP. 116 089**

verwendet man Methylenverbindungen, die durch die Aldehyd- oder die Säureamidgruppe oder durch die Gruppen ·C:C· und ·C:N· sauren Charakter erlangt haben. Man vereinigt z. B. die heißen alkoholischen Lösungen von 4,5 T. Nitrosodimethylanilin und 5,2 T. Phenylmethylpyrazolon, gießt nach dem Erkalten in Wasser und fällt das Produkt mit verdünnter Salzsäure aus.

1530 **DRP. 117 627**
1531 **DRP. 121 974**
1532 **DRP. 121 745**

Nach den Zus.-Patenten erhält man diese Kondensationsprodukte auch aus den p-Nitrosoverbindungen sekundärer und tertiärer aromatischer Amine oder des p-Nitrosophenols mit Methylenverbindungen mehrwertiger Phenole oder mit o- oder p-Nitrotoluol, das außer der Nitrogruppe noch ein negatives Radikal im Benzolkern enthält. Ein Produkt vom Sch.-P. 155° erhält man z. B. aus 11 T. Benzylcyanid, 12 T. Nitrosophenol, 100 T. kochendem Alkohol und 10 T. Natronlauge (33%), bzw. ein anderes Kondensationsprodukt aus o, p-Dinitrotoluol und Nitrosodimethylanilin in alkoholischer Lösung mit einigen Tropfen konz. Sodalösung.

f) Bindung —CO·NX—.

1. X = H.

2 Cl	1533	4 NH_2—3 SO_3H	1541
2 CH_3	1534	2 Cl—4 Cl—6 Cl	1542
4 NO_2	2205	11 CH_3—3 COOH—8 OH	1543
4 NH·SO_3H	570	2 (3) CH_3—4 (5) NO_2(NH_2)—9 NO_2(NH_2)	1538
10 NR_2—3,6 subst.	417	4 CH_3—9 (10) NO_2—5 NH_2	1537
8 ONa(—O·CH_2COOH)	482	6 COOH—9 NO_2—4 NH_2	1544
2 CH_3—4 NH·SO_3H	570	5 COOH—3 NH_2—4 OH	1094
[2 COOH—8 OH] Anhydr.	1535	12 COOH—3 NH_2—6 OH	1545
3 (4) NO_2—9 (10) NO_2	1538	2 NO_2(NH_2)—4 NO_2(NH_2)—10 NO_2(NH_2)	2205
3 NO_2—9 NH_2	1536, 1538	9 NO_2—4 NH_2—3 SO_3H	1541
10 (9) NO_2—3 (4) NH_2	1537	9 OH—10 OH—11 OH	1546
3 (4) NH_2—9 (10) NH_2	1538	4 COOH—9 NH_2—3 OH—6 SO_3H	1547
4 NR_2—10 NR_2(·NH·R)	417	3 NH_2—9 [CO·NH·C_6H_3(COOH)(OH(SO_3H)]	1827
4 N·Pyraz.—10 N·Pyraz.	1540		

⬡—CO·NH—⬡—⬡ subst. . . . 417, 1281

⬡—CO·NH—⬡—⬡—NH—⬡ subst. . . . 417

⬡—CO·NH—⬡—⬡—NH·CO—⬡ subst. . . . 1281

4 NH_2—10 Thiazolrest . . . 2242

1533 **DRP. 180 204** — Ber. **33**, 2396

2-Chlor-benzoyliminobenzol

⬡—CO—NH—⬡(Cl) = $C_{13}H_{10}NOCl$ = 232.

o-Chloranilin in kaltem alkalischem Wasser verteilt, mit Benzoylchlorid versetzen.

1534 **DRP. 262 327**

2-Methyl-benzoyliminobenzol

⬡—CO—NH—⬡(CH_3) = $C_{14}H_{13}NO$ = 211.

Herstellung nach Ann. **205**, 130. Sch.-P. 142°—143°. (**Indol**derivate).

1535 **DRP. 284 735**

8-Oxy-benzoyliminobenzol-2-carbonsäure

(OH)⬡—CO—NH—⬡(**OH**·CO) (O—⬡—CO—NH—⬡—CO)

= $C_{14}H_{11}NO_4$ = 257; — H_2O: 239.

Durch Einwirkung von Salicylsäurechlorid auf Anthranilsäure. Sch.-P. 217°. Durch Eintragen in die dreifache Menge kalter konz. Schwefelsäure erfolgt Lösung, und man erhält beim Einrühren in Eiswasser **Salicylanthranil** vom Sch.-P. 194°.

1536 **DRP. 247 818** — DRP. 208 968

3-Nitro-9-amino-benzoyliminobenzol

(NH_2)⬡—CO—NH—⬡(NO_2) = $C_{13}H_{11}N_3O_3$ = 257.

28,7 T. Kondensationsprodukt aus m-Nitroanilin und m-Nitrobenzoylchlorid in 575 T. Sprit (90%) suspendieren, nahe bei Siedetemperatur Natriumsulfhydrat zusetzen, solange es verschwindet, Sprit abdestillieren, den Rückstand waschen, in verdünnter Salzsäure lösen und die Krystalle des salzsauren Salzes filtrieren. Die Base (**m-Aminobenzoyl-m-nitroanilin**), mit Alkali freigesetzt, krystallisiert aus Solventnaphtha. Sch.-P. 183°.

1537 **DRP. 208 968** — F. P. 400 590

10 (9)-Nitro-4-amino-benzoyliminobenzol

NO_2⬡—CO—NH—⬡NH_2 = $C_{13}H_{11}N_3O_3$ = 257.

14 T. p-Aminoformylanilin in Wasser + Soda, Na-Acetat oder Kreide auf 60°—65° erwärmen und p-Nitrobenzoylchlorid zusetzen, bis die diazotierbare Base verschwunden ist, den Niederschlag filtrieren, mit verdünnter Salzsäure auskochen, bis im Filtrat mit Alkali kein gelber Niederschlag mehr entsteht, die vereinigten Filtrate ausfällen, die Base filtrieren und gut waschen. Die p-Verbindung schmilzt bei 228°, die m-Verbindung bei 218°. — Ebenso **p- oder m-Nitrobenzoyl-m-toluylendiamin**, Sch.-P. 211° bzw. 154°. Gefärbte Krystalle.

1538 **DRP. 221 433**

3, 9-Diamino-benzoyliminobenzol

NH_2 NH_2

⬡—CO—NH—⬡ $= C_{13}H_{13}N_3O = 227.$

13,8 T. m-Nitroanilin in 300 T. Wasser + 13 T. Salzsäure lösen, 15 T. Acetat und bei 15° 19 T. m-Nitrobenzoylchlorid zusetzen, den grauen Niederschlag (**m-Nitrobenzoyl-m-nitroanilin,** aus Sprit Sch.-P. 185°) filtrieren, mit Eisen und Essigsäure reduzieren und die Base aus Wasser umkrystallisieren. Im Originalpatent sind elf dieser Kondensationsprodukte aus m- und p-Nitro-(Amino-)benzoylchlorid und m- und p-Nitroanilin, Phenylen- und Toluylendiamin mit Sch.-P. angegeben. — Nach

1539 **DRP. 230 595** reagiert m-Nitrobenzoylchlorid auch weiter mit dem z. B. aus m- oder p-Nitrobenzoylchlorid und Basen z. B. 2-Amino-5-naphthol-7-sulfosäure erhaltenen, reduzierten Kondensationsprodukt.

1540 **DRP. 289 290**

p-Aminobenzoyl-5-pyrazolon

30,7 T. p-Aminobenzoyl-p-phenylendiaminsulfosäure in 60 T. konz. Salzsäure mit 14 T. Nitrit bei 5°—10° tetrazotieren, bei 0°—5° in eine Lösung von 92 T. Zinnchlorür und 30 T. konz. Salzsäure in 30 T. Wasser gießen, ausgeschiedene Hydrazinsulfosäure mit Wasser zum dicken Brei angerührt mit 26 T. Acetessigester allmählich bei 70° zur Pyrazolonsulfosäure kondensieren. In Wasser und organischen Lösungsmitteln kaum, in Alkalien leicht löslich.

1541 **DRP. 210 471**
A. P. 936 951
E. P. 25 311/08

4-Amino-benzoyliminobenzol-3-sulfosäure

SO_3H

⬡—CO—NH—⬡NH_2 $= C_{13}H_{12}N_2O_4S = 292.$

18,8 T. p-Phenylendiaminsulfosäure in 100 T. Wasser + Soda lösen, 14,5 T. Benzoylchlorid und eine Lösung von 5,5 T. Soda in 40 T. Wasser einlaufen lassen, so daß die Flüssigkeit stets schwach alkalisch bleibt, mit Salzsäure fällen, Niederschlag waschen und trocknen. — Ebenso entsteht mit 18,6 T. m-Nitrobenzoylchlorid bei 40°—50° **m-Nitrobenzoyl-p-phenylendiaminsulfosäure.**

1542 **DRP. 180 204**
—
Ber. 32, 3637
33, 2396

2, 4, 6-Trichlor-benzoyliminobenzol

Cl

⬡—CO—NH—⬡Cl $= C_{13}H_8NOCl_3 = 300.$

Cl

s-Trichloranilin mit Benzoylchlorid im Wasserbade erwärmen.

1543 **DRP. 291 139**

p-Kresotinsäureanilid-m-carbonsäure

OH COOH

⬡—CO—NH—⬡ $= C_{15}H_{13}NO_4 = 271.$

CH_3

15,2 T. p-Kresotinsäure mit 13,7 T. m-Aminobenzoesäure fein zerrieben mit 15,3 T. Phosphoroxychlorid 8 St. auf 170°—180° erhitzen, Schmelze mit heißem Sprit extrahieren, Rückstand mit Wasser waschen, trocknen, aus Nitrobenzol umkrystallisieren. Sch.-P. 280°.

1544 **DRP. 278 422**
Zusatz zu
DRP. 273 280
F. P. 465 794

m-Nitrobenzoyl-1,4-phenylendiamin-2-carbonsäure

NO_2⬡—CO—NH—⬡NH_2 (COOH) $= C_{14}H_{11}N_3O_5 = 301.$

m-Nitrobenzoylchlorid mit Acetyl-1, 4-phenylendiamin-2-carbonsäure kondensieren, Acetylgruppe abspalten, aus essigsaurer Lösung aussalzen.

1545 **DRP. 164 295**

4-Phthalylamino-2-aminophenol

⬡(COOH)—CO—NH—⬡(OH)NH_2

Kondensation von 197 T. 2, 4-Diaminophenoldichlorhydrat, 280 T. Acetat und 150 T. Phthalsäureanhydrid.

1546 **DRP. 79 172** — Ann. 272, 234; J. pr. 63, 82; Ber. 15, 2592

9, 10, 11-Trioxy-benzoyliminobenzol

$(OH)_3C_6H_2—CO—NH—C_6H_5 = C_{13}H_{11}NO_4 = 245.$

Gallamid (erhalten durch Eindampfen von Tannin mit konz. Ammoniumdisulfid und konz. Ammoniak) mit 2 T. Anilin im SO_2-Strom auf 184° erhitzen. Krystallisiert aus SO_2-haltigem Wasser in Nadeln vom Sch.-P. 207°.

1547 **DRP. 268 791**

9-Amino-3-oxy-benzoyliminobenzol-4-carbon-6-sulfosäure

$NH_2C_6H_4—CO—NH—C_6H_2(OH)(SO_3H)COOH = C_{14}H_{12}N_2O_7S = 352.$

p-Aminosulfosalicylsäure mit Nitrobenzoylchlorid kondensieren [1537], Produkt reduzieren.

2. X = C_2H_5.

1548 **DRP. 269 213**

10-Amino-benzoyläthylaminobenzol und Derivate

$NH_2C_6H_4—CO—N(C_2H_5)—C_6H_5 = C_{15}H_{16}N_2O = 240.$

Benzoyl-, -nitrobenzoyl-, -toluyl-, -anisoylchlorid mit sekundären Basen (Äthylanilin, Carbazol, Diphenylamin) kondensieren und das Produkt reduzieren.

1549 **DRP. 180 204** — Zusatz zu DRP. 180 203; E. P. 8077/06; F. P. 365 297

2, 4, 6-Trichlor-benzoyläthylaminobenzol

$C_6H_5—CO—N(C_2H_5)—C_6H_2Cl_3 = C_{10}H_{12}NOCl_3 = 329.$

100 T. s-Monoäthyltrichloranilin mit 50 T. Benzoylchlorid mischen, erwärmte Masse im Ölbad noch 1 St. auf 150° erhitzen, Krystallkuchen aus Sprit umkrystallisieren. Sch.-P. 127°—128°. — Ebenso **Benzylbenzoyltetrachloranilid** aus Benzylbenzoyltetrachloranilin; Sch.-P. 134°.

3. X = $CH_2·COOH(R)$.

1550 **DRP. 102 893** — Lit. wie [423]

Benzoylphenylaminoessigsäure-2-carbonsäure

$C_6H_5—CO—N(CH_2·COOH)—C_6H_4COOH = C_{16}H_{13}NO_5 = 299.$

Wie [423] mit 26,9 T. Benzoyl-o-tolylglycin vom Sch.-P. 171°. Aus verdünntem Sprit umkrystallisieren. Sch.-P. 197°.

1551 **DRP. 138 207** — Lit. wie [429]

Benzoylphenylaminoessigsäure-2-carbonsäureäthylester

$C_6H_5—CO—N(CH_2·COOH)—C_6H_4COO·C_2H_5 = C_{18}H_{17}NO_5 = 327.$

Wie [429, 1] aus 245 T. desselben Ausgangsmaterials in 3000 T. Eiswasser, 80 T. Soda und 145 T. Benzoylchlorid. Filtrieren, ansäuern und das bald erstarrende Öl wie [429, 2] reinigen. Sch.-P. 141°—143°.

4. X = C_6H_5.

5. X = $CH_2 \cdot C_6H_5$.

g) Bindung —CS·NH—.

1552 **DRP. 57 963** — Ann. 259, 300

Thiobenzoyliminobenzol C_6H_5—CS—NH—C_6H_5 = $C_{13}H_{11}NS$ = 213.

16 T. Benzylanilin + 7 T. Schwefel auf 220° erhitzen, bis die Schwefelwasserstoffentwicklung aufhört, Produkt mit Natronlauge extrahieren, Kohlensäure einleiten oder vorsichtig mit Säure fällen. Sch.-P. 98°.

3. Zwei Benzolreste durch —C—O— verbunden.

(Schema: Benzolring mit Stellungen 7, 8, 9, 10, 11, 12 —C(X_2)—O— Benzolring mit Stellungen 1, 2, 3, 4, 5, 6)

a) X_2 = H_2.

1553 **DRP. 141 516** — Angew. Chem. 1914, II, 195.

2 (3, 4)-Aminobenzylphenoläther

C_6H_5—CH_2—O—C_6H_4(NH_2) = $C_{13}H_{13}NO$ = 199.

Umsetzung der entsprechenden Nitrophenolalkalisalze mit Benzylchlorid und Reduktion der erhaltenen **Nitrophenol-(kresol-)äther.** Z. B.: **o-, m- oder p-Aminophenolbenzyläther,** Sch.-P. 198°, 149°, 205°—212°; **1-Amino-3-kresol-2-benzyläther,** Sch.-P. 174°; **1-Amino-3-kresol-6-benzyläther,** Sch.-P. 202°; **1-Amino-3-kresol-4-benzyläther,** Sch.-P. 215°. Die Halogenderivate entstehen nach

1554 **Zus. DRP. 142 061**

analog mit Chlorbenzylchlorid. Z. B.: **o-Aminophenol-o-(-p-)chlorbenzyläther,** Sch.-P. 89°, 195°; **o-Amino-p-kresol-o-(-p-)chlorbenzyläther,** Sch.-P. 104°, 195°—200°; **o-Amino-p-chlor-o-chlorbenzyläther,** Sch.-P. 189°. Meist graue oder getönt weiße Körper, die als freie Basen in Wasser unlöslich, als salzsaure Salze aus verdünnter heißer Salzsäure umkrystallisierbar sind. Ähnliche Körper erhält man nach

1555 **Zus. DRP. 142 899**

durch Umsetzung von Benzylchlorid mit Halogennitrophenolen (-kresolen).

1556 **DRP. 106 509** — Lit. wie [314]

8 (10)-Nitrobenzylphenoläther-2 (4)-sulfosäure

$C_6H_4(NO_2)$—CH_2—O—$C_6H_4(SO_3H)$ = $C_{13}H_{11}NO_6S$ = 309.

Wässerige Lösung von 1 Mol. phenol-p- bzw. -o-sulfosaurem Salz mit 1 Mol. Ätzalkali und 1 Mol. Nitrobenzylchlorid warm umsetzen.

b) $X_2 = N \cdot OH$.

1557 **DRP. 109 663**
Zus. DRP. 107 095
—
Lit. wie [340]

10-Nitrobenzohydroxamphenoläther

$NO_2C_6H_4—C(=N—OH(Na))—O—C_6H_5 = C_{13}H_{10}N_2O_4 = 256.$

Aus p-Nitrobenzylphenoläther wie [277] und [340] mit Na-Alkoholat und Amylnitrit. Aus Benzol + Ligroin Nadeln, Sch.-P. 108°. In Ätzalkali gelb löslich, mit Kohlensäure aus der alkalischen Lösung fällbar.

c) $X_2 = O$.

1558 **DRP. 169 247**
A. P. 799 706
E. P. 10 093/05

Benzoesäurephenolester-2-carbonsäure

$C_6H_5—CO—O—C_6H_4(COOH) = C_{14}H_{10}O_4 = 242{,}2.$

18,2 T. **Dinatriumsalicylat** (2 Mol. Natronlauge + 1 Mol. Salicylsäure zur Trockne dampfen und pulvern) mit 20 T. Benzin aufschwemmen, unter Kühlung eine Lösung von 14,1 T. Benzoylchlorid in 20 T. Benzin zugeben, mit weiteren 16 T. Benzin 8 St. am Kühler rühren, das Benzin abgießen, den Rückstand mit Benzin waschen, trocken mit der 25-fachen Menge Wasser kochen, kalt filtrieren, das Filtrat mit Essigsäure fällen und die abgeschiedene Säure aus verdünntem Sprit umkrystallisieren. Sch.-P. 132°. Zerfällt beim Kochen mit Alkalien.

1559 **DRP. 70 714**

Kresotinsäureacetylaminophenylester

$C_6H_3(CH_3)(OH)—CO·O—C_6H_4—NH·COCH_3 = C_{16}H_{15}NO_4 = 299.$

1 T. **o-Kresotinsäure-p-nitrophenylester** (erhalten nach [**DRP. 43 713**] aus o-Kresotinsäure und p-Nitrophenol) mit 0,8 T. Eisenpulver, 3 T. konz. Salzsäure und 5 T. Sprit 5 St. kochen, 4 T. Sprit abdestillieren, Rückstand in kochendem Wasser lösen, filtrieren, kalt ausgeschiedenes Chlorhydrat des o-Kresotinsäure-p-aminophenylesters mit Acetat zerlegen, zur Acetylierung in Benzolsuspension mit Essigsäureanhydrid 1 St. auf 100° erwärmen. Ausgeschiedene Acetylverbindung aus Benzol (evtl. Tierkohle) umkrystallisieren, Sch.-P. 181°. Ebenso die m- und p-Verbindung vom Sch.-P. 198° bzw. 167°.

4. Zwei Benzolreste durch —C—S— verbunden.

$C_6H_5(7–12)—C(X_2)—S—C_6H_5(1–6)$ (Bezifferung: 9, 8, 10, 7, 11, 12; 2, 3, 1, 4, 6, 5)

a) $X_2 = O$.

1560 **DRP. 175 070**

2, 5-Dioxybenzoylthiophenolester

$C_6H_5—CO—S—C_6H_3(OH)_2 = C_{13}H_{10}O_3S = 246.$

Dieses **Benzoylhydrochinonmercaptan** gewinnt man in weißen Krystallen (aus Aceton, Sch.-P. 158°—159°) aus 21,6 T. Benzochinon und 27,6 T. Thiobenzoesäure in Ätherlösung. Weiter benzoyliert entsteht das **Tribenzoylhydrochinonmercaptan** (Sch.-P. 117°).

5. Zwei Benzolreste durch —C—N—C— verbunden.

a) $X_2 = H_2$; $Y_2 = H_2$.

1561 **DRP. 301 832** Zusatz zu DRP. 301 450

Dibenzylanilin

C_6H_5—CH_2—N(C_6H_5)—CH_2—C_6H_5 = $C_{20}H_{19}N$ = 273.

31 T. Anilin und 84 T. Benzylchlorid mit 30 T. Na-Amid verrühren, dann im Wasserbad erhitzen, bis die Ammoniakentwicklung beendet ist, Dampf einblasen, Rückstand aus Methylalkohol umkrystallisieren. Ausbeute 80%. — Ebenso **Dibenzyl-p-toluidin.**

1562 **DRP. 115 653** E. P. 1761/00 F. P. 296 744

III-Methyldibenzylaminobenzol

C_6H_5—CH_2—N($C_6H_4CH_3$)—CH_2—C_6H_5 = $C_{21}H_{21}N$ = 287.

m-Toluidin mit konz. Sodalösung und Benzylchlorid (in geringem Überschuß) kochen und Dampf einleiten. Als Rückstand bleibt ein dickes Öl, das kalt krystallinisch erstarrt. Aus Sprit umkrystallisieren. Durch Sulfieren mit Oleum (25%) in Monohydratlösung erhält man **Dibenzyl-m-toluidindisulfosäure.**

1563 **DRP. 68 865** Zus. DRP. 68 291

Dibenzylaminobenzol-III-sulfosäure

C_6H_5—CH_2—N($C_6H_4SO_3H$)—CH_2—C_6H_5 = $C_{20}H_{19}NO_3S$ = 353.

17 T. m-Anilinsulfosäure + 30 T. Benzylchlorid + 10 T. Natronlauge, gelöst in 100 T. Wasser, unter Rückfluß kochen, bis das Benzylchlorid verschwunden ist. Mit Dampf die Öle entfernen, Lösung vorsichtig mit Salzsäure neutralisieren, die ausgefallene Sulfosäure waschen, trocknen, mahlen. Weißes Pulver, in verdünnten Mineralsäuren schwer löslich.

1564 **DRP. 103 578** F. P. 280 514 und Zus.

Dibenzylaminobenzol-4-aldehyd-(II), IV-(di-)sulfosäure

C_6H_5—CH_2—N($C_6H_4SO_3H$)—CH_2—C_6H_4CHO = $C_{21}H_{19}NO_4S$ = 381.

Wie [1494] und [1747] nach [1602]. Säuren fällen nur die Monosulfosäure (gelbliche Flocken).

565 **DRP. 69 777**

Dibenzylaminobenzol-3, III-disulfosäure

$C_6H_5—CH_2—N(C_6H_4SO_3H)—CH_2—C_6H_4SO_3H = C_{20}H_{19}NO_6S_2 = 433.$

Wie [1500]. Sehr ähnlich der Äthylbenzylanilindisulfosäure.

1566 **DRP. 270 942**

Dibenzylaminobenzoldisulfosäure

$C_6H_5—CH_2—N(C_6H_5)—CH_2—C_6H_5 \left\} \begin{matrix} SO_3H \\ SO_3H \end{matrix} \right. = C_{20}H_{19}NO_6S_2 = 433.$

Dibenzylanilin bis zur Sodalöslichkeit einer Probe bei 100° mit Monohydrat behandeln. Nur als neutrales Na-Salz aus der alkalisch gemachten Sulfierung mit Kochsalz abscheidbar. Liefert mit Nitrit eine sehr leicht lösliche, in saurer Lösung gelbrote, in alkalischer Lösung grüngelbe Nitrosoverbindung. — Ebenso **Benzyl-o-toluidinmonosulfosäure** aus Benzyl-o-toluidin. Liefert mit Nitrit ein farbloses, mit Diazoverbindungen nicht mehr reagierendes Nitrosamin.

1567 Anm. F. 10 616, Kl. 12. 29. 5. 99 Höchst E. P. 9997/99 F. P. 288 820

2 (4), 8 (10)-Dinitrodibenzylaminobenzol-III-(IV)-sulfosäure

$NO_2C_6H_4—CH_2—N(C_6H_4SO_3H)—CH_2—C_6H_4NO_2 = C_{20}H_{17}N_3O_7S = 433.$

Kondensation von 2 Mol. o- bzw. p-Nitrobenzylchlorid und 1 Mol. Sulfanil- oder Metanilsäure, Toluidin- oder Xylidinsulfosäure bei Gegenwart von Acetat oder Alkalicarbonat.

1568 **DRP. 68 291**

Dibenzylaminobenzol-III-trisulfosäure

$(SO_3H)C_6H_4—CH_2—N(C_6H_4SO_3H)—CH_2—C_6H_4(SO_3H) = C_{20}H_{19}O_9S_3 = 513.$

Methylbenzylanilin mit Oleum in der Wärme sulfieren, kalken, Filtrat eindampfen, In H_2O sehr leicht, in Sprit schwer löslich. Zwei Sulfogruppen in den Benzylresten, eine Sulfogruppe im Phenylkern, und zwar in m-Stellung zur Aminogruppe.

1569 **DRP. 125 580**

III, V-Dimethyldibenzylaminobenzoldisulfosäure

$(SO_3H)C_6H_4—CH_2—N(C_6H_3(CH_3)_2)—CH_2—C_6H_4(SO_3H) = C_{22}H_{25}NO_6S_2 = 463.$

Wie [1562] durch Sulfierung des Dibenzyl-m-xylidins; aus Sprit lange Nadeln vom Sch.-P. 83°.

---

6. Zwei Benzolreste durch —C—O—C— verbunden.

$C_6H_5(7\text{–}12)—CX_2—O—CY_2—C_6H_5(1\text{–}6)$

a) $X_2 = H_2$; $Y_2 = O$.

1570 **DRP. 268 621** — Ber. 31, 2645

Benzoesäurebenzylester

$C_6H_5-CH_2-O-CO-C_6H_5 = C_{14}H_{12}O_2 = 212.$

Carbonsaure Salze mit Alkoholhalogeniden bei Gegenwart geringer Mengen aromatischer Basen (Pyridin, Chinolin, Dimethylanilin, Anilin, aber auch Trialkylamin) umsetzen. Z. B.: 100 T. Kaliumbenzoat, 120 T. Benzylchlorid und 1 T. Triäthylamin 1/2 St. auf 95°—100° erwärmen und das Benzylbenzoat ausäthern. S.-P. 316°—317°.

1571 **DRP. 48 722** F. P. 193 686

Benzoesäure-2-nitrobenzylester

$C_6H_5-CH_2-O-CO-C_6H_4(NO_2) = C_{14}H_{11}NO_4 = 257.$

Analog [258]. Aus Sprit Krystalle. Sch.-P. 94°.

b) $X_2 = O$; $Y_2 = O$.

1572 **DRP. 6685** E. P. 889/79 — Dingl. J. 231, 538

Benzoesäureanhydrid

$C_6H_5-CO-O-CO-C_6H_5 = C_{14}H_{10}O_3 = 226.$

1 T. Benzotrichlorid mit 3 T. Schwefelsäure (95,4%) oder Phosphorsäure bei 30° digerieren, das gebildete Anhydrid von der Schwefelsäure abschleudern und destillieren oder aus Benzol krystallisieren. Beim Eingießen der Schwefelsäurelösung in Wasser erhält man sofort die Säure.

1473 **DRP. 29 669** — Ber. 17, 1285

Phosgen über auf 360° erhitztes benzoesaures Natrium leiten, Produkt destillieren. Bei 360° geht Benzoesäureanhydrid als der kleinere Teil über. Krystalle vom Sch.-P. 40°. Der größere Teil (**Benzoylchlorid**) destilliert bei 198°.

1474 **DRP. 146 690** — Lit. wie [42]

Wie [42] durch Erhitzen des trockenen Gemenges von 180 T. chlorsulfonsaurem Natron und 300 T. benzoesaurem Natron, wobei das Anhydrid überdestilliert.

1575 Anm. F. 37 240, Kl. 12 o 13. 9. 13 Höchst

1 Mol. Benzoesäure mit 1 Mol. Benzoesäurechlorid oder 2 Mol. Benzoesäure und 1 Mol. Thionylchlorid im offenen Gefäß erhitzen.

7. Zwei Benzolreste durch —C—S—C— (—C—S—S—C—) verbunden.

$C_6H_5(8\text{-}12)-C(X_2)-S-C(Y_2)-C_6H_5(1\text{-}6)$

a) $X_2 = H_2$; $Y_2 = H_2$.

1576 **DRP. 83 544** — Ber. 24, 723

4, 10-Diaminodibenzylsulfid

$NH_2C_6H_4-CH_2-S-CH_2-C_6H_4NH_2 = C_{14}H_{16}N_2S = 244.$

p-Nitrobenzylalkohol mit Zinnchlorür und Salzsäure reduzieren, Schwefelwasserstoff einleiten, das abgeschiedene Sulfid filtrieren. Sch.-P. 95°. In kaltem Wasser unlöslich, während der Alkohol selbst sehr leicht löslich ist.

1577 **DRP. 87 059** — Ber. 28, 879; 28, 914; 28, 1337

12,3 T. wasserlöslichen Aminobenzylalkohol [260] oder die unlösliche Modifikation in 120 T. Wasser + 15 T. Salzsäure (25%) lösen, bei 80°—100° Schwefelwasserstoff einleiten, bis entfärbt. Filtrieren, Filtrat mit Alkali fällen, filtrieren, Produkt waschen, trocknen und mehrmals aus Ligroin umkrystallisieren. Farblose Schuppen, Sch.-P. 105° (identisch mit der Verbindung Ber. 24, 723). Die Benzoylverbindung schmilzt bei 223°, die Acetylverbindung bei 188°. — Auch durch Einleiten von Schwefelwasserstoff in das Komponentengemenge: 13 T. salzsaures Anilin in 130 T. Wasser + 7,5 T. Formaldehyd erhaltbar.

1578 **DRP. 272 292** — Ber. 39, 2406

p-freie Amine mit Formaldehyd und Thiosulfat behandeln. — In eine 0°—5° kalte Lösung von 500 T. Natriumthiosulfat in 500 T. Wasser + 205 T. Formaldehyd (30%) + 400 T. konz. Salzsäure eine Anilinsalzlösung aus 190 T. Anilin und 220 T. konz. Salzsäure in 500 T. Wasser einfließen lassen, 4 St. sieden, kalt das salzsaure Salz filtrieren und mit Natronlauge umsetzen. Die Base krystallisiert aus Sprit in Blättern. Sch.-P. 103°—104°. Ihr aus Essigester umkrystallisiertes Acetylderivat schmilzt bei 188°—190°. — Die Base aus Äthylanilin und Formaldehydthioschwefelsäure schmilzt bei 52,5°, ihr salzsaures Salz bei 218°—220°. Die Base aus o-Toluidin (nur kurz aufkochen, alkalisieren, o-Toluidinreste mit Dampf abtreiben) krystallisiert aus Benzol, Sch.-P. 142°—145°; die Base aus o-Chloranilin schmilzt bei 125°—127°. — Nach

1579 Anm. J. 15173, Kl. 12q. 18. 12. 13 Jansen

geben diese Basen für sich auf 150°—250° bis zur Beendigung der Schwefelwasserstoffentwicklung erhitzt schwefelhaltige Aminoderivate (Thiobasen). — Über die Herstellung von **Dibenzyldisulfid** und **Di-o-nitrobenzyldisulfid** aus 5 T. Benzyl- bzw. o-Nitrobenzylchlorid, 10 T. Na-Thiosulfat, 30 T. Wasser, 30 T. 95%igem Sprit mit Jod bis zur Gelbfärbung unter Rückfluß im Wasserbade, Verdünnen, sorgfältiige Entfernung des Jods mit Schwefeldioxyd, Filtrieren und Trocknen des abgeschiedenen Produktes s. J. Chem. Soc. **1909**, 1489.

V. Benzolreste durch —N— verbunden.

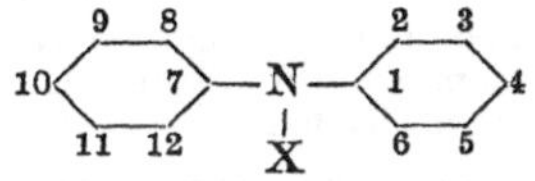

(Schema: zwei Benzolringe, Positionen 7–12 und 1–6, über —N— verbunden, am N Substituent X; Positionen 9 8 / 10 7 / 11 12 und 2 3 / 1 4 / 6 5.)

1. N = unsubstituiert.

Iminochinimidinobenzol (= Indamin):
- 4 : NH—2 NH$_2$—10 NR$_2$—9 S·SO$_3$H . . 1580
- 10 : N·C$_6$H$_4$·NH$_2$—4 NH$_2$—8 NH$_2$ —11 NH$_2$ 1583
- 4 : N·SO$_3$H—10 NH·(C$_6$H$_4$·OH) 1723

Chinonimidinobenzol (= Indophenol):
- 4 : O—10 NH$_2$ . . . . 1581—1583
- 4 : O—10 NH·COCH$_3$ 1584
- 4 : O—10 OH 1585
- 2 : O—5 Cl—10 NH$_2$(NHR)(NR$_2$) . . 1586
- 4 : O—Br—10 NR$_2$ 1590
- 4 : O—9 Cl—10 OH 1585
- 4 : O—5 Cl—10 OH 1585
- 4 : O—3 CH$_3$—10 NH·COCH$_3$ 1584
- 4 : O—9 (3) (4) (8) CH$_3$—10 OH . . . 1585
- 4 : O—9 COOH—10 OH 1587
- 4 : O—8 NH$_2$—10 NH$_2$ 1587
- 4 : O—10 NH$_2$—3 NH·COCH$_3$ 1588
- 4 : O—10 NH$_2$—(8) (9) SO$_3$H 1594
- 4 : O—9 Cl—11 Cl—10 NH$_2$ 1681
- 4 : O—3 Cl—5 Cl—10 NR$_2$ . . . 1589, 1682
- 2 : O—5 Cl—9 CH$_3$—10 OH 1586
- 4 : O—2 (3) CH$_3$—5 (8) (9) CH$_3$—10 OH 1585
- 4 : O—8 CH$_3$—11 CH$_3$—10 OH 1592
- 4 : O—3 CH$_3$—9 COOH—10 OH . . . 1587
- 4 : O—3 CH$_3$—8 NH$_2$—10 NH$_2$ 1587
- 4 : O—3 CH$_3$—10 NH$_2$—8 OH 1587
- 4 : O—2(3) CH$_3$—10 NH$_2$—(8)(9)SO$_3$H 1594
- 4 : O—2 CH$_3$—10 NR$_2$—5 (6) SO$_3$H . . 1695
- 4 : O—Cl—Cl—Cl—10 NR$_2$ 1589
- 2 : O—5 Cl—9 Cl—11 Cl—10 OH . . . 1589
- 4 : O—10 NH·C$_6$H$_5$ 1721
- 4 : O—10 NH·C$_6$H$_4$·CH$_3$ 1721
- 4 : O—10 NH·C$_6$H$_4$·OH 1722
- 4 : O—10 NH·C$_6$H$_3$(Cl)·(NO$_2$) 1724
- 4 : O—10 NH·SO$_2$·C$_6$H$_4$·(CH$_3$) 1595
- (4 : O—10·)$_2$NH 1743
- Benzinidazolindophenol 2201
- Carbazolindophenole . . . . . . 1940—1948

1580 **DRP. 135 563**

4-Imino-2-amino-10-dimethylaminoindamin-9-thiosulfosäure

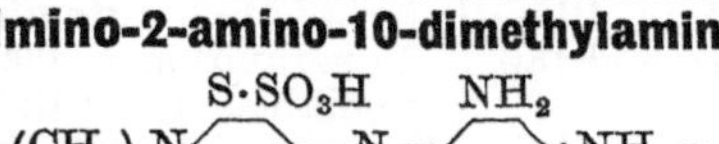

$$(CH_3)_2N\langle\text{S·SO}_3\text{H-C}_6\text{H}_3\rangle—N=\langle\text{NH}_2\text{-C}_6\text{H}_3\rangle:NH = C_{14}H_{16}N_4O_2S_2 = 336{,}4.$$

250 T. Dimethyl-p-phenylendiaminthiosulfosäure in 10 000 T. Wasser + 40 T. Ätznatron lösen, mit einer Lösung von 108 T. m-Phenylendiamin in 5000 T. Wasser und 265 T. Salzsäure (19°) mischen, unter Kühlung eine Lösung von 200 T. Kaliumbichromat in 1000 T. Wasser und 1000 T. Essigsäure (30%) zufließen lassen und die metallglänzenden Krystalle absaugen. In Alkali blau, in Salzsäure rot (beim Kochen violett) löslich.

1581 **DRP. 179 294**
E. P. 27 000/05
F. P. 370 787

10-Amino-4-chinonimidinobenzol

$NH_2\langle\rangle—N=\langle\rangle:O = C_{12}H_{10}N_2O = 198.$

10,8 T. p-Phenylendiamin und 10 T. Phenol in 2000 T. Wasser bei 10°—15° mit Blei-(oder Mangan-)superoxydpaste (48 T. PbO_2) unter Zusatz von 50 T. Dinatriumphosphat und 35 T. Natriumbicarbonat zusammenoxydieren. Dem Rückstand das Indophenol mit Sprit oder heißem Wasser entziehen und die messingglänzenden Blätter des Indophenols filtrieren. Man kann auch mit Schwefelnatrium die Leukoverbindung herstellen und dieses **4, 10-Aminooxydiphenylamin** wie üblich abscheiden. Nach

1582 **Zus. DRP. 179 295**

können Phosphat und Bicarbonat auch wegbleiben.

1583 **DRP. 184 651**
—
Lit. wie [2827]
DRP. 77 536;
DRP. 134 947
Vgl. Anm. K. 44 094
Kl. 12q. 25. 9. 11
Kalle

Wie [2827]. — Chinondimin (aus 13,6 T. Dimethyl-p-phenylendiamin oder 18,8 T. p-Phenylendiaminsulfosäure oder 28 T. p-Aminodiphenylaminsulfosäure und Eisenchlorid erhalten) in der Kälte mit einer Lösung von 9,4 T. Phenol oder 10,8 T. o-Kresol versetzen, den Niederschlag filtrieren, evtl. in Schwefelnatrium lösen und das betreffende Aminoleukindophenol mit Bicarbonat fällen. Die Sulfosäuren müssen mit verdünnter Säure ausgefällt werden. Vgl. Ber. **37**, 1496. — **8, 11, II, V-Tetraminochino-1, 4-diphenyldimid** erhält man nach Ber. **27**, 480 durch Oxydation von p-Phenylendiamin. — Gibt reduziert **Tetraaminodiphenyl-p-phenylendiamin.**

1584 **DRP. 168 229**
E. P. 27 499/04
F. P. 345 866

10-Acetylimino-4-chinonimidinobenzol

$COCH_3\cdot NH\langle\rangle—N=\langle\rangle:O = C_{14}H_{12}N_2O_2 = 240.$

7,5 T. Acetyl-p-phenylendiamin in 180 T. Wasser warm lösen, mit 320 T. Eis versetzen, eine Lösung von 5 T. Phenol in 20 T. Wasser und 6,4 T. Natronlauge zugeben, bei —8° mit 200 T. —6° kalter Hypochloritlösung (1—1,2% Sauerstoff) langsam oxydieren. Während des einstündigen Zufließens soll die Temperatur nicht über 0° steigen. Absaugen und trocknen. Ebenso mit o-Kresol [1595].

1585 **DRP. 157 288**
E. P. 23 994/03
F. P. 326 008

10-Oxy-4-chinonimidinobenzol

$OH\langle\rangle—N=\langle\rangle:O = C_{12}H_9NO_2 = 199.$

14,6 T. salzsaures p-Amino-phenol (o- und m-Kresol, -o-Chlorphenol in den entsprechenden Mengen) in 70 T. Wasser sowie 9,4 T. Phenol (o- oder m-Kresol) in 30 T. Wasser + 33 T. Natronlauge (40°) lösen. Beide Lösungen vereinigt auf 0° abgekühlt möglichst rasch einstürzen in eine —16° bis —18° kalte Lösung von unterchlorigsaurem Natrium (3,2 T. Sauerstoff entsprechend) und so viel Salz, daß das Schlußvolum der Flüssigkeit nach der Oxydation 25% enthält. Die Temperatur steigt auf 0°. Den grünen Krystallbrei absaugen und abpressen. Alle Indophenole sind in Natronlauge blau, in Sprit grünblau löslich und aus der Natronlaugelösung aussalzbar; ihre Na-Verbindungen sind getrocknet grüne, die freien Indophenole braunrote bis dunkelblaue Pulver.

1586 **DRP. 158 091**

5-Chlor-10-amino-2-chinonimidinobenzol

$N(CH_3)_2\langle\rangle—N=\langle\rangle=O$ (Cl) $= C_{14}H_{14}N_2OCl = 262.$

Zusammenoxydieren von **Dimethyl-p-phenylendiamin** (aus 150 T. Nitrosodimethylanilin, 86 T. konz. Salzsäure und 186 T. Zinkstaub) in 15 000 T. Wasser und 140 T. p-Chlorphenol in 12 000 T. Wasser, 120 T. Natronlauge und 212 T. Soda mit einer Lösung von 1318 T. Ferricyankalium in 3500 T. Wasser (oder mit einer Lösung von 290 T. unterchlorigsaurem Natrium, die 49 g Chlor im kg enthält, 200 T. Kochsalz und 200 T. Eis). — Indophenol absaugen, mit 400 T. Schwefelnatrium und Wasser warm verrühren, filtrieren und die Leukolösung mit Bicarbonat fällen. Ebenso die Indophenole aus Mono- und Diäthyl-p-phenylendiamin, p-Aminophenol, -o-kresol, o, o-Dichlor-p-aminophenol usw.

1587 **DRP. 132 212**
A. P. 665 547
F. P. 284 387

8, 10-Diamino-4-chinonimidinobenzol

NH_2 ⟨ ⟩ (mit NH_2) —N=⟨ ⟩:O $= C_{12}H_{11}N_3O = 213$.

Allgemein erhält man diese Schwefelfarbstoffausgangsmaterialien nach folgendem Beispiel, wobei alle Aminophenolabkömmlinge (Homologe, Säuren usw.) mit allen p-freien Mono- und Diaminen, Phenolen, Naphtholen, Säuren usw. zusammenoxydiert werden können: 14,6 T. salzsaures p-Aminophenol mit 26 T. Natronlauge (30%) in 1000 T. Wasser lösen, dazu eine Lösung von 14,4 T. 1-Naphthol in 1000 T. Wasser und 13 T. Natronlauge, Eis zugeben, eine Lösung von unterchlorigsaurem Natrium (3,2 T. Sauerstoff) einstürzen, mit Essigsäure das Indophenol ausfällen, filtrieren, waschen, pressen und feucht verschmelzen. — Ebenso die Indophenole aus p-Aminophenol und p-Amino-o-kresol mit m-Toluylen- und m-Phenylendiamin, Phenol, m-Kresol 1-Naphthol, Salicyl- und 1-Oxynaphthoesäure, 1-Naphthylamin, m-Aminophenol usw. — Siehe auch die Indophenole der Naphthalin-, Carbazol- und Benzimidazolreihe.

1588 **DRP. 156 478**

10-Amino-3-acetylamino-4-chinonimidinobenzol

NH_2 ⟨ ⟩—N=⟨ ⟩:O (mit NH·COCH$_3$) $= C_{14}H_{13}N_3O_2 = 255$.

p-Phenylendiamin (aus 138 T. p-Nitroanilin) mit 109 T. Acetyl-o-aminophenolnatrium in neutraler Lösung (4000 T. Wasser) mit 1318 T. Ferricyankalium und 212 T. Soda zusammenoxydieren, das Indophenol mit 350 T. Schwefelnatrium in 3500 T. Wasser reduzieren, filtrieren und im Filtrat die Base mit Kohlendioxyd fällen.

1589 **DRP. 260 328**

DRP. 152 689;
DRP. 161 665;
DRP. 172 079;
DRP. 235 836
A. P. 931 598

3, 5-Dichlor-10-dimethylamino-4-chinonimidinobenzol

$(CH_3)_2N$⟨ ⟩—N=⟨ ⟩O (mit Cl, Cl) $= C_{14}H_{12}N_2OCl_2 = 295$.

Fertige Indophenole oder ihre Leukoverbindungen chlorieren. — 230 T. 10-Dimethylamino-4-oxydiphenylamin in 1700 T. konz. Salzsäure suspendieren, bei 10°—15° 150 T. Chlor einleiten, die Säure entfernen und das Dichlor-10-dimethylamino-4-oxydiphenylamin als salzsaures Salz abscheiden. Ist hygroskopisch, verharzt leicht, schwer in Chloroform oder Benzol, leicht in Sprit löslich. — Ebenso **Mono- und Dichloroxyphenylaminocarbazol** [s. 1944] in o-Dichlorbenzol- oder konz. Salzsäuresuspension mit Chlor in den berechneten Mengen. Auch ein Trichlorleukoderivat wurde erhalten. Nach

1590 **Zus. DRP. 260 329**

werden die Bromderivate ebenso dargestellt. Das Brom wird in o-Dichlorbenzol gelöst bei 10°—15° zugesetzt, und man erhält so aus 23 T. 4-Dimethylamino-4′-oxydiphenylamin in 250 T. o-Dichlorbenzol mit 16 T. Brom in 125 T. o-Dichlorbenzol das grünliche Bromhydrat des **Monobrom-10-dimethylamino-4-oxydiphenylamins**, das beim Trocknen braun wird. Nach

1591 Anm. B. 67 398, Kl. 12 q 20. 2. 13 Badische

behandelt man die Indophenole zu demselben Zweck der Herstellung halogensubstituierter Produkte mit Halogenwasserstoff, oxydiert die erhaltenen Leukoverbindungen und wiederholt das Verfahren gegebenenfalls zur Gewinnung höher halogenisierter Körper.

1592 Anm. G. 18 494,
Kl. 12 q
17. 10. 04
Basel
F. P. 330 338

Ber. **13**, 1903

8, 11-Dimethyl-10-oxy-4-chinonimidinobenzol

OH⟨ ⟩—N=⟨ ⟩:O (mit CH_3, CH_3) $= C_{14}H_{13}NO_2 = 227$.

12,2 T. p-Xylenol mit 85 T. Schwefelsäure (70%) verreiben, zwischen 0°—5° langsam 12,3 T. Nitrosophenol eintragen, in Natronlauge + Eis gießen und die blaue Lösung aussalzen. Wie Xylenol sind auch Phenol, o-Kresol, 1-Naphthol, wie Nitrosophenol Nitroso-o-kresol und Chlorchinonimid verwendbar.

1593 Anm. A. 10 389,
Kl. 12q. 9. 2. 05
Berlin
E. P. 15 935/04
F. P. 345 099

p-freie Amine und Nitrosophenol bei Gegenwart konz. Salzsäure mit oder ohne Kondensations- oder Verdünnungsmitteln in Reaktion bringen.

1594 | **DRP. 171 028** A. P. 798 807, E. P. 7838/05, F. P. 352 200 — DRP. 139 204

2-Methyl-10-amino-4-chinonimidinobenzol-(8)(9)-sulfosäure

NH_2⟨⟩—N=⟨⟩:O (SO₃H, CH₃) = $C_{13}H_{12}N_2O_4S$ = 292.

47 T. p-Phenylendiaminsulfosäure, 27,2 T. m-Kresol, 500 T. Wasser, 70 T. Natronlauge (35°) und Eis bei höchstens 5° mit einer Hypochloritlösung (8 T. Sauerstoff) oxydieren und die Indophenolsulfosäure aussalzen. — Ebenso mit Phenol, o-Kresol, l-Oxynaphthoesäure. — Schwarzbraune, sehr beständige Pulver.

1595 | **DRP. 160 710**

IV-Methyl-10-phenylsulfimino-4-chinonimidinobenzol

CH_3⟨⟩—SO_2·NH—⟨⟩—N=⟨⟩:O = $C_{19}H_{16}N_2O_3$ = 352.

26,2 T. p-Toluolsulfo-p-phenylendiamin

CH_3⟨⟩—SO_2·NH—⟨⟩NH_2

und 9,4 T. Phenol in 600 T. Wasser und 26 T. roher Salzsäure (12°) lösen, Eis zugeben, mit 28 T. Schwefelsäure (66°) und 100 T. Wasser versetzen und bei 0° mit der berechneten Menge Bichromat oxydieren. — Ebenso mit o- und m-Kresol, l-Naphthol oder Phenol, ferner auch mit p-Toluolsulfo-o-m-toluylendiamin

CH_3⟨⟩—SO_2·NH—⟨⟩NH_2 (CH_3)

(Sch.-P. 146°). — Rotbraune, in Wasser unlösliche, in Alkali blau lösliche Pulver, *die* beständiger sind als die Indophenole ohne Arylsulfaminogruppe, namentlich gegen Soda.

1596 | Anm. F. 32 711, Kl. 12 q, 24. 7. 12, Mühlheim

Arylaminosubstituierte Leukoindophenole.

Primäre aromatische Amine auf die aus Diphenylamin und Nitrosophenol erhaltenen Indophenole einwirken lassen.

1597 | Anm. F. 15 981, 16. 2. 03, Höchst

Kondensationsprodukt aus 1, 3-*Dioxybenzol* u. *Chinonimidinobenzol*.

Indophenol und Resorcin mit oder ohne Kondensations*mittel* erhitzen. (Vermutlich entstehen nichtchinoide Oxyphenyläther).

2. X = H.

a) Diphenylamin ohne und mit einem Substituenten.

1598 | **DRP. 62 309** — Ann. 260, 233, Ber. 25, 1973, DRP. 58 001

Diphenylamin ⟨⟩—NH—⟨⟩ = $C_{12}H_{11}N$ = 169.

80 T. Anilin auf 120° erwärmen, schnell 10 T. Diazoaminobenzol eintragen, Temperatur auf 150° steigern, bis die Stickstoffentwicklung aufhört, weiter auf 180°—200° erhitzen, Anilin hierbei abdestillieren, den Rückstand mit dem 30-fachen Gewicht salzsaurem Wasser versetzen, bis fuchsinpapiersauer, filtrieren; als Rückstand bleibt Diphenylamin und etwas Harz. Filtrat auf **Aminodiphenyl** [1200] weiterverarbeiten.

1599 | **DRP. 106 823**

Oxy- oder Dioxyverbindung des Benzols, Diphenyl- und Thiodiphenylamins mit Phospham (PN_2H) (DRP. 64 346) erhitzen. Z. B.: Phosphorstickstoffwasserstoffsäure auf 200° erhitzen, portionenweise Phenol eintragen, Temperatur auf 250° steigern, kalt das Diphenylamin von der Phosphorsäure abheben. Ausbeute 90%. — Ebenso aus 4 Mol. Hydrochinon und 1 Mol. Phospham: **p-Dioxydiphenylamin.** Bei weiterer Einwirkung von Phospham auf Dioxy-, Dioxythio-, Aminooxy-, Aminooxythiodiphenylamine allein oder im Gemenge mit Hydrochinon oder Aminophenol sollen Körper ähnlich wie [1987] entstehen.

1600 **DRP. 187 870**
E. P. 2766/07
F. P. 374 385
—
DRP. 173 523
DRP. 175 069

Aus Brombenzol und aromatischen Aminen. — Z. B.: 30 T. Anilin + 1 T. Kupferjodür + etwas Pottasche + Brombenzol im Überschuß 15 St. unter Rückfluß kochen, Dampf einleiten. Im Rückstand ist Diphenylamin. — Entsteht auch aus 40 T. Acetanilid, 48 T. Brombenzol und weiter wie oben, jedoch in Nitrobenzollösung. Dampf einleiten und das rückbleibende dunkle Öl verseifen. Sch.-P. 54°, S.-P. 310°. — Nach A. P. 1212928 von 1916 erhält man Diphenylamin durch Erhitzen von Anilin mit Eisenchlorid bei Gegenwart eines Katalysators.

1601 **DRP. 97 710**
Zusatz zu
DRP. 95 184

Diphenylamin-4-carbinol

C_6H_5—NH—C_6H_4—CH_2OH = $C_{13}H_{13}NO$ = 198.

Wie [262] mit 16,9 T. Diphenylamin, 30 T. Sprit, 36 T. Salzsäure und 7,5 T. Formaldehyd. In den gebräuchlichen Lösungsmitteln unlöslich. Sch.-P. über 280°.

1602 **DRP. 103 578**
F. P. 280 514
und Zus.

Diphenylamin-4-aldehyd

C_6H_5—NH—C_6H_4—CHO = $C_{13}H_{11}NO$ = 196.

Mit 50 T. Diphenylamin, 400 T. Sprit, 40 T. Salzsäure und den übrigen Komponenten wie [1494]. Die zunächst gelbe, dann braunrote Flüssigkeit scheidet einen braunroten Niederschlag ab. Nach 8 St. warme Sodalösung zusetzen, aus der hellgelben Lösung mit Dampf den Sprit abblasen, die heiße Rückstandlösung aussalzen, kalt filtrieren. Das Filtrat, das die durch Alkali nicht glatt zerlegbare Anhydroverbindung [323] enthält, auf 4000 T. verdünnen, mit Essigsäure schwach ansäuern, kochen, bis die entstehende Trübung nicht mehr zunimmt, mit Natronlauge neutralisieren, aussalzen, filtrieren, dem Rückstand mit Äther den Aldehyd entziehen. Kolophoniumähnliche, kalt pulverisierbare, warm weich werdende Masse; bei 70° ein dickes Öl, das in Wasser kaum löslich ist. Gibt mit p-Phenylendiamin braunrote, dann violettschwarze Färbung.

1603 **DRP. 187 870**
—
Lit. wie [1600]

Diphenylamin-2-carbonsäure

C_6H_5—NH—C_6H_4(COOH) = $C_{13}H_{11}NO_2$ = 212.

Wie [**1600, 1607 usw.**]: 20 T. Anthranilsäure, 25 T. Brombenzol, 20 T. Pottasche, 0,2 T. Kupferjodür und 60 T. Amylalkohol 2 St. sieden, Dampf einleiten, den Rückstand verdünnen und mit Salzsäure fällen.

1604 **DRP. 145 189**
—
Ber. **22**, 3282

195 T. o-chlorbenzoesaures Kali + 100 T. Anilin + 1—2 T. Kupferpulver + 1000 T. Wasser unter Rückfluß 20—30 St. sieden, die dunkle harzige Krystallmasse von der wässerigen Lösung (etwas o-Chlorbenzoesäure enthaltend) trennen, mit Sprit, dann mit Anilin anreiben, absaugen und aus Sprit umkrystallisieren: **Phenylanthranilsäure**, Sch.-P. 183°—184°. — Ebenso die **o- bzw. p-Tolylanthranilsäure** vom Sch.-P. 188°—189° bzw. 191°—192°, ferner **2-Naphthylanthranilsäure** (aus Sprit umkrystallisieren, Sch.-P. 208°—209°), bei deren Darstellung man unter Druck auf 120°—125° erhitzen muß. Die 1-Naphthylverbindung schmilzt bei 205°—206°. — Nach Ann. **276**, 43 (vgl. Ber. **32**, 790 und 1161) erhält man die Phenylanthranilsäure durch Reduktion der Nitrosodiphenylamin-o-carbonsäure mit Zinkstaub und Eisessig.

1605 **DRP. 40 379**
A. P. 342 860

4-Nitroso-diphenylamin

C_6H_5—NH—C_6H_4—NO = $C_{12}H_{10}N_2O$ = 198.

Wie [529] aus Diphenylamin. Vgl. Ber. **19**, 2991; **20**, 1247 und 2471.

1606 **DRP. 72 253**
—
Bll. Soc. chim.
1905, 1172

2 (3) (4)-Nitrodiphenylamin

C_6H_5—NH—$C_6H_4(NO_2)$ = $C_{12}H_{10}N_2O_2$ = 214.

Wie [**543**]: 168 T. o-Dinitrobenzol-Fabrikationsrückstände (40%ig) mit 300 T. Anilin 1 St. kochen, kalt mit Natronlauge versetzen, Dampf einleiten, Rückstand zur Entfernung des Aminoazobenzols mit verdünnter Salzsäure auskochen, im Rückstand m-Dinitrobenzol und o-Nitrodiphenylamin mittels geeigneter Lösungsmittel durch Krystallisation trennen.

1607 **DRP. 187 870**
—
Lit. wie [1600]

Das entsprechende Nitroanilin mit Brombenzol und Pottasche in Nitrobenzollösung geeigneter Konzentration bei Gegenwart von Kupferjodür und Jodbenzol am Rückfluß kochen, Nitrobenzol mit Dampf abblasen, aus dem Rückstand Nitroanilin mit verdünnter Salzsäure extrahieren, rückbleibendes Nitrodiphenylamin aus Sprit umkrystallisieren. — Ansätze und Reaktionsdauer für je 0,1 T. Kupferjodür und 0,1 T. Jodbenzol: 20 T. p-Nitroanilin, 25 T. Brombenzol, 10 T. Pottasche, 150 T. Nitrobenzol; 20 St. 4-Nitrodiphenylamin: gelbe Nadeln, Sch.-P. 130°. — 30 T. o-Nitroanilin, 12 T. Brombenzol, 10 T. Pottasche, 200 T. Nitrobenzol; 10 St. 2-Nitrodiphenylamin: rote Nadeln, Sch.-P. 75°. — 50 T. m-Nitroanilin, 20 T. Brombenzol, 20 T. Pottasche, 300 T. Nitrobenzol; 15 St. 3-Nitrodiphenylamin: ziegelrote Körner, Sch.-P. 110°.

1608 **DRP. 185 663**
F. P. 381 230
—
Ber. 22, 903; 22, 3281

10 T. p-Nitrochlorbenzol + 0,1 T. Jod + 0,3 T. Kupferpulver erhitzen, wenn entfärbt 75 T. Anilin und 5 T. Pottasche zusetzen, 20 St. unter Rückfluß kochen, die dunkle Masse mit Salzsäure ansäuern, Dampf einleiten, Rückstand (p-Nitrodiphenylamin) aus Benzol oder Sprit umkrystallisieren, Sch.-P. 132°. — Auch in Nitrobenzollösung erhaltbar. — Mit p-Toluidin gewinnt man ebenso **4-Nitro-10-tolylphenylamin,** Sch.-P. 138°; aus 10 T. p-Nitroanilin und 12 T. p-Nitrochlorbenzol: **4, 10-Dinitrodiphenylamin,** Sch.-P. 214°. (Identisch mit Ber. **11**, 758; **15**, 828; **31**, 2535.)

1609 **DRP. 193 448**
F. P. 379 949
—
Ber. **24**, 3798; **41**, 3744

1 T. 4-nitrodiphenylamin-2-sulfosaures Natrium mit 10 T. Schwefelsäure (40%) im Wasserbade erwärmen. Die Lösung trübt sich. Nach 2—3 St. die abgeschiedenen Krystalle filtrieren, Filtrat mit wenig Wasser verdünnen, filtrieren, Säure konzentrieren, wieder verwenden. — Oder: Eine wässerige Lösung der Sulfosäure mit sehr wenig Phosphorsäure oder phosphoriger Säure im Wasserbade eindampfen, den Rückstand mit Wasser anreiben und das sehr reine p-Nitrodiphenylamin filtrieren.

1610 **DRP. 194 951**
—
Lit. wie [903]

29 T. p-Tolylsulfosäure-o-nitrophenylester [Ber. **34**, 241] mit 37 T. Anilin und 9 T. geschmolzenem Acetat 10—15 St. auf 190° erhitzen, Dampf einleiten und den Rückstand (o-Nitrodiphenylamin [**1606**]) aus Sprit umkrystallisieren. Sch.-P. 74°.

1611 **DRP. 193 351**
F. P. 379 949
—
DRP. 117 891
DRP. 119 009

4 (2)-Aminodiphenylamin

⬡—NH—⬡NH$_2$ = $C_{12}H_{12}N_2$ = 184.

Wie [**1609**] angewendet auf die 2-Sulfosäuren von 4-Aminodiphenylamin und p-Aminophenyltolylamin, ferner auf **4-Aminodiphenylamin-2-sulfo-8-carbonsäure** (Kondensationsprodukt von Anthranilsäure und p-Chlornitrobenzolsulfosäure mit Acetat in wässeriger Lösung reduzieren), p-Amino-p′-oxydiphenylamin-2-sulfosäure (identisch mit Ber. **32**, 690). Man erwärmt zur Abspaltung der Sulfogruppe mit der 10-fachen Menge Schwefelsäure (60%) 6—8 St. im Wasserbade, fällt mit Wasser und neutralisiert. — Über Herstellung von **o-Aminodiphenylamin** siehe Ber. **23**, 1893 und **26**, 381, 599. — p-Aminodiphenylamin entsteht ferner ebenso wie zahlreiche andere Basen (**p-Aminomethyldiphenylamin, 1, 4-Naphthylendiamin** und sein α-Dimethylderivat, **1, 4-Phenyl-α-naphthylendiamin, Amino-α-dinaphthylamin**) durch Reduktion von Azofarbstoffsulfosäuren mit Schwefel und Schwefelnatrium, nach Chem. Ztg. **39**, 859.

1612 **DRP. 187 870**
—
Lit. wie [1600]

4 (2)-Oxydiphenylamin ⬡—NH—⬡OH = $C_{12}H_{11}NO$ = 185.

Wie [**1600, 1607**] aus o- bzw. p-Aminophenol. Vgl. Ber. **22**, 2910.

1613 **DRP. 46 869**
—
Ber. **16**, 2786

3-Oxydiphenylamin ⬡—NH—⬡(OH) = $C_{12}H_{11}NO$ = 185.

10 T. salzsaures m-Aminophenol + 6,5—10 T. Anilin (oder 12 T. salzsaures Anilin) 8 St. im Autoklaven auf 210°—215° erhitzen. Schmelze mit Wasser auslaugen, Rückstand mit Natronlauge übersättigen, Anilin mit Dampf übertreiben, Rückstand mit Essigsäure fällen, rotbraunen Niederschlag mit Salzsäure extrahieren, Filtrat mit Acetat fällen. m-Oxydiphenylamin evtl. mit überhitztem Dampf übertreiben, umkrystallisieren.

1614 **DRP. 187 870** — Lit. wie [1600]

2-Methoxydiphenylamin (Strukturformel: C_6H_5—NH—C_6H_4, OCH_3) $= C_{13}H_{13}NO = 199{,}2$.

Wie [**1600, 1607**] aus 40 T. o-Anisidin, Brombenzol im Überschuß, 20 T. Pottasche, 1 T. Jodkupfer und 1 T. Jodbenzol. Nach der Dampfdestillation den Rückstand ausäthern, die Ätherlösung filtrieren, abdunsten und den Rückstand mit überhitztem Dampf destillieren. Die Base geht bei 320°—325° (730 mm) über. In Schwefelsäure blauviolett löslich, + etwas Salpetersäure = blau.

1615 **DRP. 106 511**

Diphenylamin-monosulfosäure

(Strukturformel: C_6H_5—NH—C_6H_5, SO_3H) $= C_{12}H_{11}NO_3S = 249$.

50 T. Diphenylamin in 50 T. Schwefelsäure (66°) lösen, 150 T. Oleum (20%) zugeben, 10—12 St. auf 80°—100° erwärmen, aus Eis gießen, den getrockneten Niederschlag mittels siedenden Benzols oder Toluols in die zwei Bestandteile A und B zerlegen.

1616 Anm. F. 12 745, Kl. 12. 7. 1. 01 Höchst

Diphenylamin mit weniger Schwefelsäure, als zur Umsetzung in die Monosulfosäure nötig ist, auf höhere Temperatur erhitzen. Vgl. Ber. **6**, 1513. — Auch erhaltbar nach

1617 **DRP. 117 891** Zusatz zu DRP. 112180

durch Abspaltung einer Sulfogruppe aus der Diphenylamindisulfosäure mittels Schwefelsäure wie [**1659**]. — Vgl. Anm. F. 37 570. Kl. 12q. Elberfeld.

b) Diphenylamin mit zwei Substituenten.

1618 Anm. A. 12 701, Kl. 12q. 21. 3. 07 Berlin — E. P. 1946/07 — F. P. 373 885 — DRP. 78 601

2-Chlor-4-nitro-diphenylamin

(Strukturformel: C_6H_5—NH—C_6H_3(Cl)NO_2) $= C_{12}H_9N_2O_2Cl = 249$.

Primäre Basen und 3, 4-Dichlor-1-nitrobenzol bei Gegenwart salzsäurebindender Mittel erwärmen. — **4-Chlor-2-amino-diphenylamin** wird nach Ber. **23**, 3423 erhalten.

1619 **DRP. 145 605** — Ber. **36**, 2382

Diphenylamin-2, 8-dicarbonsäure

(Strukturformel: COOH, COOH; C_6H_4—NH—C_6H_4) $= C_{14}H_{11}NO_4 = 257$.

Wie [**370**] aus o-chlorbenzoesaurem Kali und Ammoniak (24%) unter Zusatz von Kupferpulver im Autoklaven. In HCl unlöslichen Teil des Rückstandes mit Sprit auskochen. Farbloses krystallinisches Pulver, Sch.-P. über 300° unter Zersetzung. Im Filtrat mit Acetat **Anthranilsäure** ausfällbar.

1620 **DRP. 148 179**

175 T. m-aminobenzoesaures Kali + 195 T. o-chlorbenzoesaures Kali + 250 T. Wasser + 1 T. Kupferpulver wie [**370**] erhitzen; kalt die dunklen Nadeln des sauren K-Salzes der **Diphenylamin-2, 9-dicarbonsäure** absaugen, Sch.-P. 281°—282° (Zersetzung). Weitere Mengen aus der Mutterlauge durch Übersättigen mit Mineralsäuren erhaltbar. Die ausfallende rohe Säure wird zur Reinigung mit Sprit ausgekocht. — Ebenso **Diphenylamin-2, 10-dicarbonsäure**, die bei 282°—283° schmilzt und sich leichter in Sprit löst als die isomere Säure.

1621 **DRP. 80 977**
E. P. 9610/94
F. P. 240 571

4-Methyl-3-amino-diphenylamin

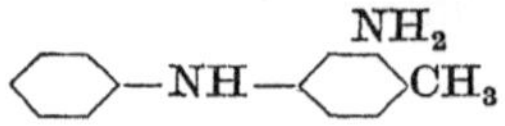

NH_2
⟨⟩—NH—⟨⟩CH_3 = $C_{13}H_{14}N_2$ = 198.

1 T. salzsaures o, p-Toluylendiamin + 4 T. p-Toluidin (bzw. + 1½ T. salzsaures Anilin + 3 T. Anilin) 20 (10) St. im Autoklaven auf 260°—270° (240°—250°) erhitzen, alkalisch stellen, mit Dampf die unveränderten Basen abtreiben, das zurückbleibende Öl noch warm abheben, Rückstand mit Salzsäure in geringem Überschuß versetzen und mit Wasser auskochen, solange sich noch etwas löst. Der Rückstand ist **p-Ditolylamin,** das Filtrat gibt kalt Krystalle des salzsauren Salzes von **p-Tolyl-p-amino-o-toluidin (Aminoditolylamin).** Aus seiner heißen, salzsäurehaltigen Lösung fällt die Base mit Ammoniak als gelbes, erstarrendes Öl aus. Aus Ligroin Prismen, Sch.-P. 69°—70°. Ebenso mit Anilin **Aminotolylphenylamin:** Sch.-P. 76°—77°.

1622 **DRP. 81 963**

m-Toluylendiamin mit Anilin (bzw. Homologen) bei 220°—270° verschmelzen. — **4-Methyl-10-aminodiphenylamin** gewinnt man nach Ann. **255,** 166.

1623 **DRP. 46 869**
—
DRP. 62 539

2 (4)-Methyl-9-oxy-diphenylamin

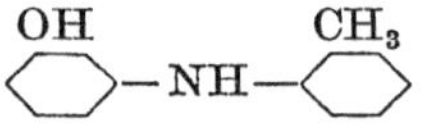

OH CH_3
⟨⟩—NH—⟨⟩ = $C_{13}H_{13}NO$ = 199.

Wie [**1613**]: 10 T. salzsaures m-Aminophenol mit 7,5—10 T. p-(o-)Toluidin auf *210°* bis 220° erhitzen. — Oder: Nach J. pr. **33,** 209 (vgl. **34,** 70) aus Resorcin und *p-Toluidin.*

1624 **DRP. 62 539**
A. P. 501 434
E. P. 11 275/91
F. P. 24 571

4-Methyl-9-methoxy-diphenylamin

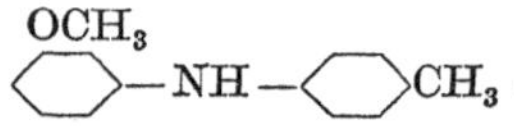

OCH_3
⟨⟩—NH—⟨⟩CH_3 = $C_{14}H_{15}NO$ = 213.

100 T. m-Oxyphenyl-p-tolylamin + 20 T. Natronlauge + 400 T. Methylalkohol + 40 T. Chlormethyl im Autoklaven 24 St. auf 115°—120° erhitzen, Methylalkohol abdestillieren, Rückstand mit verdünnter Natronlauge, dann mit Wasser waschen, bei 100° trocknen, Öl, destilliert bei 360° unzersetzt, erstarrt nach längerer Zeit krystallinisch; aus Benzol. Sch.-P. 68°. — **m-Äthoxyphenyl-p-(o-)tolylamin** ebenso nach

1625 **Zus. DRP. 63 260**

aus 100 T. m-Oxyphenyl-p-(o-)tolylamin [**1623**] + 20,5 T. Natronlauge + 200 T. Sprit + 75 T. Chloräthyl im Autoklaven in 7—8 St. bei 110°—120°. Ebenfalls hellbraunes, dickes Öl.

1626 **DRP. 103 578**
F. P. 280 514
und Zus.

Diphenylamin-4-aldehyd-10-sulfosäure

SO_3H⟨⟩—NH—⟨⟩CHO = $C_{13}H_{11}NO_4S$ = 277.

Wie [323] mit 80 T. diphenylaminsulfosaurem Natrium, 300 T. Wasser, 10 T. Salzsäure, 22,5 T. Formaldehyd und 600 T. der Lösung des Sulfo-p-toluylhydroxylamins [**323**]. Nach 48 St. den orangegelben Niederschlag in heißem Wasser lösen und salzsaures p-Toluidin zusetzen, solange sich ein Niederschlag bildet. Filtrieren, waschen, in Soda lösen, Dampf einleiten, den Rückstand bei 50° mit Kochsalz sättigen, kalt filtrieren und trocknen. Hellgelbes Pulver, in Wasser sehr leicht löslich, gibt mit Salzsäure braunrote Färbung, mit salzsaurem Anilin orangeroten, mit p-Phenylendiamin braunroten Niederschlag.

1627 **DRP. 185 663**
—
Lit. wie [1608]

10-Nitro-diphenylamin-2-carbonsäure

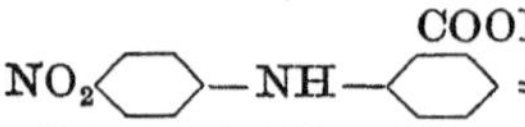

COOH
NO_2⟨⟩—NH—⟨⟩ = $C_{13}H_{10}N_2O_4$ = 258.

Wie [**1608**] aus 2 T. Anthranilsäure, 3,5 T. p-Nitrochlorbenzol, 10—12 T. Nitrobenzol, 2 T. Pottasche, 0,1 T. Jod und 0,3 T. Kupfer bei 180°—190°. Aus Sprit grünliche Krystalle, Sch.-P. 211°, die in Schwefelsäure (66°) gelb löslich sind.

1628 **DRP. 173 523**
—
DRP. 145 189
DRP. 146 102
DRP. 146 950
DRP. 148 179
J. pr. 48, 454/65

10-Amino-diphenylamin-2-carbonsäure

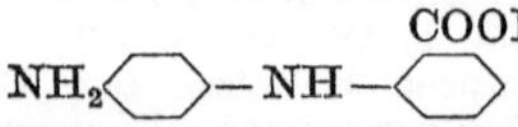

COOH
NH_2⟨⟩—NH—⟨⟩ = $C_{13}H_{12}N_2O_2$ = 228.

2 T. Anthranilsäure, 2 T. Kaliumcarbonat, 4 T. Brombenzol, 5—6 T. Amylalkohol und etwas Cuprochlorid kochen, nach 2 St. die flüchtigen Teile mit Dampf abblasen, filtrieren und heiß die **Phenyl-**

anthranilsäure mit Salzsäure fällen. Sch.-P. 184°. — Ebenso mit p-Bromanilin die **p-Aminophenylanthranilsäure** (aus Xylol, Sch.-P. 200° unter Zersetzung). — Ferner mit p-Bromnitrobenzol: **p-Nitrophenylanthranilsäure,** rote Nadeln, mit Benzol waschen, in Wasser lösen, mit Salzsäure fällen, gelbe Nadeln vom Sch.-P. 211°; p-Dibrombenzol gibt **sym. Diphenyl-p-phenylendiamin-o-dicarbonsäure,** die nur in siedendem Nitrobenzol leicht löslich ist, Sch.-P. 288°. — Schließlich geben p-brombenzolsulfosaures Kalium (2,8 T.), 1,4 T. Anthranilsäure, 0,7 T. Kaliumcarbonat, 6—7 T. Wasser und etwas Kupferpulver unter Druck auf 160° erhitzt nach dem Aussalzen mit Kaliumchlorid: **p-Sulfophenylanthranilsäure,** die mit konz. Schwefelsäure erwärmt gelbbraun wird; Lösungen fluorescieren blau. Nach

1629 Anm. A. 11 572, Kl. 12q. 26. 4. 06 Berlin

wird die Kondensation statt mit Kupfersalzen bei Gegenwart von Soda ausgeführt. — Die **2-Carboxydiphenylamin-4-sulfosäure** kann auch nach Ber. **24**, 3805 gewonnen werden durch Kochen von 2-Brom-5-sulfo-1-benzoesäure mit Anilin und Glycerin. Zersetzt sich erhitzt, ohne zu schmelzen.

1630 **DRP. 146 102**

Lit. wie [870]

Diphenylamin-2-carbon-10-sulfosäure

COOH

$SO_3H\langle\ \rangle-NH-\langle\ \rangle = C_{13}H_{11}NO_5S = 293.$

Wie in [1604] reagiert o-Chlorbenzoesäure bei Gegenwart geringer Kupfermengen auch mit Sulfosäuren primärer Amine der Benzol- und Naphthalinreihe. Es wurden so aus o-chlorbenzoesaurem Alkali und Sulfosäuren erhalten: **Diphenylamino-carbon-p-sulfosäure** (Sulfanilsäure), Zersetzungspunkt 265°; **Diphenylamin-o-carbon-m-sulfosäure** (Metanilsäure), schwer lösliches Ba-Salz + aq.; **Phenyl-p-tolylamin-o-carbon-m-sulfosäure** (p-Toluidin-2-sulfosäure), Sch.-P. über 280°; **Phenyl-o-tolyl-amin-o-carbon-p-sulfosäure** (o-Toluidin-5-sulfosäure), zersetzt sich bei 265°; **Phenyl-xylylamincarbonsulfosäure** (Xylidinsulfosäure aus technischem Xylidin), Sch.-P. über 280°.

1631 **DRP. 176 046**
F. P. 350 334

DRP. 185 986
C. Bl. **1899, I,** 419

10-Nitroso-4-acetylimino-diphenylamin

$NO\langle\ \rangle-NH-\langle\ \rangle NH\cdot COCH_3 = C_{14}H_{13}N_3O_2 = 255.$

18,4 T. p-Aminodiphenylamin mit 73,6 T. Eisessig kochen, bis nicht mehr diazotierbar, Eisessig abdestillieren, Rückstand waschen und trocknen. 22,4 T. dieses **Acetyl-p-aminodiphenylamins** in 90 T. konz. Salzsäure bei 0° mit 7 T. Nitrit nitrosieren, nach 6-stündigem Rühren die Nitrosobase mit Eiswasser fällen. In Sprit rotbraun löslich; schmilzt unter Zersetzung. — Ebenso die **Nitrosoacetyliminodiphenylaminsulfosäure** aus aminodiphenylaminsulfosaurem Natrium, doch löst man das Acetylprodukt in 140 T. alkoholischer Salzsäure (30% Salzsäure) und nitrosiert dann wie oben.

1632 **DRP. 85 388**

Ber. **3**, 128; **9**, 977

2, 4-Dinitro-diphenylamin

NO_2

$\langle\ \rangle-NH-\langle\ \rangle NO_2 = C_{12}H_9N_3O_4 = 259.$

Aus Chlordinitrobenzol und Anilin; Sch.-P. 156° (Ber. **3**, 128; **9**, 977). — 4-Nitro-10-nitrodiphenylamin wird nach [Ber. **31**, 2535] hergestellt.

1633 **DRP. 85 388**
E. P. 17 639/95
F. P. 250 460

4-Nitro-2-amino-diphenylamin und Stellungsisomere

NH_2

$\langle\ \rangle-NH-\langle\ \rangle NO_2 = C_{12}H_{11}N_3O_2 = 229.$

130 T. [1632] fein gepulvert, 400 T. Sprit (95%), 210 T. Schwefelnatrium und 210 T. Wasser auf dem Wasserbade erwärmen. Tiefrotbraune Lösung kalt filtrieren, rote Krystalle des 4-Nitro-2-aminodiphenylamins waschen, Sch.-P. 116°—117°.

1634 **DRP. 145 061**

DRP. 115 287

1 T. Dinitrodiphenylnitrosamin allmählich bis zum jeweiligen Übergang der blauen in die rote Färbung eintragen in eine fast kochende Lösung von 1—1,5 T. Schwefelnatrium in 3—4 T. Wasser + 5—7 T. Sprit (96%). Die Masse schäumt leicht über. Mit 20 T. Wasser anrühren, weiter mit 20 T. Wasser verdünnen, den Niederschlag filtrieren und trocknen. — Oder: 1 T. Dinitrodiphenylamin eintragen in eine siedende, bis zur Sättigung mit Schwefelwasserstoff behandelte, mit 3 T. Natronlauge ($^1/_{10}$ N) verdünnte Lösung von 5 T. Natronlauge ($^1/_{10}$ N) in 10 T. Sprit (96%). Während des Eintragens weiterkochen und wie oben aufarbeiten. — Man kann drittens auch mit einer kochenden Lösung von 4 T. Schwefel und 16 T. Schwefelnatrium in 100 T. Wasser mit oder ohne Zusatz von 3—4 T. Ätznatron und 100 T. Sprit partiell reduzieren. Braunes Pulver, dessen Diazolösung gelb und trüb ist und mit Soda zuerst rot, dann mißfarbig wird.

1635 **DRP. 193 448**
—
Lit. wie [1609]
DRP. 86 250
DRP. 112 180
DRP. 117 891

Wie [1609] durch Abspaltung der Sulfogruppe aus 4-Nitro-2-amino-diphenylamin-8-sulfosäure mittels Schwefelsäure (70%). — Das Rohprodukt mit Wasser ausfällen, mit Soda entsäuern, evtl. aus Sprit umkrystallisieren, Sch.-P. 211°. (Identisch mit Z.Bl. **1900**, II, 852.) — Ebenso: **4-Nitro-10-methyl-9-aminodiphenylamin** aus seiner o-Sulfosäure mit 25 T. Schwefelsäure (80%) in 10—20 Min. bei 85°. Weiter wie oben. Aus Toluol Krystalle vom Sch.-P. 168°. — Ferner: **4-Nitrophenyl-10-tolylamin** aus 5 T. der 2-Sulfosäure mit 25 T. Salzsäure (23%) im Wasserbade in 2—3 St.; aus Benzol gelbe Nadeln mit blauem Schimmer, Sch.-P. 139°. — **4-Nitro-9-chlordiphenylamin** aus seinem 2-sulfosauren Chloranilinsalz (Kondensationsprodukt von Chlornitrobenzolsulfosäure und m-Chloranilin), schmilzt aus Sprit umkrystallisiert bei 129°; schließlich **4-Nitro-10-oxydiphenylamin** aus seinem sulfosauren Na-Salz [1676] mit der 10-fachen Menge konz. Salzsäure in 2 St. bei 95°—100°. Man gießt in 200 T. kochendes Wasser, filtriert und läßt erkalten. Rotbraune Nadeln.

1636 **DRP. 40 748**

4, 10-Diamino-diphenylamin

$NH_2\langle\rangle-NH-\langle\rangle NH_2 = C_{12}H_{13}N_2 = 199.$

Aus dem Indamin (p-Phenylendiamin + Anilin) durch Reduktion.

1637 **DRP. 139 568**

50 T. p-Dinitrodiphenylamin in 100 T. geschmolzenes Schwefelnatrium + 9 aq bei 90° einrühren, im Autoklaven ½ St. auf *140°* bis 150° erhitzen, mit wenig Wasser auslaugen und absaugen. *Ausbeute:* 31 T.

1638 **DRP. 112 180**
E. P. 21 330/99
F. P. 293 690

4-Nitro-10-oxy-diphenylamin

$OH\langle\rangle-NH-\langle\rangle NO_2 = C_{12}H_{10}N_2O_3 = 230.$

3,5 T. **Nitrooxydiphenylaminsulfosäure** (Kondensieren von 1-Nitro-4-chlor-3-benzolsulfosäure mit p-Aminophenol) mit 10 T. Wasser und ½ T. Schwefelsäure 5—6 St. im Autoklaven auf 150° erhitzen, die gelb- bis braunroten Krystalle in verdünnter Natronlauge lösen und mit Säure fällen. — Ebenso erfolgt die Abspaltung der Sulfogruppe aus der p-Nitro-o-sulfo-p′-oxydiphenylamin-m-sulfo- bzw. -m-carbonsäure zu **4-Nitro-10-oxy-diphenylamin-3-sulfosäure** und **4-Nitro-10-oxydiphenylamin-3-carbonsäure.**

1639 **DRP. 112 180**
—
Ber. **42**, 1077.

4-Amino-10-oxy-diphenylamin

$OH\langle\rangle-NH-\langle\rangle NH_2 = C_{12}H_{12}N_2O = 200.$

Aus 200 T. p-Oxy-p′-aminodiphenylamin-o-sulfosäure durch Abspaltung der Sulfogruppe nach [1609].

1640 **DRP. 116 337**

15 T. salzsaures p-Aminophenol + 5,5 T. p-Phenylendiamin 3 St. im Ölbad auf 160°—180° erhitzen, Produkt mit viel Wasser auskochen, Kalt krystallisieren weiße, bald graublau werdende Krystalle vom Sch.-P. 145°—148° aus. In Säuren grün, in Alkali bei Luftabschluß farblos löslich, an der Luft violettblau.

1641 Anm. F. 17 016, Kl. 12q. 20. 8. 03 Höchst

1642 Anm. F. 17 502, Kl. 12q. 15. 10. 03 Höchst

p-Phenylendiamin und Phenol bei niedriger Temperatur und Abwesenheit von Säure oxydieren und das Produkt sofort mit Schwefelnatrium in die Leukoverbindung überführen. — Ebenso soll nach die Oxydation von p-Aminophenol und Anilin bei 0°, bei Vermeidung eines Überschusses an Oxydationsmitteln und freier Säure erfolgen.

1643 **DRP. 204 596**

Eine Lösung von 0,750 T. Kupfersulfat in 3 T. Wasser in 192 T. Hypochloritlösung (1% Sauerstoff) gießen, dazu die 25° warmen Lösungen von 6,6 T. p-Phenylendiamin in 300 T. Wasser und 6 T. Phenol in 10 T. Wasser geben, 1 St. rühren, das ausgeschiedene Indophenol absaugen, in Wasser suspendiert mit 20 T. kryst. Schwefelnatrium reduzieren, vom Schwefelkupfer filtrieren, das Filtrat warm mit Salzsäure ansäuern, vom Schwefel filtrieren und im Filtrat die Base mit Soda bei Gegenwart von etwas Bisulfit fällen.

1644 **DRP. 134 947**

4-Dimethylamino-10-oxy-diphenylamin

$OH\langle\rangle-NH-\langle\rangle N(CH_3)_2 = C_{14}H_{16}N_2O = 228.$

Salzsaures p-Aminophenol mit Dimethyl-(äthyl-)-p-phenylendiamin erhitzen oder das Oxydationsprodukt von Dialkyl-p-phenylendiamin und Phenol vorsichtig reduzieren. Die Dimethylverbindung schmilzt bei 161°—162° und ist in Alkali leicht löslich (oxydierbare, blaue Färbungen). — Analog entstehen **Monoalkylaminooxydiphenylamine**; die Methylverbindung schmilzt bei 171°, die Monoäthylverbindung bei 140°; **Monoäthylamino-naphthyl-p'-oxyphenylamin** (aus Monoäthyl-1-naphthylamin und p-Aminophenol) bei 170°. — Z. B.: 12,1 T. Monoäthylanilin und 10,9 T. p-Aminophenol in 500 T. Wasser und 25 T. Schwefelsäure gelöst, bei 0° mit 25 T. Natriumbichromat in wässeriger Lösung oxydieren, schwach sodaalkalisch stellen, filtrieren, den Niederschlag mit 250 T. Wasser anteigen, mit einer Lösung von 50 T. Schwefelnatrium in 250 T. Wasser bei 70° reduzieren, die hellbraune Lösung heiß filtrieren und das Filtrat mit Natriumbicarbonat fällen.

1645 **DRP. 74 196**

4-Dimethylamino-9-oxy-diphenylamin

$\langle\rangle(OH)-NH-\langle\rangle N(CH_3)_2 = C_{14}H_{16}NO = 228.$

Gleiche Teile Resorcin und p-Aminodimethylanilin im Kohlensäurestrom auf 200° bis 220° erhitzen, wobei das gebildete Wasser abdestilliert. Nach $4^1/_2$ St. in Wasser gießen, Produkt mit Wasser waschen, in verdünnter Salzsäure lösen, mit Soda fällen. In Wasser unlöslich, in Sprit oder Benzol sehr leicht löslich. Aus Wasser umkrystallisieren, Sch.-P. 99°.

1646 **DRP. 77 536**

4-Amino-diphenylamin-10-sulfosäure

$SO_3H\langle\rangle-NH-\langle\rangle NH_2 = C_{12}H_{12}N_2O_3S = 261.$

19,8 T. p-Nitrosodiphenylamin in Wasser und überschüssiger Natronlauge lösen, mit 50 T. Na-Sulfit kochen, bis die rotgelbe Farbe in mißfarbiges Braun übergegangen ist; kalt ansäuern, filtrieren, Filtrat kochen, die abgeschiedene rohe Sulfosäure über das K-Salz reinigen. Mit Eisenchlorid entsteht eine zunächst violette, dann blaue, schließlich grüne, mit K-Bichromat rote, dann mißfarbige Färbung.

1647 **DRP. 181 179**

Ber. 24, 3800; 38, 3575
DRP. 49 853
DRP. 77 536
Ztsch. f. angew. Ch. 1899, 1027

1 T. p-Aminodiphenylamin unter 30° in genau 100-prozentige Schwefelsäure (aus 3 T. Schwefelsäure und Oleum) eintragen, 2—3 St. auf 125° erhitzen, bis eine Probe sodalöslich ist, in die vierfache Menge Wasser gießen, nach 24 St. die rohe Sulfosäure absaugen, in der achtfachen Menge Sodalösung (7%) lösen und mit Salzsäure fällen. — Oder: Mit 2,5 T. Oleum (8%) 2 St. bei 120° oder mit 1,5 T. Oleum (15%) 1 St. bei 110°—120° sulfieren. Diese 4-Aminodiphenylaminsulfosäure (SO_3H-Stellung unbestimmt) wird mit Eisenchlorid oder Bichromat und Essigsäure rotgelb. Die **2-Aminodiphenylamin-10-sulfosäure** (Ber. 24, 3800) wird mit Eisenchlorid rot, violett, dann grün, mit Bichromat und Essigsäure rot.

1648 **DRP. 241 853**

4, 10-Dioxy-diphenylamin

$OH\langle\rangle-NH-\langle\rangle OH = C_{12}H_{11}NO_2 = 201.$

Wie [2938] durch 4—5-stündiges Erhitzen von 100 T. p-Aminophenol mit 0,3 T. Jod, solange Ammoniak entweicht. Aus heißem Wasser Krystalle vom Sch.-P. 169°. Ausbeute 70%. (Identisch mit Ber. 32, 689 und [1974]).

1649 **DRP. 76 415**
DRP. 80 065

Angew. Ch. 1899, 1027

3-Oxy-diphenylamin-sulfosäure

$\langle\rangle-NH-\langle\rangle(OH)SO_3H = C_{12}H_{11}NO_4S = 265.$

10 T. m-Oxydiphenylamin mit 50 T. Schwefelsäure (66°) auf dem Wasserbade erwärmen, bis Probe sodalöslich ist. In 150—200 T. Eiswasser gießen, die Sulfosäure filtrieren, pressen, in wenig Wasser + Alkohol lösen; kalt erstarrt die Lösung zum Krystallbrei des Alkalisalzes. Mit Nitrit in saurer Lösung entsteht ein Nitrosofarbstoff. Charakteristische Ba- und Cu-Salze; Eisenchlorid gibt violettschwarze Fällung, Bichromat in essigsaurer Lösung schwarzen Niederschlag. — Auch erhaltbar nach

DRP. 245 230 durch Phenylieren der Aminophenolsulfosäure IV [940].

c) Diphenylamin mit drei Substituenten.

1650 **DRP. 172 079**
E. P. 6198/06

3-Chlor-4-methylimino-10-oxy-diphenylamin

OH⟨ ⟩—NH—⟨ ⟩NH·CH_3 (Cl) = $C_{13}H_{13}N_2OCl$ = 249.

Lösungen von 327 T. p-Aminophenol in 1500 T. Wasser und 400 T. Salzsäure und von 425 T. o-Chlormonomethylanilin [196] in 3500 T. Wasser und 700 T. Schwefelsäure (66°) (mit Eis) unter 0° mit einer Lösung von 600 T. Bichromat in 2000 T. Wasser oxydieren, 2650 T. Natronlauge (35°), dann eine Lösung von 1100 T. Schwefelnatrium in 2000 T. Wasser zufließen lassen, auf 70° erwärmen, heiß vom Chrom filtrieren, heiß 3450 T. Salzsäure (20°) zugeben, filtrieren und kalt die Base aussalzen. Schwer lösliche Chlorhydrate. — Die Methylverbindung schmilzt bei 105°, die Äthylverbindung bei 115°.

1651 **DRP. 69 250**
DRP. 78 601
Ber. **23**, 3798

3, 10-Dimethyl-6-amino-diphenylamin

CH_3⟨ ⟩—NH—⟨ ⟩ (CH_3, NH_2) = $C_{14}H_{16}N_2$ = 212.

50 T. p-Hydrazotoluol mit 500 T. Sprit anschlämmen, kühlen, mit 60 T. Zinnsalz + 150 T. Salzsäure (25%) reduzieren, nach einigen Stunden das doppelte Volum Wasser zugeben, auf Eis gießen, mit Natronlauge übersättigen: Die Base wird in farblosen Blättern gefällt. Filtrieren, aus Sprit umkrystallisieren, Sch.-P. 109°. Bei Zusatz von Nitrit und Sprit entsteht ein **Methyloxyphenylazimidobenzol.**

1652 **DRP. 62 539**
A. P. 501 434
E. P. 11 275/91
F. P. 24 571

3, 5-Dimethyl-9-oxy-diphenylamin

⟨ ⟩—NH—⟨ ⟩CH_3 (OH, CH_3) = $C_{14}H_{15}NO$ = 213.

Aus Resorcin und m-Xylidin nach J. pr. **33**, 209. — **3, 5-Dimethyl-9-methoxy-diphenylamin:** Durch Erhitzen des Oxykörpers mit Chlormethyl in alkalisch-methylalkoholischer Lösung.

1653 **DRP. 85 388**
E. P. 17 639/95
F. P. 250 460

8-Methyl-2, 4-dinitro-diphenylamin

⟨ ⟩—NH—⟨ ⟩NO_2 (CH_3, NO_2) = $C_{13}H_{11}N_3O_4$ = 273.

Wie [1632] aus Chlordinitrobenzol und o-Toluidin nach Ber. **15**, 1236. Sch.-P. 123°. — Gibt partiell reduziert **8-Methyl-4-nitro-2-amino-diphenylamin:** Aus Sprit prächtig rote Krystalle, Sch.-P. 121°.

1654 **DRP. 84 442**

4-Methyl-2, 5-diamino-diphenylamin

$$C_6H_5-NH-C_6H_2(NH_2)_2CH_3 = C_{13}H_{15}N_3 = 213.$$

Reduktionsprodukte der Azofarbstoffe aus Diazolösungen + Alphyl-p-amino-o-toluidin. Das **Phenyltriaminotoluol (Diaminotolylphenylamin)** bildet Blätter vom Sch.-P. 134°.

1655 **DRP. 112 914**
E. P. 25 964/98
F. P. 283 181

4, 10-Diamino-diphenylamin-2-carbonsäure

$$NH_2C_6H_4-NH-C_6H_3(COOH)NH_2 = C_{13}H_{13}N_3O_2 = 243.$$

Mononitro-o-chlorbenzoesäure mit p-Phenylendiamin kondensieren und das Nitroprodukt reduzieren. — **2. 4-Diaminodiphenylamin-8-carbonsäure** (identisch mit Ber. 18, 1448) erhält man nach

1656 **DRP. 194 951** durch Reduktion des bei 262° schmelzenden Dinitroproduktes, das durch Kondensation von 7 T. Anthranilsäure und 16,9 T. des aus 2, 4-Dinitrophenol und p-Toluolsulfochlorid gewonnenen Esters vom Sch.-P. 121° hergestellt wird.

1657 **DRP. 82 640**
E. P. 15 621/94
F. P. 240 571
—
DRP. 84 064

4-Methyl-3-amino-9-oxydiphenylamin und Stellungsisomere

$$HO\cdot C_6H_4-NH-C_6H_3(NH_2)CH_3 = C_{13}H_{14}N_2O = 214.$$

Gleiche Teile Resorcin und m-Toluylendiamin im Ölbad 12 St. im Kohlensäurestrom auf 200°—220° erhitzen, die Masse mit heißem Wasser und überschüssiger Natronlauge extrahieren, filtrieren, Filtrat eiskalt mit verdünnter Salzsäure übersättigen, filtrieren, Filtrat vorsichtig mit verdünnter Natronlauge neutralisieren, filtrieren, das hellgelbe Filtrat mit Soda oder Acetat fällen, absaugen. Aus verdünntem Sprit silberglänzende Blätter des 4-Methyl-3-amino-9-oxydiphenylamins vom Sch.-P. 177°—178°, in Wasser und Ligroin kaum löslich; basische und saure Eigenschaften.

1658 **DRP. 139 204**
—
J. pr. 69, 161

11 T. p-Aminophenol und 10,7 T. o-Toluidin in 200 T. Wasser und 31 T. Schwefelsäure (66°) lösen, Eis zugeben, eine Lösung von 20 T. Natriumbichromat in 200 T. Wasser einstürzen, sofort eine konz. wässerige Lösung von 75 T. Schwefelnatrium nachgießen, mit direktem Dampf auf 85°—90° erhitzen, heiß vom Chromhydroxyd filtrieren, das Filtrat mit Natriumbicarbonat fällen und aussalzen. Zur Reinigung den Niederschlag des **3-Methyl-4-amino-10-oxydiphenylamins** in verdünnter Salzsäure lösen, filtrieren, das Filtrat mit Soda unter Natriumbisulfitzusatz fällen und aus Benzol umkrystallisieren. Grauweiße Nadeln vom Sch.-P. 160°.

1659 **DRP. 117 891**
Zusatz zu
DRP. 112 180

40 T. reduziertes Kondensationsprodukt von Nitrochlorbenzolsulfosäure und p-Aminokresol mit einem Gemisch von 120 T. Monohydrat und 80 T. Wasser 15—30 Min. kochen, die klare Lösung in 500 T. Wasser gießen, das auskrystallisierende Sulfat in kochendem Wasser lösen und das freie **3-Methyl-10-amino-4-oxydiphenylamin** mit Acetat ausfällen. Beständige, rötlichweiße Nadeln, Sch.-P. 166°.

1660 **DRP. 75 292**
—
Ber. 25, 992; 25, 1013; 25, 1019

3-Methyl-4-amino-10-äthoxy-diphenylamin

$$C_2H_5\cdot O\cdot C_6H_4-NH-C_6H_3(CH_3)NH_2 = C_{15}H_{18}N_2O = 242.$$

10 T. o-Toluolazophenetol in eine lauwarme Lösung von 40 T. Chlorzinn in 100 T. rauchender Salzsäure (1,19) portionenweise eintragen, das ausgeschiedene Zinndoppelsalz mit überschüssigem Alkali sättigen, ausäthern, die Base als schwer lösliches salzsaures Salz abscheiden und so vom vorhandenen Toluidin und Phenetidin trennen. — Oder: Die Reduktionslösung nur mit Alkali abstumpfen, wobei das salzsaure Salz der Base noch vor dem Zinnoxyd ausfällt. Base aus Ligroin umkrystallisieren, Sch.-P. 82°. Die salzsaure Lösung mit Nitrit versetzt zeigt blauviolette Färbung, welche bei Zugabe von mehr Nitrit verschwindet, während zugleich die goldgelbe Diazolösung entsteht.

1661 **DRP. 140 733** Zus. DRP. 134 947

3-Methyl-10-dimethylamino-4-oxy-diphenylamin

$(CH_3)_2N\langle\rangle-NH-\langle\rangle OH$ (mit CH_3) $= C_{15}H_{18}N_2O = 242.$

Durch Erhitzen von salzsaurem Amino-o-kresol mit Dimethyl-p-phenylendiamin oder durch Reduktion des Produktes der gemeinsamen Oxydation von Dimethyl-p-phenylendiamin und o-Kresol. Das **10-Dimethylaminophenyl-4-oxy-3-tolylamin** kryst. aus Wasser in feinen Nadeln, Sch.-P. 153°—154°. Die Diäthylverbindung schmilzt bei 175° bis 177°. Bei Verwendung von p-Aminosalicylsäure an Stelle von Amino-o-kresol gelangt man zu der bei 175°—177° schmelzenden **10-Dimethylamino-4-oxydiphenylamin-3-carbonsäure.**

1662 **DRP. 114 269** — DRP. 112180

10-Amino-4-oxy-diphenylamin-3-carbonsäure

$NH_2\langle\rangle-NH-\langle\rangle OH$ (mit COOH) $= C_{13}H_{12}N_2O_2 = 244.$

p-Nitrochlorbenzolsulfosäure mit p-Aminosalicylsäure kondensieren und dann reduzieren. Durch Abspaltung der Sulfogruppe (6-stündiges Erhitzen von 300 T. der Sulfosäure mit 30 T. Schwefelsäure (66°) und 3000 T. Wasser im Autoklaven auf 150°) erhält man (aussalzen) die 4-Oxy-10-aminodiphenylamin-3-carbonsäure.

1663 **DRP. 112 399** Durch 6—8-stündiges Erhitzen molekularer Mengen von 1-Chlor-4-*nitro*-6-benzoesäure, p-Aminophenol und Acetat im Autoklaven auf *120°*. gewinnt man über die gelblichbraun krystallisierende Nitroverbindung (wird mit Eisen und Essigsäure reduziert) die isomere **4-Amino-10-oxydiphenylamin-2-carbonsäure.**

1664 **DRP. 42 276**

2, 4, 6-Trinitro-diphenylamin

$\langle\rangle-NH-\langle\rangle NO_2$ (mit NO_2, NO_2) $= C_{12}H_8N_4O_6 = 304.$

Aus Pikrylchlorid und Anilin. — Verschieden von dem Produkt des

1665 **DRP. 105 632** Wie [1699] Anilin und 1, 3, 4-Dinitrochlorbenzol kondensieren, 1 T. des erhaltenen 2, 4-Dinitrodiphenylamins + 2 T. Wasser + 2 T. Salpetersäure (1,2) schwach erwärmen, bis die rote Farbe in Gelb übergegangen ist; waschen und trocknen. Gelbes Pulver, in Eisessig leicht löslich.

1666 Anm. L. 15 010, Kl. 22. 10. 3. 02 Lauch, Ürdingen

2, 4-Dinitro-10-amino-diphenylamin

$NH_2\langle\rangle-NH-\langle\rangle NO_2$ (mit NO_2) $= C_{12}H_{10}N_4O_4 = 274.$

o, p-Dinitrochlorbenzol mit p-Phenylendiamin kondensieren.

1667 **DRP. 87 337** Zus. DRP. 85 388 — Ber. 20, 1853

2, 4-Dinitro-10-acetylimino-diphenylamin

$COCH_3\cdot NH\langle\rangle-NH-\langle\rangle NO_2$ (mit NO_2) $= C_{14}H_{12}N_4O_5 = 316.$

Aus Chlordinitrobenzol + p-Aminoacetanilid. Sch.-P. 238°. — Zur Ausführung der partiellen Reduktion und Gewinnung von **4-Nitro-2-amino-10-acetaminodiphenylamin** 316 T. der Dinitroverbindung bei 10° in 800 T. Sprit (95%) einrühren und auf einmal 1096 T. Schwefelnatriumlösung (38,3%) zugeben. Die tiefbraune Lösung erstarrt bei 55° zum Krystallbrei; mit 1000 T. Wasser fällen, filtrieren, waschen. Gelbrote Schuppen, Sch.-P. 228°.

1668 **DRP. 54 157**

2, 4-Dinitro-9-dimethylamino-diphenylamin

$\langle\rangle-NH-\langle\rangle NO_2$ (mit $(CH_3)_2N$, NO_2) $= C_{14}H_{14}N_4O_4 = 302.$

10 T. Dinitrochlorbenzol mit 7 T. m-Aminodimethylanilin in Sprit lösen, auf dem Wasserbad erwärmen, abgeschiedene Krystalle filtrieren, trocknen. Aus Benzol oder Sprit orangefarbige Blättchen, Sch.-P. 136,5°. Die salzsaure Lösung der Base gibt mit Wasser versetzt das subst. Diamin zurück.

1669 **DRP. 117 066**

—

Ber. 23, 2739; 28, 511

Kondensation von Dinitrochlorbenzol mit o-, p- und m-Aminodimethylanilin oder Methyl-p-phenylendiamin. Man erhält so **Mono-** bzw. **Dimethyl-o-, p-** bzw. **m-aminodinitrodiphenylamin** (o-Verbindung schmilzt bei 120°). **10-Methylaminodinitrodiphenylamin** schmilzt bei 152°. Aus Sprit oder Eisessig rote bis schwarzbraune Krystalle.

1670 **DRP. 103 861**
DRP. 113 418

—

Ber. 22, 900
DRP. 103 861

2, 4-Dinitro-8 (10)-oxy-diphenylamin

$$\text{OH}\langle\quad\rangle\text{—NH—}\langle\quad\rangle\text{NO}_2 \ (\text{NO}_2) = C_{12}H_9N_3O_5 = 275.$$

p- bzw. -o-Aminophenol und Chlordinitrobenzol kondensieren. — **2, 4-Dinitro-10-oxydiphenylamin** erhält man auch nach Ber. **28**, 2973 durch Kondensation des Chlordinitrobenzols mit p-Aminophenol bei Gegenwart von Acetat. — Über Chlornitro- und Nitroderivate des Oxydinitrodiphenylamins siehe Ber. **37**, 1727 (1516) (2093).

1671 **DRP. 205 358**
F. P. 392 890

2, 5-Diamino-diphenylamin-4-sulfosäure

$$\langle\quad\rangle\text{—NH—}\langle\quad\rangle\text{SO}_3\text{H} \ (\text{NH}_2, \text{NH}_2) = C_{12}H_{13}N_3O_3S = 279.$$

Molekulare Mengen 1-nitro-2, 4-dichlorbenzol-5-sulfosaures Natrium und Anilin unter Acetatzusatz in wässeriger Suspension bzw. Lösung unter Rückfluß kochen, wobei zunächst das Na-Salz der **2-Nitro-1-anilino-5-chlorbenzol-4-sulfosäure** entsteht, das mit überschüssigem Ammoniak (20%) im Autoklaven 5 St. auf 150° erhitzt in **2-Nitro-1-anilino-5-aminobenzol-4-sulfosäure** übergeht. Diese mit Eisen, oder Zink und Essigsäure reduzieren. Die alkalischen Lösungen färben sich an der Luft violett, saure Lösungen werden durch Oxydationsmittel gefärbt.

1672 **DRP. 86 250**
E. P. 23 584/94
F. P. 243 662

4, 10-Diamino-diphenylamin-2 (3)-sulfosäure

$$\text{NH}_2\langle\quad\rangle\text{—NH—}\langle\quad\rangle\text{NH}_2 \ (\text{SO}_3\text{H}) = C_{12}H_{13}N_3O_3S = 279.$$

6,6 T. Ca-Salz der 1-Chlor-4-nitrobenzol-2-sulfosäure und 2,2 T. p-Phenylendiamin in 250 T. heißem Wasser lösen, + 2,8 T. Acetat, kochen, allmählich konz. Lösung von 5,8 T. kryst. Soda zusetzen, noch $^1/_2$ St. kochen, vom Kalk filtrieren, Filtrat mit Salzsäure fällen, kalt filtrieren, den Niederschlag mit Wasser waschen, bei 100° trocknen. 3,1 T. dieser **4-Nitro-10-aminodiphenylamin-2-sulfosäure** in eine Lösung von 11,3 T. Zinnsalz und 35 T. konz. Salzsäure allmählich eintragen, kalt das Zinndoppelsalz filtrieren, pressen, in wässeriger Lösung mit Zink entzinnen, filtrieren, Filtrat stark eindampfen, die freie Säure mit Acetat fällen. Aus Wasser umkrystallisieren. — Einfacher: 27,5 T. chlornitrobenzolsulfosaures Kalium + 10,8 T. p-Phenylendiamin + 14 T. Acetat + 100 T. Wasser 4 St. kochen, Filtrat noch heiß aussalzen. Gelbrote Blätter der 4, 10-Diaminodiphenylamin-2-sulfosäure, in kochendem Wasser leicht löslich.

1673 **DRP. 101 862**
Zusatz zu
DRP. 105058

2, 4-Dinitro-9 (10)-diphenylaminsulfosäure aus Chlordinitrobenzol und m- bzw. p-Aminobenzolsulfosäure.

1674 **DRP. 119 009**

25 T. **Diaminodiphenylamindisulfosäure** (erhalten durch Kondensation von p-Nitrochlorbenzol-o-sulfosäure mit p-Phenylendiaminsulfosäure und folgende Reduktion) mit einem Gemenge von 100 T. Monohydrat und 100 T. Wasser 2—3 St. kochen, die klare Lösung in die doppelte Menge Wasser gießen, stehen lassen, die krystallisierte Monosulfosäure als Sulfat in Soda lösen, filtrieren und die freie **4, 10-Diaminodiphenylaminsulfosäure** mit Essigsäure ausfällen. Graublaue, in Wasser sehr schwer lösliche, feine Krystalle.

1675 **DRP. 111 891**
E. P. 9998/99

4-Amino-2, 10-dioxy-diphenylamin

$$\text{OH}\langle\quad\rangle\text{—NH—}\langle\quad\rangle\text{NH}_2 \ (\text{OH}) = C_{12}H_{12}N_2O_2 = 216.$$

260 T. 1-Chlor-4-nitro-6-benzolsulfosäure, 110 T. p-Aminophenol, 136 T. Acetat und 1000 T. Wasser kondensieren, Produkt mit Eisen und Essigsäure reduzieren, **10-Oxy-4-aminodiphenylamin-2-sulfosäure** mit 10 T. Ätznatron und 4 T. Wasser $^1/_2$ St. bei 190° verschmelzen, die rotbraune, harte Masse kalt in Wasser lösen und mit Schwefelsäure das Sulfat des **Dioxyaminodiphenylamins** ausfällen. Grauweiße Nadeln.

1676 **DRP. 107 996**
A. P. 628 607
F. P. 283 559
und Zus.

2-Nitro-10-oxy-diphenylamin-4-sulfosäure

NO_2
OH⟨ ⟩—NH—⟨ ⟩$SO_3H = C_{12}H_{10}N_2O_6S = 310.$

2-Nitro-1-chlorbenzol-4-sulfosäure mit p-Aminophenol, Wasser und Acetat auf 140° bis 150° erhitzen. Braunrot gefärbte Krystalle.

1677 **DRP. 109 352**

Ebenso **4-Nitro-10-oxydiphenylamin-2-sulfosäure** aus 4-Nitro-1-chlorbenzol-2-sulfosäure.

1678 **DRP. 112 180**

4-Amino-10-oxydiphenylamin-3 (9)-sulfosäure: Durch Abspaltung der Sulfogruppe aus dem reduzierten Kondensationsprodukt Aminophenolsulfosäure und Nitrochlorbenzolsulfosäure.

1679 **DRP. 129 024**

4-Dimethylamino-10-oxy-diphenylaminsulfosäure

OH⟨ ⟩—NH—⟨ ⟩$N(CH_3)_2 = C_{14}H_{16}N_2O_4S = 308.$
SO_3H

22,6 T. Indophenol aus p-Aminodimethylanilin und Phenol, als Paste, mit 250 T. Wasser verrühren, mit einer Lösung von 25,2 T. neutr. Na-Sulfit in 100 T. Wasser auf 60° erwärmen, bis farblos, schließlich aufkochen und die Lösung mit Salzsäure übersättigen. Kalt den Krystallbrei filtrieren, pressen und trocknen. Gibt mit Oxydationsmitteln die rein blaue Lösung der Indophenolsulfosäure, die mit Alkali blaugrün wird. Die Sulfogruppe ist wahrscheinlich im Dimethylaminokern.

1680 **DRP. 189 939**
Zusatz zu
DRP. 186989

2-Nitro-diphenylamin-4, 9-disulfosäure

SO_3H NO_2
⟨ ⟩—NH—⟨ ⟩$SO_3H = C_{12}H_{10}N_2O_8S_2 = 340.$

259,5 T. o-nitrochlorbenzolsulfosaures Natrium, 173 T. Metanilsäure, 106 T. Soda und 800 T. Wasser 10 St. im Autoklaven auf 140°—145° erhitzen und kalt das Produkt absaugen. Rote, in Wasser rotgelb lösliche Prismen. — Ebenso bei Verwendung der isomeren p-Nitrochlorbenzol-o-sulfosäure die **4-Nitrodiphenylamin-6, 9-disulfosäure.** — Siehe auch [1712].

d) Diphenylamin mit vier Substituenten.

3 Cl—5 Cl—4 NH_2—10 OH 1681
3 Cl—5 Cl—10 NR_2—4 OH 1682
4 Cl—8 NO_2—10 NO_2—2 OH 1683
3 Cl—8 NO_2—10 NO_2—4 OH 1684
3 Cl—4 NO_2—6 NO_2—10 (8) OH 1685
4 Cl—2 NO_2—6 NO_2—10 OH 1686
5 Cl—2 NO_2—4 NO_2—10 OH 1700
2 CH_3—4 CH_3—8 COOH—9 SO_3H . . . 1630
4 CH_3—10 CH_3—3 NH_2—9 NH_2 1687
2 COOH—9 COOH—4 NH_2—10 OH . . 1688
2 CH_3—5 CH_3—4 OH—10 OH 1689
3 CH_3—8 NO_2—10 NO_2—4 OH 1690
4 CH_3—8 NO_2—10 NO_2—3 OH 1717
2 COOH—4 NO_2—6 NO_2—10 OH . . . 1691
3 COOH—8 NO_2—10 NO_2—4 OH . . . 1692
4 CH_3—10 NO_2—3 NH_2—8 SO_3H . . . 1693
4 CH_3—8 NO_2—3 NH_2—10 SO_3H . . . 1693
3 CH_3—10 $NO_2(NH_2)$—4 OH—8 SO_3H . 1694
3 CH_3—10 NR_2—4 OH—8 SO_3H 1695, 1696
3 COOH—10 NO_2—4 OH—9 SO_3H . . . 1697
3 COOH—10 NH_2—4 OH—8 SO_3H . . . 1698
2 NO_2—4 NO_4—8 NO_2—10 NO_2 1718
2 NO_2—4 NO_2—8 NO_2—10 NH_2 1699
2 NO_2—4 NO_2—5 NH_2—10 (8) OH . . . 1700
2 NO_2—4 NO_2—9 NH_2—10 OH 1701
2 NO_2—4 NO_2—6 NO_2—10 SO_3H . . . 1702
2 NO_2—4 NO_2—10 NH_2—9 SO_3H . . . 1703
4 NO_2—2 NH_2—10 NH_2—SO_3H 1704
2 NO_2—4 NO_2—10 NR_2—9 S·SO_3H . . 1705
2 NO_2—4 NO_2—5 OH—10 OH 1706
2 NO_2—4 NO_2—10 (8) OH—5 SH . . . 1707
2 NO_2—4 NO_2—10 (8) OH—5 S·CN . . . 1708
2 NO_2—4 NO_2—10(8)OH—5 S·CS·OC_2H 1709
2 NO_2—4 NO_2—10 OH—8 SO_3H 1710
4 $(NO_2)NH_2$—10 $(NO_2)NH_2$—2 O·R —8 SO_3H 1711
4 $(NO_2)NH_2$—10 $(NO_2)NH_2$—3 SO_3H —9 SO_3H 1712
2 NO_2—6(4)NO_2—4(6)SO_3H—9 SO_3H . . 1712

1681 **DRP. 152 689**

3, 5-Dichlor-4-amino-10-oxy-diphenylamin

Cl
OH⟨ ⟩—NH—⟨ ⟩$NH_2 = C_{12}H_{10}N_2OCl_2 = 269.$
Cl

Wie [1743] durch Zusammenoxydieren von 75 T. o, o-Dichlor-p-phenylendiamin in 3500 T. Wasser + 320 T. Salzsäure und 42 T. Phenol in 1000 T. Wasser — mit 80 T. Bichromat in 400 T. Wasser; Lösung von 109 T. Acetat zusetzen, in 400 T. Wasser filtrieren. Das ausgefallene **3, 5-Dichlor-4-aminoindophenol** ist beständiger als das nichtchlorierte Produkt und wird ebenfalls mit Schwefelnatriumlösung zur Base reduziert.

1682 **DRP. 161 665** — **3, 5-Dichlor-10-dimethylamino-4-oxy-diphenylamin**

$$(CH_3)_2N\langle\rangle-NH-\langle\rangle OH \text{ (2 Cl)} = C_{14}H_{14}N_2OCl_2 = 297.$$

150 T. Nitrosodimethylanilin reduzieren, die erhaltene Lösung von Dimethyl-p-phenylendiamin in 1500 T. Wasser mit der Lösung von 180 T. o, o-Dichlorphenol in 12000 T. Wasser und 115 T. Natronlauge zwischen 0° und 4° mittels einer Lösung von 1318 T. Ferricyankalium und 212 T. Soda in 4500 T. Wasser oxydieren, Indophenol absaugen, in Schwefelnatrium lösen, warm filtrieren und das Filtrat mit Bicarbonat fällen.

1683 **DRP. 113 515**
A. P. 651 077
E. P. 2531/00
F. P. 296 988

4-Chlor-8, 10-dinitro-2-oxy-diphenylamin

$$NO_2\langle\rangle(NO_2)-NH-\langle\rangle(OH)(Cl) = C_{12}H_8N_3O_5Cl = 310.$$

15 T. o-Amino-p-chlorphenol in wässeriger Lösung (750 T.) unter Sodazusatz (11 T.) mit 20, 5 T. Chlordinitrobenzol kondensieren. — Ebenso nach

1684 **Zus. DRP. 128 725** — **3-Chlor-8, 10-dinitro-4-oxy-diphenylamin** aus p-Amino-o-chlorphenol. Aus Sprit rote Kryst. vom Sch.-P. 180°.

1685 **DRP. 122 606** — **3-Chlor-4, 6-dinitro-10-oxy-diphenylamin**

$$OH\langle\rangle-NH-\langle\rangle NO_2 \text{ (Cl, } NO_2) = C_{12}H_8N_3O_5Cl = 310.$$

100 T. Dinitro-m-dichlorbenzol + 45 T. p-(o-)Aminophenol + 75 T. Acetat in 500 T. Sprit 4 St. auf 40°—50° und 2 St. auf 55°—60° erhitzen, den roten Krystallbrei absaugen, mit Wasser waschen und aus Sprit umkrystallisieren. Sch.-P. 228°. Das 8-Oxy-Derivat schmilzt bei 195°.

1686 **DRP. 116 677**
A. P. 658 055
E. P. 12 517/00
F. P. 302 007

4-Chlor-2, 6-dinitro-10-oxy-diphenylamin

$$OH\langle\rangle-NH-\langle\rangle Cl \text{ (2 } NO_2) = C_{12}H_8N_3O_5Cl = 310.$$

12 T. **1, 4-Dichlor-2, 6-dinitrobenzol** (nach J.-Ber. 1875, 324 durch Kochen von Nitro-p-dichlorbenzol mit Schwefelsäure + Salpetersäure (41°) neben wenig isomerem β-Produkt als schwer in Sprit lösliche α-Verbindung erhaltbar) mit 7,5 T. p-Aminophenol in Spritlösung mit Acetat kondensieren. Aus Sprit oder Benzol rubinrote Nadeln, Sch.-P. 175.

1687 Anm. K. 8887, Kl. 22, 11. 7. 92, Kalle — **4, 10-Dimethyl-3, 9-diamino-diphenylamin**

$$CH_3\langle\rangle(NH_2)-NH-\langle\rangle(NH_2)CH_3 = C_{14}H_{17}N_3 = 227.$$

Durch Erhitzen von m-Toluylendiamin mit seinem salzsauren Salz.

1688 **DRP. 118 702** — **4-Amino-10-oxy-diphenylamin-2, 9-dicarbonsäure**

$$OH\langle\rangle(COOH)-NH-\langle\rangle(COOH)NH_2 = C_{14}H_{12}N_2O_5 = 288.$$

223 T. 1-Chlor-4-nitro-6-benzoesäure + 160 T. p-Aminosalicylsäure + 120 T. Kalk mit der nötigen Wassermenge im Autoklaven 6 St. auf 120° erhitzen. Nitroverbindung z. T. auskrystallisieren lassen, z. T. mit Salzsäure fällen und mit Eisen und Essigsäure reduzieren.

1689 **DRP. 191 863**
E. P. 4653/02
E. P. 2617/03

2, 5-Dimethyl-4, 10-dioxy-diphenylamin

$$OH\langle\rangle-NH-\langle\rangle OH \text{ (2 } CH_3) = C_{14}H_{15}NO_2 = 229.$$

13,6 T. 1, 4-Dimethyl-5-phenol in 225 T. Natronlauge (12 T. Ätznatron) lösen, 14,6 T. salzsaures p-Aminophenol und Eis zufügen, bei 0° Natriumhypochloritlösung (3,2 T. freien

Sauerstoff) einstürzen, nach 1/2 St. das Na-Salz des Indophenols mit Salzwasser fällen, zur Reinigung mit Salzsäure vorsichtig zerlegen, das rote Pulver in Sprit lösen und die Lösung mit Wasser fällen. Sch.-P. 154°. Die Base (durch Reduktion mit Schwefelnatrium oder Zinkstaub) ist farblos und schmilzt bei 158°.

1690 **DRP. 104 283**

3-Methyl-8, 10-dinitro-4-oxy-diphenylamin

NO_2 (8), CH_3 — $NO_2\langle\rangle$—NH—$\langle\rangle$OH = $C_{13}H_{11}N_3O_5$ = 289.

Wie [1670] mit m-Amino-o-kresol (CH_3 : OH : NH_2 = 1 : 2 : 5).

1691 **DRP. 108 872**

DRP. 106 510
A. P. 725 332
E. P. 5581/99
E. P. 6245/99
F. P. 286 813

4, 6-Dinitro-10-oxy-diphenylamin-2-carbonsäure

COOH, NO_2 — OH$\langle\rangle$—NH—$\langle\rangle NO_2$ = $C_{13}H_9N_3O_7$ = 319.

Wie [1670]. — **Chlordinitrobenzoesäure** (Sch.-P. 199°—200°, erhalten durch Nitrieren von o-Chlorbenzoesäure in schwefelsaurer Lösung mit 2 Mol. Salpeter) in Lösungsmitteln bei Gegenwart säurebindender Agentien mit p-Aminophenol kondensieren. Sch.-P. der Carbonsäure 105°.

1692 **DRP. 129 885**

Ann. 273, 123

8, 10-Dinitro-4-oxy-diphenylamin-3-carbonsäure

NO_2, COOH — $NO_2\langle\rangle$—NH—$\langle\rangle$OH = $C_{13}H_9N_3O_7$ = 319.

Dinitrochlorbenzol unter Druck mit Aminosalicylsäure in Spritlösung kondensieren.

1693 **DRP. 107 061**
Zusatz zu
DRP. 107 521
F. P. 289 594

DRP. 86 250

4-Methyl-10-nitro-3-amino-diphenylamin-8-sulfosäure

SO_3H, NH_2 — $NO_2\langle\rangle$—NH—$\langle\rangle CH_3$ = $C_{13}H_{13}N_3O_5S$ = 323.

26 T. p- oder o-nitrochlorbenzol-o- bzw. -p-sulfosaures Natrium + 12,2 T. m-Toluylendiamin + 6 T. Kreide + 300 T. Wasser unter Rückfluß kochen, bis die Kohlendioxydentwicklung beendet ist; filtrieren und im Filtrat mit Säure die Nitrosulfosäure ausfällen. Gelbes Pulver, in Alkali und Schwefelsäure braungelb löslich, wird beim Erwärmen mit Schwefelsäure mißfarbig rot. Das Isomere ist in Alkalien orangegelb löslich. Die freie Nitrosäure krystallisiert in braungelben Nädelchen.

1694 **DRP. 113 516**
A. P. 671 908
F. P. 283 414

3-Methyl-10-nitro-4-oxy-diphenylamin-8-sulfosäure

SO_3H, CH_3 — $NO_2\langle\rangle$—NH—$\langle\rangle$OH = $C_{13}H_{12}N_2O_6S$ = 324.

p-Nitrochlorbenzol-o-sulfosäure mit p-Amino-o-kresol kondensieren und die Nitroverbindung mit Eisen und Essigsäure zur Aminoverbindung reduzieren.

1695 **DRP. 129 024**

3-Methyl-10-dimethylamino-4-oxy-diphenylamin-8-sulfosäure

SO_3H, CH_3 — $(CH_3)_2N\langle\rangle$—NH—$\langle\rangle$OH = $C_{15}H_{18}N_2O_3S$ = 322.

Wie [1679] aus dem Indophenol: p-Aminodimethylanilin + o-Kresol. Isomere Sulfosäuren entstehen nach

1696 **Zus. DRP. 132 221**

aus diesen Indophenolen (für die Mengen in [1679]) mit 26 T. Nabisulfitlauge (40%) oder einer wässerigen Lösung von Schwefeldioxydgas. Die Sulfogruppe dürfte sich im Phenolkern befinden. Diese isomeren Sulfosäuren sind zum Unterschiede von jenen in [1679] sehr leicht in Wasser löslich und geben mit Oxydationsmitteln andere Farbreaktionen.

1697 **DRP. 109 150**
E. P. 9431/99
F. P. 288 514

10-Nitro-4-oxy-diphenylamin-3-carbon-9-sulfosäure

SO_3H, COOH — $NO_2\langle\rangle$—NH—$\langle\rangle$OH = $C_{13}H_{10}N_2O_8S$ = 354.

32 T. p-Aminosalicylsäure (92%) + 22 T. p-chlornitrobenzolsulfosaures Natron + 25 T. Soda 1—2 St. im Wasserbade erwärmen und kalt mit verdünnter Salzsäure fällen. Krystallinisches, isabellfarbiges Pulver, schmilzt über 260° unter Gasentwicklung.

1698 **DRP. 118 440**
E. P. 21 496/99
F. P. 283 414

10-Amino-4-oxy-diphenylamin-3-carbon-8-sulfosäure

$$NH_2\langle\;\rangle(SO_3H)-NH-\langle\;\rangle(COOH)OH = C_{13}H_{12}N_2O_6S = 324.$$

Wie [1670] aus 260 T. 1-Chlor-4-nitro-6-benzolsulfosäure + 160 T. p-Aminos alicylsäure im Druckgefäß 6 St. bei 120°.

1699 **DRP. 110 360**
—
DRP. 288 545

2, 4, 8-Trinitro-10-amino-diphenylamin

$$NH_2\langle\;\rangle(NO_2)-NH-\langle\;\rangle(NO_2)NO_2 = C_{12}H_9N_5O_6 = 319.$$

31 T. Nitro-p-phenylendiamin in 240 T. Sprit lösen, + 44 T. Dinitrochlorbenz ol in 150 T. Sprit gelöst, + 20 T. Acetat in 40 T. Wasser gelöst, kochen. Krystallbrei kalt absaugen, aus Eisessig granatrote Nadeln. Ziegelrotes Pulver, in Sprit oder Wasser unlöslich, in Xylol schwer löslich.

1700 **DRP. 116 172**
A. P. 650 327

2, 4-Dinitro-5-amino-10-oxy-diphenylamin

$$OH\langle\;\rangle-NH-\langle\;\rangle(NO_2)(NH_2)NO_2 = C_{12}H_{10}N_4O_5 = 290.$$

Molekulare Mengen p-Aminophenol und 1, 3-Dinitro-4, 6-dichlorbenzol nach [1670] kondensieren, 75 T. des **Dinitrochlor-p-oxydiphenylamins** mit 1000 T. Sprit und 500 T. alkoholischer Ammoniaklösung (4,5%) im Autoklaven 3 St. auf 150°—160° erhitzen, kalt absaugen und aus Sprit umkrystallisieren. Rote Nadeln vom Sch.-P. 214°. — Das aus o-Aminophenol erhaltene Isomere schmilzt bei 212°. — Analoge Körper entstehen bei Verwendung von p-Aminophenol-o-sulfosäure und p-Aminosalicylsäure statt p-Aminophenol.

1701 **DRP. 107 971**

2, 4-Dinitro-9-amino-10-oxy-diphenylamin

$$OH\langle\;\rangle(NH_2)-NH-\langle\;\rangle(NO_2)NO_2 = C_{12}H_{10}N_4O_5 = 290.$$

20 T. 1, 2, 4-Chlordinitrobenzol in Sprit lösen, + 20 T. salzsaures **2, 4-Diamino-1-phenol** (Sch.-P. 113°—114°, aus Dinitrophenol durch Reduktion) + 50 T. Natriumacetat unter Rückfluß kochen, heiß vom Kochsalz filtrieren, kalt rote Krystalle filtrieren. In Sprit rot löslich, wird mit Salzsäure violett, in Salzsäure violettrot löslich.

1702 **DRP. 42 276**
F. P. 152 105

2, 4, 6-Trinitro-diphenylamin-10-sulfosäure

$$SO_3H\langle\;\rangle-NH-\langle\;\rangle(NO_2)(NO_2)NO_2 = C_{12}H_8N_4O_9S = 384.$$

3 T. Sulfanilsäure + 3 T. Pikrylchlorid + 2—$2^1/_2$ T. Natriumacetat in konz. wässeriger Lösung kochen oder ohne Wasser auf 120°—150° erhitzen. Krystallbrei abpressen. — Eine andere **Trinitrodiphenylaminsulfosäure** entsteht durch Sulfierung des Trinitrodiphenylamins: 1 T. Trinitrodiphenylamin unter Kühlung in 2—$2^1/_2$ T. Oleum (40%) eintragen oder mit 5 T. Schwefelsäure (66°) auf dem Wasserbad erwärmen. Sulfosäure auskalken.

1703 **DRP. 109 353**
E. P. 8398/99
F. P. 288 135

2, 4-Dinitro-10-amino-diphenylamin-9-sulfosäure

$$HN_2\langle\;\rangle(SO_3H)-NH-\langle\;\rangle(NO_2)NO_2 = C_{12}H_{10}N_4O_7S = 354.$$

Kondensation von Dinitrochlorbenzol und p-Phenylendiaminsulfosäure. Na-Salz aus Wasser in glänzenden, karmoisinroten Blättern. Mit Salzsäure fällt die freie Säure als citronengelbes Pulver aus.

1704 **DRP. 125 584**

4-Nitro-2, 10-diamino-diphenylamin-sulfosäure

$$NH_2\langle\;\rangle-NH-\langle\;\rangle(NH_2)NO_2\;(SO_3H) = C_{12}H_{12}N_4O_5S = 324.$$

65 T. Kondensationsprodukt von Dinitrochlorbenzol und p-Phenylendiamin mit 100 T. Wasser und 250 T. Bisulfitlauge (46%), die mit NaOH fast neutralisiert wurde, im Autoklaven 2 St. auf 150° erhitzen, kalt mit Salzsäure ansäuern und das bronzeglänzende Krystallpulver filtrieren.

1705 **DRP. 110 987** — Ann. 251, 1

2,4-Dinitro-10-dimethylamino-diphenylamin-9-thiosulfosäure

$$\text{N(CH}_3)_2\langle\rangle(\text{S}\cdot\text{SO}_3\text{H})-\text{NH}-\langle\rangle(\text{NO}_2)\text{NO}_2 = C_{14}H_{11}N_4O_7S_2 = 414.$$

2,48 T. Aminodimethylanilinthiosulfosäure + 2,03 T. 1,2,4-Chlordinitrobenzol + 3,5 T. Natriumacetat in Spritlösung 4 St. unter Rückfluß im Wasserbade kochen, kalt filtrieren, den Niederschlag in Wasser und Soda heiß lösen; kalt krystallisiert das Na-Salz in bronzeglänzenden Blättern aus. — Die freie Säure, ein hellgelbes krystallinisches Pulver, ist auch in heißem Wasser schwer löslich.

1706 **DRP. 135 635**

2,4-Dinitro-5,10-dioxy-diphenylamin

$$\text{OH}\langle\rangle-\text{NH}-\langle\rangle(\text{NO}_2)(\text{OH})\text{NO}_2 = C_{12}H_9N_3O_6 = 291.$$

220 T. Dinitrochlorphenol + 109 T. p-Aminophenol + 150 T. Acetat in 2000 T. Sprit bis zum Verschwinden des Phenols kochen, Sprit abdestillieren, das rote Na-Salz absaugen. Aus der wässerigen Lösung fällt mit Säure die gelbrote freie Base vom Sch.-P. 185°—186° aus.

1707 **DRP. 122 606** — DRP. 122 569, DRP. 122 605

2,4-Dinitro-10-oxy-5-sulfhydro-diphenylamin

$$\text{OH}\langle\rangle-\text{NH}-\langle\rangle(\text{NO}_2)(\text{SH})\text{NO}_2 = C_{12}H_9N_3O_5S = 307.$$

155 T. [1685] mit 500 T. Sprit und 400 T. alkoholischer Kaliumsulfhydratlösung (9%) $^1/_2$ St. kochen, Krystallflitter absaugen und aus Eisessig oder Aceton umkrystallisieren. Gelbrote Nadeln, Sch.-P. 307° (verpufft). Das aus dem 8-Oxy-Derivat [1683] erhaltene Produkt verpufft bei 302°. — Dasselbe Produkt erhält man durch die analoge Verarbeitung des Dinitrorhodan-10-oxydiphenylamins [1708].

1708 **DRP. 122 569** — E. P. 16 998/00, F. P. 306 569

2,4-Dinitro-10-oxy-5-rhodan-diphenylamin

$$\text{OH}\langle\rangle-\text{NH}-\langle\rangle(\text{NO}_2)(\text{S}\cdot\text{CN})\text{NO}_2 = C_{13}H_8N_4O_5S = 332.$$

Und zwar: **Dinitrorhodan-10-oxydiphenylamin**, Sch.-P. 228°; **Dinitrorhodan-8-oxydiphenylamin**, Sch.-P. 255°; **Dinitrorhodan-10-oxy-8-sulfodiphenylamin** (verkohlt); **Dinitrorhodan-10-oxy-8-carboxydiphenylamin** (verkohlt) durch Kondensation von 282 T. Dinitrodirhodanbenzol [1145] mit je 1 Mol. p- oder o-Aminophenol, seiner o-Sulfo- bzw. -carbonsäure bei Gegenwart von 150 T. Acetat in 2500 T. Sprit während 8 St. bei 60°—65°. Gelbbraune bis rote Krystallpulver.

1709 **DRP. 122 606**

2,4-Dinitro-10-oxy-5-xanthogenyl-diphenylamin

$$\text{OH}\langle\rangle-\text{NH}-\langle\rangle(\text{NO}_2)(\text{S}\cdot\text{CS}\cdot\text{OC}_2\text{H}_5)\text{NO}_2 = C_{15}H_{13}N_3O_6S_2 = 395.$$

155 T. [1685] und 80 T. Kaliumxanthogenat mit 600 T. Sprit 1 St. kochen, kalt absaugen und mit Wasser waschen. Aus Eisessig oder Aceton feine Nadeln vom Sch.-P. 125° bis 130°. Das aus dem 8-Derivat [1683] erhaltene Produkt schmilzt bei 155°—160°.

1710 **DRP. 143 494** — F. P. 311 517

2,4-Dinitro-10-oxy-diphenylamin-8-sulfosäure

$$\text{OH}\langle\rangle(\text{SO}_3\text{H})-\text{NH}-\langle\rangle(\text{NO}_2)\text{NO}_2 = C_{12}H_9N_3O_8S = 355.$$

Kondensation von 38 T. Aminophenolsulfosäure und 40 T. Chlordinitrobenzol mit 11 T. Soda in wässeriger Lösung. Vgl. F. P. 286 725 und 283 559.

1711 **DRP. 86 520** — E. P. 23 584/94, F. P. 243 662

4,10-Diamino-2-methoxy-diphenylamin-8-sulfosäure

$$\text{NH}_2\langle\rangle(\text{SO}_3\text{H})-\text{NH}-\langle\rangle(\text{O}\cdot\text{CH}_3)\text{NH}_2 = C_{13}H_{13}N_3O_4S = 309.$$

Wie [1672] mit Alkyloxy-p-phenylendiamin.

1712 **DRP. 186 989** A. P. 886 815 E. P. 25 977/07 F. P. 371 742

2, 6-Dinitro-diphenylamin-4, 9-disulfosäure

$$\text{SO}_3\text{H}\!-\!\text{C}_6\text{H}_4\!-\!\text{NH}\!-\!\text{C}_6\text{H}_2(\text{NO}_2)_2\!-\!\text{SO}_3\text{H} = C_{12}H_9N_3O_{10}S_2 = 419.$$

Innerhalb ½ St. in eine kochende Lösung von 282,5 T. Dinitrochlorbenzolsulfosäure in der 7-fachen Menge Wasser eine konz. wässerige Lösung von 173 T. Metanilsäure und 410 T. kryst. Natriumacetat einfließen lassen, ½ St. weiterkochen und mit Kaliumchlorid aussalzen. Haarförmige, gelbe Nadeln des Di-K-Salzes. — Ebenso mit 2, 4-Dinitrochlorbenzol-6-sulfosäure und mit Chlormetanilsäure oder o-Toluidinsulfosäure (beide 1, 2, 4) statt Metanilsäure.

e) Diphenylamin mit fünf Substituenten.

1713 **DRP. 133 940**

(2), 3-Methyl-8, 10-dinitro-4-oxy-diphenylamin-5-carbonsäure

$$(\text{NO}_2)_2\text{C}_6\text{H}_3\!-\!\text{NH}\!-\!\text{C}_6\text{H}_2(\text{CH}_3)(\text{OH})(\text{COOH}) = C_{14}H_{11}N_3O_7 = 333.$$

Dinitrochlorbenzol und Aminokresotinsäure kondensieren. (CH_3:OH:COOH = 1:2:3 und 1:3:4.)

1714 **DRP. 129 684** Weitere solche Kondensationsprodukte erhält man auch aus 1 Mol. Dinitrochlorbenzol und je 1 Mol. der beiden Aminosulfosalicylsäuren (OH:C:S:NH_2 = 1:2:6:4 und 1:2:4:6), Nitroaminosalicylsäuren (OH:C:NO_2:NH_2 = 1:2:4:6 und 1:2:6:4) und ein bzw. ½ Mol. Diaminosalicylsäure (OH:C:NH_2:NH_2 = 1:2:4:6). — Die Körper krystallisieren in gelben bis braunen Nadeln, haben keinen festen Sch.-P. und sind zugleich Farbstoffe auf chromierte Wolle.

1715 **DRP. 111 789** E. P. 13 205/99 F. P. 290 254

3, 5, 8, 10-Tetranitro-2-oxy-diphenylamin

$$(\text{NO}_2)_2\text{C}_6\text{H}_3\!-\!\text{NH}\!-\!\text{C}_6\text{H}_2(\text{OH})(\text{NO}_2)_2 = C_{12}H_7N_5O_9 = 365.$$

10 T. Pikraminsäure + 10 T. Dinitrochlorbenzol + 14 T. Acetat mit 30 T. Sprit (50%) im Autoklaven 3—4 St. auf 130° erhitzen, die dunkelbraunen Nadeln des Na-Salzes filtrieren, mit Mineralsäuren das freie Phenol abscheiden und aus Eisessig umkrystallisieren. Sch.-P. 211°.

1716 **DRP. 113 337** A. P. 650 292 E. P. 20 848/99 F. P. 293 910

3, 8, 10-Trinitro-4-oxy-diphenylamin-5-sulfosäure

$$(\text{NO}_2)_2\text{C}_6\text{H}_3\!-\!\text{NH}\!-\!\text{C}_6\text{H}_2(\text{NO}_2)(\text{OH})(\text{SO}_3\text{H}) = C_{12}H_8N_4O_{10}S = 400.$$

75,6 T. p-Aminophenol-o-sulfosäure in 320 T. Schwefelsäure (66°) lösen, unter 0° mit einem Gemisch von je 40 T. Monohydrat und Salpetersäure (40°) nitrieren, auf Eis gießen, die **3-Nitro-1-amino-4-phenol-5-sulfosäure** filtrieren. Aus Wasser in rötlichbraunen Nädelchen erhaltbar. Bildet ein in Wasser gelb lösliches Mono- und ein rot lösliches Di-Na-Salz. 58 T. dieser Säure + 50 T. Dinitrochlorbenzol + 180 T. Wasser + 33 T. Soda unter Rückfluß 4 St. kochen, den Krystallbrei kalt absaugen und mit Salzwasser waschen, evtl. aus Wasser umlösen.

f) Diphenylamin mit sechs und mehr Substituenten.

1717 **DRP. 111 789** — **4-Methyl-6, 8, 10, 12-tetranitro-3-oxy-diphenylamin**

Lit. wie [1715]

$$NO_2(NO_2)(NO_2)C_6H_2—NH—C_6H(NO_2)(OH)CH_3 = C_{13}H_9N_5O_9 = 379.$$

10 T. p-Amino-o-kresol (NH_2 : OH : CH_3 = 1 : 3 : 4) + 13,5 T. Dinitrochlorbenzol + 15 T. Acetat in wässeriger Lösung mehrere Stunden unter Rückfluß kochen, 10 T. des **Dinitrophenyloxytolylamins** trocken in 100 T. Schwefelsäure (66°) lösen, bei höchstens +5° mit 10 T. Mischsäure (4,4 T. HNO_3) nitrieren, nach einigen Stunden auf Eis gießen, die orangefarbige Tetranitroverbindung filtrieren, waschen und trocknen.

1718 **DRP. 86 295** — **2, 4, 6, 8, 10, 12-Hexanitro-diphenylamin**

Z. angew. 1891, 510
Ber. 7, 1249

$$NO_2(NO_2)(NO_2)C_6H_2—NH—C_6H_2(NO_2)(NO_2)NO_2 = C_{12}H_5N_7O_{12} = 439.$$

100 T. unsym. Dinitrodiphenylamin (aus Anilin + Dinitrochlorbenzol) mit 400 T. Salpetersäure (32°) auf dem Wasserbad nitrieren, die hellgelben Krystalle des sym. **Tetranitrodiphenylamins** (Sch.-P. 180°—190°) filtrieren, mit 400 T. Salpetersäure (46°) wieder im Wasserb. weiternitrieren: Hellgelbes, reines Hexanitroprodukt. Vgl. Z. Bl. **1919**, III. 704.

1719 **DRP. 106 039** — **Polynitro-diphenylamin-10-sulfosäure**

DRP. 101 862
DRP. 105 632

$$SO_3H—C_6H_4—NH—C_6H_3(NO_2)NO_2 \quad (n \cdot NO_2).$$

10 T. Dinitrodiphenylamin-p-sulfosäure + 40 T. Wasser + 5—8 T. Salpetersäure (44°) auf 90°—95° erwärmen, bis klare Lösung resultiert. Kalt aussalzen. Gelbes, kaum krystallinisches Pulver. Das Na-Salz ist orangerot.

1720 **DRP. 102 821** — **Polynitro-diphenylamin-polysulfosäuren**

DRP. 106 511
Ber. 6, 1512

50 T. Diphenylamin in 50 T. Schwefelsäure (66°) lösen, kalt 150 T. Oleum (20%) zusetzen, 10—20 St. auf 90° erwärmen, bis eine in Wasser gegossene Probe keine Öltröpfchen mehr zeigt, sondern einen gelblichweißen Niederschlag gibt. In Wasser gießen. Gelbliches Pulver, wird mit verdünnten Säuren braun. In Schwefelsäure grün (erhitzt blau) löslich. Mit siedendem Toluol in zwei verschieden lösliche Stoffe zerlegbar, die etwa in gleichen Mengen entstehen, wenn bei 90° und nur so lange sulfiert wird, bis das Diphenylamin eben verschwunden ist. A löslich, Sch.-P. 240°, Toluollösung fluorescierend, in Schwefelsäure kalt farblos löslich, wird, stark erhitzt, über blau, mißfarbig rotviolett. B unlöslich, Sch.-P. über 260°, in Schwefelsäure kalt grünlich löslich, wird, stark erhitzt, über blau, mißfarbig graublau. Rohprodukt fein gemahlen bei höchstens 25° in die 4-fache Menge Salpetersäure (44°) eintragen, einige Zeit auf 50°—60° erwärmen, in Wasser gießen, filtrieren, waschen und trocknen. Braunes, alkalilösliches Pulver.

g) Diphenylamin mit weiteren Benzolresten.

Bezifferung: Ring I (IX, VIII, VII, XII, XI, X) — Ring (9, 8, 7, 12, 11, 10) —NH— Ring (1, 2, 3, 4, 5, 6) — Ring (II, III, IV, V, VI, I)

1721 Anm. C. 10 964, Kl. 12q. 9. 2. 03 Cassella. E. P. 16 823/02 F. P. 323 202

10-Phenylimino-4-oxy-diphenylamin

⬡—NH—⬡—NH—⬡OH = $C_{18}H_{16}N_2O$ = 276.

Durch gleichzeitige Oxydation von p-Aminodiphenylaminen und Phenolen oder von p-Aminophenol und Diphenylamin und Homologen [1657] und Reduktion der entstandenen Indophenole. **Phenylaminooxydiphenylamin** schmilzt bei 149°—150°, **Phenylaminophenyloxytolylamin** bei 144°—145°.

1722 **DRP. 153 994**

4-Amino-IV-oxy-10-phenylimino-diphenylamin

OH⬡—NH—⬡—NH—⬡NH_2 = $C_{18}H_{17}N_3O$ = 291.

Wie [1743] durch Zusammenoxydieren von 4, 10-Diaminodiphenylamin mit nur 1 Mol. Phenol mittels Natriumhypochloritlösung (32 T. aktiver Sauerstoff für 94 T. Phenol). Die Reduktion des Indophenols erfolgt auch hier mit Schwefelnatrium. Sch.-P. der Base 185°.

1723 **DRP. 282 958** — DRP. 283 875, Ber. 28, 274

IV-Sulfimidino-10-chinimidino-3-oxy-diphenylamin

$SO_3H\cdot N = \langle\ \rangle = N - \langle\ \rangle - NH - \langle\ \rangle(OH) = C_{18}H_{15}N_3O_3S = 353.$

13 T. acetanilin-p-sulfaminsaures Natrium in 100 T. Wasser lösen, mit 10 T. Natronlauge (30%) in $1^1/_2$ St. verseifen, 10-prozentige wässerige Lösung von 10 T. m-Oxydiphenylamin, dann 10 T. Natronlauge (30%) zusetzen und bei 5° mit 350 T. Hypochloritlösung (3% aktives Chlor) oxydieren. Aussalzen, roten krystallinischen Körper filtrieren. — In gleicher Weise Homologe und Chlorsubstituate. Die Produkte dienen zum Färben, hauptsächlich aber zur Herstellung von Schwefelfarbstoffen.

1724 **DRP. 205 391**

4-Chlor-2-nitro-IV-oxy-10-phenylimino-diphenylamin

$OH\langle\ \rangle - NH - \langle\ \rangle - NH - \langle\ \rangle(NO_2)Cl = C_{18}H_{14}N_3O_3Cl = 356.$

In eine Lösung von 10 T. p-Chlor-o-nitrodiphenylamin in 100 T. Schwefelsäure (60°) bei 4°—8° die aus 4,2 T. Phenol mittels Nitrosylschwefelsäure erhaltene Lösung von Nitrosophenol innerhalb 1 St. einfließen lassen, 3—4 St. bei schließlich 15° rühren, auf Eis gießen, so daß die Temperatur bei —10° bis —15° bleibt und das Indophenol filtrieren, in 300—400 T. Wasser suspendieren, 50 T. Schwefelnatrium zusetzen und bis zu der fast vollständigen Lösung (ca. 15 St.) rühren, filtrieren, aus dem Filtrat die Leukoverbindung entweder aussalzen oder vorsichtig mit Salzsäure fällen, waschen.

1725 **DRP. 205 358** — F. P. 392 790

6-Amino-3-phenylimino-diphenylamin-4-sulfosäure

$\langle\ \rangle - NH - \langle\ \rangle(NH-\langle\ \rangle)(NH_2)SO_3H = C_{18}H_{17}N_3O_3S = 355.$

294 T. 1-nitro-2, 4-dichlorbenzol-5-sulfosaures Natrium mit 600 T. Wasser verrieben mit 200 T. Anilin und der nötigen Menge Kreide oder Acetat im Autoklaven 8—10 St. auf 120°—150° erhitzen, kalt das Na-Salz der **Nitrodianilinobenzolsulfosäure** filtrieren, evtl. waschen und mit Eisen und Essigsäure reduzieren, **1-Amino-2, 4-dianilinobenzol-5-sulfosäure** als weißes, in Wasser kaum lösliches, in verdünnten Mineralsäuren unlösliches Pulver abscheiden.

1726 **DRP. 212 472**

6-Amino-3-phenylimino-diphenylamin-4, 10-disulfosäure

$SO_3H\langle\ \rangle - NH - \langle\ \rangle(NH-\langle\ \rangle)(NH_2)SO_3H = C_{18}H_{17}N_3O_6S = 435.$

Wie [1725]: 1000 T. Wasser, 250 T. sulfanilsaures Natrium, 294 T. m-dichlornitrobenzolsulfosaures Natrium und 53 T. Soda 15 St. unter Rückfluß kochen, das Monokondensationsprodukt filtrieren, waschen, in konz. wässeriger Lösung mit überschüssigem Anilin wie [1670] unter Kreidezusatz im Autoklaven 8—10 St. bei 150° weiterbehandeln und reduzieren. — Ebenso: **1-Amino-2-sulfanilino-4-p-(acetaminoanilino-)benzol-5-sulfosäure.** — Aus 227 T. des obigen Kondensationsproduktes, 460 T. Wasser, 83 T. p-Phenylendiamin und 33 T. Soda entsteht nach 4-stündigem Kochen unter Rückfluß in wässeriger Lösung (mit Kaliumchlorid fällen) das K-Salz der **1-Nitro-2-sulfanilino-4-(p-aminoanilino-)benzol-5-sulfosäure.** Dieses in wässeriger Lösung mit Essigsäureanhydrid geschüttelt, gibt rote Nadeln des Acetylproduktes; mit Eisen und Essigsäure reduzieren und die Base mit Essigsäure oder Kochsalz abscheiden. Aus Wasser farblose Nadeln.

1727 **DRP. 112 298** — A. P. 648 753—55, E. P. 20 232/99, E. P. 5040/00, F. P. 293 138

4, 6-Dinitro-3-phenylimino-10, IV-dioxy-diphenylamin

$OH\langle\ \rangle - NH - \langle\ \rangle(NH-\langle\ \rangle OH)(NO_2)NO_2 = C_{18}H_{14}N_4O_6 = 382.$

Kondensation von 1 Mol. sym. Dinitro-m-dichlorbenzol mit 2 Mol. Base [1706]. — Man erhält so nach

1728 **DRP. 121 211**

—

Ber. 30, 1666
J.-Ber. 1875, 323

Dinitrodi-p-oxydiphenylamin-m-phenylendiamin aus 23,7 T. Dinitrodichlorbenzol + 30 T. salzsaurem p-Aminophenol + 60 T. Acetat + 500 T. Sprit, 4 St. unter Rückfluß kochen, absaugen, mit Wasser das Kochsalz wegwaschen und trocknen. Aus Sprit rote Tafeln, Sch.-P. 284°—285°. — Ferner: **Dinitrodi-p-oxydiphenyl-m-phenylendiamindisulfosäure** (p-Aminophenol-o-sulfosäure), verpufft bei höherer Temperatur; **Dinitrodi-p-oxydiphenyl-m-phenylendiamindicarbonsäure** (p-Aminosalicylsäure) zersetzt sich beim Erhitzen ohne zu schmelzen.

1729 **DRP. 114 270**
Zusatz zu
DRP. 112 298
A. P. 650 326
F. P. 293 138

Asymmetrische Derivate entstehen auch z. B. aus 1 Mol. sym. Dinitrodichlorbenzol und 1 Mol. p- bzw. o-Aminophenol + 1 Mol. p-Aminophenol-o-sulfosäure oder p-Aminophenol + o-Aminophenol oder p- bzw. o-Aminophenol + Aminosalicylsäure usw. vom Typus:

NO_2
y⟨ ⟩NO_2
x

wobei x und y verschiedene Aminophenole und ihre Derivate darstellen.

1730 Anm. F. 9181
1. 3. 97. Kl. 12
Mühlheim

4, IV-Dinitro-10-phenylimino-diphenylamin-2, II-disulfosäure

SO_3H SO_3H
NO_2⟨ ⟩—NH—⟨ ⟩—NH—⟨ ⟩NO_2 = $C_{18}H_{14}N_4O_6S_2$ = 446.

Aus 1 Mol. p-Phenylendiamin + 2 Mol. p-Chlornitrobenzolsulfosäure nach [1670].

1731 **DRP. 127 441**
Zusatz zu
DRP. 112 298
A. P. 688 646
E. P. 6546/01
F. P. 293 138 Zus.

2-Chlor-4, 6-dinitro-3-phenylimino-10, IV-dioxy-diphenylamin

NH—⟨ ⟩OH
Cl |
OH⟨ ⟩—NH—⟨ ⟩NO_2 = $C_{18}H_{13}N_4O_6Cl$ = 417.
NO_2

27,2 T. **Dinitrotrichlorbenzol** (nach J. Ber. 1868, 351 durch Dinitrierung des 1, 2, 4-Trichlorbenzols erhalten, Sch.-P. 103°) + 30 T. salzsaures p-Aminophenol + 60 T. Acetat + 200 T. Sprit unter Rückfluß anfangs 1 St. auf 40°, dann 3—4 St. zum Sieden erhitzen, das orangefarbige Pulver absaugen und mit heißem Wasser waschen. Sintert bei 155° und schmilzt bei 215° unter Zersetzung.

1732 **DRP. 137 108**
Zusatz zu
DRP. 112 298
—
Lit. wie [1168]

2, 4, 6-Trinitro-3-phenylimino-10, IV-dioxy-diphenylamin

NH—⟨ ⟩OH
O_2N |
OH⟨ ⟩—NH—⟨ ⟩NO_2 = $C_{18}H_{13}N_5O_8$ = 427.
NO_2

140 T. feingepulvertes 2, 4, 6-Trinitro-1, 3-dichlorbenzol [1168] + 150 T. salzsaures Aminophenol + 300 T. Acetat + 2000 T. Sprit gelinde erwärmen, das rote Produkt absaugen und mit Wasser waschen. Aus Sprit ziegelrote Blätter vom Sch.-P. 224°—226° (Zersetzung).

1733 **DRP. 121 211**
—
Lit. wie [1728]

4, 6-Dinitro-
3-phenylimino-10, IV-dioxy-diphenylamin-9, III-dicarbonsäure

COOH
NH—⟨ ⟩OH
COOH |
OH⟨ ⟩—NH—⟨ ⟩NO_2 = $C_{20}H_{14}N_4O_{10}$=470.
NO_2

Wie [1670] aus 59 T. Dinitrodichlorbenzol, 77 T. p-Aminosalicylsäure, 80 T. Soda, 1500 T. Wasser. Nach 4-stündigem Kochen kalt mit Säure fällen. Gelbes, schwer lösliches Pulver, das sich vor dem Schmelzen zersetzt. Ebenso **4, 6-Dinitro-3-phenylimino-10, IV-dioxy-diphenylamin-8, II-disulfosäure** aus 71,1 T. Dinitrodichlorbenzol, 120 T. p-Aminophenol-o-sulfosäure, 170 T. Acetat und 1500 T. Sprit. Feine gelbrote Krystalle, die beim Erhitzen verpuffen.

1734 **DRP. 84 992** — DRP. 87 975

4-Methyl-3-benzylimino-diphenylamin

NH—CH_2—⟨⟩

⟨⟩—NH—⟨⟩CH_3 = $C_{20}H_{18}N_2$ = 286.

Aus Aminotolylphenylamin [1622] durch Erhitzen mit Benzylchlorid, evtl. in Spritlösung.

1735 **DRP. 84 993**

4-Methyl-5-amino-2-benzylimino-diphenylamin

NH—CH_2—⟨⟩

⟨⟩—NH—⟨⟩CH_3 = $C_{20}H_{19}N_3$ = 301.

NH_2

Reduktionsprodukt des Azofarbstoffes aus einer Diazolösung und Benzylalphyltoluylendiamin.

1736 **DRP. 146 950** Zusatz zu DRP. 145 189 — DRP. 150 469

3-Benzolazo-diphenylamin-8-carbonsäure

COOH N = N—⟨⟩

⟨⟩—NH—⟨⟩ = $C_{19}H_{15}N_3O_2$ = 317.

Wie [1604] aus 200 T. Aminoazo-(o- und p-Toluolazo-)benzol (bzw. -o- und p-*toluidin*), 195 T. o-chlorbenzoesaurem Kali, 1 T. Kupferpulver und 400 T. Wasser im Autoklaven 5—6 St. bei 120°. Die Benzolazoverbindung krystallisiert aus Sprit in gelben Nadeln vom Sch.-P. 221°—222°; in Wasser schwer, in Sprit und Alkalien leicht löslich. — **o- und p-Toluolazo-o-tolylphenylamin-o-carbonsäure,** aus Benzol umkrystallisiert, bilden hellgelbe Nadeln vom Sch.-P. 217°—218° bzw. 226°—227°.

1737 **DRP. 265 197** Zusatz zu DRP. 263 655

2, 4-Diamino-diphenylamin-8-phenoxy-10-sulfosäure

(IV)⟨⟩>O NH_2

⟨⟩—NH—⟨⟩NH_2 = $C_{18}H_{17}N_3O_3S$ = 355.

SO_3H

Durch Kondensation der Aminophenyläther-m-sulfosäuren mit Dinitrochlorbenzol und folgende Reduktion. Aus Aminodiphenylamino-m-sulfosäuren mit Dinitrochlorbenzol und folgende Reduktion entstehen analog Körper der Form z. B.

(N)⟨⟩

>NH NH_2

⟨⟩—NH—⟨⟩NH_2

SO_3H

2, 4-Diamino-8-phenyliminodiphenylamin-11-sulfosäure, in IV evtl. substituiert durch Chlor, Methoxyl, Acetylaminogrp. usw. Braune, leicht wasserlösliche Pulver, die weiter mit Chlordinitrobenzol kondensiert, gelbe bis braune Wollfarbstoffe geben. — Ähnliche Produkte in der Naphthalinreihe (Zusatzpatente).

1738 **DRP. 111 892** A. P. 650 293, E. P. 25 288/99, F. P. 294 491

2, 4, II, IV-Tetranitro-diphenylamin-8-phenoläther

NO_2 NO_2

NO_2⟨⟩—O—⟨⟩—NH—⟨⟩NO_2 = $C_{18}H_{11}N_5O_9$ = 441.

55 T. p-Oxy-o′, p′-dinitrodiphenylamin in 280 T. Wasser und 8 T. Ätznatron lösen, mit 40 T. Dinitrochlorbenzol unter Rückfluß 2—3 St. kochen, Produkt kalt absaugen und waschen. In Wasser unlösliche, citronengelbe Krystalle, aus Eisessig umkrystallisieren, Sch.-P. 225°, in Schwefelsäure braungelb löslich. — Ebenso wie dieses **10-Dinitrophenoxy-2, 4-dinitrodiphenylamin** entstehen: **10-Dinitrophenoxy-2, 4-dinitrodiphenylamin-m-sulfosäure** aus 19 T. p-Aminophenol-o-sulfosäure, 41 T. Dinitrochlorbenzol, 140 T. Wasser und 16 T. Soda, hellgelbe Blätter, aus der wässerigen Lösung mit Salzsäure fällbar, in Schwefelsäure rot löslich, Sch.-P. 166°, und ferner **10-Nitrosulfophenoxy-2, 4-dinitrodiphenylamin** aus 28 T. p-Oxy-o′, p′-dinitrodiphenylamin, 26 T. o-nitrochlorbenzol-p-sulfosaurem Natron, 220 T. Wasser und 4 T. Ätznatron durch 4-stündiges Kochen. Goldgelbe Blätter; das mit p-Nitrochlorbenzol-o-sulfosäure erhaltene Isomere bildet orangefarbige Krystalle.

1739 **DRP. 139 099**

Dis-(4-nitro-10-oxy-diphenylamin-2-)thiocarbimin

NH —— C —— NH

OH⟨ ⟩—NH—⟨ ⟩NO_2 ‖S NO_2⟨ ⟩—NH—⟨ ⟩OH

$= C_{25}H_{20}N_6O_6S = 532.$

24,3 T. des Kondensationsproduktes von p-Aminophenol und Chlordinitrobenzol (partiell reduziert) in 200 T. Sprit lösen, mit 15 T. Schwefelkohlenstoff 10 St. unter Rückfluß kochen, kalt filtrieren und den Rückstand mit etwas Sprit nachwaschen. In Sprit oder Aceton gut löslich. Aus Sprit Krystalle des Thioharnstoffes, Sch.-P. über 280°. — Ebenso nach

1740 **Zus. DRP. 139 679** — **Dinitrooxydiphenylamincarbon-** und **sulfosäurethioharnstoff** aus den Kondensationsprodukten von Chlordinitrobenzol mit Aminosalicylsäure (bzw. Aminophenolsulfosäure) und Schwefelkohlenstoff. Ebenso verfährt man nach

1741 **Zus. DRP. 148 341** — mit dem nach [1739] erhaltenen Kondensationsprodukt von Chlordinitrobenzoesäure und p-Aminophenol. — Gelbe, in Sprit leicht lösliche Krystalle. — Nach

1742 **Zus. DRP. 148 342** — gibt die Diaminoverbindung statt der in [1739] verwendeten Nitroaminoverbindung mit Schwefelkohlenstoff gekocht ebenfalls einen zur Herstellung von Schwefelfarbstoffen verwendbaren Thioharnstoff. —

1743 **DRP. 153 130**
A. P. 763 193

4, 10-Dis-(IV, X-oxyphenylimino)-diphenylamin

OH⟨ ⟩—NH—⟨ ⟩—NH—⟨ ⟩—NH—⟨ ⟩OH

$= C_{24}H_{21}N_3O_2 = 385.$

199 T. 4, 1-Diaminodiphenylamin in 1000 T. Wasser und 240 T. Salzsäure (20°) kochend lösen, mit Eiswasser auf 4000 T. verdünnen, bei 0° mit einer Lösung von 188 T. Phenol in 5000 T. Wasser mittels einer einfließenden Lösung von 400 T. Natriumbichromat in 6000 T. Wasser und 1200 T. Essigsäure (50°) zusammenoxydieren, Temperatur stets bei 0° halten, Indophenol rasch filtrieren, mit Eiswasser waschen, mit einer Lösung von 1000 T. Schwefelnatrium in 1000 T. Wasser und 5000 T. Sprit bei 60° reduzieren, Sprit abdestillieren und die Base mit Essigsäure oder Bicarbonat fällen. Sch.-P. 208°.

1744 Anm. F. 32 711, Kl. 12 q, 12. 7. 11, Mühlheim — Diese Produkte erhält man auch aus den aus Diphenylamin und Nitroso-(Amino-)phenol darstellbaren Indophenolen mit Anilin und seinen Homologen, Abkömmlingen usw.

1745 **DRP. 116 959**
Lit. wie [1484]

4, 10-Dis-(methylen-α-phenylimino)-diphenylamin-III, IX-disulfosäure

SO_3H SO_3H

⟨ ⟩—NH—CH_2—⟨ ⟩—NH—⟨ ⟩—CH_2—NH—⟨ ⟩

$= C_{26}H_{25}N_3O_6S_2 = 539.$

346 T. Metanilsäure in 3000 T. Wasser und 106 T. Soda lösen und 150 T. Formaldehyd (40%), 340 T. feingepulvertes Diphenylamin und 240 T. Salzsäure (30%) zugeben. Nach 24 St. mit Soda neutralisieren, vom unverbrauchten Diphenylamin filtrieren und das Filtrat mit Mineralsäure fällen. Die rote Gallerte ist nach Salzzusatz filtrierbar.

1746 **DRP. 128 087**
F. P. 313 737

2, II, IV, VIII, X-Pentanitro-4-phenylimino-diphenylamin-10-phenoläther

NO_2 NO_2 NO_2

NO_2⟨ ⟩—O—⟨ ⟩—NH—⟨ ⟩—NH—⟨ ⟩NO_2 $= C_{24}H_{15}N_7O_{11} = 577.$

24,5 T. **Nitroaminooxydiphenylamin** (partielles Reduktionsprodukt des Kondensationsproduktes von p-Aminophenol und 1, 3-Dinitro-4-chlorbenzol, aus Sprit umkrystallisiert, Sch.-P. 204°—205°) mit 2 Mol. (40 T.) 1, 3-Dinitro-4-chlorbenzol in Sprit bei Gegenwart von Soda kondensieren. Aus Aceton umkrystallisieren, Sch.-P. 181°.

3. X = Met., CH_3, C_2H_5, C_6H_5.

1747 **DRP. 103 578**
F. P. 280 514
und Zus.

Diphenylmethyl(= äthyl-)-amin-4-aldehyd

C_6H_5—N(CH_3(C_2H_5))—C_6H_4CHO = $C_{14}H_{13}NO(C_{15}H_{15}NO)$ = 211 (225).

Wie [1602]. Die nicht erstarrenden Öle geben bei p-Phenylendiaminzusatz auf Papier dunkelviolettbraune Färbungen mit Metallglanz.

1748 **DRP. 34 463**
Ber. 14, 2180

Diphenylmethylamin-4-carbonsäure

C_6H_5—N(CH_3)—C_6H_4COOH = $C_{14}H_{13}NO_2$ = 227.

Methyldiphenylamin mit gesättigter Lösung von Phosgen in Benzol auf 100° erhitzen, das erhaltene Säurechlorid durch Behandlung mit Wasser verseifen. Aus Sprit, Sch.-P. 184°.

1749 **DRP. 75 127**

4-Nitroso-diphenylmethylamin

C_6H_5—N(CH_3)—C_6H_4NO = $C_{13}H_{12}N_2O$ = 212.

10 T. Methyldiphenylamin vom Sch.-P. 282°, in 80 T. Salzsäure lösen kühlen, bei 0° eine Lösung von 7,5 T. Nitrit in 20 T. Wasser zusetzen, mit Wasser verdünnen, mit Soda die Base ausfällen, in Salzsäure lösen, abermals mit Soda fällen. Aus Methylalkohol gelbliche Blättchen.

1750 **DRP. 87 667**
E. P. 22 454/94
F. P. 240 571

4-Methyl-3-amino-diphenyläthylamin

C_6H_5—N(C_2H_5)—C_6H_3(NH_2)CH_3 = $C_{15}H_{18}N_2$ = 226.

20 T. Phenyl-p-amino-o-toluidin in 2 T. Sprit lösen, mit 11 T. (1 Mol.) Bromäthyl 10 St. auf 150°—175° erhitzen, die Masse mit etwas Salzsäure in weiteren Mengen Sprit lösen, kalt die abgeschiedenen Krystalle des salzsauren Salzes filtrieren; aus seiner Lösung fällt mit Soda die Base zuerst ölig, dann fest aus. Aus Ligroin, Sch.-P. 60°.

1751 **DRP. 301 450**

Triphenylamin C_6H_5—N(C_6H_5)—C_6H_5 = $C_{18}H_{15}N$ = 245.

Aus Chlorbenzol und Natriumamid, wobei zunächst Anilin und weiter Diphenylamin als Zwischenprodukt entstehen. — Ebenso **Tribenzylamin.**

4. X = $CH_2 \cdot CN$ ($CH_2 \cdot COOH$) oder $CH_2 \cdot SO_3H$.

1752 **DRP. 158 718**
Zusatz zu
DRP. 156 760

Diphenylamin-N-methylencyanid

C_6H_5—N($CH_2 \cdot CN$)—C_6H_5 = $C_{14}H_{12}N_2$ = 208.

Reaktionsprodukt von 338 T. Diphenylamin und 78 T. Formaldehyd (39%) [134] in 350 T. einer 90°—100° warmen Bisulfitlösung (30%) einfließen lassen, das abgeschiedene Diphenylamin abtrennen und das schwer lösliche K-Salz der **Diphenylamin-N-methylensulfosäure** oder die wässerige Lösung direkt mit 72 T. Cyankalium erwärmen. Das Nitril ist ein dickes, allmählich erstarrendes Öl.

5. X = CHO oder $COCH_3$.

Unsubstituiert 1753
$4\,NO_2-10\,NO_2$ 1753
$4\,NH_2-10\,NH_2$ 1753

1753 **DRP. 156 388**
Ber. 18, 2576; 28, 2969

4, 10-Diamino-diphenylformylamin

$NH_2\text{-}C_6H_4\text{-}N(CHO(COCH_3))\text{-}C_6H_4\text{-}NH_2 = C_{13}H_{13}N_3O = 227.$

Formyldiphenylamin (aus Ameisensäure und Diphenylamin nach Ber. 8, 1195) oder **Acetyldiphenylamin** (aus Essigsäureanhydrid und Diphenylamin nach Ber. **14**, 2366) in schwefelsaurer Lösung mit Mischsäure (nach Z. f. angew. Ch. **1899**, 1051) dinitrieren, auf Eis gießen, filtrieren, waschen und trocknen. — **4, 10-Dinitroformyldiphenylamin,** löslich in Eisessig, unlöslich in Wasser aus Ameisensäure umkrystallisiert, schmilzt bei 159°. Durch Abspaltung der Formylgruppe resultiert **4, 10-Dinitrodiphenylamin** vom Sch.-P. 214°. — 14 T. Dinitroformylprodukt bei 60°—90° mit 30 T. Eisenspänen, 250 T. Wasser und 1/2 T. Schwefelsäure (66°) 5 St. rühren, bis der suspendierte Niederschlag schwarz (nicht mehr braun) erscheint. Bei 40°—50° mit 20—40 T. Schwefelsäure (50%) versetzen, bis die Wasserstoffentwicklung beginnt, filtrieren und das Filtrat mit Acetat fällen. Kleine Krystalle des Diaminoformylproduktes aus Wasser oder Sprit umkrystallisieren, Sch.-P. 193°; das Acetylprodukt schmilzt bei 195°. Durch Weiterkochen der filtrierten, mit Schwefelsäure übersättigten Reduktionsbrühe tritt Verseifung zu dem sonst nur über das Indamin erhaltbaren **4, 10-Diaminodiphenylamin** ein.

6. X = CO · Cl.

Unsubstituiert 1754

1754 **DRP. 285 134**
E. P. 20 107/13
F. P. 472 941

Diphenylaminformylchlorid

$C_6H_5\text{-}N(COCl)\text{-}C_6H_5 = C_{13}H_{10}NOCl = 231.$

In die Lösung von 338 T. Diphenylamin in 460 T. Xylol 100 T. Phosgen einleiten, den entstehenden Brei von salzsaurem Diphenylamin weiter unter Erwärmen bis schließlich auf 100°, mit Phosgen behandeln und das beim Erkalten auskrystallisierende Harnstoffchlorid (463 T.) filtrieren.

7. X = $CH_2 \cdot C_6H_5$.

$4\,CH_3-3\,NH_2$ 1755

1755 **DRP. 87 667**
E. P. 6176/85
F. P. 240 571

4-Methyl-3-amino-diphenylbenzylamin

$C_6H_5\text{-}N(CH_2\cdot C_6H_5)\text{-}C_6H_3(NH_2)\text{-}CH_3 = C_{20}H_{20}N_2 = 288.$

50 T. Phenyl-(p-Tolyl-)p-amino-o-toluidin (Sch.-P. 76°) auf dem Wasserbade schmelzen, rasch mit 13 T. Benzylchlorid verrühren, erwärmen, bis alles zum Krystallkuchen erstarrt, der nicht mehr nach Benzylchlorid riecht. Mit salzsäurehaltigem Wasser auskochen, solange noch unverändertes Ausgangsmaterial in Lösung geht, Rückstand aus Sprit umkrystallisieren; farblose Blätter, Sch.-P. 120°. In Wasser unlöslich, in konz. Salzsäure löslich. — Ebenso die Homologen. Man kann auch in Sprit- oder Glycerinlösung arbeiten.

8. X = CO · C_6H_5 (substituiert).

Unsubstituiert 1756
NO_2, (NH_2), (CH_3), (OCH_3). 1756

1756 **DRP. 269 213**

IV-Aminobenzoyl-N-diphenylamin

$C_6H_5\text{-}N(CO\text{-}C_6H_4\text{-}NH_2)\text{-}C_6H_5 = C_{19}H_{16}N_2O = 288.$

Durch Reduktion der **Nitrobenzoylamine** (Nitrotoluyl-, -anisoylamine), die ihrerseits durch Kondensation von Nitrobenzoyl- usw. chlorid mit sekundären Aminen (Äthylanilin, Diphenylamin, Carbazol, Äthyl-1-naphthylamin) erhalten werden.

9. $X = CS \cdot NH \cdot C_6H_5$.

$3\,NO_2 - 5\,NO_2$ 1757

1757 | **DRP. 116 418** | **3, 5-Dinitro-triphenylthioharnstoff**

⬡—N—⬡(NO_2)(NO_2) $= C_{19}H_{14}N_4O_4S = 394$.
  |
  C = S
  |
  NH—⬡

35 T. Diphenylthioharnstoff + 30 T. Dinitrochlorbenzol + 25 T. Acetat in 500 T. Sprit kondensieren, nach 2 St. kalt filtrieren und aus Sprit umkrystallisieren. Sch.-P. 192°.

VI. Benzolreste durch Ketten verbunden, die mit N beginnen.

1. Zwei Benzolreste durch —N—N— verbunden.

(Schema: Ring mit Stellungen 7, 8, 9, 10, 11, 12 —N—N— Ring mit Stellungen 1, 2, 3, 4, 5, 6)

a) Bindung —N:N—.

1758 | **DRP. 225 245 u. Zus. DRP. 228 722** — Lit. wie [1782] | **Azobenzol** ⬡—N=N—⬡ $= C_{12}H_{10}N_2 = 182$.

Wie [1782], jedoch bis zum Verschwinden des Azoxybenzols 48 St. erhitzen. Bezw. 15 T. Nitrobenzol, 7,5 T. Melasse, 15 T. NaOH (40°) und 7,5 T. Solventnaphtha im geschlossenen Rührgefäß 24 St. auf 150° erhitzen. — Rückstand + Solventnaphtha, Dampf einleiten, Azo- und **Azoxybenzol** bleiben zurück. — Über **o-Oxyazobenzol** und eine neue Synthese seiner Darstellung s. J. pr. **84**, 529; über p-Oxyazokörper Ber. **38**, 1098.

1759 Anm. P. 3099, Kl. 22, 13. 11. 86, Paul.

Azobenzol-3, 9-dis-carbonsäureäthylester

$COO\cdot C_2H_5$ $COO\cdot C_2H_5$ — ⬡—N=N—⬡ $= C_{18}H_{18}N_2O_4 = 326.$

Frisch gefällte, feuchte Azobenzoesäure mit Sprit anrühren und so entwässern, dann in die Spritsuspension langsam das gleiche Volumen Schwefelsäure einlaufen lassen. Spontane Temperatursteigerung, auf 100° halten, bis in einer Probe die Menge des in Ammoniak unlöslichen Äthers nicht zunimmt, in Wasser gießen, filtrieren, gut waschen, kalt mit Ammoniak fällen, filtrieren, Rückstand in wenig kochendem Sprit lösen. Kalt krystallisiert der Äther in rötlichgelben Spießen. — **Azo-** bzw. **Azoxybenzol-4-aldehyd-3-sulfosäure** erhält man nach E. P. 1431/1898 durch Zersetzung von p-Azoxybenzylidenanilinsulfosäure mit verdünnter Salpetersäure. Aus Benzol gelbe Nadeln, Sch.-P. 194°—195°.

1760 **DRP. 62 352** — Ber. 16, 2927; 17, 345; 20, 2994; Ann. 229, 341

3, 9 (4, 10)-Diamino-azobenzol

NH_2 NH_2 — ⬡—N=N—⬡ $= C_{12}H_{12}N_4 = 212.$

p- bzw. m-Nitranilin diazotieren, mit 2-Naphtholdisulfosäure [2651] paaren. 100 T. des Azofarbstoffes in 1000 T. Wasser und 100 T. Natronlauge (40°) gelöst, + 30 T. Glucose (75% rein) oder + 94 T. Formaldehyd (40%) oder + 300 T. Zinkblech oder Zinn zwischen 50° und 80° reduzieren, auf 80°—100° erhitzen, weitere 50 T. Glucose zugeben. Die veilchenblaue Lösung entfärbt sich und wird braun. Den Niederschlag filtrieren, zur Reinigung in einer Säure lösen, mit Natronlauge **m-Azoanilin,** Sch.-P. 138°—140°, fällen; Eigenschaften wie [1769]. Die p-Verbindung schmilzt bei 240°.

1761 **DRP. 88 013** — Ber. 17, 345; 20, 3016

239 T. Acetylaminoazobenzol (Sch.-P. 141°) in 2400 T. Monohydrat lösen, mit Nitriersäure (1 Mol. Salpetersäure) nitrieren, auf Eis gießen, den rotbraunen Brei absaugen und neutral waschen. NO_2⬡—N=N—⬡$NH\cdot COCH_3$ **10-Nitro-4-acetaminoazobenzol** bildet aus Sprit braungelbe Nadeln mit Stahlglanz, Sch.-P. 234°—235°. Reduziert (Na_2S) entsteht **Acetdiaminoazobenzol,** aus verdünntem Sprit goldglänzende Blätter, Sch.-P. unscharf 167°. Verseift (HCl) entsteht Diaminoazobenzol, in Wasser schwer, gelb löslich, leicht in Sprit oder Benzol. Wird mit wenig Salzsäure grün (basisches Salz), mit mehr Salzsäure rot (neutrales Salz).

1762 **DRP. 82 426**

4, 10-Dioxy-azobenzol

OH⬡—N=N—⬡OH $= C_{12}H_{10}N_2O_2 = 214.$

Nach Ber. **15**, 3037 mittels Kalischmelze von **4-Oxyazobenzol-10-sulfosäure** (aus Diazobenzol-4-sulfosäure + Phenol).

1763 **DRP. 44 209** — A. P. 380 067; E. P. 14 464/87 — Ber. 20, 3171

2-Äthoxy-azobenzol-5-sulfosäure

$O\cdot C_2H_5$ — ⬡—N=N—⬡ $= C_{14}H_{14}N_2O_4S = 294.$ — SO_3H

30 T. **benzolazo-p-phenolsulfosaures Natrium** (p-Phenolsulfosäure mit Diazobenzol oder -toluol in sehr konz. Lösung kuppeln; Azogruppe ist zu OH in o-Stellung) in 150 T. Sprit + 4 T. Natronlauge gelöst, mit 11 T. z. B. Bromäthyl mehrere Stunden kochen. — Die Äther sind schwer löslich, besonders in alkalischen Flüssigkeiten. Nach

1764 **Zus. DRP. 45 827** ebenso **3-Methyl-4-oxy-azobenzol-6-sulfosäure** aus o-Kresol-p-sulfosäure.

1765 **DRP. 32 502** — Ber. 30, 2131

2, 4, 10-Triamino-azobenzol

NH_2 — NH_2⬡—N=N—⬡NH_2 $= C_{12}H_{13}N_5 = 227.$

Nitrodiazobenzol mit m-Phenylendiamin kuppeln, Produkt mit Schwefelnatrium reduzieren. Braune Krystalle, Sch.-P. 212°.

1766 **DRP. 61 571** Ber. 20, 2997

3-Nitro-4-oxy-azobenzol-9-sulfosäure

SO_3H, NO_2: C_6H_4—N=N—C_6H_3·OH = $C_{12}H_9N_3O_6S$ = 323.

Nitrooxyazoverbindungen entstehen aus o-Nitrophenol und diazotierter Sulfanilsäure, oder man kombiniert diazotierte Sulfanilsäure mit Phenol und nitriert das erhaltene Produkt. Verwendet wurden: Metanilsäure, Anilindisulfosäure, die drei Toluidinsulfosäuren: 1, 2, 4; 1, 4, 3; 1, 4, 2; Xylidin-, Benzidin-, Amidoazobenzolsulfosäuren. Die Nitrooxyazoverbindungen mit der dreifachen Menge Ammoniak (25%) im Autoklaven 16 St. auf 160° bis 170° erhitzt, geben die **Nitroaminoazoverbindungen.**

1767 **DRP. 197 036**

3-Oxy-azobenzol-4-diazochlorid-10-sulfosäure

SO_3H—C_6H_4—N=N—C_6H_3(OH)—N:N·Cl = $C_{12}H_9N_4O_4Cl$ = 309.

35 T. Natrium- oder Ammoniumsalz der m-Nitro-p-aminoazobenzol-p'-sulfosäure in 3000 T. Wasser lösen, 7 T. Nitrit zufügen, die Lösung mit Salzsäure ansäuern, Diazoverbindung filtrieren und als 40-prozentige Paste schnell mit 25 T. Kaliumbicarbonatpulver verkneten. Wenn nach 1—2 St. die Kohlendioxydentwicklung beendet ist und eine Probe mit 2-Naphtholnatriumlösung rein blau wird, wird die Masse in Wasser gelöst und der Oxydiazokörper als rotes krystallinisches Na-Salz ausgesalzen. Dieses filtrieren und mit Kochsalzlösung waschen. — Über **Dimethylazobenzol-p-hydrazinsulfonsäure:** $CH_3·C_6H_4·N = N·C_6H_3·(CH_3)·NH·NH·SO_3H$ aus Diazo-m-toluidin und SO_2, ferner **Azobenzolhydrazinsulfonsäure,** das Hydrazin (Abspaltung der SO_3H-Gruppe) und dessen Kondensationsprodukte mit Aldehyden und Ketonen siehe J. pr. 1908, 369.

1768 **DRP. 72 392**

2, 5-Dimethyldiaminoazobenzole

NH_2—C_6H_4—N=N—$C_6H_2(CH_3)_2$—NH_2 = $C_{14}H_{16}N_4$ = 240.

p-Nitrodiazobenzol mit p-Xylidin kuppeln, den Azofarbstoff mit Schwefelalkalien reduzieren: Bronzeglänzende Blättchen des **2, 5-Dimethyl-4, 10-diaminoazobenzols,** Sch.-P. 160°—162°. Wenig in siedendem Wasser (gelb), leicht in Benzol und Sprit (rotgelb) und verdünnter Salzsäure (dunkelgelbrot) löslich. **(Aminobenzol-azo-p-xylidin).**

1769 **DRP. 62 352** Ber. 16, 2927; 18, 1406

Wie [1760] aus p-Nitro-o-toluidin vom Sch.-P. 129°. Braunrote Nadeln; mit Säuren weiße, rötlich schimmernde Salze, die im Säureüberschuß rote Lösungen geben und mit noch mehr Säure aus konz. Lösungen gefällt werden. Heiße alkoholische Lösungen, mit dem gleichen Volumen lauwarmem Wasser versetzen, dann abkühlen: Krystalle des **p-Azo-o-toluidins,** Sch.-P. 218°—220°. — Durch Reduktion von 4 (3)-Nitrotoluol-2-azo-β-naphtholdisulfosäure mit Traubenzucker oder Zink in alkalischer Lösung erhält man p-Azo-o-toluidin bzw. **m-Azo-p-toluidin** (Ber. 11, 1453) vom Sch.-P. 195° bis 197° bzw. 136°.

1770 **DRP. 88 013**

Wie [1760] aus 267 T. Acetylaminoazotoluol. Die Nitroverbindung, aus Benzol umkrystallisiert, bildet orangegelbe Nadeln, die in Sprit leicht löslich sind. Sch.-P. 204°. — Reduziert: **Acetdiaminoazotoluol,**

NH_2—$C_6H_3(CH_3)$—N = N—$C_6H_3(CH_3)$—NH·$COCH_3$

orangegelbe Nadeln, aus Benzol zuerst gelatinös, dann krystallinisch, Sch.-P. unscharf 185°. Verseift: **3, 8-Dimethyl-4, 10-diaminoazobenzol,**

NH_2—$C_6H_3(CH_3)$—N = N—$C_6H_3(CH_3)$—NH_2

aus Benzol orangegelbe Blätter, in heißem Wasser gut löslich, Sch.-P. 100°.

1771 **DRP. 253 884**

3, 8-Dimethyl-4, 10-dis-acetylamino-azobenzol

$COCH_3$·NH—$C_6H_3(CH_3)$—N = N—$C_6H_3(CH_3)$—NH·$COCH_3$ = $C_{18}H_{20}N_4O_2$ = 324.

50 T. Aminoazotoluol mit 150 T. Essigsäureanhydrid und 10—20 T. Acetat unter Rückfluß kochen, bis eine kalte Probe keine Krystalle mehr abscheidet (4—10 St.), Essig-

säure abdestillieren und den Rückstand aus Ligroin umkrystallisieren. Rötlichgelbe Nadeln vom Sch.-P. 75°; ist vom schwer löslichen **Monoacetylaminoazotoluol** (Sch.-P. 185°) leicht trennbar. — Ebenso **Diacetylaminoazobenzol**, doch erfolgt die Acetylierung hier etwas schwerer. Kaum gefärbte Tafeln. Sch.-P. 103°—104°, vom annähernd gleich löslichen Monoacetylderivat schwer trennbar.

1772 **DRP. 45 827**
Zus. DRP. 44 209

3,10-Dimethyl-4-oxy-azobenzol-6-sulfosäure

$CH_3\langle\ \rangle-N=N-\langle\ \rangle OH$ (mit CH_3 und SO_3H) $= C_{14}H_{14}N_2O_4S = 242.$

Wie [1763] aus o-Kresol-p-sulfosäure, statt der p-Phenolsulfosäure.

---

b) Bindung —NH—NH—.

1773 **DRP. 52 839**
A. P. 406 669/70
E. P. 13 767/88
F. P. 194 675
Ber. 23, 3225

2-Methyl-hydrazobenzol

$\langle\ \rangle-NH-NH-\langle\ \rangle$ (mit CH_3) $= C_{13}H_{14}N_2 = 198.$

40 T. o-Toluidin mit 40 T. Ätznatron (trockenes Pulver) und Nitrobenzol langsam auf 180° erhitzen, $^1/_2$ St. Temperatur halten, das ölige, braune Gemenge von **Methylazobenzol** und **Methylazoxybenzol** (30 T.) in 30 T. Sprit (50%) gelöst mit 12 T. Zinkstaub und Natronlauge zu Methylhydrazobenzol reduzieren, Sprit abdestillieren, Rückstand zur Umwandlung in **Diaminophenyltolyl** mit 120 T. konz. Salzsäure kochen, mit Wasser verdünnen, filtrieren; mit Glaubersalz fällt das Sulfat der Base ($C_{16}H_{14}N_2H_2SO_4$) aus. In Wasser unlöslich, aus Sprit fast farblose Blätter. Sch.-P. 101°—102°. In Äther und Benzol leicht, in Petroläther sehr schwer löslich. Nitrat und Chlorhydrat leicht in Wasser löslich. Sulfat in Wasser unlöslich, in verdünnter heißer Salzsäure leicht löslich.

1774 **DRP. 76 491**
Ber. 24, 1001; 30, 2595

Aminotriazine

(Strukturformeln: H H / —N—N— / CH=N— / NH_2 / C_6H_5 → H / —N—N— / CH=N— / NH_2 / C_6H_5) $= C_{19}H_{16}N_4 = 308.$

25 T. Chrysoidin (salzsaures Salz des Diaminoazobenzols) mit 11 T. Benzaldehyd und 11 T. konz. Salzsäure in 50 T. gewöhnlicher Essigsäure lösen, auf dem Wasserbade 6—8 St. erwärmen, bis der Farbstoff verschwunden ist. In 1000 T. Wasser gießen, filtrieren, Filtrat mit Soda fällen. Die Base schmilzt über 230° unter Zersetzung. Sehr beständig; beim Erhitzen mit Mineralsäuren unter Druck auf 170°—180° bleiben die Basen unverändert. Andere Chrysoidine oder andere Aldehyde, z. B. Kombination von Tetrazodiphenyl, m-Phenylendiamin oder Benzidin, Salicylsäure und m-Toluylendiamin, oder 2, 7-Naphthylendiaminsulfosäure + m-Toluylendiamin mit Benzaldehyd, p-Nitrobenzaldehyd, Acetaldehyd, Paraldehyd, führen nach

1775 **Zus. DRP. 78 006** zu ähnlichen Produkten. — Durch Sulfurierung (obige Aminotriazinbase mit der 3—4-fachen Menge Oleum [20%] kurze Zeit auf 50°—70° erwärmt) entsteht **Mono-**, bei 1000° **Disulfoaminotriazin.** Ersteres scheidet sich beim Eingießen in Wasser krystallinisch aus. Wässerige Lösung + Oxydationsmittel: Tiefbraune Disulfosäure; auskalken.

---

c) Bindung —N—N—. (mit O)

$3 NH_2-9 NH_2$ 1790
$2 OH-8 OH$ 1790
$3 SO_3H-9 SO_3H$ 1791
$4 (6) CH_3-10 (12) CH_3-3 NH_2-9 NH_2$. 1792
$2 CH_3-4 CH_3-8 CH_3-10 CH_3-5 NH_2$ $-11 NH_2$ 1793
$4 CH:N\cdot C_6H_5-10 CH:N\cdot C_6H_5$ 1794
$4 CH:N\cdot(C_6H_4\cdot CH_3)-10 CH:N\cdot(C_6H_4\cdot CH_3$ 1794
$4 CH:N(C_6H_4\cdot SO_3H)-10 CH:N(C_6H_4\cdot SO_3H)$ 1788
$4 CH:N\cdot[C_6H_3:(CH_3)_2]-10 CH:N\cdot[C_6H_3:(CH_3)_2]$ 1794
C_6H_5—NH·NH—C_6H_4—C_6H_5 1296

1776 **DRP. 77 563** — Ann. 102, 129

Azoxybenzol $C_6H_5-N(O)N-C_6H_5 = C_{12}H_{10}N_2O = 198$.

50 T. Nitrobenzol + 60 T. arsenige Säure + 75 T. Natronlauge + 600 T. Wasser 6—10 St. sieden, filtrieren; aus Sprit umkrystallisiert resultiert reines Azoxybenzol. Die o-Derivate reagieren nicht. Die Reduktion kann auf verschiedene Arten ausgeführt werden So nach

1777 **DRP. 43 230**

Durch Reduktion der entsprechenden Nitrokörper mit Zinkstaub, mit oder ohne Eisen in einer konzentrierten Salzlösung (Kochsalz, Chlorcalcium, Magnesiumchlorid, Pottasche) bei 130°. — Oder nach

1778 **DRP. 81 129**

mit Bleistaub statt des üblichen Zinkstaubes, wobei ersterer mit Eisen wieder in regenerierbares Bleioxyd verwandelt werden kann. Oder:

1779 **DRP. 204 653** E. P. 15 420/07 F. P. 380 175 — Ber. 34, 2444

1 T. Nitrobenzol mit 3 T. Natronlauge (60%) und 1 T. Eisenkies 36 St. unter Rückfluß kochen und das Azoxybenzol (Ausbeute 90%) extrahieren. Mit $1^1/_2$ T. Eisenkies 72 St. auf 100°—140° erhitzt erhält man in derselben Ausbeute **Azobenzol.**

1780 **DRP. 210 806**

Wie [1778] mit denselben Mengen Kohle statt Kies.

1781 **DRP. 216 246** — DRP. 144 809

100 T. Nitrobenzol + 300 T. Natronlauge (60%) auf 140° erhitzen, allmählich 200 T. kryst. Schwefelnatrium zugeben, 12—24 St. Temperatur halten, Azoxy- und **Azobenzol** abscheiden.

1782 **DRP. 225 245** —

1 T. Nitrobenzol mit 2 T. Sägemehl und 3 T. Natronlauge (60%) 24 St. auf 100°—140° erhitzen und das Produkt extrahieren. Nach

1783 **Zus. DRP. 228 722** —

Wie [1758] aus 15 T. Nitrobenzol, 7,5 T. Melasse, 15 T. Natronlauge (40°) und 7,5 T. Solventnaphtha im Autoklaven 24 St. bei 140° bis 150°. Nach

1784 **DRP. 245 081** — DRP. 62 352

reduziert man 300 T. Nitrobenzol in 290 T. Wasser mit 3000 T. Eisenschlamm (83% Fe_2O_3) und 800 T. Ätznatron 5—6 St. bei 120°—125° und extrahiert das Azoxybenzol mit Benzol. 90% Ausbeute.

1785 **DRP. 138 496** A. P. 691 132 E. P. 15 706/01 F. P. 314 699 — J.Ch.S. 1908, 1463

Azoxytoluol $CH_3C_6H_4-N(O)N-C_6H_4CH_3 = C_{14}H_{14}N_2O = 226$.

12 000 Vol.-T. eines genügend hochsiedenden Kohlenwasserstoffes, 600 T. o-Nitrotoluol, 1800 T. Eisen bei 110° verrühren, 500 Vol.-T. Natronlauge (60°) zusetzen, auf 110°—120° erhitzen, bis der Nitrokörper verschwunden ist, Lösung des Azoxytoluols ablassen, Produkt zur Reinigung aus Alkohol umkrystallisieren. Ähnlich gewinnt man **o-Azoanisol** aus o-Nitroanisol und **p-Phenylendiamin** aus p-Nitroacetanilid. Durch stufenweise Zugabe von Eisen und Lauge kann man so auch vom Nitrobenzol über das Anilin, Azoxybenzol und Azobenzol zum **Hydrazobenzol** gelangen.

1786 **DRP. 197 714**

100 T. o-Nitrotoluol und 240 T. Hydrazotoluol in 1000 T. Natronlauge (10%) evtl. mit Zusatz von 800 T. Toluol unter Rückfluß 8 St. auf 90° erwärmen, das erhaltene Gemenge von **Azoxy-** und **Azotoluol** evtl. trennen, sonst gleich weiter zu Hydrazotoluol reduzieren. — Ebenso aus 100 T. o-Nitrobenzoesäure und 180 T. Hydrazobenzol (evtl. + 600 T. Toluol) in 16 St. **o-Azoxybenzoesäure** (gelöst als Na-Salz in Wasser) im Gemenge mit Azobenzol (gelöst in Toluol) erhaltbar. Trennen oder weiter reduzieren. 3 Mol. Hydrazotoluol liefern so den Wasserstoff zur Reduktion von 2 Mol. Nitrotoluol unter Bildung eines Moleküls Azoxytoluol, während jene selbst 3 Mol. Azotoluol liefern.

1787 **DRP. 248 383** — Umlagerung: Ber. 38, 2518

Azoxybenzol-3, 9-dialdehyd

CHO CHO
⟨⟩—N—N—⟨⟩ = $C_{14}H_{10}N_2O_3$ = 254.
O

Herstellung nach Ber. 36, 3470 durch Reduktion von m-Nitrobenzaldehyd mit wässeriger Eisenvitriollösung.

1788 **DRP. 77 563** — Ber. 30, 1598

Azoxybenzol-dicarbonsäure

COOH⟨⟩—N—N—⟨⟩COOH = $C_{14}H_{10}N_2O_5$ = 286.
O

Aus 30 T. p(-o-)Nitrobenzoesäure + 30 T. arseniger Säure + 500 T. Wasser + 44 T. Natronlauge. Amorphes, gelbes Pulver.

1789 **DRP. 83 525** E. P. 16 708/93 F. P. 216 954

4, 10-Dinitro-azoxybenzol

NO_2⟨⟩—N—N—⟨⟩NO_2 = $C_{12}H_8N_4O_5$ = 288.
O

p-Nitroanilin in verdünnter Natronlauge suspendieren, bei gewöhnlicher Temperatur mit einer Lösung von unterchlorigsaurem Natrium versetzen, nach einigen Stunden die rotbraune Fällung absaugen, mit wenig Wasser waschen und evtl. mit verdünnter Salzsäure auskochen (Nitroanilinreste entfernen). Nur in Aceton und Chloroform leicht, in konz. Schwefelsäure braun löslich. Mit verdünnter Natronlauge und Kaliumsulfhydrat oder Zinnchlorür reduziert entsteht eine blaue Färbung, die erhitzt rasch grün, dann braun wird. Gibt in Spritlösung mit Natriumhydrosulfit gekocht + Natronlauge die Nitrolsäurereaktion (Ber. 18, 1136). Weiter reduziert resultiert ein Aminokörper, schließlich p-Phenylendiamin.

1790 **DRP. 44 045** A.P. 380 927—28 E. P. 9315/87 F. P. 184 549

3, 9-Diamino-azoxybenzol

NH_2 NH_2
⟨⟩—N—N—⟨⟩ = $C_{12}H_{12}N_4O$ = 228.
O

13,4 T. m-Nitranilin, 1100 T. kochendes Wasser und 144 T. Natronlauge, siedend langsam mit 19 T. Zinkstaub versetzen. Gelben Niederschlag aus heißem, salzsäurehaltigem Wasser umkrystallisieren. — Über die Herstellung von **2, 8-Dioxyazoxybenzol** aus Bis-(p-toluolsulfuryl)-o, o′-dioxyazoxybenzol durch Verseifen der Acetonlösung mit kochender konz. Kalilauge und Ansäuern, ferner über Herstellung der letztgenannten Verbindung s. Ber. 50, 332.

1791 **DRP. 77 563**

Azoxybenzol-3, 9-disulfosäure

SO_3H SO_3H
⟨⟩—N—N—⟨⟩ = $C_{12}H_{10}N_2O_4$ = 358.
O

Wie [1788] aus 27 T. m-nitrobenzolsulfosaurem Natrium + 18 T. arseniger Säure + 24 T. Natronlauge + 300 T. Wasser.

1792 **DRP. 44 045** und **Zus.**
1793 **DRP. 44 554** A. P. 380 928 E. P. 11 976/87 F. P. 202 675

4, 10-Dimethyl-3, 9-diamino-azoxybenzol

NH_2 NH_2
CH_3⟨⟩—N—N—⟨⟩CH_3 = $C_{14}H_{16}N_4O$ = 256.
O

Wie [1790] aus 15,2 T. Nitrotoluidin vom Sch.-P. 107° ($CH_3:NO_2:NH_2$ = 1:4:2) oder aus jenem vom Sch.-P. 78° ($CH_3:NO_2:NH_2$ = 1:2:4). — Ebenso **2, 4, 8, 10-Tetramethyl-5, 11-diamino-azoxybenzol**

CH_3 CH_3
CH_3⟨⟩—N—N—⟨⟩CH_3 = $C_{16}H_{20}N_4O$ = 284.
NH_2 O NH_2

aus Nitroxylidin vom Sch.-P. 123°.

1794 **DRP. 111 384** Zusatz zu DRP. 99 542

4, 10-Dis-phenylimidinomethyliden-azoxybenzol

$$C_6H_4(CH_3)-N:CH-C_6H_4-N(O)N-C_6H_4-CH:N-C_6H_4(CH_3) = C_{26}H_{20}N_4O = 404.$$

Heiße Lösung von 150 T. p-Nitrobenzyl-o-toluidin in 250 T. Sprit lösen und langsam eine Lösung von 10 T. Ätznatron in 100 T. Sprit zufließen lassen. Die beständig im Sieden erhaltene Flüssigkeit erstarrt zu einem Krystallbrei goldgelber Schuppen. Kalt filtrieren, **Azoxybenzyliden-o-toluidin** aus Benzol umkrystallisieren, Sch.-P. 185°. **p-Azoxybenzylidenanilin,** Sch.-P. 167°, **p-Azoxybenzyliden-p-toluidin,** Sch.-P. 180°, **p-Azoxybenzylidenxylidin,** Sch.-P. 165°. Alle durch verdünnte Mineralsäuren zerlegbar in **p-Aminobenzaldehyd** (aus Sprit umkrystallisiert, Sch.-P. 180°) und die betreffende Base. — **p-Azoxybenzylidenanilinsulfosäure:** 1 Mol. p-Nitrobenzylchlorid-o-sulfosäure + 6 Mol. Anilin sieden, abkühlen, + 6 Vol.-T. Sprit, sieden, festes Ätznatron und sofort 2 Vol.-T. Wasser zusetzen.

$$SO_3H\cdot C_6H_4\cdot N:CH-C_6H_4-N(O)N-C_6H_4-CH:N\cdot C_6H_4\cdot SO_3H.$$

Aus Benzol gelbe Krystalle, Sch.-P. 185°—192°.

2. Benzolreste durch —N—S— verbunden.

$$C_6H_5(7;\,8,9,10,11,12)-NH-SO_2-C_6H_5(1;\,2,3,4,5,6)$$

1795 **DRP. 157 859**

4-Methyl-phenylimidosulfobenzol

$$C_6H_5-NH-SO_2-C_6H_4-CH_3 = C_{13}H_{13}NO_2S = 247.$$

Aus aromatischen Basen und Benzol- oder p-Toluolsulfochlorid. Die Toluol- und Benzolsulfamide primärer Basen sind tiefgelb in Natronlauge löslich, jene primärer und sekundärer Basen sind ferner in Wasser unlöslich, leicht löslich in Benzol, Äther und Sprit.

1796 **DRP. 128 815**

10-Oxy-phenylimidosulfobenzol

$$OH-C_6H_4-NH-SO_2-C_6H_5 = C_{12}H_{11}NO_3S = 249.$$

Aromatische Sulfochloride nach J. pr. **51**, 438 mit p-Aminophenol (molekular) bei Gegenwart von Alkali in wässeriger Lösung bei 60°—70° kondensieren. **Phenylsulfon-p-aminophenol** schmilzt bei 153°—154°, **o-Tolylsulfon-p-aminophenol** bei 144°.

1797 **DRP. 243 079** — Ber. **40**, 4848

4-Methyl-9-nitro-phenylimidosulfobenzol

$$(NO_2)C_6H_4-NH-SO_2-C_6H_4-CH_3 = C_{13}H_{12}N_2O_4S = 292.$$

Kochen von 1 Mol. p-Toluolsulfochlorid mit 2 Mol. m-Nitroanilin. Sch.-P. 134°—135°. Gibt in viel Schwefelsäure nitriert [1179] **Tetranitroanilin.**

1798 **DRP. 276 331**
F. P. 466 236
DRP. 264 786

Salicylsulfanilid C_6H_5—NH·SO$_2$—C_6H_3(COOH)OH $= C_{13}H_{11}NO_5S = 293$.

93 T. Anilin, 1000 T. Wasser, 140 T. kryst. Acetat als Emulsion mit 236,5 T. feinpulverigem Salicyl-p-sulfochlorid bei 40°—50° verrühren, überschüssige Salzsäure zusetzen, Krystalle absaugen, waschen. Aus stark verdünntem Alkohol weiße Nadeln, Sch.-P. 218°—220° unter Zersetzung. — Ebenso **Salicylsulfo-p-phenetitid** vom Sch.-P. 211°—212° aus p-Phenetidin. — Ähnlich wie das Salicylsulfochlorid verhält sich nach

1799 **Zus. DRP. 278 091**

das aus 2-Oxynaphthalin-1-carbonsäure erhaltbare **2-Oxynaphthalin-1-carboxyl-6-sulfochlorid,** das mit Ammoniak, Dimethylamin, Anilin, p-Aminosalicylsäure und Aminooxynaphthalindisulfosäuren analoge Körper bildet.

1800 **DRP. 226 239**

3-Amido-4-methoxy-phenylimidosulfobenzol

C_6H_5—NH—SO$_2$—C_6H_3(NH$_2$)O·CH$_3$ $= C_{13}H_{14}N_2O_3S = 278$.

Chlorid der o-Nitranisol-p-sulfosäure in das Anilid überführen, dieses reduzieren. — Ebenso das **m-Aminobenzolsulfonanilid** aus m-Nitrobenzolsulfochlorid, usw.

1801 **DRP. 135 016**

4, 10-Dimethyl-9-nitro-phenylimidosulfobenzol

CH$_3$$C_6H_3$(NO$_2$)—NH—SO$_2$—$C_6H_4CH_3$ $= C_{14}H_{14}N_2O_4S = 306$.

m-Nitroaniline mit p-Toluolsulfochlorid kondensieren. — Z. B.: 15,2 T. o-Nitro-p-toluidin in Wasser suspendieren, im Wasserbade 20 T. p-Toluolsulfochlorid, nach einiger Zeit portionenweise noch 6 T. Soda zugeben, das abgeschiedene Produkt in verdünnter Natronlauge lösen und mit Salzsäure fällen. Sch.-P. 164°. Reduziert, z. B. mit Zinkstaub und Essig- oder Salzsäure, erhält man **o-Amino-p-toluol-p-sulfaminotoluol,** ein weißes Krystallpulver, das bei 160° schmilzt und aus den sauren oder alkalischen Lösungen mit Essigsäure oder Acetat fällbar ist. — Ebenso **o-Dimethylamino-p-toluol-p-sulfaminotoluol, o-Nitro-(Amino-)p-toluol-p-sulfaminochlorbenzol, o-Dimethylamino-1-chlor-5-nitrobenzol-p-sulfaminotoluol, o-Nitro-(Amino-)p-chlorbenzol-p-sulfaminotoluol, o-Nitro-(Amino-)benzol-p-sulfaminotoluol.** Schließlich die Körper der Diphenylreihe von Art des **Di-p-toluol-p-sulfamino-m-nitro-(amino-)benzidins,**

CH$_3$$C_6H_4$—SO$_2$—NH—$C_6H_3$(NO$_2$)—$C_6H_3$(NO$_2$)—NH—SO$_2$—$C_6H_4CH_3$.

das man aus m-Nitrobenzidin und 2 Mol. p-Toluolsulfochlorid über ein bei 164° schmelzendes Zwischenprodukt gewinnt. Die Aminoverbindung schmilzt bei 198°.

1802 **DRP. 157 859**
A. P. 800 913
E. P. 6741/04
F. P. 339 566
Ber. 35, 1440

4, 8-Dimethyl-10-nitro-phenylimidosulfobenzol

NO$_2$$C_6H_3$(CH$_3$)—NH—SO$_2$—$C_6H_4CH_3$ $= C_{13}H_{12}N_2O_4S = 292$.

Man nitriert mit verdünnter warmer Salpetersäure, wobei p-Nitroverbindungen entstehen, die mit Schwefelsäure gespalten **p-Nitroamine** geben. — Z. B.: 26,1 T. p-Tolylsulfo-o-toluidinsulfamid fein gepulvert mit 200 T. Wasser und 42 T. Salpetersäure (22,5°) im Wasserbade 6—8 St. kochen, den Niederschlag absaugen und aus Wasser umkrystallisieren. Man erhält so **p-Nitro-o-toluidin-p-sulfamid,** Sch.-P. 174°, ebenso **p-Nitrophenylsulfo-o-anisidid,** Sch.-P. 181°, ferner **p-Nitro-p-tolylsulfo-o-äthylanilid,** Sch.-P. 170°, und andere **p-Nitro-p-tolylsulfoamino**verbindungen mit Anilin (191°), o-Chloranilin (164°), p-Xylidin (185°), o-Amino-p-kresoläther (150°), 1-Naphtylamin (185°). Die Schmelzpunkte der gelb krystallisierenden Nitrokörper in Klammer.

1803 **DRP. 164 130**
E. P. 27 497/04

Wie [1802] mit Arylsulfamiden, deren p-Stellung nicht frei ist. Man erhält so o-Nitroderivate, die mit kalter Schwefelsäure (66°) gespalten **o-Nitroamine** geben. — Z. B.: 281,5 T. p-Tolylsulfo-p-chloranilid mit 1000 T. Wasser und 422 T. Salpetersäure (22,5°) 3 St. im Wasserbade auf 95° erwärmen, kalt filtrieren und aus Sprit umkrystallisieren. Sch.-P. 110°. Wie dieses **o-Nitro-p-chlor-p-tolylsulfoanilid** sind auch die **Nitrotolylsulfamide** von p-Phenetidin (94°), p-Toluidin (98°), 2-Naphthylamin (159°), Äthyl-p-toluidin (127°), ferner die **o-Nitrophenylsulfamide** des p-Toluidins (89°), p-Phenetidins (72°), 2-Naphthylamins (156°) erhaltbar.

1804	**DRP. 163 516** Zusatz zu DRP. 157 859 E. P. 7074/05	Wie [1802], jedoch statt in wässeriger Lösung mit einem Mittel, das die zu nitrierende Substanz löst (Sprit, Benzol, Eisessig, Methylalkohol). Sehr gut rühren [1806]. — Die Nitroverbindungen geben reduziert **10-Aminosulfanilide.** Vgl. Ann. **228**, 240; Ber. **33**, 3498.

1805	**DRP. 158 662**	**4, IV-Dimethyl-7, 9-dis-phenylsulfimidobenzol** $CH_3\langle\rangle—SO_2—NH$ $(CH_3)\langle\rangle—NH—SO_2—\langle\rangle CH_3$ $= C_{20}H_{20}N_2O_4S = 416.$

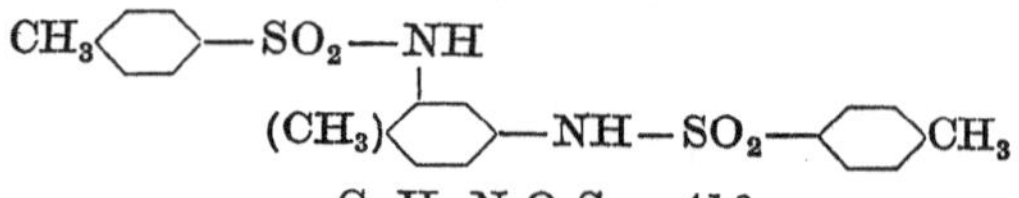

Aus m-Phenylendiamin und p-Toluolsulfochlorid nach Ber. **35**, 315. — Ebenso das **Ditoluol-p-sulfon-m-toluylendiamid** vom Sch.-P. 192°—193°.

1806	**DRP. 166 600** — DRP. 157 859 DRP. 163 516	**4, IV-Dimethyl-10-nitro-7, 9-dis-phenylsulfimidobenzol** $CH_3\langle\rangle—SO_2—NH$ $NO_2\langle\rangle—NH—SO_2—\langle\rangle CH_3$ $= C_{20}H_{19}N_3O_6S = 461.$

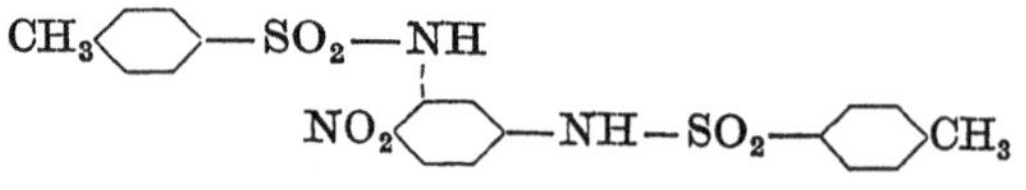

Wie [1802] m-Diaminodiarylsulfodiamide (aus 1 Mol. Diamin und 2 Mol. Arylsulfochlorid) mit verdünnter Salpetersäure in wässeriger Lösung oder nach [1804] nitrieren, wobei nur eine Nitrogruppe in p-Stellung zu einer Arylsulfamidgruppe in den Kern tritt. — Z. B.: 41,4 T. Di-p-tolylsulfo-m-phenylendiamin in 120 T. Sprit lösen, mit 40 T. Salpetersäure (22°) 15 St. unter Rückfluß kochen und das **Nitrodi-p-tolylsulfo-m-phenylendiamin** (Sch.-P. 169°) filtrieren. Mit Schwefelsäure (66°) gespalten entsteht **1-Nitro-2, 4-phenylendiamin.** — Ebenso **Nitrodi-p-tolylsulfo-m-toluylendiamin** (Sch.-P. 169°), **Nitrodiphenylsulfo-m-toluylendiamin** (Sch.-P. 185°), **Nitrodi-p-tolylsulfo-p-chlor-m-phenylendiamin** (Sch.-P. 196°) u. a., aus denen man durch Spaltung mit Schwefelsäure **Chlor-2, 4-diamino-5-nitrobenzol, 2, 4-Diamino-5-nitrotoluol** usw. erhält.

3. Zwei Benzolreste durch —N—C—N— verbunden.

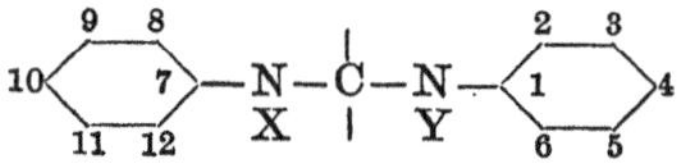

Schema: Benzolring (Stellen 7–12) —N(X)—C—N(Y)— Benzolring (Stellen 1–6)

a) Bindung —NX—CH₂—NY—.

1. X = H; Y = H.

1807	**DRP. 145 376**	**Dis-phenyliminomethan** $\langle\rangle—NH—CH_2—NH—\langle\rangle = C_{13}H_{14}N_2 = 198.$

Einwirkungsprodukt von 1 Mol. Formaldehyd auf 2 Mol. Anilin bei Anwesenheit von evtl. nur sehr geringen Mengen Alkali. (Ber. **27**, 1805.)

1808	**DRP. 156 760** — Ann. **302**, 349	**4,10-Dimethyl-dis-phenyliminomethan** $CH_3\langle\rangle—NH—CH_2—NH—\langle\rangle CH_3 = C_{15}H_{18}N_2 = 226.$

Herstellung nach Ann. **302**, 349 aus 30 T. p-Toluidin, gelöst in 100 T. Sprit mit 10 T. Formaldehyd. Man versetzt nach einigen Minuten mit Wasser bis zur Trübung und filtriert die abgeschiedenen, völlig reinen Krystalle.

1809 **DRP. 138 393** — DRP. 117 924; Ann. 302, 349; 324, 118; Ber. 27, 1804; 28, 2810; J. pr. 36, 243

Dis-phenyliminomethan-2, 8-dicarbonsäure

COOH COOH

C_6H_4—NH—CH_2—NH—C_6H_4 = $C_{15}H_{14}N_2O_4$ = 286.

27,2 T. feingepulverte Anthranilsäure in 54,4 T. Sprit suspendieren, 7,5 T. Formaldehyd (40%) einfließen lassen, mehrere Stunden kalt rühren, filtrieren, Niederschlag mit Sprit, dann mit Wasser waschen und aus Aceton umkrystallisieren, Sch.-P. 157°. Mit Säuren erhitzt erfolgt Umlagerung in die isomere **Diaminodiphenylmethandicarbonsäure**

NH_2—C_6H_3(COOH)—CH_2—C_6H_3(COOH)—NH_2.

1810 **DRP. 212 594** A. P. 932 626 — DRP. 158 543

3, 9-Dichlor-6, 12-dinitro-dis-phenyliminomethan

Cl Cl

C_6H_3—NH—CH_2—NH—C_6H_3 = $C_{13}H_{10}N_4O_4Cl_2$ = 357.

NO_2 NO_2

345 T. 3-Chlor-6-nitro-1-aminobenzol als Paste (10%) mit 30 T. Formaldehyd (30%) im geschlossenen Gefäß auf 70°—80° erwärmen, solange diazotierbare Substanz vorhanden ist, kalt filtrieren, waschen und gelinde trocknen.

1811 **DRP. 158 543** A. P. 763 756 — Ber. 25, 2762

2, 8-Dimethyl-5, 11-dinitro-dis-phenyliminomethan

CH_3 CH_3

C_6H_3—NH—CH_2—NH—C_6H_3 = $C_{15}H_{16}N_4O_4$ = 316.

NO_2 NO_2

30,5 T. 1, 2, 4-Nitrotoluidin (bzw. die Isomeren) als salzsaures Salz in Wasser eben lösen, langsam 8 T. Formaldehyd (40%) zusetzen und die gelben Krystalle aus Essigsäure und Sprit umkrystallisieren. Sch.-P. 230°. — Das Produkt aus o-Nitroanilin schmilzt bei 254°.

2. X = C_2H_5; Y = C_2H_5.

Unsubstituiert 134

3. X = OH; Y = OH.

Unsubstituiert 1812

1812 **DRP. 93 699** — DRP. 87 972; Ber. 27, 1807

Dis-phenylhydroxylaminomethan

C_6H_5—N(OH)—CH_2—N(OH)—C_6H_5 = $C_{13}H_{14}N_2O_2$ = 230.

Die Komponenten in neutraler Lösung vereinigen. Man erhält so aus 2 Mol. Phenylhydroxylamin und 1 Mol. Formaldehyd den Körper von der Zusammensetzung $C_{13}H_{14}N_2O_2$ in weißen Nadeln vom Sch.-P. 104°, der durch Erwärmen mit Säuren wieder gespalten wird.

b) Bindung —NH—C(CN)=N—.

Unsubstituiert 1813

2 (4) CH_3 1814

2 (4) CH_3—8 (10) CH_3 1814

1813 **DRP. 115 169** F. P. 291 416 — Ber. 13, 137

Phenylimino-phenylimidino-acetonitril

C_6H_5—NH—C(CN)=N—C_6H_5 = $C_{14}H_{11}N_3$ = 221.

7 T. Cyankalium (98%) + 20 T. Wasser + 30 T. Bleiweiß + 20 T. Thiocarbanilid + 50 T. Sprit langsam auf 50°—60° erwärmen, kalt verdünnen und kalt das Cyanid ausäthern. — Ebenso erhaltbar aus 20 T. Thiocarbanilid + 100 T. 40-prozentiger Paste von Bleicyanid, oder wie im 1. Beispiel statt mit Bleiweiß mit 60 T. Bleioxydpaste (67%). — Ebenso nach

1814 **Zus. DRP. 116 563** E. P. 6036/00 F. P. 291 416 Zus.

Hydrocyancarbodi-o- und p-tolylimid mit 24 T. Di-o-(bzw. -p-)tolylthioharnstoff [1831]. Aus Sprit gelbliche Prismen vom Sch.-P. 107°, die p-Verbindung schmilzt bei 124°. — Ebenso **Hydrocyancarbophenyl-o- und p-tolylimid** aus Phenyl-o-(bzw. -p-)tolylthioharnstoff [Ber. **13**, 137]. Sch.-P. 90°—91° bzw. 103°—104°.

c) Bindung —NH—C=N—.

CH:NOH

1815 **DRP. 113 848** F. P. 291 359 — Ann. **264**, 118 Ber. **5**, 251; **14**, 499; **15**, 709

Phenylimino-phenylimidino-acetaldoxim

$$C_6H_5-NH-C(=N-C_6H_5)-HC:NOH = C_{14}H_{13}N_3O = 239.$$

In ein 100° heißes Gemenge von 14 T. salzsaurem Hydroxylamin + 60 T. Wasser + 90 T. Anilin vorsichtig portionenweise 33 T. Chloralhydrat eintragen (jeweilige heftige Reaktion abwarten), das gelbe, zweischichtige Gemisch kalt in 500 T. Eiswasser + 120 T. Natronlauge (40°) gießen, das Anilin und alkaliunlösliche Nebenprodukte wegäthern, Rückstand mit Essigsäure ansäuern, ausäthern und das rückbleibende, gelbe, langsam erstarrende Öl direkt zur **Isatin**bereitung verwenden oder zur Reinigung in Essigsäure (40%) lösen, verdünnen, filtrieren und das Filtrat mit Soda fällen. Gelbliches, krystallinisches, leicht, in konz. Schwefelsäure rötlichgelb, warm blauviolett, bei 100° gelbrot lösliches Pulver vom Sch.-P. 131°—132°.

d) Bindung —NH—C=N—.

$CS\cdot NH_2$

1816 **DRP. 113 978** E. P. 15 497/99 F. P. 291 416

Phenylimino-phenylimidino-thioacetamid

$$C_6H_5-NH-C(=N-C_6H_5)-CS\cdot NH_2 = C_{14}H_{13}N_3S = 255,3.$$

Dieses Thiamid entsteht aus 20 T. des Acetonitriles [**1813**] und 50 T. gelber Schwefelammoniumlösung bei 25°—35°. Nach 2—3 Tagen das citronengelbe Pulver filtrieren. Aus Sprit goldgelbe Prismen vom Sch.-P. 161°—162°. Zur Bereitung der Schwefelammoniumlösung leitet man 3 T. Schwefelwasserstoff in 45 T. Ammoniak (21%) und löst 2,5 T. Schwefel in der farblosen Lösung. — Nach

1817 **Zus. DRP. 115 464**

geben die homologen Hydrocyancarbodialphylimide [**1814**], ebenso verarbeitet, ähnliche Thiamide:

$$CH_3C_6H_4-NH-C(=N-C_6H_4CH_3)-CS\cdot NH_2$$

e) Bindung —NX—CO—NY—.

1. X = H; Y = H.

1818 Anm. F. 34857, Kl. 12 o 25. 7. 12 Höchst

4,10-Dinitrodiphenylharnstoff

$NO_2C_6H_4-NH-CO-NH-C_6H_4NO_2 = C_{13}H_{10}N_4O_5 = 302.$

Aus 2 Mol. p-Nitroanilin und 1 Mol. Phosgen.

1819 **DRP. 47902**

Ann. 293, 377

4, 10-Diamino-diphenylharnstoff

$NH_2C_6H_4-NH-CO-NH-C_6H_4NH_2 = C_{13}H_{14}N_4O = 242.$

Herstellung nach Ber. 10, 1297 aus Diphenylharnstoff durch Nitrieren und Reduzieren.

1820 **DRP. 146914**

2, 8-Dimethyl-5, 11-diamino-diphenylharnstoff

$(CH_3)(NH_2)C_6H_3-NH-CO-NH-C_6H_3(CH_3)(NH_2) = C_{15}H_{18}N_4O = 270.$

12,2 T. m-Toluylendiamin in warmem Wasser lösen, 14,5 T. Acetat zugeben, Phosgen einleiten, Niederschlag absaugen und mit warmem Wasser auswaschen. Sch.-P. über 300°. — Ebenso **m-Phenylendiaminharnstoff** und **1, 3-Naphthylendiamin-6-sulfosäureharnstoff.**

1821 **DRP. 166680**
E. P. 26351/04
F. P. 350352

4, 10-Diamino-3, 9-dis-acetylimino-diphenylharnstoff

$NH_2(NH{\cdot}COCH_3)C_6H_3-NH-CO-NH-C_6H_3(NH{\cdot}COCH_3)NH_2 = C_{17}H_{20}N_6O_3 = 356.$

In eine Lösung von 16,5 T. Acettriaminobenzol und 15 T. Soda in 400 T. Wasser Phosgen einleiten, bis die Base verschwunden ist, filtrieren, waschen und trocknen. Farbloses, unlösliches Pulver, Sch.-P. über 300°.

1822 Anm. F. 13250, Kl. 12. 4. 2. 01 Höchst

3, 9-Dinitro-2, 8-dioxy-diphenylharnstoff

$(O_2N)(OH)C_6H_3-NH-CO-NH-C_6H_3(HO)(NO_2) = C_{13}H_{10}N_4O_7 = 346.$

o-Aminophenol in o-Stellung zur OH-Gruppe negativ substituiert, bei Gegenwart von Alkalien mit Phosgen behandeln.

1823 **DRP. 140613**
F. P. 311339

4, 10-Diamino-diphenylharnstoff-3, 9-disulfosäure

$NH_2(SO_3H)C_6H_3-NH-CO-NH-C_6H_3(SO_3H)NH_2 = C_{13}H_{14}N_4O_7S_2 = 402.$

24 T. p-Nitroaminobenzol-m-sulfosäure [918] in Wasser + 5,5 T. Soda lösen und Phosgen einleiten, bis eine mineralsaure Probe sich nicht mehr diazotieren läßt. Bis zum Schluß muß genügend Soda vorhanden und die Temperatur muß so hoch sein, daß keine Ausscheidung erfolgt. Schwach ansäuern, die Paste bzw. Lösung in kochendes Wasser + 75 T. Eisenspäne eintragen, filtrieren, den Eisenrückstand mit Soda auskochen, filtrieren, das Filtrat mit Salzsäure fällen und die farblosen Nadeln filtrieren. — Analog verarbeitet man p-Phenylendiaminmonosulfosäure.

1824 **DRP. 268658**

DRP. 140613
DRP. 277528

2, 6, 8, 12-Tetrachlor-4, 10-diamino-diphenylharnstoff

$NH_2(Cl)_2C_6H_2-NH-CO-NH-C_6H_2(Cl)_2NH_2 = C_{13}H_{10}N_4OCl_4 = 380.$

In eine wässerige Lösung von 21 T. salzsaurem 2, 6-Dichlor-p-phenylendiamin unter 20° Phosgen einleiten, zeitweise Acetat zusetzen, daß die Flüssigkeit nicht sauer wird, wenn das Amin verschwunden ist, filtrieren und gut waschen. Gibt eine schwer lösliche gelbe Diazoverbindung. — Nach

DRP. 231448 ebenso der Harnstoff aus 1, 3-Diamino-4-phenol-5-sulfosäure.

1825 **DRP. 286 752** — DRP. 160 170, DRP. 140 613

4, 10-Diamino-diphenylharnstoff-3, 5, 9, 11-tetrasulfosäure

$$NH_2\langle(SO_3H)_2\rangle-NH-CO-NH-\langle(SO_3H)_2\rangle NH_2 = C_{13}H_{14}N_4O_{13}S_4 = 562.$$

In die wässerige Lösung von 268 T. p-Phenylendiamindisulfosäure [920] und 160 T. calcinierter Soda zwischen 0° und 10° bei zeitweiliger Neutralisierung der freiwerdenden Salzsäure Phosgen einleiten. Die als Natriumsalz aussalzbare Tetrasulfosäure enthält die Sulfogruppen in m-Stellung zum Harnstoffrest und gibt eine intensiv orangegelbe Tetrazoverbindung.

1826 **DRP. 250 342** — F. P. 426 201

IV, X-Diamino-4, 10-dis-benzoylimino-diphenylharnstoff-2, 8-disulfosäure

$$NH_2\langle\rangle-CO-NH-\langle(SO_3H)\rangle-NH-CO-NH-\langle(SO_3H)\rangle-NH-CO-\langle\rangle NH_2$$
$$= C_{27}H_{22}N_6O_9S_2Na_2 = 664.$$

75 T. Na-Salz der Diaminodiphenylharnstoffdisulfosäure in 800 T. heißem Wasser + 20 T. Soda lösen, mit 50 T. geschmolzenem p-Nitrobenzoylchlorid 1/2 St. rühren, das Benzoylprodukt direkt mit 200 T. Eisen und 100 T. Essigsäure in 1/2 St. reduzieren, sodaalkalisch filtrieren und das Na-Salz der Diaminobenzoyldiaminodiphenylharnstoffdisulfosäure

$$CO\begin{cases}NH\cdot C_6H_3\cdot SO_3Na\cdot NH\cdot CO\cdot C_6H_4\cdot NH_2\\NH\cdot C_6H_3\cdot SO_3Na\cdot NH\cdot CO\cdot C_6H_4\cdot NH_2\end{cases}$$

aussalzen oder direkt auf die Faser aufziehen und weiter mit β-Naphthol entwickeln. — Ebenso reagiert die Diaminostilbendisulfosäure.

1827 **DRP. 291 351**

Ähnliche Harnstoffe und Thioharnstoffe gewinnt man durch Einleiten von Phosgen in die mit kryst. Natriumacetat versetzte, mit Soda neutralisierte Lösung des sauren Natronsalzes der durch Einwirkung von m-Nitrobenzoylchlorid auf m-Aminobenzoylaminosulfosalicylsäure erhaltenen Säure der Konstitution

$$(HOOC)(OH)(SO_3H)\langle\rangle-NH\cdot CO-\langle\rangle(NH\cdot CO-\langle\rangle NH_2)$$

Statt Phosgen einzuleiten kann man sich auch seiner polymolekularen Modifikationen, z. B. des Hexachlordimethylcarbonates bedienen.

1828 Anm. F. 33 534, Kl. 12o. 24. 4. 13 Höchst.

p-Aminobenzoyl-p-phenylendiaminsulfosäure in Gegenwart salzsäurebindender Mittel mit Phosgen behandeln.

1829 **DRP. 281 449**

IV, X-Diamino-4, 10-dis-phenylcarbimino-diphenylharnstoff-II, V, VIII, XI-tetrasulfosäure

$$NH_2-\langle(SO_3Na)_2\rangle-NH-CO-NH-\langle\rangle-NH-CO-NH-\langle\rangle-NH-CO-NH-\langle(SO_3Na)_2\rangle-NH_2$$
$$= C_{27}H_{22}N_8O_{15}S_4Na_4 = 879.$$

Nitrophenylharnstoffchlorid mit p-Phenylendiamindisulfosäure kondensieren, die erhaltene Nitroverbindung reduzieren, in Wasser lösen, bei Alkaligegenwart Phosgen einleiten.

2. X = CH₂·COOH(R); Y = CH₂·COOH(R).

1830 **DRP. 121 198**

Diphenylharnstoff-ν, ν'-dis-essigsäureäthylester

$$\langle\rangle-N(CH_2\cdot COO\cdot C_2H_5)-CO-N(CH_2\cdot COO\cdot C_2H_5)-\langle\rangle = C_{17}H_{16}N_2O_5 = 328.$$

179 T. Phenylglycinäthylester im Wasserbade schmelzen, 25 T. Chlorkohlenoxyd einleiten, Produkt mit Wasser aufnehmen. Das salzsaure Salz des verwendeten Esters scheidet sich aus, der **Carbonyldiphenylglycinester** bleibt geschmolzen. Sch.-P. 57°.

f) Bindung —NH—CS—NH—.

1831 **DRP. 116 563**

2-Methyl-diphenylthioharnstoff

C_6H_5—NH—CS—NH—$C_6H_4(CH_3)$ = $C_{14}H_{14}N_2S$ = 242.

Herstellung nach Ber. **13**, 137 aus Anilin und o- bzw. p-Tolylsenföl durch Stehenlassen in Spritlösung. — Ebenso **2, 8-Dimethyl-diphenylthioharnstoff** aus o- bzw. p-Toluidin und Schwefelkohlenstoff.

1832 **DRP. 58 204**

4, 10-Diamino-diphenylthioharnstoff

NH_2—C_6H_4—NH—CS—NH—C_6H_4—NH_2 = $C_{13}H_{14}N_4S$ = 258.

432 T. p-Phenylendiamin in Sprit oder nach

1833 **Zus. DRP. 60 152** — Ann. 221, 28

in Methylalkohol, Amylalkohol, Chloroform usw. gelöst, mit 76 T. Schwefelkohlenstoff unter Rückfluß sieden, bis die Schwefelwasserstoffentwicklung beendet ist. Kalt die Krystalle filtrieren, wiederholt mit siedendem Sprit, dann mit heißem Wasser waschen. Aus siedendem Wasser umkrystallisieren, Sch.-P. 195°. In Säuren leicht löslich. Lösungen geben unlösliche, krystallisierte Pikrate und Sulfate. Daneben entsteht der neutrale Thioharnstoff.

HN—C_6H_4—NH
└——CS——┘

1834 **DRP. 69 785**

Die p-Nitroamine in Spritlösung + 1 Mol. Alkali + überschüssigem Schwefelkohlenstoff erwärmt geben **Dinitrodialkylthioharnstoffe**, die dann reduziert werden. In Wasser schwer, in Mineralsäuren leicht löslich. Durch Säureüberschuß werden die Benzolabkömmlinge wieder ausgefällt.

1835 **DRP. 127 466**

4, 10-Dis-acetylimino-diphenylthioharnstoff

CH_3CO·NH—C_6H_4—NH—CS—NH—C_6H_4—NH·$COCH_3$
= $C_{17}H_{18}N_4O_2S$ = 342.

1 T. p-Aminoacetanilid + 20 T. Sprit + 1 T. Schwefelkohlenstoff unter Rückfluß kochen, wenn die Schwefelwasserstoffentwicklung beendet ist, kalt filtrieren. In Äther, Benzol, Säuren unlöslich. Aus Eisessig weiße Nadeln vom Sch.-P. 239°—240°. Unter Druck bei 120° mit verdünnter Natronlauge verseift, erhält man den in Wasser schwer löslichen **Diaminodiphenylsulfoharnstoff**, Sch.-P. 195° [1832], und einen sehr leicht löslichen Körper, der sich an der Luft rot färbt, vom Sch.-P. 130°.

1836 **DRP. 291 351**

Ähnliche Thioharnstoffe, z. B. der Konfiguration

C_6H_4—NH—CS—NH—C_6H_4
C_6H_4—NH·CO ... CO·NH—C_6H_4
SO_3H ... SO_3H
C_6H_3—NH·CO ... CO·NH—C_6H_3
SO_3H ... SO_3H

gewinnt man durch Kochen von 58,3 T. mit Soda neutral gelöstem saurem Natriumsalz der m-Aminobenzoyl-m-aminobenzoylanilin-2, 5-disulfosäure mit dem gleichen Volumen Alkohol, 30—40 T. Schwefelkohlenstoff und 1—2 T. Schwefel unter Rückfluß bis zum Aufhören der Schwefelwasserstoffentwicklung. Man filtriert dann nach Abdestillieren der Lösungsmittel vom Schwefel und fällt den Thioharnstoff mit Kochsalz aus.

4. Zwei Benzolreste durch —N—C—C—N— verbunden.

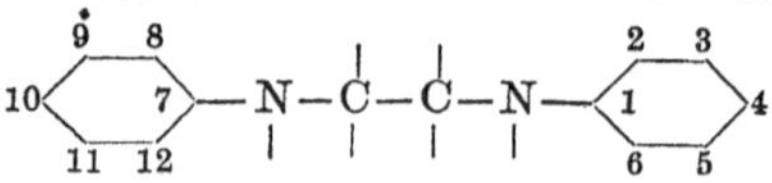

(Schema: Benzolring mit den Stellen 7, 8, 9, 10, 11, 12 —N—C—C—N— Benzolring mit den Stellen 1, 2, 3, 4, 5, 6)

a) Bindung —N=C—C=N—.
(an beiden C: Cl Cl)

Unsubstituiert 1837
2 (3) (4) CH_3—8 (9) (10) CH_3 1837

1837 **DRP. 193 633**

Ann. **279**, 181
Ber. **12**, 1065; **13**, 527; **14**, 740

Dis-phenylimidino-oxaldichlorid

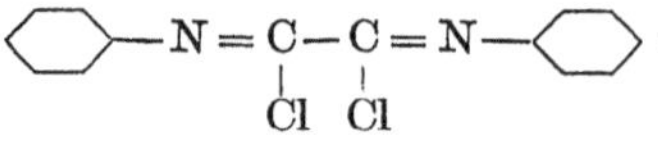

⬡—N=C(Cl)—C(Cl)=N—⬡ = $C_{14}H_{10}N_2Cl_2$ = 277.

Aus Diphenyl- bzw. Ditolyloxamid durch Kochen mit Phosphorpentachlorid in Benzol- oder Toluollösung. Di-o, m, p-tolyloxalimidchloride schmelzen bei 131°, 72° bzw. 107°. Die Diphenylverbindung schmilzt bei 115°.

b) Bindung —N=CH—CH_2—NH—.

Unsubstituiert 1838

1838 **DRP. 40 889**

α-Phenylimino-β-phenylimidino-äthan

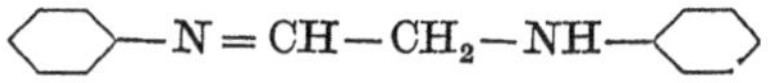

⬡—N=CH—CH_2—NH—⬡ = $C_{14}H_{14}N_2$ = 210.

Chloräthylidenanilin [**135**] mit 2 Äquiv. Anilin auf 140°—150° erhitzen. Eigenschaften wie [**135**]. Aus heißem Sprit umkrystallisieren. Sch.-P. 103°.

c) Bindung —NH—CH_2—CH_2—NH—.

Unsubstituiert 1839
2 CH_3—8 CH_3 1839
2 COOH—8 COOH 1840

1839 **DRP. 47 762**

J.-Ber. **1859**, 388

Dis-phenyliminoäthan

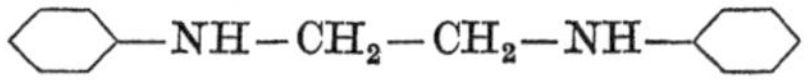

⬡—NH—CH_2—CH_2—NH—⬡ = $C_{14}H_{16}N_2$ = 212.

15 T. β-Anilidoäthylphthalimid

$C_6H_4\langle^{CO}_{CO}\rangle N\cdot CH_2\cdot CH_2\cdot NH\cdot C_6H_5$

mit 10 Vol.-T. konz. Salzsäure 3 St. kochen. Dickes Öl. S.-P. 262°—264°. (J.-Ber. **1859**, 388 und Ber. **22**, 2224.) — Analog gewinnt man nach M. f. Ch. **7**, 231 und Ber. **23**, 2031 **Äthylen-o-ditolylamin.**

1840 **DRP. 83 056**

Dis-phenyliminoäthan-2, 8-dicarbonsäure

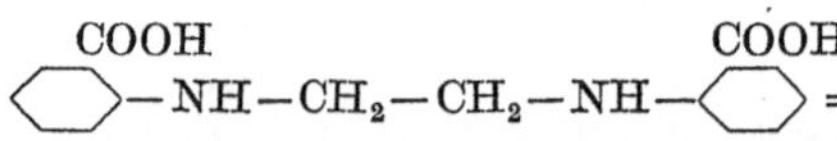

⬡(COOH)—NH—CH_2—CH_2—NH—⬡(COOH) = $C_{16}H_{16}N_2O_4$ = 300.

Aus Anthranilsäure + Äthylenbromid mit oder ohne Lösungsmittel. In Wasser fast unlöslich. Aus Nitrobenzol umkrystallisieren, Sch.-P. unter Zersetzung 231°.

d) Bindung —NH—CH_2—CO—NY—.

1. Y=H.

Unsubstituiert 1841
8 CO · NH_2 1842

1841 Anm. V. 7742, Kl. 12q. 22. 11. 10
Vaníček

Phenylimino-acetphenylimid

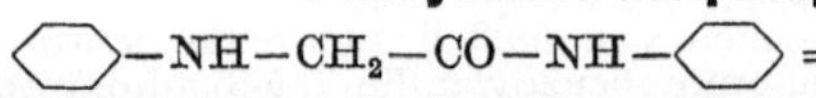

⬡—NH—CH_2—CO—NH—⬡ = $C_{14}H_{14}N_2O$ = 226.

Wasserfreie Chloressigsäure (1 Mol.) als Dampf in 3 Mol. kochendes Anilin einleiten, das Anilid abscheiden, mit Alkali verseifen und die Phenylglycinlösung eindampfen oder mit Salzsäure fällen. Vgl. ferner die Herstellung nach [**109**] und [**98**].

1842	**DRP. 135 638**	**Phenylimino-acetphenylimid-8-carbonsäureamid**
		$CO\cdot NH_2$ ⟨C₆H₄⟩—NH—CH_2—CO—NH—⟨C₆H₅⟩ = $C_{15}H_{15}N_3O_2$ = 269.
		Aus Chloracetanilid und Aminobenzamid. Sch.-P. 185°.

2. Y = $CH_2\cdot COOH$.

1843	**DRP. 141 749** — J. pr. **40**, 432 Ber. **22**, 1803	**ν-Phenyliminoacetyl-phenyliminoessigsäure**
		⟨C₆H₅⟩—NH—CH_2—CO—N(—$CH_2\cdot COOH$)—⟨C₆H₅⟩ = $C_{16}H_{16}N_2O_3$ = 284.

Herstellung des Phenylglycinphenylglycids nach J. pr. **40**, 432 und Ber. **22**, 1803 aus Bromacetylphenylglycin und Anilin bzw. aus Diphenyldiazidihydropiazin. — Ebenso **2, 8-Dimethyl-ν-pheniliminoacetyl-phenyliminoessigsäure** nach J. pr. **38**, 307 aus Di-o-(p-)-tolyldiazidihydropiazin.

e) Bindung —NH—CO—CO—NH—.

1844	**DRP. 262 327** — Ber. **10**, 1129	**2, 8-Dimethyloxal-dis-phenylimid**
		CH_3 ⟨C₆H₄⟩—NH—CO—CO—NH—⟨C₆H₄⟩ CH_3 = $C_{16}H_{16}N_2O_2$ = 252.

Gleiche Mengen o-Toluidin und Oxalsäure bis zum Aufhören der Gasentwicklung erhitzen, Schmelze kalt pulvern, mit Sprit und verdünnter Salzsäure waschen; aus Toluol oder Eisessig Nadeln vom Sch.-P. 211°.

1845	**DRP. 65 212** — Lit. wie [533]	**Oxal-disphenylimid-disulfosäure**
		⟨C₆H₅⟩—NH—CO—CO—NH—⟨C₆H₅⟩ } SO_3Na, SO_3Na = $C_{14}H_{10}N_2O_8S_2Na_2$ = 444.

24 T. Oxanilid mit 144 T. Schwefelsäure (66°) im Wasserbade sulfieren wie [533]. Leicht aussalzbar, wurde nicht krystallisiert erhalten, zerfällt an der Luft, namentlich in der Wärme in kleine Krystallaggregate.

1846	**DRP. 156 177** — Ann. **153**, 132; **268**, 321 Ber. **3**, 221; **35**, 185; **33**, 2364	**4, 10-Dimethyl-3, 9-diaminooxal-disphenylimid**
		NH_2 CH_3⟨C₆H₃⟩—NH—CO—CO—NH—⟨C₆H₃⟩CH_3 NH_2 = $C_{16}H_{18}N_4O_2$ = 298.
		Berechnete Mengen m-Toluylendiamin und Oxalsäure auf 100° bis 225° erhitzen, bis das Gewicht des abdestillierten Wassers der Theorie entspricht. Gelbliches Pulver, Sch.-P. 180°—220° je nach der Abscheidungsart und Reinheit. Gibt eine Tetrazoverbindung.

1847	**DRP. 65 212** — Lit. wie [533]	**2, 8-Dinitro-oxal-disphenylimid-disulfosäure**
		NO_2 ⟨C₆H₄⟩—NH—CO—CO—NH—⟨C₆H₄⟩ NO_2 } SO_3Na, SO_3Na = $C_{14}H_8N_4O_{12}S_2Na_2$ = 534.

Die 40°—50° warme Sulfierungsmasse von Oxanilid und Schwefelsäure [533] allmählich bei gewöhnlicher Temperatur mit Salpeter- oder Salpeter-Schwefelsäure nitrieren. Mit Wasser fällen, aussalzen. Wird mit Ätzalkalien tiefrot.

1848 **DRP. 74058** **2, 8-Dimethyl-4, 6, 10, 12-tetranitro-oxal-diphenylimid**

$NO_2(CH_3)C_6H_2(NO_2)—NH—CO—CO—NH—C_6H_2(CH_3)(NO_2)NO_2 = C_{16}H_{12}N_6O_{10} = 448.$

Oxal-o-toluid mit heißer, rauchender Salpetersäure, oder Schwefelsäure + Salpetersäure nitrieren. In organischen Lösungsmitteln fast unlöslich, in Eisessig kaum löslich. Sch.-P. über 300°. — Aus Oxalanilid ebenso **Tetranitrooxanilid.**

VII. Benzolreste durch —O— und Ketten verbunden, die mit —O— beginnen.

(Schema: Ring mit Stellen 7, 8, 9, 10, 11, 12 —O— Ring mit Stellen 1, 2, 3, 4, 5, 6)

1. Bindung —O—.

Unsubstituiert	1849, 1850
2 (3) (4) CH_3	1849, 1850
2 COOH	1851, 1852
2 $O·CH_3$	1850
Br—Br	1853
4 Cl—2 NO_2	1854
4 (8) (10) Cl—8 (2) (4) NH_2	1855, 1856
2 (3) (4) CH_3—8 (9) (10) CH_3	1850
2 (4) CH_3—8 COOH	1852
2 (3) (4) CH_3—8 (10) NH_2	1856
2 $NO_2(NH_2)$—4 SO_3H	1857
4 NH_2—3 (10) SO_3H	1858
SO_3H—SO_3H	1858
4 Cl—8 Cl—10 NO_2	1854
2 (4) Cl—8 (10) Cl—4 (2) NH_2	1855
4 Cl—2 NH_2—9 (10) CH_3	1855
2 CH_3—8 NH_2—10 SO_3H	*1856*
10 NO—2 NO_2—4 NO_2	*1859*
2 NO_2—4 NO_2—6 NO_2	*1863*
4 NO_2—6 NO_2—2 SO_3H	1861
4 NH_2—10 NH_2—2 SO_3H	1861
2 OH—5 OH—11 OH	1862
8 CH_3—10 NO—2 NO_2—4 NO_2	1860
2 NO_2—4 NO_2—6 NO_2—10 NO_2	1863
4 NO_2—10 NO_2—3 SO_3H—6 SO_3H	1861
2 OH—5 OH—8 OH—9 OH	1862
2 NO_2—4 NO_2—6 NO_2—8 NO_2—10 NO_2	1863
2 NO_2—4 NO_2—6 NO_2—8 NO_2—10 NO_2—11 (12) NO_2	*1863*
4 NH_2—10 $O·(C_6H_4$—IV $NH_2)$	1865
9 (10) (11) subst.—4 $NH·C_6H_3·(NO_2)_2(NH_2)_2$	1737, 1738

1849 **DRP. 58001** — Ber. **23**, 3705

Diphenyläther $C_6H_5—O—C_6H_5 = C_{12}H_{10}O = 170.$

10 T. Anilin in 100 T. Wasser + 30 T. Salzsäure lösen, mit 7,5 T. Nitrit in 15 T. Wasser diazotieren, Diazoverbindung mit je 30 T. Phenol 3-mal durchschütteln, die Phenolauszüge in kleinen Mengen in einem mit einem Kühler versehenen Gefäße in der Wärme zersetzen, Wasser abziehen, Rückstand destillieren. Zwischen 200°—350° gehen die Produkte der Reaktion über. Diese in 30 T. Toluol warm lösen, mehrere Male mit warmer Natronlauge (5%) durchschütteln, Toluollösung fraktioniert destillieren; der **Phenoläther** geht zwischen 240° und 290° über (Ber. **3**, 747), rein S.-P. 255°—258°. — Die Natronlaugenlösung mit Salzsäure fällen, Niederschlag durch Destillation oder Umkrystallisierung aus Eisessig reinigen. Man gewinnt so das bekannte **p-Oxydiphenyl,** Sch.-P. 165°, S.-P. 300°. (Ann. **209**, 308.) In der salzsauren Mutterlauge ist **o-Oxydiphenyl** enthalten, aus Petroläther harte Krystalle, Sch.-P. 67°, S.-P. 270°. — Ebenso: **Phenyl-o- und p-tolyläther,** S.-P. 263° bzw. 278°; **Phenyl-1-naphthyläther,** Sch.-P. 50°, S.-P. 340°; **p-Oxyphenyl-o-tolyl,** S.-P. 300°; **p-Oxyphenyl-p-tolyl,** Sch.-P. 155°, S.-P. 330°; **p-Oxyphenyl-1-naphthyl,** S.-P. 370°; **o-Oxyphenyl-p-tolyl,** S.-P. 280°.

1850 **DRP. 269543** — E. P. 9797/13 — Ber. **29**, 1446; **30**, 739

Aus trockenen Phenolaten in den betreffenden Phenolen gelöst, mit Chlorbenzol ohne Katalysatoren. — 470 T. Phenol mit 560 T. Kalilauge (50%) zur Trockne dampfen, das Phenolat in 450 T. Phenol lösen, mit 1120 T. Chlorbenzol im Autoklaven 10—20 St. auf 200°—220° erhitzen, zur Neutralisierung des Phenols die nötige Menge Kalilauge zusetzen, den Chlorbenzolrest und Diphenyläther mit Dampf übertreiben und den Rückstand durch wiederholte Destillation reinigen. Ausbeute 622 T. reines Produkt vom Sch.-P. 28°, S.-P. 115°—116° (7 mm). — Ebenso **p-, o- und m-Kresylphenyläther** aus p-, o- bzw. m-Kresol, S.-P. 122°—123° bzw. 120°—121° bzw. 120°—121° (je bei 7 mm) und **Guajakylphenyläther.**

1851 **DRP. 150 323** — Ber. 21, 502; 37, 853

Diphenyläther-2-carbonsäure $C_6H_5-O-C_6H_4(COOH)$ $= C_{13}H_{10}O_3 = 214.$

Wie [370, 1604]. 20 T. o-chlorbenzoesaures Kali in 80 T. Phenol lösen, mit 0,1 T. Kupferbronze oder -pulver kochen, mit Dampf aus der grünen Lösung das Phenol entfernen, den rückbleibenden Äther in Soda lösen und mit Salzsäure fällen. Sch.-P. 113°. — Oder nach

1852 **Zus. DRP. 158 998** F. P. 347 734

In die Schmelze von 3,5 T. Natriumphenolat, 4 T. Phenol und 5 T. o-chlorbenzoesaurem Kalium bei 120° 0,1 T. Kupferpulver eintragen, auf 180°—190° erhitzen, der entstandenen Krystallmasse mit einem Lösungsmittel das Phenol entziehen, den Rückstand mit Schwefelsäure zersetzen und aus Benzol und Ligroin umkrystallisieren. Sch.-P. 113°. — Ebenso: **o- und p-Kresyläther-o-carbonsäure** mit 4,7 T. o-(p-)Kresol und 3,8 T. o-(p-)Kresolnatrium, Sch.-P. der Äthersäuren 130° bzw. 117°; ferner **2-Naphtholäther-o-carbonsäure**, Sch.-P. 121°, aus 6,1 T. 2-Naphthol, 5 T. 2-Naphtholnatrium und o-chlorbenzoesaurem Kali.

1853 **DRP. 248 655**

Dibrom-diphenyläther $C_6H_5-O-C_6H_5\}Br_2 = C_{12}H_8OBr_2 = 328.$

Bromieren von Diphenyläther nach Ann. 159, 210.

1854 Anm. F. 26 723, Kl. 12q. 9. 12. 09 Elberfeld

4-Chlor-2-nitro-diphenyläther

$C_6H_5-O-C_6H_3(NO_2)Cl = C_{12}H_8NO_3Cl = 250.$

2-Nitro-1, 4-dichlorbenzol mit Phenolen oder 4-Nitro-1, 2-dichlorbenzol (ebenso o- oder p-Nitrochlorbenzol) mit Halogenphenolen bei Gegenwart von Alkalien im Überschuß des Phenols oder in einem Verdünnungmittel erhitzen. — Über vom **Phenyloxyanilin** $C_6H_5 \cdot O \cdot C_6H_4 \cdot NH_2$ ableitbare Azofarbstoffe siehe Bull. Soc. Chim. **1912**, 1014.

1855 **DRP. 216 642** — Ber. 29, 1446

4-Chlor-8-amino-diphenyläther

$C_6H_5-O-C_6H_3(NH_2)Cl = C_{12}H_{10}NOCl = 220.$

o- oder p-Nitrochlorbenzol auf Halogenphenole oder -kresole oder: 2-Nitro-1, 4-dichlorbenzol (4-Nitro-1, 2-dichlorbenzol) auf Phenole oder Kresole einwirken lassen, Produkte reduzieren. Man erhält so: **o-Amino-p-chlorphenyläther,** aus verdünntem Sprit, Sch.-P. 45°; **o-Amino-p-chlorphenyl-m-tolyläther**, destilliert S.-P. 210° (17 mm), Sch.-P. 43,5°; **o-Amino-p-chlorphenyl-p-tolyläther,** aus verdünntem Sprit, Sch.-P. 55,5°; **o-Amino-o′-chlorphenyläther,** S.-P. 197° (23 mm); **o-Amino-p′-chlorphenyläther,** S.-P. 208° (26 mm); **o-Amino-p-chlorphenyl-o′-chlorphenyläther,** S.-P. 219° (20 mm); **o-Amino-p-chlorphenyl-p′-chlorphenyläther,** aus verdünntem Sprit, Sch.-P. 65°; **p-Amino-o′-chlorphenyläther,** aus Sprit, Sch.-P. 82,5°; **p-Amino-p′-chlorphenyläther,** aus Sprit, Sch.-P. 100°; **p-Amino-o-chlorphenyl-p′-chlorphenyläther,** aus Ligroin, Sch.-P. 74°. — Die Äther geben zumeist mit Oleum (20%) oder Monohydrat Sulfosäuren. Weitere Eigenschaften im Original. — Ebenso werden die nicht halogenisierten Aminophenyläther allgemein erhalten nach

1856 **DRP. 220 722** E. P. 24 487/09 F. P. 408 225

durch Reduktion der Kondensationsprodukte von Nitrohalogenbenzolen mit Phenolen. — So wurden erhalten: **o-Aminophenyl-o′-, -m′-, -p′-tolyläther,** S.-P. 196° (23 mm), 204° (34 mm), 193° (20 mm); **p-Aminophenyl-o′-, -m′-, -p′-tolyläther,** Sch.-P. 62°, 79°, 121,5° und aus o-Kresol und o-Nitrochlorbenzolsulfosäure die **o-Aminophenyl-o′-tolyl-p-sulfosäure,** die aus Wasser in weißen Blättern krystallisiert.

1857 **DRP. 156 156**

2-Amino-diphenyläther-4-sulfosäure

$C_6H_5-O-C_6H_3(NH_2)SO_3H = C_{12}H_{11}NO_4S = 265.$

o-Nitrochlorbenzolsulfosaures Natrium und Phenolnatrium einige Zeit in wässeriger Lösung erhitzen und das Produkt reduzieren. Weiße, glänzende Blätter der freien Säure, die in Wasser schwer löslich sind. Die isomere **4-Aminophenyläther-10-sulfosäure** erhält man nach

1858 **DRP. 169 357** E. P. 9325/05

durch langsames Erwärmen von p-Aminophenyläther mit konz. Schwefelsäure auf 80°—100°. Die Sulfogruppe ist im nicht-amidierten Kern. Schließlich die **4-Aminophenyläther-3-sulfosäure** in folgender Weise: 186 T.

p-Aminophenyläther in wenig Wasser suspendieren, 100 T. konz. Schwefelsäure zugeben, bei 100° eintrocknen, die Masse 12 St. bei 180° backen, in Wasser + 110 T. Soda lösen und den unveränderten Äther z. B. mit Benzol entfernen. Das Na-Salz in heißem Wasser gelöst, filtriert und das Filtrat mit Salzsäure zersetzt, gibt die freie Sulfosäure. Aus Wasser feine Blättchen. Charakteristisches Kupfersalz. Das Na-Salz ist schwer löslich, noch schwerer die Erdalkalisalze. — Phenyläther selbst gibt mit konz. H_2SO_4 bei 100° **Diphenyläther-disulfosäure.** In jedem Kern ist je eine Sulfogruppe.

1859 **DRP. 144 765** — Ber. 37, 1516

2, 4-Dinitro-10-nitroso-diphenyläther

$NO\langle\rangle—O—\langle\rangle(NO_2)NO_2 = C_{12}H_7N_3O_6 = 241.$

1 T. Nitrosophenol, 1,1 T. Acetat, 1,7 T. 1, 2, 4-Chlordinitrobenzol nacheinander in 10 T. Sprit bei 50° lösen. Die Krystallausscheidung ist nach 12 St. beendet. Filtrieren und mit wenig Sprit, verdünnter Sodalösung und Wasser waschen, Sch.-P. 165° (= **Chinonoxim-2, 4-dinitrophenyläther** $O:C_6H_4:N—O—C_6H_3(NO_2)_2$). — Nach

1860 **Zus. DRP. 148 280**

erhält man aus Nitroso-o-kresol ebenso den **Toluchinonoximdinitrophenyläther** vom Sch.-P. 154°. — Über Dinitrophenyläther des 3-Chlor-4-aminophenols und 4-Aminophenols siehe Ber. 37, 1516.

1861 **DRP. 192 891** — Ber. 29, 1446

4, 10-Diamino-diphenyläther-2-sulfosäure

$NH_2\langle\rangle—O—\langle\rangle(SO_3H)NH_2 = C_{12}H_{12}N_2O_4S = 280.$

p-Nitrochlorbenzolsulfosäure und p-Nitrophenolnatrium bzw. seine Sulfosäure kondensieren und die Nitrogruppen reduzieren.

1862 **DRP. 95 565** — DRP. 101 607; Ber. 30, 1464; 30, 2563

2, 5, 9-Trioxy-diphenyläther $\langle\rangle(OH)—O—\langle\rangle(OH)(OH) = C_{12}H_{10}O_4 = 218.$

10,8 T. Benzochinon (15,8 T. 1- oder 2-Naphthochinon) und 12 T. Resorcin (13 T. Pyrogallol) kurze Zeit auf 130° erhitzen (oder in Spritlösung mit 50 T. Schwefelsäure (50%) im Wasserbade erwärmen), bis die Schmelze farblos ist. Im Vakuum destillieren bzw. nach Wasserzusatz filtrieren. Farblose Krystalle; die alkalischen Lösungen färben sich an der Luft grün bis blau oder braun.

1863 **DRP. 81 970** — DRP. 281 053

2, 4, 6, 8, 10-Pentanitro-diphenyläther

$NO_2\langle\rangle(NO_2)—O—\langle\rangle(NO_2)(NO_2)NO_2 = C_{12}H_5N_5O_{11} = 395.$

1 T. **Tri- und Tetranitrophenyläther** (aus Trinitrochlorbenzol + Phenol- bzw. Nitrophenolalkali) in konz. Schwefelsäure lösen, mit je 5 T. Salpetersäure und Schwefelsäure bei Wasserbadtemperatur nitrieren, in Wasser gießen, weißes Krystallpulver aus Eisessig umkrystallisieren; glänzende Nadeln, Sch.-P. 210°. In Wasser unlöslich, in Sprit schwer, in Aceton leicht löslich.

1864 **DRP. 281 053**

2, 4, 5, 8, 10, 11-Hexanitro-diphenyläther

$NO_2\langle\rangle(NO_2)(NO_2)—O—\langle\rangle(NO_2)(NO_2)NO_2 = C_{12}H_4N_6O_{13} = 440.$

Di-, Tri-, Tetra- und Pentanitrosubstitutionsprodukte des Diphenyläthers, die in jedem der beiden Kerne mindestens eine Nitrogruppe in m-Stellung zum Sauerstoff enthalten, in der Wärme weiternitrieren. — Produkt ist neutral, auch bei längerem Lagern bei höherer Temperatur beständig und schmilzt bei 296°. Das symmetrische Hexanitroprodukt (Anhydrid der Pikrinsäure) ist nur sehr schwer erhaltbar.

1865 **DRP. 178 803** — E. P. 9695/06; F. P. 365 582

4, IV-Diamino-10-phenoxy-diphenyläther

$NH_2\langle\rangle—O—\langle\rangle—O—\langle\rangle NH_2 = C_{18}H_{16}N_2O_2 = 292.$

Einwirkungsprodukt von trockenem Hydrochinonkalium auf p-Nitrochlorbenzol reduzieren. — Aus Sprit Nadeln, Sch.-P. 170°. In organischen Lösungsmitteln leicht löslich. Das salzsaure Salz ist in Wasser leicht löslich und mit konz. Salzsäure fällbar.

2. Bindung $—O—SO_2—$.

1866 **DRP. 162 322** A. P. 765 597 F. P. 338 908 — C. Bl. 1900, I, 543

Benzolsulfosäure-phenolester-8-aldehyd

CHO

⬡—O—SO_2—⬡ = $C_{13}H_{10}O_4S$ = 262.

500 T. **Benzolsulfosäure-o-kresolester** (erhalten aus Benzolsulfochlorid und Kresol in verdünnter wässeriger Natronlauge) mit 800 T. Schwefelsäure (70—80%) und 300 T. Braunsteinpulver im Wasserbade anwärmen. Selbsterwärmung auf 100°. Nach 4—5 St. mit 900 T. Wasser verdünnen, Öl abheben, mit kalter Sodalösung (Überschuß) verrühren und aus dem Filtrat mit Salzsäure den Esteraldehyd (Sch.-P. 130°) fällen. Rohprodukt mit 250 T. Bisulfitlauge (40°) verrühren, die Bisulfitverbindung des Aldehydesters in Wasser lösen, nach Abtrennung des unveränderten Kresolesters mit Säure oder Alkali zerstören, die ölige, bald erstarrende Masse absaugen und waschen und den **Salicylaldehydbenzolsulfosäureester** aus Sprit umkrystallisieren (Sch.-P. 55°). — Ebenso werden die Benzol- und Toluolsulfosäureester der beiden anderen Kresole verarbeitet. Den **Salicylaldehyd-p-toluolsulfosäureester** gewinnt man ferner nach

1867 **DRP. 185 547** durch Behandlung des Salicylaldehydes als Na-Verbindung mit p-Toluolsulfochlorid in wässeriger Lösung bei 70°—75°, bis die gelbe Farbe verschwunden ist. Aus Ligroin oder Benzol umkrystallisieren. Sch.-P. der Körper zwischen 60° und 70°. — Vgl. [576].

1868 **DRP. 76 493**

8-Oxy-benzolsulfosäure-phenolester-10-aldehyd

OH

CHO⬡—O—SO_2—⬡ = $C_{13}H_{10}O_5S$ = 278.

400 T. Protocatechualdehyd in 10 000 T. Wasser lösen, mit Eis kühlen, Lösung von 510 T. Benzolsulfochlorid in 5000 T. Äther zusetzen, langsam unter starkem Rühren die Lösung von 730 T. Natronlauge (15% Ätznatron) in 5000 T. Wasser zufließen lassen. Nach Verschwinden des Sulfochlorides dieselbe Menge Natronlauge zusetzen, Äther entfernen, alkalische Lösung mit Salzsäure fällen. Allmählich erstarrendes Öl.

1869 **DRP. 195 226** — C. 1900, I, 543 Ber. 34, 241; 41, 1870 DRP. 194 951

2-Methyl-8-amino-benzolsulfosäure-phenolester-10-sulfosäure

NH_2 CH_3

SO_3H⬡—O—SO_2—⬡ = $C_{13}H_{13}NO_6S_2$ = 343.

21,4 T. o-nitrophenolsulfosaures Natrium und 10,6 T. Soda in 400 T. Wasser lösen, bei 60°—70° 19,1 T. p- oder o-Toluolsulfochlorid eintragen, stark rühren, kalt das Na-Salz des p- bzw. o-Toluolsulfosäure-2-nitro-4-sulfophenolesters filtrieren und die NO_2-Gruppe reduzieren. — Ebenso **Benzolsulfosäure-2, 4-dinitrophenolester** aus Benzolsulfochlorid und 2, 4-Dinitrophenol und **p-Tolylsulfosäure-o-nitrophenolester** aus p-Toluolsulfochlorid mit o-Nitrophenol.

3. Bindung $—O—CO—O—$.

4. Bindung $—O—CH_2—CH_2—O—$.

1870 **DRP. 47 301**

4, 10-Diamino-diphenylglykoläther

NH_2⬡—O—CH_2—CH_2—O—⬡NH_2 = $C_{14}H_{16}N_2O_2$ = 244.

Aus p-Aminophenol-(p-Nitrophenol-)äthylenäther (J. pr. 27, 206). Äthylen-dis-nitrophenyläther gewinnt man durch Erhitzen von 2 Mol. Nitrophenolnatrium mit 1 Mol. Äthylenbromid im Rohr auf 140°.

1871 **DRP. 289 290** **Diaminodiphenyläthylenäther-Pyrazolonderivate**

(Pyraz.)N⟨C₆H₄⟩—O·CH_2·CH_2·O—⟨C₆H₄⟩N·Pyraz.

Wie [1212] aus dem Hydrazin des Diaminodiphenyläthylenäthers mit Acetessigester.

5. Bindung —O·SO·O—.

Unsubstituiert 1872

1872 **DRP. 303 033** **Diphenylsulfit** ⟨C₆H₅⟩—O·SO·O—⟨C₆H₅⟩ = $C_{12}H_{10}SO_3$ = 234.

In 11,9 T. Thionylchlorid und 30 T. Schwefelkohlenstoff unter Kühlung die Mischung von 18,8 T. Phenol, 16 T. Pyridin und 100 T. Schwefelkohlenstoff langsam zutropfen lassen, vom Pyridinsalz filtrierte CS_2-Lösung abdunsten, zurückbleibende Flüssigkeit 2 St. bei 50° unter 12—15 mm Druck im Vakuum behandeln, dann im selben Vakuum bei 185° destillieren. Wasserhelle, leicht brechende Flüssigkeit. — Ebenso **Ditolylsulfit, Dinaphthylsulfit** und deren Halogenderivate.

VIII. Benzolreste durch —S— und Ketten verbunden, die mit —S— beginnen.

1. Bindung —SX—

(Schema: 10⟨9 8 / 11 12 ⟩7—S(X)—1⟨2 3 / 6 5⟩4)

a) X = unsubstituiert.

4 OH(O·R) 1873	4 NH_2—10 NH_2—2 SO_2H—8 SO_3H . . . 1880
12 COOH 1873	2 OH—5 OH—8 OH—11 OH 1881
4 Cl—10 Cl 1874	4 Cl—10 Cl—2 OH—5 OH—8 OH—11OH 1881
4 CH_3—10 OH 1873	3 CH_3—5 CH_3—9 CH_3—11 CH_3—2 NH_2—8 NH_2 2233
8 COOH—NO_2 1875	5 CH_3—11 CH_3—2 NH_2—4 NH_2—8 NH_2—10 NH_2 1882
3 COOH—4 OH 1873	2 NO_2—4 NO_2—6 NO_2—8 NO_2—10 NO_2—12 NO_2 1883
4 $NO_2(NH_2)$—10 $NO_2(NH_2)$—2 SO_3H . . 1880	2 NH_2—4 NH_2—5 NH_2—8 NH_2—10 NH_2—12 NH_2 1884
2 CHO—8 CHO—4 NO_2—10 NO_2 . . . 1876	
4 CHO—10 CHO—2 NO_2—8 NO_2 . . . 1876	
2 NO_2—4 NO_2—8 NO_2—10 NO_2 . 1877, 1878	
2 NH_2—4 NH_2—8 NH_2—10 NH_2 1879	
4 NO_2—10 NO_2—2 SO_3H—8 SO_3H . . . 1880	

1873 **DRP. 147 634** **4-Oxy-diphenylsulfid** ⟨C₆H₅⟩—S—⟨C₆H₄⟩OH = $C_{12}H_{10}OS$ = 202.

92 T. Phenol + 138 T. Benzolsulfinsäure 1—2 St. im Wasserbade erwärmen, Dampf einleiten, solange das Destillat die Phenolreaktion mit Eisenchlorid gibt, Rückstand ausäthern, das erhaltene Gemenge des Oxysulfides und hochsiedender Öle mit Natriumäthylat und Jodmethyl esterifizieren und fraktioniert destillieren. Bei 180°—185° unter 12 mm Druck geht **Oxydiphenylsulfidmethyläther** als lauchartig riechendes Öl über. Mit konz. Salzsäure bei 180° verseift, erhält man Oxydiphenylsulfid als bräunliches Öl. — Einfacher wird es in reiner Form durch Destillation des Rohöles mit überhitztem Dampf gewonnen. — Aus Salicylsäure und Benzolsulfinsäure ebenso **Oxydiphenylsulfidcarbonsäure** (Sch.-P. 168°), mit p-Toluolsulfinsäure: **Oxyphenyltolylsulfid,** usw. — Über die Bildung der **Phenylthiosalicylsäure**

⟨C₆H₄(COOH)⟩—S—⟨C₆H₅⟩

aus Thiophenolnatrium und o-chlorbenzoesaurem Kali siehe Ber. 37, 4526.

1874 **DRP. 248 655** **4, 10-Dichlor-diphenylsulfid**

Cl⟨C₆H₄⟩—S—⟨C₆H₄⟩Cl = $C_{12}H_8Cl_2S$ = 255.

Im Thioanilin die Aminogruppen über die Diazoverbindung durch Chlor ersetzen.

1875 | Anm. F. 28 890 Kl. 12 q 14. 7. 10 Elberfeld

Nitro-diphenylsulfid-8-carbonsäure

COOH
⟨⟩—S—⟨NO_2⟩ $= C_{13}H_9NO_4S = 275.$

Thiosalicylsäure in wässeriger Lösung mit Halogennitrobenzolen erhitzen.

1876 | **DRP. 219 839**

2, 8-Dinitro-diphenylsulfid-4, 10-dialdehyd

NO_2 NO_2
CHO⟨⟩—S—⟨⟩CHO $= C_{14}H_8N_2O_6S = 332.$

37,1 T. 4-Chlor-3-nitrobenzaldehyd in 100 T. Sprit lösen, bei 70° eine Lösung von 50 T. Natriumthiosulfat in 150 T. Wasser zugeben, 45 Min. kochen und die gelben Krystalle heiß filtrieren. Aus Eisessig schwefelgelbe Krystalle vom Sch.-P. 195°. — **4, 10-Dinitro-2, 8-benzaldehydsulfid** (aus Eisessig, Sch.-P. 297°) bildet sich ebenso aus 2-Chlor-5-nitrobenzaldehyd, jedoch erst nach mehrstündigem Erhitzen.

1877 | **DRP. 94 077** — Ber. 18, 331; 29, 2362

2, 4, 8, 10-Tetranitro-diphenylsulfid

NO_2 NO_2
NO_2⟨⟩—S—⟨⟩NO_2 $= C_{12}H_6N_4O_8S = 366.$

Lösung von 20,4 T. Chlordinitrobenzol (1, 2, 4) in 50 T. Sprit in eine siedende Lösung von 25 T. Natriumthiosulfat in 75 T. Wasser einfließen lassen. Nach $^1/_2$ St. filtrieren, waschen und trocknen. — Oder:

1878 | **DRP. 144 464** — Ann. 197, 75

40 T. o, p-Dinitrochlorbenzol unter Wasser bei 60° schmelzen, mit einer 60° warmen Lösung von 150 T. Schwefelnatrium in 200 T. Wasser 2 St. auf 80°—90° erwärmen, filtrieren und waschen. In Wasser, Sprit, Benzol oder Ligroin unlöslich, in kochenden, verdünnten Säuren zum Teil löslich.

1879 | **DRP. 86 096** — Ber. 8, 849; 17, 2658

2, 4, 8, 10-Tetraamino-diphenylsulfid

NH_2 NH_2
NH_2⟨⟩—S—⟨⟩NH_2 $= C_{12}H_{14}N_4S = 246.$

10,8 T. m-Phenylendiamin in 80 T. Sprit lösen, mit 6,4 T. Schwefel unter Rückfluß kochen, bis die Schwefelwasserstoffentwicklung beendet ist. Sprit abdestillieren, den öligen Rückstand in verdünnter Salzsäure lösen, filtrieren und aus dem Filtrat mit Soda die Base ausfällen. Nur in Aceton, Eisessig oder Essigäther leicht löslich. Aus Aceton + Sprit grüngelbe Nadeln, Sch.-P. 73°. Das salzsaure Salz ist leicht, das Sulfat schwer löslich.

1880 | **DRP. 210 564** — Ber. 39, 611 DRP. 192 890

4, 10-Diamino-diphenylsulfid-2, 8-disulfosäure

SO_3H SO_3H
NH_2⟨⟩—S—⟨⟩NH_2 $= C_{12}H_{12}N_2O_6S_3 = 376.$

25,7 T. p-nitrothiophenolsulfosaures Natrium in konz. Lösung mit der zur Thiophenolatbildung nötigen Menge Natronlauge und der Lösung von 26 T. p-chlornitrobenzolsulfosaurem Natrium in 100 T. Wasser 3—4 St. unter Rückfluß kochen. Kalt krystallisiert das Na-Salz der **Dinitrodiphenylsulfiddisulfosäure** als gelbes Pulver aus. Filtrieren, in alkalischer Lösung mit Zinkstaub kochen, die entfärbte Lösung filtrieren, das Filtrat ansäuern und die grauen Krystalle der **Thioanilindisulfosäure** filtrieren. Mit p-Nitrothiophenol (15,5 T.) entsteht ebenso die **Thioanilinmonosulfosäure.**

1881 | **DRP. 175 070**

2, 5, 8, 11-Tetraoxy-diphenylsulfid

OH OH
⟨⟩—S—⟨⟩ $= C_{12}H_{10}O_4S = 250.$
OH OH

Hydrochinonmercaptane [966] und Chinon in molekularen Mengen in indifferenten Lösungsmitteln in Reaktion bringen. Das erhaltene **Dihydrochinonmonosulfid** bildet farblose Krystalle vom Sch.-P. 227°—229°. Das Mono-Na-Salz des Hydrochinonmercaptans gibt mit Jod das **Dihydrochinondisulfid** vom Sch.-P. 183°. — Ebenso gibt das Di-Na-Salz des Hydrochinondimercaptans mit Jod die entsprechende Verbindung als gelbes, hochschmelzendes Krystallpulver. — Analog die Sulfide aus Chlorhydrochinonmercaptanen.

1882 **DRP. 86 096** — Lit. wie [1879]

5, 11-Dimethyl-2, 4, 8, 10-tetraaminio-diphenylsulfid

NH_2-(NH₂, CH₃)C₆H₂—S—C₆H₂(NH₂, CH₃)-NH_2 $= C_{14}H_{18}N_4S = 274.$

Wie [1879]. Sch.-P. 145°. Kleine Warzen.

1883 **DRP. 275 037** — DRP. 94 077

2, 4, 6, 8, 10, 12-Hexanitro-diphenylsulfid

NO_2-(NO₂)₂C₆H₂—S—C₆H₂(NO₂)₂-NO_2 $= C_{12}H_4N_6O_{12}S = 456.$

100 T. 1-Chlor-2, 4, 6-trinitrobenzol mit 19 T. Magnesiumcarbonat und 400 T. Sprit sieden, allmählich 50 T. Natriumthiosulfat (nur 1 Mol.!) zugeben, das krystallinische Produkt abschleudern und mit Sprit, verdünnter Salzsäure und Wasser waschen. Ausbeute 90%. Sprengstoff.

1884 **DRP. 86 096** — Lit. wie [1879]

2, 4, 5, 8, 10, 11-Hexaamino-diphenylsulfid

NH_2-(NH₂)₂C₆H₂—S—C₆H₂(NH₂, NH)-NH_2 $= C_{12}H_{16}N_6S = 276.$

Wie [1879]. Wurde nicht krystallinisch erhalten. Der Bildungsweise nach (Kochen mit Schwefel in Spritlösung) dürfte ein Diphenylsulfidderivat vorliegen.

b) X = O.

1885 **DRP. 269 779** F. P. 441 044 — Ber. 36, 107

4-Methyl-10-amino-diphenylsulfoxyd

NH_2-C₆H₄—S(=O)—C₆H₄-CH_3 $= C_{13}H_{13}NOS = 231.$

1 T. p-Toluolsulfinsäure mit 4 T. Anilin im Wasserbade durch 4-stündiges Erwärmen kondensieren. Dampf einleiten, Rückstand aus heißem Wasser umkrystallisieren.

c) X = O₂.

1886 **DRP. 61 826**

4, 10-Diamino-diphenylsulfon

NH_2-C₆H₄—SO_2—C₆H₄-NH_2 $= C_{12}H_{12}N_2O_2S = 248.$

Herstellung nach Ber. 9, 80 durch Reduktion des Dinitrosulfobenzids mit alkoholischem Schwefelammon. Sch.-P. 168°. — Die Bildung der **Diphenylsulfon-o-carbonsäure**

C₆H₄(COOH)—SO_2—C₆H₅

aus o-Toluolsulfochlorid und Benzol mittels $AlCl_3$ oder aus o-Chlorbenzoesäure, Benzolsulfinsäure und Kupferpulver ist in Ber. 38, 725 beschrieben.

1887 **DRP. 282 214** — DRP. 64 908

Diaminomethyldiphenylsulfone

(NH₂)₂C₆H₃—SO_2—C₆H₄-CH_3 $= C_{13}H_{14}N_2O_2S = 262.$

Lösung von 22 T. p-Phenylendiamin in 100 T. Salzsäure (20°) und 750 T. Wasser mit der Lösung von 35,6 T. p-toluolsulfinsaurem Natrium in 750 T. Wasser vereinigen, langsam 300 T. 20proz. Eisenchloridlösung zulaufen lassen, das abgeschiedene **2, 5-Diamino-10-methyldiphenylsulfon** filtrieren, mit angesäuertem Salzwasser waschen, zur Reinigung als Chlorhydrat in heißem saurem Wasser lösen, filtrieren, mit Acetat fällen. Schwefelgelbe Krystalle aus Wasser vom Sch.-P. 124°, in Alkohol leicht löslich. — Ebenso **2-Amino-5-dimethylamino-10-methyldiphenylsulfon** aus 17,2 T. p-Aminodimethylanilinchlorhydrat, 250 T. Eis, 12 T. Salzsäure (20°), 17,8 T. toluolsulfinsaurem Natron in 350 T. Wasser, oxydiert mit 12 T. Natriumbichromat in 50 T. Wasser bei 3°; Sch.-P. 173° (aus Sprit). Ferner **2-Amino-5-diäthylamino-10-methyldiphenylsulfon** und andere Abkömmlinge.

1888 | Anm. S. 37 505, 38 176, 39 061 Kl. 12c. 27. 10. u. 15.12.13 Carbonit

2, 4, 6, 8, 10, 12-Hexanitro-diphenylsulfon

NO_2 NO_2

$NO_2\langle\rangle—SO_2—\langle\rangle NO_2 = C_{12}H_4N_6O_{14}S = 488.$

NO_2 NO_2

Hexanitrodiphenylsulfid [1883] in Salpetersäure oder anderen Säuren suspendieren und mit Chromsäure oder Mangansauerstoffverbindungen oxydieren. — **Tetranitrooxysulfobenzid** (**DRP. 114529**) wird nach Ber. **11**, 1668 gewonnen.

---

2. Bindung —S—S—.

1889 | **DRP. 198 509** A. P. 893 499 E. P. 4541/08 F. P. 387 178

2, 8-Diacetyl-diphenyldisulfid

$COCH_3$ $COCH_3$

$\langle\rangle—S—S—\langle\rangle = C_{16}H_{14}O_2S_2 = 302.$

o-Aminoacetophenon diazotieren und die Diazogruppe gegen SH ersetzen. Nicht unzersetzt flüchtige Öle. Das erhaltene **o-Acetylthiophenol** (S.-P. im Vakuum 124°—126°) oxydiert sich an der Luft zu dem farblosen **Dithiodi-o-diacetophenon.**

1890 | Anm. B. 48 616, Kl. 12q. 25. 3. 09 Badische — Ber. **32**, 1150

Diphenyldisulfid-2, 8-dicarbonsäure

COOH COOH

$\langle\rangle—S—S—\langle\rangle = C_{14}H_{10}O_4S_2 = 306.$

o-Diazobenzoesäure in wässeriger Lösung auf Sulfoantimoniate oder -arseniate oder -stannate einwirken lassen [510].

1891 | **DRP. 120 504**

2, 8-Diamino-diphenyldisulfid

NH_2 NH_2

$\langle\rangle—S—S—\langle\rangle = C_{12}H_{12}N_2S_2 = 248.$

Herstellung nach Ber. **12**, 2363; **27**, 2813. Bei gemäßigter Einwirkung von 3 At. Schwefel auf 2 Mol. Anilin entsteht neben recht viel säureunlöslichem Harz die o-Verbindung (aus Sprit, Sch.-P. 93°). Aus 100 T. Anilin, 50 T. seines salzsauren Salzes und 45 T. Schwefel erhält man in 6—7 St. bei 175° vorwiegend **p-Diaminodiphenylsulfid,** bei Gegenwart von Wasser p-Diaminodiphenyldisulfid (100 T. Anilin, 50 T. Salzsäure von 36%, 35 T. Schwefel innerhalb 3 St. auf 150° erhitzen; 6 St. sieden). — **4, 10-Dis-dimethylaminodiphenyldisulfid** gewinnt man nach Ber. **19**, 1570.

1892 | **DRP. 46 413** und Zusatz **DRP. 51 710** A. P. 416 318

Dioxy-diphenyldisulfid-dicarbonsäure

OH OH

$COOH\langle\rangle—S—S—\langle\rangle COOH = C_{14}H_{10}O_6S_2 = 338.$

Gleiche Moleküle Salicylsäure und Chlorschwefel längere Zeit auf 120°—150° erhitzen, bis die Salzsäureentwicklung beendet ist. In Soda lösen, mit Salzsäure fällen, harzige bis feste Masse aus wässeriger Lösung mit Kochsalz als Na-Salz fällen. Dieses, mit kochendem Sprit behandelt, gibt das auch in Wasser leicht lösliche Na-Salz der Dithiosäure II. Das schwer lösliche Salz I bleibt zurück; die Mutterlauge eingedampft gibt noch Salz II als hygroskopische, graue, sehr leicht lösliche Masse. Freie Säure I trocknet bei 150° zu schwefelgelbem, zerreiblichem Pulver, II ebenso schon bei 100°.

1893 **DRP. 45 839**

Lit. wie [931]
Über **Disulfone** siehe Ber. **49**, 2593

2, 8-Diamino-5, 11-dis-dimethylamino-diphenyldisulfid

$$\underset{N(CH_3)_2}{\overset{NH_2}{C_6H_2}}-S-S-\underset{N(CH_3)_2}{\overset{NH_2}{C_6H_2}} = C_{16}H_{22}N_4S_2 = 334.$$

1. 10 T. Thiosulfosäure [931] in 50 T. Wasser und 20 T. Natronlauge (1,24) lösen, 24 St. kalt stehenlassen oder schwach erwärmen. — Oder 2. 10 T. Thiosulfosäure mit 220 T. Wasser und 34 T. Salzsäure (1,142) 1 St. (bis Schwefeldioxydentwicklung beendet) auf 100° erwärmen, filtrieren, kalt mit Acetat oder Soda fällen. Zur Reinigung das Produkt 1 oder 2 in Äther (oder Benzol, Schwefelkohlenstoff usw.) lösen, mit Chlorkalium trocknen, solange sich dieses färbt, rein-gelbe Lösung mit Schwefelsäure (oder Salz-, Oxal-, Pikrinsäure usw.) schütteln. Aus den sauren Lösungen fällt mit Alkali das Disulfid ölig aus. In Krystallen wurden nur das Pikrat und das Rhodanat erhalten. — Ebenso: **p-Amino-diäthylanilindisulfid** aus 11,2 T. Aminodiäthylanilinthiosulfosäure [932]. — Nach

1894 **Zus. DRP. 47 374**

Lit. wie [931]
Ann. **215**, 40

gibt die alkalische Lösung der obigen Thiosulfosäure mit Schwefelammonium ebenfalls das Bisulfid, das, in Benzollösung stehengelassen, in dünne, gelbe Prismen des Supersulfides übergeht. Sch.-P. 97°. In Sprit und Chloroform leicht, in Petroläther schwer löslich. Gibt in wässeriger Lösung mit Eisenchlorid oxydiert das Methylenrot, reduziert das Mercaptan, mit Schwefeldioxyd die Thiosulfosäure. — Über die Entstehung von **4, 10-Diamino-2, 8-dinitrodiphenyldisulfid** aus Dinitrorhodanbenzol siehe Z. f. Farbenind. 1906, 357.

3. Bindung $—SO_2—NH—SO_2—$.

1895 **DRP. 125 390**

Dibenzolsulfoimid

$$C_6H_5-SO_2-NH-SO_2-C_6H_5 = C_{12}H_{11}NO_4S_2 = 297.$$

Aus Benzolsulfochlorid und Benzolsulfamidnatrium. Langsam erstarrendes Öl. — In derselben Form erhaltbar: **4-Methyl-dibenzolsulfoimid** aus 179 T. p-Toluolsulfamidnatrium und 176 T. Benzolsulfochlorid und **4, 10-Dimethyl-dibenzolsulfoimid:** 42 T. p-(o-)Toluolsulfamidnatrium mit 38 T. p-(o-)Toluolsulfochlorid auf 180° erhitzen, die Schmelze mit Wasser extrahieren, den Rückstand mit Sodalösung vom unveränderten unlöslichen Amid befreien und das Filtrat mit Salzsäure fällen. Das harzige, später krystallinisches **Di-p-(o-)toluolsulfoimid,** das in Wasser schwer, in Sprit leicht löslich ist, filtrieren. Die o-Verbindung krystallisiert schwerer, wird mit Äther verrieben fest und ist aus Sprit in Nädelchen erhaltbar.

4. Bindung $—S—CH=CH—S—$.

1896 **DRP. 237 773**
F. P. 385 044

Bismethinthiosalicylsäure

$$\overset{COOH}{C_6H_4}-S-CH=CH-S-\overset{COOH}{C_6H_4} = C_{16}H_{12}O_4S_2 = 332.$$

15,3 T. Dithiosalicylsäure und 13,5 T. Ätzkali in 50 T. warmem Sprit lösen, unter Rückfluß 8 T. Dichloräthylen zufließen lassen, 10—12 St. im Wasserbade erhitzen, das K-Salz der **Acetylen-bis-thiosalicylsäure** absaugen und in der Lösung mit Salzsäure die freie Säure fällen. — Ebenso aus der mit einer wässerigen Lösung von 3,5 T. Schwefel in 27 T. Schwefelnatrium bis zur Beendigung der Stickstoffentwicklung umgesetzten Diazoanthranilsäure oder aus der Rhodan- oder Xanthogenbenzoesäure mit Alkali und Dichloräthylen.

IX. Zwei Benzolreste durch Fünfringe verbunden.

1. Fluoren

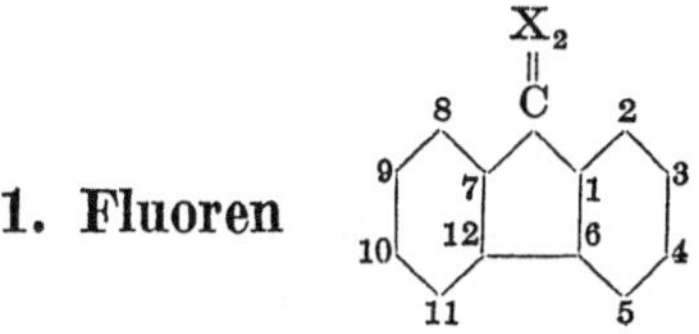

a) $X_2 = H_2$.

Unsubstituiert . . . . 1897—1899
3 NO_2—9 NO_2 1900
3 NH_2—9 NH_2 1900

1897 **DRP. 124 150**
E. P. 5047/01
F. P. 309 124

Ber. **33**, 771; **33**, 851; **34**, 1659; **36**, 878

Fluoren CH_2 $= C_{13}H_{10} = 166.$

Das Kohlenwasserstoffgemenge, wie man es beim Anreichern von Anthracen gewinnt, bei 260°—300° mit Ätzkali verschmelzen, die K-Verbindung des Fluorens mechanisch von der oben schwimmenden Kohlenwasserstoffschicht trennen, mit Wasser zerlegen und so das Fluoren abscheiden. — Synthesen in der Fluorenreihe: Ber. **38**, 1486; vgl. Gazz. chim. ital. **1905**, 539.

1898 **DRP. 203 312**

1899 **Zus. DRP. 209 432**

DRP. 130 679

300 T. feste Kohlenwasserstoffe (Teerfraktion 270°—300°) wie [2036] mit 20 T. Natriumamid oder met. Natrium, nach zweckmäßig in Gegenwart von 30 T. Pyridin, Anilin od. dgl. 2 St. auf 180°—200° erhitzen, die kalte Schmelze nach Entfernung der unangegriffenen Kohlenwasserstoffe zerkleinert in Wasser eintragen, das pulverig zerfallene Material filtrieren und im Vakuum destillieren.

1900 **DRP. 39 756**
E. P. 7284/84

Ann. **203**, 100
Apoth. Ztg. **1915**, 293

3, 9-Diamino-methylendiphenylen

H_2 C, NH_2 … NH_2 $= C_{13}H_{12}N_2 = 196.$

Fluoren (isoliert aus der Steinkohlenteerfraktion 290°—300° [1897] mit starker Salpetersäure nitrieren, das erhaltene **Dinitrofluoren** reduzieren: **Diaminofluoren**, Sch.-P. 157.

---

b) $X_2 = NOH$.

3 NH_2—9 NH_2 1901

1901 **DRP. 52 596**

Ann. **203**, 103

3, 9-Diamino-diphenylenketoxim

N·OH, C, NH_2 … NH_2 $= C_{13}H_{11}N_3O = 225.$

10,5 T. Diaminodiphenylenketon in 17,5 T. Salzsäure (1,108) und 800 T. heißem Wasser lösen, die Lösung mit einer konz. Lösung von 5 T. salzsaurem Hydroxylamin auf 60°—70° erhitzen, langsam 23 T. Natronlauge (40°) zufließen lassen. Der gebildete Niederschlag löst sich wieder; aufkochen, bis die Base fast völlig wieder in Lösung, filtrieren, vorsichtig mit Salzsäure (ohne Überschuß) die Base fällen, waschen, als Teig verwenden. Orangefarbiges Pulver in Sprit und Äther gelb, in Säuren (auch Essigsäure) und Alkalien leicht löslich. In sehr verdünnter Lösung + Eisenchlorid erst grün, dann tiefblau, dann blauschwärzlich.

2. Carbazol

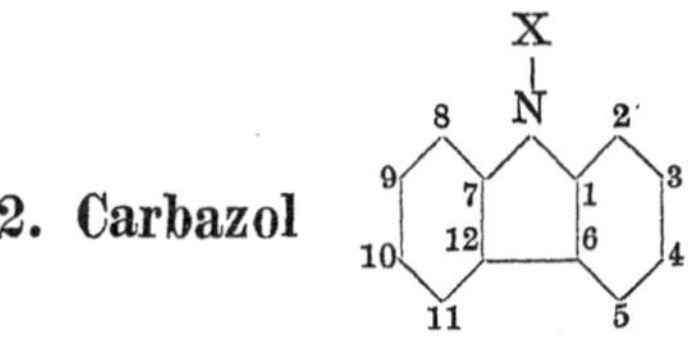

a) X = H.

2 CO·Cl	1910	$3\ NO_2-9\ NO_2-SO_3H$	1919
2 COOH	1902, 1910	$NH_2-SO_3H-SO_3H$ (Harnstoffderiv.)	1920
4 NO	1903	$2\ OH-SO_3H-SO_3H$	1906
$3\ NO_2$	1904, 1905	$2\ SO_3H-SO_3H-SO_3H$	1906
2 (3) OH	1906	$Cl(Br)-Cl(Br)-NO_2-NO_2$	1917
SO_3H	1907—1909	$Cl-Cl-NO_2(NH_2)-NO_2(NH_2)$	1915
3 Cl — 6 Cl	1918	$Cl-Cl-NH{\cdot}COCH_3-NH{\cdot}COCH_3$	1915
Br — Br(Cl — Cl)	1917	$4\ CH_3-10\ CH_3-3\ NH_2-9\ NH_2$	1921
2 COCl — 8 COCl	1910	$NO_2-NO_2-NO_2-NO_2$	1922
2 COOH — 8 COOH	1910	$NH_2-NH_2-NH_2-NH_2$	1922
$NO-NO_2$	1914	$NO_2(NH_2)-NO_2(NH_2)-NO_2(NH_2)-SO_3H$	1923
$(NO_2)\ [3]\ NH_2-(NO_2)\ [9]\ NH_2$	1911—1914	$3\ NO_2-9\ NO_2-SO_3H-SO_3H$	*1919*
$3\ NO_2(NH_2)-SO_3H$	1916	$NH_2-SO_3H-SO_3H-SO_3H$	1924
SO_3H-SO_3H	1925	$OH-OH-SO_3H-SO_3H$	*1925*
$(3)\ Cl-(6)\ Cl-NO_2$	1925	$SO_3H-SO_3H-SO_3H-SO_3H$	*1925*
$Br-Br-NO_2$	1917	Polynitrocarbazol	*1922*

1902 **DRP. 241 899**

Carbazol-2-carbonsäure $= C_{13}H_9NO_2 = 211.$

Kohlendioxyd bei 270° über Carbazolkali leiten. Bei gewöhnlicher Temperatur entsteht eine unbeständige Carbaminsäure, die wie die Diphenylcarbaminsäure [*J. pr.* **58**, *468*] als Na-Salz in wässeriger Lösung Carbazol abspaltet. Bei höherer Temperatur tritt Wanderung der COOH-Gruppe, ein und es entsteht die sehr beständige Carbonsäure. Ihr Äthylester krystallisiert aus Äther.

1903 **DRP. 134 983**

Ann. **191**, 306

4-Nitroso-carbazol $= C_{12}H_8N_2O = 196.$

5 T. trockenes N-Nitrosocarbazol (auch unrein, wie man es nach [**3032**] erhält) in 50—60 T. Eisessig lösen und bei 10°—20° schnell 20—30 T. Salzsäure (20°—22°) zusetzen. Die dunkle Flüssigkeit wird tiefrot. Nach 15 Min. schnell in 70—100 T. Wasser fließen lassen, das in grünen Flocken abgeschiedene Produkt der Umlagerung filtrieren, pressen und direkt weiterverarbeiten (reduzieren u. dgl.). Zur Reindarstellung mit Wasser waschen und bei 50°—60° trocknen. Grünes, in organischen Solventien leicht lösliches Pulver. Spritlösung wird mit Natronlauge tiefrot. Mit Sprit und Schwefelammonium reduziert entsteht **Aminocarbazol** vom unscharfen Sch.-P. 249°. Id. mit Ber. **34**, 1679.

1904 **DRP. 294 016**

3-Nitro-carbazol $= C_{12}H_8N_2O_2 = 212.$

83 T. Carbazol in 800 T. Nitrobenzol zwischen 10° und 20° langsam mit einer Lösung von 35 T. Salpetersäure (1,52) in 300 T. Nitrobenzol nitrieren, nach längerem Rühren mit Benzol-Petroläther die Verunreinigungen ausfällen, filtrieren, im Filtrat mit Benzol-Petroläther das fast reine 3-Nitrocarbazol abscheiden. — Oder:

1905 **DRP. 295 817** 1 Mol. Carbazol und 2 Mol. Salpetersäure (10%) innerhalb 3 St. von 20° auf 80° erwärmen, Temperatur dann noch 3—4 St. auf 80°—90° halten. Dem dicken gelben Krystallbrei mit heißem Xylol das 3-Nitrocarbazol, das aus der kalten Xylollösung auskrystallisiert, entziehen. Sch.-P. 205°.

1906 **DRP. 258 298** — J. pr. 1907, 343; Ber. 44, 236

2-Oxy-carbazol (HN OH) $= C_{12}H_9NO = 183$.

1 T. K-Salz der **Carbazoltrisulfosäure** (3 T. Carbazol + 10 T. Schwefelsäure (66°) + 3 T. Oleum (20%) im Wasserbade erwärmen und als K-Salz aussalzen) in 3 T. Ätzkali bei 190°—200° eintragen, bei 220°—230° verschmelzen, in wenig Wasser und Salzsäure lösen und das K-Salz der **Oxycarbazoldisulfosäure** aussalzen. Mit Schwefelsäure (5%) 5 St. unter Druck auf 180° erhitzen und das Oxycarbazol kalt absaugen. Weiße Blätter vom Sch.-P. 163°; ist im Gegensatz zu **3-Oxycarbazol** vom Sch.-P. 255°—256° (Ber. 34, 1683) lichtbeständig. Läßt sich im Vakuum unzersetzt destillieren.

1907 **DRP. 260 898** — E. P. 9960/13; F. P. 457 162 — DRP. 256 718

Carbazol-monosulfosäure (NH, SO_3H) $= C_{12}H_9NO_3S = 247$.

17 T. Carbazol in 200 T. Nitrobenzol heiß lösen, gut rühren und auf 0° abkühlen, unter guter Kühlung in die Suspension langsam 12 T. Chlorsulfonsäure einfließen lassen (Temperatur unter 10°, dann 20°), in 300 T. Wasser gießen, mit Natronlauge neutralisieren, Nitrobenzol abtrennen, die wässerige Schicht zur Trockne dampfen, wobei sich das Na-Salz der Sulfonsäure abscheidet, und aus Wasser umkrystallisieren. — Ebenso **N-Äthylcarbazolmonosulfosäure** [1930].

1908 **DRP. 268 787** — Ber. 44, 236; J. pr. 76, 336

167 T. Carbazol mit 100 T. Monohydrat im Vakuum 3 St. auf 100° erwärmen, in Wasser lösen, von Carbazolresten filtrieren, die Sulfosäure mit Salzsäure oder Kochsalz fällen, zur Reinigung in Aceton lösen, filtrieren, eindampfen, die wässerige Lösung abermals fällen und die Sulfosäure im Vakuum trocknen. Man kann die Schmelze auch in verdünnter Natronlauge lösen und das Na-Salz gewinnen. Die Sulfosäure wird bei 200° dunkel, ohne zu schmelzen. Schwer lösliches Ba-, Zn-, Ca- und Pb-Salz.

1909 **DRP. 275 795** — Ber. 44, 234

16,7 T. Carbazol in der 15—20-fachen Menge Nitrobenzol unter Kühlung mit 9,5 T. Oleum (20%) verrühren, einige Zeit bei 20° weiterrühren, das Nitrobenzol mit Wasser ausschütteln, die Sulfosäure mit Salzsaure fällen. — Ebenso aus 18,1 T. N-Methylcarbazol in der zehnfachen Menge Nitrobenzol mit 20 T. Schwefelsäure (95%) über das Bariumsalz die **N-Methylcarbazolmonosulfosäure.**

1910 **DRP. 263 150** — DRP. 241 899

Carbazol-2, 8-dicarbonsäure (HOOC, NH, COOH) $= C_{14}H_9NO_4 = 255$.

Im Rührautoklaven 3 T. völlig trockenes **Carbazolkalium** (aus äquivalenten Mengen Ätzkali und Carbazol) schmelzen, bei 240°—250° unter 10 Atm. Druck 20—25 St. Kohlendioxyd einpressen, wenn die Absorption träge wird, bei 180° zerkleinern, mit Wasser auskochen (Hälfte des Produktes bleibt ungelöst), im Filtrat mit Salzsaure die Dicarbonsäure fällen und heiß filtrieren. Zur Reinigung mit Wasser anschlämmen, neutralisieren, Natriumbicarbonatlösung zusetzen, solange Kohlendioxyd entweicht, wobei 10% des Rohproduktes an unlöslicher **Carbazolmonocarbonsäure** zurückbleiben (aus Sprit oder Eisessig, Sch.-P. 272°); im Filtrat mit Salzsäure die reine Dicarbonsäure fällen und mit heißer verdünnter Salzsäure waschen. Schmilzt über 340° unter Zersetzung. Schwer- bis nichtlöslich in Wasser und Lösungsmitteln, in Alkalien leicht löslich. Gibt mit Phosphorpentachlorid **Carbazoldicarbonsäuredichlorid** vom Sch.-P. 242°, die Monocarbonsäure gibt ein Monochlorid vom Sch.-P. 175°. Arbeitet man 25—30 St. bei 270°, so resultiert nur die Dicarbonsäure, bei 230° dagegen vorwiegend Monocarbonsäure.

1911 **DRP. 46 438** — A. P. 401 634; E.P. 14478—79/88; F. P. 193 212

Diamino-carbazole (NH_2, NH, NH_2) $= C_{12}H_{11}N_3 = 197$.

1 T. Carbazol in 5 T. Eisessig lösen, bei 80° langsam 1,3 T. Salpetersäure (1,38) einfließen lassen, $^1/_2$ St. auf 100° erhitzen, kalt das kryst. **3, 9-Dinitrocarbazol** filtrieren, gut waschen; 6,5 T. des Dinitrocarbazols mit 30 T. Wasser anrühren, 10 T. Zinkstaub zusetzen, auf 50° erwärmen, mit 25 T. Natronlauge (40°) 8 St. bei 90° digerieren, mit 100 T. Wasser verdünnen, filtrieren, rohe Base in 50 T. Salzsäure (20°) eintragen, abgeschiedenes Gemenge der schwer löslichen Zinkdoppelsalze mit dem salzsauren Salz der Base absaugen,

den gepreßten Niederschlag in 150 T. Wasser lösen, evtl. mit Tierkohle entfärben, filtrieren, mit 10 T. Na-Sulfat das Sulfat in Krystallnadeln ausfällen. Das freie **3, 9-Diaminocarbazol** in Wasser schwer löslich. Silberglänzende Blättchen, Sch.-P. über 250°. Sulfat in verdünnten Säuren zum Unterschied vom Chlorhydrat leicht löslich.

1912 **DRP. 58 165**
—
Ber. **23**, 797

Wie [**1921**] aus 1 T. schwefelsaurem Diaminobenzidin + 5 T. Schwefelsäure (30%). Ähnliche Eigenschaften wie [**1921**], doch ist dieses Sulfat leichter löslich. Aus Sprit weiße Krystalle. Färbt sich bei 250° dunkel, Sch.-P. etwa 280°.

1913 **DRP. 128 853**
E. P. 2899/01
—
DRP. 122 852
Ann. **191**, 307
Ch.Rep.**1896**, 190
1898, 241
DRP. 46 438
Ann. **202**, 26

Lösung von 100 T. Carbazol in 1000 T. Benzol oder die entsprechende Menge der unreinen Nitrosocarbazollösung, wie man sie bei der Anthrazenreinigung [**122 852**] mit Benzol und Salpetrigsäuregas erhält, im geschlossenen Gefäß vorsichtig mit 200 T. Salpetersäure (1,36) erwärmen, bis eine Probe mit Schwefelsäure (66°) kein grünes Oxydationsprodukt mehr abscheidet. Die abgehenden nitrosen Dämpfe werden gesammelt. Masse heiß oder kalt filtrieren, Rückstand mit Wasser waschen und mit Benzol usw. auskochen. Das Dinitrocarbazol ist nur in siedendem Anilin oder Nitrobenzol löslich. Sch.-P. über 320°. Leicht reduzierbar z. B. nach:

1914 **DRP. 139 568**

100 T. Dinitrocarbazol [**1913**] mit 200 T. kryst. Schwefelnatrium vermahlen, im Autoklaven $^1/_2$ St. auf 160° erhitzen, mit Wasser waschen und absaugen. Ausbeute theoretisch. Das schwefelsaure Salz des **Diaminocarbazols** krystallisiert kalt in feinen Nadeln, wenn die Lösung keine Säure enthält. — Ein von diesem verschiedenes, nach Ber. **35**, 128 synthetisch erhaltbares Diaminocarbazol kann man nach Ber. **34**, 1677 durch Reduktion des weiternitrierten **Nitronitrosocarbazols** herstellen, das beim Einleiten salpetersäurehaltiger salpetrigsaurer Dämpfe in eine Carbazol-Eisessiglösung resultiert.

1915 **DRP. 293 608**
E. P. 29 970/12

Diacetyldiaminohalogencarbazole.

Diacetyldiaminodichlorcarbazol durch Nitrieren und Acetylieren des Dichlorcarbazols; aus Eisessig Krystalle vom Sch.-P. über 300°, leicht verseifbar. Das isomere Produkt wird durch Acetylieren des *Dichlordiaminocarbazols* (Ber. **42**, 3799) erhalten. — Ebenso wurden **Diacetdiaminodichlor-N-äthylcarbazol** in zwei isomeren Formen und **Acetylaminotrichlor-N-äthylcarbazol,** letzteres durch erschöpfende Chlorierung von Mononitro-N-äthylcarbazol dargestellt. Das Trichlorprodukt schmilzt aus Eisessig bei 211°—214°.

1916 **DRP. 291 023**
und
Anm. A. 23 247
Kl. 8. 9. 13
Berlin
—
Ber. **44**, 234

3-Amino-carbazol-monosulfosäure

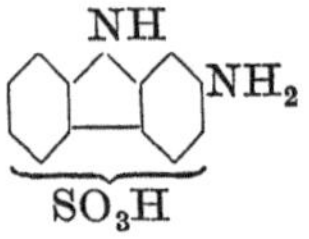

NH, NH_2, SO_3H $= C_{12}H_{10}N_2O_3S = 262.$

106 T. 3-Nitrocarbazol (bzw. seine N-Alkylderivate) in 800 T. Nitrobenzol zwischen 0°—5° mit einer Lösung von 60 T. Chlorsulfonsäure (oder Oleum, Monohydrat) in 200 T. Nitrobenzol verrühren, Temperatur allmählich auf 20° steigern, in Wasser gießen, die Nitrosulfosäure in gelben Flocken aussalzen, mit Eisen und Salzsäure oder mit Schwefelnatrium reduzieren. — Oder nach der Anmeldung: 3-Aminocarbazol mit Schwefelsäure (66°) sulfieren.

1917 **DRP. 275 833**
—
Gazz. chim.
1892, 573;
1895, 396;
1896, 289

Dichlor-nitro-carbazole

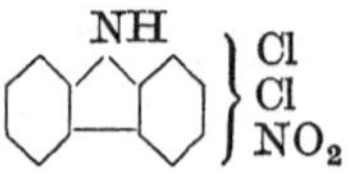

NH, Cl, Cl, NO_2 $= C_{12}H_6N_2O_2Cl_2 = 281.$

In 40 T. Carbazol und 250 T. Eisessig bei 10° 70 T. Sulfurylchlorid eintropfen lassen, 3 St. bei 10°—12°, 1 St. bei 15°—20° rühren, den Bier des **Dichlorcarbazols** bis zur Lösung im Wasserbade erwärmen, wenn das Schwefeldioxyd entwichen ist, kalt als feine Suspension mit 20 T. Salpetersäure (1,485) und 30 T. Essigsäure in dünnem Strahl nitrieren. Die Farbe wird über grün, gelbgrün, rein gelborange. Kurze Zeit erwärmen, wenn die braunen Dämpfe entwichen sind, kalt filtrieren und waschen. Ausbeute an **Dichlormononitrocarbazol** 70%. Bei 110°—115° 2 St. mit der nötigen Menge Salpetersäure nitriert, erhält man **Dichlordinitrocarbazol,** das mehrmals aus Xylol umkrystallisiert bei 258°—260° schmilzt. — Ebenso aus **Dibromcarbazol** (17 T. Carbazol, 200 T. Eisessig, 80 T. Essigsäureanhydrid, 2 Atom Brom) mit

16 T. Salpetersäure (1,48) und 20 T. Eisessig unter Ausnützung der entwickelten Wärme **Dibromdinitrocarbazol,** aus Pyridin umkrystallisiert, Sch.-P. 290°. — Denselben Schmelzpunkt hat das aus 32,5 T. Dibromcarbazol in 200 T. Eisessig mit 7,4 T. Salpetersäure (1,48) + 20 T. Eisessig (1/2 St. schwach sieden) erhaltene **Mononitrodibromcarbazol.** — Halogen-Nitrocarbazole erhält man ferner nach einer Berliner Pat.-Anm. (A. 23014, 12p vom 8. 9. 13) durch Behandeln der Halogencarbazole mit verdünnter Salpetersäure.

1918 **DRP. 294 016**

3, 6-Dichlornitrocarbazol (NH, Cl, Cl) $NO_2 = C_{12}H_6N_2O_2Cl_2 = 280$.

40 T. Carbazol in 250 T. Nitrobenzol lösen, bei 8°—10° allmählich mit 70 T. Sulfurylchlorid versetzen, das erhaltene **3, 6-Dichlorcarbazol** bei 10°—20° mit 18 T. Salpetersäure in 30 T. Nitrobenzol nitrieren. Ausbeute 77%, Sch. P. 219°—222°.

1919 **DRP. 128 854**

3, 9-Dinitro-carbazol-sulfosäure

(NH; NO_2, NO_2; SO_3H) $= C_{12}H_8N_3O_7S = 361.$

15 T. feinst gemahlenes Dinitrocarbazol [1913] portionenweise in 100 T. Schwefelsäure (1,84) bei 90° eintragen (Lösung jeder Portion abwarten!), kurz auf 100° erwärmen und kalt in Wasser gießen. Abgeschiedenes Gemenge zweier Monosulfosäuren filtrieren, pressen, mit etwas Tierkohle in 300 T. kochendem Wasser lösen, filtrieren und mit 10 T. Kochsalz das schwer lösliche Na-Salz der **Dinitrocarbazol-α-monosulfosäure** aussalzen (β-Monosulfosäure entsteht bei kurzer Sulfierung nur zu 10—15%). Mit Wasser waschen und aus viel Wasser umkrystallisieren. Bei längerem Erwärmen entstehen vorwiegend **Dinitrocarbazoldisulfosäuren,** die sich von den Monosulfosäuren nur schwer trennen lassen. — Das Dinitrocarbazol [1911] gibt dieselbe Monosulfosäure in 70% Ausbeute.

1920 **DRP. 291 351**

Aminocarbazoldisulfosäure-Harnstoffderivat.

In die Aminocarbazoldisulfosäure (J. pr. **76**, 346) zwei m-Aminobenzoylreste einführen, in das mit 50 T. calc. Soda in Wasser gelöste neutrale Natriumsalz der Säure Phosgen einleiten, bis eine angesäuerte Probe kein Nitrit mehr aufnimmt. Produkt aussalzen und trocknen.

1921 **DRP. 58 165**

Ber. 25, 128

4, 10-Dimethyl-3, 9-diamino-carbazol

(NH; NH_2, NH_2; CH_3, CH_3) $= C_{14}H_{15}N_3 = 225.$

1 T. salzsaures m-Diaminotolidin mit 5 T. Salzsäure (20%) 10 St. im Autoklaven auf 180° erhitzen. Das ausgeschiedene, krystallisierte salzsaure Salz filtrieren, mit wenig Salzsäure (20%) waschen. Aus Sprit silberglänzende Nadeln. Färbt sich bei einer Temperatur von über 200°, wird bei 230° teerig, ohne zu schmelzen. Das Sulfat ist auch in siedendem Wasser kaum löslich. Mit [Ber. 25, 128] n i c h t identisch.

1922 **DRP. 268 173**

Ann. 202, 26
Ber. 42, 3800

Tetranitro-carbazol (NH) NO_2, NO_2, NO_2, NO_2 $= C_{12}H_5N_5O_8 = 347,2.$

34 T. Carbazol mit 200 T. Schwefelsäure (66°) gelinde erwärmen, bis eine Probe wasserlöslich ist, unter 15° mit 56 T. Mischsäure (25%) nitrieren, einige Stunden bei 15°—25° rühren, die zur Wasserbindung nötige Menge Oleum zugeben und allmählich bei 20°—30° 20 T. trockenen K- oder 17 T. Na-Salpeter eintragen, einige Zeit rühren, mit abermals derselben Salpetermenge bei 30°—50° weiternitrieren, auf 80°—100° erwärmen, bis eine Probe in Wasser unlöslich ist, auf Eis gießen, neutral waschen, das Preßgut in Wasser mit Soda alkalisch stellen, aufkochen und filtrieren, um die mitgebildete **Polynitrocarbazolsulfosäure** zu entfernen. Das erhaltene reine Tetranitrocarbazol schmilzt bei 283°—285° Aus Nitrobenzol gelbe Tafeln. — Über **Tetraminocarbazole** siehe Ber. **37**, 3596.

1923 **DRP. 275 975**

DRP. 275 896

Triamino-carbazol-sulfosäure

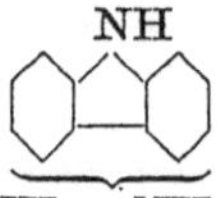

NH

$= C_{12}H_{12}N_4O_3S = 292,3.$

NH_2, NH_2, NH_2, SO_3H

170 T. Carbazol, 500 T. Schwefelsäure (66°) und 1,5 T. Quecksilberoxyd 2—4 St. auf 90°—100° erwärmen, Sulfierungsgemisch abkühlen, Reaktionswasser durch Zugabe von Schwefelsäureanhydrid unter 15° binden, die für 2 Nitrogruppen nötige Nitriermischung zugeben und mehrere Stunden auf 40°—50° erhitzen. Die zur Einführung der dritten Nitrogruppe nötige Salpetermenge eintragen, auf 90°—100° erwärmen, **Trinitrocarbazolsulfosäure** abscheiden und reduzieren. Triaminocarbazolmonosulfosäure bildet farblose Nadeln.

1924 **DRP. 287 756**

Aminocarbazoltrisulfosäure

30 T. Carbazol mit 260 T. Schwefelsäure (gleiche Teile von 66° und 60°) im Wasserbade lösen, Gemenge von 30 T. entwässertem Ferrosulfat und 16 T. Hydroxylaminsulfat einrühren, Temperatur allmählich auf 150° steigern, wenn eine eisenfreie Probe diazotiert und mit 2-Oxynaphthalin-6-sulfosäure gekuppelt keine Farbzunahme zeigt, in Wasser gießen, auskalken, Kalksalz mit Soda umsetzen, eindampfen, Produkt mit Alkohol als Na-Salz ausfällen. Aus Sprit fast reinweiß erhaltbar, läßt sich diazotieren.

1925 **DRP. 224 952**

J. pr. **76**, 343

Dioxy-carbazol-disulfosäure

NH

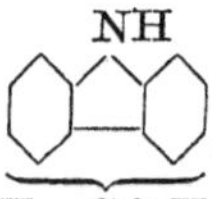

$= C_{12}H_7NO_8S_2K_2 = 435.$

OH, OH, SO_3K, SO_3K

400 T. Carbazol unter 40° in 2000 T. Monohydrat eintragen, wenn gelöst auf 90° bis 100° erwärmen. Die **Carbazoldisulfosäure** ist jetzt aussalzbar. Nach mehreren Stunden 800 T. Oleum (65%) zugeben. Die Masse wird dick, eine Probe läßt sich nicht mehr aussalzen. 10—15 St. auf 90°—100° erwärmen, Eis zugeben, auskalken, den Kalk mit Pottasche fällen und das Filtrat zur Trockne dampfen. 575 T. des Kaliumsalzes der **Carbazoltetrasulfosäure** in eine 240° heiße Schmelze von 2500 T. Ätzkali und 250 T. Wasser eintragen, die Temperatur auf 260° steigern, die dunkelbraune Masse verdünnen, ansäuern und das disulfosaure K-Salz durch Umlösen reinigen. In Wasser schwer lösliche Krystalle mit 4 aq, deren Ammoniaklösung schwach fluoresciert. Wird mit Chlorkalk zuerst oliv, dann braun, mit Eisenchlorid blaugrün, dann oliv. Nitrit oxydiert.

b) N = substituiert.

1926 **DRP. 255 304**

M. f. Ch. 32, 1104

N-Methylcarbazol CH_3 N = $C_{13}H_{11}N$ = 181.

1025 T. völlig trockenes Carbazolkali [**1910**] in groben Stücken in 2000 Vol.-T. frisch destillierten Chloressigsäureäthylester eintragen (heftige Reaktion!). 3 St. unter Rückfluß kochen, die Esterreste mit Dampf abtreiben, den rückbleibenden **Carbazyl-N-essigester** (aus Sprit Sch.-P. 97°) zur Verseifung mit 2000 Vol.-T. Natronlauge (40°) unter Rückfluß kochen, den Alkohol abdestillieren, stark verdünnen, vom Carbazolrest filtrieren und im Filtrat mit Salzsäure die **Carbazyl-N-essigsäure** fällen. Aus Essigester krystallisiert, Sch.-P. 215°. 70% Ausbeute. Im Ölbad, allein oder in Nitrobenzol, auf 250°—270° (Bad) erhitzen, wenn die Kohlendioxydentwicklung beendet ist, kalt mit verdünnter Natronlauge auskochen. Der ölige Rückstand erstarrt beim Abkühlen. Sch.-P. des Methylcarbazols 87°. Im Filtrat ist noch Carbazylessigsäure mit Salzsäure fällbar, die wie oben weiterverarbeitet wird.

1927 Anm. F. 35 934, Kl. 12 p 8. 2. 13 Höchst

N-Alkylchlorcarbazole N·R } Cl = $C_{13}H_{11}NCl(R{=}CH_3)$ = 216.

Aus N-Alkylcarbazol mit Sulfurylchlorid in indifferenten Verbindungsmitteln. Bei gewöhnlicher Temperatur entsteht mit der theoretischen Menge Sulfurylchlorid ein einheitliches Dichlorderivat, bei höherer Temperatur und überschüssigem Chlorid werden einheitliche **Tetrachlor-N-alkylcarbazole** gebildet.

1928 **DRP. 259 504**

4-Nitro-N-äthylcarbazol C_2H_5 N NO_2 = $C_{14}H_{12}N_2O_2$ = 240.

200 T. N-Alkylcarbazol [1926] in 1000 T. Benzol lösen, eine konz. wässerige Lösung von 300 T. Nitrit und allmählich 600 T. Salzsäure (20°) zugeben, langsam zum Sieden erhitzen, einige Stunden kochen, die braune Benzollösung kalt abheben, waschen und einengen. Kalt scheidet sich **Nitroäthylcarbazol** in gelben Krystallen vom Sch.-P. 128° ab. **Nitro-N-methylcarbazol** schmilzt bei 147°—148°. — Vgl. Anm. F. 37 331. Kl. 12p. Höchst.

1929 **DRP. 294 016**

Ber. 24, 281; 34, 1672

Mononitro-N-methylcarbazol vom Sch.-P. 160°—161° erhält man ferner durch Nitrieren einer Lösung von 36 T. N-methylcarbazol in 180 T. Nitrobenzol bei 10°—20° mit einer Lösung von 13 T. Salpetersäure (100%) in 60 T. Nitrobenzol. Absaugen, Nitrobenzol mit Dampf abtreiben. — Ebenso **Mononitro-N-phenylcarbazol,** aus Xylol hellgelbe Krystalle vom Sch.-P. 130°—132° und **Nitro-N-äthylcarbazol** vom Sch.-P. 119° bis 120°.

1930 **DRP. 256 718**

Ber. 23, 2144; 44, 234 J. pr. 76, 340 DRP. 215 181

N-Äthylcarbazol-sulfosäure C_2H_5 N SO_3H = $C_{14}H_{12}NO_3SNa$ = 297.

In 195 T. geschmolzenes N-Äthylcarbazol 40 T. Schwefelsäure (66°) bei 120° einfließen lassen, die Temperatur auf 150°—160° steigern, wenn die Wasserabspaltung völlig beendet ist, in eine heiße Lösung von 22 T. Soda in 400 T. Wasser eingießen, kalt vom Äthylcarbazolrest filtrieren und das Filtrat zur Trockne dampfen. Mit Ätzkali verschmolzen erhält man **Monooxy-N-äthylcarbazol.** — Oder:

1931 **DRP. 275 795** 18,1 T. N-Methylcarbazol in 180 T. Nitrobenzol gelöst langsam unter Kühlung mit 20 T. Schwefelsäure (95%) mischen, einige Zeit bei 20° rühren. Bei 70°—80° genügen 10 T. Schwefelsäure. Über das Ba-Salz reinigen. Das Na-Salz ist leicht löslich, krystallisiert in farblosen Nadeln. — Ebenso **Nitro-N-methylcarbazolsulfosäure** aus 3-Nitro-N-methylcarbazol mit Chlorsulfonsäure.

1932 **DRP. 268 173**

Ann. 202, 26
Ber. 42, 3800

3, 9, x, y-Tetranitro-N-äthylcarbazol

C_2H_5 / N / NO_2, NO_2, NO_2, NO_2 $= C_{14}H_9N_5O_8 = 375.$

Wie [1922], jedoch statt Schwefelsäure von 66° solche von 80—90% verwenden. **Tetranitro-N-äthylcarbazol** ist wie die anderen Polynitroprodukte gelb, krystallisiert aus Eisessig oder Nitrobenzol.

1933 **DRP. 224 951**

Ann. 202, 23

N-Benzylcarbazol $= C_{19}H_{15}N = 257.$

CH_2— / N

Carbazolkalium und Benzylchlorid unter Druck auf höhere Temperaturen erhitzen, Produkt aus Sprit umkrystallisieren, farblose Nadeln vom Sch.-P. 118°—120°. — Ebenso erhält man aus Carbazolkali und Brombenzol mit etwas Kupferpulver im Autoklaven bei 180°—220° **N-Phenylcarbazol** vom Sch.-P. (aus Sprit) 82°—84°. — Ferner: **N-p-Tolylsulfocarbazol** ebenso mit p-Toluolsulfochlorid; aus Sprit gelblichweiße Nadeln vom Sch.-P. 127°—128°.

1934 **DRP. 256 757**

Ber. 25, 2766

Dicarbazolmethan $= C_{25}H_{18}N_2 = 346.$

N / CH_2 / N

16,7 T. Carbazol in 60 T. Sprit gelöst, mit 10 T. trockenem Kaliumcarbonat unter Rückfluß kochen, 10 T. Formaldehyd (40%) zufließen lassen, weiter erwärmen, heiß filtrieren. Im kalten Filtrat krystallisiert das **Carbazol-N-carbinol** aus. Aus Sprit umkrystallisieren, Sch.-P. 127°—128°. Spaltet sehr leicht Formaldehyd ab, zum Unterschied vom **Methylencarbazol** (Ber. 25, 2766), in das jenes bei Behandlung mit Mineralsäuren übergeht.

1935 Anm. C. 23 991,
Kl. 12 p
23. 10. 12
Cassella

Carbazol-Aldehydkondensationsprodukte

NR′ — CH — NR′ / R

Einwirkung von aromatischen oder aliphatischen, einfachen oder substituierten Aldehyden auf die Lösungen von Carbazol oder Stickstoffalkylcarbazol in organischen Lösungsmitteln unter Zusatz geringer Mengen eines sauren Kondensationsproduktes.

1936 **DRP. 284 291**

Carbazolepichlorhydrinderivat

Wie [2030] aus 20 T. Carbazol und 40 T. Epichlorhydrin in etwa 5 St. bei 250°—260°.

1937 **DRP. 275 670**

Carbazol-Phthalsäurekondensationsprodukt siehe [**3530, 3565**] beim Anthrachinon.

1938 **DRP. 233 520**
F. P. 423 723

Ber. 23, 2467

Geschwefeltes Carbazol.

10 T. Carbazol, 80 T. Eisessig und 30 T. Schwefelchlorür 1 St. unter Rückfluß kochen. Das ausgeschiedene Harz wird fest; kalt ist es zu gelbem Pulver zerreibbar. In organischen Lösungsmitteln unlöslich.

c) Carbazolindophenole (Carbazol und weitere Benzolreste).

NX —N=⟨⟩IV X = H; CH_3; C_2H_5, $CH_2 \cdot C_6H_5$.

Unsubstituiert; IV: O	1587, 1940—1943	Cl—Cl—OH; IV: O	1589
Cl; IV: O	1944	IV NH·C_6H_5	1949
COOH; IV: O	1945	IV O·$C_6H_3(NO_2)_2$	1950
SO_3H; IV: O	1946—1947	X = CH_2·N·Carbazol; IV: O	1948

1940 **DRP. 230 119**
E. P. 2918/09
F. P. 400 022

Carbazol-4-imidinochinon

NH —N=⟨⟩=O $= C_{18}H_{12}N_2O = 272.$

In eine Lösung von 1 T. Carbazol in 10 T. Schwefelsäure (66°) die Lösung von 0,8 T. p-Nitrosophenol in 8 T. Schwefelsäure bei höchstens 30° eintragen, die blaue Lösung auf Eis gießen, den Niederschlag filtrieren und neutral waschen. In organischen Lösungsmitteln rot bis violett, in Schwefelsäure blau löslich, unlöslich in verdünnten Säuren und Alkalien. Reduziert entsteht eine grauweiße Leukoverbindung, die in Sprit und Aceton gut, in Benzol und Äther schwer löslich, in Ligroin unlöslich ist.

1941 **DRP. 227 323**

17 T. Carbazol bei höchstens 15° in 200 T. Schwefelsäure (66°) lösen, eine Lösung von 10,7 T. p-Aminophenol in 110 T. Schwefelsäure zufließen lassen, unter 0° allmählich 30 T. trockenes Braunsteinpulver (60%) eintragen (20° nicht überschreiten!), auf Eis gießen, filtrieren, neutral waschen, als Paste verarbeiten oder zur Leukoverbindung reduzieren und diese mit heißem Sprit extrahieren. Identisch mit [1940]. — Ebenso mit N-Äthylcarbazol. Oxydiert wird mit der Lösung von 21 T. Natriumbichromat in der 10-fachen Menge Schwefelsäure (66°) unter 15° (identisch mit [**1924**]).

1942 **DRP. 224 951**
A. P. 966 092
E. P. 9689/09

Wie [1940] z. B. aus 19,5 T. N-Äthylcarbazol und 12,3 T. Nitrosophenol in Schwefelsäure bei höchstens 10°. Bildet ebenfalls eine Leukoverbindung.

1943 Anm. A. 25 495
Kl. 12p
24. 2. 1914
Berlin

Herstellung der Indophenole und ihrer Leukoverbindung aus 3-Aminocarbazol oder seinen N-substituierten Derivaten durch Kondensation mit Hydrochinon in Gegenwart wasserziehender Mittel unter Vermeidung der Oxydation.

1944 **DRP. 235 836**
E. P. 22 138/10
F. P. 427 900

Chlorcarbazol-4-imidinochinon

NH —N=⟨⟩=O $= C_{18}H_{11}N_2OCl = 307.$
Cl

In eine Lösung von 20,2 T. Monochlorcarbazol in 200 T. Schwefelsäure (66°) eine Lösung von 12,3 T. p-Nitrosophenol in 150 T. Schwefelsäure (66°) bei höchstens 10° einfließen lassen. Aufarbeiten wie [**1940**]. Die blaue schwefelsaure Lösung des Indophenols wird mit Salpetersäure grün. Schwer, in Wasser fast nicht löslich. Zersetzt sich über 250°. — Ebenso erhält man aus 15,8 T. **o-Chlornitrosophenol** (durch Nitrosieren von o-Chlorphenol nach Ber. **21**, 3316) und 16,7 T. Carbazol bzw. 19,6 T. N-Äthylcarbazol in je der 10-fachen Menge Schwefelsäure gelöst die entsprechenden Indophenole, deren schwefelsaure Lösungen mit Salpetersäure braunschwarz werden. Auch das Indophenol aus 28 T. 2, 6-Dibromnitrosophenol [Ber. **21**, 674] und Carbazol, bzw. N-Äthylcarbazol hat ähnliche Eigenschaften.

1945 **DRP. 241 899**
—
Gazz. chim.
1882, 272

Carbazol-8-carbonsäure-4-imidinochinon

HOOC NH —N=⟨⟩=O $= C_{19}H_{12}N_2O_3 = 286.$

21,1 T. Carbazolcarbonsäure [**1902**] wie [**1940**] in schwefelsaurer Lösung (je die 10-fache Menge) mit Nitrosophenol kondensieren. Das Indophenol löst sich in Schwefelsäure blaugrün, verdünnt violett, die Leukoverbindung grüngelb.

1946	Anm. F. 34 439 Kl. 12p 28. 7. 13 Höchst E. P. 10 875/13 F. P. 457 535	**Carbazolsulfosäure-4-imidinochinon** 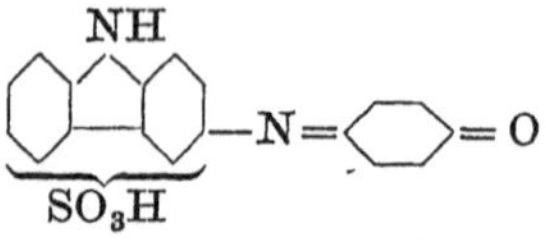 $= C_{18}H_{12}N_2O_4S = 352.$

Monosulfosäuren des Carbazols und seiner N-Alkylderivate mit p-Nitrosophenol kondensieren, bzw. mit p-Aminophenol zusammenoxydieren.

1947 **DRP. 267 335** 27,2 T. Kondensationsprodukt von Carbazol oder Äthyl- oder Benzylcarbazol und p-Nitrosophenol, als Paste (25%), mit einer Lösung von 50 T. Natriumsulfit in 200 T. Wasser mehrere Stunden rühren, die Lösung auf 40° bis 50° erwärmen und mit Salzsäure die Sulfosäure fällen. Färbt sich mit Oxydationsmitteln (sauer oder alkalisch) blau. — Ebenso mit Bisulfitlauge (40°) ohne Erwärmen darstellbar. Vgl. DRP. 293 577.

1948	**DRP. 246 714**	**ν, ν′-Dicarbazolmethan-4-imidinochinon** 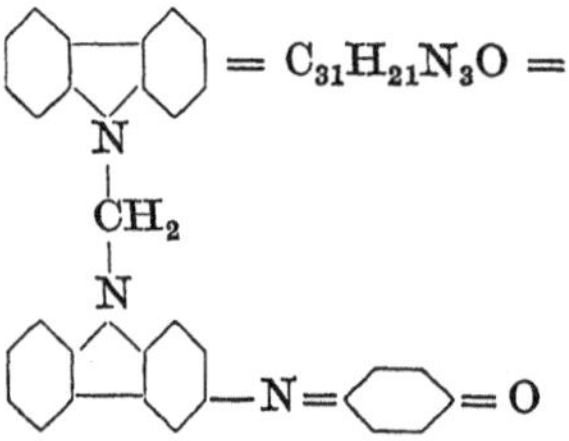 $= C_{31}H_{21}N_3O = 451.$

346 T. N-Methylencarbazol [Ber. **25**, 2766] wie [**1940**] mit 123 T. p-Nitrosophenol in schwefelsaurer Lösung kondensieren.

1949	Anm. F. 33 432, 33 783, 34 326 u. 34 929 Kl. 12p Mühlheim F. P. 445 060	**Carbazol-4-imino-IV-diphenylamin** 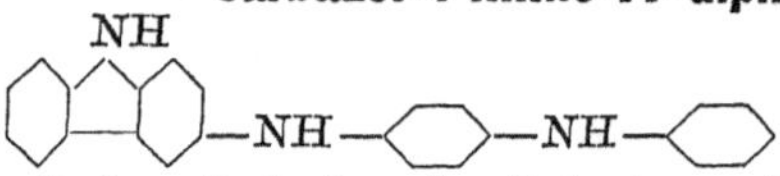 $= C_{24}H_{19}N_3 = 347.$

Die Kondensation von Carbazolindophenol mit Aminen oder Phenolen (Resorcin und Naphtholabkömmlinge) wird in saurer Lösung bzw. Suspension ausgeführt. Nach der Zusatzanmeldung arbeitet man in neutraler oder alkalischer Lösung, nach zwei weiteren Anmeldungen unter Ausschluß von Wasser in organischen Lösungsmitteln, bzw. man kondensiert mit Phenolen statt mit Aminen.

1950	**DRP. 252 642**	**Carbazol-4-imino-IV-oxyphenyl-VIII, X-dinitrophenyläther** 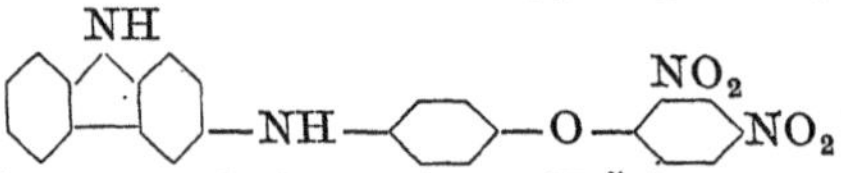 $= C_{24}H_{16}N_4O_5 = 440.$

27 T. Leukoverbindung aus Carbazol, bzw. N-Äthylcarbazol und p-Nitrosophenol in 270 T. Sprit lösen, mit 1 Äquiv. Ätzkali und der Spritlösung von 1 Mol. 1-Chlor-2, 4-dinitrobenzol mehrere Stunden unter Rückfluß sieden, Produkt kalt absaugen und aus Anilin oder Nitrobenzol krytallisieren. Sch.-P. 190°, bzw. für das Äthylprodukt 223°.

---

3. Diphenylenoxyd

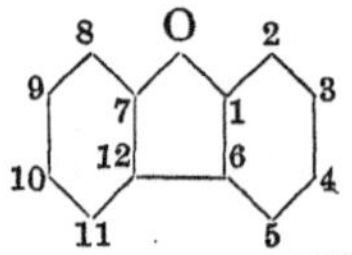

1951	**DRP. 130 679** E. P. 5047/01 F. P. 309 124 — Ber. **34**, 1662	**Diphenylenoxyd** 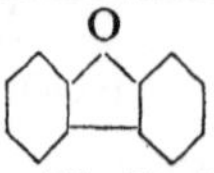 $= C_{12}H_8O = 168{,}1.$

Die bei 300° ausgeführte Alkalischmelze der Kohlenwasserstoffgemische [1897] mit Wasser auslaugen und den wässerigen Extrakt mit Säure behandeln, um die **Diphenole** freizumachen; letztere mit Chlorzink geschmolzen, zerfallen in Diphenylenoxyd bzw. dessen Homologe und Wasser.

1952 **DRP. 48709**
A. P. 423569
E. P. 7314/89
F. P. 184799

3, 9-Diamino-diphenylenoxyd

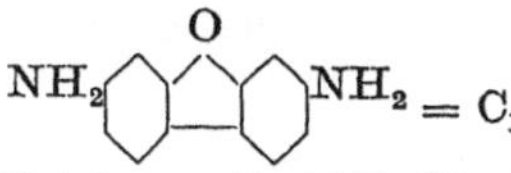

$NH_2 \cdot C_{12}H_6O \cdot NH_2 = C_{12}H_{10}N_2O = 198.$

5 T. benzidin-o-disulfosaures Natrium mit 46 T. Natronlauge (40°) im Autoklaven erhitzen, so daß während 6—8 St. 36 Atm. Druck angezeigt werden. Schmelze in Wasser lösen, mit Salzsäure bis zur schwachen Alkalität abstumpfen, Niederschlag filtrieren. Zur Reinigung in verdünnter Salzsäure lösen, Filtrat aussalzen, das abgeschiedene salzsaure Salz gibt mit Natronlauge die freie Base. Aus Wasser weiße Nädelchen. Sch.-P. 150°—152°. Schwer lösliches Sulfat. Wird die Schmelze nur 2—3 St. auf 20 Atm. erhitzt, so entsteht ein Zwischenprodukt, das ebenfalls Azofarbstoffe liefert und allein oder z. B. mit Chlorzink erhitzt unter Wasserabspaltung in Diaminodiphenylenoxyd übergeht. — Ebenso nach

1953 **Zus. DRP. 50140**

3, 9-Dimethyl-4, 10-diamino-diphenylenoxyd

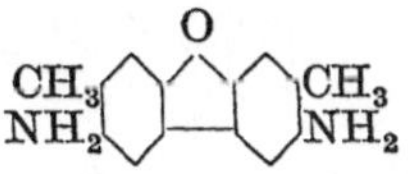

$(CH_3)(NH_2) \cdot C_{12}H_4O \cdot (CH_3)(NH_2) = C_{14}H_{14}N_2O = 226.$

Aus dem Na-Salz von [1271]. Das in der Schmelze abgeschiedene ölige Produkt mit verdünnter Salzsäure versetzen, bis es nur mehr schwach alkalisch ist, Öl abheben, in das schwer lösliche Sulfat überführen. Die Base ist nur sirupös erhaltbar; läßt sich unzersetzt destillieren.

X. Zwei Benzolreste durch Sechsringe verbunden.

1. Acridin

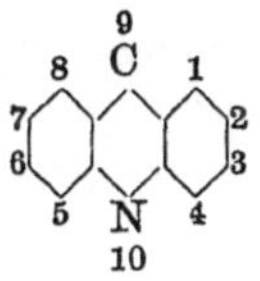

(Strukturformel mit Bezifferung: 9 C, 10 N; Ringpositionen 1, 2, 3, 4, 5, 6, 7, 8)

(Siehe auch Diphenylmethan und z. B. Veröffentl. d. Ind. Ges. Mülhausen **1912**, 672.)

1954 **DRP. 122607**

Ann. **276**, 48
Ber. **33**, 3770
J. pr. **64**, 472

Halogenacridine $= C_{13}H_8NCl(Br)(J) = 214, 258, 305.$

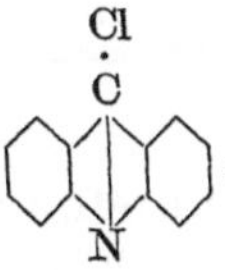

500 T. Thioacridon [**1957**] + 500 T. Phosphorpentachlorid + 250 T. Phosphoroxychlorid unter Rückfluß langsam auf 120°—125° erhitzen. Wenn das entstandene Chloracridin grün zu sublimieren beginnt, Phosphoroxychlorid abdestillieren, Rückstand kalt mit Salzsäure (10—20%) extrahieren und das Filtrat unter Kühlung mit Ammoniak fällen. Zur Reinigung in sehr wenig Sprit lösen, mit Wasser und etwas Ammoniak fällen, filtrieren, die aus der trüben Flüssigkeit abgeschiedenen Krystalle des **9-Chloracridins** filtrieren. Sch.-P. 122°. Gibt mit Salzsäure erwärmt **Acridon.** — **9-Bromacridin:** 600 T. Brom in ein gekühltes Gemisch von 200 T. Thioacridon und 40 T. rotem Phosphor einlaufen lassen; wenn die Reaktion beendet ist, 20 Min. auf 100° erwärmen, kalt mit Schwefelsäure (30—40%) 1—$1^1/_2$ St. stehen lassen, filtrieren, Filtrat mit Ammoniak fällen und den Niederschlag trocken mit Äther extrahieren, wobei nur Bromacridin in Lösung geht. Dieses wie oben weitergereinigt schmilzt bei 116°; im Äther unlöslich, ist eine Base vom Sch.-P. 255°. — **9-Jodacridin:** In 6 T. filtrierter Spritlösung des Fluoacridons (16,5%) 5 T. einer Spritlösung von Jodnatrium (20%) einfließen lassen, 15—30 Min. sieden, langsam erkalten lassen und die Krystalle mit wenig kaltem Sprit, dann mit Wasser waschen. Völlig rein, Sch.-P. 171°.

1955 **DRP. 243 078**

ms-p-Dimethylaminophenylazomethinacridyl

$= C_{22}H_{19}N_3 = 325.$

ms-Methylacridin und p-Nitrosodimethylanilin in molekularen Mengen bei 100°—120° zusammenschmelzen, wenn die Wasserentwicklung beendet ist, den rostbraunen Krystallkuchen mit heißem Sprit extrahieren, Rückstand aus viel Alkohol umkrystallisieren. Sch.-P. 242°—245°. In verdünnten Mineralsäuren löslich unter Bildung von **9-Acridylaldehyd** und p-Aminodimethylanilin.

1956 **DRP. 290 703**

Über eine neue Synthese von Acridinderivaten aus o-Chlorbenzaldehyd und Nitroaminen siehe Ber. **50**, 1306

Carbonsäureamid Carbonsäure.

1, 2, 3, 4-Tetrahydro-acridin-9-carbonsäure

$= C_{14}H_{13}NO_2 = 227.$

147 T. Isatin und 100 T. Cyclohexanon mit 1000 T. Ammoniak (20%) 6 St. im Autoklaven auf 130°—150° erhitzen. Das erhaltene vom Sch.-P. 275° gibt verseift die bei 284°—286° schmelzende

1957 **DRP. 120 586**

J. pr. **64**, 169

Thioacridon (Imido-diphenylthioketon)

$= C_{13}H_9NS = 211.$

1 T. Acridin mit 0,25 T. Schwefel im geschlossenen Gefäß 4 St. auf 200° erhitzen, kalt pulvern, mit 40 T. Natronlauge (3%) im Wasserbade digerieren und heiß filtrieren. Das Filtrat krystallisiert kalt in roten Nadeln aus. Zur Reinigung in möglichst wenig konz. Salzsäure lösen und das auskrystallisierte salzsaure Salz mit verdünnter Natronlauge umsetzen. Sch.-P. 271°. Oxydiert (mit Jod, Chlorlauge oder Ferricyankalium) entsteht **Acridon.** Thioacridon entsteht auch aus Acridon mit Phosphor und Schwefel bei 200°.

1958 **DRP. 29 142**

9-Phenylacridin $= C_{19}H_{13}N = 261.$

Aus Diphenylamin und Benzoylchlorid nach Ber. **16**, 1809. Vgl. Ber. **35**, 3077.

2. Diphenylenmethanoxyd
(Diphenylenmethansulfon)

3 NR_2—6 NR_2 1959	2 CH_3—7 CH_3—3 NH·R—6 NH·R . . . 1961
2 CH_3—7 CH_3—3 NH_2—6 NH_2 1960	Sulfon: 3 NR_2—6 NR_2 1962

1959 Anm. L. 5765, Kl. 22 23. 1. 90 Mühlheim

3, 6-Dis-dimethylamino-diphenylmethanoxyd

$(CH_3)_2N$ ... $N(CH_3)_2$ $= C_{17}H_{20}N_2O = 268.$

5 T. Tetramethyl-(äthyl-)diaminodioxydiphenylmethan [**1331**] allmählich in 25 T. konz. Schwefelsäure eintragen und auf dem Wasserbade erwärmen, bis eine Probe der schwach gelbroten Schmelze sich in Wasser mit schwach rosenroter Farbe und gelblicher Fluorescenz löst und, mit Natronlauge übersättigt, im Filtrat mit Essigsäure kein Niederschlag mehr entsteht. In Wasser gießen, mit Natronlauge fällen. Niederschlag in Salzsäure gelöst gibt mit Chlorzink keine Fällung.

1960 **DRP. 75 138** Zusatz zu DRP. 59 003

2, 7-Dimethyl-3, 6-diamino-diphenylmethanoxyd

CH_2; CH_3, NH_2 / CH_3, NH_2; O $= C_{15}H_{16}N_2O = 240.$

Aus [1340] durch Wasserabspaltung: Mit konz. Schwefelsäure auf dem Wasserbade erwärmen, in Wasser gießen, mit etwas Zinkstaub entfärben, mit überschüssiger Natronlauge fällen. Rötlicher, in Säuren löslicher Niederschlag.

1961 **DRP. 86 967** Zusatz zu DRP. 58 955 und DRP. 59 003

2, 7-Dimethyl-3, 6-dis-äthylimino-diphenylmethanoxyd

CH_2; CH_3, $C_2H_5 \cdot NH$ / CH_3, $NH \cdot C_2H_5$; O $= C_{19}H_{24}N_2O = 296.$

1 T. [1341] mit 3 T. Schwefelsäure im Wasserbade erwärmen. (Wasserabspaltung.) Gelbrote Schmelze in Wasser rot mit grüngelber Fluorescenz löslich. — Über **9-Diphenylxanthen** aus Phenyläthersalicylsäure oder aus Xanthon siehe Ber. 37, 2367.

1962 **DRP. 54 621**

3, 6-Dis-dimethylamino-diphenylenmethansulfon

CH_2; $(CH_3)_2N$ / $N(CH_3)_2$; SO_2 $= C_{17}H_{20}N_2O_2S = 316.$

10 T. Tetramethyldiaminodiphenylmethan allmählich in 50 T. Oleum (20%) eintragen, Lösung auf 150° erwärmen, bis der in verdünnter ammoniakalischer Probe entstehende Niederschlag beim Kochen nicht mehr schmilzt. In Wasser gießen, mit Natronlauge das Sulfon fällen. Es entstehen Flocken, die an der Luft grün werden. Aus Sprit farblose Blätter. Sch.-P. 216°.

3. Diphenylenketonoxyd, -sulfid und -sulfon

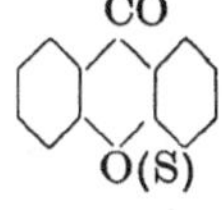

$2\,HN_2$	1963	$2\,NO_2-4\,SO_3H$	1964
$4\,NO_2$	1964	Sulfon: Br—Br	1964
$2\,NO_2$	1964		

1963 **DRP. 287 756** — J. Ch. S. 1916, 744 Derivate und Farbstoffe

2-Aminoxanthon

CO; NH_2; O $= C_{13}H_9NO_2 = 211.$

10 T. Xanthon und 5 T. Hydroxylaminsulfat in 200 T. Schwefelsäure (66°) lösen, in 10 T. wasserfreies Ferrosulfat einführen, 20 T. Wasser zufließen lassen, mehrere Stunden auf 140°—150° erwärmen, in Eiswasser gießen, filtrieren, Produkt im Filtrat nach Zugabe von Kaliumbitartrat durch Ammoniak fällen. Gelbes, salzsäurelösliches, diazotierbares Pulver aus Chlorbenzol umkrystallisieren, Sch.-P. 174° bis 175°. Nicht identisch mit dem 3-Aminoxanthon, Sch.-P. 252°.

1964 **DRP. 228 756** — Ber. 43, 584; 42, 3055; 42, 3062

4-Nitro-diphenylketonsulfid

CO; S; NO_2 $= C_{13}H_7NO_3S = 257.$

50 T. 2-Nitrodiphenylsulfid-2′-carbonsäure in 200 T. Oleum (20%) lösen, auf Eis gießen, **4-Nitrothioxanthon** filtrieren und mit Natronlauge etwas nicht gelöste Carbonsäure entfernen. Aus Xylol umkrystallisieren, Sch.-P. 216°—218°. — Ebenso die **Thioxanthone** aus der 4-Nitrodiphenylsulfid-2′-carbonsäure und aus 2- oder 4-Nitro-4- bzw. -2-sulfosäurediphenylsulfid-2′-carbonsäure. — **Dibromdiphenylketonsulfon** erhält man nach Ann. **263**, 10 (vgl. **DRP. 253 714**) aus Thioxanthon durch Mono- oder Dibromierung und folgende Oxydation mit Chromsäure.

4. Diphenylenazin (Diphenylaminarsiniumchlorid).

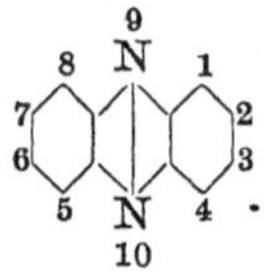

7 COOH — 2 NH_2	1967	3 OH—6 OH—10 $H(C_2H_5)(C_6H_5)$	1969
2 NO_2—6 NO_2	1965	7 NH_2—2 OH—3 SO_3H	1967, 1970
2 NH_2—6 NH_2	1966	2 CH_3—6 CH_3—3 NO_2—7 NO_2	1971
2 NH_2—7 OH	1967	2 CH_3—3 NH_2—6 $N(R)_2$—7 SO_3H	1972
2 NH_2—7 SO_3H	1967	1 Cl—2 Cl—6 CH_3—7 NH_2—2 OH	1973
3 OH — 6 OH	1969	6 CH_3—7 NH_2—2 OH—1 SH—3 SH	1973
2 CH_3—3 NH_2—6 OH	1968	p-Aminophenolkondensationsprodukt	1974, 1975
2 CH_3—6 NR_2—3 OH	1969	Diphenylamin-arsiniumchlorid	1976
7 COOH — 3 NH_2 — 6 OH	1967		

1965 **DRP. 78 748**

2, 6-Dinitro-diphenylenazin

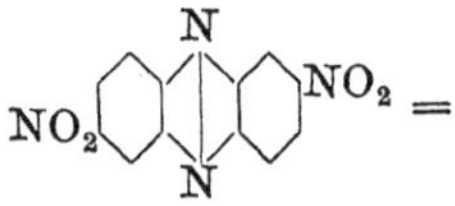

$= C_{12}H_6N_4O_4 = 270.$

Wie [**3022**] aus m-Nitroanilin, jedoch auf dem Wasserbade bei 90°. Aus Anilin oder Xylol Krystalle, Sch.-P. 145°. Sublimiert in Nädelchen unter teilweiser Verkohlung. Sch.-P. des sublimierten Produktes 148°.

1966 **DRP. 148 113**

DRP. 110 360

2, 6-Diamino-diphenylenazin

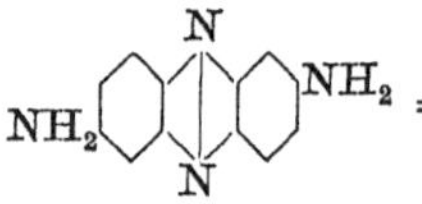

$= C_{12}H_{10}N_4 = 210.$

30 T. Trinitrodiphenylamin (aus 1, 2, 4-Chlordinitrobenzol und m-Nitroanilin) mit einer mäßig verdünnten Schwefelnatriumlösung erwärmen und kalt die bronzefarbigen Krystallblätter filtrieren. — Ebenso das Produkt aus Trinitrophenyltolylamin (aus 1, 2, 4-Chlordinitrobenzol und 4-Amino-6-nitro-1-toluol). Die Azine fluorescieren in Sprit- oder Ätherlösung, bilden drei Reihen von Salzen (grün, rot, blau); die Lösungen werden durch Reduktionsmittel entfärbt. — Über **Tetramethyldiaminophenazin** siehe Ber. **49**, 1643.

1967 **DRP. 126 175**

A. P. 701 435

E. P. 14 836/00

F. P. 303 107

Ber. **28**, 2975

2-Amino-7-oxy-diphenylenazin

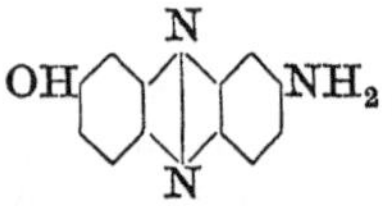

$= C_{12}H_9N_3O = 211.$

Dinitrochlorbenzol mit p-Aminophenol oder seiner Sulfosäure (OH : S : NH_2 = 1 : 2 : 4) oder p-Aminosalicylsäure (OH : C : NH_2 = 1 : 2 : 4) kondensieren, die Produkte reduzieren und die erhaltenen Diaminooxydiphenylamine (-sulfo- und -carbonsäure) in alkalischer Lösung mit Weldonschlamm oder Braunstein oxydieren.

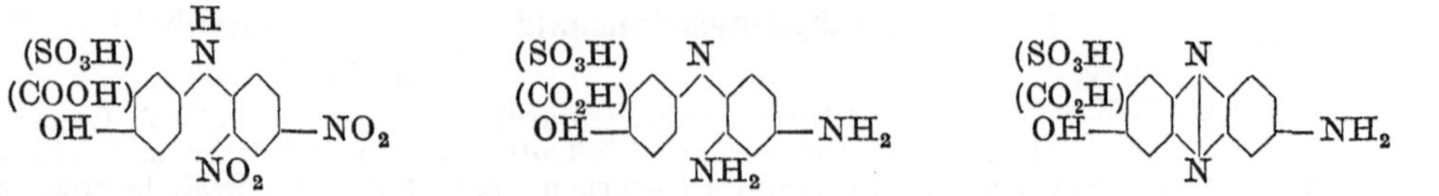

Gefärbte, in Wasser gelb bis rot, in Sprit orangefarbig mit schwach gelblicher Fluorescenz lösliche Pulver. **(Aminooxyphenazin, Aminooxyphenazinsulfosäure, Aminooxyphenazincarbonsäure.)**

1968 **DRP. 208 109**

2-Methyl-3-amino-6-oxy-diphenylenazin

$= C_{13}H_{11}N_3O = 225.$

15,8 T. p-Aminophenol und 18 T. m-Toluylendiamin in 1000 T. kaltem Wasser lösen, 10 T. Ammoniak und 80 T. Braunstein zugeben, rasch zum Kochen erhitzen, 2 St. kochen, 25 T. Soda und 25 T. Natronlauge (27%) zufügen, filtrieren, das Filtrat aussalzen und das Azin mit Salzsäure als salzsaures Salz fällen.

1969 **DRP. 126 175**

—

Ber. 28, 273; 31, 1183

Diphenylenazinsubstitutionsprodukte

(I) (II) (III) (IV)

I. **Safranol,** II. **Äthosafranol,** III. **Safranin** (NH_2) durch Zusammenoxydieren von m-Oxydiphenylamin bzw. Äthyl-m-aminophenol mit p-Aminophenol, das **Dimethylaminomethyloxyphenazin** (IV) durch Erhitzen von Toluylenrot mit der 4-fachen Wassermenge 15—20 St. im Autoklaven auf 140°—160°. (Ersatz von NH_2 gegen OH.)

1970 **DRP. 120 561**

E. P. 7333/00
F. P. 299 532

—

Ber. 28, 2974

7-Amino-2-oxy-diphenylenazin-3-sulfosäure

$= C_{12}H_9N_3O_4S = 291.$

Diaminooxydiphenylaminsulfosäure [1710] als Na-Salz mit Luft oder anderen Oxydationsmitteln oxydieren. Grüne Krystalle, in Äther oder Benzol unlöslich, in Schwefelsäure trübviolett, + Eiswasser kirschrot löslich; schließlich erfolgt Fällung.

1971 **DRP. 78 748**

—

DRP. 83 525; 86 108

2, 6-Dimethyl-3, 7-dinitro-diphenylenazin

$= C_{14}H_{10}N_4O_4 = 298.$

Wie [3022], jedoch o-Nitro-p-toluidin in den Chlorkalk-Wasserbrei eintragen, auf dem Wasserbade auf 50°—60°, schließlich auf 100° erwärmen, mit Essigsäure (50%) auskochen, hellgelbes Pulver aus Eisessig umkrystallisieren, Sch.-P. 245°, in Schwefelsäure rotgelb löslich, sublimiert wie [1965].

1972 **DRP. 147 990**

2-Methyl-3-amino-6-dimethylamino-diphenylenazin-7-sulfosäure

$= C_{15}H_{16}N_4O_3S = 332.$

30 T. Toluylenrotbase allmählich unter Kühlung in 120—150 T. Oleum (23%) eintragen, nach mehreren Stunden auf 50°—60° erwärmen, bis eine Probe in verdünnter Natronlauge klar löslich ist, kalt auf Eis gießen, filtrieren, waschen und trocknen. Metallisch grünglänzendes Pulver.

1973 **DRP. 187 868**

6-Methyl-7-amino-2-oxy-1, 3-dis-sulfhydro-diphenylenazin

$= C_{13}H_{11}N_3OS_2 = 289.$

Indophenol aus o, o-Dichlor-p-aminophenol und m-Toluylendiamin mit Weldonschlamm zum **Dichloroxyphenylaminotolylazin** verkochen. 10 T. seines salzsauren

Salzes mit 40 T. kryst. Schwefelnatrium einige Stunden auf 110°—140° erhitzen, verdünnen. Dimercaptan (Ersatz der Chloratome gegen SH) mit Essigsäure ausfällen. Braunrotes, in Wasser, Säuren, Sprit wenig, in Schwefelsäure (66°) braunviolett, in Schwefelnatrium gelbbraun lösliches Pulver.

1974 **DRP. 118 123** **Kondensationsprodukte von 4-Oxy-1-aminobenzol**

33 T. p-Aminophenol und 15 T. seines Chlorhydrates 10 St. auf 160°—180° erhitzen, das Produkt mit verdünnter Salzsäure auskochen, filtrieren, Filtrat mit Acetat fällen, aufkochen und rasch filtrieren. Als Rückstand bleibt das neue Kondensationsprodukt; im Filtrat ist **p-Dioxydiphenylamin** enthalten.

1975 **DRP. 139 961** — DRP. 132 644

16 T. p-Aminophenol + 9 T. salzsaures p-Phenylendiamin + 7 T. o-Nitrophenol 6—7 St. auf 135°—170° erhitzen. — Ähnliche metallisch glänzende, in Alkalien violett, in Schwefelsäure grünlichblau lösliche Ausgangsmaterialien für Schwefelfarbstoffe entstehen auch mit Toluylendiamin, Acet-p-phenylendiamin usw.

1976 **DRP. 281 049**

Diphenylamin-arsiniumchlorid 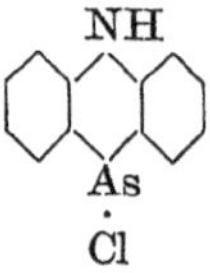

$= C_{12}H_9NClAs = 278.$

Entsteht durch Kochen von Diphenylamin und Arsentrichlorid über freier Flamme. Aus Äther oder Benzol gelbe Nadeln vom Sch.-P. 196°, mit Natronlauge gekocht wird das Chloratom gegen Hydroxyl ersetzt.

5. Diphenylenaminoxyd
(Oxazin)

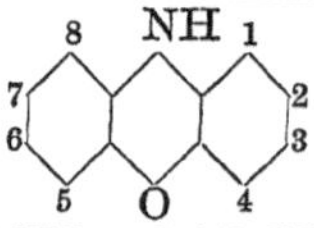

1977 **DRP. 200 736** — Ber. **25**, 1055; **36**, 477; **42**, 1275

2-Nitro-diphenylenaminoxyd 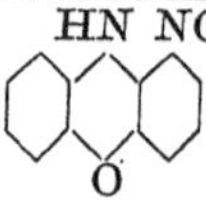

$= C_{12}H_8N_2O_3 = 228.$

Behandlung von Di-o-nitrooxydiphenylaminderivaten [**1670**], die in der 6-Stellung substituiert sind, mit wässerigen Alkalien in der Wärme. — Z. B.: Dinitrochlorbenzol und o-Aminophenol kondensieren, das Produkt mit 20 T. Natronlauge (5%) im Wasserbade erwärmen und die rotbraunen Krystalle filtrieren. — Ebenso die Phenoxazinderivate aus den Kondensationsprodukten von o-Aminophenol mit 1-Chlor-2, 4-dinitro-6-benzoesäure, ihrem 1, 2, 6, 4-Isomeren, zwei isomeren Dinitrochlorbenzolsulfosäuren (Cl : NO_2 : NO_2 : SO_3H = 1 : 2 : 4 : 6 u. 1 : 2 : 6 : 4) und Chlornitrobenzoldisulfosäure (1 : 2 : 4 : 6), sowie von o-Aminophenol-p-sulfosäure mit der Sulfosäure II.

6. Diphenylenaminsulfid
(Thiazin)

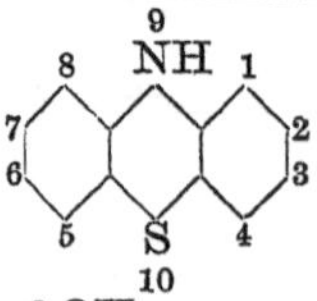

1978 **DRP. 25 150** — A. P. 286 526 — A. P. 282 835 — J. pr. 1907, 401

Diphenylenaminsulfid 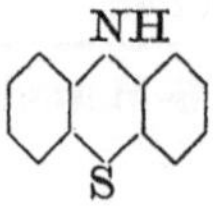

$= C_{12}H_9S = 199.$

10 T. Diphenylamin + 4 T. Schwefel unter Rückfluß 2 St. auf 200°—300°, evtl. bis zum Sieden, erhitzen, bis die Schwefelwasserstoffentwicklung aufhört. **Thiodiphenylamin** destillieren, hellgelbe Krystalle mehrmals aus Sprit umlösen. In Wasser unlöslich, in Ligroin schwer, sonst leicht löslich.

1979 **DRP. 222 879**
F. P. 410 382
—
Ann. 230, 77

8,4 T. Diphenylamin, 3,2 T. Schwefel und 1,2 T. Aluminiumchlorid bei 135° bis höchstens 140° verschmelzen, wenn die Schwefelwasserstoffentwicklung nachläßt, bis zum Erstarren auf 160° erhitzen, die Schmelze zerkleinern und erst mit Wasser, dann mit verdünntem Sprit extrahieren. Als Rückstand bleibt ein graues Pulver vom Sch.-P. 177° bis 178°. — Ebenso aus Phenyl-2-naphthylamin: **Thiophenyl-2-napthylamin** vom Sch.-P. 178°. — Nach

1980 **Zus. DRP. 224 348**

sind statt Aluminiumchlorid seine anderen Halogenide, Eisenchlorid, Jod usw. als Katalysatoren in der Menge von etwa 3% der Base verwendbar. — Das z. B. mit 0,3 T. Jod aus 11,7 T. p-Tolyl-2-naphthylamin und 3,2 T. Schwefel bei 150°—160°, dann bei 170°—180° gewonnene **Thio-p-tolyl-2-naphthylamin** (grünlichgelbes Pulver aus Chlorbenzol) schmilzt bei 182°. Es löst sich in Schwefelsäure violettblau, mit geringem Salpetersäurezusatz rotviolett. Ausbeute in allen Fällen über 90%. — Nach

1981 **Zus. DRP. 237 771**

arbeitet man, um die Körper gleich krystallinisch zu erhalten, in Lösungsmitteln. Z. B.: 169 T. Diphenylamin, 64 T. Schwefel, 1,7 T. Jod und 189 T. o-Dichlorbenzol.

1982 **DRP. 25 150**
A. P. 286 527
—
Ann. 230, 101

Nitro-diphenylenaminsulfid (NH, S, NO_2) $= C_{12}H_8N_2O_2S = 244.$

1 T. [1978], feinst gepulvert, in kleinen Portionen in 5 T. Salpetersäure (40°) unter Kühlung eintragen. Brei in Wasser gießen, Nitrokörper filtrieren, waschen. In Sprit und Benzol schwer, in Eisessig leichter löslich.

1983 **DRP. 52 827**
—
DRP. 266 568

2-Oxy-diphenylenaminsulfid (NH, S, OH) $= C_{12}H_9NOS = 215.$

370 T. m-Oxydiphenylamin mit Schwefel schmelzen, oder die heißen Lösungen seiner Alkalisalze mit Schwefel in alkalischer Lösung, z. B. mit 80 T. Natronlauge + 96 T. Schwefel, oder mit Polysulfiden kochen. In organischen Lösungen, außer Benzin, leicht, in Alkalien schwer löslich. Sch.-P. 155°. Mit Essigsäureanhydrid und trockenem Na-Acetat erhält man die Acetylverbindung. Sch.-P. 130°—133°. — **3-Oxythiodiphenylamin** gewinnt man nach Ann. **230**, 182 durch Verschmelzen von 10 T. p-Oxydiphenylamin bei möglichst niedriger Temperatur mit 3,5 T. Schwefel. Die Schmelze wird mit Salzsäure gewaschen, der Rückstand in Sprit gelöst, die Lösung mit Wasser gefällt. Grünliches, an der Luft unter Braunfärbung in **Oxythiodiphenylimid** übergehendes Pulver.

1984 **DRP. 103 301**
E. P. 5691/97
F. P. 264 501
—
Ann. 130, 205; 230, 189

3, 6-Dioxy-diphenylenaminsulfid

(OH, NH, S, OH) $= C_{12}H_9NO_2S = 231.$

11 T. p-Aminophenol (bzw. p-Phenylendiamin) + 11 T. Hydrochinon + 3,2 T. Schwefel auf 200° erhitzen bis zum Festwerden. Schmelze mit verdünnter Sodalösung bzw. Salzsäure auslaugen.

1985 **DRP. 117 921**
E. P. 10 843/00
F. P. 301 240
—
DRP. 103 301
F. P. 288 475

1, 3, 7-Triamino-6-oxy-diphenylenaminsulfid

(HN, NH_2, NH_2, OH, S, NH_2) $= C_{12}H_{12}N_4OS = 260.$

124 T. 1, 2, 4-Diaminophenol in 750 T. Wasser heiß lösen und mit einer Lösung von 60 T. Schwefelnatrium und 32 T. Schwefel in 90 T. Wasser unter Rückfluß sieden. Kalt die gelblichen Krystalle filtrieren. Mit Oxydationsmitteln entsteht das **Thionolin.** (Mit Säuren violette, mit Alkalien blaue Salze.)

1986 **DRP. 126 602**

Ann. 230, 82
Ber. 29, 1362; 34, 4170

Diphenylimidin-thioniumbromid 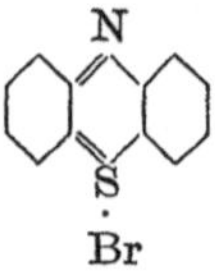 $= C_{12}H_8NSBr = 278$.

19,9 T. Thiodiphenylamin in Sprit gelöst mit einigen Tropfen Bromwasserstoff versetzen. Bei −15° bis −20° (die Substanz darf nicht ausfallen!) eine Lösung von 16 T. Brom in Sprit zusetzen. Die orangegelbe Flüssigkeit scheidet braungrüne Krystalle des **Phenazthioniumbromides** aus. Rasch absaugen und mit Äther waschen. In Lösungsmitteln wie Benzol, Chloroform usw., in denen das Bromid nicht löslich ist, erhält man nach Zugabe des Broms sofort den olivgrünen Niederschlag. In Wasser und Spritlösung zersetzlich, angesäuert haltbarer, Kochen zerstört den Körper, wobei Thiodiphenylamin und eine in Schwefelsäure (66°) orangegelb lösliche Base entsteht

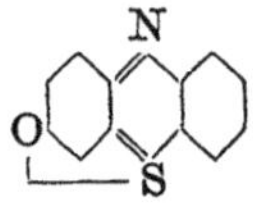

Das Eisenchlorür-Doppelsalz des Phenazthioniumchlorides erhält man mit einer Lösung von $FeCl_3$ in Sprit, besser Holzgeist + etwas rauchender Salzsäure, das Pikrat durch Zusammenoxydieren mit Pikrinsäure in Spritlösung (Cl_2, HNO_2).

1987 **DRP. 99 039**
A. P. 601 363
E. P. 5690/97
F. P. 289 244

DRP. 111 385

Vidalsche Base 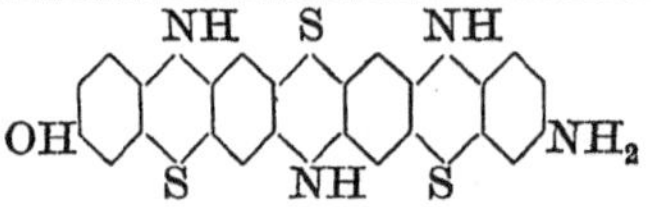 $= C_{24}H_{16}N_4OS_3 = 472$.

Einwirkung von 3,2 T. Schwefel auf ein Gemenge von je 23 T. p-Oxyaminothiodiphenylamin und p-Oxyaminodiphenylamin während 8 St. bei 240°.

7. Diphenylendioxyd

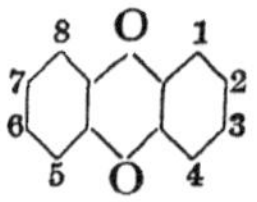

Unsubstituiert 1988

1988 **DRP. 223 367**
A. P. 981 348
E. P. 4540/10
F. P. 415 774

Ber. 39, 624

Diphenylendioxyd 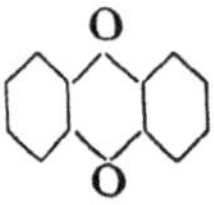 $= C_{12}H_8O_2 = 184$.

Trockenes **o-Chlorphenolkali** (erhalten durch Eindampfen von 256 T. o-Chlorphenol und 232 T. Kalilauge von 49,8%) auf 220° und mehr erhitzen. Unter 20—30 mm destilliert das Produkt bei dieser Temperatur über. Mit heißer Natronlauge (5%) und Wasser waschen und aus Benzol oder Ligroin umkrystallisieren, Sch.-P. 118°—119°. In Schwefelsäure blau löslich. Ausbeute 74%.

8. Diphenylenäthersulfid

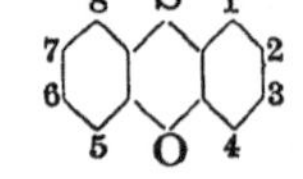

Unsubstituiert 1989
2 Cl 1989
$2\,CH_3$ 1989

1989 **DRP. 234 743**

Ber. 38, 1411
Ber. 39, 1340

Diphenylenäthersulfid 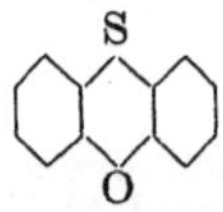 $= C_{12}H_8OS = 200$.

17 T. Phenyläther, 6,4 T. Schwefel und 13 T. Aluminiumchlorid auf 60°—70°, später auf 100° erwärmen; wenn die Schwefelwasserstoffentwicklung nachläßt, die blauschwarze

Schmelze mit Wasser behandeln und das Produkt abtrennen oder extrahieren. Destilliert unter 12 mm bei 183°—184°, löst sich in Schwefelsäure blau. — Ebenso aus p-Tolylphenyläther **2-Methylphenoxthin** vom Sch.-P. 36° und S.-P. unter 12 mm 185°—187° und aus p-Chlorphenyläther **2-Chlorphenoxthin**, Sch.-P. 37°, S.-P. unter 12 mm 176°. Beide sind farblose, leicht lösliche Körper.

9. Diphenylendisulfid

Unsubstituiert 1990

1990 **DRP. 91 816**

Diphenylendisulfid $= C_{12}H_8S_2 = 216,2.$

1 Mol.-Gew. Phenylsulfid 30 St. mit 2 Atom-Gew. Schwefel gelinde sieden. Sch.-P. 158°—159° (Ann. **149**, 247; Ber. **29**, 436). — Siehe auch Ber. **42**, 1170: Bildungsweise der **Thianthrene** aus Thiophenolen nach dem Schema

Über eine neue Herstellungsart aus Brenzcatochin und P_2S_5, siehe DRP. Anm. L. 50157 Kl. 12q (Lange, Widmann und Wennerberg).

XI. N-haltige Sechsringe.

1. Pyridin

Halogenderivate	1991	4 $Cl\cdot CH_2\cdot C_6H_4\cdot NO_2$	1993
NH_2	2006	Dinitrochlorbenzol-Kond. prod.	1994
5 CH_3—1 OH—3 OH	1992		

1991 **DRP. 109 933** **Pyridinbasen-Halogenderivate:** Völlig wasserfreies reines Pyridin (3-Picolin, 3, 5-Dimethylpyridin) in Benzollösung unter Abkühlung mit der Lösung von Perchlormethylformiat (Hexachlordimethylcarbonat oder Kohlenoxychlorid) vermischen. Das ausgefallene citronengelbe **Pyridincarbonyl** im Vakuum über Phosphorpentoxyd trocknen. — Über Chlorderivate des Pyridins s. ferner J. Chem. Soc. **1908**, 1993, 1997, 2001.

1992 **DRP. 102 894**

Ber. **31**, 768

5-Methyl-1, 3-dioxypyridin $= C_6H_7NO_2 = 125.$

Wie [2023] mit Acetaminocrotonsäureester.

1993 **DRP. 105 202**

IV-Aminobenzyl-4-pyridinchlorid $= C_{12}H_{13}N_2Cl = 221.$

Pyridin mit Nitrobenzylchlorid kondensieren und mit Zinkstaub zur Aminoverbindung reduzieren. — Über **Pyridyl-phenyl-** und **-naphthylketone** der Formel

aus Pyridincarbonsäurechloriden und Kohlenwasserstoffen mit Aluminiumchlorid siehe Ber. **48**, 2043 (Farbstoffe).

1994 **DRP. 118 390** — J. pr. 1910, 1

Kondensationsprodukt von Pyridin mit 2,4-Dinitro-1-chlorbenzol

40 T. Dinitrochlorbenzol in 80 T. Pyridin gelöst im Wasserbade erwärmen, bis nach 1 St. die Masse krystallinisch erstarrt. In 750 T. Wasser lösen, filtrieren, Filtrat mit 500 T. Sodalösung (10%) mäßig erwärmen und den derb krystallinischen Niederschlag filtrieren. Rotes, zuweilen stahlblau glänzendes Pulver, nur aus Sprit, Aceton oder Eisessig krystallisierbar, Sch.-P. 172°—173°. In Wasser, Säuren und Alkalien unlöslich.

2. Chinolin und Isochinolin

Unsubstituiert (Chinolin, Isochinolin)	1995—1998	3 (4) (5) CH_3—5 (6) (7) (8) (2) OH	2015—2017
5 CH_3	1999	1 CH_3—3 OH	2017
3 CH_3	2000—2003	3 CH_3—8 O·R	2018
7 CN	2004	6 COOH—5 OH	2019
3 CHO	2004	3 CH_3—5 (7) (2) SO_3H	2020
7 COOH	2004	NO_2—OH	2021
5 (6) (7) $NO_2(NH_2)$	2005	1 OH—3 OH	2022—2024
NH_2	2006	6 OH—5 SO_3H	2025
7 NH_2	2004	5 SO_3H—6 SO_3H	2026
6 (7) $N(R)_2$	2007	3 CH_3—CH_3—SO_3H	2020
5 (6) (7) OH	214, 2008	5 COOR—1 OH—3 OH	2027
7 O·R	2010	3 H—4 H—3 CH_3	2028
5 (6) (7) SO_3H	2009, 2011, 2012	1 H—4 H—3 CH_3—5 (7) OH(O·R)	2028
7 Cl—3 CH_3	2013	3 OH—3:O—4 C_6H_5	2029
3 CH_3—5 (7) CH_3	2014	1 H—2 OH—3 H—4 C_6H_5	2030

1995 **DRP. 87 334** — Ber. 29, 703

Chinolin = C_9H_7N = 129.

50 T. Anilin + 76 T. Arsensäure + 150 T. Glycerin (das vorher offen auf 170° erhitzt wurde) + 150 T. konz. Schwefelsäure im Sandbad unter Rückfluß bis zum Reaktionseintritt erhitzen, dann noch 2½ St. gelinde sieden, verdünnen, stark alkalisch stellen, Dampf einleiten, Destillat mit überschüssiger Salzsäure + Nitrit versetzen, bis die Flüssigkeit dauernd nach salpetriger Säure riecht, kochen bis das Diazobenzol zerstört ist, ätzalkalisch stellen, Chinolin mit Dampf übertreiben und das Destillat ausäthern. — Eine der Konstitution nach unbestimmte Chinolinbase $C_{11}H_{11}N$ erhält man nach

1996 **DRP. 32 961** — Ber. 18, 2245, 3298; J. pr. 32, 489

ebenso aus 3 Mol. Anilin (besser nach Ber. 19, 1394 und Ann. 238, 1 mit Xylidin statt Anilin), 1 Mol. Nitrobenzol und 6 Mol. Aceton. S.-P. 257°.

1997 **DRP. 65 947** — DRP. 69 138

Isochinolin = C_9H_7N = 129,1.

Das aus 2-Naphthochinon (Ber. 25, 405) erhaltbare Lacton der o-Phenylglycerincarbonsäure für sich oder mit Schwefelsäure (66°) auf 200°—220° erhitzen, aus dem so gewonnenen **o-Phenyl-α-oxyacrylsäurelacton** mit Ammoniak (20—25%) bei 100°—170° die **Isocarbostyrilcarbonsäure** und aus dieser durch Destillation mit Zinkstaub das Isochinolin herstellen.

C_6H_4(COOH)(CHOH·CHOH·COOH) → (CO, O, CH·COOH, CH) → (CO, NH, C·COOH, CH) → (CH, N, CH, CH)

1998 **DRP. 285 666**

30 T. rohes Teerchinolin (Fraktion 220°—260°) in 70 Vol.-T. Benzol lösen, mit der zur Bindung von 5 T. Chinolin berechneten Menge Schwefelsäure (20%) schütteln, die ausgefällten Basen fraktioniert destillieren. Die beiden Fraktionen 232°—238° und 238°—245° dienen nach 2—3-maliger Krystallisation der sauren Sulfate zur Gewinnung des Isochinolins. Sch.-P. 24,6°, S.-P. (40 mm) 142°.

1999 **DRP. 87 334** — Ber. 29, 703

5-Methylchinolin (Strukturformel: H_3C, N) $= C_{10}H_9N = 143,1$.

Wie [1995] aus 50 T. o-Toluidin, 66,5 T. Arsensäure, 140 T. Glycerin und 140 T. konz. Schwefelsäure. — Vgl. Ber. 42, 1144.

2000 **DRP. 22 138** A. P. 268 543 E. P. 3541/82

3-Methylchinolin (Strukturformel: CH_3, N) $= C_{10}H_9N = 143$.

20 T. o-Nitrobenzylidinaceton mit 75 T. Zinnchlorür und 75 T. Salzsäure (1,2) reduzieren, Reduktionsbrühe auskalken, Dampf einleiten, **Chinaldin** überdestillieren.

2001 **DRP. 24 317** A. P. 309 935 E. P. 956/83 F. P. 153 873

100 T. Anilin + 150 T. Paraldehyd + 200 T. rohe Salzsäure + 2—5 T. Chloraluminium 4—6 St. kochen, in Wasser gießen, filtrieren, Lösung mit Natronlauge übersättigen, Wasserdampf einleiten, Destillat fraktioniert destillieren. S.-P. 240°. Näheres Ber. **14**, 2813; **15**, 3075; **16**, 2464. In besserer Ausbeute erhaltbar nach:

2002 **DRP. 28 217** E. P. 4207/83

Durch Verschmelzen von $C_{18}H_{20}N_2$, einer Base, die durch Einwirkung von 5 T. Aldehyd auf eine Lösung von 8 T. salzsaurem Anilin in 16 T. Wasser nach 3—4-tägigem Stehen entsteht, mit Chlorzink. Vgl. Ber. **16**, 2600; **17**, 1699 und 1965.

2003 Anm. H. 44 083, Kl. 12p. 5. 7. 09 Heller

o-Nitrophenylmilchsäuremethylketon mit starken Mitteln reduzieren.

2004 **DRP. 259 363** — Lit. wie [59]

Chinolin-7-nitril (Strukturformel: CN, N) $= C_{10}H_6N_2 = 154$.

Wie [59] aus 20 T. p-Dichinolylthioharnstoff, 60 T. Kupferbronze und 200 T. Paraffinöl, die man zur Trockne destilliert. Das Destillat mit verdünnter Salzsäure ausschütteln, mit Alkali fällen und das Gemenge des **Cyanchinolins** und **p-Aminochinolins** fraktioniert krystallisieren. Ausbeute 21%. Gibt verseift **Chinolincarbonsäure** vom Sch.-P. 290°. — Über **o-Chinolinaldehyd** und seine Derivate siehe Ber. **38**, 1280.

2005 **DRP. 87 334** — Ber. 29, 703

5-Nitrochinolin (Strukturformel: O_2N, N) $= C_9H_6N_2O_2 = 174$.

Wie [1995] aus 50 T. o-Nitranilin, $51^1/_2$ T. Arsensäure, 115 T. Glycerin und 100 T. konz. Schwefelsäure. Nach der Reaktion 3—$3^1/_2$ St. kochen, stark verdünnen, 12 St. stehen lassen, filtrieren, Filtrat mit Natronlauge fraktioniert von Schmieren befreien und schließlich die Substanz in braunen Flocken fällen, filtrieren, Rückstand in Spritlösung mit Tierkohle kochen, filtrieren, Filtrat mit Wasser fällen, den Krystallbrei (gelbliche Nadeln) filtrieren und das **5-Nitrochinolin** ein- bis zweimal umkrystallisieren. — Ebenso erhält man **7-Nitrochinolin** aus $56^1/_3$ T. p-Nitranilin, 58 T. Arsensäure, 120 T. Glycerin und 120 T. konz. Schwefelsäure. Reinigen wie oben. Die Natronlaugenfällung bildet einen hellgrauen Krystallbrei; in verdünnter Salzsäure lösen, mit Tierkohle kochen, Filtrat mit Ammoniakgas fällen, evtl. nochmals in Sprit lösen, mit Tierkohle kochen und in Wasser einfiltrieren. Feine, weiße Nadeln. — Aus m-Nitroanilin gewinnt man nach der Behandlung mit Tierkohle (in Wasser filtrieren) ein Gemenge von m-Nitrochinolin und **Phenanthrolin**, das mittels kaltem Petroläther getrennt wird.

2006 **DRP. 287 756**

Aminochinolin (Strukturformel: N) $\}NH_2 = C_9H_8N_2 = 144$.

Wie [1365] aus 1 T. Chinolin, 5 T. Oleum, 0,5 T. Hydroxylaminsulfat und 1 T. Ferrosulfat bei 180°—190°. — Ebenso **Aminopyridin.**

2007 **DRP. 87 334** — Ber. 29, 705

7-Dimethylamino-chinolin (Strukturformel: $(CH_3)_2N$, N) $= C_{11}H_{12}N_2 = 172$.

Wie [1995] aus 65 T. konz. Schwefelsäure + 70 T. Glycerin + 30 T. p-Aminodimethylanilin + 31,5 T. Arsensäure. $3^1/_2$ St. sieden, stark verdünnen, 12 St. stehen lassen, filtrieren, Filtrat im Scheidetrichter mit überschüssiger Natronlauge schütteln, das abgeschiedene Öl ausäthern, den Äther mit festem Ätzkali trocknen, Äther verjagen, dickes Öl im Wasserstoffstrom destillieren. S.-P. 285°—340°. Das Öl erstarrt zu einer buttergelben Krystallmasse. Bei Verwendung von frisch destilliertem Aminodimethylanilin ist der S.-P. bei 330° gelegen. — Ebenso **6-Dimethylaminochinolin,** ein nicht erstarrendes, die Haut gelb färbendes Öl, das zwischen 290°—310° übergeht.

2008 **DRP. 14 976**
E. P. 678/81
F. P. 141 181
und Zus.
—
M. f. Ch. 1882, 536
Ber. **15**, 893; **15**, 2372

5-Oxychinolin (HO, N) $= C_9H_7NO = 145.$

1,4 T. o-Nitrophenol + 2,1 T. o-Aminophenol + 6,0 T. Glycerin (1,26) + 5 T. Schwefelsäure (1,848) unter Rückfluß auf 130°—140° erhitzen. Wenn Reaktion vorüber, noch $1^1/_2$—2 St. weiterkochen. Wasserdampf einleiten, die Säure im Rückstand mit Natronlauge abstumpfen, mit Soda schwach alkalisch stellen, Wasserdampf einleiten; o-Oxychinolin geht als Öl über, das bald zu langen Nadeln erstarrt. — Ebenso die m- und p-Verbindung aus den betreffenden m- und p-Nitrophenolderivaten. Diese sind nicht mit Dampf flüchtig, daher ausäthern oder fraktioniert mit Alkali fällen.

2009 **DRP. 26 430**
—
Ber. **17**, 192

100 T. Sulfanilsäure + 120 T. Glycerin + 150 T. konz. Schwefelsäure + 40—50 T. Nitrobenzol auf 130°—140° erhitzen. Wenn Reaktion vorüber, in Wasser gießen, auskalken, **Chinolinsulfosäure** als Na-Salz abscheiden, trocknen, mit 2—3 T. Ätznatron verschmelzen, Schmelze in Wasser lösen, mit Salzsäure neutralisieren, abgeschiedenes **7-Oxychinolin** destillieren oder umkrystallisieren. Farblose Nadeln. Sch.-P. 192°. — Über die Synthese des α- und γ-Oxychinolins aus o-Aminopropiophenon siehe Arch. d. Pharm. **1914**, 526.

2010 **DRP. 28 324**
Zusatz zu
DRP. 14 976
—
M. f. Ch. 1885, 760

7-Methoxychinolin ($CH_3 \cdot O$, N) $= C_{10}H_9NO = 159.$

Wie [2008] aus 1 T. p-Aminoanisol, 0,8 T. p-Nitroanisol (oder einem anderen Nitrobenzolkörper), 5 T. Glycerin und 2,8 T. Schwefelsäure (1,848) in 2—3 St. bei 140°—150°.

2011 **DRP. 40 901**
—
Ann. **155**, 313
Ber. **14**, 442
14, 1366;
14, 2570;
15, 683;
15, 1979

Chinolin-5-sulfosäure (HO_3S, N) $= C_9H_7NO_3S = 209.$

Chinolin mit der 10-fachen Menge Oleum mehrere Tage im Wasserbad behandeln, resultierendes Gemenge der o-Sulfosäure neben wenig Prozent der m-Sulfosäure, abscheiden. Bei 140°—150° entsteht mehr m-Sulfosäure. Beide Sulfosäuren geben mit der 4-fachen Menge konz. Schwefelsäure, auf 275°—280° erhitzt, die p-Sulfosäure. Besser direkt: 10 T. reinstes Chinolin mit 70 T. Schwefelsäure (66°) 24 St. auf 275°—280° erhitzen (Metallbad), in Wasser gießen, auskalken, vom Gips filtrieren, noch schwach sauer auf 100 T. einengen, filtrieren, auf 25° Bé eindampfen, abgeschiedene p-Sulfosäure filtrieren. Aus Wasser rein weiße Krystalle. Reste aus der zum Sirup eingedickten Mutterlauge durch Versetzen mit dem doppelten Volumen Sprit unter 12-stündigem Rühren ausfällbar.

2012 **DRP. 87 334**
—
Ber. **29**, 703

50 T. Sulfanilsäure + 38 T. Arsensäure + 80 T. Glycerin + 80 T. konz. Schwefelsäure im Sandbad unter Rückfluß bis zur Reaktion erhitzen und dann noch 5 St. sieden. Stark verdünnen, 12 St. stehen lassen, filtrieren, Filtrat mit Bariumcarbonat versetzen, filtrieren, Filtrat des Ba-Salzes mit Tierkohle kochen, filtrieren, konzentrieren, mit verdünnter Schwefelsäure versetzen und vom Schwerspat filtrieren. Nach längerem Stehen (übersättigte Lösung) scheidet sich die **7-Chinolinsulfosäure** krystallinisch aus.

2013 **DRP. 204 255**
—
DRP. 286 237

7-Chlor-3-methylchinolin (Cl, N, CH_3) $= C_{10}H_8NCl = 178.$

Aus p-Chloranilin, Acetaldehyd und Salzsäure.

2014 **DRP. 24 317** — Lit. wie [2001]

7 (5), 3-Dimethylchinolin $= C_{11}H_{11}N = 157$.

Wie [2001]. — Die 7-Verbindung bildet feste, farblose Krystalle vom Sch.-P. 59°—60°, die 5-Verbindung siedet bei 249°—251°.

2015 **DRP. 24 317** —

3-Methyl-5-oxychinolin $= C_{10}H_9NO = 159$.

Chinaldin mit überschüssigem Oleum einige Zeit auf 120° und höher erhitzen. Die Sulfosäuren auskalken, in ihre Na-Salze verwandeln, diese trocken mit Ätznatron verschmelzen, in Wasser lösen, mit Schwefelsäure genau neutralisieren, die abgeschiedenen Oxychinaldine fraktioniert destillieren. o-Verbindung: farblose Nadeln, Sch.-P. 72°; p-Verbindung: ebenso, Sch.-P. 213°. Auch erhaltbar nach der Chinolinsynthese mit den betreffenden Aminophenolen statt Anilin. — Ferner nach

2016 **Zus. DRP. 29 819** durch die Ätznatron-Schmelze von Chinolinsulfosäuren z. B. **o (5)-Oxychinaldin,** Sch.-P. 74°, lange, flache Prismen; **p (7)-Oxychinaldin,** Sch.-P. 213°, tafelförmige Krystalle; **β (2)-Oxychinaldin,** Sch.-P. 230°, blaßgelbe, prismatische Krystalle. — Vgl. ferner: **DRP. 29 123** (Herstellung alkylierter Hydroderivate der Oxymethylchinoline) und [**2009, 3008**].

2017 **DRP. 26 428**

1-Methyl-3-oxychinolin $= C_{10}H_9NO = 159$.

Molekulare Mengen Anilin und Acetessigester bei Luftabschluß auf 120° erhitzen. Produkt mit konz. Schwefelsäure längere Zeit stehen lassen oder kurze Zeit auf 180° weitererhitzen. In Wasser gießen, mit Alkali genau neutralisieren. Flocken waschen, **Oxylepidin** trocknen. Sch.-P. 221°.

2018 **DRP. 24 317** A. P. 316 248 — Lit. wie [2001]

3-Methyl-8-methoxychinolin $= C_{11}H_{11}NO = 173$.

Durch Behandeln des 8-Oxychinaldins [**2015**] mit Methyl- oder Äthyljodür oder -chlorür. **8-Methoxychinaldin** bildet große Prismen vom Sch.-P. 125°. S.-P. 282°.

2019 **DRP. 39 662** A. P. 355 842 E. P. 10 280/86 F. P. 177 904 — Ber. 20, 1217; 20, 2690; 20, 2695

5-Oxychinolin-6-carbonsäure $= C_{10}H_7NO_3 = 189$.

Nach Art der Salicylsäuresynthese entsteht aus o-Oxychinolin [2008] Oxychinolincarbonsäure. Aus Wasser gelbe Nadeln + 1 aq., die wasserfrei farblos sind.

2020 **DRP. 29 819** Zus. DRP. 24 317

3-Methylchinolin-7-sulfosäure

$= C_{10}H_9NO_3S = 223$.

Chinaldin mit 10-facher Menge Oleum zwischen 100°—150° sulfieren. Es entstehen: o-, p- und β (2)-Sulfosäuren, letztere bei höherer, o- und p-Sulfosäure bei niederer Temperatur. In Wasser gießen. β-Säure schwer, p-Säure leicht, o-Säure mittel löslich. Ebenso **Methylchinaldinsulfosäuren.** — Auch aus Sulfanilsäure erhaltbar.

2021 **DRP. 194 883** — Lit. wie [1120]

Nitrooxychinolin $= C_9H_6N_2O_3 = 190$.

Wie [**1120**] aus Chinolin und Salpetersäure bei Gegenwart von Quecksilber oder Quecksilberverbindungen.

2022 **DRP. 29 920**

1, 3-Dioxychinolin (Formel: OH, OH, N) $= C_9H_7NO_2 = 161$.

Disulfosäure [2026] mit 5 T. Ätznatron verschmelzen, genau neutralisieren, ausäthern. α-Dioxychinolin aus Benzol, farblose Nadeln. Sch.-P. 143°. Gelb gefärbte, gut krystallisierende Salze.

2023 **DRP. 102 894**

Ann. **251**, 377
Ber. **19**, 997; **20**, 1820; **22**, 387

Anthranilsäureester acetylieren, 20,7 T. des so gewonnenen Acetanthranilsäureesters in 100 T. wasserfreiem Toluol lösen, mit 4,6 T. fein zerteiltem Natrium kochen. Wenn das Natrium verschwunden ist, kalt mit Wasser durchschütteln, Toluolschicht abtrennen, wässerige Lösung ansäuern und den weißen Niederschlag des **β-Oxycarbostyrils** filtrieren (identisch mit Ber. **15**, 2151; Ber. **16**, 2216). Mit salpetriger Säure entsteht eine Nitrosoverbindung vom Sch.-P. 208°, die in Soda grün, in Natronlauge gelbbraun löslich ist. Mit Salzsäure gekocht gibt sie **Isatin.**

2024 **DRP. 117 167**

1 T. acetanthranilsaures Kali + 2 T. Ätzkali (oder + 1 T. Ätzkali und 2 T. gebrannten Kalk) innig mahlen, 1 St. auf 250° erhitzen, die Schmelze in Wasser lösen, neutralisieren und das reine 1, 3-Dioxychinolin filtrieren.

2025 **DRP. 29 920**

Ber. 19, 995; 20, 95, 1820; 20, 3200

6-Oxychinolin-5-sulfosäure (Formel: OH, HO_3S, N) $= C_9H_7NO_4S = 225,2$.

Disulfosäure [2026] mit 3 T. Ätznatron bei 180°—200° verschmelzen. Gelbe Krystalle, Sch.-P. 270°—275°.

2026 **DRP. 29 920**

Ber. 19, 995; 20, 95, 1820

Chinolin-5, 6-disulfosäure

(Formel: SO_3H, HO_3S, N) $= C_9H_7NO_6S_2 = 289$.

Aus 1 T. Chinolin oder seiner Monosulfosäure mit 1—1½ T. Oleum bei 200°—240° sulfiert resultieren die α- und β-Disulfosäure, die nach dem Auskalken durch die verschieden löslichen K-Salze getrennt werden. Das α-K-Salz bildet aus heißem Wasser leicht lösliche feine Nadeln mit 3½ aq., das β-K-Salz körnige Krystalle mit 1½ aq.

2027 **DRP. 102 894**

1, 3-Dioxychinolin-7-carbonsäureäthylester

(Formel: $COOC_2H_5$, OH, OH, N) $= C_{12}H_{11}NO_4 = 233$.

Wie [2023] mit Acetaminoisophthalsäureester (krystallisiert aus warmem Sprit in farblosen Nädelchen vom Sch.-P. 108°). Der gebildete **γ-Oxycarbostyrilcarbonsäureester** (Sch.-P. 300°) gibt in Sodalösung mit Eisenchlorid rotgelbe Färbung. Seine Nitrosoverbindung schmilzt unter Zersetzung bei etwa 250°.

2028 **DRP. 24 317**
A. P. 316 249

Lit. wie [2001]

3, 4-Dihydro-3-methylchinolin

(Formel: CH, CH, $CH-CH_3$, NH) $= C_{10}H_{11}N = 145$.

Die Produkte [2001, 2014, 2018] einige Stunden mit Zinn und Salzsäure kochen, Produkt entzinnen, mit Natronlauge alkalisieren, ausgefallene Hydrobase destillieren. **Hydrochinaldin,** S.-P. 246°—248°. **Methoxyhydrochinaldin,** S.-P. 269°—270°.

2029 **DRP. 287 803**

4-Phenyl-1-oxychinolin-3-keton (Formel: OH, :O, $N\cdot C_6H_5$) $= C_{15}H_{11}NO = 221$.

1 T. Phenylanthranilsäure mit 2 T. Essigsäureanhydrid 10 Min. auf 130° erwärmen, Masse in verdünnter Natronlauge lösen, die neue Verbindung mit verdünnter Salzsäure

abscheiden. Sch.-P. über 280°; in Wasser, Sprit und Äther schwer, in Alkalien leicht löslich, kuppelt mit Diazoverbindungen. — Das Derivat der Methylanthranilsäure schmilzt bei 250°. — Die Herstellung von **2-Phenylchinolin-4-carbonsäure** aus Isatin, Acetophenon und verdünnter Sodalösung ist in E. P. 17 725/14 beschrieben.

2030 **DRP. 284 291**

Tetrahydrochinolinderivat $= C_{15}H_{15}NO = 278$.

20 T. Diphenylamin und 30 T. Epichlorhydrin 5 St. unter 3—3½ Atm. Druck auf 160°—170° erhitzen, Produkt unter 11 mm, nach Beseitigung des bis 100° übergehenden Verlaufes unter weiter auf 5 mm vermindertem Druck, bei 200° destillieren. Dickes, erstarrendes Öl, krystallisiert, schmilzt bei 79°.

XII. S-haltige Sechsringe.

Sulfazon

2031 **DRP. 256 342**

Ber. **45**, 747
Derivate:
Ber. **49**, 350
Z. f. Farbenind. **1912**, 253

Sulfazon I. $= C_8H_7NO_2S = 181$. II.

213 T. o-Nitrophenylthioglykolsäure in der Lösung von 180 T. Magnesiumsulfat verteilt bei 10°—15° mit 235 T. festem Kaliumpermanganat oxydieren, im Filtrat mit Salzsäure die **o-Nitrophenylsulfoessigsäure** (220—240 T.) [614] fällen, filtrieren, unter Kühlung mit 150 Vol.-T. verdünnter Essigsäure, 520 Vol.-T. konz. Salzsäure, 600 T. Wasser und 200 T. Zinkstaub reduzieren und das ausgeschiedene Sulfazon (I) aus Sprit umkrystallisieren. — Ebenso aus 1, 3-Dinitrophenylthioglykolsäure das **7-Aminosulfazon.** Man kann auch 213 T. o-Nitrophenylthioglykolsäure mit 150 T. verdünnter Essigsäure, 520 T. konz. Salzsäure, 600 T. Wasser und 200 T. Zinkstaub zum **Benzoketodihydroparathiazin** (II) reduzieren (mit Äther extrahieren und aus Sprit umkrystallisieren) und 165 T. dieses Thiazins wie oben mit 235 T. Permanganat (180 T. Mangansulfat, 1000 T. Wasser) zum Sulfazon oxydieren. — Nach

2032 **DRP. 269 428** reduziert man 25 T. o-Nitrophenylsulfoessigsäure mit 50 T. Wasser und 6 T. Kochsalz oder Salmiak usw. angerührt, vorteilhafter bei 10°—15° mit 40 T. Eisenspänen (Temperatursteigerung auf 80°—90°). Nach 1 St. mit Kalkmilch alkalisieren, filtrieren, mit 20—30 T. Wasser nachwaschen und das Filtrat ansäuern. Das Sulfazon krystallisiert in 95 % Ausbeute aus. — Sulfazon gibt nach Ber. **49**, 614 mit Ammoniak (25%) auf 160° erhitzt **Sulfurylindoxyl** [2248] vom Sch.-P. 85°, S.-P. 336°.

2033 **DRP. 269 747**

7-Nitrosulfazon $= C_8H_6N_2O_4S = 226$.

19,7 T. Sulfazon in 150 T. Schwefelsäure (66°) bei 0°—5° mit 28 T. Mischsäure (23%) nitrieren und aus Sprit (80%) umkrystallisieren. Sch.-P. 219°—220°. Kuppelt mit Diazoverbindungen, zieht sauer auf Wolle, löst sich in Alkali gelb.

2034 **DRP. 269 748**

Ber. 45, 751

Sulfazon-7-sulfosäure = $C_8H_7NO_6S_2$ = 277.

20 T. Sulfazon in 60 T. Monohydrat lösen, mit 70 T. Oleum (20%) 6—8 St. auf 70° erwärmen, in Eiswasser gießen, kalken, im Filtrat mit Kaliumchlorid umsetzen, filtrieren und das Filtrat eindampfen oder aussalzen.

2035 **DRP. 243 196**

Ber. 30, 608; 30, 2339

Kondensationsprodukt aus o-Aminophenylthioglykolsäureanhydrid

$[\ldots]_2 - H_2O$.

1 T. o-Aminophenylthioglykolsäureanhydrid mit 5 T. Nitrobenzol 1 St. sieden, das in der Kälte in roten Krystallen abgeschiedene Kondensationsprodukt abfiltrieren, mit Nitrobenzol, dann mit Alkohol waschen. Sch.-P. 337°. — Oder: o-Aminophenylthioglykolsäureanhydrid für sich allein 2—3 St. im Ölbad auf 210°—220° erhitzen, die in der Kälte erstarrte Schmelze durch Auskochen mit Natronlauge oder Alkohol reinigen, aus Nitrobenzol umkrystallisieren. Sch.-P. 358°.

XIII. Benzol und Fünfringe.

1. Inden und Hydrinden

2036 **DRP. 205 465**

Ber. 28, 1501; 33, 851; 34, 69; 34, 1661; 42, 569 (572)

Inden-Natrium-Verbindung = C_9H_7Na = 138.

500 T. phenol- und basenfreies, von 175°—185° siedendes Teeröl mit 40 T. Natriumamid 1½ St. auf 100°—105° erhitzen, kalt die obenschwimmenden Öle abheben, im Vakuum unter 20—30 mm Druck und 110°—130° alle Ölreste abdestillieren; Indennatrium bleibt als dunkle, erstarrende Masse zurück. — Ebenso mit met. Natrium im Ammoniakgasstrom bei 110°—120° oder nach

Zus. DRP. 209 694

mit 30 T. met. Natrium allein in 4 St. bei 135°—140°, zweckmäßig bei Gegenwart von 10 T. Pyridin od. dgl.

2037 **DRP. 227 862**

Ber. 32, 30
M. f. Ch. 31, 51

Hydrinden-2-keton

α (1-Keton): ... β: ... = C_9H_8O = 120,1.

Hydrindenglykol mit verdünnter Schwefelsäure erwärmen. An der Luft zersetzlich, unter Wasser haltbar. — Über **Acetyldiketohydrinden** aus Phthalylchlorid und Na-acetylaceton siehe Ber. 37, 4379.

2. Indol

(Strukturformel: Indol-Gerüst mit Numerierung 1 N, 2 C, 3 C, 4, 5, 6, 7)

2038 **DRP. 40 889**

—

M. f. Ch. **7**, 180

Indol (Strukturformel: Benzolring mit NH, CH, CH) $= C_8H_7N = 117$.

1. 2 T. Anilin + 1 T. Monochloraldehyd (CH_2 · Cl · CHO) unter Rückfluß kochen, bis Aldehydgeruch verschwunden, Wasser abdestillieren, Rückstand einige Stunden auf 210°—220° erhitzen, Indol mit Dampf übertreiben, über das Pikrat reinigen. — Oder 2. 50 T. Anilin + 50 T. Wasser im Sandbad kochen, 25 T. Bichloräther (Muttersubstanz des Monochloraldehyds) langsam zutropfen lassen, noch 1 St. kochen, Wasser und Anilin abdestillieren, Rückstand im selben Gefäß noch 4 St. auf 210°—230° erhitzen, sonst wie oben. Sch.-P. 52°. — Oder 3. Aus [1838] durch Erhitzen auf 210°—230°. — Oder 4. Aus [2049] durch Erhitzen auf 220°. Kohlendioxydabspaltung.

2039 **DRP. 84 578**

—

Ber. **28**, 1411

o′-Diaminostilbenmonochlorhydrat (oder ½ T. Base + ½ T. Bichlorhydrat) im Vakuumdestillationsapparat auf 180°—185° erhitzen, das überdestillierende Gemenge von Indol und Anilin mit verdünnter Salzsäure versetzen. Die Flüssigkeit erstarrt sofort zu großen Krystallblättern von Indol. Zurück bleibt Diaminostilbenbichlorhydrat, das im kontinuierlichen Betrieb direkt weiterverarbeitet werden kann.

2040 **DRP. 125 489**

—

Ber. **21**, 3429
27, 477

10 T. Pyrrol in 200 T. Schwefelsäure (1 : 10) gelöst 1—2 St. stehen lassen, 100 T. Ätznatron zugeben und die Masse aus einem Kupferkessel mit Wasserdampf destillieren. Bei 270°—280° geht die Hauptmenge des Indols über. — Ebenso **Diäthylindol:**

(Strukturformel: Benzolring mit C_2H_5, NH, CH, C·C_2H_5)

5 T. Äthylpyrrol (aus Pyrrol und Äthylalkohol, S.-P. 165°) + 50 T. Schwefelsäure (1:4) 4 St. stehen lassen, mit 50 T. Ätznatron + 50 T. Wasser im Dampfstrom destillieren. S.-P. 270°—310°.

2041 **DRP. 152 683**
E. P. 14 606/02
F. P. 322 387

—

Ber. **37**, 1144
M. f. Ch. **10**, 253

200 T. phenylglycin-o-carbonsaures Kali mit 500 T. Ätzkali vermahlen 2 St. auf 290° erhitzen, kalt in der 200-fachen Wassermenge lösen, mit Luft den Indigo ausblasen, das alkalische Filtrat mit der 10-fachen Menge Schwefelsäure (40°) + Pikrinsäurelösung (10 g im Liter) fällen, das **Indolpikrat** filtrieren und auf Indol verarbeiten. Ein Zusatz von 50 T. Eisenpulver oder 100 T. Natriumäthylat begünstigt den Reaktionsverlauf. Ausbeute 20%.

2042 **DRP. 213 713**

Zimtsäureamid in Sprit bzw. Methylalkohol lösen, mit Natriumhypochlorit alkalisch oxydieren, 2,22 T. des gebildeten **o-Nitrostyrilaminoameisensäuremethylesters** $C_6H_4 \langle {CH:CH\cdot NH\cdot COOCH_3 \atop NO_2}$ (aus Sprit hellgelbe Nadeln vom Sch.-P. 149°) in 30 T. Sprit (96%) warm lösen, mit 40 T. Essigsäure (25%) und 2 T. Eisenpulver in 5 Min. bei 70° reduzieren, mit 65 T. Natronlauge (30%) alkalisch stellen, das Indol mit Dampf übertreiben und den zuerst übergehenden Sprit entfernen. Die konz. wässerige Indollösung setzt Krystalle vom Sch.-P. 52° ab. Mutterlaugen extrahieren. Das Produkt ist sehr rein und haltbar.

2043 **DRP. 223 304**
F. P. 415 156
—
Ber. **43**, 3520

Aus der bei 220°—260° siedenden Fraktion des Steinkohlenteers durch Behandlung des nach Entfernung der Phenole und der Basen hinterbleibenden Produktes mit Ätzalkalien oder Natriumamid bei 100° bis 250°. Das Indolkali wird mechanisch von den Ölen getrennt und mit Wasser zerlegt.

2044 **DRP. 260 327**
E. P. 14 943/12
F. P. 457 369
—
DRP. 255 691
DRP. 130 629

1 T. Indoxylschmelze [**2057 ff.**] mit 5 T. Wasser im Autoklaven auf 240° erhitzen, bis eine Probe wasserunlöslich ist, das Harz abtrennen, waschen und möglichst trocken im Vakuum destillieren. Ausbeute 20%. — Oder durch Reduktion von Indoxyl oder Indoxylsäure mit Na-Amalgam oder Zinkstaub in alkoholischer Lösung nach Ber. **37**, 1134. — Über Herstellung von **Indolbisulfit** siehe Ber. **32**, 2615.

2045 **DRP. 287 282**

1 T. o-Aldehydophenylglycin mit 15 T. Essigsäureanhydrid und 5 T. wasserfreiem Na-Acetat $^1/_2$ St. unter Rückfluß erwärmen, verdünnen, mit Lauge übersättigen, Dampf einleiten. Das Indol geht in 60% Ausbeute über. Näheres Ber. **48**, 420, 425.

2046 **DRP. 38 784**
E. P. 7137/86
F. P. 176 701
—
Ber. **13**, 187;
17, 559;
20, 2199
37, 1134
Ann. **239**, 194;
239, 223

2-Methylindol $C_6H_4 \langle {NH \atop CH} \rangle C\cdot CH_3$ $= C_9H_9N = 131.$

Acetonphenylhydrazin (aus den Komponenten) mit der 4—5-fachen Menge Chlorzink 1—2 Min. im Ölbad auf 170°—180° erhitzen. Dunkle Schmelze mit Wasser auskochen, Dampf einleiten; **Methylketol** geht als farbloses, rasch erstarrendes Öl über. Schwefel- oder Salzsäure statt Chlorzink verwendet ergibt ein weniger gutes Resultat. — Über **2, 3-Dihydro-2-methylindol** (vgl. DRP. 218 904) siehe Ber. **14**, 883. — Über **6-Amino-2-methylindol** Ber. **37**, 4364.

2047 **DRP. 40 889**
—
M. f. Ch. **7**, 180

Wie [2038, 2], doch wird dem Anilin kein Wasser zugesetzt. Sch.-P. 59°.

2048 **DRP. 38 784**
E. P. 7137/86
F. P. 176 701
—
Lit. wie [2046]

3-Methylindol $C_6H_4 \langle {NH \atop C(CH_3)} \rangle CH$ $= C_9H_9N = 131.$

Wie [**2046**] aus Propylidenphenylhydrazin und der gleichen Menge Chlorzink. Das entstandene **Skatol** aus Ligroin umkrystallisieren. — Über die Kondensation von Indophenolen mit aromatischen Aldehyden zur Bildung der Körper von der Konfiguration

$$C_6H_4\langle {C \atop NH} \rangle C\cdot CH_3 — CH(C_6H_4NH_2) — CH_3\cdot C \langle {C \atop NH} \rangle C_6H_4$$

z. B. aus 2 Mol. α-Methylindol und 1 Mol. o-Aminobenzaldehyd siehe Ber. **49**, 2584.

2049 **DRP. 38 784**

Lit. wie [2046]
Ber. **16**, 2243

Indol-2-carbonsäure NH, C·COOH, CH $= C_9H_{11}NO_2 = 161.$

Gleiche Teile Phenylhydrazinbrenztraubensäureäthylester (Ber. **16**, 2243) und Chlorzink einige Zeit auf 190° erhitzen, mit Wasser behandeln, ausäthern, den nach Verdunsten des Äthers verbleibenden **Indolcarbonsäureester** mit Alkali verseifen; mit Salzsäure ansäuern. Aus Wasser feine Nadeln.

2050 **DRP. 238 138**

Ann. **236**, 116

1 T. Acetonphenylhydrazon mit 1 T. Chlorzink in 3 T. Solventnaphtha 1 St. auf 150° erhitzen, die Cumollösung vom Chlorzink abziehen, dieses zur Befreiung der eingeschlossenen Lösungsreste in Wasser lösen und die gesamte Cumollösung im Vakuum fraktioniert destillieren. Als Nachlauf erhält man **Pr-2-Methylindol** in 75% Ausbeute. — Ebenso **Pr-3-Methylindol** aus Propionaldehydphenylhydrazon, Chlorzink und Methylnaphthalin (techn.), letzteres als Lösungsmittel. Nach dem Lösen des Chlorzinks und Verschmelzen der gesammelten Öle mit 2 T. Ätzkali während 2 St. bei 200°, das erhaltene **Skatolkalium** mit Benzol waschen, mit Wasser zerlegen und das **Skatol** (Pr-3-Methylindol) im Vakuum fraktioniert destillieren. Ausbeute 80%. — Ferner **Pr-2-Indolcarbonsäure** (in 60% Ausbeute) durch 1-stündiges Erhitzen von 1 T. Phenylhydrazonbrenztraubensäureäthylester [Ann. **236**, 142], 9 T. techn. Methylnaphthalin und 1 T. Chlorzink auf 130°; weitere 4 St. die Temperatur halten, die Schmelze wie oben (Skatol) aufarbeiten, die Kalischmelze nach Entfernung des Öles in Wasser lösen und die Carbonsäure mit Salzsäure ausfällen. Im Vakuum destilliert gibt sie unter Kohlensäureabspaltung **Indol.** Man erhält sie auch nach [**2049**].

2051 **DRP. 262 327**

Ann. **404**, 1
Ber. **45**, 1128;
45, 3521
M. f. Ch. **7**, 230;
7, 237

N-Monoacidylamino-o-methylbenzole unter Luftabschluß mit Erdalkalioxyden oder Alkalialkoholaten auf hohe Temperatur erhitzen. — Man erhält so aus 1 T. 1-Methyl-2-acetylaminobenzol und 3 T. Bariumoxyd bei 360° das **α-Methylindol**; aus 1 T. 1-Methyl-2-benzoylaminobenzol [**1534**] mit 1 T. Natriumäthylat in einigen Minuten bei 360°: **α-Phenylindol** [**2054**]; aus 5 T. 1, 3-Dimethyl-4-acetaminobenzol mit krystallalkoholhaltigem Natriumäthylat aus 1 T. Natrium: **2, 5-Dimethylindol;** aus 5 T. K-Salz der 1-Methylbenzol-2-oxaminsäure [**243**] mit 1 T. Natrium und überschüssigem Sprit: **Indol-2-carbonsäure;** aus 5 T. 1, 1′-Dimethyl-2, 2′-oxalylaminobenzol [**1844**], 2 T. Natrium und überschüssigem Amylalkohol **α, α′-Diindyl,**

(Strukturformel: H, C, C—C, N, H; H, C, N, H)

Indigomuttersubstanz, gelbliche, schwer lösliche Verbindung vom Sch.-P. über 300°. Die Fichtenspanreaktion zeigt Blauschwarz. In Schwefelsäure orangefarbig löslich, färbt sich in Eisessiglösung + Wasserstoffsuperoxyd rot. Das Pikrat schmilzt bei 178° unter Zersetzung.

2052 **DRP. 38 784**

Indol-2-propionsäure

NH, C·CH$_2$·CH$_2$·COOH, CH $= C_{11}H_{11}NO_2 = 189.$

Wie [**2046**], bei der Herstellung der 2-Methylindol-3-carbonsäure in geringer Menge als Nebenprodukt.

2053 **DRP. 127 245**
und
DRP. 128 660
Zusatz zu
DRP. 121 837
A. P. 689 025

Ann. **236**, 126
Ber. **29**, 2476

6-Chlor-2-methylindol Cl, NH, C·CH$_3$, CH $= C_9H_8NCl = 166.$

Allgemein: Aus Alkylarylhydrazinen und Ketonen. Z. B. geben p-Tolylphenylhydrazin und Acetophenon: Eine kalte, wässerige Lösung von 1 Mol. salzsaurem p-Chlorphenylhydrazin und 1 Mol. Aceton mit essigsaurem Natrium kräftig schütteln, das abgeschiedene Hydrazon filtrieren, pressen und wie bei der Gewinnung des Methylketols mit Chlorzink verschmelzen; Aus Ligroin umkrystallisiert erhält man das 6-Chlor-2-methylindol rein vom Sch.-P. 119°.

ist mit Dampf flüchtig. — Ferner: 1. **B3-Methyl-Pr2-phenylindol** (Sch.-P. 213°) aus p-Chlorphenylhydrazin und Acetophenon; ebenso 2. **B3-Chlor-Pr2-phenylindol** (Sch.-P. 196°) und ferner nach Ann. **236**, 133; **239**, 227 die folgenden Derivate: 3. **B3-Pr2-Dimethylindol**, 4. **Pr2-Phenylindol**, 5. **Pr1n-2-Dimethylindol**, 6. **Pr1n-Methyl-2-phenylindol**, 7. **B3-Pr1n-2-Trimethylindol**, 8. **B3-Pr1n-Dimethyl-2-phenylindol**, 9. **B3-Chlor-Pr1n-2-dimethylindol**, 10. **B3-Chlor-Pr1n-methyl-2-phenylindol**, 11. **Pr1n-Äthyl-2-methylindol**, 12. **Pr1n-Äthyl-2-phenylindol**, 13. **B3-Methyl-Pr1n-äthyl-2-methylindol**, 14. **B3-Methyl-Pr1n-äthyl-2-phenylindol**, 15. **B3-Chlor-Pr1n-äthyl-2-methylindol**, 16. **B3-Chlor-Pr1n-äthyl-2-phenylindol**; und zwar entstehen: 7. aus Methylphenylhydrazin und Aceton, 8. aus Methyl-p-tolylhydrazin und Acetophenon, 9. aus [Methyl-p-chlorphenylhydrazin, Ber. **20**, 2460] und Aceton, 11. durch Äthylierung des Pr_2-2-Methylindols oder aus Aceton und unsym. Äthylphenylhydrazin, 12. aus letzterem und Acetophenon, im Wasserbade mit Sprit (70%) längere Zeit stehenlassen, 13. aus Aceton und unsym. Äthyl-p-tolylphenylhydrazin, 14. aus letzterem und Acetophenon, 15. und 16. aus [Äthyl-p-chlorphenylhydrazin, Ber. **20**, 2460] mit Aceton bzw. Acetophenon. — Man erhält ferner **2-Phenylindol** nach

2054 **DRP. 38 784** E. P. 7137/86 F. P. 176 701 — Lit. wie [2046]

wie [2046] aus Acetophenonphenylhydrazin und Chlorzink bei 170°. Farb- und geruchlose Blättchen, Sch.-P. 185°. Im Vakuum unzersetzt destillierbar. Vgl. Ber. **19**, 1063. — **1-Methyl-2-phenylindol** (Sch.-P. 100°) ebenso aus Acetophenonmethylphenylhydrazin und schließlich: **2, 3-Diphenylindol** aus Desoxybenzoinphenylhydrazin mit Chlorzink oder in Spritlösung durch Erwärmen mit Salzsäure. Sch.-P. 123°. Destilliert im Vakuum unzersetzt. Diese Körper (gelbliche Krystallpulver) sind mit Dampf verschieden leicht- bis nichtflüchtig, in letzterem Falle bläst man das Keton mit Dampf ab, sonst reinigt man die Substanzen mit Sprit oder anderen organischen Lösungsmitteln z. B. Aceton + Ligroin oder Chloroform + Ligroin.

2055 **DRP. 38 784** E. P. 7137/86 F. P. 176 701 — Lit. wie [2046]

1, 2-Dimethylindol (Formel: Benzolring mit N·CH₃, C·CH₃, CH) $= C_{10}H_{11}N = 145.$

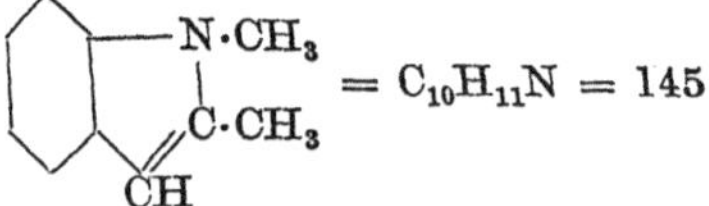

Wie [2046] erhält man aus Acetonmethylphenylhydrazin **1, 2-Dimethylindol** vom Sch.-P. 56°; **2, 3-Dimethylindol** gewinnt man in folgender Weise: Phenylhydrazinlävulinsäure mit Chlorzink einige Stunden im Ölbad auf 120°—130° erhitzen. Schmelze mit verdünnter Salzsäure behandeln, Rückstand (gelb) aus Eisessig gibt farblose **Methylindolessigsäure** $C_6H_4\langle C(CH_2\cdot COOH) \rangle C\cdot CH_3$ (NH), die über 190° erhitzt Kohlensäure abspaltet und Dimethylindol liefert. Farblose Blättchen, Sch.-P. 103°.

2056 **DRP. 137 117** — Ber. **27**, 3256

2-Methylindol-B-sulfosäure (Formel: SO_3H am Benzolring, NH, C—CH_3, CH) $= C_9H_9NO_3S = 211.$

10 T. Methylindol in 20 T. Monohydrat unter Kühlung lösen, allmählich bei höchstens 60° 80 T. Oleum (20%) eintragen. Wenn eine Probe klar wasserlöslich ist und an Äther nichts mehr abgibt, in Wasser gießen, warm auskalken oder mit kohlensaurem Baryt neutralisieren, Filtrat konzentrieren und die abgeschiedenen Krystalle filtrieren. — Das Na-Salz ist sehr leicht löslich. Die rötliche freie Säure ist aus dem Ba-Salz durch Fällung seiner warmen wässerigen Lösung mit Schwefelsäure erhaltbar, Filtrat im Wasserbade eindampfen. Gibt die Fichtenspanreaktion. — Ebenso **Pr1n-Äthyl-2-methylindolsulfosäure**, **B3-Pr2-Dimethylindolsulfosäure** und **B3-Methyl-Pr1n-äthyl-2-methylindolsulfosäure**. Die letzteren beiden Sulfosäuren entstehen sehr leicht. Die Produkte sind im Gegensatz zur Sulfosäure (im Pyrrolkern) der Ber. **27**, 3256 sehr beständig.

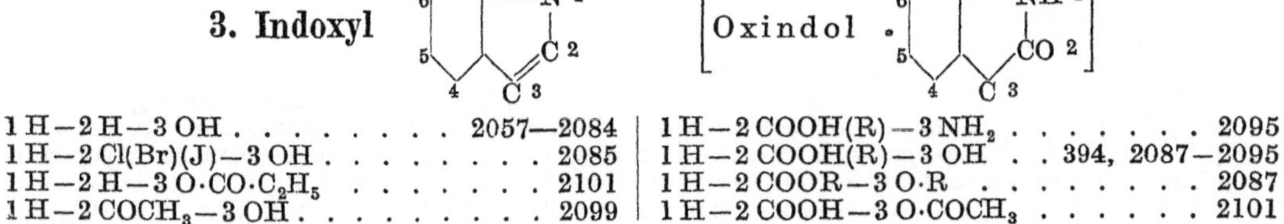

---

3. Indoxyl

(Formel: Benzolring, Positionen 4, 5, 6, 7; N 1, C 2, C 3) [Oxindol (Formel: Benzolring, Positionen 4, 5, 6, 7; NH 1, CO 2, C 3)]

1 H—2 H—3 OH . . . . 2057—2084	1 H—2 COOH(R)—3 NH_2 2095
1 H—2 Cl(Br)(J)—3 OH 2085	1 H—2 COOH(R)—3 OH . . 394, 2087—2095
1 H—2 H—3 O·CO·C_2H_5 2101	1 H—2 COOR—3 O·R 2087
1 H—2 $COCH_3$—3 OH 2099	1 H—2 COOH—3 O·$COCH_3$ 2101

2057 **DRP. 17 656**
A. P. 250 036
A. P. 250 037

Indoxyl (C$_6$H$_4$<NH, CH, C·OH) oder (C$_6$H$_4$<NH, CH$_2$, C:O) = C_8H_7NO = 133.

Indoxylsäurelösung kochen oder die trockene Säure vorsichtig schmelzen. Öl, in heißem Wasser mit schwach gelblich-grüner Fluorescenz löslich, mit Dampf nicht flüchtig.

2058 **DRP. 85 071**
—
Ber. **14**, 1741; **15**, 775
Reindarstellung: Ber. **34**, 1856

Wie [2088], jedoch mit Ätzkali 1 St. bei Luftabschluß auf 280° bis 290° erhitzen. (Bei 250° entsteht ein Gemenge von **Indoxylsäure** [2087] und Indoxyl im Verhältnis von 3 : 7.) Schmelze unter Kühlung in 2—3 T. luftfreiem Wasser lösen, Kohlensäure einleiten, mit sauerstofffreiem Äther extrahieren und den Äther verdunsten.

2059 **DRP. 137 208**
F. P. 317 081
—
DRP. 79 409
J. pr. **43**, 450

70 T. Ätzkali oder 15 T. Cyankali und 15 T. Natriumamid schmelzen, bei 220°—240° 20 T. trockenes, fein gemahlenes methylanthranilsaures Natrium eintragen, Temperatur noch $^1/_2$ St. halten, in Wasser lösen und auf Indoxyl verarbeiten.

2060 **DRP. 139 393**
F. P. 317 082

Zu demselben Zweck erhitzt man 1 T. methylanthranilsaures Natrium mit 2,5 T. Bleinatriumlegierung (20% Na) zum Schmelzen.

2061 **DRP. 137 955**
A. P. 680 395
E. P. 16 875/01
F. P. 312 763

Aus aromatischen Glycinen mit Natriumamid als Kondensationsmittel.

In 3 T. geschmolzenem Natriumamid werden bei 180° 1—2 T. Phenylglycinnatrium oder -ester, oder -o-carbonsaures Natrium eingetragen; nach Zusatz

2062 Anm. D. 11 810
3. 2. 02 Rößler

mit demselben Erfolg Phenylglycinphenylglycid. Die das Indoxylderivat enthaltende Schmelze wird gleich weiter auf Indigo verarbeitet.

2063 **DRP. 141 749**
Zusatz zu
DRP. 137 955
A. P. 704 804

45 T. Ätzkali + 35 T. Ätznatron + 15 T. Natriumamid oder ein Gemenge von je 15 T. Cyankalium und Natriumamid schmelzen, bei 180°—210° 15 T. Phenylglycinphenylglycinkalisalz [**1843**] eintragen, bis zum Nachlassen der Ammoniakentwicklung erhitzen und in Wasser gießen. Homologe Indoxyle entstehen bei Verarbeitung des o-Tolylglycin-o-tolylglycins [J. pr. **38**, 307] oder p-Tolylglycin-p-tolylglycins. — Nach E. P. 101 316 erhitzt man ein wasserfreies Gemenge von 70 T. Ätzkali, 30 T. Ätznatron und 30 T. Natriumamid, steigert den Druck im Autoklaven mittels Anilin- und Ammoniakdämpfe auf 6—10 kg, führt, wenn die Temperatur auf 180° gefallen ist, unter 190° möglichst schnell 50 T. Kaliumphenylglycinat ein und arbeitet nach der Beendigung Ammoniakentwicklung wie üblich auf.

2064 **DRP. 142 700**
—
DRP. 138 903
A. P. 727 270
A. P. 761 440

3 T. phenylglycin-o-carbonsaures Kali unter Feuchtigkeitsausschluß mit 10 T. Bariumoxyd mahlen und möglichst rasch auf 250° erhitzen. Es resultiert eine zusammengesinterte rotbraune Masse, aus der das Indoxyl wie üblich abgeschieden wird.

2065 **DRP. 145 601**

30 T. K-Salz von [**418**] mit 20 T. Natriumamid vorsichtig schmelzen, bis die Masse orangegelb ist. Besser, um Explosionen zu vermeiden, nach [**2059**] mit 45—50 T. Ätzalkali als Verdünnungsmittel arbeiten. Unter Luftabschluß erhitzen, bis die Ammoniakentwicklung (Schäumen) beendet ist, in Wasser lösen und das Indoxyl abscheiden.

2066	**DRP. 163 039** A. P. 714 000 E. P. 26 061/01 F. P. 317 121 Ferner: Zus.DRP. 166 213 Zus.DRP. 166 214 Zus.DRP. 166 974	Aromatische Verbindungen mit der Gruppe R−N−CH_2−CO (R = Phenyl) mit Alkali- oder Erdalkalimetallen, ihren Legierungen, Amalgamen oder Wasserstoffverbindungen, oder mit Erdalkalinitriden oder Metallcarbiden zweckmäßig in Gegenwart eines Verdünnungsmittels auf höhere Temperaturen erhitzen. Indigoschmelzen.
2067	**DRP. 171 172** A. P. 772 775 E. P. 6225/04 F. P. 348 980	Oxäthylanilin und seine Homologen mit Alkalien oder Gemischen von Alkalien, Alkalioxyden, Erdalkalien, Alkaliamiden, Alkalimetallen bei 250°—270° verschmelzen. Z. B.: 137 T. Oxäthylanilin, 700 T. wasserfreies Ätzkali und 70 T. Natriumamid oder 165 T. Äthyloxäthylanilin, 340 T. gebrannten Kalk und 340 T. Ätzkali usw.
2068	**DRP. 179 933**	Phenylglycin mit völlig wasserfreiem Ätznatron oder dessen Mischungen mit Calcium- oder Bariumoxyd bei Temperaturen über 220° verschmelzen. Nach
2069	**DRP. 165 691** — DRP. 54 626 DRP. 63 310	arbeitet man mit 30 T. trockenem Ätzkalipulver und 10 T. Natriumoxyd die man auf 250° erhitzt, worauf man bei 210° 10 T. Phenylglycinkali einträgt. Nach
2070	Anm. B. 36 266, Kl. 12 p. 27. 11. 05 Basel. A. P. 776 884 E. P. 5305/04 F. P. 346 153	verwendet man Ätzalkalien, metallisches Natrium und Alkalimetallalkoholatmischung, erhalten durch Lösen von Natrium in alkoholischem Ätzkali und Abdestillieren des Sprits. Nach
2071	**DRP. 166 447** E. P. 10 925/04 F. P. 343 078	leitet man während der Kondensation z. B. von 3 T. trockenem Ätzkali und 1 T. Phenylglycin bei 150°—300° trockenes Ammoniakgas oder nach
2072	**DRP. 179 759**	Wasserstoff oder andere sauerstofffreie evtl. reduzierend wirkende Gase durch die Schmelze. Nach zwei weiteren Anmeldungen verschmilzt man mit Gemengen von Ätzalkalien und Magnesium evtl. im Vakuum.
2073	**DRP. 180 394** E. P. 16 012/05 F. P. 356 569	Verschmelzen des Glycins mit Alkaliamid, das während der Schmelze im Innern der Reaktionsmischung aus Ätzkalinatron und metallischem Natrium im Ammoniakstrom erzeugt wird.
2074	**DRP. 188 436** A. P. 891 708 E. P. 12 243/06 F. P. 376 095 — DRP. 63 218 F. P. 310 599	Gleiche Teile scharf getrocknetes Acetylphenylglycinpulver und frisch bereitetes Aluminiumchlorid im Wasserstoffstrom evtl. auch im Vakuum auf 250° erhitzen; wenn die Salzsäureentwicklung beendet ist, kalt die glasige Schmelze auf Indoxyl oder Indigo aufarbeiten. — Ebenso mit Acettolylglycin, Acetylphenylglycinäthylester, überhaupt mit Glycinen der Form: Aryl-N-Ac·CH_2·COOH.
2075	**DRP. 189 021** E. P. 26 061/01	Ein Gemenge von 3—4 T. Ätzkali, 0,5 T. metallischem Natrium und 1 T. Phenylglycinkali im Vakuum der Wasserstrahlpumpe auf 200° bis 250° erhitzen, im Vakuum erkalten lassen, in Wasser lösen und auf Indoxyl verarbeiten. Nach
2076	**Zus. DRP. 195 352** F. P. 343 078	arbeitet man in besonderer Apparatur bei Gegenwart von Ammoniakgas und 1,5—3 T. Magnesium auf 7 T. Ätzkali, 5 T. Ätznatron, 3 T. Phenylglycinnatrium (evtl. noch 12 T. Bariumoxyd) 1 St. bei 240°—250°.
2077	**DRP. 212 845** — DRP. 63 310	10 T. Phenylglycinkalium, 13 T. Ätznatron (wasserfrei), 10 T. Bariumoxyd und 5 T. Natriumoxyd 1 St. auf 280°—290° erhitzen und die Schmelze wie üblich aufarbeiten. Nach
2078	**Zus. DRP. 215 049**	bildet man das Alkalioxyd erst in der Schmelze durch Eintragen von 100 T. Natriummetall in die 200°—220° heiße Schmelze von 2000 T. Ätzkali, 1500 T. Ätznatron, 500 T. gebranntem Kalk und 1000 T. Phenylglycinkaliumsalz. 1 St. auf 250° erhitzen.

2079 **DRP. 220 172** — DRP. 83 056

21,2 T. Äthylendianilin + 42 T. Ätzkalk + 42 T. Ätzkali im geschlossenen Gefäß 2 St. auf 270°—290° erhitzen oder das geschmolzene Äthylendianilin bei Luftabschluß in eine 250°—280° heiße Schmelze von 300 T. Kalinatron und 64 T. Ätzkali eintropfen lassen. — Ebenso reagiert Äthylendi-o-toluidin. Ber. **23**, 2031 [1839].

2080 Anm. G. 31 241, Kl. 12p. 21. 8. 11 Basel

Arylglycinsalz + 1 Mol. Natriumarylamin + 1 Atom metallisches Natrium mit Ätzalkali verschmelzen und das Arylamin abdestillieren. Vgl. A. P. 1 211 413: KOH, oder KOH + NaOH, Kalk und metallisches Natrium.

2081 Anm. A. 19 193, Kl. 12p. 11. 5. 10 Askenasy

Phenylglycinätzalkalischmelze bei Gegenwart von Paraffin od. dgl. und dem über 300° erhältlichen Produkt von Ätzalkali + Alkalimetall bei Temperaturen über 230° ausführen.

2082 **DRP. 233 466** A. P. 1 027 441 E. P. 22 288/10

Die Schmelze wird mit so wenig Eiswasser behandelt, daß das Indoxylkali auskrystallisiert. Abschleudern oder filtrieren, die Lauge wiederverwenden. Nach

2083 **Zus. DRP. 237 359** E. P. 24 690/10 F.P. 420 947 Zus.

ist das Verfahren auch auf Indoxylschmelzen der Phenylglycin-o-carbonsäure übertragbar. Man nimmt auf 100 T. Schmelze (aus 20 T. Carbonsäure, 60 T. Ätzkali und 40 T. Wasser) 100 T. Wasser.

2084 Anm. J. 12 406, Kl. 12p. 24. 4. 11 Imbert

Die Ätzalkalischmelze bei Gegenwart von Silizium, Siliziden der Metalle oder Erdmetalle oder Siliziumlegierungen ausführen.

2085 **DRP. 131 401** E. P. 11 358/01 F. P. 311 536

2-Bromindoxyl [Strukturformel: Benzolring mit NH, C—Br, C·OH] $= C_8H_6NOBr = 212.$

13 T. Indoxyl (oder 17,7 T. Indoxylsäure) in 100 T. Wasser lösen, Eis zugeben, mit Salzsäure stark sauer stellen, langsam Bromwasser (enthaltend 48 T. Brom) zugeben, bis im Auslauf mit Alkali keine Indigobildung mehr eintritt; das hellgelbe Bromindoxyl absaugen. **Chlorindoxyl** und **Jodindoxyl** sind grünlichgelbe Pulver. — Ebenso verläuft die Halogenisierung bei Gegenwart von $^1/_2$ T. Magnesia oder die Chlorierung in schwach essigsaurer Lösung mit einer wässerigen Chlorkalklösung. Die Halogenatome befinden sich wahrscheinlich im Pyrrolkern.

2086 **DRP. 232 780** F. P. 416 767 — DRP. 121 866

Indoxyl-1-carbonylchlorid [Strukturformel: Benzolring mit N·COCl, CH, C·OH] $= C_9H_6NO_2Cl = 196.$

In die Lösung einer Indoxylschmelze von 13,5 T. Indoxyl mit Eis + Salzsäure unter Kühlung 11—12 T. Phosgen einleiten, das Produkt filtrieren, waschen und trocknen. Aus Benzol weißes Krystallpulver vom Sch.-P. 109°—110°. In Sprit braunrot, in Benzol oder Eisessig schwach rotviolett, in Schwefelsäure gelb mit grüner Fluorescenz, in konz. Salzsäure braun, beim Verdünnen klar löslich. Alkalisch mit Diazobenzol-p-sulfosäure gekuppelt entsteht eine himbeerrote Lösung. Gibt in wenig verdünntem Eisessig bromiert: **Dibromisatin.**

2087 **DRP. 17 656** A. P. 250 036 A. P. 250 037 — Ber. **14**, 1741; **15**, 775

Indoxyl-2-carbonsäure und ihre Ester

[Strukturformel: Benzolring mit NH, C—COOH(R), C·OH] $= C_9H_7NO_3 = 177.$

Indoxylsäureäthyläther mit 3—5-facher Menge Ätzkali bei 150°—160° verschmelzen, so lange die Schmelze schäumt. In verdünnte Schwefelsäure eintragen, filtrieren; rein weiße, langsam blau werdende Krystalle, Sch.-P. 122°—123°. Indoxylsäureester gewinnt man wie folgt: o-Nitrophenylpropiolsäureäthyläther mit überschüssigem Ammoniumsulfhydrat bei gelinder Wärme digerieren. Ansäuern, filtrieren, Rückstand wiederholt mit verdünntem Alkali extrahieren, Filtrat mit Säure fällen. Prismen vom Sch.-P. 120°—121°. Acetylverbindung (mit Essigsäureanhydrid erhalten) schmilzt bei 138°. Auch durch Reduktion von Isatogensäureäther mit Zink u. Salzsäure erhaltbar. — **Äthylindoxylsäureäthyläther** erhält man aus dem Kalium- oder Natriumsalz des Indoxylsäureäthyläthers mit Jodäthyl. Sch.-P. 98°.

2088 **DRP. 85 071**

10 T. trockenes, neutrales phenylglycin-o-carbonsaures Natrium mit 20 T. Ätznatron fein gemischt in dünner Schicht bei Luftabschluß auf 235°—265° erhitzen, bis eine erkaltete Probe durchaus homogen citronengelb ist. 50 T. der Schmelze in 400 T. Eiswasser + 150 T. Schwefelsäure (20°) eintragen, den weißen Niederschlag filtrieren, kalt waschen und im Vakuum trocknen.

2089 **DRP. 105 495**
A. P. 685 156
E. P. 9690/98
F. P. 277 433
und Zus.

25 T. Phenylglycin-o-carbonsäurediäthyläther vom Sch.-P. 72°—73° [394] in 100 T. kochendem Benzol lösen, 2,5 T. fein zerteiltes metallisches Natrium und einige Tropfen Sprit zugeben. Wasserstoffentwicklung, die sich bei gelindem Erwärmen steigert. Schließlich erstarrt die Masse zum Krystallbrei. Mit verdünnter Säure durchschütteln, die Benzolschicht abheben, Benzol verdunsten; es hinterbleibt ein bald erstarrendes Öl. Aus Sprit umkrystallisieren. Identisch mit Ber. **14**, 1744.

2090 **DRP. 109 416**
A. P. 620 563

Anilidomalonsäureester [116] am absteigenden Kühler rasch auf 260°—265° erhitzen. Der Alkohol ist nach 5 Min. abgespalten und abdestilliert. Sofort abkühlen, Schmelze in doppeltem Gewicht Sprit lösen, kalt von den gelben, krystallisierten Nebenprodukten filtrieren und das Filtrat mit Wasser fällen.

2091 **DRP. 138 845**
Zusatz zu
DRP. 135 564
und DRP. 135 565
A. P. 714 042

100 T. Nitrosophenylglycin-o-carbonsäurediäthylester (auch sein p-Bromderivat [433]) mit 600 T. Natronlauge (20%), besser noch mit alkalischen Reduktionsmitteln, z. B. 70 T. Schwefelnatrium in 1000 T. Wasser, oder 300 T. Zinnchlorür in 1200 T. Natronlauge (20%), oder 350 T. kryst. Eisenvitriol in 1200 T. Wasser (einfließen lassen in die in 1200 T. Natronlauge (20%) gelöste Nitrosoverbindung) — im Wasserbade kurz erwärmen, kalt absaugen, die Krystalle in Wasser lösen (bzw. den Filterrückstand extrahieren) und das Filtrat mit Säure fällen.

2092 **DRP. 152 548**
A. P. 731 385
E. P. 6419/03
F. P. 338 458

24 T. phenylglycin-o-carbonsaures Natrium mit 100 T. Wasser + 150 T. Natronlauge (40°) im Vakuum bei schließlich 200° eindampfen. — Ebenso auch aus 195 T. der freien Säure + 1300 T. Kalilauge (30°) + 850 T. Natronlauge (30°) bei schließlich 250°. Vgl. Ber. **24**, 3434.

2093 **DRP. 158 089**
—
DRP. 137 955
F. P. 295 814
Ber. **33**, 556
Ann. **301**, 351

Natriumacetanilid (durch Eintragen von 23 T. Natrium in eine Lösung von 140 T. Acetanilid in 1000 T. trockenem Xylol bei 100° bis 110°) mit 251 T. Phenylglycin-o-carbonsäurediäthylester 8—10 St. auf 120°—125° erwärmen, Xylol im Vakuum abdestillieren, Rückstand sehr fein mahlen, mit kaltem Wasser das Acetanilid extrahieren, die Indoxylsäureesternatriumverbindung mit verdünnter Säure ausfällen. Aus Phenylglycinurethan-o-carbonsäurediäthylester [429] erhält man ebenso **Indoxylsäureäthylesterurethan** als nicht krystallisierendes Öl; wenn man von 2 Mol. Acetanilid ausgeht, erfolgt unter Eliminierung der Urethangruppe direkt Bildung des Indoxylsäureesters. **Bromindoxylsäureester** (grünliche Krystalle vom Sch.-P. 152° bis 154° aus verdünntem Sprit) wird aus Acetanilidnatrium und Bromphenylglycin-o-carbonsäurediäthylester (Sch.-P. 97°) hergestellt. Alle Verbindungen vom Typus

$$C_6H_4\left\langle\begin{matrix} CO\cdot R' \\ N\left\langle\begin{matrix} CH_2\cdot CO\cdot R'' \\ R''' \end{matrix}\right. \end{matrix}\right.$$

wobei R′ und R″ Oxyalkylgruppen, Ammoniak- oder substituierte Ammoniakreste, R‴ einen Säurerest oder Wasserstoff bedeutet, gehen mit Alkaliverbindungen substituierten oder nicht substituierten Ammoniaks in Indoxylsäurederivate über:

$$C_6H_4\left\langle\begin{matrix} NH\cdot CH_2\cdot COOC_2H_5 \\ COOC_2H_5 \end{matrix}\right. + C_6H_5\cdot N(Na)\cdot COCH_3 = C_6H_4\left\langle\begin{matrix} NH \\ C(ONa) \end{matrix}\right\rangle C\cdot COOC_2H_5 + \text{Sprit} + \text{Acetanilid},$$

wenn man mit Verdünnungsmitteln und bei höchstens 130° arbeitet, so daß die Verseifung der Seitenkettenderivate durch das am N gebundene Alkali nicht eintreten kann.

2094 **DRP. 232 986** 10 T. Na-Salz der Phenylglycincarbonsäure mit einer Lösung von höchstens 7—10 T. Ätznatron in der 2—4-fachen Wassermenge staubtrocken eindampfen, das Pulver in 8—14 T. 270°—300° heißes Paraffin eintragen und nach Beendigung der Wasserabspaltung, wenn der größte Teil des Paraffins verdampft ist, den Rest mit Xylol od. dgl. entfernen. Das gelbe Indoxylderivatgemenge (Indoxyl und Indoxylsäure) resultiert in 98% Ausbeute.

2095 **DRP. 206 903** Dünnen Brei gleicher Teile o-Cyanphenylglycin und Natronlauge (35%) im Wasserbade $^1/_4$ St. auf 90° erwärmen, die erstarrte Masse mit wenig Wasser verrühren, filtrieren, abpressen und den Kuchen bis zum Gelbwerden auf 150°—220° erwärmen. Wenn die Ammoniakabspaltung beendet ist, wie üblich aufarbeiten. Die intermediär gebildete **3-Aminoindoxyl-2-carbonsäure** braucht nicht isoliert zu werden.

2096 **DRP. 128 955**
— Lit. wie [420]

Indoxyl-1-essigsäure

C_6H_4 (N·CH_2·COOH, CH, C·OH) $= C_{10}H_9NO_3 = 191.$

253 T. Anthranilodiessigsäure [420] mit 500 T. Natronlauge (40°) 10 St. unter Rückfluß kochen, mit Wasser verdünnen und in kalte Schwefelsäure gießen. Aus Wasser gelbe Krystalle vom Sch.-P. 165°. Lösungen fluorescieren grün.

2097 **DRP. 108 761**

1-Acetylindoxyl

C_6H_4 (N—CO·CH_3, CH, C·OH) $= C_{10}H_9NO_2 = 175.$

1 T. feingepulvertes Diacetylindoxyl [2104] in eine Lösung von $1^1/_2$ T. neutralem Natriumsulfit in 20 T. Wasser verrühren, auf 70° erwärmen, die nach einiger Zeit ausgefallenen Krystalle der Monoacetylverbindung kalt filtrieren. Bei längerem Stehen der alkalischen Lösung tritt Verseifung ein. Sch.-P., bei vorherigem Sintern, 135°. Statt des Sulfits auch 2,5 T. Dinatriumphosphat anwendbar. Verseift wird stets die am Sauerstoff haftende Acetylgruppe.

2098 **DRP. 131 400**
— Lit. wie [2101]

1 T. Indoxylsäure mit 20 T. Wasser auf 70°—80° erwärmen, bis die Kohlensäureentwicklung beendet ist, die gelbe, grün fluorescierende Flüssigkeit in Eis stellen und das z. T. in braunen, z. T. in hellgelben Prismen abgeschiedene Indoxyl filtrieren. Sch.-P. 85° (vorher Sintern); Spritlösung wird mit Eisenchlorid dunkelrot, sonstige Reaktionen siehe Ber. **14**, 1744; **26**, 266. — Indoxyl in der dreifachen Menge kaltem Essigsäureanhydrid lösen, 15 Min. bei gewöhnlicher Temperatur stehen lassen und das Monoacetylindoxyl mit Wasser oder Soda fällen. Sch.-P. 135°, in Alkali löslich. Das alkaliunlösliche Produkt erhält man wie folgt: 3 T. Schmelze [2058] zur Umwandlung der Indoxylsäure in Indoxyl wie oben 15 Min. mit Wasser kochen, kalt 20 T. Eis, dann 2,2 T. Schwefelsäure (1,38), schließlich 1 T. Essigsäureanhydrid zugeben und die Krystalle filtrieren. Sch.-P. 126°.

2099 **DRP. 111 890**
A. P. 662 703
E. P. 1034/99
—
DRP. 105 495

2-Acetylindoxyl

C_6H_4 (NH, C·$COCH_3$, C·OH) $= C_{10}H_9NO_2 = 175.$

330 T. Anthranilsäureäthylester mit 92,5 T. Chloraceton im Wasserbade erwärmen. Wenn die Umsetzung beendet ist, eine Lösung von 55 T. Soda in Wasser zugeben, das Gemisch von Anthranilsäureester und Acetonylanthranilsäureester in 1000 T. Benzol lösen, trocknen, 23 T. fein zerteiltes metallisches Natrium oder die Lösung von 23 T. Natrium in 300 T. abs. Sprit zugeben, einige Tropfen Sprit zusetzen, kalt mit verdünnter Säure durchschütteln, die Benzolschicht dann mit verdünnter Lauge schütteln, die das **Indoxylmethylketon** aufnimmt und mit Essigsäure oder Salzsäure fällen. Gelblicher, leicht (nur in Chloroform schwer) löslicher Körper vom Sch.-P. 133°.

2100 **DRP. 128 955**
— Lit. wie [420]

Indoxyl-2-carbon-1-essigsäure

C_6H_4 (N—CH_2·COOH, C—COOH, C·OH) $= C_{11}H_9NO_5 = 235.$

319 T. trockenes anthranilodiessigsaures Natrium [420] mit 500 T. Ätzkali 1 St. auf 200° erhitzen, kalt pulvern und in kalte, verdünnte Schwefelsäure eintragen. An der Luft blauwerdendes Pulver, das unter Zersetzung bei 150° schmilzt. In wässeriger Lösung gekocht wird CO_2 abgespalten und es resultiert [2096].

2101 **DRP. 131 400**
A. P. 690 331
E. P. 9774/01
F. P. 311 562
—
DRP. 108 761
DRP. 113 240
Ber. **14**, 1742; **34**, 1854

3-Acetylindoxyl-2-carbonsäure

$C_6H_4 \langle NH \rangle C \cdot COOH = C \cdot O \cdot CO \cdot CH_3$ $= C_{11}H_{11}NO_4 = 219.$

2 T. Schmelze von indoxylsaurem Na und NaOH (Ber. **17**, 976) unter Kühlung in 4 T. Wasser lösen, den größten Teil des Alkalis mit 1—1½ T. Eisessig neutralisieren, eiskalt die noch alkalische Lösung bei Luftabschluß mit 1 T. Essigsäureanhydrid, das man portionenweise zugibt schütteln bis die Lösung sauer reagiert, das abgeschiedene Na-Salz der **Monoacetylindoxylsäure** zur Reinigung in wenig essigsäurehaltigem Wasser lösen, filtrieren und das Filtrat mit Acetat sättigen. Weiße Blätter, die sich beim Trocknen graubläulich färben. Das Na-Salz der acetylierten Indoxylsäure in wässeriger Lösung mit verdünnter Salzsäure versetzt gibt die freie Säure, die in Benzol oder Chloroform schwer löslich ist, sich bei 160° grünlich färbt, dann sintert und bei 175° unter Zersetzung schmilzt. Wird mit Eisenchlorid dunkelrot. — Erwärmt man die Indoxylsäure mit Essigsäureanhydrid, so spaltet sich z. T. Kohlendioxyd ab und man erhält Mischungen des Monoacetindoxyls mit Monacetindoxylsäure, wobei ersteres alkalilöslich ist, wenn man vom freien Indoxyl ausgeht, dagegen unlöslich, wenn man die Indoxylsalze acetyliert [2098]. — Analog erhält man **Propionylindoxyl** und **Benzoylindoxyl**, bzw. ihre Carbonsäuren.

2102 **DRP. 126 962**
—
Ber. **14**, 1742

1-Acetylindoxyl-2-carbonsäureäthylester

$C_6H_4 \langle N \cdot CO \cdot CH_3 \rangle C \cdot COO \cdot C_2H_5 = C \cdot OH$ $= C_{13}H_{13}NO_4 = 247.$

Zu 3 T. Acetylphenylglycincarbonsäureäthylester, in 20 T. abs. Sprit gelöst, bei gewöhnlicher Temperatur allmählich eine Lösung von 0,3 T. Natrium in 3 T. abs. Sprit zugeben. Wenn Probe wasserlöslich ist, in Wasser gießen, ansäuern und den abgeschiedenen **Acetylindoxylsäureäthylester** filtrieren. Sch.-P. 115°. Spritlösung + Eisenchlorid = grünlich. **Acetylindoxylsäuremethylester** schmilzt bei 117°. Aus **Benzoylphenylglycincarbonsäureäthylester** (60 T. Phenylglycincarbonsäurediäthylester + 48 T. Benzoylchlorid + 150 T. Toluol bis zum Aufhören der Salzsäureentwicklung mehrere Stunden kochen, Sch.-P. 53°—54°) in ähnlicher Weise der **Benzoylindoxylsäureäthylester;** gelbe Krystalle vom Sch.-P. 87°—88°.

2103 **DRP. 129 001**
A. P. 644 326
E. P. 21 157/98
F. P. 282 083
—
Ber. **35**, 523
Z.Bl. **1900**, II, 581; **1902**, I, 476

Alphylaminomalonsäureester-Zwischenprodukte

(Strukturformel: CO, CH, N, CO / CO, N, CH, CO — zwei Benzolringe) $= C_{18}H_{10}N_2O_4 = 318.$

1 T. p-Tolylaminomalonsäurediäthylester mit 1,5 T. hochsiedendem Petroleum auf 250° erhitzen, den Krystallbrei kalt absaugen, Rückstand mit Ligroin waschen, mit Eisessig auskochen. Zurück bleibt das hellgelbe **Diketodiphenylpiperazin.** Aus 1 T. 2-Naphthylaminomalonsäurediäthylester erhält man durch einstündiges Erhitzen mit 2 T. 1-Chlornaphthalin auf 260° ebenso **Diketodinaphthylpiperazin.** — Geben in der Ätzkalischmelze Indoxylsäure bzw. Indigo.

2104 **DRP. 113 240**

1, 3-Diacetylindoxyl

$C_6H_4 \langle N \cdot CO \cdot CH_3 \rangle CH = C \cdot O \cdot CO \cdot CH_3$ $= C_{10}H_{11}NO_3 = 193.$

1 T. trockene, feingepulverte Phenylglycin-o-carbonsäure als Dinatriumsalz schnell in 5 T. siedendes Essigsäureanhydrid eintragen. Wenn die Kohlendioxydentwicklung beendet ist, das Essigsäureanhydrid im Vakuum abdestillieren, Rückstand mit Wasser extra-

hieren (Na-Acetat entfernen), und den Rückstand mit etwas Tierkohle aus Sprit umkrystallisieren. Farblose Nadeln, Sch.-P. 82°. In organischen Lösungsmitteln leicht, in Wasser schwer löslich. Mit heißer Natronlauge erfolgt Verseifung zu Indoxylnatrium. — Diacetylindoxyl entsteht auch aus anderen Acidylverbindungen, z. B. dem Benzoylderivat der Phenylglycin-o-carbonsäure.

2105 **DRP. 133 146**

1 T. Indoxylsäure (oder lösliches und unlösliches Monoacetylindoxyl oder Monoacetylindoxylsäure oder Gemenge) mit 3 T. Acetylchlorid (oder 5 T. Essigsäureanhydrid + 1 T. geschmolzenem Acetat) unter Rückfluß 1—2 St. kochen, den Überschuß des Acetylierungsmittels im Vakuum abdestillieren, Rückstand mit Soda oder Acetatlösung verreiben, filtrieren, das Rohprodukt in Sprit oder Äther lösen, mit Tierkohle entfärben und filtrieren. Aus Wasser Nadeln, Sch.-P. 81°—82°, in verdünnter Natronlauge unlöslich.

2106 **DRP. 226 689**

DRP. 220 839
Ber. 41, 3790
DRP. 158 089

5, 7-Dichlorindoxyl-2-carbonsäuremethylester

Cl, NH, Cl, C·COO·CH$_3$, C·OH $= C_{10}H_7NO_3Cl_2 = 260.$

292 T. **1, 5-Dichlor-2-phenylglycin-3-carbonsäuredimethylester** (Säure mit methylalkoholischer Salzsäure kochen, Sch.-P. 77°—78°) in 2000 T. Toluol mit 23 T. metallischem Natrium behandeln, evtl. etwas Methylalkohol zusetzen, auf 105°—110° erhitzen, wenn das Natrium verschwunden ist, mit 600 T. Wasser und 200 T. Essigsäure (30%) durchschütteln, das Toluol mit Dampf abblasen, 5, 7-Dichlorindoxyl-2-carbonsäuremethylester filtrieren. Aus Sprit farblose Nadeln vom Sch.-P. 195°. — Ebenso aus 336,5 T. **5-Brom-1-chlor-2-phenylglycin-3-carbonsäuredimethylester** (vom Sch.-P. 81°—83°, erhalten durch Methylierung von [716] vom Sch.-P. 238°) und Natriummethylat aus 23 T. metallischem Natrium und 700 T. Methylalkohol in $^1/_2$ St. bei 70°: **7-Chlor-5-bromindoxylcarbonsäuremethylester**, aus Eisessig Nadeln vom Sch.-P. 203°—205° und aus **1, 5-Dichlorphenylglycin-3-carbonsäuremonomethylester** (erhalten durch teilweises Verseifen des nach Ber. **33**, 554 dargestellten 1, 5-Dichlorphenylglycin-3-carbonsäuredimethylesters vom Sch.-P. 133°—134° [994]): **5, 7-Dichlorindoxylsäure.**

2107 **DRP. 113 240**

1, 3-Diacetylindoxyl-5-carbonsäure

N—CO·CH$_3$, COOH, CH, C·O·CO·CH$_3$ $= C_{11}H_{11}NO_5 = 237.$

Wie [2104] aus 1 T. Acetylphenylglycin-o-p-dicarbonsäure [765] und 5 T. Essigsäureanhydrid. Rückstand nach Abdestillieren des Essigsäureanhydrids mit heißem Wasser extrahieren. Schwach gelbliche Krystallmasse. Schmilzt unter Zersetzung bei 250°. In kalter Soda unverändert löslich, beim Erwärmen Verseifung und an der Luft Blaufärbung.

2108 **DRP. 246 338**
Zus. DRP. 209 910

Ber. **44**, 3098

2-Oxindol-3-aldehyd

NH, C:O, CH·CHO $= C_9H_7NO_2 = 161.$

Thioindigoscharlach (aus Isatin und Oxythionaphthen) mit Natronlauge (40°) bis zur völligen Spaltung erhitzen. Das entstandene Na-Salz der Thiosalicylsäure ist leicht, die Na-Verbindung des gebildeten Oxindolaldehydes schwer löslich. Filtrieren, letztere mit Salzsäure zerlegen. Der freie Aldehyd krystallisiert aus verdünntem Sprit in Nadeln vom Sch.-P. 213°. Ist beständiger als der Indoxylaldehyd [2305], gibt mit Anthranilsäure ein Azomethin. Mit der gleichen Natriumalkoholat- und der 10-fachen Spritmenge im Wasserbade erwärmt erfolgt Bildung des Oxindolaldehydes aus dem Scharlach quantitativ. — Ebenso erhält man aus 10 T. Kondensationsprodukt von Azenaphthenchinon und 3-Oxy-(2δ-)thionaphthen mit 50 T. alkoholischer Natronlauge (10%) im Wasserbade als krystallinischen Niederschlag den **Azenaphthenonaldehyd.** — Das **Oxindol** selbst gewinnt man durch Eingießen der ammoniakalischen Lösung der o-Nitrophenylessigsäure in Eisenvitriollösung, filtriert und dampft ein. Oxindol sublimiert oberhalb 110°. (Ber. **49**, 2775.) Vgl. auch J. pr. **1913**, 227.

2109 **DRP. 289 028**

Oxindol-6-sulfosäure $= C_8H_7NO_4S = 229.$

Phenylessigsäure mit der 3—5-fachen Menge Schwefelsäure (66°) durch 1-stündiges Erwärmen auf 80°—95° sulfieren, die in vorwiegender Menge neben etwas o-Derivat entstehende **p-Sulfophenylessigsäure** zum o-Nitroderivat nitrieren, mit Eisen und Essigsäure reduzieren. Neben dem Hauptprodukt entsteht etwas **p-Amino-o-sulfophenylessigsäure,** die auf Grund der leichten Wasserlöslichkeit ihres Na-Salzes von jenem der Oxindolsulfosäure getrennt wird.

4. Isatin

bzw.

Unsubstituiert	2023, 2110—2116	7 CH_3—3:NOH	2126
5 Cl	2117	5, 6 (O—CH_2—O)	2129
Br	2122	Br—Br—2 O·R	2122
5 CH_3	2125	Isatinoxydationsprodukt	2130
7 CH_3	2116		
1 C_2H_5	2124, 2131	1 C_6H_5	2131
1 CH_2·COOH	2127	2 NH·C_6H_5	2132—2136
1 CH_2·NR_2	2127	2 NH·C_6H_5[+ SO_2]	2135, 2136
1 $COCH_3$	2113	2 NH·C_6H_5—4 CH_3	2137
2:NH	2125	2 NH·C_6H_5—7 CH_3	2137
NO_2	2128	2 NH·C_6H_4·Cl	2134
2 O·R	2115	2 NH·C_6H_4·CH_3	2133
5 (7) O·R	2129	2 NH·C_6H_4·Cl—5 Cl	2134
2 Cl—Cl	2117	2 NH·C_6H_4·CH_3—5 (7) CH_3	2133, 2137
5 Cl—7 Cl	2118, 2119	2:N(C_6H_5), (CO·C_6H_5)	2140
4 Cl—7 Cl	2123	2:N·C_6H_5—3:N·C_6H_5	2141
5 Br—7 Cl	2120, 2123	Resorcin-Kond.-Prod.	2142
Br—Br	2086, 2122	Anthranilsäure-Kond.-Prod.	2138, 2139
5 CH_3—7 CH_3	2134	Schwefelderivate	2143, 2144

2110 **DRP. 105 102**
A. P. 625 268
E. P. 22 459/98
F. P. 283 100

Isatin $= C_8H_5NO_2 = 147.$

Gemenge eines aromatischen Glycins [z. B. **383**] mit Ätzalkali mit oder ohne Zusatz eines Erdalkalis in lockerer Form erhitzen, so daß die eingeschlossene Luft oxydierend wirken kann. Schmelze in Wasser lösen, Indigo abscheiden, Mutterlauge im Vakuum eindampfen und die abgeschiedenen isatinsauren Salze auf Isatin verarbeiten.

2111 **DRP. 107 719**
A. P. 646 841
E. P. 22 459/98
F. P. 283 100
Lit.: Ausführliche Angaben im Originalpatent.

7 T. Indoxylsäure (Indoxyl, Äthylindoxyl usw.) mit 80° warmer Lösung von 6 T. Kaliumpermanganat in 50 T. Wasser + 10 T. Natronlauge bis zur Entfärbung oxydieren, vom Braunstein filtrieren, Filtrat genau neutralisieren, stark eindampfen und mit überschüssiger Salzsäure fällen. Ebenso zahlreiche andere Oxydationsmittel verwendbar.

2112 **DRP. 113 979**
A. P. 647 279
F. P. 291 359

1 T. α-Isatinanilid mit 3 T. Wasser + 1 T. Schwefelsäure (66°) langsam zum Kochen erhitzen, kalt filtrieren, Produkt aus Wasser umkrystallisieren.

2113 **DRP. 184 694**
DRP. 184 693
Ber. **39**, 2339

10 T. [287] mit 40 T. Essigsäureanhydrid oder mit Sodalösung oder mit verdünnter Natronlauge 1 St. kochen bzw. auf 80° erwärmen. In ersterem Falle erhält man nach dem Abdestillieren der Hälfte des Essigsäureanhydrids und Fällen mit Wasser **Acetylisatin,** aus den alkalischen Lösungen wird mit Säuren direkt Isatin gefällt.

2114 **DRP. 189 841**
Zusatz zu
DRP. 184 693
E. P. 17 164/06

50 T. o-Nitromandelsäure in 500 T. Wasser suspendiert mit 40 T. Zinkstaub versetzen. Wenn die anfänglich spontane Temperatursteigerung um 10°—20° nachläßt unter Kühlung konz. Salzsäure zusetzen, bis kongosauer und die Krystalle der **Anhydrohydroxylaminmandelsäure** filtrieren.

2115 **DRP. 229 815**
—
J. pr. **95**, 177; **97**, 86
Ber. **17**, 976
Ann. **190**, 369

100 T. mit etwas verdünnter Natronlauge angerührten Handelsindigo unter Kühlung mit 600 T. Salpetersäure (15%) + 60 T. Chromsäure behandeln. (Verschiedene Ausführungsformen.) Größere Gasentwicklung darf nicht auftreten. Wenn die Masse braun ist (evtl. gegen das Ende der Operation etwas anwärmen), kalt filtrieren, den Niederschlag in Natronlauge lösen, vom Indigo filtrieren, das Filtrat heiß fällen und die braunen Nadeln filtrieren. Ausbeute 85%. — **Isatinmethyläther** gewinnt man nach Ber. **15**, 2093.

2116 **DRP. 292 394**

3-Amino-2, 4-dioxychinolinchlorhydrat in wässeriger Lösung mit Eisenchlorid erwärmen. Bei 80° erfolgt stürmische Gasentwicklung, und man erhält nahezu reines Isatin. Das Ausgangsmaterial erhält man aus Nitroso-γ-oxycarbostyril durch Reduktion mit Zinn und Salzsäure; die Reduktionslösung wird nach dem Entzinnen mit Schwefelwasserstoff mit überschüssiger Salzsäure versetzt. Die freie Base zersetzt sich bei etwa 270°. — Das Verfahren bietet einen billigen Weg vom Naphthalin über Phthalsäure, Anthranilsäure und Dioxychinolin [**2023**, **2024**] zum Isatin.

2117 **DRP. 206 537**
Zusatz zu
DRP. 182 260

Halogenisatine (Cl, N, C·OH, C:O) $= C_8H_4NO_2Cl = 182.$

In Eisessig-Isatinlösung Chlor einleiten. Das Chlorisatin ist vermutlich identisch mit jenem in Ber. **29**, 1033. Gibt mit Phosphorpentachlorid **Chlor-α-isatinchlorid.** — **5-Chlorisatin** erhält man ferner nach Ann. **243**, 356 durch Oxydation einer Lösung von Br-3-chlorcarbostyril mit Permanganat. Gelbrote Krystalle vom Sch.-P. 247°—248°.

2118 **DRP. 255 772**
und
2119 **DRP. 255 774**
E. P. 7768/12
F. P. 453 973
—
Ber. **42**, 3663
J. pr. **88**, 49, 51

147 T. Isatin oder 5 T. Monochlorisatin [Ann. **243**, 356] in 3000 T. Wasser suspendiert mit etwas Jodkalium versetzen, bei 15° Chlor einleiten, bis ein ziegelrotes **Dichlorisatin** ausfällt, das bei 150° schmilzt; absaugen und trocknen. Aus Eisessig umkrystallisiert schmilzt es bei 155°. Ein Chloratom ist locker gebunden, Dichlorisatin gibt, in Bisulfit gelöst, mit Salzsäure gefällt 5-Monochlorisatin (Sch.-P. 247°), in der 4-fachen Menge warmer konz. Schwefelsäure mit etwas Jod erfolgt jedoch bei 80° Umlagerung (Chlorwanderung in den Kern) unter Bildung von **5, 7-Dichlorisatin** (Sch.-P. 221°). — Auch in Salzsäure-(10%)-suspension mit Natriumhypochlorit bei 10° bis 15° (stets kongosauer!) erhaltbar. — Ebenso gibt das nach

2120 **Zus. DRP. 255 773**

durch Chlorieren von 5-Bromisatin in wässeriger Suspension erhaltene **Chlorbromisatin** vom Sch.-P. 143° nach

2121 **DRP. 255 775**
Zusatz zu
DRP. 255 774

durch mehrstündiges langsames Erwärmen seiner Lösung in der zehnfachen Menge Schwefelsäure (66°) auf 80° bei Gegenwart von etwas Jod **5-Brom-7-chlorisatin.** Wenn eine aus Eisessig umkrystallisierte Probe bei 231° schmilzt, gießt man in Eiswasser, saugt ab und trocknet.

2122 **DRP. 245 042**
E. P. 8239/10
F. P. 414 820

In eine Lösung von 14,7 T. Isatin in 150 T. Schwefelsäure (60°) 32 T. Brom eintragen, 24 St. rühren, auf 40°, dann auf 80° erwärmen und auf diese Weise den Bromüberschuß abdestillieren. Auf Eis gießen und filtrieren. Das **Dibromisatin** bildet ein orangegelbes Pulver vom Sch.-P. 248°—250°. Mit Schwefelsäure von 66° entsteht **Monobromisatin.** — **Dibromisatinalkyläther** wird nach Ber. **15**, 2099 hergestellt.

2123 **DRP. 281 052**

278 T. 3, 6-Dichlor-2-nitrophenylmilchsäureketon (Ber. **17**, 752) vom Sch.-P. 153° in 8000 T. Wasser suspendieren, bei 60°—70° 220 T. festes Permanganat eintragen und zur Lösung bringen und schließlich 210 T. wasserfreie Soda zusetzen. Unter Temperatursteigerung bildet sich **4, 7-Dichlorisatin,** ein orangegelbes Pulver vom Sch.-P. 246°. — Ebenso reagieren 3, 6-Dichlor-2-nitrophenylmilchsäurealdehyd, 5-Methyl-2-nitrophenylmilchsäureketon usw.

2124 Anm. F. 26 105, Kl. 12p. 18. 4. 10 Höchst — Ber. **40**, 1299; **44**, 3103

1-Äthylisatin (N·C_2H_5, C:O, C:O) $= C_{10}H_9NO_2 = 175.$

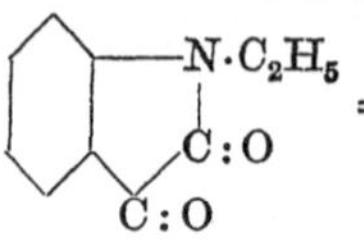

Alkali- oder Erdalkalisalze der Isatinsäure (o-Aminophenylglyoxalsäure) mit alkylierenden Mitteln behandeln.

2125 **DRP. 25 136** Zusatz zu DRP. 27 979 E. P. 1788/83 — Ber. **16**, 926; **16**, 2261; **18**, 190

5-Methylisatin (CH_3; N, C·OH, C:O) $= C_9H_7NO_2 = 161.$

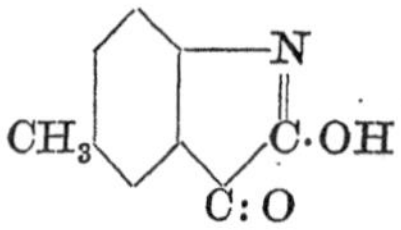

3,3 T. p-Toluidin + 1 T. Dichloressigsäure offen auf 100° erhitzen, bis die Masse erstarrt. Mit Wasser wird **Imesatin** ausgelaugt, dieses mit Salzsäure gelinde erwärmt, wird in Methylisatin und p-Toluidin gespalten. Besser arbeitet man nach einem Zus.-Pat. in Sprit- oder Benzollösung und steigert die Imesatinbildung durch Lufteinleiten. — Substituierte Isatine gewinnt man ferner aus aromatischen Aminen und ihren Derivaten und Dichloressigsäure und ihren Derivaten (namentlich Äthern und Salzen). Man erhielt so Methyl-, Di- und Trimethylisatin, Naphthisatin, halogenisierte Produkte usw.

2126 **DRP. 193 633** — Ber. **37**, 3725; **38**, 3552; **40**, 2650 J. pr. **74**, 74; **74**, 76 DRP. 105 102 DRP. 113 981

5 T. Di-o-tolyloxalimidchlorid [Ann. **279**, 181] in 25 T. im Wasserbade erwärmte Schwefelsäure in kleinen Mengen eintragen; wenn die Salzsäureentwicklung beendet ist und eine Probe sich auch in alkalischem Wasser klar löst, die Masse in Wasser gießen und die roten Krystalle des **7-Methylisatins** filtrieren. Aus Sprit umkrystallisieren, Sch.-P. 266°. Nur in Pyridin leicht löslich. Mit essigsaurer Phenylhydrazinlösung entsteht sein Hydrazon, aus Sprit + etwas Eiessig umkrystallisieren, Sch.-P. 242°. Mit Hydroxylamin erhält man das **7-Methylisatoxim,** aus Sprit umkrystallisieren, Sch.-P. 235°. — Die Isatine aus den Imidchloriden des Anilins und anderer Basen sind über das Ba-Salz der Isatinsäure abscheidbar.

2127 **DRP. 168 292**

Isatin-1-essigsäure (N·CH_2·COOH, C:O, C:O) $= C_{10}H_7NO_4 = 205.$

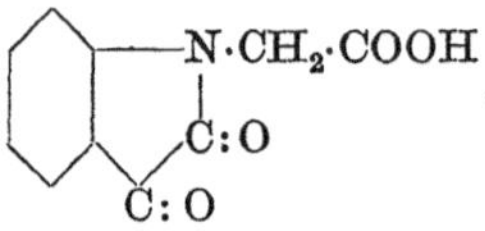

5 T. Anthranilodiessigsäure [420] mit 25 T. Natronlauge (40°) 12 St. unter Rückfluß erhitzen, mit heißem Wasser zu einer Lösung von 6°—8° Bé verdünnen, Luft einleiten, bis die grüne Indigoessigsäure in gelbrote Isatinessigsäure übergegangen ist, auf 40° bis 42° Bé eindampfen und das kalt auskrystallisierende phenylglycin-o-carbonsaure Natrium absaugen. Der Preßkuchen ist direkt auf Indoxyl verarbeitbar. Isatinessigsäure bildet gelbe Nadeln vom Sch.-P. 198°—199°, gibt ein bei 242° schmelzendes Phenylhydrazon. Die Bildungsweise von **Diäthylaminomethylisatin** bzw. **Äthylphenylaminomethylisatin** aus Isatin, Formaldehyd und Diäthylamin bzw. Äthylanilin

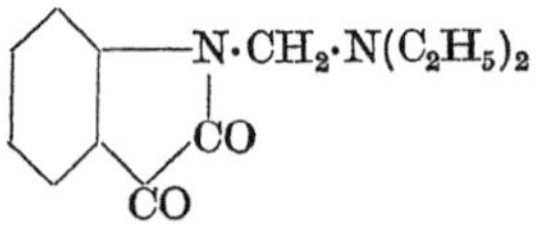

(N·CH_2·N$(C_2H_5)_2$, CO, CO)

ist in Ber. **42**, 4850 beschrieben.

2128 **DRP. 221 529** — Ber. **12**, 1312

Nitroisatin (NO_2; N, C·OH, C:O) $= C_8H_4N_2O_4 = 192.$

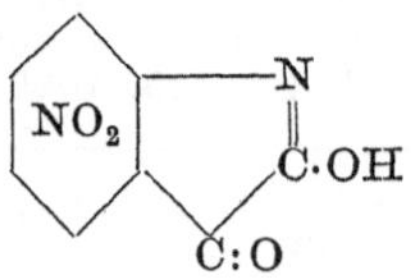

Isatin in schwefelsaurer Lösung mit Salpetersäure (1,5) oder in Monohydratlösung mit Kaliumnitrat nitrieren. Aus Eisessig gelbe Nadeln vom Sch.-P. 248°—250°. In Schwefelsäure rotgelb löslich.

2129 **DRP. 215 785** — Ber. 22, 2353

5-Methoxyisatin $CH_3 \cdot O$-[Benzolring]-N=C·OH, C:O $= C_9H_7NO_3 = 177.$

Braunrote Nadeln vom Sch.-P. 200°—202°. Das 7-Methoxyisatin wird durch Oxydation des Dimethoxyindigos (Ber. 22, 2353) erhalten. Blaurote Nadeln vom Sch.-P. 241°. — **5, 7-Dimethylisatin** (DRP. 241 825) wird nach Ber. 40, 2650 aus Oxalxylid, **5,6-Dioxyisatinmethylenäther**

CH_2<(O—)(O—)[Benzolring]-N=C·OH, C:O

(DRP. 246 579) nach Ber. 38, 2857 hergestellt.

2130 **DRP. 276 808** und **Zus. DRP. 281 050**

Isatinoxydationsprodukt.

Konst. unbestimmt. Empir. Zusammensetzung: $C_{16}H_8N_2O_2 = 260.$

5 T. Isatin in 100 T. kochendem Wasser lösen, 5 T. Permanganat eintragen, in heftiger Reaktion gebildete gelbe Krystalle des Oxydationsproduktes filtrieren, mit schwefliger Säure vom Braunstein befreien. Sch.-P. 262°, S.-P. über 300°. Mit Alkali und Hydrosulfit erfolgt nach längerem Erwärmen im Wasserbade Reduktion zu Indigweiß. Nach dem Zus.-Pat. auch aus Indigo (20%iger Teig) ebenso erhaltbar wie das Dibromderivat aus Dibromindigo.

2131 **DRP. 281 046** — Ber. 46, 3915; 47, 2120 DRP. 193 633

1-Phenylisatin [Benzolring]-N(—C_6H_5)-C:O, C:O $= C_{14}H_9NO_2 = 223.$

1 T. Diphenylamin mit 0,75 T. Oxalylchlorid in 10 T. Schwefelkohlenstofflösung 10 St. kochen, die erhaltene Verbindung

[Benzolring]-N(—C_6H_5)-CO-CO·Cl

nach Zusatz von etwas Aluminiumchlorid weitere 10 St. kochen, wobei unter Salzsäureabspaltung der Isatinring geschlossen wird. **N-Phenylisatin** schmilzt bei 138°, **N-Äthylisatin** bei 95°.

2132 **DRP. 113 981** A. P. 647 279 E. P. 15 416/99 F. P. 291 359

Isatin-2-phenylimid [Benzolring]-N=C—NH—C_6H_5, C:O $= C_{14}H_{10}N_2O = 222.$

20 T. Isonitrosoäthenyldiphenylamidin [1815] in 80 T. 40°—50° warme Schwefelsäure (66°) eintragen, die schwärzlichviolette Lösung auf 110° erwärmen, bis sie rein gelbrot ist, kalt in überschüssige Sodalösung gießen und die braunen, krystallinischen Flocken filtrieren, waschen und trocknen.

2133 **DRP. 113 980** **DRP. 115 465**

Ferner erhält man α-Isatinanilid durch Behandlung auch des nach [1816] erhaltenen Thioamides oder allgemein der homologen Thioamide

RNH·C:NR
|
NH_2·C:S

R = Phenyl, Tolyl, Xylyl, Naphthyl

mit 90° warmer konz. Schwefelsäure. Nach Beendigung der Schwefeldioxydentwicklung (längere Erwärmung auf 105°—110°) gießt man die Lösung kalt auf Eis, filtriert und krystallisiert das Produkt aus Benzol um. Es wurden so erhalten: **o-Methylisatin-α-o-toluidid,** ebenso das p-Toluidid und das **Isatin-α-o-toluidid.**

2134 **DRP. 123 887**

Statt die Kondensationslösung [3132] in Sodalösung zu gießen, vermischt man sie mit 100 T. Eis und 150 T. gesättigter Kochsalzlösung und erhält so das rote Chlorhydrat. Mit Salzwasser waschen, bis es farblos abläuft.

2134 **DRP. 277 396**

221 T. Hydrocyancarbodiphenylimid in Benzol suspendieren, unter Kühlung 400 T. Aluminiumchlorid eintragen, auf 30°—35° anwärmen, Temperatur 4 St. halten, kalt auf Eis gießen, mit Salzsäure das gelbe Chlorhydrat der Base fällen. — Ebenso das **5-Chlorisatin-α-p-chloranilid,** bezw. das **α-m-chlor-o-toluidid** des **6-Chlor-7-methylisatins** aus Dichlorhydrocyancarbodiphenylimid, bzw. -di-o-tolylimid (aus 6-Chlor-2-amino-1-methylbenzol) durch Kondensation mit Aluminiumchlorid in Benzolsuspension.

2135 **DRP. 125 916**

Isatin-2-phenylimid-schwefeldioxydverbindung

$C_{14}H_{10}N_2O_3S = 286.$

In eine wässerige Mischung von 20 T. α-Isatinanilid und 60 T. Sprit bis zur Entfärbung schweflige Säure einleiten oder 20 T. Bisulfitlauge (40°) und 52 T. Paste (40%) von [2134] vereinigen und kalt den weißen Niederschlag filtrieren. Erhitzt oder in Sprit gekocht wird Schwefeldioxyd abgespalten.

2136 **DRP. 204 478**
A. P. 937 194
E. P. 13 499/08
F. P. 393 085
—
DRP. 131 934

Zur Isolierung des α-Isatinanilides. — In die Schmelze [2133] von 25 T. Thioamid und 100 T. Schwefelsäure (enthaltend 22 T. α-Isatinanilid) 1000 T. verdünnte schweflige Säure (7 T. SO_2 wasserfrei) einfließen lassen, die Verbindung filtrieren und waschen. Statt schwefliger Säure können auch 10,5 T. Natriumbisulfit + 25,2 T. Natriumsulfit verwendet werden.

2137 **DRP. 115 465**
Zusatz zu
DRP. 113 981
F. P. 291 359 Zus.

7, II-Dimethylisatin-2-phenylimid

I. [Formel: CH_3, N, C—NH—, CH_3, C:O] $= C_{16}H_{14}N_2O = 250.$

II. [Formel: CH_3, N, C—NH—, C:O] III. [Formel: N, CH_3, C—NH—, C:O] IV. [Formel: —NH—C=N—, CH_3, C=S, NH_2]

Thiamide R—NH—C=NR (R = Alphyl), erhalten nach [2132], mit Schwefelsäure
NH_2—C—S
behandeln. So gewinnt man **o-Methylisatin-α-o-toluidid** (I) durch Eintragen von 20 T. des Thiamides aus Hydrocyancarbodi-o-tolylimid [1817] in 80 T. 90° warme Schwefelsäure und Aufarbeitung nach [2132]. Aus Sprit braunrote, in Benzol rot, in anderen organischen Lösungsmitteln braunrot lösliche Krystalle vom Sch.-P. 140°. Spritlösung + Natronlauge = blau. — Ferner **p-Methylisatin-α-p-toluidid** aus Benzol, Sch.-P. 180° und **o-Methylisatin-α-anilid** (II), das neben **Isatin-α-o-toluidid** (III) entsteht, da beim Thioamid aus Hydrocyancarbophenyl-o-tolylimid (IV) die Möglichkeit des Ringschlusses [1814] nach zwei Seiten gegeben ist. Aus Benzol umkrystallisieren, Sch.-P. 152°—160°. Schließlich das Gemisch von **p-Methylisatin-α-anilid** und **Isatin-α-p-toluidid** aus dem Thioamid des Hydrocyancarbophenyl-p-tolylimids. Sch.-P. 150°—153°.

2138 **DRP. 287 373**

Isatin-1-carbonyl-2-imidinobenzol

[Formel: C, N, C, C:O, N] $= C_{15}H_8N_2O = 248.$

Isatin-2-chlorid und Anthranilsäure in Benzollösung $^1/_2$ St. auf 70°—80° erwärmen Es bildet sich zunächst carboxyliertes Isatinanilid, das unter Ringbildung in die gelbe, bei 260° schmelzende, in Alkalien unlösliche neue Verbindung übergeht. Nach

2139 **Zus. DRP. 288 055**

geht man von 10 T. Indoxylsäure aus, löst sie in 200 T. Eisessig, fügt eine Lösung von 12 T. o-Nitrosobenzoesäure und 50 T. Na-Acetat in 200 T. Eisessig zu, erwärmt kurze Zeit, filtriert von etwas entstandenem Indigo und fällt im Filtrat mit Wasser das grünlichgelbe Kondensationsprodukt vom Sch.-P. 258°—260°. — Andere Derivate erhält man z. B. aus Isatin-α-anil und 5-Brom-

2-amino-benzol-1-carbonsäure (Küpenfarbstoff), oder aus 6 T. 4, 10-Diamino-3, 9-diphensäure, 10 T. Acetat, 3 T. Isatin-α-anil und 400 T. Sprit 3 St. im Wasserbade. Das Produkt

[Strukturformel: N—CO—C₆H₃(—C₆H₃(NH₂)COOH), C=N—, CO]

ist ebenfalls ein Küpenfarbstoff.

2140 **DRP. 246 715**

2-Benzoylisatinphenylimid

$= C_{21}H_{14}N_2O_3 = 342.$

10 T. α-Isatinanilid mit 50 T. Benzoylchlorid kochen. Die gelbbraune Lösung scheidet kalt Krystalle aus. Filtrieren, mit Benzoylchlorid waschen und aus Xylol umkrystallisieren. Sch.-P. 258°—259°. In Schwefelsäure orangerot löslich, durch Verdünnen unverändert fällbar. Gibt mit Oleum sulfiert einen gelben Säurewollfarbstoff.

2141 **DRP. 242 614**

Ber. 48, 1038

Isatin-2, 3-dis-phenylimidin

$= C_{20}H_{15}N_3 = 297.$

Aus Anilin und Isatinsauerstoffäthern nach Ber. 40, 1293.

2142 **DRP. 290 599**

Kondensationsprodukt von Isatin und 1, 3-Dioxybenzol

$2\,C_8H_5NO_2 + C_6H_6O_2 - n\,H_2O.$

147 T. Isatin und 55 T. Resorcin in wässeriger Lösung mit Soda auf 80°—90° erhitzen. Man erhält ein krystallinisches, farbloses Pulver von Phenolcharakter, das mit Diazoverbindungen kuppelt.

2143 **DRP. 131 934**
A. P. 697 545
E. P. 6878/01
F. P. 309 768

Isatin-Schwefelderivate

Natriumhydrosulfidlösung (durch Sättigen von 30 T. Natronlauge (25°) mit Schwefelwasserstoff und Verdünnen mit 120 T. Wasser) zugleich mit einer Lösung von 22 T. α-Isatinanilid [2132] in 600 T. Wasser einfließen und stehen lassen, bis eine filtrierte Probe mit Schwefelnatrium keinen Niederschlag mehr gibt. Den voluminösen Niederschlag filtrieren und neutral waschen. Sehr leicht zersetzlich. — Ein anderes isomeres **Isatinschwefelderivat** erhält man nach

2144 **DRP. 210 343** aus einer Indoxylschmelze (enthaltend 30 T. Indoxyl) mit 30 T. Natriumtetrasulfid in 600 T. Sprit im geschlossenen Rührgefäß bei 80°—90°, bis eine in Wasser gelöste Probe mit Luft keinen Indigo mehr gibt. Kalt den Sprit abdestillieren, den krystallinischen Rückstand in Wasser lösen und das Filtrat mit Salzsäure fällen. Braunes, beständiges (Unterschied von [2143]) Pulver, das sich über 300° zersetzt. In Alkali und organischen Solventien leicht löslich.

5. Cumaran

[Strukturformel mit Bezifferung: O 1, C 2, C 3, 4, 5, 6, 7]

2 H, CH_3—5 CH_3—(3 H_2)	2145, 2146	2 CH_3—(3 H_2)	2146
2 H, CH_3—5 COOH(R)—(3 H_2)	2146	2 H, COO·R—3 : O	2147

2145 **DRP. 279 864**

Methyl- und 2, 5-Dimethylcumaran

$= C_{10}H_{12}O = 148.$

o-Allyl-p-kresol [865, 2302] ohne Kühlung mit Bromwasserstoffgas sättigen, nach mehrstündigem Stehen im Vakuum destillieren, Destillat mit Natronlauge waschen, in Petroläther lösen, Lösung mit Pottasche trocknen und mit wenig metallischem Natrium behandeln. Unter gewöhnlichem Druck destilliert erhält man das Cumaran als wasserhelle Flüssigkeit vom S.-P. 219°. — Ebenso **2-Methylcumaron** nach

2146 **Zus. DRP. 293 956**

durch Kochen von 100 T. o-Bromallylphenol (erhalten nach DRP. 268099) in 600 T. Natronlauge (12%) im direkten Dampfstrom. Das Produkt siedet bei 197°—198°. — Wie [2145] aus 3-Allyl-4-oxybenzoesäuremethylester: **α-Methyl-cumaran-3-carbonsäuremethylester** (S.-P. bei 15 mm 168°), gibt verseift die Carbonsäure (Sch.-P. 150°).

2147 **DRP. 105 200**

Ber. **30**, 1077; **30**, 1712; **32**, 1867

3-Ketocumaran-2-carbonsäureäthylester

$= C_{11}H_{10}O_4 = 206.$

242 T. Salicylessigsäurediäthylester in 500 T. trockenem Benzol lösen, 23 T. feinzerteiltes metallisches Natrium zugeben, evtl. noch Wärme zuführen und wenn das Natrium verschwunden ist, kalt in 500 T. verdünnter Schwefelsäure (10%) eintragen; schütteln, Benzolschicht abheben, Benzol verdunsten und das krystallinisch erstarrende Öl aus Sprit umkrystallisieren. Sch.-P. 66°. In Ligroin wenig, sonst leicht löslich.

---

6. Thionaphthen

2148 **DRP. 184 496**

E. P. 11 173/06
F. P. 366 611

Ann. **351**, 390; **351**, 412
Ber. **30**, 607; **30**, 2389; **39**, 1060

3-Oxy(1)thionaphthen und seine Carbonsäure

I. $= C_8H_6OS = 150.$ II.

32,1 T. salzsaures Dithioanilin in wässeriger Suspension mit Zinkstaub reduzieren, 75 T. Natronlauge (40°) zugeben, filtrieren, das Filtrat (Thioanilin) mit einer Lösung von 21 T. Chloressigsäure im Wasserbade erwärmen, kalt mit Salzsäure ansäuern und das **o-Aminophenylthioglykolsäureanhydrid** (weiße Krystalle) filtrieren. 30 T. des Produktes mit heißer Natronlauge verseifen, nach längerem Kochen kalt mit 14 T. Nitrit und Salzsäure diazotieren, die Diazolösung in eine heiße Kupfercyanürlösung aus 55 T. Cyankalium und 50 T. Kupfersulfat einlaufen lassen, einige Zeit bei 90° halten, schwach ansäuern, filtrieren, aus dem Filtrat mit überschüssiger Säure **o-Cyanphenylthioglykolsäure** fällen, filtrieren, die Säure in Wasser suspendiert mit etwas Natronlauge (Gehalt der Gesamtlösung 5%) im Wasserbade erwärmen, **3-Amino(1)thionaphthen-2-carbonsäure** durch Aussalzen als Na-Salz oder vorsichtiges Fällen mit Essigsäure als freie Säure fällen. Erhitzt man länger, so bildet sich **3-Oxy(1)thionaphthen-2-carbonsäure** (II) bzw. 3-Oxy (1) thionaphthen (I). — Nach

2149	**Zus.** **DRP. 190 291** vgl. Anm. B. 41997 Kl. 12o. 7. 5. 08 Badische E. P. 28 578/06 F. P. 373 513	läßt man die o-Cyanphenylthioglykolsäure mit der 10-fachen Menge Schwefelsäure (60°) oder mit konz. Salzsäure 60 St. stehen, verdünnt und treibt das Oxythionaphthen mit Dampf über. — Oder nach
2150	**Zus.** **DRP. 190 674**	o-Cyanphenylthioglykolsäure mit der 4-fachen Menge Natronlauge (20%) $^1/_2$—1 St. im Wasserbade erwärmen, kalt die Krystalle filtrieren, mit Wasser aufnehmen, mit Schwefelsäure ansäuern, unter Rückfluß erhitzen, bis die Kohlendioxydentwicklung beendet ist, und kalt das 3-Oxy(1)thionaphthen filtrieren.
2151	**DRP. 188 702** E. P. 16 100/06 F. P. 359 398	20 T. Phenylthioglykol-o-carbonsäure bis zur Beendigung der Gasentwicklung auf 230° erhitzen, die kalte Schmelze und das Destillat vereinigt in Wasser + Natronlauge lösen und mit Salzsäure fällen (Farbstoff).
2152	**DRP. 192 075** — vgl. Anm. F. 20 170 Kl. 12o. 11. 2. 07 Kalle E. P. 22 736/06 F. P. 353 398	Lösung von 15,4 T. Thiosalicylsäure in Wasser + 24 T. Natronlauge (40°) mit einer Lösung von 9,5 T. Chloressigsäure in Wasser + Soda gelinde erwärmen und mit Säure die weißen Krystalle der **Phenylthioglykol-o-carbonsäure** [518] ausfällen. 20 T. der Säure mit 100 T. Ätznatron und wenig Wasser bei 170°—200° etwa 1 St. verschmelzen, kalt in Wasser lösen, vorsichtig unter Kühlung ansäuern und die ausgefallene 3-Oxy-(1)thionaphthen-2-carbonsäure filtrieren und pressen. In Alkali leicht, in Wasser schwer löslich. Färbt sich, wie auch ihre Salze, an der Luft rot. Die angesäuerte Lösung der Säure bis zur Beendigung der CO_2-Entwicklung erwärmen oder Dampf einleiten und die Krystalle des Oxythionaphthens filtrieren. Riecht naphtholartig, färbt sich an der Luft rot. — Nach
2153	**Zus.** **DRP. 196 016**	genügen 24 T. Ätznatron, nach dem weiteren
2154	**Zus.** **DRP. 198 713**	leitet man in obiges Gemenge (nur 16 T. Ätznatron) Dampf ein, wobei die Temperatur bis auf 180° steigt. Weiter wie oben. Nach dem weiteren
2155	**Zus.** **DRP. 198 712** — E. P. 16 101/06	arbeitet man statt mit Ätzalkalien mit Essigsäureanhydrid. Z. B.: 1 T. Phenylthioglykol-o-carbonsäure + 3 T. Essigsäureanhydrid auf 90° bis 110° erwärmen und wenn die Kohlensäureentwicklung beendet ist, aufarbeiten. Bei nur 30°—40° entsteht die Carbonsäure. — Oder mit Aluminiumchlorid statt mit Essigsäureanhydrid nach
2156	**DRP. 197 162** E. P. 14 191/06 F. P. 367 431 — F. P. 310 599 Ber. 39, 1060	**Phenylthioglykolsäurechlorid** (aus der Säure mit Phosphorpentachlorid) $C_6H_5\cdot$ (Benzolring) $S\cdot CH_2\cdot COCl$ bei 0° mit dem halben Gewicht Aluminiumchlorid versetzen, die rote Masse im Wasserbade erwärmen, in Eiswasser gießen, alkalisch stellen, erwärmen und den Farbstoff abscheiden.
2157	**DRP. 228 914** Zusatz zu DRP. 224 567	Man arbeitet mit Naphthalin, Glycerin und anderen Verdünnungsmitteln und erhält so z. B. durch Eingießen von 60 T. Schwefelsäure (66°) in eine Lösung von 10 T. Phenylthioglykolsäure in 10 T. Glycerin ohne Kühlung 3-Oxythionaphthen, das mit Wasser übergetrieben wird. — Nach einer Zusatzanmeldung reagieren die Arylthio-o-carbonsäuren ebenso wie die Thioglykolsäuren.
2158	**DRP. 202 351** Zusatz zu DRP. 188 702	1 T. Phenylthioglykol-o-carbonsäure + 5 T. Anilin mehrere Stunden sieden, kalt die grauweiße Anilinverbindung (Benzolring) $S\cdot CH_2\cdot CO\cdot NH\cdot C_6H_8$ / $COOH$ absaugen und mit kochenden verdünnten Säuren zerlegen.

2159 **DRP. 200 200**
A. P. 894 004
A. P. 894 005
A. P. 894 006
E. P. 1592/07
E. P. 1593/07
F. P. 384 343

10 T. methylthiosalicylsaures Alkali

C_6H_4(S·CH_3)(COOH)

(oder den Methylester vom Sch.-P. 67°) + 30—50 T. eines molekularen Gemenges von Ätzkali und Ätznatron bei Temperaturen über 200° verschmelzen. Besser noch 10 T. Methylthiosalicylsäure mit 8 T. Natrium- oder Kaliumalkoholat und obigem Ätzalkaligemenge bei 150°—200° verschmelzen, die Schmelze in Wasser lösen und aufarbeiten. — Nach

2160 **Zus. DRP. 200 428**

schmilzt man 10 T. Methylthiosalicylsäure mit 6 T. Dinatriumcyanamid und 10—20 T. wasserfreiem Acetat bei 200°, nach dem weiteren

2161 **Zus. DRP. 200 593**

mit 100 T. eines 200° heißen molekularen Gemenges von Ätznatron und Ätzkali + 20 T. einer 15-prozentigen Bleinatriumlegierung.

2162 **DRP. 221 465**
Zusatz zu
DRP. 205 324

20 T. Acetylen-bis-thiosalicylsäure

C_6H_4(—S·CH = CH·S—)C_6H_4 (—COOR COOR—)

mit je 10 T. Ätzkali und Ätznatron 1/2 St. auf 220°—230° erhitzen, die gelbe Schmelze in Wasser lösen, ansäuern und das Produkt mit Dampf übertreiben. — Aus Acetylen-bis-1-thiol-2-naphthoesäure ebenso das entsprechende Naphthalinanalogon. — Statt der Acetylen-bis-thiosalicylsäure behandelt man nach

2163 Anm. B. 48 160,
Kl. 12o. 15. 3. 09
Badische
Zusatz zu
DRP. 219 830

ω-Dihalogenvinylthiosalicylsäuren

R<(S—CH = C·Cl_2)(COOR_2 (Alkyl))

mit alkalischen Kondensationsmitteln mit oder ohne Zusatz von Carbonaten oder Erdalkalien. (Vgl. J. pr. **1913**, 227.)

2164 **DRP. 204 763**
Zusatz zu
DRP. 199 551

Methyloxythionaphthen CH_3·C_6H_3<(S)(C·OH)>CH $= C_9H_8OS = 164.$

1 T. Na-Salz von [768] mit 6 T. Ätznatron, 4 T. Ätzkali und 2 T. Bleinatrium auf 200°—210° erhitzen (oder 3 T. Methylphenylthioglykol-o-carbonsäure [785] mit 12 T. Ätznatron und 1,2 T. Wasser auf 180°—190°), die Schmelze in Wasser lösen und mit überschüssiger Salzsäure fällen. Die Methyloxythionaphthencarbonsäure spaltet beim Erhitzen Kohlendioxyd ab unter Bildung von 6-Methyl-3-oxythionaphthen (Sch.-P. 84°).

2165 **DRP. 224 567**

210 T. **p-Tolylthioglykolsäureäthylester** (aus Thio-p-kresol und Chloressigester erhalten) mit 150 T. Phosphorsäureanhydrid (allein oder zugleich mit der 5-fachen Menge Schwefelsäure [66°], wobei jedoch unter 100° gearbeitet werden muß) kurze Zeit auf 100°—150° erhitzen, kalt verdünnen, alkalisch stellen und das **5-Methyl-3-oxy(1)thionaphthen** mit Dampf übertreiben. Aus Schwefelkohlenstoff farblose Nadeln vom Sch.-P. 103°. — Aus p-Chlorphenylthioglykolsäure ebenso **5-Chlor-3-oxy(1)thionaphthen,** aus Petroläther farblose Nädelchen vom Sch.-P. 100°.

2166 **DRP. 237 395**

6-Amino-3-oxythionaphthen NH_2·C_6H_3<(S)(C·OH)>CH $= C_8H_7NOS = 165.$

110 T. 4-Acetamino-2-amino-1-benzoesäure wie [**809**, **810**] diazotieren, die Diazolösung mit Xanthogenat umsetzen, mit Chloressigsäure **4-Acetaminophenyl-2-thioglykol-1-carbonsäure** bilden und diese wie [**895**] zu 6-Amino-3-oxy(1)thionaphthen (über seine Carbonsäure) verschmelzen. Obige 4-Acetaminophenylsäure (27,1 T. Na-Salz) verseift, mit 50 T. Soda und 100 T. Dimethylsulfat auf 80°—100° erhitzt, gibt ein Stickstoffmethylderivat, das nach [2159] verschmolzen in das **6-Methylamino-3-oxy(1) thionaphthen** übergeht.

2167 **DRP. 193 724**

6-Methoxy-3-oxythionaphthen $= C_9H_8O_2S = 180$;

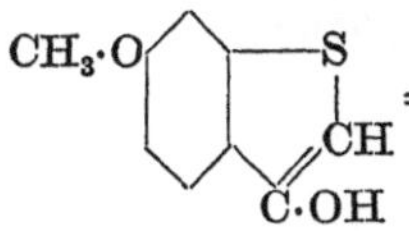

3-Amino-1-phenol-4-carbonsäure acetylieren, in alkalischer Lösung mit Methylsulfat behandeln, die Acetylgruppe abspalten, die erhaltene **Methoxyanthranilsäure** diazotieren, mit Xanthogenat umsetzen und mit Chloressigsäure in alkalischer Lösung die **6-Methoxyphenyl-2-thioglykol-1-carbonsäure** erzeugen (Sch.-P. 224°—225°). Die aus ihr in der Alkalischmelze erhaltene Thionaphthencarbonsäure gibt mit Wasser gekocht 6-Methoxy-3-oxy(1)thionaphthen.

2168 **DRP. 232 277** Zusatz zu DRP. 192 075, 196 016, 198 712, 198 713

20 T. 6-Methoxyphenylthioglykol-o-carbonsäure [2167] mit 120 T. Ätznatron und 12 T. Wasser kurze Zeit auf 180°—200° erhitzen, Produkt in Wasser lösen und mit Salzsäure die 6-Methoxy-3-oxy(1)thionaphthen-2-carbonsäure fällen. Gibt mit Salzsäure und Nitrit ein gelbes Nitrosoderivat, mit verdünnter Salzsäure gekocht 6-Methoxy-3-oxy(1)thionaphthen (I), das mit Dampf flüchtig ist und bei 118° bis 119° schmilzt. — Ebenso **5-Methoxy-3-oxy(1)thionaphthen-2-carbonsäure,** deren Nitrosoverbindung bei 208°—209° schmilzt, das Thionaphthen bei 102°—104°. — Aus 4-Äthylthiophenyl-2-thioglykol-1-carbonsäure erhält man **6-Äthylthio-3-oxy(1)-thionaphthen** (Sch.-P. 84°—85°) über seine Carbonsäure; ebenso das Methylderivat vom Sch.-P. 178°.

2169 **DRP. 239 094** Zusatz zu DRP. 237 680, A. P. 892 897, E. P. 5589/08, F. P. 397 796

6-Chlor-4-methyl-3-oxythionaphthen $= C_9H_7OSCl = 199.$

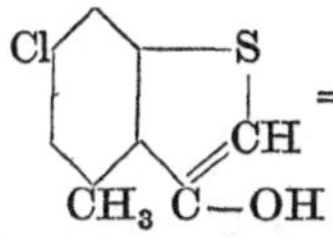

5-Chlor-3-methyl-1-nitro-2-benzoesäure [Ann. **274**, 298] wie [**1064**] mit Na_2S_2 reduzieren, die Chloraminotoluylsäure wie z. B. [522] über die Diazo- und Xanthogenverbindung in **4-Methyl-6-chlorphenylthioglykol-o-carbonsäure** überführen und diese weiter in 4-Methyl-6-chlor-3-oxy(1)thionaphthen (über seine Carbonsäure) verwandeln. — Ebenso aus Nitrobromtoluylsäure [Ann. 260, 213]: **4-Methyl-6-brom-3-oxy(1)thionaphthen.**

2170 **DRP. 193 724**

6-Chlor-3-oxythionaphthen-2-carbonsäure $= C_9H_5O_3SCl = 229.$

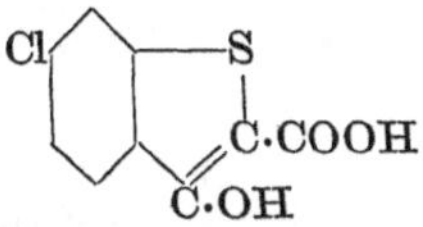

4-Chloranthranilsäure diazotieren, mit Kaliumxanthogenat umsetzen und in alkalischer Lösung mit Chloressigsäure versetzen. Die erhaltene **4-Chlorphenyl-2-thioglykol-1-carbonsäure** (Sch.-P. 190°—195°) mit Ätzalkali verschmelzen und die Schmelze ansäuern. Die so gewonnene Thionaphthencarbonsäure gibt beim Kochen mit Wasser **Chloroxythionaphthen.**

2171 **DRP. 202 696** Zusatz zu DRP. 184 496, 190 291, 190 674 — Ann. 197, 78

Wie [2150] angewendet auf Substitutionsprodukte der o-Aminophenylthioglykolsäure. — Z. B.: 18,9 T. 4-Chlor-2-nitrothiophenol mit Eisen und Essigsäure reduzieren, die alkalisch gestellte Reduktionsmasse mit 10,5 T. Chloressigsäure, 100 T. Wasser und der berechneten Sodamenge 1 St. auf 90°—98° erwärmen, filtrieren und die kalte **Chloraminophenylthioglykolsäure**lösung (Cl, NH_2, $S \cdot CH_2 \cdot COOH$) mit 6,9 T. Natriumnitrit in eine kalte Mischung von 32 T. Schwefelsäure (66°) und 200 T. Wasser einlaufen lassen. Die Diazolösung mit einer Kupfercyanürlösung (aus 25 T. Kupfersulfat, 100 T. Wasser, 22,5 T. Cyankalium und 50 T. Wasser) vereinigen, 15 Min. kochen, die neutrale Lösung filtrieren und im Filtrat die **p-Chlor-o-cyanphenylthioglykolsäure** mit Salzsäure ausfällen. Weiße Nadeln vom Sch.-P. 165°. — 10 T. der Cyanverbindung mit 30 T. Natronlauge (20%) 10 Min. auf 70° erwärmen, kalt die abgeschiedenen Krystalle des Na-Salzes der **Chlor-o-aminothionaphthencarbonsäure** filtrieren, mit verdünnter

Schwefelsäure kochen (Ammoniak- und Kohlendioxydabspaltung) und kalt das **Chlor-α-oxythionaphthen** filtrieren. Mit Dampf flüchtig, färbt sich an der Luft rot, aus verdünntem Sprit Krystalle vom Sch.-P. 106°. — Ebenso mit 5-Nitro-2-aminothiophenol [Ann. **277**, 244] oder o-Amino-p-thiokresol [Ber. **14**, 490].

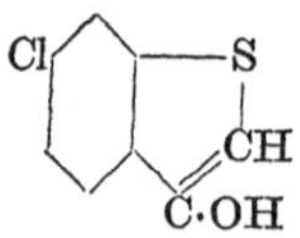

2172 **DRP. 234 375**

Ebenso **Dichlor-3-oxy(1)thionaphthen** aus Dichlor- (oder Dibrom-) o-acettoluid [983] über die **Dichlorphenylthioglykol-o-carbonsäure.**

2173 **DRP. 239 092**

Lit. wie [1064]

4, 6-Dimethyl-3-oxythionaphthen

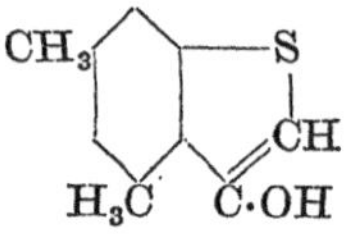

$= C_{10}H_{10}OS = 178.$

Aus [1064] wie [2168]. Diazotieren, mit Xanthogenat umsetzen, **4, 6-Xylyl-2-thioglykol-1-carbonsäure** (Sch.-P. *158°—159°*) wie [2159] verschmelzen, erhaltene **4, 6-Dimethyloxythionaphtencarbonsäure** zur Abspaltung der COOH-Gruppe mit Salzsäure erhitzen. Sch.-P. 93°.

2174 **DRP. 200 202**

DRP. 192 075

3, 6-Dioxythionaphthen-2-carbonsäure

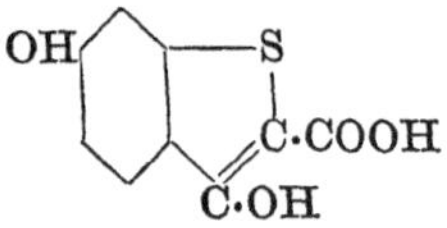

$= C_9H_6O_4S = 210.$

25 T. Mono-K-Salz der 5-Sulfophenyl-1-thioglykol-2-carbonsäure mit 100 T. eines äquimolekularen Gemenges von Ätzkali und Ätznatron zuerst auf 130°—140°, dann 45 Min. auf 160°, schließlich auf 180°—185° erhitzen und die in Wasser gelöste Schmelze ansäuern. Mit Wasser erhitzt entsteht unter Kohlendioxydabspaltung **3, 6-Dioxythionaphthen,** Sch.-P. 198°.

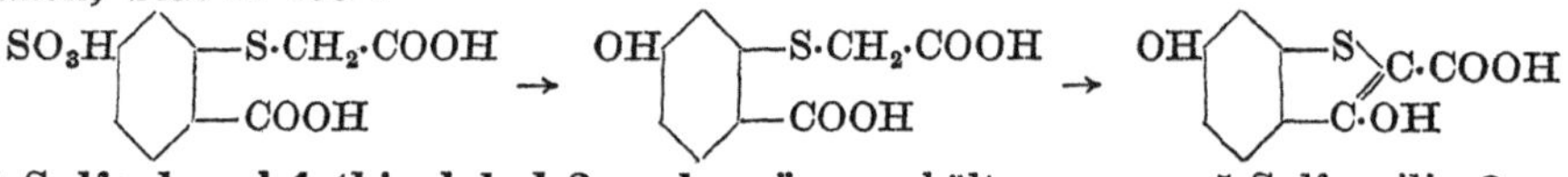

Die **5-Sulfophenyl-1-thioglykol-2-carbonsäure** erhält man aus 5-Sulfoanilin-2-carbonsäure; sie fällt aus der konz. Lösung des K-Salzes mit HCl als Mono-K-Salz aus.

2175 **DRP. 193 724**

6-Methylthio-3-oxythionaphthen-2-carbonsäure

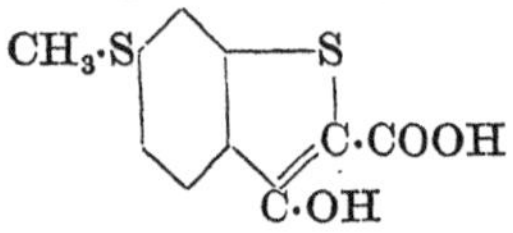

$= C_{10}H_8O_3S_2 = 240.$

2-Nitro-4-acettoluid zur Säure oxydieren, dann die NO_2-Gruppe reduzieren, die erhaltene **4-Acetamino-2-aminobenzoesäure** diazotieren, mit Xanthogenat, dann mit Chloressigsäure umsetzen, die erhaltene **4-Acetaminophenyl-2-thioglykol-1-carbonsäure** verseifen, diazotieren, mit Xanthogenat umsetzen, in alkalischer Lösung mit methylschwefelsaurem Natrium kochen, die **4-Methylthiophenyl-2-thioglykol-1-carbonsäure** mit Säure ausfällen (aus Wasser Nadeln vom Sch.-P. 220°) und mit Ätzalkali bei 190° bis 220° verschmelzen. Die erhaltene Thionaphthencarbonsäure gibt mit Wasser gekocht 6-Methylthio-3-oxy(1)thionaphthen.

2176 **DRP. 242 461**

Zusatz zu DRP. 232 780 F. P. 416 767

Dis-3-oxythionaphthen-kohlensäureester

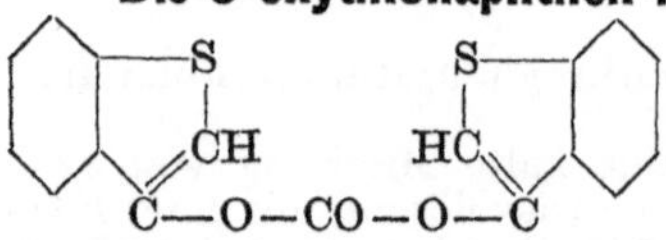

$= C_{17}H_{10}O_3S_2 = 326.$

Wie [2086]. — Unter Eiskühlung Phosgen in eine Lösung von 10 T. 3-Oxy(1)thionaphthen in 200 T. Wasser und 8,8 T. Natronlauge (30%) einleiten und das Produkt filtrieren. Aus Sprit rötlich gefärbte Blättchen vom Sch.-P. 123°—125°, die in Schwefelsäure mißfarbig löslich sind.

2177 **DRP. 212 942**
E. P. 28 240/06
F. P. 374 287
—
Ber. 41, 227
DRP. 131 401

2-Brom-3-keto-dihydrothionaphthen

$= C_8H_5OSBr = 229.$

In eine Lösung von 15 T. 3-Oxy(1)thionaphthen, 15 T. Acetat und 300 T. Essigsäure (60%) unter zeitweiliger Kühlung eine Lösung von 16 T. Brom in 50 T. Eisessig eintragen und die rötlichen Krystalle aus Ligroin umkrystallisieren. Farblose Krystalle vom Sch.-P. 89°. Dieses **Monobrom-3-ketodihydro(1)thionaphthen** ist in Wasser kaum, in organischen Lösungsmitteln leicht löslich. — Ebenso **2-Monochlor-3-keto-dihydro(1)thionaphthen,** ein rotes, mit Dampf flüchtiges, stechend riechendes Öl, durch Eingießen der Reaktionslösung von 15 T. 3-Oxy(1)thionaphthen, 10 T. wasserfreiem Acetat, 150 T. Eisessig und 70 T. Chlor-Eisessiglösung (10%) (gut kühlen!) in Eiswasser erhaltbar. — **Dibromketodihydrothionaphthen** schmilzt bei 133° (entsteht auch in Schwefelkohlenstofflösung). — **Dichlorketodihydrothionaphthen,** mit 33,8 T. Sulfurylchlorid in Eisessiglösung erhalten, ist ein schweres Öl. — **5-Methyl-2-dibrom-3-ketodihydro-(1)thionaphthen** gewinnt man aus Methyloxythionaphthen [2164] mit Brom in Schwefelkohlenstofflösung.

2178 **DRP. 212 782**
E. P. 28 240/06
F. P. 374 287

2, 3-Diketo-dihydrothionaphthen $= C_8H_4O_2S = 164.$

2-Dichlor-3-ketodihydro(1)thionaphthen [2177] einige Zeit mit Wasser kochen, die goldgelbe Lösung heiß filtrieren und kalt die Krystalle absaugen. Sch.-P. 118°. — Ebenso werden **5-Methyl-2, 3-diketo(1)thionaphthen** (mit Dampf destilliert, aus Sprit orangegelbe Krystalle vom Sch.-P. 143°—144°, in Ligroin unlöslich) und **5-Chlor-2, 3-diketo-(1)thionaphthen** (aus Benzol rote Krystalle vom Sch.-P. 148°—149°) erhalten. — Erhitzt man z. B. 30,8 T. 2-Dibrom-3-ketodihydrothionaphthen in Sprit mit 30 T. kryst. Acetat und 9,3 T. Anilin ½ St. im Wasserbade, gießt in Wasser und filtriert, so erhält man zunächst unter BrH-Säureabspaltung ein Anilinderivat, das mit verdünnter kochender Essigsäure verseift in Anilin und 2, 3-Diketodihydrothionaphthen zerfällt.

2179 **DRP. 213 458**
A. P. 876 839
E. P. 26 190/06
F. P. 374 287

150 T. 3-Oxy(1)thionaphthen (oder Homologe oder Analoge, [2178]) in Natronlauge (10%) lösen, eine Lösung von 69 T. Nitrit in 200 T. Wasser zufließen lassen, das Gemisch unter Eiskühlung in 1000 T. Schwefelsäure (25%) gießen, den gelben Niederschlag filtrieren, kalt waschen und aus Wasser umkrystallisieren. Das erhaltene **2, 3-Diketo-dihydro(1)thionaphthen-2-oxim** schmilzt bei 168°. In Schwefelsäure gelbrot, in Soda goldgelb löslich. Gibt ein Acetylderivat vom Sch.-P. 168° und ein Phenylhydrazon vom Sch.-P. 154°. — 179 T. Oxim mit der 30-fachen Menge Salzsäure (15%) übergießen, siedend mit kleinen Portionen Eisenfeile reduzieren, die farblose Lösung vom Eisen filtrieren, das Filtrat mit 3000 T. heißer Eisenchloridlösung (30%) versetzen und kalt **2, 3-Diketodihydro(1)thionaphthen** filtrieren. Aus Essigsäure orangegelbe Krystalle vom Sch.-P. 118°. Liefert ein Hydrazon, mit Anilin gekocht ein hellbraunes Produkt. Von den Homologen schmilzt das Methylderivat bei 143°, das Chlorderivat bei 148°—149°.

2180 **DRP. 214 781**
Zusatz zu
DRP. 212 782
E. P. 17 498/08
F. P. 374 287 Zus.
—
F. P. 372 627
DRP. 212 942

15 T. 3-Oxy(1)thionaphthen in der 100-fachen Menge Wasser und verdünnter Natronlauge lösen, bei 40° eine konz. Spritlösung von 15 T. p-Nitrosodimethylanilin zufließen lassen, kalt das schwarzviolette Krystallpulver absaugen und heiß waschen. Dichroitische, in Sprit rotviolett, in Benzol gelblichrot lösliche Prismen vom Sch.-P. 176°. Mit Salzsäure (15%) verrieben entsteht **2, 3-Diketodihydro(1)thionaphthen.** Auch in Spritlösung (50%) ausführbar. Mit 5-Methyl-3-oxy(1)thionaphthen entsteht ein ähnliches Produkt vom Sch.-P. 200°, andererseits erhält man mit p-Nitrosomonoäthylanilin und mit p-Nitrosodiphenylamin Körper vom Sch.-P. 158° bzw. 193°.

2181 Anm. B. 44 988,
Kl. 22c. 30.12.07
Badische
E. P. 4592/07
F. P. 373 513

3-Oxy(1)thionaphthen und Homologe usw. mit Schwefelsäure (nach einem weiteren Zusatz mit Chlorsulfonsäure), dann mit Alkalien behandeln.

2182 **DRP. 291 759** Zusatz zu DRP. 281 046 — Ber. 47, 1130

Durch Kondensation von p-Thiokresol mit Oxalylchlorid in CS_2-lösung erhält man zunächst das Chlorid der Formel $CH_3 \cdot C_6H_4 \cdot S \cdot CO \cdot CO \cdot Cl$, das mit Kondensationsmitteln (z. B. Aluminiumchlorid, dann unter Abspaltung von Salzsäure) in das **5-Methyl-2, 3-diketo-dihydrothionaphthen** übergeht. Gelbrote, glänzende Blättchen, Sch.-P. 144°.

2183 **DRP. 241 623**

IV-Oxy-2-phenylimidino-3-keto-dihydrothionaphthen

$= C_{14}H_9NO_2S = 255.$

60 T 3-Oxy(1)thionaphthen-2-carbonsäure (oder die Rohschmelze von [**2153**]) mit 11 T. p-Aminophenol in 750 T. Wasser lösen, bei 0°—5° mit Ferricyankaliumlösung (20%) oxydieren, bis etwa 4 Mol. verbraucht sind (Tüpfelprobe), die Ausscheidung des p-Oxy-anils mit Kochsalz beenden, filtrieren, mit Salzwasser (25%) waschen, in heißem Wasser lösen und das **2-p-Oxyphenylimino-3-ketodihydro(1)thionaphthen** mit Salzsäure fällen. Kurze Zeit mit Schwefelsäure (20%) gekocht entsteht **2, 3-Diketodihydro(1)thionaphthen.**

2184 **DRP. 235 625**

3-Oxy-(1)-thionaphthen-Isatinkondensationsprodukt

Durch Kochen der Komponenten nicht wie bei der Farbstoffbildung ohne, sondern mit einem Lösungsmittel, z. B. Sprit (60 T. auf je 8 T. der Komponenten). Orange gefärbtes Pulver, das mit Alkalien in einen Farbstoff übergeht. — Ebenso wie Isatin reagieren auch seine Derivate, ferner Aldehyde oder Ketone.

7. Indazol

2185 **DRP. 118 079** — Ber. **37**, 2556

6-Aminoindazol

$= C_7H_7N_3 = 133.$

Aus Nitrotoluidin über Nitroindazol, in dessen siedende Lösung in alkoholischem Ammoniak man Schwefelwasserstoff einleitet. Aus Wasser umkrystallisieren, Sch.-P. 210°. Sublimiert unzersetzt (Ber. **23**, 3640). Über die Darst. von Indazolderivaten mit Hilfe von Hydrazo-o-Ketonen z. B. von **N-o-Benzophenon-C-phenylindazol** aus o-Azobenzophenon siehe Bll. Soc. Chim. **1909**, 283.

2186 **DRP. 118 079** E. P. 23 657/99 F. P. 294 324

II, IV-Dinitrophenyl-6-iminoindazol

$= C_{13}H_9N_5O_4 = 299.$

Aminoindazol [**2185**] mit Dinitrochlorbenzol kondensieren. Die rotbraunen Krystalle des entstandenen Dinitrophenylaminoindazols schmelzen bei 271°. — Nach

2187 **DRP. 117 820**

15 T. dieses Körpers in 75 T. Schwefelsäure (66°) lösen, bei 5°—10° mit Mischsäure nitrieren (6,3 T. HNO_3), auf Eis gießen, neutral waschen und das **Polynitrophenylaminoindazol** feucht auf Schwefelfarbstoffe verarbeiten.

8. Benzimidazol

a) Fünfring unsubstituiert.

2188 **DRP. 283 448**

Benzimidazolacetonitril $= C_9H_7N_3 = 157.$

Wie [251] aus Amino-p-formylaminophenacetonitril durch Behandlung mit Natriumnitrit und Salzsäure und Kochen des erhaltenen Azimides 5—6 St. mit der fünffachen Menge Eisessig. Sch.-P. 158°—159°.

2189 **DRP. 181 783**

Ber. 5, 923

5-Aminobenzimidazol $= C_7H_7N_3 = 133.$

1, 3, 4-Triaminobenzol mit überschüssiger konz. Ameisensäure längere Zeit erhitzen und die gebildete Formylverbindung zur Verseifung mit verdünnter Schwefelsäure kochen.

2190 **DRP. 178 299**

E. P. 10 228/06

4, 6, 7-Trichlorbenzimidazol $= C_7H_3N_2Cl_3 = 222.$

100 T. des durch Nitrieren von as-Formyltrichloranilid (Sch.-P. 172°) erhaltenen **Formyltrichlornitroanilids** + 400 T. Eisen + 30 T. Salzsäure (30%) + 600 T. Wasser + 1000 T. Xylol unter Rückfluß kochen, wenn die Reduktion beendet ist, mit Natronlauge alkalisch stellen und das schwer lösliche Reaktionsprodukt mit siedendem Xylol extrahieren. Kalt scheidet sich das Amidin aus. Das daneben entstehende **Formyltrichlor-o-phenylendiamin** gibt beim Schmelzen dasselbe Amidin. Sch.-P. 303°—304°.

b) Fünfring in N substituiert.

2191 **DRP. 282 491**

1-Acetylbenzimidazol $= C_9H_8N_2 = 144.$

Kondensation von Benzimidazol in Benzollösung mit Acetyl- (bzw. auch Benzoyl)-chlorid bei Gegenwart eines Imidazolüberschusses oder einer die freiwerdende Säure bindenden Base. Das Benzoylderivat schmilzt bei 93°—94°, das Acetylderivat bei 113°—114°; sie bleiben in Lösung, während das salzsaure Benzimidazol sich ausscheidet.

2192 **DRP. 178 299**

E. P. 10 228/06

4, 6, 7-Trichlor-1-methylbenzimidazol

$= C_8H_5N_2Cl_3 = 236.$

Reduktion des Methylformyltrichlornitroanilids wie [**1166**]. Auch hier entsteht neben dem Amidin das Formyldiamin, das auf Grund seiner Schwerlöslichkeit durch fraktionierte Krystallisation aus Xylol vom Amidin getrennt werden kann und durch Destillation in dieses übergeht. Sch.-P. 159°—160°, siedet unter 14 mm Druck bei 230°.

2193	Anm. F. 32 730, Kl. 22a. 1. 8. 12 Höchst — A. P. 1 043 873 E. P. 22 691/11 F. P. 446 120	**5-Nitro-1-phenylbenzimidazol-IV-sulfosäure**

N—C_6H_4—SO_3H; NO_2; CH; N $= C_{13}H_9N_3O_5S = 319.$

Sulfanilsäure mit Chlordinitrobenzol kondensieren, das Produkt partiell reduzieren, mit Ameisensäure kondensieren und zum Benzimidazol umsetzen.

2194	**DRP. 175 829**	**5-Nitro-1-oxyphenylbenzimidazol**

N—C_6H_4—OH; NO_2; CH, (CH_3), (C_6H_5); N $= C_{13}H_9N_3O_3 = 255.$

5 T. 2, 4-Aminonitro-p-oxydiphenylamin mit 10 T. Ameisensäure (25%) 5—6 St. unter Rückfluß kochen, kalt filtrieren und das **Methenyliminonitrooxydiphenylamin** aus Sprit umkrystallisieren, Sch.-P. 267°—268°. — Ebenso **Äthenyl-aminonitro-p-oxy-diphenylamin** mit Essigsäureanhydrid statt Ameisensäure; aus Sprit umkrystallisieren, Sch.-P. 187°—188°. — Ferner **Benzenyl-aminonitro-oxydiphenylamin** durch Erhitzen von 5 T. Nitrobase, 5 T. Benzoylchlorid und wenig Xylol auf 120°—130°, bis die Salzsäureentwicklung aufhört; Xylol mit Dampf abtreiben, Rückstand mit heißem Wasser wiederholt auswaschen (Benzoesäure entfernen) und aus Sprit umkrystallisieren, Sch.-P. 259°—260°. — Die Körper sind in Benzol schwer bzw. leicht, in Schwefelsäure braunviolett bzw. reseda- bzw. olivgrün, in Natronlauge alle drei Körper nur warm unter Zersetzung löslich.

2195	**DRP. 272 437**	**5-Amino-II-oxy-1-phenylbenzimidazol-III-carbonsäure**

N—C_6H_3(OH)(COOH); NH_2; CH, (CH_3); N $= C_{14}H_{11}N_3O_3 = 269.$

259 T. **2, 4-Diaminophenol-o-aminosalicylsäure** (erhalten wie [**2193**] durch Kondensation von Aminosalicylsäure mit Dinitrochlorbenzol und Reduktion mit Eisen und Essigsäure zur Diaminoverbindung) mit 400 T. Ameisensäure (90%) 4 St. unter Rückfluß kochen, mit Wasser fällen, das Diformylprodukt zur Verseifung mit 200 T. Salzsäure (19,5) und 600 T. Wasser bis zur Lösung kochen, das Benzimidazol mit Soda oder Kochsalz fällen. — Aus dem Diacetyl- (statt Diformyl-) derivat ebenso das Methylprodukt: **5-Amino-4′-oxy-3′-carboxyphenyl-2-methylbenzimidazol.**

c) Fünfring in C substituiert.

2196	**DRP. 283 448** — Ber. 5, 920 Ann. **209**, 353	**2-Methylbenzimidazol-5-acetonitril**

NH; CN·CH_2; C·CH_3; N $= C_{10}H_9N_3 = 171.$

3-Nitro-4-acetylaminobenzylcyanid [**251**] mit Eisen und Salzsäure reduzieren, das fast quantitativ erhaltene Amin vom Sch.-P. 137°—138° 7—8 St. mit der 6-fachen Menge Eisessig kochen und das erhaltene C-Methylbenzimidazolacetonitril umkrystallisieren. Sch.-P. 206°—207°.

2197 **DRP. 157 862** — DRP. 142 155

5-Nitro-2-methylbenzimidazol

NO_2-Benzolring, NH, C·CH_3, N $= C_8H_7N_3O_2 = 179$.

Nach Ber. 21, 2307 Nitro-o-phenylendiamin mehrere Stunden mit Eisessig unter Rückfluß kochen. Das erhaltene Nitro-α-methylbenzimidazol schmilzt bei 216°. Die Aminoverbindung (**5-Amino-2-methylbenzimidazol**) erhält man auch nach Ber. **5**, 923; **30**, 1909 durch vorsichtige Reduktion des 2, 4-Dinitroacetanilids.

2198 **DRP. 282 374**

4, 6-Dinitro-(-nitroamino-, -diamino-)-methylbenzimidazol

NO_2, N, C·CH_3, O_2N, NH $= C_8H_6N_4O_4 = 222$.

135 T. 5-Methylbenzimidazol in 1000 T. konz. Schwefelsäure lösen, zwischen 40°—50° 240 T. Kalisalpeter oder die entsprechende Menge Chilesalpeter eintragen, einige Stunden im kochenden Wasserbad erwärmen, in Eis gießen, filtrieren, Niederschlag neutral waschen, trocknen. Den Rest des Produktes im Filtrat mit Soda ausfällen. Der Dinitrokörper schmilzt, aus verdünnter Essigsäure umkrystallisiert, bei 204°—205°, der durch Reduktion seiner ammoniakalischen Spritlösung mit Schwefelwasserstoff erhaltene Nitroaminokörper (Gemenge zweier Isomeren) bei 127°—128° (der im Benzol lösliche), bzw. 163°—164° (der unlösliche). Mit Eisen und Essigsäure reduziert erhält man **Diaminomethylbenzimidazol** vom Sch.-P. 95°—96°.

2199 **DRP. 178 299** — E. P. 10 228/06 — Ann. **237**, 144; **296**, 182

4, 6, 7-Trichlor-2-methylbenzimidazol

Cl, Cl, Cl, NH, C·CH_3, N $= C_8H_5N_2Cl_3 = 236$.

100 T. **Trichlornitroacetanilid** (erhalten durch Nitrieren des Acettrichloranilides, schmilzt bei 186°—187°) + 400 T. Eisen + 15 T. Eisessig + 600 T. Wasser + 100 T. Xylol unter Rückfluß kochen, bis eine mit Sprit und Natronlauge erhitzte Probe der Xylollösung keine Gelbfärbung mehr zeigt. Produkt mit heißem Xylol extrahieren und kalt das krystallinische Gemenge des Amidins mit **Acetyltrichlor-o-phenylendiamin** (dieses schmilzt bei 200°) filtrieren. Letzteres gibt allein auf 200°—290° oder mit 3 T. Eisessig 20 St. im Wasserbade erhitzt ebenfalls das Amidin. Sch.-P. 285°. — Ebenso **4, 5, 6, 7-Tetrachlor-2-methylbenzimidazol:** 100 T. Tetrachloracetnitroanilid wie mit Eisen und Essigsäure reduzieren. Die aus der Xylollösung beim Erkalten krystallisierende Diaminoverbindung vom Sch.-P. 223°—224° geht beim Sublimieren über 300° in das Amidin vom Sch.-P. 300° über. — Ferner **4, 5, 7-Trichlor-2, 6-dimethylbenzimidazol** durch Chlorieren von Methyläthenylamidin nach Ann. **273**, 296 mit Chlorkalk und Salzsäure. Sch.-P. 305°.

2200 **DRP. 282 374**

4 (6)-Nitro-6 (4)-amino-2, 5-dimethylbenzimidazol

$(NO_2)NH_2$, CH_3, $(NH_2)O_2N$, NH, C·CH_3, N $= C_9H_{10}N_4O_2 = 206$.

2, 5-Dimethylbenzimidazol bei 50°—60° mit Schwefelsäure und Salpeter nitrieren, dann einige Stunden im Wasserbade erwärmen, das erhaltene Dinitroprodukt vom Sch.-P. 204°—205° entweder abscheiden oder durch Einleiten von Schwefelwasserstoff in seine ammoniakalische Spritlösung partiell reduzieren. Es entstehen zwei isomere Nitroaminoverbindungen, die durch Benzol getrennt werden; das benzollösliche Produkt bildet eine leichtlösliche Diazoverbindung und schmilzt bei 192°—193°, das benzolschwerlösliche gibt eine schwerlösliche Diazoverbindung und schmilzt bei 207°—208°. — Durch Reduktion des Dinitrokörpers mit Eisen und Essigsäure erhält man die Base (aus verdünntem Sprit) vom Sch.-P. 144°—145°. In analoger Weise werden hergestellt: **Äthoxydinitromethylbenzimidazol** und seine Reduktionsprodukte aus 1-Acetylamino-2-amino-4-äthoxybenzol, ferner **Dinitro-5-chlor-(methyl-)-2-methyl-(-oxy-)-benzimidazol** und deren Reduktionsprodukte.

2201 **DRP. 248 091** — Ann. 273, 275; 273, 289

5-Chinoimidino-2-methylbenzimidazol

$= C_{14}H_{11}N_3O = 237.$

18,4 T. 5-Amino-2-methylbenzimidazol [2197] und 9,4 T. Phenol mit Natronlauge in 200 T. Wasser lösen, unter guter Kühlung Natriumhypochloritlösung (2 Äquiv. Sauerstoff) zufließen lassen und das Indophenol mit Essigsäure ausfällen oder besser mit Schwefelnatrium reduzieren und die Leukoverbindung mit Salzsäure als hellgelben Niederschlag abscheiden. — Ebenso gewinnt man die Leukoindophenole aus 4-Amino-C-phenyl-1, 2-benzimidazol bzw. aus o-Kresol und anderen p-freien Phenolen. — **5-Amino-2-phenylbenzimidazol** gewinnt man nach Ber. 32, 2179.

2202 **DRP. 282 375**

IV-Oxy-5-phenylimino-4, 6-dinitro-2-methylbenzimidazol

$= C_{14}H_{11}N_5O_5 = 329.$

4, 6-Dinitro-5-halogenbenzimidazol [2200] mit Aminen kondensieren. Man erhält so z. B. aus dem 2-Methylderivat mit p-Aminophenol rote Krystalle vom Sch.-P. 190°—192°, während das mit p-Phenylendiamin erhaltbare Kondensationsprodukt bei 246°—247° schmilzt. — Ebenso gewinnt man das IV-Aminobenzimidazolderivat, ferner das **Diphenyldisulfid-bis-Dinitromethylbenzimidazolylamin** der Formel

ferner das **Chlormethylbenzimidazolyldinitromethylbenzimidazolylamin** von der Zusammensetzung

oder

und schließlich das **Carboxyphenyldinitromethylbenzimidazolylamin** aus Anthranilsäure als zweite Komponente.

2203 **DRP. 283 448**

2-Phenyl-5-acetonitrilbenzimidazol

$= C_{15}H_{11}N_3 = 233.$

10 T. p-Aminophenacetonitril benzoylieren, nitrieren, reduzieren [251], das schwer lösliche Amin vom Sch.-P. 184°—185° 10—12 St. mit Eisessig verkochen. Aus Sprit Krystalle vom Sch.-P. 98°—99°. — Ferner

2-p-Aminobenzyl-5-acetonitril-benzimidazol

$= C_{16}H_{14}N_4 = 262.$

20 T. p-Phenylessigsäurechlorid in Benzol lösen, mit einer Benzollösung von 17 T. p-Aminophenacetonitril, der tropfenweise 7 T. konz. Pottaschelösung zugefügt wurden, im Wasserbad erwärmen, filtrieren, trocknen (Sch.-P. 207°—208°), nitrieren (Sch.-P. 192° bis 194°), reduzieren (Sch.-P. 180°—181°) und die Aminoverbindung wie [2196] 6—7 St. mit Eisessig verkochen. In konz. Säuren löslich, aus Sprit Sch.-P. 232°—234°. Kuppelt mit Nitrit und Salzsäure behandelt nicht mit Phenolen.

2204 **DRP. 178 299**

4, 6, 7-Trichlor-2-phenylbenzimidazol

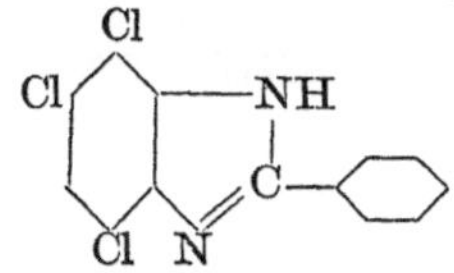

$= C_{13}H_7N_2Cl_3 = 298.$

Reduktion des Benzoyltrichlornitroanilids wie [vgl. **1542**]. — Sch.-P. der Diaminoverbindung 205°—207°, des Amidins 268°—269°.

2205 **DRP. 68 237** und **DRP. 70 862** — Ber. **10**, 1708; **30**, 1909; **33**, 2847; **37**, 1070; **44**, 2919

5, IV-Diamino-2-phenylbenzimidazol

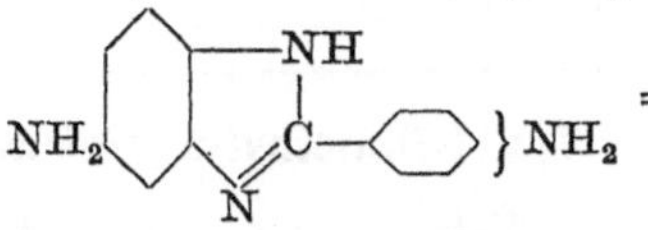

$= C_{13}H_{12}N_4 = 224.$

500 T. Anilin + 835 T. p-Nitrobenzoesäure 8 St. auf 220°—230° erhitzen, wobei zugleich das gebildete Wasser abdestilliert wird. Heiß ausschöpfen, kalt zerkleinern, mit verdünnter Salzsäure, dann mit verdünnter Sodalösung waschen. Das erhaltene **p-Nitrobenzanilid** $NO_2-C_6H_4-CO\cdot NH-C_6H_5$ bei 15°—20° in die 5-fache Menge Monohydrat eintragen, bei 5°—10° mit einem Gemenge von (auf Nitrobenzanilid bezogen) $^3/_4$ T. rauchender Salpetersäure und 1,5 T. Monohydrat nitrieren, auf Eis gießen, Krystalle filtrieren, neutralisieren, waschen. 100 T. dieses **p-Trinitrobenzanilids**

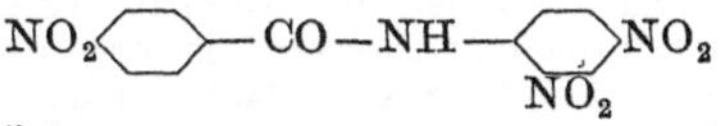

$NO_2-C_6H_4-CO-NH-C_6H_3(NO_2)_2$

(braungraues, in Sprit oder Äther unlösliches, in Eisessig und Essigäther lösliches Pulver) zur Reduktion im Gemisch mit 30 T. Salzsäure (30%) und 100 T. Wasser bei 90°—95° in 100 T. Wasser + 200 T. Eisenspäne eintragen. Fertige Reduktion mit Ammoniak alkalisch stellen, filtrieren, Rückstand mit 500 T. Wasser auskochen. Im kalten Filtrat erfolgt Ausscheidung des **Triaminobenzanilids.** Aus Wasser umkrystallisieren; trocken im Vakuum auf 250° erhitzt, resultiert unter Wasserabspaltung p-Diaminophenylbenzimidazol. Rotbraunes, krystallinisches Pulver, in Wasser und Äther unlöslich, in Aceton und Sprit leicht löslich. Sch.-P. 250°. Bildet leichtlösliche Salze. Die Base wird, mit heißem Wasser übergossen, harzig.

2206 **DRP. 288 190** — Ber. **21**, 2304

5-Amino-2-styrylbenzimidazol

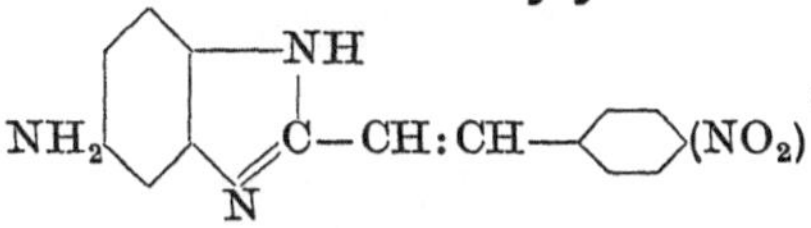

$= C_{15}H_{13}N_3 = 235$

10 T. Benzaldehyd (p-Nitrobenzaldehyd) und 17 T. 5-Nitro-2-methylbenzimidazol 4 St. auf 210°—230° erhitzen (evtl. unter Zusatz von Kondensationsmitteln, wie Dimethylanilin oder Na-Acetat). Das **2-Styril-5-nitrobenzimidazol,** dessen salzsaures Salz bei 290°—292° schmilzt, gibt reduziert die in Alkoholätherlösung gelbgrün fluorescierende Aminobase vom Sch.-P. 199°—200°. — Ebenso die Base aus 1, 2, 4-Triacetyltriaminobenzol und p-Nitrobenzaldehyd.

2207 **DRP. 288 190**

5, II, IV-Triamino-2-styrylbenzimidazol

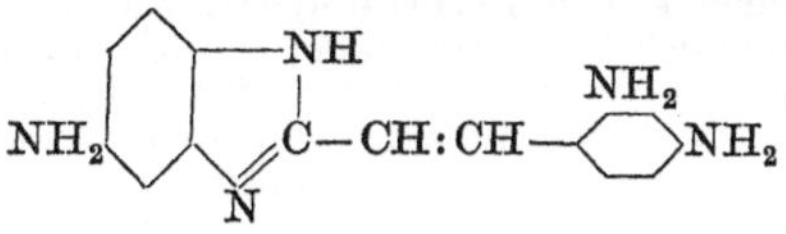

$= C_{15}H_{15}N_5 = 265.$

Wie [**2206**] aus 1, 2, 4-Triacetyltriaminobenzol oder dessen Anhydroderivat, dem 2-Methyl-5-acetylaminobenzimidazol, mit Dinitro- bzw. Diaminobenzaldehyd.

2208 **DRP. 74 058** — Ann. **209**, 370

Dis-2-benzimidazol

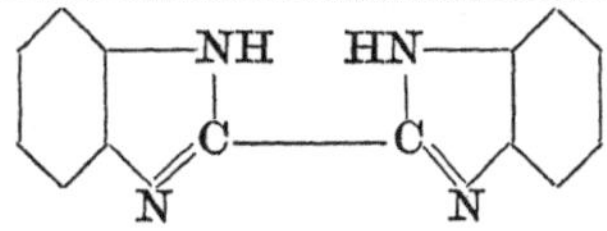

$= C_{14}H_{10}N_4 = 234.$

o-Nitrooxalanilid nach Ann. **209**, 370 mit Zinn und Salzsäure kochen. Gelbe Nadeln, Sch.-P. über 300°. Unzersetzt flüchtig.

2209 **DRP. 74 058**

5, V-Diamino-dis-2-benzimidazol

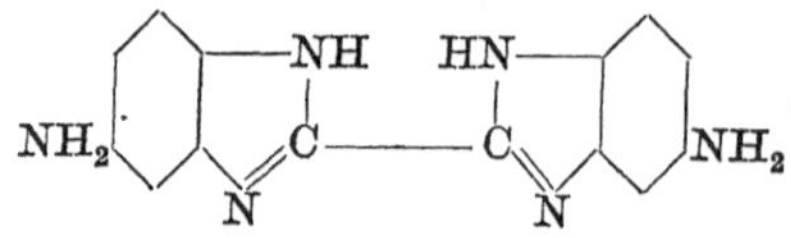

NH$_2$ … NH HN … C——C … N N … NH$_2$ $= C_{14}H_{12}N_6 = 264.$

4 T. feingepulvertes Tetranitrooxalanilid [1848] + 14 T. Zinn + 50 T. Salzsäure (25%) + 200 T. Wasser anhaltend kochen, die starkgelbe Brühe mit Schwefelwasserstoff entzinnen, Filtrat eindampfen, das leichtlösliche salzsaure Salz mit Na-Sulfat in das schwer lösliche Sulfat verwandeln. Bei Gegenwart von viel Sprit reduziert, ist die Base mit Schwefelsäure als Sulfat direkt fällbar.

2210 **DRP. 74 058**

7, VII-Dimethyl-5, V-diamino-dis-2-benzimidazol

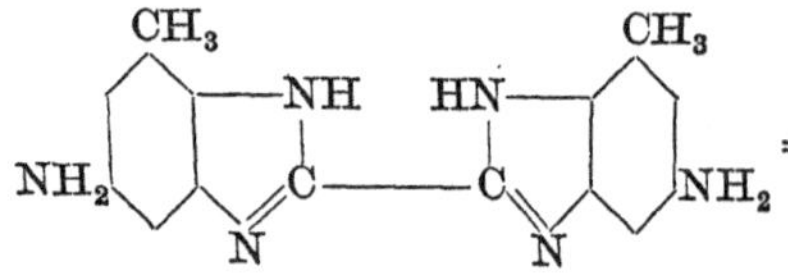

CH$_3$ CH$_3$ … NH HN … NH$_2$ C——C NH$_2$ … N N $= C_{16}H_{16}N_6 = 292.$

Wie [2209], aber glatter, aus 4,5 T. Tetranitrooxaltoluid [1848] + 8 T. Zinn + 45 T. Salzsäure (25%), durch Kochen auf dem Wasserbade. Entzinnte Lösung mit Soda fällen. Die Base fällt aus ihren Salzlösungen auf Alkalizusatz zunächst gelatinös aus, erhitzt erstarrt die Masse zu krystallinischen Flocken. In organischen Lösungsmitteln sehr schwer, bis unlöslich. Sch.-P. über 300°. Sulfat etwas leichter löslich als [2209].

d) Fünfring in C und N substituiert.

2211 **DRP. 178 299**
E. P. 10 228/06

4, 6, 7-Trichlor-2-methyl-1-äthylbenzimidazol

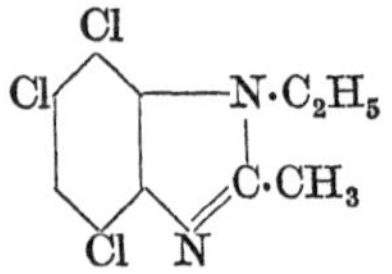

Cl … Cl … N·C$_2$H$_5$ … C·CH$_3$ … Cl N $= C_{10}H_9N_2Cl_3 = 264.$

Durch Reduktion des Äthylacetyltrichlornitranilids wie [2199]. — Das auch hier entstehende Gemisch von Diamin und Amidin wird 20 St. mit dem doppelten Gewicht Eisessig auf dem Wasserbade erhitzt. Es entsteht zuerst das Acetat des Amidins, das durch Erhitzen auf 100° in die Base übergeht. Das Acetat schmilzt bei 98°—99°, die Base bei 116°—117°. — Ebenso **4, 5, 6, 7-Tetrachlor-2-methyl-1-äthylbenzimidazol** durch Reduktion des Acetyltetrachloräthylnitroanilids. — Sch.-P. der Diaminoverbindung 203° bis 204°, des Amidins 149°. — Ferner **4, 5, 6, 7-Tetrachlor-2-methyl-1-benzylbenzimidazol** durch Reduktion des Benzylacetyltetrachlornitroanilids wie [vgl. 1508]. — Sch.-P. der Diaminoverbindung 135°—137°, des Amidins 176°—177°.

2212 **DRP. 95 987**

Ber. 7, 541
37, 1070

5, IV-Diamino-2-methyl-1-phenylbenzimidazol

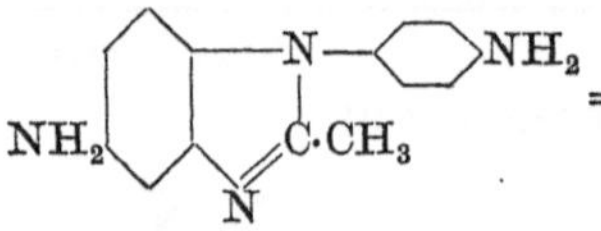

N—C$_6$H$_4$—NH$_2$ … NH$_2$ … C·CH$_3$ … N $= C_{14}H_{14}N_4 = 238.$

30 T. feingepulvertes Dinitroäthenyldiphenylamidin und 46 T. Eisenpulver mit Wasser dünnbreiig anrühren, mit 0,6 T. Essigsäure (50%) verrühren, die Selbsterwärmung mäßigen,

einige Zeit im Wasserbade erwärmen, mit Soda schwach alkalisch das Eisen fällen, den Rückstand mit heißem Sprit extrahieren. Kalt bilden sich farblose Krystalle, die sich an der Luft schwach rötlich oder gelblich färben. Sie enthalten auch über 100° noch aq., sintern bei 130°, schmelzen bei 145°. Im Gegensatz zu p-Phenylendiamin gibt die Base in saurer, schwefelwasserstoffhaltiger Lösung mit Eisenchlorid keinen Farbstoff. Destilliert entsteht etwas p-Phenylendiamin. — Oder: Die Dinitroverbindung zur Reduktion mit 145 T. im aq. geschmolzenem Schwefelnatrium und 50 T. Sprit unter Rückfluß kochen, bis gewaschene Probe in Essigsäure rückstandfrei löslich ist. Kalt verdünnen und filtrieren. Zur Reinigung in Säure lösen, mit NH_3 fällen.

9. Benzoxazole
(Oxybenzoxazole)

[Strukturformel: Benzoxazol-Gerüst mit Numerierung 4, 5, 6, 7; NH 1; C 2; O 3]

2 CH_3—5 NO_2	908	2 O—5 NO_2	1134
2 CH_3—5 Cl—6 NO_2	2213	2 O—4 COOH—6 $NO_2(NH_2)$	2215
2 O	2214	2 O—5 NO_2—SO_3H	1134

2213 **DRP. 200 601**

5-Chlor-6-aminoäthenyliminooxybenzol

[Strukturformel: NH_2, Cl am Benzolring; NH—CH·CH_3—O]

$= C_8H_9N_2OCl = 185.$

125 T. Chloräthenylaminophenol in schwefelsaurer Lösung nitrieren, das Nitroprodukt als Paste in 1500 T. Wasser mit 500 T. Eisen und 50 T. Essigsäure (50%) in $2^1/_2$ St. bei 80° reduzieren, 1 St. rühren, sodaalkalisch filtrieren und aus dem Rückstand mit Sprit den Aminokörper extrahieren.

2214 **DRP. 94 634**

Carbonyliminooxybenzol

[Strukturformel: Benzolring; NH—C=O—O]

$= C_7H_5NO_2 = 135.$

Nach Ber. **20**, 177 trockenes o-Aminophenol in Lösung von mit Phosgen gesättigtem Benzol oder Chloroform digerieren. Flüssigkeit gerät ins Sieden. Lösungsmittel im Wasserbade abdestillieren, Rückstand in kochendem Wasser lösen, filtrieren, zur Entfärbung etwas Zinnchlorür zugeben, weiter sieden. Filtrieren, Filtrat entzinnen, kalt krystallisieren im Filtrat lange Nadeln, Sch.-P. 141°—142°.

2215 **DRP. 90 206**

Ber. **12**, 1345
23, 3631
DRP. 94 634

6-Aminocarbonyliminooxybenzol-4-carbonsäure

[Strukturformel: NH_2, HOOC am Benzolring; NH—C=O—O]

$= C_8H_6N_2O_4 = 184.$

Nitroaminosalicylsäure [1092] in Wasser + Natronlauge ($4^1/_2$-fache Menge über Theorie) lösen, bei höchstens 35° Phosgen einleiten, bis eine salzsauer diazotierte Probe mit R-Salz nicht mehr kuppelt. Salzsäure zugeben, Fällung so vervollständigen, die **Nitrocarbonyliminooxybenzolcarbonsäure** filtrieren. Aus heißem Wasser bräunliche Nadeln, Sch.-P. 263°, verliert über 100° sein aq., in Benzol und in Salzsäure unlöslich. — 4,23 T. des Nitrokörpers in 16 T. heißem Wasser und 8 T. Salzsäure suspendieren, allmählich mit 8 T. metallischem Zinn unter Zugabe weiterer 8 T. Salzsäure reduzieren, entzinnen, Filtrat mit Acetat fällen. Weiße Nadeln, in Wasser oder Sprit kaum löslich, wird an der Luft rötlich, Sch.-P. 252°, verliert über 100° sein aq.

10. Thiazol

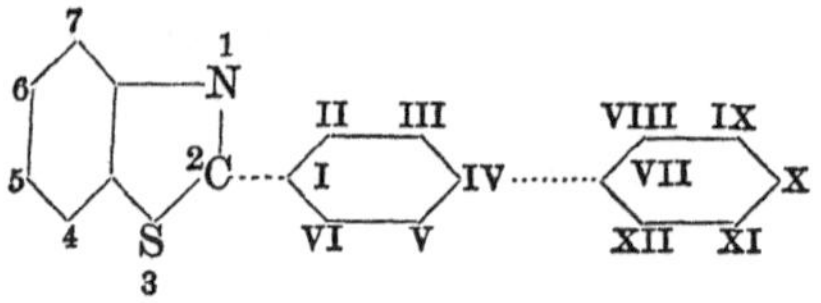

Unsubstituiert — — — — —	2 C_6H_5	2216
5 CH_3 — — — — — — — — —	2 C_6H_5	2217
6 $(NO_2)NH_2$ — — — — — — —	2 C_6H_5	2218
5 CH_3 — 7 CH_3 — — — — — —	2 C_6H_5	2217
6 COOH — 5S·CH_2·COOH-	2 C_6H_5	2245
5 CH_3 — — — — — — — — —	2 C_6H_4·IV NH_2	1487, 2219—2223
CH_2·OH — SO_3H — — — —	2 C_6H_4·NH_2	2224
SO_3H — — — — — — — — —	2 C_6H_4·IV NH_2	2225, 2226
5 CH_3 — NO_2 — — — — — — —	2 C_6H_4·IV NH_2	2227
5 COOH — SO_3H — — — —	2 C_6H_4·IV NH_2	2228
5 CH_3 — — — — — — — — —	2 C_6H_4·IV NH·CH_3	2229
5 CH_3 — 7 CH_3 — — — — — —	2 C_6H_4·IV NH·CH_3	2229
5 CH_3 — 7 CH_3 — — — — — —	2 C_6H_4·NH·$COCH_3$	2240
4 CH_3 — 5 CH_3 — 7 CH_3 —	2 C_6H_4·IV NH·CH_3	2229
5 CH_3 — — — — — — — — —	2 C_6H_4·IV OH	2230
Unsubstituiert — — — — — —	2 C_6H_4·III CH_3·IV NH_2	2231
5 CH_3 — 7 CH_3 — — — — — —	2 C_6H_3·III CH_3·IV NH_2	2232
4 CH_3 — 5 CH_3 — 7 CH_3 —	2 C_6H_2·III CH_3·VI CH_3·IV NH_2	2232, 2233
Unsubstituiert — — — —	2 C_6H_3·$NO_2(NH_2)$·$NO_2(NH_2)$	2234—2236
5 CH_3 — — — — — — — — —	2 C_6H_3·IV NH_2·SO_3H	2237—2239
5 CH_3 — 7 CH_3 — — — — — —	2 C_6H_2·III CH_3· IV NH_2·NO_2	2240
5 CH_3 (und Homologe) —	2 C_6H_4·IV NH · C_6H_4·IX OH	2241
5 CH_3 — — — — — — — — —	2 C_6H_4·NH·CH_2·C_6H_4	2229
5 (7) $CH_3(SO_3H)$ — — — — —	2 C_6H_4·IV (II) NH·CO·C_6H_4·IV $(NO_2)NH_2$	2242
6 COOH — — — — — — — — —	2 C_6H_4·N·Phthalsäurerest	2229
5 C_6H_4·NH_2 — — — — — — —	2 C_6H_4·IV NH_2	2244
(Thiazol — 5·$)_2$ — — — — — —	2 $(C_6H_4$·IV $NH_2)_2$	2244
5, 6-Oxythionaphthen-carbonsäurederivat	2 C_6H_5	2245
	Nitroprimulin	2246
	Primulin (Sulfosäure)	2239
	Chromin- und Alkylchrominbasen	2247
	1 H — 3 O_2 — 2 H_2	2248

2216 **DRP. 51 172**

J. pr. 93, 183

2-Phenylthiazol $= C_{13}H_9NS = 211.$

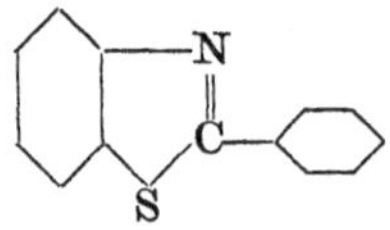

150 T. Benzylidenanilin mit 52,5 T. Schwefel vorsichtig bis zum Reaktionsbeginn erwärmen. Produkt destillieren, übergehendes, schnell erstarrendes Öl aus Sprit umkrystallisieren. Sch.-P. 112°—113°. Zur Reinigung evtl. auch in Schwefelsäure lösen und mit Wasser fällen.

2217 **DRP. 55 222**

1 Mol. Benzylanilin mit 3 At. Schwefel zunächst auf 180°, dann auf 220° erhitzen, bis die Schwefelwasserstoffentwicklung beendet ist. Reinigung: Im Vakuum destillieren oder das Produkt mit Salzsäure auskochen, das salzsaure Salz mit Wasser zerlegen, die Base umkrystallisieren. — **Benzenylaminothio-p-methylphenol** erhält man ebenso aus Benzyl-p-toluidin; die Base schmilzt bei 120° bis 123°. — **Benzenylaminothiodimethylphenol** ebenso aus Benzyl-m-xylol; die Base schmilzt bei 84°.

2218 **DRP. 75 674**

E. P. 406/94
F. P. 235 362·

6-Amino-2-phenylthiazol

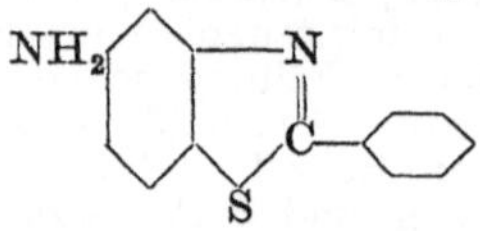

$= C_{13}H_{10}N_2S = 226.$

100 T. m-Aminobenzylanilin und 50 T. Schwefel bis zur Beendigung der Schwefelwasserstoffentwicklung auf 170°—180° erhitzen, die Schmelze heiß in 1000 T. Wasser

+ 65 T. Salzsäure (21°) drücken, mit Dampf kochen, bis alles klar gelb gelöst ist, kalt filtrieren, Filtrat mit Alkali fällen, pressen und trocknen. Lockeres gelbes Pulver, unter Wasser schmelzbar. In Aceton sehr leicht löslich, sonst unlöslich. Die Salze sind orange gefärbt (Thiobase I). Base, auf 240°—250° erhitzt, bis die neuerliche Schwefelwasserstoffentwicklung beendet und Probe in Aceton unlöslich ist, gibt eine Thiobasis II. Zur Reinigung in Schwefelsäure lösen und mit Wasser fällen. Beide Basen sind diazotierbar. — Über Herstellung des **Nitrobenzenylaminophenylmercaptans** siehe Ber. **13**, 1223.

2219 **DRP. 53 938**

—

Ber. **13**, 1223
DRP. 54 921
DRP. 35 790
DRP. 50 525
DRP. 57 557

IV-Amino-2-phenyl-5-methylthiazol

$= C_{14}H_{12}N_2S = 240.$

107 T. p-Toluidin + 100 T. Naphthalin + 60 T. Schwefel langsam zunächst auf 180°, dann auf 210° erhitzen. Schwefelwasserstoff entweicht gleichmäßig. Wenn das p-Toluidin verschwunden ist, die kalte Schmelze pulvern, mit Schwefelsäure (30—40%) auskochen, Lösung filtrieren, kalt von der erstarrten Naphthalindecke befreien, die Base mit viel Wasser und Soda ausfällen (rein Krystalle vom Sch.-P. 191°, entsteht zu 70%, 30% sind Basen von ähnlichen Eigenschaften, jedoch amorph), sonst ist die Lösung auch direkt auf Thioflavin verarbeitbar.

2220 **DRP. 35 790**
E. P. 14 232/85

Durch Erhitzen von 100 T. p-Toluidin mit 28 T. Schwefel auf 175° bis 185°, bis die Schwefelwasserstoffentwicklung beendet ist. Wasserdampf einleiten, Rückstand mit überschüssiger konz. Salzsäure verreiben, in viel Wasser gießen. Es resultiert ein schwefelgelbes neues Produkt, das in heißem Sprit löslich ist. Sch.-P. 175°. Das salzsaure Salz zerfällt schon beim Kochen mit Wasser. Nicht identisch mit dem in Ber. **4**, 393 (vgl. Ber. **20**, 664) beschriebenen Produkt.

2221 **DRP. 47 102**
A. P. 415 359
E. P. 6319/88
F. P. 192 305

200 T. p-Toluidin mit 119 T. Schwefel 24 St. auf 190°, dann 12 St. auf 250° erhitzen, bis kein Schwefelwasserstoff mehr entweicht. Mit Sprit oder Schwefelkohlenstoff unter Rückfluß gekocht gehen 30% **Dehydrothiotoluidin** in Lösung. Rückstand hellgelb, in konz. Salzsäure orangefarbig löslich. Sch.-P. 236°.

2222 **DRP. 50 525**
E. P. 6319/88
F. P. 190 535

10 T. p-Toluidin mit 6—7 T. Schwefel im Ölbad bei 200°—220° verschmelzen; schließlich, wenn die Schwefelwasserstoffentwicklung nachläßt, bis zum Aufhören derselben auf 250° erhitzen. Kalt pulvern. Direkt sulfierbar.

2223 **DRP. 52 509**

Aus p-Toluidin durch Erhitzen mit schwefliger Säure oder Na-Bisulfitlauge (40°) mit oder ohne Schwefel auf 180°—230°. — Trennung von den als Nebenprodukt entstehenden hochmolekularen sog. Primulinbasen s. [2239].

2224 **DRP. 98 813**

—

DRP. 93 544
DRP. 95 184
DRP. 95 600
DRP. 96 851

Amino-2-phenylthiazolcarbinol-sulfosäure

$= C_{14}H_{12}N_2O_4S_2 = 336.$

$CH_2 \cdot OH, NH_2, SO_3H$

11 T. Naphthalin schmelzen, mit 11 T. Anhydroaminobenzyl- bzw. -tolylalkohol und 5 T. Schwefel auf 150°—200° erhitzen, solange Schwefelwasserstoff entweicht. Mit 100 T. Schwefelsäure (10%) die Thiobase herauslösen, Filtrat mit Soda fällen. Gelbes Pulver, nur in Chloroform leicht löslich. — 5 T. dieses Thioanhydroaminobenzylalkohols in 12,5 T. Monohydrat bei 80°—90° eintragen, die Lösung kühlen, bei 30°—40° 12,5 T. Oleum (50%) zusetzen. Wenn eine Probe in verdünntem Ammoniak klar löslich ist, in Wasser gießen, filtrieren, pressen oder auskalken oder in das Na-Salz überführen. Gelbe, unlösliche Ba-Salze. Die Basen und ihre Sulfosäuren sind diazotierbar, und zwar scheint im Molekül eine NH_2-Gruppe vorhanden zu sein.

2225 **DRP. 77 355**
Zusatz zu
DRP. 75 674

IV-Amino-2-phenylthiazolsulfosäure

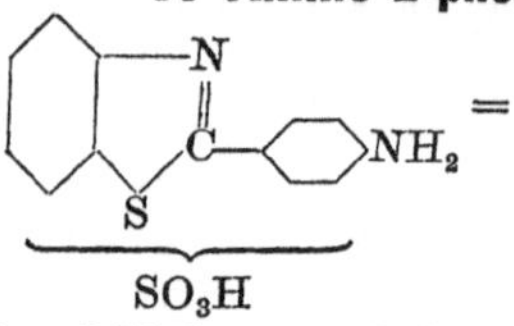

$= C_{13}H_{10}N_2O_3S_2 = 306.$

SO_3H

100 T. [2218], Thiobase I und II, langsam bei 50°—60° in 400 T. Schwefelsäure (20%) eintragen und digerieren, bis eine Probe alkalilöslich ist. In Eiswasser gießen, aufkochen, filtrieren, waschen, in das Alkalisalz verwandeln, dieses aussalzen oder durch Eindampfen gewinnen. Basis-I-Sulfosäure enthält eine, jene der Basis II auf drei SO_3H-Gruppen zwei diazotierbare NH_2-Gruppen.

2226 **DRP. 281 048** Dehydrothiotoluidin (-xylidin, -sulfosäure) (bzw. Primulin) mehrere Stunden im Vakuum unter Rühren mit Monohydrat auf 235°—250° erhitzen, solange noch Wasser überdestilliert (Backprozeß). Die Produkte, Mono- bzw. Disulfosäuren, sind verschieden von der mit Oleum erhaltenen Sulfosäure und bilden gelbe, schwerlösliche Diazoverbindungen.

2227 **DRP. 81 711**
—
DRP. 72 173

5-Methyl-nitro-IV-amino-2-phenylthiazol

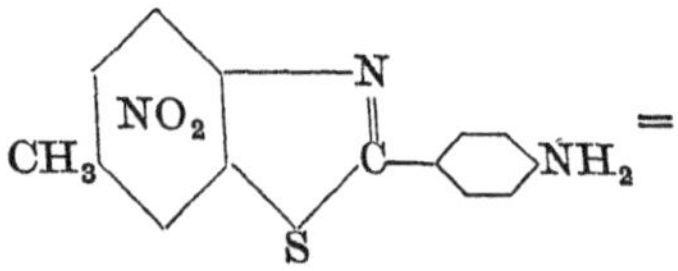

$= C_{14}H_{11}N_3O_2S = 285.$

32,8 T. **Benzylidendehydrothio-p-toluidin** (aus Dehydrothiotoluidin und Benzaldehyd) in 330 T. Monohydrat lösen, 8 T. trockenes Ammoniumnitrat vorsichtig einrühren, auf 60°—80° erwärmen, nach 4 St. auf Eis gießen, Produkt mit HCl erwärmen, Benzaldehyd abtreiben, Rückstand filtrieren und trocknen. Hellgelbrötliches Pulver, mit verdünnter Natronlauge kochen, freie Nitrobase, die aus Xylol in gelbroten Krystallen ausfällt, filtrieren. Sch.-P. 216°—217°. Die NO_2-Gruppe ist im CH_3-Kern.

2228 **DRP. 277 395**
F. P. 471 850

IV-Amino-2-phenylthiazol-5-carbonsulfosäure

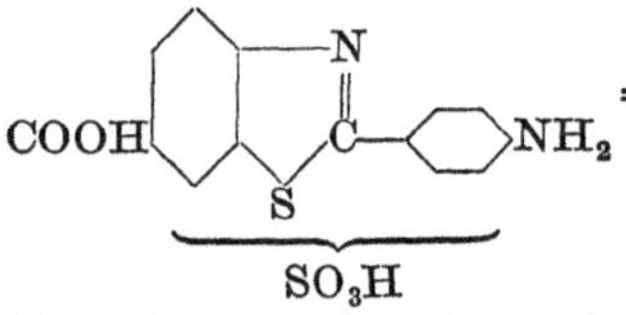

$= C_{14}H_{10}N_2O_5S_2 = 350.$

SO_3H

342 T. dehydrothiotoluidinsulfosaures Natrium mit 128 T. Essigsäureanhydrid bei 45° acetylieren, die ausgesalzene, gelbliche Säure mit Soda neutralisieren, 64 T. Soda und 128 T. Magnesiumcarbonat und bei 60° weiter 320 T. Permanganat zusetzen. Die ausgesalzene Säure gibt eine schwerlösliche, gelbliche Diazoverbindung.

2229 **DRP. 51 738**
A. P. 412 978
E. P. 6319/88
F. P. 190 535

5-Methyl-IV-methylimino-2-phenylthiazol

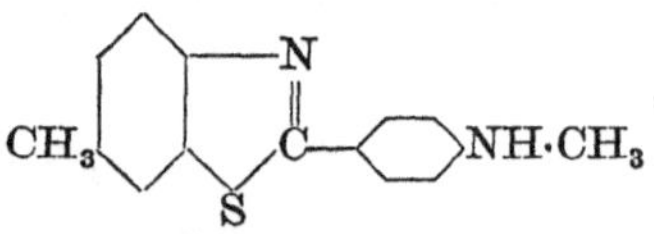

$= C_{15}H_{14}N_2S = 254.$

24 T. Dehydrothiotoluidin [2219] + 30 T. Methylalkohol + 11,6 T. Salzsäure (21°) 12 St. im Autoklaven auf 160°—170° erhitzen, Krystalle des **Methyldehydrothiotoluidinchlorhydrates** absaugen. — Ebenso **Äthyl-** und **Benzyldehydrothiotoluidin,** ferner die **Alkyldehydrothioxylidine** und **ψ-cumidine.**

2230 **DRP. 97 285**

5-Methyl-IV-oxy-2-phenylthiazol

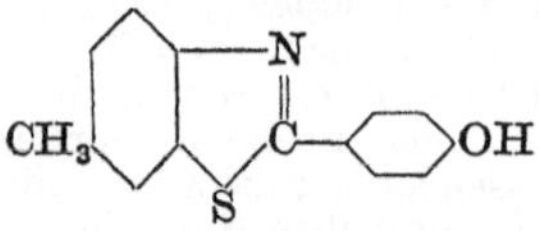

$= C_{14}H_{11}NOS = 225.$

Durch Umkochen von diazotiertem Dehydrothiotoluidin nach Ber. **22,** 334.

2231 **DRP. 83 089** Zusatz zu DRP. 63 951 — F. P. 216 086

III-Methyl-IV-amino-2-phenylthiazol

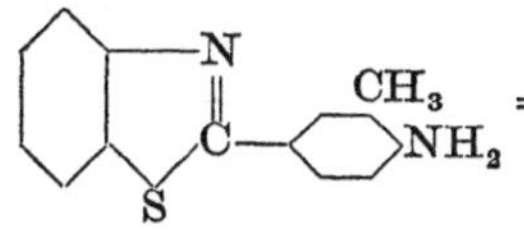

$= C_{14}H_{12}N_2S = 240.$

12,2 T. m-Xylidin mit 10 T. Anilin und 12 T. Schwefel 24—30 St. bei allmählicher Temperatursteigerung auf 160°—205° erhitzen. Wenn die Schwefelwasserstoffentwicklung gering geworden ist, kalt pulvern, in einem Gemenge gleiche Teile Schwefelsäure und Wasser lösen, filtrieren und das Filtrat mit mehr Wasser fällen. Sulfat umkrystallisieren und mit Soda in die freie Base überführen. Aus Benzol oder Sprit gelbe Krystalle, Sch.-P. 190°. Ihre Acetylverbindung bildet aus Sprit weiße Nadeln, schmilzt bei 206°. Die Spritlösung der Base fluoresciert grünlichgelb, stark verdünnt bläulich.

2232 **DRP. 51 738** A. P. 412 987 E. P. 6319/88 F. P. 190 535 — DRP. 65 402

5, 7, III-Trimethyl-IV-amino-2-phenylthiazol

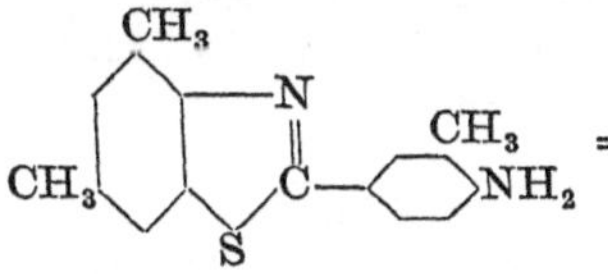

$= C_{16}H_{16}N_2S = 268.$

Wie [2221] 90 T. Xylidin mit 60 T. Schwefel längere Zeit auf 200°—250° erhitzen. Sch.-P. der Base 107°. **Dehydrothio-ψ-cumidin** schmilzt bei 125°. Näheres siehe Ber. 22, 585, 971, 1064.

2233 **DRP. 56 651** 1 Mol. m-Xylidin mit 1—2 Atomen Schwefel bei 220°—250° verschmelzen, mit der 10-fachen Menge Sprit extrahieren. Produkt: A leicht löslich, B schwer löslich; soll der Analyse nach **Thioxylidin** $(C_6H_3 \cdot CH_3 \cdot CH_3 \cdot NH_2)_2S$ sein, also ein **Dixylidinsulfid.**

2234 **DRP. 54 921** — Ber. 13, 1223

Dinitro-2-phenylthiazol

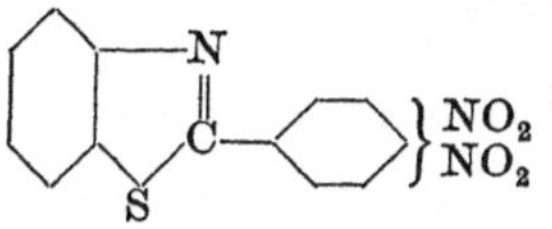

$= C_{13}H_7N_3O_4S = 301.$

5 T. destilliertes Benzenylaminophenylmercaptan in 20 T. konz. Schwefelsäure bei 40°—50° lösen, ein Gemisch von 10 T. Schwefelsäure und 4,95 T. Salpetersäure (1,4) bei 20°—25° einfließen lassen, 3 St. bei 50° stehenlassen, in 200 T. Wasser gießen, gelbe Flocken filtrieren, waschen.

2235 **DRP. 54 921**

Diamino-2-phenylthiazol

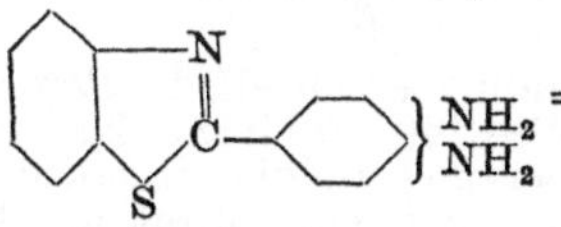

$= C_{13}H_{11}N_3S = 241.$

Feuchtes Nitroprodukt [2234] mit 70 T. konz. Salzsäure und 7—8 T. Zink- oder Eisenpulver reduzieren, Reduktionsbrühe filtrieren, verdünnen, siedend beinahe neutralisieren, so viel Glaubersalz zusetzen, daß der Rest der Salzsäure gebunden wird. Kalt fällt das Diamin als graugrünes Sulfat aus. Die freie Base erhält man aus ihrer heißen, verdünnten Sulfatlösung mit heißer verdünnter Alkalilösung. Aus Sprit umkrystallisieren. Sch.-P. 192°.

2236 **DRP. 50 486** — Ber. 13, 1223 1 T. Benzenylaminophenylmercaptan in 5 T. Schwefelsäure (66°) gelöst mit 1,4 T. Mischsäure (46% Salpetersäure) nicht über 50°—60° nitrieren, in Wasser gießen, Dinitroverbindungen filtrieren, trocknen, aus Sprit + Nitrobenzol umkrystallisieren, gelbliche Nadeln einer molekularen Verbindung der beiden isomeren Dinitrobenzenylaminophenylmercaptane. Sch.-P. 218° bis 220° [2235]. Reduzieren, z. B. mit 2,4 T. Zinn und 6—7 T. Salzsäure (20°), Zinndoppelsalz in Wasser lösen, mit Schwefelwasserstoff entzinnen. Kalt krystallisiert das Gemenge der Diaminomercaptane L und S aus. Zur Trennung aus Sprit fraktioniert krystallisieren (S schwerer löslich) oder Oxalate bilden. Oxalat L in heißer Oxalsäurelösung völlig, S nur spurenweise löslich. Basen mit Alkali in Freiheit setzen. Base S ist in Sprit schwer löslich, Lösung fluoresciert blau. Sch.-P. 255°—256°. Salze gelb. Base L (ebenfalls fluorescierende Spritlösung) ist in organischen Lösungsmitteln leichter löslich als S, Sch.-P. 208°.

2237 Anm. D. 3362, 22 14. 3. 88 Dahl F. P. 191 061

5-Methyl-IV-amino-2-phenylthiazol-sulfosäure

CH_3 ... C—⟨SO_3H⟩NH_2 $= C_{14}H_{12}N_2O_3S_2 = 320.$

30 T. schwefelsaures Thio-p-toluidin [2220] mit 90 T. Oleum (30%) auf 80° erwärmen, bis Probe alkalilöslich. In Eiswasser gießen, Sulfosäure filtrieren oder auskalken. Das Na-Salz ist nur in Wasser leicht löslich. Schwefelgelbes Pulver.

2238 **DRP. 47 102** Zusatz zu DRP. 35 790 A. P. 415 359 E. P. 6319/88 F. P. 192 305

50 T. spritunlöslichen Teil von [2220] unter Kühlung mit 200 T. Oleum (30%) auf 80° erwärmen, bis ausgewaschene Probe in Soda löslich ist. In Wasser gießen, filtrieren, waschen, mit Soda in das Na-Salz überführen.

2239 **DRP. 92 011**

100 T. p-Toluidin nach [2222] mit 65 T. Schwefel bei 210°—240° schwefeln, 100 T. der Schmelze bei 180°—190° in 250 T. Monohydrat eintragen, Lösung mit 210 T. Oleum (50%) bei etwa 20°—30° digerieren, bis eine Probe mit Ammoniak klar wasserlöslich ist. In Wasser gießen, filtrieren, Produkt auswaschen, in 1000 T. Wasser + Ammoniak heiß lösen. Kalt krystallisiert fast quantitativ nur **Dehydrothio-p-toluidinsulfosäure** als Ammonsalz aus. **Primulinsulfosäure** aus dem Filtrat aussalzen.

2240 **DRP. 81 711** — DRP. 72 173

5, 7, III-Trimethyl-nitro-IV-amino-2-phenylthiazol

CH_3, CH_3 ... C—⟨ ⟩ $\left.\begin{matrix}CH_3\\NH_2\end{matrix}\right\} NO_2$ $= C_{16}H_{15}N_3O_2S = 313.$

Wie [2227]. — 31 T. **Acetyldehydrothioxylidin** (aus Dehydrothioxylidin + Acetylchlorid) in 310 T. Schwefelsäure (66°) lösen, mit 11 T. Salpetersäure und 30 T. Schwefelsäure (66°) bei höchstens 10°—20° nitrieren, 12 St. bei gewöhnlicher Temperatur stehenlassen, auf Eis gießen und verseifen. Orangegelbes Pulver.

2241 **DRP. 79 093**

III-Oxyphenylimino-5-methyl-2-phenylthiazol

CH_3 ... C—⟨ ⟩—NH—⟨ ⟩ OH $= C_{20}H_{16}N_2OS = 332.$

24 T. Dehydrothiotoluidin + 11—12 T. Resorcin + ½ T. Schwefelsäure (66°) im Kohlensäurestrom auf 220°—240° erhitzen, bis eine Probe in verdünnter Natronlauge völlig löslich ist. In Wasser gießen, die ausgeschiedene braune, amorphe Masse in verdünnter Natronlauge lösen, filtrieren, Filtrat mit Salzsäure fällen, Niederschlag in Eisessig lösen, vom Harz filtrieren, in Wasser gießen und den grauen Niederschlag aus Xylol umkrystallisieren. Hellgelbe Krystalle, Sch.-P. 200°. — Ebenso erhält man **m-Oxyphenyl-ψ-cumidin** und **m-Oxyphenylprimulin** z. B. aus 10 T. Primulinbase, 10 T. Resorcin und 1 T. Schwefelsäure. Gelbe Masse, in Äther wenig, mit grüner Fluorescenz, ebenso, aber leichter in Sprit löslich. Auch die Benzol-, Toluol- und Xylollösungen fluorescieren.

2242 **DRP. 163 040** E. P. 13 778/02

5-Methyl-X-amino-IV-benzoylimino-2-phenylthiazol-sulfosäure

$SO_3H\left\{CH_3\right.$ ... C—⟨ ⟩—NH·CO—⟨ ⟩$NH_2 = C_{21}H_{17}N_3O_4S_2 = 439.$

18 T. Dehydrothio-p-toluidinsulfosäure in heißem Wasser mit 20 T. Soda lösen, mit 70 T. p-Nitrobenzoylchlorid warm rühren, bis eine Probe nicht mehr diazotierbar ist, das

Produkt schwach essigsauer stellen, heiß mit 3 T. Eisen und 2 T. Essigsäure reduzieren, sodaalkalisch filtrieren und im Filtrat die **Dehydrothio-p-toluidinaminobenzoylsulfosäure** aussalzen. — Ebenso das o-Toluidinderivat; jenes des Primulins und aminobenzoyltrimethylprimulinsulfosauren Natriums aus as-Xylidin. Man kann auch 240 T. Dehydrothiotoluidin in 500 T. Sprit mit 200 T. m-Nitrobenzoylchlorid umsetzen und das Benzoylprodukt mit Oleum (20%) bei 30° sulfieren.

2243 **DRP. 277 395**
F. P. 471 850
—
DRP. 274 490

Dehydrothiotoluidinphthalamincarbonsäure

$= C_{22}H_{12}N_2O_4 = 368.$

388 T. **Dehydrothiotoluidinphthalaminsäure** (aus Dehydrothiotoluidin und Phthalsäureanhydrid in Chlorbenzol oder Nitrobenzol) in 7000 T. Wasser als Na-Salz lösen, in die 60° warme Lösung (mit konz. Säure erwärmt entsteht unter Wasserabspaltung **Phthalyldehydrotoluidin**) 316 T. Permanganat einrühren, die entfärbte Lösung vom Braunstein filtrieren und die Carbonsäure mit Salzsäure fällen. Als Na-Salz aus der alkalischen Lösung aussalzbar, liefert eine schwerlösliche gelbe Diazoverbindung, spaltet mit verdünnter Lauge längere Zeit gekocht den Phthalsäurerest ab. — Ebenso Essigsäure- statt Phthalsäureanhydrid verwendbar.

2244 **DRP. 78 162**
—
Disazofarbstoffe:
DRP. 79 206
bzw.
DRP. 79 207

IV, X-Diamino-2, 5-diphenylthiazol

I. $= C_{19}H_{15}N_3S = 317.$

II.

18,4 T. Benzidin + 10,7 T. p-Toluidin + 12,8 T. Schwefel (I) [bzw. 25,6 T. Schwefel (II)] + 30 T. Naphthalin erhitzen, bis die Schwefelwasserstoffentwicklung beendet ist, In Schwefelsäure (50%) heiß lösen, kalt vom Naphthalin in Wasser filtrieren, ausgefallenes Sulfat der Base I bzw. II filtrieren und mit kaltem Wasser waschen. Braune, in organischen Solvenzien mit gelb-blaugrüner Fluorescenz lösliche, diazotierbare Pulver. — Verschieden vom Thiobenzidin [1251] und Thio-p-toluidin [2220]. Alkyliert nach DRP. 81 509 entstehen Farbstoffe.

2245 **DRP. 233 741**

2-Phenylthiazoloxythionaphthencarbonsäure

$= C_{16}H_9NO_3S_2 = 327.$

25,7 T. 5-Nitro-1-phenylthioglykol-2-carbonsäure mit Soda in 200 T. Wasser lösen, kurze Zeit mit einer konz. Lösung von 30 T. Schwefel in 75 T. Schwefelnatrium im Wasserbade erwärmen, mit 10,6 T. Benzaldehyd unter Rückfluß 24 St. kochen, wenn die Schwefelwasserstoffentwicklung beendet ist, ansäuern, filtrieren, waschen, den Niederschlag mit Acetatlösung erwärmen, vom Schwefel filtrieren und im Filtrat mit Salzsäure das **Phenylthioglykol-o-carbonsäure-C-phenylthiazol** fällen. Sch.-P. 250°. 17,3 T. des Produktes mit 50 T. Essigsäureanhydrid und 1 T. wasserfreiem Acetat 2—3 St. auf 60° erwärmen, mit Wasser aufkochen, alkalisieren, filtrieren und im Filtrat das **Thionaphthen-Thiazolderivat** fällen oder zum Farbstoff oxydieren.

2246 **DRP. 81 711**
—
DRP. 72 173

Nitroprimulin $C_{21}H_{14}N_4O_2S_2 = 418.$

Wie [2240] aus 37,1 T. Primulinbase $C_{21}H_{15}S_2N_3$. — Brauner, amorpher Körper, der nur spurenweise löslich ist.

2247 **DRP. 61 204**

Ber. 22, 970
DRP. 47 102

Chrominbasen $C_{28}H_{18}N_4S_3 = 507$.

100 T. Dehydrothiotoluidin mit 27 T. Schwefel 8 St. auf 220°, schließlich auf 250° erhitzen. Nach 20 St. die harte Schmelze pulvern, mit Nitrobenzol auskochen, in dem die Base unlöslich ist. In Sprit ist sie spurenweise mit grünlicher Fluorescenz, in Schwefelsäure (66°) braungelb löslich, zersetzt sich bei 230°—250°. — Durch Alkylierung erhält man die **Alkylchrominbasen.** Z. B.: 1 T. des geschwefelten Produktes mit 2 T. Methylalkohol und 1/4 T. Salzsäure (21°) 10 St. auf 210°—220° erhitzen, den Methylalkohol abdestillieren, Rückstand mit Wasser auskochen, **Methyldehydrothiotoluidin** filtrieren, trocknen.

2248 **DRP. 294 084**

Ber. 49, 614; 1408

Methylen-2-sulfuryl-1-iminobenzol

NH, CH_2, SO_2 = $C_7H_7NO_2S = 169$.

20 T. Sulfazon [2031] mit 20—30 T. Ammoniak (20%) 4—5 St. im Autoklaven auf 160° erhitzen, das unter der Ammoniakflüssigkeit liegende Öl, wenn es zum Krystallkuchen erstarrt ist, ausgießen, zerrieben kurze Zeit mit verdünntem Ammoniak erwärmen und bis zum Erkalten rühren. Das unter Abspaltung von Ameisensäure entstehende **Sulfurylindoxyl** bildet farblose Krystalle vom Sch.-P. 86°.

11. Aziminobenzol

N 1 ········ I, II, III, IV, V, VI; N 2; N 3

2249 **DRP. 234 966**

Ber. 30, 986

5-Methyl-6-acetylimino-aziminobenzol

I. CH_3·CO·NH, CH_3, NH, N, N = $C_9H_{10}N_4O = 190$.

II. CH_3·CO·NH, CH_3, N—CO·CH_3, N, N

III. NH_2, CH_3, N—CH_2—C_6H_5, N, N

100 T. 2, 4-Diacetyldiamino-5-nitrotoluol [Ber. 3, 9 u. 219] in wässeriger Suspension mit 150 T. Eisen und 10 T. Eisessig reduzieren, den Eisenschlamm wiederholt mit Wasser auskochen, die Filtrate mit 50 T. gewöhnlicher Salzsäure versetzen, bei 0°—5° diazotieren, das abgeschiedene **Acetylaziminoacetyl-o-toluidin** (II) (Sch.-P. 222°—224°) filtrieren, neutral waschen, die Paste in 102 T. kalter Natronlauge (30%) lösen, wobei die Aziminoacetylgruppe abgespalten wird. Mit Salzsäure das **4, 5-Azimino-2-acetylamino-1-methylbenzol** (I) fällen (Sch.-P. 235°—237°). Seine Na-Verbindung gibt in wässeriger Lösung mit wenig überschüssigem Benzylchlorid bei 40°—50° gerührt **Benzylaziminoacetyl-o-toluidin.** Zur Verseifung mit gewöhnlicher Schwefelsäure kochen, vom Harz filtrieren und die Lösung mit Natronlauge fällen. Aus Xylol erhält man das **Benzylazimino-o-toluidin** als krystallinisches Pulver vom Sch.-P. 160°—163° (III). In essigsaurer oder schwach kongosaurer Lösung mit Nitrit behandelt entsteht ein roter Körper. Diazotierung findet nur in stark mineralsaurer Lösung statt.

2250 **DRP. 121 156**

II, IV-Dinitro-6-phenylimino-aziminobenzol

$= C_{12}H_8N_6O_4 = 300.$

Azimidonitrobenzol reduzieren, mit Dinitrochlorbenzol kondensieren. Gelbes, in Aceton und Eisessig leicht lösliches Pulver; Eisessiglösung bis zur Trübung mit Wasser versetzen und kalt die Krystalle filtrieren. Schmilzt unter Zersetzung bei 248°—249°. Aus alkalischen Lösungen aussalzbar.

2251 **DRP. 85 388**
E. P. 17 639/95
F. P. 250 460

5-Nitro-1-phenylaziminobenzol

$= C_{12}H_8N_4O_2 = 240.$

115 T. [1632] mit 500 T. Wasser zur feinen Paste rühren, eine Lösung von 35 T. Nitrit in 200 T. Wasser zugeben, unter guter Kühlung in 2500 T. Wasser + 250 T. Schwefelsäure (66°) einlaufen lassen. Filtrieren, neutralisieren, waschen, pressen. Aus Eisessig grünlichgelbe Nadeln, Sch.-P. 167°. Nicht identisch mit dem Produkte Ber. **21**, 1636, das bei 275° schmilzt. — Ebenso **5-Nitro-II-methyl-1-phenylaziminobenzol** aus Dinitrophenyltolylamin Ber. **15**, 1236. Aus Sprit oder 50-prozentiger Essigsäure gelbbraune Schüppchen vom Sch.-P. 115°. — Ferner **Dinitro-1-phenylaziminobenzol** aus 120 T. trockenem, gesiebtem Nitrophenylaziminobenzol. Bei 15°—20° in 1000 T. Schwefelsäure (66°) lösen, bei 6° langsam mit 120 T. Nitriersäure (26% Salpetersäure) nitrieren, Temperatur schließlich auf 10° steigern, auf Eis gießen, bis auf einen Gehalt von 1—2% Säure waschen. Aus Eisessig, Sch.-P. 190°.

2252 **DRP. 87 337**
Zusatz zu
DRP. 85 388

5-Nitro-IV-acetylimino-1-phenylaziminobenzol

$= C_{14}H_{11}N_5O_3 = 297.$

Wie [2251] aus 286 T. Nitro-amino-acetyliminodi-phenylamin mit 70 T. Nitrit in 400 T. Wasser. Dieses Gemenge bei 20°—25° einfließen lassen in 2000 T. Wasser + 300 T. Schwefelsäure (66°). Die rote Flüssigkeit wird gelb; das Azimid filtrieren, waschen. Aus Eisessig blaßgelbes Pulver, Sch.-P. über 250°. Gibt verseift **5-Nitro-IV-amino-1-phenylaziminobenzol** (kochen mit 3000 T. 20% Salzsäure, filtrieren, mit Soda neutralisieren, rotgelbe Flocken filtrieren, waschen). Aus Sprit oder Eisessig braunrote, glänzende Blätter vom Sch.-P. 212—213°.

2253 **DRP. 85 388**
E. P. 17 639/95
F. P. 250 460

5, IV-Diamino-1-phenylaziminobenzol

$= C_{12}H_{11}N_5 = 225.$

Rohprodukt [2250] in kochende Mischung von 280 T. Wasser und 280 T. Eisen eintragen, 6 St. rühren, mit Kalkmilch neutralisieren, Eisen- und Gipsrückstand mit Wasser auskochen, filtrieren, aus dem kalten Filtrat krystallisiert die Base aus. Aus Wasser weiße Nadeln, Sch.-P. 153°. In Benzol sehr schwer löslich.

2254 **DRP. 86 450**

Nitroaminodiphenylamin vom Sch.-P. 116° (erhaltbar aus unsym. Dinitrodiphenylamin durch alkalische Reduktion der der NH-Gruppe benachbarten NO_2-Gruppe nach Ber. **8**, 128 und **9**, 977) in Salzform mit salpetriger Säure behandeln. Das erhaltene Nitrophenylaziminobenzol vom Sch.-P. 167° in Schwefelsäure lösen, nitrieren, beide NO_2-Gruppen reduzieren, Diaminoaziminobase abscheiden, Sch.-P. 153°.

2255 **DRP. 87 337**
Zusatz zu
DRP. 85 388

Reduktion von [2252]. 300 T. Nitrok. mit 750 T. Zinnchlorür gelöst in 1000 T. Salzsäure; wenn die lebhafte Reaktion vorüber ist, einige Zeit erwärmen, kalt das ausfallende Zinndoppelsalz filtrieren, gelöst entzinnen, Lösung eindampfen. Das erhaltene Chlorhydrat schmilzt bei 153°.

2256 **DRP. 85 388**
E. P. 17 639/95
F. P. 250 460

5, IV-Dinitro-II-methyl-1-phenylaziminobenzol

$= C_{13}H_9N_5O_4 = 299.$

Wie [2250] aus Nitrotolylaziminobenzol [2251]. Aus Eisessig reinweiße Krystalle, $C_{13}H_9N_3(NO_2)_2$, Sch.-P. 201°. Gibt reduziert **5, IV-Diamino-II-methyl-1-phenylaziminobenzol.** Bildet aus Benzol weiße, harte Prismen vom Sch.-P. 155°.

2257 **DRP. 272 437**
DRP. 214 658

5-Amino-IV-oxy-1-phenylaziminobenzol-III-carbon-V-sulfosäure

$= C_{13}H_{10}N_4O_6S = 350.$

2, 4-Dinitrophenyl-p-aminosulfosalicylsäure partiell reduzieren, mit salpetriger Säure in die Nitroaziminoverbindung überführen, diese reduzieren.

2258 **DRP. 229 247**

IV-Methyl-1-phenylsulfuryl-3-phenylhydraziminobenzol-5-sulfosaures Natrium

$= C_{19}H_{16}N_3O_5S_2Na = 453,4.$

Einfließenlassen einer Lösung von Basen- (Anilin, Nitroanilin, Dianisidin) -Diazoverbindung in die neutrale oder schwach alkalische Lösung von p-Toluolsulfaminobenzol-p-sulfosäure (erhalten z. B. aus 19 T. p-Toluolsulfochlorid und 17 T. Sulfanilsäure) in 4000 T. Wasser. Das Produkt absaugen, waschen und trocknen. (Entwickler.)

Naphthalin.

I. Ein Naphthalinkern im Molekül.

1. Naphthalin mit einem Substituenten.

2259 **DRP. 123 746**

Jodnaphthalin (J) $= C_{10}H_7J = 254$.

Wie [3] mit 20 T. Naphthalin, 80 T. Benzin, 40 T. Jodschwefel, 201 T. Salpetersäure, 8—10 St. im Wasserbade erwärmen, Benzin abdampfen und das rötliche Öl mit Dampf übertreiben. Es entstehen neben etwas 1-Nitronaphthalin vorwiegend 1-Jodnaphthalin und etwas 2-Verbindung.

2260 **DRP. 259 363**

Lit. wie [59]

2-Naphthonitril (CN) $= C_{11}H_7N = 153$.

Wie [59] aus 2-Dinaphthylthioharnstoff. Ausbeute 75%, gibt verseift **2-Naphthoesäure** vom Sch.-P. 182°. — Über **Naphthalin-1-aldehyd** und **Naphthylessig-(fett-)-säuren** siehe J. pr. Chem. **1917**, 55.

2261 **DRP. 194 883**

Lit. wie [1120]

Nitronaphthalin (NO_2) $= C_{10}H_7NO_2 = 173$.

Wie [1120] neben 12% Nitronaphtholen. Reines 1-Nitronaphthalin aus dem Rohprodukt nach Z. angew. Chem. **1895**, 146 durch Scheidung mit Solventnaphtha.

2262 **DRP. 205 076**
E. P. 16 446/07
F. P. 379 985

1-Naphthylamin, reinigen (NH_2) $= C_{10}H_9N = 143$.

100 T. rohes 1-Naphthylamin mit 10 T. Xylol erwärmen, kalt zerkleinern, schleudern. Der Rückstand besteht aus reiner 1-Verbindung, **2-Naphthylamin** aus der abgeschleuderten Lösung mit Salzsäure extrahieren, als Sulfat fällen. Naphthalinreinigung: **DRP. 317 634.**

2263 **DRP. 117 471**
DRP. 121 683

Man erhält die Naphthylamine auch aus den Naphtholen durch Bildung der Naphtholester mit Sulfiten entsprechend den Gleichungen:

$$R \cdot OH + (NH_4)_2SO_3 = ROSO_2(NH_4) + NH_3 + H_2O;$$
$$R \cdot OH + MeSO_3H = ROSO_2Me + H_2O$$

und folgende Zerlegung der Phenolester durch Ammoniak in Amine und Sulfit im Sinne der Gleichung:

$$ROSO_2(NH_4) + 2\,NH_3 = RNH_2 + (NH_4)_2SO_3.$$

Es läßt sich so eine ganze Zahl Naphtholmono- und -disulfosäuren, auch Dioxynaphthaline und deren Sulfosäuren in die betreffenden Aminoderivate umwandeln. Man erhitzt z. B. 144 T. 2-Naphthol, 116 T. Ammonsulfit, 500 T. Wasser und 120 T. Ammoniak (20%) auf 100°—150° und filtriert kalt das ausgeschiedene 2-Naphthylamin ab. Nach dem Zus.-Pat. ersetzt man das Ammoniak durch Mono- und Dialkylamine und erhält so z. B. **Monomethylnaphthionsäure,** bzw. in der Benzolreihe **Dimethyl-m-aminophenol** aus Resorcin, Dimethylaminsulfitlösung und Dimethylaminlösung.

2264 **DRP. 79 861** — DRP. 69 636

1- und 2-Naphthylglycin

$C_{10}H_7\cdot NH\cdot CH_2\cdot COOH = C_{12}H_{11}NO_2 = 201.$

75 T. Monochloressigsäure in 150 T. Wasser lösen, kochend eine Lösung von 90 T. 1- bzw. 2-Naphthylamin in Essigsäure (50%) zugeben, eindampfen bis die Abscheidung beginnt (etwa 30 Min.), mit Natronlauge neutralisieren, stark verdünnen und kochen. Naphthylglycin geht in Lösung; vom Naphthylamin filtrieren (dieses wiedergewinnen), Filtrat mit konz. Salzsäure schwach ansäuern und das ausgefallene Glycin filtrieren und waschen. — Den **1-Naphthylglycinester** erhält man nach Ber. **25**, 2290.

2265 **DRP. 144 536** — Ber. **35**, 3333

Methylacetonitril-1-naphthylamin

$C_{10}H_7\cdot NH\cdot CH(CN)\cdot CH_3 = C_{13}H_{12}N_2 = 196.$

2 T. 1-Naphthylamin + 1 T. Aldehydcyanhydrin + etwas abs. Sprit im geschlossenen Gefäß 4—5 St. im Wasserbade erwärmen. Aus Sprit umkrystallisieren, Sch.-P. 104°—105°.

2266 **DRP. 84 138**

1-Naphthylhydroxylamin $C_{10}H_7\cdot NHOH = C_{10}H_9NO = 159.$

Wie [124]. Undeutliche, unbeständige Krystalle mit 1 aq. Vgl. die einfache Darstellungsweise nach Ber. **37**, 3055.

2267 **DRP. 227 659**

1-Nitrosonaphthylhydroxylamin-Ammonsalz

$C_{10}H_7\cdot N(NO)\cdot O\cdot NH_4 = C_{10}H_{11}N_3O_2 = 205.$

Wie [139] aus Sulfomonopersäurelösung, Amylnitrit und 1-Naphthylamin.

2268 **DRP. 242 614** — DRP. 113 980, DRP. 113 981

Isatin-1-naphthalide $C_{10}H_7\cdot N=C<(CO—, NH—)>C_6H_4 = C_{18}H_{12}N_2O = 272.$

Eine Benzollösung von 15 T. Isatinmethyläther [Ber. **15**, 2093] und eine kalt gesättigte Benzollösung von 1-Naphthylamin vereinigen, das abgeschiedene Naphthalid nach 12 St. filtrieren. Orangegelbe Krystalle der α,α-Verbindung vom Sch.-P. 246°. — Ebenso erhält man das **α-Isatin-β-naphthalid** in scharlachroten Krystallen vom Sch.-P. 208°. — Analog aus Dibromisatinäthyläther [Ber. **15**, 2099] das **α-Dibromisatin-α-** bzw. **-β-naphthalid,** braunviolette, bzw. schwarzblaue Krystalle vom Sch.-P. 223° bzw. 226°. Die Körper sind in Wasser und in Sprit gelb bis braun löslich. Spritlösung + Alkali = blau bis blaugrün. Kochende verdünnte Mineralsäuren verseifen; mit Schwefeldioxyd entstehen aus den α-Isatinnaphthaliden krystallinische Verbindungen.

2269 **DRP. 76 595** und **DRP. 74 879**

1-Naphthol $C_{10}H_7\cdot OH = C_{10}H_8O = 144.$

40 T. phosphorsaures 1-Naphthylamin mit 100—200 T. Wasser oder 150 T. Zinkchloridlösung (20%) oder der Lösung von 55 T. saurem Natriumsulfat in 150 T. Wasser 1—4 St. im Autoklaven auf 200° erhitzen.

2270 Anm. M. 46 173, Meyer u. Bergius Kl. 12 q, Lit. wie [143]

Wie [143] aus 1-Chlornaphthalin mit Natronlauge (10%) in 6 St. bei 280°—300°. Ansäuern und umkrystallisieren. Ausbeute 50—60%. Näheres Ber. **47**, 3160.

2271 **DRP. 281 175**

85 T. 1-Chlornaphthalin, 60 T. festes Ätzkali, 160 T. Methylalkohol 40 St. auf 210° erhitzen. Ausbeute 70%.

2272 **DRP. 216 596**

Ber. **33**, 1386; **33**, 1389; **39**, 14
Ann. **152**, 286

1- und 2-Naphtholnatrium = $C_{10}H_7ONa$ = 166.

150 T. 2-Naphthol in die fast kochende Lösung von 144 T. Natronlauge (30%) in 450 T. Wasser einrühren, 145 T. Kochsalz zugeben und die kalte Masse absaugen. In der Mutterlauge sind 6 T. Naphthol und Kochsalz, der Rückstand gibt im Vakuum entwässert neben 2—3% Salz reines 2-Naphtholnatrium. Zieht offen Wasser an und wird schmierig, daher gleich weiter auf Carbonsäure verarbeiten. — Ebenso 1-Naphtholnatrium.

2273 Anm. K. 2842, Kl. 22. 3. 4. 84 Kalle

2-Naphtholäthyläther OR = $C_{12}H_{12}O$ = 172.

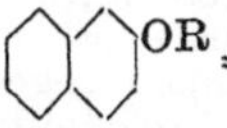

Aus 2-Naphthol, Sprit und Schwefelsäure. (Vgl. J.-Ber. 1870, 752.)

2274 **DRP. 35 788**

Ber. **21**, 260
Ann. **132**, 91
J. pr. **41**, 220; **93**, 277

Thio-1 (2)-naphthol(-sulfosäuren)

(SO_3H) SH = $C_{10}H_8S$ = 160.

100 T. 1- oder 2-Naphthol mit 22 T. Schwefel in 10—12 St. bei 170°—180° verschmelzen, bis Schwefelwasserstoffentwicklung beendet (bei Zusatz von 79 T. Bleiglätte schon in 4—5 St. bei 165°—175°). Oder durch Kochen einer alkalischen 2-Naphthollösung mit Schwefel. In heißer verdünnter Natronlauge lösen, filtrieren, mit Salzsäure fällen. Thio-1-naphthol aus Eisessig amorph, weiß, in Natronlauge gelb löslich, Lösung wird beim Stehen grün. Thio-2-naphthol aus Sprit, Prismen, Sch.-P. 214°. Löslichkeit wie bei der 1-Verbindung.

2275 **DRP. 50 077**

A.: 9 T. Schwefel in 7 T. Natronlauge + 40 T. Wasser lösen. Lösung im Autoklaven mit 36 T. saurem Natronsalz der Schäffer-Säure (2-Naphtholmonosulfosäure) 12 St. auf 200° erhitzen. Masse in 500 T. Wasser lösen, ansäuern, filtrieren, Filtrat aussalzen: Ockergelbe Krystalle des Natronsalzes. Aus Sprit rotgelbes, amorphes Pulver. — B.: 5,5 T. Schäffer-Salz (saures) in 15 T. Wasser und 4,8 T. Natronlauge (40°) lösen, kochen, 3,4 T. Schwefelblüte zugeben, einige Zeit sieden, verdünnen, kalt filtrieren, Filtrat aussalzen, krystallinisches Natronsalz durch Umlösen aus Wasser reinigen. — C.: Nach

2276 **Zus. DRP. 50 613**

wie B. aus 5,5 T. Natronsalz der Naphthionsäure (1-Naphtholsulfosäure) mit 2,5 T. Schwefel. Freie Säure nicht erhaltbar. Charakteristisches Barytsalz aus dünner, schwach saurer Natronsalzlösung durch Fällung mit Bariumsalz. Es ist trocken in Wasser völlig unlöslich. Mit Alkali gekocht oder unter Druck erhitzt erfolgt bei den Salzen der Thionaphtholsulfosäuren Abspaltung der Sulfogruppe unter Bildung von Thio-1-naphthol.

2277 **DRP. 194 040**

1- (2-) Naphthylthioglykolsäure

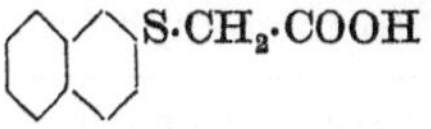

$S\cdot CH_2\cdot COOH$ = $C_{12}H_{10}O_2S$ = 218.

Wie [155] aus der Diazolösung von 14,3 T. 1- bzw. 2-Naphthylamin und 10 T. Thioglykolsäure. Weiße Nadeln.

2278 **DRP. 71 556**

1-Naphthalinsulfosäure SO_3H = $C_{10}H_8O_3S$ = 208.

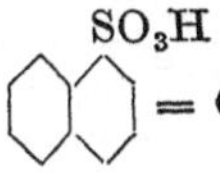

Wie [163]. Umsetzung nicht vollständig. — 2-Naphthalinsulfosäure nach Ber. **48**, 743: In 250 T. geschmolzenes Naphthalin bei 160° 400 T. nicht vorgewärmte Schwefelsäure (93,7%) langsam einfließen lassen, Sulfierung in 2000 T. Wasser gießen, auf 925 T. eindampfen; der kalt abgepreßte Krystallkuchen enthält 85% 2- und 15% 1-Naphthalinsulfosäure. 600 T. des Gemenges in 300 T. Wasser lösen, filtrieren, bei 70° 100 T. Salzsäure (1,19) zugeben, Krystallmasse abgepreßt im Vakuum über Ätznatron trocknen. (O. N. Witt.)

2279	**DRP. 50 411**	Feinstgesiebtes Naphthalin in die doppelte Menge 40° warme Schwefelsäure (66°) verrühren, so viel Oleum zufügen, daß auf 128 T. Naphthalin 80 T. Anhydrid kommen, bei 70° rühren.
2280	**DRP. 113 784**	100 T. Naphthalin und 150 T. Polysulfat ($NaH_3(SO_4)_2$) [**165**] 8—10 St. im Wasserbad erwärmen, in Wasser gießen, vom Naphthalin filtrieren. Filtrat wie [**165**] auf das Na-Salz verarbeiten. — Ebenso die 2-Naphthalinsulfosäure aus 100 T. Naphthalin und 120 T. Polysulfat bei 180°. Über 200° oder mit mehr Polysulfat entstehen Gemenge.
2281	**DRP. 255 724** A. P. 1 055 103 E. P. 28 173/11 F. P. 438 737 — Ber. **26**, 3028	Durch Abspaltung von Sulfogruppen aus Naphthalinpolysulfosäuren mittels elektrolytisch erzeugtem Amalgam in besonderer Apparatur. — Ebenso **Benzolsulfosäuren.** — Ferner durch Ersatz von SO_3H-Gruppen gegen Wasserstoff beim Kochen von Naphthalinsulfosäuren mit Zinkstaub in wässeriger Lösung nach [**2591**].

2. Naphthalin mit zwei Substituenten.

a) Hal.—(C, N, O, S).

2282	**DRP. 234 912** — Eingehende Literaturangaben im Original	**Dichlornapthaline** $C_{10}H_6\}$Cl, Cl $= C_{10}H_6Cl_2 = 197.$ Chlorierung bei minus 10°—0° bei Gegenwart eines Überträgers. — Z. B.: 3840 T. Naphthalin, 80 T. sublimiertes Eisenchlorid, 6000 T. Tetrachlorkohlenstoff und 4250 T. Chlor. Vom Überträger filtrieren, im Vakuum fraktioniert destillieren und die Fraktion 170°—190° (40 mm) fraktioniert krystallisieren.
2283	**DRP. 286 489**	**1, 4-Dichlornaphthalin:** 6 T. Naphthalin mit 13 T. Sulfurylchlorid 8—10 St. auf 140°—160° erhitzen, mit Wasser zersetzen, Produkt mit überhitztem Dampf übertreiben. Aus Sprit Krystalle, Ausbeute 70%.
2284	**DRP. 99 758**	**1, 8-Chlornitronaphthalin** (O_2N, Cl) $= C_{10}H_6NO_2Cl = 207.$ 100 T. 1-Nitronaphthalin im Gemenge mit 2 T. Eisenchlorid bei 40°—60° bis zur Gewichtszunahme von 22 T. mit Chlor behandeln, das Gemenge des 1, 8- und 1, 5-Derivates auf Grund der verschiedenen Erstarrungspunkte, bzw. der verschiedenen Löslichkeit der Produkte trennen. So krystallisiert z. B. mit Xylol oder Alkohol nur die 1, 8-Verbindung aus, während **1, 5-Chlornitronaphthalin** in der Mutterlauge bleibt.
2285	**DRP. 120 585**	**1, 5-Chlornitronaphthalin:** 10 T. 1-Chlornaphthalin mit 15 T. Mischsäure bei 30°—35° nitrieren, Produkt abschleudern, waschen, in 78 T. Alkohol lösen und mit 42 T. Ammoniak (33%) 8 St. auf 170°—180° erhitzen. Das beim Verdünnen mit Wasser ausfallende Krystallgemisch, bestehend aus 1, 4-Nitronaphthylamin, 1, 5- und 1, 8-Chlornitronaphthalin mit Tetrachlorkohlenstoff oder Ligroin digerieren, wobei 1, 5- und die geringen Mengen 1, 8-Chlornitronaphthalin in Lösung gehen. Nach Abdestillieren des Lösungsmittels krystallisiert man zur Gewinnung des reinen 1, 5-Derivates aus Sprit um. — Siehe auch **DRP. 317 755.**
2286	**DRP. 147 852**	**1, 8-Chlornaphthylamin:** Das Azimid aus 10 T. 1, 8-Naphthylendiamin feucht mit 40 T. Salzsäure (1,16) zum Brei verrühren, bis zur Sättigung Chlorwasserstoffgas einleiten und bei 30° allmählich eine Kupferpaste (25% Kupfer enthaltend) zurühren. Wenn die Gasentwicklung beendet ist, kalt absaugen, in kochendem Wasser lösen, mit Schwefelwasserstoff das Kupfer entfernen, Filtrat zur Krystallisation eindampfen; aus heißem Ligroin Nadeln vom Sch.-P. 98°.

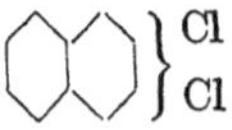

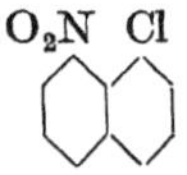

2287 **DRP. 227 659**

8-Chlor-1-nitrosonaphthylhydroxylamin

$= C_{10}H_7N_2O_2Cl = 222.$

Wie [139] aus 8-Chlor-1-naphthylamin.

2288 **DRP. 167 458**
A. P. 778 477
Ann. **247**, 366; **275**, 255
Ber. **15**, 312; **16**, 749; **21**, 891

Monochlor-1-naphthol $= C_{10}H_7OCl = 178.$

144 T. 1-Naphthol + 120 T. Natronlauge (40°) in 1—1½ T. Wasser lösen, bei 0° 1000 T. Hypochloritlösung (7,5%) und überschüssige Natronlauge zugeben, rühren, nach kurzer Zeit ansäuern, das ausgefallene Öl nach dem Erstarren filtrieren, im Vakuum oder mit überhitztem Dampf destillieren. Aus Ligroin weiße Nadeln, Sch.-P. 64°—65°, stechender Geruch, sehr leicht löslich, gibt mit p-Diaminen zusammenoxydiert Indophenole. Nach

Zus. DRP. 168 824 ist das Verfahren auch auf 2-Naphthol anwendbar.

2289 **DRP. 240 038**
DRP. 80 888
Ber. **27**, 3459; **28**, 3049; **21**, 3385; **30**, 2377

30,8 T. **1-p-Toluolsulfoxynaphthalin** (Kochen von p-Toluolsulfochlorid und 1-Naphtholnatrium in Spritlösung; aus Sprit farblose Nadeln vom Sch.-P. 83°—84°) in 150—200 T. Tetrachlorkohlenstoff lösen, einen Halogenüberträger zusetzen, berechnete Chlormenge einleiten, Lösungsmittel abdestillieren, Rückstand mit verdünntem Sprit und der berechneten Menge Natronlauge kochen, Sprit abdampfen, verdünnen und filtrieren. Sch.-P. des **4-Chlor-1-oxynaphthalins** 116°. Nach

2290 Anm. F. 29 600, Kl. 12q. 9. 2. 11 Höchst — behandelt man zu demselben Zwecke 1-Naphthol mit Sulfurylchlorid in molekularen Mengen, nach

2291 Anm. K. 45 914, Kl. 12q. 2. 2. 11 Kalle — chloriert man 1-Oxynaphthalin-2-carbonsäure in Eisessig- oder Methylalkohollösung und spaltet aus der erhaltenen **4-Chlor-1-oxynaphthalin-2-carbonsäure** die Carboxylgruppe durch Kochen mit Anilin ab.

2292 **DRP. 76 396**

1, 6- und 1, 7-Chlornaphthalinsulfosäure

$= C_{10}H_7ClO_3S = 242.$

Gleiche Teile 1-Chlornaphthalin und Schwefelsäure (66°) mehrere Stunden auf 160° bis 170° erwärmen. Aus dem Gemenge die Alkalisalze der beiden Sulfosäuren durch fraktionierte Krystallisation trennen.

2293 **DRP. 101 349**
DRP. 103 983

Chlornaphthalinsulfosäure: Man erhält ein Gemenge von 1-Chlor-6- und 7-naphthalinsulfosäure durch Mischen der Lösung von 36 T. β-naphthalinsulfosaurem Natrium in 400 T. Wasser mit 15 T. der Lösung von unterchlorigsaurem Natrium (7,5%) und 66 T. Salzsäure (1,085) nach mehrstündigem Stehen. Das Gemenge der Natriumsalze wird ausgesalzen. — Ebenso auch **1-Chlornaphthalin-5-sulfosäure**, die ein bei 226° schmelzendes krystallisierendes Sulfamid liefert.

b) C—(C, N, O, S).

2294 **DRP. 301 079** — Ann. 211, 365; Ber. 32, 2429

Dimethylnaphthaline $C_{10}H_6(CH_3)_2 = C_{12}H_{12} = 156.$

Gewinnung des **1, 6-, 2, 6-** und **2, 7-Dimethylnaphthalins** aus der zwischen 262°—268° siedenden Teerölfraktion mit Schwefelsäure.

2295 **DRP. 132 431**

Aminonaphthylmethansulfosäure $C_{10}H_6(CH_2\cdot SO_3H)(NH_2) = C_{11}H_{11}NO_3 = 205.$

Die [2303] aus 2-Naphthol durch Einwirkung von neutralem Natriumsulfit und Formaldehyd gewonnene **2-Oxy-1-naphthylmethansulfosäure** [2263] in wässeriger Lösung mit 90% des Ausgangsmateriales Ammoniak (20%) versetzen, bis zur Neutralisation schweflige Säure einleiten, weiter 70% Ammoniak hinzufügen, 8 St. unter Druck auf 150°—160° erhitzen, den etwas verdünnten Brei nach Verjagen des Ammoniaks heiß filtrieren, mit Salzsäure fällen. Zur Reinigung in alkalischem Wasser lösen und abermals ausfällen.

2296 **DRP. 92 995**

Aminonaphthonitrile und **Aminonaphthoesäuren**

$C_{10}H_6(NH_2)(CN) = C_{11}H_8N_2 = 169.$

Man erhält die 1, 5-, 1, 6-, 1, 7- und 2, 7-Derivate aus den betreffenden naphthylaminsulfosauren Salzen durch Destillation mit Cyankalium. Die Nitrile gehen als gelbe, leicht erstarrende Öle über und werden durch Umkrystallisieren aus Sprit gereinigt.

2297 **DRP. 103 578** — F. P. 280 514 und Zus.

1-Amino-4-naphthaldehyd $C_{10}H_6(NH_2)(CHO) = C_{11}H_9NO = 171.$

Gemenge von 600 T. Lösung Sulfo-p-toluylhydroxylamin [323] + 22,5 T. Formaldehyd (40%) einfließen lassen in eine lauwarme Lösung von 40 T. 1-Naphthylamin in 2000 T. Wasser + 50 T. Salzsäure. Es bildet sich ein gelber Niederschlag, der sich innerhalb 24 St. rotbraun färbt. Filtrieren, waschen und nach [323] zerlegen. Der Aldehyd in polymerer Form ist ein in Wasser unlösliches, amorphes, bräunlichgelbes Pulver, das in Sprit schwer, in Benzol oder Äther leicht löslich ist.

2298 **DRP. 103 578** — F. P. 280 514 und Zus.

1-Äthyl-(Phenyl-)amino-4-naphthaldehyd

$C_{10}H_6(NH\cdot C_2H_5)(CHO) = C_{13}H_{13}NO = 199.$

Wie [323]. Braunes bzw. hellgelbes, amorphes Pulver, das in Sprit und Äther wenig, in Benzol besser löslich ist.

2299 **DRP. 56 971**

1- und 2-Naphthylaminketon $C_{10}H_6(NH_2)(CO\cdot CH_3) = C_{12}H_{11}NO = 185.$

Wie [347] aus 8 T. Acetyl-2-naphthylamin, 10 T. Eisessig und 8 T. sirupöser Phosphorsäure. 38 St. unter Rückfluß erhitzen. Produkt 20 Min. mit Salzsäure kochen, die Base mit Alkali fällen.

2300 Anm. M. 10 390 Kl. 22. 2. 1. 94 Möhlau — Ber. 26, 3067; 28, 3101

2-Aminonaphthalin-3-carbonsäure $C_{10}H_6(NH_2)(COOH) = C_{11}H_9NO_2 = 187.$

2, 3-Oxynaphthoesäure mit wässerigem Ammoniak unter Druck auf 260°—280° erhitzen. Aus wässerigem Sprit gelbe Krystalle vom Sch.-P. 211°—212°, in Alkohol und Äther gelb mit grüner Fluorescenz löslich.

2301 **DRP. 161 450** — Ann. 318, 253

1-Methyl-2-naphthol $C_{10}H_6(CH_3)(OH) = C_{11}H_{10}O = 158.$

2 T. **Dinaphtholmethan** (aus 2-Naphthol und Formaldehyd) in 40 T. Natronlauge (5%) lösen, mit $2^1/_2$ T. Zinkstaub 8 St. kochen, die Lösung (Gemenge von 2-Naphthol

und Methylnaphthol) mit Formaldehyd einige Stunden stehenlassen, wobei das Naphthol zu Dinaphtholmethan regeneriert wird, das Filtrat mit Salzsäure fällen, den Niederschlag mit Wasser auskochen und filtrieren. Aus dem Filtrat krystallisiert kalt Methylnaphthol vom Sch.-P. 112° aus, das aus ihm mit Benzoylchlorid erhaltene **Benzoylmethylnaphthol** krystallisiert aus Sprit, Sch.-P. 117°, der Äthyläther schmilzt bei 52°. — Die Regeneration und das Kochen mit Zinkstaub viermal wiederholt gibt 90% Ausbeute an Methylnaphthol.

2302 **DRP. 268 099**

Lit. wie [865]

1-Allyl-2-naphthol

$C_{10}H_7 \cdot O \cdot CH_2 \cdot CH:CH_2 \rightarrow$ (1-$CH_2 \cdot CH:CH_2$, 2-OH)-Naphthalin $= C_{13}H_{12}O = 178.$

o- und p-freie Oxyallylphenole auf höhere Temperaturen erhitzen. So gibt z. B. **2-Naphtholallyläther** (erhalten aus Naphtholkali und Allylbromid in Acetonlösung), auf 210° erhitzt, bis eine Probe in verdünnter Lauge klar löslich ist, 1, 2-Allylnaphthol, das bei 55° schmilzt (aus Benzin) und unter 12 mm Druck bei 177°—178° siedet. — Ebenso entsteht aus Guajacolallyläther bei 230° **o-Eugenol.** Ähnlich wie die Allylgruppe verhalten sich der Vinyl- und Diallylcarbinolrest.

2303 **DRP. 87 335**

DRP. 92 309
DRP. 150 313
DRP. 257 835

2-Oxynaphthylmethansulfosäure (1-$CH_2 \cdot SO_3H$, 2-OH)-Naphthalin $= C_{11}H_{10}O_4S = 238.$

72 T. 2-Naphthol ($^1/_2$ Mol.) in 500 T. Wasser spusendieren, + konz. wässerige Lösung von 125 T. ($^1/_2$ Mol.) Na-Sulfit, weiter + 38 T. ($^1/_2$ Mol.) Formaldehyd (40%). Die sofort entstandene Lösung 6—7 St. auf dem Wasserbade erwärmen, mit Essigsäure die Sulfosäure zum Teil ausfällen, Rest aussalzen. Aus kochendem Wasser umkrystallisieren, mit Sprit auskochen: Weiße Krystallblätter, in Sprit fast unlöslich, das Ba-Salz ist leicht in Wasser löslich. Na-Salz + Eisenchlorid zeigt tiefgrünblaue Färbung. Derselbe Ansatz mit 1-Naphthol, jedoch 8—10 St. im Autoklaven auf 100° erwärmen, kalt filtrieren, + Schwefelsäure, bis SO_2-Geruch auftritt, mit Kaliumchlorid sättigen, feine Nädelchen der 1-Oxynaphthylmethylsulfosäure filtrieren. Gibt kein Ba-Salz. Mit Eisenchlorid grüne Färbung.

2304 **DRP. 105 798**

F. P. 283 920

1- und 2-Naphtholaldehyd (1-CHO, 2-OH)-Naphthalin $= C_{11}H_8O_2 = 172.$

Wie [463]: Nitrobenzol sulfieren, in 250 T. Wasser eintragen, 8 T. Formaldehyd (38%), dann eine Lösung von 14 T. 1- bzw. 2-Naphthol in 1000 T. Wasser + 13 T. Natronlauge (40°) und 25 T. Gußeisenspäne zugeben. Wenn die tiefgelbe Lösung nach etwa 4—5 St. nicht mehr kongosauer ist, Acetat zugeben und filtrieren, das Filtrat sofort stark verdünnen und mit Salzsäure fällen. Über die Bisulfitverbindung reinigen. Sch.-P. 150° bis 151°.

2305 **DRP. 209 910**

Ber. 41, 1035
M. f. Ch. 1908, 123
1909, 49

Durch alkalische Spaltung der indigoiden Farbstoffe aus Naphtholen oder Resorcin und α-Isatinanilid.

$C_{10}H_6(=O)C=C\langle{}^{CO-}_{NH-}\rangle C_6H_4 \rightarrow C_{10}H_6(ONa)C-C(OH)\langle{}^{CO-}_{NH-}\rangle C_6H_4 \rightarrow$ (1-OH, 2-CHO)-Naphthalin + Anthranilsäure

Z. B.: 1 T. Farbstoff aus 1-Naphthol und α-Isatinanilid mit 10 T. Natronlauge (10%) erwärmen, bis die Lösung hellgelb ist. Kalt krystallisiert aus der konz. Lösung 1-Oxy-2-naphthaldehyd aus. Zur Isolierung ansäuern und mit Dampf die anderen Stoffe übertreiben, oder aus der alkalischen Lösung mit Kochsalz das Aldehyd-Na-Salz aussalzen. Aus Sprit umkrystallisieren, Sch.-P. 60°. — Ebenso **1-Oxy-4-methoxy-2-naphthaldehyd** (gelbe Nadeln vom Sch.-P. 100°) und **1-Oxy-2-chlor-4-naphthaldehyd** (Sch.-P. 210° unter Zersetzung), ersterer aus 4-Methoxy-1-naphthol, letzterer aus 2-Chlor-1-naphthol.

2306 **DRP. 70 718**

Ber. 25, 3531

Oxynaphthylmethylketon (1-OH, 2-$COCH_3$)-Naphthalin $= C_{12}H_{10}O_2 = 186.$

Wie [470, 635] durch Verseifung des Acetyl-1-naphtholäthyläthers mit Aluminiumchlorid. Aus Ligroin hellgelbe Nadeln, Sch.-P. 98°.

2307 **DRP. 31 240** und
2308 **Zus. DRP. 38 052**
A. P. 350 468
F. P. 176 861
Ber. 20, 1274; 20, 2701
DRP. 22 707

Oxynaphthalincarbonsäuren (OH, COOH) $= C_{11}H_8O_3 = 188$.

2-Naphthol bei etwa 130° mit Kohlensäure behandeln. Die **2-Oxynaphthalin-1-carbonsäure** ist sehr zersetzlich, schmilzt langsam erhitzt unter Kohlensäureentwicklung bei 126°, rasch erhitzt bei 157°. Die wässerige Lösung der Säure wird mit Eisenchlorid tiefschwarzviolett. Identisch mit jener, die aus 2-Oxynaphthaldehyd bei vorsichtigem Verschmelzen mit wenig Ätzkali entsteht. — Ebenso erhält man nach der Salicylsäuresynthese auch **1-Oxynaphthalin-2-carbonsäure.** Sie bildet farblose, in Wasser unlösliche Nadeln vom Sch.-P. 185°—188°, deren wässerige Lösung mit Eisenchlorid intensiv blau wird. Ebenso reagiert die **2-Oxynaphthalin-3-carbonsäure,** die man nach

2309 **DRP. 50 341**
A. P. 410 295
F. P. 198 811

ebenfalls aus 2-Naphthol und Kohlensäure bei 200° erhält. Sie bildet aus Wasser umkrystallisiert gelbe Blättchen vom Sch.-P. 216°.

2310 **DRP. 87 900**

2-Naphthol-3-carbonsäure (Sch.-P. 216°) oder **2-Naphthol-6- bzw. -7-carbonsäure** entstehen aus den entsprechenden Naphthylaminsulfosäuren durch Überführung in die Cyannaphthalinsulfosäuren, Verseifen und Verschmelzen der erhaltenen Naphthalinsulfocarbonsäuren mit Alkalien.

2311 **DRP. 105 200**
Lit. wie [2147]

2-Naphthoxylessigsäure-3-carbonsäurediäthylester

(O·CH$_2$·COOR, COOR) $= C_{17}H_{18}O_5 = 302$.

Durch Umsetzung der Natriumverbindung des 2-Oxynaphthoesäureesters mit Chloressigester. Farblose Nadeln, Sch.-P. 70°.

2312 **DRP. 295 183**
C.Bl. 1909, II, 1239

2, 3-Oxynaphthoesäureamidderivate

(OH, CO·NR$_2$) $= C_{13}H_{17}NO_2 = 219$.

229 T. Acetyl-2, 3-oxynaphthoesäure auf 200°—220° erhitzen, nach Beendigung der Essigsäureabspaltung und der erzielten Gewichtsabnahme von 60 T. die glasige Masse (Anhydrid) in überschüssigem Ammoniak bzw. 5 T. Anilin lösen, das überschüssige Anilin mit verdünnter Salzsäure entfernen und das erhaltene **2, 3-Oxynaphthoesäureanilid** vom unveränderten Ausgangsmaterial trennen. — Ebenso erhält man aus dem Anhydrid und Diäthylamin bei gewöhnlicher Temperatur in 24 St. das **2, 3-Oxynaphthoesäurediäthylamin** vom Sch.-P. 180°. Statt von der Acetylverbindung kann man zur Gewinnung des 2, 3-Oxynaphthoesäureanhydrides auch von der Benzoyl-2, 3-oxynaphthoesäure ausgehen und diese im Vakuum auf 230° erhitzen, solange Benzoesäure entweicht.

2313 **DRP. 240 118**
Ann. 288, 1

Naphthyl-2-thioglykol-3-carbonsäure

(S·CH$_2$·COOH, COOH) $= C_{13}H_{10}O_4S = 256$.

Wie [**2453**] aus 2-Amino-3-naphthoesäure [**521**] durch Diazotieren, Umkochen mit Polysulfid, Behandlung mit Chloressigsäure. Aus Methylalkohol hellgelbes Pulver vom Sch.-P. 275°—276°.

c) N—N.

2314 **DRP. 50 822** — DRP. 62 179

Nitrosodimethyl- und -diäthyl-1-naphthylamin

$N(CH_3)_2$ / NO $= C_{12}H_{12}N_2O = 200.$

Durch Nitrosierung des Dimethylnaphthylamins mit Nitrit in salzsaurer Lösung nach Ber. 21, 3123.

2315 **DRP. 96 227**

Dinitronaphthalin NO_2 / NO_2 $= C_{10}H_6N_2O_4 = 218.$

52 T. 1-Nitronaphthalin in 600 T. Schwefelsäure gelöst unter 0° mit 75 T. Nitriersäure (25,5%) nitrieren, nach einigen Stunden in Wasser gießen, Produkt durch Umkrystallisieren aus 70° warmem Sprit von zugleich gebildetem **1, 8-Dinitronaphthalin** befreien.

2316 **DRP. 57 491** **DRP. 58 227**

Nitro-1 (2-)naphthylamine $\left.\right\}{NH_2 \atop NO_2} = C_{10}H_8N_2O_2 = 188.$

10 T. β-Naphthylaminnitrat allmählich in 40 T. auf 0° abgekühltes Monohydrat eintragen, das abgespaltene Wasser fortschreitend mit zusammen 20 T. Oleum (20%) binden, die Sulfierung stark verdünnt heiß vom Harz filtrieren, das kalt auskrystallisierende Nitro-2-naphthylamin vom Sch.-P. 143° filtrieren, Lösung mit Kalkmilch neutralisieren, vom Gips filtrieren, mit Natronlauge die freie Base vom Sch.-P. 105° fällen. — 1-Nitro-1-naphthylamin erhält man durch Nitrieren von 1-Naphthyloxaminsäure mit der sechsfachen Menge konz. Salpetersäure (1,36) bei 30°—40°. Verdünnen, die **Nitro-1-naphthyloxaminsäure** filtrieren und verseifen.

2317 **DRP. 117 006**

1-Nitro-4-äthylaminonaphthalin NO_2 / $NH\cdot C_2H_5$ $= C_{12}H_{12}N_2O_2 = 216.$

10 T. 1, 4-Chlornitronaphthalin in 50 T. Alkohol gelöst mit 25 T. Äthylaminlösung (33%) unter Druck 6—8 St. auf 180° erhitzen. Dunkelrote, blau fluorescierende Nadeln vom Sch.-P. 176°—177°.

2318 **DRP. 89 061**

Diaminonaphthaline $\left.\right\}{NH_2 \atop NH_2} = C_{10}H_{10}N_2 = 158.$

1, 3-Diaminonaphthalin: 155 T. 1-Aminonaphthalin-3-sulfosäure oder 1-Oxynaphthalin-3-sulfosäure mit 20 T. Natronlauge (40° Bé), 75 T. Salmiak und 200 T. Ammoniak (22%) unter Druck 8—20 St. auf 160°—180° erhitzen. Weiße Blättchen vom Sch.-P. 96°. Wässerige Lösung der Base wird mit Eisenchlorid dunkelbraun. Ferner erhaltbar nach Ber. 20, 973 und 28, 1953.

2319	**DRP. 74 177** Anm. D. 6503 Kl. 12. 1. 9. 94 Dahl	**1, 4-Diaminonaphthalin:** Erhaltbar durch Abspaltung der Sulfogruppe aus der 1, 4-Diaminonaphthalin-6-sulfosäure oder nach durch Reduktion des Nitroacet-1-naphthylamins (Ber. **6**, 947) mit Zinn und Salzsäure. Weiße, luftempfindliche, brennend schmeckende Nadeln vom Sch.-P. 120°. Im Wasserstoffstrom destillierbar.
2320	**DRP. 45 549** — Ann. 247, 360 Ch.Ztg.**1912**, 1021	**1, 5-Diaminonaphthalin:** 1, 5-Dioxynaphthalin mit wässerigem Ammoniak unter Druck auf 300° erhitzen. Weiße bis rötliche Nadeln vom Sch.-P. 190°. Die wässerige Lösung der Base wird mit Eisenchlorid zunächst stark blauviolett, dann erfolgt Fällung.

2321 **DRP. 45 788**

1, 6-Diaminonaphthalin: Nach Ann. **247**, 263 aus 1, 6-Dioxynaphthalin mit Ammoniak unter Druck. Oder nach Ber. **25**, 2080 durch Reduktion des **1-Nitro-6-aminonaphthalins,** das selbst als Hauptprodukt bei der Nitrierung von 2-Naphthylamin in Schwefelsäure (66°) entsteht. Weiße Nadeln, Sch.-P. 77,5°. Die wässerige Lösung fluoresciert blau, Eisenchlorid oder Chlorkalk erzeugen dunkelviolettbraune Färbungen. — **1, 7-Diaminonaphthalin** gewinnt man nach Ber. **25**, 2082, vgl. Ber. **23**, 2546; **1, 8-Diaminonaphthalin** nach Ann. **247**, 263 aus 1, 8-Dioxynaphthalin und Ammoniak unter Druck.

2322 **DRP. 73 076** — Ber. 27, 764

2, 3-Diaminonaphthalin: 2, 3-Dioxynaphthalin mit Ammoniak unter Druck auf hohe Temperaturen erhitzen. Grauweiße Blättchen vom Sch.-P. 191°. Oxydationsmittel erzeugen in der wässerigen Lösung der Base braune Niederschläge. — Liefert nach Ber. 38, 266 mit 2 Mol. Benzaldehyd

$$C_{10}H_6\langle{NH\cdot N = CH\cdot C_6H_5 \atop NH\cdot N = CH\cdot C_6H_5},$$

mit einem 3. Mol. Glyoxalinderivate der Zusammensetzung

$$C_{10}H_6\langle{N - N:CH\cdot C_6H_5 \atop {\rangle CH\cdot C_6H_5 \atop N - N:CH\cdot C_6H_5}}.$$

2323 **DRP. 57 023**

2, 6-Diaminonaphthalin: 2-Aminonaphthalin-8-sulfosäure in schwefelsaurer Lösung nitrieren, die erhaltene Nitroaminosulfosäure reduzieren und die Sulfogruppe abspalten. Oder nach

2324 **DRP. 45 788** — Ber. 26, 3033

aus 2, 6-Dioxynaphthalin mit Ammoniak unter Druck. Krystallisiert aus Wasser in farblosen Blättchen vom Sch.-P. 216°—218°. Eisenchlorid färbt in der Kälte grün, beim Erwärmen blau.

2325 **DRP. 45 788**

2, 7-Diaminonaphthalin: Aus 2, 7-Dioxynaphthalin mit Ammoniak unter Druck, oder mit Chlorcalciumammoniak nach Ber. 22, 1384 bei 260°—270°. — Die **Alkyldiaminonaphthylamine: Äthyl-1, 4-diaminonaphthalin** erhält man nach Ann. 243, 312 durch Reduktion des 4-Nitroso-1-äthylnaphthylamins. — **4-Amino-1-dimethylnaphthylamin** gewinnt man nach Ber. 21, 3124 durch Reduktion des Nitrosodimethyl-1-naphthylamins. Vgl. Ber. 24, 2470.

2326 Anm. D. 6503, Kl. 12; 26. 11. 94, Dahl

2-(4-) Amino-1-acetyliminonaphthalin (1-NH·CO·CH$_3$, 2- bzw. 4-NH_2) $= C_{12}H_{12}N_2O = 200$.

1-Acetyliminonaphthalin mit der 3-fachen erforderlichen Menge Salpetersäure (30 bis 60%) unter 10° nitrieren, das Gemisch der zwei isomeren Nitroderivate reduzieren und mit $^1/_2$ Mol. Schwefelsäure das 4-Amino-1-acetyliminonaphthalin oder mit 1 Mol. Salzsäure das 2-Amino-1-acetyliminonaphthalin fällen.

2327 **DRP. 289 290**

1, 5-Diaminonaphthalin-Pyrazolonderivate (N·Pyraz. / N·Pyraz.)

Wie [1212] aus diazotiertem 1, 5-Diaminonaphthalin über das Hydrazin. Das erhaltene Dipyrazolon schmilzt unter Zersetzung bei 268°.

2328 **DRP. 74 391** — E. P. 11 046/91

1-Naphthochinondichlordiimid (NCl / NCl) $= C_{10}H_6N_2Cl_2 = 225$.

0° kalte Lösungen von 230 T. 1, 4-Naphthylendiaminchlorhydrat in 6000 T. Wasser und von unterchlorigsaurem Salz (220 T. wirksames Chlor) vereinigen, den weißen Niederschlag filtrieren, waschen, trocknen. Aus Benzol lange, blaßgelbe Nadeln, Sch.-P. 142° bis 143°. In konz. Schwefelsäure rotbraun löslich, mit Wasser unverändert fällbar. In Wasser unlöslich. Vgl.

2329 **DRP. 84 504** Oxydation des 1, 4-Naphthylendiamins mit Chlorkalk.

d) N—O.

2330	**DRP. 25 469** — Ber. 8, 1023; 18, 704; 21, 391	**1-Nitroso-2-naphthol** (1-NO, 2-OH) $= C_{10}H_7NO_2 = 173$. Wie [573] aus 20 T. Zinksulfat, 4,8 T. Na-Nitrit, 200 T. Wasser und 10 T. feinverteiltem 2-Naphthol bei 60°—70°.
2331	**DRP. 116 790**	**1-Nitro-2-naphthol** (1-NO_2, 2-OH) $= C_{10}H_7NO_3 = 189$. Wie [577] aus 1-Nitronaphthalin.
2332	**DRP. 117 731**	**1, 4-Nitronaphthol:** 10 T. Chlornitronaphthalin mit 10 T. Soda, 50 T. Alkohol und 150 T. Wasser 20 St. unter Druck auf 150°—155° erhitzen, vom Harz filtrieren, Filtrat mit Säure fällen. — **1, 4-Nitronaphtholäthyläther:** Die konzentrierte wässerige Lösung von 1,9 T. Ätznatron in die kochende Lösung von 1, 4-Chlornitronaphthalin in 50 T. Alkohol eintropfen lassen, $^1/_2$ St. kochen, Sprit abdestillieren und das Produkt aus Alkohol umkrystallisieren. — Ebenso **1, 4-Nitronaphtholmethyläther** vom Sch.-P. 85°—86°.
2333	Anm. C. 2883, Kl. 22. 26. 3. 89 Cassella A. P. 421 640 F. P. 198 074/75	**Nitro-1- und 2-naphtholäthyläther** (OR, NO_2) $= C_{12}H_{11}NO_3 = 215$. 17,2 T. 1- bzw. 2-Naphtholäthyläther bei 30°—40° in 50 T. Salpetersäure (40°) eintragen, filtrieren, waschen. Man erhält das Gemenge zweier Isomeren: Eine größere Menge vom Sch.-P. 105° und eine kleinere Menge vom Sch.-P. 80°. Eine Trennung ist nicht immer nötig. — Ebenso: **Nitro-2-naphtholmethyläther,** Sch.-P. 127°, **Nitro-2-naphtholamyläther,** Sch.-P. 58°, und **Nitro-2-naphtholbenzyläther,** Sch.-P. 141°.
2334	**DRP. 30 889** und **DRP. 55 059** — Ber. 25, 2079 28, 1952	**Aminooxynaphthaline** (NH_2, OH) $= C_{10}H_9NO = 159$. **1-Amino-3-oxynaphthalin:** 1-Aminonaphthalin-3-sulfosäure bei 250°—260° mit Ätzalkali verschmelzen. Sch.-P. 185° unter Schwarzfärbung. Die wässerigen Salzlösungen werden mit Eisenchlorid braun gefärbt. Die alkalischen Lösungen sind luftempfindlich.
2335	**DRP. 49 448**	**1-Amino-5-oxynaphthalin:** 1-Aminonaphthalin-5-sulfosäure mit Ätznatron bei 250° verschmelzen. Die Lösung des salzsauren Salzes gibt mit Chromat einen braunschwarzen Niederschlag.
2336	**DRP. 69 458** — Ber. 25, 2082	**1-Amino-6-oxynaphthalin:** 1-Aminonaphthalin-7-sulfosäure mit Ätzalkalien bei 250° verschmelzen. Farblose Krystalle vom Sch.-P. 206°, sublimierbar, die wässerigen Lösungen der Salze fluorescieren violett.
2337	**DRP. 55 404** **DRP. 54 662** **DRP. 62 289** **DRP. 73 381**	**1-Amino-8-oxynaphthalin:** 1-Aminonaphthalin-8-sulfosäure bei 230° mit Ätznatron verschmelzen oder 1, 8-Diaminonaphthalin-4-sulfosäure mit verdünnten Mineralsäuren unter Druck auf 140° erhitzen. Sch.-P. 95°—97°. Eisenchlorid gibt in der Lösung einen dunkelgrünen, Chromsäure einen braunen Niederschlag. Die hellgrüne ammoniakalische Lösung oxydiert schnell an der Luft.
2338	**DRP. 73 076**	**2-Amino-3-oxynaphthalin:** 2, 3-Dioxynaphthalin mit Ammoniak unter Druck auf 140° erhitzen. Sch.-P. 234°. Vgl. Ber. **27**, 763.
2339	Anm. F. 7372 16. 2. 94 Elberfeld	**2-Amino-5-oxynaphthalin:** 2-Aminonaphthalin-5-sulfosäure mit Ätznatron bei 260°—270° verschmelzen (Ber. **26**, 3034).
2340	**DRP. 47 816**	**2-Amino-7-oxynaphthalin:** 2-Aminonaphthalin-7-sulfosäure mit Ätzalkali bei 260°—300° verschmelzen oder nach
2341	**DRP. 55 059**	aus 2, 7-Dioxynaphthalin mit Ammoniak unter Druck. Aus Sprit weiße Krystalle, die bei 200° sintern und unter Zersetzung sublimieren [**2439**].

2342 | Anm. F. 7335 2. 2. 94 Elberfeld | **2-Amino-8-oxynaphthalin:** 2-Aminonaphthalin-8-sulfosäure bei 260°—270° mit Ätzalkali verschmelzen. Sch.-P. 158°.

2343 | **DRP. 173 522** E. P. 22 412/04 F. P. 359 064 — Ber. 19, 902 | Gut trockenes 2, 7-naphtholsulfosaures Natrium mit $1^1/_2$—2 T. Natriumamid und Naphthalin verrieben in ein 200°—300° heißes Gefäß eintragen, Temperatur 1—2 St. halten, Naphthalin abtreiben, neutralisieren und das in Wasser schwer lösliche **2, 7-Aminonaphthol** abscheiden. (**Dibenzoyl-2, 7-aminonaphthol** schmilzt bei 187°). — Ebenso: **1, 5- und 1, 8-Aminonaphthol** (**Dibenzoyl-1, 5-aminonaphthol,** Sch.-P. 273°). — **5, 2-Aminonaphthol** (Sch.-P. 185°) entsteht beim Verschmelzen von 2, 6- oder 2, 8-Naphtholsulfosäure mit Natriumamid ebenfalls unter Eliminierung der Sulfogruppe unter gleichzeitiger Umlagerung. **Monoacetyl-5, 2-aminonaphthol,** Sch.-P. 218°; **Diacetyl-5, 2-aminonaphthol,** Sch.-P. 186°; **Monobenzoyl-5, 2-aminonaphthol,** Sch.-P. 153°; **Dibenzoyl-5, 2-aminonaphthol,** Sch.-P. 223°. Nach

2344 | **Zus. DRP. 181 333** F. P. 359 064 Zus. | wird nach derselben Methode die Aminogruppe in nichtsulfiertes 1- oder 2-Naphthol eingeführt, und es resultieren so **1, 5-** bzw. **1, 6-Aminonaphthol.** Um Natriumamid zu sparen, geht man vom Naphtholnatrium der Naphthalinsulfosäureschmelze aus. — Statt Naphthalin auch Chinolin, Paraffin oder kein Verdünnungsmittel verwendbar, in letzterem Falle bei 200°—210° verschmelzen.

2345 | Anm. C. 2883, Kl. 22 26. 3. 89 Cassella A. P. 421 640 F. P. 198 074—75 | **1-Amino-2-naphtholäthyläther** (NH_2, O·R) $= C_{12}H_{13}NO = 187.$

108 T. [2333] in 300 T. Sprit lösen, + 180 T. Eisenpulver, allmählich + 350 T. Salzsäure (20°). Wenn reduziert, den Sprit abdunsten, Rückstand mit 2000 T. Wasser kochen, heiß filtrieren; kalt krystallisiert das salzsaure Salz der Base in farblosen Nadeln aus. Sulfat auch schwer löslich. Sch.-P. 50°. Destilliert unzersetzt bei 300°. In Sprit oder Äther leicht mit violetter Fluorescenz löslich. — **1-Amino-4-äthoxynaphthalin** schmilzt bei 96°.

2346 | **DRP. 58 614** | **1-Amino-2-oxyessigsäurenaphthalin**

(NH_2, $O·CH_2·COOH$) $= C_{12}H_{11}NO_3 = 217.$

2-Naphthoxylessigsäure nitrieren, die Nitroverbindung reduzieren und das erhaltene Anhydrid der Aminonaphthoxylessigsäure mit Natronlauge kochen. Die Säure bildet bräunliche Krystalle und geht leicht in das weiße Anhydrid über, das bei 200°—205° schmilzt.

2347 | **DRP. 77 802** | **1-Acetylamino-3-naphthol** (NH·$COCH_3$, OH) $= C_{12}H_{11}NO_2 = 201.$

1 T. Aminonaphthol, suspendiert in 3 T. Eisessig bei gewöhnlicher Temperatur mit der berechneten Menge Essigsäureanhydrid versetzen, die Krystalle absaugen und mit verdünnter Essigsäure waschen.

2348 | **DRP. 90 596** | **1-Acetylamino-4-naphthol:** 10 T. trockenes salzsaures 1-Amino-4-naphthol mit 5 T. entwässertem Acetat, 5 T. Essigsäureanhydrid und 10 T. Eisessig übergießen, nach Beendigung der unter starker Erwärmung verlaufenden Reaktion die Flüssigkeiten im Vakuum abdestillieren, das rückständige **Naphthacetol** mit Wasser waschen, aus Wasser umkrystallisieren, Sch.-P. 187°.

2349 | **DRP. 50 142** Zusatz zu DRP. 47 816 | **Dimethyl-1-aminonaphthol** ($N(CH_3)_2$, OH) $= C_{12}H_{13}NO = 187.$

10 T. Dimethyl-1-naphthylaminmonosulfosäure oder ihr Na-Salz mit 20 T. Ätznatron und 10 T. Wasser etwa $^1/_2$ St. auf 280°—290° erhitzen, bis Probe mit Salzsäure keine unveränderte Sulfosäure mehr ausscheidet. In 60 T. Wasser lösen, mit Salzsäure teilweise neutralisieren, filtrieren, Filtrat schwach ansäuern, mit Soda fällen, filtrieren, trocknen. Aus Schwefelkohlenstoff allein oder mit Ligroin Täfelchen, aus Chloroform Nadeln. Sch.-P. 112°. Das salzsaure Salz krystallisiert aus der alkalischen, konz. wässerigen Lösung beim Fällen mit Salzsäure.

2350 **DRP. 90 310**

2-Trimethylammonium-7-naphthol

OH—$C_{10}H_6$—$N(CH_3)_3\cdot Cl$ $= C_{13}H_{16}NOCl = 288.$

2, 7-Aminonaphthol in alkalischer Spritlösung mit Chlormethyl im Autoklaven auf 110° erhitzen. Sprit abdestillieren, Rückstand verdünnen, filtrieren, Filtrat direkt zur Farbstoffbildung verwenden, oder einengen, bis große farblose Blätter auskrystallisieren. — Oder: 2-Naphtholsulfosäure F [**2434**] mit wässerigem Dimethylamin im Autoklaven auf 220° erhitzt gibt **Dimethyl-2-naphthylamin-7-sulfosäure,** die mit Alkali verschmolzen **2-Dimethylamino-7-naphthol** gibt, an die man Jod- oder Chlormethyl anlagert.

2351 **DRP. 172 446** Zusatz zu DRP. 171 024

Lit. wie [2565]

Diazonaphtholanhydrid (N=N, —O) $= C_{10}H_6N_2O = 170.$

Wie [**2559**]. — Z. B.: 20 T. salzsaures 2-Amino-1-naphthol in 1500 T. Wasser lösen, langsam eine Lösung von 8 T. Nitrit und 5 T. Kupfervitriol in 500 T. Wasser zufließen lassen. Wenn die vorübergehend erscheinende dunkle Fällung verschwunden ist, krystallisiert der Diazokörper in gelbgrauen Krystallen aus (bzw. wird ausgesalzen). Auf 80° erwärmen, die erhaltene Lösung filtrieren, das Filtrat abkühlen, die gelben Krystalle des **Naphthalin-2, 1-diazooxydes** filtrieren und mit Salzwasser waschen. — Sehr lichtempfindlich. Trocken explosiv.

e) N—S.

1 NH_2—4 SO_2H	158	1 $NH\cdot NH_2$—4 SO_3H	2387
1 NH_2—SO_3H	2352—2366	2 $NH\cdot COCH_3$—SO_2Cl	2388
2 NH_2—SO_3H	2367—2383	1 $N(R)_2$—3 (4) SO_3H	623, 2389
$NH\cdot R$—SO_3H	623, 2263, 2384, 2385	2 NR_2 — 7 SO_3H	2350
$NH\cdot COCH_3$—SO_3H	2386		

2352 **DRP. 56 563**

Ann. 275, 225

1-Aminonaphthalinsulfosäuren (NH_2, SO_3H) $= C_{10}H_9NO_3S = 223.$

1-Aminonaphthalin-2-sulfosäure (γ-Säure): Man erhitzt naphthionsaure Salze (nach DRP. 72 833) zweckmäßig unter Zusatz eines Verdünnungsmittels, z. B. Naphthalin auf 200°—250° oder nach

2353 **DRP. 75 319** u. **DRP. 77 118** 1-Naphthylamin mit aromatischen Aminosulfosäuren auf 150°—230° oder nach

2354 **DRP. 79 132** 1-naphthylsulfaminsaure Salze auf 170°—240°. Die Lösung der Säure gibt mit Eisenchlorid einen moosgrünen Niederschlag. Oder nach

2355 **DRP. 72 833** 20 T. scharf getrocknetes naphthionsaures Natrium mit 40—60 T. Naphthalin 2—3 St. sieden, kalt verdünnen, das Naphthalin mit Dampf abtreiben, den Rückstand auf 150—200 T. verdünnt neutralisieren, aufkochen, filtrieren und die Aminonaphthalinsulfosäure aussalzen.

2356 **DRP. 64 979** **1-Aminonaphthalin-3-sulfosäure:** Abspaltung einer Sulfogruppe aus Aminonaphthalin-3, 8-disulfosäure mittels 75-prozentiger Schwefelsäure. Vgl. Ber. **19**, 2179 und **26**, 3032. — Oder nach

2357 **DRP. 248 527** aus 1-Naphthylamin-3, 8-disulfosäure in alkalischer Lösung durch Elektrolyse mit einer amalgamierten Blei- oder nach

2358 **Zus. DRP. 251 099** einer Zink- oder sonstigen amalgamierten Metallkathode und einer Eisenanode. — Ebenso auch andere Naphthylaminsulfosäuren aus den Di- oder Trisulfosäuren [**2591**].

2359 **DRP. 72 336** **1-Aminonaphthalin-4-sulfosäure** (Naphthionsäure): 1-Chlornaphthalin-4-sulfosäure mit Ammoniak unter Druck auf 200°—210° erhitzen. Die Lösungen der Säure und ihrer Salze fluorescieren blau, die letzteren werden mit Eisenchlorid lehmfarbig gefällt, der Niederschlag löst sich beim Kochen dunkel auf [**2591**].

2360	**DRP. 40 571** — Ber. 20, 3162	**1-Aminonaphthalin-5-sulfosäure** (Laurentsche Säure): 1-Naphthalinsulfosäure nitrieren, das Gemenge der erhaltenen beiden Nitrosulfosäuren reduzieren und die Na-Salze der entstandenen beiden Aminosulfosäuren trennen; das schwerer Lösliche ist das Salz der 1, 8-Sulfosäure, das leichter Lösliche jenes der vorliegenden. Oder nach
2361	**DRP. 42 874** — Ber. 20, 2940	1-Acetnaphthalid in der Kälte mit Oleum (20%) sulfieren (wobei relativ viel 1, 4-Säure entsteht). Oder nach
2362	**DRP. 72 336**	1-Chlornaphthalin-5-sulfosäure mit Ammoniak unter Druck auf 200° bis 210° erhitzen oder schließlich nach
	Anm. C. 3311 27. 5. 90 Grünau	aus der 1-Aminonaphthalin-2, 5-disulfosäure mittels 60—70-prozentiger Schwefelsäure bei 100° eine Sulfogruppe abspalten. Die Lösungen der Säure fluorescieren grün.
2363	Anm. H. 7291 19. 8. 87 Hirsch	**1-Aminonaphthalin-6-sulfosäure:** Naphthionsäure mit Schwefelsäure (66°) auf 120°—130° erhitzen. Die Lösung der Säure wird mit wenig Eisenchlorid intensiv blau.
2364	**DRP. 62 634** — Ber. 21, 3260	**1-Aminonaphthalin-7-sulfosäure:** 1-Aminonaphthalin-2, 7-disulfosäure mit Wasser auf 230° erhitzen. Die Lösung der Säure wird mit Eisenchlorid blau, bei Essigsäurezusatz rot.
2365	**DRP. 40 571** — Ber. 20, 3162 Ann. 275, 274	**1-Aminonaphthalin-8-sulfosäure** (Schöllkopfsche Säure): Die durch Nitrieren von 1-Naphthalinsulfosäure erhaltenen beiden Nitrosulfosäuren reduzieren und das Gemenge der Aminosulfosäuren über die Na-Salze trennen. Das schwerer lösliche ist jenes der 1, 8-Säure. Mit wenig Eisenchlorid wird die kaltgesättigte Lösung der Säure violett, im Überschuß des Oxydationsmittels mißfarbig.
2366	**DRP. 287 756**	1 T. Naphthalin-2-sulfosäure, 4 T. Schwefelsäure (66°), 1 T. Ferrosulfat und 0,5 T. Hydroxylaminsulfat langsam auf 120° erwärmen, einige Zeit stehenlassen, auf 150° erhitzen, nach Beendigung der heftigen Reaktion kalt verdünnen, auskalken, mit Soda umsetzen und die Lösung der Natriumsalze der isomeren Aminonaphthalinsulfosäuren auskrystallisieren lassen.
2367	**DRP. 74 688** und **DRP. 78 603**	**2-Aminonaphthalinsulfosäuren** $\left.NH_2\right\} SO_3H$. **2-Aminonaphthalin-1-sulfosäure:** 2-Oxynaphthalin-1-sulfosäure mit starkem Ammoniak unter Druck auf 220°—230° erhitzen. Die Lösung des reinen Salzes fluoresciert nicht, zum Unterschied von der Lösung des 2-aminonaphthalin-4-sulfosauren Natrons, die violett fluoresciert.
2368	**DRP. 29 084** — Ber. 22, 721	**2-Aminonaphthalin-5-sulfosäure:** 1 T. 2-Naphthylamin und 3 T. Oleum (20%) kurze Zeit auf 85° erwärmen, das erhaltene Gemenge von 70% 2-Aminonaphthalin-5-sulfosäure und 30% 2-Aminonaphthalin-8-sulfosäure als Na-Salze mit Sprit auskochen, den spritlöslichen Teil in die Ba-Salze verwandeln und die 2, 5-Säure aus dem leichter löslichen Teil dieser Ba-Salze abscheiden. Ähnlich trennt man das nach
2369	**DRP. 32 276**	durch mehrtägiges Behandeln von 1 T. schwefelsaurem Naphthalin und 3 T. Schwefelsäure (66°) bei 15°—20° erhaltene Gemenge der beiden Säuren, wobei es genügt, dem Säuregemenge mit Sprit das leichtlösliche Na-Salz der 2, 5-Säure zu entziehen. Oder nach
2370	**DRP. 20 760** und **DRP. 29 084**	durch 6-stündiges Erhitzen von 1 T. 2-Naphthylamin und 3 T. Schwefelsäure (66°) auf 100°. Es entsteht ein Gemenge von 40% 2, 5-, 50% 2, 8- und etwa 10% 2, 6- und 2, 7-Säure. Schließlich kann man die 2, 5-Säure auch erhalten nach
	Anm. K. 5732 29. 8. 87 Kinzelberger	durch mehrtägige Behandlung von Acet-2-aminonaphthalin mit der 5-fachen Menge Schwefelsäure (66°) bei 20°—30°. Vgl. auch DRP. 64 859. Die Lösungen der Salze fluorescieren rotblau. — **2-Aminonaphthalin-4-sulfosäure** siehe [2591].

2371	**DRP. 22 547** — Ber. 20, 1427	**2-Aminonaphthalin-6-sulfosäure** (Brönnersche Säure): Schäffers 2-Naphtholsulfosäure längere Zeit mit wässerigem Ammoniak im Autoklaven auf 180° erhitzen (vgl. DRP. 27 3 78) oder nach
	Anm. L. 3205 19. 6. 85 Liebmann	molekulare Mengen 2-Naphthylamin und Schwefelsäure auf 200°—210° erhitzen oder nach
2372	**DRP. 39 925** und **DRP. 41 505**	2-Naphthylamin mit Schwefelsäure (66°) auf 160° und mehr erhitzen und das Gemenge der 2-Aminonaphthalin-6- und -7-sulfosäure aus lauwarmem Wasser umkrystallisieren, wobei erstere schwerer löslich zurückbleibt. Vgl. Ber. 20, 1428. — Dasselbe Gemenge der beiden Säuren erhält man nach
2373 2374	**DRP. 42 272** und **DRP. 42 273**	durch Erhitzen von 2-Aminonaphthalin-5- und -8-sulfosäure mit Schwefelsäure (66°) auf 160°. Vgl. Ber. 20, 3354. — Schließlich gewinnt man die 2, 6-Säure nach
2375 2376	**DRP. 20 760** und **DRP. 29 084**	durch Erhitzen von 2-Naphthylamin mit Schwefelsäure (66°) auf mehr als 100°, da bei 100° vorliegende Säure neben gleichzeitig gebildeter 2-Aminonaphthalin-8-, -5- und wenig -7-sulfosäure nur in geringer Menge entsteht. Die Lösung der Säure fluoresciert blau. Vgl. Ber. 22, 721. Vgl. die Trennung nach [2376].
2377	**DRP. 43 740**	**2-Aminonaphthalin-7-sulfosäure:** 2-Oxynaphthalin-7-sulfosäure mit Ammoniak (20%) oder Naphthalin-2, 7-disulfosäure mit Natronlauge und Ammoniak unter Druck auf 250° erhitzen. Vgl. Ber. 20,1432 und 2907.
2378	**DRP. 39 925** und **DRP. 41 505**	2-Naphthylamin mit Schwefelsäure (66°) auf mehr als 150° erhitzen, wobei ein Gemenge von 2, 6- und 2, 7-Säure entsteht, das durch Umkrystallisieren aus lauwarmem Wasser getrennt wird. Die 2-Aminonaphthalin-6-sulfosäure ist schwerer löslich. Oder nach
2379	**DRP. 42 272** und **DRP. 42 273**	durch Erhitzen von 2-Aminonaphthalin-5- und -8-sulfosäure mit Schwefelsäure (66°) auf 160°, wobei ebenfalls ein Gemenge von 2,6- und 2, 7-Sulfosäure entsteht. Nach
	Anm. K. 5732 29. 8. 87 Kinzelberger	erhält man die 2, 7-Sulfosäure auch durch Eintragen von Acet-2-naphthylamin in 140° heißer Schwefelsäure (66°) und Weitererhitzen auf 150°—160°. Die Lösungen der Salze fluorescieren rotviolett.
2380	**DRP. 20 760**	**2-Aminonaphthalin-8-sulfosäure:** Durch Erhitzen von 2-Naphthylamin mit Schwefelsäure (66°) auf 100° erhält man ein Gemenge von 2-Aminonaphthalin-8-sulfosäure (50%), 2, 5-Sulfosäure (40%), 2, 6-Sulfosäure (10%) und sehr wenig 2, 7-Sulfosäure, wobei mit Steigerung der Temperatur die Menge der 2, 8-Säure zunimmt. Man trennt das erhaltene Gemenge nach DRP. 29 084 oder nach
2381	**DRP. 32 271**	über die Ca-Salze, wobei die ersten Krystallisationen die 2, 8-Säure verunreinigt mit 2, 6-Säure enthalten. Gemenge der 2, 5- und 2, 8-Säure von verschiedenem Gehalt erhält man auch nach
2382	**DRP. 32 276** und **DRP. 29 084**	durch verschieden lange Einwirkung von Schwefelsäure (66°) oder Oleum (20%) auf 2-Naphthylamin. Die Lösungen der Säure fluorescieren blau [2591].
2383	**DRP. 64 859**	Ein Gemenge von 2-Naphthylamin und 2-Naphtholsulfosäure erhält man durch vierstündiges Erhitzen einer Lösung von 1 T. Dinaphthylamin und 4 T. Schwefelsäure (66°) auf 100°—105°. Die mit der dreifachen Menge gesättigter Kochsalzlösung gefällte rohe **2-Dinaphthylamindisulfosäure** wird dann mit verdünnten Mineralsäuren in jenes Gemenge gespalten.
2384	**DRP. 41 506**	**Alkylaminonaphthalinsulfosäuren** (Naphthalinring mit $NH \cdot C_2H_5$ und SO_3H) $= C_{12}H_{13}NO_3S = 251$. Durch Behandeln von 2-aminonaphthalinsulfosauren Salzen mit Alkylhalogeniden oder nach

2385 **DRP. 70 349** **DRP. 71 158** **DRP. 71 168** **DRP. 45 940** **DRP. 53 649** **DRP. 57 370** **DRP. 38 424**

durch Erhitzen von Oxy- oder Aminonaphthalinsulfosäuren mit aromatischen Aminen und deren salzsauren Salzen auf etwa 200°, bzw. durch Sulfierung von Phenyl-, Tolyl- usw. -aminonaphthalinen mit konz. Schwefelsäure. Nur die Salze der 1, 3-, 1, 7- und 1, 8-Säure sind leichtlöslich. Z. B.: 100 T. 2-naphthylamin-δ-sulfosaures Natrium in 800 T. Wasser lösen, mit 24 T. Chlor- oder 40 T. Brom- oder 54 T. Jodäthyl oder äthylschwefelsaurem Natron im verbleiten Autoklaven einige Stunden auf 100°—110° erhitzen. Freie äthylierte δ-Säure (leicht in heißem Wasser löslich) filtrieren. — Ebenso **Methyl-2-naphthylamin-δ-sulfosäure.**

2386 **DRP. 129 000**

Acetylnaphthylaminsulfosäuren: Z. B. 15 T. naphthionsaures Natron in wässeriger Lösung bei 60°—70° mit 7 T. Essigsäureanhydrid versetzen, kalt aussalzen, mit Salzsäure die **Acetylnaphthionsäure** in Freiheit setzen. — Ebenso die Acetylderivate anderer Naphthylaminmono- und -disulfosäuren.

2387 **DRP. 40 745**
F. P. 183 805

1-Hydrazinnaphthalin-4-sulfosäure (NH·NH₂ in 1, SO₃H in 4) $= C_{10}H_{10}N_2O_3S = 238.$

Wie [629] aus Naphthionsäure.

2388 **DRP. 292 357**

Acetnaphthylaminsulfochlorid

(NH·COCH₃, SO₂Cl) $= C_{12}H_{10}O_3NSCl = 184.$

Acet-2-naphthalid unter Eiskühlung in die 10-fache Menge Chlorsulfonsäure einrühren, nach 2—3 St. auf Eis gießen, Produkt absaugen, waschen und bei mäßiger Temperatur trocknen. Aus Benzol weißes Pulver vom Sch.-P. 192°.

2389 **DRP. 50 142**
Ber. 21, 3128

1-Dimethylaminonaphthalin-3- oder -4-sulfosäure

($N(CH_3)_2$, SO_3H) $= C_{12}H_{13}NO_3S = 251.$

Dimethyl-1-naphthylamin mit Schwefelsäure (66°) oder schwachem Oleum auf 150° erhitzen. Die alkoholische Lösung der Sulfosäure fluoresciert grün.

---

f) O—O.

2390 **DRP. 87 429**
Über Dioxynaphthalinderivate siehe die wichtige Arbeit in J.pr.Chem.1916,1

Dioxynaphthaline (OH, OH) $= C_{10}H_8O_2 = 160.$

1, 3-Dioxynaphthalin: 2-Amino-4-oxynaphthalin-8- oder -1, 3-dioxynaphthalin-5-monosulfosäure mit verdünnten Mineralsäuren unter Druck auf 225° erhitzen. Sehr leicht löslich, Sch.-P. 124°. — Nach

2391 **DRP. 90 096**

erhitzt man die Gelbsäure (DRP. 79 054) oder deren durch Erhitzen mit verdünnten Säuren auf 210° erhaltene Monosulfosäure mit 5 T. Schwefelsäure (5%) 6 St. auf 235°, verdünnt, filtriert und äthert die kalte Lösung zur Gewinnung des **Naphthoresorcins** aus. — **1, 4-Dioxynaphthalin:** Nach Ann. **167**, 359; Ber. **17**, 3025 durch Reduktion von 1-Naphthochinon, Sch.-P. 176°.

2392 **DRP. 41 934**

1, 5-Dioxynaphthalin: Naphthalin-1, 5-disulfosäure mit Ätzalkali verschmelzen. Sublimierbare, in Wasser schwerlösliche Verbindung, Sch.-P. 250°—260°. — Vgl. J. pr. Chem. **1916**, **1**; **1918**, **261**.

2393 **DRP. 45 229**
J. pr. 39, 316
Ber. 26, 3034

1, 6-Dioxynaphthalin: 2-Naphthalinmonosulfosäure bei niederer Temperatur mit Oleum sulfieren und die erhaltene Naphthalindisulfosäure mit Ätzalkalien verschmelzen. Schwerlösliche Krystalle; aus Benzol, Sch.-P. 135°.

2394	**DRP. 53 915** — DRP. 55 414 Ann. 241, 372	**1, 7-Dioxynaphthalin:** 2-Oxynaphthalin-8-sulfosäure mit Alkalien verschmelzen. Seine Lösung färbt sich an der Luft braun, mit Eisenchlorid entsteht ein dunkelblauer Niederschlag.
2395	**DRP. 67 829**	**1, 8-Dioxynaphthalin:** 1, 8-Dioxynaphthalin-4-sulfosäure mit verdünnten Mineralsäuren unter Druck erhitzen (vgl. Ber. 27, 2143 und Anm. A. 4028 vom 1. 9. 94, Berlin) oder nach
2396	Anm. F. 7311 18. 9. 92 Höchst	durch Erhitzen von 1-Aminonaphthalin-8-sulfosäure mit wässerigen Alkalien unter Druck (vgl. Ann. 247, 356) oder nach
2397	**DRP. 80 668**	durch Erhitzen der 1-Amino-8-oxynaphthalin-4, 5 (?)-disulfosäure mit Schwefelsäure (20%) unter Druck auf 200°. Schwerlösliche Nadeln, Sch.-P. 140°, gibt mit Eisenchlorid in saurer Lösung einen weißen, bald grün werdenden Niederschlag.
2398	**DRP. 57 525**	**2, 3-Dioxynaphthalin:** 2, 3-Dioxynaphthalin-6-sulfosäure zur Abspaltung der Sulfogruppe mit Alkalien bei 320° verschmelzen oder mit verdünnten Mineralsäuren unter Druck erhitzen. Nach
2399	**DRP. 73 076** — Ber. 27, 762	ebenso durch Erhitzen von 2-Amino-3-oxynaphthalin-6-sulfosäure mit verdünnter Mineralsäure auf 180°—200°. Farblose, schwerlösliche Krystalle vom Sch.-P. 160°. Eisenchlorid gibt Blaufärbung bzw. einen blauen Niederschlag. — **2, 5-Dioxynaphthalin** siehe [2506].
2400	**DRP. 72 222** — Ann. 241, 369	**2, 6-Dioxynaphthalin:** 2, 6-Dioxynaphthalin-4-sulfosäure mit verdünnter Mineralsäure kochen. Schwerlösliche Blätter vom Sch.-P. 215° bis 216°, die alkalische Lösung bräunt sich an der Luft, mit Eisenchlorid entsteht ein gelblichweißer Niederschlag.
2401	Anm. F. 7243 16. 12. 93 Elberfeld	**2, 7-Dioxynaphthalin:** 2, 7-Dioxynaphthalin-3, 6-disulfosäure mit Schwefelsäure (20%) unter Druck auf 200° erhitzen. Sch.-P. 186°, zum Teil unter Zersetzung sublimierbar.
2402	**DRP. 91 234**	**Monoalkyldioxynaphthaline** (OH, OCH_3) $= C_{11}H_{10}O_2 = 174.$ Wie [2407] aus Dioxynaphthalin, Alkali und Halogenalkyl. Krystallinisch erstarrende Öle.
2403	**DRP. 103 146**	Wie [864] aus Aminonaphtholäthern.
2404	**DRP. 133 459** — M. f. Ch. 1902, 513	80 T. 2, 3-Dioxynaphthalin in 300 T. Sprit lösen, mit 65 T. Dimethylsulfat und einer höchst konz. wässerigen Lösung von 20 T. Ätznatron 2—3 St. unter Rückfluß kochen, kalt mit Wasser verdünnen, mit Natronlauge stärker alkalisch machen, Sprit zum größten Teil abdestillieren, den abgeschiedenen **2, 3-Dioxynaphthalindimethyläther** absaugen, seine Reste aus der alkalischen Flüssigkeit ausäthern, die zurückbleibende wässerige Lösung ansäuern und mit Dampf den Monomethyläther übertreiben. Weiße Nadeln vom Sch.-P. 108°.
2405	**DRP. 173 730** E. P. 7287/06 F. P. 364 585 — DRP. 176 640 Ann. 244, 72; 257, 42 Ber. 15, 1427	50 T. 1, 4-Dioxynaphthalin in 250 T. methylalkoholischer Salzsäure (18 g HCl in 100 ccm) kalt lösen, 15 St. stehenlassen, den Äther mit Wasser fällen; aus Ligroin oder Benzol farblose Nadeln, Sch.-P. 131°. — Mit 150 T. äthylalkoholischer Salzsäure (3 g HCl in 100 ccm) unter Rückfluß gekocht, erhält man ebenso den Äthyläther, farblose Nadeln, Sch.-P. 104°—105°. — **1, 4-Dioxynaphthalinmonoisoamyläther** schmilzt bei 98°.
2406	**DRP. 234 411**	200 T. salzsaures 1-Amino-4-oxynaphthalin (aus 1-Naphtholorange durch Reduktion) mit 2000 T. Methylalkohol im Autoklaven 9—12 St. auf 170°—180° erhitzen, Alkohol abdestillieren, den Rückstand in Natronlauge (10%) warm lösen und in kalte Salzsäure einfiltrieren. — **1, 4-Dioxynaphthalinmonomethyläther** krystallisiert aus Ligroin in rötlichweißen Krystallen vom Sch.-P. 131°. Identisch mit [2405] (J. pr. 62, 50). — Ebenso die anderen Äther. Evtl. wird dem Alkylierungsgemisch Salzsäure zugesetzt.

2407 **DRP. 91 234** **2,7-Oxynaphthoxylessigsäure**

OH–$C_{10}H_6$–$O·CH_2·COOH$ $= C_{12}H_{10}O_4 = 218.$

2, 7-Dioxynaphthalin, monochloressigsaures Natrium und Alkali (molekulare Mengen) in wässeriger Lösung im Wasserbade erwärmen, filtrieren und das Filtrat mit Mineralsäure fällen.

2408 **DRP. 87 900** **1,2-Naphthochinon-u.-hydrochinon-,-sulfo-,-oxy-,-carboxylderivate**

$C_{10}H_6(:O)(:O) = C_{10}H_6O_2 = 158.$

Reduktion der Nitrosoverbindungen oder Azofarbstoffe von Dioxynaphthalinen, Dioxynaphthalinsulfo- oder -carbonsäuren, Aminonaphtholen, Naphtholcarbonsäuren und folgende Oxydation der Reduktionsprodukte. Diese Substitutionsprodukte geben reduziert die Hydrochinonderivate. — **Di-α-naphthochinon-2-anilido-o-(m,p) carbonsäure-Additionsverbindungen** sind in J. pr. Chem. **1914,** 447 beschrieben.

g) O—S.

2409 **DRP. 26 012**
DRP. 32 964 **1-Oxynaphthalinsulfosäuren** OH–$C_{10}H_6$–$SO_3H = C_{10}H_8O_4S = 224.$

1-Oxynaphthalin-2-sulfosäure: 1-Naphthol mit schwachem Oleum in der Kälte sulfieren, das entstandene Gemenge von 1, 2- und 1, 4-Säure durch Auskochen der Na-Salze mit Sprit, in dem nur jenes der 1, 2-Säure ungelöst bleibt, trennen oder nach

2410 Anm. B. 4197, 30. 6. 83, Baum — 1-Naphthol in Eisessig lösen, mit starkem Oleum unter 75° sulfieren und das Gemenge der Sulfosäuren trennen. Kleine Krystalle vom Sch.-P. über 250°. Die Lösung wird mit Eisenchlorid tiefblau bis rotviolett. Vgl. Ber. **18,** 2924; **24,** 3476; **25,** 1403; Ann. **152,** 293; **273,** 109.

2411 **DRP. 93 305** — Zur Herstellung der 2-naphthol-1-sulfosauren Salze des Tetrazodianisidins verfährt man wie in DRP. 92 169 angegeben.

2412 **DRP. 57 910** — **1-Oxynaphthalin-3-sulfosäure:** Naphthalin-1, 3-disulfosäure oder 2-Aminonaphthalin-6, 8-disulfosäure mit Ätznatron verschmelzen und im letzteren Falle die Aminogruppe eliminieren oder nach

2413 **DRP. 64 979** — 1-Aminonaphthalin-3, 8-disulfosäure mit Wasser oder verdünnten Säuren unter Druck auf 150°—250° erhitzen bzw. die Aminogruppe auf dieselbe Weise oder über die Diazoverbindung aus der 1-Aminonaphthalin-3-sulfosäure eliminieren. Entsteht ferner nach

2414 **DRP. 237 396**, E. P. 2355/11, F. P. 429 999 — Das Na-Salz der 1-Oxynaphthalin-4-mono- bzw. -2, 4-disulfosäure mit 200 T. Naphthalin 3—4 St. auf 160°—170° erhitzen, Naphthalin mit Dampf abblasen und die Lösung einengen. Das Na-Salz der 1-Oxynaphthalin-2-sulfosäure krystallisiert in beiden Fällen aus. Ausbeute 70 bzw. 79%. — Vgl. Ann. **273,** 3 und 107; Ber. **30,** 1457.

2415 **DRP. 26 012**, Anm. D. 1486, 9. 3. 83 — **1-Oxynaphthalin-4-sulfosäure** (Neville-Winthersche Säure): Diazonaphthionsäure mit verdünnter Salzsäure verkochen oder nach 1-Naphthol kalt mit schwachem Oleum sulfieren und die gleichzeitig gebildete, in Sprit unlösliche 1, 2-Säure abtrennen oder nach

2416 **DRP. 46 307** — gleiche Teile naphthionsaures Na und Natronlauge (50%) unter Druck auf 240°—250° erhitzen oder nach

2417	Anm. B. 4197 30. 6. 83 Baum	1-Naphthol in Eisessig lösen, mit starkem Oleum unter 75° sulfieren, wobei zugleich die 1, 4-Mono- und die 1, 2, 4-Disulfosäure entstehen. Mit Schwefelsäure (66°) statt Oleum erhält man bei 50° nur die 2- und 4-Monosulfosäure. Oder nach
2418	**DRP. 77 446**	1-Chlornaphthalin-4-sulfosäure mit Natronlauge (25%) unter Druck auf 200°—220° erhitzen oder nach
2419	**DRP. 80 889**	1-Naphtholcarbonat mit Schwefelsäure (66°) bei gewöhnlicher Temperatur sulfieren und die gebildete Carbonatdisulfosäure durch Erwärmen mit Wasser auf 60°—70° verseifen. Leichtlösliche Krystalle, die bei 120° dunkel werden, schnell erhitzt unter Zersetzung bei 170° schmelzen. Eisenchlorid färbt die Lösungen blau, die Färbung wird beim Erhitzen rot. — Vgl. Ind. Ges. Mülhausen **73**, 326.
2420	**DRP. 88 843**	100 T. der 1-Naphtholäthyläthermonosulfosäure mit 120 T. Natronlauge (50%) 8—10 St. unter Druck auf 240° erhitzen. Die Schmelze in heißem Wasser lösen, mit Salzsäure eben ansäuern.
2421	**DRP. 109 102**	Auch erhaltbar aus den mit schwefliger Säure und 1-Naphthylamin erhaltbaren Verbindungen bei Behandlung mit Alkalien. 32 T. Na-Salz der 1-Naphthylamin-4-sulfosäure mit 20 T. Wasser und 75 T. Bisulfitlösung (40°) 24 St. offen auf 90° erhitzen, die unveränderte Naphthionsäure mit Salzsäure entfernen, das alkalisch gestellte Filtrat bis zum Aufhören der Ammoniakentwicklung kochen, ansäuern und die schweflige Säure wegkochen. — Ebenso **1-Naphthol-6-sulfosäure** und **1, 8-Dioxynaphthalin-4-sulfosäure.**
2422	**DRP. 41 934**	**1-Oxynaphthalin-5-sulfosäure:** Naphthalin-1, 5-disulfosäure bei 180° mit Ätznatron verschmelzen oder nach
2423	**DRP. 77 446**	1-Chlornaphthalin-5-sulfosäure mit Natronlauge (8%) auf 240°—250° erhitzen oder nach
2424	Anm. G. 2393 17. 3. 83 Gaess	Diazo-1-aminonaphthalin-5-sulfosäure mit verdünnter Schwefelsäure verkochen. Zerfließliche krystallinische Masse, die bei 110°—120° flüssig wird. Die Alkalilösungen der Säure werden in starker Verdünnung mit Eisenchlorid rotviolett.
2425	Anm. L. 4327 6. 6. 87 Liebmann u. Studer	**1-Oxynaphthalin-7-sulfosäure:** 1-Naphthol mit Schwefelsäure (66°) bei 130° sulfieren, Ba-Salze der entstandenen Sulfosäuren bilden und diese durch Kochen mit starker Salzsäure unter Rückfluß zersetzen.
2426	**DRP. 74 644** — Ann. 247, 343	**1-Oxynaphthalin-8-sulfosäure:** 1-Aminonaphthalin-8-sulfosäure mit Wasser unter Druck auf 200° erhitzen. Leichtlösliche, spröde krystallinische Masse, deren wässerige Lösung mit wenig Eisenchlorid dunkelgrün, weiter gelb, dann rot wird. Sch.-P. 106°—107° ohne Anhydridbildung.
2427	**DRP. 74 688** — Ber. 15, 202, 305	**2-Oxynaphthalinsulfosäuren** OH } SO_3H. **2-Oxynaphthalin-1-sulfosäure:** 2-Naphthol feinst gepulvert bei 40° kurze Zeit mit 2—3 T. Schwefelsäure (66°) behandeln. Die neutrale Salzlösung wird mit Eisenchlorid indigoblau. — Entsteht ferner nach [**163, 615, 783, 1226**] neben der Disulfosäure.
2428	**DRP. 78 603**	**2-Oxynaphthalin-4-sulfosäure:** 2-Aminonaphthalin-4, 8-disulfosäure mit Wasser oder verdünnten Säuren unter Druck auf 180° erhitzen. Die Na-Salzlösung fluoresciert blauviolett.
2429	**DRP. 29 084**	**2-Oxynaphthalin-5-sulfosäure:** Diazo-2-aminonaphthalin-5-sulfosäure mit verdünnten Säuren zersetzen. Die grünblau fluorescierende Na-Salzlösung wird mit Eisenchlorid schwach violettrot.
2430	**DRP. 26 938**	**2-Oxynaphthalin-6-sulfosäure** (Schäffersche Säure): durch Erwärmen von 2-Dinaphthyläther mit Schwefelsäure (66°) auf 90°—100° bis zur klaren Wasserlöslichkeit oder nach den bekannten Methoden (Ann. **152**, 296; Sulfieren von 2-Naphthol mit der doppelten Menge Schwefelsäure im Wasserbade und Trennung des entstandenen Gemenges nach [**2435, 2409**] oder **DRP. 26 673** und **32 964**). Ferner nach

2431 | **DRP. 45 221** | durch Verschmelzen von Naphthalin-2, 6-disulfosäure mit Ätzkali. Farblose, beständige Krystalle vom Sch.-P. 125°, deren Lösung mit Eisenchlorid schwach grün wird.

2432 | **DRP. 126 136** | 2-Oxynaphthalin-6-sulfosäure bzw. ihr Schwefligsäureester wird auch durch Erhitzen von 2, 6-Naphthylaminsulfosäure mit Bisulfit unter Rückfluß erhalten [**2439**].

2433 | **DRP. 278 091** Zusatz zu DRP. 276 331 | 2-Oxynaphthalin-1-carbonsäure-6-sulfochlorid und dessen Kondensationsprodukte mit Ammoniak, Aminen, Phenolen, Aminophenolen usw.

2434 | **DRP. 42 112** — Ber. 20, 1431; 20, 2907 | **2-Oxynaphthalin-7-sulfosäure:** Naphthalin-2, 7-disulfosäure bei 200°—250° mit Ätzalkali verschmelzen. Aus starker Salzsäure wasserhaltige Krystalle vom Sch.-P. 89°, bei 150° erfolgt Zersetzung. Die alkalischen Lösungen fluorescieren blau, die neutrale Salzlösung wird mit Eisenchlorid dunkelblau.

2435 | **DRP. 18 027** | **2-Oxynaphthalin-8-sulfosäure:** 2-Naphthol mit der doppelten Menge Schwefelsäure (66°) bei 50°—60° schnell verrühren, Sulfierung sofort nach erfolgter Lösung in Wasser gießen. Auch wenn man mit schwachem Oleum sulfiert, entsteht daneben nur wenig 2, 6-Säure. Oder nach

2436 | **DRP. 33 857** | 2-Naphthol mehrere Tage bei gewöhnlicher Temperatur mit Schwefelsäure (66°) rühren und das erhaltene Gemenge von viel 2, 8- neben wenig 2, 6-Säure nach DRP. 18 027 oder 26 231 oder 26 673 oder 30 077 oder 32 964 trennen. Fast rein erhält man die 2, 8-Säure nach

2437 | Anm. B. 13 709 13. 11. 92 Bang u. Russin | durch mehrstündige Behandlung von 2-Naphthol mit Schwefelsäure (66°) unter 0°. Oder nach

2438 | **DRP. 20 760** | durch Verkochen der Diazo-2-aminonaphthalin-8-sulfosäure. Ferner erhalten nach

2439 | **DRP. 134 401** | Über den Schwefligsäureester der 2, 8-Naphtholsulfosäure, erhalten durch Verkochen von 222 T. 2, 8-Naphthylaminsulfosäure mit 1200 T. Bisulfit, durch Behandlung mit Alkali, folgendes Ansäuern und Wegkochen der schwefligen Säure. — Ebenso werden in anderen Naphthylaminderivaten die Aminogruppen durch Hydroxylgruppen ersetzt. Man erhält so **2, 5, 7-Aminonaphtholsulfosäure, 2, 7-Aminonaphthol, 2, 6-Naphtholsulfosäure, 2, 5, 7-Dioxynaphthalinsulfosäure** u. **2, 5, 7-Naphtholdisulfosäure.**

2440 | Anm. C. 2883, Kl. 22 26. 3. 89 Cassella A. P. 421 640 F. P. 198 074—75 | **Alkyloxynaphthalinsulfosäure** ($O{\cdot}C_2H_5$, SO_3H) $= C_{12}H_{12}O_4S = 252.$

Durch Ätherifizierung der Naphtholsulfosäuren oder durch Sulfieren der Naphtholäther.

---

h) S—S.

2441 | **DRP. 95 830** | **Naphthalin-1-sulfin-4-sulfosäure** (SO_2H, SO_3H) $= C_{10}H_8S_2O_5 = 272.$

Wie [**158**]. Wenn die Reaktion beendet ist, sodaalkalisch stellen, filtrieren, Filtrat aussalzen. Das Na-Salz krystallisiert aus konz. Lösungen in Blättchen. Leicht aussalzbar. K-Salz ebenfalls leicht, Ba-Salz sehr schwer löslich.

2442 **DRP. 61 730** **2, 7-Naphthalindisulfosäure** $SO_3H \cdot C_{10}H_6 \cdot SO_3H = C_{10}H_8O_6S = 256$.

230 T. 2-naphthalinsulfosaures Natrium mit 500 T. Monohydrat oder 600 T. Schwefelsäure (66°) 6—8 St. auf 180° erhitzen, die Schmelze kalken und bis zum Gehalt von 30% Kalk eindampfen, kalt das Kalksalz der **Naphthalin-2, 6-disulfosäure** filtrieren, die Natronsalzlösung zur Trockne dampfen, mit der doppelten Menge warmem Wasser verrühren, bei 20° filtrieren und aus der Lösung 200 T. der 2, 7-Säure abscheiden. Im Rückstand bleiben 80 T. eines Gemenges von 2, 6- und 2, 7-Säure, die einer folgenden Operation zugesetzt werden; an 2, 6-disulfosaurem Kalksalz gewinnt man 52 T.

2443 **DRP. 70 296** **Naphthalinpolysulfosäuren:** Oxydation von Sulfiden oder anderen Schwefelverbindungen der Naphthalinmono-, -di- bzw. -trisulfosäuren führt zu den entsprechenden Naphthalindi-, -tri- und -tetrasulfosäuren. 50 T. **Naphthalinsulfonsäuredisulfid** (aus diazotierter Naphthionsäure und äthylxanthogensaurem Kali und folgendes Verseifen der 1-Xanthogennaphthalinsulfosäure) mit Soda in 600 T. Wasser stark alkalisch lösen, mit der Lösung von 50 T. Permanganat in 1000 T. Wasser oxydieren, aufkochen, filtrieren, Filtrat neutralisieren und das Kochsalz oder Barytsalz darstellen.

3. Naphthalin mit drei Substituenten.

a) Hal.—(C, N, O, S)—(C, N, O, S).

2444 **DRP. 293 318** **5, 8-Dichlor-1-nitronaphthalin** (1-NO_2, 8-Cl, 5-Cl) $= C_{10}H_5NO_2Cl_2 = 241$.

Über 500 T. geschmolzenes 1-Nitronaphthalin im Gemenge mit 10 T. wasserfreiem Eisenchlorid bei 60°—80° bis zur Gewichtserhöhung auf 205 T. trockenes Chlor leiten. Technisch rein zur Darstellung von **5, 8-Dichlornaphthylamin.** Aus Sprit Nadeln vom Sch.-P. 94°.

2445 **DRP. 229 912** — Proc. Chem. Soc. **1890**, 81

1, 4-(1, 5-)Dichlornaphthalin-6-(3-)sulfosäure (Cl, Cl, SO_3H) $= C_{10}H_6O_3SCl_2 = 277$.

Ein Gemenge von 1, 4- und 1, 5-Dichlornaphthalin in die 12-fache Menge Monohydrat eintragen, rühren, bis eine Probe wasserlöslich ist, mit Wasser fällen und die Sulfosäuren als Na-Salze aussalzen oder die Erdalkali- oder Magnesiumsalze bilden. Stets sind die Salze der 1, 4, 6-Säure viel schwerer löslich als jene der 1, 5, 3-Säure und dadurch trennbar.

2446 **DRP. 199 318** — Lit. wie [1028]

1-Chlor-2, 4-dinitronaphthalin (1-Cl, 2-NO_2, 4-NO_2) $= C_{10}H_5N_2O_4Cl = 253$.

242 T. Dimethylanilin + 234 T. 2, 4-Dinitro-1-naphthol + 190 T. p-Toluolsulfochlorid 3—4 St. auf 80°—85° erwärmen, kalt die braunrote Schmelze mit Sprit verreiben und die gelben Krystalle vom Sch.-P. 142° filtrieren. Gibt mit Anilin **2, 4-Dinitro-1-naphthylphenylamin** vom Sch.-P. 182°.

2447 **DRP. 134 306** **Monochlor-1, 8-dinitronaphthalin:** Ein Gemenge von 50 T. trockenem 1, 8-Dinitronaphthalin und 4—5 T. Eisenspänen geschmolzen, so daß die Masse eben dünnflüssig bleibt, bis zur Gewichtszunahme von 8,2 T. chlorieren, die Masse in Benzol lösen, filtrieren, Benzol abdestillieren, den Rückstand mit Essigsäure (80—90%) heiß aufnehmen und krystallisieren lassen. Es scheidet sich zunächst ein schwerlösliches und nach längerem Stehen ein leichtlösliches Chlordinitronaphthalin aus. Durch Weiterchlorierung gelangt man zu zwei **Dichlordinitronaphthalinen,** die ebenfalls mittels 80—100-prozentiger Essigsäure getrennt werden.

2448 **DRP. 14 954**
A. P. 244 757
E. P. 5327/80
F. P. 140 221

[1]) Ber. 15, 2708

Bromdinitronaphthalin (Br; NO_2, NO_2) $= C_{10}H_5N_2O_4Br = 297.$

3 T. α-Bromnaphthalin[1]) vorsichtig in 12 T. rauchende Salpetersäure eintragen, nach längerem Stehen mit Wasser verdünnen, Niederschlag trocknen, mit Ligroin oder Benzol waschen. Weiter nitriert entstehen Tetranitroverbindungen, die mit Alkalien unter Austausch von Br gegen ONa Farbstoffe liefern (Sonnengelb, Heliochrysin).

2449 **DRP. 103 980**

1, 5-Chlornitronaphthalin-4-sulfosäure

(Cl; O_2N, SO_3H) $= C_{10}H_6NO_5SCl = 287.$

100 T. des nach [2284] erhaltenen Gemenges von 1, 5- und 1, 8-Chlornitronaphthalin mit 300 T. Monohydrat 12 St. auf 80° erhitzen, in Eiswasser gießen, die abgeschiedene Säure von der Mutterlauge trennen, in der **1, 8-Chlornitronaphthalin-5-sulfosäure** enthalten ist.

2450 **DRP. 147 852**

1, 8-Chlornaphthylamin-4-sulfosäure: 1, 8-Naphthylendiamin-4-sulfosäure zur Überführung in das Azimid in natronalkalischer Lösung mit Nitrit bei 0° mit Salzsäure umsetzen, Produkt mit konz. Salzsäure angeschlämmt wie [2286] mit 25 T. Kupferpaste (50%) bei 30—50° verrühren. Nach 3 St. absaugen, in Natriumacetat heiß lösen, mit Salzsäure fällen. Gibt mit Ätzalkali verschmolzen **1, 8, 5-Aminonaphtholsulfosäure.**

2451 **DRP. 96 768**

Chlornaphtholsulfosäuren (OH; Cl, SO_3H) $= C_{10}H_7O_3SCl = 243.$

Z. B.: **6-Chlor-1-naphthol-3-monosulfosäure, 7-Chlor-1-naphthol-3-monosulfosäure, 6-Chlor-1-naphthol-3, 5-disulfosäure, 8-Chlor-1-naphthol-3, 6-disulfosäure** aus den betreffenden Aminonaphtholmono- und -disulfosäuren durch Behandeln ihrer Diazoverbindungen mit Kupferchlorür.

b) C—C—O.

2452 **DRP. 87 335**

2-Oxy-3-carboxynaphthylmethylsulfonsäure

($CH_2 \cdot SO_3H$; OH; COOH) $= C_{12}H_{10}O_6S = 282.$

Wie [2303] mit 2-Oxy-3-naphthoesäure. — Das Na-Salz bildet aus Wasser glasglänzende Krystalle. Mit Eisenchlorid braune Färbung.

c) C—N—O.

2453 **DRP. 77 998**

1-Amino-2-oxynaphthalin-3-carbonsäure

(NH_2; OH; COOH) $= C_{11}H_9NO_3 = 203.$

1-Nitroso-2-oxynaphthalin-3-carbonsäure reduzieren oder die Azofarbstoffe der 2-Oxynaphthalin-3-carbonsäure reduktiv spalten. Die Aminogruppe wird beim Kochen mit Wasser oder verdünnten Mineralsäuren durch Hydroxyl ersetzt. — **2-Amino-3-naphthoesäure:** Ber. 28, 3101.

d) C—N—S.

4 CHO — 1 NH_2 — 2 SO_3H 2454

2454 **DRP. 103 578**
F. P. 280 514
und Zus.

4-Aldehydo-1-naphthylamin-2-sulfosäure

NH_2, SO_3H, CHO $= C_{11}H_9O_4S = 236.$

Wie [323] nach. Das bräunlichrote Phenylhydrazon ist krystallinisch. Mit p-Phenylendiamin entsteht ein braunroter Niederschlag. Das graue Na-Salz ist in Wasser bräunlich löslich.

---

e) C—O—O.

1 $CH_2 \cdot SO_3H$ — 2 OH — 7 OH 2455
2 CHO — 1 OH — 4 OH(R) 2305
COOH — OH — OH . . . . 2456—2460

2455 **DRP. 87 335**

2, 7-Dioxynaphthylmethylsulfosäure

$CH_2 \cdot SO_3H$, OH, OH $= C_{11}H_9O_5SNa = 276.$

Wie [2303] aus 80 T. 2, 7-Dioxynaphthol. Mit Eisenchlorid blaugrüne Färbung.

2456 **DRP. 77 998**
Ber. **26**, 3066

Dioxynaphthalincarbonsäuren OH, OH, COOH $= C_{11}H_8O_4 = 172.$

1, 2-Dioxynaphthalin-3-carbonsäure: 1-Amino-2-oxynaphthalin-3-carbonsäure mit verdünnten Mineralsäuren kochen. Gelbes Pulver vom Sch.-P. 220°, dessen Spritlösung mit Eisenchlorid grün, dann rötlich gefärbt wird, während sich die wässerige Lösung direkt rötet.

2457 **DRP. 69 357**
Ber. **26**, 672; **26**, 1116

1, 7-Dioxynaphthalin-6-carbonsäure (S): 2-Oxynaphthalin-3-carbon-8-sulfosäure bei 180°—220° mit Alkalien verschmelzen. Aus Sprit gelbe Nadeln vom Sch.-P. 265°—267°. Eisenchlorid färbt die Lösung der Säure blau, gibt später einen mißfarbigen Niederschlag, Chlorkalklösung färbt vorübergehend grün.

2458 **DRP. 55 414**
F. P. 205 833

1, 7-Dioxynaphthalin-2-carbonsäure: Durch Behandlung von 1, 7-Dioxynaphthalin mit Kohlensäure. Sch.-P. 190°—195°. — Ebenso entsteht eine **1, 8-Dioxynaphthalincarbonsaure** vom Sch.-P. 170°—173°. Vgl. [**2307, 2308**]. — Ferner erhaltbar nach

2459 **DRP. 89 539**

Die durch Verschmelzen der Oxynaphthoedisulfosäure mit Ätzalkali bei 250°—290° erhaltene **Dioxynaphthoemonosulfosäure** mit der fünffachen Menge Salzsäure (15—20%) 10—20 St. unter Rückfluß kochen, filtrieren, Rückstand mit kochendem Wasser von unveränderter Sulfosäure befreien und aus Eisessig umkrystallisieren.

2460 **DRP. 69 357**
Ber. **26**, 1117

2, 6-Dioxynaphthalin-3-carbonsäure (L): 2-Oxynaphthalin-3-carbon-6-sulfosäure mit Alkalien bei 280°—290° verschmelzen. Sch.-P. 225° bis 227°; die wässerige Lösung der Säure wird mit Eisenchlorid blau, mit Chlorkalk vorübergehend grün gefärbt.

---

f) C—O—S.

1 $CH_2 \cdot SO_3H$ — 2 OH — 6 SO_3H 2461
1 (2) CHO — 2 (1) OH — 4 (6) (7) SO_3H . . 2462
1 COOH — 2 OH — 6 SO_2Cl 1799
COOH — OH — SO_3H . . . . . . 2464—2468
2 (3) COOH — 1 (2) OH — 4 (1) SO_2Cl 2469—2471

2461 **DRP. 87 335**

2-Oxy-6-sulfonaphthyl-1-methylsulfonsäure

$CH_2 \cdot SO_3H$, OH, SO_3H $= C_{11}H_{10}O_7S_2 = 318.$

Wie [**2303**] mit 2-naphthol-6-sulfosaurem Natrium. Na-Salz krystallisiert in feinen Nadeln, sehr leicht löslich. — Ebenso das Ba-Salz. Mit Eisenchlorid grünblaue Färbung.

2462 **DRP. 97 934** E. P. 19 498/97 F. P. 269 911 — Ber. **15**, 804

Oxynaphthaldehydsulfo-, -carbon- und **-sulfocarbonsäuren**

SO_3H-Naphthalin(CHO, OH) (COOH) $= C_{11}H_8O_5S = 252.$

17,5 T. Na-Salz der Schäfferschen 2-Naphtholmonosulfosäure (70%) in 150 T. kochendem Wasser lösen und so viel Bariumchlorid zugeben, daß alle noch vorhandene Schwefelsäure gebunden wird. Vom Ba-Sulfat filtrieren, die abgekühlte Lösung mit 25 T. Natronlauge (45°) und 8 T. Chloroform unter Rückfluß zur Emulsion rühren, nach $1^1/_2$—2 St. zum Kochen erhitzen, heiß mit schwefelsäurefreier Salzsäure neutralisieren, 8 T. Bariumchlorid zusetzen und schließlich mit Ammoniak übersättigen. Den gelblichen Niederschlag des Ba-Salzes der **2-Oxy-1-naphthaldehyd-6-sulfosäure** heiß filtrieren. Analoge Aldehydsulfosäuren entstehen mit 20 T. 2-Naphtholsulfosäure R (87%), 37 T. 2-Naphthol-3, 6, 8-trisulfosäure (61%), 12 T. Naphtholmonosulfosäure von Neville-Winther usw. Alle diese Aldehyde geben charakteristische gelbe bis blaurote Benzylidenverbindungen, schwerlösliche Hydrazone und mit alkylierten Aminen grüne Farbstoffe. Dargestellt wurden die **2-Oxy-1-naphthaldehyd-6-** und **-7-mono-**, die **-3, 6-** und **-6, 8-di-** und die **-3, 6, 8-trisulfosäure**, ferner die **1-Oxy-2-naphthaldehyd-4-monosulfosäure.** Nach

2463 **Zus. DRP. 98 466** ferner: **2-Oxy-1-naphthaldehyd-3-carbon-** und die **-6-sulfo-3-carbonsäure, 1-Oxy-4-** bzw. **-2-naphthaldehyd-2-mono-** bzw. **-4, 8-** und **-4, 7-disulfosäure,** schließlich **2-Oxy-1-naphthaldehyd-3, 7-disulfosäure** aus: 2-Oxy-3-naphthoesäure und 2-Oxy-6-sulfo-3-naphthoesäure, ferner aus 1-Naphthol-2-sulfosäure, 1, 8-Naphsulton-4-sulfosäure, 1-Naphthol-4, 7-disulfosäure und 2-Naphthol-3, 7-disulfosäure.

2464 **DRP. 51 715** F. P. 195 801 — Ber. **22**, 787; **23**, 806

Naphtholsulfocarbonsäuren Naphthalin(OH, COOH, SO_3H) $= C_{11}H_8O_6S = 268.$

1-Oxynaphthalin-2-carbon-4-sulfosäure: 10 T. 1-Oxynaphthoesäure (**2308**) in 50 T. Schwefelsäure (66°) einrühren, etwa 1 St. auf 60°—70° erwärmen, bis filtrierte Probe in Wasser leicht löslich ist. Masse in die 10-fache Menge Eiswasser gießen, filtrieren (die freie Säure ist in verdünnter Schwefelsäure schwer löslich), Rückstand kalken, neutrale Lösung vom Gips filtrieren, Filtrat enthält das Calciumsalz; mit Diazobenzol titrieren, direkt verwendbar. Das Na-Salz (aus Sprit prismatische Krystalle) spaltet in verdünnter saurer Lösung gekocht die SO_3H- und COOH-Gruppe ab, ebenso auch Kohlensäure bei der Azofarbstoffbildung, die Verwendung der Säure bietet daher gegenüber 1, 4-Naphtholsulfosäure keine Vorteile. Durch Nitrierung der Sulfo-1-oxynaphthoesäure erhält man **Dinitro-1-naphthol.**

2465 **DRP. 53 343** — DRP. 38 802

2-Oxynaphthalin-1-carbon-6-sulfosäure: 10 T. feingepulverte 2-Naphtholcarbonsäure (**2309**) unter guter Kühlung bei höchstens 20°—25° in 50 T. Oleum (20%) einrühren, kurze Zeit auf 40° erwärmen, kalt in 400 T. kaltes Wasser gießen, filtrieren, Krystalle in kaltem Wasser lösen, filtrieren, im Filtrat mit konz. Salzsäure wieder ausfällen. In wässeriger Lösung auf 60° erhitzt, bildet sie unter Kohlensäureabspaltung 2-Oxynaphthalin-6-sulfosäure. — Ebenso verhalten sich die Salze der freien Carbonsulfosäure.

2466 **DRP. 69 357** — Ber. **26**, 1115, 1117

2-Oxynaphthalin-3-carbon-6-sulfosäure: 2-Oxynaphthalin-3-carbonsäure bei 60° mit Schwefelsaure (66°) sulfieren, Sulfierung auskalken, vom Gips filtrieren und diese leichtlösliche **β-Oxynaphthoesäure L** abscheiden, nachdem von dem schwerlöslichen Ca-Salz der 2-Oxynaphthalin-3-carbon-8-sulfosäure S filtriert wurde. Leichtlösliche, weiße Nadeln, deren wässerige Lösung mit Eisenchlorid violettblau wird.

2467 **DRP. 22 707**

Eine **2-Oxynaphthalincarbonsulfosäure** wird nach durch Sulfieren der 2-Oxynaphthalincarbonsäure bei 150° erhalten.

2468 **DRP. 69 357**

2-Oxynaphthalin-3-carbon-8-sulfosäure S: 2-Oxynaphthalin-3-carbonsäure bei 60° mit Schwefelsäure (66°) sulfieren.

2469 **DRP. 264 786** — Lit. wie [896]

1- und 2-Oxynaphthalin-2- bzw. -3-carbonsäuresulfochlorid

I. (OH, COOH, SO_2Cl) II. (SO_2Cl, OH, COOH) $= C_{11}H_7O_5SCl = 287$.

Wie [896] aus den beiden Naphthalincarbonsäuren mit Schwefelsäurechlorhydrin. I. krystallisiert aus Eisessig, Sch.-P. 200°, II. aus Aceton in gelben Nadeln vom Sch.-P. 219°. — Reagiert nach

2470 **DRP. 276 331** leicht mit Aminen, Aminophenolen, Aminooxynaphthalinen und ihren Derivaten (auch mit Ammoniak). Besonders umsetzungsfähig ist nach

2471 **Zus. DRP. 278 091** das 2-Oxynaphthalin-1-carboxyl-6-sulfochlorid, das überdies die Carboxylgruppe leicht, schon beim Kuppeln in saurer Lösung, abspaltet.

g) N—N—N.

2472 **DRP. 117 368**

1, 3, 8-Trinitronaphthalin (O_2N, NO_2, NO_2) $= C_{10}H_5N_3O_6 = 263$

entsteht neben 1, 5-Dinitronaphthalin vom Sch.-P. 210° durch Weiternitrierung des Mononitronaphthalins.

2473 **DRP. 145 191**

4, 5-Dinitro-1-naphthylamin: 23 T. **5-Nitro-1-acetnaphthalid** (hellgelbe Krystalle vom Sch.-P. 220° aus 1, 5-Nitronaphthalin, Eisessig und Essigsäureanhydrid bei mäßiger Temperatur) in 138 T. Monohydrat gelöst bei 0° mit 18,4 T. Nitriersäure nitrieren, auf Eis gießen, Produkt aus Eisessig umkrystallisieren, Sch.-P. 244°. Zur Verseifung mit Schwefelsäure im Wasserbade erwärmen. Man erhält die Dinitrobase aus Eisessig in bräunlichen Krystallen vom Sch.-P. 236°.

2474 **DRP. 89 061** — A. P. 587 757 — E. P. 9103/95 — F. P. 247 626

Triaminonaphthaline (NH_2, NH_2, NH_2) $= C_{10}H_{11}N_3 = 173$.

1, 3, 6-Triaminonaphthalin: 1, 6-Dioxynaphthalin-3-sulfosäure mit Ammoniak unter Druck auf 160°—180° erhitzen. In saurer Lösung entsteht mit salpetriger Säure eine tiefbraune Färbung.

2475 **DRP. 90 905**

1, 3, 7-Triaminonaphthalin: 2, 6, 8- oder 2, 8, 6-Aminonaphtholsulfosäure oder Dioxynaphthalindisulfosäure G mit Ammoniak unter Druck auf 160°—180° erhitzen. Eisenchlorid färbt violettblau, Chlorkalk oder Bichromat violettrot. — **1, 2, 6 (7)-Triaminonaphthalin** gewinnt man nach Ber. **23**, 2544 aus Dinitro-β-naphtholäther mit Ammoniak unter Druck; das erhaltene Dinitro-2-naphthylamin reduzieren. Vgl. Ann. **183**, 274 und Ber. **19**, 2683.

2476 **DRP. 151 768**

1-Monoacet-2, 4-triaminonaphthalin

($NH{\cdot}COCH_3$, NH_2, NH_2) $= C_{11}H_{13}N_3O = 203$.

1-Acetamino-2, 4-dinitronaphthalin [Ann. **183**, 274; Ber. **19**, 2683] mit Eisen und Essigsäure reduzieren, sodaalkalisch filtrieren und die schwach bräunlichen Krystalle vom Sch.-P. 189° sammeln. Sehr leicht in Eisessig oder Sprit, schwer in Ligroin oder Benzol löslich. — Über Bildung des **1-Acetamino-2, 4-dinitronaphthalins** siehe Ber. **19**, 2683 und Ann. **183**, 274.

h) N—N—O.

2477 **DRP. 90 212**

1, 2-Diamino-8-naphthol (OH, NH_2, NH_2) $= C_{10}H_{10}N_2O = 174$.

Reduktionsprodukt von Sulfanil-azo-2-amino-8-naphthol, das durch Kombination von Diazosulfanilsäure und 2-Amino-8-naphthol erhalten wird. Wegen Unbeständigkeit des isolierten Diaminonaphthols wird die Reduktionslauge direkt verwendet.

2478 **DRP. 117 298**

1, 7-Diamino-2-naphthol: Reduktion des Azofarbstoffes aus 2, 7-Aminonaphthol und Diazobenzol mit Eisenfeile und Salzsäure. Die abgeschiedene Base schmilzt aus Wasser umkrystallisiert unter Zersetzung bei 220°.

i) N—N—S.

2479 **DRP. 60 120**

Ber. **17**, 391; **18**, 699; **18**, 2728; **19**, 343
DRP. 58 851

Nitroso-2-naphthylamin-sulfosäure

(NO, NH_2, SO_3H) $= C_{10}H_8N_2O_4S = 268$.

1 T. Mononatriumsalz der Nitroso-2-naphtholsulfosäure (Ber. **13**, 1994) + 1 T. Ammoniak (25%) 3 St. unter Druck auf 60° erwärmen, die abgeschiedenen grünen Blättchen filtrieren. In Wasser gelbgrün löslich, bei Natronlaugenzusatz gelbrot (basisches Salz). Auch aus verdünnten Lösungen fällt Salzsäure die gelben Nadeln der freien Säure. — Ebenso **1-Nitroso-2-naphthylamin** aus Nitroso-2-naphthol.

2480 **DRP. 117 268**

1, 8-Dinitronaphthalin-3-sulfosäure

(O_2N, NO_2, SO_3H) $= C_{10}H_6N_2O_7S = 298$.

40 T. rohes Dinitronaphthalin in 240 T. Monohydrat gelöst bei 100°—110° mit 80 T. Oleum (20%) sulfieren, Sulfierung in dünne Kochsalzlösung einrühren. Aus kochendem Wasser farblose Nadeln, deren wässerige Lösung durch Schwefelnatrium zuerst tiefgelb und dann reinblau gefärbt wird.

2481 **DRP. 133 951**

DRP. 57 023

1-Nitro-4-naphthylamin-8-sulfosäure

(HO_3S, NO_2, NH_2) $= C_{10}H_8N_2O_5S = 268$.

22,3 T. 1, 5-Naphthylaminmonosulfosäure in Lösung mit 450 T. Schwefelsäure (66°) auf 0° abkühlen, bei 0°—10° mit 8 T. Salpetersäure (45°) nitrieren, auf Eis gießen, über das Na-Salz reinigen. Wollfarbstoff.

2482 **DRP. 224 387**

DRP. 164 665; 176 619

Nitronaphthalindiazoverbindungen.

(N_2Cl, (S), NO_2, (SO_3H))

Aromatische Amine in hochprozentiger Schwefelsäure diazotieren und in derselben Lösung bei niederer Temperatur nitrieren. Man löst z. B. 1-Aminonaphthalin-5-sulfosäure in konz. Schwefelsäure, fügt bei 10° eine Lösung von Nitrosylschwefelsäure in konz. Schwefelsäure zu, trägt dann die berechnete Menge Kaliumnitrat ein, verrührt die goldbraune Nitrierung nach einigen Stunden mit etwas Eis und filtriert die ausgeschiedenen orangegelben Krystalle. — Ebenso reagieren andere Aminonaphthalinsulfosäuren, auch Naphthylamin und Benzolderivate, z. B. p-Aminodiphenylaminmonosulfosäure, auch bei der Nitrosierung mittels Nitrits und beim Nitrieren auf üblichem Wege mit Nitriersäure.

2483 **DRP. 89 061** A. P. 587 757 E. P. 9103/95 F. P. 247 626

Diaminonaphthalinsulfosäuren $C_{10}H_6(NH_2)(NH_2)(SO_3H) = C_{10}H_{10}N_2O_3S = 238.$

1, 3-Diaminonaphthalin-6-sulfosäure: Ebenso wie die 1, 3-Diaminonaphthalin-7- und -8-sulfosäure durch Erhitzen der 1-Amino-(Oxy-)naphthalin-3, 6- bzw. 3, 7 (8)-disulfosäure mit Ammoniak unter Druck bei 160° bis 180°. Die wässerige Lösung der 7-Sulfosäure wird mit Eisenchlorid rotbraun.

2484 **DRP. 73 502**

1, 4-Diaminonaphthalin-7-sulfosäure: 22,3 T. 1, 7-Naphthylaminsulfosäure in 50 T. Monohydrat gelöst bei höchstens 10° nitrieren, auf Eis gießen, die Nitrosäure aus heißem Wasser umkrystallisieren. — Ebenso auch die **1,4-Diaminonaphthalin-6-sulfosäure.**

2485 **DRP. 94 075** Zusatz zu DRP. 90 906 und 90 905

1, 3-Diaminonaphthalin-5-sulfosäure: 220 T. naphthalin-1, 3, 5-trisulfosaures Natron mit 200 T. Ätznatron 6—8 St. unter Druck auf 140°—150° erhitzen, kalt 500 T. Ammoniak und 130 T. Salmiak zufügen, 15—20 St. auf 175° erhitzen, Ammoniak abtreiben, ansäuern.

2486 **DRP. 74 177** E. P. 15 444/93 F. P. 232 299

1, 4-Diaminonaphthalin-6 (7)-sulfosäure: 1-Aminonaphthalin-6- oder -7-sulfosäure als trockenes Na-Salz acetylieren, die Acetylverbindung nitrieren und die Nitroacetverbindung reduzieren. — Die **1-Amino-4-acetnaphthalid-7-sulfosäure** erhält man auch nach

2487 **DRP. 66 354** — J. pr. 48, 286

durch Sulfieren von schwefelsaurem 1-Amido-4-acetnaphthalid mit Oleum (20%) bei 25°—50°. Mit kochender verdünnter Schwefelsäure wird die Acetylgruppe abgespalten.

2488 **DRP. 70 890**

1, 5-Diaminonaphthalin-2-sulfosäure: 1, 2-Naphthylaminsulfosäure in schwefelsaurer Lösung nitrieren, die 1, 2-Nitronaphthylaminsulfosäure reduzieren. Die Nitrosäure läßt sich auf Wolle mit rotgelber Farbe fixieren.

2489 **DRP. 109 609**

1, 4-Diaminonaphthalin-6 (7)-sulfosäureacetylderivat: Acetylierung der 1, 4-Naphthylendiamin-6 (7)-sulfosäure als Na-Salz mit Essigsäureanhydrid bei 40°—50°.

2490 **DRP. 116 922**

Monoacet-1, 4-naphthylendiamin-6-sulfosäure: 1, 4-Naphthylendiaminsulfosäure mit Essigsäure (70%) und Acetat 20 St. unter Rückfluß kochen, bis eine Probe wasserlöslich und ohne Stickstoffentwicklung diazotierbar ist. Längeres Erhitzen oder konzentriertere Essigsäure führen zur Diacetylverbindung.

2491 **DRP. 85 058**

1, 5-Diaminonaphthalin-3-sulfosäure: 1-Nitronaphthalin-7-sulfosäure nitrieren und die erhaltene Dinitrosulfosäure reduzieren. — Die **1, 5-Diaminonaphthalin-4-sulfosäure** wird nach Ber. 22, 451 ebenso durch Nitrierung (folgende Verseifung und Reduktion) der acetylierten Naphthionsäure erhalten.

2492 **DRP. 65 834**

1, 6-Diaminonaphthalin-4-sulfosäure: 1-Amino-6-oxynaphthalin-4-sulfosäure mit Ammoniak unter Druck erhitzen.

2493 **DRP. 71 157**

1, 7-Diaminonaphthalin-4-sulfosäure: 100 T. 1-Amino-6-naphthol-4-sulfosäure mit 80 T. Ammoniak (0,91) 12—15 St. unter Druck auf 170°—180° erhitzen.

2494 **DRP. 67 017**

1, 8-Diaminonaphthalin-2- oder -3-sulfosäure: Naphthalin-2-sulfosäure bei niederer Temperatur in konz. Schwefelsäure dinitrieren und die Dinitrosulfosäure reduzieren. Da die Verbindung ein Azimid bildet, ist die Konstitution 1, 8, 3 wahrscheinlicher.

2495 **DRP. 70 019**

1, 8-Diaminonaphthalin-4-sulfosäure: 1, 5-Nitronaphthalinsulfosäure nitrieren, die Dinitrosulfosäure reduzieren. Oder nach

2496 **DRP. 216 075** A. P. 953 049 E. P. 6831/09 F. P. 407 602

158 T. 1, 8-Diaminonaphthalin mit 255 T. Schwefelsäure (96%) und 110 T. Wasser verrühren, die schließlich bröcklige Masse im Vakuum 10 St. bei 135° backen, in Soda lösen, filtrieren und das Filtrat ansäuern. Glänzende, sehr reine Blätter. Gute Ausbeute.

2497 | Anm. A. 3676 20. 11. 93 Berlin | **2, 3-Diaminonaphthalin-6-sulfosäure:** 2, 3-Dioxynaphthalin-6-sulfosäure R oder die aus ihr erhaltbare Aminooxynaphthalinsulfosäure mit Ammoniak unter Druck erhitzen. Die schwach essigsaure Lösung der Säure gibt mit Oxydationsmitteln gelbe Färbungen, mit salpetriger Säure entsteht ein Azimid.

2498 | **DRP. 72 222** | **2, 6-Diaminonaphthalin-4-sulfosäure:** 2, 6-Dioxynaphthalin-4-sulfosäure mit Ammoniak unter Druck erhitzen, oder nach Ber. **26**, 3033 die nach **DRP. 57 023** erhaltene **Nitro-2-aminonaphthalin-8-sulfosäure** reduzieren. Die Alkalisalze fluorescieren stark blau, Oxydationsmittel erzeugen Färbungen oder Fällungen.

2499 | **DRP. 84 627** | **2, 7-Diaminonaphthalinsulfosäure:** 2, 7-Dioxynaphthalindisulfosäure [2779, 2780] mit Ammoniak unter Druck erhitzen.

2500 | **DRP. 138 030** und **Zus. DRP. 138 031** | **Formyl-1, 4-naphthylendiamin-6-(7-)sulfosäure**

$SO_3H \cdot C_{10}H_5(NH_2)(NH \cdot CHO) = C_{11}H_{10}N_2O_4S = 266.$

10 T. 1, 4-Naphthylendiamin-6- bzw. -7-sulfosäure, feinst gemahlen mit 25 T. Ameisensäure (50%), auf 90°—95° erwärmen, nach 3—4 St. die Ameisensäure abdestillieren und den Rückstand waschen. Farblose, später rötliche Nädelchen. Das Ba-Salz ist zur Reindarstellung geeignet. Salzlösungen fluorescieren.

2501 | **DRP. 139 429** E. P. 16 932/02 F. P. 323 490 | **1, 3-Naphthylendiamin-6-sulfosäuredithioharnstoff**

$SO_3H \cdot C_{10}H_5(N \cdot CS \cdot NH_2)(N \cdot CS \cdot NH_2) = C_{12}H_{10}N_4O_3S_3 = 354.$

23,8 T. 1, 3-Naphthylendiamin-6-sulfosäure mit 350 T. heißem Wasser und 24 T. Salzsäure (19°) anteigen, mit 15,6 T. Rhodanammonium kochen, die Lösung zur Trockne dampfen, den Rückstand 3 St. auf 130° erhitzen, in Wasser lösen, filtrieren und das Na-Salz aussalzen. Gelbe Krystalle. Die freie Säure ist in Wasser unlöslich.

k) N—O—O.

2502 | **DRP. 51 478** — Ann. **247**, 358 | **Nitrosodioxynaphthaline** $C_{10}H_4\{NO, OH, OH\} = C_{10}H_7NO_3 = 189.$

Nitroso-1, 8-dioxynaphthalin: Aus 1, 8-Dioxynaphthalin in salzsaurer Lösung mit Na-nitrit. Flockiger, gelber Niederschlag, in Alkali intensiv orangefarbig löslich.

2503 | **DRP. 55 126** | **1-Nitroso-2, 6-dioxynaphthalin:** Aus 2, 6-Dioxynaphthalin in alkalischer Lösung mit der berechneten Menge Nitrit. Aussalzen. Oder nach

2504 | **DRP. 59 268** | 1 T. 2, 6-Dioxynaphthalin in Natronlauge gelöst, auf 30 T. verdünnt, wässerige Lösung von 0,45 T. Nitrit, dann bei 0° Essig- oder verdünnte Mineralsäure zusetzen, 24 St. stehenlassen, aussalzen. (Farbstoff.)

2505 | **DRP. 55 204** E. P. 17 223/89 F. P. 20 197 — Ber. **23**, 517 | **1-Nitroso-2, 7-dioxynaphthalin:** Wie [2506] mit 2, 7-Dioxynaphthalin (Sch.-P. 186°), das man aus Naphthalindisulfosäure oder 2-Naphtholsulfosäure F durch Schmelzen mit Kali erhält. Braunrotes Pulver, in Alkali rot, in konz. Schwefelsäure grün löslich.

2506 | **DRP. 53 915** E. P. 14 230/89 F. P. 200 785 | **1-Nitroso-2, 5-dioxynaphthalin:** 2,5 T. **Dioxynaphthalin** (nach [2430, 2435] durch Verschmelzen von 2-Naphthol-1-monosulfosäure mit Alkali) in Natronlauge kalt lösen, 1,2 T. Nitrit zugeben, mit Essigsäure schwach ansäuern. Rötlicher Niederschlag. In konz. Schwefelsäure rotviolett, in Alkali rot löslich.

l) N—O—S.

1 NO_2—2 O·R—6 (7) SO_3H . . . 2547, 2548
1 NH_2—OH—SO_3H . . . . . . 2507—2532
2 NH_2—OH—SO_3H . . . . . . 2533—2546
1 [NHH—2 O·CH_2·COOH] (Anhydr.) —6 SO_3H 2549
2 NH·R(NR_2)—8 OH—6 (5) SO_3H 2550, 2551, 2736
2 NH·R—5 OH—7 SO_3H 2552
2 NH·CH_2·COOR—OH—SO_3H 2553
2 NH·$COOC_2H_5$—5 OH—7 SO_3H 2554
1 NH·NH_2—2 OH—4 SO_3H . . . 1104, 2555
2 N:CH_2—8 OH—6 SO_3H 2556
2 (N·Azimid. 4 NH_2)—5 OH—7 SO_3H . . 2868
2 N·Pyrazolon—5 OH—7 SO_3H (Derivate) 2557, 2558
1 (2) [N_2Cl—2 (1) OH] Anhydr.—SO_3H 2559—2569, 2739

2507 **DRP. 82 097**

Aminonaphtholsulfosäuren $C_{10}H_6(NH_2)(OH)(SO_3H)$ = $C_{10}H_9NO_4S$ = 239.

1-Amino-2-oxynaphthalin-4-sulfosäure: Bisulfitverbindung des Nitroso-2-naphthols bei Gegenwart von Na-Bisulfit in wässeriger Lösung mit Salzsäure stehenlassen (Ber. 27, 23).

2508 **DRP. 82 676**

1-Amino-3-oxynaphthalin-6-sulfosäure: 1-Aminonaphthalin-3, 6-disulfosäure bei 200° mit Alkalien verschmelzen und die neben einer isomeren erhaltene obige Säure durch Aussalzen mit 10% Kochsalz abscheiden.

2509 **DRP. 94 079** Zusatz zu DRP. 90 905

Oder man erhitzt 34,8 T. 1-naphthol-3, 6-disulfosaures Natron mit 150 T. konz. Ammoniak, 12 T. 40grädiger Natronlauge und 6 T. Salmiak im Autoklaven 10—12 St. auf 180°. Ammoniak abdestillieren, ansäuern, die entstandene Naphthylendiaminsulfosäure abscheiden, das Filtrat aussalzen.

2510 **DRP. 57 007** — DRP. 58 352

1-Amino-3- od. **-7-oxynaphthalin-7-** od. **-3-sulfosäure:** 1-Aminonaphthalin-3, 7-disulfosäure unter Druck bei 200° mit Alkalien verschmelzen und durch Auslaugen mit Wasser von der gleichzeitig gebildeten schwerlöslichen isomeren Sulfosäure trennen.

2511 Anm. C. 4479 27. 2. 92 Grünau

1-Amino-5-oxynaphthalin-2-sulfosäure: 1-Aminonaphthalin-2, 5-disulfosäure unter Druck mit 50-prozentiger Alkalilauge auf 250° erhitzen. Aus heißem Wasser glänzende Nadeln, in kaltem Wasser schwer löslich.

2512 **DRP. 73 276**

1-Amino-5-oxynaphthalin-3- oder **-7-sulfosäure:** 1-Aminonaphthalin-3, 5- oder -5, 7-disulfosäure mit Alkalien bei 170° behandeln oder nach

2513 **DRP. 85 058**

1, 5-Diaminonaphthalin-7-sulfosäure mit Wasser unter Druck auf 160° erhitzen. Die Lösung der Säure wird mit Eisenchlorid braunschwarz. Die Diazoverbindung krystallisiert in tieforangegelben Nädelchen. Oder die 7-Sulfosäure nach

2514 **DRP. 188 505**

22,3 T. 1, 5-Naphthylaminsulfosäure in 75 T. Monohydrat lösen, bei 20° 80 T. Oleum (63%) eintragen, 8 St. bei 90°, dann 30 St. bei 120° sulfieren, auf Eis gießen und **1-Naphthylamin-2, 5, 7-trisulfosäure** als Bi-Na-Salz aussalzen. — 43,7 T. dieses Salzes bei 120° in 65 T. Ätznatron eintragen, Temperaturerhöhung auf 165°, Weitererhitzen auf 175°, bis eine Probe rein blauviolett (nicht mehr grün) fluoresciert, verdünnen, ansäuern: die Säure fällt als Mono-Na-Salz aus. Aus 81,2 T. dieses 1, 5-aminonaphthol-7-sulfosauren Natriums und 550 T. Schwefelsäure (10%), 7 St. im Autoklaven auf 130°—135° erhitzt, erhält man die 1, 5-Aminonaphthol-7-sulfosäure.

2515 **DRP. 68 564**

1-Amino-5-oxynaphthalin-6-sulfosäure: 1-Amino-5-oxynaphthalin mit Schwefelsäure (66°) bei gewöhnlicher Temperatur sulfieren. Die Lösung der Säure wird mit Eisenchlorid blau, in der Wärme mißfarbig rot. Chlorkalk färbt die Lösung braun.

2516 **DRP. 82 676**

1-Amino-6-oxynaphthalin-3-sulfosäure: 1-Aminonaphthalin-3, 6-disulfosäure bei 200° mit Alkalien verschmelzen und die erhaltene Sulfosäure von einer gleichzeitig entstandenen Isomeren durch Aussalzen der letzteren aus der wässerigen Lösung der Natriumsalze mit 10% Kochsalz trennen. Oder nach

2517 Anm. C. 5163 27. 6. 94 Cassella — die vorliegende Monosulfosäure sulfieren und die erhaltene 1-Amino-6-oxynaphthalin-3, 5-disulfosäure mit verdünnten Mineralsäuren kochen.

2518 **DRP. 68 232** — **1-Amino-6-oxynaphthalin-4-sulfosäure:** 1-Aminonaphthalin-4, 6-disulfosäure bei 180°—200° mit Alkalien verschmelzen. Die Lösung der Salze fluoresciert blauviolett, jene der Säure wird mit Eisenchlorid bräunlich.

2519 **DRP. 62 964** — **1, 7, 3-** oder **2, 8, 6-Aminooxynaphthalinsulfosäure:** 1, 7, 3-Dioxynaphthalinmonosulfosäure [2616] mit Ammoniak unter Druck auf 140° erhitzen. Die leichtlöslichen Salze bräunen sich an der Luft, ihre Lösung wird mit Chlorkalk braunrot, mit Eisenchlorid schwarzblau und mit Chromsäure schwarz.

2520 **DRP. 75 066** — **1-Amino-7-oxynaphthalin-4-sulfosäure:** 1-Amino-7-oxynaphthalin unter 30° mit Schwefelsäure (66°) sulfieren. Die Alkalisalze fluorescieren in Lösung blau.

2521 **DRP. 75 710** — **1-Amino-8-oxynaphthalin-2-sulfosäure:** 1-Aminonaphthalin-2, 8-disulfosäure mit Alkalien bei 200° verschmelzen oder aus der 1-Amino-8-oxynaphthalin-2, 4-disulfosäure durch Erhitzen mit verdünnter Mineralsäure über 100° eine Sulfogruppe abspalten.

2522 Anm. F. 4723 18. 4. 90 Elberfeld E. P. 13 443/90 F. P. 210 033 — **1-Amino-8-oxynaphthalin-3-sulfosäure:** 1-Aminonaphthalin-3, 8-disulfosäure unterhalb 210° mit Alkalien verschmelzen. Die neutrale Salzlösung wird mit Eisenchlorid schwarzviolett, mit wenig Chlorkalk rot gefärbt, die rote Färbung verschwindet im Überschuß des Chlorkalkes.

2523 **DRP. 70 780** — **1-Amino-8-oxynaphthalin-3-** oder **-6-sulfosäure** (H): 1, 8-Diaminonaphthalinmonosulfosäure mit verdünnten Mineralsäuren auf 120° erhitzen [2591].

2524 **DRP. 63 074** **DRP. 75 317** — **1-Amino-8-oxynaphthalin-4-sulfosäure:** 1-Aminonaphthalin-4, 8-disulfosäure nicht viel über 200° mit Alkalien verschmelzen. Die Lösung der Salze wird mit Eisenchlorid vorübergehend smaragdgrün, mit Chlorkalk entsteht eine schmutzigbraune Färbung, die im Überschuß verschwindet. Die Säure reduziert ammoniakalische Silberlösung.

2525 **DRP. 73 607** — **1-Amino-8-oxynaphthalin-4- oder -5-sulfosäure:** 1, 8-Diaminonaphthalin-4-sulfosäure mit verdünnten Mineralsäuren kochen. Die Lösung der Alkalisalze fluoresciert violett.

2526 **DRP. 120 016** — **1-Amino-8-oxynaphthalin-4-sulfosäure:** 1, 8-Naphthylendiamin-4-sulfosäure in alkalischer Lösung mit überschüssiger Bisulfitlösung unter Zusatz von Aceton auf 60°—65° erwärmen, weiter nach Bildung eines gelbbraunen Kondensationsproduktes auf 95°—100° erhitzen, bis eine Probe salzsäurelöslich ist, nach 48—60 St., (so lange dauert diese zweite Umsetzung), ansäuern, die schweflige Säure wegkochen und den Schwefligsäureester der 1, 8-Aminonaphthol-4-sulfosäure mit Alkalien spalten.

2527 **DRP. 75 055** — **1-Amino-8-oxynaphthalin-5-sulfosäure:** 1-Aminonaphthalin-5, 8-disulfosäure bei 150°—160° mit Alkalien verschmelzen oder nach

2528 **DRP. 54 662** **DRP. 62 289** **DRP. 77 937** — 1-Amino-8-oxynaphthalin mit konz. Schwefelsäure bei 15°—20° sulfieren und die rohe Sulfosäure über das leichtlösliche saure Ca-Salz von geringen Mengen gleichzeitig entstandener 1, 8, 7-Säure trennen. Lösung der sehr schwer löslichen Säure wird mit Eisenchlorid grün, mit Chlorkalk entsteht eine rotbraune Färbung, die zunächst verschwindet und im Chlorkalküberschuß wieder erscheint [2450].

2529 **DRP. 80 853** — **1-Amino-8-oxynaphthalin-6-sulfosäure:** 1-Aminonaphthalin-6, 8-disulfosäure mit Alkalien bei 200° verschmelzen. Die blauviolett fluorescierende alkalische Lösung der Säure wird mit Chlorkalk rotbraun, mit Eisenchlorid grün, später mißfarbig.

2530 **DRP. 112 778** — **1-Amino-8-oxynaphthalin-6-sulfosäure:** 1-Amino-8-chlornaphthalin-6-sulfosäure mit gleichen Teilen Ätznatron und Wasser unter Druck auf 190°—195° erhitzen, Schmelze sauer stellen und die Aminonaphtholsulfosäure wie üblich abscheiden.

2531 **DRP. 82 900** — **1-Amino-8-oxynaphthalin-7-sulfosäure:** 1-Amino-8-oxynaphthalin mit Schwefelsäure (75%) bei 130°—160° sulfieren oder nach

2532 **Zus. DRP. 84 951** — mit Schwefelsäure (66°) bei 15°—20° sulfieren und die 7-Sulfosäure von der gleichzeitig in vorwiegender Menge gebildeten 1-Amino-8-oxynaphthalin-5-sulfosäure über die sauren Ca-Salze trennen. Jenes der 7-Sulfosäure ist schwer, das der 5-Sulfosäure leicht löslich.

2533 **DRP. 69 228** — Ber. 26, 1280

$C_{10}H_5$ (Naphthalinring) NH_2 } OH, SO_3H

2-Amino-1-oxynaphthalin-4- oder **-5-sulfosäure:** 2-Amino-1-oxynaphthalin mit Oleum (10%) bei gewöhnlicher Temperatur sulfieren.

2534 **DRP. 53 076** — Ber. 27, 763 — **2-Amino-3-oxynaphthalin-6-sulfosäure R:** 2-Aminonaphthalin-3, 6-disulfosäure mit Alkalien bei 240° verschmelzen. Die violett fluorescierenden Lösungen der neutralen Salze werden mit Eisenchlorid dunkelblau, dann mißfarbig, mit Chlorkalk gelbbraun, im Überschuß verschwindend.

2535 **DRP. 62 964** — **2-Amino-3-oxynaphthalin-6-** oder **-7-sulfosäure:** 2, 3-Dioxynaphthalin-6-sulfosäure mit Ammoniak unter Druck auf 150°—160° erhitzen. Die Lösung der Säure wird mit Chlorkalk dunkelbraun, mit Chromsäure mißfarbig braun.

2536 **DRP. 63 956** — **2-Amino-3-** oder **-7-oxy-6-** bzw. **-7-sulfosäure:** Dioxynaphthalinsulfosäure (2, 3, 6 oder 2, 7, 3) mit Ammoniak unter Druck auf 120° bis 150° erhitzen. Die Lösung der Alkalisalze wird mit Chlorkalk gelb, beim Kochen braun, mit Eisenchlorid dunkelschwarzgrün, mit Chromsäure dunkelbraun.

2537 Anm. F. 7978, 15. 12. 94, Elberfeld — **2-Amino-4-oxynaphthalin-7-sulfosäure:** 2-Aminonaphthalin-4, 7-disulfosäure zwischen 130° und 200° mit Alkalien verschmelzen.

2538 **DRP. 85 241** und Anm. F. 8070, 9. 2. 95, Elberfeld — **2-Amino-4-oxynaphthalin-8-sulfosäure:** 2-Aminonaphthalin-4, 8-disulfosäure bei 215° mit Alkalien verschmelzen.

2539 **DRP. 233 105**, A. P. 1 022 019, E. P. 9743/10, F. P. 416 963 — DRP. 80 878, DRP. 145 906, DRP. 160 536, DRP. 162 009 — **2-Amino-5-oxynaphthalin-1-sulfosäure:** 400 T. Preßkuchen (50 bis 60%) des Na-Salzes von 2-Aminonaphthalin-1, 5-disulfosäure (aus 2-Aminonaphthalin-1-sulfosäure durch Weitersulfieren) in 150° heißes Ätzkali (800 T.) eintragen, auf 210°—230° erhitzen, nach $^1/_2$ St. die dünnflüssige, dunkelgelbe Schmelze wie üblich aufarbeiten. Die Säure fluoresciert in alkalischen Lösungen grünlich, scheidet sich aus Lösungen häufig zuerst gallertig aus. Oder nach

2540 **DRP. 242 052** — 2, 1, 5-Naphthylamindisulfosäure verschmelzen. Liefert mit Phosgen in sodaalkalischer Lösung eine gegen Natriumnitrit in saurer Lösung sehr reaktionsfähige Harnstoffverbindung.

2541 Anm. F. 7372, 16. 2. 94, Elberfeld — **2-Amino-5-oxynaphthalin-6-sulfosäure:** Entsteht als leichtlösliche Säure neben der schwerlöslichen 8-Sulfosäure beim Sulfieren von 2-Amino-5-oxynaphthalin mit Schwefelsäure (66°) bei 20°—30°. Die Lösung der leichtlöslichen Säure fluoresciert violett, gibt mit Eisenchlorid einen graublauen Niederschlag, wird mit Chlorkalk braun, dann gefällt. Jene der schwerlöslichen Säure fluoresciert rotviolett, wird mit Eisenchlorid sofort mißfarbig niedergeschlagen und reagiert mit Chlorkalk wie die leichtlösliche Säure.

2542 Anm. B. 14 154, 2. 1. 93, Badische — **2-Amino-5-** od. **-7-oxynaphthalin-7-** od. **-5-sulfosäure:** 2-Aminonaphthalin-5, 7-sulfosäure bei 180° mit Alkalien verschmelzen. Die blau fluorescierende Lösung der Alkalisalze wird mit Eisenchlorid braunschwarz gefällt [2439].

2543 **DRP. 70 285**

2-Amino-5-oxynaphthalin-8-sulfosäure: 1, 6-Dioxynaphthalin-4-sulfosäure mit Ammoniak unter Druck auf 160° erhitzen. Die Lösung der Säure wird mit Eisenchlorid braun, nach einiger Zeit erfolgt Fällung.

2544 **DRP. 131 526**

50 T. 2, 7-Aminonaphthol in 500 T. Schwefelsäure (66°) einrühren, 12 St. bei 30° stehen lassen, die erhaltene **2, 7-Aminonaphtholdisulfosäure** in wässeriger Lösung 24 St. auf 100° erwärmen, stark verdünnen, die ausgeschiedene Säure filtrieren, waschen, zur Gewinnung des Monosulfosäurenatronsalzes in Sodalösung lösen, auskrystallisieren lassen.

2545 Anm. F. 5335
2. 2. 94
Elberfeld

2-Amino-8-oxynaphthalin-5- oder **-7-sulfosäure (Sch):** Entsteht als leichtlösliche Säure neben der schwerlöslichen Säure V beim Sulfieren von 2-Amino-8-oxynaphthalin mit Schwefelsäure (66°) bei 20° bis 30°. Die Lösung der gelben Diazoverbindung der schwerlöslichen Säure läuft auf Fließpapier rot aus, jene der schwerlöslichen braun.

2546 **DRP. 53 076**

2-Amino-8-oxynaphthalin-6-sulfosäure (G): 2-Aminonaphthalin-6, 8-disulfosäure mit Alkalien bei 230°—280° verschmelzen. Die Lösung der Säure wird mit Eisenchlorid mißfarbig bordeauxrot, mit Chlorkalk dunkelrotbraun, im Überschuß verschwindend. S. a. Anm. C. 3063 vom 4. 10. 89, Cassella.

2547 Anm. C. 2883, Kl. 22
26. 3. 89
Cassella
A. P. 421 640
F. P. 198 074/75

Nitro-(amino-)naphtholäthersulfosäuren

$NO_2(NH_2)$, $O{\cdot}R(C_2H_5)$, SO_3H [Naphthalinring] $= C_{12}H_{11}NO_6S = 297.$

Sehr leicht durch Nitrieren z. B. der Alkylierungsprodukte der 2, 6- und 2, 7-Naphtholsulfosäure erhaltbar. Geben reduziert **Aminonaphtholäthersulfosäuren,** die man auch durch vorsichtiges Sulfieren der Aminonaphtholäther herstellen kann. Ähnlich nach

2548 **DRP. 69 155**

die **Amino-2-äthoxynaphthalin-6 (7)-sulfosäure** aus 2, 6- bzw. 2, 7-Naphtholsulfosäure.

2549 **DRP. 58 614**
E. P. 12 326/90
F. P. 207 453

1-Amino-2-oxyessigsäurenaphthalin-6-sulfosäure

NH_2, $O{\cdot}CH_2{\cdot}COOH$, SO_3H [Naphthalinring] $= C_{12}H_{11}NO_6S = 287.$

Die aus 2-Oxynaphthalin-6-sulfosäure und Monochloressigsäure erhaltene **Naphthoxylessigsulfosäure** nitrieren, Nitroverbindung reduzieren und das so gebildete **Aminonaphthoxylessigsulfosäureanhydrid** mit Natronlauge kochen. Das mit Säuren in der Wärme leicht entstehende Anhydrid krystallisiert in glänzenden Blättchen und ist in kaltem Wasser schwer löslich.

2550 **DRP. 91 506**
E. P. 2771/96
F. P. 250 697

Mono- und Dialkyl-2-amino-8-naphthol-6-sulfosäure

OH, $NH{\cdot}R(NR_2)$, SO_3H [Naphthalinring] $= C_{12}H_{13}NO_4S = 269.$

Naphtholdisulfosäure-G mit Mono- bzw. Dialkylamin im Autoklaven über 200° erhitzen, die erhaltene Naphthylamindisulfosäure mit Ätzalkalien bei 210°—220° verschmelzen und die gebildeten alkylierten Sulfosäuren abscheiden. — Oder: Alkylieren der Aminonaphtholmonosulfosäure-G [2546].

2551 **DRP. 90 274**

Dimethyl-1-aminonaphtholsulfosäure: 10 T. Dimethyl-1-naphthylaminsulfosäure mit 30 T. Oleum (25%) 6 St. auf 120°—130° erhitzen oder Dimethyl-1-naphthylamindisulfosäure mit der doppelten Menge Ätznatron und der halben Menge Wasser bis zur Beendigung des Schäumens bei 150°—200° verschmelzen. Die wässerige Alkalisalzlösung der dialkylierten Base fluoresciert blauviolett, wird mit Chlorkalklösung gelbbraun und reduziert Silberlösungen.

2552 **DRP. 95 624**

2-Äthylamino-5-naphthol-7-sulfosäure

SO_3H, $NH{\cdot}C_2H_5$, OH [Naphthalinring]

Bei Sulfierung von Äthyl-2-naphthylaminchlorhydrat mit schwach rauchender Schwefelsäure bei mäßiger Temperatur entsteht 5- neben wenig 8-Monosulfosäure; letztere als

Na-Salz in Sprit schwer löslich und so von jenem leichtlöslichen der 5-Sulfosäure trennbar. 7-Monosulfosäure entsteht beim Sulfieren mit Monohydrat bei 140°. Mit 5 T. Oleum (20%) bei 100°—120° höher sulfiert, geben die 5- und 7-Monosulfosäuren die 5, 7-Disulfosäure (alkalische Lösung fluoresciert blau), die mit Ätzalkalien verschmolzen die 5-Naphthol-7-sulfosäure liefert. Fluoresciert in alkalischen Lösungen violett, wässerige Lösung mit Eisenchlorid oder Chlorkalklösung zeigt in der Kälte rotbraune Färbung.

2553 Anm. L. 31 756, Kl. 12q 30. 11. 11 Levinstein

Aminooxynaphthalinsulfosäureglycinester $C_{10}H_5(NH{\cdot}CH_2{\cdot}COOR)(OH)(SO_3H)$

Aminooxynaphthalinsulfosäuren, die NH_2- und OH-Gruppen nicht im selben Kerne enthalten, mit Alkyl- oder Arylestern der Chloressigsäure bei Gegenwart salzsäurebindender Mittel warm kondensieren.

2554 **DRP. 221 967**

2-Amino-5-naphthol-7-sulfosäure-carbaminsäurealkyl- u. **-arylester**

$SO_3H{\cdot}C_{10}H_5(OH){\cdot}NH{\cdot}COOC_2H_5 = C_{13}H_{13}NO_6S = 311.$

261 T. Na-Salz der 2, 5, 7-Aminonaphtholsulfosäure (J-Säure) mit 700 T. Wasser anrühren, langsam 120 T. Chlorkohlensäureester zufließen lassen, wenn der Geruch verschwunden ist, verdünnen und das Na-Salz des J-Säure-carbaminsäureäthylesters filtrieren. — Ebenso der Amylester, dessen Na-Salzlösung leicht gelatiniert. Das Na-Salz des Benzylesters ist leicht, jenes des **J-Säure-carbaminsäure-p-nitrobenzylesters** schwer löslich.

2555 **DRP. 258 017**

1-Hydrazino-2-oxynaphthalin-4-sulfosäure

Wie [954] aus 1-Amino-2-oxynaphthalin-5-sulfosäure.

2556 **DRP. 88 434**

Methylenaminonaphtholsulfosäure

$SO_3H{\cdot}C_{10}H_5(OH){\cdot}N:CH_2 = C_{11}H_9NO_4S = 252.$

26,1 T. γ-aminonaphtholsulfosaures Natron in 70 T. Wasser und Salzsäure gelöst, weiter mit 150 T. Wasser verdünnt bei 50°—60° unter der Oberfläche der Flüssigkeit mit 12 T. Formaldehyd versetzen, die bräunlichrote Flüssigkeit abkühlen, mit Soda neutralisieren, die Lösung direkt verwenden.

2557 **DRP. 131 537** F. P. 304 721 — DRP. 138 902

Oxynaphthalinpyrazolonderivate

$SO_3H{\cdot}C_{10}H_5(OH){-}N\langle\begin{smallmatrix}N = C{\cdot}CH_3 \\ CO - CH_2\end{smallmatrix} = C_{14}H_{12}N_2O_5S = 320.$

Kondensation von Acetessigester oder Dioxyweinsäure mit den von Aminonaphtholen ableitbaren Hydrazinen. Z. B. die Pyrazolonsulfosäure aus Acetessigester und 2-Hydrazin-5-naphthol-7-sulfosäure oder aus 2 Mol. der letzteren mit 1 Mol. Dioxyweinsäure. Z. B.: 25,4 T. 2-Hydrazin-8-naphthol-6-sulfosäure in 30 T. Wasser und 1 Äquiv. Soda lösen, 20 T. Essigsäure (30%) zugeben und 13 T. Acetessigester unter Rühren zufließen lassen, nach Lösung auf 80° erwärmen, überschüssige Salzsäure zusetzen, die bald abgeschiedene Pyrazolonsulfosäure filtrieren, mit wenig Wasser waschen, trocknen. — Ebenso die **1-Pyrazolon-5-oxynaphthalin-7-sulfosäure.** — Analog die **5-Naphthol-7-sulfo-2-(pyrazolon-III-carbon-)säure** mit Oxalessigester und die **Naphthotartrazinsäure** mit dioxyweinsaurem Natrium.

2558 **DRP. 233 068** — [1]) Anm. F. 23 744 15. 3. 09 Elberfeld A. P. 910 437 F. P. 391 456

10 T. **2-Naphthyl-5, 7-disulfosäure-3-methyl-5-pyrazolon** (aus 2-Naphthylhydrazindisulfosäure und Acetessigester[1])) mit 50 T. Ätzkali bei 160°—180° verschmelzen, wenn gleichmäßig flüssig in Eiswasser gießen und mit Säure fällen. Dieses und die analogen Produkte sind schwer löslich und geben mit salpetriger Säure gelbe, unlösliche Nitrosoverbindungen. — Ebenso erhält man **Oxy-2-naphthylmonosulfosäuredimethylpyrazolone** aus methylierten Naphthylpyrazolondisulfosäuren.

2559 **DRP. 145 906**
A. P. 710 059
E. P. 6615/02
F. P. 319 868
—
DRP. 148 881

Naphthalin-1, 2-oxydiazoverbindungen

SO_3H {Naphthalin mit N_2Cl und OH} → {Naphthalin mit N=N–O} SO_3H = $C_{10}H_6N_2O_4S$ = 250.

1-Chlor-2-naphthylamin-5-sulfosäure (durch Sulfieren von 1-Chlor-2-naphthylamin bei niederer Temperatur) diazotieren (Produkt wenig löslich, kuppelt mit 2-Naphthol gelbrot), mit Soda- oder Pottaschelösung auf 50°—60° erwärmen; nach 1/2 St. entstandene blaßgelbe Lösung von **2-Diazo-1-naphthol-5-sulfosäure** kuppelt mit 2-Naphthol beim Erwärmen reinblau. — Ebenso kann man in der diazotierten 2-Naphthylamin-1, 5-disulfosäure die zur Diazogruppe benachbarte Sulfogruppe gegen Hydroxyl austauschen, nach

2560 **Zus. DRP. 148 882**

ebenso die 1-Sulfogruppe in der 2-Amino-1, 6- und -1, 7-naphthalindisulfosäure.

2561 **DRP. 156 440**
E. P. 27 372/03
F. P. 338 819

Austausch der in o-Stellung zur 1-Aminogruppe befindlichen SO_3H-Gruppe in diazotierter 1-Naphthylamin-2, 4- und -2, 5-disulfosäure gegen OH durch Behandlung mit Sodalösung (26,5%) oder Bicarbonaten der Alkalien, Erdalkalien oder mit Acetaten; nach

2562 **Zus. DRP. 157 325**

genügt auch das Stehenlassen in verdünnter schwach saurer oder neutraler Lösung. Da das abgespaltene Sulfit zur Bildung störend wirkender Diazosulfonsäuren Anlaß gibt, arbeitet man nach

2563 **DRP. 160 536**
A. P. 770 177
E. P. 4997/04
F. P. 338 819
—
DRP. 158 532

in sodaalkalischer Lösung bei Gegenwart von Chlor oder Hypochloriten. — Z. B.: 32,5 T. 2-Naphthylamin-1, 5-disulfosäure als saures Na-Salz in 300 T. Wasser und 10 T. Schwefelsäure (66°) lösen, mit 7 T. Nitrit in 100 T. Wasser diazotieren, mit Soda neutralisieren, bei 25°—30° eine Lösung von 50 T. Soda in 200 T. Wasser + 62 T. Hypochloritlösung (10% aktives Chlor) eintropfen lassen. Wenn mit einer verdünnten Lösung von 2-Naphtholnatrium kein roter Farbstoff mehr entsteht, ist der Austausch beendet; Lösung direkt zum Kuppeln verwenden. Ebenso erfolgt die Bildung, wenn man Chlor einleitet. Nach

2564 **Zus. DRP. 162 009**
E. P. 21 638/04
F. P. 338 819 Zus.

verwendet man statt Hypochlorit andere Oxydationsmittel, z. B. läßt man 37,4 T. Wasserstoffsuperoxyd zu der Diazolösung aus 303 T. 2-Naphthylamin-1, 5-disulfosäure bei 40° in sodaalkalischer Lösung zutropfen.

2565 **DRP. 171 024**
A. P. 793 743
E. P. 10 235/04
F. P. 349 989
—
Ber. 21, 3475; 25, 983; 26, 1283; 27, 680; 27, 683

Die Diazotierung erfolgt bei Gegenwart geringer Metallsalzmengen. Z. B.: 12 T. 1-Amino-2-naphthol-6-sulfosäure in 100 T. Wasser lösen, eine Lösung von 0,8 T. Kupferchlorid (oder Kupfervitriol oder Eisenchlorür oder Eisenchlorid) zugeben, unter Eiskühlung mit 3,5 T. Nitrit diazotieren, Diazolösung filtrieren, mit reiner Salzsäure schwach ansäuern und mit Chlorbariumlösung fällen. Die Ba-Salze (in manchen Fällen fällt auch die schwerlösliche Diazoverbindung schon nach dem Salzsäurezusatz evtl. mit Kochsalz aus), ebenso wie die Diazoverbindung sind krystallinische, nicht explosive, graue bis gelbe Pulver. Z. B.: **1-Diazo-2-naphthol-4-, 6-, 7-, 8-mono-** oder **4, 6-, 4, 7-, 3, 7-, 3, 6-, 6, 8-di-** oder **3, 6, 8-trisulfosäure;** ebenso **2-Diazo-1-naphthol-4-, 5-mono-** oder **4, 7-, 4, 8-, 3, 6-, 3, 8-di-** oder **3, 6, 8-trisulfosäure.**

2566 **DRP. 175 593**
und Zusätze
DRP. 178 621 u.
DRP. 178 936
A. P. 807 422
E. P. 23 034/05
F. P. 353 786

26 T. Zinkvitriol in 150 T. Wasser lösen, 12 T. Natronlauge (40°) und 48 T. 1, 2-Aminonaphthol-4-sulfosäurepaste (50%) zugeben, eine konz. Lösung von 7 T. Nitrit zufließen lassen, mehrere Stunden bei 25°—30° rühren und das Zinksalz der **1, 2-Diazooxydnaphthalinsulfosäure**

{Naphthalin mit N=N–O}–SO_3—Zn—SO_3–{Naphthalin mit N=N–O}

filtrieren. Auch mit Ammoniak statt Natronlauge herstellbar; evtl. muß man aussalzen oder mit Essigsäure schwach sauer stellen. Die Zinksalze sind auch in heißem Wasser schwer löslich, krystallisieren daraus in messingglänzenden Nadeln, geben mit Soda umgesetzt Na-Salze, die in goldgelben Krystallen ausfallen. Das Zink stört jedoch bei der Farbstoffbildung nicht. — Nach den Zusätzen verwendet man statt Zinknitrit Nickelnitrit, bezw. Quecksilbernitrit.

2567	**DRP. 189 179** E. P. 10 323/06 F. P. 365 919	Diazotierung bei Gegenwart von Kochsalz, Chlorkalium, -ammonium, Magnesiumsulfat. Z. B.: 24 T. 1-Amino-2-naphthol-4-sulfosäure + 15 T. Kochsalz in 200 T. Wasser mit 7 T. Nitrit in 20 T. Wasser gelöst diazotieren, nach 45 Min. die klare braungelbe Lösung ansäuern, die Diazooxydsäurekrystalle filtrieren und mit verdünnter Salzsäure waschen. Direkt verwendbar, während die Metallverbindungen [**2565, 2566**] vor der Kupplung erst zerstört werden müssen.
2568	**DRP. 181 714** A. P. 797 441 A. P. 806 415 E. P. 82/05 F. P. 351 125	23,9 T. 1, 2-Aminonaphthol-4-sulfosäure in 200 T. Wasser und 29 T. Natronlauge (30%) lösen, unter 0° mit 11 T. Essigsäureanhydrid acetylieren, nach $^1/_2$—1 St. in die neutrale oder kaum alkalische Flüssigkeit 7 T. festes Nitrit eintragen, zwischen 0°—10° 30 T. gewöhnliche Salzsäure einstürzen und den gelben Krystallbrei der **Acetooxydiazonaphthionsäure** direkt zur Farbstoffbildung verwenden. Die Abspaltung der Acetylgruppe erfolgt beim Stehenlassen der Farbstofflösung, rascher beim Erwärmen.
2569	Anm. F. 34 725, Kl. 12 q 1. 7. 12 Höchst	Zur Herstellung der **1-Diazo-2-oxynaphthalin-5-sulfosäure** trägt man die Aminosäure in wässerige Nitritlösung ein und behandelt kurze Zeit bei 25°—40°. Die Diazolösung kann direkt zur Farbstoffbildung dienen.

m) N—S—S.

2570	Anm. F. 31 910, Kl. 12 q. 12. 2. 12 Elberfeld	**Aminonaphthalindisulfosäuren** $C_{10}H_6(NH_2)(SO_3H)_2$ = $C_{10}H_9NO_6S_2$ = 303. **1-Aminonaphthalin-2, 6-disulfosäure:** 1-Aminonaphthalin-2, 4, 6-trisulfosäure oder ihre Salze mit Säuren erhitzen, bis die Sulfogruppe abgespalten ist. Aus der Mutterlauge **1-Aminonaphthalin-4, 6-disulfosäure** abscheidbar.
2571	**DRP. 56 563**	**1-Aminonaphthalin-2, 5 (?)-disulfosäure:** 1-Aminonaphthalin-2-sulfosäure mit Oleum oder Schwefelsäurechlorhydrin behandeln.
2572	**DRP. 62 634**	**1-Aminonaphthalin-2, 7-disulfosäure:** Die Salze der 1-Aminonaphthalin-2, 4, 7-trisulfosäure mit Wasser unter Druck auf 230° erhitzen.
2573	**DRP. 75 710**	**1 - Aminonaphthalin - 2 - (4) - 8 - disulfosäure:** Das Natriumsalz der 1-Aminonaphthalin-2, 4, 8-trisulfosäure mit Schwefelsäure (40%) auf 110° erhitzen. Die alkalischen Lösungen der Säure fluorescieren grün. Sie gibt keine Diazoverbindung.
2574	**DRP. 92 082**	**1-Aminonaphthalin-2, 4-disulfosäure:** 30 T. 1-Nitronaphthalin mit 250 T. Natriumbisulfitlösung (20%) 20 St. auf 100° erhitzen, kalt vom Glaubersalz filtrieren, Filtrat ansäuern, zur Entfernung von etwas entstandener Naphthionsäure in wenig Wasser lösen, filtrieren, Filtrat mit Kochsalz fällen.
2575	**DRP. 45 776** A. P. 405 938 E. P. 4625/88 E. P. 5910/88 F. P. 189 712	**1-Aminonaphthalin-3, 8-disulfosäure:** Naphthalin bei gewöhnlicher Temperatur mit Oleum (24%) sulfieren, in der Sulfierung unter Eiskühlung gleich weiternitrieren und das entstandene Gemenge von **1-Nitro-3, 8-** und **-4, 8-disulfosäure** auf Grund der schwereren Löslichkeit der Na-Salze der 1, 4, 8-Säure [**2584**] der durch Reduktion erhaltenen Aminodisulfosäuren trennen. Oder nach
2576	**DRP. 52 724** — Ber. 22, 3328	2-Naphthalinmonosulfosäure mit Oleum sulfieren, die Naphthalindisulfosäure nitrieren und die Nitrosäure reduzieren oder nach
	Anm. B. 9514 9. 4. 89 Badische	Naphthalin mit Schwefelsäure (66°) zwischen 90° und 100° sulfieren, die erhaltene Disulfosäure nitrieren, aussalzen und reduzieren.

2577 **DRP. 41 957** — **1-Aminonaphthalin-4, 6-disulfosäure (Dahl II):** 1 T. 1-Naphthylamin und 4—5 T. Oleum (25%) bis zur Wasserlöslichkeit auf 120° erwärmen, das erhaltene Sulfosäurengemenge auskalken, trocken mit Sprit auskochen (96%), den unlöslichen Rückstand mit Sprit (85%) auskochen, wobei nur das Ca-Salz obiger Säure in Lösung geht. Oder nach

2578 Anm. C. 4021, 30. 11. 92, Cassella — 1-Aminonaphthalin-6-sulfosäure mit Oleum erwärmen. Vgl. **DRP. 27 346:** Naphthalin sulfieren, folgend nitrieren und reduzieren.

2579 **DRP. 41 957** — **1-Aminonaphthalin-4, 7-disulfosäure (Dahl III):** 1 T. 1-Naphthylamin mit 4—5 T. Oleum (25%) auf 120° bis zur Wasserlöslichkeit oder 1 T. Naphthionsäure mit 3,5 T. Oleum (25%) mehrere Tage auf weniger als 30° erwärmen, auskalken, trocken mit Sprit (85%) auskochen, wobei das Ca-Salz obiger Säure ungelöst bleibt oder nach

2580 Anm. F. 6550, 6. 2. 93, Elberfeld — 1-Aminonaphthalin-7-sulfosäure mit Schwefelsäure (66°) oder schwachem Oleum auf 80°—140° erhitzen. Die Lösungen der Säure fluorescieren blau. Oder nach

2581 **DRP. 215 338** — DRP. 79 577, DRP. 125 583, DRP. 127 090 — 16 T. fein gemahlenes 1, 8-Dinitronaphthalin als Paste (50%) mit 150 T. Bisulfitlauge (40%) und 30 T. Ammoniak (25%) auf 80°—90° erwärmen, die hellgelbe Lösung nach 8 St. filtrieren, zur Zerlegung der gebildeten 1-Naphthylsulfamin-4, 7-disulfosäure das Filtrat mit 60 T. konz. Salzsäure 12 St. rühren, den Brei absaugen, den Kuchen in 100 T. warmem Wasser lösen. Kalt krystallisiert die Disulfosäure aus. Im Filtrat mit 25 T. Kochsalz **1-Aminonaphthalin-2, 4, 7-trisulfosäure** aussalzen. Um das während der Bildung entstehende Alkali zu binden, kann man auch statt in Ammoniaklösung zu arbeiten, Säure oder Bisulfit zutropfen lassen. Nach

2582 **Zus. DRP. 221 383** — verwendet man das technische 1, 5-1, 8-Dinitronaphthalingemenge, da das 1, 5-Dinitronaphthalin nicht angegriffen wird und so isoliert werden kann. 200 T. Rohnitrogemenge (1, 5 : 1, 8 = 1 : 2) als Paste (60%) mit 740 T. Bisulfitlauge (40%) und 140 T. Ammoniak (25%) 5—6 St. bei 80°—90° rühren, filtrieren und das Filtrat wie [2581] aufarbeiten. Im Rückstand sind 30—35 T. 1, 5-Dinitronaphthalin.

2583 **DRP. 40 571** — E. P. 15 775 bis 15 782/85, A. P. 333 034 — **1-Aminonaphthalin-4, 8-disulfosäure:** 1-Aminonaphthalin-8-sulfosäure mit Oleum (10%) im Wasserbade erwärmen oder nach

2584 **DRP. 45 776** — Naphthalin mit Oleum bei gewöhnlicher Temperatur sulfieren, Sulfierung direkt weiternitrieren, die erhaltenen beiden Nitrodisulfosäuren reduzieren, die Na-Salze der Aminodisulfosäuren krystallisieren lassen, wobei jenes der obigen Disulfosäure ausfällt. Oder nach

2585 **DRP. 75 084** — Acet-1-aminonaphthalin-8-sulfosäure mit Oleum in der Kälte sulfieren, verseifen und das Gemenge der beiden Disulfosäuren wie eben erwähnt über die Na-Salze der Aminodisulfosäuren trennen. Jenes der 1, 6, 8-Disulfosäure bleibt gelöst.

2586 **DRP. 69 555** — E. P. 2340/93, DRP. 73 276 — **1-Aminonaphthalin-5, 7-disulfosäure:** Acet-1-naphthylamin oder Acet-1-aminonaphthalin-5-sulfosäure mit Oleum bei gewöhnlicher Temperatur sulfieren, Gemisch auf Eis gießen und aufkochen, wodurch die Acetyliminogruppe verseift wird.

2587 **DRP. 70 857** — **1-Aminonaphthalin-5, 8-disulfosäure:** Naphthalin-1, 4-disulfosäure nitrieren und die **Nitrodisulfosäure** reduzieren. Die alkalische Lösung der Säure ist intensiv grüngelb.

2588 **DRP. 75 084** — Ber. 24, Ref. 715 — **1-Aminonaphthalin-6, 8-disulfosäure:** Acet-1-aminonaphthalin-8-sulfosäure mit Oleum in der Kälte sulfieren, verseifen, das leichtlösliche neutrale Na-Salz der 1, 6, 8-Säure von jenem der zugleich gebildeten 1, 4, 8-Disulfosäure trennen oder nach

2589 **DRP. 83 146** — 1-Aminonaphthalin-4, 6, 8-trisulfosäure mit Schwefelsäure (75%) kochen. Die Lösungen fluorescieren grün.

2590 **DRP. 92 081** — Ann. 78, 31

1-Aminonaphthalin-2, 4 (?)-disulfosäure: 1-Nitronaphthalin mit überschüssiger Natriumbisulfitlösung auf 100° erwärmen. — Man erhält die Aminonaphthalindisulfosäuren schließlich nach

2591 **DRP. 233 934** — DRP. 82 563

durch Ersatz von Sulfogruppen gegen Wasserstoff, ohne vorhandene NH_2- oder OH-Gruppen zu gefährden. — Dargestellt wurden so: **1-Naphthylamin-3, 6-disulfosäure** aus 1-Naphthylamin-3, 6, 8-trisulfosäure, **1-Naphthylamin-4, 6-disulfosäure** aus 1-Naphthylamin-4, 6, 8-trisulfosäure [2750], **1-Naphthylamin-3, 7-disulfosäure** aus 1-Naphthylamin-3, 5, 7-trisulfosäure, **1-Naphthylamin-2, 7-disulfosäure** aus 1-Naphthylamin-2, 5, 7-trisulfosäure, 1-Naphthylamin-3, 6-disulfosäure aus 1-Naphthylamin-3, 6, 8-trisulfosäure, **1-Naphthylamin-3-monosulfosäure** aus 1-Naphthylamin-3, 8-disulfosäure (Ber. 19, 2181), **1-Naphthylamin-4-monosulfosäure** aus 1-Naphthylamin-4, 8-disulfosäure, **2-Naphthylamin-4- und 8-monosulfosäure** aus 2-Naphthylamin-4, 8-disulfosäure, **1-Oxynaphthylamin-3, 7-disulfosäure** aus 1-Oxynaphthalin-3, 5, 7-trisulfosäure [2784] **1, 8-Aminooxynaphthalin-6-monosulfosäure** aus 1, 8-Aminooxynaphthalin-4, 6-disulfosäure K [2728]. — Z. B.: 9,5 T. 1-Naphthylamin-3, 6, 8-trisulfosäure als saures Na-Salz (90%, Mol.-Gew. 427) mit 90 T. Wasser, 7,5 T. Natronlauge und 3 T. Zinkstaub 7 St. unter Rückfluß kochen, neutralisieren, vom Zinkoxyd filtrieren und im Filtrat mit Salzsäure die 1-Naphthylamin-3, 6-disulfosäure als saures Salz fällen.

2592 **DRP. 77 596** E. P. 1063/94 A. P. 237 872 — Ber. 27, 1206

NH_2 } SO_3H SO_3H

2-Aminonaphthalin-1, 7-disulfosäure: 2-Oxynaphthalin-1, 7-disulfosäure mit Ammoniak und Salmiak unter Druck auf 180°—200° erhitzen oder nach

2593 **DRP. 79 243** — Ber. 27, 1194 Proc. chem. soc. 1890, 131

2-Aminonaphthalin-7-sulfosäure mit Oleum in der Kälte weitersulfieren, das erhaltene Gemenge über die neutralen K-Salze trennen; jenes der vorliegenden Säure ist am schwersten löslich, in den Mutterlaugen sind die Salze der Säuren 2, 4, 7 und 2, 5, 7. Die Lösungen fluorescieren violettblau.

2594 **DRP. 27 378** — Ber. 22, 398

2-Aminonaphthalin-3, 6-disulfosäure (Amino-R-säure): 2-Oxynaphthalin-3, 6-disulfosäure (R) im Ammoniakstrom auf 200°—230° erhitzen.

2595 **DRP. 46 711** — Ber. 27, 1198

2-Aminonaphthalin-3, 7-disulfosäure: 2-Oxynaphthalin-3, 7-disulfosaures Natron mit Ammoniak (25%) unter Druck auf 200° erhitzen.

2596 **DRP. 79 243** — Ber. 23, 77; 27, 1194

2-Aminonaphthalin-4, 7-disulfosäure: 2-Aminonaphthalin-7-sulfosäure mit Oleum bei gewöhnlicher Temperatur weitersulfieren und das erhaltene Gemenge durch Krystallisation der Alkalisalze trennen. Die 2, 4, 7-Disulfosäure findet sich in der Mittelfraktion der neutralen Salze, deren Lösungen stark blau fluorescieren.

2497 **DRP. 65 997**

2-Aminonaphthalin-4, 8-disulfosäure (C-Säure): Naphthalin-1, 5-disulfosäure in Schwefelsäure (66°) suspendiert in der Kälte nitrieren, verdünnte Nitrierung mit Soda übersättigen und das ausfallende hellgelbe Na-Salz der **2-Nitronaphthalin-4, 8-disulfosäure** reduzieren.

2598 **DRP. 79 243**

2-Aminonaphthalin-5, 7-disulfosäure: 2-Aminonaphthalin-7-sulfosäure längere Zeit bei gewöhnlicher Temperatur mit Oleum (25%) sulfieren, neutrale Alkalisalze bilden und den leichtest löslichen Bestandteil, der das Salz obiger Säure enthält, abscheiden; die schwerer löslichen Bestandteile bestehen aus den Salzen von 2-Aminonaphthalin-1, 7- und -4, 7-disulfosäure.

2599 **DRP. 35 019** E. P. 816/84

2-Aminonaphthalin-6, 8-disulfosäure (Amino-G-säure): 2-Naphthylaminsulfat mit Oleum (25%) auf etwa 130° erhitzen oder nach

2600 **DRP. 27 378** — Ber. 21, 3495

2-Oxynaphthalin-6, 8-disulfosäure im Ammoniakstrom auf 200°—230° erhitzen.

2601 **DRP. 84 138**

1-Naphthylhydroxylamin-3, 8-disulfosäure

HO_3S NHOH, SO_3H $= C_{10}H_9NO_7S_2 = 319$.

Wie [630] durch Reduktion der 1-Nitronaphthalin-3, 8-disulfosäure mit Zinkstaub in neutraler Lösung bei Gegenwart von Neutralsalzen und ev. Lösungsmitteln. — Orangegelbe Masse.

n) O—O—O.

2602 **DRP. 101 607**
E. P. 10 590/98
—
Ber. 31, 1147
Ann. 154, 324

Trioxynaphthaline OH, OH, OH $= C_{10}H_8O_3 = 176$.

1, 2, 4-Trioxynaphthalin: Wie [960] aus 25 T. 2-Naphthochinon, 75 T. Essigsäureanhydrid und 1,5—2 T. Schwefelsäure. Das Triacetat aus Methylalkohol umkrystallisieren; glänzende weiße Blätter, Sch.-P. 135°, verseifen.

2603 **DRP. 110 618**

2, 3, 8-Trioxynaphthalin: 2, 3, 8-Trioxynaphthalin-6-sulfosäure erhalten durch Verschmelzen der 2-Naphthol-3, 6, 8-trisulfosäure mit Alkalien) mit Wasser oder verdünnten Mineralsäuren auf höhere Temperaturen erhitzen.

2604 **DRP. 112 098**
DRP. 112 176

2, 3, 8-Trioxynaphthalin: Durch Abspaltung der Sulfogruppe aus Trioxynaphthalinsulfosäure mittels Schwefelsäure unter Druck bei 210°. Das Produkt schmilzt bei 164°—165°. — **1, 3-, 6-Trioxynaphthalin:** Durch Verschmelzen von 1, 6-dioxynaphthalin-3-sulfosaurem Natron mit Ätzalkali bei 250° bis 270°. Dieses Trioxynaphthalin existiert in zwei tautomeren Formen, und zwar direkt als erhaltenes Produkt vom Sch.-P. 95°, das beim Umkrystallisieren in einen über 250° schmelzenden Körper übergeht. Vgl. Ber. 38, 3945.

2605 **DRP. 87 900**
—
Ber. 23, 522

7-Oxy-1, 2-naphthochinon OH, O, =O $= C_{10}H_6O_3 = 174$.

Wie [2408]. 1-Nitroso-2, 7-dioxynaphthalin reduzieren und folgend oxydieren.

2606 **DRP. 100 703**

2-Oxy-1, 4-naphthochinon: 28 T. 1, 2-naphthochinon-4-sulfosaures Natron 8—10 St. bei 25° mit 120 T. Sulfosäure (66°) behandeln, Gemisch auf Eis gießen, das umgelagerte Produkt durch Lösen in Natronlauge und Fällen mit Salzsäure reinigen.

o) O—O—S.

2607 **DRP. 70 867**
—
Ber. 24, 3163

Dioxynaphthalinsulfosäuren OH, OH, SO_3H $= C_{10}H_8O_5S = 240$.

1, 2-Dioxynaphthalin-4-sulfosäure: 2-Naphthochinon mit Bisulfitlösung behandeln.

2608 **DRP. 50 506**
—
Ber. 21, 3475
24, 3154

1, 2-Dioxynaphthalin-6-sulfosäure: 1-Amino-2-oxynaphthalin-6-sulfosäure mit Salpetersäure oder Brom zu 2-Naphthochinonsulfosäure oxydieren und diese mit schwefliger Säure reduzieren.

2609 **DRP. 85 241** — **1, 3-Dioxynaphthalin-5-sulfosäure:** 2-Amino-4-oxynaphthalin-8-sulfosäure mit Wasser unter Druck auf 180°—200° erhitzen. Sehr leicht löslich, die neutralen Salze sind in Lösung gelb, mit grüner Fluorescenz löslich. Eisenchlorid färbt zuerst grün, die Färbung wird bald mißfarbig.

2610 **DRP. 90 878** — **Naphthoresorcinsulfosäure:** 1 T. Gelbsäure mit 5 T. Schwefelsäure (5%) 4 St. auf 210° erhitzen, auskalken, wie üblich aufarbeiten.

2611 **DRP. 104 902** — **1, 6-Dioxynaphthalin-4-sulfosäure:** 28 T. 1-chlornaphthalin-4, 6-disulfosaures Natrium mit 50 T. Ätznatron und 28 T. Wasser 3 St. bei 210°—230° verschmelzen.

2612 **DRP. 68 344**, E. P. 3397/90, F. P. 200 520 — **1, 5-Dioxynaphthalin-2-** oder **-6-sulfosäure:** 1-Oxynaphthalin-2, 5-disulfosäure (C) mit Ätzalkali bei 250° verschmelzen. Eisenchlorid färbt die Lösung vorübergehend blaugrün, Chlorkalklösung rotbraun, später tritt Entfärbung ein. Nach

2613 **DRP. 41 934** — erhält man vermutlich dieselbe Säure durch Sulfierung von 1, 5-Dioxynaphthalin mit konz. Schwefelsäure unter Erwärmung.

2614 Anm. C. 5020, 30. 3. 94, Cassella — **1, 6-Dioxynaphthalin-3-sulfosäure:** Durch Erhitzen der 1, 6-Diaminonaphthalin-3-sulfosäure mit Wasser auf 160°—200°.

2615 **DRP. 57 114** — Ber. 26, 3034 — **1, 6-Dioxynaphthalin-4-sulfosäure:** 1-Aminonaphthalin-4, 6-disulfosäure mit Alkali bei 200°—220° verschmelzen. Die wässerige Lösung des Natronsalzes wird mit Eisenchlorid zuerst schwach grünlichblau, dann braun.

2616 Anm. F. 4153, 6. 5. 89, Höchst — **1, 7-Dioxynaphthalin-3-sulfosäure (G):** 2-Oxynaphthalin-6, 8-disulfosäure über 200° mit Alkalien verschmelzen. Wässerige Lösung wird mit Eisenchlorid vorübergehend grüngelb, mit Chlorkalk intensiv rot.

2617 **DRP. 81 938** — **1, 7-Dioxynaphthalin-4-sulfosäure:** 1-Oxynaphthalin-2-carbon-4, 7-disulfosäure mit Ätzalkali bei hoher Temperatur verschmelzen, wobei nach [2677] zunächst eine Sulfogruppe durch OH ersetzt und erst bei höherer Temperatur Kohlensäure abgespalten wird. Dementsprechend erhält man das Produkt auch nach

2618 **DRP. 83 965** — durch Erhitzen von Dioxynaphthoesulfosäure mit Lauge unter Druck bei relativ niedriger Temperatur. Die alkalischen Lösungen fluorescieren violett, Eisenchlorid gibt in schwach salzsaurer Lösung eine graue, Chlorlauge eine blaugrüne, gelb werdende Färbung.

2619 Anm. F. 7112, 18. 10. 92, Höchst, F. P. 200 520 — **1, 8-Dioxynaphthalin-3-sulfosäure (ε):** 1-Aminonaphthalin-3, 8-disulfosäure bei 220°—240° mit Alkalien verschmelzen oder nach

2620 **DRP. 82 422** — 1-Oxynaphthalin-6, 8- oder -3, 8-disulfosäure mit Alkalien bei 160° bis 210° verschmelzen. Wässerige Lösung fluoresciert blau, wird mit Eisenchlorid grün, mit wenig Chlorkalk braun und gibt mit mehr Chlorkalk einen dunkelbraunen Niederschlag.

2621 **DRP. 71 836**, **DRP. 54 116**, **DRP. 67 829**, **DRP. 77 285**, **DRP. 80 667**, **DRP. 80 315**, **DRP. 75 317**, **DRP. 75 055**, **DRP. 75 962** — **1, 8-Dioxynaphthalin-4-sulfosäure (S):** Wird erhalten durch Verschmelzen folgender Naphthalinsulfosäuren mit Alkalien bei 250°: 1-Aminonaphthalin-4, 8-disulfosäure, 1-Oxynaphthalin-4, 8-disulfosäure, 1-Aminonaphthalin-5, 8-disulfosäure, 1-Oxynaphthalin-5, 8-disulfosäure (bei 190°), 1-Amino-8-oxynaphthalin-4-sulfosäure, 1-Amino-8-oxynaphthalin-5-sulfosäure, 1, 8-Diaminonaphthalin-4-sulfosäure. Letztere wird mit Kalkmilch unter Druck bei 230° verschmolzen. Die wässerige Lösung der sauren Salze wird mit Eisenchlorid mißfarbig grün gefällt, mit sehr wenig Chlorkalk vorübergehend grün gefärbt. Vgl. Anm. B. 15 226 vom 23. 9. 93. (Badische). Ferner [2421]. — Oder nach

2622 **DRP. 91 855** — Naphthylamindisulfosäure [**2360, 2365, 2583, 2647**], aus Naphthylaminsulfosäure-S, mit der dreifachen Menge Ätzkali und etwas Wasser bei 200°—230° 1 St. verschmelzen, kalt mit Salzsäure (3%) übersättigen, Schwefeldioxyd verjagen, filtrieren; kalt hellgelbe Nadeln, filtrieren, pressen und trocknen. Die wässerigen Lösungen der Alkalisalze fluorescieren grün.

2623 **DRP. 57 525**

2, 3-Dioxynaphthalin-6-sulfosäure (R): 2-Oxynaphthalin-3, 6-disulfosäure zwischen 240° und 280° mit Alkalien verschmelzen. Die wässerige Lösung der Salze wird mit Eisenchlorid blauviolett.

2624 **DRP. 126 136**

2,5-Dioxynaphthalin-7-sulfosäure bzw. ihr Schwefligsäureester wird auch erhalten, wenn man 2, 5, 7-Aminonaphtholsulfosäure mit Bisulfitlösung unter Rückfluß kocht. Gibt mit Ammoniak erhitzt das Ausgangsmaterial zurück [2439].

2625 **DRP. 72 222**

2, 6-Dioxynaphthalin-4-sulfosäure: 2, 6-Dioxynaphthalin mit Schwefelsäure (66°) bei niederer Temperatur sulfieren.

2626 **DRP. 63 015**
DRP. 42 261

2, 7-Dioxynaphthalin-4-sulfosäure: Naphthalin-1, 3, 6-trisulfosäure mit Ätzalkalien bei 250° verschmelzen oder nach

Anm. F. 7978
15. 12. 94
Elberfeld

durch Erhitzen der 2-Amino-4-oxynaphthalin-7-sulfosäure mit Wasser unter Druck auf 200°.

2627 **DRP. 77 552**

Eine **Dioxynaphthalinmonosulfosäure** wird weiter erhalten durch Verschmelzen der 1-Oxynaphthalin-3, 8-disulfosäure mit Alkalien, ferner nach

2628 **DRP. 57 166**

Dioxynaphthalinsulfosäure F, aus 2-Oxynaphthalin-3, 7-disulfosäure, ebenfalls durch Verschmelzen mit Alkalien, und ebenso nach

2629 **DRP. 77 552**

Dioxynaphthalindisulfosäure aus 1-Oxynaphthalin-2, 4, 7-trisulfosäure Dazu eine Anzahl anderer Dioxynaphthalindi- und -trisulfosäuren von unbekannter Konstitution.

2630 **DRP. 71 314**
E. P. 825/93
F. P. 227 675

1,2-Dioxynaphthalinthiosulfosäure

$$C_{10}H_5(OH)(OH)\} S\cdot SO_3H = C_{10}H_7O_5S_2 = 271.$$

2-Naphthochinon in Lösung mit Thiosulfat behandeln. Die wässerige Lösung der Salze wird mit Alkali rotviolett.

2631 **DRP. 83 046**

Ber. 24, 3163
DRP. 70 867

2-Naphthochinonsulfosäure $C_{10}H_5(=O)(=O)\} SO_3H = C_{10}H_6O_5S = 238.$

1 T. 2-naphthohydrochinonsulfosaures Kalium (2607) in 10 T. Wasser lösen, + konz. Lösung von 0,5 T. Nitrit, + Eis, allmählich mit Essigsäure ansäuern; wenn die Ausscheidung gelber Krystalle beginnt, aussalzen. Die SO_3H-Gruppe ist sehr reaktionsfähig.

2632 **DRP. 73 741**

1, 8-(8, 1-)Oxyäthoxynaphthalin-4-sulfosäure

$$C_{10}H_5(HO)(O\cdot C_2H_5)(SO_3H) = C_{12}H_{12}O_5S = 268.$$

Basische oder neutrale Salze der 1, 8-Dioxynaphthalin-4-sulfosäure mit Halogenalkylen oder Alkylsulfaten erwärmen. Es entstehen **1-Methoxy-8-oxynaphthalin-4-** und **-5-sulfosäure** (verschieden lösliche Alkalisalze).

2633 **DRP. 78 937**

2 Mol. 1, 8-dioxynaphthalin-4-sulfosaures Natrium + 1 Mol. trockenes Kaliumcarbonat in wässeriger Lösung + 2 Mol. Bromäthyl 8 St. im Sandbad auf 105° erwärmen, kalt das Alkalisalz der 1, 8-Säure (farblose Nadeln) filtrieren. Filtrat ausgesalzen gibt das Na-Salz der 8, 1-Säure in Blättchen.

p) O—S—S.

2634 **DRP. 68 344**

Oxynaphthalindisulfosäuren $C_{10}H_5(OH)\{SO_3H, SO_3H\} = C_{10}H_8O_7S_2 = 304.$

1-Oxynaphthalin-2, 5-disulfosäure: 1-Oxynaphthalin-5-sulfosäure mit Schwefelsäure (66°) oder schwachem Oleum unter 100° sulfieren.

2635	**DRP. 32 291** — Ber. 22, 999; 26, 3031 DRP. 74 744	**1-Oxynaphthalin-2, 7-disulfosäure:** 1-Naphthol mit Schwefelsäure (66°) bei 100°—110° oder mit einem großen Überschuß von Oleum sulfieren, wobei in letzterem Falle intermediär die 2, 4, 7-Trisulfosäure entsteht, die dann eine Sulfogruppe abspaltet.
2636	Anm. C. 4375 7. 12. 92 Kl. 12 Cassella — DRP. 27 346	**1-Oxynaphthalin-3, 6-disulfosäure:** 1-Aminonaphthalin-3, 6-disulfosäure mit Wasser unter Druck auf 180° erhitzen. Die schwach grün fluorescierenden alkalischen Salzlösungen werden mit Eisenchlorid blau.
2637	Anm. C. 5069 Kl. 12 7. 12. 92 Cassella	**1-Oxynaphthalin-3, 7-disulfosäure:** 1-Aminonaphthalin-3, 7-disulfosäure mit Wasser unter Druck auf 180° erhitzen.
2638	**DRP. 45 776** — Ber. 22, 3330	**1-Oxynaphthalin-3, 8-disulfosäure:** Diazo-1-aminonaphthalin-3, 8-disulfosäure verkochen, wobei bei kürzerer Dauer des Kochprozesses das Anhydrid gebildet und als Krystallbrei abgeschieden wird [2576, 2640]. Oder nach
2639	**DRP. 71 494**	1-Aminonaphthalin-3, 8-disulfosäure mit Wasser unter Druck auf 180° erhitzen. Die verdünnte Salzlösung wird mit Eisenchlorid tiefblau.
2640	**DRP. 52 724** **DRP. 57 388**	**Naphthosulfonsulfosäuren** $C_{10}H_5(O{-}SO_2)\cdot SO_3H = C_{10}H_6O_6S_2 = 286.$ Die nach [2393] erhaltene Naphthalindisulfosäure nitrieren, die Nitrosäure zur **Naphthylamindisulfosäure-ε** reduzieren, die Aminoverbindung diazotieren, die Diazoverbindung bei Gegenwart von wenig freier Säure mit Wasser kochen. Oder: Man erhitzt das innere Anhydrid der 1, 8-Naphtholsulfosäure, das Naphthsulton mit konz. Schwefelsäure bis zur Wasserunlöslichkeit des Produktes und erhält die isomere **Naphthosultonsulfosäure d.** — Vgl. **DRP. 55 094.**
2641	**DRP. 53 934** **DRP. 57 856**	**Naphtholsulfamidsulfosäure** $C_{10}H_5(HO)(SO_2\cdot NH_2)\cdot SO_3H = C_{10}H_9NO_6S_2 = 303.$ Die Naphthsultonsulfosäure [2576, 2640] als Na-Salz in Ammoniak lösen, nach mehrstündigem Stehen die Lösung direkt weiterverarbeiten oder das Salz abscheiden und über das saure Na-Salz reinigen. — Ebseno verfährt man zur Gewinnung der Naphtholsulfamidsulfosäure aus der Naphthosultonsulfosäure [2640].
2642	**DRP. 41 957**	**1-Oxynaphthalin-4, 6-disulfosäure:** Diazo-1-aminonaphthalin-4, 6-disulfosäure verkochen, oder nach
2643	**DRP. 80 888**	**1-Naphtholcarbonat** (aus 1-Naphthol und Phosgen in alkalischer Lösung) bei gewöhnlicher Temperatur mit Oleum sulfieren, die verdünnte Sulfierung kochen, wobei die beiden entstandenen Tetrasulfosäuren des Naphtholcarbonates verseift werden, worauf man die gebildeten 4, 6- und 4, 7-Disulfosäuren in der Weise trennt, daß man die schwerlösliche 4, 7-Säure aussalzt.
2644	**DRP. 41 957**	**1-Oxynaphthalin-4, 7-disulfosäure:** Diazo-1-aminonaphthalin-4, 7-disulfosäure verkochen, oder nach
2645	**DRP. 74 744**	die durch Sulfieren von 1-Chlornaphthalin mit Oleum bei gewöhnlicher Temperatur erhaltene 1-Chlornaphthalindisulfosäure mit Natronlauge unter Druck auf 200°—210° erhitzen. Oder nach
2646	**DRP. 80 888**	wie [2643] aus 1-Naphtholcarbonat.
2647	**DRP. 40 571** — Ber. 23, 3090	**1-Oxynaphthalin-4, 8-disulfosäure (S.):** 1-Naphthol-8-sulfosäure mit Schwefelsäure (66°) sulfieren oder 1-Naphthylamin-8-sulfosäure mit Oleum (10%) sulfieren, diazotieren, verkochen.

2648	**DRP. 70 857**	**1-Oxynaphthalin-5, 8-disulfosäure:** Diazo-1-aminonaphthalin-5, 8-disulfosäure verkochen und die entstandene Naphthsultonsulfosäure durch Erwärmen mit wässerigen Alkalien in die obige Säure verwandeln.
2649	**DRP. 75 084**	**1-Oxynaphthalin-6, 8-disulfosäure:** Diazo-1-aminonaphthalin-6, 8-disulfosäure verkochen und die gebildete Sultonsulfosäure mit Alkalien erwärmen, oder nach
2650	**DRP. 82 563**	1-Aminonaphthalin-4, 6, 8-trisulfosäure mit Wasser oder verdünnten Säuren unter Druck auf 200° erhitzen oder 1-Oxynaphthalin-4, 6, 8-trisulfosäure ebenso mit verdünnten Säuren auf 180° erhitzen. Die Lösung der Säure wird mit Eisenchlorid vorübergehend grün gefärbt. Mit salpetriger Säure entsteht eine Nitrosoverbindung.
2651	**DRP. 3229** — Ber. **13**, 1956; **21**, 3478	**2-Oxynaphthalin-3, 6-disulfosäure (R-Säure):** 2-Naphthol mit Schwefelsäure (66°) 10 St. auf 100°—110° erhitzen und die R- von der zugleich entstandenen G-Säure nach DRP. 33 916 durch Aussalzen trennen. Oder nach
2652	Anm. B. 4199 Kl. 22 30. 6. 83 Baum	2-Oxynaphthalin-6-sulfosäure mit Kaliumpyrosulfat und wenig Schwefelsäure auf 120°—130° erhitzen. Die Lösung der Salze fluoresciert blaugrün.
2653	**DRP. 44 079**	**2-Oxynaphthalin-3, 7-disulfosäure:** 2-Oxynaphthalin-7-sulfosäure mit Schwefelsäure (66°) längere Zeit auf 120° erhitzen, oder nach
2654	**DRP. 78 569** — Ber. 27, 1207	2-Oxynaphthalin-1, 3, 7-trisulfosäure mit verdünnter Salzsäure kochen. Die Lösungen der Salze fluorescieren grün.
2655	**DRP. 77 596** — Ber. 27, 1206	**2-Oxynaphthalin-1, 7-disulfosäure:** 2-Oxynaphthalin-7-sulfosäure bei gewöhnlicher Temperatur mit Schwefelsäurechlorhydrin sulfieren. Die alkalischen Säurelösungen fluorescieren schwach blau.
2656	**DRP. 38 281**	**2-Oxynaphthalin-4- oder -5, 7-disulfosäure:** Naphthalin-1, 3, 6-trisulfosäure mit wässerigen Ätzalkalien unter Druck auf 170°—180° erhitzen [2439].
2657	**DRP. 77 866**	**2-Oxynaphthalin-4, 7-disulfosäure:** Diazo-2-aminonaphthalin-4, 7-disulfosäure verkochen.
2658	**DRP. 65 997**	**2-Oxynaphthalin-4, 8-disulfosäure:** Diazo-2-aminonaphthalin-4, 8-disulfosäure verkochen.
2659	**DRP. 3229**	**2-Oxynaphthalin-6, 8-disulfosäure (G-Säure):** 2-Naphthol mit der 3-fachen Menge Schwefelsäure 12 Stunden auf 100°—110° erhitzen, erhaltenes Gemenge von R- und G-Säure mit Sprit trennen oder nach
2660	**DRP. 36 491**	2-Naphthol mehrere Tage mit Schwefelsäure (66°) unter 60° behandeln und die mitentstandene geringe Menge R-Säure mittels ihrer Diazoverbindung als Farbstoff entfernen. Oder nach
2661	**DRP. 35 019**	Diazo-2-aminonaphthalin-6, 8-disulfosäure mit verdünnten Säuren verkochen.

q) S—S—S.

$SO_3H—SO_3H—SO_3H$ 2662, 2797

2662	**DRP. 38 281**	**Naphthalintrisulfosäure** $\left\{\begin{matrix} SO_3H \\ SO_3H \\ SO_3H \end{matrix}\right. = C_{10}H_8O_9S_3 = 368.$ Naphthalin mit der 8-fachen Menge Oleum (24%) einige Stunden erhitzen, Sulfierung auskalken, direkt verwenden oder fraktioniert krystallisieren.

4. Naphthalin mit vier Substituenten.

a) Hal.—Hal., C, N, O, S.

2663 **DRP. 134 306**

Dichlordinitronaphthaline: Wie [2447] aus 1, 5- oder 1, 8-Dinitronaphthalin durch Dichlorierung bei Gegenwart von Eisenspänen. Das Gemenge wird mittels 80—100-prozentiger Essigsäure getrennt.

2664 **DRP. 153 298**

2, 4-Dichlor-1-naphthylaminsulfosäure

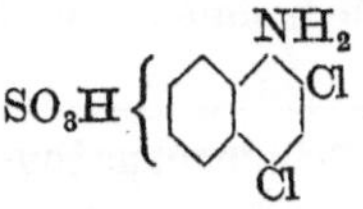

NH_2 / Cl / Cl, SO_3H $= C_{10}H_7NO_3SCl_2 = 292.$

254 T. 2, 4-Dichlor-1-acetnaphthalid in 1425 T. Oleum (23%) unter 45° lösen, wenn eine Probe in verdünnter Sodalösung löslich ist, in 8000 T. Wasser gießen und zur Verseifung unter Rückfluß 2—3 St. kochen. Farbloses, schwer lösliches Pulver.

2665 Anm. A. 19 682, Kl. 12 o, 31. 8. 11, Berlin

1-Chlortrinitronaphthalin Cl / NO_2 / NO_2, NO_2 $= C_{10}H_4N_3O_6Cl = 298.$

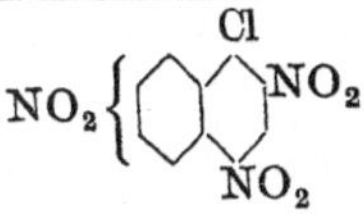

1-Chlor-2, 4-dinitronaphthalin nitrieren.

2666 **DRP. 254 715**
E. P. 14 152/12
F. P. 451 872

Halogenaminooxynaphthalinsulfosäuren

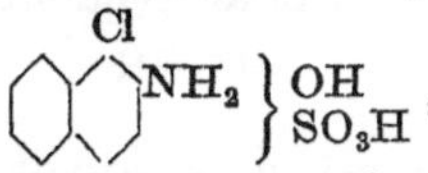

Cl / NH_2 } OH, SO_3H $= C_{10}H_8NO_4SCl = 273.$

281 T. 2-Acetylamino-5-oxynaphthalin-7-sulfosäure in 3000 T. Wasser und 80 T. Natronlauge (2 Mol.) lösen, mit 190,5 T. p-Toluolsulfochlorid auf 50°—60° erwärmen, bei 40° 2500 T. Chlorlauge (29 g Chlor im Liter) zulaufen lassen, mit 200 T. konz. Salzsäure ansäuern, das gelbliche Produkt zur Abspaltung der Acetyl- und Toluolsulfosäuregruppe mit 3000 T. Natronlauge (5%) 1 St. unter Rückfluß kochen, mit Salzsäure die **1-Chlor-2-amino-5-oxynaphthalin-7-sulfosäure** fällen und über ihr Na-Salz reinigen. Fluoresciert in alkalischer Lösung im Gegensatz zum Ausgangsmaterial nicht. Statt von der acetylierten kann man auch von der freien Aminonaphtholsulfosäure ausgehen, nacheinander zwei Toluolsulfosäurereste einführen (wie oben) und nun bei 30°—40° mit 160 T. Brom bei Gegenwart von 136 T. Acetat und 10 T. Antimonpulver bromieren oder ohne Überträger Chlor einleiten und die abgeschiedenen **1-Halogen-di-p-toluolsulfo-2-aminooxynaphthalinsulfosäuren** durch Eintragen in Monohydrat verseifen (Alkalien spalten nur den OH-Toluolsulforest ab). Man erhält so: **1-Brom(Chlor-)-2-amino-5-oxynaphthalin-7-sulfosäure** und **1-Chlor-** oder **Brom-2-amino-8-oxynaphthalin-6-sulfosäure.** Erstere gewinnt man auch nach

2667 **Zus. DRP. 258 299**
E. P. 14 151/12
F. P. 451 872

303 T. 2-Aminonaphthalin-5, 7-disulfosäure wie [2666] in 1500 T. Wasser neutral gelöst mit 190,5 T. p-Toluolsulfochlorid und 136 T. Acetat umsetzen, Chlor einleiten, bis verseifte Probe mit Diazoverbindungen nicht mehr kuppelt, 1-Chlor-2-p-toluolsulfoaminonaphthalin-7-sulfosäure aussalzen. 491,5 T. der Verbindung bei 150°—180° mit 1500 T. Ätzkali verschmelzen, in Wasser lösen, ansäuern und die abgeschiedene **1-Chlor-2-p-toluolsulfoamino-5-oxynaphthalin-7-sulfosäure** durch Lösen in Monohydrat verseifen.

2668 **DRP. 246 573** und **Zus. DRP. 246 574**

Chlor-1-diazo-2-oxynaphthalin-4-sulfosäure

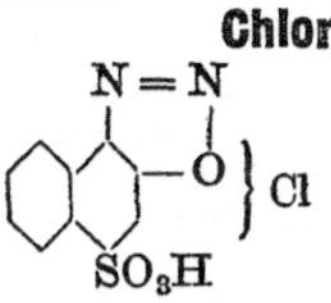

N=N, —O, SO_3H } Cl bzw. $N_2{\cdot}Cl$, OH, SO_3H } Cl $= C_{10}H_6N_2O_4SCl_2 = 320.$

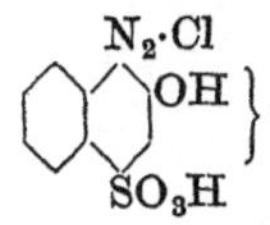

125 T. 1-Diazo-2-oxynaphthalin-4-sulfosäure in 285 T. Monohydrat unter 20° mit 100 T. Oleum (70%) versetzen, bei 50° 35 T. Chlor einleiten (nach dem Zus.-Pat. unter 7—8 Atm. Druck aus der Chlorbombe), in 700 T. Eis gießen, filtrieren. Gelbes Krystallpulver, liefert leichtlösliche Kalk- und Magnesiumsalze.

2669 **DRP. 236 656**
E. P. 3508/11
F. P. 425 837

Monobromnaphthalin-1-diazo-2-oxy-4-sulfosäure

$= C_{10}H_5N_2O_4SBr = 329.$

In 300 T. Chlorsulfonsäure 150 T. scharf getrocknete Naphthalin-1-diazo-2-oxyd-4-sulfosäure einführen, wenn gelöst 90 T. Brom zugeben. 10 St. auf 60°—65° erwärmen, den Bromüberschuß mit Luft abblasen, in 2000 T. Eiswasser gießen, die Diazosulfosäure filtrieren, mit 1000 T. Wasser anrühren, abermals filtrieren und direkt zur Kupplung verwenden oder evtl. noch in 75° warmem Wasser lösen, filtrieren und mit konz. Salzsäure fällen. Zersetzt sich gegen 180°. Das Zinksalz bildet grüngelbe Nädelchen. — Mit Monohydrat oder Schwefelsäure (66°) dauert die Bromierung länger, oder sie muß bei 50°—90° ausgeführt werden.

2670 **DRP. 147 852**

1, 8-Chlornaphthylamin-3, 6-disulfosäure

$= C_{10}H_8NO_6Cl = 273.$

Das Azimid aus 1, 8-Naphthylendiamin-3, 6-disulfosäure wie [2703] mit Kupferpaste in salzsaurer Lösung umsetzen und nach Entfernung des Kupfers mittels Schwefelwasserstoffs krystallisieren lassen. Gibt mit Ätzalkali verschmolzen **1, 8-Aminonaphthol-3, 6-disulfosäure,** mit verdünnter Schwefelsäure unter Druck **1, 8-Chlornaphthol-3, 6-disulfosäure,** die mit Alkali verschmolzen **1, 8-Dioxynaphthalin-3, 6-disulfosäure** liefert.

2671 **DRP. 79 055**
A. P. 535 037
E. P. 1920/94
F. P. 235 271

8-Chlor-1-naphthol-3, 6-disulfosäure

$= C_{10}H_7O_7S_2Cl = 338.$

1-Amino-8-oxynaphthalin-3, 6-disulfosäure diazotieren, Diazogruppe nach Sandmeyer durch Chlor ersetzen. Krystallinische, zerfließliche Masse.

2672 **DRP. 76 230**

1-Chlornaphthalintrisulfosäure $= C_{10}H_7ClS_3O_9 = 402.$

1 T. 1-Chlornaphthalin mit 5 T. Oleum (45%) 8 St. auf 80° oder 1 T. 1, 4-chlornaphthalinsulfosaures Natrium mit 5 T. Oleum (20%) 8 St. auf 170° erhitzen. Über das Barytsalz reinigen. Ist in **Dinaphtholtrisulfosäure** überführbar, die beim Nitrieren Naphtholgelb S liefert.

b) C—C—O—O.

COOH—COOH—1 OH—5 OH . . 2673, 2674

2673 **DRP. 296 035**
—
Wien. Monatsh. 1917, 77

1, 5-Dioxynaphthalindicarbonsäure $= C_{12}H_8O_6 = 248.$

1 T. 1, 5-Dioxynaphthalin mit 2 T. Kaliumbicarbonat 7—8 St. im Autoklaven (evtl. in Gegenwart indifferenter Lösungsmittel z. B. Glycerin) auf 220°—230° erhitzen, Lösung des Di-K-Salzes mit Mineralsäure versetzen. Die Dicarbonsäure schmilzt unter Zersetzung bei 300° und läßt sich auf der Wollfaser fixieren. Nach

2674 **Zus. DRP. 296 501**

arbeitet man in Nitrobenzol- oder Trichlorbenzollösung bzw. -suspension mit festen Bicarbonaten. — 1, 6-Dioxynaphthalin gibt nur eine Monocarbonsäure, eine zweite Carboxylgruppe läßt sich nicht einführen (Monatsh. **1917**, 77).

c) C—C—O—S.

1 CHO—3 COOH—2 OH—6 SO_3H . . . 2463

d) C—N—O—S.

3 COOH—2 NH_2—8 OH—6 SO_3H . . . 2675

2675 **DRP. 69 740** F. P. 224 260 — Ber. 26, 1121

2-Amino-8-oxynaphthalin-3-carbon-6-sulfosäure

OH, NH_2, SO_3H, COOH $= C_{11}H_9NO_6S = 283.$

2-Aminonaphthalin-3-carbon-6, 8-disulfosäure bei 220° mit Alkalien verschmelzen.

e) C—N—S—S.

3 COOH—2 NH_2—6 SO_3H—8 SO_3H . . 2676

2676 **DRP. 69 740** F. P. 224 260 — Ber. 26, 1121

2-Aminonaphthalin-3-carbon-6, 8-disulfosäure

SO_3H, NH_2, SO_3H, COOH $= C_{11}H_9NO_8S_2 = 347.$

2-Oxynaphthalin-3-carbon-6, 8-disulfosäure mit Ammoniak unter Druck auf 240° bis 280° erhitzen. Die Lösung der Salze fluoresciert gelbgrün.

f) C—O—O—S.

COOH—OH—OH—SO_3H . . . . 2459, 2677—2679

2677 **DRP. 84 653** — Ber. 29, 40

Dioxynaphthalincarbonsulfosäuren {COOH, OH, OH, SO_3H} $= C_{11}H_8O_7S = 284.$

1-Oxynaphthalin-2-carbon-4, 7-disulfosäure bei 180°—200° mit Ätznatron verschmelzen. Eisenchlorid färbt die Lösungen der Säure indigoblau, Chlorkalk rot, in Gelb umschlagend.

2678 **DRP. 67 000** A. P. 493 562 F. P. 14 161/92 E. P. 219 875

1, 7-Dioxynaphthalin-6-carbon-3-sulfosäure: Aus 2-Oxynaphthalin-3-carbon-6, 8-disulfosäure und Ätznatron bei 220°. Die wässerigen, gelbgrün fluorescierenden Alkalisalzlösungen werden mit Eisenchlorid indigoblau, mit Chlorkalk gelbrot. — Daneben entsteht noch **2, 7-Dioxynaphthalin-3-carbon-5-sulfosäure,** die man auch nach

2679 **DRP. 71 202** — Ber. 26, 1115

wie folgt erhält: 2-Oxynaphthalin-3-carbonsäure vom Sch.-P. 216° bei niederer Temperatur mit Oleum sulfieren und die erhaltene Disulfosäure bei 220° mit Ätznatron verschmelzen; die neue Monosulfosäure bildet schwerlösliche Salze und kann so von der in der Mutterlauge verbleibenden 1, 7-Dioxynaphthalin-6-carbon-3-sulfosäure (Nigrotinsäure) getrennt werden.

g) C—O—S—S.

1 CHO—2 OH—3 (6) SO_3H—7 (8) SO_3H 2462, 2463
2 (4) CHO—1 OH—4 SO_3H—7 (8) SO_3H . . . 2463
COOH—OH—SO_3H—SO_3H . . . . . 2680—2682

2680 **DRP. 56 328** — Ber. 22, 788

Oxynaphthalincarbondisulfosäuren

{COOH, OH, SO_3H, SO_3H} $= C_{11}H_8NO_9S = 348.$

1-Oxynaphthalin-2-carbondisulfosäure: 10 T. feingepulverte 1-Oxynaphthoesäure unter Kühlung in 40 T. Oleum (20%) einrühren, auf dem Wasserbade erwärmen; die Masse wird zuerst dick, dann wieder dünn und erstarrt schließlich zum Krystallbrei. In viel heißes Wasser gießen, bis Lösung erfolgt; kalt krystallisiert die Disulfosäure aus. Spaltet mit Alkali unter Druck auf 170° erhitzt Kohlensäure ab, gibt mit Salpetersäure erwärmt kein Dinitro-1-naphthol.

2681 **DRP. 71 202** **2-Oxynaphthalin-3-carbon-5, 7-disulfosäure:** Entsteht neben 2-Oxynaphthalin-3-carbon-6, 8-disulfosäure beim Sulfieren von 2-Oxynaphthalin-3-carbonsäure mit Oleum bei niederer Temperatur (Ber. **26**, 1120).

2682 **DRP. 67 000** **2-Oxynaphthalin-3-carbon-6, 8-disulfosäure:** Aus 2, 3-Oxynaphthoesäure oder ihrer 6- oder ihrer 8-Monosulfosäure durch Sulfierung mit Oleum bei 120°—150°.

h) N—N—N—S.

2683 **DRP. 87 619** **2, 4-Dinitro-1-naphthylamin-7-sulfosäure**

SO_3H, NH_2, NO_2, NO_2 $= C_{10}H_7N_3O_7S = 313.$

1 Mol. Acetyl-1-naphthylamin-7-sulfosäure in Schwefelsäure (66°) gelöst bei 0°—5° mit 2 Mol. Salpetersäure nitrieren, auf Eis gießen, filtrieren, Acetylsulfosäure durch Kochen mit verdünnter Schwefelsäure verseifen. Das Na-Salz krystallisiert aus verdünnter Kochsalzlösung in braunen Nadeln.

i) N—N—O—O.

2684 **DRP. 51 478** **Dinitroso-1, 8-dioxynaphthalin** OH OH, NO NO $= C_{10}H_6N_2O_2 = 186.$

Wie [2502] mit 2 Äquiv. Nitrit. Vgl. Ann. **247**, 358.

2685 **DRP. 108 166** **1, 8-Diamino-2, 7-dioxynaphthalin** H_2N NH_2, OH OH $= C_{10}H_{10}N_2O_2 = 190.$

Wollfarbstoff, erhaltbar durch Reduktion des Diazofarbstoffes aus Naphthionsäure und 1, 8-Dioxynaphthalin mit Zinkstaub.

k) N—N—O—S.

2686 **DRP. 10 785**
A. P. 225 108
E. P. 5305/79
F. P. 134 632

Ber. **14**, 2028; **18**, 1126

Dinitronaphtholsulfosäure NO_2, NO_2, OH, SO_3H $= C_{10}H_6N_2O_8S = 319.$

10 T. 1-Naphthol in 20 T. Oleum (25%) bei 40°—50° lösen. Wenn Probe mit Wasser kein Naphthol mehr abscheidet, weiter innerhalb 4 St. 18 T. Oleum (70%) bei 40°—50° eintragen. Wenn Probe mit verdünnter Salpetersäure (1 : 1) erwärmt, mit Wasser verdünnt, reichlichen Niederschlag von Dinitronaphthol gibt und, mit Kalilauge übersättigt, keine oder geringe Fällung auftritt, muß mit mehr oder stärkerem Oleum weitersulfiert werden. Sulfosäurengemisch mit Wasser auf 100 T. verdünnen, unter 50° mit 25 T. Salpetersäure (1,38) nitrieren, 12 St. kalt stehenlassen, kryst. Dinitronaphtholsulfosäure abschleudern, aus wenig Wasser umkrystallisieren, in Na- oder NH_4-Salz überführen. Nitrosulfosäuren der Mutterlauge auskalken, vom Gips trennen, in K-, Na- oder NH_4-Salze verwandeln, eindampfen, krystallisieren lassen.

2687 **DRP. 189 513**

4-Nitro-2-amino-1-naphtholsulfosäure

$$SO_3H\{C_{10}H_4(OH)(NH_2)(NO_2) = C_{10}H_8N_2O_6S = 284.$$

56 T. dinitronaphtholsulfosaures Natrium (Naphtholgelb S) in 1500 T. Wasser lösen, bei 85° 100 T. Ammoniak (20%), dann 360 T. Schwefelnatrium zusetzen, bei 90°—95° rühren, wenn rotbraun, heiß mit 300 T. Kochsalz aussalzen, kalt die Krystalle absaugen, den Kuchen in Wasser lösen, filtrieren, und das Filtrat mit Salzsäure fällen. Gelbe Nadeln.

2688 **DRP. 240 724**

Nitro-1-amino-2-oxynaphthalin-4-sulfosäure

$$NO_2\{C_{10}H_4(NH_2)(OH)(SO_3H) = C_{10}H_8N_2O_6S = 284.$$

125 T. 1-Amino-2-oxynaphthalin-4-sulfosäure (95%) in 435 T. Monohydrat bei 8°—10° einrühren, bei 0° mit Nitriersäure aus 32 T. Salpetersäure (99%) + 48 T. Monohydrat + 60 T. Oleum (70%) nitrieren, einige Zeit rühren, auf Eis gießen und filtrieren. Völligen Wasserausschluß kann man auch durch Zusatz von 80 T. Chlorsulfonsäure statt des Oleums erzielen. Die gelblichbräunlichen Krystalle zur Reinigung in Soda lösen, filtrieren, das Filtrat mit Ameisen- oder Essigsäure fällen. Farblose Krystalle. Reduziert entsteht die mit Salzsäure fällbare **Diamino-2-oxynaphthalin-4-sulfosäure**, die sich, was Diazotierbarkeit usw. betrifft, wie [2693] verhält.

2689 **DRP. 110 369**

Nitro-2-amino-3-naphthol-6-sulfosäure: 2, 3-Aminonaphthol-6-sulfosäure in schwefelsaurer Lösung zwischen 0° und 5° mit Kalisalpeter nitrieren.

2690 **DRP. 86 448**

2, 3-Diamino-8-naphthol-7-sulfosäure

$$SO_3H\,C_{10}H_4(OH)(NH_2)(NH_2) = C_{10}H_{10}N_2O_4S = 254.$$

100 T. 2, 3-Aminonaphthol-7, 8-disulfosäure mit 200 T. Ammoniak (30%) 8 St. auf 185°—190° erhitzen, verdünnen, Ammoniak wegkochen, Filtrat mit Salzsäure übersättigen. Die erhaltene **Naphthylendiamindisulfosäure** wird mit der $2^1/_2$-fachen Menge Ätzalkali und 25% ihres Gewichtes Wasser $^1/_2$ St. bei 190°—200° verschmolzen.

2691 **DRP. 91 000**
DRP. 92 012
DRP. 92 239

1, 5-Diamino-2-naphthol-7-sulfosäure: 36 T. Natronsalz der 1, 5-Naphthylendiamin-3, 7-disulfosäure mit 110 T. Ätznatron (90%) bei schließlich 240° 1 St. verschmelzen und wie üblich aufarbeiten. Diaminonaphtholmono- und -disulfosäuren erhält man ferner durch Reduktion von Diazoaminonaphtholsulfosäure G mit Zinnchlorür und Salzsäure. Das Produkt wird durch Lösen in Natriumsulfit und Wiederausfällen mit Salzsäure gereinigt. — Eine andere Diaminonaphtholsulfosäure erhält man z. B. aus 1, 3-Diaminonaphthalin-5, 7-disulfosäure durch Verschmelzen mit Ätznatron bei schließlich 210°. Oder ebenso bei Verarbeitung der 6, 8-Disulfosäure des 1, 3-Naphthylendiamins des DRP. 90 905.

2692 **DRP. 90 012**

1, 2-Diamino-8-naphthol-6 (4)-sulfosäure

$$SO_3H\,C_{10}H_4(OH)(NH_2)(NH_2) = C_{10}H_{10}N_2O_4S = 254.$$

Azofarbstoff aus Diazosulfanilsäure + 2-Amino-8-naphthol-6 (4)-sulfosäure in der 20-fachen Menge heißem Wasser suspendieren und mit Zinnchlorür + Salzsäure bis zur Entfärbung behandeln. Kalt filtrieren, die Krystalle mit verdünnter Salzsäure auswaschen.

2693 **DRP. 164 655** A. P. 790 363 E. P. 15 418/04 — Ber. 27, 683

Nitro-1-diazo-2-oxynaphthalinsulfosäure

$\left.\begin{matrix}NO_2\\SO_3H\end{matrix}\right\}$ $= C_{10}H_5N_3O_6S = 295.$

24 T. trockene, pulverisierte 1-Diazo-2-naphthol-4-sulfosäure (erhalten aus der Säure [2514]; Diazoverbindung ist sehr beständig, läßt sich bei 80°—100° trocknen) allmählich in 75 T. Schwefelsäure (66°) eintragen, bei 0°—5° ein Gemenge von 11 T. Salpetersäure (60%) und 22 T. Monohydrat zufließen lassen, 4 St. bei Zimmertemperatur stehenlassen, auf 100 T. Eis gießen (auch von außen kühlen!) und die Krystalle filtrieren. In Wasser sehr leicht löslich, verpufft in der Flamme. — Die Nitrierung kann auch erfolgen nach

2694 **DRP. 176 619** — DRP. 176 618 DRP. 176 620

z. B. aus 7,5 T. Diazooxyd mit 35 T. Schwefelsäure (66°) und 5 T. Mischsäure (1,69 T. HNO_3) bei 0°—5°. Im Farbstoff ist die NO_2-Gruppe dann reduzierbar.

l) N—N—S—S.

2695 Anm. F. 31 417, Kl. 12q 9. 5. 12 Höchst

Nitro-2-aminonaphthalin-4, 8-disulfosäure

SO_3H, NH_2, SO_3H $\}NO_2 = C_{10}H_8N_2O_8S_2 = 348.$

2-Acetylaminonaphthalin-4, 8-disulfosäure in schwefelsaurer Lösung nitrieren und das Produkt verseifen.

2696 **DRP. 210 222**

Nitro-1, 8-naphthsultamsulfosäure $O_2S—NH$, NO_2, SO_3H $= C_{10}H_6N_2O_7S_2 = 330.$

33,3 T. Na-Salz der 1, 8-Naphthsultam-2, 4-disulfosäure in 100 T. Schwefelsäure (50%) eintragen, bei 75°—80° 9,6 T. Salpetersäure (1,2) zufließen lassen, 1 St. auf 90°—95° erwärmen, das ausgefallene Na-Salz der Nitro-1, 8-naphthsultamsulfosäure filtrieren und umkrystallisieren. — Wollfarbstoff. — 20 T. dieses Salzes mit 60 T. Salpetersäure (1,2) und 50 T. Wasser 20 Min. auf 80° erwärmen, kalt das **2, 4-Dinitro-1, 8-naphthsultam** filtrieren. Auch in einer Operation durch Nitrieren mit 20,4 T. Salpetersäure (1,2) unter sonst denselben Bedingungen erhaltbar. Sch.-P. 262° unter Zersetzung.

2697 **DRP. 72 584** und **DRP. 72 665**

Diaminonaphthalindisulfosäuren

$\left.\begin{matrix}NH_2\\NH_2\\SO_3H\\SO_3H\end{matrix}\right\} = C_{10}H_{10}N_2O_6S_2 = 318.$

1, 2-Diaminonaphthalin-3, 6-disulfosäure: Erhaltbar nach Ber. 21, 3487 durch reduktive Spaltung der Phenylazo-2-aminonaphthalin-3, 6-disulfosäure. Die wässerige Lösung des sauren Na-Salzes fluoresciert grün und wird mit Eisenchlorid tiefgrün.

2698 **DRP. 90 906**

1, 3-Diaminonaphthalin-5, 7-disulfosäure: 1-Oxynaphthalin-3, 5, 7-trisulfosäure mit Ammoniak unter Druck auf 160°—180° erhitzen. Wird mit Eisenchlorid gelbrot, mit Chlorkalk braunrot, mit salpetriger Säure in saurer Lösung braun. — Die **1, 2-Diaminonaphthalin-3, 8-disulfosäure** erhält man nach Ber. 23, 3094 ebenso durch reduktive Spaltung von Phenylazo-1-aminonaphthalin-3, 8-disulfosäure, die unter Wasserabspaltung leicht in das Anhydrid übergeht.

2699 **DRP. 90 905**

1, 3-Diaminonaphthalin-6, 8-disulfosäure: 1-Amino- oder 1-Oxynaphthalin-3, 6, 8-trisulfosäure mit Ammoniak unter Druck auf 160° bis 180° erhitzen. Die verdünnten Lösungen fluorescieren grün, Eisenchlorid gibt eine grüne, Chlorkalk eine weinrote und Bichromat eine blaurote Färbung.

2700 **DRP. 61 174** A. P. 498 883 E. P. 13 346/90 F. P. 280 526

1, 5-Diaminonaphthalin-3, 7-disulfosäure: Naphthalin-2, 6-disulfosäure in konz. schwefelsaurer Lösung bei 20°—30° nitrieren und die ausgesalzene **1, 5-Dinitronaphthalin-3, 7-disulfosäure** reduzieren.

2701 **DRP. 72 665**

1, 6-Diamino-4, 8-disulfosäure: Naphthalin-1, 5-disulfosäure bei 25°—30° dinitrieren, reduzieren. Die Alkalisalze fluorescieren in neutraler Lösung blaugrün, sie wird mit Eisenchlorid kirschrot, mit Chlorkalk weinrot, mit Kaliumbichromat gelb, dann rot und schließlich braun.

2702 **DRP. 79 577**

1, 5-Diaminonaphthalin-?, ?-disulfosäure: 1, 5-Dinitronaphthalin mit Bisulfitlösung unter Rückfluß kochen oder unter Druck behandeln. Die neutralen Alkalisalze fluorescieren in Lösung bläulichgrün, die sauren fluorescieren nicht und werden durch Eisenchlorid rötlichblau gefärbt.

2703 **DRP. 61 174**

1, 8-Diaminonaphthalin-3, 6-disulfosäure: Naphthalin-2, 7-disulfosäure in konz. schwefelsaurer Lösung in der Wärme mit starker Salpetersäure und Salpeter dinitrieren und die Dinitrodisulfosäure reduzieren. Salpetrige Säure erzeugt nach **DRP. 69 963** eine Azimidodisulfosäure.

2704 **DRP. 72 584** F. P. 210 950, Zus. III

1, 8-Diaminonaphthalin-4, ?-disulfosäure L: 1, 8-Diaminonaphthalin-4-sulfosäure mit Oleum in der Wärme sulfieren.

2705 Anm. A. 3686 29. 11. 93 Berlin

2, 7-Diaminonaphthalin-3, 6-disulfosäure: 2, 7-Dioxynaphthalin-3,6-disulfosäure mit Ammoniak auf 200°—220° erhitzen.

m) N—O—O—O.

2706 **DRP. 100 611**

Nitrooxy-1, 4-naphthochinon {NO_2, OH} $= C_{10}H_5NO_5 = 219.$

Umwandlung der 1, 2-Naphthochinon-4-sulfosäure in das 1, 4-Naphthochinonderivat unter dem Einfluß von Schwefelsäure unter gleichzeitiger Nitrierung. Man geht am besten von der 1, 2-Aminonaphthol-4-sulfosäure aus und behandelt diese bei höchstens 50° mit Salpeterschwefelsäure.

n) N—O—O—S.

2707 **DRP. 75 097**

Aminodioxynaphthalinsulfosäuren

{NH_2, OH, OH, SO_3H} $= C_{10}H_9NO_5S = 255.$

1-Amino-3, 8- oder -6, 8-dioxynaphthalin-6- oder -3-sulfosäure: 1-Aminonaphthalin-3, 6, 8-trisulfosäure oder 1-Amino-8-oxynaphthalin-3, 6-disulfosäure mit mehr als 25-prozentiger Alkalilauge unter Druck auf 200°—220° erhitzen. Die grünblau fluorescierenden Lösungen werden mit Eisenchlorid gelb bis rotbraun, mit Chlorkalk gelbbraun, Überschuß des letzteren entfärbt und fällt weiße Flocken aus.

2708 **DRP. 53 023**

2-Amino-3, 8- oder -6, 8-dioxynaphthalin-6- oder -3-sulfosäure: 2-Aminonaphthalin-3, 6, 8-trisulfosäure oder die aus ihr durch Verschmelzen mit Alkalien zwischen 200° und 250° erhaltbare Aminooxynaphthalindisulfosäure mit Alkalien bei 250°—280° verschmelzen. Die neutrale Lösung der blauviolett fluorescierenden Alkalisalze wird mit Oxydationsmitteln dunkelbraun. Die Diazoverbindung ist rot.

o) N—O—S—S.

2709 **DRP. 20 716** — DRP. 10 785

Nitroso-1-naphtholdisulfosäure (OH; NO, SO_3H, SO_3H) $= C_{10}H_7NO_8S_2 = 333.$

1 T. gepulvertes 1-Naphthol in 2 T. einer Mischung von 3 T. Oleum (45%) und 2 T. Schwefelsäure (66°) unter 50° lösen, kalt mit demselben Gewicht Oleum (45°) versetzen. In dreifache Menge Eiswasser gießen, mit 1 Mol. Nitrit nitrosieren, mit Kalk neutralisieren, vom Gips filtrieren, Mutterlauge eindampfen, das Kalksalz der Nitroso-1-naphtholdisulfosäure krystallisiert aus. Mit Salpetersäure erwärmt entsteht [**2686**].

2710 **DRP. 171 024**

Aminooxynaphthalindisulfosäuren

(NH_2; OH, SO_3H, SO_3H) $= C_{10}H_9NO_7S_2 = 319.$

1-Amino-2-oxynaphthalin-3, 7-disulfosäure: 1-Nitroso-2-naphthol-3, 7-disulfosäure als saures Na-Salz (erhalten durch Ansäuern einer mit 1 Mol. Nitrit versetzten Lösung von 2-naphthol-3, 7-disulfosaurem Natrium) mit Wasser zum dünnen Brei angerührt, in eine saure Zinnchlorürlösung eintragen und das ausgefallene saure Na-Salz der Disulfosäure mit angesäuertem Wasser waschen. Rötliches, in Alkali grüngelb lösliches Krystallpulver. — Eine andere Disulfosäure entsteht nach

2711 Anm. C. 15 414, 11. 11. 07, Zus. v. 9. 12. 07, Griesheim-E.

1-Amino-2-oxynaphthalin-4-sulfosäure unter 100° mit Monohydrat, Oleum oder einem Gemisch von Chlorsulfonsäure und Monohydrat sulfieren.

2712 **DRP. 49 857** — Ber. **21**, 3481

1-Amino-2-oxynaphthalin-6, 8-disulfosäure: Azofarbstoffe der 2-Oxynaphthalin-6, 8-disulfosäure reduktiv spalten.

2713 Anm. F. 7001, 16. 8. 93, Elberfeld

1-Amino-5-oxynaphthalin-2, 7-disulfosäure: 1-Aminonaphthalin-2, 5, 7-trisulfosäure mit Alkalien bei 200° verschmelzen. Die violettblau fluorescierenden Salzlösungen werden mit Eisenchlorid weinrot, mit Chlorkalk gelb gefärbt.

2714 **DRP. 75 432**

1-Amino-5-oxynaphthalin-3, 7-disulfosäure: 1, 3, 5, 7-Aminonaphthalintrisulfosäure mit Alkalien bei 160°—170° verschmelzen.

2715 Anm. A. 3767, 6. 2. 94, Berlin

1-Amino-5-oxynaphthalin-?, ?-disulfosäure: 1-Amino-5-oxynaphthalin mit Oleum (25%) im Wasserbad sulfieren. Die Lösung der Säure wird mit Eisenchlorid schwach olivgrün, mit Chlorkalk tieforange gefärbt.

2716 Anm. C. 5163, 27. 5. 94, Cassella

1-Amino-6-oxynaphthalin-3, 5-disulfosäure: 1-Amino-6-oxynaphthalin-3-sulfosäure bei niederer Temperatur mit Oleum sulfieren. Die Lösung des sauren Na-Salzes wird mit Eisenchlorid violettschwarz. Die Diazoverbindung ist aussalzbar.

2717 **DRP. 84 952**

1-Amino-6-oxynaphthalin-3, 7-disulfosäure: 1-Amino-6-oxynaphthalin-3-mono- oder -3, 5-disulfosäure mit Schwefelsäure (66°) zwischen 120° und 150° sulfieren. Die reingrün fluorescierenden Salzlösungen (in alkalischer Lösung ist die Fluorescenz blau) werden mit Eisenchlorid grünschwarz. Beim Kochen mit verdünnten Mineralsäuren wird im Gegensatz zu den isomeren Sulfosäuren keine Sulfogruppe abgespalten.

2718	**DRP. 69 458**	**1-Amino-7-oxynaphthalin-?, ?-disulfosäure:** 1-Amino-7-oxynaphthalin mit Schwefelsäure (66°) über 100° sulfieren.
2719	**DRP. 77 703** **DRP. 79 566** **DRP. 80 668**	**1-Amino-8-oxynaphthalin-2, 4-disulfosäure:** Naphthsultamdisulfosäure S (Anhydrid der 1-Aminonaphthalin-2, 4, 8-trisulfosäure) bei 180°—190° mit Alkalien verschmelzen. Die alkalische Lösung der Säure fluoresciert grün. Die Lösung der sauren Salze wird mit Eisenchlorid blau- bis dunkelgrün.
2720	**DRP. 67 062**	**1-Amino-8-oxynaphthalin-3, 6-disulfosäure H:** 1, 8-Diaminonaphthalin-3, 6-disulfosäure mit verdünnten Säuren auf 100°—120° oder mit wässerigen Alkalien oder Erdalkalien auf 200° erhitzen und das Reaktionsgemisch nachträglich mit Mineralsäuren erwärmen oder nach
2721	**DRP. 69 722**	1-Aminonaphthalin-3, 6, 8-trisulfosäure mit Alkalien bei 180°—190° verschmelzen oder nach
2722	**DRP. 80 668**	1, 8-Naphthsultam-3, 6-disulfosäure mit Alkalien bei 180° behandeln oder nach
2723	**DRP. 69 963**	die aus 1, 8-Diaminonaphthalin-3, 6-disulfosäure erhaltbare Azimidodisulfosäure mit Mineralsäuren erhitzen. Die Lösung der neutralen Salze wird mit Oxydationsmitteln braunrot gefärbt.
2724	**DRP. 113 944**	**1-Amino-8-naphthol-3, 6-disulfosäure:** 200 T. 1, 8-Dinitronaphthalin-3, 6-disulfosäure mit Bisulfitlösung im verbleiten Druckkessel auf 100°—150° erhitzen, schwach alkalisch filtrieren, Filtrat heiß ansäuern.
2725	**DRP. 73 048**	**1-Amino-8-oxynaphthalin-4, 5-disulfosäure L:** 1, 8-Diaminonaphthalin-4, 5-disulfosäure etwas über 100° mit verdünnten Mineralsäuren behandeln.
2726	Anm. A. 3918 4. 6. 94 Berlin	**1-Amino-8-oxynaphthalin-4, 5-** oder **-4, 7-disulfosäure:** 1-Amino-8-oxynaphthalin-4-sulfosäure mit Oleum (25%) bei gewöhnlicher Temperatur sulfieren. Die Lösungen der sauren Salze werden mit Eisenchlorid bräunlichschwarz, mit Chlorkalk gelbbraun. Das neutrale Na-Salz fluoresciert in Wasser blau.
2727	**DRP. 80 668**	**1-Amino-8-oxynaphthalin-4, 5-disulfosäure D:** Naphthsultamdisulfosäure D mit Alkalien bei 170°—180° verschmelzen. Die Lösung des sauren Na-Salzes wird mit Eisenchlorid grün, mit Chlorkalk rotbraun.
2728	**DRP. 80 741**	**1-Amino-8-oxynaphthalin-4, 6-disulfosäure:** 1-Aminonaphthalin-4, 6, 8-trisulfosäure bei 200° mit Alkalien verschmelzen. Die blau bis blauviolett fluorescierende Lösung der Salze wird mit Eisenchlorid gelbgrün bis mißfarbig braun, mit Chlorkalk braunrot, im Überschuß verschwindend.
2729	**DRP. 62 289** — DRP. 82 900	**1-Amino-8-oxynaphthalin-5, 7-disulfosäure:** 1-Amino-8-oxynaphthalin- oder seine 5- oder 7-Sulfosäure im Wasserbade sulfieren. Die wässerige Lösung wird mit Eisenchlorid blau.
2730	Anm. F. 7595 7. 6. 94	**1-Amino-8-oxynaphthalin-?, ?-disulfosäure:** 1, 8-Diaminonaphthalintrisulfosäure mit Wasser oder verdünnter Säure auf 100°—130° erhitzen. Die blau fluorescierende Lösung des sauren Na-Salzes wird mit Eisenchlorid grün.
2731	**DRP. 80 878**	**2-Amino-5-oxynaphthalin-1, 7-disulfosäure:** 2-Aminonaphthalin-1, 5, 7-trisulfosäure bei 200° mit Alkalien verschmelzen. Die violettblau, alkalisch grün fluorescierende Lösung des sauren Na-Salzes wird mit Eisenchlorid grün, mit Chlorkalk gelb.
2732	Anm. F. 7019 22. 8. 93 Elberfeld	**2-Amino-6-** oder **-7-oxynaphthalin-3, 6-** oder **3, 7-disulfosäure:** 2-Aminonaphthalin-3, 6, 7-trisulfosäure bei 180°—240° mit Alkalien verschmelzen. Die Lösung des sauren Na-Salzes wird mit Eisenchlorid tiefviolett, mit Chlorkalk blau. Diazoverbindung ist aussalzbar.

2733 **DRP. 75 142** **2-Amino-7-oxynaphthalin-3, 6-disulfosäure:** Die durch Sulfieren von 2, 7-Dioxynaphthalin erhaltene 3, 6-Disulfosäure mit Ammoniak unter Druck auf 200° erhitzen. Die Lösung der Säure wird mit Eisenchlorid bräunlich gefärbt.

2734 **DRP. 53 023** **2, 8-Aminooxynaphthalin-3, 6-disulfosäure:** 2-Aminonaphthalin-3, 6, 8-trisulfosäure bei 200°—260° mit Alkalien verschmelzen. Die sauren Salze fluorescieren in Lösung violettblau, die Fluorescenz schlägt mit Alkali nach blaugrün um. Neutrale Lösungen der Salze werden mit Eisenchlorid dunkelbraun, mit Chlorkalk braun, im Überschuß verschwindend.

2735 **DRP. 73 128** **1-Alkylamino-8-naphthol-3, 6-** und **3, 5-disulfosäure**

OH NH·C_2H_5

SO_3H SO_3H $= C_{12}H_{13}NO_7S_2 = 347.$

Neutrale Salze der 1-Amino-8-oxynaphthalin-3, 6-disulfosäure in Lösung mit Alkyl- oder Alphylhalogeniden bei Temperaturen unter 100° behandeln.

3736 **DRP. 107 516** E. P. 7213/97 3 T. 1, 8-Aminonaphthol-3, 5-disulfosäure (nach E. P. 19 253/95 aus der 3-Monosulfosäure erhaltbar) in 15 T. Wasser + 0,5 T. Soda lösen, mit 10 T. Sprit und 1,5 T. Bromäthyl im Autoklaven 12 St. auf 90° erwärmen, ansäuern, Sprit und unverändertes Bromäthyl abdestillieren, Lösung konzentrieren, Krystalle der Äthylverbindung filtrieren. Schwer aussalzbar. Gibt mit Nitrit gelbe Lösung, die mit Soda in violett umschlägt. Mit verdünnter Schwefelsäure auf 130° erhitzt, wird die 3-Sulfogruppe unter Bildung von **1, 8-Alkylaminonaphthol-5-sulfosäure** abgespalten.

2737 **DRP. 152 679** **1-Amino-8-naphthol-3, 6-disulfosäureglycin**

OH NH·CH_2·COOH

SO_3H SO_3H $= C_{12}H_{11}NO_9S_2 = 377.$

170,5 T. 1, 8-Aminonaphthol-3, 6-disulfosäure als saures Na-Salz in 800 T. Wasser + 27 T. Soda lösen, + 85 T. Acetat, eine Lösung von 55 T. Monochloressigsäure in 200 T. Wasser, neutralisiert mit Soda, zugeben, 4 St. unter Rückfluß kochen, noch warm aussalzen und das ausgefallene Glycin filtrieren und pressen. Gelbbraunes Pulver, schwach fluorescierende Lösung, in Sprit unlöslich, in Schwefelsäure (66°) grün löslich. — Ebenso die **2, 3- (2, 8)-, (2, 5)-Aminonaphthol-6- (7-) (6) -sulfosäureglycine.**

2738 **DRP. 94 632** **1, 8-Hydrazinnaphthol-3, 6-disulfosäure**

HO NH·NH_2

SO_3H SO_3H $= C_{10}H_{10}N_2O_7S_2 = 334.$

31,9 T. 1, 8-Aminonaphthol-3, 6-disulfosäure diazotieren, Diazolösung in die kalte konz. Lösung von Natriumsulfit (aus 70 T. Bisulfit und Natronlauge erhalten) eintragen, nach mehreren Stunden mit Essigsäure ansäuern, kalt mit 7 T. Zinkstaub reduzieren, die hellgelbe Lösung filtrieren, das Filtrat mit 10 T. Salzsäure kurze Zeit kochen. Schwachgraue Krystalle, in Wasser schwer löslich, gibt mit Soda unter Zusatz von Alkalisulfit neutralisiert das neutrale Na-Salz.

2739 **DRP. 176 618** **1-Diazo-2-oxynaphthalindisulfosäuren**

N = N

O $\left\} \begin{matrix} SO_3H \\ SO_3H \end{matrix} \right. = C_{10}H_6N_2O_7S_2 = 330.$

10 T. **Diazooxydsulfosäure** [2566] (aus 48 T. 1, 2-Aminonaphthol-4-sulfosäure, 28 T. Zinkvitriol, 14 T. Nitrit in konz. wässeriger Lösung 2 St. bei 40°—50° rühren, mit 50 T. Essigsäure (25%) fällen), in 40 T. Monohydrat lösen, mit 10 T. Oleum (30%) bei 30°—50° sulfieren, bis eine Probe in Wasser klar löslich ist, mit Eiswasser verdünnen, aussalzen und den hellgelben krystallinischen Niederschlag filtrieren. Mit 2-Naphtholnatrium entsteht eine blaue Färbung, die bei Säurezugabe rot wird. Nach

2740	Zus. DRP. 176 620	sind ebenso die Diazooxyde anderer o-Aminonaphtholsulfosäuren weitersulfierbar. Z. B.: **Sulfo-1, 2-aminonaphthol-6-sulfosäurediazooxyd** und **Sulfo-2, 1-aminonaphthol-5-sulfosäurediazooxyd.**
2741	DRP. 184 477 — Ber. 21, 2475 DRP. 155 083	32 T. 1, 2-Aminonaphthol-4, 6-disulfosäure (100%) in 1500 T. Wasser und 10 T. Soda lösen, 150 T. Schwefelsäure (10%) zugeben, bei 0°—5° diazotieren und die leichtlösliche Diazoverbindung aus der gelblichbraunen Lösung evtl. aussalzen. — Ebenso **1-Diazo-2-naphthol-3, 6-, -4, 7-di- und -4, 6, 8-trisulfosäure** durch Diazotierung bei Gegenwart von Schwefelsäure.

p) N—S—S—S.

1 $NH_2-SO_3H-SO_3H-SO_3H$ . . 2514, 2581, 2742—2750
2 $NH_2-SO_3H-SO_3H-SO_3H$ . . . . . 2751—2758, 2771
[1 NHH—8 SO_2OH] Anhyd. — 2 SO_3H — 4 SO_3H . . . 2744

2742	Anm. F. 7016 6. 2. 93 Elberfeld E. P. 15 223/93	**Aminonaphthalintrisulfosäuren** NH_2, $\left.\begin{matrix}SO_3H\\SO_3H\\SO_3H\end{matrix}\right\}$ $= C_{10}H_9NO_9S_3 = 383.$ **1-Aminonaphthalin-2, 4, 6-trisulfosäure:** 1-Aminonaphthalin-6-mono- oder -4, 6-disulfosäure gelinde mit Oleum erwärmen. Die neutralen Salze der Säure fluorescieren in wässeriger Lösung reinblau.
2743	DRP. 22 545	**1-Aminonaphthalin-2, 4, 7-trisulfosäure:** Naphthionsäure längere Zeit mit Oleum (40%) auf 120° erhitzen, oder nach
	Anm. F. 6550 6. 2. 93 Elberfeld	1-Aminonaphthalin-7-mono- oder -4, 7-disulfosäure mit Oleum auf 50°—100° erwärmen. Die Lösungen fluorescieren blau.
2744	DRP. 79 566	**1-Aminonaphthalin-2, 4, 8-trisulfosäureanhydrid (Naphthsultamdisulfosäure S):** 1-Aminonaphthalin-8-mono- oder -4, 8-disulfosäure mit starkem Oleum im Wasserbade erwärmen. Das Tri-Na-Salz fluoresciert in wässeriger Lösung stark gelbgrün.
2745	Anm. F. 7001 16. 8. 93 Elberfeld	**1-Aminonaphthalin-2, 5, 7-trisulfosäure:** 1-Aminonaphthalin-2-mono- oder -2, 5- bzw. -5, 7-disulfosäure mit Oleum (40%) bei 120° bis 130° sulfieren. Die Salzlösungen fluorescieren grün.
2746	DRP. 75 432	**1-Aminonaphthalin-3, 5, 7-trisulfosäure:** 2, 6-Naphthalindisulfosäure mit Oleum (60%) weitersulfieren, Trisulfosäure nitrieren, Nitroprodukt reduzieren. Die Salzlösungen fluorescieren grün.
2747	DRP. 56 058	**1-Aminonaphthalin-3, 6, 8-trisulfosäure:** Naphthalin-1, 3, 6-trisulfosäure in konz. schwefelsaurer Lösung nitrieren, Nitroprodukt reduzieren. Oder nach
2748	DRP. 76 438	1-Nitronaphthalin-3, 8-disulfosäure mit Lösungen schwefligsaurer Salze erwärmen. Die Salzlösungen fluorescieren nicht.
2749	DRP. 79 566	**1-Aminonaphthalin-3, 5, 8-trisulfosäureanhydrid:** 1-Aminonaphthalin-5, 8- oder -3, 8-disulfosäure mit starkem Oleum im Wasserbad erwärmen. Die leicht mit gelber Farbe löslichen Salze fluorescieren in wässeriger Lösung grün.
2750	Anm. F. 7004 18. 3. 93 Elberfeld	**1-Aminonaphthalin-4, 6, 8-trisulfosäure:** Naphthalin-1, 3, 5-trisulfosäure nitrieren und die erhaltene Nitrotrisulfosäure reduzieren. Die alkalischen Lösungen der Säure fluorescieren intensiv grün.
2751	Anm. F. 7003 17. 8. 93 Elberfeld	**2-Aminonaphthalin-1, 3, 7-trisulfosäure:** 2-Oxynaphthalin-1, 3, 7-trisulfosäure mit Ammoniak unter Druck auf 180°—190° erhitzen, oder nach
2752	Anm. F. 7036 30. 8. 93 Elberfeld	2-Aminonaphthalin-3, 7-disulfosäure mit starkem Oleum bei 80°—90° sulfieren (Ber. 27, 1199).

2753 **DRP. 80 878**

2-Aminonaphthalin-1, 5, 7-trisulfosäure: 2-Aminonaphthalin-5-mono- oder -5, 7- oder -1, 5-disulfosäure mit starkem Oleum im Wasserbade sulfieren. Die Salzlösungen fluorescieren blau.

2754 **DRP. 81 762**
—
Ber. 27, 1200

2-Aminonaphthalin-3, 5, 7-trisulfosäure: 2-Aminonaphthalin-3, 7-disulfosäure oder 2-Aminonaphthalin-1, 3, 7-trisulfosäure, das erstere mit starkem, das letztere mit schwachem Oleum längere Zeit auf 130° erhitzen und das entstandene Gemenge der 2-Aminonaphthalin-3, 5, 7- und -3, 6, 7-trisulfosäure, ferner der **2-Aminonaphthalin-1, 3, 6, 7-tetrasulfosäure** mittels der Alkali- und Ba-Salze trennen. Man verwandelt die Sulfierung in neutrales Na-Salz, fällt mit Säure das saure Na-Salz der 3, 6, 7-Trisulfosäure aus, konzentriert das schwach alkalisch gemachte Filtrat, salzt die Tetrasulfosäure aus und scheidet aus der Mutterlauge die 3, 5, 7-Trisulfosäure ab. Die Lösungen der Säure fluorescieren stark grün.

2755 **DRP. 81 762**

2-Aminonaphthalin-3, 6, 7-trisulfosäure: Durch Kochen der 2-Aminonaphthalin-1, 3, 6, 7-tetrasulfosäure mit verdünnten Mineralsäuren, oder nach

Anm. F. 7019
22. 8. 93
Elberfeld

durch Erhitzen der 2-Oxynaphthalin-3, 6, 7-trisulfosäure mit Ammoniak (25%) unter Druck. Die verdünnten Salzlösungen zeigen blaue Fluorescenz.

2756 **DRP. 90 849**

2-Aminonaphthalin-3, 5, 7-trisulfosäure: Umlagerung der 2-Naphthylamin-1, 5, 7-trisulfosäure mit der 3—4-fachen Menge Oleum (30%) durch 12-stündiges Erhitzen auf 150°, bis eine auf Eis gegossene Probe nicht mehr violett, sondern grünblau fluoresciert.

2757 **DRP. 27 378**
—
Ber. 27, 2152

2-Aminonaphthalin-3, 6, 8-trisulfosäure: 2-Oxynaphthalin-3, 6, 8-trisulfosäure bei 200°—250° längere Zeit mit Ammoniakgas behandeln, oder 2-Aminonaphthalin-6, 8-disulfosäure mit starkem Oleum bei 120°—130° sulfieren. Die verdünnten Lösungen fluorescieren himmelblau. — Oder nach

2758 **DRP. 176 621**
—
DRP. 113 063
Ber. 27, 2153; 28, 1535

24 T. 1-nitro-3, 6, 8-naphthalintrisulfosaures Na-Salz mit 45 T. konz. Ammoniak im Autoklaven 3 St. auf 150°—160° und 5 St. auf 160°—170° erhitzen, Ammoniak abdestillieren, schwach mit Schwefelsäure ansäuern und die Sulfosäure filtrieren.

q) O—O—O—O.

2759 **DRP. 111 683**
E. P. 16 295/99
F. P. 291 720
—
DRP. 101 371

Naphthazarinzwischenprodukt

200 T. Naphthazarinschmelze in 600 T. Wasser verteilen, filtrieren, Filtrat mit 25 T. Chlorzinklösung (40°) fällen, filtrieren, mit Salzwasser waschen und trocknen (vgl. Ber. 4, 439).

r) O—O—O—S.

2760 **DRP. 78 604**

Trioxynaphthalinsulfosäuren $\left.\begin{matrix}OH\\OH\\OH\\SO_3H\end{matrix}\right\} = C_{10}H_8O_6S = 256.$

1, 3, 8-Trioxynaphthalin-6-sulfosäure: 1, 8-Dioxynaphthalin-3, 6-disulfosäure über 250° mit Ätznatron verschmelzen. Eisenchlorid erzeugt mißfarbige, Chlorkalk eine gelbbraune, im Überschuß verschwindende Färbung.

2761 **DRP. 80 464**

1, 3, 5-Trioxynaphthalin-7-sulfosäure: Die durch Weitersulfieren von Naphthalin-2, 6-disulfosäure mit Oleum (25%) bei 260° erhaltbare einheitliche Tetrasulfosäure mit Ätznatron bei 280° verschmelzen. Die neutralen Salze lösen sich in Wasser rot mit schwach blauer Fluorescenz, die Lösung des sauren Salzes wird mit Chlorkalk weingelb, wobei die Färbung im Überschuß verschwindet, mit Eisenchlorid braun.

2762 **DRP. 67 426**

1, 3, 7- oder **1, 6, 7-Trioxynaphthalin-6-** oder **-3-sulfosäure:** Durch Verschmelzen der 2-Oxynaphthalin-3, 6, 8-trisulfosäure mit Ätznatron.

2763 **DRP. 87 900**

8-(7)-Oxy-1, 2-naphthochinon-6-(4)-sulfosäure

$= C_{10}H_6O_6S = 254.$

Wie [2605]; vgl. [2408]. — Azofarbstoff aus einer Diazoverbindung und 2-Amino-8-naphthol-6-sulfosäure- Ggibt reduziert die **1, 2-Diamino-8-naphthol-6-sulfosäure**, aus der durch Oxydation mit Bichromat die Chinonsulfosäure entsteht. Die wässerige Lösung des braunroten K-Salzes (mit K-Chlorid erhalten) wird mit Soda rot, jene des K-Salzes der 7-Oxy-1, 2-naphthochinon-4-sulfosäure hingegen blau.

2764 **DRP. 99 759**
DRP. 100 703

2-Oxy-1, 4-naphthochinon-3-sulfosäure

$= C_{10}H_6O_6S = 254.$

50 T. 2-Oxy-1, 4-naphthochinon in 250 T. 15°—20° warmes Oleum (25%) eintragen, Sulfierung auf Eis gießen, Natronsalz der Sulfosäure aussalzen. — **2-Oxy-1, 4-naphthochinon-6-sulfosäure:** 39 T. naphthochinondisulfosaures Kali bei 5°—10° in 120 T. Schwefelsäure (76°) eintragen, 8—10 St. bei 25° stehen lassen, auf Eis gießen, filtriertes Produkt zur Reinigung in Natronlauge lösen, mit Salzsäure oder die konzentrierte wässerige Lösung in der Hitze mit Alkohol fällen.

s) O—O—S—S.

OH—OH—SO_3H—SO_3H . . . . 2765—2782
8 OH—1 OR—3 SO_3H—6 SO_3H 2783

2765 **DRP. 49 857**

Dioxynaphthalindisulfosäuren $\left\{\begin{matrix} OH \\ OH \\ SO_3H \\ SO_3H \end{matrix}\right. = C_{10}H_8O_8S_2 = 320.$

1, 2-Dioxynaphthalin-6, 8-disulfosäure: Wird erhalten durch Kochen der wässerigen Lösung der sauren Alkalisalze von 1-Amino-2-oxynaphthalin-6, 8-disulfosäure. Vgl. Ber. **21**, 3482 und **24**, 3157.

2766 Anm. K. 12 732
Kl. 12
22. 3. 95
Kalle
DRP. 79 054

1, 5-Dioxynaphthalin-3, 7-disulfosäure: 1-Oxynaphthalin-3, 5, 7-trisulfosäure mit Natronlauge (50%) bei 150°—160° verschmelzen. Die blauviolett fluorescierende Lösung des Na-Salzes wird mit Eisenchlorid grün, mit Chlorkalk mißfarbig bis rotbraun. — Mit derselben vermutlich identisch die „Rothsäure" [2781].

2767 **DRP. 41 934**

1, 5-Dioxynaphthalin-?, ?-disulfosäure: 1, 5-Dioxynaphthalin mit Schwefelsäure (66°) zwischen 100° und 160° sulfieren.

2768 **DRP. 49 857**
2769 **DRP. 72 584** und
2770 **DRP. 72 665**

1, 2-Dioxynaphthalin-3, 6-disulfosäure: Die sauren Alkalisalze der 1-Amino-2-oxynaphthalin-3, 6-disulfosäure mit Wasser kochen oder nach 1, 2-Diaminonaphthalin-3, 6-disulfosäure mit verdünnten Mineralsäuren erhitzen. Vgl. Ber. 24, 3157 und 21, 3480.

2771 **DRP. 89 242**

1, 3-Dioxynaphthalin-5, 7-disulfosäure: 2-Naphthylamin-4, 8-disulfosäure als saures Salz mit der 4-fachen Menge Oleum (40%) auf schließlich 120° erhitzen, auf Eis gießen, das wie üblich abgeschiedene saure Na-Salz der **2-Naphthylamintrisulfosäure** mit der gleichen Menge Wasser und der $1^1/_2$-fachen Menge Ätznatron 8 St. im Autoklaven auf 170°—180° erhitzen, zur Überführung der **2-Amino-4-naphthol-6, 8-disulfosäure** in die **Gelbsäure** das saure Na-Salz mit der 5-fachen Menge schwach angesäuerten Wassers 8 St. unter 4 Atm. Druck auf 210°—220° erhitzen. Flüssigkeit etwas eindampfen, mit Kaliumchlorid aussalzen.

2772	Anm. F. 4154 6. 5. 89 Höchst	**1, 7-Dioxynaphthalin-3, 6-disulfosäure:** 2-Oxynaphthalin-3, 6, 8-trisulfosäure mit Alkalien zwischen 200° und 280° verschmelzen. Die neutrale wässerige Lösung wird mit Eisenchlorid zuerst reinblau, dann graublau, mit Schwefelsäure grünlichgelb.
2773	**DRP. 77 703** **DRP. 79 566** **DRP. 81 282** **DRP. 57 021**	**1, 8-Dioxynaphthalin-2, 4-disulfosäure (S):** 1-Amino-8-oxynaphthalin-2, 4- oder -5, 7-disulfosäure bei 250° oder Naphthsultamdisulfosäure S bei 170° oder 1-Oxynaphthalin-2, 4, 8-trisulfosäure mit Alkalien verschmelzen. Die Salze fluorescieren in wässeriger Lösung grünlich. Vgl. Ber. 27, 2142. Die Lösung des Di-Na-Salzes wird mit Eisenchlorid grün. — Vgl. Anm. B. 16 142, Kl. 12, Badische.
2774	**DRP. 80 741** Anm. F. 7004 Kl. 22 18. 8. 93 Elberfeld	**1, 8-Dioxynaphthalin-3, 5-disulfosäure:** 1-Amino-8-oxynaphthalin-4, 6-disulfosäure mit wässerigen Alkalien bei mehr als 220° oder nach bei 180° mit Alkalien verschmelzen. Die alkalischen Salzlösungen fluorescieren schwach blau. Eisenchlorid erzeugt grüne, Chlorkalk je nach der Menge braune bis rotbraune Färbung.
2775	**DRP. 67 563** **DRP. 68 721** **DRP. 69 190** **DRP. 75 153**	**1, 8-Dioxynaphthalin-3, 6-disulfosäure (Chromotropsäure):** 1-Oxynaphthalin-3, 6, 8-trisulfosäure (oder ihr Anhydrid), ferner 1-Amino-8-oxynaphthalin-3, 6-disulfosäure oder 1, 8-Diaminonaphthalin-3, 6-disulfosäure, und zwar erstere mit Alkalien bei 185°, letztere beide mit weniger als 10-prozentiger Alkalilauge bei 270° behandeln. Ebenso erhält man die Chromotropsäure auch durch Erhitzen der 1, 8-Diaminonaphthalin-3,6-disulfosäure mit verdünnten Mineralsäuren unter Druck auf 150°—160°. Die alkalischen Lösungen fluorescieren violettblau, neutrale Lösungen werden mit Eisenchlorid grün, in alkalischen Lösungen entsteht ein bräunlichgrüner Niederschlag.
2776	**DRP. 79 030**	**1, 8-Dioxynaphthalin-2, 5-** (oder **-4, 5-**) **disulfosäure R:** Mutterlauge des Ba-Salzes (II) von [2777] völlig eingedampft gibt Ba-Salz (III), das auch in kaltem Wasser löslich ist. Farbenreaktion wie [2777], jedoch entsteht hier mit mehr Chlorkalk kein Niederschlag.
2777	**DRP. 79 029**	**1, 8-Dioxynaphthalin-2, 5-** (oder **-4, 5-**)**disulfosäure G:** 10 T. 1, 8-Dioxynaphthalin in 40 T. Schwefelsäure (66°) bei 10°—15° lösen, im Wasserbade 45—50 Min. auf 50° erwärmen, bis eine Probe klar wasserlöslich ist, in 200 T. Eiswasser gießen, mit gesättigter Barytlösung neutralisieren, aufkochen, filtrieren, Bariumsulfat kochend waschen, Filtrate (nur schwach alkalisch!) auf 250 T. eindampfen, vom ausgeschiedenen Ba-Salz (I), einer wertlosen Säure, filtrieren, Filtrat auf 40 T. eindampfen; leichtlösliches Ba-Salz (II) der G-Säure filtrieren. Mit Eisenchlorid grüner, mit Chlorkalk brauner, mit mehr Chlorkalk braunroter Niederschlag.
2778	**DRP. 79 029**	**1, 8-Dioxynaphthalin-2, 7-disulfosäure (J):** Sie bildet den schwerstlöslichen Anteil des auf Ba-Salz verarbeiteten Sulfierungsgemisches von 1, 8-Dioxynaphthalin mit konz. Schwefelsäure (50%).
2779	Anm. F. 7243 Kl. 12 16. 12. 93 Elberfeld —— Ber. 13, 1959	**2, 7-Dioxynaphthalin-3, 6-disulfosäure:** 2-Oxynaphthalin-3, 6, 7-trisulfosäure mit Alkalien bei 220°—300° verschmelzen. Die alkalischen Lösungen fluorescieren blaugrün. Eisenchlorid erzeugt tiefblaue, Chlorkalklösung je nach der Menge orangefarbige oder braune Färbung, schließlich entsteht ein weißer Niederschlag. — Oder
2780	**DRP. 75 142**	2, 7-Dioxynaphthalin mit Schwefelsäure (66°) im Wasserbade sulfieren. Schwachblau fluorescierende alkalische Lösungen werden an der Luft dunkelblau. Eisenchlorid erzeugt eine tiefblaue Färbung.
2781	**DRP. 79 054** und **DRP. 80 464**	**Dioxynaphthalindisulfosäure (1, 3, 5, 7; 1, 5, 3, 7** oder **1, 7, 3, 5):** **Naphthalintetrasulfosäure** (aus Naphthalin-2, 6-disulfosäure und Oleum von 25% bei 260°) mit Ätznatron bei 200° verschmelzen und die Rotsäure von der zugleich entstandenen Gelbsäure durch Lösen der Schmelze in verdünnter Salzsäure trennen, wobei das saure Na-Salz der vorliegenden Rotsäure auskrystallisiert. Ein Gemenge von Oxynaphthalindisulfosäuren, das auch Rotsäure enthält, gewinnt man nach

2782 **DRP. 40 893** aus dem Naphthalin direkt durch Sulfierung zur Tetrasulfosäure und ihr Verschmelzen mit Alkalien. – Die Gelbsäure wird aus dem Filtrat der Rotsäure gewonnen und unterscheidet sich von letzterer durch die grüne Fluorescenz der alkalischen Lösungen (Rotsäure fluoresciert violett), ferner dadurch, daß Chlorkalklösung bleibende Gelbfärbung erzeugt, während die Lösungen der Rotsäure dunkelbraun gefärbt werden und Eisenchlorid neutrale Lösungen der Gelbsäure zuerst blau, dann violettschwarz, jene der Rotsäure blaugrün, dann mißfarbig färbt.

2783 **DRP. 73 251** und **DRP. 73 741**

1-Methoxy-8-oxynaphthalin-3, 6-disulfosäure

OH O·CH_3 ; SO_3H … SO_3H $= C_{11}H_{10}O_8S_2 = 334.$

1, 8-Dioxynaphthalin-3, 6-disulfosäure in Form der neutralen oder basischen Salze mit Alkylierungsmitteln erhitzen.

---

t) O—S—S—S.

$OH-SO_3H-SO_3H-SO_3H$ . . . 2784—2796

$OH-SO_3H-SO_2{\cdot}NH_2-SO_3H$ 2795

2784 Anm. K. 12 732, 22. 3. 95, Kalle

Oxynaphthalintrisulfosäuren OH, SO_3H, SO_3H, SO_3H $= C_{10}H_8O_{10}S_3 = 384.$

1-Oxynaphthalin-3, 5, 7-trisulfosäure: Diazo-1-aminonaphthalin-3, 5, 7-trisulfosäure zum Ersatz der Amino- gegen die Hydroxylgruppe verkochen.

2785 **DRP. 56 058** **1-Oxynaphthalin-3, 6, 8-trisulfosäure:** 1-Amino-3, 6, 8-trisulfosäure diazotieren, die Diazoverbindung mit verdünnten Säuren kochen und das erhaltene Sulton mit verdünnter Natronlauge erwärmen oder nach

2786 **DRP. 71 495** die sauren Salze der Aminosäure mit Wasser unter Druck auf hohe Temperatur erhitzen.

2787 Anm. F. 7004, 18. 8. 93, Elberfeld **1-Oxynaphthalin-4, 6, 8-trisulfosäure:** Wie [2785] mit 1-Aminonaphthalin-4, 6, 8-trisulfosäure.

2788 **DRP. 10 785** **1-Oxynaphthalin-2, 4, 7-trisulfosäure:** 1-Naphthol mit Oleum (50%) auf 40°—50° erwärmen, bis eine verdünnte Probe, mit überschüssiger Salpetersäure erwärmt, kein Dinitronaphthol mehr ausscheidet. Oder nach

2789 **DRP. 77 996** 1-Chlornaphthalin-2, 4, 7-trisulfosäure mit verdünnter Alkalilauge auf 150°—200° erhitzen. Die Lösung der Säure wird mit Eisenchlorid blau.

2790 Anm. F. 6991, 14. 8. 93, Elberfeld **2-Oxynaphthalin-1, 3, 7-trisulfosäure:** 2-Oxynaphthalin-7-mono- oder -3, 7-disulfosäure mit Oleum (25%) auf 80°—90° erhitzen. Die Na-Salzlösung wird mit Eisenchlorid violett und fluoresciert stark grün.

2791 **DRP. 78 569** — Ber. 27, 1209 **2-Oxynaphthalin-3, 6, 7-trisulfosäure:** 2-Oxynaphthalin-1,3,6,7-tetrasulfosäure zur Abspaltung einer Sulfogruppe mit Wasser oder mit verdünnten Mineralsäuren kochen oder in der Diazo-2-aminonaphthalin-3, 6, 7-trisulfosäure die Diazogruppe gegen Hydroxyl ersetzen. Die grün fluorescierenden alkalischen Lösungen der Säure werden mit Eisenchlorid violett.

2792 **DRP. 22 038** **2-Oxynaphthalin-3, 6, 8-trisulfosäure:** 2-Naphthol mit Oleum (20%) auf 140°—160° erhitzen, bis eine mit Ammoniak übersättigte Probe rein grün fluoresciert. Die alkalischen Lösungen fluorescieren gelbgrün, in den neutralen erzeugt Eisenchlorid eine violette Färbung.

2793 **DRP. 79 054** **Oxynaphthalintrisulfosäure:** Naphthalin-2, 6-disulfosäure mit Oleum (25%) auf 260° erhitzen und die erhaltene Naphthalintetrasulfosäure mit verdünnter Natronlauge unter Druck bei 180° behandeln oder nach

2794 **DRP. 40 893** als Bestandteil eines Trisulfosäuregemenges durch Sulfierung von Naphthalin mit Oleum bei hoher Temperatur erhaltbar. — Oder nach

2795 **DRP. 69 518** **Naphtholtrisulfosäuremonamid:** 100 T. naphthosultondisulfosaures Natron mit 200—300 T. Ammoniak (20%) bei gewöhnlicher Temperatur $^1/_4$ St. rühren, das Ammoniumdinatriumsalz des Monamides filtrieren. Man kann auch mit alkoholischem oder gasförmigem Ammoniak arbeiten.

2796 **DRP. 92 169** Zur Herstellung des β-naphtholtrisulfosauren Natriumdoppelsalzes (oder naphthalintetrasulfosaurer Salze) des Tetrazodianisols vermischt man die 7 T. Nitrit entsprechende Tetrazodianisolchloridlösung mit einer Lösung von 45 T. 2-naphthol-3, 6, 8-trisulfosaurem Natron und salzt evtl. aus.

u) S—S—S—S.

2797 **DRP. 79 054** **Naphthalintetrasulfosäure**

DRP. 40 893
DRP. 80 464
Ber. 8, 1486

SO_3H SO_3H } SO_3H SO_3H $= C_{10}H_8O_{12}S_4 = 448.$

100 T. 2, 6-Naphthalindisulfosäure als bei 200° getrocknetes Ca-Salz mit 300 T. Oleum (25%) zuerst 4 St. auf 90°, dann die entstandene Lösung der **Naphthalintrisulfosäure** weiter im geschlossenen Kessel 6 St. auf 260° erhitzen. Krystallinische Masse kalt in Wasser lösen, kalken, mit Soda umsetzen, Lösung des Na-Salzes auf 300 T. eindampfen, aussalzen.

5. Naphthalin mit fünf und sechs Substituenten.

2798 **DRP. 153 195** **Chlor-1, 8-dioxynaphthalin-3, 6-disulfosäure**

HO OH
SO_3H SO_3H } Cl $= C_{10}H_7O_8S_2Cl = 352.$

364 T. Chromotropsäure als Na-Salz in 300 T. Natronlauge (40°) und 1500 T. Wasser gelöst bei gewöhnlicher Temperatur mit 1000 T. Hypochloritlösung (7% Chlor) versetzen, nach einiger Zeit mit 500 T. Salzsäure (20°) fällen.

2799 **DRP. 113 063** **1-Nitroso-8-nitro-4-naphthol-3, 6-disulfosäure**

O_2N NO
SO_3H SO_3H $= C_{10}H_6N_2O_{10}S_2 = 378.$
OH

80 T. 1, 8-Dinitro-3, 6-disulfosäure als Na-Salz in wässeriger Lösung kalt mit 160 T. Natronlauge (40°) rühren, bis aus einer mit Kaliumchlorid ausgesalzenen Probe keine unveränderte Dinitrosäure mehr ausfällt, nach 3—4 Tagen ansäuern und das Dialkalisalz aussalzen. Zur Gewinnung des Gemenges der Nitronitrososäure mit **1, 8-Dinitrosodioxy-3, 6-disulfosäure** behandelt man 1, 8-Dinitro-3, 6-disulfosäure ebenfalls mit Natronlauge, stumpft nach beendeter Umlagerung nach etwa 24 St. das Alkali mit Salzsäure ab und fällt das Trinatriumsalz der Dinitrosodioxysäure mit Kohlensäure.

2800 **DRP. 92 012** **Diaminonaphtholdisulfosäuren:** Aminonaphtholsulfosäure G diazotieren, die filtrierte Diazoverbindung in kalte Sodalösung eintragen, den abgeschiedenen Farbstoff in salzsaurer Lösung mit Zinnchlorür reduzieren.

2801 **DRP. 79 577** **1, 8-Diaminonaphthalin-2-(4, 6** oder **4, 7)-trisulfosäure**

H_2N NH_2, SO_3H, SO_3H, SO_3H $= C_{10}H_9N_2O_9S_3 = 398.$

1, 8-Dinitronaphthalin mit Bisulfitlösung kochen oder unter Druck behandeln. Die wässerige Lösung des sauren Na-Salzes wird mit Eisenchlorid gelbbraun.

2802 **DRP. 77 552** **2-Amino-1, 8-dioxynaphthalin-3, 6-disulfosäure**

HO OH, NH_2, SO_3H, SO_3H $= C_{10}H_9NO_8S_2 = 335.$

Monoazofarbstoffe der 1, 8-Dioxynaphthalin-3, 6-disulfosäure reduktiv spalten.

2803 **DRP. 84 597** — DRP. 84 140 **1-Amino-8-oxy-2, 4, 6-trisulfosäure**

HO SO_3H, NH_2, SO_3H, SO_3H $= C_{10}H_9NO_{10}S_3 = 399.$

Naphthsultamtrisulfosäure (Anhydrid der 1-Aminonaphthalin-2, 4, 6, 8-tetrasulfosäure) bei 150°—160° mit Alkalien verschmelzen. Die Lösungen der Salze fluorescieren violettblau, nach Zusatz von Alkalien grünblau.

2804 **DRP. 84 140** **Aminonaphthalintetrasulfosäuren**

$\left.\begin{matrix} NH_2 \\ SO_3H \\ SO_3H \\ SO_3H \\ SO_3H \end{matrix}\right\} = C_{10}H_9NO_{12}S_4 = 463.$

1-Aminonaphthalin-2, 4, 6, 8-tetrasulfosäureanhydrid: 1-Aminonaphthalin-4, 6, 8-trisulfosäure mit Oleum bei 80°—90° sulfieren. Die gelben Lösungen der Salze fluorescieren stark grün.

2805 **DRP. 84 139** **1-Aminonaphthalin-3, (4?), 6, 8-tetrasulfosäureanhydrid:** 1-Aminonaphthalin-3, 6, 8-trisulfosäure mit Oleum bei 80° sulfieren, unter Vermeidung jeder Erhitzung auskalken, da die aufgenommene Sulfogruppe sonst wieder abgespalten wird. Kochen mit starken Mineralsäuren führt zur Aufspaltung des Sultamringes.

2806 **DRP. 81 762** **2-Aminonaphthalin-1, 3, 6, 7-tetrasulfosäure:** 2-Aminonaphthalin-3, 7-di- mit starkem oder 2-Aminonaphthalin-1, 3, 7- oder besser noch -3, 6, 7-trisulfosäure mit normalem Oleum auf 130° erhitzen, die Sulfierung unter Vermeidung jeder Erhitzung auf neutrales Na-Salz verarbeiten, seine Lösung konzentrieren und kalt ansäuern. Es scheidet sich 3, 6, 7-Trisulfosäure als saures Na-Salz ab, während die gelöste Tetrasulfosäure ausgesalzen oder mit Ba-Chlorid abgeschieden wird. Oder nach

Anm. F. 7003, 17. 8. 93, Elberfeld: 2-Oxynaphthalin-1, 3, 6, 7-tetrasulfosäure mit Ammoniak unter Druck auf 180° erhitzen. Die verdünnten Salzlösungen fluorescieren violettblau.

2807 Anm. F. 6991, 14. 8. 93, Elberfeld **2-Oxynaphthalin-1, 3, 6, 7-tetrasulfosäure**

SO_3H, SO_3H, OH, SO_3H, SO_3H $= C_{10}H_8O_{13}S_4 = 464.$

2-Oxynaphthalin-7-mono- oder -3, 7-di- oder -1, 3, 7-trisulfosäure mit Oleum (40%) bei 120°—130° sulfieren und bei der Aufarbeitung jede Erwärmung vermeiden, von der Trisulfosäure über das Ba-Salz trennen. Die alkalischen Lösungen fluorescieren stark blaugrün.

2808 **DRP. 113 063**

1, 8-Dinitrosodioxynaphthalin-3, 6-disulfosäure

ON NO, OH OH, $\left.\begin{matrix}SO_3H\\SO_3H\end{matrix}\right\}$ $= C_{10}H_6N_2O_{10}S_2 = 378.$

100 T. Ba-Salz der 1, 8-Dinitro-3, 6-naphthalindisulfosäure in 2000 T. Wasser mit der zur Ba-Fällung nötigen Menge verdünnter Schwefelsäure versetzen, filtrieren, Filtrat im Vakuum auf 390 T. eindampfen, erkalten lassen.

II. Naphthalin- und Benzolreste in offener Kette verbunden.

(Ketten, am Naphthalin mit C, N, O, S beginnend.)

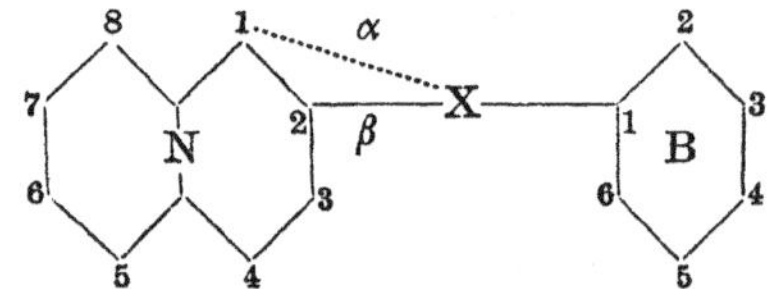

Die Eintrittsstellen (α oder β) sind aus den Formelbildern ersichtlich.

1. Bindung direkt.

4 OH 1849
B NH_2—2 OR—5 SO_3H—N 6 NH_2 . . . 2809

2809 **DRP. 44 770**
Zusatz zu DRP. 44 209

Diaminoäthoxyphenylnaphthylsulfosäure

NH_2, $O{\cdot}C_2H_5$, NH_2, SO_3H $= C_{18}H_{18}N_2O_4S = 358.$

Aus 37,8 T. naphthalinazo-phenetolsulfosaurem Natrium (Azofarbstoff aus 1-Diazonaphthalin + p-Phenolsulfosäure) wie [1763] alkylieren und dann reduktiv spalten.

2. X = —CH_2—(CO)—.

Unsubstituiert 1363, 2810, 2811
B 6 COOH 2812
B 4 $N(R)_2$ 2813
N 1 OH 1295, 2810
B 4(5) Cl—6 COOH 3559
B 6 COOH—**N** 7 Cl 3559
B 6 COOH—**N** 1 OH 2814, 2815
B 6 COOH—**N** 4 NH_2—1 OH 3560
B 6 COOH—**N** 4 Cl—1 OH 3561
B 4 $N(R)_2$—**N** 4 NH·R 2816
B 4 $N(R)_2$—**N** 4 (?) NH·C_6H_4: CH_3. 2816, 2817
B 6 COOH—**N** 1 OH—4 Cl 2818
B 6 COOH—**N** 1 OH—4 $NO(NH_2)$ . . . 2819

2810 **DRP. 281 802**

1-Benzylnaphthalin

CH_2 $= C_{17}H_{12} = 228.$

12,6 T. Benzylchlorid, 63 T. Naphthalin und 0,3 T. Phosphorpentoxyd 5 St. auf 200° erhitzen, Naphthalinüberschuß mit Dampf abtreiben, ausäthern, Ätherrückstand im Vakuum destillieren; Ausbeute an **Naphthylphenylmethan** 70%. — **Benzylnaphthol** nach **DRP.** 18 977 aus Benzylchlorid, Naphthol und Zinkchlorid wie [1295].

2811 **DRP. 281 802**

1- und 2-Naphthylphenylketon

CO $= C_{17}H_{12}O = 232.$

14 T. Benzoylchlorid, 25 T. Naphthalin und 0,2—0,3 T. Phosphorpentoxyd 2 St. auf 180°—200° erhitzen, wenn die Chlorwasserstoffentwicklung beendet, den Naphthalinüberschuß mit Dampf abtreiben, Rückstand in Benzol lösen, Lösung über Chlorcalcium trocknen, destillieren. Man erhält 90% Ausbeute des Gemenges mit überwiegend 1-Keton.

2812 **DRP. 193 961** — Angew. Chem. 19, 669; Ber. 41, 3627; Bll. Soc. Chim. 1908, 916

Naphthoxylbenzoesäure (CO, COOH) $= C_{18}H_{12}O_3 = 276$.

5 T. Phthalsäureanhydrid, 14 T. Benzol, 6,5 T. Naphthalin und 10 T. Aluminiumchlorid bis zum Nachlassen der Salzsäureentwicklung rühren, dann 15 St. auf 75° erhitzen, verdünnen, die Kohlenwasserstoffe mit Dampf übertreiben, die wässerige Flüssigkeit (phthalsäurehaltig) abheben, in den harzigen Rückstand sodaalkalisch Dampf einleiten, von der Tonerde filtrieren, das Filtrat mit Säure fällen und das Produkt evtl. aus Benzol oder Eisessig umkrystallisieren.

2813 **DRP. 42 853**

Dialkylaminophenyl-1-(2-)naphthylketon

(CO, $N(CH_3)_2$) $= C_{19}H_{17}NO = 275$.

20 T. 1-(2-)Naphthanilid + 40 T. Dimethyl-(äthyl-)anilin + 16 T. Phosphoroxychlorid wie [1366, 1367]. — 1-Verb. aus Sprit, grauweiße Nadeln, Sch.-P. 115°; 2-Verb. aus Sprit, gelbgrüne Nadeln, Sch.-P. 127°. Die Diäthyl-1-Verbindung ist halbfest, bleibt harzig; die Diäthyl-2-Verbindung bildet aus Sprit gelbgrüne Krystalle vom Sch.-P. 75°.

2814 **DRP. 134 985**

1-Oxynaphthoylbenzoesäure (OH, CO, COOH) $= C_{18}H_{12}O_4 = 292$.

10 T. 1-Naphthol + 10 T. Phthalsäureanhydrid + 10 T. Borsäure mit 60 T. Schwefelsäure (90%) 2 St. auf 120°—125° erhitzen, in Wasser gießen, filtrieren, den Niederschlag neutral waschen, mit verdünnter Natronlauge extrahieren; zurückbleibt **Oxynaphthazenchinon**, Filtrat mit Säure fällen und den Niederschlag aus Benzol + Ligroin umkrystallisieren. Kleine gelbliche, in Alkalien citronengelb, in Schwefelsäure bräunlichgelb, mit Borsäure erhitzt blaurot mit zinnoberroter Fluorescenz, leichtlösliche Krystalle.

2815 **DRP. 141 025** — Ber. 16, 303; 36, 547; DRP. 138 325

20 T. Naphthofluoran mit 60 T. Ätzkali im Autoklaven 6 St. auf 150° erhitzen, die Schmelze in Wasser lösen, ansäuern und den gelben Niederschlag aus Benzol, Eisessig oder Sprit umkrystallisieren. In Alkali gelb, in Schwefelsäure orangebraun, mit Borsäure erwärmt blaurot mit roter Fluorescenz löslich (Bildung von **α-Oxynaphthazenchinon**).

2816 **DRP. 79 390** — DRP. 41 751

Diaminophenylnaphthylketone

(R·HN, CO, $N(R)_2$) $= C_{26}H_{24}N_2O = 380$.

$R = C_6H_4{\cdot}CH_3$ $R = CH_3$

10 T. Dimethyl-p-aminobenzomethylanilid + 10 T. p-Tolyl-1-naphthylamin fein gerieben + 6—8 T. Phosphoroxychlorid. Das Gemenge wird zuerst flüssig, dann fest. Nach 3—4 St. wiederholt mit Wasser auskochen. Das über das intermediär entstandene Chlorid $>C=Cl_2$ gebildete Auramin:

(—N—C(Cl_2)—, CH_3, $N(R)_2$) → (—N—C(Cl)—, CH_3, $N(R)_2$, $NH{\cdot}(C_7H_7)$) → (CO, $N(R)_2$, $NH{\cdot}(C_7H_7)$)

im 10-fachen Gewicht Sprit lösen, alkalisch stellen, einige Zeit im Wasserbad erwärmen, bis eine Probe angesäuert nicht rotviolett, sondern grünlichgelb wird, kalt das **Dimethyl-p-tolyldiaminophenylnaphthylketon** filtrieren. Hellgelbe Blätter, Sch.-P. 219°, in Sprit und Äther schwer, in Toluol leicht löslich. In Salzsäure schwer rotgelb löslich. — Ebenso das **Dimethylphenyldiaminophenylnaphthylketon** mit Phenylnaphthylamin. Sch.-P. 201°—202°. — Ebenso nach

2817 **Zus. DRP. 84 655**

Dimethyl-(äthyl-)monomethyl-(äthyl-)diaminophenylnaphthylketon

($CH_3{\cdot}HN$, CO, $N(CH_3)_2$) $= C_{19}H_{20}N_2O = 292$

mit Methyl- bzw. Äthyl-1-naphthylamin. Das Dimethyläthylketon bildet grünliche Krystalle, Sch.-P. 156°—157°. Die Dimethyl-Methylbase schmilzt bei 212°; Diäthylmethylketon bei 149°, Diäthyl-Äthylketon bei 130°.

2818 | **DRP. 224 538** | **4-Chlor-1-oxynaphthoyl-o-benzoesäure**

$= C_{18}H_{11}O_4Cl = 327.$

In eine Suspension von 30 T. fein gepulverter 1-Oxynaphthoyl-o-benzoesäure in 30 T. trockenem Äther unter äußerer Kühlung 16 T. Sulfurylchlorid einfließen lassen. Zuerst tritt Lösung, dann plötzliche Ausscheidung der Säure ein. Verdünnen, Bisulfit zusetzen, den Äther abdestillieren, Rückstand filtrieren und trocknen. Aus Benzol hellgelbe Krystalle vom Sch.-P. 211°. Sehr leicht in Aceton, schwerer in Chloroform, Sprit oder Äther löslich.

2819 | **DRP. 223 306** | **4-Nitroso-1-oxynaphthoyl-o-benzoesäure**

$= C_{18}H_{11}NO_5 = 321.$

30 T. feingepulverte 1-Oxynaphthoyl-o-benzoesäure mit 50 T. Wasser und 25 T. Natriumnitrit anteigen, 6—8 St. bei 45° rühren, 60—80 T. Wasser portionenweise zugeben, wenn eine Probe in Ammoniak braungelb löslich ist, verdünnen, das Na-Salz filtrieren und bei niederer Temperatur trocknen. Aus seiner heiß gesättigten Lösung fällt mit Salzsäure die schwefelgelbe freie Säure vom Sch.-P. 195° aus. Gibt reduziert **4-Amino-1-oxy-naphthoyl-o-benzoesäure** [183 629].

3. X = —CO·NH—.

2820 | **DRP. 264 527** | **2, 3-Oxynaphthoesäurenitroarylamide**

Ber. 25, 2744; 34, 4152

$= C_{17}H_{12}N_2O_4 = 308.$

In die Suspension von 188 T. 2, 3-Oxynaphthoesäure und 135 T. m-Nitroanilin in 1200 T. Toluol bei 60°—70° 60 T. Phosphortrichlorid einfließen lassen, unter Rückfluß kochen, wenn die Salzsäureentwicklung beendet ist, verdünnen, sodaalkalisch stellen, Toluol abblasen und das **2, 3-Oxynaphthoesäure-m-nitroanilid** in 92% Ausbeute aus Eisessig umkrystallisieren. Sch.-P. 246°—247°. — Ebenso **2, 3-Oxynaphthoesäure-4-chlor-2-nitroanilid** in 95% Ausbeute vom Sch.-P. 221°—222° und **2, 3-Oxynaphthoesäure-2-methyl-5-nitroanilid** in 91% Ausbeute aus Chlorbenzol in Krystallen vom Sch.-P. 233°—234° u. a. — Nach

2821 | Anm. C. 23 675, Kl. 12 o, 18. 7. 13, Griesheim | erhitzt man nicht nitrierte Arylamide mit 2, 3-Oxynaphthoesäure und wasserentziehenden Mitteln in indifferenten Lösungs- oder Suspensionsmitteln.

2822 | **DRP. 289 027** | **2-Oxynaphthalin-3-carbonsäurephenyl-(tolyl-)imid**

$= C_{17}H_{13}NO_2 = 263.$

2, 3-Oxynaphthoesäure und Acetanilid im geschlossenen Gefäß schmelzen und allmählich auf 240°—250° erhitzen, bis die Essigsäure abdestilliert ist. Schmelze mit Wasser auskochen, Rückstand aus verdünnter Natronlauge umlösen. — Analog das **3-Oxy-2-naphthoesäure-B_4-methylphenylimid** mit Formyl-p-toluidin.

2823 | **DRP. 293 897** Zusatz zu DRP. 264 527 | 188 T. 2, 3-Oxynaphthoesäure in Toluol suspendieren, 93 T. Anilin zusetzen und allmählich 60 T. Phosphortrichlorid zutropfen lassen. Bis zum Verschwinden des Anilins kochen, Produkt abscheiden. Das Anilid schmilzt bei 243°—244°. — Ebenso **2, 3-Oxynaphthoesäure-2-naphthalid** vom Sch.-P. 243°—244° (aus Chlorbenzol umkrystallisiert) aus 188 T. 2, 3-Oxynaphthoesäure und 140 T. 2-Naphthylamin, ferner **2, 3-Oxynaphthoesäure-2, 5-dichloranilid** (aus Alkohol Sch.-P. 246°—247°) aus Oxynaphthoesäure und 2, 5-Dichloranilin und weitere Arylamine der 2, 3-Oxynaphthoesäure, z. B. mit 1, 2, 4-Toluylendiamin von der Formel

[Formel: Naphthalinring(OH)—CO·NH—Benzolring(CH_3)—NH·CO—Naphthalinring(OH)]

und aus anderen Basen. Die Eigenschaften einer Anzahl dieser Körper sind in einer Tabelle der Patentschrift zusammengestellt.

2824 **DRP. 294 799** — Ber. 25, 2744

In das 90° warme Gemenge von 140 T. 2, 3-Oxynaphthoesäure und 400 T. Anilin 47,5 T. Phosphortrichlorid eintropfen lassen. Temperatur steigt auf 110°. Schwach sodaalkalisch stellen, den Anilinüberschuß mit Dampf abtreiben, im Rückstand das Anilid abscheiden. Ausbeute 91%.

2825 **DRP. 291 139** E. P. 5444/15

2, 3-(1, 2-)Oxynaphthoesäureanilid-m-carbonsäure

[Formel: Naphthalinring(OH)—CO·NH—Benzolring(COOH)] $= C_{18}H_{13}NO_4 = 307.$

In die Suspension von 188 T. 2, 3-(1, 2-)Oxynaphthoesäure und 130 T. m-Aminobenzoesäure in Xylol bei 70° langsam 60 T. Phosphortrichlorid eintragen, Produkt zur Entfernung des Ausgangsmaterials mit Alkohol extrahieren, dann mit Wasser waschen, Rückstand aus Nitrobenzol umkrystallisieren. Sch.-P. 285°—287°. — Ebenso sind statt der m-Aminobenzoesäure, p-Aminosalicylsäure oder m-Kresotinsäure ($OH:COOH:CH_3 = 1:2:5$) verwendbar. Das Aminosalicylsäureprodukt schmilzt aus wässerigem Aceton bei 276°—277°.

2826 **DRP. 279 314** E. P. 3312/14 — DRP. 157 355

2, 3-Oxynaphthoesäure-Formaldehydverbindung

26,3 T. 2, 3-Oxynaphthoesäureanilid in verdünnter Natronlauge bei Zimmertemperatur mit 10 T. Formaldehyd (30%) rühren, Produkt mit verdünnter Salzsäure fällen, filtrieren, neutral waschen, bei niederer Temperatur trocknen. Gelbliches Pulver, das sich bei höherer Temperatur zersetzt und in verdünnter Natronlauge gelb löslich ist.

---

4. X = —NR—

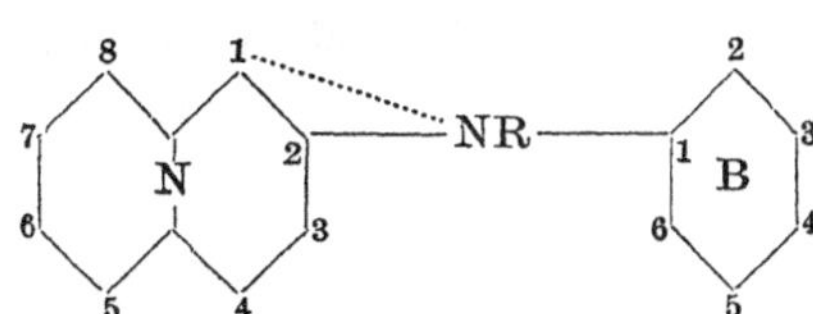

a) R=H

α) Benzol allein substituiert.

2827 **DRP. 14 612** F. P. 135 547 — Ber. 13, 1300; 14, 2343; 16, 12

Phenylnaphthylamin [Formel: Naphthalinring—NH—Benzolring] $= C_{16}H_{13}N = 219.$

6 T. 2-Naphthol, 5 T. salzsaures Anilin 7—9 St. auf 170°—190° erhitzen, solange Wasser- und Salzsäureabspaltung nachweisbar. Auch durch 12-stündiges Erhitzen von 7 T. 2-Naphthol und 5 T. Anilin im Autoklaven auf 200°—210°. Höhere Temperaturen oder längere Einwirkung führen zu tertiären Basen. Masse mit verdünnter Salzsäure auskochen, Rückstand aus Benzol oder Sprit umkrystallisieren oder destillieren.

2828 **DRP. 241 853**

Wie [2829], jedoch mit 170 T. Anilin und 1—2 T. Jod 7 St. bei 180°—190°. S.-P. unter 15 mm 237°. (Identisch mit Ann. **209**, 156.)

2829 **DRP. 241 853** — **2-p-Chlorphenylaminonaphthalin**

$= C_{16}H_{12}NCl = 254.$

Wie [2939] aus 160 T. 2-Naphthol, 127,5 T. p-Chloranilin und 1—2 T. Jod bei 180° bis 190°. S.-P. unter 13 mm 251°. Sch.-P. 101°. Ausbeute 90%.

2830 **DRP. 14 612** — **Tolylnaphthylamine** $CH_3 = C_{17}H_{15}N = 233.$

Wie [2827]. Vgl. auch [2840].

2831 **DRP. 241 853** — Wie [2939] aus 144 T. 2-Naphthol, 144 T. m-Toluidin und 1—2 T. Jod in 7 St. bei 180°—200°. S.-P. unter 15 mm 243°—246°, Sch.-P. 68°—69°, Ausbeute 90%. (Identisch mit J. pr. 75, 269.) — Ebenso: **2-o-Tolylaminonaphthalin,** S.-P. unter 14 mm 235°—237°, Sch.-P. 95°. (Identisch mit Ber. 16, 2082.) — **2-o-** und **2-m-Chlorphenylaminonaphthalin,** S.-P. unter 13,5 mm 236°—238°, Sch.-P. 89°, bzw. unter 11 mm 250°—253°, Sch.-P. 101°. — **2-p-Chlor-o-tolylaminonaphthalin,** S.-P. unter 15,5 mm 262°—264°, Sch.-P. 75°.

2832 **DRP. 97 710** Zusatz zu DRP. 95 184 — **Phenyl-1-naphthylaminbenzylalkohol**

$CH_2OH = C_{17}H_{15}NO = 249.$

Wie [262] mit 21,9 T. Phenyl-1-naphthylamin. Lockeres, gelbliches Pulver, das in Sprit schwer, in Benzol leicht löslich ist.

2833 **DRP. 74 782** Ber. 22, 1080 — **Aminophenylimino-2-naphthalin**

$NH_2 = C_{16}H_{14}N_2 = 234.$

10,8 T. m-Phenylendiamin und 32 T. 2-Naphthol im Rührkessel 18—24 St. auf 260° bis 280° erhitzen, bis kein Wasser mehr entweicht, schließlich auf 300°. Schmelze heiß in verdünnte NaOH eintragen, Rückstand mahlen, mit Sprit (90%) extrahieren, Rückstand trocknen.

2834 **DRP. 73 378** — **Dialkylaminophenylnaphthylamin**

$N(R)_2$

30 T. p-Aminodimethylanilin im Druckgefäß mit 60 T. 1- oder 2-Naphthol 12 St. bei 230° verschmelzen, von Zeit zu Zeit den gebildeten Wasserdampf abblasen. Der kalten Schmelze mit verdünnter Natronlauge das restliche Naphthol, durch Waschen die Base entziehen. — Das **p-Dimethylaminophenyl-1-** bzw. **-2-naphthylamin** ist sehr rein und wird in guter Ausbeute erhalten.

2835 **DRP. 80 669** — **p-Alkyloxyphenylimino-1-naphthalin**

$O{\cdot}CH_3 = C_{17}H_{15}NO = 249.$

Erhitzen von 1-Naphthylamin mit salzsaurem p-Anisidin bzw. salzsaurem p-Phenetidin. Letztere Verbindung krystallisiert in glänzenden Prismen, Sch.-P. 89°, die Methoxyverbindung in farblosen Blättern, Sch.-P. 110°.

2836 **DRP. 14 612** — **Xylylnaphthylamine** $\left\}\begin{matrix}CH_3\\CH_3\end{matrix}\right. = C_{18}H_{17}N = 247.$

Herstellung nach [2827].

2837 **DRP. 106 725** — **Aminosulfophenyl-2-naphthylamin**

$SO_3H \quad NH_2 = C_{16}H_{14}N_2O_3S = 314.$

Wie [1697] aus 2-Naphthylamin und p-Nitrochlorbenzol-o-sulfosäure.

2838 **DRP. 194 951** — Lit. wie [903]

4-Chlor-2, 6-dinitro-2-naphthyliminobenzol

$= C_{16}H_{10}N_3O_4Cl = 343.$

Wie [903, 1610]: 37 T. des Esters (Sch.-P. 126°) aus p-Toluolsulfochlorid und 4-Chlor-2, 6-dinitrophenol (letzteres vom Sch.-P. 80°) mit 28,6 T. 2-Naphthylamin in 300 T. Toluol, 2—3 St. kochen, vom p-toluolsulfosauren 2-Naphthylamin filtrieren, Filtrat stark einengen; kalt granatrote Nadeln, Sch.-P. 210°. In kalter alkoholischer Natronlauge grün, in warmer braun löslich. — Ebenso: **2, 4-Dinitro-1-naphthylphenylamin** (aus Eisessig rote Krystalle vom Sch.-P. 182°) durch einstündiges Erwärmen des 2, 4-Dinitro-1-naphthol-p-toluolsulfosäureesters (Sch.-P. 158°) mit Anilin. Dampf einleiten und den Rückstand umkrystallisieren.

β) Naphthalin allein substituiert.

4 CHO	2298	8 OH—6 SO_3H	2846—2849
7 OH	2839	5 OH—7 SO_3H	2850, 2851
4 NH_2	1611	SO_3H—SO_3H	2852
SO_3H	2840—2844	4 NH_2—5 SO_3H—7 SO_3H	2855
8 SO_3H	2845	8 OH—SO_3H—SO_3H	2856
2 NO_2—4 NO_2	2446	SO_3H—SO_3H—SO_3H	2857

2839 **DRP. 60 103**

2-Phenylamino-7-oxynaphthalin

$= C_{16}H_{13}NO = 235.$

2, 7-Dioxynaphthalin mit Anilin auf 190° erhitzen. Aus Benzol weiße Nadeln vom Sch.-P. 160°.

2840 **DRP. 38 424**

Phenylnaphthylaminsulfosäuren

$SO_3H\{\ldots = C_{16}H_{13}NO_3S = 299.$

30 T. 2-naphtholmonosulfosaures Natrium + 60 T. Anilin + 30 T. salzsaures Anilin 1½—2 St. auf 190°—200° erhitzen, Schmelze mit Natronlauge alkalisch stellen, Wasserdampf einleiten. Es entstehen 8% Phenyl-2-naphthylamin und 70% phenylnaphthylaminsulfosaures Natrium. In 4 St. bei 190°—200° geschmolzen, entstehen gleiche Teile Base und Sulfosäure, nach 6 St. 70% der Base. Freie Säure aus der wässerigen Lösung des Natriumsalzes durch Fällen mit Salzsäure. Graue, krystallinische Flocken. Salze bei Gegenwart anorganischer Salze schwer löslich. Ähnlich, aber nicht so glatt, verläuft die Reaktion mit 1-naphtholsulfosaurem Natrium.

2841 **DRP. 45 940**
A. P. 401 483
—
Ber. 13, 1300
DRP. 38 424

1 T. Phenyl-2-naphthylamin (Ber. **13**, 1300) mit 3—4 T. Monohydrat kurze Zeit auf 25°—45° erwärmen. Auf Eis gießen, abgeschiedene Sulfosäure in das Na-Salz überführen. Dieses ist in 5—6 T. kochendem Wasser löslich, krystallisiert in silberglänzenden Blättchen + 2 aq, ist aussalzbar und in Sprit leicht löslich. (Die Spritlösung fluoresciert.) Die freie Säure (Gemenge) fällt aus der konz. Na-Salzlösung mit Salzsäure als sandiger Niederschlag aus.

2842 **DRP. 53 649**

A: (NH_4-Salz schwer löslich zum Unterschied von B.) 100 T. Phenyl-2-naphthylamin bei 50° in 400 T. Monohydrat lösen, 48 St. bei 15°—20° stehenlassen, in 1600 T. Wasser gießen, aufkochen, filtrieren, Rückstand waschen, mit 3000 T. Wasser + Ammoniak aufkochen, heiß filtrieren, Rückstand heiß waschen. Aus den kalten Filtraten krystallisiert A aus, der Rest beim Einengen der Filtrate auf 400 T. Die Mutterlauge gibt ausgesalzen oder mit Natronlauge gefällt Sulfosäure B als Na-Salz; krystallinischen Niederschlag filtrieren, pressen, umkrystallisieren. Bei niederer Temperatur entsteht mehr A als B, bei 15°—20° erhält man 4 T. A auf 6 T. B. — Na-Salz von A: Nadeln, in 4,25 T. kochendem Wasser löslich, Spritlösung fluoresciert nicht. NH_4-Salz krystallisiert in Platten, K-Salz in Nadeln, Ca-Salz ist amorph, das Cu-Salz leicht wasserlöslich. Na-Salz von B: Platten + 3 aq., im gleichen Gewicht kochendem Wasser löslich, Spritlösung fluoresciert blau. NH_4-Salz krystallisiert in langen Nadeln, K-Salz in Platten, Ca-Salz ist krystallinisch, das Cu-Salz ist in Wasser unlöslich. — Ferner erhält man nach

2843 **DRP. 70 349**
E. P. 7337/92
F. P. 221 233

die phenylierten Naphthylaminsulfosäuren (1, 4), (1, 8), (1, 3), (1, 7), (2, 5), (2, 7), (2,8) aus 1 T. Naphthylaminsulfosäure, 3,5 T. Anilin und 1 T. salzsaurem Anilin bei 160°—170°.

2844 **DRP. 122 570**

100 T. 2, 6-naphtholsulfosaures Natron, 1000 T. Bisulfitlösung (40°) und 100 T. Anilin unter Rückfluß kochen, alkalisch stellen, den Anilinüberschuß mit Wasserdampf abtreiben, kalt das Na-Salz der Sulfosäure aussalzen.

2845 **DRP. 170 630**
F. P. 311 838
—
DRP. 70 349

Phenyl-(Tolyl-)1-naphthylamin-8-sulfosäure

HO_3S —NH— (CH_3) = $C_{17}H_{15}NO_3S$ = 313.

49,1 T. 1-Naphthylamin-8-sulfosäure (91%) in 400 T. kochendem Wasser suspendieren, mit 135 T. Anilin (bzw. 150 T. p-Toluidin) und 100 T. Salzsäure (22°) im Autoklaven 15 St. auf 150° bzw. 20 St. auf 140° erhitzen, kalt 60 T. Soda zugeben, mit 250 T. Wasser verdünnen und wie [2853] aufarbeiten. — Ebenso mit o-Toluidin und Xylidin.

2846 **DRP. 79 014**

2-Phenylamino-8-oxynaphthalin-6-sulfosäure

OH, SO_3H, —NH— = $C_{16}H_{13}NO_4S$ = 315.

2-Amino-8-oxynaphthalin-6-sulfosäure G mit Anilin und salzsaurem Anilin auf 160° erhitzen oder nach

2847 **DRP. 80 417**

2-Phenylaminonaphthalin-6, 8-disulfosäure bei 200° mit Alkalien verschmelzen. Die Lösungen der Salze werden mit Eisenchlorid braun, mit Kupfervitriol schwarzblau, mit Chlorkalk rotbraun.

2848 **DRP. 86 070**

Phenylamino-1-naphtholsulfosäuren

OH, —NH—, SO_3H = $C_{16}H_{13}NO_4S$ = 315.

Die 2, 8-Aminonaphtholdisulfosäure mit derselben Menge salzsaurem Anilin und der doppelten Menge Anilin auf 160° erhitzen, die verdünnte, von Alkalien befreite Lösung mit Kochsalz fällen.

2849 **DRP. 99 339**

Phenylaminonaphtholsulfosäure: Auch aus 26,2 T. γ-Dioxynaphthalinsulfosäure, 120 T. Anilin und 44 T. salzsaurem Anilin in 3—4 St. bei 140°—160°. Aus der sodaalkalisch vom Anilin befreiten Lösung mit verdünnter Säure ausfällen. Aus heißem Wasser umkrystallisieren.

2850 **DRP. 122 570**

2-Phenylamino-5-naphthol-7-sulfosäure

SO_3H, —NH—, OH = $C_{16}H_{13}NO_4S$ = 315.

120 T. 2, 5-Dioxynaphthalin-7-sulfosäure mit 500 T. Ammonsulfitlösung und 80 T. Anilin im Wasserbade erwärmen, nach Entfernung des Anilins die Sulfosäure durch Ansäuern ausfällen.

2851 Anm. A. 12 702
13. 12. 06

2-Amino-5-naphthol-7-sulfosäure mit primären, aromatischen Basen und einer wässerigen Lösung ihrer salzsauren Salze unter Druck auf höhere Temperatur erhitzen.

2852 **DRP. 70 349**
DRP. 71 158
DRP. 71 168
E. P. 7337/92
F. P. 221 233
—
Ann. 209, 156

Phenyl-(Tolyl)-aminonaphthalin-disulfosäuren

SO_3H SO_3H { —NH— (CH_3) = $C_{16}H_{13}NO_6S_2$ = 379.

2-Aminonaphthalin-3, 6- oder -6, 8-disulfosäure mit Anilin oder seinen Homologen und deren salzsauren Salzen auf höhere Temperaturen erhitzen: **3, 6- und 6, 8-Phenyl-(Tolyl-)aminonaphthalindisulfosäure.**

2853	**DRP. 158 923** E. P. 15 624/04 F. P. 344 810 — DRP. 75 296	33 T. 1, 4, 8-Naphthylamindisulfosäure S als saures Na-Salz mit 130 T. Anilin (bzw. 200 T. p-Toluidin + 1,6 T. Benzoesäure) 30 St. auf 190° erhitzen, sodaalkalisch den Basenüberschuß mit Dampf abtreiben, kalt filtrieren und die Sulfosäure durch Ansäuern fällen. Statt des Reaktionsbeschleunigers Benzoesäure ist auch salzsaures Anilin oder salzsaures Toluidin verwendbar. Nach
2854	**Zus.** **DRP. 159 353**	ist das Verfahren auch auf 1, 4, 6- bzw. 1, 4, 7-Naphthylamindisulfosäure anwendbar.
2855	Anm. C. 13 453 Kl. 12 q. 26. 4. 06 Cassella	**Phenyldiaminonaphthalin-6, 8-disulfosäure:** Die leichtlöslichen Arylverbindungen entstehen durch Erhitzen der Alkalisalze der 1-Naphthylamin-3, 6, 8-trisulfosäure mit Anilin und ähnlichen Basen und den Salzen dieser Basen.

2856 **DRP. 181 929**

—

DRP. 101 286
DRP. 179 829

1-Phenylamino-8-naphtholsulfosäuren

OH, —NH—, SO_3H, SO_3H $= C_{16}H_{13}NO_7S_2 = 395.$

341 T. 1-amino-8-naphthol-3, 6-disulfosaures Natrium + 200 T. Anilin + 1000 T. Wasser im Autoklaven 48 St. auf 120° erhitzen (bzw. 239 T. Sulfosäure, 200 T. p-Toluidin, 150 T. salzsaures p-Toluidin, 1000 T. Wasser), sodaalkalisch die Base mit Dampf abblasen und die Sulfosäure aussalzen. Die Produkte sind als Säuren und saure Alkalisalze leichter löslich, als die nichtarylierten Aminosulfosäuren. Im Original die Eigenschaften (auch der Salze und Nitrosoverbindungen) (Farbstoffnuancen) von **1-Phenylamino-, 1-p-Tolylamino-, 1-p-Anisylamino-, 1-p-Chlorphenylamino-, 1-β-Naphthylamino-8-naphthol-(3, 6-disulfosäure)**, ferner **1-Phenyl-** und **1-p-Tolylamino-8-naphthol-(4, 6-di-)** und **-(4-mono-)sulfosäure** und **1-p-Tolylamino-8-naphthol-3, 5-disulfosäure.**

2857 **DRP. 45 940**

Phenyl-2-naphthylamintrisulfosäure

SO_3H, SO_3H, SO_3H { —NH— $= C_{16}H_{13}NO_9S_3 = 459.$

Aus Phenyl-2-naphthylamin mit Schwefelsäure bei 100° nach Ann. **209**, 160.

γ) Benzol und Naphthalin substituiert.

B	N	
B 2 CH_3	N 6 CH_2OH	2858
4 CH_3	SO_3H	2859, 2845
6 COOH	SO_3H	2860
4 CH_3	3 (6) SO_3H—6 (8) SO_3H	2852
4 $NO(NH_2)$	6 SO_3H—8 SO_3H	2861
4 OH	NH·R	1644
4 OH	4 NO_2—8 NO_2	2865
4 OH	4 NO_2—6 SO_3H	2866
3 CH_3—4 CH_3	5 OH—7 SO_3H	2862
4 NO_2—6 NO_2	7 (8) COOH—8 (7) OH	2867
4 NO_2—6 $NO_2(NH_2)$	5 OH—7 SO_3H	2869
4 NO_2—6 NO_2	COOH(—OH)(—SO_3H)	2863—2865, 2867
4 NH_2—6 NH_2	5 OH—7 SO_3H	2868
4 NH_2—6 NH_2	5 SO_3H—7 SO_3H	2868
4 NO_2—6 SO_3H	COOH(—OH)(—SO_3H)	2863
4 NO_2—6 SO_3H	4 NO_2—6 (7) SO_3H	2866
4 NO_2—6 SO_3H	4 NO_2—5 (8) NO_2	2866
4 SO_3H	1:O	2870
4 CH_3—3 NH_2—(6 SO_3H)	1:O—2 OH	2871
Indophenole		1587, 2872, 2873, 2897, 2922

2858 **DRP. 97 710**
Zusatz zu
DRP. 95 184

o-Tolyl-1-naphthylaminbenzylalkohol

CH_3, —NH—, CH_2OH $= C_{18}H_{17}NO = 263.$

Wie [262] mit 23,3 T. o-Tolyl-1-naphthylamin.

2859 **DRP. 38424**

p-Tolyl-2-naphthylaminsulfosäure

$SO_3H\{C_{10}H_6-NH-C_6H_4-CH_3 = C_{17}H_{15}NO_3S = 313.$

Neben **p-Tolyl-2-naphthylamin** aus 5 T. 2-naphtholmonosulfosaurem Natrium + 10 T. p-Toluidin + 5 T. salzsaurem p-Toluidin wie [2840]. Zwei Isomere entstehen ferner nach

DRP. 57370 bei der Sulfierung des o-Tolyl-β-naphthylamins mit der drei- bis fünffachen Menge Monohydrat bei höchstens 50°. Die Kalksalze der Säuren sind in Wasser verschieden leicht löslich.

2860 **DRP. 146102**

Lit. wie [370]

Phenylnaphthylamincarbonsulfosäuren

$SO_3H\{C_{10}H_6-NH-C_6H_4(COOH) = C_{17}H_{13}NO_5S = 343.$

Anthranilsäure und Naphthalinsulfosäuren bei Gegenwart geringer Kupfermengen, z. B. wie [1619], kondensieren. Es wurden so aus o-chlorbenzoesaurem Alkali und Naphthalinsulfosäuren (in Klammer) erhalten: **Phenyl-1-naphthylamin-o-carbon-4-sulfosäure** (Naphthionsäure). Sintert bei 200°. — **Phenyl-2-naphthylamin-o-carbon-5-sulfosäure** (2-Naphthylamin-5-sulfosäure). Sch.-P. über 280°. — **Phenyl-1-naphthylamin-o-carbon-7-sulfosäure** (Clevesäure). Zersetzt sich bei 271°. — **Phenyl-1-naphthylamin-o-carbon-5-sulfosäure** (Laurentsäure). Sch.-P. über 280°. — **Phenyl-2-naphthylamin-o-carbon-7-sulfosäure** (2-Naphthylamin-6-sulfosäure). Sch.-P. über 280°.

2861 **DRP. 205414**

Ber. 20, 2474

2-p-Nitrosophenyliminonaphthalin-6, 8-disulfosäure

$(SO_3H)_2C_{10}H_5-NH-C_6H_4-NO = C_{16}H_{12}N_2O_7S_2 = 408.$

100 T. saures Na-Salz der 2-Phenylaminonaphthalin-6, 8-disulfosäure in 150 T. Wasser lösen, 500 T. konz. Salzsäure zusetzen und bei gewöhnlicher Temperatur eine konz. Lösung von 21 T. Nitrit einfließen lassen. Die zunächst hellgelbe Nitrosamin-, dann braune Nitrosolösung 1 St. bei 30°—40° rühren, absaugen und die Nitrosoverbindung mit Sprit und Äther waschen. Gibt reduziert **2-p-Aminophenylnaphthalin-6, 8-disulfosäure** (J. pr. 75, 265).

2862 **DRP. 122570**

2-o-Xylylamino-5-oxy-7-naphthalinsulfosäure

$SO_3H(OH)C_{10}H_5-NH-C_6H_3(CH_3)_2 = C_{18}H_{17}NO_4S = 243.$

50 T. 2, 5-Aminonaphthol-7-sulfosäure, 180 T. Bisulfitlösung und 50 T. o-Xylydin in wässeriger Lösung unter Rückfluß kochen, nach Entfernung des Xylydinüberschusses und der schwefligen Säure mit Salzsäure ansäuern.

2863 **DRP. 101286**

Dinitrophenylnaphthylaminderivate

$COOH, SO_3H, OH\{C_{10}H_6-NH-C_6H_3(NO_2)NO_2(SO_3H)$ $COOH: C_{17}H_{11}N_3O_4 = 353.$

Aus Chlordinitrobenzol (Chlornitrobenzolsulfosäure) und Aminonaphtholen, ihren Sulfo- oder Carbonsäuren. Zahlreiche Einzelkörper mit ihren Eigenschaften in der Schrift. Vgl. Anm. K. 17339, Kl. 12. Nach

2864 **DRP. 131469** kondensiert man so Clevesäure (Gemenge von 1, 6- und 1, 7-Naphthylaminsulfosäure) mit Chlordinitrobenzol bei Gegenwart von Acetat. — Ebenso entsteht nach

2865 **DRP. 129738** **Oxynaphthyldinitrophenylamin** aus dem Gemenge von 1, 6- und 1, 7-Aminonaphthol.

2866 **DRP. 123 922**
A. P. 675 585
E. P. 18 533/00
F. P. 304 369

p-Oxyphenyl-4, 8-dinitronaphthylamin und Derivate

$= C_{16}H_{11}N_3O_5 = 325.$

25 T. 1, 4, 8-Chlordinitronaphthalin + 10 T. p-Aminophenol + 20 T. Acetat mit 100 T. Sprit 24 St. unter Rückfluß kochen (oder 6 St. unter Druck auf 120°—140° erhitzen), die braungelbe Lösung in mit Salzsäure angesäuertes Wasser gießen und das braunrote Pulver, das an der Luft violettbraun wird, filtrieren. — Analoge Körper erhält man aus p-Aminophenol und 1, 4, 6-chlornitronaphthalinsulfosaurem Natrium (**p-Oxyphenyl-4-nitro-1-naphthylamin-6-sulfosäure**) mit Verwendung von p-Aminophenol-o-sulfosäure (**p-Oxy-o-sulfophenyl-4-nitro-1-naphthylamin-6-** bzw. **-7-sulfosäure**). Dieselbe Aminophenolsulfosäure und 1, 4, 5- bzw. 1, 4, 8-Chlordinitronaphthalin kondensiert man in wässeriger Lösung mit Zusatz von Kreide zu **p-Oxy-o-sulfophenyl-4, 5-** bzw. **-4, 8-dinitro-1-naphthylamin.** Wenn die Kondensationsprodukte nicht völlig aussalzbar sind, befreit man die Lösungen vom Kalk und verschmilzt sie direkt mit Polysulfid.

2867 **DRP. 121 687**

Dinitrophenylimino-oxynaphthoesäuren

$= C_{17}H_{11}N_3O_7 = 369.$

Kondensation von 202 T. Dinitrochlorbenzol und 203 T. Amino-α- oder -β-oxynaphthoesäure in Sodalösung durch Kochen unter Rückfluß. Färbt gebeizte Wolle braun.

2868 **DRP. 214 658**

p-Aminophenyl-2-azimino-5-naphthol-7-sulfosäure

→ $= C_{16}H_{12}N_4O_4S = 356.$

104 T. 2, 5, 7-Naphthylamindisulfosäure als neutrales Na-Salz in 600 T. Wasser lösen, mit 40 T. Natronlauge (30%), 40 T. Acetat und 60 T. 2, 4-Dinitro-1-chlorbenzol 8 St. unter Rückfluß sieden, 16 T. Soda zusetzen, noch 1 St. kochen und kalt das Na-Salz der **Dinitrophenyl-2-naphthylamin-5, 7-disulfosäure** filtrieren. 70,5 T. der Sulfosäure mit 120 T. Sprit als Brei unter Kühlung in eine Lösung von 60 T. Schwefelnatrium und 13,2 T. Salmiak in 30 T. Wasser eintragen, auf 50° erwärmen, bis eine saure Probe mit Nitrit nicht mehr gelb wird, kalt die roten Blätter des Di-Na-Salzes der **Nitro-o-aminophenyl-2-naphthylamin-5, 7-disulfosäure** filtrieren, in Wasser lösen, mit Schwefelsäure und so viel Nitrit versetzen, bis Jodkalistärkepapier dauernd gefärbt wird, die Lösung der Nitroaziminoverbindung mit Eisen reduzieren, sodaalkalisch filtrieren und im Filtrat die **p-Aminophenyl-2-aziminonaphthalin-5, 7-disulfosäure** mit Salzsäure fällen. 150 T. der Säure mit 150 T. Wasser und 300 T. Ätzkali im Autoklaven 2—4 St. auf 180°—190° erhitzen, die Schmelze in Wasser lösen und das Produkt mit Salzsäure fällen. — Oder nach

2869 **DRP. 252 575** 2, 4-Diaminophenyl-1, 2-amino-5-naphthol-7-sulfosäure mit Ameisensäure erwärmen und das gebildete **2, 5, 7-Aminonaphtholsusfosäure-p-aminobenzimidazol** durch Erhitzen mit Mineralsäure in die freie Aminosäure überführen.

2870 **DRP. 79 564**
—
Ann. 211, 75
Ber. 14, 1494

Oxynaphthochinonanilsulfosäure

$= C_{16}H_{11}NO_4S = 313.$

10 T. 2-Naphthochinon in 250 T. Sprit warm lösen, mit einer Lösung von 10 T. sulfanilsaurem Natrium in 25 T. Wasser 12 St. rühren, absaugen und pressen; das rote Na-Salz der Sulfosäure mit 300 T. Wasser kochend lösen, stark essigsauer filtrieren, Filtrat aussalzen.

2871 **DRP. 136 618**
A. P. 72 176/02
E. P. 7949/02
Ber. 27, 23

2-Oxynaphthochinon-m-aminoarylimidoverbindungen

$= C_{17}H_{14}N_2O_5S = 358.$

1, 2-naphthochinon-4-sulfosaures Natrium mit molekularen Mengen m-Toluylendiaminsulfosäure bzw. m-Nitrotoluidinsulfosäure durch Kochen in wässeriger Lösung unter SO_2-Abspaltung kondensieren und das rotbraune Pulver aussalzen.

2872 **DRP. 184 601**
Ber. **37**, 4608
F. P. 330 338
DRP. 133 481

Indophenolartige Naphthalinkondensationsprodukte

$= C_{16}H_{12}N_2O = 247.$

Eine kalte wässerige Lösung des Chinonmonimins (erhalten aus 14,6 T. salzsaurem p-Aminophenol und der berechneten Menge Eisenchlorid) kalt mit einer Lösung von 18 T. salzsaurem 1-Naphthylamin (o-Toluidin usw.) versetzen, filtrieren, waschen, wie üblich reinigen oder direkt auf Schwefelfarbstoffe verarbeiten.

2873 **DRP. 189 212**
A. P. 805 689
E. P. 13 428/07
F. P. 378 923

In trockener Form erhaltbar durch Zusammenreiben von Chinonchlorimiden oder -diimiden mit Phenolen und Soda oder Aminen und Mineralsäuren bei Gegenwart von Koch- oder Glaubersalz als Verdünnungsmittel. — Z. B.: 100 T. 1-Naphthol + 72 T. Soda + 330 T. Kochsalz mit 100 T. Chinonchlorimid oder 61 T. Diimid (evtl. unter Kühlung) verreiben. Oder: 100 T. 1-Naphthylamin (105 T. o-Toluidin, 120 T. Diphenylamin), 100 T. Chinonchlorimid, 400—500 T. Kochsalz mit oder ohne 1 Mol. Salzsäure oder 85 T. Natriumbisulfat verreiben. Aus den erhaltenen Pulvern mit Wasser die Salze extrahieren.

δ) Phenyl und Naphthyl als Substituent.

Phenyl, Tolyl, Naphthyl ⋮ —N→ [Naphthalin 1–8]—NH—[Benzol 1–6] ←B— Phenyl, Tolyl, Naphthyl ⋮

2874 **DRP. 83 159**
E. P. 22 454/94
F. P. 240 571
DRP. 80 977
DRP. 14 612

Phenyliminonaphthyliminotoluol

$= C_{23}H_{20}N_2 = 324.$

1 T. Phenyl-p-amino-o-toluidin (bzw. p-Tolyl-p-amino-o-toluidinchlorhydrat) + 2 T. 2-(bzw. auch 1-)Naphthol 20 St. unter Durchleiten eines Kohlensäurestromes auf 230°—250° erhitzen, sukzessive mit verdünnter Natronlauge auskochen, dann ebenso mit verdünnter Salzsäure. Rückstand aus Benzol, Ligroin, dann aus Sprit umkrystallisieren. Weiße Blätter, Sch.-P. 119°—120°. — **p-Tolyl-p-amino-2-naphthyl-o-toluidin**, Sch.-P. 82°; **p-Tolyl-p-amino-1-naphthyl-o-toluidin**, Sch.-P. 121°.

2875 **DRP. 74 782** — Ber. 14, 2654; 22, 1080

Di-2-naphthyl-m-phenylendiamin

$C_{10}H_7$—NH—C_6H_4—NH—$C_{10}H_7$ = $C_{26}H_{20}N_2$ = 360.

18 T. salzsaures m-Phenylendiamin, feinst gepulvert, in 35 T. auf 280° erhitztes 2-Naphthol rasch eintragen; Reaktion unter stürmischer Salzsäureentwicklung in etwa 1 St. beendigt. Heiß mit verd. NaOH, Dampf einleiten, Sprit auskochen.

2876 **DRP. 241 853** Wie [2831, 2939] aus 108 T. m-Phenylendiamin, 432 T. 2-Naphthol und 2—3 T. Jod bei 200°, schließlich 260°. Schmelze pulvern, mit verdünnter Natronlauge, dann mit Salzsäure, dann mit Wasser waschen, mit Sprit und Äther extrahieren und den Rückstand aus Anilin umkrystallisieren. Sch.-P. 234°. Ausbeute 88%. (Identisch mit Ber. 26, 976 und [2875].)

2877 **DRP. 77 522** und **Zus. DRP. 78 317**

Dinaphthylimino-m-(p)-phenylendiaminsulfosäure

$C_{10}H_7$—NH—$C_6H_3(SO_3H)$—NH—$C_{10}H_7$ = $C_{26}H_{20}N_2SO_3$ = 440.

Aus 1, 3- oder 1, 4-Dinaphthyl-m- und -p-diiminobenzol durch Behandlung mit Schwefelsäure (66°) bei 80°—100° bis zur Ammoniaklöslichkeit. Die m-Dinaphthyliminosulfosäure ist in kaltem Wasser leicht, das Na-Salz auch in Sprit löslich, aus seinen Lösungen + Kochsalz nur unvollkommen fällbar. Die **Dinaphthyldiiminophenylsulfosäure** ist in Wasser schwer löslich, das Na-Salz ist aus seinen Lösungen leicht mit Kochsalz oder Alkalien fällbar.

2878 **DRP. 75 044**

Tetramethyl-p-diaminodiphenyl-2, 7-naphthylendiamin

$(R)_2N$—C_6H_4—NH—$C_{10}H_6$—NH—C_6H_4—$N(R)_2$

1 T. 2, 7-Dioxynaphthalin mit 2 T. Aminodimethylamin $5^1/_2$ St. auf 200°—220° erhitzen, wobei vorteilhaft Kohlensäure durch den Apparat geleitet wird. Produkt in Wasser gießen, filtrieren, mit verdünnter Natronlauge extrahieren und mit heißem Wasser waschen.

2879 **DRP. 253 091** — A. P. 1 065 063; E. P. 8886/12; F. P. 442 565

Dinaphthylaminobenzochinonderivate

$C_{10}H_7$—NH—C_6O_2Cl—NH—$C_{10}H_7$ (?) = $(C_{26}H_{15}N_2OCl)$ = 406.

10 T. **Di-2-** oder **-1-naphthylamindichlorbenzochinon** $C_6O_2 \cdot Cl_2(NH \cdot C_{10}H_7)_2$ (aus Chloranil und 2-Aminonaphthalin in heißem Nitrobenzol oder durch Kochen in Spritlösung erhaltbar) 3 St. in Nitrobenzollösung weiterkochen, die grünglänzenden Nadeln filtrieren und mit Sprit waschen. $C_{26}H_{15}N_2O_2Cl$. In Schwefelsäure blau, in Xylol violett mit blauer Fluorescenz, in Sprit und Wasser nicht löslich. Sch.-P. über 300°. — Ebenso durch 10-stündiges Kochen von 50 T. Nitrobenzol und 10 T. **Di-2-naphthylaminochlorbenzochinon** (aus 2, 6-Dichlorbenzochinon und 2-Aminonaphthalin, Ann. 228, 334) ein Kondensationsprodukt $C_{52}H_{29}ClN_4O_4$, das in Schwefelsäure blauviolett, in Xylol und Nitrobenzol rot löslich ist; ferner aus Di-2-naphthylaminobenzochinon $C_6O_2H_2(NH \cdot C_{10}H_7)_2$ (wie Dianilinobenzochinon nach Ann. 210, 179; 228, 331 erhaltbar) ein ähnliches Produkt. Leichter und glatter erfolgt die Kondensation nach

2880 **Zus. DRP. 253 761** durch Beigabe von 12—15% Aluminium- oder 30% Ferrichlorid. Statt der Dinaphthylaminobenzochinone verarbeitet man nach weiterem

2881 **Zus. DRP. 255 642** **Dianilino-, Di-m-toluidino-, Di-4-chloranilino-, Di-o-anisidino-, Di-p-phenetidino-** und **Di-2-methoxy-5-chloranilino-benzochinon** oder **-chlor-** oder **-dichlorbenzochinon**, die aus Chloranil (2, 6-Dichlorchinon) und den betreffenden Basen erhalten werden. Die Kondensationsprodukte, die durch 20-stündiges Kochen der Halogenarylchinone mit Nitrobenzol oder Naphthalin evtl. bei Gegenwart von Kupferchlorür usw. erhalten werden, sind gefärbte Krystalle oder Krystallpulver, die sich in Xylol mit gelbgrüner Fluorescenz und in Schwefelsäure rein blau lösen. Mit Wasser gefällt erhält man braune, rote, blaue bis braunschwarze Niederschläge. — Nach dem schließlichen

2882 **Zus. DRP. 257 834** verarbeitet man ebenso die z. B. aus Chloranil und 2, 5- oder 2, 8-Naphthylaminsulfosäuren erhältlichen **Disulfonaphthylamindichlorbenzochinone,** indem man sie in der 10-fachen Menge konz. Schwefelsäure 15 Min. auf 140°—150° oder mit der 8-fachen Menge Chlorzink 5 Min. auf 230° erhitzt. Diese Produkte sind schon Farbstoffe. — Wertvolle Zwischenprodukte, zugleich Küpenfarbstoffe, entstehen ferner nach einem weiteren Zusatzpatent (A. P. 1 209 212) durch Erhitzen von Arylamino- oder Diarylaminoderivaten von halogenierten Benzochinonen in geeigneten Lösungs- und Verdünnungsmitteln in Gegenwart von Metallpulver bzw. von Kupferpulver.

2883 **DRP. 75 296** **Diphenyldiaminonaphthaline** 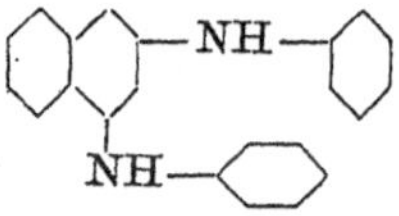 $= C_{22}H_{18}N_2 = 310.$

NH— NH—

Diphenyl-1, 3-diaminonaphthalin: 1-Aminonaphthalin-3-sulfosäure oder 1-Phenylaminonaphthalin-3-sulfosäure mit Anilin evtl. unter Zusatz von salzsaurem Anilin auf 160° erhitzen. Nach

2884 **Zus. DRP. 76 414** u. **DRP. 77 866** werden ebenso 1-Naphthylamino-3,6- und 3,7-disulfosäuren, ferner Naphtholdisulfosäuren, z. B. die durch Verkochen der entsprechenden Aminosäure erhaltbare 2-Naphthol-4, 7-disulfosäure, verarbeitet.

2885 **DRP. 78 854** Ebenso werden die Homologen des Anilins verarbeitet und man erhält so z. B. **Tolyldiaminonaphthalin** und kann auch Alphyl-substituierte Diaminonaphthaline mit zwei verschiedenen Resten in den beiden Aminogruppen darstellen.

2886 **DRP. 40 886** / A. P. 369 764 / E. P. 14 283/86 / F. P. 178 364 / — / Ber. 20, 1317 / DRP. 14 612

Diphenyl-2, 7-diaminonaphthalin: 2, 7-Dioxynaphthalin mit Anilin und salzsaurem Anilin auf 150°—160° erhitzen. Aus Toluol dann Eisessig, dann Sprit silberglänzende Krystalle vom Sch.-P. 163°—164°. Gibt mit Chlorzink verrieben vorübergehend eine fuchsinrote Färbung. **Di-2-tolyl-2, 7-diaminonaphthalin** schmilzt bei 106°, **Di-4-tolyl-2, 7-diaminonaphthalin** bei 236°—237°, **Di-m-xylyl-2, 7-diaminonaphthalin** bei 130°.

2887 **DRP. 54 087** / — / Ann. 241, 369 / Ber. 9, 609; 20, 1371

Diphenyl-2, 6-diaminonaphthalin: 2, 6-Dioxynaphthalin mit Anilin bei Gegenwart von Salzsäure erhitzen. Das Produkt hat den Sch.-P. 163°. Das Isomere aus dem Dioxynaphthalin (Sch.-P. 216°) erhält man durch mehrstündiges Erhitzen von 30 T. 2-Naphthol-3-sulfosäure mit 70 T. Anilin und 25 T. salzsaurem Anilin auf 170°. Schmelze mit verdünnter Salzsäure erwärmen, filtrieren, Filtrat mit Soda fällen.

2888 **DRP. 77 866**

Diphenyl-1, 3-diaminonaphthalinsulfosäuren

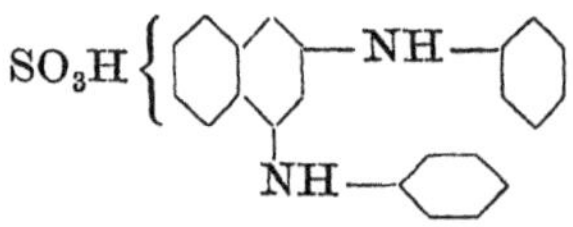

SO_3H NH— NH— $= C_{22}H_{18}N_2O_3S = 390.$

Diphenyl-1, 3-diaminonaphthalin-5-sulfosäure: 2-Amino- (oder -Oxy-) naphthalin-4, 8-disulfosäure oder nach

2889 **DRP. 78 854** Phenyl-2-aminonaphthalin-4, 8-disulfosäure mit Anilin und salzsaurem Anilin (bzw. den Homologen) erhitzen.

2890 **DRP. 76 414** **Diphenyl-1, 3-diamino-6- bzw. -7-sulfosäure:** 1-Aminonaphthalin-3, 6 (7)-disulfosäure mit Anilin und salzsaurem Anilin erhitzen oder ebenso nach

2891 **DRP. 77 866** aus 1-Oxynaphthalin-3, 6 (7)-disulfosäure. Nach

2892 **DRP. 78 854** erhält man die 7-Sulfosäure auch durch Erhitzen von Phenyl-1-aminonaphthalin-3, 7-disulfosäure mit Anilin und salzsaurem Anilin. Die Spritlösungen fluorescieren blau.

2893 **DRP. 75 296** **Diphenyl-1, 3-diaminonaphthalin-8-sulfosäure:** Wie [2883] aus 1-Amino- oder -Oxy- oder -Äthyl-1-aminonaphthalin-3, 8-disulfosäure.

2894 **DRP. 80 778**

Di-alphyl-1, 3-naphthylendiaminsulfosäure: 1-Naphthylamin-3, 6- (oder 3, 7-) disulfosäure mit primären aromatischen Aminen und deren Salzen auf 150°—180° erhitzen.

2895 **DRP. 75 296**
DRP. 77 866
DRP. 78 854

Diphenyl-1, 3-diaminonaphthalin-6, 8-disulfosäure

$= C_{22}H_{18}N_2O_6S_2 = 470.$

1-Amino- oder 1-Oxy- oder Phenyl-1-aminonaphthalin-3, 6, 8-trisulfosäure mit Anilin und salzsaurem Anilin erhitzen.

2896 **DRP. 168 115**
Zusatz zu
DRP. 158 077

Dioxydiphenyl-1, 4-naphthylendiamin

$= C_{22}H_{18}N_2O_2 = 342.$

23,1 T. salzsaures Naphthylendiamin, 21,8 T. p-Aminophenol und 10 T. Wasser auf 140° erhitzen, bis eine Probe klar in Natronlauge löslich ist, die Schmelze mit Wasser auskochen, den Rückstand in 300 T. Natronlauge (50%) lösen, filtrieren und das Filtrat mit Salzsäure fällen. Blaue, in konz. Schwefelsäure blau lösliche Nadeln.

---

b) R = CH_3, C_2H_5.

2897 **DRP. 96 402**
A. P. 603 016

N-alkyl-Phenyl-2-naphthylamin(sulfosäuren)

$= C_{17}H_{15}N = 233.$

Phenyl-2-naphthylamin mit Brommethyl oder Methylalkohol und Salzsäure bei 170° methylieren. Aus Sprit umkrystallisieren. Sch.-P. 52°—53°. Das Äthylderivat krystallisiert in weißen Blättern vom Sch.-P. 55°.

2898 **DRP. 112 116**
—
Ber. 30, 2620
DRP. 96 402

Methylphenyl-2-naphthylamin, Methyl-p-tolyl-2-naphthylamin (aus Sprit umkrystallisiert, Sch.-P. 75°), **Äthylphenyl-2-naphthylamin** (aus Sprit umkrystallisiert, Sch.-P. 58°), **Äthyl-p-tolyl-2-naphthylamin** (krystallisiert nicht) werden durch Alkylieren des Phenyl- bzw. p-Tolyl-2-naphthylamins [2897] erhalten. Die neuen Basen bilden keine beständigen Chlorhydrate, werden aus konz. salzsauren Lösungen mit Wasser gefällt. — Herstellung der **Sulfosäuren:** Eintragen in die $2^1/_2$-fache Menge Oleum bei 30°—50°, Erhitzen auf 80°, bis eine Probe in stark verdünnter Natronlauge löslich ist, auf Eis gießen, auskalken und in das Na-Salz überführen.

---

c) R = CHO.

2899 **DRP. 245 608**

Formylarylaminonaphtholsulfosäuren

$= C_{17}H_{13}NO_5S = 343.$

94,5 T. Phenyl-2, 5-aminonaphthol-7-sulfosäure mit 500 T. Ameisensäure (85%) und 45 T. ihres Na-Salzes etwa 2 St. kochen, die Ameisensäure abdestillieren und den Rückstand in Salzwasser (24°) gießen. Es resultiert ein Harz, das zu weißgrauer Masse erstarrt. Gibt mit salpetriger Säure kein Nitrosamin. — Ebenso wie diese **Formylphenyl-2, 5, 7-** auch die **-2, 8, 6-aminonaphtholsulfosäure.** Kuppelt leicht mit Diazoverbindungen.

5. X = —NH·CH$_2$—

N 4 NO$_2$. 2900
N 3 (?) SO$_3$H 2901

2900 **DRP. 117 006**

Benzylnitronaphthylamin

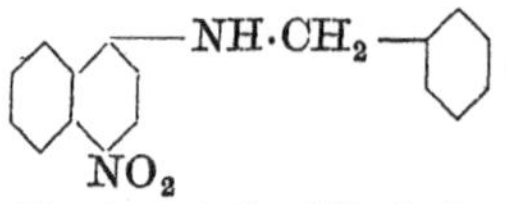
= $C_{17}H_{13}NO_2$ = 263.

10 T. 1, 4-Chlornitronaphthalin in 50 T. Alkohol gelöst mit 10 T. Benzylamin unter Druck 8 St. auf 150° erhitzen. Produkt waschen, aus Benzol umkrystallisieren. Sch.-P. 156°.

2901 **DRP. 41 506**

Benzyl-2-naphthylamin-γ-sulfosäure

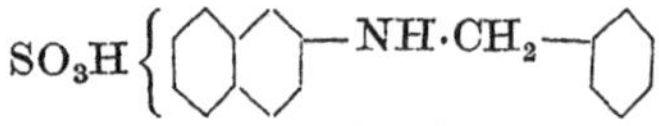
= $C_{17}H_{15}NO_3S$ = 313.

Wie [2384, 2385] aus 100 T. 2-naphthylamin-γ-monosulfosaurem Natrium in 1000 T. Wasser + 55 T. Benzylchlorid + 15 T. Ätznatron (in Wasser gelöst) 6 St. unter Rückfluß kochen oder längere Zeit kalt stehen lassen. Wenn Benzylchlorid verschwunden, die freie Sulfosäure mit Salzsäure fällen, filtrieren, trocknen.

6. X = —NH·CH(CN)—

Unsubstituiert 2902

2902 **DRP. 157 617**

Lit. wie [95]

Cyanmethylphenyl-1 (2)-naphthylamin

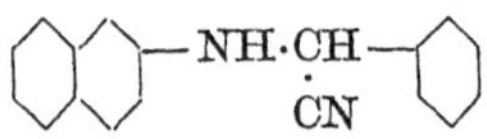
= $C_{18}H_{14}N_2$ = 258.

Benzyliden-1- oder -2-naphthylamin (aus 143 T. 1- bzw. 2-Naphthylamin und 106 T. Benzaldehyd im Wasserbade, Sch.-P. 73°—74°) fein zerrieben mit 675 T. Blausäure (4%) 2 St. auf 100° erhitzen. Krystallisiert aus Sprit, Sch.-P. 116°—117°. — Aus Benzyliden-2-naphthylamin (Sch.-P. 112°) ebenso das Nitril vom Sch.-P. 115°.

7. X = —NH·CO—

B 4 NR$_2$ 417
N 8 OH 2903
N 5 OH 2343
B 3 NO$_2$(NH$_2$)—**N** 5 OH—7 SO$_3$H 2904
B 3 NO$_2$(NH$_2$)—**N** 3 SO$_3$H—6 SO$_3$H . . . 2904
B 3 NH·SO$_3$H—**N** 6 (7) OH—
—[5 (6) (7) SO$_3$H] 2905
B 6 COOH—**N** 5 OH—7 SO$_3$H 2906
B 4 NH·CO·C$_6$H$_4$·NH$_2$—**N** 5 OH
—7 SO$_3$H 2907, 2908
Gemischte hochmolekulare Harnstoffe . 2909
N-Substitutionsprodukte 2343

2903 **DRP. 54 662**

Benzoyl-1, 8-aminonaphtholsulfosäure

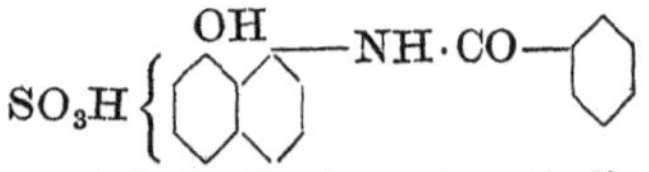
= $C_{17}H_{13}NO_5S$ = 343.

Na-Salz der 1, 8-Aminonaphtholsulfosäure in alkalischer Lösung mit Benzoylchlorid schütteln, mit Salzsäure und Kochsalz fällen.

2904 **DRP. 170 045**
F. P. 321 640
und Zus.

DRP. 54 662
DRP. 63 074
DRP. 113 892
DRP. 101 286
Vgl. das analoge
DRP. 151 017

Aminobenzoylaminonaphtholsulfosäuren

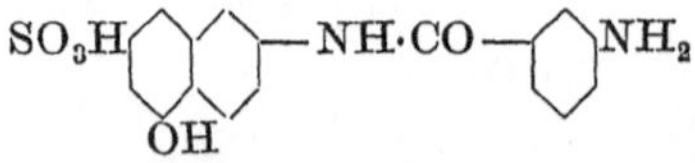
= $C_{17}H_{14}N_2O_5S$ = 358.

36 T. 2, 5, 7-Aminonaphtholmonosulfosäure in 300—400 T. Wasser und Soda (bis zur Neutralisation) lösen, 20 T. Acetat, dann 30—35 T. m-Nitrobenzoylchlorid (bzw. so viel, bis eine diazotierte Probe beim Alkalischmachen keine Farbreaktion mehr gibt) zugeben, bei gewöhnlicher Temperatur rühren und die **2, 5, 7-Nitrobenzaminonaphtholsulfosäure** aussalzen oder direkt mit 15 T. Essigsäure und 100—200 T.

feinverteiltem Eisen während einiger Stunden kochend reduzieren; wenn der Auslauf farblos ist, sodaalkalisch filtrieren und die **2, 5, 7-Aminobenzaminonaphtholsulfosäure** mit Salzsäure als weißen Niederschlag fällen. — Ebenso reagieren die 2, 8-Aminonaphthol-6-mono- und die 1, 8, 3, 6-Disulfosäure mit Mono- und 1, 3, 5-Dinitrobenzoylchlorid, mit Nitrobenzol- oder -toluolsulfochlorid, Acetaminobenzoylchlorid oder Acetaminobenzoylsulfochlorid. Man erhält dann die **Acetylaminobenzolcarbamino-** bzw. **-sulfoaminonaphtholsulfosäuren,** die, mehrere Stunden mittels 2—5-prozentiger Natronlauge verseift, in die Aminobenzolaminonaphthole übergehen.

2905 **DRP. 233 117**
F. P. 421 846
—
DRP. 221 301

Sulfaminobenzoylaminonaphthol(-sulfosäuren)

OH—$C_{10}H_6$—NH·CO—C_6H_4—NH·SO_3H $= C_{17}H_{14}N_2O_5S = 358.$

186 T. m-Nitrobenzoylchlorid und 159 T. 1, 6-Aminonaphthol geben bei Gegenwart von Acetat oder Soda kondensiert **m-Nitrobenzoyl-1, 6-aminonaphthol.** 308 T. des unlöslichen Pulvers mit Wasser + Sprit + 200 T. Acetat + 800 T. Bisulfitlauge kochen, bis alles gelöst ist und mit Salzsäure in der Kälte kein Niederschlag mehr entsteht. Sprit abdestillieren, Filtrat aussalzen und das Na-Salz der Sulfaminsäure aus Wasser umkrystallisieren. Wird, mit Säure gekocht, in Schwefelsäure und m-Aminobenzoyl-1, 6-aminonaphthol gespalten. — Ebenso die Sulfaminsäure aus 338 T. p-Nitrobenzoyl-2, 5-aminonaphthol-7-sulfosäure (wie oben erhaltbar mit der Aminonaphtholsulfosäure); man kocht ohne Sprit, fällt die gebildete Schwefelsäure und noch vorhandenes Sulfit mit Kalk aus, filtriert, stellt sodaalkalisch, filtriert von der Kreide und verarbeitet die im Filtrat enthaltene Sulfaminsäure in Lösung. Zerlegung wie oben. — Ferner ebenso die Produkte aus 1, 7-Aminonaphthol, 1, 8-Aminonaphthol-5-sulfosäure, 2, 8-Aminonaphthol-6-sulfosäure, 2, 3-Aminonaphthol-6-sulfosäure, 2, 5-Aminonaphthol-1, 7-disulfosäure [2781]. Die Sulfaminsäuren sind leichter löslich als die entsprechenden Amine und kalt in saurer Lösung direkt diazotierbar.

2906 Anm. F. 34 870,
Kl. 12 o
13. 10. 13
Höchst

2, 5, 7-Aminonaphtholsulfosäure-Acylderivate

z. B.: SO_3H(OH)$C_{10}H_4$—NH·CO—C_6H_4—COOH $= C_{18}H_{13}NO_7S = 384.$

2, 5, 7-Aminonaphtholsulfosäure bei Gegenwart säurebindender Mittel in einem Lösungsmittel mit Halogeniden aromatischer Dicarbonsäuren kondensieren.

2907 **DRP. 240 827**
A. P. 994 420
F. P. 428 138
—
DRP. 151 017

Di-(aminobenzoyl-)-2-amino-5-naphthol-7-sulfosäure

SO_3H(OH)$C_{10}H_4$—NH·CO—C_6H_4—NH·CO—C_6H_4—NH_2 $= C_{24}H_{19}N_3O_6S = 417.$

35,8 T. m-(o-, p-)Aminobenzoyl-2-amino-5-naphthol-7-sulfosäure in 500 T. Wasser und 5,3 T. Soda neutral lösen, mit 14 T. Acetat und 18,6 T. m-(o-, p-)Nitrobenzoylchlorid bei 50°—60° 2 St. rühren, das Nitroprodukt absaugen, in 1 St. mit 20 T. Eisen, 500 T. Wasser und 1 T. Essigsäure (80%) reduzieren, sodaalkalisch filtrieren, und im Filtrat mit wenig Salzsäure das Na-Salz, mit viel Salzsäure die freie Sulfosäure fällen. Die Produkte ziehen in Substanz farblos auf die Faser, lassen sich dann diazotieren, entwickeln usw. — Oder man arbeitet wie folgt nach

2908 **Zus.**
DRP. 252 159
—
DRP. 230 595

239 T. 2-Amino-5-naphthol-7-sulfosäure in 5000 T. Wasser und 53 T. Soda lösen, mit weiteren 53 T. Soda bei 80° mit 304,5 T. des aus m-Nitrobenzoyl-m-aminobenzoesäure und Phosphorpentachlorid erhaltbaren Chlorides versetzen, einige Zeit auf 80°—90° erwärmen, mit 500 T. Kochsalz aussalzen und das Produkt mit Eisen und Essigsäure reduzieren.

2909 **DRP. 289 163**
DRP. 278 122
DRP. 284 938
DRP. 288 272
DRP. 289 273
DRP. 289 107
DRP. 289 270
DRP. 289 271
DRF. 289 272

Naphthalin-Benzol — gemischte Harnstoffe

HO(SO_3H)$_2C_{10}H_3$—NH·CO·C_6H_3(OCH$_3$)—NH·CO·C_6H_3(OCH$_3$)—NH·CO·NH—C_6H_4—CO·NH—C_6H_4—CO·NH—$C_{10}H_5$(SO_3H)$_2$

$= C_{51}H_{40}N_6O_2S_4 = 1185.$

Zwei verschiedene, in der Aminogruppe durch Aminoacidylreste substituierte Aminosäuren der aromatischen Reihe, von denen wenigstens eine der Naphthalinreihe angehört, in molekularem Verhältnis mit Phosgen oder Thiophosgen behandeln. Der gemischte Harnstoff aus **Aminoanisoylaminoanisoyl-1-amino-8-naphthol-4, 6-disulfosäure** und **m-Aminobenzoyl-m-aminobenzoyl-1-naphthylamino-3, 6-disulfosäure** bildet als neutrales Na-Salz ein schwach rötliches, aussalzbares oder auch durch Sprit in weißen Flocken fällbares Pulver. Kuppelt mit Diazoverbindungen. — Ferner eine Reihe symmetrischer Harnstoffe und Thioharnstoffe.

8. X = —N : CH—

2910 **DRP. 221 695**

DRP. 172 981

1, 2-Naphthylendiamin-5-oxy-7-sulfosäurediaminobenzylidenverbindung

N = CH·C_6H_4·NH_2

HO_3S [Naphthalin, OH] —N=CH— [Benzol] NH_2 $= C_{24}H_{20}N_4O_4S = 460.$

2 Mol. m-Aminobenzaldehyd und 1 Mol. 1, 2-Diaminonaphthalin-5-oxy-7-sulfosäure kondensieren. Das Produkt ist nicht identisch mit dem reduzierten Kondensationsprodukt von 2 Mol. m-Nitrobenzaldehyd und 1 Mol. Diaminosäure [2983].

9. X = —NH · CO · NH—

2911 **DRP. 148 505**

F. P. 319 453

Acet-p-aminophenyl-oxysulfonaphthylharnstoff

SO_3H [Naphthalin, OH] —NH·CO·NH— [Benzol] NH·$COCH_3$ $= C_{19}H_{17}N_3O_6S = 415.$

24 T. 2, 5-Aminonaphthol-7-sulfosäure + 15 T. p-Aminoacetanilid (molekulare Mengen), gelöst in 400 T. Wasser + der theoretischen Menge Soda, bzw. in 200 T. Wasser mit 40 T. Acetat versetzen, bei 45° langsam Phosgen einleiten, bis eine angesäuerte Probe nicht mehr diazotierbar ist, filtrieren, mit 50 T. Salzsäure die Sulfosäure als graues Pulver fällen, den Preßkuchen mit 200 T. Wasser anschlemmen, filtrieren, pressen und trocknen. Das Na-Salz ist sehr leicht löslich. Die freie Säure (aus der Na-Salzlösung mit Salzsäure) zerfällt beim Kochen mit verdünnter Natronlauge in Kohlensäure, 2, 5-Aminonaphthol-7-sulfosäure, p-Phenylendiamin und Essigsäure.

2912 **DRP. 236 594**

A. P. 1 006 929

E. P. 1781/10

F. P. 412 138

Aminonaphthol-Toluylendiamin-sulfosäure-Doppelharnstoffe

HO_3S [Naphthalin, OH] —NH·CO·NH— [Benzol, CH_3, SO_3H] —NH·CO·NH— [Naphthalin, OH] SO_3H

$= C_{29}H_{24}N_4O_{13}S_3 = 732.$

1 Mol. 1-Toluylen-2, 6-diamin-4-sulfosäure und 2 Mol. 2-Amino-5-naphthol-7-sulfosäure (10 und 24 T.) mit 40 T. Soda in 200—250 T. Wasser lösen, bei gewöhnlicher Temperatur Phosgen einleiten, bis eine Probe neutral reagiert und kein Nitrit mehr aufnimmt. den grauen, sandigen Niederschlag völlig aussalzen und filtrieren oder sodaalkalisch in Lösung weiterverarbeiten.

10. X = —NH·CS·NH—

2913 **DRP. 132 025** — DRP. 136 614

2, 5, 7-Aminonaphtholsulfosäure-Thioharnstoffe

SO_3H / OH (Naphthalin)—NH·CS·NH—C_6H_5 = $C_{17}H_{14}N_2O_4S_2$ = 406.

Alkalisalz der Sulfosäure in wässeriger Lösung mit der berechneten Menge Phenyl-, o- oder p-Tolyl- oder -Xylylsenföl unter kräftigem Rühren mehrere Stunden kochen, filtrieren und mit starken Mineralsäuren fällen. Die ausgefallenen Öle erstarren krystallinisch. Leicht löslich in Wasser und Sprit, schwer löslich in konz. Salzsäure.

11. X = —N:N—

2914 Anm. W. 8291, Kl. 22, 25. 8. 22, Witt

Benzolazo-1-naphtholäther

2-Benzolazo-1-naphthol mit Zinnchlorid in Lösung desjenigen Alkohols erhitzen, dessen Radikal eingeführt werden soll.

2915 **DRP. 84 657**

Triaminobenzolazonaphthaline

H_2N NH_2 (Naphthalin)—N:N—C_6H_4—NH_2 = $C_{16}H_{15}N_3$ = 249.

13,8 T. p-Nitranilin diazotieren, Diazoverbindung mit 15,8 T. 1, 8-Naphthylendiamin kombinieren, den Nitrodiaminoazokörper in Sprit suspendieren, mit 40 T. Schwefelnatrium + aq schwach sieden, wobei die blaue Lösung zuerst mißfarbig violett, dann gelbrot wird. In Salzwasser gießen, Aminobenzolazodiaminonaphthalin filtrieren, mit Salzwasser waschen, trocknen. In Wasser oder Äther wenig, in Sprit oder Benzol reichlicher gelbbraunrot löslich. Die Base ist in Eisessig blauviolett, in Schwefelsäure rotviolett, in verdünnter Schwefelsäure und Salzsäure karminrot löslich. Die Salze haben Farbstoffnatur. Mit 1, 5-Naphthylendiamin entsteht ein ähnliches Produkt, das in Eisessig bräunlichrot, in Schwefelsäure kirschrot löslich ist.

2916 Anm. B. 30 664, Kl. 22, 12. 6. 02, Badische

Nitroaminophenolsulfosäureazo-2-naphthol

(Naphthalin, OH)—N : N—C_6H_2(OH)(NO_2)(SO_3H) = $C_{16}H_{11}N_3O_7S$ = 389.

1-Chlor-2-nitro-6-aminobenzol-4-sulfosäure (Reduktionsprodukt von Chlordinitrobenzolsulfosäure [1037] mit Eisenvitriol und Soda) diazotieren, Diazolösung mit 2-Naphthol kuppeln, Azofarbstoff mit Alkalien behandeln (Cl gegen OH ersetzen).

12. X = —NH·SO_2—

2917 **DRP. 156 157**

1-Benzolsulfamino-8-naphthol-5-sulfosäure

OH / SO_3H (Naphthalin)—NH·SO_2—C_6H_5 = $C_{16}H_{13}NO_6S_2$ = 379.

Aus 1, 8-Aminonaphthol-5-sulfosäure durch Einwirkung von Benzolsulfochlorid in alkalischer Lösung. Evtl. filtrieren; Gehalt durch Titration mit p-Nitrodiazobenzol bestimmen. — Ebenso entsteht nach

2918 **DRP. 151 017** | **m-Aminobenzolsulfamid-2, 5, 7-aminonaphtholsulfosäure** durch Kondensation von m-Nitrobenzolsulfochlorid mit 2, 5, 7-Aminonaphtholsulfosäure und Reduktion der Nitrosäure, usw.

2919 **DRP. 193 099**
F. P. 351 125
DRP. 129 000

1, 2-(2, 1-)Aminonaphtholsulfosäurearylsulfosäureester

$C_{10}H_5(NH\cdot SO_2\cdot C_6H_4\cdot CH_3)(OH)(SO_3H) = C_{17}H_{15}NO_6S_2 = 393.$

24 T. 1, 2, 4-Aminonaphtholsulfosäure in 300 T. Wasser oder wässerigem Sprit und 8 T. Ätznatron (oder Ätzkali) lösen, 20 T. p-Toluolsulfochlorid eintragen, etwa 1 St. bei 80° rühren, heiß filtrieren, das Filtrat kalt mit Salzsäure fällen und das Produkt absaugen. In Wasser schwerlösliches, blaurotes Pulver, ist mit Mineralsäure als freie Sulfosäure fällbar, die sich diazotieren läßt. — 1, 2, 6- und 2, 1, 4-Aminonaphtholsulfosäure geben mit p-Toluolsulfochlorid ähnliche, ebenfalls diazotierbare Körper.

2920 **DRP. 276 331**
F. P. 466 236
—
DRP. 264 786

2-Salicylsulfamino-7-oxynaphthalin

$OH\cdot C_{10}H_6\cdot NH\cdot SO_2\cdot C_6H_3(COOH)(OH) = C_{17}H_{13}NO_6S = 359.$

Wie [897] aus 195 T. 2-Amino-7-oxynaphthalin, 136 T. Acetat, 3500—4000 T. Sprit und Wasser bis zur klaren Lösung, mit 236,5 T. Salicylsäuresulfochlorid bei 75°. Mit Soda abstumpfen, Sprit abdestillieren, schwach sodaalkalisch filtrieren, das mit Knochenkohle entfärbte Filtrat ansäuern. Das rötliche Öl gibt aus verdünnter Essigsäure weiße Krystalle vom Sch.-P. 217°—218° unter Zersetzung. — Ebenso die Kondensationsprodukte aus 1-Amino-7-oxynaphthalin, 2-Amino-5-oxynaphthalin-7-sulfosäure und 1-Amino-8-oxynaphthalin-3, 6- oder -4, 6-disulfosäure mit Salicylsäuresulfochlorid.

2921 **DRP. 285 501**
—
Ber. 30, 2549; 30, 2555

Hierher gehören auch die Thioderivate arom. Amine, die man erhält, wenn man die heißen Lösungen von 6, 4 T. (1 Mol.) Farbstoff aus p-Diazobenzolsulfosäure und 1-Naphol in 150 T. Wasser und von 7 T. (2 Mol.) p-Toluolsulfinsäure in 100 T. Wasser kocht, das abgeschiedene neue Produkt filtriert und aus Sprit (Tierkohle) umkrystallisiert. Sch.-P. 211—212°. Die Diazokomponente wird als Sulfanilsäure abgespalten, die Azokomponente gibt ein Aminoderivat, das 2 Arylsulfonreste enthält.

2922 **DRP. 187 823**

1-Naphtharylsulfaminoindophenole

$C_{10}H_6(NH-SO_2-C_6H_4\cdot CH_3)(N=C_6H_4=O) = C_{23}H_{18}N_2O_3S = 402.$

100 T. p-Aminophenol in 1000 T. Wasser und 140 T. Natronlauge (35°) lösen, Eis zugeben und eine Lösung von 297 T. 1-Naphthyl-p-tolylsulfamid in 1000 T. Wasser und 210 T. Natronlauge (35°) zufließen lassen, mit Hypochloritlösung (32 T. Sauerstoff) unter 0° zusammenoxydieren und das harzige Indophenol direkt verschmelzen oder z. B. nach [1588] mit 360 T. Schwefelnatrium bei 75° reduzieren und die filtrierte Lösung mit Säure fällen.

---

13. X = —O—

2923 **DRP. 269 543**
—
Lit. wie [1850]

1- und 2-Naphthylphenyläther $C_{10}H_7-O-C_6H_5 = C_{16}H_{12}O = 220.$

Wie [1850]. — Die 1-Verbindung schmilzt bei 55°—56°, die 2-Verbindung bei 46°.

14. X = —O·CH_2 (CO)—

2924 | Anm. C. 2883 Kl. 22 Cassella

Nitronaphtholalkyläther

Durch Nitrierung z. B. des 2-Naphtholbenzyläthers

—O·CH_2—

mit Salpetersäure (40°) bei 30—40°. Ebenso gewinnt man die Sulfosäuren durch Nitrierung der Naphtholäthersulfosäuren.

15. X = —SO_2·NH— oder —SO_2·O— (—SO_2—).

2925 | **DR.P 274 082** Zusatz zu DRP. 274 081 F. P. 469 457 E. P. 21 932/13

Naphtholsulfophenolester und -sulfanilide

HO —SO_2·O— $C_{16}H_{12}SO_4$ = 300. HO —SO_2·NH— $C_{16}H_{13}NSO_3$ = 299.

2-Naphthol-1-carbonsäuresulfochlorid nach evtl. Abspaltung der Carboxylgruppe mit Aminen, Phenolen, Aminophenolen, Aminonaphtholen und ihren Abkömmlingen kondensieren. — Über **Dioxydiarylsulfone**, z. B.

—SO_2— OH,

siehe Ber. **50**, 953.

2926 | **DRP. 278 091** Zusatz zu DRP. 276 331

2-Oxynaphthalin-6-sulfophenylester

116 T. Phenolnatrium in 500 T. Wasser mit einer Suspension von 286,5 T. 2-Oxynaphthalin-1-carboxyl-6-sulfochlorid in 1000 T. Wasser kalt kondensieren (da bei 80° die Carboxylgruppe abgespalten wird), in alkalischer Lösung das Na-Salz aussalzen, aus verdünnter Essigsäure krystallisieren. Sch.-P. 131°. — Ebenso wie diesen 2-Oxynaphthalin-6-sulfophenylester gewinnt man aus 2-Oxynaphthalin-1-carboxyl-6-sulfochlorid mit Ammoniakgas das Sulfamid, mit Dimethylaminlösung das Dimethylsulfamid, mit Anilin das 6-Sulfanilid, mit p-Aminosalicylsäure die Verbindung der Konstitution

OH —SO_2·NH— OH COOH

und mit 1-Amino-8-oxynaphthalin-3, 6-disulfosäure und anderen Aminooxynaphthalinsulfosäuren die entsprechenden Kondensationsprodukte.

III. Naphthalin und Diphenyl verbunden.

8 1 α 7 N 2 β 6 3 5 4 —NH— 9 8 10 7 11 12 D 2 3 1 4 6 5

Bindung — NH —.

2927 | **DRP. 254 510** — DRP. 122 570 J. pr. **71**, 449

2-Aminodiaryl-5 (8)-oxynaphthylamin-7 (6)-sulfosäure

OH SO_3H —NH— — NH_2 = $C_{22}H_{18}N_2O_4S$ = 406.

240 T. 2, 8-Dioxynaphthalin-6-sulfosäure und 184 T. Benzidin mit 2400 T. Bisulfitlauge (40°) 48 St. kochen, den Niederschlag absaugen, neutral lösen und mit Salzsäure

fällen. **Aminodiphenylamino-8-oxynaphthalin-6-sulfosäure** krystallisiert als Na-Salz aus Wasser in grauen Blättern, oxydiert sich in alkalischer Lösung. — Aus 2-Amino-5 (8)-oxynaphthalin-7 (6)-sulfosäure und Benzidinmonosulfosäure erhält man ebenso **Sulfoaminodiphenylamino-5 (8) -oxynaphthylamin-7 (6) -sulfosäure;** aus 2,5-Dioxynaphthalin-7-sulfosäure mit Benzidin die **Aminodiphenyl-5-oxynaphthylamin-7-sulfosäure,** deren gelbbraune Diazoverbindung sich mit Sodalösung in einen unlöslichen, blauroten Farbstoff verwandelt.

2928 **DRP. 271 821** — DRP. 71 168

44,6 T. 1-Aminonaphthalin-8-sulfosäure und 55,2 T. Benzidin 10 St. auf 200° erhitzen, die Schmelze in 2000 T. Wasser und 10,6 T. Soda lösen, kochend mit Salzsäure schwach kongosauer stellen, das grüne Kondensationsprodukt filtrieren, zur Reinigung in Soda lösen und das Kalksalz bilden, das durch fraktionierte Krystallisation zwei gleichwertig verwendbare Komponenten ergibt. — Ebenso mit 1-Aminonaphthalin-2-mono- und -4, 8-disulfosäure. Statt Benzidin: p, p'-Diaminodiphenylamin, p-Phenylendiamin, p-Toluylendiamin usw. — Es entstehen vorwiegend

$$NH_2\cdot R\cdot NH\cdot C_{10}H_7\cdot SO_3H \quad \text{und} \quad NH_2\cdot R\cdot NH\cdot C_{10}H_5(SO_3H)_2,$$

dagegen die Disulfonaphthylderivate der betreffenden p-Diamine

$$\begin{array}{l} C_6H_4—NH\cdot C_{10}H_6\cdot SO_3H \\ | \\ C_6H_4—NH\cdot C_{10}H_6\cdot SO_3H \end{array}$$

nur in untergeordneter Menge.

IV. Zwei Naphthalinreste verbunden.

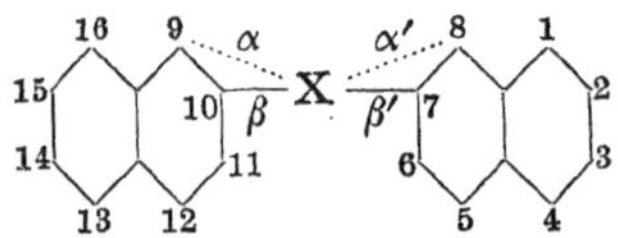

Die Eintrittsstellen (α, α', β, β') sind aus den Formelbildern ersichtlich.

1. Bindung direkt.

2929 Anm. F. 4712, Kl. 22, 25. 8. 90, Höchst

Tetraoxydinaphthyl $\}$OH, OH / OH, OH $= C_{20}H_{14}O_4 = 318.$

Aus 2-Naphthochinon (Ber. **26**, 85; Sch.-P. 255°).

2. X = —CH₂—

2930 **DRP. 148 760** — Lit. wie [**1300**]

Aminodinaphthylmethan-1-methylimino-ω-sulfosäure

NH_2 — CH_2 — $NH\cdot CH_2\cdot SO_3H$ $= C_{22}H_{20}O_3S = 364.$

Wie [**1338**] aus 28,6 T. 1-Naphthylamin, 30 T. Salzsäure (20°), 1500 T. Wasser, 70 T. Bisulfit (38°) und 18,2 T. Formaldehyd in 50 T. Wasser. Sch.-P. 193°—195°. Leicht lösliches Ammonsalz, schwerer lösliche Diazoverbindung.

2931 **DRP. 87 335**

Dioxydinaphthylmethan — CH_2 — OH OH $= C_{21}H_{16}O_2 = 300.$

1-Sulfomethyl-2-naphthol [**2303**] mit Alkalien verschmelzen.

2932 **DRP. 84 379**

Diaminodinaphthylmethandisulfosäure

$= C_{21}H_{18}N_2O_6S_2 = 458.$

45 T. 1-Naphthylamin-2-sulfosäure als Natronsalz in 1000 T. siedendem Wasser lösen, 7,5 T. Formaldehyd zufügen, mit 30 T. Salzsäure (22°) ansäuern. Die ausgeschiedenen Krystalle der an der Luft blaugrün werdenden Disulfosäure filtrieren.

2933 **DRP. 75 755**

Tetraphenyltetraaminodinaphthylmethan

$= C_{45}H_{36}N_4 = 633.$

Tetraoxydinaphthylmethan (Ber. 26, 85; Sch.-P. 255°) + Anilin + Anilinsalz auf 180°—200° erhitzen.

3. X = —CO·NH—

2 OH	2823	11 OH—4 OH—2 SO_3H	2935, 2936
11 OH—2 (4) OH	2934	Formaldehydverbindung	2937

2934 **DRP. 284 997**

2, 3-Oxynaphthoesäureamid

$= C_{21}H_{15}NO_3 = 329.$

In eine Suspension von 2, 3-Oxynaphthoesäure und 2, 7-Aminonaphthol in Solventnaphtha allmählich Thionylchlorid eintragen und das Gemenge bis zum Aufhören der Chlorwasserstoffentwicklung unter Rückfluß erwärmen. Das erhaltene Oxynaphthalin löst sich sehr leicht in warmer Sodalösung und zieht gut auf ungebeizte Baumwolle. — Ähnlich das **Oxynaphthoesäure-naphtholimid** mit 1, 6-Aminonaphthol und Phosphortrichlorid; ferner das Produkt mit Phosphorpentoxyd als Kondensationsmittel.

2935 **DRP. 295 767**

2, 5, 7-Aminonaphtholsulfosäure-Akylderivate

$= C_{21}H_{15}NO_6 = 377.$

Man kondensiert 2, 5, 7-Aminonaphtholsulfosäure mit 2, 3-Oxynaphthoesäurehalogeniden oder deren o-Akylverbindungen. Die **10, 11-Oxynaphthoyl-2-amino-5-naphthol-7-sulfosäure** besitzt starke Affinität zu Baumwolle und Seide, auf die sie aus wässeriger Lösung in alkalischer bzw. essigsaurer Lösung aufzieht. Nach

2936 **Zus. DRP. 296 446**

kondensiert man Acetyl-2, 3-oxynaphthoesäurehalogenid mit Aminonaphtholen und spaltet die Acetylgruppe ab oder vollzieht die Kondensation mit sulfierten Aminonaphtholen ebenso wie im Hauptpatent mit der 2, 5, 7-Aminonaphtholsulfosäure. Die unsulfierten Aminonaphthole werden in verdünnt salzsaurer Lösung mit Acetyl-2, 3-oxynaphthoylchlorid durch Zutropfen von Sodalösung kondensiert.

2937 **DRP. 279 314** **2, 3-Oxynaphthoesäurearylamid-Formaldehydverbindungen.**

2, 3-Oxynaphthoesäurearylamid und Formaldehyd in alkalischer Lösung einige Zeit rühren, das Kondensationsprodukt mit Salzsäure ausfällen. Die Konstitution ist nicht geklärt, jedenfalls liegt weder ein Dinaphthylmethan noch eine N-Methylolverbindung vor.

4. X = —NH—

Unsubstituiert	2938	SO_3H—SO_3H	2938
NH_2	1611	OH—OH—SO_3H—SO_3H	2938, 2940
Cl—Cl	2939		

2938 **DRP. 114 974**

Dinaphthylamine $= C_{20}H_{15}N = 269.$

50 T. Naphthylamin mit 300 T. Alkohol und 300 T. Bisulfit (40°) unter Rückfluß 24 St. sieden, den kalt ausgefallenen Krystallbrei zur Entfernung von Ausgangsmaterial mit heißer verdünnter Salzsäure extrahieren, Rückstand mit verdünntem Sprit auskochen, Produkt aus Benzol umkrystallisieren. — Ebenso **Dinaphthylamindisulfosäure** und **Dinaphthylamindioxydisulfosäure.**

2939 **DRP. 241 853**

—

DRP. 14 612
Ann. 243, 302

Kondensation von Naphthylaminen und Aminen oder Phenolen bei Gegenwart von Katalysatoren. — 2-Naphthylamin mit 0,5% Jod 4 St. auf 230° erhitzen und das erstarrte Produkt umkrystallisieren, es resultiert **2, 2'-Dinaphthylamin** vom Sch.-P. 170,5°. (Identisch mit Ann. **211**, 43; Ber. **16**, 17; **18**, 1586.) Auch durch 6—8-stündiges Sieden in Anilinlösung erhaltbar. — Ebenso: **1-Phenylaminonaphthalin** aus 143 T. 1-Naphthylamin, 93 T. Anilin und 1 T. Jod 6 St. auf 230° und 2 St. auf 250° erhitzen, Schmelze mit verdünnter Salzsäure, dann mit Wasser waschen und destillieren. S.-P. unter 10 mm bei 223°, Sch.-P. 60°. Ausbeute 85%. (Identisch mit Ann. **209**, 152.) — Analog verarbeitet man: **1-o-Tolylaminonaphthalin,** S.-P. unter 9 mm 198°—202°. (Identisch mit Ber. **16**, 2084.) — **1-p-Methoxyphenylaminonaphthalin,** S.-P. unter 13 mm 250°—252°. (Identisch mit [2835]. — **1-o-Methoxyphenylaminonaphthalin,** S.-P. unter 11 mm 226°—228°, Sch.-P. 99,5°. — **1-m-Tolylaminonaphthalin,** S.-P. unter 11 mm 234°—237°. — **1-p-Tolylaminonaphthalin,** S.-P. unter 10 mm 230°, Sch.-P. 78°. (Identisch mit Ber. **16**, 2081.) — **1-m-Xylylaminonaphthalin,** S.-P. unter 9 mm 227°—232°. — **1-p- und 1-m-Chlorphenylaminonaphthalin,** aus Sprit umkrystallisieren, Sch.-P. 102°—103° bzw. S.-P. unter 12 mm 238°—241° Sch.-P. 72,5°. — Über **8, 9-Dichlor-7, 10-dinaphthylamin** und seine Umwandlung in **Dinaphthocarbazol** siehe Z. f. Farb.-Ind. **1905**, 281.

2940 **DRP. 121 094**

Dioxy-2-dinaphthylaminsulfosäuren

SO_3H—(OH-Naphthalin)—NH—(OH-Naphthalin)—SO_3H $= C_{20}H_{15}NO_8 = 397.$

2-Amino-5-naphthol-7-sulfosäure mit Wasser unter Druck auf etwa 200° erhitzen, das gebildete Ammoniak von Zeit zu Zeit abblasen, die Schmelze mit überschüssiger Salzsäure versetzen. — Ebenso verarbeitet man die 2-Amino-8-naphthol-6-sulfosäure.

5. X = —N:N—

2941 **DRP. 78 225**

—

Ann. **190**, 73
Ber. **10**, 1531;
17, 372;
18, 298;
18, 3252;
20, 1238

1-(2)-Azonaphthalin-(sulfosäure)

$C_{10}H_7$—N = N—$C_{10}H_7$ $= C_{20}H_{14}N_2 = 282.$

28 T. 1-Naphthylamin in verdünnter Salzsäure (21 T. konz. Salzsäure) lösen, verdünnte Schwefelsäure (28 T. konz. Schwefelsäure) zusetzen, mit 14 T. Nitrit diazotieren, filtrieren, Filtrat mit 60 T. Na-Acetat und 31 T. techn. Sulfit versetzen oder Schwefeldioxyd einleiten, Flüssigkeit mit abgeschiedenem gelben Niederschlag kurze Zeit im Wasserbade erwärmen, kalt filtrieren und den Rückstand umkrystallisieren, Sch.-P. 186°. — 2-Azonaphthalin, helleres Produkt, krystallisiert aus Toluol in großen braunen Blättern mit violettem Reflex, Sch.-P. 203°. — Ebenso die Sulfosäuren aus 1, 4- bzw. 2, 6-Naphthylaminsulfosäure.

6. X = —NH · C(CN):N—

2942 **DRP. 152 019**

Hydrocyancarbodinaphthylimide

$C_{10}H_7$—N(H)—C(CN) = N—$C_{10}H_7$ $= C_{22}H_{15}N_3 = 321.$

10 T. 1- oder 2-Dinaphthylthioharnstoff + 10,5 T. basisches Bleicarbonat + Wasser + Sprit als Paste mit einer wässerigen Lösung von 2,5 T. Cyankalium auf 60°—70° erwärmen. Die Masse wird braun, dann schwarzgrün. Kalt filtrieren, Niederschlag waschen, pressen, trocknen und mit Äther extrahieren. Die 1-Verbindung, aus Benzol umkrystallisiert, ist ein gelber Körper vom Sch.-P. 150°, die 2-Verbindung heller gelb und vom Sch.-P. 166°.

2943 **DRP. 264 265**

Lit. wie [2970]
Ber. 39, 4373

1,1'-Dibromhydrocyancarbo-2,2'-dinaphthylimid

Br Br
$C_{10}H_6$—N—C = N—$C_{10}H_6$
H CN
$= C_{22}H_{13}N_3Br_2 = 479.$

Wie [2970]. — 1-Brom-2-aminonaphthalin mit der berechneten Menge Schwefelkohlenstoff und Wasserstoffsuperoxyd (3%) in **1,1'-Dibrom-2,2'-dinaphthylthioharnstoff** (weiße Krystalle vom Sch.-P. 185°) überführen, diesen nach [2942] mit Bleicarbonat und Kaliumcyanid umsetzen. Aus Benzol gelbe Nadeln vom Sch.-P. 204°.

7. X = —NH—C(O)(S)(NH)—NH—

2944 **DRP. 116 200**
DRP. 116 201

(Thio-)Carbonyldioxydinaphthylamindisulfosäure

SO_3H(OH)$C_{10}H_5$—NH—CO(S)—NH—$C_{10}H_5$(OH)SO_3H $= C_{21}H_{16}N_2O_9S_2 = 504.$

Aminonaphthole und deren Derivate, bei denen sich Hydroxyl- und Aminogruppe nicht in ortho- oder peri-Stellung zueinander befinden, bei Gegenwart eines salzsäurebindenden Mittels mit Phosgen behandeln. So erhält man die Harnstoffe bzw. Thioharnstoffe aus 2-Amino-5-naphthol-7-sulfosäure, Aminonaphtholmonosulfosäure G, 2-Amino-7-naphthol usw.

2945 **DRP. 122 286** und **DRP. 123 693**

Ferner erhält man die Thioharnstoffe von Naphthalinderivaten mit freier Hydroxylgruppe durch Kochen von z. B. 23,9 T. 2-Amino-5-naphthol-7-sulfosäure in sodaalkalischer Lösung mit Alkohol und 20—25 T. Schwefelkohlenstoff unter Zusatz von 0,4—0,5 T. Schwefelpulver; man filtriert, wenn die Schwefelwasserstoffentwicklung nachläßt, säuert an und reinigt die **Thiocarbonyldioxydinaphthylamindisulfosäure** wie üblich. — Ebenso verarbeitet man 2-Amino-7-naphthol und ferner auch zur Herstellung gemischter Harn- und Thioharnstoffe molekulare Mengen z. B. von 2-Amino-5-naphthol-7-sulfosäure und 2-Amino-8-naphthol-7-sulfosäure.

2946 **DRP. 129 418** Zusatz zu DRP. 129 417

Naphthalinguanidinsulfosäuren: Wie [2952] aus gemischten Thioharnstoffsulfosäuren, z. B. der 2-Amino-5-naphthol-7-sulfosäure und 2-Amino-8-naphthol-6-sulfosäure mit Ammoniak und Bleioxyd.

2947 **DRP. 123 886**

Die Thioharnstoffe lassen sich auch aus molekularen Mengen verschiedener Sulfosäuren, z. B. der 2-Amino-5-naphthol-7-sulfosäure und der 2-Amino-8-naphthol-7-sulfosäure in sodaalkalischer Lösung mit Schwefelkohlenstoff herstellen.

2948 **DRP. 135 167**

Einwirkung von Phosgen bzw. Schwefelkohlenstoff oder Thiophosgen auf 2 Mol. gleicher oder verschiedener Naphthylaminabkömmlinge. — Man arbeitet wie folgt nach:

2949 **DRP. 205 662** Zusatz zu DRP. 204 102

12 T. 2, 5, 7-Aminonaphtholsulfosäure in 250 T. Wasser + 10 T. Soda + 20 T. Ammoniak (25%) lösen, bei 40°—50° Phosgen einleiten, bis in einer Probe mit Salzsäure kein Niederschlag mehr entsteht, genau mit Salzsäure neutralisieren, aussalzen, 16 St. rühren und den ausgeschiedenen symmetrischen 2, 5, 7-Aminonaphtholsulfosäureharnstoff filtrieren. Der unsymmetrische Harnstoff wird evtl. aus dem Filtrate abgeschieden. — Oder: 24 T. der Sulfosäure in 250 T. Wasser + 20 T. Kaliumcyanat bei höchstens 50° lösen, bei 20° mit 8 T. Eisessig versetzen und nach 24-stündigem Rühren die silbergrauen Krystalle des unsymmetrischen Harnstoffs filtrieren. — Ähnlich erfolgt die Vereinigung zweier solcher Doppelkerne unter der Einwirkung von Äthylenhaloiden, z. B. zu **Dioxydinaphthyläthylendiamindisulfosäuren** [2954] und von Chloracetylchlorid zu **Dioxycarbonylmethylendinaphthylamindisulfosäuren** [2953]. Die öligen Thioharnstoffe geben mit Ammoniak oder Aminen (auch Anilin) kondensiert Guanidinderivate, z. B. **Phenyldioxydinaphthylguanidindisulfosäure.**

2950 **DRP. 278 122** und **DRP. 289 163**

Weiter erhält man Harnstoffe der Naphthalinreihe durch Behandlung solcher 1, 8-Aminonaphtholsulfosäure, die in der Aminogruppe ein oder mehrere Male durch den Aminobenzoylrest substituiert sind, mit Phosgen. Hochmolekulare Körper der Konfiguration

OCH₃ — NH·CO·NH — CO·NH — OCH₃ — NH·CO — CO·HN OH — NH·CO — SO_3H SO_3H — HO_3S SO_3H

erhält man z. B. durch Einleiten von Phosgen in ein wässeriges, mit Soda neutralisiertes Gemenge von 63,9 T. saurem Natriumsalz der Aminoanisoylaminoanisoyl-1-amino-8-naphthol-4, 6-disulfosäure und 56,3 T. saurem Na-Salz der m-Aminobenzoyl-m-aminobenzoyl-1-naphthylamin-3, 6-disulfosäure und 100 T. kryst. Natriumacetat, oder durch Vermischen einer sodaneutralisierten Lösung derselben Mengen derselben Ausgangsmaterialien mit einigen Kubikzentimetern Pyridin und Zusatz von Hexachlordimethylcarbonat bei 40°—50° in kleinen Mengen. Ebenso reagiert Perchlormethylformiat. Einen Thioharnstoff der Formel

OCH_3 — NH·CS·NH — NH·CO — CO·NH — OCH_3 — NH·CO — CO·HN OH — SO_3H SO_3H — HO_3S SO_3H

erhält man aus denselben Ausgangsmaterialien in wässeriger, mit Soda neutralisierter Lösung, demselben Volumen Sprit, 60—70 T. Schwefelkohlenstoff und 2—4 T. Schwefel am Rückflußkühler.

2951 **DRP. 254 859**

Naphthalinindophenolthioharnstoffe

NH_2 —NH—CS—NH— NH_2 ; O=⟨⟩=N N=⟨⟩=O $= C_{33}H_{24}N_6O_2S = 568.$

26,3 T. Indophenol aus 1, 8-Diaminonaphthalin und p-Aminophenol oder statt des letzteren 2, 6-Dichlor-1-oxy-4-aminobenzol, 2, 6-Dichlor-4-amino-4-oxybenzol in 150 T. Sprit 15—18 St. mit 10 T. Schwefelkohlenstoff digerieren oder die aus den Indophenolen in 150 T. Sprit mit 7 T. Zinkstaub erhaltbaren Leukoprodukte bei 0° mit 50 Vol.-T. einer Lösung von Phosgen in Benzol (24%) behandeln. Es entstehen so die Leukoindophenole des betreffenden Thioharnstoffes bzw. des Harnstoffes, die sich pulverig abscheiden (evtl. durch Wasserzusatz völlig ausgefällt werden) und direkt zur Verarbeitung auf Schwefelfarbstoffe gelangen. Die Produkte lösen sich in Natronlauge braun (an der Luft zu blau oxydiert), in Schwefelsäure schwer bräunlich.

2952 **DRP. 129 417**

Naphthalinguanidinsulfosäuren

R{⟨⟩⟨⟩—N—C—N—⟨⟩⟨⟩}R ; CN

Thiocarbonyldioxydinaphthylamindisulfosäure (aus 2-Amino-5-naphthol-7-sulfosäure) in wässeriger Lösung mit Ammoniak und Bleioxydpulver unter Rückfluß im Wasserbad erwärmen, wenn keine Zunahme der Bleioxydschwärzung mehr stattfindet, vom Schwefelblei filtrieren, im salzsauren Filtrate die Guanidinsulfosäure aussalzen. — Ebenso die Guanidinderivate anderer aus verschiedenen Aminonaphtholsulfosäuren erhaltener Thiocarbonyldioxydinaphthylamindisulfosäuren.

8. X = —NH·CH$_2$·C(H$_2$)(O)·NH—

OH—OH—SO$_3$H—SO$_3$H 2949, 2953
4 OH—13 OH—2 SO$_3$H—15 SO$_3$H . . . 2954

2953 **DRP. 126 443**

Dioxycarbonylmethylendinaphthylamindisulfosäure

SO$_3$H–C$_{10}$H$_5$(OH)–NH·CH$_2$·CO·NH–C$_{10}$H$_5$(OH)–SO$_3$H $= C_{22}H_{18}N_2O_9S_2 = 518.$

24 T. 2-Amino-5-naphthol-7-sulfosäure in sodaalkalischer Lösung nach Zusatz eines Moleküls Soda mit 11,3 T. Chloracetylchlorid in Reaktion bringen, weiter 24 T. 2-Amino-5-naphthol-7-sulfosäure zugeben, mehrere Stunden im Wasserbade erwärmen, die neue Säure kalt aussalzen.

2954 **DRP. 129 478**

Dioxydinaphthyläthylendiamindisulfosäure

SO$_3$H–C$_{10}$H$_5$(OH)–NH·CH$_2$·CH$_2$·NH–C$_{10}$H$_5$(OH)–SO$_3$H $= C_{22}H_{20}N_2O_8S_2 = 504.$

48 T. 2-Amino-5-naphthol-7-sulfosäure in wässeriger Sodalösung mit molekularen Mengen Soda und Äthylenbromid unter Rückfluß kochen, die neue Äthylensäure mit Mineralsäure fällen, filtrieren und trocknen. — Ebenso reagieren Äthylenchlorid und -jodid.

9. X = —O—

1:O—2:O—15:O—16:O 2955

2955 **DRP. 83 042**

Ber. **30**, 2199

Di-2-naphthochinonoxyd

O=C$_{10}$H$_5$(=O)–O–C$_{10}$H$_5$(=O)=O $= C_{20}H_{10}O_5 = 330.$

1 T. β-Naphthochinon + 4 T. Eisenchlorid in 40 T. Wasser schütteln, ½ St. auf dem Wasserbade erwärmen, das sandige Pulver filtrieren, mit salzsäurehaltigem Wasser waschen, mit Sprit auskochen, Rückstand aus Eisessig umkrystallisieren. Sch.-P. 250°. Mit Wasser gekocht entstehen Hydrate, die Farbstoffe sind.

V. Naphthalin und Fünfringe.

II C—C I (Naphthalinring mit Stellungen 1, 2, 3, 4, 5, 6, 7, 8)

1. Acenaphthen (C—C).

I H$_2$—II H$_2$	2956	I O—II NOH	2960
I H$_2$—II H$_2$—4 OH	2957	I O—II O—4 Br	2961
I H$_2$—II CH·SO$_3$H	2958	I OH—II OH	2962
I O—II H$_2$	2959	Reduktionsprodukt	2962
I O—II H·CHO	2108		

2956 **DRP. 277 110**

Ann. **172**, 264
Ber. **43**, 439

Acenaphthen H$_2$C—CH$_2$ (Naphthalinring) $= C_{12}H_{10} = 154.$

Gewinnung aus Steinkohlenteerölen bzw. Trennen des in den Nachläufen enthaltenen Acenaphthens vom Diphenylenoxyd und Fluoren, durch Destillation der Mischkrystalle mit Methyl- und Dimethylnaphthalinen. Die Fraktion 250°—270° scheidet reines Acenaphthen aus.

2957 **DRP. 237 266**

4-Oxyacenaphthen $= C_{12}H_{10}O = 170.$

4-Aminoacenaphthen diazotieren und umkochen. Aus Benzol farblose Nädelchen vom Sch.-P. 126°, S.-P. unter 40 mm bei 221°.

2958 **DRP. 248 994**

Acenaphthen-I-sulfosäure $= C_{12}H_{10}O_3S = 234.$

15,4 T. Acenaphthen in 150 T. Nitrobenzol heiß lösen, bei 0°—3° in die entstandene Suspension 12 T. Chlorsulfonsäure eintropfen lassen, die Temperatur auf 15°—20° steigern, in Wasser gießen, die wässerige Schicht abziehen, die Nitrobenzolschicht nochmals mit Wasser extrahieren, die Auszüge mit Soda neutralisieren, die Lösung eindampfen oder aussalzen und das Na-Salz zur freien Säure umsetzen. Sehr reaktionsfähig, gibt mit Ätzalkali verschmolzen **Acenaphthylen** HC=CH , die Sulfogruppe befindet sich daher an einer CH_2-Gruppe des Fünfringes.

2959 **DRP. 230 237**

Ann. **276**, 12; **290**, 195
DRP. 218 992

Acenaphthenon $= C_{12}H_8O = 168.$

10 T. 1-Naphthylessigsäurechlorid (S.-P. unter 23 mm bei 188°, riecht stechend) in 20 T. Nitrobenzol lösen, eine Lösung von 8,5 T. Aluminiumchlorid in 17 T. Nitrobenzol zufügen, wenn die Reaktion beendet ist, auf Eis gießen, Dampf einleiten und im Destillat das Produkt vom Nitrobenzol durch Destillation im Vakuum trennen, evtl. aus Ligroin umkrystallisieren.

2960 **DRP. 228 698**
E. P. 19 341/10
F. P. 419 379

Ber. **44**, 1749
C.-Bl. **1903** I, 881
DRP. 232 714

Acenaphthenchinonoxim $= C_{12}H_7NO_2 = 197.$

50 T. Acenaphthen in 250 T. Amylalkohol lösen, siedend mit Chlorwasserstoffgas sättigen, weitereinleiten und 152 T. Amylnitrit innerhalb 1 St. zutropfen lassen, kochen bis das Stickoxyd vertrieben ist, die zuerst violette, dann gelbrote Flüssigkeit verdünnen, Amylalkohol mit Dampf verjagen, den weichen Rückstand in Natronlauge lösen, filtrieren, das Filtrat mit Tierkohle schütteln, filtrieren, das Filtrat mit Kohlendioxyd fällen und die gelben Krystalle des **Acenaphthenchinonmonoxims** filtrieren. — Verpufft bei 160°, öfter aus Eisessig umkrystallisiert schmilzt es bei 220°, wird wieder fest und schmilzt dann viel höher wieder. Im Oximfiltrat ist mit Salzsäure **Naphthalsäure** fällbar.

2961 **DRP. 212 870**

4-Bromacenaphthenchinon $= C_{12}H_5O_2Br = 245.$

Monobromacenaphthen (Ber. 7, 1095) nach Ann. **276**, 4 oxydieren, wie man Acenaphthen zum Chinon oxydiert.

2962 **DRP. 224 979**

DRP. 224 158

Acenaphthenchinon-Reduktionsprodukte

I. OH—C=C—O—C—C=O
OH

II. OH—C=C—OH

Acenaphthenchinon mit Zinkstaub und Essigsäure reduziert gibt **Acenaphthenon** [Ann. **276**, 12; **290**, 195]. Bei gelinder Reduktion von 18 T. Acenaphthenchinon z. B. mit 25 T.

Schwefelnatrium und 5 T. Wasser (1/2 St. vermahlen, mit 50 T. Wasser verdünnt filtrieren und kalt waschen) erhält man tiefblaue Nadeln des Produktes I. In Wasser schwer löslich bildet mit Alkalien tiefblaue Salze, Eisessig acetyliert zum Teil, die Bisulfitverbindung ist durch Säuren oder Alkalien zerlegbar; aus Tetrachloräthan gelbliche Krystalle vom Sch.-P. 248°. 18 T. Acenaphthenchinon oder das Produkt I als freie Säure mit 50 T. Eisen, 200 T. Wasser und 5 T. Essigsäure (50%) 1/2—1 St. reduzieren, sodaalkalisch mit 50 T. Kochsalz aussalzen, kalt filtrieren, den Rückstand mit Sprit extrahieren und einengen: Krystalle des Produktes II. Mit wenig Alkali farblose, mit Überschuß violettblaue Salze, in Wasser leicht löslich, Eisessig acetyliert völlig, Bisulfitverbindung wie I; aus Sprit Nadeln vom Sch.-P. 254°. — Ebenso reagiert das rohe Acenaphthen-Oxydationsprodukt, das Acenaphthenchinon, Acenaphthen und Naphthalsäure enthält; dadurch wird zugleich das Acenaphthenchinon isoliert.

2. Naphthindol, -indoxyl, -isatin (C—C—N).

I C—C II, N III; 3, 4, 5, 6, 7, 8 — III N—C II, C I; 1, 4, 5, 6, 7, 8

I H—II CH_3—III H	2963	I O—II NH·$C_6H_5(C_6H_4·CH_3)(C_{10}H_7)$	2967
I O—II H_2—III H	2964	I O—II:N·$C_{10}H_6$·Cl—4 Cl	2970
I O—II OH	2965	I O—II O—III H	2970
I O—II OH—Br	2966	I O—II O—Cl(Br)—Cl(Br)	2970

2963 **DRP. 38 784**
E. P. 7137/86
F. P. 176 701

Lit. wie [2046]
Ber. 38, 217

Methyl-2-naphtindol (CH, C·CH_3, NH) $= C_{13}H_{11}N = 181$.

Wie [2046] aus Aceton-2-naphthylhydrazin (durch Lösen von 2-Naphthylhydrazin in Aceton erhaltbar) mit Chlorzink. Durch Destillation im Vakuum reinigen. Rotes Pikrat. Salzsäure-Fichtenspanreaktion: blauviolett.

2964 **DRP. 216 639**

2-Naphthindoxyl (CO, CH_2, NH) $= C_{12}H_9NO = 183$.

1 T. 2-Naphthylglycinäthylester mit 1/2 T. Aluminiumchlorid evtl. mit einem Verdünnungsmittel vorsichtig auf 100°—110° erhitzen, wenn die Salzsäuregasentwicklung beendet ist, die kalte, gemahlene Schmelze unter Luftabschluß in heißer verdünnter Natronlauge lösen, rasch filtrieren, 2-Naphthindoxyl mit Salzsäure fällen und mit kalter verdünnter Sodalösung das durch Verseifung des Esters entstandene Naphthylglycin herauslösen. Olivgelbes, grünwerdendes Pulver, das aus organischen Lösungsmitteln in kleinen Nadeln vom Sch.-P. 80°—85° auskrystallisiert.

2965 **DRP. 107 719**

Lit. wie [2111]

2-Naphthisatin (CO, C·OH, N) $= C_{12}H_7NO_4 = 197$.

Wie [2111]. — 2 T. 2-Naphthindoxylsäureäthylester mit 90° warmer Lösung von 8 T. Ferricyankalium und 10 T. Natronlauge (40°) in 160 T. Wasser oxydieren, von etwas Harz filtrieren und das Filtrat mit Salz- oder Essigsäure fällen. Tiefrotes Krystallpulver.

2966 **DRP. 241 826**

Brom-2-naphthisatin Br (CO, C·OH, N) $= C_{12}H_6NO_2Br = 274$.

2-Naphthisatin in Eisessiglösung bromieren.

2967 **DRP. 152 019**
F. P. 326 168
—
DRP. 113 980
Ber. 21, 115; 21, 117

1 (2)-Naphthisatinnaphthalide

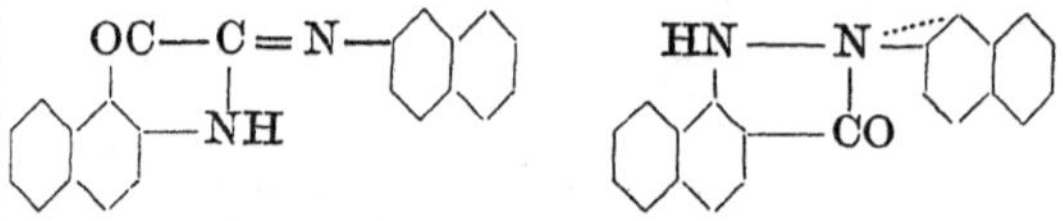

$= C_{22}H_{14}N_2O = 322.$

1 T. Hydrocyancarbodinaphthylimid [2942] rasch in 4 T. 85°—90° warme Schwefelsäure (66°) eintragen, die violette Lösung auf 100°—105° erhitzen, bis sie dunkelrot ist, kalt in Eiswasser gießen, den rotbraunen Niederschlag filtrieren, mit Soda zersetzen, filtrieren, waschen und trocknen. Das erhaltene 2-Naphthisatin-1-naphthalid aus Sprit oder Benzol umkrystallisiert schmilzt über 180°. — Ebenso die 1, 1-Verbindung mit 60° warmer Schwefelsäure. — Nach

2968 **Zus. DRP. 153 418**

arbeitet man wie [2967] mit Verwendung von gemischten Hydrocyancarbo-1- und -2-naphthylaniliden und -naphthyltolylimiden der allgemeinen Form: 1- oder 2-Naphthylamin —C(CN)=2 Naphthylamin-Anilin oder o- oder p-Toluidin herstellbar nach [2942] aus den entsprechenden Thioharnstoffen. Man erhält so 1-substituiertes 1-Naphthalid und 1-substituiertes o- und p-Toluidid des 2- oder 1-Naphthisatins

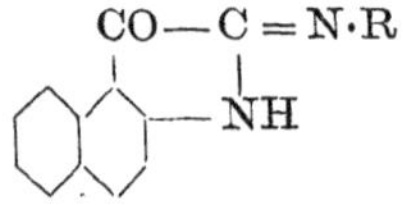

CO—C=N·R / NH und NH—C=N·R' / CO

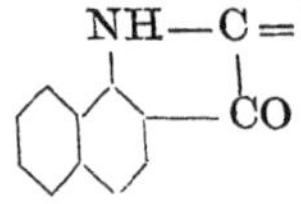

R = 1-Naphthyl, Phenyl, o- und p-Tolyl;
R' = Phenyl, o- und p-Tolyl.

Bei längerer Einwirkungsdauer der Schwefelsäure entstehen leicht Sulfosäuren, die dann reduziert auch Naphthalinindigosulfosäuren geben. — Statt mit Schwefelsäure nach

2969 **DRP. 269 750**
E. P. 30 072/13

321 T. β-Hydrocyancarbodinaphthylimid in 3200 T. Benzol verrührt bei gewöhnlicher Temperatur innerhalb $^1/_2$ St. unter äußerer Kühlung mit 300 T. Aluminiumchlorid versetzen, das blauschwarze Produkt absaugen, mit Benzol waschen und vorsichtig in kalte konz. Salzsäure eintragen. Das erhaltene aluminiumfreie 2-Naphthisatin-α, 2'-naphthalid krystallisiert aus Benzol in grünschwarzen Nadeln vom Sch.-P. 230°. In Sprit gelbrot, + Natronlauge grün, in Schwefelsäure braunrot löslich. Gibt mit Mineralsäure gekocht β-Naphthisatin.

2970 **DRP. 264 265**
A. P. 1 083 518
E. P. 21 915/12
F. P. 459 628

1-Halogen-2-naphtisatin(-1'-halogennaphthalide)

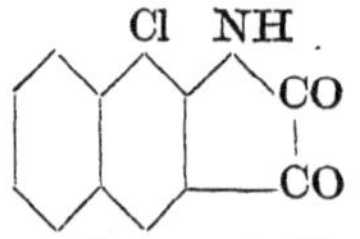

$= C_{12}H_6NO_2Cl = 232.$

In einem Lösungsmittel suspendiertes β-Hydrocyancarbodinaphthylimid [2942] bei gelinder Wärme mit der berechneten Menge Sulfurylchlorid chlorieren. Es entsteht **α, α'-Dichlor-β-hydrocyancarbodinaphthylimid**

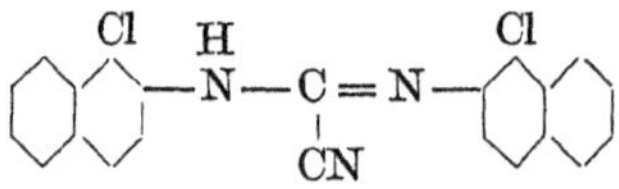

(aus Chlorbenzol gelbe Nädelchen vom Sch.-P. 201°), von dem 390 T. zur Überführung in das Isatinderivat in 1000 T. Benzol suspendiert, bei 30°—35° mit 350—400 T. wasserfreiem Aluminiumchlorid behandelt werden. Die Masse wird (ohne besondere Salzsäureentwicklung) blauschwarz. In Eiswasser gießen, Benzol mit Dampf abblasen und das **α-2'-Chlornaphthalid** des **1-Chlor-2, 3-naphthisatins**

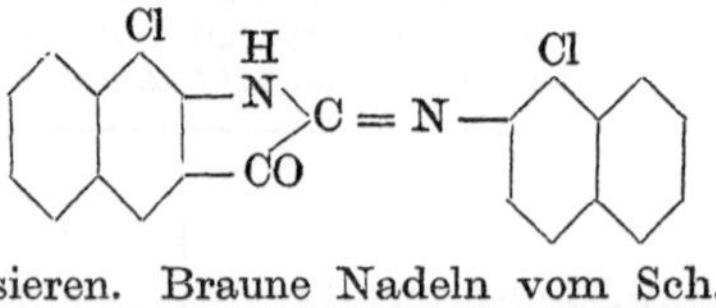

aus Nitrobenzol umkrystallisieren. Braune Nadeln vom Sch.-P. 280° unter Zersetzung. In organischen Lösungsmitteln schwer, rotviolett, in Schwefelsäure rotbraun, in Sprit + Natronlauge (40%) grünblau löslich. Zur Verseifung in die 10-fache Menge Schwefelsäure (66°) kalt eintragen, in Eiswasser gießen, kochen bis die Flüssigkeit rot ist, das

Isatin absaugen, mit Bisulfit umlösen und umkrystallisieren. Rote Nadeln des **Monochlornaphthisatins** vom Sch.-P. 258°—259°. Gibt in Nitrobenzollösung bei 160° bromiert **Brom-1-chlor-2, 3-naphthisatin** vom Sch.-P. 313°, mit Sulfurylchlorid chloriert: **Dichlor-2, 3-naphthisatin** vom Sch.-P. 258°—259°. — Ebenso aus Dibromhydrocyancarbodinaphthylimid über das α, 1′-Bromnaphthalid des 1-Brom-2, 3-naphthisatins (aus Nitrobenzol violette Nädelchen vom Sch.-P. 266°). Gibt in Nitrobenzollösung weiterbromiert **Dibrom-2, 3-naphthisatin** vom Sch.-P. 295°.

3. Naphthocumaran (C—C—O).

I C, CII, O III; 8, 1, 7, 6, 5, 4

I OH—II $COOC_2H_5$ 2971

2971 **DRP. 105 200**

Lit. wie [2147]

Naphthoketocumarancarbonsäureäthylester

O; $C \cdot COOC_2H_5$; C·OH $= C_{15}H_{12}O_4 = 256.$

Wie [2147] aus 2-Naphthoxylessigsäure-3-carbonsäurediäthylester [2311]. Sch.-P. 124°.

4. Naphthothionaphthen (C—C—S).

I C—C II; S III; 8, 7, 6, 5, 4, 3

I O—II H, COOH 2972

2972 **DRP. 239 093**

Zusatz zu
DRP. 237 680
A. P. 888 852
E. P. 15 607/07
F. P. 377 540

Naphthooxythionaphthen

NH_2, SO_3H → CN, SO_3H → CN, SO_2Cl → CN, SH → CN, $S \cdot CH_2 \cdot COOH$

→ COOH, $S \cdot CH_2 \cdot COOH$ → CO—C(H)·COOH, S → OC—CH, S

$= C_{12}H_8OS = 200.$

23,9 T. 1-Naphthylamin-2-sulfosäure diazotieren, wie [1064] mit Kupfercyanür umsetzen, 25,5 T. des ausgesalzenen Na-Salzes der **1-Cyannaphthyl-2-sulfosäure** mit 22 T. Phosphorpentachlorid + 5 T. Phosphoroxychlorid auf 100° erhitzen, die flüssige Masse (Erwärmung vermeiden!) in Eis gießen und das abgeschiedene **1-Cyannaphthyl-2-sulfochlorid** (aus Chloroform + Ligroin umkrystallisieren, Sch.-P. 143°) filtrieren. 20 T. hiervon in 180 T. Wasser + 60 T. Schwefelsäure (66°) mit 40 T. Zinkstaub rühren, aufkochen, kalt filtrieren, Rückstand mit Sodalösung auskochen, 20 T. Natronlauge (40°) zugeben, filtrieren, sofort mit 15 T. chloressigsaurem Natrium und 10 T. Natronlauge (40°) auf 100° erhitzen, kalt filtrieren, im Filtrat das entstandene Gemenge von **Naphthalin-2-thioglykol-1-carbonsäure** und **1-Cyannaphthyl-2-thioglykolsäure** aussalzen und dieses mehrmals aus Wasser umlösen oder direkt wie [2168] verschmelzen und zur **Naphthooxythionaphthencarbonsäure** bzw. durch Erwärmen in Sodalösung zum Naphthoxythionaphthen (Sch.-P. 118°—119°) aufarbeiten.

5. Naphthotriazol (N—N—N).

II C_6H_5 2973
II $C_6H_4 \cdot NH_2$—3 OH—6 SO_3H 2974
II $C_6H_4 \cdot NH_2$—3 SO_3H—8 SO_3H 2975
II $C_6H_4 \cdot NO_2(NH_2)$—3 SO_3H—6 SO_3H . . 2975
II $C_6H_4 \cdot NH_2$—8 OH—3 SO_3H—6 SO_3H . 2976

2973 **DRP. 245 973** und **DRP. 273 443**

Ber. 18, 3136

2, 1-Naphtho-N-phenyl-(anthrachinonyl-)triazol (4-azimid)

N—N·C_6H_5 (Anthrachinonrest) $= C_{16}H_{11}N_3 = 245.$

23 T. 2-Aminoanthrachinon diazotieren, Diazolösung mit 2-Naphthylamin kuppeln, 100 T. des Azofarbstoffes in 500 T. Nitrobenzol gelöst bei 120° mit der Lösung von 100 T. Natriumbichromat in 500 T. Eisessig oxydieren. Kalt die Krystalle filtrieren, mit Sprit waschen; aus Nitrobenzol Sch.-P. etwa 300°. Nur in konz. H_2SO_2 rotbraun löslich. Pigmentfarbstoff.

100 T. Azofarbstoff aus Diazobenzol und 2-Naphthylamin mit 1 T. Kupferpulver und 1000 T. Nitrobenzol 5 St. kochen, Kupfer entfernen, mit Dampf das Nitrobenzol abtreiben, Rückstand aufarbeiten. — Ebenso aus 100 T. des in DRP. 245 973 beschriebenen Azofarbstoffes aus 2-Diazoanthrachinon und 2-Naphthylamin in 1000 T. Nitrobenzol mit 3 T. Eisenpulver 5 St. unter Rückfluß gekocht. Das kalte auskrystallisierende 2, 1-Naphtho-N-2'-anthra-chinonyltriazol vom Eisen befreien. Ausbeute quantitativ. — Naphthotriazole z. B.:

N—N—C_6H_4—NH_2; SO_3H, OH $= C_{16}H_{12}N_4O_4 = 324.$

2974 sind auch die Azofarbstoff-Oxydationsprodukte der Produkte des

DRP. 107 498

Ann. 240, 110; 249, 350; 255, 339 (Triazole aus o-Diamin + Nitrit.) Ber. 18, 3134; 21, 1635 (Pseudoazimid); 27, 2374; 27, 2376; 28, 2201

25,5 T. Farbstoff aus diazotiertem p-Aminoacetanilid + Amino-R-Salz in wässeriger Lösung (2—3%) mit 25—50 T. Schwefelsäure (66°) ansäuern, bei gewöhnlicher Temperatur Lösung von 3,2 T. Permanganat in 300 T. Wasser zugeben, wenn entfärbt aufkochen (zugleich Verseifung der Acetylgruppe), sodaalkalisch stellen, kalt filtrieren, Filtrat direkt zur Farbstoffbildung verwenden oder mit festem, schwefelsaurem Ammon ausfällen. Ebenso führt die Oxydation des p-Nitranilinazoamino-R-Salzfarbstoffes (500 T. in 30—40-facher Menge Wasser + 900 T. Natronlauge (35°) gelöst) mit 360 T. Bleisuperoxyd (rasch eintragen!) nach dem Neutralisieren mit 450 T. Schwefelsäure (mit Wasser verdünnt) und Ausfällen des Filtrates mit K-Chlorid zu einem citronengelben Oxydationsprodukt. Ähnlich erfolgt die Oxydation des Naphthionsäureazo-2-naphthylaminfarbstoffes mit Natriumhypochlorit in alkalischer Lösung, ferner jene der Sulfanilsäureazoamino-R-Salz- und Sulfanilsäureazo-Brönnersäurefarbstoffe mit Chlorkalklösung bzw. Ferricyankalium, beide ebenfalls in alkalischer Lösung. Farblose bis schwachgelbliche, krystallinische Stoffe, die in Schwefelsäure mit gelblicher oder bräunlicher Farbe und geringer Fluorescenz löslich sind.

2975 **DRP. 174 548**

3-Aminophenyl-1, 2-naphthotriazol-3, 8-disulfosäure

SO_3H, N—N—C_6H_4—NH_2, SO_3H $= C_{16}H_{12}N_4O_6S_2 = 420.$

14 T. m-Nitroanilin mit 50 T. Salzsäure und 7 T. Nitrit diazotieren, die Diazoverbindung mit 33 T. 1, 3, 8-Naphthylamindisulfosäure als Mono-Na-Salz unter Zusatz von 14 T. Soda kuppeln, 20 St. rühren, auf 70°—75° anwärmen, langsam 300 T. Hypochlorit

(4,7% Chlor) zufließen lassen, aussalzen, die als Na-Salz abgeschiedene 3-Nitrophenyl-1, 2-naphthotriazol-3, 8-disulfosäure absaugen, mit 30 T. Eisen, 3 T. Salzsäure, 400 T. Wasser 1/2 St. siedend reduzieren, sodaalkalisch filtrieren und das Filtrat mit Salzsäure fällen. — Ebenso die **4-Nitro-(Amino-)phenyl-1, 2-naphthotriazol-8-oxy-naphthalin-3, 6-disulfosäure** nach

2976 **DRP. 146 375**
F. P. 325 492

4,5 T. Na-Salz der 1-Naphthylamin-3, 6, 8-trisulfosäure in 10 T. Wasser gelöst, mit einer konz. wässerigen Lösung von 3 T. Acetat, dann mit einer Diazolösung aus 1,4 T. p-Nitroanilin versetzen, die Farbstofflösung auf 50° erwärmen, 25 T. Javellelauge (8% Chlor) zugeben, die hellgelb gewordene Lösung mit 10 T. Kochsalz aussalzen; Triazol filtrieren, pressen, mit 1 T. Essigsäure (40%) anrühren und langsam in eine kochende Mischung von 10 T. Wasser und 1,5 T. Eisenspänen eintragen. Sodaalkalisch filtrieren und das Produkt mit Salzsäure fällen. Mit der fünffachen Menge Natronlauge (60%) 5 St. auf 200° erhitzt erhält man das **B-4-Aminophenyl-8-oxy-3, 6-disulfonaphthyltriazol** durch Fällen der verdünnten Schmelze mit Salzsäure als saures Na-Salz. Schwach grünliche Krystalle aus Wasser. Statt p-Nitroanilin: m-Nitroanilin und die Nitrotoluidine, statt der Trisulfosäure die 2, 5, 7- oder 2, 6, 8-Naphthylamindisulfosäure verwendbar.

6. Naphthimidazol (N—C—N).

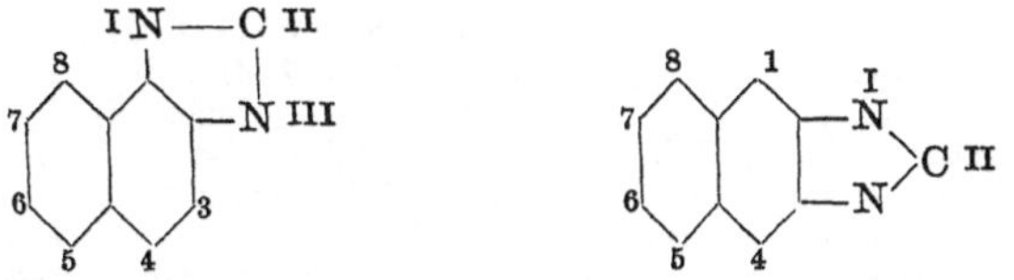

II $C_6H_4 \cdot NH_2$—5 $SO_3H(OH)$—7 SO_3H 2977
II $CH_3(C_6H_5)(C_6H_4 \cdot NO_2)(C_6H_4 \cdot COOH)$—5 OH—7 SO_3H 2978
II $CH_3(C_6H_4 \cdot SO_3H)$—5 $OH(SO_3H)$—7 SO_3H 2979
II $C_6H_4 \cdot NH_2$—3 OH—6 SO_3H 2979, 2981
II $C_6H_4 \cdot NO_2(C_6H_4 \cdot SO_3H)$—5 $(SO_3H)OH$—7 SO_3H 2979, 2981
II $C_6H_4 \cdot SO_3H$—3 NH_2—4 N(R)—5 OH—7 SO_3H 2981
II $C_6H_4 \cdot NH_2$—5 (8) OH—8 (4) SO_3H—SO_3H 2981, 2982
II C_6H_5—III $CH_2 \cdot C_6H_5$—5 OH—7 SO_3H 2983

2977 **DRP. 167 139**
E. P. 11 759/05
F. P. 361 543

Ber. 38, 366

Phenylnaphthimidazolsulfosäuren

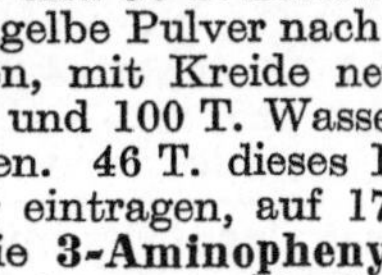

$= C_{17}H_{13}N_3O_6S_2 = 387.$

34 T. saures Na-Salz der 1, 2-Naphthylendiamin-5, 7-disulfosäure (Reduktion des Azofarbstoffes aus Diazoverbindung und Naphthylaminsulfosäuren, bei denen die Azogruppe in o-Stellung zur Aminogruppe treten kann), in Wasser lösen, ansäuern, bei 60° eine Lösung von 15,1 T. m-Nitrobenzaldehyd und 36 T. Bisulfitlauge (33%) in 200 T. Wasser zugeben, das ausgeschiedene sandige, graugelbe Pulver nach einigen Stunden filtrieren, das erhaltene Imidazol in Wasser suspendieren, mit Kreide neutralisieren, in ein kochendes Gemenge von 50 T. Eisen, 5 T. Salzsäure und 100 T. Wasser eintragen, sodaalkalisch filtrieren und das Filtrat zur Trockne dampfen. 46 T. dieses Produktes in 130° heißes Gemenge von 70 T. Ätzkali und 20 T. Wasser eintragen, auf 170° erhitzen, nach 1 St. auf Eis gießen, mit Salzsäure ansäuern und die **3-Aminophenyl-5-oxy-1, 2-naphthimidazol-7-sulfosäure** filtrieren, waschen und trocknen. — Ähnlich reagieren andere o-Naphthylendiaminsulfosäuren und andere Aldehyde. Man erhält so wie oben, jedoch mit 15 T. p-Nitrobenzaldehyd die isomere Verbindung **4-Aminophenyl-5-oxy-1, 2-naphthimidazol-7-sulfosäure**; aus 32 T. 2, 3-Naphthylendiamin-5, 7-disulfosäure [2690] und 15 T. m-Nitrobenzaldehyd: **3-Aminophenyl-5-oxy-2, 3-naphthimidazol-7-sulfosäure** usw.

2978 **DRP. 172 319**
A. P. 792 600
E. P. 1675/05
F. P. 353 273

5, 8 T. salzsaures Salz der 1, 2-Diamino-5-oxynaphthalin-7-sulfosäure (reduktive Spaltung des Azofarbstoffes p-Nitrodiazobenzolchlorid + 2, 5, 7-Aminonaphtholsulfosäure mit Zinnchlorür und Salzsäure) in 200 T. Wasser + 2 T. Soda neutral lösen, langsam bei Zimmertemperatur 2,5 T. Essigsäureanhydrid und jeweilig Soda zugeben, um neutrale Reaktion zu erhalten, rühren bis eine Probe mit Nitrit und Salzsäure keine Färbung mehr zeigt, deutlich mineralsauer stellen, einige Zeit kochen, und die abgeschiedene **II-Methyl-**

1, 2-naphthimidazol-5-oxy-7-sulfosäure filtrieren. — Mit Benzoylchlorid erhält man ebenso **II-Phenyl-1, 2-naphthimidazol-5-oxy-7-sulfosäure,** mit m-Nitrobenzoylchlorid: **II-m-Nitrophenyl-1, 2-naphthimidazol-5-oxy-7-sulfosäure,** die wie [2985] reduziert die Aminoverbindung gibt. — 4,2 T. der 1, 2-Diamino-5-oxynaphthalin-7-sulfosäure mit 4 T. Acetat in 500 T. Wasser bei 30° unter Sodazusatz bis zur Neutralität gelöst, geben mit 2,5 T. gepulvertem Phthalsäureanhydrid wie oben 2—3 St. gerührt und aufgearbeitet (1/2 St. kochen, Säure filtrieren, in Soda lösen) **II-Carboxyphenyl-1, 2-naphthimidazol-5-oxy-7-sulfosäure,** die aus der Sodalösung ausgesalzen wird.

2979 **DRP. 181 178**

Naphthimidazol-(Triazin-)Derivate

(I): $N{=}C{\cdot}CH_3$, —NH; S, S

(II): N——$N{\cdot}C_6H_4{\cdot}NO_2$, —N—$CH{\cdot}C_6H_5$; S, S

(III): N——$N{\cdot}C_6H_4{\cdot}NO_2$, —N—$CH{\cdot}C_6H_4{\cdot}SO_3H$; S, S

(IV): HN—$C{\cdot}C_6H_4{\cdot}SO_3H$, —N; S, S(OH)

34 T. 1, 2-Diaminonaphthalin-5, 7-disulfosäure mit 11 T. Benzaldehyd einige Stunden erhitzen, kalt die **Phenyl-1, 2-naphthimidazol-5, 7-disulfosäure** filtrieren, evtl. umlösen. Auch erhaltbar in einer Operation aus dem Azofarbstoff [14 T. p-Nitranilin diazotieren (50 T. Salzsäure (12°), 7 T. Nitrit) mit 35 T. 2-naphthylamin-5, 7-disulfosaurem Natrium kuppeln], rote Lösung erwärmen und 11 T. Benzaldehyd zu geben. Beim Kochen geht die dunkelviolette Benzylidenaminoazoverbindung in das farblose Triazin über. Evtl. kalt die **4-Nitro-N-phenyl-1, 2-naphthodihydro-α-triazin-5, 7-disulfosäure** (II) aussalzen und aus Wasser umkrystallisieren. — Gelbliche Krystalle. — Mit 300 T. Eisen, 30 T. Salzsäure (12°) und 500 T. Wasser reduzieren (zugleich wird p-Phenylendiamin abgespalten); aus dem vom Eisen befreiten Filtrat krystallisiert das Mono-Na-Salz der oben direkt erhaltenen Sulfosäure aus. 1 T. der Imidoazolsulfosäure mit 6 T. Kalilauge (50%) 6 St. auf 160°—180° erhitzt gibt **II-Phenyl-5-oxy-1, 2-naphthimidazol-7-sulfosäure.** Mit Acetaldehyd (4,4 T. rein auf 13,8 T. p-Nitranilin) erhält man **II-Methyl-5-oxy-1, 2-naphthimidazol-7-sulfosäure** (I), die in Alkali mit blauer Fluorescenz löslich, in Wasser unlöslich ist. — Ebenso gewinnt man mit Benzaldehyd-3-sulfosäure und der sauren Farbstofflösung aus 14 T. diazotiertem p-Nitroanilin nach dem Verkochen zu Triazin und Aussalzen die **3-Sulfo-C-phenyl-4-nitro-N-phenyl-1, 2-naphthodihydro-α-triazin-5, 7-disulfosäure** (III) als rötlichgelbes Na-Salz. Mit Eisenchlorür reduziert entsteht die **II-Sulfophenyl-1, 2-naphthimidazol-5, 7-disulfosäure** (IV), die man aus saurer Lösung aussalzen kann. Mit der vierfachen Menge Ätzkali 1 St. bei 175° verschmolzen resultiert die **II-Sulfophenyl-5-oxy-1, 2-naphthimidazol-7-sulfosäure.** — Ebenso wurden die betreffenden Verbindungen mit p-Oxybenzaldehyd und 6-Oxy-3-methyl-1-benzaldehyd hergestellt. — Ferner erhält man **m-Aminophenyl-1, 2-naphthimidazol-3-oxy-6-sulfosäure** nach

2980 **DRP. 233 939**

F. P. 371 899

N=C—C_6H_4—NH_2, —NH; S, OH

durch Kondensieren von 1, 2-Diamino-3-naphthol-6-sulfosäure (erhalten durch Reduktion des sauer gebildeten Azofarbstoffes aus 2, 3-Aminonaphthol-6-sulfosäure) mit Aminobenzaldehydbisulfit. Gut krystallisierendes, schwerlösliches Na-Salz.

2981 **DRP. 193 350**

F. P. 361 863

Ber. 29, 1500

Phenylnaphthylimidazol-Aminooxyderivate

S; —N, —NH $\rangle C{\cdot}C_6H_4{\cdot}NO_2(NH_2)$; OH

oder z. B.

N=C—C_6H_4—SO_3H, —NH; SO_3H, NH_2, OH, $N(R)_2$ $= C_{17}H_{13}N_3O_4S = 355.$

In 25,4 T. 1, 2-Diamino-5-naphthol-7-sulfosäure, mit wenig Wasser angerührt, bei 50° eine Lösung von 15,1 T. m-Nitrobenzaldehyd in 30 T. Sprit einfließen lassen, den gelblichen, voluminösen Niederschlag der Benzylidenverbindung mit 20 T. Salzsäure (12°) unter Rückfluß kochen und kalt die **m-Nitrophenyl-5-oxy-naphthimidazol-7-sulfosäure** filtrieren. 39 T. hiervon in 500 T. heißem Wasser und 6 T. Soda lösen, bei 90° mit 75 T. Eisen und 30 T. Essigsäure (30%) reduzieren, sodaalkalisch filtrieren und im Filtrat mit Salzsäure das Aminoindazolderivat fällen. Grauer, in Alkalien leicht löslicher Körper. Man kann auch ohne Isolierung der Diaminonaphtholsulfosäure die Reduktionslösung z. B. des Azofarbstoffes

NH_2 ; SO_3H ; $N=N—C_6H_4·SO_3H$; OH

verwenden, den man aus 23,9 T. 1, 8-Aminonaphthol-4-sulfosäure und der Diazoverbindung aus 23 T. krystallisiertem sulfanilsaurem Natrium, 45 T. Salzsäure (12°) und 6,9 T. Nitrit in schwach saurer Lösung erhält. Reduziert wird er z. B. mit 45 T. Zinnchlorür und 50 T. Salzsäure (12°) bei 50°. — Ebenso wie **3-Aminophenyl-8-oxy-4-sulfo-1, 2-naphthimidazol** erhält man **4-Aminophenyl-8-oxy-3, 6-disulfo-1, 2-naphthimidazol** und **3-Amino-4-dimethylamino-6-sulfophenyl-5-oxy-7-sulfo-1, 2-naphthimidazol** aus 1,8-Aminonaphthol-3, 6-disulfosäure bzw. 1, 2-Diamino-5-naphthol-7-sulfosäure u. a. — **3-Aminophenyl-5-oxy-1, 2-naphthimidazoldisulfosäure** erhält man nach

2982 **DRP. 186 883** E. P. 24 598/06 F. P. 381 373

1 T. 3-Aminophenyl-5-oxy-1, 2-naphthimidazol-7-sulfosäure (nach [2981] erhaltbar aus der Benzylidenverbindung aus m-Nitrobenzaldehyd und einem von der 2-Amino-5-naphthol-7-sulfosäure abgeleiteten o-Aminoazofarbstoff) mit 4 T. Oleum (25%) im Wasserbade sulfieren, bis eine alkalische Probe mit Tetrazodiphenyl einen löslichen Farbstoff gibt. In Eiswasser gießen, die Disulfosäure filtrieren. In Mineralsäuren unlöslich. Gelbes, schwerlösliches Kupfersalz.

2983 **DRP. 172 981** F. P. 361 393 — Ber. 29, 1502

5-Oxynaphthobenzaldehydin- und 5-Oxynaphthodiaminobenzaldehydin-7-sulfosäure

SO_3H ; N ; $C·C_6H_5$; N ; $CH_2·C_6H_5$; OH $= C_{24}H_{18}N_2O_4S = 430.$

25,4 T. 1, 2-Diamino-5-naphthol-7-sulfosäure mit 21,2 T. Benzaldehyd (2 Mol.) kochen und die abgeschiedene **5-Oxynaphthobenzaldehydin-7-sulfosäure** kalt filtrieren. — Direkt rein, gelbes Pulver. Mit 24,2 T. m-Amino-(Nitro-)benzaldehyd resultiert **5-Oxynaphthodiaminobenzaldehydin-7-sulfosäure** (bzw. das Reduktionsprodukt der Nitroverbindung), die eine gelbe, n Sodalösung rote Tetrazoverbindung liefert. Nach

2984 **Zus. DRP. 175 023** A. P. 807 117

wie oben mit zwei verschiedenen aromatischen Substituenten im Fünfring. — 12,1 T. m-Aminobenzaldehyd mit der berechneten Menge Bisulfit in Lösung bringen, 25,4 T. 1, 2-Diamino-5-naphthol-7-sulfosäure zugeben, 1 St. sieden, ansäuern, wenn Schwefeldioxyd verschwunden ist, den Niederschlag filtrieren. Dieses Monobenzylidenzwischenprodukt in Soda lösen, eine Lösung von 10,6 T. Benzaldehyd in Bisulfitlauge hinzufügen, 1 St. kochen, ansäuern und die gebildete **II-Aminophenyl-ν-phenyl-naphthol-imidazolsulfosäure** filtrieren. Amorph, sauer und basisch, leicht diazotierbar. — Indophenole aus heterocyclischen 1, 8-Naphthylendiaminoderivaten und p-Aminophenol und seinen Derivaten sind in A. P. 1 209 580 beschrieben.

---

7. Naphthoxazole (N—C—O).

I N—C II ; O III

II CH_3—5 OH—7 SO_3H 2985
II $C_6H_4·NO_2(NH_2)$—5 OH—7 SO_3H . . . 2985

2985 **DRP. 165 102** E. P. 1675/05 F. P. 353 273

Naphthoxazoloxysulfosäuren

$N{=}C·CH_3$; SO_3H ; O ; OH $= C_{12}H_9NO_5S = 279.$

1-Amino-2, 5-dioxynaphthalin-7-sulfosäure (farbloses, in alkalischer Lösung violett werdendes Pulver aus der durch Behandlung von 2, 5-Dioxynaphthalin-7-sulfosäure mit

Nitrit in essigsaurer Lösung darstellbaren Nitrosoverbindung durch Reduktion mit Zinkstaub erhalten) mit der doppelten Menge Essigsäureanhydrid mehrere Stunden unter Rückfluß kochen, Essigsäureanhydrid abdestillieren, Rückstand in Soda lösen, mit Salzsäure **II-Methyl-1, 2-naphthoxazol-5-oxy-7-sulfosäure** fällen. — Mit 30 T. fein pulverisiertem m-Nitrobenzoylchlorid und Soda entsteht bei 40°—50° aus 40 T. derselben Aminodioxynaphthalinsulfosäure in 800 T. Wasser neutral bis schwach sauer gelöst und gerührt, bis eine sodaalkalisch gestellte Probe sich an der Luft nicht mehr violett färbt, nach dem Aufkochen ansäuern, weiterkochen, die **II-Nitrophenyl-1, 2-naphthoxazol-5-oxy-7-sulfosäure,** die man nach dem Erkalten filtriert. Diese Nitrosäure, kochend, während 3 St. reduziert (mit 100 T. Eisen, 500 T. Wasser, 3 T. Schwefelsäure), wobei die Brühe stets sauer bleiben muß, gibt durch Aussalzen des sodaalkalischen Eisenfiltrates **II-Aminophenyl-1, 2-naphthoxazol-5-oxy-7-sulfosäure** als Na-Salz.

8. Naphthothiazol (N—C—S).

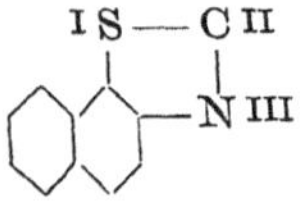

II C_6H_5 2986
II $C_6H_5(C_6H_4 \cdot NO_2)$—5 (8) OH—6 (7) SO_3H . . 2987—2989

2986 **DRP. 55 878**

Benzenyl-2-aminothionaphtol

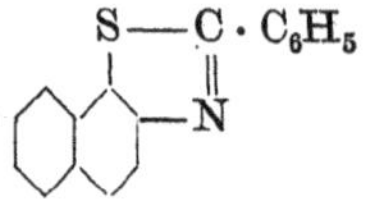

$= C_{17}H_{11}NS = 261.$

Wie [2217] aus Benzyl-2-naphthylamin. Reinigung: Schmelze in Benzol lösen, mit Petroläther versetzen, bis die Krystallisation beginnt. Aus Sprit umkrystallisieren, Sch.-P. 107°—108°. Gibt bei gewöhnlicher Temperatur nitriert **Mononitrobenzyl-2-amino-thionaphthol,** Sch.-P. 202°—203°.

2987 **DRP. 165 126**
A. P. 795 869
F. P. 353 928
DRP. 135 335

Naphthothiazosulfosäuren

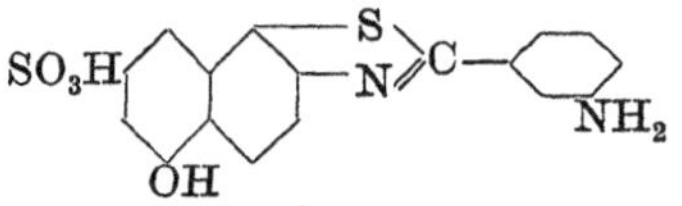

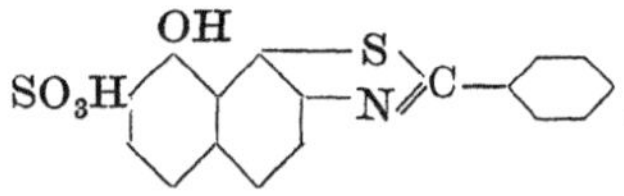

$= C_{17}H_{12}N_2O_4S_2 = 272.$

Ohne Farbstoffcharakter entsprechend dem Benzenyl-o-aminothiophenol [2217]. — Z. B.: 22,5 T. 2, 6-Naphthylaminsulfosäure in 200 T. Wasser mit Soda neutralisieren, 15,1 T. m-Nitrobenzaldehyd zugeben, die Lösung der Benzylidenverbindung mit einer konz. Lösung von 30 T. Schwefel in 75 T. Schwefelnatrium 24 St. unter Rückfluß kochen, vom Schwefel filtrieren, das Filtrat ansäuern und die gelben Nadeln der **Aminophenyl-1, 2-thiazolnaphthalin-6-sulfosäure** filtrieren. Zur Reinigung in Wasser + Acetat lösen, vom Schwefel filtrieren und das Filtrat aussalzen. — Ebenso mit 26,8 T. 2, 5- oder 2, 8-aminonaphthol-7- bzw. -6-sulfosaurem Natrium und Benz- oder m-Nitrobenzaldehyd. Nach

2988 **Zus. DRP. 165 127**
F. P. 353 928 und Zus.

verwendet man statt der Benzyliden- die Benzylverbindungen. Z. B.: 29,5 T. p-nitrobenzyl-2, 5-aminonaphthol-7-sulfosaures Natrium in 200 T. Wasser gelöst mit 75 T. Schwefelnatrium + 30 T. Schwefel wie [2987] 24 St. kochen und aufarbeiten. Identisch mit der Thiazolsulfosäure.

Nach

2989 **Zus. DRP. 235 051**

arbeitet man wie oben mit Thiosulfat statt mit Polysulfiden. — Die Benzylidenverbindung aus 22,5 T. 2-Amino-5-oxynaphthalin-7-sulfosäure und 10,6 T. Benzaldehyd mit 100 T. Natriumthiosulfat in 80 T. Wasser 10—20 St. kochen, das Thiazol-Na-Salz aussalzen und mit Salzsäure zur freien Säure umsetzen. — Ebenso verarbeitet man die Benzylidenverbindung aus 26 T. 2-Amino-8-oxynaphthalin-6-sulfosäure und 15,1 T. m-Nitrobenzaldehyd und die aus 26 T. Na-Salz der 2-Amino-5-oxynaphthalin-7-sulfosäure und 12,6 T. Benzylchlorid bei Gegenwart von Acetat erhaltene Benzylaminonaphthol-7-sulfosäure.

9. Naphthotriazin (N—N—C—N).

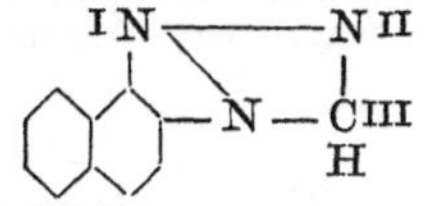

I N — N II, N — C III, H

2990 **DRP. 180 031** — Ber. 30, 2595

5-Oxy-1, 2-naphthotriazin-7-sulfosäure-Aminoarylderivate

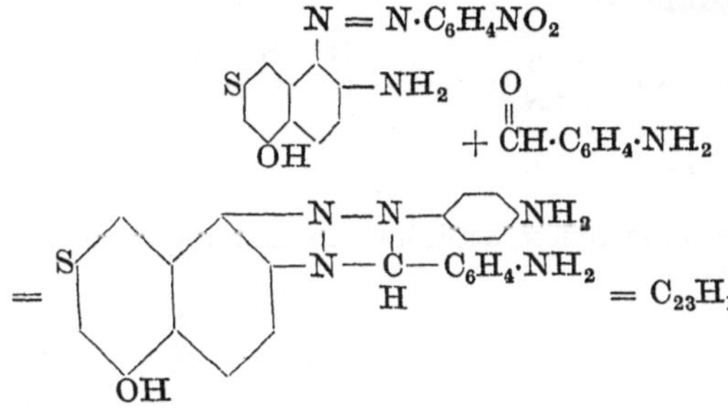

N = $N \cdot C_6H_4NO_2$; S, NH_2, OH + $\overset{O}{\overset{\|}{C}}H \cdot C_6H_4 \cdot NH_2$

= S, OH, N — N — ⟨⟩ NH_2, N — C — $C_6H_4 \cdot NH_2$, H = $C_{23}H_{19}N_5O_4S$ = **461.**

Den Farbstoff aus 9,3 T. diazotiertem Anilin und 23,9 T. 2, 5, 7-Aminonaphtholsulfosäure mit 12 T. m-Aminobenzaldehyd und 2000 T. Salzsäure (10—12%) kochen bis entfärbt und kalt die Aminodiphenyloxynaphthotriazinsulfosäure filtrieren. — Ebenso die analogen Körper mit m- und o-Nitrobenzaldehyd.

2991 **DRP. 248 383**

Naphtho-Bis-Imidazole, -Triazole, -Imidazoltriazole, -Thiazole, -Triazine

Bistriazole bzw. ihre Harnstoffabkömmlinge (I)

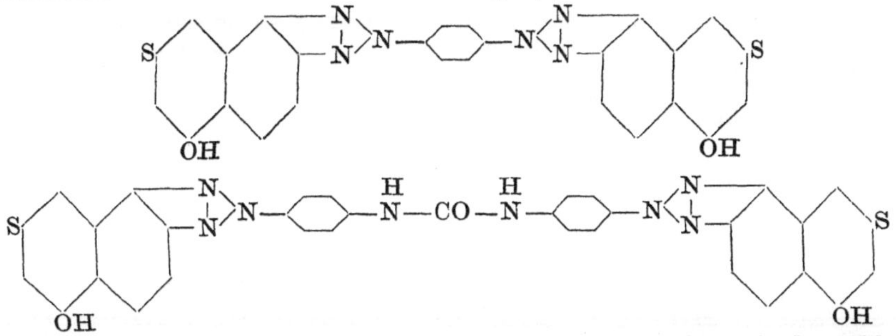

S, OH, N, N, N — ⟨⟩ — N, N, N, S, OH

S, OH, N, N, N — ⟨⟩ — $\overset{H}{N}$ — CO — $\overset{H}{N}$ — ⟨⟩ — N, N, N, S, OH

gewinnt man durch Verschmelzen der Bistriazoltetrasulfosäure (ihrerseits herstellbar durch Oxydation von Phenylendiamindisazo-2-naphthylamindisulfosäure oder Aminophenyl-1, 2-naphthotriazoldisulfosäure-azo-2-naphthylamin-5, 7-disulfosäure) mit Ätzalkali oder sie entstehen auch als Einwirkungsprodukt von Phosgen auf Aminophenyloxynaphthotriazolsulfosäure (II).

Die **Bisimidazole** sind erhaltbar durch Kondensation von 1 Mol. m-Azoxybenzaldehyd [1787]

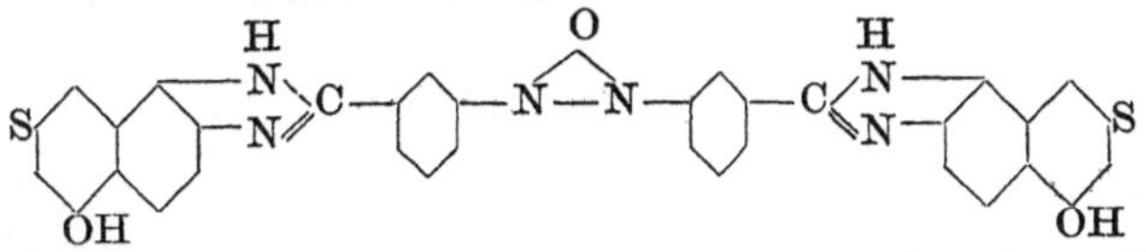

S, OH, $\overset{H}{N}$, N, C — ⟨⟩ — N — N (O) — ⟨⟩ — C, $\overset{H}{N}$, N, S, OH

mit 2 Mol. 1, 2-Diaminonaphtholdisulfosäure oder durch Behandlung der Aminophenyloxynaphthimidazolsulfosäure mit Phosgen.

Die **Imidazolthioazole**

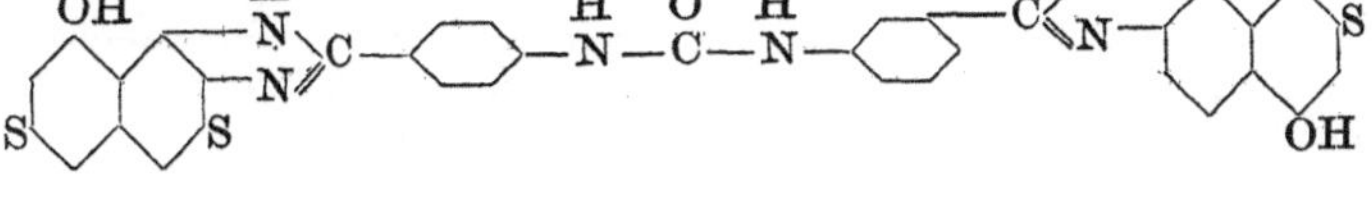

OH, S, S, $\overset{H}{N}$, N, C — ⟨⟩ — $\overset{H}{N}$ — $\overset{O}{C}$ — $\overset{H}{N}$ — ⟨⟩ — C, S, N, S, OH

und die **Imidazoltriazole** erhält man durch Verschmelzen der durch Oxydation kombinierten Diazoaminophenyl-1, 2-naphthimidazoldisulfosäure + 2-Naphthylamindisulfosäure erhaltenen Imidazoltriazoltetrasulfosäure mit Ätzalkali

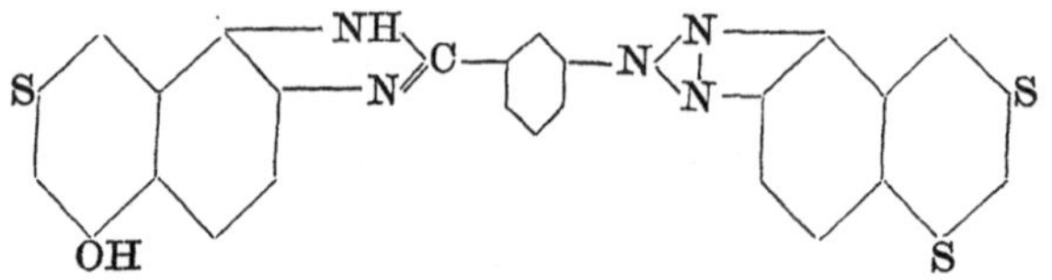

Naphthobisthiazol

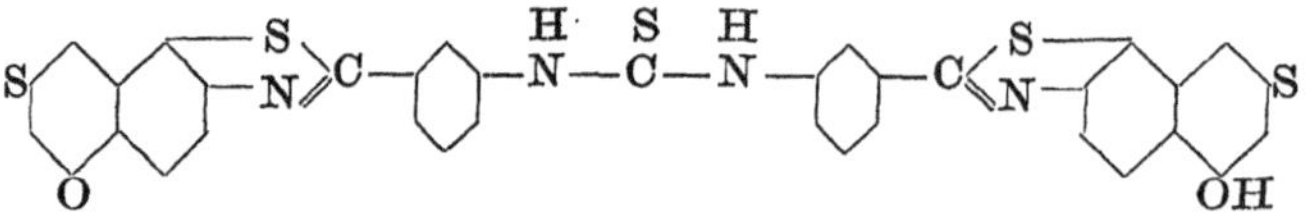

entsteht aus Aminophenyloxynaphthothiazolsulfosäure und Thiophosgen.

Naphthobistriazin

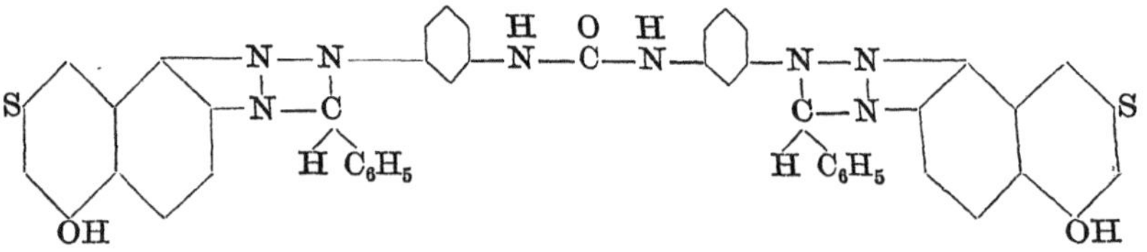

entsteht durch Kondensation von 3, 3-Diaminodiphenylcarbamiddisazo-2-amino-5-naphthol-7-sulfosäure mit Benzaldehyd oder durch Einwirkung von Phosgen auf Aminodiphenyloxynaphthotriazinsulfosäure. Die Harnstoffe können z. B. nach

2992 **DRP. 266 356** erhalten werden aus 130 T. 2, 5-Aminonaphthol-7-sulfosäure als Na-Salz, 150 T. des Na-Salzes der Aminobenzolsulfosäure und 80 T. Acetat in 3000—3500 T. Wasser durch Einleiten von Phosgen bei 40°—50°. Gegen Schluß fügt man noch 210 T. Soda hinzu, kocht die alkalische Flüssigkeit auf und salzt das gemischte Harnstoffprodukt als Na-Salz aus.

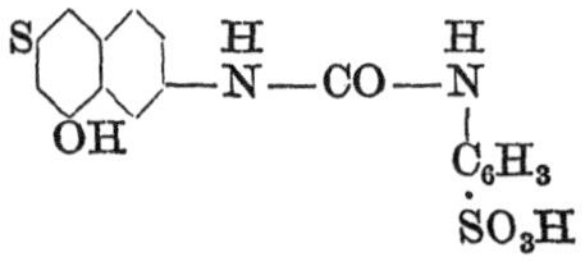

VI. Naphthalin und Sechsringe.

Andere Ringsysteme.

1. Pyrenketon.

2993 **DRP. 283 066**

Ann. 240, 159

Ketonartiges Kondensationsprodukt 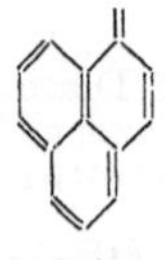 $= C_{13}H_8O = 180$.

1 T. 1- oder 2-Naphthol, 1 T. Glycerin und 15 T. Schwefelsäure (82%) ½ St. auf 150° erhitzen, Schmelze in Wasser eintragen, das neue Produkt $C_{13}H_8O$ **(Pyrenketon)** als gelbes Pulver vom Sch.-P. 152° mit Äther extrahieren.

2. Perimidin.

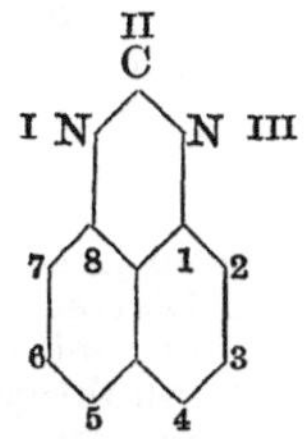

II H—III H—4 SO_3H 2994	I H—III H—II S 2999
II C_6H_4·COOH—I H 2995	I H—III H—4 N : $C_6H_2(Cl)_2$: O—II subst. 3000
I, II CO·C_6H_4 2995	II CH_3—I H—4 N : $C_6H_2(Cl)_2$: O
I, II CO·C_6H_4—3 SO_3H—6 SO_3H 2996, 2997	u. a. Indophenole 3000
I H—III H—II O 2999	

2994 **DRP. 264 292**

Ann. 365, 83

Perimidinmonosulfosäure 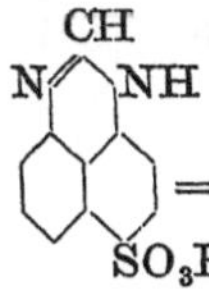 $= C_{11}H_8N_2O_3S = 248.$

1, 8-Naphthylendiamin-4-sulfosäure mehrere Stunden mit Ameisensäure kochen. Hellgelbes, in Sprit unlösliches, alkalilösliches krystallinisches Pulver.

2995 **DRP. 202 354**
E. P. 7575/08
F. P. 388 955

Ber. 30, 775

Phthaloperinon(-disulfosäuren)

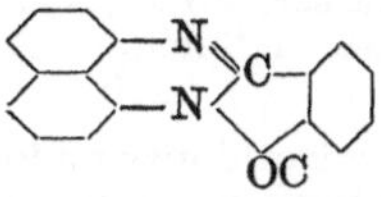 $= C_{18}H_{10}N_2O = 207.$

15,8 T. 1, 8-Naphthylendiamin und 14,8 T. Phthalsäureanhydrid in Sprit- oder Benzollösung kurze Zeit kochen, kalt das intensiv gelbe Zwischenprodukt **Perimidyl-o-benzoesäure**

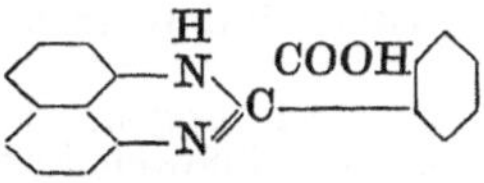

filtrieren. — Beim Erhitzen auf 185° oder aus den Komponenten ohne Lösungsmittel bei 160°—200° entsteht das chromophore Hauptprodukt **Phthaloperinon**

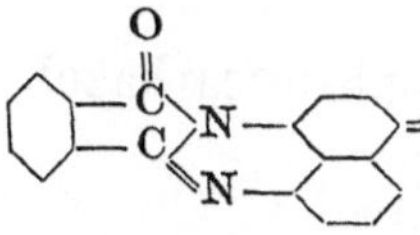 $= C_{18}H_{10}N_2O.$

Ähnliche Körper erhält man aus Citronen-, Malein-, Bernsteinsäure oder Saccharin mit 1, 8-Naphthylendiamin. — Man kann auch nach

2996 **DRP. 263 903**

Ann. 365, 77 f.

1, 8-Naphthylendiamin-3, 6-disulfosäure und Phthalsäureanhydrid in wässeriger Lösung kochen. Die kalt abgeschiedene **Permidyl-o-benzoesäure-5, 8-disulfosäure** (in Schwefelsäure orangerot löslich) gibt auf 180°—200° erhitzt unter Wasserabspaltung die **Phthaloperinon-5, 8-disulfosäure.** Oder

2997 **DRP. 122 854**

31,8 T. 1, 8-Diaminonaphthalin-3, 6-disulfosäure + 16,6 T. Phthalsäureanhydrid + 100 T. Schwefelsäure (66°) auf 140°—180° erhitzen, in Kochsalzlösung gießen, filtrieren, waschen, trocknen. (Farbstoffe.)

2998 Anm. F. 35 427
Kl. 12 p
1. 11. 12
Höchst

Mononitrophthaloperinon.

Aus Phthaloperion und Salpetersäure in indifferenten Lösungsmitteln.

2999 **DRP. 264 293** — Ann. **365**, 77, 141

Perinaphthylenharn-(thioharn-)stoff(-sulfosäuren)

CS(O)
NH NH

$= C_{11}H_8N_2S = 200.$

1, 8-Naphthylendiamin-3, 6-disulfosäure in wässeriger Spritlösung mit Schwefelkohlenstoff behandeln und die gelblichweißen Blätter filtrieren. Die 4-Monosulfosäure erhält man aus 1, 8-Naphthylendiamin-4-sulfosäure mit Schwefelkohlenstoff. Aus Wasser grauweiße Blätter. — **Mono-** und **Dinitrooperinaphthylendiaminthioharnstoffe** gewinnt man durch Erwärmen (gelinde) einer Suspension von Naphthylenthioharnstoff in Eisessig mit 1 bzw. 2 Mol. Salpetersäure. Braune, in Schwefelsäure bräunlich, in verdünnter Natronlauge orangerot lösliche Pulver. — Das schwefelfreie Ketoanalogon Dihydroperimidon (II) erhält man nach Ann. **365**, 135 aus benzolischer Naphthylendiaminlösung mit Phosgen.

3000 **DRP. 243 545** — Ann. **365**, 83

Perimidinindophenole

(I) C·CH_3, N NH, N = Cl, Cl = O

(II) CS, NH NH, N = = O

(III) N, HN N, N = = O

18,2 T. 2-Methylperimidin in 500 T. Wasser und 100 T. Essigsäure (25%) lösen, eine wässerige Lösung von 21,5 T. 2, 6-Dichlor-p-aminophenol zugeben, bei 40° 30,5 T. Natriumbichromatlösung (44% CrO_3) einfließen lassen, Indophenol filtrieren (I). Feine, bronzeglänzende Krystalle, die in Natronlauge blau löslich sind. — Ebenso reagieren 20,5 T. salzsaures Perimidin, 500 T. Wasser, 40 T. Natronlauge (40°) und 14,2 T. Chinonchlorimid (Eis). Indophenol mit Salzsäure fällen. — Ähnliche Produkte gibt 2-Phenylpyrimidin [Ann. **365**, 94]. — Ebenso erhält man nach

3001 **Zus. DRP. 247 592**

aus 20 T. Dihydrothioperimidon-2 (Ann. **365**, 141) (II) in 500 T. Wasser und 15 T. Natronlauge (40°) mit 14,2 T. Chinonchlorimid eine tiefblaue Lösung, aus der das Indophenol mit Säure ausgefällt wird. — Analog reagieren auch 17 T. der aus 1, 8-Diaminonaphthalin erhältlichen Aziminoverbindung (III) (Ber. **7**, 315; Ann. **247**, 365) mit 21,1 T. Dichlorchinonchlorimid und das mit Dihydroperimidon [Ann. **365**, 135] erhaltene Indophenol.

3002 Anm. F. 33 183, Kl. 12 p, 12. 10. 11, Elberfeld

Man kann auch umgekehrt die Indophenole oder Leukoindophenole mit Phosgen bzw. Schwefelkohlenstoff behandeln, um die Perimidin- bzw. Thioperimidinindophenole zu erhalten.

3. Naphthocarbazol.

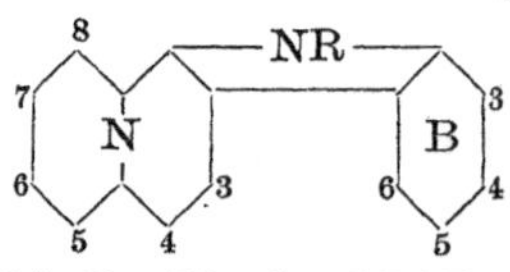

NR

3003 **DRP. 208 960** — J. pr. **77**, 403

Pheno-α-naphthocarbazol-N-sulfosäure

SO_3H
N

$= C_{16}H_{11}NO_3S = 297.$

1 T. 1- bzw. 2-Naphthol, 1 T. Phenylhydrazin, 5 T. Bisulfitlösung (40°) und 1½ T. Wasser unter Rückfluß kochen, bis das Naphthol verschwunden ist. Als Hauptprodukt

sind neben anderen vorhanden pheno-1- bzw. -2-naphthocarbazol-N-sulfosaures Natrium; die Nebenprodukte und Naphthol mit Äther entfernen, die sirupöse Sulfosäure als Na-Salz auf Grund ihrer spezifischen Schwere von der bisulfit-hydrazinhaltigen Mutterlauge trennen, mit überschüssiger Salzsäure im Wasserbade erwärmen und das abgeschiedene **Pheno-α-naphthocarbazol** filtrieren. — Ebenso **Tolunaphthocarbazole** mit p-Tolylhydrazin.

3004 **DRP. 269 123**

Vgl. Ber. 38, 136
2, 2-Dinaphto-1, 1-imin

2, 1-Pheno-5-oxynaphthocarbazol

$= C_{16}H_{11}NO = 233.$

Carbazol aus 2-Aminonaphthalin-5-sulfosäure und Phenylhydrazin mit Alkalien verschmelzen.

3005 **DRP. 228 959**
E. P. 8127/10
F. P. 414 523

DRP. 208 960
J. pr. 77, 403; 79, 369

Phenonaphthocarbazolderivate

$= C_{16}H_{11}NO_4S = 313.$

239 T. 2-Amino-5-naphthol-7-sulfosäure mit 1500 T. Bisulfitlösung (38°), 120 T. Natronlauge (40°) und 150 T. Phenylhydrazin 5—10 St. im Wasserbade erhitzen, stark alkalisch stellen, Dampf einleiten, den Rückstand ansäuern, Schwefeldioxyd wegkochen und die saure Lösung eindampfen, wobei sich das Carbazol als wasserlösliches Öl abscheidet. Bildet mit Anilin usw. schwerlösliche Salze und kann so isoliert werden. — Ebenso das Carbazolderivat mit p-Aminophenylhydrazin, das man in acetylierter Form verwendet; beim Dampfeinleiten in die alkalische Flüssigkeit wird dann zugleich verseift. Die mikrokrystallinische Masse ist in kaltem Wasser schwer, in Soda leicht löslich. — Ebenso nach

3006 **DRP. 234 338**
E. P. 1235/11

das Produkt aus 2, 8, 6-Aminonaphtholsulfosäure von ähnlichen Eigenschaften. — Die **Naphthocarbazol-8-sulfosäure** erhält man nach J. pr. 81, 25.

4. Naphthochinolin.

Unsubstituiert	3007	N OH—OH	3010
N $SO_3H(OH)$	3008	N 5 OH—7 SO_3H	3011
N 4 $SO_3H(OH)$	3009		

3007 **DRP. 87 334**

Ber. 29, 703

2-Naphthochinolin $= C_{13}H_9N = 179.$

Wie [1995] mit 60 T. Glycerin + 60 T. konz. Schwefelsäure unter Kühlung + 30 T. 2-Naphthylamin + 30 T. Arsensäure. Nach der Reaktion 4—4 1/2 St. sieden (zuletzt gelinder), stark verdünnen, 12 St. stehenlassen, filtrieren, im Filtrat die Schwefelsäure mit Natronlauge abstumpfen, filtrieren, alkalisch stellen, den dicken Niederschlag in Spritlösung mit Tierkohle kochen, filtrieren, Filtrat mit Wasser fällen oder in Spritlösung Chlorwasserstoff einleiten und das salzsaure Salz fällen.

3008 **DRP. 26 430**

Ber. 17, 192

Oxynaphthochinolin $= C_{13}H_9NO = 195.$

100 T. 1-Naphthylaminsulfosäure + 200 T. Glycerin + 200 T. Schwefelsäure (66°) + 50 T. Nitrobenzol 4—6 St. im Ölbad auf 140°—160° erhitzen. Mit Wasser verdünnen,

1-Naphthochinolinsulfosäure abfiltrieren. Diese mit Kaliumbichromat in verdünnter Lösung kochen (Entfernung unveränderter 1-Naphthylaminsulfosäure) mehrere Male in Soda lösen, mit Salzsäure fällen. Aus Wasser farblose Nadeln der reinen **Oxynaphtochinolinsulfosäure.** Mit Ätznatron verschmolzen resultiert Oxynaphthochinolin. Sch.-P. 270°—274°.

3009 Anm. F. 29 410, Kl. 12 p, 19. 12. 10, Elberfeld

1-Naphthochinolin-4-sulfosäure mit Ätzalkalien erhitzt gibt **4-Oxy-1-naphthochinolin.**

3010 **DRP. 110 175**

Dioxynaphthochinolin erhält man ferner durch Verschmelzen von Naphthochinolindisulfosäure und Ätzalkali während 3—4 St. unter Druck bei 200°—220°. Aus wässerigem Alkohol Krystalle vom Sch.-P. 290°—295°.

3011 **DRP. 102 157**

Oxynaphthochinolinsulfosäure

SO_3H ... OH ... N $= C_{13}H_9NO_4 = 243.$

50 T. 1-Oxy-7-naphthylamin-3-sulfosäure mit 60 T. Glycerin, 12 T. Nitrobenzol und 50 T. Schwefelsäure nach Beendigung der bei 130° einsetzenden heftigen Reaktion 4 St. auf Temperatur halten, verdünnen, filtrieren, Rückstand in Natronlauge lösen, filtrieren, Filtrat mit Salzsäure fällen, zur Entfernung unveränderter G-Säure in salzsaurer Suspension mit Nitrit verkochen und die Oxynaphthochinolinsulfosäure weiter reinigen.

5. Naphthochinoxalin

1N, C2, C3, N4

1 H—2 H—3 OH 3012

3012 **DRP. 196 563**

14,4 T. 2-Naphthol in natronalkalischer Lösung mit der theoretischen Menge Nitrit versetzen, verdünnte Schwefelsäure eintropfen lassen, die eiskalte Suspension des Nitrosokörpers mit trockener Soda verrühren, Acetaldehyd und eine konz. Lösung von Salmiak zufließen lassen, etwas anwärmen und kalt die ausgeschiedenen Krystalle filtrieren. Zur Reinigung in verdünnter Natronlauge lösen, mit verdünnter Essigsäure fällen.

6. Naphthacridin

R, C, 8, 1, 1, 7, N, B, 2, 6, 3, 5, 4, N, 4

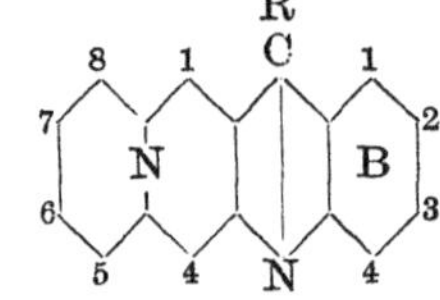

B 2 CH_3; R=H 3013, 3015	**B** OH 3016
B 2 CH_3—4 CH_3 3014	**B** 2 CH_3; R=C_6H_5 3017
B 2 NH_2(NH·$COCH_3$); R=H 3016	**B** 2 CH_3; R=C_6H_4·NO_2 3018

3013 **DRP. 117 472**

Ber. **33**, 905; **35**, 316; **37**, 2922

Methylnaphthacridin CH ... CH_3 ... N $= C_{18}H_{13}N = 243.$

1.: 16 T. 2-Naphthol + 11 T. p-Toluidin + 2 T. Trioxymethylen auf 150° erwärmen (Dampfentwicklung und Schäumen). Dünnflüssige Schmelze weiter auf 200°—250° erhitzen und das gelbrote Produkt fraktioniert destillieren. Den über 300° übergehenden Teil mit Natronlauge vom Naphthol befreien und den Rückstand aus Ligroin umkrystallisieren. Sch.-P. 158°. Gelbe, leichtlösliche Salze. Lösung in Schwefelsäure (66°) fluoresciert blaugrün. — Oder 2.: 10 T. Anhydroformaldehyd-p-toluidin + 10 T. 2-Naphthol wie oben verarbeiten. — Nach

3014 | **Zus. DRP. 123 260** | 10 T. 2-Naphthol + 8 T. Anilin + 1 T. Trioxymethylen, oder 6 T. Anhydroformaldehydanilin und 10 T. 150° heißes 2-Naphthol zuerst auf 160°, dann die gelbrote Masse stärker erhitzen und so Anilin und Naphthol entfernen. Bei 400° und mehr geht das Produkt über. Mit Natronlauge extrahieren und den Rückstand aus Benzol + Ligroin umkrystallisieren. Gelbliche Krystalle, Sch.-P. 130°. Auch aus 5 T. Methylendiphenyl-(xylyl-, tolyl-) diimid

$$(H_3C)(CH_3)C_6H_3-NH-CH_2-NH-C_6H_3(CH_3)(CH_3)$$

und 4 T. geschmolzenem 2-Naphthol erhaltbar. Das entstehende Hydroderivat wird z. T. schon während der Reaktion, vollständig erst nachträglich mit Luft, Salpetersäure usw. oxydiert. — **Dimethylnaphthacridin** gewinnt man wie folgt: 5 T. Xylidin-Formaldehydbase [90] mit 3,5 T. 2-Naphthol verschmelzen, auf 200° erhitzen, in verdünnte Natronlauge eintragen, mit Dampf das Xylidin abtreiben und den Rückstand waschen. Aus Sprit oder Benzol gelbliche Nadeln, Sch.-P. 152°.

3015 | **DRP. 119 573** — Ber. **33**, 907 | 30 T. Dioxydinaphthylmethan + 10 T. p-Toluidin + 10 T. salzsaures Toluidin auf 200° erhitzen, in die alkalische Schmelze Dampf einleiten, den Rückstand mit Salpetersäure in das Nitrat überführen, mit Alkali zersetzen und das **Tolunaphthacridin** aus Sprit umkrystallisieren. Sch.-P. 158°.

3016 | **DRP. 123 260** Zusatz zu DRP. 117 472 — Z. f. Farb.-Ind. **4**, 521 | **Aminonaphthacridin** $= C_{17}H_{12}N_2 = 244.$

5 T. Anhydroformaldehydacet-p-phenylendiamin (aus den berechneten Mengen der Komponenten in heißem Wasser erhaltbar; kalt weiße Krystalle, Sch.-P. 195°—200°) mit 12 T. 2-Naphthol bei 150°—180° verschmelzen, mit verdünnter Natronlauge behandeln und den Rückstand aus Sprit umkrystallisieren. Gelbe Nadeln des **Acetaminonaphthacridins.** Sch.-P. 255°. Verseift resultiert die Base. Aus Sprit gelbe Nadeln, Sch.-P. 238°: Über **Oxynaphthacridine** s. Ber. **38**, 3787.

3017 | **DRP. 117 472** — Ber. **33**, 905; **35**, 316 | **Phenylmethylnaphthacridin** $= C_{24}H_{17}N = 319.$

Öliges Kondensationsprodukt aus je 10 T. Benzaldehyd und p-Toluidin in 20 T. 180° heißes 2-Naphthol eintragen, auf 200° erhitzen, kalt mit Natronlauge alkalisch stellen, Dampf einleiten, Rückstand in verdünnter Salpetersäure lösen. Kalt krystallisiert das Nitrat der Base aus. Mit Wasser waschen, mit Alkali zersetzen und die freie Base aus Sprit umkrystallisieren. Sch.-P. 213° [3013, 3014].

3018 | **DRP. 117 472** — Ber. **33**, 905; **35**, 316 | **m-Nitrophenylmethylnaphthacridin**

$= C_{24}H_{16}N_2O_2 = 364.$

m-Nitrobenzyliden-p-toluidin (gelbe Nadeln aus 15 T. m-Nitrobenzaldehyd und 11 T. p-Toluidin) in 20 T. 180° heißes 2-Naphthol eintragen, auf 195°—200° erhitzen, Schmelze in Sprit lösen und das Produkt aus Benzol oder Eisessig umkrystallisieren. Schwachgelbe Krystalle vom Sch.-P. 275°. In Schwefelsäure (66°) gelbrot mit grüner Fluorescenz löslich, mit Wasser wird die Farbe gelbgrün [3013].

7. Dinaphthacridin

2 SO_3H—11 SO_3H—4 OH—9 OH; R=$C_6H_4 \cdot N(R)_2$ 3019

3019 **DRP. 272 612**

Aminooxynaphthalinsulfosäure-Acridinderivate

$N(CH_3)_2$ … HO_3S … SO_3H … OH … C … OH … N $= C_{29}H_{22}N_2O_8S_2 = 590.$

Einwirkung von tertiären Aminen und Formaldehyd in saurer warmer Lösung auf 1- oder 2-Aminooxynaphthalinsulfosäure mit freier 2- bzw. 1-Stelle. — Z. B.: 75 T. 2-Amino-5-oxynaphthalin-7-sulfosäure mit 40 T. Dimethylanilin, 40 T. konz. Salzsäure, 25 T. Formaldehyd (40%) und 2000 T. Wasser 2 St. auf 70°—100° erwärmen, den orangeroten Niederschlag kalt filtrieren, waschen, gelinde trocknen, in konz. Salzsäure lösen, filtrieren und mit viel Wasser fällen. In Alkali und in Salzsäure ist diese **p-Dimethylamino-ms-phenyl-4, 9-dioxy-α-naphthacridin-2, 11-disulfosäure** gelb, in Schwefelsäure und in Oleum ebenso mit grüngelber bzw. blauer Fluorescenz löslich.

8. Naphthophenazin

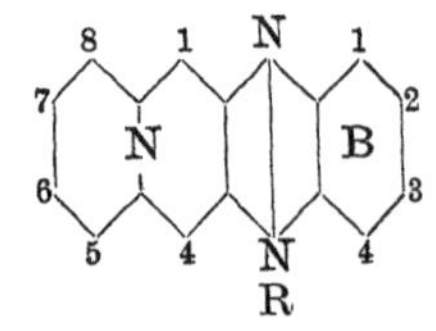

B 3 $NH_2(CH_3)$ 3020
Unsubstituiert; R=CH_3 und Cl 3021

3020 **DRP. 157 861**

Ber. 20, 578; 21, 1599; 27, 2777

Naphthazinderivate

N … N … NH_2 $= C_{16}H_{11}N_3 = 245.$

In 15 T. geschmolzenes 2-Naphthol 10 T. Chrysoidinbase (Diaminoazobenzol) eintragen, auf 210°—215° erhitzen, Anilin und Wasser abdestillieren, die kalte Schmelze mit Sprit extrahieren. Als Rückstand bleibt Aminonaphthazin. In konz. Schwefelsäure braunrot, in Eisessig rotviolett, in Äther gelb mit grüner Fluorescenz löslich. — Ebenso **Tolunaphthazin** aus o-Aminoazotoluol und 2-Naphthol. Über das Pikrat reinigen. Sch.-P. aus Benzol umkrystallisiert 169°. — Eine Bildungsweise der Azine aus 1-Nitroso-2-naphthol und o-Phenylendiamin ist in Ber. **42**, 4263 angegeben. — Über die Bildung der Naphthazine durch Luftoxydation der Komponenten (1, 3-Naphthylendiamin und Diamin) bei Gegenwart von Kupferoxydammoniak siehe **DRP. 206 646.**

3021 **DRP. 112 116**

Ber. 30, 2620

Naphthophenazoniumverbindungen

$N \cdot C_6H_4 \cdot SO_3H$ ‖ N … N … R; R = H, CH_3, C_2H_5 (I)

(II) N … (CH_3) … $CH_3 \cdot N \cdot Cl$ $= C_{17}H_{13}N_2Cl = 281.$

Spaltung von Azokörpern (I) in Sulfanilsäure und Base (II) mit verdünnten Säuren. II sind Wollfarbstoffe. — Eine Synthese des Naphthazins aus o-Aminoazokörpern ist in Ber. **38**, 1811 beschrieben. — **Naphthylphenylaminsulfid** (Thiophenyl-2-naphthylamin) und **Thio-p-tolyl-2-naphthylamin** siehe [**1979, 1980**].

9. Dinaphthazin

Unsubstituiert	3022	NO_2-NO_2	3024
$OH(NO_2)(NH_2)$	3023	NH_2-NH_2	3024

3022 **DRP. 78 748**

50 T. feingepulvertes 2-Naphthylamin mit Wasser als beweglichen Brei auf dem Wasserbade bei 40°—50° portionenweise (je 2—3 T.) mit 150 T. Chlorkalk (25%) versetzen, rühren (die orangegelbe Masse darf nicht braun werden und muß schaumig locker bleiben), nach 1/4 St. mit Wasser verdünnen, mit überschüssigem Ammoniak aufkochen, kalt ansäuern (Chlorgeruch darf nicht auftreten!), den grüngelben Niederschlag filtrieren, waschen, mit starker Salzsäure auskochen, Rückstand filtrieren, waschen, trocknen. Sch.-P. 260°—270°; in Schwefelsäure dunkelblau löslich, sublimiert unter teilweiser Verkohlung in Nadeln, Sch.-P. dann rein bei 276° [**1965, 1971**].

3023 **DRP. 165 226**

Ber. **34**, 2443; **33**, 2711
DRP. 78 748

500 T. geschmolzenes Ätzkali und 100 T. 2-Naphthylamin 1—2 St. auf 190°—200° erhitzen, die Schmelze mit Wasser auslaugen, den Rückstand mit Sprit, dann mit verdünnter Salzsäure auskochen. Der Rückstand bildet gelbe Nadeln vom Sch.-P. 279°. Sulfiert und die Sulfosäure mit Alkali verschmolzen entsteht **Oxynaphthazin**, nitriert und die Nitroverbindung reduziert **Aminonaphthazin**. Dinaphthazin entsteht auch bei der Kalischmelze des 2,2-Azonaphthalins (Ber. **36**, 4154).

3024 **DRP. 166 363**

DRP. 78 748
Ber. **8**, 39

Diaminodinaphthazin

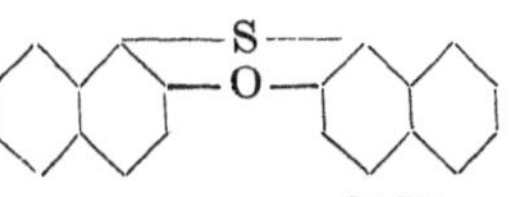

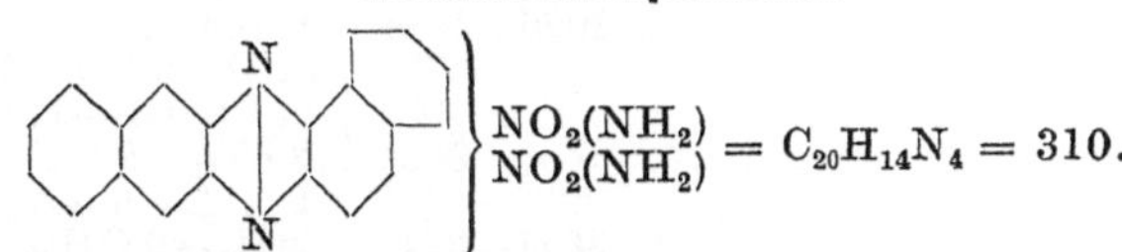

27,6 T. [**3023**] in 280 T. Schwefelsäure (66°) lösen, bei 0°—5° mit 50,4 T. Nitriersäure (25% Salpetersäure) nitrieren, einige Stunden zimmerwarm stehen lassen, auf Eis gießen und das gelbe Dinitrodinaphthazin filtrieren. Aus Nitrobenzol gelbe Nadeln, Sch.-P. über 300°, in Schwefelsäure karmoisinrot löslich. — 36,6 T. Dinitroverbindung als Paste mit 200 T. Schwefelnatrium und 600 T. Wasser bei 90°—100° reduzieren, die rote Base filtrieren, in heißer verdünnter Salzsäure lösen und mit Soda fällen. Sch.-P. über 300°, löslich wie [**3020**].

10. Thiodinaphthyloxyd

Unsubstituiert 3025

3025 **DRP. 64 816**

Thio-2-naphthol (Ber. **21**, 260) in Natronlauge lösen, filtrieren, kalt mit Kaliumferricyanidlösung versetzen. Den Niederschlag filtrieren, gut waschen, bei 50°—60° trocknen. Orangefarbig, in Wasser und Natronlauge unlöslich, in Sprit schwer, in den übrigen organischen Lösungsmitteln leicht löslich.

Anthracen.

I. Ein Anthracenring im Molekül.

A. Anthracen

(Strukturformel mit Stellungsziffern 1–10; 9 CH, 10 CH)

a) Anthracenring ohne, mit ein und zwei Substituenten.

3026	**DRP. 12 933**	**Anthracen** (Strukturformel mit CH, CH) $= C_{14}H_{10} = 178.$ Gewinnung aus Teer.
3027	**DRP. 38 417** E. P. 10 695/86	Hochprozentig erhaltbar aus Gemengen mittels Ölen, Fetten usw.
3028	**DRP. 42 053** E. P. 3785/87 — Ch.-Ztg. 1888, 155	Reinigung mittels Pyridin, Anilin, Chinolin usw. mit oder ohne Benzolzusatz. Das Anthracen krystallisiert in der Kälte aus, Verunreinigungen und Carbazol bleiben in Lösung.
3029	**DRP. 68 474** E. P. 5539/92 F. P. 220 621	Mittels flüssiger schwefliger Säure.
3030	**DRP. 78 861**	Reinigung durch Erwärmen mit Aceton auf 60°, filtrieren, waschen. Der Gehalt steigt von 34—35% auf 82%.
3031	**DRP. 111 359** E. P. 7868/99 F. P. 287 935 — Vgl. DRP. 113 291	Rohanthracen schmelzen, partiell krystallisieren lassen, die Krystalle zur Entfernung des Carbazols bei 260° mit Ätznatron verschmelzen, und dem carbazolfreien Anthracen mit Benzol das Phenanthren entziehen.

3032	**DRP. 122 852** A. P. 685 895 E. P. 14 462/00 F. P. 302 998	Durch Einleiten von Salpetrigsäuregas die Nitrosocarbazole herstellen und diese mit Benzol extrahieren. — In ähnlicher Weise arbeitet man mit Benzol nach **DRP. 141 186.**
3033	**DRP. 164 508** F. P. 349 337	Eine Lösung des Rohanthracens z. B. in Solventnaphtha mit Schwefelsäure behandeln, die die Verunreinigungen enthaltende Schwefelsäureschicht abtrennen und das Lösungsmittel verdampfen.
3034	**DRP. 178 764**	Destillieren des mit Ätzalkali verschmolzenen Rohanthracens im Vakuum, Aufnehmen des Destillates mit einem heißen, hochsiedenden Lösungsmittel (p-Toluidin, Pyridin usw.) und Abschleudern des auskrystallisierenden Reinanthracens nach Erkalten der Lösung.
3035	**DRP. 127 399** — Ber. **13**, 1584; **34**, 219	**Mesonitroanthracen** $C(NO_2)$ … CH $= C_{14}H_9NO_2 = 223.$ 40 T. Anthracen mit 20—30 T. Nitrobenzol (oder Eisessig) anrühren, gekühlt mit genau 1 Mol. Salpetersäure (5,9 T. 60-prozentige S.) auf 30°—40° erwärmen. Die erhaltene gelbe Lösung entweder 1. in Wasser gießen, das gelbliche, zähe Zwischenprodukt von der Mutterlauge getrennt mit verdünnter Natronlauge erwärmen und das lockere Pulver der Nitroverbindung filtrieren. Oder 2. mit 2—5 T. konz. Schwefelsäure gelinde erwärmen und kalt das krystallinische Nitroanthracen filtrieren. Oder 3. kalt mit 10 T. konz. Salzsäure versetzen, nach einigen Stunden die weißen Krystalle des Anthracennitrochlorides abpressen (aus Benzol Nadeln vom Sch.-P. 163°) und ohne Trocknung mit 23 T. Natronlauge (10%) kalt oder gelinde warm digerieren, den gelben Brei der Nitroverbindung absaugen und waschen.
3036	Anm. C. 20 445, Kl. 12q 12. 2. 12 Elektron A. P. 1 028 521 E. P. 3513/12 F. P. 440 129	**2-Aminoanthracen** CH … NH_2 … CH $= C_{14}H_{11}N = 193.$ 2-Aminoanthrachinon oder sein alkalilösliches Reduktionsprodukt in alkalischer Lösung bis zur Alkaliunlöslichkeit mit Zink behandeln, z. B. mit 2 T. Zinkstaub und 10 T. Ammoniak unter Rückfluß kochen. Es resultieren kanariengelbe Krystalle des **2-Anthramins.** — Ebenso aus 2, 6-Diaminoanthrachinon das **2, 6-Diaminoanthracen** vom Sch.-P. 275°.
3037	Anm. C. 24 071, Kl. 12 q 12. 11. 13 Weiler-ter Meer	**1-Aminoanthracen** und **1-Aminodihydroanthracen:** 1-Nitro- oder 1-Aminoanthrachinone oder deren Abkömmlingen mit Zinkstaub in alkalischer Lösung unter Druck bei Temperaturen über 100° reduzieren.
3038	**DRP. 172 930** A. P. 795 751 E. P. 1817/05 F. P. 355 929 — Ber. **20**, 2470; **20**, 1854 Hydroanthranol: J. pr. **23**, 146	**Anthranolderivate** $C(OH)$ … CH $= C_{14}H_{10}O = 194.$ 100 T. Anthranol in 300 T. Schwefelsäure (62°) eintragen, mit 15 T. Benz- bzw. 10 T. Paraldehyd 24 St. bei 30°—35° rühren, in Wasser gießen, das Benzaldehydprodukt ausäthern, Dampf einleiten und den Rückstand aus Sprit umkrystallisieren. Hellgelbe Nadeln vom Sch.-P. 113°. Das Paraldehydprodukt scheidet sich direkt in braunen Flocken aus. In Schwefelsäure rot bzw. rotbraun löslich. Die Konstitution der indifferenten Körper ist unbekannt.
3039	**DRP. 201 542**	In eine Lösung von 100 T. Anthrachinon in 1500 T. Schwefelsäure (66°) allmählich bei höchstens 30°—40° 25 T. Aluminiumpulver oder 35 T. Kupferpulver eintragen, die schließlich farblose Lösung in 10 000 T. Wasser gießen, aufkochen, Anthranol filtrieren, waschen und aus Eisessig + etwas Aluminium und Salzsäure umkrystallisieren. — Ebenso aus Aminoanthrachinon **Aminoanthranol,** ferner wurden **β-Methylanthranol, β-Methylaminoanthranol, 1, 5-Dichloranthranol** und **1-Amino-2, 4-dibromanthranol** dargestellt. In Schwefelsäure, Eisessig oder Pyridin sind die Körper meist gelb bis braun löslich.

3040 **DRP. 249 124**
A. P. 999 062
E. P. 1728/11
F. P. 426 994
—
Ber. 20, 1854
DRP. 201 542

50 T. feinverteiltes Anthrachinon mit 10 T. Eisen und 1000 T. Eisenchlorürlösung auf 200° und höher erhitzen, bis sich eine Probe in Natronlauge gelb löst, kalt absaugen, waschen, den Rückstand in Natronlauge lösen und in Salzsäure einfiltrieren. — Auch in essigsaurer Lösung erhaltbar, dann jedoch am Rückflußkühler kochen; in diesem Falle kann die erhaltene Anthranollösung mit Eisenchloridlösung gleich weiter zu **Dianthron** verarbeitet werden.

3041 **DRP. 72 226**
E. P. 1280/93
F. P. 227 296
und 2 Zus.

Anthracenmonosulfosäure (CH, SO_3H, CH) $= C_{14}H_{10}SO_3 = 258$.

100 T. 75—85-prozentiges Anthracen in 200 T. Schwefelsäure (53°) eintragen, allmählich auf 120° erhitzen, mehrere Stunden auf 120°—135° halten. Wenn das Anthracen völlig verschwunden ist, in 1000 T. Wasser gießen, mit Soda neutralisieren und krystallisieren lassen. Na-Salz fast unlöslich in Wasser, filtrieren, Rückstand nochmals aus heißem Wasser krystallisieren: Reines Na-Salz der Monosulfosäure + etwas Anthracen. — Dasselbe Produkt erhält man nach

3042 **DRP. 77 311**

100 T. Anthracen (80%) + 140 T. Natriumbisulfat innigst gemischt 5—6 St. auf 140°—150° erhitzen, verdünnen, filtrieren. In der Mutterlauge sind Disulfosäuren.

3043 **DRP. 251 695**
E. P. 3318/12
F. P. 446 918
—
Ann. 212, 43
Ber. 8, 246
J. pr. 2, 225

300 T. Anthracen in 600 T. Eisessig unter guter Kühlung mit 200 T. Schwefelsäurechlorhydrin versetzen, schnell auf 95° erhitzen, 5 St. halten, die hellolivgrüne Lösung in 5000 T. Wasser gießen und aussalzen. Das Produkt mit 4500 T. Wasser aufkochen, filtrieren und im Filtrat die Anthracen-1-sulfosäure mit 120 T. Kochsalz aussalzen. Durch Extraktion des Rückstandes mit sehr viel Wasser gewinnt man die **Anthracen-2-sulfosäure** (Ber. 28, 2258). — Statt Schwefelsäurechlorhydrin sind auch 250 T. Oleum (20%) auf 200 T. Anthracen und 500 T. Eisessig verwendbar. Ausbeute: 50% α-, 30% β-Verbindung.

3044 **DRP. 280 092**

Anthracen-1, 9-dicarbonsäure (COOH, C, COOH(NH_2), CH) $= C_{16}H_{10}O_4 = 266$.

4,6 T. Aceanthrenchinon mit 10 T. Natronlauge (30°) 20 T., Braunsteinpaste (13%) und 200 T. Wasser bis zum Verschwinden des Chinons unter Rückfluß kochen, warm filtrieren, Filtrat ansäuern. Die ausfallende, hellgelbe Dicarbonsäure (aus Eisessig Sch.-P. p. 290°) geht leicht in das orangefarbene Anhydrid über und gibt mit starken Oxydationsmitteln **Anthrachinon-1-carbonsäure.** — Das **2-Methylanthracen-1, 9-dicarbonsäureanhydrid** bildet aus Nitrobenzol orangegelbe Nadeln vom Sch.-P. 287°, das **β-Chloranthracen-1, 9-dicarbonsäureanhydrid** schmilzt bei 315°—317° und löst sich in Schwefelsäure gelbrot, während das nicht chlorierte Anhydrid carminrote Lösungsfarbe zeigt. Statt mit Braunstein kann man auch mit Permanganat oder auch mit Natriumbichromat und Essigsäure arbeiten, dann bei Vermeidung eines Überschusses an Chromsäure. In letzterem Falle entsteht neben der Dicarbonsäure die leicht abtrennbare Anthrachinon-1-carbonsäure.

3045 **DRP. 282 711**
—
Ber. 45, 2088

Anthracendicarbonsäuremonamid (HOOC, $CONH_2$, CH) $= C_{16}H_{11}NO_3 = 265$.

Aceanthrenchinonmonoxim mit Eisessig und Esisgsäureanhydrid* kochen, Chlorwasserstoffgas einleiten.

3046 **DRP. 275 248**
—
Ber. 45, 2090
Ann. 373, 302

1, 9-Malonylanthracen (CH_2, OC, CO, C, C, CH) $= C_{17}H_{10}O_2 = 246$.

10 T. feinverteiltes Anthracen in 100 T. Schwefelkohlenstoff suspendieren, unter Eiskühlung 25 T. Malonylchlorid zusetzen und je 2 Partien je 15 T. gepulvertes Aluminium-

chlorid eintragen. Schwarze Masse nach längerer Zeit mit Eiswasser zersetzen, Salzsäure zugeben, Schwefelkohlenstoff abdestillieren. Das bordeauxrote Produkt löst sich in Schwefelsäure (66°) carminrot mit starker Fluorescens. — Oder: Man trägt 20 T. Malonylchlorid und dann 20 T. Aluminiumchlorid in eine Suspension von 20 T. 2-Methylanthracen in 300 T. Trichlorbenzol ein, rührt 2 St. bei gewöhnlicher Temperatur, erwärmt auf 50°, läßt 12 St. bei dieser Temperatur stehen, verdünnt, setzt etwas Salzsäure zu, leitet Dampf ein, löst den Rückstand in Natronlauge, filtriert und fällt das **Malonylmethylanthracen** mit Säure aus. Rotbraunes, in Schwefelsäure bordeauxrot lösliches Pulver.

3047 **DRP. 250 075**

Ann. **379**, 37; **379**, 73; **323**, 236

Oxanthron und seine Äther

CO / C — H, OH(OCH$_3$) $= C_{14}H_{10}O_2 = 210.$

3,4 T. Anthracen in 200 T. Aceton lösen, mit 200 T. Eiswasser fällen, 6,4 T. Brom einrühren, wobei sich vermutlich Anthracen-9, 10-dibromid bildet, und aus der klaren Lösung mit viel Wasser das Oxanthron fällen. Aus Benzol gelbliche Nadeln. — In Eisessiglösung entsteht mit Chlor ebenso **Anthrahydrochinon,** in Eisessiglösung mit Brom in Methylalkohol **Methoxyanthron (Oxyanthronmethyläther** vom Sch.-P. 102°). — Ferner erhaltbar durch Kochen von **Bromanthranol** (richtiger **Bromanthron,** nach Ber. **20**, 2437 durch Bromieren von Anthranol in Schwefelkohlenstofflösung erhaltbar) mit Wasser, bis der Niederschlag alkalilöslich, also Oxanthron geworden ist.

3048 **DRP. 76 280**

Zusatz zu DRP. 72 226 und Zusatz DRP. 73 961

Anthracendisulfosäure

HO$_3$S CH SO$_3$H / CH $= C_{14}H_{10}O_6S_2 = 338.$

Sulfierung wie nach [3041], jedoch mit der 4—5-fachen Menge Schwefelsäure (53 bis 58%) bei 140°—150°. 30—40% des Anthracens werden in Disulfosäure verwandelt, daneben entsteht etwas Monosulfosäure.

3049 **DRP. 73 961**

Zus. DRP. 72 226

Mutterlaugen der Monosulfosäure [3041] mit Salzsäure (15%) ansäuern, im Autoklaven 5 St. unter 12—15 Atm. Druck auf 210°—215° erhitzen. Filtrieren, Filtrat konzentrieren, mit 30% Kochsalz fällen, Niederschlag aus Wasser krystallisieren, wässerige Lösung mit Bariumchlorid fällen: Ba-Salze der den beiden Anthracenchinonsulfosäuren α und β (1,8 und 1,5) entsprechenden Anthracensulfosäuren. Mit heißem Wasser behandeln: Salz der γ-Säure bleibt ungelöst, jenes der neuen β-Säure in Lösung. Krystallisiert aus heißem Wasser völlig rein $C_{14}H_8(SO_3)_2Ba$ mit 2 aq, die es bei 110°—120° völlig verliert; an der Luft nimmt es wieder 2 aq auf. Na-, Ca-, Mg-Salze leicht, Pb-Salz schwer löslich. — Man kann auch das Sulfierungsgemisch [3041] in kochendes Salzwasser laufen lassen, warm filtrieren, die Laugen mit Kalk entfärben, bis zur Krystallisation des Kochsalzes eindampfen, kalt filtrieren, aus sehr wenig Wasser krystallisieren, erhaltenes Gemisch der beiden Säuren über die Ba-Salze trennen. γ-Disulfosäure bildet sich nur in geringen Mengen (Flavopurpurin), jene für Anthrapurpurin ist das Hauptprodukt.

---

b) Anthracen mit drei und mehr Substituenten.

(Anthracen mit Benzolresten).

3050 **DRP. 292 356**

2, 9, 10-Trichloranthracen 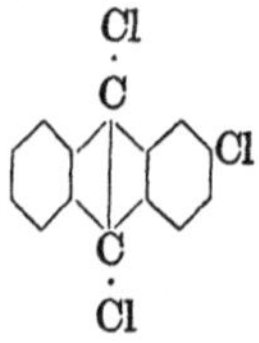 $= C_{14}H_7Cl_3 = 281.$

247 T. 9, 10-Dichloranthracen in 500 T. Nitrobenzol und 150 T. Sulfurylchlorid 5 bis 6 St. im Wasserbade erwärmen, Produkt aus Benzol umkrystallisieren.

3051 **DRP. 260 562**
E. P. 3318/12
F. P. 446 918

Mesohalogenanthracen-β-monosulfosäure

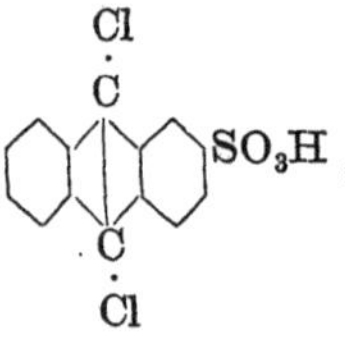

$= C_{14}H_8O_3SCl_2 = 327.$

100 T. Dichloranthracen in 1000 T. Chloroform bei 30° langsam mit 50 T. Chlorsulfonsäure versetzen, 4 St. bei 40° rühren und kalt absaugen. Es entsteht fast reine 2-Verbindung, ein gelbes, in Wasser leicht, mit blauer Fluorescenz lösliches Pulver. — Ebenso **Dibromanthracen-β-monosulfosäure.** — Auch in Monohydratlösung (300 T.) mit Chlorsulfonsäure (50 T.) ausführbar.

3052 **DRP. 292 590**

50 T. 9, 10-Dichloranthracen in 180 T. Nitrobenzol suspendieren, bei 10°—15° allmählich 100 T. Oleum (20%), die mit 75 T. Nitrobenzol verdünnt wurden, zusetzen, einige Stunden rühren, bis eine Probe in Sprit völlig löslich ist, Nitrobenzol abtreiben und die Sulfosäure als schwerlösliches Na-Salz aussalzen.

3053 **DRP. 296 091**
Ind.Ges.Mülhaus. 75, 415

1, 8-Dioxyanthranol 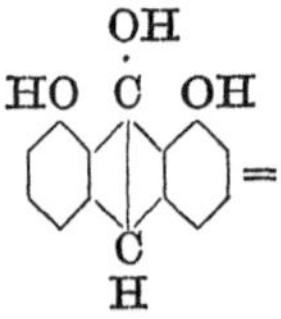 $= C_{14}H_{10}O_3 = 226.$

5 T. 1, 8-Dioxyanthrachinon in 100 T. kochendem Eisessig mit 8 T. Zinkstücken und allmählich mit 10—15 T. konz. Salzsäure versetzen und kochen, bis das Spektrum einer in konz. Schwefelsäure gelösten Probe kein Ausgangsmaterial mehr anzeigt. Bis zur Trübung mit heißem Wasser versetzen, filtrieren, das kalt auskrystallisierende Anthranol aus Benzol umkrystallisieren. Sch.-P. 178°—180°. Nach

3054 **Zus. DRP. 305 886**

verwendet man an Stelle der Oxyanthrachinone ihre Alkaliäther, die nach [3128, 3136, 3279] aus 1-Nitro- bzw. 1, 8-Dinitroanthrachinon durch Kochen mit alkoholischer Lauge sehr glatt entstehen.

3055 **DRP. 282 818**

Tetrachloranthracen 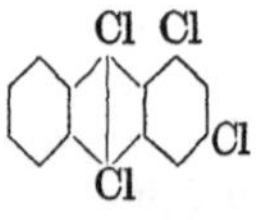 $= C_{14}H_6Cl_4 = 315.$

389 T. Dichloranthracentetrachlorid (Ber. 19, 1108) mit einer Lösung von 20—100 T. benzylsulfanilsaurem Natrium in 400 T. Wasser anrühren, 1383 T. Natronlauge (40°) zusetzen und 4—6 St. unter Ersatz des verdampfenden Wassers auf 90°—110° erhitzen. Nach dem Absaugen soll man ein Filtrat von 35°—40° Bé starker Natronlauge erhalten, die von neuem verwendet wird. Filterrückstand mit Wasser auskochen und das zurückbleibende **1, 3, 9, 10-Tetrachloranthracen** trocknen.

3056 **DRP. 283 106** — Ber. 10, 376

Tetrachlordihydroanthracen $= C_{14}H_8Cl_4 = 318.$

247 T. 9, 10-Dichloranthracen in 1500 T. trockenem, spritfreiem Chloroform suspendieren und bei 2° bis zur Sättigung Chlor einleiten. Das erhaltene **9, 9, 10, 10-Tetrachlordihydroanthracen** schmilzt bei 180°. Chloriert man 178 T. Anthracen, in 400 T. Benzol suspendiert, zunächst bei 15°—20°, solange Chlorwasserstoff entweicht und chloriert den erhaltenen Brei von **9, 10-Dichloranthracen** bei 60° Innentemperatur bis zur klaren Lösung weiter, so erhält man farblose Krystalle des **2, 3, 9, 10-Tetrachlordihydroanthracens** vom Sch.-P. 139°—140°.

3057 **DRP. 296 019**

9, 10-Dichloranthracenderivate

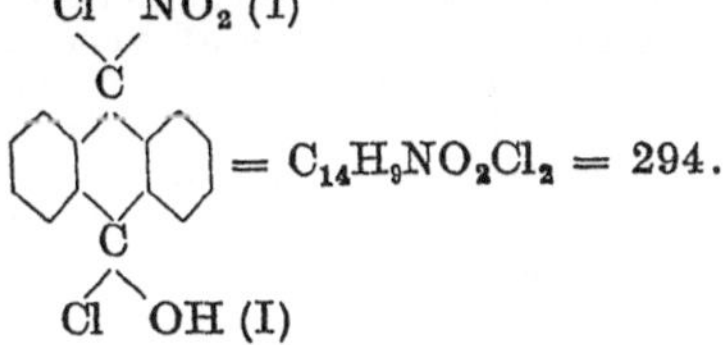

2 T. 9, 10-Dichloranthracen in 4 T. Eisessig gelöst, zwischen 15° und 18° mit 1 T. Salpetersäure (1,43) versetzen. Das farblose Additionsprodukt (I) geht beim Stehen mit konz. Schwefelsäure oder beim Erhitzen in Anthrachinon über. — Ebenso erhält man **2-Chloranthrachinon** aus 2, 9, 10- und **1, 3-Dichloranthrachinon** aus 1, 3, 9, 10-Tri- bzw. Tetrachloranthracen.

3058 **DRP. 281 911** **Dichloranthracendisulfosäurechlorid:** 1 T. Anthrachinon mit 4 T. Chlorsulfonsäure 16 St. im Wasserbad erwärmen, gelben Krystallbrei kalt absaugen, mit konz. Schwefelsäure, dann mit Wasser waschen, trocknen. Aus Nitrobenzol gelbe Nadeln, Sch.-P. 278°, in Schwefelsäure kaum, in Oleum (38%) grün löslich, liefert mit kochender Natronlauge verseift das Na-Salz einer in Wasser blauviolett, in Schwefelsäure türkisblau fluorescierenden, in Oleum (40%) grün löslichen Sulfosäure.

3059 **DRP. 183 332** Zusatz zu DRP. 148 792

1, 4, 9, 10-Tetraoxyanthracen $= C_{14}H_{10}O_4 = 242.$

☞ 10 T. 2, 4-Dinitro-1-oxyanthrachinon mit 60 T. Zinnchlorür und 120 T. konz. Salzsäure warm reduzieren, 8 St. unter Rückfluß weiterkochen, kalt verdünnen und das **Leukochinizarin** filtrieren. (Die β-Aminogruppe wird abgespalten.) Ebenso die Produkte aus Tetranitroanthrarufin- und -chrysazin.

3060 **DRP. 282 818** **Penta- und Hexachloranthracen.**

460 T. Dichloranthracenhexachlorid bzw. -octochlorid mit der alkalischen Lösung von benzylsulfanilsaurem Natrium 8 St. auf 100° bzw. 110° erhitzen, Produkte aus Chloroform umkrystallisieren. Sch.-P. 170°—180° bzw. 225°. In Schwefelsäure oder Oleum (20%) heiß violettgrau, bzw. schwach erwärmt blau, heiß violett löslich. — Über **Dibromanthracentetrabromid** siehe Ber. **37**, 4706.

3061 **DRP. 284 790** **Dichloranthracenhexa- und -octochlorid** $C_{14}H_8Cl_8 = 460.$

182 T. Anthracen (98%) in 1300 T. Tetrachlorkohlenstoff suspendieren, 1 T. Jod zusetzen, dann bei 15°—20° bis zum Aufhören der Chlorwasserstoffentwicklung, schließlich bei 70° chlorieren und, wenn das gebildete 9, 10-Dichloranthracen in Lösung gegangen ist, unter Eiskühlung weiter Chlor einleiten, bis keine Gewichtszunahme mehr erfolgt. Ab saugen, mit etwas Tetrachlorkohlenstoff und Äther waschen und das unlöslich zurückgebliebene, farblose **Dichloranthracenoctochlorid** $C_{14}H_8Cl_{10}$ vom Sch.-P. 280° aus Nitrobenzol umkrystallisieren. Die Lösung völlig eindampfen, aus dem harzigen Rückstand mit Dampf die Reste des Lösungsmittels entfernen und das bei 90°—95° schmelzende **Dichloranthracenhexachlorid** $C_{14}H_8Cl_8$ abscheiden. Durch Erhitzen des Octochlorides für sich oder mit Alkalien erhält man unter Salzsäureabspaltung zwei isomere **Hexachloranthracene** vom Sch.-P. 280° bzw. 225°. Nach

3062 **Zus. DRP. 289 133** arbeitet man wie oben, jedoch z. B. mit 1000 T. Sulfurylchlorid statt Tetrachlorkohlenstoff auf 247 T. 9, 10-Dichloranthracen, in Gegenwart von 2 T. Jod im lebhaften Chlorstrom bei 60°—65°, kühlt dann stark ab und leitet weiter Chlor ein, solange sich der entstehende Niederschlag noch vermehrt. — Auf dem Filter reines Octo- aus dem eingedampften Filtrat rohes Hexachlorid. Beide mit warmem H_2O reinigen.

3063 **DRP. 148 079**

N-haltige Anthrachinonderivate $= C_{26}H_{18}N_2 = 358.$

Wie [3452]. — Z. B.: 10 T. Anthrachinon in 200 T. Anilin (p-Toluidin) lösen, mit 10 T. Zinnchlorür und 10 T. Borsäure kochen, nach etwa 5—6 St. kalt in verdünnte Salzsäure gießen und die gelbgrünen Flocken filtrieren und waschen. Zwei Körper: A, in Pyridin schwer löslich, krystallisiert mit Krystall-Pyridin, ist in Schwefelsäure farblos mit blauer Fluorescenz löslich; sonst wie [3452]. Mit Anilin weiterbehandelt entsteht der Körper B, der in Pyridin leicht löslich ist und dessen Fluorescenz in schwefelsaurer Lösung auch bei längerem Erwärmen nicht verschwindet. A enthält 1, B 2 Mol. Anilin.

3064 **DRP. 193 961**

Lit. wie [2812]

Anthracoylbenzoesäure $= C_{22}H_{14}O_3 = 326.$

Wie [2812] aus 50,4 T. Phthalsäure, 90 T. Anthracen, 200 T. Benzol und 100 T. Aluminiumchlorid durch bloßes 24-stündiges Rühren.

B. Anthrachinon

1. Anthrachinon ohne und mit einem Substituenten.

a) Substituent: Hal. oder mit C beginnend.

3065 **DRP. 4570**

Anthrachinon $= C_{14}H_8O_2 = 208.$

Oxydation des Anthracens mit chromsaurem Kali und Salzsäure und Regeneration des Chroms aus den Laugen mittels Weldonschlamm. Die Reinigung erfolgt nach

DRP. 137 495 durch Umkrystallisieren aus Nitrobenzol oder Anilin.

3066 **DRP. 160 104** — DRP. 149 801, DRP. 157 123

Abspaltung der SO_3H-Gruppe aus 10 T. anthrachinon-1-sulfosaurem Kali (1, 5- oder 1, 8-disulfosaurem Kalium oder auch 1, 8-Nitro- bzw. 1, 5-Aminosulfosäure) durch Erhitzen mit 100 T. Schwefelsäure (60°) und 0,5 T. Mercurosulfat 2—3 St. auf 180°—200°. Man gießt in Wasser bzw. läßt auskrystallisieren und erhält so Anthrachinon- bzw. **1-Nitro-** und **1-Aminoanthrachinon.**

3067	**DRP. 215 335** Zusatz zu DRP. 207 170	Erhitzen von 1 T. Anthracen mit 2 T. der aus schwach basischem Zinkoxyd und Stickoxyden gebildeten Verbindung im Luft- oder Sauerstoffstrom auf 250°—350°. Anthrachinon sublimiert über.
3068	**DRP. 234 289** E. P. 16 312/09 — DRP. 215 335 E. P. 16 312/09 Ber. 9, 668	Einwirkung von Stickoxyden (Stickstoffdioxyd) auf Anthracen über 100°, am besten bei 200°. Das erhaltene Stickmonooxyd wird oxydiert und wieder verwendet. Unter 100° entstehen Nitroanthracene. Nach
3069	**Zus. DRP. 254 710**	wird das Anthracen vor Behandlung mit Stickstoffdioxyd bei 100° bis 200° zur Vermeidung der Bildung verunreinigender Nitroverbindungen mit Asbest- oder Bimssteinpulver gemischt. — Nach
3070	**DRP. 256 623**	setzt man zur Bindung der entstehenden salpetersauren Metalle oder Metalloxyde z. B. Zinkstaub oder Bleioxyd zu, wodurch zugleich die Reaktionstemperatur auf 100° und weniger herabgesetzt wird. — Nach
3071	**DRP. 268 049** A. P. 1 083 051 — Ber. 13, 1584	trägt man 25 T. Anthracen bei 15° in ein Gemisch von 100 T. Nitrobenzol und 30 T. Stickstoffdioxyd ein, läßt einige Stunden stehen, heizt langsam auf 100°, kühlt nach Beendigung der Stickstoffentwicklung ab und filtriert das Anthrachinon.
3072	Anm. M. 46 377, Kl. 12 o 30. 5. 12 Meyer	Aus Anthracen mit neutralen oder sauren Lösungen von Ferrisalzen über 100°. Die entstehenden Ferrosalze werden mit Luftsauerstoff unter Zusatz von Nitrit als Katalysator regeneriert. — Nach einer anderen Anmeldung [F. 35 563, Kl. 12 o, Höchst] behandelt man **9, 9, 10, 10-Tetrachlordihydroanthracen** (durch Chlorierung von Anthracen in gut gekühltem Chloroform erhalten) mit Verseifungsmitteln.
3073	**DRP. 273 318**	182 T. Anthracen (98%) mit 10 000 T. Essigsäure (5%), 106,5 T. Natriumchlorat und Eisenchlorid (entsprechend 108 T. Fe_2Cl_6) 3 St. offen kochen. Das Eisenchlorat wirkt ohne Überträger. Nach
3074	**Zus. DRP. 273 319**	verwendet man Erdalkalichlorate und andere in 2- und 3-wertiger Form auftretende Metalle.
3075	**DRP. 277 733**	Gemenge von 20 T. Anthracen, 80—100 T. Bittersalz und 25 T. Natriumnitrat auf 210° erhitzen, auf 120° abgekühlt 70 T. Wasser zusetzen, abermals langsam auf 210° erhitzen, das Verfahren evtl. wiederholen und bei 290° bis 300° das Anthrachinon sublimieren. — Nach E. P. 5514/1915 oxydiert man Anthracen in Lösnng oder Suspension mit ozonisierter Luft.
3076	**DRP. 283 213**	117 T. Anthracen (85%) in 300 T. Nitrobenzol (oder Eisessig, Chlorbenzol, Trichlorbenzol usw.) suspendieren, bei 20° 460 T. Salpetersäure (31%) zulaufen lassen, mehrere Stunden auf 35° erwärmen. Filtrieren, 392 T. unverbrauchte Salpetersäure von 13,4° Bé abscheiden, das Nitrobenzolfiltrat mit 50 T. Salpetersäure (48°) auf 105° erhitzen, bis die bei 50° beginnende Entwicklung roter Dämpfe aufhört. Das Produkt ist sehr rein. — Oder man arbeitet nach
3077	**Zus. DRP. 284 084**	117 T. Anthracen (85,5%) in 300 T. Nitrobenzol suspendieren, bei 30° innerhalb 3 St. die Lösung von 15 T. Quecksilber in 460 T. Salpetersäure (31%) einfließen lassen, 3 St. bei 35° rühren, filtrieren, Salpetersäure abtrennen und in die Nitrobenzollösung einen starken Chlorstrom einleiten, während gleichzeitig in 20 Min. auf 100° erwärmt wird. Temperatur steigt spontan auf 110°—120°. Statt Chlor können auch Braunstein, Stickoxyde und andere Oxydationsmittel verwendet werden. Nach
3078	**Zus. DRP. 284 083**	arbeitet man wie in [3076] bei Gegenwart von Quecksilbersalzen, oxydiert zur Zerstörung organischer Quecksilberverbindungen nach beendeter Reaktion mittels Chlor und erreicht so, auch bei minder reinen Anthracensorten, daß Nitrierungen der äußeren Kerne nur in geringem Maße eintreten. Nach
3079	**DRP. 284 179**	leitet man in eine Suspension von 109,5 T. Anthracen (91,3%) und 10 T. Quecksilbernitrat in 400 T. Nitrobenzol unter Kühlung $1^1/_2$ St. Stickstoffdioxyd ein, erwärmt nach 12-stündigem Stehen $1^1/_2$ St. auf 100° und rührt bei 100° bis 110° Öltemperatur 8 St. weiter. Kalt absaugen, mit Nitrobenzol und Petroläther waschen, trocknen, entweder mit verdünnter Salpetersäure auskochen oder kurze Zeit in der Wärme Chlor einleiten. 100 T. Anthracen geben so 109—115 T. Anthrachinon.

3080 **DRP. 292 681**

300 T. wässeriger Anthracenpaste (30%), 1000 T. Wasser, 250 T. Ammoniak (25%) und 5 T. Kupferoxyd, in einer Bombe gut gemengt unter Druck mit der für 3 Atome Sauerstoff berechneten Sauerstoffmenge oder der entsprechenden Luftmenge unter Rühren 20 St. auf 170° erhitzen. Das so erhaltene rohe Anthrachinon schmilzt bei 280°.

3081 **DRP. 131 538**

Halogenanthrachinone.

20 T. Monoaminoanthrachinon in 200 T. Salzsäure (15°) als feine Paste mit 12,5 T. Nitrit diazotieren, die abgesaugte Diazoverbindung mit verdünnter Salzsäure rühren und kalt in eine Lösung von 7,5 T. Kupferchlorür in 300 T. Salzsäure (15°) einfließen lassen. Wenn die Stickstoffentwicklung beendet ist, das abgeschiedene **α-Chloranthrachinon** filtrieren. Aus Toluol kaum gefärbte, in Schwefelsäure braungelb, in Nitrobenzol oder Eisessig leicht, in Sprit schwer lösliche Nadeln. — Ebenso in 200 T. Schwefelsäure (66°) lösen, diazotieren, die Diazolösung mit so viel Eis versetzen, daß die Diazoverbindung in gelben Krystallen ausfällt, nach 2 St. absaugen, mit 200 T. Bromwasserstoff (15°) zur Paste rühren und wie oben weiterbehandeln. Aus Nitrobenzol umkrystallisieren. — Das **Monobromanthrachinon** ist in Schwefelsäure gelb löslich.

3082 **DRP. 75 288**
—
Ann. 233, 238

0,1 T. Phthalsäureanhydrid in 1 T. Chlorbenzol lösen, heiß Aluminiumchlorid in kleinen Mengen eintragen, solange Chlorwasserstoff entweicht. Nach einigen Stunden kalt in Wasser gießen, ausgefallenes Aluminiumsalz der **Chlorbenzoylbenzoesäure** mit kochender Sodalösung zerlegen, Na-Salzlösung von der Tonerde filtrieren, Filtrat mit Schwefelsäure fällen, Niederschlag mit heißem Wasser auskochen, Rückstand aus Benzol umkrystallisieren. Glänzende Krystalle, Sch.-P. 147°—148°. In Sprit und Äther, auch kalt, leicht löslich, in Schwefelsäure gelb löslich. Zur Ringschließung 1 T. der Säure mit 10 T. Schwefelsäure (66°) einige Stunden auf 100°—160° erhitzen, in Wasser gießen, filtrieren, mit Wasser, dann mit Sodalösung, dann wieder mit Wasser waschen, trocknen, das **β-Chloranthrachinon** zur Reinigung in Benzol lösen, filtrieren, Filtrat mit Sprit fällen. Gelbe Nadeln, Sch.-P. 204°.

3083 **DRP. 205 195**
E. P. 1822/08
F. P. 386 599

In 20 T. anthrachinon-α-sulfosaures Kali + 1500 T. Wasser + 60 T. Salzsäure (20°) bei 100° Chlor einleiten, bis die Abscheidung des **α-Chloranthrachinons** beendet ist. — Ebenso **β-Chloranthrachinon.** — Aus 20 T. 1, 5-anthrachinondisulfosaurem Natrium, 400 T. Wasser, 40 T. Salzsäure (20°) und einer Lösung von 40 T. chlorsaurem Natrium in 300 T. Wasser erhält man ebenso bei 100° **1, 5-Dichloranthrachinon,** aus 10 T. 1, 5-anthrachinondisulfosaurem Natrium, 12 T. Brom und 40 T. Wasser in 10 St. unter Druck bei 190° nach dem Auskochen des Rohproduktes mit 500 T. Wasser **1, 5-Dibromanthrachinon.** — Ebenso aus dem K-Salz der α-Anthrachinonmonosulfosäure das **α-Monobromanthrachinon.** — Unter anderen Bedingungen wird nur eine SO_3H-Gruppe ausgetauscht [3204].

3084 **DRP. 267 544**
F. P. 446 323

3085 **Zus.**
DRP. 271 681

16 T. K-Salz der 1-Anthrachinonsulfosäure und 35 T. Thionylchlorid 6 St. unter Druck auf 170° erhitzen, Schwefeldioxyd abblasen, das 1-Chloranthrachinon in heißem Wasser lösen, filtrieren, den Rückstand in verdünnter Natronlauge erwärmen und so reinigen. — Nach tauschen auch Anthrachinondisulfosäuren und Nitroanthrachinonsulfosäuren mit Thionylchlorid die Sulfogruppen gegen Chlor aus, wobei Sulfochloride als Zwischenprodukte entstehen. Man erhält so **1, 5-** und **1, 8-Dichloranthrachinon** bzw. **1, 8-** und **1, 5-Nitrochloranthrachinon** aus den Alkalisalzen der 1, 5- (1, 8-)Anthrachinondisulfosäure bzw. 1, 8- (1, 5-)Nitroanthrachinonsulfosäure.

3086 **DRP. 252 578**
E. P. 28 166/11
—
DRP. 214 150

3087 **Zus.**
DRP. 254 450

80 T. 1-Nitroanthrachinon in 400 T. Trichlorbenzol lösen, bei 160° bis 165° Chlor durchleiten und kalt die citronengelben Krystalle des **1-Chloranthrachinons** absaugen. Aus 1-Nitro-2-methylanthrachinon erhält man bei derselben Behandlung nach Abdestillieren des Trichlorbenzols im Vakuum ein Gemenge von vorwiegend **ω-Dichlor-2-methylanthrachinon** neben **ω-Mono-** und **ω-Trichlor-2-methyl-1-chloranthrachinon.** — Ebenso **1, 5-Dichloranthrachinon** aus 1, 5-Dinitroanthrachinon. — Analog reagieren nach die 2-Nitroanthrachinone. So entstehen aus 2-Nitro-3-methylanthrachinon vorwiegend **ω-Trichlor-3-methyl-2-chloranthrachinon** neben **ω-Dichlor-3-methyl-2-chloranthrachinon,** die mit warmer Schwefelsäure unter Salzsäureentwicklung in ein mittels verdünnter Sodalösung leicht trennbares Gemisch von **2-Chloranthrachinon-3-carbonsäure** (Sch.-P. 280°, Ber. 41, 3638) und

2-Chloranthrachinon-3-aldehyd (Sch.-P. 229°) übergehen. — Aus dem technischen Gemisch von 1, 6- und 1, 7-Dinitroanthrachinon erhält man durch Aufnahme des Chlorierungsgemenges mit Ligroin die hellgelben Krystalle eines Körpers $C_{14}H_6O_2Cl_2$, der bei wiederholtem Umlösen aus Ligroin **1, 6-Dichloranthrachinon** vom Sch.-P. 202°—204° gibt.

3088	Anm. W. 37 551, Kl. 12 o 30. 9. 12 Wedekind	β-Diazoniumanthrachinonsulfat in Salzsäure suspendieren und bei gewöhnlicher Temperatur oder bei 50°—60° chlorieren. — Nach einer anderen Anmeldung [W. 42 454] erhält man Chlor- und Bromanthrachinon aus den entsprechenden Anthrachinondiazoniumsalzen durch Erhitzen mit konz. Halogenwasserstoffsäuren.
3089	**DRP. 284 976** Zusatz zu DRP. 267 544	Wie [3084] mit Anthrachinon-β-sulfochloriden, statt 1-Anthrachinonsulfosäure und Thionylchlorid. — Vgl. die Halogenisierung des Anthrachinons bei Gegenwart von Chlorsulfonsäure, nach einer Höchster Anmeldung (F. 28 542).
3090	**DRP. 284 976** — Zusatz zu DRP. 267 544 F. P. 446 323	**Anthrachinon-β-chlorderivate:** 50 T. Anthrachinon-β-sulfochlorid und 50 T. Thionylchlorid 8 St. auf 220°—230° erhitzen, die Masse mit Wasser zersetzen, Rückstand in alkalischem Hydrosulfit lösen, mit Luft fällen, 2-Chloranthrachinon in 70—80% Ausbeute filtrieren. — Ebenso **2, 7-Dichloranthrachinon** aus Anthrachinon-2, 7-disulfochlorid.
3091	**DRP. 290 879** E. P. 5182/15	**1-Chloranthrachinon:** 1 T. 1-Oxyanthrachinon zur Entfernung der Feuchtigkeit mit 10 T. Nitrobenzol $^1/_2$ St. sieden, bei 150° 1 T. Phosphorpentachlorid eintragen, 3 St. unter Rückfluß kochen, Nitrobenzol abblasen, Produkt aus Eisessig umkrystallisieren. — Ebenso **1, 4-Dichloranthrachinon** aus 4-Chlor-1-oxyanthrachinon und Phosphortri- bzw. -pentachlorid.
3092	**DRP. 121 121** A. P. 631 607 E. P. 8051/99 F. P. 292 271 · DRP. 106 227 DRP. 113 011 DRP. 113 292 DRP. 114 262 DRP. 114 840	Je 10 T. α- oder β-Anilidoanthrachinonmonosulfosäure in verdünnter oder konzentrierter wässeriger Suspension mit 8, 12, 16, 32 T. Brom behandeln. Es entstehen stets verschiedene Körper, die sich in Wasser, Sprit, Schwefelsäure, mit oder ohne Borsäure oder Anilin verschiedenfarbig lösen. Ein **Chloranthrachinon** entsteht z. B. aus 10 T. p-Toluidoanthrachinonsulfosäure, 2 T. Kaliumchlorat und 15 T. konz. Salzsäure.
3093	**DRP. 224 982**	**2-Jodanthrachinon** erhält man nach Ber. 40, 1696, ähnlich wie **2-Methyl-1-jodanthrachinon** aus 2-Aminoanthrachinon herstellbar ist. Farblose, in Nitrobenzol leicht lösliche Nadeln vom Sch.-P. 170°.
3094	**DRP. 216 715** A. P. 893 507 — Ber. 8, 676; 10, 1886	**2-Methylanthrachinone, seitenkettenhalogenisiert**

(Strukturformel: Anthrachinon mit O, O und $CH_2 \cdot Br$) $= C_{15}H_9O_2Br = 301.$

10 T. 2-Methylanthrachinon und 8 T. Brom unter Druck 6 St. auf 170° erhitzen, verdünnen, das Produkt mit Sprit extrahieren. Im Rückstand bleibt **Monobrom-2-methylanthrachinon,** das aus Eisessig umkrystallisiert wird. Sch.-P. 200°—202°. — Mit 16 T. Brom resultiert **Dibrom-2-methylanthrachinon.** — Aus 2-Methylanthrachinon und Chlor (einleiten bis zur Gewichtszunahme von 20—25%) erhält man bei 160° ein Gemenge von Mono- und Dichlorprodukt; pulvern, waschen, mit Sprit auskochen, der nur das Monochlorderivat löst, und den Rückstand aus Eisessig umkrystallisieren. Das erhaltene **Dichlor-2-methylanthrachinon,** das auch mit 12 T. Sulfurylchlorid in 6 St. bei 170° entsteht, schmilzt bei 200°. — Aus 1-Chlor-2-methylanthrachinon erhält man mit 7 oder 14 T. Brom unter denselben Bedingungen **Mono-** bzw. **Dibrommethylchloranthrachinon,** mit 24 T. Brom aus Methylanthrachinon ein sehr schwer lösliches **Tribrommethylanthrachinon.**

3095 **DRP. 282 265**

Anthrachinonyl-2-akrylsäure

$$\text{CO} \ldots \text{CH:CH·COOH} = C_{17}H_{10}O_4 = 278.$$

5 T. Anthrachinon-2-aldehyd, 2,5 T. wasserfreies Na-Acetat und 30 T. Essigsäureanhydrid 1—1½ St. kochen, filtrieren, im Rückstand mit Salzsäure die schwerlösliche Säure abscheiden. Das Na-Salz krystallisiert gelb und ist in Wasser und Sprit schwer löslich.

3096 **DRP. 174 984**

Anthrachinonaldehyde $\text{CHO} = C_{15}H_8O_3 = 236.$

10 T. **ω-Dichlor-2-methylanthrachinon** (erhalten durch Chlorieren von 2-Methylanthrachinon, Sch.-P. 200°) mit 100 T. Schwefelsäure (66°) 5—6 St. auf 130° erhitzen, bis in einer verdünnten, neutral gewaschenen Probe kein Halogen mehr nachweisbar ist, in Wasser gießen, den Niederschlag filtrieren, waschen und aus Sprit umkrystallisieren: **2-Anthrachinonaldehyd** gibt oxydiert glatt **Anthrachinon-2-carbonsäure.** — Ebenso **1-Chloranthrachinon-2-aldehyd** aus 10 T. ω-Dibrom-1-chlor-2-methylanthrachinon, 100 T. Schwefelsäure (66°) und 10 T. wasserfreier Borsäure 6—7 St. bei 130°, ferner **1-Oxy-4-bromanthrachinon-2-aldehyd** aus ω-Dibrom-4-brom-1-oxy-2-methylanthrachinon. — Die Aldehyde lösen sich in Schwefelsäure gelb, in Anilin rotgelb, sind in Natronlauge unlöslich, bis auf die letztgenannte Verbindung, die sich violettrot löst.

3097 **DRP. 267 081**
E. P. 10 791/12
F. P. 456 768
—
DRP. 101 221

256 T. 4-Chlor-1-methylanthrachinon mit 200 T. gefälltem Mangansuperoxyd gemengt in 2560 T. Schwefelsäure eintragen, die spontane Temperatursteigerung bei 40° halten, in Wasser gießen, filtrieren, etwas Carbonsäure des Rückstandes mit Soda extrahieren und den **4-Chlor-1-anthrachinonaldehyd** über die Bisulfitverbindung reinigen. Sch.-P. 210°. In Schwefelsäure gelb, erwärmt blau löslich. — Ebenso erhält man aus 110 T. 2-Methylanthrachinon, 90 T. Superoxyd und 1100 T. Schwefelsäure bei 20° den **2-Anthrachinonaldehyd.** Die Aldehyde geben nach

3098 Anm. A. 23 081, Kl. 22o Berlin

mit der berechneten Menge Mangansuperoxyd und 10 T. Schwefelsäure bei 60° weiteroxydiert die Carbonsäuren. — In Nitrobenzollösung unter Zusatz von Kupferpulver und Pottasche gekocht entstehen aus Halogenanthrachinonaldehyden nach **DRP. 241 472** neue Kondensationsprodukte.

3099 **DRP. 293 981**

Wie [1372] durch höheres Erhitzen auf 160°—180°, wobei innerhalb 2 St. unter Wasserabspaltung der Ringschluß der **Aldehydobenzophenon-o-carbonsäure** zum Anthrachinon-2-aldehyd erfolgt.

3100 **DRP. 271 790**
—
Ann. 388, 205
Ber. 4, 462; 39, 932
DRP. 243 788

Anthrachinon-α-nitrile $\text{CO CN} \ldots = C_{15}H_7NO_2 = 233.$

24 T. 1-Chloranthrachinon, 9 T. Kupfercyanür und 100 T. Pyridin einige Stunden auf 150° erhitzen, mit Ammoniak verdünnen, das rohe Anthrachinon-1-nitril absaugen und aus Chlorbenzol umkrystallisieren. Braune Krystalle vom Sch.-P. 247°. Küpt blau. — Ebenso aus 1, 3-Dibrom-2-aminoanthrachinon das **2-Amino-3-bromanthrachinon-1-nitril,** aus Chlorbenzol gelbliche Nadeln vom Sch.-P. 297°—300°, in Schwefelsäure rotorange, warm rot löslich. Die schwefelsaure Lösung in Wasser gegossen gibt **2-Amino-3-bromanthrachinon-1-carbonsäure.** — Ferner aus 1, 3-Dibrom-2-oxyanthrachinon das **2-Oxy-3-bromanthrachinon-1-nitril,** das als rotes Pyridinsalz ausfällt. In verdünnter Natronlauge lösen und mit Salzsäure das weiße, freie Nitril fällen. Gibt wie oben **2-Oxy-3-bromanthrachinon-1-carbonsäure.** Nach

3101 **Zus. DRP. 275 517**

ist das Verfahren auch auf die 2-Halogenanthrachinone übertragbar und man erhält so Anthrachinon- bzw. 1-Aminoanthrachinon-2-nitril, bzw. -2-carbonsäure, bzw. deren Halogenderivate, z. B. **2-Amino-3-bromanthrachinon-1-nitril.**

3102 **DRP. 80 407**

Anthrachinoncarbonsäuren = $C_{15}H_8O_4$ = 252.

10 T. Toluylbenzoesäure in 200 T. Wasser + Natronlauge lösen, mit der berechneten Menge Permanganat 1/2 St. auf dem Wasserbade erwärmen, den eventuellen Permanganatüberschuß mit Bisulfit zerstören, vom Braunstein filtrieren, Filtrat ansäuern, ausgefallene weiße Nadeln filtrieren, aus verdünntem Sprit Sch.-P. 234°. In Wasser oder Benzol schwer, in Schwefelsäure gelb löslich. — 20 T. dieser **Terephthaloyl-o-benzoesäure** mit 200 T. Schwefelsäure (66°) einige Stunden auf 150°—180° erhitzen, in Wasser gießen, ausgeschiedene reine **Anthrachinon-3-carbonsäure** aus Eisessig umkrystallisieren. Feine Nadeln, Sch.-P. 284°.

3103 **DRP. 243 788**
E. P. 16 151/10
F. P. 418 088

20 T. 1-Aminoanthrachinon in 100 Vol.-T. Schwefelsäure (66°) mit 7 T. Nitrit diazotieren, nach 1 St. auf 500 T. Eis gießen, das Diazosulfat in eine heiße Lösung von 45 T. Kupfersulfat, 50 T. Kaliumcyanid und 300 T. Wasser portionenweise eintragen, **Anthrachinon-1-nitril** absaugen (Sch.-P. 232°), mit 40 T. Schwefelsäure (66°) und 12 T. Wasser kurze Zeit sieden und die **Anthrachinon-1-carbonsäure** mit Wasser als graues Pulver ausfällen. In Alkali lösen und mit Salzsäure fällen. Sch.-P. 293°, identisch mit Ann. **290**, 231. — Ebenso die **Anthrachinon-2-carbonsäure** vom Sch.-P. 290°—292°, ferner aus 1, 4-Aminochloranthrachinon [z. B. 3181] die **4-Chloranthrachinon-1-carbonsäure,** aus Sprit graue Nadeln vom Sch.-P. 228°.

3104 **DRP. 268 621**

Anthrachinoncarbonsäureester

CO–CH$_2$–COOH = $C_{17}H_{10}O_5$ = 264.

Wie [1570]. — 100 T. anthrachinon-2-carbonsaures Kali, 150 T. Chloressigsäureäthylester und 2 T. Triäthylamin 15 Min. auf 140°—145° erhitzen, mit Sprit aufnehmen, heiß vom Kaliumchlorid filtrieren und kalt den ausgeschiedenen **2-Anthrachinonylcarbonylglykollsäureäthylester** filtrieren. Aus Benzol oder Eisessig gelbliche Nädelchen vom Sch.-P. 130°—140°, die in Schwefelsäure citronengelb löslich sind. — Ebenso resultiert aus 1-chloranthrachinon-2-carbonsaurem Kali mit Benzylchlorid und Pyridin (100, 120,2 T.) der **1-Chloranthrachinon-2-carbonsäurebenzylester,** aus Sprit (Tierkohle) gelbliche Nadeln vom Sch.-P. 135°—136°.

b) Substituent mit N beginnend.

1 NO_2	3066, 3105	1 (2) NH·COOR	3229
1 (2) NH_2	3066, 3106—3112, 3158	2 N:CO	3125
NH_2 (Halogenid)	3177	2 NH·NO_2	3223
2 NH_2-Nitrat	3225	2 NH·NH_2	3126
1 NH·R	3113—3119	NH·NH·SO_3H	3126
1 (2) NH·CH_2·COOH	3122	1-Piperido	3245
1 NH·CH_2·C_2H_3·O	3120	1 NR_2	3127
2 NH·COCl	3123	N·(SO_3H)·NH·(SO_3H)	3126
1 (2) NH·$COCH_3$	3124, 3192	N_2·SO_3	3506

3105 **DRP. 281 490**
—
Ber. **15**, 1787
Ann. **388**, 201

1-Nitroanthrachinon = $C_{14}H_7NO_4$ = 253.

Rohes Nitroanthrachinon unter 7 mm Druck destillieren. Die reine 1-Nitroverbindung geht bei 270°—271° unzersetzt als gelbliche, bald erstarrende Flüssigkeit über.

3106 **DRP. 6526**
E. P. 2177/78
—
Ann. **160**, 145; **166**, 177
Ber. **3**, 905; **14**, 978; **12**, 1567
A. P. 1 255 719

Aminoanthrachinone = $C_{14}H_9NO_2$ = 223.

Nitroanthrachinon + 3 T. konz. Ammoniak einige Stunden im Autoklaven erhitzen (3—4 Atm.) oder ohne Druck mit verdünntem Ammoniak und Zinkstaub bei 100° reduzieren. Mit Wasser auskochen, Luft einblasen, wodurch die Aminokörper (auch **Diaminoanthrachinon**) ausfallen.

3107 **DRP. 148 110** — Lit. wie [1375]

25 T. m-Aminobenzoylbenzoesäure [1375] mit 2500 T. Schwefelsäure (90%) 10 Min. auf 200° erhitzen, in Wasser gießen. Der rotbraune Niederschlag ist mittels konz. Salzsäure in **1- und 2-Aminoanthrachinon** zerlegbar. Letzteres entsteht ferner nach

3108 **DRP. 267 212** — **Anthrachinondiazoniumchloride** Ber. 49, 2678

4,12 T. Na-Salz der Anthrachinon-2-sulfosäure, 2,36 T. krystallinisches Bariumchlorid in 7,3 T. Wasser gelöst, mit 20,5 Vol.-T. Ammoniak (25%) im Autoklaven 48 St. auf 170°—177° erhitzen (21 bis 22 Atm.), das Produkt kalt nacheinander mit Wasser, verdünnter Salzsäure und verdünnter Sodalösung auskochen und das 2-Aminoanthrachinon aus Chlorbenzol umkrystallisieren. Ausbeute 74% (ohne Beigabe des Ba-Salzes nur 50%). Nach

3109 **Zus. DRP. 273 810** A. P. 1 104 943 F. P. 469 741

erhält man ebenso aus anthrachinon-1-sulfosaurem Kali **1-Aminoanthrachinon** in 90%, aus der entsprechenden Disulfosäure **1, 5-Diaminoanthrachinon** in 55% Ausbeute. Z. B.: 300 T. anthrachinon-1-sulfosaures Kalium in 2700 T. wässerigem 25-prozentigem Ammoniak mit 300 T. Wasser nach Zusatz von 225 T. kryst. Bariumchlorid 20 St. unter Druck auf 180°—186° erhitzen, filtrieren, Rückstand nach Entfernung der alkalilöslichen Nebenprodukte mit Salzsäure erhitzen, wenn der Geruch nach schwefliger Säure verschwunden ist, mit Soda, dann mit Salzsäure waschen. Ausbeute an 1-Aminoanthrachinon 90%. — Ebenso 1, 5-Diaminoanthrachinon aus dem disulfosauren Salz in 55% Ausbeute, ferner **2, 6-Diaminoanthrachinon** (70% Ausbeute) und schließlich **1-Amino-5-phenylaminoanthrachinon** in 80% Ausbeute aus 1-Phenylaminoanthrachinon-5-sulfosäure. — In ähnlicher Weise erhält man 2-Aminoanthrachinon nach

3110 **DRP. 288 996**

100 T. Mesodichloranthracen-2-sulfosäure (als Na-Salz in 50-prozentiger Paste) [3051], 94 T. 80-prozentiger Braunstein (auch CuO) als 60-prozentige Paste und 600 T. Ammoniak (25%) im Rührautoklaven 30 St. auf 200° erhitzen.

3111 **DRP. 295 624** — Chem. Ztg. 1909, 872

Rein und nahezu quantitativ ist die 2-Verbindung erhaltbar durch 26-stündiges Erhitzen von 25 T. 2-Chloranthrachinon, 400 T. Ammoniak (20%) und 0,8 T. Kupfervitriol im Autoklaven auf 200°. — Siehe auch die Herstellung des 2-Aminoanthrachinons nach E. P. 127 223.

3112 **DRP. 287 756** — Ber. 38, 2862

Wie [1365] gewinnt man 1-Aminoanthrachinon aus 10 T. Anthrachinon, 200 T. Schwefelsäure (66°), 4,2 T. Hydroxylaminsulfat und 12 T. kryst. Eisenoxydulsulfat bei 160°—180°.

3113 **DRP. 144 634** Zusatz zu DRP. 136 777 und DRP. 136 778 — Ber. 16, 595

Alkylaminoanthrachinone

CO NH·CH₃ … CO $= C_{15}H_{11}NO_2 = 237.$

Wie [3127]: Erhitzen von Nitro-, Halogen- oder Oxyanthrachinon mit Methylamin oder Benzylamin meist in Pyridinlösung im Wasserbade. Es wurden so erhalten: **1-Methylaminoanthrachinon** (aus 1-Nitroanthrachinon), Sch.-P. 167°; **Methylamino-2-methylanthrachinon** (aus Nitro-2-methylanthrachinon), Sch.-P. 114°; **Benzylaminoanthrachinon** (aus 1-Nitroanthrachinon), Sch.-P. 188°; **1, 8-Nitromethylaminoanthrachinon** (aus 1, 8-Dinitroanthrachinon); **1, 8-Nitroäthylaminoanthrachinon** (aus 1, 8-Dinitroanthrachinon) u. a. Die Produkte sind meist schon Farbstoffe.

3114 **DRP. 156 056** — DRP. 80 520 DRP. 112 115 DRP. 123 745

10 T. Aminoanthrachinon in 150 T. Schwefelsäure (66°) lösen, zwischen 20° und 30° gekühlt 150 T. Formaldehyd (40%) einlaufen lassen und 2—3 St. auf 55°—60° erwärmen. Die Farbe wird über rotviolett, schmutzigblau und oliv farblos. Kalt fraktioniert mit Wasser fällen, vom dunkeln Niederschlag filtrieren und aus dem Filtrat mit viel Wasser das mit obigem identische N-Methylprodukt ausfällen. Aus Pyridin umkrystallisieren. — Aus 1, 5- und 1, 8-Diaminoanthrachinon erhält man ebenso die sym. **1, 5- und 1, 8-Dimethylaminoanthrachinone** [3113].

3115 **DRP. 165 728** E. P. 11 196/05 F. P. 354 717 — DRP. 116 951 DRP. 158 531

5 T. Erythrooxyanthrachinonphenyläther mit 100 T. Methylamin-Pyridinlösung (10%) im Autoklaven 5 St. auf 150° erhitzen und kalt mit Wasser oder Methylalkohol das **1-Methylaminoanthrachinon** [3113] ausfällen. Mit 50 T. Anilin erhält man ebenso **1-Phenylaminoanthrachinon** [3177, 3440] mit 25 T. 2-Naphthylamin bei 180° **1-β-Naphthylaminoanthrachinon** [3445]. — Ferner aus 10 T. Anthrarufindiphenyläther, 25 T. Methylamin-Pyridinlösung (10%) 4—5 St.

bei 150°—160°: **1,5-Dimethyldiaminoanthrachinon** [3113]; mit 45 T. Dimethylamin-Pyridinlösung (10%) 3 St. bei 110°115°: **1-Dimethylamino-5-phenoxyanthrachinon** [3477], Sch.-P. 148°; man löst die ölige, später erstarrte Schmelze in Salzsäure (20%), filtriert, fällt das Filtrat mit Natronlauge und krystallisiert aus Sprit um. 10 T. Anthrarufindiphenyläther mit 100 T. p-Toluidin gekocht, bis die violette Färbung nicht mehr intensiver wird, gibt nach dem Abkühlen oder Fällen mit Wasser oder Methylalkohol **1,5-Di-p-tolylaminoanthrachinon** [3456]. — 6 T. Chrysacindiphenyläther mit 40 T. Dimethylaminlösung (10%) 3 St. auf 115° erwärmt gibt **1-Dimethylamino-8-phenoxyanthrachinon,** Sch.-P. 127,5°; aus 10 T. des Äthers rssultiert durch 5—7-stündiges Kochen mit 100 T. Anilin **1-Phenoxy-8-phenylaminoanthrachinon,** aus Pyridin lange Nadeln vom Sch.-P. 173,5°. — Aus 10 T. Chrysazin-di-p-thiokresoläther (nach [3480] aus 1,8-Dinitroanthrachinon und p-Thiokresol) wird durch 2-stündiges Erhitzen mit 150 T. Methylamin-Pyridinlösung (10%) auf 130° ebenso **1,8-Dimethyldiaminoanthrachinon** erhalten wie aus 1-Nitro-8-oxy-anthrachinon-o-kresyläther [3477] mit der 20-fachen Menge Methylaminlösung (10%) in 10 St. bei 140°. — **1,5-Tetramethyldiaminoanthrachinon** [3245] wird aus 1,5-Nitrothiokresoläther [3480] und Dimethylamin-Pyridinlösung in 4 St. bei 130°—140° hergestellt und schließlich **1,5-Diaminoanthrachinon** durch 24-stündiges Erhitzen von 2 T. 1-phenoxy-2-anthrachinonsulfosaurem Ammon mit 25 T. Ammoniak (20%) auf 180°.

3116 **DRP. 175 024** — Ber. 12, 1419 DRP. 136 872

10 T. anthrachinon-1-sulfosaures Natrium mit 100 T. Ammoniak (20%) im Autoklaven 8 St. auf 180°—190° erhitzen, kalt filtrieren und das 1-Aminoanthrachinon mit heißem Wasser waschen. Mit 100 T. wässeriger Monomethylaminlösung (10%) erhält man in 4 St. bei 150° bis 160° ebenso das **1-Methylaminoanthrachinon** [3113], mit 37,5 T. p-Toluidin und 62,5 T. 4 St. bei 180° nach dem Extrahieren des unveränderten p-Toluidins mit Salzsäure und Auskochen des Rückstandes mit verdünnter Natronlauge zur Entfernung eines gelblöslichen Nebenproduktes das **1-p-Tolylaminoanthrachinon** [115 048], das aus Pyridin + Methylalkohol umkrystallisiert wird.

3117 **DRP. 256 515** A. P. 1 063 172 E. P. 27 710/11 F. P. 444 175 — Ber. 12, 1419 DRP. 181 722

Sulfogruppenersatz bei Gegenwart von Oxydationsmitteln, die die Aminoverbindung nicht angreifen. — 40 T. Na-Salz der 2,6- oder 2,7-Anthrachinondisulfosäure, 250 T. Ammoniak (25%), 78 T. Kupfersulfat 24 St. im Rührautoklaven auf 200° erhitzen und das Produkt umkrystallisieren oder mit verdünnter Salpetersäure reinigen. Man erhält so **2,6-(2,7-) Diaminoanthrachinon;** ebenso aus dem Na-Salz der 2-Aminoanthrachinonsulfosäure mit 156 T. Braunstein (80%) und 130 T. Wasser 2-Aminoanthrachinon. 100 T. K-Salz der Anthrachinon-1-sulfosäure geben mit 600 T. Methylaminlösung (6%) und 13 T. Kaliumbromat in 5—6 St. bei 150° reines **1-Methylaminoanthrachinon,** mit 370 T. Anilin, 350 T. Wasser und 15 T. Kaliumbichromat in 10—15 St. bei 200°: **1-Phenylaminoanthrachinon.**

3118 **DRP. 205 881** Zusatz zu DRP. 165 728

Wie [3115], jedoch Austausch nicht der Aryl-, sondern der Alkyläthergruppe gegen Alkylaminoreste. — Z. B. entsteht **1-Monomethylaminoanthrachinon** durch 12stündiges Erhitzen von 10 T. Erythrooxyanthrachinonmethyläther mit 300 T. Monomethylamin-Pyridinlösung (10%) auf 160°. Die Produkte sind zumeist schon Farbstoffe.

3119 **DRP. 288 825** — DRP. 125 567

25 T. 1-Aminoanthrachinon in die Mischung von 52 T. Methylalkohol und 200 T. Oleum, die bei 20°—30° bereitet wurde, eintragen und einige Zeit auf 200°—210° erhitzen. In Wasser gießen, 1-Methylaminoanthrachinon aus Anilin umkrystallisieren. Aminoanthrachinonsulfosäuren geben methyliert direkt Wollfarbstoffe.

3120 **DRP. 218 571**

Anthrachinonstickstoffderivate

$$C_6H_4(CO)_2C_6H_3 \cdot NH \cdot C_3H_5O = C_{17}H_{13}NO_3 = 279.$$

50 T. 1-Aminoanthrachinon mit einem Gemenge von 400 T. Eisessig und 80 T. Epichlorhydrin unter Rückfluß erhitzen, bis die Rotfärbung nicht mehr zunimmt und kalt das chlorhaltige **Anthrachinonepichlorhydrin-Kondensationsprodukt** filtrieren. Dieses und die Produkte aus 1,5-Diaminoanthrachinon-1,4-aminooxyanthrachinon und 1-Amino-5-chloranthrachinon lösen sich in Pyridin oder Eisessig gelbrot bis rot, in Schwefelsäure bei 90° blau, rot oder blaurot, in Oleum (65%) violett, grünblau bis blau. — Nach

3121 **Zus. DRP. 235 312**

ersetzt man zur Herstellung dieser **N-Oxalkylaminoanthrachinone** das Epichlorhydrin durch Äthylenoxyd oder dessen Abkömmlinge. Diese und die Körper des Hauptpatents sind sulfiert Farbstoffe.

3122 **DRP. 232 127**

Anthrachinonglycine $C_6H_4(CO)_2C_6H_3 \cdot NH \cdot CH_2 \cdot COOH = C_{16}H_{11}NO_4 = 281.$

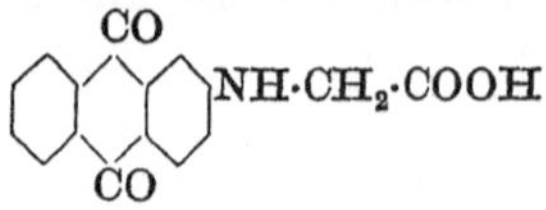

20 T. 2 Aminoanthrachinon in 1000—2000 T. Wasser fein verteilen, mit 50 T. Natronlauge (30°) und der nötigen Menge Natriumhydrosulfit warm lösen, 8 T. Glyoxyl- oder 10 T. Thioglyoxylsäure als Na-Salze zugeben, unter Luftabschluß einige Stunden warm stehenlassen, Luft einblasen, vom 2-Aminoanthrachinon filtrieren und im Filtrat mit Salzsäure **2-Anthrachinonglycin** fällen. Aus Wasser orangegelbe Krystalle vom Sch.-P. 236°. — **1-Anthrachinonglycin** (rote Krystalle) schmilzt bei 262° unter Zersetzung; in Sprit rotgelb, in Alkali violett löslich.

3123 **DRP. 241 822**
E. P. 11 804/10
F. P. 415 789
—
DRP. 167 410

2-Anthrachinonylharnstoffchlorid

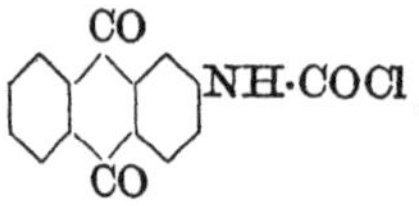

$C_6H_4(CO)_2C_6H_3 \cdot NH \cdot COCl = C_{15}H_8NO_3Cl = 286.$

Phosgen bei 50° in Nitrobenzollösung auf 2-Aminoanthrachinon bis zum Verschwinden des letzteren einwirken lassen. Gelber Farbstoff. — Die Mono- und Dianthrachinonylharnstoffe einer weiteren größeren Zahl von Patenten, z. B. DRP. 236 375 und Zusätze sind sämtlich Küpenfarbstoffe.

3124 **DRP. 211 958**

Acetaminoanthrachinon 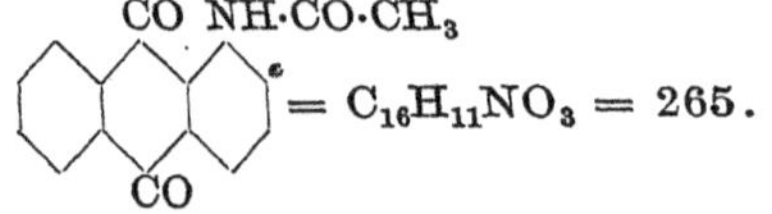

$= C_{16}H_{11}NO_3 = 265.$

10 T. 1-Aminoanthrachinon in 100 T. Oleum (23%) lösen, 10 T. Essigsäureanhydrid zurühren, auf 30°—40° erwärmen, bis eine in Wasser gegossene Probe nicht mehr roten, sondern gelben Niederschlag abscheidet. Vorsichtig in Wasser gießen, filtrieren und waschen. — Ebenso **1-Acetamino-2-methylanthrachinon** und andere Acetaminoanthrachinone auch aus jenen Dianthrachinonimiden, die durch Verkettung von drei Anthrachinonresten mit zwei Imidgruppen entstanden sind [vgl. die Farbstoffpatente 184 905, 197 554].

3125 **DRP. 224 490**
A. P. 958 325
—
DRP. 29 929
Ber. 17, 1284
DRP. 133 760

2-Anthrachinonisocyanat $C_6H_4(CO)_2C_6H_3 \cdot N:CO = C_{15}H_7NO_3 = 249.$

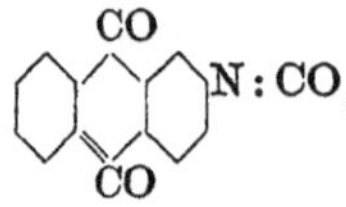

Eine Suspension des Harnstoffchlorides [3123] (also des Einwirkungsproduktes z. B. von 500 Vol.-T. einer Phosgen-Xylollösung (25%) auf 100 T. 2-Aminoanthrachinon bei gewöhnlicher Temperatur durch Mahlen erhalten, bis eine Probe sich mit verdünntem Sprit nicht mehr rot färbt) bis zur Lösung auf 130°—150° erwärmen, rasch abkühlen, die farblosen Krystalle absaugen und mit Äther waschen. Aus Xylol + etwas Phosgen umkrystallisieren, Sch.-P. 173°. Regeneriert mit konz. Schwefelsäure das 2-Aminoanthrachinon.

3126 **DRP. 163 447**

Ber. 17, 572

Anthrachinonhydrazine

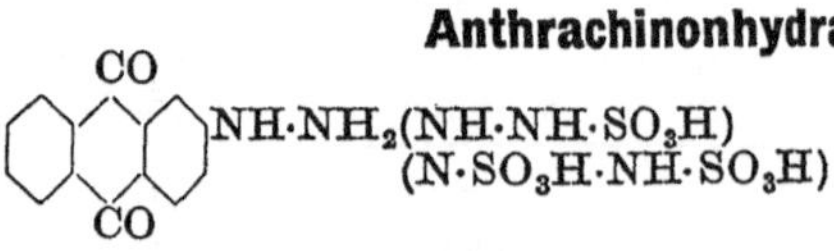

$C_6H_4(CO)_2C_6H_3 \cdot NH \cdot NH_2 (NH \cdot NH \cdot SO_3H) (N \cdot SO_3H \cdot NH \cdot SO_3H) = C_{14}H_{10}O_2N_2 = 238.$

Aminoanthrachinone in konz. Schwefelsäure mit Nitrit diazotieren [3260], die Diazoverbindungen mit Alkalisulfiten oder -bisulfiten umsetzen und die erhaltenen Diazosulfosäuren mit Zinkstaub, Zinnchlorür, Hydrosulfit oder mit schwefligsauren Salzen, (dann mit der Umsetzung oben in einer Operation) reduzieren; in letzterem Falle tritt dann noch eine Sulfogruppe ein. Diese Körper sind schon Farbstoffe.

3127 **DRP. 136 777**

Dimethylaminoanthrachinon $C_6H_4(CO)_2C_6H_3 \cdot N(CH_3)_2 = C_{16}H_{13}NO_2 = 251.$

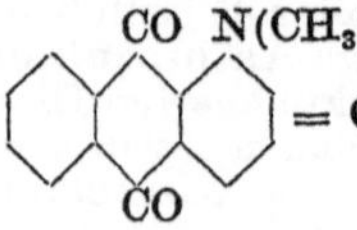

10 T. 1-Mononitroanthrachinon mit 200 T. alkoholischer Dimethylaminlösung (10%) unter Rückfluß bis zur Lösung (6—10 St.) kochen. Kalt krystallisieren lange Prismen vom Sch.-P. 138° aus. — Ebenso reagieren andere Basen, z. B. Piperidin oder Piperazin.

c) Substituent mit O oder S beginnend.

3128 **DRP. 75 054**
— Ber. 38, 2862

Oxyanthrachinone [Strukturformel: Anthrachinon (CO, CO) mit OH] $= C_{14}H_8O_3 = 214.$

Erwärmen von Oxyanthrachinonmethyläther [3136] mit Mineralsäuren unter Druck führt zum **1-Oxyanthrachinon,** ebenso folgendes Verfahren des

3129 **DRP. 97 688**

1 T. o-Aminoanthrachinon in 10—15 T. Schwefelsäure (66°) lösen und bei gewöhnlicher Temperatur 1 Mol. Nitrit zugeben. Die Selbsterwärmung durch Erwärmen auf 90°—120° unterstützen, bis eine Probe der gelbroten Lösung in Wasser gegossen alkalilösliche, eigelbe Flocken gibt. In Wasser gießen, Niederschlag in Alkali lösen, mit Säure fällen und aus Sprit oder Benzol umkrystallisieren. — Ebenso **Purpurin(-sulfosäure)** aus Aminoalizarin(-sulfosäure).

3130 **DRP. 163 517**
E. P. 27 373/04
F. P. 348 926

Die Diazoverbindung [3260] in wässeriger Lösung mit 500 T. Sprit auf 60° erwärmen und nach Beendigung der Stickstoffabspaltung kalt die gelben Nadeln filtrieren. Nach

F.P. 336 867 Zus.
E. P. 1062/05

erhitzt man zum selben Zweck des Ersatzes der Diazo- gegen die OH-Gruppe mit einem Gemenge von Ätznatron und einem neutralen Erdalkalisalz, und erhält ebenfalls **1-(Erythro-)oxyanthrachinon.**

3131 **DRP. 172 642**
F. P. 336 867
—
DRP. 127 439
DRP. 127 532
DRP. 141 296
DRP. 142 154
DRP. 149 801

25 T. anthrachinon-1-monosulfosaures Kalium mit einer Lösung von 3 T. Ätznatron in 800 T. Wasser im Autoklaven 15 St. auf 150° erhitzen, bei 100° mit Schwefelsäure ansäuern und die hellgelben Nädelchen filtrieren. Durch Verschmelzen von 30 T. dieses Erythrooxyanthrachinons mit 130 T. Ätzkali und 76 T. Ätznatron bei 230° erhält man nach Oxydation und Entfernung des gebildeten Alizarins ein schwerlösliches, vermutlich aus 2 Mol. Erythrooxyanthrachinon bestehendes Kondensationsprodukt, das in alkalischer Natriumhydrosulfitlösung küpt.

3132 **DRP. 106 505**
E. P. 23 644/98
F. P. 282 937

15 T. anthrachinonmonosulfosaures Natrium mit 15 T. gebranntem (mit 120 T. Wasser gelöschtem) Kalk verrühren, im Rührautoklaven 24—30 St. auf 170° erhitzen, die schokoladebraune Schmelze mit 300 T. Wasser kochen, das **2-Oxyanthrachinon** mit Salzsäure als hellgrüne Paste fällen.

3133 **DRP. 148 110**
—
Lit. wie [1375]

Wie [3107] aus m-Oxybenzoyl-o-benzoesäure [1375] bei nur 100°. Das ausgefallene Gemenge von o- und m-Oxyanthrachinon trennen.

3134 **DRP. 249 368**
Zusatz zu
DRP. 241 806
und DRP. 245 987
A.P. 1036 880—81
E. P. 11 915/12
F. P. 435 118

74,5 T. Anthrachinon in feiner Verteilung mit 31 T. Salpeter, 102 T. kryst. Natriumsulfit, 195 T. Ätzkalk und 1267 T. Wasser 70 St. auf 190° erhitzen, verdünnen, Luft durchleiten, mit Salzsäure fällen, filtrieren und waschen. Im Rückstand das 2-Oxyanthrachinon mit verdünnter Natronlauge extrahieren und mit Salzsäure fällen. Statt Ätzkalk 1540 T. Natronlauge (10%) verwendet, gibt **Alizarin** viel **Anthraflavinsäure;** mit 1370 T. Kalilauge (33%): 50% Alizarin und je 25% **Anthrapurpurin** und **Flavopurpurin.** — Nach

3135 **Zus.**
DRP. 251 236
E. P. 24 642/11

werden nicht fertige Sulfite, sondern sulfitbildende Stoffe (Sulfosäuren, Thioschwefelsäure, Sulfide usw.) verwendet. — Z. B.: 75 T. Anthrachinon, 42 T. Salpeter, 40 T. Natriumthiosulfat, 1460 T. Natronlauge (17%) 3 Tage auf 185°—195° erhitzen. — Oder statt des Thiosulfates 30 T. Natriumhydrosulfit oder 273,5 T. nitrilsulfonsaures Natrium (Ann. **241,** 180; erhalten aus 23,5 T. Natriumnitrit + 250 T. Bisulfit [40%]) usw.

3136 **DRP. 75 054**

Oxyanthrachinonalkyläther [Strukturformel: Anthrachinon mit O·R] $= C_{15}H_{10}O_3 = 238$.

1 T. Mononitroanthrachinon + 1 T. Ätznatron + 10—20 T. Methylalkohol 2 Tage unter Rückfluß gelinde sieden. Die braunrote Flüssigkeit scheidet dann krystallinischen Niederschlag ab. In kaltes Wasser gießen, filtrieren. In organischen Lösungsmitteln leicht löslich. Aus Sprit in hellgelben Krystallen. Sch.-P. 140°—145°. In konz. Schwefelsäure gelbrot löslich.

3137 **DRP. 156 762** Austausch der Sulfo- gegen Alkoxylgruppen. Z. B.: 20. T anthrachinon-1-sulfosaures Kalium + 250 T. Methylalkohol + 25 T. Ätzkali kochen, wenn die Sulfosäure verschwunden ist, in Wasser gießen und filtrieren. Der mit heißem Wasser ausgewaschene Rückstand ist reiner **Erythrooxyanthrachinonmethyläther.** — Ebenso **Chrysazindimethyläther:** 20 T. 1, 8-anthrachinondisulfosaures Kalium, 20 T. Ätznatron, 200 T. Methylalkohol 20 St. unter Rückfluß sieden; ferner **Anthrarufindimethyläther** in denselben Mengen aus 1, 5-anthrachinonsulfosaurem Kalium und nach

3138 **Zus. DRP. 166 748** **2-Oxyanthrachinonmethyläther** aus 10 T. anthrachinon-2-sulfosaurem Natrium, 7,5 T. Ätznatron, 65 T. Methylalkohol im Autoklaven 2 St. bei 130°.

3139 **DRP. 229 316** — Ber. 39, 114 1 T. 1-Chloranthrachinon [3083] mit einer Lösung von 2 T. Ätzkali in 30 T. Methylalkohol im geschlossenen Gefäß 10 St. auf 80° erwärmen und kalt den **Erythrooxyanthrachinonmethyläther** absaugen. — Ebenso aus 2-Chloranthrachinon bei 130° das **2-Methoxyanthrachinon;** aus 1, 8-Dichloranthrachinon [3164], 2 T. Natrium und 25 T. wasserfreiem Methylalkohol in 20 St. unter Rückfluß **Chrysazindimethyläther** als Leukoverbindung (aus Eisessig goldgelbe Blätter); aus 1-Benzoylamino-4-bromanthrachinon mit 1 T. Natrium, 10 T. wasserfreiem Acetat und 200 T. Methylalkohol das **1-Benzoylamino-4-methoxyanthrachinon** [**DRP.** 225 232] (Küpenfarbstoff); aus 1-Methylamino-4-bromanthrachinon [3190] ebenso unter Zusatz von 1 T. Kupferacetat **1-Methylamino-4-methoxyanthrachinon,** aus Pyridin violette Krystalle, die in Schwefelsäure gelb, + Borsäure grün mit braunroter Fluorescenz löslich sind; aus **1-Methoxy-4-chloranthrachinon** (erhalten durch Chlorieren von 1-Methoxyanthrachinon in Eisessiglösung) ebenso mit Kupferacetat im Autoklaven in 8 St. bei 120° den **Chinizarindimethyläther,** der in Schwefelsäure violettrot löslich ist (Ber. 28, 117).

3140 **DRP. 243 649** — Ann. 349, 223 100 T. Na-Salz des 1-Oxyanthrachinons bei 180° in 200 T. p-Toluolsulfosäuremethylester eintragen, die zähe, hellgelbe Schmelze mit Sprit verreiben, den **1-Oxyanthrachinonmonomethyläther** filtrieren und mit Wasser und etwas Sprit waschen. Nach

3141 **DRP. 242 379** erhitzt man zur Darstellung des **Erythrooxyanthrachinonmethyläthers** 240 T. wasserfreie Soda, 600 T. Dimethylsulfat und 100 T. Erythrooxyanthrachinonkalium auf 140°, nimmt die erstarrte Schmelze mit Wasser auf, filtriert und wäscht neutral. — Ebenso **Chinizarindimethyläther,** der, aus Benzol umkrystallisiert, bei 170°—171° schmilzt.

3142 **DRP. 158 277** — Ber. 19, 1296; 21, 1167

Oxyanthrachinonglykolsäuren und ihre Ester

[Strukturformel: Anthrachinon mit O·CH₂·COOH(R)] $= C_{16}H_{10}O_5 = 282$.

1 T. 2-Oxyanthrachinon-Na-Salz mit 3 T. Chloressigsäureäthylester 5 St. unter Rückfluß erhitzen, mit Wasser auskochen und den Rückstand aus Sprit umkrystallisieren: **2-Oxyanthrachinonglykolsäureäthylester,** gelblichweiße Nadeln vom Sch.-P. 153°, die unzersetzt destillieren. In Schwefelsäure orangefarbig, in Ligroin schwer löslich. Aus der Spritlösung des Esters resultiert durch Fällung mit Natronlauge das Na-Salz der **2-Oxyanthrachinonglykolsäure** als krystallinisches Pulver, diese selbst aus der wässerigen Na-Salzlösung durch Fällung mit Säure, Sch.-P. 234°—235°. — Ebenso **1-Oxyanthrachinonglykolsäureäthylester,** gelbe Nadeln vom Sch.-P. 174°—175°, ferner **Alizarin-2-glykolsäureäthylester,** Sch.-P. 165°—166° (die freie Säure schmilzt bei 267°—268°) und **Anthrachryson-3, 7-diglykolsäureäthylester** aus 1 T. Anthrachrysontetra-Na-Salz und 4—5 T. Bromessigsäureäthylester 4—5 St. unter Rückfluß. Aus Eisessig gelbe Nadeln vom Sch.-P. 227°—229°. Die freie, sehr schwer lösliche Säure schmilzt über 290°.

3143 **DRP. 208 640**

Ber. 7, 1755

Anthrachinonmercaptane (Strukturformel: Anthrachinon mit CO, CO, SH) $= C_{14}H_8O_2S = 240$.

10 T. Rhodananthrachinon [3149] in 20 T. Sprit + 60 T. einer Lösung von Ätznatron in Sprit (10%) unter Rückfluß kochen, bis eine Probe kirschrot in Wasser löslich ist, in so viel heißem Wasser lösen, daß Lösung eintritt, filtrieren und das **1-Anthrachinonmercaptan** mit Salzsäure fällen. Aus Eisessig gelbe Nadeln vom Sch.-P. 187°. In Schwefelsäure rot, erwärmt rotstichig gelb löslich. Aus 3 T. 2-Rhodananthrachinon, 10 T. Ätzkali und 90 T. Wasser (unter Rückfluß bei Luftabschluß gekocht) erhält man ebenso das **2-Anthrachinonmercaptan.** — Frühere DRP. 204 772, 206 536, 212 857 usw. sämtlich Farbstoffe.

3144 **DRP. 241 985**

DRP. 204 772
DRP. 206 536
F. P. 390 157

112 T. 1-Aminoanthrachinon in 375 T. Monohydrat unter 5° mit 40 T. gepulvertem Natriumnitrit diazotieren, auf Eis gießen, die Diazoverbindung absaugen, in eine 70° warme Lösung von 100 T. xanthogensaurem Kali und 75 T. Soda in 1000 T. Wasser eintragen, aufkochen, kalt ansäuern, den erhaltenen Xanthogenester mit 100 T. Natronlauge (40°) in 750 Vol.-T. wässerigem Sprit gelöst, verseifen, Sprit abdestillieren, den Rückstand in heißem Wasser lösen, filtrieren, das Filtrat ansäuern und die olivbraunen Flocken des Mercaptans filtrieren. In Alkali violettrot löslich, oxydiert sich leicht zum Disulfid, von dem es durch Eisessig getrennt wird. In Schwefelsäure rotbraun unter Schwefeldioxydentwicklung löslich. Sch.-P. 187°. — Ebenso das Anthrachinon-2-mercaptan.

3145 **DRP. 281 102**

Zusatz zu
DRP. 204 772
und DRP. 206 536
DRP. 212 857

Ein Teil Anthrachinon-2(-1-)-sulfochlorid mit der Lösung von 5 T. kryst. Schwefelnatrium und 15 T. Wasser 6 St. im Autoklaven bei 100° rühren, das Mercaptan als Na-Salz aussalzen. In den vorhergehenden Patenten wird die Reaktion mit Halogen- bzw. Sulfoanthrachinonen ausgeführt.

3146 **DRP. 292 457**

Wie [3145] aus Anthrachinonsulfochlorid bzw. -sulfinsäure mit Hydrosulfit. — Die Mercaptane (auch die Anthrachinonyldi- und -polysulfide) reagieren nach

3147 **DRP. 262 477**

in schwefelsaurer Lösung mit Kohlenwasserstoffen (Benzol, Naphthalin, Anthracen) bei gewöhnlicher Temperatur unter SO_2-Entwicklung. Es entstehen Küpen- bzw. Wollfarbstoffe.

3148 **DRP. 277 439**

Ber. 45, 2965

1-Anthrachinonylschwefelbromid (Strukturformel: Anthrachinon mit CO, CO, SCl(Br)) $= C_{14}H_7O_2SCl = 275$.

23,8 T. 1-Anthrachinonyldisulfid $(C_{14}H_7O_2S)_2$ in 240 T. Chloroform suspendieren, 8 T. Brom zusetzen, bis zum Verschwinden des Disulfides kochen. Orangefarbene Nadeln vom Sch.-P. 214°. — Ebenso **2-Anthrachinonylthiochlorid.** — Vgl. Z. Bl. 1920, I, 116.

3149 **DRP. 206 054**

Anthrachinonrhodanide (Strukturformel: Anthrachinon mit CO, CO, SCN) $= C_{15}H_7O_2NS = 265$.

Diazoanthrachinonsulfat (10 T. α-Aminoanthrachinon in konz. Schwefelsäure diazotieren) in 150 T. Wasser lösen, mit einer Lösung von 4,5 T. Rhodankalium in 5 T. Wasser langsam auf 90°—100° erwärmen, bis die Stickstoffentwicklung beendet ist, kurze Zeit kochen und das **Rhodananthrachinon** filtrieren. Leicht löslich. Aus Nitrobenzol gelbe Nadeln vom Sch.-P. 231°. Dieses und die Rhodanide aus 2-Amino-, 1, 5-Diamino- und 1-Amino-4-oxyanthrachinon lösen sich in konz. Schwefelsäure gelbrot bis braun, bei 50° gelb bis orange, in Oleum (20%) blutrot bis violettblau.

3150 **DRP. 256 667**

Anthrachinonselencyanide (Strukturformel: Anthrachinon mit CO, CO, Se·CN) $= C_{15}H_7NO_2Se = 312$.

2,2 T. 1-Aminoanthrachinon in Schwefelsäure (66°) mit Nitrosylschwefelsäure diazotieren, auf Eis gießen, das Diazosulfat mit einer wässerigen Lösung von 1,5 T. Selencyankalium verrühren, das rote Diazoselencyanid bis zum Aufhören der Stickstoffentwicklung erwärmen und das **Selencyananthrachinon** aus Nitrobenzol umkrystallisieren. Sch.-P. 249°. — Ebenso aus 1-Amino-5-anthrachinonsulfosäure die **1-Selencyan-5-anthrachinonsulfosäure.** — Nach

DRP. 264 940 erhält man aus diesen Produkten mit alkoholischem Kali unter Luftabschluß **Anthrachinonselenophenole** (Farbstoffe), nach

3151 **DRP. 264 139** mit Ammoniak: **Anthrachinonisoselenazole,** nach

DRP. 264 941 aus negativ substituierten Anthrachinonderivaten mit Alkaliseleniden oder Polyseleniden Anthrachinonselenophenole und **Anthrachinondiselenide** ebenfalls von Farbstoffcharakter. So erhält man z. B. das freie Anthrachinonselenophenol

[Strukturformel: Anthrachinon (CO, CO) mit SeH]

durch Erhitzen von 2-Chloranthrachinon mit einer Suspension von Selennatrium (aus 1 T. Selenwasserstoff, 3 T. Ätznatron, 3 T. Wasser und 30 T. Sprit) unter Rückfluß. Das durch Ansäuern abgeschiedene Selenophenol bildet aus Eisessig oder Pyridin gelbe Nadeln, die in H_2SO_4 violettrot löslich, mit konz. Salpetersäure oxydiert eine farblose krystallinische Seleninsäure geben.

3152 **DRP. 239 762**

Anthrachinonyl-Thioderivate [Strukturformel: Anthrachinon (CO, CO) mit $S \cdot CONH_2$] $= C_{15}H_9O_3SN = 283$.

22,5 T. 1-Aminoanthrachinon in Schwefelsäure (66°) diazotieren, das Diazoniumsulfat in 370 T. Wasser lösen, langsam eine Lösung von 7,6 T. Thioharnstoff in 7 T. Wasser zufließen lassen, kochen, wenn die Stickstoffentwicklung beendet ist, das Produkt absaugen, waschen und aus Sprit umkrystallisieren. Der Analyse nach resultiert **Anthrachinonylthiokohlensäureamid.** Gibt mit Alkali erwärmt das Mercaptan, trocken erhitzt ein ringgeschlossenes Thioderivat. Mit 15 T. Phenylthioharnstoff entsteht das phenylierte Derivat, das mit Sprit + Natronlauge eine rotviolette, oxydable Lösung gibt **(1-Anthrachinonylmercaptan).**

3153 **DRP. 263 340**
Zusatz zu
DRP. 224 019

Anthrachinonsulfinsäuren [Strukturformel: Anthrachinon (CO, CO) mit SO_2H] $= C_{14}H_8O_4S = 272$.

Wie [158—162]. — 306 T. Anthrachinon-2-sulfochlorid, 600 T. Wasser und 240 T. Schwefelnatrium unter 40° zur Reaktion bringen, die braune, filtrierte Lösung ansäuern, die ausgefallene **Anthrachinon-2-sulfinsäure** in Alkali lösen, filtrieren und mit Salzsäure fällen. Aus Aceton oder Eisessig farblose Krystalle vom Sch.-P. 215°. Die Alkalisalze sind gelb, in Wasser löslich, aber aussalzbar, das Ca- und das Pb-Salz sind schwer löslich. In Schwefelsäure rötlichgelb, erwärmt rot löslich, mit wenig Hydrosulfit braun, mit viel gelb, später grün; beide Lösungen verblassen an der Luft. — Ebenso: **Anthrachinon-1-sulfinsäure,** die sich über 200° zersetzt und deren rötlichgelbe schwefelsaure Lösung sich beim Erwärmen nicht verändert. Mit viel Hydrosulfit entsteht eine tiefrote, beständige Färbung. — **Anthrachinon-2,6-** und **2,7-disulfinsäuren,** ebenso wie **2-Chloranthrachinon-7-sulfinsäure** entstehen analog aus den betreffenden Sulfochloriden. — **1-p-Toluidoanthrachinon-Bz-o-sulfochlorid** (erhalten aus 393 T. 1-p-Toluidoanthrachinon-Bz-o-sulfosäure, 220 T. Phosphorpenta- und 1000 T. Phosphoroxychlorid, letzteres abdestillieren, Produkt in Eiswasser gießen, mit Chloroform lösen und mit Gasolin fällen; braunes, in Schwefelkohlenstoff lösliches, in Alkali unlösliches Pulver), 1-Anilidoanthrachinon-Bz-p-sulfosäure und α, β-Naphthanthrachinon-Bz-sulfosäure (Sch.-P. 260°) geben ebenso mit Natriumsulfit in wässeriger Lösung die betreffenden Sulfinsäuren.

3154 **DRP. 266 521**
Ber. 13, 692;
42, 1802
J. pr. 46, 152
DRP. 217 552

Anthrachinonsulfosäurechloride

[Strukturformel: Anthrachinon (CO, CO) mit SO_2Cl] $= C_{14}H_7O_4SCl = 307$.

310 T. Na-Salz der Anthrachinon-2-sulfosäure mit 1550 T. Chlorsulfonsäure 15 Min. auf 100° erwärmen, kalt in Wasser gießen, das Produkt absaugen, heiß waschen und

aus Chloroform umkrystallisieren. Sch.-P. 193°. — Ebenso **Anthrachinon-2, 6-disulfosäurechlorid** aus 412 T. Na-Salz der Anthrachinon-2, 6-disulfosäure und 3000 T. Chlorsulfonsäure 5—6 St. bei 90°—100°. Aus Nitrobenzol umkrystallisieren, Sch.-P. 250°. Das **Anthrachinon-2, 7-disulfosäurechlorid** schmilzt bei 186°.

3155 **DRP. 281 911**

1 T. Anthrachinon und 4 T. Chlorsulfonsäure 16 St. im Wasserbad erhitzen, kalt über Asbest absaugen, mit Schwefelsäure (66°), dann mit Wasser waschen und trocknen. Aus Nitrobenzol gelbe Nadeln vom Sch.-P. 268° unter Zersetzung. In H_2SO_4 (66°) schwer, in Oleum (38%) grün löslich. Gibt mit NaOH kochend verseift das Na-Salz einer in H_2SO_4 türkisblau löslichen Sulfosäure.

3156 **DRP. 19 721**
E. P. 5296/81
—
Geschichte:
Ber. 37, 646

Anthrachinonsulfosäuren $C_6H_4(CO)_2C_6H_3$ } $SO_3H = C_{14}H_8O_5 = 288$.

Aus Anthrachinon und einem Gemenge von 1 T. Monohydrat und 2 T. Metaphosphorsäure, das wie Oleum von 20—25% SO_3 wirkt, aber auch bei 280° bis 300° nur Spuren Schwefelsäureanhydrid entwickelt. — Ferner nach

3157 **DRP. 71 556**

wie [163]. Umsetzung nicht vollständig.

3158 **DRP. 149 801**
A. P. 743 664
A. P. 742 910
E. P. 13 803/03
F. P. 333 144
—
Ber. 36, 4194; 37, 66
E. P. 10 242/03
F. P. 332 709

50 T. Anthrachinon mit 60 T. Oleum (20%) und 0,4 T. feinst. gepulvertem Mercurosulfat 45 Min. auf 150° erhitzen, mit 700 T. Wasser verdünnen, vom unveränderten Anthrachinon filtrieren, Filtrat bei 80°—95° mit 30 T. kaltgesättigter K-Chloridlösung fällen und kalt die schwefelgelben, glänzenden Blättchen des völlig reinen, sehr schwer löslichen, charakteristischen K-Salzes der **Anthrachinon-1-sulfosäure** filtrieren. — Ebenso mit 0,5 T. Quecksilberoxyd 2—3 St. bei 170°. Mit Ammoniak auf 180°—190° erhitzt entsteht das bekannte **1-Aminoanthrachinon.**

3159 **DRP. 164 292**
—
DRP. 78 772

10 T. 1-Nitroanthrachinon als Paste mit einer Lösung von 50 T. Natrium- (oder Mangan-)sulfit in 500 T. Wasser 24—48 St. kochen, filtrieren und aus dem Filtrat mit Salzsäure und Kaliumchlorid Anthrachinon-1-sulfosäure als K-Salz ausfällen. — Ebenso erhält man aus 25 T. 1, 8-Dinitroanthrachinon mit 1650 T. Natriumsulfitlösung (10%) (kalte Lösung filtrieren und 12 St. stehenlassen oder mit Kaliumchlorid aussalzen) **1, 8-Anthrachinondisulfosäure.** Aus Wasser umkrystallisieren. Identisch mit [3291]. — Ebenso wird die **1, 5-Anthrachinondisulfosäure** [3291] erhalten. — Nach

3160 **Zus. DRP. 167 169**

gewinnt man ebenso aus 10 T. 1-Nitro-6-anthrachinonsulfosäure [Ber. 15, 1515] mit 90 T. Wasser und 15 T. Sulfit **1, 6-Anthrachinondisulfosäure** (Flavopurpurin) und aus 1, 5-Nitroanthrachinonsulfosäure durch Kochen mit 10 T. Sulfit in 250 T. Wasser, bis eine Probe mit Schwefelnatrium nicht mehr grün wird: **1, 5-Anthrachinondisulfosäure,** identisch mit [3291]. — Weiter auch die **1, 8-** und die **1, 7-Anthrachinondisulfosäure.**

3161 **DRP. 214 156**

100 T. Anthrachinon mit 80 T. Oleum (60%) bei Gegenwart von 0,1—0,2 T. Vanadinsulfat 1 St. bei 170° sulfieren. Das Chinon wird zu 86% in Mono- bzw. Disulfosäure verwandelt.

3162 Anm. F. 35 535, Kl. 12 o
29. 12. 13
Höchst

1-Chloranthrachinon mit wässeriger Natriumsulfitlösung unter Druck 12 St. auf 140° erhitzen. — Ebenso wird in 1, 4-Dichlor- und 1, 4-Chlornitroanthrachinon Chlor bzw. die Nitrogruppe gegen die Sulfogruppe ausgetauscht. Vgl. die Bildung der Benzaldehydderivate nach [504] [852].

3163 **DRP. 268 049**
—
Lit. wie [3071]

Wie [3071] entsteht aus Anthracen-2-sulfosäure durch Oxydation mit Stickstoffdioxyd in Nitrobenzol- oder o-Dichlorbenzollösung bei höchstens 100° die **Anthrachinon-2-sulfosäure.**

2. Anthrachinon mit zwei Substituenten.

a) Hal.—Hal.

3164 **DRP. 131 538**

Dihalogenanthrachinone $C_6H_4(CO)_2C_6H_2Cl_2$ = $C_{14}H_6O_2Cl_2$ = 277.

1, 5- (1, 8-)Dichlor-(brom-)anthrachinon: Wie [3081] aus den beiden Diaminoanthrachinonen (20 T., 300 T. Salzsäure, 18 T. Nitrit, 10 T. Kupferchlorür, 300 T. Salzsäure). — 1, 5-Verbindung aus Toluol (Tierkohle) bildet hellgelbe Nadeln vom Sch.-P. 232°, ebenso wird die 1, 8-Verbindung aus Toluol umkrystallisiert; beide sind in Schwefelsäure rotgelb bzw. gelb löslich. — Über **2, 6-Dibromanthrachinon** siehe Ber. 37, 4706.

3165 **DRP. 228 876** Anthracensulfosäuren in wässeriger Lösung halogenisieren. Es findet Austausch der Sulfogruppe und Oxydation statt. Z. B.: Die Lösungen von 30 T. 1, 8-anthracendisulfosaurem Natrium in 1000 T. Wasser und 180 T. Salzsäure (20°) und 60 T. Natriumchlorat in 400 T. Wasser bei 100° vereinigen, weitererwärmen und das abgeschiedene **1, 8-Dichloranthrachinon** filtrieren. Aus Eisessig Nadeln vom Sch.-P. 202°—203°. — Ebenso aus dem Na-Salz der Anthracen-1- oder -2-sulfosäure **1-** bzw. **2-Chloranthrachinon** und aus der Dichloranthracen-2, 6- bzw. -2, 7-disulfosäure das **2, 6-** bzw. **2, 7-Dichloranthrachinon.**

3166 **DRP. 280 739** 100 T. 1, 5-Dinitroanthrachinon und 200 Vol.-T. Thionylchlorid 10 St. auf 180°—200° erhitzen, saure und nitrose Gase abblasen, alkalisch stellen, das ausgeschiedene Produkt aus Eisessig, Chlorbenzol oder Nitrobenzol umkrystallisieren. Sch.-P. des reinen **1, 5-Dichloranthrachinons** bei 248°—251°.

---

b) Hal.—C.

3167 **DRP. 205 218** Zusatz zu DRP. 204 958 und DRP. 205 217

Halogenmethylanthrachinone $C_6H_4(CO)_2C_6H_2(CH_3)Cl$ = $C_{15}H_9O_2Cl$ = 257.

In ein 50° warmes Gemenge von 100 T. Phthalsäureanhydrid und 500 T. o-Chlortoluol langsam bei höchstens 60° 250 T. Aluminiumchlorid einrühren, 1/2 St. auf 70° erwärmen, kalt verdünnen, mit Dampf das Chlortoluol abtreiben, das Al-Salz der **Chlortoluylbenzoesäure** durch Kochen mit Soda in das Na-Salz überführen, filtrieren und das Filtrat mit Salzsäure fällen. Aus Eisessig oder Benzol weiße Prismen vom Sch.-P. 173°. Die Säure mit 10 T. Schwefelsäure 1/2 St. auf 110°—135° erwärmen, kalt in Eiswasser gießen und das **Methylchloranthrachinon** filtrieren. Gemenge zweier Isomeren; das in Eisessig unlösliche Produkt schmilzt bei 215° (2 Cl—3 CH_3), das mit Wasser gefällte Isomere der Mutterlauge (1 Cl—4 CH_3) bei 165°. — Ebenso, jedoch einheitlich, ist **Methyldibromanthrachinon** vom Sch.-P. 140° erhaltbar. Nitriert und reduziert entstehen **Mono-** und **Diaminomethylhalogenanthrachinon. — 2, 7-Chlormethylantrachinon** und die 2, 6-Verbindung nach [3495] auf ähnlichem Wege aus Chlorphthalsäureanhydrid, und Toluol nach Friedel-Crafts.

3168 **DRP. 269 249** E. P. 15 937/13 F. P. 460 432 — DRP. 158 951 DRP. 211 927 DRP. 216 715

3 T. 2-Methylanthrachinon, 5 T. Nitrobenzol, 0,2 T. Jod und 3—4 T. Sulfurylchlorid im Wasserbade unter Rückfluß 8—10 St. erhitzen; Schwefeldioxyd und Salzsäure entweichen, der Sulfurylchloridrest wird abdestilliert. Kalt krystallisiert ein Teil des **Chlor-2-methylanthrachinons** aus, der Rest wird durch Fällung der Mutterlauge mit Sprit erhalten. In Schwefelsäure orangefarbig löslich, die Farbe bleibt beim Erwärmen erhalten. Wird mit Kaliumacetat, p-Toluidin und Kupfer violettrot. Nach

3169 **Zus. DRP. 293 156** F. P. 460 432

arbeitet man wie im Hauptpatent, also in Nitrobenzol bei 95°—100°, chloriert jedoch statt mit Sulfurylchlorid mit Chlor in Gegenwart von Jod. Aus Eisessig umkrystallisieren.

3170 **DRP. 174 984**

Halogenanthrachinonaldehyde siehe [3096].

3171 **DRP. 250 742** — Ber. 49, 732

Chloranthrachinoncarbonsäuren (CO Cl, COOH, CO) $= C_{15}H_7O_4Cl = 287.$

Methylanthrachinone mit Stickstoff-Sauerstoffverbindungen oder bei Gegenwart von Nitrokörpern mit Chlor (Abspaltung von NO_2-Gruppen) oxydieren. — In eine Lösung von 25 T. 1-Chlor-2-methylanthrachinon in 200 T. Trichlorbenzol bei 160° Salpetrigsäuregas (aus arseniger Säure und Salpetersäure [1,383]) einleiten, kalt die Krystalle filtrieren, die mit Ligroin gewaschene **1-Chloranthrachinon-2-carbonsäure** in Soda lösen und mit Salzsäure fällen. — Ebenso entsteht aus 1, 4-Dichlor-2-methylanthrachinon (aus 1-Amino-2-methyl-4-chloranthrachinon) bei Gegenwart der 2—4-fachen Menge Nitro- oder m-Dinitrobenzol oder 1, 5- oder 1, 8-Dinitronaphthalin bei 160°—180° chloriert die **1, 4-Dichloranthrachinon-2-carbonsäure.** Diese bildet citronengelbe Nadeln vom Sch.-P. 246°—248°. Evtl. im Molekül des Methylanthrachinons vorhandene Nitrogruppen werden bei diesem Verfahren durch Chlor ersetzt. — Nach

3172 **Zus. DRP. 259 365** E. P. 22 840/12 F. P. 448 512

erhält man ebenso auch die α-Carbonsäuren. Z. B.: **4-Chlor-1-methylanthrachinon** (Ringschluß des Kondensationsproduktes von Phthalsäure und 4-Chlortoluol) in der 5—10-fachen Menge Nitrobenzol gelöst, bei 160°—170° Chlor einleiten, bis eine mit Soda gekochte Probe sich klar löst, Nitrobenzol abblasen und die **1-Chloranthrachinon-4-carbonsäure** (Sch.-P. 229°—230°) aufarbeiten. — Ebenso gewinnt man **3-Methylanthrachinon-1-carbonsäure** (Sch.-P. 246°—247°; Ber. **10**, 1483) aus 1, 3-Dimethylanthrachinon, erhalten durch Ringschluß des Kondensationsproduktes von Phthalsäure und m-Xylol mittels Schwefelsäure. Diese Methylcarbonsäure gibt mit wässerigem Permanganat weiteroxydiert **Anthrachinon-1, 3-dicarbonsäure** vom Sch.-P. über 300°.

3173 **DRP. 282 265**

Anthrachinonyl-2-acrylsäurederivate

(CO, CH: CH·COOH, CO) $= C_{17}H_{10}O_4 = 278.$

4 T. ω-Dibrom-2-methylanthrachinon oder 5 T. Anthrachinon-2-aldehyd und 3 T. bzw. 2,5 T. wasserfreies K- oder Na-Acetat und 20 T. Eisessig oder 30 T. Essigsäureanhydrid 40 St. bzw. $1^1/_2$ St. unter Rückfluß kochen, verdünnen, Rückstand mit Salzsäure erwärmen, bzw. durch Auskochen mit Lauge extrahieren, die Säure filtrieren. — Ebenso erhält man **3-Chloranthrachinonyl-2-acrylsäure** und **Nitroanthrachinonyl-2-acrylsäure.**

---

c) Hal.—N.

3174 **DRP. 137 782** — DRP. 131 538

Halogennitroanthrachinone (CO Cl, CO NO_2) $= C_{14}H_6NO_4Cl = 288.$

25 T. 1-Monochloranthrachinon in 250 T. Schwefelsäure (66°) lösen, unter 10° mit 8 T. Salpetersäure (42°) nitrieren, 5 St. bei höchstens 10° stehenlassen und die gelben Nadeln absaugen. Aus Eisessig krystallisiert **1, 4-Chlornitroanthrachinon** aus. In Sprit und konz. Schwefelsäure schwer, in Nitrobenzol leicht löslich. — Ebenso **1, 5, 4, 8-Dichlor-** und **-Dibromdinitroanthrachinon.**

3175 **DRP. 214 150**
Zusatz zu
DRP. 205 195
E. P. 2373/09
F. P. 386 599

Wie [3083, 3204]. — 100 T. 1, 5-Nitroanthrachinonmonosulfosäure als Na-Salz in 4000 T. Wasser kochend lösen, 300 T. Salzsäure zufügen, bei 90° eine Lösung von 100 T. Natriumchlorat in 1500 T. Wasser zufließen lassen, auf 95°—100° erwärmen, **1-Chlor-5-nitroanthrachinon** filtrieren, waschen und aus Eisessig umkrystallisieren. — Ebenso **1, 6-, 1, 7-, 1, 8-Chlornitroanthrachinon.** Die Körper lösen sich in Schwefelsäure gelb, mit Schwefelsäure + Borsäure erhitzt, ebenso wie in heißem Pyridin + Methylamin rot, in kochendem p-Toluidin rotviolett (1, 5- oder 1, 8-) oder rot (1, 6- und 1, 7-).

3176 **DRP. 271 681**
Zusatz zu
DRP. 267 544

Wie [3084] mit Nitroanthrachinonmono- oder -disulfosäuren, statt 1-Chloranthrachinon, die man unter Ausschluß von Wasser mit Thionylchlorid 10 St. auf 170° erhitzt. Die entstehenden Sulfochloride bilden dann unter SO_2-Abspaltung Chloranthrachinonderivate bzw. **1, 8- und 1, 5-Chlornitroanthrachinon.**

3177 **DRP. 115 048**
Zusatz zu
DRP. 104 901
—
DRP. 110 768
DRP. 110 769

Chloraminoanthrachinone 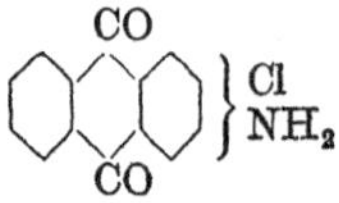 $= C_{14}H_8NO_2Cl = 257.$

Wie [3240]. — Z. B.: 10 T. 1-Aminoanthrachinon Bromdämpfen aussetzen und das lehmgelbe Produkt mit Wasser, dann mit Sodalösung waschen und trocknen. Aus Eisessig ziegelrote Nadeln des 1-Aminoanthrachinonbromides, Sch.-P. 222°. — Oder: In 60 T. Nitrobenzol suspendieren, bis zu 3 T. Gewichtszunahme Chlor einleiten (Kühlung!) und das abgeschiedene **1-Aminoanthrachinonchlorid** aus Eisessig umkrystallisieren. Nadeln vom Sch.-P. 217°—219°. — Oder: 10 T. 1-Aminoanthrachinon in 200 T. verdünnter Salzsäure suspendieren, langsam eine Lösung von 4 T. Natriumchlorat in 10 T. Wasser zufließen lassen, rühren und das Produkt aus Eisessig oder Epichlorhydrin umkrystallisieren.

3178 **DRP. 158 951**

10 T. 2-Aminoanthrachinon und 20 T. Sulfurylchlorid mit oder ohne Verdünnungsmittel (60 T. Benzol) 1 St. im Wasserbade erwärmen oder 8—10 St. stehenlassen, das ausgeschiedene **Chlor-2-aminoanthrachinon** mit Benzol waschen und aus Sprit oder Essigsäure umlösen. — Ebenso: **Monochlor-1-amino-2-methylanthrachinon** aus 10 T. 1-Amino-2-methylanthrachinon, 100 T. Nitrobenzol und 7,5 T. Sulfurylchlorid bei gewöhnlicher Temperatur (Selbsterwärmung!), dann $^1/_2$ St. im Wasserbade. Ferner: **Tetrachlor-1, 3-, 1, 8- und 1, 5-diaminoanthrachinon** und **Dichlor-2, 6-diaminoanthrachinon** (letzteres neben anderen Chlorprodukten) und **Chloramino-2-anthrachinoncarbonsäure** [3365]. — Die Produkte sind in Schwefelsäure oder Oleum gelb, braun, oliv, mißfarbig violett, in organischen Lösungsmitteln gelb bis rot oder unlöslich.

3179 **DRP. 148 110**
—
Lit. [wie 1375]

Wie [3107] aus Aminochlorbenzoylbenzoesäure [1388] bei 200°. Das ausgefallene einheitliche **2, 3-Aminochloranthrachinon** schmilzt nach dem Sublimieren bei 280°—283°. Das **2, 3-Aminobromanthrachinon** schmilzt bei 267°—270°.

3180 **DRP. 262 076**

1-Chlor-2-aminoanthrachinon (gibt reduziert **o-Diaminoanthrachinon**) entsteht aus 2-Diazoanthrachinonsulfat und unterchlorigsaurem Natron unter Kühlung als gelbes, bei 90° unter Dunkelfärbung zersetzliches, leicht lösliches Pulver.

3181 Anm. F. 29 549,
Kl. 12 q
9. 2. 11
Höchst

Mineralsaure Salze des 1-Aminoanthrachinons mit freier p-Stellung in indifferenten Mitteln chlorieren: **1-Amino-4-chloranthrachinon.**

3182 **DRP. 287 756**

Wie [z. B. 620] gewinnt man **1-Amino-5- und -8-chloranthrachinon** aus 100 T. 1-Chloranthrachinon, 2000 T. Monohydrat, 0,12 T. Eisenoxydulsulfat und 36 T. Hydroxylaminsulfat bei 160°—165°.

3183 **DRP. 160 169**
—
DRP. 115 048

Bromaminoanthrachinone 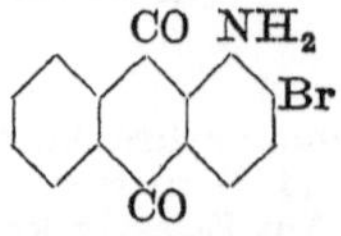 $= C_{14}H_8NO_2Br = 288.$

20 T. 1-Aminoanthrachinon durch Lösen in Schwefelsäure und Fällen mit Wasser in feinverteilter Form in 500 T. Eisessig suspendieren, mit einer Lösung von 15 T. Brom

in 100 T. Eisessig langsam zum Kochen erhitzen, kalt die Krystalle des **2-Brom-1-aminoanthrachinons** filtrieren und aus Eisessig umkrystallisieren. Sch.-P. 180°—181°. In Schwefelsäure gelb, + Borsäure mißfarbig braun, in Oleum blauviolett löslich. — Ebenso **1-Amino-2-brom-5-nitroanthrachinon** aus 30 T. 1-Amino-5-nitroanthrachinon [3222] in 200 T. Eisessig mit 18 T. Brom in 50 T. Eisessig, 2—3 St. bei 20°—30° rühren, filtrieren, Produkt mit Wasser waschen und aus Pyridin oder Eisessig umkrystallisieren. Rotbraune Nädelchen, Sch.-P. 240°—245°. In Schwefelsäure gelb, in Oleum olivfarbig, in heißer Borschwefelsäure rot löslich.

3184 **DRP. 236 604**

100 T. 1-Amino-2, 4-dibromanthrachinon [3177, 3440] mit 500 T. Pyridin, 15 T. Eisenspänen und 37 T. Eisessig 6 St. kochen, wenn das Eisen gelöst ist, 300 T. Pyridin abdestillieren. Im Rückstand krystallisiert **1-Amino-2-bromanthrachinon.** Dieses absaugen, mit Sprit, verdünnter heißer Salzsäure und heißem Wasser waschen und aus Eisessig umkrystallisieren. Identisch mit [3183]. — Ebenso **2-Amino-3-bromanthrachinon** (in Oleum (40%) orangegelb löslich, aus Nitrobenzol braungelbe Krystalle) aus 1, 3-Dibrom-2-aminoanthrachinon [3297], ferner **1-Methylamino-2-bromanthrachinon** aus 1-Methylamino-2, 4-dibromanthrachinon [3190], krystallisiert aus Eisessig in braunen Nadeln vom Sch.-P. 170°—172°. In Oleum (40%) braungelb, in Pyridin rot löslich.

3185 **DRP. 253 683**

DRP. 56 951
DRP. 160 104
DRP. 160 169
DRP. 190 476
DRP. 199 758

32,5 T. Na-Salz der 2-Aminoanthrachinon-3-sulfosäure [3267] in 800 T. Wasser heiß lösen, kalt mit 16 T. Brom bromieren, das gallertige Produkt in heißem Wasser lösen, heiß aussalzen und kalt die orangefarbigen, in Schwefelsäure farblos löslichen Krystalle der **1-Brom-2-aminoanthrachinon-3-sulfosäure** filtrieren. Zur Abspaltung der Sulfogruppe 1 T. der Sulfosäure mit 10 T. Schwefelsäure (80%) 1 St. unter Rückfluß kochen, in Wasser gießen und das **Brom-2-aminoanthrachinon** filtrieren. Aus Eisessig braunrote Nadeln vom Sch.-P. 305°. Gibt entamidiert (über die Diazoverbindung mit Sprit) das **2-Bromanthrachinon** (identisch mit Ber. **37**, 61; Sch.-P. 205°) und weiter bromiert das **1, 3-Dibrom-2-aminoanthrachinon** [3297], es findet also molekulare Umlagerung zu 3-Brom-2-aminoanthrachinon statt. Mit Chlor entsteht jedoch aus 2-Aminoanthrachinon-3-sulfosäure über die **1-Chlor-2-aminoanthrachinon-3-sulfosäure** das **1-Chlor-2-aminoanthrachinon.** Aus Xylol braungelbe Krystalle vom Sch.-P. 228°—229°.

3186 **DRP. 261 270**

2-Bromaminoanthrachinone

CO Br, NH_2, Br, CO + CO, NH_2, CO = 2 CO, NH_2, Br, CO

Je ein Bromatom steht benachbart zu der bzw. den Aminogruppen. — 1 Mol. Dibromaminoanthrachinon + 1 Mol. Aminoanthrachinon erhitzt geben 2 Mol. Monobrom-o-aminoanthrachinon. — Z. B.: 10 T. 1, 3-Dibrom-2-aminoanthrachinon [3297] mit 5,8 T. 2-Aminoanthrachinon und 160 T. Schwefelsäure (60°) auf 160° erhitzen. Es tritt Reaktion ein, 15 Min. bei 170° handelte, kalt das Sulfat des **3-Brom-2-aminoanthrachinons** filtrieren, mit Schwefelsäure (60°) waschen und mit Wasser zersetzen. Sch.-P. 305°. Auch ohne Schwefelsäure oder mit Salzsäure als Verdünnungsmittel ausführbar. — Ebenso aus 2, 4-Dibrom-1-aminoanthrachinon + 1-Aminoanthrachinon: **1-Amino-2-bromanthrachinon** [3184]; aus 20 T. **1, 3, 5, 7-Tetrabrom-2, 6-diaminoanthrachinon** (Bromieren von 2, 6-Diaminoanthrachinon in wässeriger Lösung mit 4 At. Brom; aus Nitrobenzol gelbbraune Krystalle vom Sch.-P. über 360°) + 8,6 T. 2, 6-Diaminoanthrachinon, 300 T. Schwefelsäure (66°) und 60 T. Wasser $^1/_2$ St. bei 195°: **3, 7-Dibrom-2, 6-diaminoanthrachinon,** Sch.-P. über 360°; aus 2, 4, 6, 8-Tetrabrom-1, 5-diaminoanthrachinon [3404] + 1, 5-Diaminoanthrachinon (mit 300 T. Schwefelsäure (66°) und 120 T. Wasser 1 St. kochen): **2, 6-Dibrom-1, 5-diaminoanthrachinon** (identisch mit Ber. 37, 4183; Sch.-P. 274°). Die Produkte sind β-Bromderivate, da sie mit Basen kein Arylaminoanthrachinon liefern. — Nach

3187 **Zus. DRP. 261 271**

erhält man diese β-Bromderivate des β-Aminoanthrachinons auch wie folgt: 50 T. (1 Mol.) 2-Aminoanthrachinon in 500 T. Schwefelsäure (60°) als kalten Brei, mit 36 T. (1 Mol.) Brom versetzen, allmählich anwärmen, nach 1—2 St. 15 Min. auf 180°—190° halten und das reine Sulfat des **3-Brom-2-aminoanthrachinons** [3184, 3186] filtrieren. Es entsteht aus dem rohen Gemisch der Sulfate von 2-Aminoanthrachinon, Mono- und Dibrom-2-aminoanthrachinon. — Ebenso aus 2, 7-Diaminoanthrachinon (1 Mol.) mit 2 Mol. Brom: **3, 6-Dibrom-2, 7-diaminoanthrachinon,** aus Anilin braune Krystalle.

3188 **DRP. 273 809**

Lösung von 16 T. Brom in 55 T. Nitrobenzol in die Suspension von 22,3 T. 2-Aminoanthrachinon in 220 T. Nitrobenzol eintragen, nach kurzer Zeit gebildetes Bromhydrat des Produktes absaugen, zur Hydrolysierung mit Sprit (95%) waschen. Das **3-Brom-2-aminoanthrachinon** bildet gelbe Nadeln vom Sch.-P. 300°. — Ebenso in Eisessiglösung.

3189 **DRP. 275 299**

1-Amino-4-bromanthrachinon kurze Zeit auf 220° erhitzen, bis Probe in Schwefelsäure nicht mehr rot, sondern blauviolett löslich ist: Umlagerung zu **1-Amino-2-bromanthrachinon.** — Ebenso erhält man durch Umlagerung **2-Amino-3-bromanthrachinon** aus 1 T. **1-Brom-2-aminoanthrachinon** (dieses erhältlich aus 2-Aminoanthrachinon-3-sulfosäure durch Bromieren und Abspalten der Sulfogruppe), 10 T. Schwefelsäure (60°) in $1^1/_2$ St. unter Rückfluß bei 180° bis 190°. Das kalt krystallisierende Sulfat wird mit Wasser zerlegt; das rotgelbe Pulver schmilzt aus Eisessig bei 303°—305°. In Schwefelsäure blaßgelb löslich, reagiert nicht mit p-Toluidin. Das gleiche Produkt erhält man durch kurzes Erhitzen des 1-Brom-2-aminoanthrachinons über seinen Sch.-P. auf etwa 240°.

3190 **DRP. 164 791**

—

DRP. 144 634

Halogenalkylaminoanthrachinone

CO NH·CH$_3$ / CO Br $= C_{15}H_{10}NO_2Br = 302.$

10 T. 1-Methylaminoanthrachinon in 100 T. Pyridin warm lösen, mit 6,8 T. Brom 1—2 St. im Wasserbade erwärmen und kalt die rotbraunen Nadeln des **4-Brom-1-methylaminoanthrachinons** vom Sch.-P. 194° filtrieren. In warmem Oleum (40°) tiefblau löslich. — Mit 2 At. Brom in Eisessiglösung resultiert **Dibrommethylaminoanthrachinon** vom Sch.-P. 158°, das in Oleum (40°) gelb löslich ist. — Ebenso erhält man **Dibrom-1, 5- und -1, 8-dimethylaminoanthrachinon, Dibrom-1, 5- und -1, 8-nitromethylaminoanthrachinon, Brommethylaminoanthrachinonsulfosäure** (aus 1-Methylaminoanthrachinonsulfosäure) und **1-Methylamino-4-chloranthrachinon,** letzteres aus 20 T. 1-Methylaminoanthrachinon in 125 T. Eisessig mit 125 T. einer Lösung (5,7%) von Chlor in Eisessig bei 90° oder mit 1,5 T. Kaliumchlorat und 100 T. Salzsäure (15%) bei 70°—90°.

3191 **DRP. 288 825**

—

DRP. 158 287
DRP. 234 294

1-Methylamino-2-bromathranchinon: 4 T. Schwefelsäure (96%), 4 T. Dimethylsulfat und 1 T. 1-Amino-2-bromanthrachinon auf 185° erhitzen, wenn eine Probe in Oleum (40%) nicht mehr violett, sondern braungelb löslich ist, unter Kühlung 12 T. Wasser einrühren, Sulfat absaugen und durch Wasser zersetzen. — Ebenso **1, 3-Dibrom-2-methylaminoanthrachinon** aus 1, 3-Dibrom-2-aminoanthrachinon, Methylalkohol und Schwefelsäure.

3192 **DRP. 199 758**

Chloracetylaminoanthrachinon

CO NH·COCH$_3$ / CO Cl $= C_{16}H_{10}O_3NCl = 299.$

10 T. 1-Acetaminoanthrachinon mit 10 T. Acetat in 100 T. Eisessig suspendieren, bei 80° Chlor einleiten, kalt das Produkt absaugen und waschen. Aus Eisessig gelbe Krystalle des **Monochloracetaminoanthrachinons,** Sch.-P. 203°—204°. Zur Verseifung in 10 T. Schwefelsäure lösen, langsam mit Wasser ausfällen (Selbsterwärmung auf 100°). Das so erhaltene **1-Amino-4-chloranthrachinon** krystallisiert in roten Nadeln vom Sch.-P. 179°—180°. — Ebenso durch Chlorieren des Acetyl-1, 5-diaminoanthrachinons bei 30° das **4, 8-Dichlor-1, 5-acetdiaminoanthrachinon,** aus Nitrobenzol braune Krystalle, Sch.-P. über 300°, das verseifte Produkt krystallisiert in roten, grünglänzenden Nadeln. — Ferner **1-Chlor-2-aminoanthrachinon,** das Verseifungsprodukt der bei 240° schmelzenden Acetylverbindung ebenso durch Chlorieren des **Acetyl-2-aminoanthrachinons** (1-stündiges Kochen von 2-Aminoanthrachinon mit je der $1^1/_2$-fachen Menge Eisessig und Essigsäureanhydrid) bei 90° erhaltbar.

3193 **DRP. 191 111**
F. P. 370 070

Halogenaminoanthrachinon mit der 5—10-fachen Menge Essigsäureanhydrid kochen, bis die rote Färbung in Gelb übergegangen ist. Kalt krystallisiert ein Gemenge von Mono- und Diacetylderivaten, die sich durch fraktionierte Krystallisation trennen lassen.

3194 **DRP. 224 073**

Ber. 19, 2272

In Wasser suspendiertes Acet-2-aminoanthrachinon mit einer überschüssigen Lösung von unterchloriger Säure (aus Chlorkalk und Borsäure) im Wasserbade erhitzen, bis sich die Tonverschiebung von Dunkel- nach Hellgelb nicht mehr steigert; die abgeschiedenen, sofort reinen Krystalle des **Acetylaminochloranthrachinons** filtrieren. Die Lösung in Schwefelsäure ist rot und wird beim Stehenlassen gelb, die Lösung in Nitrobenzol zersetzt sich beim Erhitzen. — Die o-halogensubstituierten Acidylaminoanthrachinone geben nach **DRP. 311 906,** [3553] Zus. zu **DRP. 298 706,** [3547] bei Behandlung mit Schwefelalkalien stickstoffhaltige Kondensationsprodukte.

3195 **DRP. 136 777**

1, 4-Chlordimethylaminoanthrachinon

CO $N(CH_3)_2$ / CO Cl $= C_{16}H_{12}NO_2Cl = 286.$

Wie [3127]. 10 T. 1, 4-Dichloranthrachinon mit Dimethylaminlösung behandeln. Braungelbe, in Chloroform blutrot, in Eisessig blaurot, in Schwefelsäure gelb, in verdünnter Salzsäure farblos lösliche Nadeln vom Sch.-P. 168°—170°. — Ebenso erhält man **1, 4-Dimethylaminooxyanthrachinon** (Sch.-P. 240°) aus Chinizarin mit Dimethylamin und **1, 5-Piperidooxyanthrachinon** aus Anthrarufin und Piperidin.

3196 **DRP. 146 691**

10 T. Dimethylaminoanthrachinon in 400 T. Salzsäure (5%) lösen, mit einer konz. wässerigen Lösung von 2 T. chlorsaurem Kali 2—3 St. auf 70°—90° erwärmen, kalt vom Harz filtrieren, Filtrat mit Ammoniak übersättigen, den braunroten Niederschlag filtrieren, zur Entfernung von Ausgangsmaterial in Eisessig lösen, filtrieren und vorsichtig mit Wasser fällen. Aus Sprit braunrote Nadeln vom Sch.-P. 172°. Identisch mit dem 1, 4-Chlordimethylaminoanthrachinon des obigen Patentes.

3197 **DRP. 146 691**

DRP. 136 777

4-Bromdimethylaminoanthrachinon (perbromid)

CO $N(CH_3)_2$ / CO Br $+(Br_2) = C_{16}H_{12}NO_2Br = 316.$

10 T. Dimethylaminoanthrachinon in 400 T. Wasser und 40 T. konz. Salzsäure (oder in 200 T. Chloroform) lösen, bei 10°—20° 64 T. Brom-Eisessiglösung (20%) bzw. 13 T. Brom zufließen lassen oder die ungelöste Substanz im geschlossenen Raume der Einwirkung von Bromdämpfen (13 T.) aussetzen. Das gelbe Reaktionsprodukt ist die p-Bromverbindung mit 2 Bromatomen additiv verbunden: Perbromid. Nach Abspaltung der letzteren mit Ammoniak (Stickstoffentwicklung und Rotfärbung) oder Natriumbisulfitlösung (Eingießen in die salzsaure Bildungslösung) erhält man das reine Monobromsubstitutionsprodukt, gibt aus Pyridin + Holzgeist umkrystallisiert granatrote Blätter, Sch.-P. 178°. Mit der Hälfte Brom erhält man ein Gemenge von unverändertem Ausgangsmaterial (salzsaures Salz) und Perbromid, das auf 80° erwärmt (Bromabspaltung und Bromierung) ebenfalls in das Monobromprodukt übergeht.

d) Hal.—O(S).

3198 **DRP. 148 110**

Lit. wie [1375]

Halogenoxyanthrachinone

CO / OH Cl / CO $= C_{14}H_7O_3Cl = 259.$

11 T. m-Amino-p-chlorbenzoyl-o-benzoesäure [1386] in 50 T. Eisessig lösen, 4 T. Schwefelsäure (66°) zugeben, unter Kühlung mit einer konz. wässerigen Lösung von 3 T. Nitrit langsam diazotieren, Diazolösung in 300 T. Schwefelsäure (66°) gießen, auf 200° erhitzen, bis die Lösung dunkelbraun und die Stickstoffentwicklung beendet ist, kalt verdünnen, die gelben Flocken filtrieren, in Natronlauge lösen, mit Kohlensäure fällen und aus Sprit umkrystallisieren. Goldgelbe Nadeln, Sch.-P. 258°—260°. — Das **Oxybromanthrachinon** schmilzt bei 249°—252°.

3199 **DRP. 131 403** F. P. 313 124

10 T. 1-Oxyanthrachinon in 500 T. Essigsäure (25%) suspendieren, 8 T. Natriumchlorat (-bromat) zusetzen, bei 80°—100° unter Rühren 25 T. Salzsäure (15%) zugeben, kalt absaugen und trocknen. Aus Eisessig oder Nitrobenzol rotgelbe Nadeln, gibt mit primären Aminen Chinizarinfarbblaustoff.

3200 **DRP. 202 770** Zusatz zu DRP. 167 743 u. DRP. 172 300 — DRP. 131 403

10 T. 1-Oxyanthrachinon mit 600 T. Wasser anrühren, mit 400 T. Schwefelsäure (60°) auf 110°—115° erhitzen, langsam eine wässerige Lösung von 10 T. Kaliumchlorat und 60 T. rohe Salzsäure zugeben, Temperatur halten und den gelben Niederschlag des **4-Chlor-1-oxyanthrachinons** in guter Ausbeute filtrieren. Das Produkt ist verschieden von [3199], jedoch identisch mit:

3201 **DRP. 282 493**

Phthalsäureanhydrid und 4-Chlorphenol mit Aluminiumchlorid $1^1/_2$—$2^1/_2$ St. auf 140°—145° erhitzen, das Gemenge von Chloroxyanthrachinon und Chloroxybenzoylbenzoesäure mittels Sodalösung trennen und die freie Chloroxybenzoylbenzoesäure durch Erwärmen mit Monohydrat im Wasserbade intramolekular zum 4-Chlor-1-oxyanthrachinon kondensieren. — Ferner erhaltbar nach

3202 **DRP. 282 494**

20 T. 1-Oxyanthrachinon zur Entfernung von Wasser mit 50 T. Nitrobenzol sieden, kalt 30 T. Sulfurylchlorid zusetzen und unter Rückfluß im Wasserbade 5 St. erwärmen, ausgeschiedene gelbe Krystalle filtrieren. Sch.-P. 193°.

3203 **DRP. 293 694** — DRP. 127 532

1, 4-Bromoxyanthrachinon: 22,4 T. 1-Oxyanthrachinon in der 7-fachen Menge Eisessig lösen, 20 T. Acetat zugeben, kochen, rasch eine Mischung aus 16 T. Brom und 16 T. Eisessig zufügen. Orangegelbe Nadeln, Sch.-P. 197°—198°. Mit überschüssigem Brom und Acetat erhält man **2, 4-Dibrom-1-oxyanthrachinon.** — Ebenso **4, 8-Dibrom-1, 5-dioxyanthrachinon** aus Anthrarufin und **2, 4, 5, 7-Tetrabrom-1, 8-dioxyanthrachinon (Tetrabromchrysazin)** aus Chrysazin.

3204 **DRP. 205 913** Zusatz zu DRP. 205 195

Halogenanthrachinonsulfosäuren

CO Cl / HO$_3$S CO (Strukturformel) $= C_{14}H_7ClSO_5 = 322.$

10 T. 1, 5-anthrachinondisulfosaures Natrium in 400 T. Wasser und 50 T. Salzsäure (19°) lösen, heiß langsam eine Lösung von 5 T. Natriumchlorat in 50 T. Wasser zufließen lassen, wenn nur noch wenig Ausgangsmaterial vorhanden ist, sofort unterbrechen, von etwas 1, 5-Dichloranthrachinon abfiltrieren, das Filtrat mit K-Chlorid aussalzen und die gelben Krystalle des K-Salzes der **1, 5-Chloranthrachinonsulfosäure** filtrieren. — Ebenso 10 T. 1, 5-Anthrachinondisulfosäure als Na-Salz, 8—9 T. Brom, 40—50 T. Wasser unter Druck 4—5 St. auf 190° erhitzen, die Masse kalt mit 200 T. Wasser verdünnen, aufkochen, von etwas 1, 5-Dibromanthrachinon filtrieren und im Filtrat die **1, 5-Bromanthrachinonsulfosäure** mit Kaliumchlorid aussalzen. — Analog **1, 8-** und **2, 7-Chloranthrachinonsulfosäure.**

3205 Anm. U. 3671, Kl. 12 o 10. 5. 09 Ullmann

Durch Sulfierung des Chloranthrachinons bei Gegenwart von Quecksilber oder Quecksilberverbindungen.

e) C—C.

3206 **DRP. 241 624**

Anthrachinon-1, 2-dicarbonsäure

CO COOH / COOH / CO (Strukturformel) $= C_{14}H_8O_6 = 296.$

25 T. Naphthanthrachinon in 400 T. Schwefelsäure (66°) lösen, mit 1000 T. Wasser in feinverteilte Form bringen, siedend 100 T. Kaliumpermanganat eintragen, wenn entfärbt, den Braunstein mit Schwefeldioxyd oder Oxalsäure lösen und die reingelbe Lösung

heiß filtrieren. Im Filtrat krystallisiert ein Teil der Dicarbonsäure aus, der Rest ist aus dem Rückstand durch Extraktion mit Ammoniak und Fällen mit Salzsäure erhaltbar. — Ebenso kann man einen Teig aus 10 T. Naphthanthrachinon und 50 T. Eisessig mit 50 T. Salpetersäure (48°) bei 140°—150° (wenn die heftige Anfangsreaktion vorüber ist) oxydieren. Warm in Wasser gießen, filtrieren, neutral waschen und den Rückstand mit Ammoniak auskochen. Schmilzt bei 270° und geht in das Anhydrid über, das bei 322°—324° schmilzt. — Nach

3207 **Zus. DRP. 243 077** gewinnt man ebenso **Halogenanthrachinondicarbonsäuren** aus im A.-Kern halogenierten Naphthanthrachinonen.

f) C—N.

3208 **DRP. 234 917**

Methylaminoanthrachinone CH_3–[Anthrachinon]–NH_2 $= C_{15}H_{11}NO_2 = 237.$

50 T. **4 (5)-Chlor-4′-methyldiphenylketon-2-carbonsäure** (aus 4-Chlorphthalsäureanhydrid und Toluol, aus Eisessig umkrystallisiert Sch.-P. 168°—170°) mit 700 T. Ammoniak (20%) und 1 T. Kupferpulver im Autoklaven 12 St. auf 190°—195° erhitzen, Ammoniak abtreiben, heiß filtrieren, das Filtrat ansäuern, filtrieren und das saure Filtrat neutralisieren. 10 T. der als hellgraues Pulver abgeschiedenen **4 (5)-Amino-4′-methyldiphenylketon-2-carbonsäure** rasch in 100 T. 200° heiße Schwefelsäure (90%) eintragen, nach einigen Minuten auf Eis gießen, **2-Amino-6 (7)-methylanthrachinon** filtrieren, mit verdünnter Natronlauge auskochen und aus Xylol umkrystallisieren. Orangegelbe Nadeln vom Sch.-P. 256°—257°. — Ebenso entsteht das **Aminodimethylanthrachinon** (Verwendung von Xylol statt Toluol). — **1-Amino-6 (7)-methylanthrachinon** (aus Benzol ziegelrote Nadeln vom Sch.-P. 175°) aus **3 (6)-Chlor-4-methyldiphenylketon-2-carbonsäure** (3-Chlorphthalsäure + Toluol; Sch.-P. aus Eisessig umkrystallisiert 175°). — **1-Amino-2, 4-dimethylanthrachinon** (aus Benzol rote Krystalle vom Sch.-P. 293°) aus **2′, 4′-Dimethyl-5′-chlordiphenylketon-2-carbonsäure** (Phthalsäure + 1-Chlor-2, 4-dimethylbenzol; Sch.-P. aus Eisessig umkrystallisiert 162°).

3209 **DRP. 281 010**
E. P. 8917/14
F. P. 470 562

3-Amino-2-methylanthrachinon: Den aus 3-Amino-4-methylbenzoyl-o-benzoesäure erhaltenen Harnstoff mit der 6-fachen Menge Monohydrat ½ St. bei 100°—130° behandeln, wenn die Kohlensäureentwicklung beendet ist, auf Eis gießen, Rückstand mit verdünnter Sodalösung auskochen und aus Nitrobenzol umkrystallisieren. Orangerote Nadeln, Sch.-P. 258°—259°. In der Mutterlauge ist **1-Amino-2-methylanthrachinon.**

3210 **DRP. 275 517**
Zusatz zu
DRP. 271 790

Aminoanthrachinonnitrile [Anthrachinon mit 1-NH_2, 2-CN] $= C_{15}H_8N_2O_2 = 248.$

Wie [3100] mit 1-Amino-2-halogenanthrachinon. — **1-Aminoanthrachinon-2-nitril** bildet orangefarbige Krystalle vom Sch.-P. 236°—242° und gibt verseift **1-Aminoanthrachinon-2-carbonsäure** vom Sch.-P. 284°—287°.

3211 **DRP. 229 394**
E. P. 7631/10

Nitroanthrachinoncarbonsäuren

[Anthrachinon mit 1-NO_2, 2-COOH] $= C_{15}H_7NO_6 = 297.$

2 T. 1-Nitro-2-methylanthrachinon in 200 T. siedender Salpetersäure (40°) allmählich mit 10 T. Chromsäure versetzen, kalt filtrieren, den Rückstand in verdünnter heißer Ätznatronlösung lösen, filtrieren und das Filtrat mit Salzsäure fällen. — **1-Nitroanthrachinon-2-carbonsäure** krystallisiert aus Sprit in feinen Nadeln, die beim Trocknen verwittern. Sch.-P. zwischen 273° und 285° unter Zersetzung. — Ebenso **Nitromethylanthrachinoncarbonsäure.**

3212 Anm. F. 29 080, Kl. 12 o 9. 11. 11 Höchst

1-Nitro-2-methylanthrachinon mit mäßig verdünnter Salpetersäure unter Druck erhitzen.

3213 **DRP. 247 411** und **Zus. DRP. 256 344** **DRP. 267 211**

1-Aminoanthrachinon-2-carbonsäurederivate

CO NH_2 COOH CO $= C_{14}H_9NO_4 = 267.$

86 T. 1-Chloranthrachinon-2-carbonsäure (erhalten durch Oxydation des Aldehydes [3096, 3170], aus Eisessig gelbliche Nadeln vom Sch.-P. 267°) mit 300 T. Wasser, 300 T. Ammoniak (15%) und 3 T. Kupferoxyd 6 St. unter Rückfluß kochen, mit demselben Volum Wasser verdünnen, filtrieren und im Filtrat die **1-Aminoanthrachinon-2-carbonsäure** mit Essigsäure fällen. Aus Eisessig feuerrote Nadeln vom Sch.-P. 280° unter Zersetzung. Die Alkalisalze sind in Wasser karmoisinrot löslich und leicht aussalzbar. — Mit Methylaminlösung statt Ammoniak erhält man **1-Methylaminoanthrachinon-2-carbonsäure,** aus Eisessig blaurote Nadeln vom Sch.-P. 240°. — Durch Kochen von 86 T. 1-Nitroanthrachinon-2-carbonsäure [3211] mit 860 T. Anilin erhält man **1-Phenylaminoanthrachinon-2-carbonsäure,** die über das violettschwarze Na-Salz, das sich in Wasser rotviolett löst, gereinigt wird. Aus Eisessig braune Krystalle vom Sch.-P. 297°—298°. Ebenso aus 86 T. 1-Chloranthrachinon-2-carbonsäure und 40 T. p-Chloranilin (750 T. Wasser, 150 T. Soda, 3,8 T. Kupferoxyd) die **1, 4'-Chlorphenylaminoanthrachinon-2-carbonsäure;** aus 1-Chloranthrachinon-2-carbonsäure und 2-Naphthylamin die **1-β-Naphthylaminoanthrachinon-2-carbonsäure** (dunkelviolettes Pulver, in Schwefelsäure flaschengrün löslich, die Alkalisalze sind in Wasser sehr schwer violett löslich); mit Piperidin: **1-Piperidylaminoanthrachinon-2-carbonsäure;** mit Glykokoll (als Na-Salz): **1-Anthrachinonylglycin-2-carbonsäure.** — 86 T. 1-Chloranthrachinon-2-carbonsäure und 76,5 T. 3-Amino-4-methyldiphenylketon-2'-carbonsäure [Ann. 299, 314].

—CO— COOH CH_3 NH_2

geben mit den anderen Zusätzen ein violettes Kondensationsprodukt, das sich in Alkali rotviolett, in Schwefelsäure bräunlichgelb löst. — Schließlich wurde aus Mononitro-1-chloranthrachinon-2-carbonsäure (erhalten durch Nitrieren der 1-Chloranthrachinon-2-carbonsäure) mit β-Naphthylamin **1-β-Naphthylaminonitroanthrachinon-2-carbonsäure** dargestellt. In Schwefelsäure trüb rotviolett löslich. — Nach

3214 **Zus. DRP. 279 867**

läßt sich die Kondensation von β-Aminoanthrachinon mit den freien Carbonsäuren in guter Ausbeute ausführen, wenn man die Komponenten mit oder ohne Zusatz von Verdünnungsmitteln und säurebindenden Stoffen unter Ausschluß von Kupfer oder Kupferverbindungen durchführt. Man erhält so z. B. **Dianthrachinonylamin-2-carbonsäuren.**

3215 **DRP. 248 838** — J. pr. 82, 205 DRP. 80 407

1 T. **o-Aminocarboxybenzoylbenzoesäure** [erhaltbar aus nitrierter p-Toluyl-o-benzoesäure durch Oxydieren der Methylgruppe (Ann. 299, 309; 399, 113; aus verdünntem Sprit gelbe Krystalle vom Sch.-P. 265°) und folgende Reduktion der **Nitroterephthaloyl-o-benzoesäure**]

—CO— COOH COOH NO_2

in die 10-fache Menge 180° heißen Oleums (10%) eintragen, nach 15 Min. auf Eis gießen, das Gemenge von 70% **3-Aminoanthrachinon-2-carbonsäure** und 30% **1-Aminoanthrachinon-2-carbonsäure** filtrieren, die Na-Salze bilden und das im Alkaliüberschuß kaum lösliche Salz der 3, 2-Säure abtrennen. Die 1, 2-Säure krystallisiert aus Nitrobenzol in roten Nadeln vom Sch.-P. 280°.

3216 **DRP. 293 100** E. P. 8109/15

Aminoanthrachinonsulfo- und -carbonsäuren

CO $NH\cdot SO_2\cdot CH_4\cdot CH_3$ COOH CO $\longrightarrow$ CO NH_2 COOH CO $= C_{15}H_9NO_4 = 267.$

Halogenanthrachinonsulfo- oder -carbonsäuren mit Arylsulfamiden kondensieren und in den gebildeten **Arylsulfaminoanthrachinonsulfo-** oder **-carbonsäuren** den Arylsulforest abspalten. Z. B.: 22,5 T. **2-Chloranthrachinon-3-carbonsäure** (aus 2-Amino-anthrachinon-3-carbonsäure über die Diazoverbindung, vgl. Ber. **41**, 3638) mit 20 T. 4-Toluolsulfamid, 10 T. wasserfreier Soda und 1 T. Kupfersulfat in 500 T. Wasser 16 St. kochen, braunrote Lösung ansäuern, **2-p-Toluolsulfaminoanthrachinon-3-carbonsäure** (aus Eisessig gelbe Nadeln) gelinde mit Schwefelsäure erhitzen, **2-Aminoanthrachinon-3-carbonsäure** ausfällen. — Ebenso **1, 4-Diaminoanthrachinon-6-sulfosäure** aus 1, 4-dichloranthrachinon-6-sulfosaurem Natrium und 4-Toluolsulfamid über die **1, 4-Di-p-toluolsulfaminoanthrachinon-6-sulfosäure.** Ferner **1, 4-Diaminoanthrachinon-2-sulfosäure** aus 1-Amino-4-bromanthrachinon-2-sulfosäure, **1, 4-Diaminoanthrachinon-2-carbonsäure** aus 1-Amino-4-chloranthrachinon-2-carbonsäure und schließlich **Diamino-anthrarufindisulfosäure** aus Dibromanthrarufindisulfosäure und 4-Toluolsulfamid. Die Körper sind Wollfarbstoffe.

g) C—O(S).

3217 **DRP. 292 066**
Zusatz zu DRP. 282 493
Z. Bl. **1907**, II, 2095

4-Methyl-1-oxyanthrachinon (CO, OH; CO, CH_3) $= C_{15}H_{10}O_3 = 238.$

Lösung von 2 T. Phthalsäureanhydrid und 2 T. p-Kresol in 9 T. Tetrachloräthan allmählich mit 5 T. Aluminiumchlorid versetzen, dann auf 120° erhitzen. Es entsteht zunächst **5-Methyl-2-oxybenzoyl-o-benzoesäure** vom Sch.-P. 194°, die dann mit starker Schwefelsäure kondensiert wird. Ausbeute fast quantitativ.

h) N—N.

3218 **DRP. 72 685**
A. P. 519 229
E. P. 19 588/91
Ann. **160**, 147
Z. f. Ch. **1869**, 114
Ber. **16**, 363

Dinitroanthrachinone (CO, CO) $\left.\begin{matrix}NO_2\\NO_2\end{matrix}\right\} = C_{14}H_6N_2O_6 = 238.$

10 T. rohes Dinitroprodukt des Anthrachinons (Mischsäure) mit 100 T. Sprit extrahieren (im Apparat), bis beinahe nichts mehr in Lösung geht. 1, 4′-Dinitroanthrachinon bleibt ungelöst. Extrakt zur Trockne dampfen und Rückstand mit unzureichenden Mengen Sprit, Aceton usw. digerieren, wobei die α-Verbindung fast völlig in Lösung geht, die δ-Verbindung und Spuren der α-Verbindung bleiben im Rückstand. Operation mit noch kleinerer Menge des Lösungsmittels wiederholen. Die δ-Verbindung krystallisiert aus Eisessig in glänzenden, gelben Schuppen. Sch.-P. 300°. In Schwefelsäure gelb löslich. Die β-Dinitroverbindung bildet sich nicht.

3219 **DRP. 167 699**

Hauptprodukte der Nitrierung des Anthrachinons sind **1, 5-** und **1, 8-Dinitroanthrachinon,** die β, β-Verbindungen entstehen nur in geringer Menge, von α, β-Dinitrokörpern vorwiegend **1, 6-Dinitroanthrachinon.** — Rohdinitroanthrachinon (auch das δ-Produkt [3218] und das in Ann. **160**, 147 beschriebene „α"-Produkt sind Gemenge) aus Nitrobenzol fraktionieren krystallisieren und jede Fraktion mehrmals umkrystallisieren. Aus Eisessig, Nitrobenzol oder Essigsäureanhydrid gelbliche bis tiefgelbe Nadeln oder Blätter vom Sch.-P. 330°, 256°, 293°, 312°, 330°, 262° in der Reihenfolge der 1, 5-, 1, 6-, 1, 7-, 1, 8-, 2, 6- und 2, 7-Verbindung.

3220 **DRP. 78 772**
E. P. 13 695/94
F. P. 240 110
F. P. 225 807

Nitroaminoanthrachinone $C_6H_4(CO)_2C_6H_2 \left\{ \begin{matrix} NO_2 \\ NH_2 \end{matrix} \right. = C_{14}H_8N_2O_4 = 268.$

1 T. Dinitroanthrachinon mit 6—12 T. Natriumbisulfitlösung verrührt 2—5 St. auf 120°—180° erhitzen, Produkt mit Wasser waschen, aus Sprit umkrystallisieren. Kleine, rote Krystalle, Sch.-P. unscharf 200°. In Oleum (70%) rot bis violett, in Schwefelsäure (166°) schwer gelbrot löslich.

3221 **DRP. 125 391**
—
Ber. 15, 1790

10 T. Acetyl-1-aminoanthrachinon unter 15° in 100 T. Schwefelsäure (66°) lösen, unter 15° langsam mit 12,5 T. Nitriersäure (20% HNO_3) in etwa 1 St. nitrieren, von außen gekühlt 60 T. Eis zugeben, Krystalle filtrieren, mit kaltem Wasser waschen und aus 10 T. Eisessig oder Pyridin umkrystallisieren. Dieses goldgelbe **Acetylnitroaminoanthrachinon** ist schwer löslich (außer in Pyridin und Eisessig), krystallisiert aus Epichlorhydrin in rötlichgelben Nadeln vom Sch.-P. 258°. In Schwefelsäure gelb löslich. 1 T. Acetylverbindung (oder das rohe Nitrierungsprodukt) zur Verseifung mit 5 T. Schwefelsäure (60°) 1/2—1 St. auf 90°—100° erhitzen. Das freie **1, 4-Nitroaminoanthrachinon** bildet ein rotes Pulver, das in Wasser unlöslich, in Sprit schwer löslich ist. Aus Epichlorhydrin gelbrote Nadeln vom Sch.-P. 290°—295°. — Ferner erhält man Nitroaminoanthrachinon nach F. P. 225 807 (E. P. 13 029/92): Dinitroanthrachinon vorsichtig mit Ammoniak oder nach dem E. P. mit Schwefelnatrium erhitzen.

3222 **DRP. 147 851**
F. P. 332 321
—
Ber. 29, 2934
DRP. 78 772
DRP. 136 777
DRP. 151 512

50 T. feingepulvertes 1, 5-Dinitroanthrachinon in 500 T. Dimethylanilin suspendieren, möglichst schnell auf den Siedepunkt der Base erhitzen, bis eine Probe in Schwefelsäure klar löslich ist; kalt die blutroten Krystalle des **1, 5-Nitroaminoanthrachinons** filtrieren. In alkalischer Lösung reduziert entsteht zunächst das in Alkalien olivgrün lösliche **1, 5-Aminohydroxylaminoanthrachinon,** weiter reduziert **1, 5-Diaminoanthrachinon.** — Ebenso die 1, 8-Verbindung, jedoch nur mit 250 T. Base auf 50 T. Dinitroanthrachinon und die Nitroaminoverbindung, die mit Sprit aus der Schmelze ausgefällt wird. In warmem Oleum (40%) löst sich die 1, 5-Nitroaminoverbindung rotviolett, die 1, 8-Verbindung gelb.

3223 **DRP. 259 432**
A. P. 1 066 777
E. P. 25 855/11
F. P. 450 171

10 T. Anthrachinon-1-nitramin [3234] mit 100 T. Schwefelsäure (66°) bei Zimmertemperatur 1 St. rühren oder mit Salzsäure erhitzen, auf Eis gießen und das rote Gemisch von **1, 2-** und **1, 4-Aminonitroanthrachinon** waschen und trocknen. — Ebenso geben 10 T. **Anthrachinon-2-nitramin** (aus Anthrachinon-2-isodiazotat [E. P. 25 854/12, F. P. 450 865] mit Natriumhypochlorit) und 100 T. Schwefelsäure: **1-Nitro-2-aminoanthrachinon** [3229], gibt reduziert **1, 2-Diaminoanthrachinon** vom Sch.-P. 242° bis 244°; aus Anthrachinon-1, 5-dinitramin [3234] resultiert ein Gemenge von **1, 5-Diamino-2, 6-dinitroanthrachinon** und **1, 5-Diamino-4, 8-dinitroanthrachinon**; aus **Anthrachinon-2, 6-dinitramin** (aus Anthrachinon-2, 6-isotetrazotat und Natriumhypochlorit): **1, 5-Dinitro-2, 6-diaminoanthrachinon,** aus Nitrobenzol braune Krystalle vom Sch.-P. über 300°. Gibt reduziert **1, 2, 5, 6-Tetraaminoanthrachinon.**

3224 **DRP. 279 866**

10 T. 1-Aminoanthrachinon in 100 T. Schwefelsäure (66°) lösen, mit Eis kühlen, 2 T. Trioxymethylen und nach 10 Min. mit der einer Nitrogruppe entsprechenden Menge wasserfreier Nitriersäure bei 0°—5° versetzen. In Wasser gießen, aus dem ausgefallenen Gemenge von **1, 2-** und **1, 4-Aminonitroanthrachinon** das letztere durch Umkrystallisieren aus Trichlorbenzol abscheiden. — Ebenso **1-Amino-4-nitroanthrachinon-2-carbonsäure.**

3225 **DRP. 290 814**

2-Aminoanthrachinon in Monohydratlösung zwischen —5° und 0° mit der berechneten Menge des Nitrierungsmittels nitrieren. Das in vorzüglicher Ausbeute entstehende **3-Nitro-2-aminoanthrachinon** ist sehr rein. — Oder man trägt 100 T. **2-Aminoanthrachinonnitrat** (erhalten durch Eindampfen von 2-Aminoanthrachinon mit der berechneten Menge verdünnter Salpetersäure zur Trockne) in 1000 T. Schwefelsäure (66°) bei 5° bis 0° ein, gießt in Wasser und krystallisiert aus Nitrobenzol um. Reduziert, z. B. mit Schwefelnatrium, entsteht **2, 3-Diaminoanthrachinon.**

3226 Anm. F. 37 466
Kl. 12 q
17. 10. 13
Höchst

1-Nitro-2-aminoanthrachinon erhält man durch nacheinanderfolgende Behandlung der N-Arylsulfoderivate des 2-Aminoanthrachinons mit nitrierenden und verseifenden Mitteln.

3227 **DRP. 156 759**

—

DRP. 136 777
DRP. 144 634
Ber. **16**, 695
DRP. 131 873

Nitroalkylaminoanthrachinone

CO NO_2

$= C_{15}H_{10}N_2O_4 = 282.$

CO $NH \cdot CH_3$

In 200 T. 60° warme Salpetersäure (33° Bé) 10 T. 1-Methylaminoanthrachinon eintragen, während der Nitrierung 65° nicht überschreiten, kalt das in rotbraunen Nadeln krystallisierende **1, 4-Nitromethylaminoanthrachinon** absaugen und durch Auskochen mit Sprit und Umkrystallisation aus Pyridin von etwas 1, 2-Verbindung trennen. In Salzsäure (25%) unlöslich, Sch.-P. 250°. Aus der salpetersauren Mutterlauge ist durch Fällen mit Wasser das **1, 2-Nitromethylaminoanthrachinon** abscheidbar. — Ebenso erhält man aus 10 T. sym. 1, 5-Dimethyldiaminoanthrachinon und 100 T. Salpetersäure (42°) bei 30° dunkelviolette Krystalle des **4, 8-Dinitro-1, 5-dimethyldiaminoanthrachinons,** das in Pyridin blaurot, in Schwefelsäure gelb (+ Wasser = rot, dann violett, schließlich Niederschlag) löslich ist. — Ferner aus 10 T. sym. 1, 8-Dimethyldiaminoanthrachinon und einem Gemenge von 10 T. Salpetersäure (95%) + 50 T. Eisessig bei 30°—35°, schließlich bei 60°—70°: **4, 5-Dinitro-1, 8-dimethyldiaminoanthrachinon;** aus 1, 8-Nitroäthylaminoanthrachinon bei höchstens 40°: **1, 5-Dinitro-8-äthylaminoanthrachinon,** rotbraune Nadeln vom Sch.-P. 253°; aus 1, 5-Nitromethylaminoanthrachinon: **1, 8-Dinitro-5-methylaminoanthrachinon.** — Zuweilen findet unter besonderen Bedingungen Abspaltung einer Methylgruppe statt. Man erhält z. B. **1, 4-Nitromonomethylaminoanthrachinon,** wenn man 10 T. 1-Dimethylaminoanthrachinon mit 200 T. Eisessig und 6 T. Salpetersäure (42°) 1—2 St. kocht. — **1, 5-Nitrodimethylaminoanthrachinon** [3245] gewinnt man durch Nitrieren von 5 T. Dimethylaminoanthrachinon, gelöst in 50 T. Schwefelsäure (66°) mit 8 (Vol.) T. Nitriersäure (0,2 kg Salpetersäure im Liter) bei 50°—60°. Auf Eis gegossen scheidet sich zunächst farbloses Sulfat ab, das dann mit Ammoniak oder Acetat zerlegt wird. 1 T. 1-Monomethylaminoanthrachinon oder 1-Dimethylaminoanthrachinon mit 10—15 T. Salpetersäure (42°) im Wasserbade längere Zeit erwärmt gibt **2, 4-Dinitro-1-monomethylaminoanthrachinon.** — Die Körper sind in Pyridin meist rot löslich.

3228 **DRP. 292 395**

α-N-Acetylalkylaminoanthrachinon zwischen 0° und 5° mit Mischsäure nitrieren, das Rohprodukt mit Alkohol oder Benzol extrahieren und die Acetylgruppe durch 1-stündiges Erwärmen mit Schwefelsäure (66°) auf 90°—100° abspalten. Man erhält so aus 1-N-Acetylmethylaminoanthrachinon neben einer bei 275° schmelzenden Nitroacetverbindung das **1-N-Methylamino-5-nitroanthrachinon** vom Sch.-P. 250°—252°.

3229 **DRP. 167 410**
F. P. 355 326

—

DRP. 146 848

Nitroaminoanthrachinonurethane

CO $NH \cdot COOC_2H_5$

NO_2 $= C_{17}H_{12}N_2O_6 = 340.$

CO

20 T. 1- oder 2-Aminoanthrachinon + 200 T. Nitrobenzol + 12 T. Chlorkohlensäureäthylester 1/2 St. unter Rückfluß kochen und kalt die goldgelben Blätter des **1- oder 2-Aminoanthrachinonurethans** filtrieren. 20 T. der 2-Verbindung in 200 T. Schwefelsäure (66°) lösen, bei 5°—10° mit 25 Vol.-T. Nitriersäure (200 g HNO_3 im Liter) nitrieren, nach 2 St. in 1500 T. Eiswasser gießen und die gelben Flocken des Gemisches von **1, 2-** und **3, 2-Nitroaminoanthrachinonurethan** filtrieren. In Alkali, Schwefelsäure und organischen Lösungsmitteln gelb löslich. Aus Nitrobenzol oder Eisessig umkrystallisiert scheidet sich die 3, 2-Verbindung zuerst aus, die 1, 2-Verbindung bleibt in Lösung und wird im Filtrat abgeschieden. — 1-Aminoanthrachinonurethan gibt ebenso nitriert ein Gemenge von **2, 1-** und **4, 1-Nitroaminoanthrachinonurethan;** aus Eisessig krystallisiert scheidet sich die 4, 1-Verbindung zuerst aus, im Filtrat wird die 2, 1-Verbindung mit Wasser gefällt. — Ebenso verhält sich 1, 5-Diaminoanthrachinonurethan bei der Nitrierung; aus Nitrobenzol umkrystallisiert scheidet sich das 4-Nitroprodukt zuerst aus. — Verseifung: Urethan mit der 10-fachen Menge Schwefelsäure im Wasserbade erwärmen, bis die Kohlendioxydentwicklung beendet ist, in Eiswasser gießen, das abgeschiedene gelbe 2-Aminoanthrachinon und das orangefarbige 1-Aminoanthrachinon bzw. die **Diaminoanthrachinone** filtrieren und aus Pyridin fraktioniert umkrystallisieren.

3230 **DRP. 146 848**

—

Ber. **37**, 4427;
37, 4531
DRP. 108 873
DRP. 111 866
DRP. 121 155

Nitroanthrachinonnitroamine

CO $NH \cdot NO_2$

$= C_{14}H_7N_3O_6 = 313.$

CO NO_2

Enthalten die Gruppe $-NH \cdot NO_2-$, in der NO_2 durch bloßes Erhitzen mit indifferenten Mitteln (z. B. Nitrobenzol) eliminiert werden kann. Allgemein erhaltbar aus Aminoanthrachinonen mit überschüssiger Salpetersäure, vergleichbar mit der Bildung von $C_6H_4\langle{}^{NH\cdot NO_2}_{SO_3H}$ aus Diazosulfanilsäure nach Ann. **330**, 28. So erhält man z. B. **Nitronitroaminoanthrachinon:** 1 T. 1, 5- oder 1, 3- oder 1, 8-Diaminoanthrachinon in 10 T. Schwefelsäure (66°) lösen, unter Kühlung 10 T. rauchende Salpetersäure (oder in manchen Fällen Salpeterschwefelsäure) zugeben, einige Zeit rühren, auf Eis gießen, den hellorangefarbigen Niederschlag filtrieren, abpressen und an der Luft bei gewöhnlicher Temperatur trocknen. — Analoge Produkte entstehen aus Dibrom-1, 5-diaminoanthrachinon, Brom-1, 5-di-p-toluidoanthrachinon, Brom-1-aminoanthrachinonsulfosäure, Brom-1-p-toluidoanthrachinon, Brom-1, 8-diaminoanthrachinondisulfosäure, 2-Aminoanthrachinon. Löslichkeit und Eigenschaften sind aus der Tabelle des Originalpatentes ersichtlich. Die z. T. explosionsfähigen Körper liefern sulfiert oder reduziert oder mit aromatischen Aminen kondenisert Farbstoffe. Die Abspaltung der NO_2-Gruppe erfolgt nach

3231 **DRP. 148 109** 1 T. Dinitrodibrom-1, 5-dinitrodiaminoanthrachinon [3230] mit 10 T. Kumol bis zum Ende der Reaktion erhitzen, einige Zeit sieden, wobei sich ein Teil des **Dinitrodibrom-1, 5-diaminoanthrachinons** während des Kochens krystallinisch abscheidet, den Rest aus der eingeengten Mutterlauge aussalzen und dann evtl. mit Aceton reinigen. Mit Phenol (statt Kumol) entsteht bei 145° dasselbe Produkt; aus Nitrobenzol metallglänzende Blätter, Sch.-P. über 300°. Gibt reduziert ein blaues **Dibromtetraaminoanthrachinon.** — Ferner ebenso **Nitro-2-aminoanthrachinon** aus 1 T. Nitro-2-nitraminoanthrachinon [3230] und 10 T. Schwefelsäure (66°) bei gewöhnlicher Temperatur durch 1-stündiges Rühren; eigelbes Pulver, gibt reduziert **Diaminoanthrachinon.** — **Tetranitro-1, 5-diaminoanthrachinon** aus Tetranitro-1, 5-dinitroaminoanthrachinon, **Tetrabromdiaminoanthrachinon** durch Einleiten von trockenem Chlorwasserstoff in eine Suspension von 1 T. Tetrabrom-1, 5-dinitroaminoanthrachinon bis zur Sättigung und weiter während des folgenden 5-stündigen Siedens unter Rückfluß.

3232 **DRP. 6526**

Ber. **37**, 4531; **39**, 637

Diaminoanthrachinone (CO NH₂ / CO NH₂) $= C_{14}H_{10}N_2O_2 = 238.$

Neben der Monoverbindung nach [3106].

3233 **DRP. 135 561** 10 T. Nitroaminoverbindung [3221] in 400 T. Wasser verteilt mit einer Lösung von 20 T. Schwefelnatrium (70%) in 20 T. Natronlauge (30°) erwärmen, aus der grünen Lösung den braunen, krystallinischen Niederschlag filtrieren, in verdünnter Salzsäure lösen und mit Alkali fällen. Das **1, 4-Diaminoanthrachinon** ist in heißem Wasser violettrot, in Anilin oder Pyridin rotviolett, in verdünnter Salzsäure farblos, in Schwefelsäure gelb, + Borsäure violett löslich. Mit Schwefelsäure und Nitrit erwärmt entsteht **Chinizarin.** — Oder:

3234 **DRP. 156 803**

DRP. 125 391
DRP. 127 780
DRP. 135 561
DRP. 143 804
DRP. 146 848

Eine Lösung von unterchlorigsaurem Natrium (6% Chlor) unter Eiskühlung in eine Lösung von Anthrachinon-1-diazoniumsulfat (5%) einfließen lassen, die eigelben Krystalle des 1-Nitramin-Na-Salzes filtrieren, in Wasser lösen und mit Säure (auch Kohlendioxyd) als gelben Niederschlag fällen. Aus Eisessig umkrystallisieren, Sch.-P. 193° (Zersetzung), in kochendem Wasser unlösliche Krystalle mit $3^1/_2$ aq. Dieses Nitramin in der 5-fachen Menge Salpetersäure (1,5) bei 0° lösen, 1 St. in Eis stehen lassen, auf Eis gießen, den hellbraunen Niederschlag filtrieren und mit Wasser und Sprit waschen: **p-Nitronitroaminoanthrachinon;** verpufft bei 115°, ist in Wasser unlöslich, in Natronlauge braun, in Schwefelsäure gelbbraun löslich. Mit der 5-fachen Menge Schwefelnatrium und der 10-fachen Menge Wasser im Wasserbade reduziert entsteht die Diaminoverbindung als violetter Niederschlag.

3235 **DRP. 205 149** **Leukodiaminoanthrachinone** erhält man ferner durch Erhitzen von Leukochinizarin oder Leuko-1, 4, 5, 8-tetraoxyanthrachinon oder Leukochinizarin-5-sulfosäure (erhalten nach **DRP. 148 792**) mit alkoholischem Ammoniak unter Druck auf 100°. Das 1, 4-Derivat bildet ein gelbbraunes Pulver vom Zersetzungspunkt 272°, das aus dem Tetraoxyanthrachinon erhaltene **Leukodiaminodioxyanthrachinon** schmilzt bei 284°.

3236 **DRP. 260 899**

A. P. 1 078 505
E. P. 13 019/12
F. P. 456 155

DRP. 148 110
DRP. 205 036

1 T. 2, 5-Diaminobenzoyl-o-benzoesäure mit 6 T. Monohydrat 20 Min. auf 190° erhitzen, auf Eis gießen, Säure abstumpfen und das **1, 4-Diaminoanthrachinon** filtrieren. — Ebenso erhält man es aus dem Lactam der 2-Amino-5-acetylaminobenzoylbenzoesäure [1391] mit 6 T. Oleum (5%) und 1 T. entwässerter Borsäure bei 190°. Die gleichzeitig gebildete **1, 4-Diaminoanthrachinonsulfosäure** wird mit Sodalösung extrahiert. — Das **1, 4-Diamino-2-methylanthrachinon**

gewinnt man analog aus dem Lactam der 2, 5-Diamino-4-methylbenzoy-benzoesäure mit Oleum, Eis, Auskochen mit Sodalösung. Aus Sprit violette Nadeln vom Sch.-P. 252°; das **1, 4-Diamino-2-chloranthrachinon** (aus 2-Amino-5-acetylamino-4-chlorbenzoylbenzoesäure und Oleum) schmilzt bei 234°. — Die Sulfosäuren (siehe Zus. Pat. DRP. 261 885) sind Wollfarbstoffe.

3237 **DRP. 135 634**
F. P. 318 496
—
Ber. 12, 1567

Wie [3264], jedoch mit 300 T. Ammoniak (20%), 8 St. bei 190° erwärmt. Aus Pyridin rotbraune Prismen des **2, 6-Diaminoanthrachinons** vom Sch.-P. 310°—320°. In Schwefelsäure grünlichgelb, sonst nur in siedendem Nitrobenzol und Anilin löslich.

3238 **DRP. 231 091**
—
DRP. 167 410

1 T. Na-Salz der 1-Brom-2-aminoanthrachinon-3-sulfosäure mit 5 T. Ammoniak (25%) und etwas metallischem Kupfer 10 St. auf 100° erwärmen, das Produkt filtrieren, in Wasser lösen, mit Salzsäure fällen. Diese in Wasser blaurot, in Schwefelsäure gelblich, in Oleum (80%) blau lösliche **1, 2-Diaminoanthrachinon-3-sulfosäure** mit der 10-fachen Menge Schwefelsäure (80%) kurze Zeit erhitzen, in Wasser gießen und das **1, 2-Diaminoanthrachinon** filtrieren. In Oleum (80%) blau löslich.

3239 **DRP. 262 076**
F. P. 451 936

Im Gegensatz zu [3234, 3385] entsteht aus Anthrachinon-2-diazosulfat mit einer Lösung von Natriumhypochlorit unter Kühlung kein Nitramin, sondern ein hellgelbes, chlorhaltiges Produkt, das sich schon bei 90° unter Dunkelfärbung zersetzt. Zur Reinigung in Xylol lösen, mit Ligroin fällen. In Schwefelsäure braungelb löslich. Gibt reduziert **Diaminoanthrachinon.** — Ebenso reagiert 2, 6-Tetrazoanthrachinonsulfat.

3240 **DRP. 104 901**
F. P. 286 684

Diaminoanthrachinonhalogenide

CO NH$_2$ / H$_2$N CO

$\} Cl_2 = C_{14}H_{10}N_2O_2Cl_2 = 309.$

20 T. 1, 5-Diaminoanthrachinon in 100 T. Chloroform oder Eisessig suspendieren, trockenes Chlor einleiten, bis kein unverändertes Ausgangsmaterial mehr nachweisbar ist, Produkt absaugen und aus Nitrobenzol oder Anilin umkrystallisieren; metallglänzende, gelbrote Nadeln des **1, 5-Diaminoanthrachinonchlorides.** Schmilzt sehr hoch unter Zersetzung. Sehr schwer, in Schwefelsäure braungelb löslich, zeigt mit Borsäure keine Farbänderung. In Oleum (40%) mißfarbig violett, erwärmt grün löslich; Lösung wird mit 10% Borsäure bei 110°—120° blau. — **1, 5-Diaminoanthrachinonbromid** entsteht aus 20 T. Ausgangsmaterial und 55 T. Brom, das man in dem gleichen Raum verdunsten läßt. In 2 Tagen ist alles absorbiert, Produkt mit bisulfithaltigem Wasser waschen. Sehr ähnlich dem Chlorid, Sch.-P. über 330° mit Zersetzung. — Bromierung des 1, 5-Diaminoanthrachinons auch in 10 T. Oleum (40%) mit 50 T. Brom (Kühlung während des Eintragens!) bei 40°—50° ausführbar. — **1, 8-Diaminoanthrachinonbromid** und **-chlorid** (letzteres auch mit 16 T. Braunstein oder 7 T. K-Chlorat in konz. salzsaurer Lösung erhaltbar) sind leichter löslich als die 1, 5-Derivate.

3241 **DRP. 123 745**
—
DRP. 112 115

Diaminoanthrachinon-Formaldehydverbindung.

0,50 T. 1, 5- (1, 3-, 1, 8-) Diaminoanthrachinon + 0,50 T. Formaldehyd in Spritlösung (40%) + 50—100 T. Sprit 3—4 St. unter Rückfluß kochen, heiß filtrieren und kalt die ausgeschiedenen großen Krystalle sammeln. In Schwefelsäure reinblau (Ausgangsmaterial gelb), in Anilin gelbrot, in Nitrobenzol rotgelb löslich, in Ammoniak, Wasser, Salzsäure, Natronlauge unlöslich.

3242 **DRP. 235 312**
Zusatz zu
DRP. 218 571
A. P. 1 014 204
E. P. 26 336/10
F. P. 403 205
—
DRP. 97 102
DRP. 107 510
Ber. 37, 1035

N-Oxyalkylaminoanthrachinon

CO —NH·CH / CH$_2$ >O / CO NH

$= C_{16}H_{11}N_2O_3 = 279.$

25 T. 1, 4-Diaminoanthrachinon mit 50 T. Äthylenoxyd, 50 T. Eisessig und 250 T. Nitrobenzol bei 30°—35° rühren, bis die Blaufärbung einer Probe in Pyridin nicht mehr zunimmt, die Krystalle filtrieren. In Basen und Nitrobenzol blau, in Schwefelsäure blaurot löslich. — Ein

analoges Produkt erhält man aus 5 T. 1, 5-Diaminoanthrachinon, 30 T. Eisessig und 15 T. Glycid bei 95°. — Ebenso die Produkte aus 1-Amino-4-methoxy- und 1-Amino-2-methylanthrachinon, sowie 1-Aminoanthrachinon mit Äthylenoxyd, und 1-Amino-4-methoxyanthrachinon mit Propylenoxyd. Verschiedene Farbreaktionen in Pyridin, Schwefelsäure (90%) und Oleum (65%).

3243 Anm. C. 20 389, Kl. 12 o, 13. 2. 11, Cassella

Monocinnamyl-1, 5-diaminoanthrachinon

CO NH·CH:CH·COOH

H$_2$N CO

$= C_{17}H_{12}N_2O_4 = 308.$

Dicinnamyl-1, 5-diaminoanthrachinon kalt oder angewärmt mit konz. Schwefelsäure verseifen, wobei nur 1 Mol. Zimtsäure abgespalten wird. Aus Nitrobenzol umkrystallisieren. Ausbeute 85%.

3244 **DRP. 147 851**, F. P. 332 321

1-Amino-5-hydroxylaminoanthrachinon

CO NH$_2$

HOHN CO

$= C_{14}H_{10}N_2O_3 = 254.$

1, 5-Dinitroanthrachinon in alkalischer Lösung reduzieren. Olivgrünes Zwischenprodukt zum Nitroaminoanthrachinon.

3245 **DRP. 136 777**, F. P. 315 416 — DRP. 86 250, DRP. 107 730

Tertiäre Anthrachinonbasen

CO N(CH$_3$)$_2$

CO N(CH$_3$)$_2$

$= C_{18}H_{18}N_2O_2 = 294.$

Nitro-, Halogen- oder Oxyanthrachinone mit sekundären Basen der aliphatischen Reihe (auch mit Piperidin, Piperazin usw.) behandeln und so die NO_2-, HCl- oder OH-Gruppen teilweise oder ganz gegen den Basenrest ersetzen [3127]. Es werden so außer diesen Basen erhalten: **1-, 1, 5-, 1, 8-Piperido-** bzw. **-Dipiperidoanthrachinon, 1, 8-Nitrodimethyl-** und **-diäthylaminoanthrachinon, 1, 5-** und **1, 8-Nitropiperidoanthrachinon, Dimethylaminoanthrachinon-1-** und **-2-sulfosäure, Diäthylaminoanthrachinon-1-** und **-2-sulfosäure, Piperidoanthrachinon-1-sulfosäure.** Z. B.: 10 T. 1, 8-Dinitroanthrachinon, 100 T. Pyridin, 10 T. Diäthylamin bis zur Lösung auf 50°—60° erwärmen, mit 50 T. Methylalkohol verdünnen. Kalt krystallisieren lange, kantharidenglänzende Krystalle des **1, 8-Nitrodiäthylaminoanthrachinons** aus. — 10 T. 1, 5-Dinitroanthrachinon in 200 T. 10-prozentiger Dimethylamin-Spritlösung suspendieren, am Rückfluß bis zur vollständigen Lösung, dann noch einige Stunden kochen, kalt **1, 5-Tetramethyldiaminoanthrachinon** filtrieren. Große braune Tafeln mit grüner Oberfläche.

3246 Anm. W. 39 849, Kl. 12 q, 9. 1. 13, Wedekind

Diazoaminoanthrachinone

CO N$_2$·Cl

Cl·N$_2$ CO

$= C_{14}H_6N_4O_2Cl_2 = 330.$

Aminoanthrachinone als Paste mit wenig Säure diazotieren. — Z. B.: 2 T. 1, 5-Diaminoanthrachinon (10-prozentige Paste) + 1,2 T. Nitrit + 4 T. rohe Salzsäure (22°). Die Tetrazotierung verläuft sehr glatt auch bei höherer Temperatur, z. B. bei 50°—70°.

3247 **DRP. 81 694** — Ber. **16**, 363; **24**, 3528; **29**, 2934; DRP. 100 137, DRP. 127 814, DRP. 96 853, DRP. 84 138

1, 5-Dihydroxylaminanthrachinon

CO NHOH

OHNH CO

$= C_{14}H_{10}N_2O_4 = 270.$

1, 5-Dinitroanthrachinon mit einer alkalischen Zinnchlorürlösung reduzieren; vgl. [**124—126**] usw.

3248 **DRP. 119 229** 25 T. dinitrochrysazindisulfosaures Kali in eine Lösung von 3,2 T. Schwefel in 400 T. Oleum (20%) bei höchstens 40°—50° eintragen, rühren, bis eine Probe mit überschüssiger Natronlauge rein grün wird. Sofort in Wasser gießen, aussalzen. Identisch mit **DRP. 100 137**: Reduktion mit Zinnchlorür.

3249 **DRP. 268 592**

1, 4-Diaminoanthrachinon-Schwefelsäureverbindung

CO N:SO_2

$= C_{14}H_6N_2O_6S_2 = 362.$

CO N:SO_2

5 T. 1, 4-Diaminoanthrachinon mit 100 T. Oleum (45%) auf 50°—60° erwärmen, bis sich eine Probe in Ammoniak löst, kalt langsam auf die Konzentration 80-prozentiger Schwefelsäure verdünnen und die roten Krystalle filtrieren. Aus Nitrobenzol dunkle Nadeln vom Sch.-P. über 300°. In Schwefelsäure rotviolett löslich, erwärmt erfolgt nach längerer Zeit Rückbildung zum 1, 4-Diaminoanthrachinon. — Ebensolche Verbindungen liefern: 1, 4-Diamino-2-bromanthrachinon nach (**DRP. 144 111** durch Reduktion von 2-Brom-1-amino-4-nitroantrachinon erh.); das Produkt vom Sch.-P. über 300° gibt, längere Zeit mit verdünnter Natronlauge gekocht, **1, 2-Dioxy-3-brom-4-aminoanthrachinon;** ferner 1, 4-Diamino-2, 3-dichloranthrachinon, dessen Schwefelsäureverbindung, längere Zeit mit verdünnter Natronlauge gekocht, **1, 2-Dioxy-3-chlor-4-aminoanthrachinon** gibt.

---

i) N—O.

1 NO_2—4 (6) (7) OH	3250	1 NH_2—4 (5) (8) OH	3251
1 NO_2—2 (6) (7) OR	3252, 3278	1 NH·R—4 OH(R)	3139, 3257, 3314
1 NH_2—4 OH	3314, 3369	1 NH·CO·CH_2Cl—2 OH	3259
1 NH_2—6 (7) OH(R)	3252, 3253—3256	1 $N(R)_2$—4 OH	3195, 3257
3 NH_2—2 OR	3258	1 Piperido—4 OH	3195

3250 **DRP. 73 860**

Nitrooxyanthrachinon

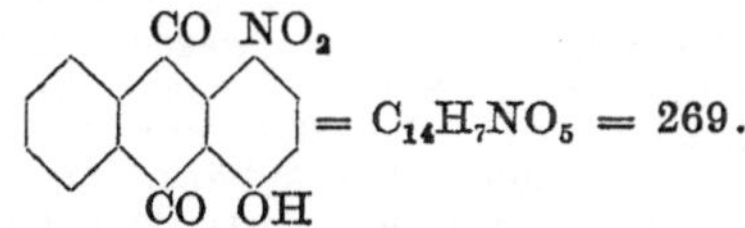

15 T. Dinitroanthrachinon in 75—100 T. Sprit suspendieren, + Lösung von Ätznatron in Sprit, einige Stunden stehenlassen, dann die schwärzlichgrüne Lösung 12 St. auf dem Wasserbade auf 50° erwärmen, in viel kaltes Wasser gießen, mit verdünnter Salzsäure fällen, Niederschlag erschöpfend mit sehr verdünnter Sodalösung auskochen, Lösung mit Salzsäure fällen. Rötliches Pulver aus Sprit und Eisessig krystallinisch erhaltbar, in Wasser und Ligroin unlöslich, leicht löslich in Aceton, Chloroform, Benzol. In Schwefelsäure (66°) rotbraun löslich. Das Na-Salz ist in kaltem Wasser schwer löslich. Sch.-P. unscharf 165°—170°.

3251 **DRP. 163 042**
E. P. 3160/05
F. P. 353 281
—
DRP. 74 562
DRP. 98 639
Ber. 29, 2940

10 T. Erythrooxyanthrachinon in 100 T. Monohydrat lösen, 5 T. Borsäure zugeben, bis zur Bildung des Borsäureäthers 2 St. auf 50° erwärmen, bei 10°—15° mit 25 T. Schwefelsäure (66°) + 5 T. Salpetersäure (42°) nitrieren, 3 St. weiterrühren, in Wasser gießen und das abgeschiedene **1, 4-Nitrooxyanthrachinon** filtrieren. Gibt reduziert **1, 4-Aminooxyanthrachinon,** löst sich in Schwefelsäure, Eisessig oder heißem Nitrobenzol gelb, gibt mit Alkali orangefarbige Salze. — Ebenso **p-Dinitrochrysazin** [Farbstoff **DRP. 98 639**] und **p-Dinitroanthrarufin** [**DRP. 89 090**].

3252 **DRP. 167 699**
—
DRP. 72 685
DRP. 77 818
Ann. 160, 147

Nitromethoxyanthrachinone

CO NO_2

OCH_3 $= C_{15}H_9NO_5 = 283.$

CO

30 T. 1, 6-Dinitroanthrachinon + 200 T. Methylalkohol, in dem 6 T. metallisches Natrium gelöst wurden, mehrere Stunden unter Rückfluß kochen und die Krystalle filtrieren. Aus Benzol gelbe Blätter des **1-Nitro-6-methoxyanthrachinons** vom Sch.-P. 268°. Mit wässeriger Schwefelnatriumlösung erwärmt erhält

man **1-Amino-6-methoxyanthrachinon,** das mit Schwefelsäure (60°) bei 150° zu **1-Amino-6-oxyanthrachinon** verseift wird, während **1-Nitro-6-oxyanthrachinon** bei Verseifung des Nitromethyläthers mit Salzsäure in Eisessiglösung resultiert. — Ebenso **1, 7-Nitromethoxyanthrachinon** (aus Benzol, Sch.-P. 238°), die Aminomethoxy-, Amino-oxy- und Nitrooxyverbindungen wie oben. Die Nitromethoxyanthrachinone sind in Schwefelsäure leicht orangefarbig löslich und leicht reduzierbar im Gegensatz zu den Dinitro- und Dimethoxyanthrachinonen.

3253 **DRP. 94 396**

Aminooxyanthrachinone $C_6H_4(CO)_2C_6H_2(NH_2)(OH) = C_{14}H_9NO_3 = 239.$

1, 4-Aminooxyanthrachinon: Chinizarin mit Ammoniak erhitzen, oder Phthalsäureanhydrid mit p-Aminophenol kondensieren, oder 1-Nitroanthrachinon mit Schwefelsesquioxyd behandeln. — Oder

3254 **DRP. 154 353** F. P. 340 517 — 50 T. 1-Aminoanthrachinon bei 25°—40° in 1000 T. Oleum (80%) eintragen, einige Tage stehenlassen, mit Monohydrat verdünnen, auf Eis gießen und filtrieren. — Oder nach

3255 **Zus. DRP. 164 727** Zusatz zu DRP. 155 440 E. P. 4377/04 F. P. 340 517 — 20 T. 1-Aminoanthrachinon mit 400 T. Schwefelsäure (66°) und 10 T. Borsäure auf 180°—220° erhitzen, wenn die Schmelze gelbrot ist (Spektralprobe) in 4000 T. Wasser gießen, den Niederschlag mit heißer verdünnter Natronlauge extrahieren und das Filtrat neutralisieren. — Ebenso die Farbstoffe **1, 4-Methylaminooxy-2-anthrachinonsulfosäure** aus 1-Methylaminoanthrachinon und **1, 4-Methylaminooxy-5-anthrachinonsulfosäure** aus **1, 5-Methylaminoanthrachinonsulfosäure** (letztere aus 1, 5-Nitroanthrachinonsulfosäure und Methylamin).

3256 **DRP. 148 875** — DRP. 104 750 — **1, 5- und 1, 8-Aminooxyanthrachinon:** 50 T. 1, 5-aminoanthrachinonsulfosaures Natrium mit 300 T. Kalkmilch oder Barythydrat im Autoklaven einige Zeit auf 160°—170° erhitzen, kalt mit Wasser verdünnen, aufkochen, mit Salzsäure schwach ansäuern, kalt den roten Niederschlag filtrieren, waschen und trocknen. Aus Benzol braunrote Prismen mit Metallglanz, Sch.-P. 210°. Das rote Kalksalz ist unlöslich, das gelborangefarbige Na-Salz ist in Wasser löslich. Die Base mit Eisessig und Acetat gekocht gibt eine Mono-, mit Essigsäureanhydrid eine Diacetylverbindung, mit Oxalsäure verschmolzen eine Oxaminsäure. — Die 1, 8-Verbindung (aus Benzol umkrystallisiert) schmilzt bei 230°.

3257 **DRP. 154 353** F. P. 340 517

1-Methylamino-4-oxyanthrachinon

$C_6H_4(CO)_2C_6H_2(NH\cdot CH_3)(OH) = C_{15}H_{11}NO_3 = 253.$

Wie [3254] aus 1-Methylaminoanthrachinonsulfat bei 30°—35°. Das Produkt ist identisch mit [3113]. — Ebenso **1, 4-Äthylaminooxyanthrachinon.** — Über **1-Dimethylamino-4-oxyanthrachinon** siehe [3195].

3258 **DRP. 281 010** E. P. 8917/14 F. P. 470 562 — **3-Amino-2-methoxyanthrachinon:** Wie [3209] aus dem Harnstoff der **3-Amino-4-methoxybenzoyl-o-benzoesäure** (erhalten durch Erwärmen von 3-Nitro-4-chlorbenzoyl-o-benzoesäure mit methylalkoholischer Kalilauge und folgende Reduktion; aus Alkohol gelbe Krystalle vom Sch.-P. 207°—208°). Rote Nadeln vom Sch.-P. 246°—250°.

3259 **DRP. 290 983**

ω-Chloracetyl-1-amino-2-oxyanthrachinon

$C_6H_4(CO)_2C_6H_2(NH-CO-CH_2Cl)(OH) = C_{16}H_{10}O_4Cl = 301.$

240 T. 1-Amino-2-oxyanthrachinon, 150 T. Chloracetylchlorid und 2000 T. Xylol $^1/_2$ St. sieden, Produkt kalt absaugen. Gibt mit Benzol gewaschen, getrocknet, mit 3000 T. Natronlauge (5%) $^1/_2$ St. gekocht unter Salzsäureabspaltung (Ringschluß) das **Anthrachinonketomorpholin.** (Küpenfarbstoff.)

3260 **DRP. 161 954**
E. P. 27 373/04
F. P. 348 926

DRP. 81 245
DRP. 153 129

1-Oxy-4-diazoanthrachinon (CO N_2·Cl; CO OH) $= C_{14}H_8N_2O_3Cl = 287.$

Entsteht als beständiges Zwischenprodukt bei Herstellung des **Chinizarins** bzw. **Erythrooxyanthrachinons,** in die es bei Erhitzen mit Schwefelsäure (66°) auf 180° bzw. beim Erwärmen mit Sprit [3130] übergeht. — 10 T. Anthrachinon wie [3271] mit 20 T. Nitrit, 5 T. Borsäure, 0,2 T. Mercurosulfat und 300 T. Schwefelsäure auf 120°—150° erhitzen, bis eine Probe wasserlöslich ist, in 1000 T. Eiswasser gießen, unter Kühlung mit Natronlauge fraktioniert fällen, filtrieren und das Filtrat weiter mit Natronlauge abstumpfen, bis aus der noch sauren Lösung die rotbraune Diazoverbindung krystallinisch ausfällt. Zur Reinigung in verdünnter Schwefelsäure lösen und mit Acetat fällen.

k) N—S.

3261 **DRP. 290 084**

Aminoanthrachinonmercaptan

(CO NH_2; SH; CO) $= C_{14}H_9NO_2S = 255.$

1-Amino- (bzw. 1-Oxy-) anthrachinon (mit freier o-Stellung), mit überschüssigem geschmolzenen Schwefelnatrium innerhalb 4 St. auf 140° erhitzen und die Temperatur 5 St. halten. Die kalte blaue Schmelze mit Wasser auskochen, von unverändertem Ausgangsmaterial filtrieren, blaue Lösung aussalzen und das Na-Salz des **1-Amino-2-mercaptoanthrachinons** mit Säure zerlegen. Das freie Mercaptan ist unbeständig. Liefert in alkalischer Lösung mit Hypochlorit oxydiert die **1-Aminoanthrachinon-2-sulfosäure,** in alkalischer Spritlösung mit p-Toluolsulfosäureäthylester dunkelrote Nadeln des bei 155°—156° schmelzenden **1-Amino-2-mercaptoanthrachinonäthyläthers.**

3262 Anm. K. 30 823
Kl. 12 o
29. 10. 06
Kalle

Anthrachinonthioglykolsäurederivat.

Dinitroanthrachinon in Gegenwart wässeriger Alkalien mit Thioglykolsäure behandeln.

3263 **DRP. 164 293**

DRP. 149 801
DRP. 113 011
Ber. 15, 1514
F. P. 334 576

1, 5- und 1, 8-Nitroanthrachinonsulfosäure

(CO NO_2; HO_3S CO) $= C_{14}H_7NO_7S = 333.$

100 T. anthrachinon-1-monosulfosaures Kalium in 750 T. Schwefelsäure (66°) lösen, 50 T. Salpetersäure (45,5°) einlaufen lassen (Temperatur steigt!), dann 6—8 St. auf 80° bis 90° erwärmen. (Oder auch ohne Schwefelsäure mit der $2^1/_2$-fachen Menge Salpetersäure (48°) 10 St. bei 80°—90°.) Kalt die ausgeschiedenen Krystalle der 1, 5-Säure über Asbest filtrieren, den Filterrückstand in heißem Wasser lösen und kalt krystallisieren lassen oder heiß aussalzen. Die schwefelsaure Lösung mit 100 T. Wasser versetzen oder in 1200—1500 T. Wasser gießen: Kalt krystallisiert in beiden Fällen die 1, 8-Nitrosäure aus, die wie die 1, 5-Säure gereinigt wird. Letztere krystallisiert in Tafeln, erstere in Nadeln. Mit wässeriger Methylaminlösung erwärmt erhält man **1, 5-** bzw. **1, 8-Methylaminoanthrachinonsulfosäure,** die in Wasser blaustichig rot, in Schwefelsäure gelblich, in Oleum (45%) rot bzw. violettrot und in Eisessig rot löslich sind. Mit Methylamin auf 150°—180° erhitzt erhält man **1, 5-** bzw. **1, 8-Dimethyldiaminoanthrachinon.**

3264 **DRP. 135 634**
F. P. 318 496

Ber. 12, 1567

Aminoanthrachinonsulfosäuren

(CO; CO) $\left\{ \begin{matrix} NH_2 \\ SO_3H \end{matrix} \right. = C_{14}H_9NO_5S = 303.$

20 T. 2, 6-anthrachinondisulfosaures Natrium + 200 T. Wasser + 100 T. Ammoniak (20%) 5 St. im Autoklaven auf 190° erhitzen, filtrieren, die Lösung mit verdünnter über-

schüssiger Schwefelsäure fällen, das ausgefallene Rohprodukt in Soda lösen, filtrieren, mit Kochsalzlösung fällen, Na-Salz mit Salzwasser waschen, filtrieren und trocknen. Die freie **2, 6-Aminoanthrachinonsulfosäure** (aus dem Na-Salz mit verdünnter Schwefelsäure) ist ein rötliches Pulver, nicht identisch mit β-Aminoanthrachinonsulfosäure (erhalten durch Sulfierung des β-Aminoanthrachinons).

3265 **DRP. 181 722**
Zusatz zu
DRP. 175 024
—
Ber. **12**, 1419
DRP. 106 227
DRP. 136 777
DRP. 136 872
DRP. 144 634

Wie [3116], angewendet auf Disulfosäure. Z. B.: 30 T. 1, 8- oder 1, 5-anthrachinondisulfosaures Kalium mit 400 T. Methylaminlösung (5%) im Autoklaven auf 150° erhitzen, kalt die Krystalle filtrieren, mit Wasser auskochen und abermals filtrieren, wobei sym. **1, 8-** bzw. **1, 5-Dimethyldiaminoanthrachinon** [3113] ungelöst bleibt, während das K-Salz der **1, 8-** bzw. **1, 5-Methylaminoanthrachinonsulfosäure** [3255] in Lösung geht und kalt auskrystallisiert. Ersteres erhält man allein, wenn man mit stärkerer Methylaminlösung (10%) längere Zeit auf 160° erhitzt. — Mit Ammoniak statt Methylamin entstehen ebenso bei höherer Temperatur **1, 8-** bzw. **1, 5-Aminoanthrachinonsulfosäure** und weiter **1, 8-** bzw. **1, 5-Diaminoanthrachinon.** — Über **Dimethylaminoanthrachinon-1 (2)-sulfosäure** siehe [3245].

3266 **DRP. 277 393**
E. P. 15 028/13
F. P. 460 048

100 T. 2-Aminoanthrachinon mit 50 T. Monohydrat und 35 T. Wasser eintrocknen, das Bisulfat 10 St. bei 220°—250° im Vakuum backen, das Produkt in 3500 T. heißem Wasser lösen, filtrieren, das orangefarbige Filtrat heiß mit 175 T. Kochsalz aussalzen und das ausgeschiedene Na-Salz der **2-Aminoanthrachinon-3-sulfosäure** (mussivgoldartige Krystalle) zur Umsetzung in die rötlichweiße Säure, in Lösung mit Salzsäure eindampfen. Identisch mit [3415] und [3185].

3267 **DRP. 281 010**
E. P. 8917/14
F. P. 470 562

2-Aminoanthrachinon-3-sulfosäure entsteht auch neben der **1-Aminoanthrachinon-2-sulfosäure,** deren Na-Salz leichter löslich ist, wie [3209] durch Erhitzen des **3-Amino-4-sulfobenzoyl-o-benzoesäureharnstoffes** (erhalten aus 3-Nitro-4-chlorbenzoyl-o-benzoesäure und Natriumsulfit und folgende Reduktion) mit der 6-fachen Menge Monohydrat auf 120°, bis die Kohlensäureentwicklung beendet ist.

---

l) O—O.

OH—OH 3134—3141, 3233, 3268—3277, 3283, 3285, 3288, 3314	OR—OR . . . . 3278—3280
1 OH—2 OR 3278	1 OH—3 O·CH_2·COOR 3142

3268 **DRP. 86 630**
DRP. 29 027

Dioxyanthrachinone

$$C_6H_4\begin{Bmatrix}CO\\CO\end{Bmatrix}C_6H_2\begin{Bmatrix}OH\\OH\end{Bmatrix} = C_{14}H_8O_4 = 240.$$

Chinizarin: 2-Oxyanthrachinon in der 20-fachen Menge Monohydrat gelöst, mit derselben Menge Borsäure und der 1, 3-fachen Menge Nitrit erwärmen, gelbrote Lösung kalt in Wasser gießen, aufkochen, filtrieren, der Paste mit Aluminiumsulfatlösung das mitgebildete Purpurin entziehen, Rückstand aus Eisessig umkrystallisieren. — Ferner erhält man **Leukooxyanthrachinone** z. B. des Chinizarins durch Reduktion von Purpurin in neutraler oder saurer Lösung mit Zinkstaub oder anderen Metallen.

3269 **DRP. 97 688**

Wie [3129] aus dem durch Reduktion des technischen Dinitroanthrachinons erhaltenen Gemenge zweier Diaminoanthrachinone. Die beiden erhaltenen Dioxyanthrachinone mit wenig heißem Benzol in **Anthrarufin** und **Chrysazin** trennen.

3270 **DRP. 145 238**

10 T. 1, 5- oder 1, 8-Dinitroanthrachinon mit 50 T. bzw. 70 T. Pyridin im Autoklaven 4 bzw. 10 St. auf 180°—200° erhitzen, Pyridin abdestillieren, Rückstand mit sehr verdünnter Natronlauge extrahieren und das Filtrat mit Säure fällen: **Anthrarufin** bzw. **Chrysazin** in guter Ausbeute.

3271	**DRP. 153 129** A. P. 754 264 E. P. 7394/03 F. P. 338 529 — DRP. 81 245 DRP. 84 505 DRP. 84 774	In die schwefelsaure Lösung von Anthrachinon bei Gegenwart von Quecksilber oder seinen Salzen salpetrige Säure einleiten. Z. B.: 10 T. Natriumnitrit langsam in 120 T. Schwefelsäure (66°) eintragen, 7 T. Anthrachinon, dann 1,6 T. Quecksilber zugeben, auf 180° erwärmen, bis die Masse braunrot ist, kalt in Wasser gießen, den Niederschlag in Natronlauge lösen, $^1/_2$ St. kochen, um etwas Purpurin zu zerstören, vom unveränderten Anthrachinon filtrieren und im Filtrat **Chinizarin** mit Säure fällen. — Ebenso **Chinizarinsulfosäure** aus anthrachinon-2-monosulfosaurem Natrium. Temperatur höchstens 175°. In Wasser gießen, aufkochen und aussalzen. In Schwefelsäure blaurot (mit Borsäure gelbe Fluorescenz), in Wasser rotgelb, in Soda violettrot, in Ammoniak rot löslich. — **Purpurin** (Trioxyanthrachinon) wird ebenso, jedoch unter weiterem Zusatz von 1 T. Metaarsensäure (spez. Gew. 2) bei 180° (spontane Temperaturerhöhung auf 210°) erhalten und schließlich eine **Anthrachinontrioxysulfosäure** (Farbstoff) aus anthrachinon-2-monosulfosaurem Natrium mit 1, 2 T. Quecksilber und 1 T. Metaarsensäure.
3272	**DRP. 158 891** — DRP. 75 054 Ber. 37, 66	10 T. 1, 5- bzw. 1, 8-Dinitro- oder auch 1, 5- bzw. 1, 8-Nitrosulfoanthrachinon mit 10 T. Ätzkalk und 200 T. Wasser im Autoklaven 12—15 St. auf 190°—200° erhitzen, die Schmelze mit kochender verdünnter Salzsäure zersetzen, filtrieren, den Rückstand mit verdünnter Natronlauge extrahieren und aus der Natronlaugelösung mit Säure **Anthrarufin, Chrysazin** usw. fällen. — Ebenso **Erythrooxyanthrachinon** aus 1-Mononitroanthrachinon. — **Anthrarufin** wird ferner nach
3273	**DRP. 170 108** F. P. 336 867 F. P. 336 938	wie Chrysazin erhalten durch Erhitzen von 1, 5- bzw. 1, 8-Anthrachinondisulfosäure mit Erdalkalien allein oder im Gemisch mit Ätzalkalien auf 180°—200°.
3274	**DRP. 162 792** E. P. 1499/05 F. P. 350 957 — DRP. 81 245 DRP. 97 674	30 T. Erythrooxyanthrachinon und 30 T. Borsäure mit einer Lösung von 20 T. Nitrit in 600 T. Schwefelsäure (66°) auf 180°—200° erhitzen, bis spektroskopisch keine Zunahme der **Chinizarin**bildung mehr erkennbar ist, kalt in Wasser gießen, aufkochen und filtrieren.
3275	**DRP. 246 079** E. P. 23 924/11 F. P. 437 970	5 T. Aluminiumpulver bei 20°—30° in eine Lösung von 20 T. Purpurin und 7 T. Borsäure in 300 T. Schwefelsäure (66°) eintragen. Wenn die Lösung gelb ist, in Eisenwasser gießen und das **Leukochinizarin** gelinde trocknen.
3276	**DRP. 255 031** A. P. 1 087 412 E. P. 12 699/12 F. P. 452 244 — Ann. **212**, 10 Ber. **6**, 506; **7**, 973; **8**, 152; **36**, 557 DRP. 81 481 DRP. 134 985	400 T. Schwefelsäure (96%), 80 T. Phthalsäureanhydrid, 20 T. Borsäure und 23 T. p-Chlorphenol oder: **p-Chlorphenoldisulfosäure** (durch Verschmelzen von 200 T. Oleum (20%) und 60 T. p-Chlorphenol, bis eine Probe mit Kochsalzlösung (12%) keine Ausscheidung gibt), 200 T. Schwefelsäure (96%), 40 T. Borsäure und 80 T. Phthalsäure 3 St. auf 150°, dann auf 180°—200° erhitzen, solange die **Chinizarin**bildung zunimmt. In 20 T. Wasser gießen, filtrieren, mit viel Wasser auskochen und trocknen. Die Ausbeute beträgt 70—80% gegen sonst 4% ohne Borsäure. — Auch erhaltbar aus 112 T. Na-Salz der 4-Chlor-1-oxybenzol-2-sulfosäure, 80 T. Phthalsäure, 20 T. Borsäure und 400 T. Monohydrat.
3277	**DRP. 298 345** — Ber. **35**, 1778; **36**, 557 DRP. 282 493 Zusatz zu DRP. 292 066	4 T. Aluminiumchlorid in 7 T. 180° heißes Phthalsäureanhydrid eintragen, bei 210° langsam 1 T. Brenzcatechin zufügen, auf 230° erhitzen, Schmelze mit konz. Salzsäure erwärmen, verdünnen, **Hystazarin** absaugen. Mit Toluol auskochen, Rückstand aus Eisessig umkrystallisieren. — Ebenso **Anthragallol** mit Pyrogallol, **α-Oxynaphthacenchinon** mit α-Naphthol, **Oxynaphthanthrachinon** mit β-Naphthol, ferner **Dioxynaphthanthrachinon** mit 2, 7-Dioxynaphthalin und Produkte mit anderen Phenolen oder Dioxynaphthalinen.
3278	**DRP. 158 278** — DRP. 75 054 DRP. 77 818 DRP. 145 188 Ann. **318**, 369; **349**, 201	**Dimethoxyanthrachinon** (Formel: Anthrachinongerüst mit CO, CO, OCH_3, OCH_3) $= C_{16}H_{12}O_4 = 268$. 1 T. **1-Nitro-2-methoxyanthrachinon** (durch Nitrieren von 2-Methoxyanthrachinon in schwefelsaurer Lösung (60°) mit 1 Mol.

Ber. 38, 152; 39, 112; 39, 526 | Nitriersäure) mit einer Lösung von 1 T. Ätzkali in 10 T. Methylalkohol 12 St. unter Rückfluß erhitzen, in Wasser gießen und den **Alizarindimethyläther** filtrieren. Aus Sprit gelbliche Nadeln vom Sch.-P. 210°. Die Lösung, in Schwefelsäure (60°) (blaustichig rot) kurze Zeit im Wasserbade erhitzt, gibt **Alizarin-2-methyläther.** — Ebenso **Anthragalloltrimethyläther** (Sch.-P. 160°) aus **1, 3-Dinitro-2-methoxyanthrachinon,** das selbst durch Nitrieren von 2-Methoxyanthrachinon in schwefelsaurer Lösung (66°) mit 2 Mol. Salpetersäure (als Nitriersäure) erhalten wird.

3279 | **DRP. 77 818** | **DRP. 75 054**

Anthrarufin- und **Chrysazinmethyläther:** Dinitroanthrachinon mit 30% seines Gewichtes Ätznatron und der 4—5-fachen Menge Äthylalkohol 2 Tage unter Rückfluß sieden, das auskrystallisierte Gemenge mit heißem Benzol extrahieren, das nur den Chrysazinmethyläther löst. Aus Eisessig Sch.-P. 215°, Anthrarufinmethyläther schmilzt bei 230°.

3280 | **DRP. 167 699**

Nach [3279] erhält man auch die anderen Dioxyantrachinonäther. — Aus Eisessig oder Benzol gelbe Krystalle, die in Schwefelsäure orangegelb bis blaurot löslich sind. Sch.-P. 236°, 185°, 191°, 219°, 250° und 209° in der Reihenfolge der 1, 5-, 1, 6-, 1, 7-, 1, 8-, 2, 6- und 2, 7-Verbindung.

---

m) O—S.

3281 | **DRP. 290 084**

Monothioalizarin (CO OH, SH, CO) $= C_{14}H_8O_3S = 256.$

Wie [3261] aus 1-Oxyanthrachinon. Bräunlichgelbes, leicht zum Disulfid oxydierbares und dann in Lauge schwer lösliches Pulver, gibt in alkalischer Lösung mit Hypochlorit oxydiert das Na-Salz der **1-Oxyanthrachinon-2-sulfosäure.**

3282 | **DRP. 97 688** | — | Ber. 17, 899

Oxyanthrachinonsulfosäuren (CO, CO) {OH, SO_3H} $= C_{14}H_8O_6S = 304.$

Wie [3129] aus o-Aminoanthrachinonsulfosäure. Reaktionsprodukt in Wasser gießen, saure Lösung aussalzen, Niederschlag in Alkali lösen, mit Essigsäure das saure Alkalisalz in gelben Blättern fällen. Identisch mit Ber. 17, 901.

3283 | **DRP. 106 505** | E. P. 23 644/98 | F. P. 282 937

10 T. α-(2, 6-)anthrachinondisulfosaures Natrium mit 4 T. gebranntem (mit 80 T. Wasser gelöschtem) Kalk 8—10 St. unter Druck auf 160° erhitzen, die Schmelze in 80 T. Wasser verteilen, kochen, berechnete Menge Soda zugeben, vom Kalk filtrieren, Filtrat mit Salzsäure ansäuern. Kalt krystallisiert ein Teil der Oxysulfosäure als saures Na-Salz aus, Rest aussalzen. Aus konz. Lösungen des sauren Na-Salzes der **2-Oxyanthrachinon-6-sulfosäure** mit überschüssiger Natronlauge dunkelrote Krystalle des neutralen Na-Salzes fällen. Mit Kalkhydrat weiter verschmolzen oder auch aus einem ursprünglichen Ansatz: 15 T. α-(2, 6-)anthrachinondisulfosaures Natrium, 5 T. Kalk, 80 T. Wasser, 24 bis 30 St. unter Druck auf 170°—180° erhitzt, in 300—400 T. Wasser gelöst, gekocht und mit Salzsäure gefällt, resultiert **Anthraflavinsäure.** — Ebenso aus β-anthrachinonsulfosaurem Natrium die **2-Oxyanthrachinon-7-sulfosäure,** die weiter mit Kalkhydrat verschmolzen **Isoanthraflavinsäure** gibt. Die sauren Na-Salze der beiden Oxysulfosäuren sind in heißem Wasser rotgelb, in Sprit kaum, in Äther und Benzol unlöslich.

---

284 | **DRP. 158 413** | — | DRP. 65 182 | DRP. 155 045

10 T. scharf getrocknetes anthrachinon-1-monosulfosaures Natrium [3158] mit 30 T. Oleum (25—30%) 5—6 St. auf 150° erhitzen, kalt in Wasser gießen und das Na-Salz der **1-Oxyanthrachinon-5-sulfosäure** abscheiden. Gelbes, in Wasser gelb, in Alkalien rot lösliches Pulver, das mit Alkalien erhitzt Anthrarufin gibt.

3285 **DRP. 195 874**

—

DRP. 149 801
DRP. 157 123
DRP. 170 108
DRP. 172 642
F. P. 332 709

100 T. technisches Anthrachinonsulfosalzgemenge [F. P. 332 709] in 400 T. Wasser lösen, in der Lösung 100 T. Kalk löschen, mit 30 T. Salpeter und 200 T. Kaliumchloridlösung (20%) im Autoklaven 10 St. auf 200° erhitzen und mit Salzsäure das Gemenge von **1, 6- und 1, 7-Dioxyanthrachinon** [3288] fällen. Aus der Mutterlauge eine unbekannte Oxysulfosäure (zugleich Farbstoff) in orangefarbigen Nadeln ausfällen. Charakteristische Ba-, Ca-, Al-, Pb-, Cu-Salze.

3286 **DRP. 197 607**
Zusatz zu
DRP. 170 108

—

DRP. 106 505

Wie [3273], jedoch bei niedriger Temperatur mit Isolierung dieser Zwischenprodukte auf dem Wege zu den Oxyanthrachinonen. — 50 T. anthrachinon-1, 5-disulfosaures Natrium + 25 T. Ätzkalk + 1000 T. Wasser im Autoklaven auf 140°—150° erhitzen, bis Proben den Beginn der Anthrarufinbildung ergeben. Heiß ansäuern, den größten Teil der **1, 5-Anthrachinonoxysulfosäure** filtrieren, die Reste aus der Mutterlauge aussalzen, die Oxysulfosäure in kochendem Wasser lösen, vom Anthrarufin filtrieren und das Filtrat aussalzen. — Ebenso die **1, 8-Oxyanthrachinonsulfosäure.**

3287 **DRP. 197 649**

5 T. Kaliumsalz der 1, 8-Anthrachinondisulfosäure mit 10 T. Soda und 45 T. Wasser im Autoklaven 10 St. auf 190°—200° erhitzen, kochend mit Salzsäure ansäuern und vom **Chrysazin** filtrieren. Im Filtrat sind geringe Mengen **1, 8-Oxyanthrachinonsulfosäure** [3286] enthalten, die ausgesalzen werden; sie entsteht bei kürzerem Erhitzen als Hauptprodukt. — Ebenso **Anthrarufin** bzw. **1, 5-Oxyanthrachinonsulfosäure** aus Anthrachinon-1, 5-disulfosäure.

3288 **DRP. 145 188**

—

DRP. 75 054
DRP. 77 818

1-Methoxyanthrachinon-6 (7)-sulfosäure

CO OCH_3

SO_3H [Strukturformel] $= C_{15}H_{10}O_6S = 318.$

CO

10 T. 1-nitroanthrachinonsulfosaures Natrium [Ber. **15**, 1514] mit 50 T. Natronlauge (12%) und 50 T. Methylalkohol 4 St. unter Rückfluß kochen, kalt den Krystallbrei filtrieren, mit verdünntem Sprit waschen und trocknen. Ist aus wässeriger Lösung als gelbbräunliches Pulver aussalzbar, in Schwefelsäure tiefgelb löslich. Mit Bromwasserstoff (S.-P. 126°) in Eisessiglösung erhitzt resultiert **1-Oxyanthrachinonsulfosäure** (oder auch durch Erhitzen von 1 T. methoxyanthrachinonsulfosaurem Natrium mit 10 T. Schwefelsäure (60°) auf 120°). — 1-oxyanthrachinonsulfosaures Natrium mit Kalkhydrat unter Druck erhitzt [**3132, 3283**] gibt **1, 6-Dioxyanthrachinon,** das aus verdünntem Sprit umkrystallisiert bei 260° schmilzt. — Ebenso wie oben erhält man aus der Clausschen β-Nitroanthrachinonsulfosäure **1-Methoxyanthrachinon-7-sulfosäure** von ähnlichen Eigenschaften wie die 6-Sulfosäure.

n) S—S(Se).

3289 **DRP. 281 102**
Zusatz zu
DRP. 204 772

Anthrachinon-2, 7-dimercaptan

CO

SH [Strukturformel] SH $= C_{14}H_8O_2S_2 = 272.$

CO

Wie [**3145**] aus 2 T. Anthrachinon-2, 7-disulfochlorid durch 5-stündiges Kochen mit einer Lösung von 10 T. Schwefelnatrium und 1 T. Schwefel in 10 T. Wasser.

3290 **DRP. 40 388**

Anthrachinondisulfosäuren

CO

[Strukturformel] $\left\{ \begin{matrix} SO_3H \\ SO_3H \end{matrix} \right. = C_{14}H_8O_8S_2 = 368.$

CO

Uneinheitliches Gemenge durch Erhitzen von Anthrachinon mit Schwefelsäure (66°) auf 260°. — Trennung der 2, 6- und 2, 7-Anthrachinondi- und der 2-monosulfosäuren über die Natronsalze nach J. Am. Chem. Soc. **1915**, 2178.

3291 **DRP. 157 123** Zusatz zu DRP. 149 801

100 T. Anthrachinon mit 1 T. Mercurosulfat verrieben in 200 T. Oleum (44%) eintragen, langsam auf 130°—140° erhitzen, die spontane Temperatursteigerung bei 150°—160° halten, bis eine Probe in Wasser klar löslich ist. Bei 50° 75 T. Schwefelsäure (66°) zufügen, die abgeschiedene **1, 5-Anthrachinondisulfosäure** über Asbest filtrieren, in Wasser lösen und das K-Salz mit Kaliumchlorid aussalzen. Die schwefelsaure Lösung in Wasser gießen und heiß die 1, 8-Säure ebenfalls als K-Salz aussalzen. Hellgelbe Nadeln. Oder: Mit 120 T. Oleum (20%) 6 St. auf 160°—170° erhitzen, das Ganze mit 1400 T. Wasser kochen, vom Anthrachinon filtrieren, im 80°—90° heißen Filtrat mit 60 T. gesättigter Kaliumchloridlösung zunächst das K-Salz der Anthrachinon-1-monosulfosäure, aus deren 60°—70° warmem Filtrat mit Kaliumchlorid (bis zur Sättigung) die beiden Disulfosäuren als K-Salze ausfällen und diese durch fraktionierte Krystallisation trennen.

3292 **DRP. 202 398** E. P. 10 242/03 F. P. 332 709 — DRP. 149 801 DRP. 157 123

100 T. Na-Salz der Anthrachinonmonosulfosäure, 1,5 T. grobkörniges Mercurisulfat und 150 T. Oleum (40%) langsam auf 160° erhitzen, Temperatur 1 St. halten, den Sirup in Wasser gießen, auskalken, vom Gips filtrieren und die Lösung eindampfen. Das Rohprodukt ist das Gemenge der Ca-Salze der **1, 7- und 1, 6-Anthrachinondisulfosäure.** — In der Konstitution unbekannte höhere Anthrachinonsulfosäuren entstehen nach derselben Methode durch Weitersulfieren der 2, 6- und 2, 7-Anthrachinondisulfosäure. Äußerst leicht wasserlösliche Körper.

3293 Anm. W. 23 786 Kl. 12 o 12. 7. 06 Wedekind

Wie [**3429**], jedoch mit größeren Mengen Quecksilber oder Quecksilbersalz. Man erhält lösliche, von der 1, 5- und 1, 8-Sulfosäure verschiedene Sulfosäuren.

3. Anthrachinon mit drei Substituenten.

a) Hal.—Hal.—(Hal., C, N, O, S).

1 Cl—4 Cl—Cl	3294	Br—Br—NH·R	*3190, 3191*
1 Cl—4 Cl—Br	3294	Br—Br—1 (2)OH	3298
Br—Br—CH_3	3167	2 Cl—4 Cl—1 OH	3299, 3300
1 Cl—4 Cl—1 (2) COOH	3171, 3295	2 Br—4 Br—1 OH	3203
1 Cl(Br)—5 (8) Cl(Br)—4 NO_2	3296	1 Cl—4 Cl—2 SO_3H	3301, 3590
Br—Br—1 NH_2	3297	1 Cl—5 (8) Cl(Br)—SO_3H	3301—3303
1 Br—3 Br—2 NH_2	3185		

3294 **DRP. 214 714** — F. P. 384 471 DRP. 78 642 DRP. 99 078

Trihalogenanthrachinone [Strukturformel: CO Cl / CO Cl] Cl = $C_{14}H_5O_2Cl_3$ = 311.

10 T. Na-Salz der 1, 4-Dichloranthrachinon-β-monosulfosäure in 300 T. Wasser lösen, mit 30 T. konz. Salzsäure versetzen, im Wasserbade eine Lösung von 10 T. Kaliumchlorat in 100 T. Wasser zufließen lassen, die Krystalle des **Trichloranthrachinons** filtrieren und aus Eisessig umkrystallisieren, Sch.-P. 237°. Aus der 1, 4-Dichloranthrachinon-α-sulfosäure resultiert ein Trichlorprodukt vom Sch.-P. 253°—254°. — Mit 10 T. Brom und 40 T. Wasser erhält man in 10 St. im Autoklaven bei 190° **1, 4-Dichlormonobromanthrachinon** vom Sch.-P. 233°.

3295 **DRP. 255 121** Zusatz zu DRP. 228 901 — DRP. 237 236 DRP. 237 546

Chloranthrachinoncarbonsäuren

[Strukturformel: CO Cl / COOH / CO Cl] = $C_{15}H_6O_4Cl_2$ = 321.

In eine Lösung von 20 T. Anthrachinon-β-carbonsäure, in 300 T. Monohydrat und 0,1 T. Jod bei 125°, bis zur Gewichtszunahme von 5,5 T. Chlor einleiten, in Wasser gießen, filtrieren, waschen und die **Di-p-chloranthrachinon-2-carbonsäure** aus Nitrobenzol umkrystallisieren. Hellgelbe Krystalle vom Sch.-P. über 300°. In Alkalien und Schwefelsäure gelb löslich. — Die ebenso erhaltene **Di-p-chloranthrachinon-1-carbonsäure** krystallisiert aus Eisessig und schmilzt bei 240°—241°.

3296 **DRP. 249 721**

Dihalogennitroanthrachinone $= C_{14}H_5O_4NCl_2 = 322.$

Wie [3174] mit 1 oder mit 2 Mol. Salpetersäure (als Nitriersäure) und Abbrechen der Reaktion vor Beginn der Dinitrierung. Es entsteht kein Gemenge, sondern eine Mononitroverbindung. — Man erhält so aus 20 T. 1, 5- oder 1, 8-Dichloranthrachinon, gelöst in 400 T. Monohydrat bzw. 300 T. Schwefelsäure bei 40°—50° (20°) mit 23 (46) T. Nitriersäure (= 200 g Salpetersäure pro Liter): **1, 5-(1, 8-) Dichlor-4-nitroanthrachinon,** gelbe Nadeln aus Nitrobenzol, die in Schwefelsäure gelb löslich sind. — Dibromanthrachinon reagiert ebenso, das **1, 5-Dibrom-4-nitroanthrachinon** löst sich in Oleum (20%) orangefarbig. — Nach E. P. 8744/05 gewinnt man auch Nitrodi- und -tetrachloranthrachinon wie folgt: Anthracen bei Gegenwart von Bleisuperoxyd trocken zwischen 220°—260° chlorieren und die so gewonnene Tetra- und Hexachloranthracene mittels Salpeterschwefelsäure zu **Nitrodi-** und **-tetrachloranthrachinon**körpern oxydieren.

3297 **DRP. 128 845**

Dibrom-1-aminoanthrachinon

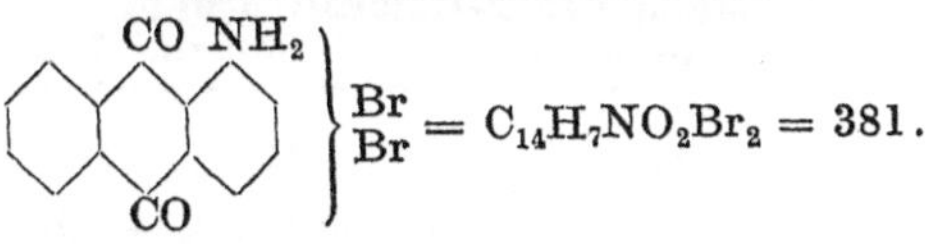

$= C_{14}H_7NO_2Br_2 = 381.$

10 T. Mononitroanthrachinon + 5 T. Eisessig + 75 T. Brom im geschlossenen Gefäß 12 St. auf 150° erhitzen, wobei Bromierung und Reduktion eintritt; in Wasser gießen, filtrieren und trocknen. In verschiedenen Lösungsmitteln verschiedenfarbig löslich, z. B. in kaltem Anilin braun, nach 3-stündigem Kochen blauviolett.

3298 **DRP. 175 663**
E. P. 28 506/03
(Chlorierung)

Dibrom-2-oxyanthrachinon

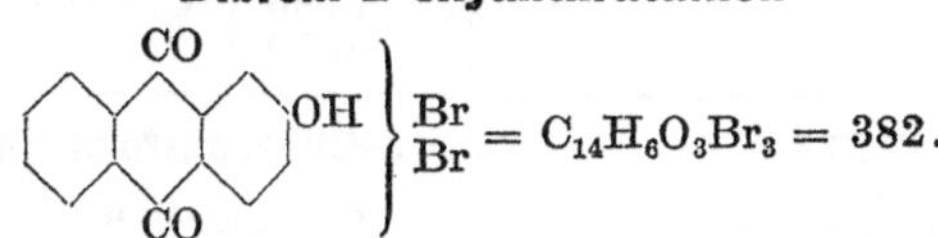

$= C_{14}H_6O_3Br_2 = 382.$

22,4 T. 2-Oxyanthrachinon in 2000 T. Wasser suspendiert mit 24 T. Schwefelsäure (60°) ansäuern, 32 T. Brom zufließen lassen, nach 2 St. filtrieren, Produkt waschen und trocknen. Ausbeute 37,8 T. Beständig, umkrystallisierbar, in Alkali unzersetzt löslich, mit Säuren fällbar; mit Oleum erwärmt bleibt das Brom im Kern, evtl. tritt Sulfierung ein. — Ebenso ein Di- und Tribromprodukt (Farbstoffe) des Anthraflavins und Flavopurpurins.

3299 **DRP. 282 494**
E. P. 15 058/14
F. P. 474 942
DRP. 282 493

2, 4-Dichlor-1-oxyanthrachinon $= C_{14}H_6Cl_2O = 259.$

20 T. 1-Oxyanthrachinon mit 50 T. Nitrobenzol zur Entfernung des Wassers sieden, kalt 30 T. Sulfurylchlorid zugeben, unter Rückfluß im Wasserbad erwärmen. Schwefeldioxyd und Chlorwasserstoffentwicklung, Abscheidung des **4-Chlor-1-oxyanthrachinons.** Nach 5 St. kalt filtrieren, mit etwas Sprit waschen, schmilzt aus Eisessig bei 193°. Derselbe Ansatz mit Beigabe von 0,3 T. Jod gibt das Dichloroxyanthrachinon, das bei 240° schmilzt.

3300 **DRP. 282 493**

2, 4-Dichlor-1-oxyanthrachinon entsteht auch aus Phthalsäureanhydrid und 2, 4-Dichlor-1-oxybenzol im Gemenge mit 3, 5-Dichlor-2-oxybenzoylbenzoesäure, die durch Einwirkung von Schwefelsäure ebenfalls in das 2, 4-Dichlor-1-oxyanthrachinon übergeht.

3301 **DRP. 216 071**
E. P. 27 187/07
F. P. 384 471
DRP. 99 078

Halogenanthrachinonsulfosäuren

$= C_{14}H_6O_5SCl_2 = 357.$

100 T. Na-Salz der Anthrachinon-β-sulfosäure in 600 T. Schwefelsäure (66°) lösen, bei 160° Chlor einleiten, bis keine Gewichtszunahme mehr stattfindet, kalt in Wasser

gießen, das Na-Salz der **1, 4-Dichloranthrachinon-2-sulfosäure** aussalzen. Aus Essigsäure (90%) gelbliche Krystalle. Wird auch mit Oleum (23%) und 1 T. Jod oder Chlorjod als Überträger bei gewöhnlicher Temperatur erhalten. — Auf dieselbe Weise gewinnt man mit Brom, solange es aufgenommen wird, **Monobromanthrachinonsulfosäure**, mit mehr Brom im Wasserbade ein höher bromiertes Produkt.

3302 **DRP. 217 552** — F. P. 385 358

100 T. α-Chloranthrachinon mit 150 T. Oleum (40%) bis zur Wasserlöslichkeit auf 180° erhitzen, kalt in Wasser gießen, im Filtrat das Gemenge zweier Sulfosäuren aussalzen, die sich durch fraktionierte Krystallisation trennen lassen. Sie geben verschmolzen **Anthra-** bzw. **Flavopurpurin.** β-Chloranthrachinon gibt dieselben Sulfosäuren. — Aus 1, 5- bzw. 1, 8-Dichloranthrachinon entsteht ebenso **1, 5-** bzw. **1, 8-Dichloranthrachinonsulfosäure.** Die Rohprodukte werden zur Entfernung gleichzeitig entstandener Oxysulfosäuren mit Kalkmilch erwärmt, filtriert, worauf man die Filtrate ausfällt.

3303 **DRP. 223 642** E. P. 544/10 F. P. 413 412 — DRP. 149 801

5 T. 2-Chloranthrachinon mit 6 T. Oleum (18—20%) und 0,5 T. Quecksilbersulfat 3—4 St. auf 150°—160° erhitzen, die braune Schmelze mit 100 T. Wasser verdünnen, aufkochen, filtrieren, das Filtrat heiß mit 6 T. gesättigter Kaliumchloridlösung aussalzen und die gelben Krystalle der **2-Chloranthrachinonsulfosäure** filtrieren. — Ebenso aus 1, 5-Dichloranthrachinon die **1, 5-Dichloranthrachinonsulfosäure.**

b) Hal.—(C, N, O, S)—(C, N, O, S).

3304 **DRP. 243 077** Zusatz zu DRP. 241 624

8-Chloranthrachinon-1, 2-dicarbonsäure

Cl CO COOH, COOH, CO $= C_{16}H_7O_6Cl = 331.$

Wie [3206] aus Chlornaphthanthrachinon, das durch Kondensation von 3-Chlorphthalsäureanhydrid mit Naphthalin unter Ringschluß der Naphthoylchlorbenzoesäure erhalten wird. Bildet sehr leicht ihr Anhydrid.

3305 **DRP. 131 402**

Chloramino-2-methylanthrachinon

CO, CH_3, CO $\left\{\begin{matrix} Cl \\ NH_2 \end{matrix}\right. = C_{15}H_{10}NO_2Cl = 262.$

20 T. Monoamino-β-methylanthrachinon in 200 T. Chloroform suspendieren, unter Kühlung 6—7 T. Chlor einleiten und schütteln. Die ausgeschiedene Masse gibt aus Eisessig ein einheitliches Produkt vom Sch.-P. 255°—256°. — Ebenso in Suspension von 400 T. Salzsäure mit 3,5 T. Kaliumchlorat. — Analog gewinnt man das Monobromprodukt: 10 T. Monoamino-β-methylanthrachinon (Ber. **16**, 595) fein gepulvert mit 15 T. Brom verrühren (auch in Lösungsmitteln oder mit Bromdämpfen), das ziegelrote Produkt mit Wasser anrühren, filtrieren und den Rückstand trocknen. Aus Eisessig resultiert ein einheitliches Produkt: Braunrote Nadeln vom Sch.-P. 215°—216°. — **6 (7)-Chlor-2-methyl-1-nitroanthrachinon** aus 6 (7)-Chlor-2-methylanthrachinon [3167] durch Nitrierung nach [3495].

3306 **DRP. 281 010** E. P. 8917/14 F. P. 470 562

1-Amino-2-methyl-4-bromanthrachinon: Wie [3209] aus dem bei 50° in wässeriger oder verdünnt essigsaurer Suspension in 6-Stellung mit Brom entstehendem bromierten Harnstoff der 3-Amino-4-methylbenzoyl-o-benzoesäure mit der 7-fachen Menge Oleum (3%) bei 130°. Auf Eis gießen, Rückstand mit verdünnter Natronlauge auskochen; aus Nitrobenzol rote Nadeln vom Sch.-P. 232°.

3307 **DRP. 131 405**

Bromoxy-2-methylanthrachinon

$C_{14}H_5O_2(CH_3)\{Br, OH\} = C_{15}H_9O_3Br = 316.$

Bromaminomethylanthrachinon [3305] in konz. Schwefelsäure lösen, im Wasserbade festes Kaliumnitrit eintragen, Schmelze in Wasser gießen und den erhaltenen dicken, gelben Niederschlag direkt weiterverarbeiten. In konz. Schwefelsäure gelbrot, schwachfluorescierend löslich, zeigt bei Borsäurezusatz keine Veränderung.

3308 **DRP. 282 493**
E. P. 14 954/14
F. P. 474 487

4-Chlor-3-methyl-1-oxyanthrachinon

$= C_{14}H_9O_3Cl = 260.$

Wie [3201] aus 6-Chlor-3-oxy-1-methylbenzol über die bei 208° schmelzende **5-Chlor-4-methyl-2-oxybenzoylbenzoesäure**. Gelbe Nadeln vom Sch.-P. 175°. — Nach

3309 **Zus. DRP. 292 066**

5 T. 4-Oxy-3-chlor-1-methylbenzol, 7 T. Phthalsäureanhydrid, 20 T. Tetrachloräthan und 16 T. Aluminiumchlorid auf 120° erhitzen, verdünnen, Salzsäure zusetzen, mit Dampf behandeln, Rückstand in Soda lösen, filtrieren, die **5-Methyl-3-chlor-2-oxybenzoylbenzoesäure** vom Sch.-P. 183° durch $^1/_2$-stündiges Erwärmen mit Schwefelsäure (100%) auf 100° in **4-Methyl-2-chlor-1-oxyanthrachinon** umwandeln. Aus Benzol gelbe Nadeln vom Sch.-P. 215°. — Ebenso **2, 4-Dimethyl-1-oxyanthrachinon** neben **3, 5-Dimethyl-2-oxybenzoylbenzoesäure** aus 4-Oxy-1, 3-dimethylbenzol. Die Säure schmilzt bei 166°, das Anthrachinonderivat bei 175°.

3310 **DRP. 146 691**
—
DRP. 144 111

Brom-1-nitro-8-dimethylaminoanthrachinon

$(CH_3)_2N \cdot C_{14}H_6O_2 \cdot NO_2\,\} Br = C_{16}H_{11}N_2O_4Br = 375.$

Wie [3197] aus 10 T. 1, 8-Nitrodimethylaminoanthrachinon in 300 T. Salzsäure (20%) mit 11,5 T. Brom in 50 T. Eisessig. Perbromid spalten, Monobromprodukt aus Pyridin umkrystallisieren, braune Nadeln, Sch.-P. 198°, wenig basisch. In Pyridin oder Chloroform blaurot, in Schwefelsäure farblos löslich.

3311 **DRP. 114 840**
F. P. 294 718
—
DRP. 104 901
DRP. 127 811

Halogendiaminoanthrachinone

$H_2N \cdot C_{14}H_6O_2 \cdot NH_2\,\} Cl = C_{14}H_9N_2O_2Cl = 273.$

15 T. 1, 5-Diaminoanthrachinondisulfosäure in 250 T. konz. Salzsäure lösen, bei gewöhnlicher Temperatur langsam 10 T. Kaliumchlorat zugeben, längere Zeit im Wasserbade kochen, das Harz kalt pulvern und mit Wasser waschen, bis der Ablauf farblos ist. Als Rückstand bleibt das rohe Chlorierungsprodukt (Abspaltung der Sulfogruppen) zurück. — Die Bromprodukte werden wie folgt gewonnen: 10 T. 1, 5-(1, 8-), (1, 3-)Diaminoanthrachinon in 100 T. Wasser + 30 T. Brom 24 St. bei gewöhnlicher Temperatur rühren. Rotes, in Nitrobenzol fast völlig lösliches Pulver (Gemenge), das kalt z. T. in braunen Nadeln auskrystallisiert. — Ein anderes Produkt erhält man wie folgt: 10 T. 1, 8-Diaminoanthrachinon, gemischt mit 10 T. trockener Borsäure in 400 T. Oleum (20%) lösen, bis zur Wasserlöslichkeit des Produktes auf 115° erhitzen, in Eiswasser gießen, mit 30 T. Brom 24 St. rühren, filtrieren, waschen und trocknen. In verschiedenen Lösungsmitteln verschiedenfarbig löslich.

3312 Anm. W. 38 055
Kl. 22 b
8. 9. 11
Wedekind

Chloramino-1-oxyanthrachinon

$C_{14}H_6O_2(OH)\{Cl, NH_2\} = C_{14}H_8NO_3Cl = 263.$

Chlor-1-oxyanthrachinon [3320] nitrieren und reduzieren.

3313 **DRP. 149 780**

Halogenaminooxyanthrachinone

$$\left.\begin{matrix}\text{CO NH}_2 \\ \text{OH CO}\end{matrix}\right\}\text{Br} = C_{14}H_8O_3NBr = 334.$$

10 T. 1, 5- bzw. 1, 8-Aminooxyanthrachinon in Wasser suspendieren, bei 60° 30 T. Brom langsam zufließen lassen, kurze Zeit auf 100° erwärmen und filtrieren. Braun- bis orangebraunes Pulver, schwer löslich, in Schwefelsäure gelb bis rot löslich, wird mit Borsäure stärker rot.

3314 **DRP. 203 083**
E. P. 28 104/07
F. P. 385 358

10 T. 1-Amino-2, 4-dibromanthrachinon [**3177, 3440**] mit 100 T. Monohydrat auf 100°—110° erwärmen, bis eine aufgearbeitete Probe in Pyridin gelöst *nicht* mehr blaurot wird. In Wasser gießen, **1-Amino-2-brom-4-oxyanthrachinon** filtrieren, neutralisieren und waschen. Sch.-P. 243° unter Zersetzung. In Schwefelsäure gelb, + Borsäure blaurot *löslich*. — Mit Oleum (40%) erfolgt die Umsetzung schon bei 40°. — Ebenso **Chinizarin** aus 40 T. 1, 4-Dichloranthrachinon oder 1, 4-Chloroxyanthrachinon [**3199**] mit 100 T. Oleum (10%) und 5 T. Borsäure bei 200°. — Ferner **1-Amino-2-chlor-4-oxyanthrachinon** aus 1-Amino-2, 4-dichloranthrachinon [**3177**], **1, 4-Aminooxyanthrachinon** [**3253**] aus 1-Amino-4-bromanthrachinon (α-Bromanthrachinon nitrieren, dann reduzieren), **1-Methylamino-4-oxyanthrachinon** [**3113**] aus Methylamino-4-bromanthrachinon [**3190**].

3315 **DRP. 114 262**
F.P. 288 511 Zus.
—
DRP. 114 840

Halogenaminoanthrachinonsulfosäuren

$$\left.\begin{matrix}\text{CO NH}_2 \\ \text{CO}\end{matrix}\right\}\begin{matrix}\text{Br} \\ SO_3H\end{matrix} = C_{14}H_8NO_5SBr = 382.$$

α- und β-Aminoanthrachinonmonsoulfosäure (durch Reduktion der α- und β-Nitroverbindung [Ber. **15**, 1514], z. B. mit Schwefelnatrium) in wässeriger Lösung nach [**3311**] im Wasserbade bromiert, oder durch Chloreinleiten bei gewöhnlicher Temperatur chloriert, geben die Halogenverbindungen, die noch die Sulfogruppen enthalten und Farbstoffe sind.

3316 **DRP. 263 395**

1-Aminoanthrachinon mit 5 T. Oleum (12%) bei 120° sulfieren und die Sulfosäure in wässeriger Lösung monobromieren. Es entsteht die **4-Brom-1-aminoanthrachinon-2-sulfosäure** (rotes Na-Salz, in Wasser orangefarbig, in Schwefelsäure grünlichgelb löslich), gibt mit Ammoniak und Kupfer erhitzt **1, 4-Diaminoanthrachinon-2-sulfosäure.** — Ebenso aus 1, 5-Diaminoanthrachinon die **4, 8-Dibrom-1, 5-diaminoanthrachinon-2, 6-disulfosäure.**

3317 **DRP. 281 010**
E. P. 8917/14
F. P. 470 562

1-Amino-4-bromanthrachinon-2-sulfosäure: Wie [**3209**] aus dem Harnstoff der 6-Brom-3-amino-4-sulfobenzoyl-o-benzoesäure [**1387**] mit Oleum (3%) bei 130°—135°. Wenn die Kohlensäureentwicklung beendet ist, auf Eis gießen. Aus Wasser rote Nädelchen. Roter Wollfarbstoff.

3318 **DRP. 146 691**

Bromdimethylaminoanthrachinon-1-sulfosäure

$$\left.\begin{matrix}\text{CO } SO_3H \\ \text{CO}\end{matrix}\right\}\begin{matrix}N(CH_3)_2 \\ \text{Br}\end{matrix} = C_{16}H_{12}NO_5SBr = 410.$$

Wie [**3196, 3310, 3371**] aus 10 T. Dimethylaminoanthrachinon-1-sulfosäure (aus Nitroanthrachinonsulfosäure) in 300 T. Salzsäure (20%) mit 30 T. Brom-Eisessiglösung (20%) im Wasserbade. Gelbe Krystalle kalt filtrieren. Die Sulfosäure ist in sehr verdünnter Natronlauge violettrot löslich, im Überschuß fällt das Na-Salz in violetten Nadeln aus.

3319 **DRP. 167 743**
—
DRP. 127 669

Chlordioxyanthrachinone

$$\left.\begin{matrix}\text{CO} \\ \text{CO}\end{matrix}\right\}\begin{matrix}\text{Cl} \\ \text{OH} \\ \text{OH}\end{matrix} = C_{14}H_7O_4Cl = 275.$$

10 T. Anthrarufin in 1000 T. Wasser und 1500 T. Schwefelsäure (60°) suspendieren, bei 140° unter Erhaltung der Temperatur allmählich eine Lösung von 10 T. (bzw. 20 T.) Kaliumchlorat und 50 T. (bzw. 70 T.) Kochsalz in 1000 T. Wasser zugeben, das gebildete **p-Monochloranthrarufin** bzw. **p-Dichloranthrarufin** filtrieren, waschen und trocknen. In Schwefelsäure rot (mit geringer Fluorescenz), in Oleum rötlichblau bzw. tiefblau löslich.

3320 **DRP. 152 175**
E. P. 8503/03
—
DRP. 127 699
DRP. 131 403
DRP. 137 948
Ber. **16**, 1749

24 T. Anthraflavinsäure in 2400 T. Wasser + 240 T. Natronlauge (40°) heiß lösen, kochend eine Lösung von 440 T. unterchlorigsaurem Natrium (3,4% aktives Chlor) zufließen lassen, 1 St. kochen, den Hypochloritüberschuß mit Na-Sulfit zerstören, die braunrote Lösung mit Schwefelsäure fällen und den gelben Niederschlag filtrieren, waschen und trocknen. Ausbeute 25 T. Mit Salzsäure umgelöst, resultiert **Monochloranthraflavinsäure.** — Ebenso **Dichloranthraflavinsäure,** wobei man der Hypochloritlösung noch 24 T. Soda zugibt, bei 40° einlaufen läßt und die Reaktionstemperatur bei 40° hält. **Trichloranthraflavinsäure** erhält man mit 1300 T. Hypochloritlösung (3,4% aktives Chlor enthaltend) bei Siedetemperatur, **Dichlorisoanthraflavinsäure** mit 560 T. Hypochloritlösung (2,6%) und 24 T. Natriumbicarbonat bei gewöhnlicher Temperatur während des 2-stündigen Zufließens dann bei Siedetemperatur; **Monochlor-2-oxyanthrachinon** mit 480 T. Hypochloritlösung (3,4%) bei Siedehitze auch während des $2^1/_2$-stündigen Einlaufens. Die gelbgrünen Pulver sind nur in heißem Sprit leicht löslich (Chloroxyanthrachinon auch in Eisessig und Benzol), spalten beim Schmelzen Chlor und Salzsäure ab, nicht aber beim Erhitzen mit Alkalien oder Kalkmilch. — Nach

3321 **Zus. DRP. 153 194**

geben 24 T. 1, 7-Dioxyanthrachinon in 2400 T. Wasser und 24 T. Soda heiß gelöst mit 520 T. Hypochloritlösung (3,2%) in Kochhitze **Monochlor-1, 7-dioxyanthrachinon,** das jedoch mit aromatischen Aminen kondensiert keine blauen Wollfarbstoffe gibt.

3322 **DRP. 189 937**
—
DRP. 77 179
DRP. 127 699
DRP. 131 403
DRP. 167 743
DRP. 172 300

20 T. Flavopurpurin in 1000 T. Wasser suspendieren, kochend eine Lösung von 20 T. Kaliumchlorat in 1000 T. Wasser + 100 T. rohe Salzsäure zufließen lassen und den Niederschlag filtrieren. Ausbeute 18 T. Aus Sprit Krystallkrusten, aus verdünntem Sprit Nadeln vom Sch.-P. 305°. — Das **Monochlorflavopurpurin** ist ebenso wie das auf gleiche Weise erhaltene **3-Chloralizarin** Farbstoff.

c) C—C—O(N).

d) C—N—N.

3323 **DRP. 131 873**
—
Ber. **10**, 1485; **15**, 1820; **16**, 695

Methyldinitroanthrachinon

(Strukturformel: CO NO_2, CH_3, O_2N CO) $= C_{15}H_8N_2O_6 = 312.$

10 T. Methylanthrachinon (Sch.-P. 177°—179°) in 100—150 T. Schwefelsäure (66°) oder in Monohydrat gelöst, mit 28 T. (2 Mol.) Nitriersäure (1 T. HNO_3 + 2 T. H_2SO_4) 6 St. im Wasserbade erwärmen, auf Eis gießen und aufarbeiten. Das Produkt ist in Schwefelsäure schwer, in kaltem Anilin gelbbraun löslich. Mit Eisessig extrahiert hinterbleibt **1, 5-Dinitro-β-methylanthrachinon.** Mit Schwefelnatrium reduziert entsteht **Diaminomethylanthrachinon.**

3324 **DRP. 279 866**

1-Amino-2-methyl-4-nitroanthrachinon

(Strukturformel: CO NH_2, CH_3, CO NO_2) $= C_{15}H_{10}N_2O_4 = 282.$

100 T. 1-Amino-2-methylanthrachinon in 1000 T. Oleum (2%) lösen, bei 10°—15° 20 T. p-Formaldehyd eintragen, 1 St. rühren, unter 0° die berechnete Menge wasserfreier Nitriersäure zutropfen lassen, in Wasser gießen, Produkt aus Nitrobenzol oder Trichlorbenzol umkrystallisieren. — Ebenso **1-Amino-2-nitro-4-chloranthrachinon** aus 1-Amino-4-chloranthrachinon. Aus Nitrobenzol (Lösung gelbrot) metallisch glänzende Krystalle, in Schwefelsäure braungelb löslich.

3825 **DRP. 205 036** — DRP. 148 110, DRP. 183 629

1,3-Diamino-2-methylanthrachinon

CO NH_2, CH_3, NH_2, CO $= C_{15}H_{12}N_2O_2 = 284.$

p-Toluyl-o-benzoesäure dinitrieren, reduzieren, durch Kochen mit Eisessig den Ring schließen. Z. B. (Darstellung des Triamino-2-methylanthrachinons): 125 T. p-Toluyl-o-benzoesäure

—CO—, —COOH, CH_3

in 300 T. Monohydrat lösen, bei 0°—5° zuerst 270 T Nitriersäure (40%), dann 230 T. Oleum (80%) langsam zugeben, 40 St. bei gewöhnlicher Temperatur rühren, mit Eis die **Trinitro-p-toluyl-o-benzoesäure** fällen und aus Eisessig umkrystallisieren, Sch.-P. 217°—218°. Mit Eisen und Essigsäure reduzieren, sodaalkalisch filtrieren, das Filtrat genau mit Salzsäure neutralisieren und die **Triamino-p-toluyl-o-benzoesäure** filtrieren. 120 T. dieser Säure in warmem, verdünntem Ammoniak lösen, filtrieren; das Filtrat in 500 T. siedenden Eisessig fließen lassen und das quantitativ abgeschiedene **1, 3, x-Triamino-2-methylanthrachinon** filtrieren. Gelbrote Nadeln vom Sch.-P. über 300°. In Schwefelsäure farblos, mit Borsäure erhitzt rötlich löslich. Die kalte Schwefelsäurelösung wird mit Formaldehyd reinblau. Die Kondensation ist statt mit Eisessig auch durch Erhitzen für sich oder mehrstündiges Kochen mit Wasser oder Salzlösungen ausführbar. — **1, 3-Diamino-2-methylanthrachinon** bildet aus Eisessig gelbrote Nadeln vom Sch.-P. 273° bis 276°, **1, 3-Diamino-2-methoxyanthrachinon** (aus p-Anisoylbenzoesäure [**1376**]) ebenso Nadeln vom Sch.-P. 225°—230°.

3826 **DRP. 279 866**

1-Amino-4-nitroanthrachinon-2-carbonsäure

CO NH_2, COOH, CO NO_2 $= C_{15}H_8N_2O_4 = 280.$

Formaldehydverbindung aus 10 T. 1-Aminoanthrachinon-2-carbonsäure, 600 T. Eisessig, 20 T. Schwefelsäure (66°) und 130 T. Formaldehyd (40%), mit Alkohol gewaschen, in der 10-fachen Menge Schwefelsäure (66°) nitrieren und aufarbeiten. Gelbbraunes Pulver, in Schwefelsäure gelb, mit Formaldehyd blau, in Alkali rot, mit Schwefelnatrium zuerst grün, dann unter Bildung der **1, 4-Diaminoanthrachinon-2-carbonsäure** blau löslich. Die Formaldehydverbindung braucht nicht isoliert zu werden.

3827 **DRP. 293 100** — E. P. 8109/15

1, 4-Diaminoanthrachinon-2-carbonsäure

CO NH_2, COOH, CO NH_2 $= C_{15}H_{10}N_2O_4 = 282.$

Wie [**3216, 3340**] aus 20 T. 1-Amino-4-chloranthrachinon-2-carbonsäure, 20 T. Toluolsulfamid, 10 T. Soda und 1 T. Kupfersulfat in 20 T. Wasser während 20 St. unter Rückfluß gekocht und Spaltung des nach dem Erkalten abgeschiedenen Na-Salzes der **1-Amino-4-toluolsulfaminoanthrachinon-2-carbonsäure** durch Erwärmen mit Schwefelsäure. Blauer Wollfarbstoff.

e) C—O—O.

2 COOH—1 OH—4 OH 3328, 3329

3328 **DRP. 84 505**

Chinizarin-2-carbonsäure

CO OH, COOH, CO OH $= C_{15}H_8O_6 = 284.$

10 T. Anthrachinon-2-carbonsäure mit 200 T. Schwefelsäure (66°), 12 T. Nitrit und 10 T. kryst. Borsäure bis zur Beendigung der Gasentwicklung auf 200°—230° erhitzen. Aus Eisessig orangebraune Nadeln, in Soda violettrot, in Ammoniak violett, in Natronlauge blau löslich.

3329 **DRP. 273 341**

—

Ber. **41**, 3638; 3636

J. pr. **83**, 207

Ann. **388**, 217

Nacheinander 16 T. Nitrit, 10 T. Borsäure und 16 T. 1, 4-Dioxy-2-methylanthrachinon in 240 T. Schwefelsäure (96%) eintragen, langsam auf 150° erhitzen, Temperatur halten, bis Probe sodalöslich ist. Sch.-P. 244°—246°.

f) N—N—N.

3330 **DRP. 171 588**

F. P. 355 326

—

DRP. 167 410

Di- und Polynitroaminoanthrachinon-urethane(-amine)

CO NH·$COOC_2H_5$; NO_2 ; CO NO_2 $= C_{17}H_{11}N_3O_8 = 385.$

10 T. 1-Aminoanthrachinonurethan [3229] in 30 T. Eisessig und 90 T. Monohydrat lösen, bei 45° mit $6^1/_2$ T. Salpetersäure (48°) nitrieren, nach $1^1/_2$ St. in 1000 T. Eiswasser gießen, filtrieren und waschen. Aus Eisessig gelbe Prismen des **1-Amino-2, 4-dinitroanthrachinonurethans.** — Ebenso **2-Amino-1, 3-dinitroanthrachinonurethan** aus 10 T. 2-Aminoanthrachinonurethan und 50 T. Salpetersäure (95%) $^1/_2$ St. bei 40°; **1, 5-Diamino-2, 4, 6, 8-tetranitroanthrachinonurethan** aus 10 T. 1, 5-Diaminoanthrachinonurethan, 25 T. Eisessig, 100 T. Monohydrat, 10 T. Salpetersäure (48°) bei 45°, schließlich **1, 8-Diamino-2, 4, 5, 7-tetranitroanthrachinonurethan** aus 1, 8-Diaminoanthrachinonurethan. — Verseifung wie [3229]. Die Körper lösen sich z. T. mit charakteristischer Färbung in Pyridin, Schwefelsäure und Oleum.

3331 **DRP. 254 185**

—

DRP. 167 410

Nitro-1,4-diaminoanthrachinonacylverbindungen

CO NH_2 ; NO_2 ; CO NH_2 $= C_{14}H_9N_3O_4 = 283.$

10 T. Diacetyl-1, 4-diaminoanthrachinon [Ber. **43**, 643] unter 25° in 40 T. Salpetersäure (1,5) einrühren, auf Eis gießen und filtrieren. 2-Nitrodiacetyl-1, 4-diaminoanthrachinon krystallisiert aus Eisessig in gelbbraunen Nadeln vom Sch.-P. 237° unter Zersetzung. In Schwefelsäure gelb, + Formaldehyd blau löslich. Mit Schwefelsäure im Wasserbade verseift erhält man: **2-Nitro-1, 4-diaminoanthrachinon** als blaues, krystallinisches Pulver. — Aus 1, 4-Diaminoanthrachinonurethan resultiert ebenso **2-Nitro-1, 4-diaminoanthrachinonurethan,** aus Xylol Sch.-P. 230°—232°.

3332 **DRP. 268 984**

50 T. Diacetyl-1, 4-diaminoanthrachinon oder die Verbindung [3249] in schwefelsaurer Lösung bei 5°—10° mit 3 T. Salpetersäure (95%) + 10 T. Schwefelsäure (66°) nitrieren. Die Nitrodiacetylverbindung (NO_2-Gruppe in α-Stellung im nicht amidierten Kern) krystallisiert aus Eisessig in roten Krystallen, das Sulfat der verseiften Verbindung aus Nitrobenzol in dunklen Prismen. Gibt bei Ersatz der NH_2- gegen NH-Gruppen **Nitrochinizarin.**

3333 **DRP. 267 445**

10 T. 1, 4-Dibenzoyldiaminoanthrachinon in 50 T. Nitrobenzol bei 90° mit 12,5 T. Salpetersäure (42,5°) verrühren, die Temperatur mehrere Stunden auf 90°—95° halten, kalt **2-Nitro-1, 4-dibenzoyldiaminoanthrachinon,** orangefarbige Nadeln, filtrieren. In Schwefelsäure schwach rotgefärbt löslich. Auf 90° erwärmt tritt Verseifung ein. Das Sulfat des 2-Nitro-1, 4-diaminoanthrachinons ist rot, die freie Verbindung aus organischen Lösungsmitteln umkrystallisiert, bildet grünblaue Nadeln, die in Schwefelsäure fast farblos löslich sind. Lösung in Schwefelsäure + Formaldehyd = grünblau, + Borsäure erwärmt = kornblumenblau. Reduziert entsteht **1, 2, 4-Triaminoanthrachinon.** — Aus 1, 4-Diaminoanthrachinonurethan ebenso 2-Nitro-1, 4-diaminoanthrachinonurethan; Verseifung wie oben zu 2-Nitro-1, 4-diaminoanthrachinon. — Aus 1, 4, 5, 8-Tetraaminoanthrachinonurethan entstehen die blauvioletten Nadeln des β-Nitrokörpers, der verseift **Mononitrotetraaminoanthrachinon** gibt.

3334 **DRP. 268 984**

—

DRP. 125 391
DRP. 127 780
DRP. 158 076
DRP. 167 410
DRP. 171 588

Wie [3333]. — 50 T. 1, 4-Diacetyldiaminoanthrachinon [3331] in 500 T. Schwefelsäure (66°) lösen, bei 5°—10° mit 30 T. Salpetersäure (95%) und 100 T. Schwefelsäure (66°) nitrieren. Aus Eisessig rote Krystalle des **Nitrodiacetyl-1, 4-diaminoanthrachinons,** das in Pyridin gelbrot, in Schwefelsäure gelb löslich ist. Mit 300 T. konz. Schwefelsäure und 100 T. Wasser 1 St. im Wasserbade verseift, resultiert kalt das **Nitro-1, 4-diaminoanthrachinon,** ein violettes Pulver. Aus Nitrobenzol dunkle Krystalle, die in Pyridin violettblau, in Schwefelsäure fast farblos löslich sind. Reduziert entsteht **1, 4, 5-Triaminoanthrachinon,** beim Ersatz der Amino- gegen Oxygruppen **Nitrochinizarin.** (Dieses auch erhaltbar durch Erhitzen von 1, 4-Dinitroanthrachinon mit konzentrierter Schwefelsäure, Nitrit und Borsäure auf 200°—210° nach **DRP. 90 041**). — Ebenso gibt der aus 1, 4-Diaminoanthrachinon mit Oleum nach [3249] erhältliche Körper unter 60° in 300 T. Schwefelsäure mit 40 T. Salpeter-Schwefelsäure (27%) nitriert und bei 130° mit Schwefelsäure verseift, **1, 4-Diamino-5-nitroanthrachinon.** — 20 T. **1, 4-Diamino-2, 3-dichloranthrachinon** (Chlorieren von 1, 4-Diaminoanthrachinon in Nitrobenzol mit Sulfurylchlorid) mit 400 T. Oleum (45%) 1 St. auf 80° erwärmen, bei 20° unter Kühlung auf 60° Bé verdünnen, mit 20 T. Nitriersäure (27%) nitrieren und das braune Produkt verseifen. Man erhält: **5-Nitro-1, 4-diamino-2, 3-dichloranthrachinon,** aus Pyridin stahlblaue Nadeln vom Sch.-P. 300°, die in Pyridin blau, in Schwefelsäure gelbrot, in Nitrobenzol rotviolett löslich sind. Gibt reduziert **1, 4, 5-Triamino-2, 3-dichloranthrachinon.**

g) N—N—O.

3335 **DRP. 104 282**

5-Nitroso-1-nitro-8-oxyanthrachinon

OH CO NO_2

NO CO

$= C_{14}H_6N_2O_6 = 298.$

10 T. 1, 5-Dinitroanthrachinon in 200 T. Oleum (30%) bei 50° lösen und rühren, bis eine in Schwefelsäure (60°) gegossene Probe klare, gelbe Lösung gibt. Nun alles bei höchstens 50° in 200 T. Schwefelsäure (60°) gießen, in Eiswasser eintragen, den mißfarbig gelben Niederschlag filtrieren, mit kaltem Wasser waschen, feucht einmal mit kaltem Aceton extrahieren und den Rückstand aus Epichlorhydrin (Tierkohle) umkrystallisieren. Orangerote Krystalle, in Sprit, Äther, Aceton schwer, in Pyridin oder Nitrobenzol leichter löslich, Sch.-P. 250° unter Zersetzung. Lösung in Schwefelsäure ist (66°) gelb, + borsäurehaltigem Monohydrat = bläulichrot, in Soda orangegelb, in Natronlauge ebenso, beim Kochen blaugrün löslich. Gibt die Liebermannsche Reaktion, mit neutralem Sulfit Farbstoffe. Alkalisch reduziert (Schwefelnatrium oder Zinnoxydulnatron) entsteht das schwerlösliche Na-Salz des **1, 5-Diamino-8-oxyanthrachinons.**

3336 **DRP. 119 755**

—

Ber. **14**, 464

1, 3-Dinitro-2-oxyanthrachinon

CO NO_2

OH

NO_2

CO

$= C_{14}H_6N_2O_7 = 314.$

1 T. m-Oxyanthrachinon nitrieren (in 15 T. rauchende Salpetersäure eintragen), später auf 60°—70° erwärmen. Kalt krystallisiert die Dinitroverbindung z. T. aus, der Rest ist durch Eingießen in Eiswasser als gelber, flockiger Niederschlag erhaltbar.

3337 **DRP. 183 332**

Diaminooxyanthrachinon

CO OH

NH_2

CO NH_2

$= C_{14}H_{10}N_2O_3 = 254.$

Erythrooxyanthrachinon mit der 4-fachen Menge Salpetersäure (42°) erhitzt oder 4, 1-Nitrooxyanthrachinon weiternitriert, gibt **2, 4-Dinitro-1-oxyanthrachinon** als schwerlösliches, gelbes Pulver. Aus Eisessig umkrystallisieren, Sch.-P. 243°. Mit Schwefelnatrium reduzieren; das **2, 4-Diamino-1-oxyanthrachinon** (aus Eisessig umkrystallisieren) schmilzt bei 266°. Braunrote Nadeln, in Schwefelsäure gelb löslich, + Borsäure = Rotfärbung und roter Niederschlag.

h) N—N—S.

3338 **DRP. 290 084**

Aminoanthrachinonmercaptane

CO NH_2, SH, CO OH $= C_{14}H_9NO_3S = 271.$

1, 5-Diaminoanthrachinon-2, 6-dimercaptan, 1-Amino-4-oxy-2-mercaptoanthrachinon und **2-Mercapto-1, 4-dioxyanthrachinon** wie [3261] aus 1, 5-Diaminoanthrachinon bzw. 1-Amino-4-oxyanthrachinon bzw. 1, 4-Dioxyanthrachinon mit Schwefelnatrium bei 150°.

3339 Anm. F. 12 183, Kl. 12, 8. 3. 00, Höchst — J. pr. **19**, 215

Diaminoanthrachinonsulfosäuren

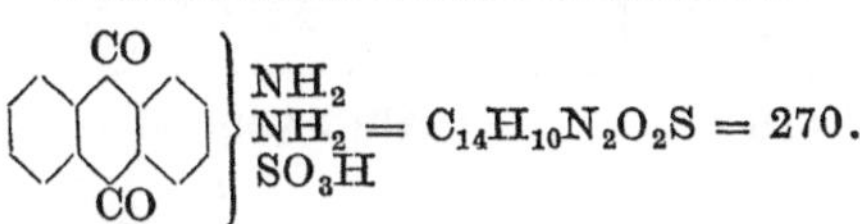

CO, CO } NH_2, NH_2, SO_3H $= C_{14}H_{10}N_2O_2S = 270.$

Diaminoanthrachinon in Lösung von konz. Schwefelsäure bei höchstens 120° mit der theoretischen Menge Oleum oder besser in 5 T. Monohydrat + 4 T. Oleum (20%) bei 115° bis zur Wasserlöslichkeit sulfieren. Produkt mit KCl aussalzen.

3340 **DRP. 293 100** E. P. 8109/15

1, 4-Diaminoanthrachinon-6-sulfosäure: Wie [3216] aus 66 T. 1, 4-dichloranthrachinon-6-sulfosaurem Natrium [3301], 83 T. Toluolsulfamid, 26 T. wasserfreier Soda, 1 T. Kupfersulfat und 660 T. Wasser in 24 St. unter Rückfluß und Spaltung der erhaltenen **1, 4-Di-p-toluolsulfaminoanthrachinon-6-sulfosäure** durch Erwärmen mit Schwefelsäure. — Ebenso **1, 4-Diaminoanthrachinon-2-sulfosäure** aus 1-Amino-4-bromanthrachinon-2-sulfosäure und Toluolsulfamid.

i) N—O—O.

3341 **DRP. 74 562**

β-Nitroalizarin CO OH, OH, CO } $NO_2 = C_{14}H_7NO_5 = 269.$

10 T. Alizarin, gelöst in 200 T. Schwefelsäure (66°), mit 10 T. kryst. Borsäure verrühren, unter 0° mit 3 T. Salpetersäure (42°) nitrieren. Verdünnen, Niederschlag in Natronlauge lösen, kochend mit Säure fällen.

3342 **DRP. 150 322** — DRP. 67 470, DRP. 125 579

Nitroalizarin-2-alkyläther

CO OH, $O \cdot CH_3$, CO NO_2 $= C_{15}H_9NO_6 = 299.$

Alizarin-2-methyläther unter Kühlung mit der 2—5-fachen Menge konz. Salpetersäure verrühren, nach einigen Stunden auf Eis gießen, filtrieren und neutral waschen. Aus Eisessig gelbe Blätter, Sch.-P. 280°—282°. Reduziert entsteht **4-Aminoalizarin-2-methyläther,** ein rotbraunes Pulver, das in schwefelsaurer Lösung erhitzt **4-Aminoalizarin** gibt.

3343 **DRP. 193 104**

—

DRP. 98 639
DRP. 163 042
DRP. 170 728
Ann. **183**, 193
Ber. **39**, 646

4-Nitrochrysazindimethyläther

$CH_3 \cdot O$ CO $O \cdot CH_3$

CO NO_2 $= C_{16}H_{11}NO_6 = 313.$

45 T. Chrysazindimethyläther [3280] in 450 T. Monohydrat lösen, bei 10° mit 38,6 T. Nitriersäure (27,4% HNO_3) nitrieren, Temperatur 3 St. halten, nach 24 St. auf Eis gießen und den gelben Niederschlag filtrieren. Sehr schwer löslich. Aus Chlorbenzol grünlichgelbe Nadeln vom Sch.-P. 232° bis 233°, die in Schwefelsäure orangerot löslich sind. — Zur Abspaltung der Methylgruppen wird der Nitrodimethyläther mit der 10-fachen Menge Schwefelsäure (60°) 3 St. auf 120° bis 130° erhitzt. In Wasser gießen, filtrieren. Aus Chlorbenzol orangegelbe Krystalle des **p-Nitrochrysazins**, Sch.-P. 232°—234°. In Alkalien rot, in Schwefelsäure orangegelb löslich.

k) N—O—S.

1 NH_2—4 OH—2 SH	3338	1 NH_2—4 OH—6 SO_3H	3345, 3346
1 $NO_2(NH_2)$—4 OH—3 SO_3H	3344	1 NH·R—4 OH—2 (6) (5) SO_3H	3255, 3345

3344 **DRP. 127 438**

1-Nitro-(amino-)-4-oxyanthrachinon-3-sulfosäure

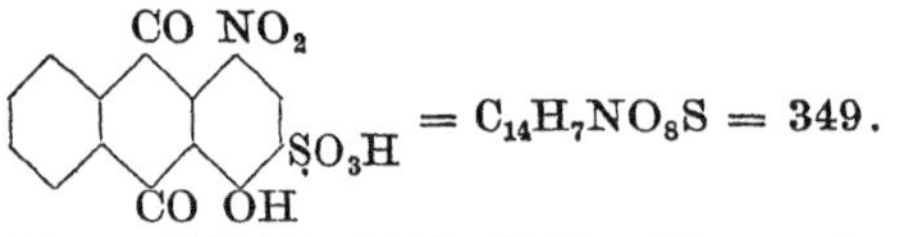

$= C_{14}H_7NO_8S = 349.$

Erythrooxyanthrachinon mit Oleum (20%) bei 90°—100° sulfieren, das ausgeschiedene Sulfat als Natronsalz nitrieren; gibt reduziert und alkyliert Farbstoffe.

3345 **DRP. 155 440**
Zusatz zu
DRP. 154 353

1-Amino-4-oxy-6-anthrachinonsulfosäure

CO NH_2

HO_3S CO OH $= C_{14}H_9NO_6S = 319.$

Wie [3254]. — 1-aminoanthrachinon-6-sulfosaures Natrium mit Oleum 3—4 Tage bei 30°—35° rühren, bis eine Probe in Borschwefelsäure blaurot löslich ist. In Eiswasser gießen und aussalzen. Ist identisch mit **DRP. 101 919**. — Ebenso **1-Methylamino-4-oxy-6-anthrachinonsulfosäure** und die Äthylverbindungen.

3346 **DRP. 161 035**

1, 4-Aminooxy-6-anthrachinonsulfosäure: 50 T. 1, 4-Aminooxyanthrachinon mit 500 T. Oleum (60%) und 50 T. Borsäure auf 110° bis 120° erhitzen, wenn wasserlöslich, auf Eis gießen, die Sulfosäure aussalzen. — Ebenso auch die Alkylaminoverbindungen.

l) O—O—O; O—O—S; S—S—S.

OH—OH—OH	3271, 3277, 3302, 3347—3355	OH—OH—SO_3H	3356, 3360
OR—OR—OR	3278	1 OH—4 OH—SO_3H	3271
1 OH—4 OH—2 SH	3338	SO_3H—SO_3H—SO_3H	3361

3347 **DRP. 156 960**

Trioxyanthrachinone

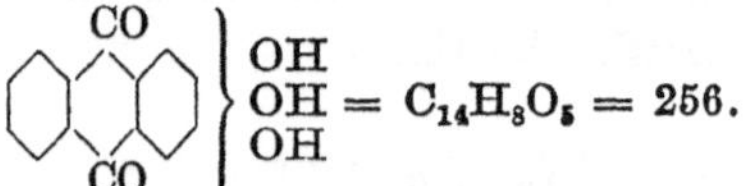

$= C_{14}H_8O_5 = 256.$

Durch Oxydation von Alizarin bei Gegenwart von Borsäure mit Oleum bzw. nach

3348 **DRP. 178 631**

durch Verschmelzen von Alizarin-3-mono- oder -5, 3-disulfosäure mit Ätzalkalien erhält man **1, 2, 5-Trioxyanthrachinon** bzw. seine 3-Sulfosäure. Ebenso nach

3349 **DRP. 161 026**
Zusatz zu
DRP. 156 960

1, 4, 8-Trioxyanthrachinon aus 1, 8-Dioxyanthrachinon durch Oxydation mit Borsäure-Oleum, nach

3350	**DRP. 163 041** E. P. 17 589/04 F. P. 342 195 und Zus.	durch Oxydation mit salpetriger Säure bei Gegenwart von Borsäure [3260]. — Nach J. Am. Chem. Soc. **1918**, 404 erhält man bei der Kondensation von 4-Aminophthalsäure mit Hydrochinon in einer Ausbeute von 24% **1, 4, 6-Trioxyanthrachinon** neben vermutlich einem Aminooxyanthrachinon.

Die Einführung von Hydroxylgruppen mit Schwefelsäure oder schwach rauchender Schwefelsäure mit oder ohne Zusatz von Borsäure, jedoch bei Gegenwart von Quecksilber oder Selen ist in

3351	**DRP. 162 035** E. P. 27 374/04 F. P. 348 927	beschrieben. So erhält man z. B. **Chinizarin** und ebenso Hydroxyanthrachinone, die schon Farbstoffe sind [vgl. **DRP. 172 638**] durch Erhitzen von 10 T. Anthrachinon + 10 T. Borsäure + 0,4 T. Quecksilberoxyd + 200 T. Schwefelsäure (66°) auf 200°—250°, bis die Lösung rot ist (Spektrum). In Wasser gießen, den roten Niederschlag filtrieren, in heißer verdünnter Natronlauge lösen, filtrieren und das Filtrat ansäuern.
3352	**DRP. 194 955** — Ber. **21**, 2524 J. pr. **1891**, 236 DRP. 195 028	100 T. Anthraflavinsäure + 50 T. Salpeter + 1500 T. Natronlauge (vom S.-P. 185°) im Autoklaven längere Zeit auf 215°—225° erhitzen. Nach [**DRP. 137 948**] oder [**DRP. 140 127—140 129**] (Farbstoffgemenge, Reindarstellung des Flavopurpurins) aufgearbeitet resultieren 75 T. sehr reines Produkt neben 15% Ausgangsmaterial. — Aus 100 T. trockenem Na-Salz der Anthrachinon-2, 6-disulfosäure, 500 T. Natronlauge (S.-P. 210°) und 24 T. Salpeter erhält man bei 220° unter Druck 36 T. reines **Flavopurpurin** neben 2 T. Anthraflavinsäure.
3353	**DRP. 205 097** — DRP. 194 955	21 T. Anthraflavinsäure mit großem Überschuß (1800 T.) Natronlauge (30%) und 10 T. Natronsalpeter unter Druck 4 Tage auf 195° bis 200° erhitzen. — Ebenso aus 10 T. Na-Salz der Anthrachinon-2, 6-disulfosäure, 450 T. Natronlauge (30%) und $2^1/_2$ T. Kaliumchlorat bei derselben Temperatur oder bei 220°—230°. — Nach einer Zusatzanmeldung verwendet man bei Herstellung des Flavopurpurins auf 1 T. Ausgangsmaterial 20 T. Alkali oder Laugen noch geringerer Konzentration.
3354	**DRP. 196 980** Zusatz zu DRP. 195 028 — DRP. 103 988	10 T. Anthrarufin mit 22 T. Ätznatron, 30,8 T. Ätzkali, 82,5 T. Wasser und 3,5 T. Natriumsalpeter im Autoklaven 12 St. auf 180° erhitzen, verdünnen, mit Calciumchlorid den Kalklack fällen, mit Salzsäure zerlegen, das Produkt in verdünnter Sodalösung heiß lösen und mit überschüssiger Soda heiß das Na-Salz ausfällen. Kalt krystallisiert **1, 2, 5-Trioxyanthrachinon** als Na-Salz aus, in der Mutterlauge ist außerdem noch etwas **1, 2, 5, 6-Tetraoxyanthrachinon** enthalten. — Ebenso **Oxychrysazin.**
3355	**DRP. 212 697** — Ber. **39**, 3563	Zur Herstellung von **Xanthopurpurin** 200 T. Purpurinteig (20%) in 4000 T. Wasser + 150 T. Ammoniak lösen, mit Na-Hydrosulfit reduzieren, die gelbe Lösung filtrieren und das Filtrat mit Salzsäure fällen. Über das Ba-Salz reinigen.
3356	**DRP. 108 459** A. P. 619 574 E. P. 13 564/98 F. P. 278 979 — Ber. **16**, 366; **17**, 896	**Oxyanthrachinonsulfosäuren** CO OH / OH CO $\left.\right\} SO_3H = C_{14}H_8O_7S = 320.$ 10 T. 1, 4-Diaminoanthrachinon in 100 T. Oleum (20—40%) lösen, bei gewöhnlicher Temperatur 10 T. festes Nitrit zusetzen, auf 100°—120° erhitzen, in Wasser gießen. Die gefällte **Anthrarufinsulfosäure** ist in Schwefelsäure rötlichgelb (nach Zusatz von Borsäure karmoisinrot mit rotgelber Fluorescenz), in Wasser braungelb, in Natronlauge rot löslich. In Sprit unlöslich.
3357	**DRP. 205 965** Zusatz zu DRP. 202 398 A. P. 826 509 A. P. 826 510	Wie [3292]. — 100 T. Anthraflavinsäure, 10 T. Quecksilber, 400 T. Oleum (40%) langsam auf 120° erhitzen und die **Anthraflavinsulfosäure** mit Kaliumchlorid als K-Salz aussalzen. Wesentlich verschieden von der ohne Quecksilber erhaltenen Sulfosäure, namentlich im Verhalten gegen Kupfersalze. — Ebenso wird eine **Alizarinsulfosäure** dargestellt. Beide Körper sind zugleich Farbstoffe. Nach

3358 **Zus. DRP. 210 863** werden auf ähnlichem Wege **3, 5-** und **3, 8-Alizarindisulfosäuren** erhalten.

3359 **DRP. 287 867** 1 T. Chinizarin als Paste mit 2 T. Na-Sulfit und 50 T. Wasser 10 St. kochen; kalt scheidet sich die **Chinizarin-2-sulfosäure** als krystallinisches Na-Salz aus. In Schwefelsäure (66°) rot + Borsäure mit Fluorescenz löslich. Nach

3360 **Zus. DRP. 288 474** kann man ebenso 1, 4-Dioxyanthrachinon zur Überführung in Sulfosäuren mit Sulfiten behandeln und erhält so aus Purpurin **1, 2, 4-Trioxyanthrachinon-3-sulfosäure,** aus Alizarinbordeaux und anderen 1, 4-Derivaten Sulfosäuren, die ähnlich konstituiert sind wie die Chinizarin-2-sulfosäure.

3361 **DRP. 170 329**

Anthrachinondi- und -trisulfosäure

CO SO_3H / SO_3H, SO_3H / CO

$= C_{14}H_8O_{11}S_3 = 448.$

50 T. anthrachinon-1-monosulfosaures Kalium mit 100 T. Oleum (40%) längere Zeit auf 160°—180° erhitzen, die dünnflüssige Masse in Wasser gießen, auskalken, die Kalksalzlösung zur Trockne dampfen, den ziegelroten Rückstand in heißem Wasser lösen, einengen und unter Spritzusatz fraktioniert krystallisieren lassen. Die mittlere Fraktion bildet das Ca-Salz der **Anthrachinontrisulfosäure.**

4. Anthrachinon mit vier Substituenten.

a) Mit Halogen.

3362 **DRP. 228 901** E. P. 4898/10 F. P. 412 979

Tetra- und Heptahalogenanthrachinone

Cl CO Cl / Cl CO Cl

$= C_{14}H_4O_2Cl_4(Br_4) = 346$ bzw. 523.

50 T. Anthrachinon in 500 T. Monohydrat lösen, 1 T. Jod zugeben, bei 130° die 4 Atomen entsprechende Chlormenge einleiten und kalt das aus Nitrobenzol in gelben Nadeln krystallisierende **1, 4, 5, 8-Tetrachloranthrachinon** absaugen. — Man erhält es auch aus 1- und aus 1, 5-Mono- bzw. Dichloranthrachinon bei 130°, bzw. in Oleum (20%) bei 60° durch Einleiten der berechneten Chlormenge.

3363 **DRP. 107 721** 10 T. Anthrachinon in 200 T. Oleum (80%) lösen, bei 20° langsam 30 T. Brom zufließen lassen, 3 St. auf 40°—50° halten, mit Monohydrat verdünnen, auf Eis gießen und den rötlichen, krystallinischen Niederschlag (Gemenge der beiden Bromderivate) trocken zunächst mit Aceton, den Rückstand mit 10 T. siedendem Nitrobenzol extrahieren, wobei die Tetraverbindung in Lösung geht. Kalt filtrieren. Aus Xylol gelbe Nadeln. — Der im Nitrobenzol ungelöste Teil ist fast reine Heptaverbindung. Aus viel Nitrobenzol gelbe Nadeln. Die Tetraverbindung ist in Anilin rotbraun, beim Kochen violettrot, die Heptaverbindung kalt gar nicht, gekocht braunrot löslich. Nach Zusatz

3364 Anm. N. 5087, Kl. 12 q Elberfeld erhält man, wenn die Temperatur 45° nicht übersteigt, beim Bromieren in Oleum (80%) mit 7 T. Brom ein in Aceton leicht lösliches, in weißen Nadeln krystallisierendes Nebenprodukt.

3365 **DRP. 142 997**

Dibromaminoanthrachinoncarbonsäure

$$\text{Anthrachinon (CO, CO)} \; COOH, Br, Br, NH_2 = C_{15}H_7NO_4Br_2 = 425.$$

2-Anthrachinoncarbonsäure [3096] in Schwefelsäure (66°) mit 1 Mol. Nitriersäure nitrieren: **Mononitroanthrachinon-2-carbonsäure.** Diese in der berechneten Menge Alkali gelöst mit 4 T. Schwefelnatrium reduzieren, z. T. als Na-Salz abgeschiedene **Aminoanthrachinon-2-carbonsäure** völlig aussalzen. Braunrotes Pulver, Farbstoff, färbt Wolle ziegelrot, ist nicht einheitlich und besteht aus einer in Wasser leicht und einer schwerlöslichen Verbindung. Trennung ist nicht nötig. Dieses Na-Salz in wässeriger Lösung bei 50°—60° (dann bei 80°—90°) in Eisessiglösung bei Siedetemperatur mit $1^1/_2$ bzw. 2—3 T. Brom versetzen, das abgeschiedene Bromprodukt filtrieren. Orange- bis braunrote Pulver, alkalilöslich, in konz. Schwefelsäure + Borsäure zuerst gelb, in der Wärme bläulichrot mit gelbroter Fluorescenz löslich. Aus Nitrobenzol umkrystallisieren, Sch.-P. 340°. Aus einheitlicher Aminoanthrachinoncarbonsäure erhält man so Dibromaminoanthrachinoncarbonsäure.

3366 Anm. B. 23 557, Kl. 12 q 16. 10. 98 Badische

Dibromdiaminoanthrachinone

$$\text{Anthrachinon (CO, CO)}\; Br, NH_2, NH_2, Br = C_{14}H_8N_2O_2Br_2 = 396.$$

Lösung von 1 T. Diaminoanthrachinon in 20 T. Eisessig mit 3 T. Brom 24 St. bei gewöhnlicher Temperatur stehen lassen [3405]. Aus Toluol braune Krystalle vom Sch.-P. 264°.

3367 **DRP. 263 395** — Ber. 37, 4180; 4427

Umlagerung wie [3185] findet auch bei der Hydrolyse anderer 1-Bromaminoanthrachinone statt. — 100 T. Na-Salz der 1, 5-Dibrom-2, 6-diaminoanthrachinon-3, 7-disulfosäure mit 2000 T. Schwefelsäure (60°) auf 180°—190° erhitzt geben **3, 7-Dibrom-2, 6-diaminoanthrachinon,** da das Produkt mit Anilin nicht reagiert, sondern sich aus ihm umkrystallisieren läßt. — Ebenso aus 1, 8-Dibrom-2, 7-diaminoanthrachinon-3, 6-disulfosäure: **3, 6-Dibrom-2, 7-diaminoanthrachinon;** aus 4-Brom-1-aminoanthrachinon-2-sulfosäure [3315] mit Schwefelsäure (60°): das **2-Brom-1-aminoanthrachinon** (aus Xylol rotbraune Krystalle vom Sch.-P. 180°, identisch mit [3183]); aus 4, 8-Dibrom-1, 5-diaminoanthrachinon-2, 6-disulfosäure[3316]: **2, 6-Dibrom-1, 5-diaminoanthrachinon.** Vgl. Ber. 37, 4681. — Nach

3368 **Zus. DRP. 265 727**

tritt jedoch mit starker Schwefelsäure oder schwachem Oleum, bei Gegenwart von Quecksilber oder seinen Salzen, keine Umlagerung ein, und man erhält also z. B. aus 100 T. Na-Salz der 1-Brom-2-aminoanthrachinon-3-sulfosäure, 1000 T. Schwefelsäure (66°) und 5 T. Quecksilbersulfat in 3 Min. bei 180°: **1-Brom-2-aminoanthrachinon** (reagiert beim Kochen mit Anilin) und aus dem Na-Salz der 4-Brom-1-aminoanthrachinon-2-sulfosäure mit 1% Quecksilbersulfat: das **1-Amino-4-bromanthrachinon.** Die Produkte sind in Wasser und verdünnten Alkalien unlöslich, lösen sich gelb in Schwefelsäure und sind aus Eisessig usw. umkrystallisierbar. — Nach

3369 **Zus. DRP. 266 563**

tritt die Bromwanderung auch nach [3367] nicht ein, wenn die Schwefelsäure (60°) nur gelinde, also 5—10 Min. bei 150°—160° einwirkt. — **1-Amino-4-bromanthrachinon** [3368] entsteht so aus 1-Amino-4-bromanthrachinon-2-sulfosäure (Na-Salz) in $^1/_2$ St. bei 180°—190°. Gibt mit Schwefelsäure + Borsäure im Wasserbade **1-Amino-4-oxyanthrachinon,** das sich in Schwefelsäure gelb, in Oleum (65%) rotviolett löst.

3370 **DRP. 275 299**

2, 6-Diamino-3, 7-dibromanthrachinon: 1 T. **2, 6-Diamino-1, 5-dibromanthrachinon** (erhältlich aus 2, 6-Diaminoanthrachinon-3, 7-disulfosäure durch Bromieren und Abspalten der Sulfogruppen durch Erhitzen mit konz. Schwefelsäure auf 180°) wie [3189] mit Schwefelsäure (60°) $1^1/_2$ St. auf 180° erhitzen.

3371 **DRP. 146 691**

Dibrom-1, 5-(1, 8-)tetramethyldiaminoanthrachinon

Br CO $N(CH_3)_2$ / $(CH_3)_2N$ CO Br $= C_{16}H_{12}N_2O_2Br_2 = 424.$

Wie [3197] aus 5 T. Tetramethyldiaminoverbindung in 200 T. Wasser und 20 T. konz. Salzsäure mit 55 T. Brom-Eisessiglösung (20%). Perbromid mit $7^1/_2$ T. Bisulfitlösung (40%) zerstören. Aus Pyridin umkrystallisieren, Sch.-P. der Dibromverbindung 236°.

3372 **DRP. 128 845**

Dibrommonoaminoanthrachinonsulfosäure

CO / CO NH_2 $\left\{\begin{matrix}Br\\Br\\SO_3H\end{matrix}\right. = C_{14}H_7NO_5SBr_2 = 461.$

Wie [3297] aus 10 T. β-Nitroanthrachinonmonosulfosäure mit 45 T. Bromwasserstoff (48%). Die orangerote, wässerige Lösung aussalzen und mit Salzwasser waschen. In kaltem Anilin braunrot, 3 St. gekocht violettrot löslich.

3373 **DRP. 127 699**

p-Dichlordioxyanthrachinon

CO OH / OH CO $\left\}\begin{matrix}Cl\\Cl\end{matrix}\right. = C_{14}H_6O_4Cl_2 = 308.$

Anthrarufin bzw. Chrysazin in der 50-fachen Eisessiglösung siedend chlorieren. Aus Nitrobenzol metallisch rötliche Krystalle, in Natronlauge rötlichgelb, in Schwefelsäure blaustichig rot, mit Borsäure violettwerdend löslich. Das Chrysazinderivat löst sich leichter, z. B. in Benzol. Die Halogenisierung kann auch mit Alkalichlorat ausgeführt werden.

3374 **DRP. 172 105**

6, 7-Dichlor-1, 4-dioxyanthrachinon

CO OH / Cl, Cl / CO OH $= C_{14}H_6O_4Cl_2 = 309.$

10 T. Hydrochinon + 30 T. 4, 5-Dichlorphthalsäureanhydrid mit 100 T. Schwefelsäure (66°) evtl. unter Zusatz von 10 T. Borsäure 4 St. auf 155°—160° erhitzen, wenn die Schmelze dunkelblaurot ist und in verdünnter Probe der sodaunlösliche und laugelösliche Teil nicht mehr zunimmt, in Wasser gießen, filtrieren, den Niederschlag mit Soda auskochen, den Rückstand in verdünnter Natronlauge lösen und das **6, 7-Dichlorchinizarin** mit verdünnter Säure fällen. Aus Eisessig braunrote Blätter vom Sch.-P. 225°, in Natronlauge blau, in Schwefelsäure blaurot löslich, + Borsäure = gelbe Fluorescenz. — Ebenso aus 3-Chlorphthalsäure: **5-Chlorchinizarin.**

3375 **DRP. 258 556**

Di- und Tetrachloranthradi- und -trichinon

CO O / Cl, Cl / CO O $= C_{14}H_4O_4Cl_2 = 307.$ (O CO O / Cl, Cl, Cl, Cl / O CO O)

50 T. 1, 4-Diaminoanthrachinon oder seine Leukoverbindung bei 5° mit 1000 T. konz. Salzsäure verrühren, innerhalb 4 St. 250 T. Kaliumchloratpulver zugeben, nach einigen Stunden absaugen, mit kaltem, dann mit heißem Wasser waschen und trocknen. Aus Xylol graues Pulver, das in Schwefelsäure gelbrot löslich ist. Das Produkt ist stickstofffrei. Bei längerer Einwirkung auch auf andere Anthrachinonderivate, z. B. 1, 4-Aminooxyanthrachinon oder p, p-Diaminoanthrarufin entstehen nicht wie oben Dichloranthradichinone, sondern Tetrachloranthratrichinone, die sich in Schwefelsäure violett lösen.

3376 Anm. W. 18 484, Kl. 12q, 11. 5. 03, Wedekind

Halogenoxyanthrachinone

CO OH / OH } Cl(Br) Cl(Br) / CO — Br CO OH / OH CO · Br usw.

Oxyanthrachinone (1. Alizarin, 2. Flavo- und 3. Isopurpurin, 4. Anthra- und 5. Isoanthraflavinsäure, 6. 2-Oxyanthrachinon) in wässeriger Suspension mit Chlor oder Brom behandeln. 4. und 6. geben unzersetzt sulfierbare **Dibromdi-** und **-trioxyanthrachinone.**

3377 **DRP. 172 300** Zusatz. zu DRP. 167 743

p-Dichlorchrysazin: Wie [3319] aus Chrysazin bei 125°.

3378 **DRP. 187 685** — DRP. 152 175

25 T. Anthraflavinsäure in 1000 T. Wasser suspendieren, 2000 T. Schwefelsäure (60°) zugeben, bei 120° eine Lösung von 50 T. Kaliumchlorat und 150 T. Kochsalz in 1000 T. Wasser zufließen lassen, 1 St. bei 120° rühren, kalt Bisulfit zusetzen und filtrieren. Ausbeute an **Dichloranthraflavinsäure** 27,6 T. Schmilzt wie [3320] bei 362°—364°; auch die Diacetate und Dibenzoate haben dieselben Sch.-P., doch sind die Löslichkeitseigenschaften verschieden.

3379 **DRP. 282 494** E. P. 15 058/14 F. P. 474 942 — DRP. 202 770

4, 8-Dichlor-1, 5-dioxyanthrachinon: 20 T. Anthrarufin, 80 T. Nitrobenzol und 50 T. Sulfurylchlorid im Wasserbade 6 St. unter Rückfluß erwärmen, Krystallbrei kalt filtrieren, mit etwas Sprit waschen, aus stark verdünnter Laugelösung aussalzen.

3380 **DRP. 293 694**

4, 8-Dibrom-1, 5-dioxyanthrachinon: Wie [3203] aus 7,2 T. Anthrarufin in 500 T. Eisessig und 12,3 T. wasserfreiem Acetat mit 20 T. Brom in 100 T. Eisessig. Sch.-P. über 315. — Ebenso **2, 4, 5, 7-Tetrabrom-1, 8-dioxyanthrachinon** aus Chrysazin und Brom in Eisessiglösung mit entwässertem Acetat.

b) Ohne Halogen.

3381 **DRP. 261 885**

1, 4-Diaminoanthrachinonsulfo-2-carbonsäure

CO NH_2 / COOH } SO_3H = $C_{15}H_{11}N_2O_7S$ = 363. / CO NH_2

Erhalten durch Ausführung der zur 1, 4-Diaminoanthrachinon-2-carbonsäure führenden Umsetzung mittels Oleum mit oder ohne Borsäure (Wollfarbstoff).

3382 **DRP. 127 780** Zusatz zu DRP. 125 391 F. P. 309 772

Dinitro- und Nitroaminoanthrachinonderivate

H_2N CO NO_2 / O_2N CO NH_2 = $C_{14}H_8N_4O_6$ = 328.

Ebenso wie [3221] aus 1, 5- und 1, 8-Diaminoanthrachinon, die man durch 1-stündiges Kochen mit der 10-fachen Menge Essigsäureanhydrid acetyliert. 1, 5-Acetverbindung (schmilzt über 300°), in der 5-fachen Menge Schwefelsäure (66°) gelöst, unter 15° nitriert (für 10 T. Diacetylverbindung 24 T. Nitriersäure, 200 g Salpetersäure im Liter enthaltend) und das **Diacetyldiaminodinitroanthrachinon** wie [3221] verseift. **1, 5-Dinitro-4, 8-diaminoanthrachinon** bildet ein metallischgrünes Krystallpulver mit rostrotem Strich, das nur aus Nitrobenzol krystallisierbar ist. Gibt mit Schwefelsäure ein weißes Sulfat. — Ähnliche Herstellung und Eigenschaften bei **4, 5-Dinitro-1, 8-diaminoanthrachinon;** gelbe, in Eisessig schwer, in Pyridin und Nitrobenzol leichter lösliche Krystalle vom Sch.-P. über 300°.

3383 **DRP. 158 076**

25 T. 1, 5- oder 1, 8-Diaminoanthrachinon mit 100 T. kryst. Oxalsäure auf 100°—150° erhitzen, bis das Ausgangsmaterial verschwunden ist, die Schmelze mit Wasser auslaugen und den gelbbraunen Rückstand trocknen. 25 T. dieser **Diaminoanthrachinondioxaminsäure**

COOH·CO·NH CO

$\left.\right\}$ $NO_2(NH_2)$ / $NO_2(NH_2)$

CO NH·CO·COOH

in 250 T. Schwefelsäure (66°) lösen, unter Kühlung 30 T. Nitriersäure (25% HNO_3) einlaufen lassen, nach einigen Stunden auf Eis gießen und den orangegelben Niederschlag der Dinitrosäure filtrieren. Mit verdünnter Soda- oder Laugelösung erwärmt tritt Verseifung zu **1, 5-(1, 8-)Diaminodinitroanthrachinon** ein. Rote, glänzende Krystalle.

3384 **DRP. 127 780**
Zusatz zu
DRP. 125 391
F. P. 309 772

1, 4, 5, 8-Tetraaminoanthrachinon

H_2N CO NH_2

H_2N CO NH_2

$= C_{14}H_{12}N_4O_2 = 28.$

4, 5-Dinitro-1, 8-diaminoanthrachinon [3382] reduzieren mit z. B. Zinnoxydulnatron. Die Lösung wird zuerst grün, dann erfolgt Krystallabscheidung.

3385 **DRP. 156 803**

Wie [3234] aus diazotiertem 1, 5-Diaminoanthrachinon. Das Dinitroamin verpufft bei 203°, **4, 8-Dinitro-1, 5-dinitroaminoanthrachinon** bei 134°. Die Tetraaminoverbindung ist in Aceton blau löslich. — Ebenso die 1, 8-Derivate.

3386 **DRP. 136 777**

1, 5-Tetramethyldiamino-4, 8-dinitroanthrachinon

R·HN CO NH·R

R·HN CO NH·R

$= R = CH_3 = C_{18}H_{16}N_4O_6 = 384.$

Wie [3127, 3245]. — 10 T. 1, 5-Dichlor-4, 8-dinitroanthrachinon mit 100 T. Dimethylaminlösung in Pyridin (10%) bei gewöhnlicher Temperatur behandeln. Selbsterwärmung und Krystallabscheidung. — Kaum basisch, mit Wasser als ziegelrotes Pulver fällbar, in konz. Salzsäure farblos, in organischen Lösungsmitteln schwer löslich. Reduziert erhält man **1, 4, 5, 8-Tetramethyltetraaminoanthrachinon.** — Ebenso entsteht **1, 4, 5, 8-Oktomethyltetraaminoanthrachinon,** wenn man die Reaktionsmasse aus 10 T. 1, 5-Dichlor-4, 8-dinitroanthrachinon und 150 T. 10-prozentiger Dimethylamin-Pyridinlösung im Autoklaven 10 St. auf 150°—160° erhitzt, Pyridin abdestilliert, Rückstand mit sehr verdünnter Salzsäure digeriert, filtriert und das Filtrat mit Ammoniak übersättigt. Der häufig harzige Niederschlag wird gesammelt. Sehr leicht in organischen Lösungsmitteln grünblau, in konz. Salz- oder Schwefelsäure rot löslich; stark verdünnt wird die saure Lösung blau. Auch im Autoklaven (4 St. bei 120° erhitzt) erhält man aus 1, 4-Nitroaminoanthrachinon und 80 T. 10-prozentiger alkoholischer Dimethylaminlösung glänzende Nädelchen des **1-Amino-4-dimethylaminoanthrachinons,** ferner **1, 5-Dipiperido-4, 8-diaminoanthrachinon** aus 1, 5-Dinitro-4, 8-diaminoanthrachinon und der 10-fachen Menge Piperidin, usw.

3387 **DRP. 112 176**

Dinitro-(amino-)dioxyanthrachinon

O_2N CO OH

OH CO NO_2

$= C_{14}H_6N_2O_8 = 330.$

Dinitroanthraflavinsäure: 24 T. Anthraflavinsäure in der 10-fachen Menge Oleum (10%) gelöst unter Kühlung mit 20,2 T. Kalisalpeter verrühren, auf 50° erwärmen, in Eiswasser gießen, die filtrierte, gewaschene Dinitroverbindung durch Lösen in Acetat und Ausfällen mit Säure reinigen. Wollfarbstoff.

3388 **DRP. 170 728**

—

DRP. 158 531
DRP. 164 129

Oxyanthrachinonaryläther [3477] und ihre Sulfosäuren [3478] nitrieren und die erhaltenen Nitrokörper zu p-Nitroderivaten der Oxyanthrachinone verseifen. Z. B.: 20 T. Anthrarufindiphenyläther in 250 T. Monohydrat gelöst bei 0°—5° mit 40—50 T. Nitriersäure (1:1) nitrieren, zimmerwarm rühren, bis das Produkt völlig abgeschieden ist, in Wasser gießen, filtrieren und den Niederschlag aus Nitrobenzol umkrystallisieren. In Schwefelsäure schwer, in 200° heißer Borschwefelsäure blauviolett lösliche, graue Nadeln. Durch Verseifen mit Alkali erhält man neben 2, 4-Dinitrophenol **p-Dinitroanthrarufin.** Auch herstellbar aus **Anthrarufindiphenyläthersulfosäure** (nach [3478] durch Erwärmen des Äthers mit der 9-fachen Menge Schwefelsäure auf 70°—75°) durch Nitrieren wie oben bei 10°—15° und Verseifen der Nitrosulfosäure. — Ebenso aus Chrysazindiphenyläther: **p-Dinitrochrysazin.**

3389 **DRP. 96 853**
Lit. wie [588]

—

Ber. 29, 2935
DRP. 81 694

20 T. Dinitroanthrachinon in 350 T. konz. Schwefelsäure lösen, bei 50°—80° innerhalb 3 St. 45 T. Zinkstaub eintragen, 20 St. auf Temperatur halten, auf Eis gießen, Rückstand in verdünnter Säure warm lösen. Kalt fällt **Diaminoanthrarufin** aus.

3390 **DRP. 185 546**

—

DRP. 125 576
DRP. 136 777
DRP. 144 634

Dialkyl-1, 4-diaminoanthrarufin

OH CO $NH \cdot C_2H_5$

$C_2H_5 \cdot NH$ CO OH

$= C_{18}H_{18}N_2O_4 = 326.$

10 T. p-Dibromanthrarufin + 50 T. alkoholische Äthylaminlösung (20%) + 2 T. Kupferpulver 5—6 St. auf 100° erwärmen, kalt das **p-Diäthyldiaminoanthrarufin** filtrieren. Aus Pyridin oder Chlorbenzol bronzeglänzende Nadeln vom Sch.-P. 292°. In Schwefel- oder Salzsäure gelb, + Wasser grün, dann bläulich löslich, zuletzt violetter, dann blauer Niederschlag. — Ebenso mit Monomethylaminlösung das **p-Dimethyldiaminoanthrarufin,** kleine blaue Nadeln vom Sch.-P. über 300°. In Schwefel- oder Salzsäure gelb löslich, + Wasser violetter Niederschlag. Mit Oleum geben die Produkte Sulfosäuren, die Wollfarbstoffe sind.

3391 **DRP. 288 825**

Dimethylaminoanthrarufin: Wie [3119, 3191] aus 25 T. p-Diaminoanthrarufin, 65 T. Methylalkohol und 150 T. Schwefelsäure (96%). In Schwefelsäure gelb, mit Borsäure grünstichig blau löslich. — Ebenso die färbende **Dimethyldiaminoanthrarufinmonosulfosäure.**

3392 **DRP. 103 988**

Tetraoxyanthrachinone

OH CO OH

OH OH

CO

$= C_{14}H_8O_6 = 272.$

Man erhält die 1, 2, 7, 8-Verbindung durch Verschmelzen von 5 T. chrysazindisulfosaurem Kali mit 30 T. Ätzkali und 30 T. Wasser bei 210°—280°, bis sich eine Probe in Wasser blau löst. Aus Eisessig umkrystallisieren. — Ebenso erfolgt die Verarbeitung der Anthrarufindisulfosäure.

3393 **DRP. 139 424**
A. P. 727 389
F. P. 324 349

—

Ber. 10, 885
M. f. Ch. 1884, 755

Anthrachrysondialkyläther

CO OH

OH $O \cdot CH_3$

$CH_3 \cdot O$ CO

$= C_{16}H_{12}O_6 = 300.$

Trockenes Anthrachrysonnatrium mit der gleichen oder doppelten Menge Dimethylsulfat im Wasserbade erwärmen, das Produkt mit Wasser aufkochen und waschen. In gewöhnlichen organischen Lösungsmitteln schwer, in hochsiedenden leichter löslich. Aus Anilin krystallisiert der **Anthrachrysondimethyläther** in bronzegelben Blättern vom Sch.-P. 280°—285° aus. In Schwefelsäure gelbrot, in Alkalien schwer löslich. — Nach

3394 **Zus. DRP. 155 633**

ebenso **Dinitroanthrachrysonäther** durch 5-stündiges Erhitzen von 10 T. Dinitroanthrachrysonnatrium [nach **DRP. 71 964** aus der leicht (Sulfierung und Nitrierung des Anthrachrysons) erhaltbaren **Dinitroanthrachrysondisulfosäure** durch Abspaltung der beiden Sulfogruppen (Kochen mit verdünnter Mineralsäure); färbt chromgebeizte Wolle] mit 30 T. Dimethylsulfat auf 140°. Produkt nacheinander mit Wasser und verdünnter Sodalösung auskochen und das Na-Salz durch Säure zerlegen. Gelbes Krystallpulver, Sch.-P. über 300°. Mit Schwefelnatrium werden die orangeroten Alkalisalze reduziert, z. B. zu **Diaminoanthrachrysondimethyläther.**

3395 **DRP. 188 189**
A. P. 871 507
F. P. 380 673

Anthrachryson-Stickstoffderivate unbekannter Konstitution erhält man wie [3431, 3432] allgemein aus Anthrachryson (110 T.), Ammoniak oder Amin. — Z. B.: 110 T. Anthrachryson, 180 T. Diäthylaminlösung (33%) und Formaldehyd (60 T.) nach [3409] sieden, oder wie in vorliegendem Falle bei gewöhnlicher Temperatur stehen lassen. Eigenschaften und Aufarbeitung wie [3431 und 3432].

3396 **DRP. 103 686**

Trioxyanthrachinonsulfosäuren: Farbstoffe, erhaltbar durch Verschmelzen von Anthrarufindisulfosäure oder Chrysazindisulfosäure mit Ätzkali bei 180°—210° bzw. 140°—190°.

---

5. Anthrachinon mit fünf Substituenten.

Cl—Cl—Cl—Cl—Cl 3362, 3397
Cl—Cl—Cl—Cl—NO_2 3296
4 Cl—6 Cl—7 Cl—3 CH_3—1 OH 3398
Cl(Br)—Cl(Br)—Cl(Br)—2 OH—6 OH 3320, 3399, 3420
2 Cl—3 Cl—1 NH_2—4 NH_2—5 $NH_2(NO_2)$ 3334
Br—Br—OH—OH—OH 3376
2 NO_2—1 NH_2—4 NH_2—5 NH_2—8 NH_2 . 3333
NO_2—NO_2—2 O·R—6 O·R—SO_3H . . . 3400
4 NH_2—8 NH_2—1 OH—5 OH—SO_3H . 3401

3397 **DRP. 228 901**

Penta- und Hexachloranthrachinon $C_{14}H_{13}Cl_5 = 348$.

50 T. 2, 7-Dichloranthrachinon in 1000 T. Monohydrat lösen, 1—2 T. Chlorjod zusetzen, bei 130° 24,9 T. Chlor einleiten und das Hexachloranthrachinon kalt isolieren. — Ein entsprechendes Hexaprodukt erhält man aus 2, 6-Dichloranthrachinon, während 2-Chloranthrachinon chloriert (4 Atom-Chlormenge) zum Pentachloranthrachinon führt.

3398 **DRP. 282 493**
E. P. 14 954/14
F. P. 474 487

1-Oxy-3-methyl-4, 6, 7-trichloranthrachinon

CO OH
Cl, Cl ... CH_3 $= C_{14}H_7O_3Cl_3 = 328$.
CO Cl

10 T. 4, 5-Dichlorphthalsäure, 10 T. 6-Chlor-3-oxy-1-methylbenzol und 40 T. Aluminiumchlorid innig verrieben, 5 St. auf 140°—150° erhitzen, Schmelze mit Wasser und Salzsäure zersetzen, den gewaschenen Rückstand in sehr verdünntem Ammoniak lösen, im Filtrat mit Natronlauge das Na-Salz der **Chlormethyloxybenzoyldichlorbenzolcarbonsäure** ausfällen, die mit Monohydrat erwärmt das Produkt ergibt. Aus Toluol umkrystallisieren.

3399 **DRP. 181 659**

Trichlor-2, 6-dioxyanthrachinon

CO
OH ... OH } Cl, Cl, Cl $= C_{14}H_5O_4Cl_3 = 343$.
CO

10 T. [3420] mit 100 T. Phenol (oder Xylol, Nitrobenzol usw.) 1 St. unter Rückfluß sieden und die abgeschiedenen Krystalle kalt mit Sprit oder Äther waschen. Gegen verdünnte heiße Alkalien beständig. Aus Nitrobenzol gelbe Nadeln, in heißer Schwefelsäure rot löslich, mit Wasser unverändert fällbar.

3400 **DRP. 143 858**
Zusatz zu
DRP. 139 425
—
DRP. 130 458

Dinitro-2, 6-dioxyanthrachinondimethyläthersulfosäure

CO
CH_3·O ... O·CH_3 } NO_2, NO_2, SO_3H $= C_{16}H_{10}N_2O_4S = 438$.
CO

Wie [3426] Anthraflavinsäure sulfieren und nitrieren. Das rohe K-Salz wird zur Reinigung in Pottaschelösung gelöst und mit Essigsäure ausgefällt. — In Schwefelsäure kaum, in Wasser gelbrot löslich. — Ebenso **Dinitroisoanthraflavinsäuredimethyläthersulfosäure** aus **Dimethylisoanthraflavinsäure,** die durch Behandlung von Isoanthraflavinsäure mit Jodmethyl erhalten, gelbe Nädelchen vom Sch.-P. 215° bildet. — Ebenso die entsprechenden Diäthyläther.

3401 **DRP. 190 476**
E. P. 5841/07
F. P. 376 109
DRP. 108 578

1, 5-Diamino-4, 8-dioxyanthrachinonsulfosäure

$$\text{1,5-}(NH_2)_2\text{-4,8-}(OH)_2\text{-anthrachinon-}SO_3H = C_{14}H_{10}N_2O_7S = 350.$$

50 T. Diaminoanthrarufindisulfosäure mit 20 T. Borsäure und 500 T. Schwefelsäure (63°) auf 120° erhitzen und 2—4 T. Phenol zusetzen. Wenn spektroskopisch keine Disulfosäure mehr nachweisbar ist, in Wasser gießen und filtrieren. Statt Phenol bewirken auch andere Reduktionsmittel die Abspaltung der Sulfogruppe, z. B. 1—2 T. Leukodiaminoanthrarufindisulfosäure. — Ebenso entsteht **Diaminochrysazinmonosulfosäure** aus der Disulfosäure mit 1—2 T. Zinnchlorür oder 4 T. Eisenfeile statt des Phenols.

6. Anthrachinon mit sechs Substituenten.

3402 **DRP. 281 010**
E. P. 8917/14
F. P. 470 562

3-Amino-2-methyl-5, 6, 7, 8-tetrachloranthrachinon

$$= C_{15}H_7NO_2Cl_4 = 373.$$

Wie [3209] aus dem **3-Amino-4-methyl-8-benzoyl-9, 10, 11, 12-tetrachlorbenzoesäureharnstoff** (aus Tetrachlorphthalsäureanhydrid und Toluol, folgende Nitrierung und Reduktion, Sch.-P. 255°—260°) mit der 6-fachen Menge Monohydrat bei 130°, bis die Kohlensäureentwicklung beendet ist. Aus 1, 2-Dichlorbenzol rote Nadeln vom Sch.-P. 315 °.

3403 **DRP. 292 066**

4-Methyl-1-oxy-5, 6, 7, 8-tetrachloranthrachinon

$$= C_{15}H_6O_3Cl_4 = 374.$$

8 T. p-Kresol, 21,3 T. Tetrachlorphthalsäureanhydrid, 45 T. Tetrachloräthan und 27 T. Aluminiumchlorid wie [3217, 3309] 3 St. auf 125° und über die **5-Methyl-2-oxybenzoyltetrachlorbenzoesäure** (Sch.-P. 235°), weiter mit der gleichen Menge Thionylchlorid und der doppelten Menge Benzol auf 200° erhitzen und aufarbeiten. In Schwefelsäure braun löslich, färbt sich bei 200° braun, bei 225° schwarz unter Zersetzung.

3404 **DRP. 128 845**

Tetrabrom-1, 8-diaminoanthrachinon

H_2N CO NH_2 ; CO ; Br, Br, Br, Br $= C_{14}H_6N_2O_2Br_4 = 554.$

Wie [3372] aus 1, 8-Dinitroanthrachinon. In kaltem Anilin violettrot, 3 St. gekocht blau löslich.

3405 **DRP. 137 783**

DRP. 104 901

10 T. 1, 8-Diaminoanthrachinon in 1500 T. Eisessig kochend lösen, vorsichtig 30 T. Brom zugeben, weiterkochen, bis die Bromwasserstoffentwicklung beendet ist, kalt das abgeschiedene Bromid filtrieren und trocknen. Aus Nitrobenzol braune Nädelchen, Sch.-P. über 300°.

3406 **DRP. 131 402**

Trihalogen-1, 5-diamino-2-methylanthrachinon

CO NH_2 ; CH_3 ; H_2N CO ; Cl, Cl, Cl $= C_{15}H_9N_2O_2Cl_3 = 356.$

10 T. 1, 5-Diamino-β-methylanthrachinon [3323] wie [3305] bzw. [3307] behandeln. — **Tribrom-1, 5-diamino-β-methylanthrachinon** und **Trichlor-1, 5-diamino-β-methylanthrachinon** schmelzen über 300°. Rote Nadeln, einheitliche Produkte.

3407 **DRP. 197 082**

DRP. 77 192
DRP. 78 642
DRP. 102 532

Dibrom-1, 5 (1, 8-)dioxyanthrachinon-2, 6-disulfosäure

CO OH ; SO_3H ; SO_3H ; OH CO ; Br, Br $= C_{14}H_4O_{10}S_2Br_2 = 556.$

10 T. Anthrarufindisulfosäure [Farbstoff **DRP. 96 364**] als saures Na-Salz in 300 T. Wasser lösen, 8 T. Brom zusetzen und das gelbe Na-Salz der Dibromverbindung filtrieren. In Schwefelsäure gelb, + Borsäure blau löslich. — Ebenso aus Chrysazindisulfosäure [Farbstoff **DRP. 100 136**] [3248] eine **Dibromchrysazindisulfosäure,** die in Schwefelsäure gelb, + Borsäure rot löslich ist. Beide sind zugleich Farbstoffe.

3408 **DRP. 99 874**

Dinitrodisulfoanthraflavinsäure

O_2N CO OH ; SO_3H ; SO_3H ; OH CO NO_2 $= C_{14}H_6N_2O_{14}S_2 = 490.$

10 T. Anthraflavinsäure mit 80—100 T. Oleum (10—20%) bis zur Wasserlöslichkeit auf 100°—120° erhitzen, mit 2 Mol. Salpetersäure nitrieren, Nitrierung kurze Zeit auf 40°—60° erwärmen, in Wasser gießen, filtrieren, aussalzen.

3409 **DRP. 184 768**

Anthrachryson-Formaldehydkondensationsprodukt

CO OH ; OH, CH_2OH ; CH_2OH, OH ; OH CO $= C_{16}H_{12}O_8 = 332.$

110 T. Anthrachryson in 1200 T. Wasser + 65 T. Ätznatron heiß lösen, evtl. filtrieren, 65 T. Formaldehyd (40%) zusetzen, das krystallinische Na-Salz filtrieren, kalt waschen, in 8000 T. Wasser lösen und mit Salzsäure zerlegen. Das Produkt ist unschmelzbar und nur in Schwefelsäure blaurot, in Natronlauge orangegelb löslich.

3410 **DRP. 163 647** Zusatz zu DRP. 103 395, DRP. 152 013, DRP. 163 647 — DRP. 96 364

1, 5-Diamino-4, 8-dioxyanthrachinon-3, 7-disulfosäure

HO CO NH_2
SO_3H … SO_3H $= C_{14}H_{10}N_2O_{10}S_2 = 430.$
H_2N CO OH

10 T. Dinitrodibromanthrarufin [Farbstoff **DRP. 102 532**] (oder dasselbe Chrysazinderivat) als Paste (20%) mit 50 T. Bisulfit (40%) im Wasserbade erwärmen, bis es gelöst ist, verdünnen, filtrieren, das Filtrat mit Natronlauge bis zur rein grünblauen Färbung erwärmen und aussalzen (Farbstoffe).

3411 **DRP. 125 579**

Nitrotrioxyanthrachinondisulfosäure

O_2N CO OH
SO_3H … SO_3H $= C_{14}H_6NO_{14}S_2 = 476.$
OH CO OH

10 T. Dinitroanthrarufindisulfosäure als Na-Salz mit 200 T. Schwefelsäure (66°) und 10 T. Borsäure im Wasserbade erhitzen, die violette, rotfluorescierende Schmelze in Wasser gießen und aussalzen.

3412 **DRP. 113 724** **DRP. 116 746**

Anthrachinonchinonimide

OH CO NH
SO_3H … SO_3H $= C_{14}H_8N_2O_{10}S_2 = 428.$
H_2N CO O

25 T. Dinitroanthrarufindisulfosäure in eine Lösung von 5—6 T. Schwefel und 500 T. Oleum (20%) eintragen, die blaue Schmelze $^1/_2$ St. auf 50° erwärmen, stark abkühlen und 300 T. Schwefelsäure (60°) zusetzen. Das abgeschiedene Chinonimid ist in Schwefelsäure reinblau löslich. — Ebenso das Chinonimid der Dinitrochrysazindisulfosäure, das in Schwefelsäure mißfarbig löslich ist und durch Reduktion in **Diaminochrysazindisulfosäure,** durch Einwirkung von Wasser in **1, 4, 5, 8-Tetraoxyanthrachinon-2, 7-disulfosäure** übergeht. Nach dem Zus.-Patent entstehen dieselben Chinonimide durch Behandlung der durch partielle Reduktion der Sulfosäuren nach DRP. 100 137 erhaltenen Hydroxylaminverbindungen mittels wasserentziehender Mittel.

7. Anthrachinon mit sieben und mehr Substituenten.

3413 **DRP. 228 901**

Polyhalogenanthrachinone.

Heptachloranthrachinon [vgl. 3397] entsteht nach W. Monatshefte **1915**, 269 aus der Tetrahalogenverbindung durch Antimonpentachlorid. **Anthrachinonheptabromid:** aus Anthrachinon in Oleum mit Brom; überschüssiges Brom führt zu Spaltungsprodukten.

3414 **DRP. 125 094**

—

DRP. 104 901

Polychlordiaminoanthrachinon.

In 10 T. 1, 5-Diaminoanthrachinon, suspendiert in 200 T. Eisessig, bei warmer Zimmertemperatur Chlor einleiten, bis fast völlige Lösung eintritt; in die 5-fache Menge Wasser gießen, den eigelben Niederschlag filtrieren, waschen und trocknen. In kalter Schwefelsäure unlöslich, sonst leicht löslich. Das Pulver sintert bei 90° und schmilzt bei 100°. Vorwiegend ein Octochlorprodukt, das mit schwach alkalischen Mitteln zu Tetra- und Pentachlordiaminoprodukten abbaubar ist.

3415 **DRP. 138 134**

Zusatz zu DRP. 114 840

—

DRP. 114 262

Polyhalogenmonaminoanthrachinon.

1 T. **β-Aminoanthrachinonsulfosäure** (durch Sulfieren von Monoaminoanthrachinon [Ber. **12**, 1567] mit Oleum evtl. unter Zusatz von Borsäure erhaltbar, orangegelbes Pulver, das chromierte Wolle gelb färbt) in 30 T. Wasser lösen, 3 T. Brom zugeben, einige Zeit stehenlassen, 4 St. im Wasserbade erwärmen, den orangefarbigen Niederschlag filtrieren, heiß waschen und trocknen. In Sprit und in Schwefelsäure mit oder ohne Borsäure gelb löslich. — Ebenso ein Chlorsubstitutionsprodukt aus 1, 5 T. β-Aminoanthrachinonsulfosäure in 25 T. konz. Salzsäure suspendiert mit 10 T. Kaliumchlorat herstellbar.

3416 **DRP. 137 074**

—

DRP. 125 094

Polychlor-(brom-)amino-(hydroxylamino-)anthrachinone.

Wie [3414]. Es resultieren durch Chlorierung nach derselben Methode (10 T. z. B. 1-Monoaminoanthrachinon in 200 T. Eisessig suspendieren, mit Chlor behandeln, in die 5-fache Menge Wasser filtrieren) auch aus 1, 3- und 1, 8-Diaminoanthrachinon gelbe Pulver, die sich in organischen Lösungsmitteln leicht orangegelb, in warmer Schwefelsäure braun, + Borsäure zunächst braun, dann grün, schließlich blau lösen. Die Körper sind stickstofffrei, NH_2 wird als Salmiak abgespalten und gegen OH ersetzt.

3417 **DRP. 127 814**

Aus 10 T. *1, 5-Dihydroxylaminanthrachinon [3247] in* Wasser-, Schwefelkohlenstoff- oder Eisessigsuspension (100 T.) mit 5 oder 26 bis 30 T. Brom 1—2 St. gekocht, kalt filtriert und getrocknet, erhält man ebenso wie bei Behandlung des Ausgangsmaterials in dünner Schicht mit Bromdämpfen verschiedene Bromprodukte, darunter einen ziegelroten, alkaliunlöslichen Körper, der in den Hydroxylamingruppen substituiert scheint und als Zwischenprodukt auftritt und ein in Aceton unlösliches Kernsubstitutionsprodukt; letzteres als wichtigsten Körper. Die Bromprodukte lösen sich je nach der Herstellung verschiedenfarbig in Schwefelsäure und kaltem Anilin, und zwar gelb bis braun bzw. rotgelb bis violettrot.

3418 **DRP. 131 402**

Polychlormono- und -diamino-2-methylanthrachinon.

Chlor in die Suspension von 10 T. Mono- bzw. Diamino-β-methylanthrachinon in Chloroform einleiten, solange als noch Gewichtszunahme erfolgt; Chloroform abdampfen, Rückstand mit Wasser und Sprit anrühren. Hellgelbes, auch in kalten Lösungsmitteln leicht lösliches Pulver. Mit Schwefelnatriumlösung gekocht resultiert, z. B. das rote Chlorid [3305].

3419 **DRP. 128 196**

—

DRP. 114 840
DRP. 126 393

Halogendiaminoanthrachinondisulfosäuren

CO NH_2; $\}$ SO_3H, SO_3H, Cl; H_2N CO

1, 5- oder 1, 8-Diaminoanthrachinondisulfosäure trocken oder in der Sulfosäureschmelze (also bei Abwesenheit von Wasser) oder in wässeriger Lösung bis zum Beginn der Abscheidung der Produkte wie [3311]) halogenisieren. Die Körper sind Farbstoffe, da die Sulfogruppen nicht abgespalten werden.

3420 **DRP. 179 916**

Anthraflavin-Chloradditonsprodukt

Cl CO Cl
Cl OH
OH Cl
Cl CO Cl
$= C_{14}H_8O_4Cl_6 = 454.$

100 T. Anthraflavinsäure als Paste in konz. Chlorcalciumlösung suspendiert, bei 110° mit einer Lösung von 200 T. Natriumchlorat und 2000 T. konz. Salzsäure in Wasser chlorieren und die gebildeten gelben Krystalle des **Hexachlordioxyanthrachinons** filtrieren. Gegen verdünnte Säure, auch konz. warme Schwefelsäure, relativ beständig. Mit verdünnten Alkalien tritt Verharzung, mit heißem Eisessig oder Phenolen Zersetzung, mit Anilin Bildung von salzsaurem Anilin unter starker Reaktion ein. Mit Phenol oder Kresol gekocht entsteht unter HCl-abspaltung eine **Trichloranthraflavinsäure.**

3421 **DRP. 155 633**
Zusatz zu
DRP. 139 424
—
DRP. 78 642

Tetrabrom-tetraoxyanthrachinondimethyläther

R·O CO Br
Br OH
O·R Br
Br CO OH
$R = CH_3 = C_{16}H_8O_6Br_4 = 616.$

10 T. Na-Salz des **Tetrabromanthrachrysons** (Anthrachrysondisulfosäure in wässeriger Lösung + Brom im Überschuß, orangegelbes, schwer lösliches Pulver, in Schwefelsäure unlöslich, gibt mit Ammoniak ein in Wasser gelbrot lösliches Salz) wie [3319] bei 150° methylieren. In Schwefelsäure wenig mit roter Farbe löslich, wird mit Borsäure blau.

3422 **DRP. 78 642**
Zusatz zu
DRP. 99 078

Dichlor-tetraoxyanthrachinondisulfosäure

OH CO
OH
OH
CO OH
Cl, Cl, SO_3H, SO_3H $= C_{14}H_6O_{12}S_2Cl_2 = 501.$

Anthrachrysondisulfosäure chlorieren.

3423 **DRP. 108 420**
—
DRP. 89 090

Tetranitro-2, 4, 6, 8-tetraoxyanthrachinon

O_2N CO OH
OH NO_2
NO_2 OH
OH CO NO_2
$= C_{14}H_4N_4O_{14} = 424.$

Dinitroanthrachryson weiter nitrieren [3425].

3424 Anm. F. 28 503,
Kl. 12 o
11. 8. 10
Höchst

Polynitrohalogenanthrachinon.

Halogenanthrachinon in Oleumlösung mit Salpetersäure warm nitrieren.

3425 **DRP. 113 676**
—
DRP. 90 041
F. P. 278 979
Ber. 27, 896

Polynitroanthrachinone.

1 T. 1, 8-Dinitroanthrachinon + 2 T. Nitrosylsulfat + 15 T. Monohydrat auf 170° erhitzen, bis eine Probe in Schwefelsäure (66°) klar löslich ist. Auf Eis gießen, Niederschlag mit Wasser waschen. Braungelbes, in Aceton gelbrot, in kochendem Alkali violett, in Schwefelsäure rotgelb, + Borsäure braunrot mit grünlicher Fluorescenz lösliches Pulver vom Sch.-P. 240° (Zersetzung).

3426 **DRP. 139 425**
A. P. 727 389
E. P. 19 894/02
F. P. 324 349
—
DRP. 125 576
DRP. 145 237

Dinitro-2, 4, 6, 8-tetraoxyanthrachinondialkylätherdisulfosäure

OH CO
OCH_3
OCH_3
CO OH
NO_2, NO_2, SO_3H, SO_3H $= C_{16}H_{12}N_2O_{16}S_2 = 552.$

1 T. Anthrachrysondimethyläther [3393] mit 10 T. Oleum (10%) auf 100° erhitzen, bis eine Probe in Wasser klar löslich ist; unter Kühlung

2 Mol. Salpetersäure als Nitriersäure zufließen lassen, evtl. erwärmen, den Krystallbrei auf Eis gießen, filtrieren, den Niederschlag in verdünnter Schwefelsäure lösen und heiß aussalzen. Das K-Salz krystallisiert in roten Krystallen, die sich in Wasser oder Schwefelsäure dunkelorangefarbig lösen. Das neutrale K-Salz ist zinnoberrot.

3427 **DRP. 125 579**

Mononitropentaoxyanthrachinondisulfosäure

O_2N CO OH
OH / SO_3H — SO_3H / OH
OH CO OH

$= C_{14}H_7NO_{15}S_2 = 493.$

10 T. Dinitroanthrarufindisulfosäure mit 200 T. Schwefelsäure (66°) und 10 T. Borsäure auf 140° erhitzen, wobei auch die zweite Nitrogruppe [**3411**] gegen Hydroxyl ersetzt wird.

3428 **DRP. 105 567**
F. P. 281 125

Oxysulfoanthrachinonimid-Zwischenprodukte

Typus: O CO NH
SO_3H / OH — OH / SO_3H
NH CO O

$= C_{14}H_6N_2O_{12}S_2 = 448.$

Aus 1, 5- bzw. 1, 8-Dinitroanthrachinon und Oleum mit oder ohne Zusatz von Schwefel oder anderen Reduktionsmitteln oder von Borsäure (Farbstoffcharakter). Man erhält das **Diaminoanthrachrysondisulfosäuredichinondiimid** wie folgt: 10 T. 1, 5-(1, 8-)Dinitroanthrachinon mit 200 T. Oleum (30%) und 2 T. Schwefel $1^1/_2$—$2^1/_2$ St. auf 120°—130° erhitzen, Masse in dünnem Strahl in —10° kalte K-chloridlösung (20%) gießen, Niederschlag schnell filtrieren, mit kalter Salzlösung waschen, bei niederer Temperatur trocknen. In Schwefelsäure (66°) grünstichig-blau, in Wasser violettblau, in kalter Na-bisulfitlösung gelb löslich. Aus letzterer Lösung erhält man beim Erwärmen **Diaminoanthrachrysondisulfosäure.**

3429 Anm. W. 24 756,
Kl. 12 o
30. 7. 05
Wedekind

Anthrachinonpolysulfosäuren.

Anthrachinon-2-sulfosaure Salze mit Oleum bei Gegenwart von Quecksilber und seinen Salzen sulfieren. Über abweichende Resultate vgl. Ber. **40,** 1048. — Über die Bildung von **Octooxyanthrachinon** aus Gallussäure, H_2SO_4, Borsäure und Quecksilber siehe Wiener Akad. Ber. ***1911,*** *165.*

II. Anthrachinon- und Benzolreste in offener Kette verbunden.

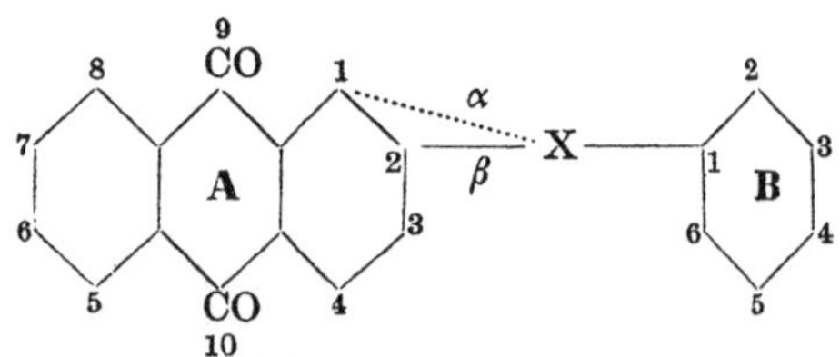

Die Bindungsstelle ist aus den Formeln ersichtlich.

3430 **DRP. 109 344**
—
Lit. wie [3628]

Nitroanthrachinon-Benzolhydroxylverbindungen — Additionsprodukte: 12,6 T. 1-Nitroanthrachinon und 5 T. Resorcin in 300 T. Eisessig gelöst mit 10 T. Na-Acetat (wasserfrei) 6 St. kochen. Aus der schwarzen Lösung abgeschiedene braune Flocken umkrystallisieren, Sch.-P. 194°. In Alkali gelbbraun löslich. Der Körper mit 6,3 T. Pyrogallol schmilzt bei 164°.

1. X = —CH_2—.

B 4 $N(R)_2$—**A** 6 $CH_2 \cdot C_6H_4 \cdot N(R)_2$—1 OH—3 OH—5 OH—7 OH . 3431—3434

3431 **DRP. 184 807** — DRP. 184 768

Tetraalkyldiaminodibenzyltetraoxyanthrachinon

Für R = CH_3: $C_{32}H_{30}N_2O_6$ = 538.

10 T. [3409] mit 200 T. Dimethylanilin sieden, bis die Wasserbildung aufhört. Bei 100° filtrieren; im Filtrat krystallisiert ein Teil des Körpers aus, der Rest resultiert als Rückstand der Dampfdestillation. Orangegelbe Krystalle aus Sprit, Sch.-P. 272°. Sauer und basisch, in Schwefelsäure rot, in Oleum (20%) violett, erwärmt grün löslich. — Ebenso **Tetraäthyldiaminodibenzyltetraoxyanthrachinon,** Sch.-P. 233°. — Nach

3432 **Zus. DRP. 188 597** die Operationen von [3409] und [3431] vereinigen: 55 T. Anthrachryson + 350 T. Dimethylanilin + 1000 T. Sprit + 30 T. Formaldehyd (40%) unter Rückfluß sieden, bis die Lösung klar ist, Sprit abdestillieren, mit Dampf das Dimethylanilin verjagen, den Rückstand in verdünnter Salzsäure lösen, filtrieren und das Filtrat mit Soda fällen. — Nach

3433 **Zus. DRP. 184 808** arbeitet man ebenso mit Anilin und analogen Basen. — Nach

3434 **Zus. DRP. 188 596** arbeitet man wie [3432] in einer Operation, kocht also 55 T. Anthrachryson, 400 T. Anilin, 1000 T. Sprit, 30 T. Formaldehyd und 20 T. Natronlauge (40°).

2. X = —CO—.

3435 **DRP. 255 821**

Chlorphenyl-2-anthrachinonketon

= $C_{21}H_{11}O_3Cl$ = 347.

2-Anthrachinoncarbonsäurechlorid mit Chlorbenzol bei Gegenwart von Chloraluminium kondensieren. — **Benzoylanthrachinone** nach Ber. **1915,** 831 aus 1-(2-)Anthrachinoncarbonsäurechloriden mit Benzol, Toluol, Chlorbenzol usw.

3436 **DRP. 297 261** Benzoylverbindungen z. B. **α-Oxy-β-benzoyloxyanthrachinone** siehe [**3479**].

3. X = —Ny—.

a) y = H.

B 4 $CO\cdot CO\cdot C_6H_4\cdot NH\cdot C_{14}H_7O_2$	3455	**A** 5 $NH\cdot C_6H_4\cdot CH_3$—**B** 4 CH_3—(trichlor.)	3115, 3460
A 5 $NH\cdot C_6H_5$	3447, 3456	**A** 5 $NH\cdot C_6H_4\cdot CH_3$—**B** 4 CH_3 (halogenisiert)	3456, 3461
A 1 $NH\cdot C_6H_4\cdot CH_3$	3116	**A** 5 $NH\cdot C_6H_3\cdot CH_3\cdot SO_2Cl$—$SO_3H$	3153
A 5 $NH\cdot C_6H_5$—Mono-bis-pentahalogenprodukt	3456	**A** 5 $NH\cdot C_6H_4\cdot COOH$—**B** 6 COOH	3462
A 5 $NH\cdot C_6H_5$—NO_2—NO_2	3463	**A** 8 $O\cdot C_6H_5$	3115
A 5 $NH\cdot C_6H_5$—**B** 4 CH_3—NO_2	3447	Anthrachinonylindophenole	3465
B 4 Cl—**A** 4 $NH\cdot C_6H_4\cdot Cl$	3446		

3437 **DRP. 187 870**

Lit. wie [1600]
DRP. 125 666

Phenylaminoanthrachinone

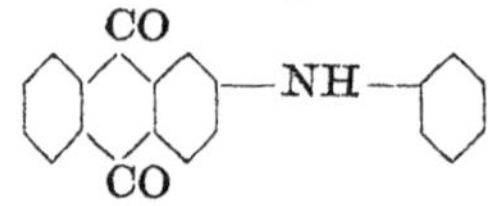

$= C_{20}H_{13}NO_2 = 299.$

Phenyl-1-aminoanthrachinon: Wie [1607]: 10 T. 1-Aminoanthrachinon, 7, 5 T. Brombenzol, 0,2 T. Kupferjodür, 3 T. Pottasche (calciniert) und 50 T. Nitrobenzol 10 St. sieden. Rückstand der Dampfdestillation aus Benzol und Ligroin umkrystallisieren.

3438 **DRP. 288 464**

DRP. 216 083
DRP. 256 515

Phenyl-2-aminoanthrachinon: 1000 T. Anilin, 30 T. gepulvertes Ätznatron und 100 T. Anthrachinon-2-sulfosäure als Na-Salz unter kräftigem Durchleiten von Luft 5 St. kochen, Anilinüberschuß mit Salzsäure entfernen. Kalt krystallisiert das Produkt in gelbroten Nadeln vom Sch.-P. 234°—236°. — Das entsprechende **p-Tolyl-2-aminoanthrachinon** schmilzt bei 234°—235°. — Ebenso: **2-Phenylaminoanthrachinon-7-sulfosäure** aus 600 T. Anilin, 50 T. 2-chloranthrachinon-7-sulfosaurem Natrium und 12,5 T. Ätznatronpulver in 4 St. bei 180°. Orangefarbige Nadeln vom Sch.-P. 276°—277°. In Schwefelsäure gelb, beim Erwärmen blau löslich.

3439 Anm. F. 34 987,
Kl. 12q
25. 9. 13
Höchst

4-Chlor-1-phenylaminoanthrachinon

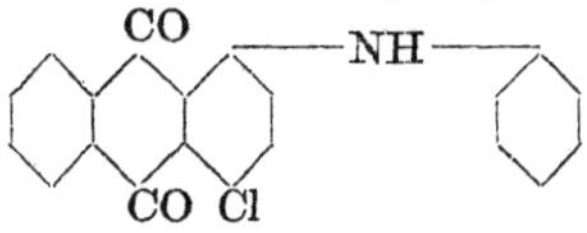

$= C_{20}H_{12}NO_2Cl = 334.$

1 T. 1, 4-Dichloranthrachinon, 3 T. Anilin und 0,5 T. Magnesiumoxyd 3 St. kochen. Aus Benzol bronzefarbige Blättchen vom Sch.-P. 154°—155°.

3440 **DRP. 115 048**

Lit. wie [3177]

1-p-Toluidoanthrachinonbromid

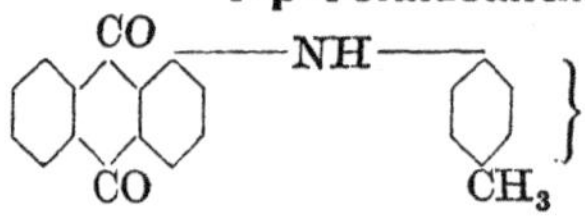

$\}Br = C_{21}H_{14}NO_2Br = 392.$

10 T. **α-p-Toluidoanthrachinon** (Ber. **16**, 363: Kochen von α-Nitroanthrachinon mit p-Toluidin) in 200 T. Eisessig heiß lösen, bei 50° eine Lösung von 14 T. Brom in 50 T. Eisessig zugeben (Temperatursteigerung). Die blaurote Lösung wird bräunlichgelb. Krystallabscheidung durch Einspritzen von Wasser befördern. Aus Eisessig gelbrote, in konz. Schwefelsäure gelbgrün lösliche Nadeln. — Ebenso werden nach

3441 Anm. F. 12 824
Kl. 22b
20. 6. 01
Elberfeld

andere **Halogenalphyl-α-aminoanthrachinone** hergestellt, während man **Halogensulfoalphylaminoanthrachinone** nach

3442 Anm. B. 29 169
Kl. 22b
9. 1. 02
Badische

durch Halogenisieren der Sulfoalphylaminoanthrachinone (aus Nitroanthrachinonen und Sulfosäuren aromatischer Amine) herstellt.

3443 **DRP. 238 106**
A. P. 993 915
F. P. 423 328

Ber. **39**, 1691;
43, 536

Halogen-Phenylaminoanthrachinoncarbonsäuren

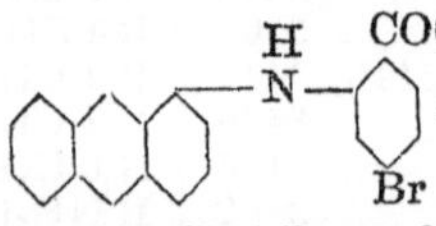

$= C_{21}H_{12}NO_4Br = 422.$

24,2 T. 1-Chloranthrachinon und 22 T. 4-Brom-2-amino-1-benzoesäure in der 10-fachen Menge Amylalkohol lösen, mit 20 T. Kaliumacetat, 1 T. Kupferacetat und 1 T. Kupfer auf 160° erhitzen, in die violette Schmelze Dampf einleiten, den Rückstand mit verdünnter Salzsäure, dann mit Toluol extrahieren und die zurückbleibende **Bromphenylaminoanthrachinoncarbonsäure** aus Pyridin (violett löslich) umkrystallisieren, Sch.-P. über 300°, in Benzol oder Sprit unlöslich.

3444 **DRP. 268 646**

Ein analoges Kondensationsprodukt erhält man aus 1-Chloranthrachinon und Anthranilsäure. Gibt in der 20-fachen Menge gewöhnlicher Schwefelsäure gelöst mit der Hälfte des Produktgewichtes Braunstein oxydiert, nach 2 St. auf Eis + Bisulfitlauge gegossen, einen dunklen, in Ammoniak oder Schwefelsäure farbig löslichen Körper, der in letzter Lösung erwärmt einen Küpenfarbstoff liefert. Vgl. Anm. B. 64 955, Kl. 12 o, Elberfeld.

3445 **DRP. 142 052**

—

DRP. 111 866
DRP. 126 542

Nitrophenyl-(tolyl-)aminoanthrachinon

$$C_6H_4(CO)_2C_6H_3{-}NH{-}C_6H_3(CH_3)\}NO_2 = C_{21}H_{14}N_2O_4 = 358.$$

10 T. feingepulvertes 1-p-Toluidoanthrachinon in 200 T. Eisessig suspendieren, mit 3 T. (1 Mol.) Salpetersäure (42°) versetzen, 12 St. auf 80°—90° erwärmen, bis die Farbe stabil gelbrot bleibt, und kalt die roten Krystalle abtrennen. Aus Pyridin hellrote, in konz. Schwefelsäure olivgrün, + Borsäure violett lösliche Nadeln. — Ebenso: **Nitro-1-anilidoanthrachinon, Nitro-1-m-xylidoanthrachinon, Nitro-1-naphthylamidoanthrachinon.**

3446 **DRP. 175 069**

E. P. 352/06
F. P. 362 140

—

DRP. 145 189
DRP. 146 102

10 T. 1- oder 2-Aminoanthrachinon in 100 T. Nitrochlorbenzol lösen, mit 0,5 T. Kupferchlorid und 3 T. wasserfreiem Acetat auf 200° erhitzen, mit Dampf das unveränderte Nitrochlorbenzol abtreiben und den Rückstand aus Pyridin umkrystallisieren: **1-p-Nitrophenylaminoanthrachinon.** — Ebenso: aus 1-Amino-4-methylaminoanthrachinon mit Chlorbenzol: **4-Methylamino-1-phenylaminoanthrachinon;** aus 1,4-Diaminoanthrachinon und (2 Mol.) 1,4-Dichlorbenzol: **Dichlor-1,4-diphenylaminoanthrachinon;** aus 1-Amino-4-methylaminoanthrachinon und p-Chloranilin: **4-Methylamino-1-aminophenylaminoanthrachinon;** aus 1-Amino-4-methylaminoanthrachinon und p-Nitrochlorbenzol: **1-p-Nitrophenylamino-4-methylaminoanthrachinon.** — Die Körper sind in Nitrobenzol, Schwefelsäure, Borschwefelsäure oder Oleum mit verschiedenen, z. T. charakteristischen Farben löslich.

3447 **DRP. 126 542**

F. P. 310 585

Nitroalphylanthrachinone

$$O_2N{-}C_6H_3(CO)_2C_6H_3{-}NH{-}C_6H_4{-}CH_3 = C_{21}H_{14}N_2O_4 = 358.$$

1. 10 T. 1,5-Dinitroanthrachinon + 100 T. p-Toluidin + 25 T. Pyridin unter Rückfluß 1 St. kochen, bis das Ausgangsmaterial verschwunden ist. Kalt filtrieren, Filtrat in verdünnter Salzsäure gießen, das ausgeschiedene **Mononitromono-p-toluidoanthrachinon** mit kaltem Aceton vom Harz befreien, den Rückstand in siedendem Aceton lösen, filtrieren und freiwillig verdunsten. Violettschwarze Krystalle, aus Eisessig bräunlichviolette Blätter. — 2. 10 T. 1,5-Dinitroanthrachinon mit 100 T. Anilin bis zur Lösung auf 130° erhitzen, in verdünnte Salzsäure gießen und die Fällung aus Eisessig umkrystallisieren. Bläulichviolette Nadeln des **1,5-Dianilidoanthrachinons.** — Ebenso **1,5-, 1,8-** und **1,7-Nitromono-** und **-di-p-toluidoanthrachinon,** ferner **1,5-Nitromono-** und **Nitrodinaphthyldiaminoanthrachinon.** Gibt in Schwefelsäure mit und ohne 10% Borsäure, in Oleum und in Aceton verschiedene Farbreaktionen.

3448 **DRP. 254 475**

4-Nitro-1-anthrachinonylanthranilsäuremethylester

$$C_6H_4(CO)_2C_6H_2(NO_2){-}NH{-}C_6H_4{-}COOCH_3 = C_{22}H_{14}N_2O_6 = 402.$$

10 T. 1-Nitro-4-aminoanthrachinon [3221], 15 T. o-Chlorbenzoesäuremethylester, 5 T. wasserfreies Acetat, 1 T. Kupferchlorür und 100 T. Nitrobenzol 5—8 St. sieden, das Nitrobenzol abblasen und das rotbraune Pulver waschen. Aus Xylol Nadeln vom Sch.-P. 234°—240°, die in Schwefelsäure grünlichgelb, schwach erwärmt violett löslich sind.

3449 **DRP. 136 778** Zusatz zu DRP. 136 777

Alkyl- und Arylaminoanthrachinone

$C_5H_{10}{\cdot}HN$ CO —NH— CO $CH_3 = C_{26}H_{24}N_2O_2 = 396.$

Das Verfahren [3127, 3195, 3245, 3386], angewendet auf Nitro-, Halogen- und Oxyarylaminoanthrachinone [3447], [3177, 3440] und [3457]. Man erhält so z. B. **1, 8-p-Toluidopiperidoanthrachinon** durch Erwärmen von 10 T. 1, 8-Nitro-p-toluidoanthrachinon mit 20 T. Piperidin und 100 T. Pyridin im Wasserbade, bis eine Probe in verdünnter Salzsäure klar löslich ist; mit 100 T. Methylalkohol fällt das Produkt in metallglänzenden Nadeln aus. — Ebenso: **1, 5-Anilidodimethylaminoanthrachinon, 1, 8-** und **1, 5-Toluidodimethylaminoanthrachinon, 1, 5-Anilidopiperidoanthrachinon, 1, 5-** und **1, 8-p-Toluidopiperidoanthrachinon.**

3450 **DRP. 111 866**

Toluidoanthrachinonsulfosäuren

CO —NH— CO CH_3 } $SO_3H = C_{21}H_{15}NO_5S = 393.$

Wie [3463]. — 1-Nitroanthrachinon mit p-Toluidin kondensieren und das Produkt sulfieren. Ein braunes, in Sprit kirschrot, in Schwefelsäure grün, (+ Borsäure blau), in Benzol fast unlösliches Pulver.

3451 **DRP. 136 872** E. P. 9195/02 F. P. 320 821

10 T. anthrachinonmonosulfosaures p-Toluidin mit 100 T. p-Toluidin auf 160°—190° erhitzen, bei 70° mit der doppelten Menge Sprit verrühren und die orangeroten Krystalle filtrieren. In konz. Salzsäure und in Eisessig gelb, in Schwefelsäure farblos mit blauer Fluorescenz löslich. — Nach

3452 **Zus. DRP. 147 277**

arbeitet man ebenso mit Anilin, o-Toluidin, m-Xylidin usw. Z. B.: 20 T. anthrachinon-2-sulfosaures Anilin + 200 T. Anilin + 30 T. salzsaures Anilin + 10 T. Zinnchlorür + 10 T. Borsäure auf 150° erhitzen. Wenn die Fluorescenz einer in Schwefelsäure gelösten Probe nicht mehr zunimmt, in verdünnte Salzsäure gießen, filtrieren, den Niederschlag waschen und aus Pyridin umkrystallisieren. Orangegelbe Nädelchen. Die Fluorescenz der schwefelsauren Lösung verschwindet beim Erhitzen.

3453 **DRP. 256 344** Zusatz zu DRP. 247 411 F. P. 425 859

1-Aminoanthrachinon-2-carbonsäurehalogenderivate

CO —NH— COOH CO Cl Cl $= C_{21}H_{11}NO_4Cl_2 = 412.$

33 T. 1-Chloranthrachinon-2-carbonsäureäthylester (aus Sprit umkrystallisiert, Sch.-P. 142°), 16,2 T. 2, 4-Dichlor-1-aminobenzol, 12 T. wasserfreies Acetat, 1,5 T. Kupferchlorür und 180 T. Nitrobenzol 5—6 St. sieden, Nitrobenzol abblasen, den Rückstand in Aceton lösen und mit Wasser fällen. Es resultiert **2, 4-Dichlorphenylamino-1-anthrachinon-2-carbonsäureäthylester,** der kupferrote Krystalle bildet (in organischen Lösungsmitteln orangerot, in Schwefelsäure gelbbraun löslich). Wird mit alkoholischem Kali verseift. Die freie Carbonsäure bildet ein scharlachrotes Pulver, das in Alkali violettrot löslich ist. — Der Methylester schmilzt bei 164°. — Ebenso die **1, 1′-Anthrachinonylaminoanthrachinon-2-carbonsäure** aus 1-Chloranthrachinon-2-carbonsäureäthylester und 1-Aminoanthrachinon; **1, 2′-Anthrachinonylaminoanthrachinon-2-carbonsäure** aus 1-Chloranthrachinon-2-carbonsäureäthylester und 2-Aminoanthrachinon; **3, 4-Dichlorphenylamino-1-anthrachinon-2-carbonsäure** [E. P. 894/11] aus 1-Nitroanthrachinon-2-carbonsäureäthylester und 3, 4-Dichlor-1-aminophenol. — Nach

3454 **Zus. DRP. 267 211**

eignen sich besonders gut die aromatischen Ester. Z. B.: 100 T. **1-Chloranthrachinon-2-carbonsäurebenzylester** (durch Kochen des carbonsauren K-Salzes mit Benzylchlorid, Sch.-P. 135°—136°), 40 T. 2, 5-Dichloranilin, 120 T. Nitrobenzol, 30 T. entwässertes Acetat und 1,5 T. Kupferoxyd 3 St. kochen und über den Ester zur **2, 5-Dichlorphenylamino-1-anthrachinon-2-carbonsäure** aufarbeiten wie oben. Die Säure ist im Gegensatz zu ihrem Benzylester in Alkalien blaurot löslich.

3455 **DRP. 220579** u. **Zus.** **DRP. 222205** E. P. 9888/09 E. P. 13323/09 F. P. 365920 Zus.

Anthrachinonkondensationsprodukt

$= C_{42}H_{24}O_6 = 624.$

Halogendiketone vom Typus: Hal. R·CO·R·Hal. bzw. Halogen·R·CO·CO·R·Halogen und Aminoanthrachinone kondensieren. — 50 T. 4, 4'-Dichlorbenzil, 100 T. 1-Aminoanthrachinon, 20 T. Soda, 2 T. Kupferoxyd und 1500 T. Nitrobenzol kochen, kalt das Produkt filtrieren, mit Nitrobenzol, dann mit Sprit waschen und trocknen. Braune Nadeln, in Schwefelsäure olivgrün, in Oleum (23%) grünblau löslich.

3456 **DRP. 106227** und **Zus.** **DRP. 108274** F. P. 288511 — Ber. 16, 363

Halogendialphyl-diaminoanthrachinone

$5\,Br = C_{26}H_{13}N_2O_2Br_5 = 785.$

10 T. 1, 5-Dinitroanthrachinon (roh oder rein) mit 100 T. Anilin 3—4 St. kochen, kalt die kantharidenglänzenden Nadeln des **1, 5-Dianilidoanthrachinons** filtrieren (Sch.-P. 238°—240°). — 10 T. dieses Produktes in 600 T. Schwefelkohlenstoff oder Eisessig warm lösen, 30 T. Brom zugeben, bis zum Aufhören der Bromwasserstoffentwicklung kochen, Schwefelkohlenstoff bis auf 150 T. abdestillieren, Rückstand mit 500 T. Sprit verreiben; das erhaltene **Pentabrom-1, 5-dianilidoanthrachinon** krystallisiert aus Xylol in braunen Nadeln, die über 300° schmelzen. — Ebenso die **Chlor-1, 5-dianilidoanthrachinone** (in verschieden hohen Chlorierungsstufen), die beim Einleiten von Chlor in eine Suspension von 10 T. 1, 5-Dianilidoanthrachinon in 100 T. Eisessig entstehen, ferner andere, und zwar **1, 5-, 1, 3-, 1, 8-Bromdianilidoanthrachinone, Brom-1, 5-o-** und **-p-ditoluidoanthrachinone, Brom-1, 5-dibenzidinoanthrachinon,** schließlich **Brom-1, 5-di-α-naphthylaminoanthrachinon:** sämtlich Gemenge verschieden hoher Halogenisierung, geben sulfiert Farbstoffe. — Oder nach

3457 **DRP. 113292** — DRP. 107227 DRP. 108274

durch Halogenisierung dieser gelösten Sulfosäuren, wobei Substitution und Abspaltung der Sulfogruppen eintritt. Die Verbindungen haben Farbstoffcharakter. — Ebenfalls Farbstoffe sind die nach

3458 **DRP. 241837** und
3459 **DRP. 241838**

aus Aminoanthrachinonen und Halogencarbaniliden bzw. Halogenverbindungen vom Typus Hal.·R·NH·CO·NH·R·Hal. bzw. Hal.·R ·NH·CO·$(CH_2)_n$·CO·NH·R·Hal. erhaltenen Kondensationsprodukte vom Typus:

(Anthrachinonyl)–NH–C₆H₄–NH·CO·NH bzw. $CO\cdot(CH_2)_n\cdot CO$ –C₆H₄–NH–(Anthrachinonyl)

3460 **DRP. 131402**

Halogenmono- und -dialphylidodiaminomethylanthrachinon

$= C_{29}H_{21}N_2O_2Cl_3 = 534.$

Einheitliche Produkte, rote Pulver, in Anilin rot, in Schwefelsäure gelb, + Borsäure rot (warm violett) löslich. Werden wie [3406] erhalten. **Trichlor-1, 5-ditoluido-β-methylanthrachinon** erhält man nach [3305] aus 10 T. Ausgangsmaterial, 100 T. Chloroform und 10 T. flüssigem Chlor.

3461 **DRP. 131873**

10 T. Dinitroverbindung [3323] und 200 T. p-Toluidin 5—6 S. kochen, kalt mit 600 T. verdünntem Sprit erwärmen, Toluid absaugen, 10 T. in 100 T. Eisessig suspendieren, mit 30 T. Brom 1—1½ St. kochen und kalt das **Halogen-1, 5-p-toluidomethylanthrachinon** filtrieren. In Schwefelsäure grünlichgelb, in heißem Nitrobenzol und Anilin rot, in Oleum (23%) grüngelb löslich.

3462 **DRP. 234 977**

Anthrachinon-1, 5-bis-anthranilsäure

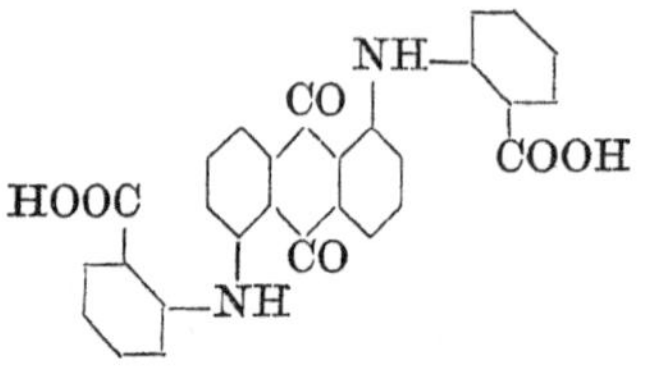

$= C_{28}H_{18}N_2O_6 = 478.$

Durch Kondensation von 1, 5-Dichloranthrachinon mit anthranilsaurem Kali in Nitrobenzollösung bei Gegenwart von Kupferoxyd. — Gibt mit konz. Schwefelsäure auf 100° erhitzt **Anthrachinondiacridon.**

3463 **DRP. 111 866**
E. P. 22 640/99
F. P. 293 909
—
DRP. 106 227
Zbl. 1903 [1], 722

Nitrodialphylidodiaminoanthrachinone

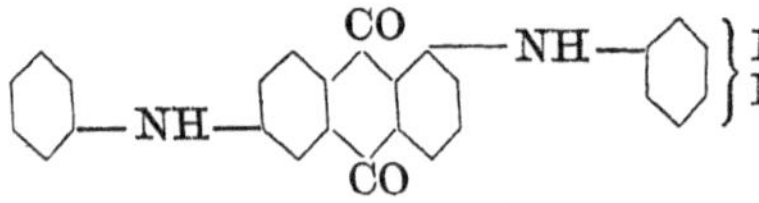

$\}NO_2\ NO_2 = C_{26}H_{16}N_4O_6 = 480.$

10 T. 1, 5-Dianilidoanthrachinon unter guter Kühlung in 50 T. Nitriersäure (85% HNO_3) eintragen, 24 St. bei gewöhnlicher Temperatur stehenlassen, auf Eis gießen und den Niederschlag filtrieren. — Oder: In 140 T. Salpetersäure (40°) bei höchstens 10° eintragen und ebenso behandeln. — Ebenso erhält man die **Nitro-1, 5- und -1, 8-di-p-toluidoanthrachinone.** Verschieden gelbe bis rote Pulver, die in Anilin, Sprit oder Schwefelsäure verschiedenfarbig löslich sind. — Nach

3464 **Zus. DRP. 121 155**

verfährt man ebenso bei der Nitrierung der rohen ($\alpha + \beta$) oder reinen β-Anilidonthrachinonsulfosäure [Ber. **15**, 1514, vgl. Farbstoffpatent **DRP. 113 011**], α-p-Toluidoanthrachinonsulfosäure [**3450**], 1, 5-Di-p-toluidoanthrachinondsiulfosäure [**3456**]. Ebenfalls verschiedene Farbreaktionen. Die Körper sind schon Farbstoffe.

3465 **DRP. 251 103**

Anthrachinonylindophenole

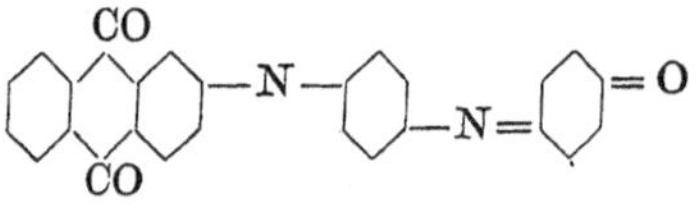

$= C_{26}H_{15}N_2O_3 = 413.$

Im Aryl imino-p-freie Arylaminoanthrachinone mit p-Nitrosophenol kondensieren oder mit p-Aminophenol zusammenoxydieren. Die erhaltenen violetten Pulver sind in Schwefelsäure blaugrün (mit Formaldehyd blauwerdend), in Nitrobenzol rot bis violettrot, in alkalischem Hydrosulfit rot löslich. Zur Verwendung kamen: 1-Phenylaminoanthrachinon, **1-o-Tolylaminoanthrachinon** (aus 1-Aminoanthrachinon und o-Chlortoluol), **1, 3-Chlorphenylaminoanthrachinon** (aus 1-Chloranthrachinon und 1, 3-Chloranilin, beide rote, in Schwefelsäure gelb lösliche Pulver vom Sch.-P. 190°), 1, 3-Bisphenylaminoanthrachinon [3456] und 1-Phenylaminoanthrachinon [3437, vgl. **DRP. 125 666**], letzteres mit 2-Chlor-4-nitroso-1-oxybenzol [Ber. 21, 3316].

b) $y = CH_2 \cdot COOH$.

3466 **DRP. 270 790**
—
DRP. 136 777
DRP. 173 523
DRP. 227 324
DRP. 247 411

Anthrachinon-Phenylglycinkondensationsprodukt

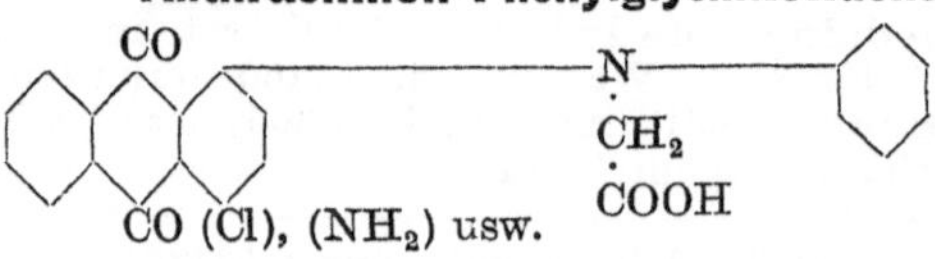

CO (Cl), (NH_2) usw. $= C_{22}H_{15}NO_4 = 357.$

α-Halogenanthrachinon und Glycine bei Gegenwart von Kupfer in indifferenten Mitteln kondensieren. — 24,3 T. 1-Chloranthrachinon, 20 T. Phenylglycinkali und 1 T. Kupferchlorür in Amylalkohol mehrere Stunden sieden, den Amylalkohol abdestillieren, den Rückstand mit heißer Sodalösung extrahieren, filtrieren und das violette Filtrat mit Salzsäure fällen. — **Phenylmethyl-1-aminoanthrachinon-ω-carbonsäure** krystallisiert aus Eisessig in violetten Nadeln vom Sch.-P. 196°—197°, in Schwefelsäure gelb, in Oleum (20%) blau, in Chlorsulfonsäure grün löslich. — 1, 4-Dichloranthrachinon, 1-Chlor-4-aminoanthrachinon geben analoge Glycinderivate vom Sch.-P. 228°—230° bzw. 235°—240°. — Aus Phenylglycin-o-carbonsäure und 1-Chloranthrachinon erhält man ebenso die **Anthrachinonyl-1-phenylglycin-o-carbonsäure**

(Sch.-P. 250°)

in Schwefelsäure gelb, in Oleum violettbraun, in Chlorsulfonsäure gelbbraun löslich. — Nach

3467 **DRP. 270 789** geben diese Glycine mit Essigsäureanhydrid neue Kondensationsprodukte der **Anthrapyrolreihe**

Z. B.: 35 T. 1-Anthrachinonylphenylglycin (siehe oben) mit 150 T. Essigsäureanhydrid 2 St. kochen, den Überschuß abdestillieren und den Rückstand aus Eisessig umkrystallisieren, Sch.-P. 202°—204°, in Chloroform mit grüngelber Fluorescenz, in Schwefelsäure rötlich, in Oleum braunrot, in Chlorsulfonsäure braungelb löslich. — Dieselben Produkte erhält man nach

3468 **Zus. DRP. 272 613** in einer Operation durch 5—6-stündiges Erhitzen von 24,3 T. 1-Chloranthrachinon, 20 T. scharf getrocknetem Phenylglycinkali, 1 T. Kupferchlorür, 15 T. entwässertem Acetat und 150 T. Amylalkohol im Autoklaven bei 160°—170°, Amylalkohol abblasen und den Rückstand mit Sodalösung auskochen; aus Chloroform gelbe Krystalle vom Sch.-P. 202°—204°.

4. X = —NH·CH$_2$— [—NH·CH·(COOH)(C$_6$H$_5$)—].

Unsubstituiert	3113, 3469, 3550	Benzylidenaminoanthrachinon	3550
B 4 N(R)$_2$	3469	Anthrachinonyl-C-phenylglycin	3578

3469 **DRP. 236 769** — DRP. 184 807

p-Dialkylaminobenzyl-1-aminoanthrachinon

$= C_{23}H_{20}NO_2 = 342.$

22 T. 1-Aminoanthrachinon, 10 T. Paraformaldehyd und 250—300 T. Dimethylanilin sieden. Wenn die lebhafte Reaktion beendet ist, kalt filtrieren, das **p-Dimethylaminobenzyl-1-aminoanthrachinon** erst mit Dimethylanilin, dann mit Sprit waschen und aus Xylol umkrystallisieren. Orangerote Krystalle, die in organischen Lösungsmitteln rot, in Schwefelsäure grüngelb löslich sind. Das Diäthylprodukt krystallisiert aus Xylol in roten Prismen vom Sch.-P. 196°.

5. X = —NH·CO—.

Unsubstituiert	3139, 3470	A 2 NO$_2$—4 NH·CO·C$_6$H$_5$	3333, 3472
B 4 NO$_2$(NH$_2$)	3470	A 5 NH·CO·C$_6$H$_5$—4 OH	3471, 3472
A 4 O·R	3470	A 1 NH·C$_6$H$_5$—4 NH·C$_6$H$_5$—NO$_2$	3549

3470 **DRP. 243 490**

Acidylaminoanthrachinone

$= C_{21}H_{13}NO_3 = 327.$

57,5 T. β-Anthrachinonylharnstoffchlorid oder die äquivalente Menge Anthrachinonylisocyanat mit 24 T. Benzoesäure (oder ihrer Nitroderivate usw.) und 200 T. Nitrobenzol längere Zeit sieden, wenn die Kohlendioxyd- bzw. auch Salzsäureentwicklung beendet ist, von etwas Farbstoff filtrieren. Im Filtrat krystallisiert **Benzoyl-β-aminoanthrachinon** aus. — Mit Zimtsäure ebenso: **Cinnamyl-β-aminoanthrachinon;** mit p-Aminobenzoesäure entsteht ein Gemisch zweier Farbstoffe.

3471	**DRP. 238 488**	**1, 5-Dibenzoyldiamino-4-oxyanthrachinon:** 10 T. 1, 5-Dibenzoyldiaminoanthrachinon in 100 T. Oleum (10%) gelöst unter 15° mit 3,5 T. Braunstein verrühren, nach 2 St. in Eiswasser gießen, mit Bisulfit aufkochen, Produkt kalt filtrieren. In Pyridin rot, in H_2SO_4 + Borsäure warm gelbrot löslich, dann blaurot mit starker Fluorescenz.
3472	Anm. W. 24 777, Kl. 22 b 19. 7. 13 Wedekind	Ausdehnung des Verfahrens der Anm. W. 37 544 zur Herstellung des Benzoyl-1, 5- und 1, 8-diaminoanthrachinons auf die 1,6- bzw. 1, 7-Derivate. Nach zwei weiteren Anmeldungen (W. 44 696 und W. 45 980) benzoyliert man Nitroanthrachinone mit Benzoesäure und Eisen oder anderen, in Benzoesäure unter Freiwerden von Wasserstoff sich lösenden Metallen mit oder ohne Zusatz von Kondensationsmitteln.

6. X = —NH·CO·CH : CH—.

3473	Anm. C. 20 389, Kl. 12 o 4. 1. 12 Cassella A. P. 1 189 370	**Cinnamyl-1, 5-diaminoanthrachinon** (Formel: Anthrachinon mit —NH·CO·CH : CH—C_6H_5 und H_2N) $= C_{23}H_{16}N_2O_5 = 384.$ Dicinnamyl-1, 5-diaminoanthrachinon bei gewöhnlicher Temperatur oder in der Wärme mit konz. Schwefelsäure behandeln.

7. X = —NH·CO·NH—.
(CS)

3474	**DRP. 229 111** ferner **DRP. 236 375** **DRP. 236 978** **DRP. 236 979** **DRP. 236 981** u. a.	**Phenylanthrachinonylharn- und Thioharnstoffe** (Formel: Anthrachinon—NH·CO·NH—C_6H_5, (CS)) $= C_{21}H_{14}N_2O_3 = 342.$ Aus Aminoanthrachinon und Phenylcarbonimid bzw. Phenylthiocarbonimid. Z. B.: 1 T. 1-Aminoanthrachinon und 3 T. Carbanil (bzw. 10 T. Phenylsenföl) kochen (evtl. in Gegenwart eines indifferenten Lösungsmittels). Die Produkte sind Farbstoffe.

8. X = —NH·SO_2—.

(Imid methyl- oder phenylsubst.)

3475	**DRP. 224 982** — Ber. 43, 536	**Arylsulfaminoanthrachinone** (Formel: Anthrachinon—NH·SO_2—C_6H_4—CH_3) $= C_{21}H_{15}NO_4S = 377.$ 10 T. 1-Chloranthrachinon + 10 T. p-Toluolsulfamid + 1 T. Kupferacetat + 8 T. Kaliumcarbonat + 100 T. Nitrobenzol 2—3 St. sieden, Nitrobenzol abtreiben und das **1-p-Toluolsulfoaminanthrachinon** filtrieren. Aus Eisessig gelbe Nadeln vom Sch.-P. 225°. — Aus 2-Jodanthrachinon [2093] ebenso **Toluolsulfo-2-aminoanthrachinon,** das aus Essigsäureanhydrid in gelben Nadeln krystallisiert und mit Schwefelsäure erwärmt 2-Aminoanthrachinon gibt. — Ebenso geben 1, 5-Dichloranthrachinon und Benzolsulfamid bzw. 1-Chloranthrachinon und Anthrachinon-2-sulfamid: **1, 5-Dibenzolsulfodiaminoanthrachinon** bzw. **1, 2'-Anthrachinonylsulfaminoanthrachinon.** — Nach

3476 **Zus. DRP. 227 324** verwendet man substituierte Arylsulfamide vom Typus: Alkyl-(Aryl-) —NH·SO$_2$—Aryl. Man erhält (mit denselben Mengen) aus 1-Chloranthrachinon und p-Toluolsulfomethylamid oder p-Toluolsulfoanilid das **1-p-Toluolsulfomethylaminoanthrachinon**

$$C_6H_4(CO)_2C_6H_3—N(CH_3)·SO_2—C_6H_4·CH_3$$

(aus Eisessig wenig gefärbte Nadeln vom Sch.-P. 192°; gibt mit Schwefelsäure **1-Methylaminoanthrachinon** [3113]) bzw. **1-p-Toluolsulfophenylaminoanthrachinon**

$$C_6H_4(CO)_2C_6H_3—N(C_6H_5)·SO_2—C_6H_4·CH_3$$

aus Eisessig gelbliche Krystalle vom Sch.-P. 193°.

9. X = —O—(O—CH$_2$·CH$_2$—O).

3477 **DRP. 158 531** — DRP. 108 836, DRP. 109 344

Anthrachinonaryläther $C_6H_4(CO)_2C_6H_3—O—C_6H_5 = C_{20}H_{12}O_3 = 300.$

Ersatz der Sulfo-, Nitrogruppen und Halogene gegen einwertige Phenolreste. Z. B.: 120 T. Phenol und 50 T. Ätzkali bei 150° entwässern, bei 135° 20 T. anthrachinon-1-monosulfosaures Kalium eintragen, einige Zeit auf 170° erwärmen, kalt mit Wasser auskochen und den Rückstand aus Essigsäureäthylester umkrystallisieren. Strahlig angeordnete Säulen des **Erythrooxyanthrachinonphenyläthers** A—1—O·C$_6$H$_5$ (A = Anthrachinon). — Ferner: **Anthrarufindiphenyläther** A<(1)·O·C$_6$H$_5$, (5)·O·C$_6$H$_5$ aus 1,5-anthrachinonsulfosaurem Kalium und Phenol; **2-Oxyanthrachinonphenyläther** A·(2)·O·C$_6$H$_5$ aus anthrachinon-2-sulfosaurem Kalium und Phenol; **Anthrarufindinaphthyläther** A<(1)·O·C$_{10}$H$_7$, (5)·O·C$_{10}$H$_7$ aus 1, 5-Dinitroanthrachinon und 2-Naphthol; **Anthrarufindi-o-** und **-p-kresyläther** A<(1)—O·C$_6$H$_4$·CH$_3$, (5)—O·C$_6$H$_4$·CH$_3$ aus 1, 5-Dinitroanthrachinon und o- und p-Kresol; **Chrysazindiphenyläther** A<(1)—O·C$_6$H$_5$, (8)—O·C$_6$H$_5$ aus 1, 8-Dinitroanthrachinon und Phenol.

Unter besonderen Arbeitsbedingungen gelingt der nur teilweise Ersatz der negativen Substituenten, so daß NO$_2$- oder SO$_3$H-Gruppen erhalten bleiben. Z. B.: 240 T. Phenol + 100 T. Ätzkali + 40 T. sog. α-nitroanthrachinonsulfosaures Kalium [Ber. 15, 1514] auf 150°—160° erhitzen, die dickflüssige Schmelze mit Kalilauge (20%) mischen, die unlöslich zurückbleibende **1-Phenoxy-6-anthrachinonsulfosäure** zur Reinigung mit Schwefelnatriumlösung behandeln und aussalzen. (Aminoanthrachinonsulfosäure bleibt in Lösung.) In Schwefelsäure gelborange, in Wasser gelblich löslich. — Ebenso **1-Phenoxy-5-anthrachinonsulfosäure** aus Phenol und 1-nitroanthrachinon-5-sulfosaurem Kalium [3263]. — **1-Methoxy-4-phenoxyanthrachinon** erhält man durch ½-stündiges Verschmelzen von 120 T. Phenol, 50 T. Ätzkali und 10 T. **p-Mononitroerythrooxyanthrachinonmethyläther** (den man durch Nitrieren von Erythrooxyanthrachinonmethyläther mit 1 Mol. Salpetersäure gewinnt) bei 110°—120°, Schmelze mit verdünnter Natronlauge behandeln, filtrieren und den Rückstand aus wenig Nitrobenzol umkrystallisieren. Aus Pyridin erhält man dann gelbe Krystalle, die in Schwefelsäure blauviolett löslich sind. — **1-Nitro-8-oxyanthrachinon-o-kresyläther** gewinnt man durch kurzes Erhitzen von 120 T. o-Kresol, 30—40 T.

Ätzkali und 10 T. 1, 8-Dinitroanthrachinon auf 100°; **1, 5-Dimethoxy-4, 8-diphenoxyanthrachinon** aus p-Dinitroanthrarufindimethyläther [vgl. Farbstoff **DRP.** 152 013] und Phenol.

Schließlich lassen sich auch die negativen Substituenten anderweitig substituierter Anthrachinonderivate ersetzen. Z. B.: 20 T. 1-Nitro-5-aminoanthrachinon [**3222, 3244**], 120 T. Phenol und 50 T. Ätzkali kurze Zeit auf 120°—140° erhitzen und wie oben aufarbeiten. Aus Solventnaphtha rötliche Nadeln des **1-Phenoxy-5-aminoanthrachinons** $A\langle^{(1)\cdot O\cdot C_6H_5}_{(5)\cdot NH_2}$ die in Oleum (80%) rein blau, in organischen Solventien gelb löslich sind. — Ebenso **1-Phenylamino-5-phenoxyanthrachinon** $A\langle^{(1)\cdot NH\cdot C_6H_5}_{(5)\cdot O\cdot C_6H_5}$ aus 1-Phenylamino-5-nitroanthrachinon [**3447**] und **1-Dimethylamino-5-phenoxyanthrachinon** $A\langle^{(1)\cdot N(CH_3)_2}_{(5)\cdot O\cdot C_6H_5}$ aus 1-Nitro-5-dimethylaminoanthrachinon [**3127, 3195, 3245, 3386**].

3478 **DRP. 164 129**

DRP. 158 531

Oxyanthrachinonaryläthersulfosäure

[Strukturformel: Anthrachinon (CO, CO) —O— Benzolring } SO_3H] $= C_{20}H_{12}O_6S = 380.$

Die Aryläther [**3477**] mit konz. Schwefelsäure behandeln. — Z. B.: 10 T. Erythrooxyanthrachinonphenyläther mit 100 T. Schwefelsäure (66°) auf 50°—60° erwärmen, bis eine Probe kaltwasserlöslich ist, in Wasser gießen, aufkochen, die **Erythrooxyanthrachinonphenyläthersulfosäure** mit Kaliumchlorid aussalzen und das K-Salz durch Umkrystallisation reinigen. — Ebenso alle anderen Aryläther [**3477**]. Die Sulfosäuren sind in Wasser meist gelb, in Schwefelsäure orangegelb bis rot und violett, in Oleum (80%) karmesinrot bis blau löslich.

---

11. X = —O·CO—.

3479 **DRP. 297 261**

Benzoyl-β-oxy- und α, β-di- und -polyoxyanthrachinone

[Strukturformel: Anthrachinon (CO, CO) —O·CO— Benzolring] $= C_{21}H_{12}O_4 = 328.$

Man benzoyliert β-Monooxy-(α-Oxyanthrachinone lassen sich nicht benzoylieren), Di- und Trioxyanthrachinone (Alizarin, Flavo- und Isopurpurin) mit der 10—15-fachen Benzoesäuremenge unter gewöhnlichem Druck unter evtl. Zusatz von etwas Schwefelsäure zur Reaktionsbeschleunigung.

So erhält man z.B. aus dem betreffenden Oxyanthrachinon durch etwa 2-stündiges Kochen mit überschüssiger Benzoesäure **Benzoyl-2-oxyanthrachinon** (Sch.-P. 202°—204°), **Benzoyl-1, 2-dioxyanthrachinon** (Sch.-P. 214°—216°), **Dibenzoyl-2, 6-dioxyanthrachinon** (Sch.-P. 270° bis 274°) und **Dibenzoyl-1, 2, 6-trioxyanthrachinon** (Sch.-P. 268°—272°) Die einheitlichen Produkte werden durch Lösen in kalter konz. Schwefelsäure oder beim Erwärmen ihrer alkoholischen Lösungen verseift.

---

12. X = —S—(—SO₂—).

3480 **DRP. 116 951** — DRP. 77 720

Anthrachinonthio- und -dithioäther

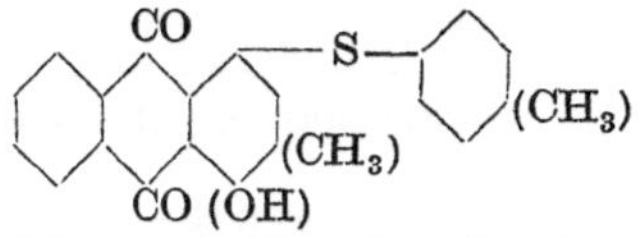

$(CH_3) = C_{20}H_{12}O_2S = 316.$

Mono- und Dinitroanthrachinon mit Thiophenolen in alkalischer Lösung behandeln. — Z. B.: 3 T. feingepulvertes 1, 5-Dinitroanthrachinon mit der Lösung von 2,5 T. Thiophenol und 2 T. Ätzalkali gelinde $^1/_2$—1 St. sieden, bis die grüne Flüssigkeit braunrot ist. Kalt den **Thioanthrarufindiphenyläther** absaugen. Aus Xylol orangerote, in Schwefelsäure (66°) blaugrün lösliche Tafeln vom Sch.-P. 247°. — Ebenso die orangeroten Phenyl- und Tolyl-(mit o- und p-Tolylmercaptan)äther aus α-Mononitroanthrachinon, ferner den **1, 8-Dithioäthoxyphenylanthrachinonäther** vom Sch.-P. 251° aus 1, 8-Dinitroanthrachinon und Äthoxythiophenol.

3481 **DRP. 251 115**

Stark gefärbte Pigmentfarbstoffe, erhalten z. B. durch Kochen von 54 T. 1-Oxy-2-methyl-4-chloranthrachinon, 25 T. Thio-p-kresol, 13 T. Ätzkali und 1500 T. Sprit im Wasserbade, kalt absaugen und mit Sprit und Wasser waschen. — Ebenso reagieren mit Thiokresol: 1-Amino-4-oyx-2-bromanthrachinon, 1-Amino-2-methyl-4-chloranthrachinon, 1-Methylamino-4-bromanthrachinon, 1, 4-Diamino-2, 3-chloranthrachinon usw.

3482 Anm. B. 55 241, Kl. 12 q, 11. 8. 09, Elberfeld

Die Produkte der allgemeinen Formel

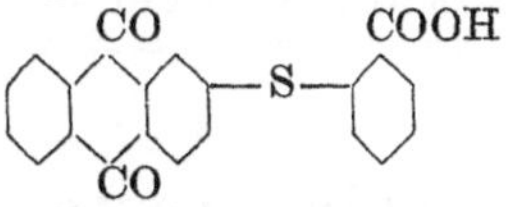

erhält man z. B. aus 2-Chloranthrachinon (auch halogenisierte Benzanthrone, Anthrapyridone usw. sind anwendbar) und Thiosalicylsäure oder deren Abkömmlingen.

3483 Anm. F. 34 652, Kl. 12 o, 9. 10. 12, Höchst

Anthrachinonsulfone

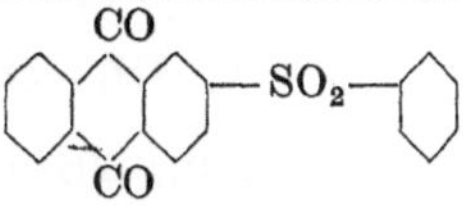

$= C_{20}H_{12}O_4S = 348.$

Anthrachinonhalogenderivate und Sulfinsäuren bei Gegenwart eines säurebindenden Mittels in einem indifferenten Lösungsmittel erhitzen.

III. Anthrachinon- und Naphthalin-(Benzidin-, Piperidin-)reste in offener Kette verbunden.

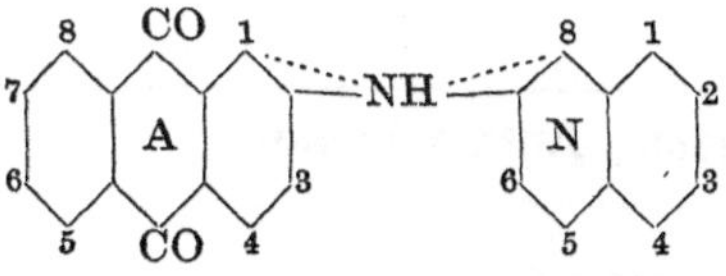

bzw. 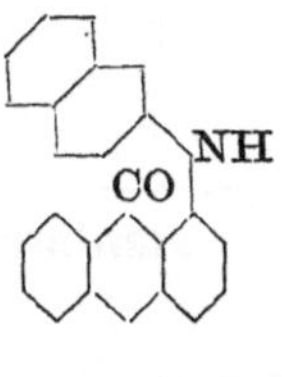 (siehe auch Anthraacridine)

Bindung —NH— . . . 3484—3487

Unsubstituiert	3115, 3484, 3485	N 1 NH_2—A 4 CH_3	3486
4 Cl(Br)	3487	Ferner: Anthrarufindinaphthyläther	3477
NO_2	3445	Anilido-(Toluido-)piperidoanthrachinon	3449
N 8 NH_2	3486	Brombenzidinoanthrachinon	3456
A NH·$C_{10}H_7$—NO_2	3447		

3484 **DRP. 265 725**

1 (2)-Anthrachinonylnaphthylamin

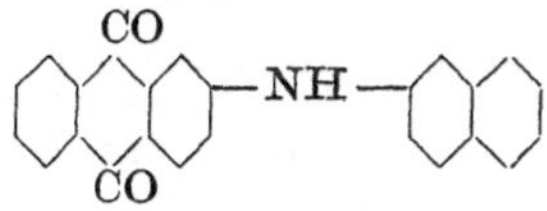

$= C_{24}H_{15}NO_2 = 349.$

Aus 45 T. 1 (2)-Aminoanthrachinon, 180 T. 2-Naphthol und 50 T. Chlorzink bei 200—220°. — Produkt (aus Pyridin) in H_2SO_4 eosinrot, beim Stehenlassen oder Erwärmen rein blau löslich. — Nach

3485 **Zus. DRP. 272 614** — statt der Amino- auch Arylaminoanthrachinone verwendbar. Auch gemischte Körper aus 1-Naphthol und β-1-Naphthylaminoanthrachinon wurden erhalten. (Siehe Anthraacridine.)

3486 **DRP. 268 454** — **1-Anthrachinonylamino-8-aminonaphthalin**

CO —NH— NH_2 ; CO CH_3 $= C_{24}H_{16}N_2O_2 = 364.$

50 T. 1, 8-Diaminonaphthalin und 50 T. 1-Chloranthrachinon in Amylalkohol bei Gegenwart von Kupfersalzen (5 T. Kupferacetat) und 25 T. entwässertem Acetat mehrere Stunden kochend kondensieren. Braunes Pulver, aus Nitrobenzol umkrystallisieren, Sch.-P. 215°, in Schwefelsäure blau löslich. — Ebenso erhält man **1, 4-Methylanthrachinonylamino-8-aminonaphthalin** aus 4-Chlor-1-methylanthrachinon [Ber. **41**, 3635] und 1, 8-Diaminonaphthalin vom Sch.-P. 280°. Die Produkte sind in Schwefelsäure blau, in Nitrobenzol usw. grün löslich. — Ferner nach

3487 **DRP. 269 749** Zusatz zu DRP. 265 725 — **4-Chlor-1-anthrachinonylnaphthylamin** aus 250 T. 1-Amino-4-chloranthrachinon, 1000 T. 2-Naphthol und 300 T. Chlorzink schon bei 180°—190° (Öl). Schmelze mit Alkohol oder Aceton auskochen, Rückstand dunkelviolettes Krystallpulver, mit schwach saurem Wasser gewaschen, trocknen. Cl-Atom sehr beweglich.

IV. Anthrachinonreste direkt, in offener Kette und durch Ringe verbunden.

1. Direkt verbunden.

a) Dianthranol, Dianthron.

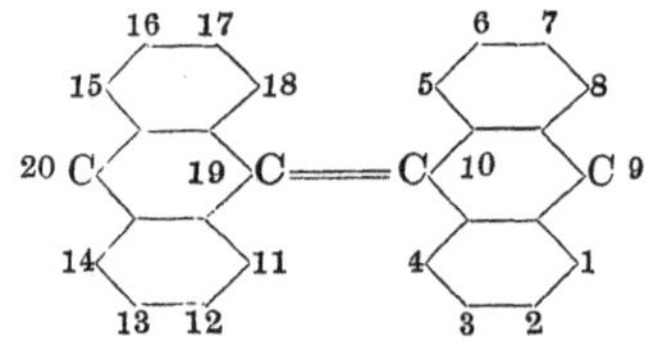

9 O—20 O . . . . 3040, 3488—3490
9 OH—20 OH 3488
9 O·CH_3—20 OH(OR) 3488
9 O·$COCH_3$—20 OH(O·$COCH_3$) 3488
9 H_2—20 H_2—10 OH—19 OH 3488

3488 **DRP. 223 209** — **Dianthron, Dianthranol, Anthrapinakon**

[1] J. pr. **23**, 146
[2] Ber. **18**, 3034
[3] Ber. **20**, 1854
[4] Ber. **20**, 2470
[5] Ber. **34**, 223
[6] Ber. **42**, 143
M. f. Ch. **30**, 165

Mesonaphthobianthron: M. f. Ch. 1918, 839.

CO C=C CO (I) OH·C C=C C·OH (II)

CH_2 C—C CH_2 OH HO

Anthrachinon mit Zinkstaub und Ätzalkali gekocht gibt eine rote, oxydable Lösung von **Oxyanthranol** (unter Druck[6]) Dianthranol (II); mit Zinkstaub und Ammoniak **Hydroanthranol**[1] neben **Anthrapinakon**[2]; mit Zinn und Salzsäure in Eisessiglösung **Anthranol**[3] neben **Bianthranyl**[3]; mit gelbem Schwefelammon: Anthranol[4] und Anthracen[5]. — 100 T. Anthrachinon mit einer Lösung von 50 T. Ätznatron in 510 T. Wasser und 50 T. Zinkstaub im Autoklaven 6 St. auf 160° erhitzen und die tiefgelbe Lösung mit Salzsäure fällen. Aus Aceton oder Holzgeist Krystalle vom Sch.-P. 230°.

In Schwefelsäure gelb, + Salpetersäure rot löslich. Mit Dimethylsulfat geschüttelt entsteht **Dianthranolmethyläther** vom Sch.-P. 245°, mit Essigsäureanhydrid und Acetat gekocht **Acetyldianthranol,** gelbe Nadeln vom Sch.-P. 273°, mit Jodwasserstoff und Phosphor gekocht resultiert **Anthracendihydrür.** Dianthranol entsteht auch aus Dianthron mit alkoholischem Kali[5]. Über **Anthrapinakon** siehe [2].

3489 **DRP. 237 751** — Ber. 34, 222

Anthranol in Eisessiglösung mit Eisenchlorid oxydieren; Krystalle des **Dianthrons** vom Sch.-P. 245°.

Anthrachinon unter Druck bei 160° mit Zinkstaub und Natronlauge reduzieren und die alkalische Lösung mit Natriumhypochlorit oxydieren. Citronengelbe Krystalle des **Bianthrons** (I) filtrieren. — Ein Produkt derselben Zusammensetzung erhält man nach

3490 **DRP. 223 210**

Dianthranollösung [3488] mit überschüssigem Permanganat versetzen und das ausgefallene Produkt mit Bisulfit vom Braunstein trennen. Krystallisiert in citronengelben Krystallen vom Sch.-P. über 300°. Seine heiße Lösung in organischen Lösungsmitteln ist grün. Die Krystalle werden zerdrückt grün, dann wieder gelb. Energisch reduziert (J + P) entsteht Anthracendihydrür, energisch oxydiert (Chromsäure und Eisessig): Anthrachinon.

b) Dianthrachinonyl.

Unsubstituiert	3491, 3493	4 Cl—14 Cl—7 $CHCl_2$—17 $CHCl_2$	3496
12 COOH	3214	3 Cl—13Cl—7 CHO—17 CHO	3497
6 CH_3—16 CH_3	3492	4 Cl—14 Cl—7 CHO—17 CHO	3496
8 CH_3—18 CH_3	3498	CH_3—CH_3—CH_3—CH_3	3600
7 CHO—17 CHO	3496	1 OH—2 OH—11 OH—12 OH	3499
8 $NO_2(NH_2)$—18 $NO_2(NH_2)$	3498	6 Br—16 Br—[7 NHH—17 NHH—CHO —C_6H_5] Anhydr.	3500
3 Cl—13 Cl—7 CH_3—17 CH_3	3495		

3491 **DRP. 180 157**
A. P. 828 778
E. P. 14 578/05
F. P. 357 239
Ann. 332, 38

Dianthrachinonylderivate

$= C_{30}H_{18}O_4 = 442.$

10 T. 1-Jod-2-methylanthrachinon mit 8 T. Kupferpulver verrieben in 210° heißem Metallbad erhitzen, bis die Reaktion (Entwicklung gelblicher Dämpfe) beginnt. Spontane Temperatursteigerung auf 290°, 15 Min. auf 270° halten, kalt pulvern, evtl. noch 10 Min. auf 270° erhitzen, mit 50°—60° warmer verdünnter Salpetersäure aufnehmen, nach 1—2 St. absaugen und mit warmem Wasser waschen. Aus Xylol gelbbraune Prismen, die in Nitrobenzol, Anilin und Schwefelsäure gelb löslich sind. — Ebenso bei Anwendung von 2-Halogenanthrachinonen. — Oder nach

3492 **Zus. DRP. 184 495** — Ber. 28, 2049

20 T. 1-Amino-2-methylanthrachinon in 250 T. Schwefelsäure (66°) lösen, bei gewöhnlicher Temperatur allmählich 8 T. festes Natriumnitrit zusetzen, wenn die Aminoverbindung verschwunden ist auf Eis gießen, das Diazosulfat nach 3 St. filtrieren und mit sehr wenig kaltem Wasser, dann mit Sprit und Äther waschen. 10 T. des Produktes in 60 T. Essigsäureanhydrid mit 2 T. Kupferpulver einrühren: Schwache Selbsterwärmung, Stickstoffentwicklung, Violettfärbung, Bildung eines gelblichweißen Niederschlages. Einige Zeit im Wasserbade erwärmen, das Acetanhydrid mit warmem Wasser zersetzen, das Kupfer mit etwas verdünnter Salpetersäure entfernen, das **Dimethyl-8, 18-dianthrachinonyl** absaugen und mit warmem Wasser waschen. — Nach

3493 **Zus. DRP. 215 006** — DRP. 131 538

löst man die Diazoverbindung in viel Eiswasser und kocht mit einer Lösung von 450 T. Kupferchlorür in 1800 T. Salzsäure (1,16), saugt den Niederschlag ab, kocht ihn mit Eisessig aus und erhält so **8, 18-Dianthrachinonyl.** — Ebenso die 7, 17-Verbindung durch Kochen der Diazolösung mit 50 T. Kupferpulver und 128 T. Kupferchlorid in 1000 T. Wasser. — Ebenso verarbeitet man Diazo-1-amino-2-methylanthrachinon.

3494 **DRP. 175 067**

1 T. **2, 4, 12, 14-Tetramethyl-8, 18-dianthrachinonyl** (aus 1, 3-Dimethylanthrachinon durch Nitrieren, Reduzieren, Ersatz der Aminogruppe gegen Halogen und Kondensation mittels Kupferpulvers) mit 30 T. einer bei 135° siedenden Lösung von Ätzkali in Alkohol 3 St. unter Rückfluß sieden. In 300 T. Wasser gießen, siedend Luft einleiten, bis die Lösung farblos und die gelbroten Flocken des Reaktionsproduktes ausgeschieden sind, filtrieren, mit warmem Wasser waschen.

3495 **DRP. 211 927**
DRP. 212 019

3, 13-Dichlor-7, 17-dimethyldianthrachinonyle: Erhaltbar aus den 2-Halogenmethylanthrachinonen (aus Chlorphthalsäureanhydrid und Toluol) durch Nitrieren, Reduzieren des erhaltenen 1-Nitro-2-methyl-7- (bzw. 6-)chloranthrachinons mit verdünnter Schwefelnatriumlösung, Diazotieren der Aminoverbindung und Behandlung der Diazoverbindung mit Kupferpulver. Andere **Dimethylanthrachinonylderivate** erhält man durch Erhitzen mit Wasser mit oder ohne Zusatz von Ammoniak oder Salzen.

3496 **DRP. 240 834**
Zusatz zu
DRP. 174 984

Dianthrachinonylaldehyde

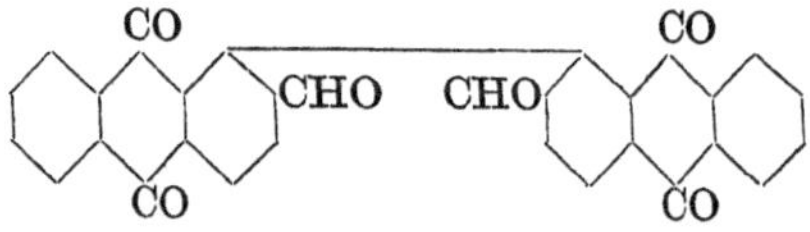

$= C_{32}H_{18}O_6 = 498.$

10 T. ω-Tetrachlor-(brom-)7, 17-dimethyl-8, 18-dianthrachinonyl [3094] mit 100 T. Schwefelsäure (66°) und 10 T. Borsäure (entwässert) einige Stunden auf 120°—130° erhitzen, kalt in Wasser gießen, filtrieren und neutral waschen. Aus Dichlorbenzol umkrystallisiert erhält man den **8, 18-Dianthrachinonyl-7, 17-dialdehyd** rein. Identisch mit dem durch Kondensieren von 2 Mol. 1-Chloranthrachinon-2-aldehyd mittels Kupfer erhaltenen Produkt. — Ebenso aus **4, 14-Dichlor-ω-tetrachlor-7, 17-dimethyl-8, 18-dianthrachinonyl** (erhalten durch Halogenisieren von 4, 14-Dichlor-7,17-dimethyl-8,18-dianthrachinonyl) mit Oleum (12%) ohne Borsäure in 10—12 St. bei 40°—45°: **4, 14-Dichlor-7, 17-dianthrachinonyl-8, 18-dialdehyd,** aus Eisessig goldgelbe Blätter. — Andere ähnliche Produkte sind zum Teil schon Farbstoffe.

3497 **DRP. 241 472**
A. P. 1 004 433
E. P. 24 486/10
F. P. 357 239 Zus.

10 T. 1-Chloranthrachinon-2-aldehyd [3096, 3170], 30 T. Nitrobenzol, 3 T. Kupferpulver und 2 T. Pottasche sieden, mittels Dampf das Nitrobenzol, mit Salpetersäure das Kupfer entfernen und das Produkt aus o-Dichlorbenzol umkrystallisieren. In konz. Schwefelsäure rotgelb, sonst schwer löslich. — Ebenso aus *6, 1- oder 7, 1-Dichloranthrachinon*-2-aldehyd (nach [3094] und [3096, 3170] aus [3167] erhalten): ***3, 13-Dichlor-8, 18-dianthrachinonyl-7, 17-dialdehyd.***

3498 **DRP. 267 833**

Ähnlich:
Anm. U. 4469,
Kl. 12 o
30. 6. 1911

8, 18-Diaminoanthrachinonyl

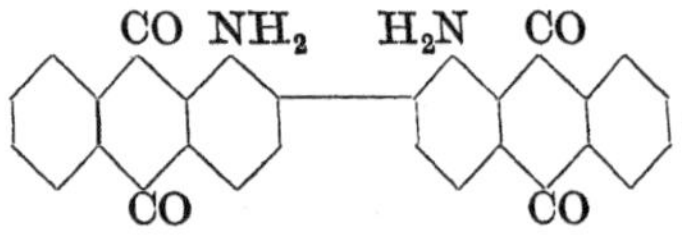

$= C_{28}H_{16}N_2O_4 = 444.$

1-Nitro-2-halogenanthrachinon mit metallischem Kupfer erhitzen und die Dinitroverbindung reduzieren. Rotes Pulver, das in Schwefelsäure gelbbraun, + Formaldehyd grünblau löslich ist. — Nach der Anm. erhalten: **Dimethyl-8, 18-dianthrachinonyl.**

3499 **DRP. 274 784**

DRP. 274 783

Tetraoxydianthrachinonyl

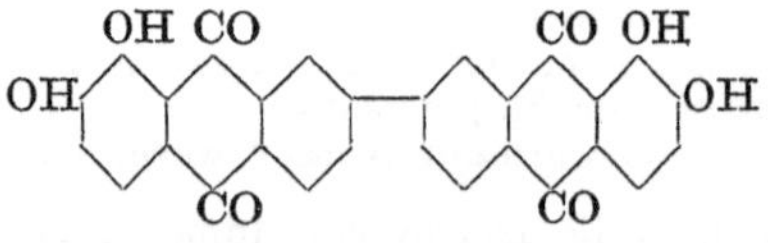

$= C_{28}H_{14}O_8 = 480.$

30 T. technisch reines Alizarin in 435 T. Wasser und 15 T. Ätzkali innerhalb $1^1/_2$—2 St. mit 600 T. alkalisch reagierender Kaliumhypochloritlösung (dargestellt aus 10%iger Kalilauge) versetzen oder in die alkalische Alizarinlösung Chlor einleiten, 1 St. weiterrühren absaugen, Rückstand wenig waschen, mit überschüssiger verdünnter Schwefelsäure verrieben absaugen, gelbroten Rückstand mehrere Male mit Wasser gewaschen durch kochenden Eisessig vom Alizarin befreien.

3500 **DRP. 248 990**
E. P. 2949/12
F. P. 441 245

Benzylidendibromdiaminodianthrachinonyl

$= C_{35}H_{18}N_2O_4Br_2 = 690.$

10 T. Benzylidenverbindung aus 1, 3-Dibrom-2-aminoanthrachinon und Benzaldehyd (gelbe Krystalle vom Sch.-P. 188°) mit 5 T. Kupferpulver auf 200° erhitzen: Temperatur steigt auf 240°. Wenn die Schmelze fest ist, kalt pulvern, mit Toluol verreiben und den Rückstand mit Wasser auskochen. Es hinterbleibt **7, 17-Diamino-6, 16-dibrom-8, 18-dianthrachinonyl**; gelbe Krystallmasse, Sch.-P. 290°.

2. Durch —X— verbunden.

a) X = —NH—.

α) Dianthrimide.

Unsubstituiert	3501—3506	2 OH	3513
Hal.—NH_2—NH·R substituiert	3501	8 Cl—18 Cl	3506
17 Br	3507	2 OCH_3	3538
18 CN	3508	$NO_2(NH_2)—NO_2(NH_2)$	3511, 3512
16 COOH	3509, 3510	8 Br—6 Br—18 Br—16 Br	3506

3501 **DRP. 162 824**
—
W. Monatsh. **1914**, 1129

Dianthrachinonimide $= C_{28}H_{15}NO_4 = 429.$

Halogenanthrachinon mit Aminoanthrachinon in einem Verdünnungsmittel bei Gegenwart von Metallsalzen erwärmen. — Z. B.: 4,8 T. 1-Chloranthrachinon + 4,4 T. 1-Aminoanthrachinon + 2 T. entwässertes Acetat, + 0,4 T. Kupferchlorid + 100 T. Nitrobenzol kochen, bis eine Probe bei 100° zum Krystallbrei erstarrt, 100° heiß absaugen, mit Sprit und Wasser waschen und aus Anilin umkrystallisieren. Rote Krystalle, in organischen Lösungsmitteln sehr schwer, in Schwefelsäure grasgrün (bei 200° Umschlag nach rot), + Borsäure tiefblau löslich. — Ebenso die Imide aus 1- und 2-Mono-, 1, 8- und 1, 5-Diamino- und 1, 4-Aminooxyanthrachinon mit 1-Monochlor-, 1, 5-Dichlor-, 1, 8-Dibrom-, 1, 4-Nitrochlor-, 1, 4-Chloroxy- und 1-Brom-4-methylaminoanthrachinon. — Nach

3502 **Zus. DRP. 174 699**
A. P. 814 137

erhält man bessere Ausbeuten, wenn man 2,4 T. 2-Chloranthrachinon mit 2,7 T. 1-Aminoanthrachinon in 100 T. Naphthalin mit Zusatz von 2,5 T. entwässertem Acetat und 0,5 T. Kupferchlorid 15 St. kocht.

3503 **DRP. 201 327**
Vgl.
DRP. 213 501

32 T. 1-Nitroanthrachinon und 28 T. 2-Aminoanthrachinon in 900 T. Nitrobenzol heiß lösen, mit 10 T. Kaliumcarbonat einige Stunden sieden und heiß filtrieren. Bei 70°—80° beginnt die Abscheidung des **7, 18-Dianthrachinonimides;** bei dieser Temperatur filtrieren und mit etwas Sprit waschen. Eigenschaften wie [3502]. — Nach

3504 **DRP. 216 083**

erhält man ebenso die 2, 2-Verbindung aus 31 T. Anthrachinon-2-sulfosäure (als Na-Salz), 45 T. 2-Aminoanthrachinon und 10 T. Pottasche durch kurzes Zusammenschmelzen ohne Lösungsmittel, wobei die Sulfogruppe abgespalten wird. Aus Nitrobenzol rotbraune Blätter vom Sch.-P. über 300°. In Schwefelsäure grünblau, + Formaldehyd olivefarbig löslich, während die schwefelsauren Lösungen der 1, 1- und 1, 2-Verbindung mit Formaldehyd von Grün nach Blau umschlagen.

3505 **DRP. 257 811**

Dasselbe Dianthrimid erhält man durch Erhitzen von 22,3 T. 2 Aminoanthrachinon mit 24,2 T. 2-Chloranthrachinon und 7 T. K-carbonat auf 300°.

3506 **DRP. 308 666**

—

DRP. 253 238
Ber. 27, 899; 28, 171

β-Anthrimide.

Küpenfarbstoffe, erhaltbar z. B. aus 10 T. des getrockneten, mit alkoholischem Ammoniak erhaltenen Kondensationsproduktes aus **Anthrachinondiazoniumsulfat** durch Kochen mit 100 T. Nitrobenzol unter Rückfluß, bis die Umsetzung beendet ist. Das **Dianthrimid** (Monatsh. **1914**, 1133) scheidet sich beim Erkalten sehr rein aus. Zusatz von Kupferpulver oder Benzoylchlorid beschleunigt die Reaktion. Das Ausgangsmaterial erhält man als dunkelbraunroten, getrocknet gelbbraunen Körper, der in Schwefelsäure rot, später oliv, dann grün löslich ist durch Eintragen der Diazoniumsulfat-Spritpaste in stark gekühltes, konzentriertes, alkoholisches Ammoniak. — Ebenso **Tetrabrom-β-dianthrimid** und **Dichlordianthrimid** aus den Umsetzungsprodukten des 1, 3-Dibromanthrachinon-β-diazoniumsulfates bzw. der 1-Chlor-2-aminoanthrachinon-Diazoverbindung.

3507 **DRP. 267 522**

2-Bromdianthrimid

CO, CO, —NH—, Br, CO, CO $= C_{28}H_{14}NO_4Br = 508.$

2-Brom-1-aminoanthrachinon und 1-Chloranthrachinon mittels Kalium- und Kupferacetat in siedender amylalkoholischer Lösung kondensieren. Aus Chlorbenzol gelbbraune Krystalle vom Sch.-P. 298°—300°, die in Schwefelsäure gelbgrün, + Formaldehyd oder + Borsäure blau löslich sind.

3508 **DRP. 269 800**

—

DRP. 162 824
Ber. 50, 164; 403

Dianthrachinonylaminnitril

CO CN, —NH—, CO, CO, CO $= C_{29}H_{14}N_2O_4 = 454.$

9,4 T. 1-Cyan-2-bromanthrachinon, 6,7 T. *1 (2)-Aminoanthrachinon, 150 T.* Nitrobenzol und 3 T. Na-Acetat *15—30 Min. unter Rückfluß kochen, filtrieren, mit* Äther, Sprit, Wasser, Sprit, Äther waschen, trocknen. *Bräunlich orangefarbige Nadeln in* Schwefelsäure blau (das 2-Derivat grün) löslich.

3509 **DRP. 268 219**

Dianthrachinonylamincarbonsäuren

CO, —NH—, COOH, CO, CO, CO $= C_{29}H_{15}NO_6 = 473.$

25,6 T. 1-Chlor-(oder 21,9 T. 1-Amino-)anthrachinon-2-carbonsäure [3213], [3215], ebenso 2-Chloranthrachinon- oder 2-Aminoanthrachinon-3-carbonsäure [F. P 427 189] geben mit 1-Amino- bzw. 1-Chloranthrachinon (20 T.), 10 T. Kalkhydrat oder Magnesiumcarbonat oder Calciumacetat und 0,5 T. Kupferpulver in 200 T. Naphthalin 5—6 St. gekocht die Kondensationsprodukte, die man aus der 130° warmen Schmelze mit Solvent naphtha abscheidet und nacheinander mit Naphtha, Sprit, Wasser und verdünnter Salzsäure wäscht. Es sind blaurote Pulver, die sich in Schwefelsäure gelb lösen und in dieser Lösung erwärmt unter Ringschluß in die färbenden Anthrachinonacridone übergehen. — Oder nach

3510 **DRP. 279 867**

Zusatz zu
DRP. 267 211
u. DRP. 256 344
u. DRP. 247 411

wie [3213]. — Man erhält so aus 1-Chloranthrachinon-2-carbonsäure und 2-Aminoanthrachinon unter Ausschluß von Kupfer oder Kupferverbindungen die **18,7-Dianthrachinonylamin-17-carbonsäure** in roten Flocken und ebenso aus 2 Mol. 1-Chloranthrachinon-2-carbonsäure und 1 Mol. 2, 6-Diaminoanthrachinon die **Dianthrachinonyl-2, 6-diaminoanthrachinondicarbonsäure** als braunrotes Pulver.

3511 **DRP. 186 465**

Dinitroanthrachinonylamin

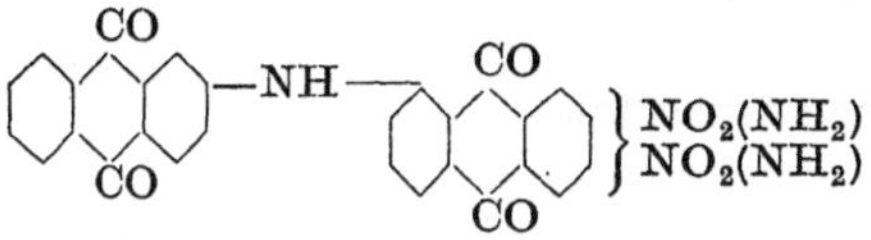

$$\left.\begin{matrix}NO_2(NH_2)\\NO_2(NH_2)\end{matrix}\right\} = C_{28}H_{13}N_3O_8 = 519.$$

Dianthrachinonylamin (Kondensationsprodukt von 1-Aminoanthrachinon mit 2-Chloranthrachinon) in der 10—20-fachen Menge Nitrobenzol suspendieren, mit 1 T. Salpetersäure (48°) 1 St. bei 60°—80° rühren und die ziegelroten Krystallblätter filtrieren. Schmilzt über 300° nicht, verpufft bei 315°. — Oder:

3512 **DRP. 254 186**

M. f. Ch. 35, 1129
DRP. 108 873
DRP. 213 501

100 T. 1, 1′-Dianthrimid und 65 T. Borsäure in 1000 T. Schwefelsäure lösen, bei 5°—10° mit 122 T. Nitriersäure (27%) nitrieren und 3 Tage bei Zimmertemperatur rühren. Aus der nun rotvioletten Lösung scheiden sich 80% des Dinitrokörpers aus. In Wasser gießen, aufkochen und filtrieren. Aus Nitrobenzol orangerote Nadeln, die in Schwefelsäure fast unlöslich sind. Sch.-P. über 300°. Mit Schwefelnatrium reduziert erhält man **Diamino-8, 10-dianthrimid**, das in Nitrobenzol und in Schwefelsäure blau löslich ist. Ohne Borsäure erhält man ein ganz anderes Produkt unbekannter Konstitution; auch die Eigenschaften seines Diaminoderivates sind von jenem ersten verschieden.

3513 **DRP. 249 938**

Oxyanthrimide

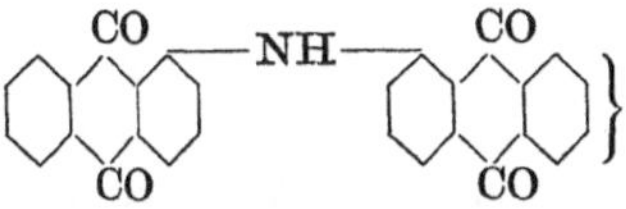

$$\}OH = C_{28}H_{15}NO_5 = 445.$$

100 T. 1, 1′-Dianthrimid [3503], 20 T. Nitrit, 75 T. Borsäure nacheinander (Nitrit, Borsäure, Dianthrimid) in 1750 T. Schwefelsäure (66°) lösen, 1 St. auf 170° erhitzen, kalt in Wasser gießen und das **Oxy-8, 18-dianthrimid** filtrieren. Aus Nitrobenzol violette Nadeln vom Sch.-P. über 300°, in Schwefelsäure grün, mit Formaldehyd blau löslich, küpt braunrot. — Ebenso aus 1, 5-Trianthrimid das **Oxy-1, 5-trianthrimid:** [3514]

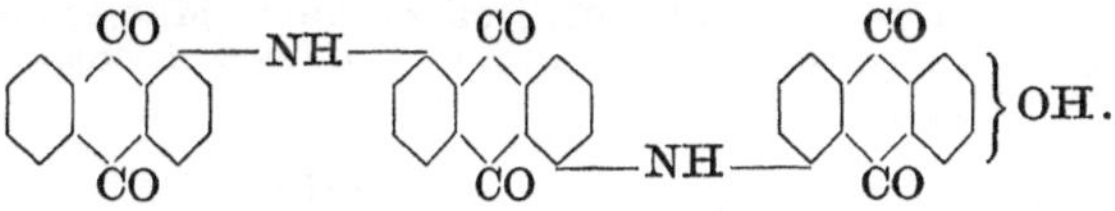

$$\}OH.$$

β) Tri-, Tetra-, Pentaanthrimide.

3514 **DRP. 257 811**

Das Trianthrimid aus 24 T. 2, 6-Diaminoanthrachinon und 48 T. (2 Mol.) 2-Chloranthrachinon mit 14 T. Kaliumcarbonat ist Küpenfarbstoff.

3515 **DRP. 262 788**

Dianthrachinonyldiaminodianthrimid (Tetra- und Pentaanthrimid)

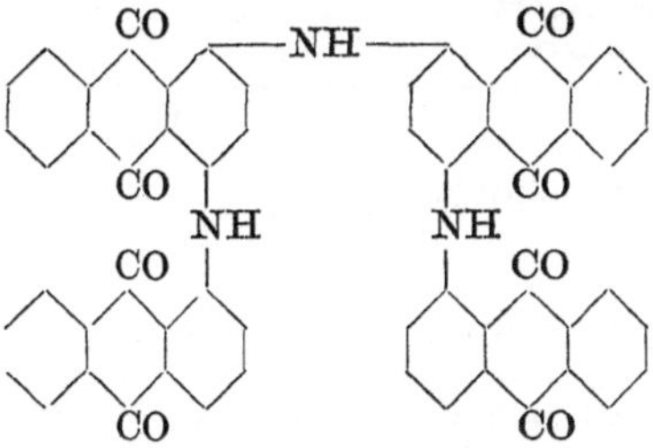

$$= C_{56}H_{29}N_3O_8 = 871.$$

4, 4′-Diamino-1, 1′-dianthrimid mit 2 Mol. 1-Chloranthrachinon kondensieren. Schwarzviolettes, in Schwefelsäure grün, + Borsäure blau, in Nitrobenzol unlösliches Produkt. Küpt mit Hydrosulfit braun, ist jedoch kein Farbstoff. — Aus 1, 4, 5, 8-Tetrachloranthrachinon und 1-Aminoanthrachinon erhält man ebenso **Pentanthrimid (Tetra-α-anthrachinonyl-1, 4, 5, 8-tetraaminoanthrachinon)**, ein schwarzes Pulver, das in Schwefelsäure grünlichblau, + Formaldehyd grün löslich ist.

b) X = —N=N—.

3516 **DRP. 247 352** E. P. 20 109/10 F. P. 431 049 — DRP. 139 633 DRP. 141 355 DRP. 186 636 DRP. 161 923

Azoanthrachinon $C_{28}H_{14}N_2O_4 = 442$.

10 T. 2-Aminoanthrachinon als Paste (10%) mit einer filtrierten Lösung von 60 T. Chlorkalk in 300 T. Wasser bei 90°—95° verrühren, (Schäumen!), wenn die Lösung strohgelb ist, mit 300 T. heißem Wasser verdünnen, das Produkt filtrieren und reichlich mit heißem Wasser waschen. — Ebenso bei 1-Aminoanthrachinon. Das Produkt ist ein wechselndes Gemenge von **1-(2-)Azoanthrachinon** mit Anthrachinonazhydrin (Ber. **36**, 3431). In Schwefelsäure, ebenso wie in Anilin, Chinolin usw. orangegelb löslich; die Farbe wird jedoch bald blau. Alkalisch reduziert oder mit Salzsäure entstehen Farbstoffe.

c) X = —NH·CO(S)·NH—.

3517 **DRP. 232 739** **DRP. 232 791** **DRP. 232 792**

Dianthrachinonylharnstoff

$C_{29}H_{16}N_2O_5 = 472$.

Aus 2-Aminoanthrachinon und Phosgen bzw. Thiophosgen, wenn man den Thioharnstoff herstellen will. Die Produkte sind Küpenfarbstoffe.

3518 **DRP. 281 010** Den aus 3-Aminobenzoyl-o-benzoesäure und Phosgen erhaltbaren Harnstoff mit 6 T. Monohydrat $1^1/_2$ St. auf 80°—90° erhitzen, mit Eis fällen, Niederschlag mit Sodalösung reinigen, trockenes Produkt mit Nitrobenzol auskochen. — Nach

3519 **Zus. DRP. 282 920** E. P. 12 237/14 F. P. 470 562

erhält man ebenso die entsprechenden Thioharnstoffe, die sich im Gegensatz zu den Harnstoffen schwer verseifen, so daß man sie rein und in guter Ausbeute isolieren kann. Man erhitzt z. B. den aus 3-Aminobenzoyl-o-benzoesäure mit Schwefelkohlenstoff in Pyridin erhaltenen Thioharnstoff

(Formel: CO, COOH, NH·CS·NH, CH_3, CH_3, CO, COOH)

mit schwachem Oleum oder Schwefelsäure auf 110°, gießt nach wenigen Minuten auf Eis, filtriert und wäscht neutral. Küpenfarbstoff, ebenso die Produkte der **DRP. 234 922** und **271 745** und zahlreicher vorhergehender Patente ab **DRP. 167 410.**

d) X = —NH·SO_2—.

e) X = —O—; (O—CH_2·CH_2—O).

3520 **DRP. 216 268** — DRP. 158 531 Ann. **350**, 83 Ber. **38**, 2211 DRP. 180 157

Dianthrachinonoxyd $C_{28}H_{14}O_5 = 430$.

10 T. 1-Chloranthrachinon + 10 T. 2-Oxyanthrachinon in 100 Vol.-T. Nitrobenzol + 10 T. entwässertes Acetat + 2 T. Kupferpulver 8 St. unter Rückfluß kochen und heiß filtrieren. Kalt krystallisiert die Substanz aus. Leicht nur in Eisessig oder Nitrobenzol (braun) und in Schwefelsäure (goldgelb) löslich. — Oder:

3521 **DRP. 283 482** E. P. 24 347/14

253 T. 1-Nitroanthrachinon, 138 T. Kaliumcarbonat und 1700 T. Nitrobenzol auf 180°—200° erhitzen, das 1, 1'-Dianthrachinonoxyd von geringen Mengen 1-Oxyanthrachinon durch Krystallisation aus 1, 2-Dichlorbenzol trennen. Farblose Nadeln, Sch.-P. über 330°. — Ebenso **4, 8-Dioxy-14, 18-dianthrachinonoxyd** aus Dinitroanthrachinon.

f) X=—S— und —S·S—.

3522 **DRP. 255 591**

Anthrachinonsulfid (Strukturformel) $= C_{28}H_{14}O_4S = 446.$

1 T. 2-Chloranthrachinon, 1 T. Kaliumxanthogenat und 10 T. Amylalkohol 6 St. sieden, das gebildete Sulfid filtrieren und aus Xylol umkrystallisieren. Orangegelbe Krystalle vom Sch.-P. 275°—276°; in Schwefelsäure violettrot löslich. Küpenfarbstoff.

3523 **DRP. 249 255** und **Zus.**
3524 **DRP. 259 560**

Dianthrachinonylsulfide erhält man ferner durch Kondensation der 1- (2-)Anthrachinonylmercaptane mit aliphatischen oder aromatischen Halogenkörpern. Man erhitzt z. B. 24 T. 2-Mercaptoanthrachinon mit 25,8 T. 1, 5-Chloraminoanthrachinon in 300 T. Sprit und 15 T. Natronlauge (40°) einige Stunden unter Druck auf 130°. Die Körper sind Küpenfarbstoffe.

3525 **DRP. 274 357**

Dianthrachinonylthioäther.

Farbstoffe, erhaltbar durch Kochen von 11 T. Anthrachinon-2-mercaptannatrium und 10 T. 1-Chloranthrachinon oder 15 T. 1-Benzoylamino-4-chloranthrachinon usw. (weitere Komponenten in einer Tabelle der Schrift) in 100 T. Naphthalin nach Zugabe von 0,2 T. Kupferchlorür oder 0,1 T. Kupferbronze. Aus der 100° heißen Schmelze werden die Produkte mit Pyridin abgeschieden. — Nach

3526 **DRP. 254 561** erhält man die Thioäther aus Anthrachinonmercaptanen durch Erhitzen evtl. mit H_2S-entziehenden Mitteln.

3527 **DRP. 247 412**

DRP. 204 772
DRP. 206 536
DRP. 208 640
DRP. 212 857

Dianthrachinonyldisulfid

(Strukturformel) $= C_{28}H_{14}O_4S_2 = 478.$

225 T. 4-Chlordiphenylketon-2′-carbonsäure [3082] als Na-Salz mit 450 T. Natriumsulfhydratlösung (= 134 T. NaSH) 4 St. im Rührautoklaven auf 170° erhitzen, kalt verdünnen, mit Salzsäure fällen, aus Soda umlösen, eindampfen und das Na-Salz der **4-Mercaptodiphenylketon-2′-carbonsäure** in alkalischer Lösung mittels durchgeleiteter Luft (mehrere Stunden) in die Disulfidcarbonsäure überführen. 10 T. dieses Disulfides mit 100 T. Schwefelsäure (66°) $1^1/_2$ St. auf 150° erhitzen, das **Anthrachinon-2, 2′-disulfid** filtrieren, mit schwach verdünnter Natronlauge auskochen und mit einer Lösung von 76 T. Bisulfitlösung (38°) und 70 T. Natronlauge (40°) in 200 T. Wasser 4 St. unter Rückfluß kochen, filtrieren und mit Salzsäure das **Anthrachinon-2-mercaptan** fällen (identisch mit [3143]). — Oder: Diazo-3-amino-4-methyldiphenylketon-2′-carbonsäure [3208] in Lösung mit Natronlauge neutralisieren, unter guter Kühlung in eine Lösung von 110 T. Schlippesalz in 500 T. Wasser eingießen, wobei die Flüssigkeit stets alkalisch sein soll, ansäuern, das filtrierte Rohprodukt zur Entfernung der Antimonverbindung in Ammoniumcarbonatlösung lösen, filtrieren, im Filtrat das **4-Methyldiphenylketon-2′-carbonsäuredisulfid** mit Salzsäure fällen und wie oben mit

(Strukturformel: COOH, —CO—, CH_3, S·S, CH_3, —CO—, COOH)

Schwefelsäure in das **Dimethyldianthrachinonyldisulfid** überführen (aus Nitrobenzol gelbe Nadeln vom Sch.-P. über 300°), dieses neutral waschen, weiter in 2500 T. Wasser + 50 T. Natronlauge (40°) + 25 T. Hydrosulfit lösen und mittels durchgeleiteter Luft in das Mercaptan verwandeln. Bräunlichgelbes Pulver, das in Natronlauge rotviolett löslich ist. Die Lösung entfärbt sich an der Luft unter Bildung des Disulfides. — Oder:

3528 **DRP. 292 457** Die Suspension von 1 T. Anthrachinonsulfochlorid bzw. -sulfinsäure in 10 T. Sodalösung (10%) in der Kälte allmählich mit 1 T. Hydrosulfit versetzen, langsam auf 50° erwärmen und nach einigen Stunden das **Anthrachinon-1, 1-disulfid** abscheiden.

3529 **DRP. 264 941**

Dianthrachinonyldiselenid

CO CO

— Se·Se— $= C_{28}H_{14}O_4Se_2 = 572.$

CO CO

Wie [3151] aus negativ substituierten Anthrachinonderivaten mit Alkaliseleniden oder Polyseleniden.

3. Durch Ringe verbunden.

a) NH

3530 Anm. F. 35 172, Kl. 22 b 25. 9. 12 Höchst

Anthrachinoncarbazolderivat

CO NH CO

$= C_{28}H_{13}NO_4 = 427.$

CO CO

Aus 8, 11-Diamino-7, 12-dianthrachinonyl mit sauren oder neutralen Kondensations mitteln. Nicht identisch mit dem nach E. P. 28 874/1911 erhaltenen Produkt aus Carbazol, Phthalsäureanhydrid und Aluminiumchlorid (Ringschluß der Carbazoldiphthaloylsäure mit konz. Schwefelsäure) [1937], [3565].

b) O

3531 **DRP. 274 783**

—

DRP. 274 784

Anthrachinonfuranderivate

CO OH O OH CO

$= C_{28}H_{12}O_7 = 460.$

CO CO

5 T. **Tetraoxydianthrachinonyl** (aus Alizarin, Hypochloritlösung und Ätzkali) [3499] mit 50 T. wasserfreiem Zinkchlorid 2 St. auf 310°—325° erhitzen. Schmelze mit stark verdünnter Salzsäure auskochen, Rückstand absaugen, trocknen. Aus siedendem Nitrobenzol gelbbraune Nadeln. — Das **Dioxydianthrachinonylenoxyd** ist Küpenfarbstoff.

c) CH

CH

3532 **DRP. 199 756**
A. P. 893 507
E. P. 16 632/05
F. P. 355 100

—

Ber. 8, 676; 43, 1001

Anthraflavon

CO

CH

CO CO

CH

CO

$= C_{30}H_{14}O_4 = 438.$

50 T. 2-Methylanthrachinon mit 200 T. Ätzkali und 200 T. Sprit auf 150°—170° erhitzen, in Wasser gießen, kochen, zur Oxydation von gebildeter Hydroverbindung etwas Natriumhypochlorit oder besser schon während des Kochens der Spritlösung 10—20 T. Salpeter zusetzen. Aus Nitrobenzol goldgelbe Krystalle vom Sch.-P. über 360°. — Dasselbe Endprodukt entsteht auch beim 1-stündigen Erhitzen von ω-Mono- oder -Dichlor-2-methylanthrachinon oder ω-Monobrom-2-methylanthrachinon mit 4 T. Ätzkali und 1 T. entwässertem Natriumacetat auf 170°—180°. Mit Oleum tritt Sulfierung und Farbstoffbildung ein.

d) NH ... CO; S ... CO

3533 | **DRP. 269 800**

Anthrachinonacridone und -thioxanthone

Küpenfarbstoffe aus 1-Cyan-2-bromanthrachinon (9,4 T.), 67 T. 1-Aminoanthrachinon, 150 T. Nitrobenzol und 3 T. Na-Acetat unter Rückfluß in 15—30 Min., und folgende Kondensation des Nitrils zum Acridon durch $^1/_4$-stündiges Erhitzen mit der 10-fachen Menge 96%iger Schwefelsäure [3620—3625].

e) N ... N

3534 | **DRP. 172 684**

Ber. 36, 3410; 36, 3442

Anthrachinonazine

$= C_{28}H_{12}N_2O_4 = 440.$

1 T. 2-Anthramin + 5,6 T. Ätzkali + 4 T. Ätznatron 3 St. bei Luftabschluß unter käftigem Rühren auf 220°—230° erhitzen, die dunkle Schicht von der Schmelze abheben und das Produkt (Muttersubstanz des Indanthrens) aus Nitrobenzol umkrystallisieren. — Vgl. auch die Bildungsweise nach **DRP. 232 526** zur Herstellung von **Pheno-** bzw. **Naphthroanthrachinonazinen** durch Oxydation von Anthrachinonyl-o-arylendiaminen.

3535 | **DRP. 167 255**

F. P. 343 608

DRP. 158 474

20 T. 1, 3-Dibrom-2-aminoanthrachinon mit 200 T. Nitrobenzol, 10 T. entwässertem Acetat und 1 T. Kupferchlorid 24 St. auf 150° erhitzen, die Krystalle des Zwischenproduktes heiß absaugen und mit heißem Nitrobenzol, dann Sprit, dann heißem Wasser waschen. Schwer in organischen Lösungsmitteln, leicht (braun) in Oleum (40%) und Schwefelsäure löslich. Gibt beim Kochen mit Anilin oder Chinolin ein Hydroazin (Farbstoff).

f) NH ... O

3536 | **DRP. 153 517**

Anthrachinonoxazine

$= C_{28}H_{13}NO_5 = 443.$

10 T. **1-p-Toluido-2, 4-dioxy-3-bromanthrachinon** (Kondensationsprodukt von p-Toluidin und 2, 4-Dibromxanthopurpurin in alkolholischer Lösung) mit 100 T. hochsiedendem Erdöl 3 St. auf 200° erhitzen, kalt absaugen und aus Pyridin umkrystallisieren. Das gleiche Produkt erhält man bei Ersatz des Erdöles durch Natriumacetat (allein oder mit Eisessig) oder durch Anilin.

3537 **DRP. 266 945** 100 T. 1-Chloranthrachinon, 50 T. 2-Brom-1-aminoanthrachinon, 500 T. Nitrobenzol, 50 T. entwässertes Acetat und 1 T. Kupferacetat 24 St. unter Rückfluß kochen und das Produkt mit Wasser, dann mit Sprit waschen. Aus Chinolin braunviolette Krystalle, die in Schwefelsäure grün, in Nitrobenzol violettrot (gekocht rotviolett), in Anilin blau (heiß violett) löslich sind. — Ebenso das Oxazin aus 1,5-Diamino-2, 6-dibromanthrachinon [3367]. Sulfiert geben die Körper Küpenfarbstoffe. — Nach

3538 **DRP. 266 946** erhält man das Anthrachinon-N-1, 1'-oxazin selbst einfach durch mehrstündiges Kochen von 27 T. 1-Nitro-2-oxyanthrachinon, 22 T. 1-Chloranthrachinon und 22 T. Kupferpulver in 500 T. Nitrobenzol. — Oder:

DRP. 273 444 10 T. **2-Methoxy-8, 18-dianthrimid** (aus 1-Chloranthrachinon und 1-Amino-2-methoxyanthrachinon) mit 30 T. kryst. Borsäure und 100 Vol.-T. Schwefelsäure (66°) 1 St. auf 170°—180° erhitzen. Schmelze wird grün, Schwefeldioxyd entweicht. Mit Wasser verdünnen, abgeschiedene blaugrüne Borsäureverbindung durch Kochen in das rotviolette Oxazin [3537] überführen.

3539 Anm. J. 15 138, Kl. 22 b, 2. 10. 13, Junghanns — Dibrom-2-aminoanthrachinon + Dibrom-2-oxyanthrachinon mit einem säurebindenden Mittel und Kupfersalz in indifferenten Lösungsmitteln kondensiert gibt **Dibromdianthrachinonyloxazin.**

g) [Formel: Dioxinring, O / O]

3540 **DRP. 293 660** **Dianthrachinonylendioxyde:** Küpenfarbstoffe aus o-Nitrooxyanthrachinon durch alkalische Kondensation unter Abspaltung von 2 Mol. salpetriger Säure.

V. Anthrachinon und Ringe geschlossen verbunden.

a) Chinongruppen unverändert.

1. Anthrachinonindazole

[Formel: CO, CO, 11 NH—N 12, CH 13, 3, 4] $= C_{15}H_8N_2O_2 = 248.$

3541 **DRP. 269 842** — Ber. 16, 700; DRP. 184 495; DRP. 215 006 — Diazosulfat aus 2 T. 1-Amino-2-methylanthrachinon mit 100 T. Wasser sieden, den Niederschlag filtrieren und aus Schwefelsäure oder Nitrobenzol + Pyridin umkrystallisieren. Gelbe Krystalle, die in Schwefelsäure rot löslich sind. — Ein ähnliches Produkt gibt 1-Amino-2-methyl-4-chloranthrachinon [**3305, 3406, 3418, 3460**]. — Arbeitet man wie oben, jedoch unter Pyridinzusatz, in der Kälte und extrahiert man das Produkt mit siedendem Eisessig und fällt die von dem obigen schwerlöslichen Indazol filtrierte Lösung mit Wasser, so erhält man anscheinend ein Isomeres mit anderen Lösungsfarben vom Sch.-P. 260°.

2. Anthrachinonimidazole

[Formel: CO, CO, 11 NH—CH 12, N 13, 3, 4] $= C_{15}H_8N_2O_2 = 248.$

3542 **DRP. 238 981** F. P. 432 279 — 1 T. 1, 2-Diaminoanthrachinon mit einer Lösung von überschüssigem Phosgen in Nitrobenzol erhitzen und das **12-Oxyanthrimidazol** aus Chinolin umkrystallisieren. Feine, in Schwefelsäure gelb, in Oleum (66%) rot, in wässerigem Alkali orangefarbig lösliche Nadeln. — Ähnliche Produkte erhält man aus 1, 2-Diaminoanthrachinon und Benzoylchlorid oder Essigsäureanhydrid, ferner aus 2, 3-Diaminoanthrachinon und Ameisensäure. Das genannte, mit Essigsäureanhydrid durch $^1/_4$-stündiges Erwärmen auf 60° erhaltene Produkt (in heißes Wasser gießen, filtrieren, im Filtrat die Base mit Ammoniak fällen und aus Pyridin umkrystallisieren) wird nach

3543 **Zus. DRP. 238 982** auch aus 1, 2-Diaminoanthrachinon und Paracetaldehyd in schwefelsaurer (66°) Lösung bei 40°—50° Schlußtemperatur dargestellt, es ist **12-Methylanthrimidazol.** — Nach

3544 **Zus. DRP. 247 246** erhält man ähnliche Körper aus 1, 2-Diaminoanthrachinon und Benzal- oder Benzotrichlorid. — So entsteht **Anthrachinon-12-phenylimidazol** durch Erhitzen von 7 T. 1, 2-Diaminoanthrachinon, 8 T. Benzyl-(oder 15 T. Benzotri-)chlorid und 5 T. Acetat in 15—20 T. Nitrobenzol auf 150° bis 180°. — **12-Dimethyl-1, 2-anthrimidazol** gewinnt man nach

3545 **DRP. 264 290** Z. B.: 1 T. 1, 2, 4-Triaminoanthrachinon und 10 T. Aceton (Benzophenon, Acetophenon) + 0,1 T. Chlorzink, 1 St. unter Rückfluß sieden und das krystallinische Produkt aus Nitrobenzol umkrystallisieren. In Schwefelsäure rot, in Nitrobenzol oder Pyridin rotgelb löslich. Sulfiert sind die Produkte Küpenfarbstoffe.

3547 **DRP. 298 706** 5 T. 1-Chlor-2-acetaminoanthrachinon [3192] in 15 T. Amylalkohol mit 15 T. p-Toluidin, 2 T. Kaliumacetat und 0,2 T. Kupferacetat 6 St. kochen. Produkt mit 100 T. Sprit auskochen, kalt absaugen, den mit Sprit und Wasser gewaschenen Rückstand aus Chlorbenzol umkrystallisieren. Citronengelbe Nadeln des **11-p-Tolyl-12-methyl-1, 2-anthrachinonimidazols** vom Sch.-P. 236°. — Ist ebenso wie das Produkt aus 1, 3-Dibrom-2-benzoylaminoanthrachinon sulfiert ein Wollfarbstoff.

3. Anthrachinonazimide

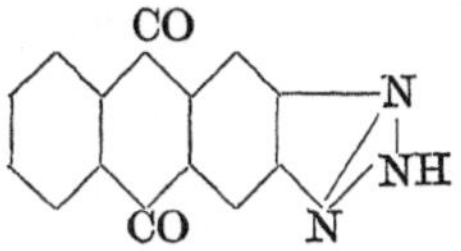

Unsubstituiert 3548

3548 **DRP. 254 745** 1 T. 1, 2-Diaminoanthrachinon in 10 T. Schwefelsäure (66°) lösen, auf 15 T. Eis gießen, in die erhaltene Sulfatpaste bei 0°—10° die Lösung von 0,5 T. Na-Nitrit in 2 T. Wasser fließen lassen, 3 St. rühren, abgeschiedenes Azimid aus Anilin umkrystallisieren. Gelbliche Nadeln in Schwefelsäure und organischen Lösungsmitteln gelblich löslich.

4. Anthrachinonoxazole

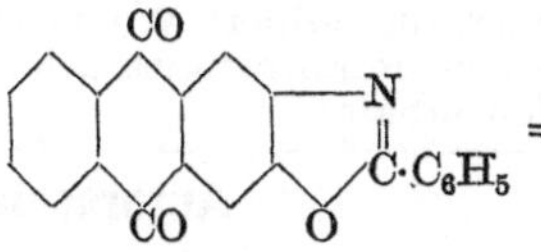

$= C_{21}H_{11}NO_3 = 325.$

$4\ NH\cdot CO\cdot C_6H_5 - 12\ C_6H_5$ 3549
$12\ C_6H_5$ 3554

3549 **DRP. 286 093** **DRP. 286 094** 20 T. Dibenzoyl-1, 4-diaminoanthrachinon in 150 T. Nitrobenzol suspendieren, allmählich bei 50° 15 T. Salpetersäure (1,52) zufließen lassen, einige Stunden auf 95° erwärmen, filtrieren, Produkt in der 20-fachen Nitrobenzolmenge lösen, das beim Erkalten ausgeschiedene **Nitrodibenzoyl-1, 4-diaminoanthrachinon** entfernen, aus den Laugen durch Konzentration das in orangefarbenen Nadeln krystallisierte **4-Benzoyl-amino-1, 2-anthrachinon-μ-phenyloxazol** vom Sch.-P. 298° abscheiden. Mit Schwefelsäure erwärmt, resultiert unter Abspaltung der Benzoylgruppe das aus Nitrobenzol in dunkelvioletten Nadeln krystallisierende Aminoderivat vom Sch.-P. 360°. Man kann auch in Eisessiglösung arbeiten und mit Bleisuperoxyd oxydieren. Ferner erhält man diese Oxazole durch Kondensation von Benzoylamino-o-nitroanthrachinon mit kondensierenden Mitteln (calc. Soda) unter Abspaltung von salpetriger Säure.

5. Anthrachinonthiazole $= C_{15}H_7NO_2S = 265$.

- 12 C_6H_5 3552
- Doppelmolekül 3553
- Isoselenazol 3151, 3555

3550 **DRP. 229 165** 104 T. **Benzyliden-2-aminoanthrachinon** (aus Benzaldehyd und 2-Aminoanthrachinon) mit 22 T. Schwefel bis zum Aufhören der H_2S-Entwicklung auf 220°—230° erhitzen, gepulverte Schmelze mit Chlorbenzol extrahieren, das rückbleibende Produkt ist ein Farbstoff. — Ebenso aus den **Benzyl-2-aminoanthrachinonen** (erhaltbar aus 2-Aminoanthrachinon und Benzylchlorid in siedender Nitrobenzollösung) usw.

3551 **DRP. 253 089** **Anthrachinondihydrothiazole.**

Die Suspension von 1 T. 1-Aminoanthrachinon-2-mercaptan in je 10 T. Sprit und Aceton mit Salzsäuregas sättigen, Lösung im Wasserbade auf $^1/_3$ des ursprünglichen Volumens eindampfen. Dunkle Nadeln in Schwefelsäure rein blau löslich.

3552 **DRP. 264 943** 120 T. Naphthalin, 20 T. 2-Aminoanthrachinon, 20 T. Schwefel und 40 T. Benzotrichlorid 2—3 St. sieden, auf 110°—120° abgekühlt mit 420 T. Toluol versetzen, **12-Phenylanthrachinonthiazol** kalt filtrieren, mit Toluol waschen und trocknen. — Auch aus 1-Mercapto-2-aminoanthrachinon und Benzaldehyd oder Benzoylchlorid erhaltbar. Die substituierten Thiazole sind Küpenfarbstoffe. — Vgl. Anm. F. 33 866. Kl. 22 b, Elberfeld.

3553 Die doppelmolekularen Verbindungen der Konfiguration

erhält man nach

DRP. 280 882 und **Zus.** **DRP. 280 883**, A. P. 1 126 475, E. P. 21 027/13, F. P. 471 117: aus 1-Chlor-2-acetaminoanthrachinon und derselben Menge S (Naphthalin als Lösungsmittel) aus Nitrobenzol in Krystallen vom Sch.-P. über 350°. Die Körper werden auch erhalten z. B. aus 2-Aminoanthrachinon-1-mercaptan (Alkalisalz) in Trichlorbenzollösung mit Oxalylchlorid, und sind dann schon Farbstoffe. — Vgl. **DRP. 311 906: C-Phenyl-1,2-anthrachinonthiazol** aus 1-Benzoylamino-2-bromanthrachinon und Na-sulfit; ähnlich **C-Methylanthrachinon-2,1-thiazol.**

3554 **DRP. 252 839**, **DRP. 238 982**, **DRP. 259 037** **Anthrachinonoxazole und -thiazole.**

Körper, die sulfiert Wollfarbstoffe sind und die man aus o-Aminooxy- bzw. o-Aminothioanthrachinonen bzw. ihren Arylidoderivaten mit Aldehyden erhält.

3555 **DRP. 264 139** **Anthrachinonisoselenazol.**

Heilmittel. Aus Anthrachinon-1-selencyanid mit konz. Ammoniak im Autoklaven 4—5 St. bei 120°—160°. Aus Pyridin und Wasser krystallisiert vom Sch.-P. 203°. — Ebenso seine 5-Sulfosäure.

6. Anthrachinonnaphthaline (Naphthacenchinon, Naphthanthrachinon)

Unsubstituiert	3277	6 Cl(NH_2) oder 12 Cl(NH_2)	3559
Hydroverbindung	3556	4 Cl—1 OH	3561
Hal.	3557	4 NH_2—1 OH	3560
14 OH	3558	OH—OH	3277
4 OH	2814		

3556 **DRP. 181 176** — **Naphthanthrachinonhydroverbindung.**

50 T. Naphthanthrachinon in 1000 T. Wasser suspendieren, 350 Vol.-T. Natronlauge (30°) und bei gewöhnlicher Temperatur 56 T. Zinkstaub zugeben, 4—5 St. unter Luftabschluß auf 90° erhitzen, rasch in 200 T. Schwefelsäure (50°) + 200 T. Eis absaugen und die Hydroverbindung filtrieren, waschen, pressen und feucht weiterverarbeiten [3595].

3557 Anm. U. 4195, Kl. 12 o Ullmann — **Chlor-** bzw. **Bromnaphthanthrachinon** entstehen aus Naphthanthrachinonsulfosäuren mit Halogen oder halogenabspaltenden Mitteln. Gelbe Nadeln vom Sch.-P. 231° bzw. 225°.

3558 **DRP. 134 985**

Oxynaphthanthrachinon CO, OH, CO $= C_{18}H_{10}O_3 = 274.$

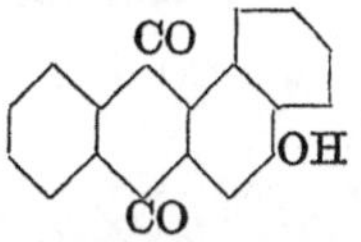

10 T. α-Oxynaphthoylbenzoesäure [2814] mit 50 T. Schwefelsäure (97%) + 10 T. Borsäure auf 120°—140° erhitzen, bis die Schmelze blaurot ist; in Wasser gießen, filtrieren, neutral waschen und trocknen. Aus Toluol rote Nadeln. In organischen Lösungsmitteln schwer, in Nitrobenzol oder Pyridin leichter, in konz. Schwefelsäure blaurot, + Borsäure gelbrot mit Fluorescenz, in Oleum (80%) grünblau, in Alkali schwer rot, in Piperidin + Wasser leichter braunrot löslich. Mit Zinkstaub destilliert resultiert **Naphthacen.** — Ist auch aus [2814] in einer Operation (10 + 10 + 10 T. in 60 T. Schwefelsäure [97%]) ausführbar. In Wasser gießen, mit Natronlauge die Verunreinigungen extrahieren; das schwerlösliche Na-Salz dissoziiert mit Wasser, freies Chinon bleibt zurück.

3559 **DRP. 234 917** — **Aminonaphthanthrachinone**

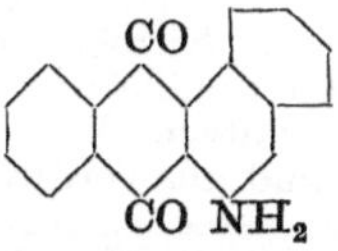

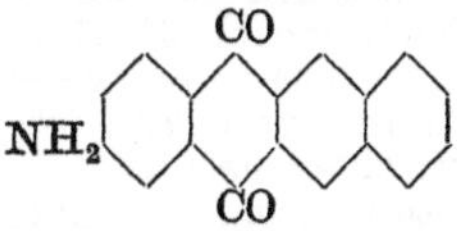

CO, CO NH_2 — CO, NH_2, CO $= C_{18}H_{11}NO_2 = 273.$

Wie [3209]. — Man erhält je nach der Verarbeitung von Naphthalin und 4-Chlorphthalsäure oder von 2-Chlornaphthalin und Phthalsäure über **4 (5)-Chlorphenylnaphthylketon-2-carbonsäure** (aus Eisessig umkrystallisieren, Sch.-P. 175°) bzw. **2-Chlornaphthylphenylketon-2-carbonsäure** (aus Eisessig umkrystallisieren, Sch.-P. 217°—220°) durch Erhitzen mit Ammoniak und Kondensation mit 80—90-prozentiger Schwefelsäure zwei verschiedene Aminonaphthanthrachinone vom Sch.-P. 238° bzw. 182° (aus Xylol umkrystallisiert).

3560 **DRP. 183 629** — Ber. 36, 2328

Aminooxynaphthacenchinon CO OH, CO NH_2 $= C_{18}H_{11}NO_3 = 289.$

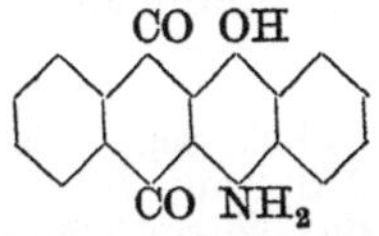

50 T. Oxynaphthoylbenzoesäure mit der berechneten Menge Diazobenzolchlorid alkalisch kuppeln, den rotbraunen Farbstoff mit Kaliumchlorid als K-Salz aussalzen, trocken als feines Pulver in eine kochende Lösung von Zinnchlorür in Salzsäure eintragen, nach $^1/_2$ St. die **Aminooxynaphthoylbenzoesäure** warm filtrieren, waschen, trocknen und gleich weiter 10 T. trocken mit 40 T. Nitrobenzol erhitzen. Rotfärbung und Wasserabspaltung. Wenn diese beendet ist, kalt die blauschwarzen Nadeln filtrieren, waschen und trocknen. In Nitrobenzol, Eisessig, Schwefelsäure blaurot (in letzteren beiden mit gelbroter Fluorescenz) löslich, schwer in organischen Lösungsmitteln. Sch.-P. über 240°.

3561 **DRP. 226 230** — Anm. U. 4195, Kl. 12 o, 23. 10. 11, Ullmann

4-Chlor-1-oxynaphthacenchinon

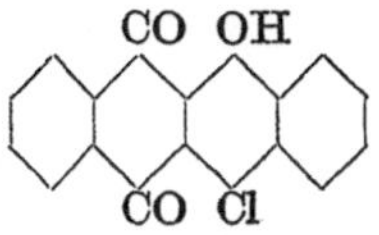

CO OH, CO Cl $= C_{18}H_9O_3Cl = 309.$

6 T. kryst. Borsäure in 80 T. Oleum (25%) lösen, die spontane Temperaturerhöhung auf 10° herabmindern, 20 T. 4-Chlor-1-oxynaphthoyl-o-benzoesäure [2818] eintragen, die Lösung auf 70° halten, bis eine Probe überschüssige Sodalösung nicht mehr gelb färbt, in Wasser gießen, den ziegelroten, beim Aufkochen orangegelb werdenden Niederschlag filtrieren und heiß neutral waschen. Aus Benzol gelbrote Nadeln vom Sch.-P.

307°. In Schwefelsäure kirschrot, + Borsäure blaurot mit zinnoberroter Fluorescenz löslich; mit Natronlauge gekocht resultiert ein in Wasser unlösliches, in Sprit bläulichrot lösliches, braunes Na-Salz. Durch Chlorieren von 1-Oxynaphthacenchinon bei 300° scheint ein Isomeres zu entstehen. Man kann auch zuerst ohne Borsäure bei 40° sulfieren, bis eine Probe in Wasser löslich ist, dann Borsäure zugeben, 1 St. auf 90°—95° erwärmen, bis eine sodaalkalische Probe nicht mehr gelb ausläuft, den braunroten Niederschlag der Sulfosäure filtrieren, mit kochendem Salzwasser (3%) waschen. Ziegelrotes, in Wasser gelb lösliches Pulver; gibt in wässeriger Lösung mit Soda ein dunkelrotes Di-Na-Salz.

7. Anthrachinon(-di-)chinoline

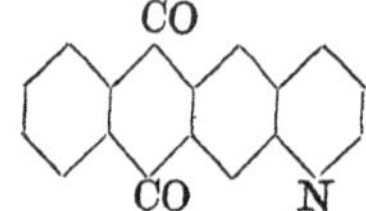

$= C_{17}H_9NO_2 = 261.$

Unsubstituiert 3562, 3563, 3596
NO_2 3563
6 NH_2. . . . . 3563, 3564

3562 **DRP. 87 334** — Ber. 29, 703

Wie [3007] aus 60 T. Glycerin, 60 T. konz. Schwefelsäure, 36 T. 2-Anthramin (aus 2-Anthrol mit Chlorzinkammoniak) und $26^1/_2$ T. Arsensäure. Sehr ähnlich mit [3007].

3563 **DRP. 189 234** — Ann. 241, 349 Ber. 38, 194 DRP. 26 196

100 T. 2-Aminoanthrachinon in 700 T. Schwefelsäure (60°) lösen, kalt nacheinander 87 T. Glycerin (1,25) und eine Lösung von 70 T. Nitrobenzolsulfosäure (aus 35 T. Nitrobenzol und 126 T. Oleum [20%] erhalten) in Schwefelsäure (60°) zufließen lassen, 1 St. auf 140°—150°, dann kurze Zeit auf 170° erhitzen, kalt in Wasser gießen, das abgeschiedene Sulfat filtrieren und aus verdünnter heißer Salzsäure, dann aus Benzol umkrystallisieren. — Ebenso wie dieses Anthrachinon-2-chinolin auch die 1-Verbindung. Die Abscheidung erfolgt mit Alkali, da das Sulfat leicht löslich ist. Aus Benzol oder verdünntem Sprit bräunliche Warzen bzw. gelbe Nadeln vom Sch.-P. 169°. Die Sulfosäuren sind gelbe Wollfarbstoffe. — Aus 51 T. 1, 5-Diaminoanthrachinon, 275 T. Schwefelsäure (60°), 64 T. Glycerin und 70 T. Nitrobenzolsulfosäure (aus 34 T. Nitrobenzol) 1 St. bei höchstens 140° erhält man nach Versetzen der verdünnten Schmelze mit Na-Salpeter das Nitrat des **Anthrachinon-1, 5-dichinolins**, aus dem die Base mit Alkali abgeschieden wird. Sch.-P. 342°. Leicht löslich in verdünnter Salzsäure und Schwefelsäure. Aus demselben Ansatz, jedoch mit der Hälfte Glycerin und Nitrobenzolsulfosäure erhält man **Aminoanthrachinonchinolin.**

3564 **DRP. 218 476** — Ber. 15, 1787; 18, 1243

10 T. Anthrachinon-1, 2-chinolin [3563] vom Sch.-P. 169° in 150 T. Schwefelsäure (66°) lösen, mit 10 T. rauchender Salpetersäure 2 St. auf 40°—50° erwärmen, kalt in Wasser gießen, neutralisieren, das Nitroprodukt filtrieren und waschen. In verdünnten Säuren und konz. Schwefelsäure leicht gelb, in Alkalien unlöslich. Aus Benzol graue Krystalle vom Sch.-P. 284°. — Ebenso wie dieses 1, 2-Derivat: **Mononitroanthrachinon-2, 3-chinolin** aus Anthrachinon-2, 3-chinolin vom Sch.-P. 322° [3596], gelblichweißes Pulver, in verdünnten Säuren und organischen Lösungsmitteln schwer löslich, aus Xylol umkrystallisieren, Sch.-P. 305°, und schließlich **Nitroanthrachinon-2, 1-chinolin** aus Anthrachinon-2, 1-chinolin vom Sch.-P. 185°. [Ann. 201, 349] steht in den Löslichkeitseigenschaften in der Mitte. Aus Benzol gelbe Nadeln vom Sch.-P. 258°.

8. Anthrachinoncarbazole

bzw.

Unsubstituiert 3565

3565 **DRP. 275 670** — Ber. 44, 1249

100 T. Phthalsäureanhydrid und 42 T. Carbazol in 400 T. H_2SO_4 (80%) 5—6 St. auf 150° erhitzen, in Wasser gießen, sodaalkalisch bei 70°—90° mit Chlorlauge behandeln, bis Lösung und Niederschlag gelb sind. Den Wollfarbstoff aussalzen.

9. Anthraacridone (HN, CO, SO_3H, CO, SO_3H, CO, NH_2) $= C_{21}H_{12}N_2O_9S_2 = 500.$

4 Cl 3567
14 Cl—4 NH_2 3566
4 NH_2—3 SO_3H—14 (Cl)(SO_3H) 3566

3566 **DRP. 280 712**
DRP. 287 614
DRP. 287 615

Farbstoffe, die man z. B. durch Kondensation von gleichen Teilen β-Naphthochinon-3-carbonsäure und 2-Aminoanthrachinon in Essigsäurelösung und folgende Ringschließung des Anthrachinon-β-anilinnaphthochinons durch Erwärmen mit der 10-fachen Menge Schwefelsäure auf 80°—100° erhält. Oder man kondensiert das Kondensationsprodukt des K-Salzes der 4-Amino-1-p-chlor-o-carboxyanilidoanthrachinon-3-sulfosäure durch Eintragen in die 10-fache Menge Oleum (23%), oder Chlorsulfonsäure bei 25° bzw. 50°—60°, oder schließlich man kocht die durch Behandlung der 4-Amino-1-p-chlor-o-carboxyanilidoanthrachinon-3-sulfosäure mit wasserentziehenden Mitteln erhaltene **Aminochloranthraacridonsulfosäure** mit der 50-fachen Menge Nitrobenzol oder Trichlorbenzol, läßt erkalten und filtriert das **4-Aminochlor-2, 1-anthraacridon** ab. — Über **N-Anthrachinonylisatine** und ihre Beziehungen zu den Anthraacridonen siehe DRP. 282 490 und 285 771, vgl. [**3625**].

3567 **DRP. 272 297**

10 T. **1-Chloranthrachinonyl-2 (o, p-)-dichlorphenylketon** (erhalten durch Kondensation von 1-Chloranthrachinon-2-carbonsäurechlorid mit m-Dichlorbenzol mittels Aluminiumchlorids), 5 T. p-Toluolsulfamid (oder Sulfiden, Sulfhydraten), 10 T. Na-Acetat, 0,5 T. Kupferoxyd und 100 T. Nitrobenzol 4—5 St. lebhaft sieden, **14-Chlor-2, 1-anthrachinonacridon** abscheiden. Identisch mit Farbstoffpatent DRP. 245 875. — Ebenso die Thioxanthone [**3571**].

---

10. Anthrachinonhydroazine

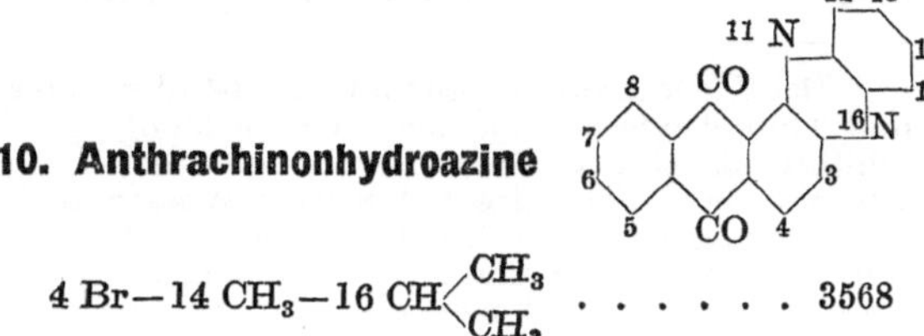

4 Br—14 CH_3—16 $CH\langle^{CH_3}_{CH_3}$ 3568

3568 **DRP. 252 529**
—
DRP. 230 005
Ber. **37**, 4531

N-Acetonylanthrachinonhydroazin

(CO, NH, CH_3, CO, Br, N, $CH_3 \cdot CH \cdot CH_3$) $= C_{24}H_{20}N_2O_2Br = 448.$

Durch Kondensation von Aminoarylaminoanthrachinon, jedoch mit Ketonen statt Aldehyden. [Vgl. Farbstoffpat. **DRP. 184 391**]. — 10 T. 1-p-Tolylamino-2-amino-3-bromanthrachinon, 10 T. Aceton, 5 T. Chlorzink und 100 T. Eisessig kochen, bis die rote Lösung blau ist und bei 60° absaugen. Blaurote Nadeln, die in Schwefelsäure grünblau, in Pyridin blau löslich sind. — Ebensolche Kondensationsprodukte erhält man mit Acetophenon, Isatin usw., bzw. mit 2, 6-Diamino-1, 5-diphenylamino-3, 7-dibromanthrachinon [**3534, 3535**].

---

11. Anthrachinonthiazine, z. B. (CO, N, CO, S)

Unsubstituiert 3569

3569 **DRP. 271 947**
—
Ber. **43**, 1730

299 T. 1-Anilidoanthrachinon mit 675 T. Schwefelchlorür in 1000 T. Nitrobenzol, 24 St. im Wasserbade erhitzen. Je nach Art der Einwirkung verschiedenfarbige Körper mit Küpeneigenschaften.

12. Anthrachinonphenanthridone 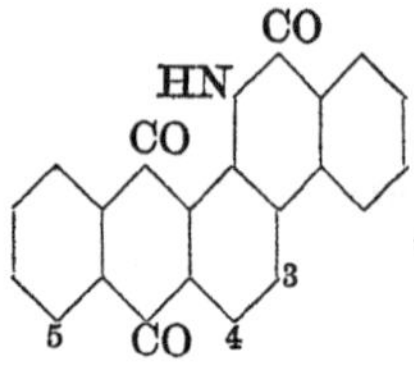 $= C_{21}H_{11}NO_3 = 325.$

Unsubstituiert 3570
5 Cl 3570

3570	**DRP. 236 857** A. P. 1 001 408 E. P. 20 338/10 F. P. 428 645	50 T. 1-Benzoylamino-2-bromanthrachinon (ebenso die 1-Chlor-2-benzoylamino- und die 1, 4-Dibenzoyl-2, 3-dichlorverbindung) mit 10 T. Soda (oder entwässertem Acetat) und 50 T. Naphthalin oder Nitrobenzol einige Stunden kochen, Produkt mit Toluol auskochen und den Rückstand aus o-Dichlorbenzol umkrystallisieren. Sch.-P. 266° bis 267° (bzw. 274°—275°, bzw. über 325°). Auch die Phenanthridone aus 2-Benzoyl-amino-3-halogenanthrachinon und aus 1, 5-Dichlor-2-benzoyldiaminoanthrachinon schmelzen über 300°.

13. Anthrachinonthioxanthone

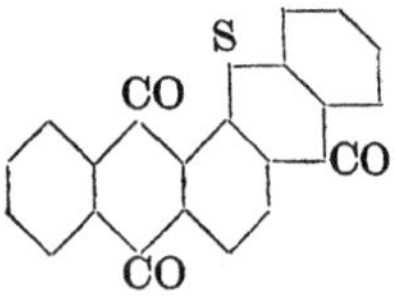 $= C_{21}H_{10}O_3S(C_{21}H_{11}NO_3) = 342\ (325).$

Unsubstituiert 3571
Bromiert 3572
NH_2 3573

3571	**DRP. 216 480** F. P. 402 741 — Ber. 43, 539; 50, 1526 DRP. 242 386	Das Kondensationsprodukt von 1-Chlor- oder 1-Bromanthrachinon und Thiosalicylsäure mit der 5-fachen Menge geschmolzenem Chlorzink erhitzen, bis eine verdünnte Probe mit Alkali einen unlöslichen Niederschlag liefert. Schmelze mit heißem Wasser auskochen, filtrieren, den Niederschlag heiß waschen und nacheinander mit verdünnter Natronlauge, Wasser, Sprit und Äther auskochen. Braunes, nur in Schwefelsäure lösliches Pulver vom Sch.-P. über 350°.
3572	**DRP. 242 386**	**Anthrachinonthioxanthonbromderivate,** durch Bromierung des Anthrachinonthioxanthons.
3573	**DRP. 231 854**	**Aminoanthrachinonthioxanthon:** Durch Umsetzung von Aminochloranthrachinon mit Thiosalicylsäure und folgende Kondensation mit Chlorsulfonsäure.

14. Anthrachinonäther 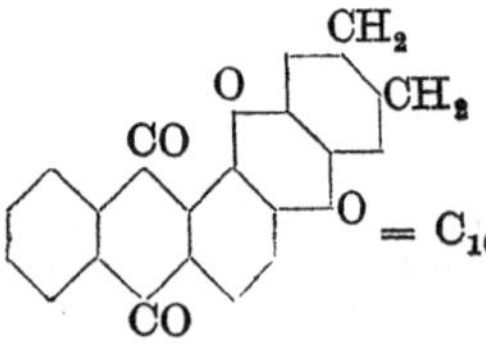 $= C_{16}H_{10}O_4 = 266.$

Unsubstituiert 3574
4 NO_2 3574

3574	**DRP. 280 975**	Alizarindialkalisalz und Äthylenbromid in Gegenwart halogenwasserstoffsäurebindender Mittel mit oder ohne Zusatz von Kupfer oder Kupfersalzen kondensieren. Die Chlor- und Nitroprodukte sind gelblich, die Aminokörper rot. Küpen in alkalischem Hydrosulfit orangefarbig. — — Ebenso das Kondensationsprodukt aus 30 T. 4-Nitro-1, 2-dioxyanthrachinonnatrium und 60 T. Äthylenbromid. Den Rückstand mit Xylol extrahieren, Lösungsmittel abdunsten, Rückstand mit warmer Natronlauge ausziehen, solange noch etwas in Lösung geht, und aus Xylol umkrystallisieren. Orangegelbe Krystalle in Schwefelsäure orangefarbig löslich, Sch.-P. 297°.

b) Chinongruppen in Reaktion.

1. Aceanthrenchinon

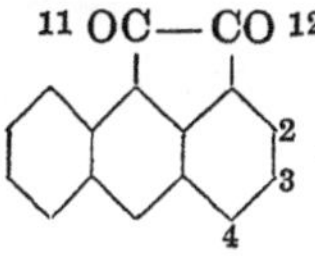

11 OC—CO 12 (Strukturformel, Positionen 2, 3, 4) $= C_{16}H_7O_2 = 231$.

3 NO_2 3575
11 NOH 3576

3575 **DRP. 253 762** Zusatz zu DRP. 205 377 — Ber. 44, 209; DRP. 206 647; DRP. 210 813; DRP. 210 905; DRP. 211 696; DRP. 212 870

Nitroaceanthrenchinon: Aceanthrenchinon in schwefelsaurer Lösung mit 1 Mol. Salpetersäure als Mischsäure nitrieren. Aus Eisessig glasige Krystallkrusten; sintert beim Erhitzen. — **Aceanthrenchinon** selbst wird nach Ber. 44, 209 neben Anthroesäure aus Anthracen und Oxalylchlorid mit Aluminiumchlorid in Schwefelkohlenstofflösung gewonnen. —

Aceanthrenchinonmonoxim erhält man nach

3576 **DRP. 280 839** u. **DRP. 282 711** E. P. 12 584/13 F. P. 458 949

z. B. aus 232 T. Aceanthrenchinon in Spritsuspension mit 69,5 T. Hydroxylaminochlorhydrat und 53 T. Soda im Wasserbade. Nach ½-stündigem Kochen wird kalt filtriert. Aus Eisessig Krystalle vom Sch.-P. 251°. Dieses Oxim, selbst schon Farbstoff, gibt mit konz. Schwefelsäure (Eisessig oder anderen Säuren) **Anthracen-1, 9-dicarbonsäureimide** bzw. deren Spaltungsprodukte (Monoamide der Anthracen-1, 9-dicarbonsäuren oder Anthracen-1, 9-dicarbonsäure bzw. deren Anhydride), die ebenfalls Küpenfarbstoffe sind. — Vielleicht hierher gehörige Kondensationsprodukte vom Typus

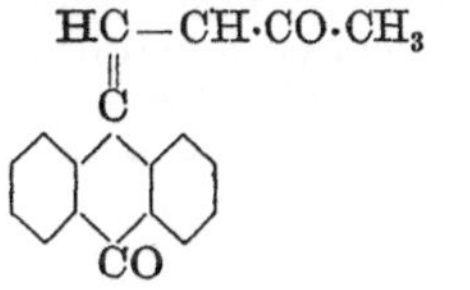

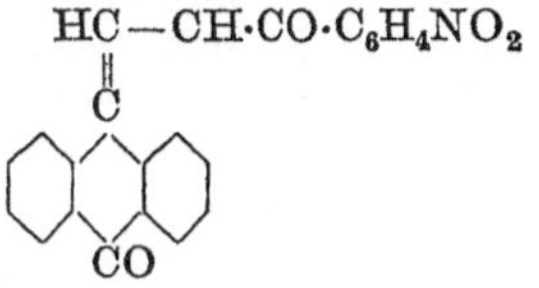

$HC-CH\cdot CO\cdot CH_3$ / C / CO (Anthronstruktur) und $HC-CH\cdot CO\cdot C_6H_4NO_2$ / C / CO (Anthronstruktur)

erhält man nach

DRP. 247 187

z. B. aus 100 T. Anthrachinon in 2000 T. konz. Schwefelsäure und 50—60 T. Aceton (Nitroacetophenon usw.) in 1 St. bei 120°—130°. Tiefrote Schmelze in Eiswasser gießen, gelben Niederschlag aus Xylol umkrystallisieren. Sch.-P. 252°. In Eisessig-Schwefelsäure 1 : 1 mit leuchtend roter Fluorescenz löslich.

2. Anthrapyrrole (Pyrrolanthrone)

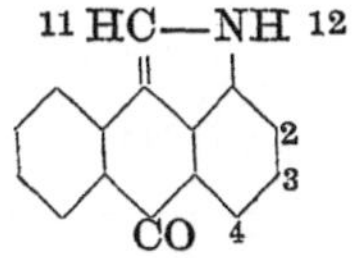

11 HC—NH 12 (Strukturformel, Positionen 2, 3, 4; CO)

11 C_6H_5 . . . . 3467, 3577
12 C_6H_5 3578
11, 12 $CO\cdot C_6H_4$ 3579

3577 **DRP. 279 198**

α-C-Phenylpyrrolanthron

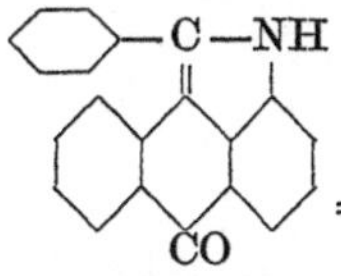

C_6H_5—C—NH (Strukturformel, CO) $= C_{21}H_{13}NO = 295$.

22 T. 1-Aminoanthrachinon, 25 T. Phenyl-α-bromessigsäure und 10 T. entwässertes Acetat 2 St. auf 180° erhitzen, kalt gepulverte Schmelze mit Wasser auskochen, dann mit heißer Soda wiederholt extrahieren, das ausgeschiedene **α-Anthrachinonyl-C-phenylglycin** (ziegelrotes Pulver, in Schwefelsäure gelb, in Oleum orangerot, in Alkali dunkelrot löslich, roter Wollfarbstoff) mit der dreifachen Menge Essigsäureanhydrid 2—3 St. sieden, Anhydrid abdestillieren, Rückstand mit Sodalösung auskochen, Produkt in Sprit lösen, mit wenig Natronlauge sieden, filtrieren, mit Wasser und Säure fällen. Bräunlichgelbes, in Eisessig rotgelb, stark grün fluorescierend, in Schwefelsäure gelbbraun lösliches Pulver. Küpt braunrot, ebenso wie das aus 4-Chlor-1-aminoanthrachinon und Phenylbromessigsäure bzw. o-Chlorphenylbromessigsäure erhaltbare Produkt.

3578 **DRP. 280 190**
Zusatz zu
DRP. 270 789

α-Anthra-N-phenylpyrrolcarbonsäure

COOH·C—N—

CO

$= C_{22}H_{13}NO_3 = 339.$

36 T. α-Anthrachinonyl-N-phenylglycin, 400 T. Sprit und 10 T. konz. Schwefelsäure 5 St. unter Rückfluß kochen, 60 T. des dunkelroten **α-Anthrachinonyl-N-phenylglycinesters** mit 20 T. Ätzkali und 400 T. Xylol unter Druck 2 St. auf 150° erhitzen, Xylol abtreiben, aus der filtrierten Lauge mit Säure das Produkt fällen. In Schwefelsäure violettrot, in Oleum weinrot, sonst schwer mit grüner Fluorescenz löslich. Aus Pyridin krystallisierbar.

3579 **DRP. 284 208**
A. P. 1 123 390
—
DRP. 270 790

Isatanthron

CO
C—N
CO

$= C_{22}H_{11}NO_2 = 321.$

40 T. α-Anthra-N-phenylpyrrolcarbonsäure [3578] mit 150 T. Chlorsulfonsäure bei 0° 2—3 St. rühren, bis eine alkalische Probe nicht mehr fluoresciert, auf Eis gießen, abgeschiedenes rotes Produkt mit stark verdünnter Alkalilösung auskochen. Rotbraunes, mit alkalischem Hydrosulfit dunkelblau küpendes Pulver.

3. Anthrapyrazole

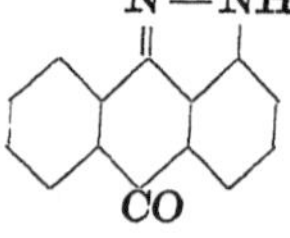

N—NH
HN—N

3580 **DRP. 171 293**
—
DRP. 163 447

Anthrachinonpyrazolderivate

1. CO OH / N—NH 2. N—NH / CO / HN—NH₂ 3. N—NH / HN—N

4 T. salzsaures 1-Oxy-4-hydrazinanthrachinon mit 4 T. salzsaurem Anilin und 120 T. Anilin auf 170°—180° erhitzen, bis die blaurote Lösung braungelb wird, kalt mit Sprit oder Benzol waschen, wobei die lockere Anilinverbindung gespalten und das Pyrazolderivat (1.) rein erhalten wird. In Schwefelsäure, ebenso in Natronlauge, gelb mit stark grüner Fluorescenz löslich. — Das Pyrazol (2.) erhält man durch Kochen von 1, 5-Dihydrazinanthrachinon mit Wasser und einigen Tropfen Salzsäure unter Rückfluß in graphitglänzenden Blättern. In Schwefelsäure braunviolett mit ultramarinblauer Fluorescenz löslich. — Pyrazol (3.) erhält man durch 1—2-stündiges Erhitzen von 1, 5-Disulfohydrazinanthrachinon mit Salzsäure (3—5%) unter Druck auf 140°. Das salzsaure Salz absaugen; gibt mit Natronlauge eine rehbraune Base. In Natronlauge, ebenso wie in Schwefelsäure mit blauer Fluorescenz löslich.

4. Anthrathiazole

N—S, CO, 2, 3, 4 $= C_{14}H_7NOS = 237$.

Unsubstituiert	3580, 3581
4 NH_2	3580

3581 **DRP. 216 306** F. P. 408 967

10 T. Anthrachinon-1-mercaptan [3143] mit einer Lösung von 3 T. Schwefel in 30 T. Schwefelnatrium + 100 T. Ammoniak (10%) im Autoklaven 6 St. auf 100° erhitzen, das Produkt filtrieren und aus Pyridin umkrystallisieren. Farblose, in Schwefelsäure gelb mit schwacher Fluorescenz lösliche Krystalle. — Ebenso entsteht aus 4-Aminoanthrachinon-1-mercaptan DRP. 206 536 u. a. [3143] **4-Amino-1-anthrathiazol,** aus Pyridin messinggelbe Blätter, die in Schwefelsäure gelb, + Formaldehyd kirschrot löslich sind. Letzterer Körper kann auch aus dem 1-Rhodan-4-aminoanthrachinon [3149] erhalten werden.

3582 **DRP. 217 688**

Wie [3581] aus Rhodananthrachinon, jedoch mit 30 T. alkoholischem Ammoniak allein im Autoklaven 3 St. auf 140° erhitzt. Die alkylierten Anthrathiazole sind Farbstoffe.

5. Benzanthrone

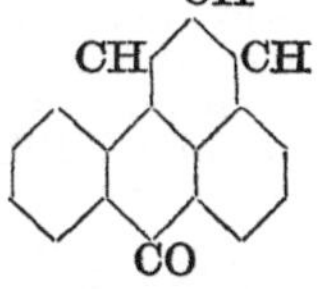

Unsubstituiert	3583, 3584	Benzanthronacridone	3593, 3598
Halogenisiert	3589, 3590	Benzanthronthioxanthone	3598
COOH	3591	Naphthobenzanthron, Pyranthron, Violanthren usw.	3599
Halogencarbonsäuren	3592	Pyranthren, Pyranthridone	3600
8 OH	3594	Dibenzanthron	3602, 3603
Naphthanthrachinonbenzanthrone	3595		
Benzanthronchinoline (Halogenderivate)	3596, 3597		

3583 **DRP. 176 018** Zusatz zu DRP. 171 939 — Ber. 38, 194; 51, 1082

Benzanthronderivate CO $= C_{17}H_{10}O = 230$.

Wie [3494] aus stickstofffreien Anthrachinonderivaten. — Z. B.: 10 T. Anthranol [3038] in 150 T. Schwefelsäure (62°) suspendiert, mit 10 T. Glycerin langsam auf 120° erwärmen: Stürmische Reaktion, Rotfärbung, SO_2-Entwicklung. In Wasser gießen, die olivgrünen Flocken filtrieren und aus Sprit umkrystallisieren, Sch.-P. 170°; in Schwefelsäure orangerot mit derselben Fluorescenz löslich. — Ebenso mit 200 T. Glycerin und 50 T. Chlorzink bei 210°—220° oder aus 10 T. Anthrachinon in 400 T. Schwefelsäure (62°), 20 T. Glycerin und 20 T. Anilinsulfat bei 130°—140°. — Anthrachinon-β-sulfosäure und die aus ihr durch Reduktion mit Zinn und Salzsäure erhaltene Anthranolsulfosäure geben ähnliche Produkte. — Nach

3584 **Zus. DRP. 176 019**

gibt auch Anthracen (50 T., 98%) mit 1500 T. Schwefelsäure (62°) und 100 T. Glycerin auf 100°—110° erhitzt ein Gemenge, dessen wasserunlöslicher Teil aus Sprit umkrystallisiert **Benzanthron** (Sch.-P. 170°) liefert. Auch der in Wasser lösliche Teil kann auf Küpenfarbstoffe verarbeitet werden. — Nach

3585 **Zus. DRP. 200 335**

wie oben, angewendet auf **2-Methylanthranol** (erhalten durch Reduktion von 2-Methylanthrachinon mit Zinn und Salzsäure) bzw. 1, 3-Dimethylanthranol. Ersteres Benzanthron schmilzt bei 199°, letzteres bei 165°. — Nach

3586 **Zus. DRP. 204 354** — Ber. 38, 194

kann man das Glycerin durch Dichlorhydrin, Acetin oder Monochlorhydrin ersetzen. Angewendet auf 1- oder 2-Aminoanthrachinon, Anthranol und seine Sulfosäuren, 1-Oxyanthrachinon und Anthrachinon. Die Körper geben mit Ätzalkalien verschmolzen Küpenfarbstoffe.

3587 Anm. G. 30651, Kl. 12 o, 28. 7. 10, Basel

Benzyl-o-benzoesäuren oder die aus ihnen mit Kondensationsmitteln erhaltbaren Anthranole und Glycerin bei Gegenwart von Schwefelsäure zur Reaktion bringen.

3588 **DRP. 239 761** — Angew. Chemie 1911, 1844

1 T. Phenyl-1-naphthylketon mit 10 T. Aluminiumchlorid unter völligem Feuchtigkeitsausschluß $2^1/_2$ St. auf 150° erhitzen, in Eis gießen, roten Niederschlag mit verdünnter HCl, Sprit und Äther waschen. — Ebenso werden **Dibenzoyl-1, 1-dinaphthyl** (aus 1, 1-Dinaphthyl und Benzoylchlorid), ferner **Dibenzoylpyren** (neben **Tribenzoylpyren** aus Pyren, Aluminiumchlorid bei Gegenwart von CS_2; Sch.-P. 155°—157°, in Eisessig leichter löslich als Tribenzoylpyren) und die Abkömmlinge des Phenylnaphthylketons in Benzanthronderivate übergeführt.

3589 **DRP. 193 959** — E. P. 7022/05, Ber. 10, 1213; 11, 181, DRP. 107 721

Benzanthronhalogenderivate $C_{17}H_9OBr = 309$.

Halogenisieren der fertigen Benzanthrone. Das Produkt ist von jenem des [E. P. 7022/05], das von halogenisierten Anthrachinonen ausgeht, völlig verschieden. — Z. B.: 25 T. Benzanthron in 500 T. Eisessig lösen, bei 80° langsam 80 T. Brom-Eisessiglösung (25%) zugeben, auf 90°—100° erwärmen, bis die Bromwasserstoffentwicklung aufhört, kalt absaugen und das grüne Pulver aus Sprit umkrystallisieren. Gelbe Nadeln des **Monobrombenzanthrons**, Sch.-P. 170°. In Schwefelsäure kirschrot, in Oleum rot mit schwacher, gelbbrauner Fluorescenz löslich. — Ebenso werden mit Variationen, z. B. direktes Eintragen in Brom oder in wässeriger Lösung, mit Chlor, Sulfurylchlorid, Kaliumchlorat usw. auch Monochlor-, Dibrom- und Dichlorbenzanthrone erhalten.

3590 **DRP. 205 294** Zusatz zu DRP. 181 176 und DRP. 176 018, A. P. 809 894, F. P. 349 531, 3. Zus.

Wie [**3596, 3583–3588**] angewendet auf 2-Chloranthrachinon, 1-Chlor-2-methylanthrachinon, **Dibromanthrachinon** (erhalten aus Tetrabromanthracen durch Oxydation mit Chromsäure) und **Dichloranthrachinonsulfosäure** (erhalten durch Chlorieren von Anthrachinon-2-sulfosäure in schwefelsaurer Lösung) mit Glycerin, Schwefelsäure und Anilinsulfat nach [**3594**].

3591 **DRP. 254 023**

Benzanthroncarbonsäuren $C_{18}H_{10}O_3 = 274$.

Anthrachinon-2-carbonsäure reduzieren und mit Glycerin bei Gegenwart von Schwefelsäure kondensieren oder: 10 T. Terephthalyl-o-benzoesäure (aus Terephthaloyl-o-benzoesäure durch Reduktion; Ann. **309**, 115) in 300 T. 76° warme Schwefelsäure (90%) eintragen, nach 10 Min. 15 T. Glycerin zugeben (Temperatur steigt auf 90°), 30—45 Min. auf 100°—120° erwärmen, bei 50° in Wasser gießen und den Niederschlag filtrieren; bräunlichgelbes Pulver, aus Nitrobenzol gelbe Nädelchen, die in Schwefelsäure gelb, mit grüngelber Fluorescenz löslich sind. **Benzanthroncarbonsäure** löst sich in Schwefelsäure gelbrot. — Nach

3592 **DRP. 250 091**

werden Derivate, z. B. **Benzanthron-o-halogencarbonsäuren** analog aus den über die o-Halogentoluyl-o-benzoesäuren erhältlichen o-Halogenanthrachinonylcarbonsäuren gewonnen. Halogentoluyl-o-benzoesäure stellt man dar durch Kondensation von Phthalsäure und o-Halogentoluol mittels Aluminiumchlorid oder durch Halogenisierung der p-Toluyl-o-benzoesäure. Z. B.: p-Toluyl-o-benzoesäure in 2 T. Brom einrühren, nach 24 St. den Bromüberschuß mit Luft entfernen, das Produkt, mit Wasser angeteigt, mit Bisulfitlösung waschen. Diese **Brom-p-toluyl-o-benzoesäure** in alkalischer Lösung mit Permanganat zur **Bromterephthaloyl-o-benzoesäure** oxydieren, diese mit Schwefelsäure zur **o-Bromanthrachinoncarbonsäure** schließen, 25 T. dieser oder der analogen Chloranthrachinoncarbonsäure in 200 T. Essigsäure (50%) mit 50 T. Zinn und 10 Vol.-T. Salzsäure im Wasserbade reduzieren, den braungelben Niederschlag vom Zinn abgießen, filtrieren, waschen, gut abgepreßt mit 35 Vol.-T. Glycerin und 600 T. Schwefelsäure (+ Wasser auf 90% gebracht) 1 St. auf 90°—100° erwärmen, kalt in Wasser gießen, aufkochen, filtrieren und mit Salzwasser waschen. Aus Nitrobenzol ein grüngelbes Pulver wie [2591]. — Die Halogenbenzanthroncarbonsäuren (z. B. 250 T. Chlorprodukt), mit 165 T. sulfanilsaurem Natrium oder 210 T. 2-Naphthylamin-5-sulfosäure, 550 T. Soda, 96 T. Bicarbonat, 10,6 T. Kupferoxyd und 2000 T. Wasser, 10 St. gekocht, geben nach

3593 **DRP. 269 850**

braunrote Kondensationsprodukte (in Wasser gelbrot, + Natronlauge bläulichrot löslich), die (mit Essigsäureanhydrid über das Acetylderivat) mit konz. Schwefelsäure in **Benzanthronacridone** übergehen. Diese sind Küpenfarbstoffe.

3594 **DRP. 187 495** Zusatz zu DRP. 171 939 — DRP. 176 018

Oxybenzanthrone $C_{17}H_{10}O_2 = 246$.

Wie [3596] angewendet auf Monooxyanthrachinon. — Z. B.: 10 T. 1-Oxyanthrachinon, 250 T. Schwefelsäure (62°), 20 T. Glycerin und 15 T. Anilinsulfat 1 St. auf 150° erhitzen, Schmelze kalt in Wasser gießen und das grüne Pulver aus verdünntem Sprit umkrystallisieren. Sch.-P. 180°. In Schwefelsäure gelb mit moosgrüner Fluorescenz löslich. — Ebenso aus 2'-Oxyanthranol (erhalten durch Reduktion von 2-Oxyanthrachinon mit Zinkstaub und Ammoniak) nach obiger Methode oder mittels Chlorzink: **2-Oxybenzanthron.** Aus Sprit + Xylol gelbe Nadeln vom Sch.-P. 291°.

3595 **DRP. 181 176** Zusatz zu DRP. 176 018 A. P. 798 104

Naphthanthrochinonbenzanthrone

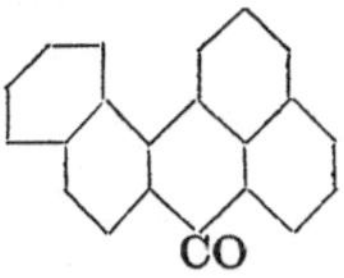

CO $= C_{21}H_{12}O = 280$.

Wie [3583] mit Naphthanthrachinon. Rohprodukt mit Aceton extrahieren: Zwei Isomere, von denen **Benznaphthanthron** bei 186°—188° schmilzt. — Ebenso mit [3556] und **Naphthanthranol** (aus Naphthanthrachinon durch Reduktion mit Zink und Eisessig) oder Naphthanthrachinonhydroverbindung [3556] mit Glycerin in Schwefelsäure oder mit Chlorzink als Kondensationsmittel.

3596 **DRP. 171 939**

Benzanthronchinoline CO N $= C_{20}H_{11}NO = 281$.

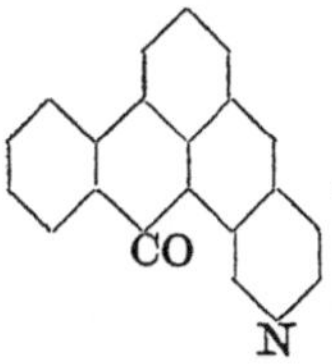

β-Aminoanthrachinone (außer 1, 2-Dioxy-3-aminoanthrachinon) mit Glycerin und Kondensationsmitteln erwärmen. — Z. B.: 18 T. 2-Aminoanthrachinon in 240 T. Schwefelsäure (66°) lösen, 38 T. Eis zugeben, dann mit 16 T. Glycerin auf 155° erwärmen, nach Reaktionsende in Eiswasser gießen, die gelben Flocken (Gemenge von **Benzanthron-** und **Anthrachinonchinolin**) filtrieren, das trockene, gelbolivfarbige Pulver (in Schwefelsäure rotbraun mit moosgrüner Fluorescenz löslich) wiederholt aus Toluol und anderen Lösungsmitteln umkrystallisieren und so in die beiden genannten Körper vom Sch.-P. 251° bzw. 322° trennen. Beide geben mit Alkali verschmolzen den Farbstoff „Cyananthren". — 2, 6- und 2, 7-Diaminoanthrachinon geben mit Glycerin und Schwefelsäure kondensiert analoge, braunschwarze, in Wasser unlösliche, in Sprit, Eisessig usw. zum Teil rotgelb (ebenso in Schwefelsäure mit gelbgrüner Fluorescenz) lösliche Körper.

3597 **DRP. 193 959** — Lit. wie [3589]

Benzanthronchinolin-Halogenderivate $C_{20}H_{10}NOBr = 360$.

Wie [3589]. — 5 T. Benzanthronchinolin unter Kühlung in 50 T. Brom eintragen, den braunroten Brei nach 24 St. mit Eisessig verdünnen, über Asbest filtrieren, mit Eisessig waschen, das rote BrH-Salz mit verdünnter Natronlauge aufkochen, filtrieren und aus Nitrobenzol, dann aus Xylol umkrystallisieren. Goldgelbe Nadeln des **Monobrombenzanthrachinolins** vom Sch.-P. 298°. — Ebenso in wässeriger Lösung mit Brom 4 St. im Wasserbade auf 80°—90° erwärmen, solange Bromdämpfe entweichen.

3598 **DRP. 269 850**

Benzanthronthioxanthone

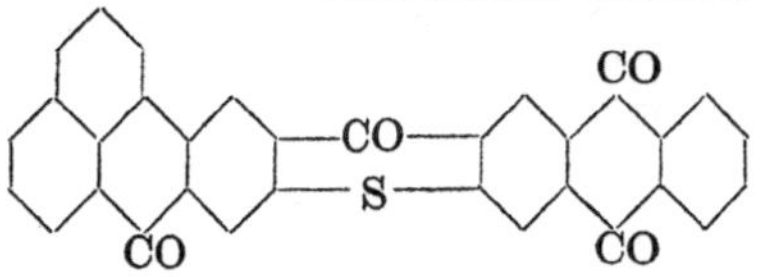

CO —CO— —S— CO CO $= C_{32}H_{14}O_4S = 494$.

250 T. Chlorbenzanthroncarbonsäure [**3591, 3592**], 960 T. 2-Mercaptoanthrachinonpaste (18,5%), 100 T. Ätzkali und 1600 T. Wasser 10 St. unter Rückfluß kochen, verdünnen, heiß filtrieren und das Kondensationsprodukt im Filtrat mit Essigsäure fällen.

Der Ringschluß erfolgt durch 4-stündiges Erwärmen mit Monohydrat auf 120°—125°. — Ebenso die **Benzanthronacridone**, z. B.

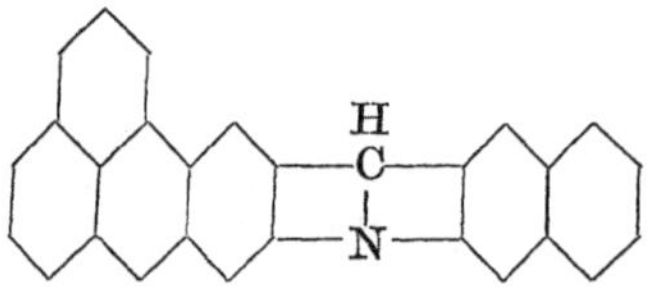

aus aromatischen Aminoverbindungen (Naphthylamin) und o-Halogenbenzanthronen.

3599 **DRP. 239 671**
E. P. 16 271/10
F. P. 418 435

Benzanthronkondensationsprodukte

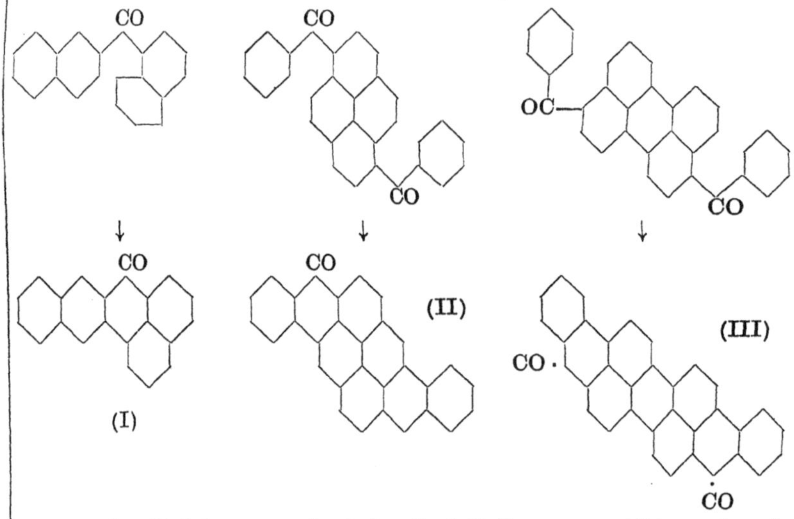

(I) (II) (III)

Aromatische Mono- oder Polyketone mit freier Peri-Stellung zum Ketoncarbonyl mittels Aluminiumchlorid und ähnlicher Kondensationsmittel (Eisenchlorid) kondensieren. — So geben 1 T. Phenyl-1-naphthylketon, mit 10 T. Aluminiumchlorid, im mit Chlorcaciumrohr verschlossenen Gefäß, $2^1/_2$ St. allmählich auf 150° erhitzt, nach Aufnahme der Schmelze mit Wasser, Waschen mit verdünnter Salzsäure, Sprit und Äther Benzanthron. — Ebenso geben Dinaphthylketon: **Naphthobenzanthron** (I); Dibenzoylpyren: **Pyranthron** (II); Dibenzoyl-1, 1′-dinaphthyl (aus 1, 1′-Dinaphthyl und Benzoylchlorid): **Violanthren** (III) usw. — Darstellung der **Benzoylpyrene:** Pyren und Benzoylchlorid in Schwefelkohlenstofflösung mit Aluminiumchlorid kondensieren, das Rohgemenge mit Methylalkohol extrahieren und den Rückstand aus Eisessig umkrystallisieren, wobei **Tribenzoylpyren** (Sch.-P. 236°) ungelöst bleibt, während **Dibenzoylpyren** (Sch.-P. 156°) in Lösung geht. — Ebenso aus Pyren und α-Naphthoylchlorid: **Tri-α-naphthoylpyren** (Sch.-P. 218°—219°), das mit 8 T. Aluminiumchlorid, 1 St. auf 155° erhitzt, in **Naphthopyranthron** übergeht. — Vgl. A. P. 1 202 260.

---

6. Dianhydrodimethyldianthrachinonylderivate (Pyranthrene)

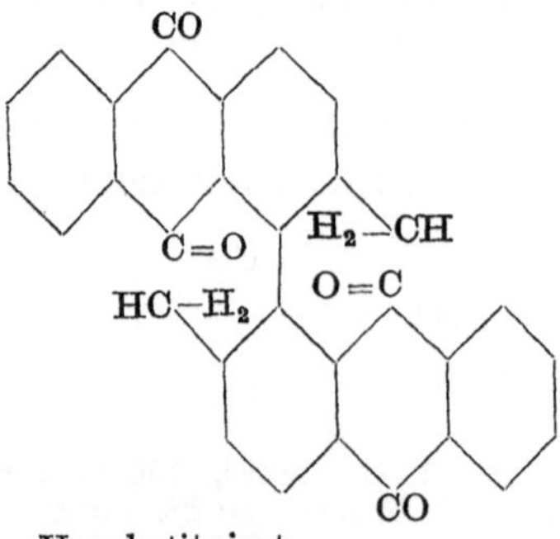

$$= C_{30}H_{14}O_2 = 406.$$

Unsubstituiert 3600

3600 **DRP. 175 067**
E. P. 10 505/06
F. P. 357 239
Ber. 43, 346; 43, 512

Körper vom Typus [3491] für sich oder mit wasserentziehenden Mitteln erhitzen. — Z. B.: 1 T. 2, 2'-Dimethyldianthrachinonyl mit 15 T. Ätzkali und 5 T. Methylalkohol 1—2 St. unter Rückfluß auf 165°—170° (Öltemperatur) erhitzen, Schmelze in Wasser lösen, in die karmoisinrote kochende Lösung Luft einblasen, schwach ansäuern und den braunen Niederschlag filtrieren. Man kann auch ohne Kondensationsmittel auf 350°—380° oder mit 1 T. wasserfreiem Acetat und 10—15 T. Ätzkali auf 220°—250° oder mit 30 T. Chlorzink auf 280° erhitzen, oder mit 30 T. Kalilauge (50%) kochen. — Analoge Körper entstehen aus 4, 4'-Dichlor-2, 2'-dimethyl-1, 1'-dianthrachinonyl und aus **2, 4, 2', 4'-Tetramethyl-1, 1'-dianthrachinonyl,** letzteres erhaltbar aus 1, 3-Dimethylanthrachinon durch Nitrieren, Reduzieren, Austausch der Aminogruppe gegen Halogen, Kondensation mittels Kupferpulver.

7. Pyranthridone

$= C_{29}H_{13}NO_2 = 407.$

Unsubstituiert 3601

3601 **DRP. 307 399**
Ber. 51, 441

1 T. **5-Methyl-3, 4-phthaloyl-8-(CO)-9-benzoylphenanthridin** mit der 10-fachen Menge Schwefelsäure (95%) 10 Min. auf 160°—170° erhitzen. Fuchsinrote Schmelze kalt in Eiswasser gießen, Produkt filtrieren. Ähnlich wirken 3 T. Ätzkali und 4 T. Sprit in 2 St. unter Rückfluß bei bei 105°—110° ringschließend; Produkt krystallisiert aus siedendem Chinolin, ist bei 500° noch nicht geschmolzen. Das Ausgangsmaterial erhält man durch Kondensation von 1-Chlor-2-methylanthrachinon und 1-Chlor-2-benzylidenaminoanthrachinon durch Erhitzen mit Kupfer, Behandlung des Produktes mit Schwefelsäure bei gewöhnlicher Temperatur und Kochen der in Wasser gegossenen Masse, solange Benzaldehyd entweicht.

8. Dibenzanthronderivate.

3602 **DRP. 259 370**

In die Lösung von 10 T. Dibenzanthron in 200 T. Schwefelsäure (66°) 200 T. Schwefelsäure von 55° und dann bei 25°—30° eine Lösung von 7,5 T. Salpetersäure (40°) in 25 T. Schwefelsäure (55°) zutropfen lassen. — Schwarzbraunes, alkaliunlösliches Pulver in Schwefelsäure rotbraun (+ Kupferpulver violettrot) löslich, küpt in Hydrosulfitlösung, Baumwolle wird schwach angefärbt.

3603 **DRP. 215 006**
DRP. 184 495

Dibenzanthronylen $= C_{34}H_{18}O_2 = 458.$

Wie [3491–3493] mit Aminobenzanthron erhalten nach [8. Zus. 6435 des F. P. 349 531] durch Reduktion des Nitrobenzanthrons.

9. Anthrapyridone und -pyridanthrone

Unsubstituiert	3604	13 CH_3—(Br, Cl, SH)	3609
Halogenisiert (2, 4)	3604	11 COOH	3613
11 Cl	3609	4 NH_2(Cl)	3604, 3605, 3613
2 CH_3	3606	4 NH·CH_3	3610

3604 **DRP. 203 752**
Zusatz zu DRP. 192 201
E. P. 1678/08
F. P. 372 676, 2. Zus.

Anthrapyridon CO, HC NH, CO $= C_{16}H_9NO_2 = 247.$

20 T. Acetyl-1-aminoanthrachinon in 200 T. Nitrobenzol lösen, mit 5 T. Ätzkalipulver auf 140° erhitzen, bis das Ausgangsmaterial verschwunden ist, kalt mit Salzsäure neutralisieren, das Produkt filtrieren und mit Sprit und Wasser waschen. In Schwefelsäure gelb, mit gelber Fluorescenz löslich. — Ähnlich verhalten sich die Pyridone aus 1-Amino-2- oder -2, 4-mono- bzw. -dibromanthrachinon, 1-Amino-2-brom-4-oxy- und aus 1, 4-Diaminoanthrachinon. — Oder man arbeitet nach

3605 **Zus. DRP. 209 033**
E. P. 18 107/08
F. P. 372 676, 4. Zus.

mit Salzen organischer Säuren als Kondensationsmittel. — Z. B.: 10 T. 1-Acetamino-4-chloranthrachinon mit 100 T. Nitrobenzol und 20 T. geschmolzenem Kaliumacetat 10 St. kochen, das Produkt kalt absaugen und mit Nitrobenzol auskochen. Gelbe, sehr schwer lösliche Nadeln des 4-Chlor-1-anthrapyridons. — Aus 10 T. 1-Aminoanthrachinon, 20 T. geschmolzenem Kaliumacetat und 100 T. Essigsäureanhydrid erhält man ebenso Anthrapyridon.

Vermutlich hierhergehörende Körper unbestimmter Konstitution erhält man nach

3606 **DRP. 247 187**

100 T. Anthrachinon in 2000 T. Schwefelsäure (66°) lösen, mit 50 bis 60 T. Aceton (Acetophenon, m-Nitroacetophenon) 1 St. auf 120°—130° erhitzen, die tiefrote kalte Lösung in Eiswasser gießen und den gelben Niederschlag filtrieren. Aus Xylol orangefarbige Krystalle vom Sch.-P. 252°, die in Schwefelsäure rot, mit roter Fluorescenz löslich sind; die Fluorescenz ist besonders deutlich bei Zugabe von Eisessig (zu H_2SO_4 = 1:1). — Analog reagieren 1- oder 2-Amino- oder -Chlor- oder -2-Methylanthrachinon; die Körper sind verschieden von jenen die durch Einwirkung von Ketonen CH_3—CO—R auf 1-Aminoanthrachinon erhalten werden, ferner auch von den nach **DRP. 192 201** durch Einwirkung alkalisch wirkender Kondensationsmittel auf Acetylverbindungen sekundärer α-Alkyl- und Arylaminoanthrachinone gewonnenen Verbindungen; sie sind sämtlich größtenteils Farbstoffe.

3607 **DRP. 212 204**
E. P. 16 775/07
F. P. 386 606

2-Methylanthrapyridon CO, HC NH, CH_3, CO $= C_{17}H_{11}NO_2 = 261.$

Diacet-1-amino-2-methylanthrachinon (aus 1-Amino-2-methylanthrachinon durch Kochen mit Essigsäureanhydrid, Sch.-P. 203°—206°) ½ St. im Ölbad auf 210° erhitzen. Zuerst leichtflüssig, dann dick. Aus Eisessig gelbe Krystalle. In Schwefelsäure gelb mit stark gelbgrüner Fluorescenz löslich. — Ebenso **2-Methyl-4-chloranthrapyridon** und **2-Methyl-4-bromanthrapyridon** aus den entsprechenden Acetaminomethylhalogenanthrachinonen. — Nach

3608 **Zus. DRP. 216 597**

reagieren in der 2-Stellung nichtsubstituierte Acetaminoanthrachinone ebenso.

3609 **DRP. 264 010**

Anthrapyridonderivate CO, Cl·C N·CH_3, CO $= C_{17}H_{10}NO_2Cl = 296.$

In eine Lösung von 10 T. N-Methylanthrapyridon [**DRP. 192 201**] in 100 T. Eisessig bei 80°—90° Chlor einleiten (1 Mol. + etwas Überschuß) und kalt die goldglänzenden Nadeln des **Chlor-N-methylanthrapyridons** filtrieren. Sch.-P. 256°—257°, in Schwefelsäure gelb ohne Fluorescenz löslich. Das Chloratom ist sehr reaktionsfähig, wird mit alkoholischem Kali gegen OH ausgetauscht; das erhaltene **Oxypyridon** fluoresciert in alkalischen Lösungen grün, das entsprechende **Mercaptopyridon** ist blaustichig rot. — Aus 4-Brom-1-N-methylanthrapyridon ebenso das **Chlorbrompyridon,** ferner: **Chlor-1 (N)-p-tolylanthrapyridon** (aus N-Acetyl-1-p-tolylanthrapyridon), **Dichloranthradipyridon** und schließlich aus Anthrapyridon [3604] selbst das aus o-Nitrotoluol in gelben Nadeln krystallisierende, über 300° schmelzende **Chloranthrapyridon.**

3610 **DRP. 201 904** 10 T. p-Bromanthrapyridon (erhalten nach DRP. 192 201) mit 100 T. einer 10%igen Monomethylamin-Pyridinlösung 5 St. auf 120° erhitzen. Die roten Krystalle des **4-Methylaminoanthrapyridons** filtrieren. In Chloroform rot mit gelber, in Schwefelsäure nach Borsäurezusatz gelblich mit gelbgrüner Fluorescenz löslich.

3611 **DRP. 268 793**

Oxyanthrapyridone $= C_{17}H_{11}NO_2 = 261.$

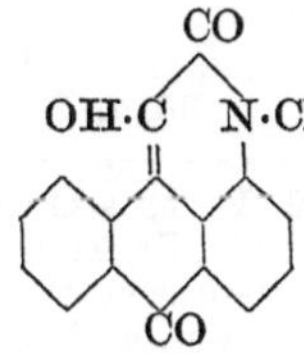

5 T. Chlor-N-methylanthrapyridon mit 50 T. alkohol. Kali und 150—200 T. Alkoho 6—8 St. sieden, kalt das rote K-Salz des Oxypyridons filtrieren, mit Säure zersetzen. Aus Eisessig gelbe Nadeln vom Sch.-P. 280°. In NaOH und in H_2SO_4 gelb mit gelbgrüner Fluorescenz löslich. Färbt auf Metallbeizen.

3612 **DRP. 284 209** 23 T. 1-Methylaminoanthrachinon in 100 T. Nitrobenzol lösen, bei 160° allmählich 24 T. Phenylsulfonessigsäurechlorid zusetzen, **Phenylsulfonacetyl-α-aminoanthrachinon** durch Verdünnen mit Sprit abscheiden. Sch.-P. 185°. Tauscht beim Kochen mit 40—50 T. Natronlauge und Sprit unter gleichzeitigem Ringschluß zum **Oxymethylanthrapyridon** den Phenylsulfonrest gegen Hydroxyl aus.

3613 **DRP. 250 885**

DRP. 223 510

Anthrapyridoncarbonsäuren

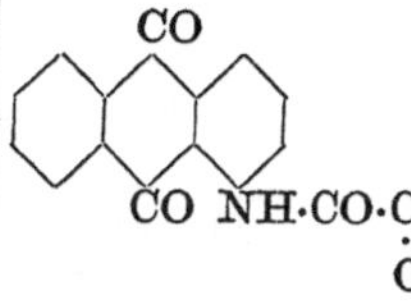

(I) 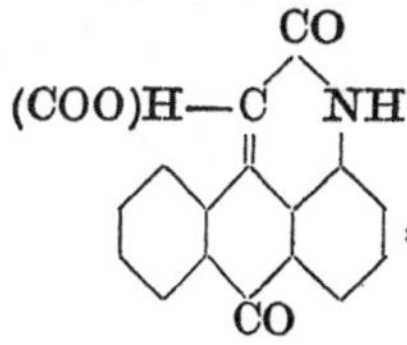 (II) $= C_{17}H_9NO_4 = 291.$

100 T. 1-Aminoanthrachinon mit 500 T. Malonester einige Stunden auf 200° erhitzen, kalt mit Sprit aufnehmen, das mit Säuren leicht spaltbare Kondensationsprodukt (I) absaugen und trocknen. Zum Ringschluß 50 T. des gelben Körpers mit 25 T. Natronlauge (40°) und 200 T. Wasser kurz sieden, heiß absaugen, den Rückstand mehrmals mit Wasser auskochen, die vereinigten Laugen kalt mit verdünnter Schwefelsäure fällen, filtrieren, trocknen und aus Nitrobenzol umkrystallisieren. Sch.-P. über 300°, rasch erhitzt bei 280° unter Kohlendioxydabspaltung. Die erhaltene Anthrapyridoncarbonsäure (II) (in Schwefelsäure gelb mit schwacher Fluorescenz löslich) daher rasch zum Schmelzen erhitzen; das erstarrte Produkt ist **Anthrapyridon** [3604]. — 1, 4-Diaminoanthrachinon gibt ebenso wie 1, 4-Aminochloranthrachinon das **4-Aminoanthrapyridon** bzw. **4-Chloranthrapyridon.**

3614 **DRP. 256 297**

Anthrachinonylaminopyridanthron

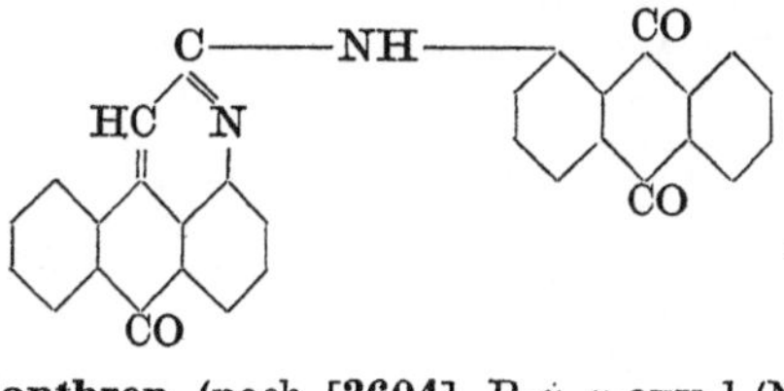

$= C_{30}H_{16}N_2O_3 = 452.$

26,5 T. **α-Chlorpyridanthron** (nach [3604], P-α, γ-oxy-1 (N)-9-pyridanthron mit Phosphorpentachlorid), 22,5 T. 1-Aminoanthrachinon (Anilin usw.), 10 T. Acetat und 260 T.

Nitrobenzol + etwas Kupferjodür einige Stunden sieden, das Produkt filtrieren und mit Sprit waschen. Das **1′-Anthrachinonyl-α-amino-12-pyridanthron** ist orangebraun, in Schwefelsäure rot löslich. Sch.-P. über 300°. — Ähnlich aus Anilin das Phenylderivat, dessen Sulfosäure ein gelber Wollfarbstoff ist.

10. Anthrapyrimidine und -pyrimidone

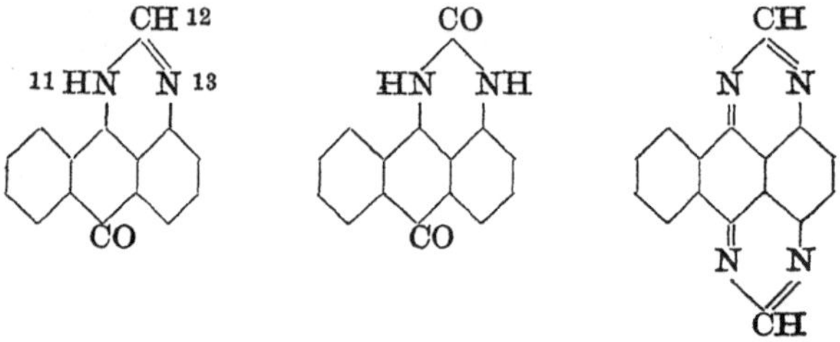

Unsubstituiert	3615	2 Br—12 CH_3—4 NH_2	3616
4 NH_2	3615, 3616	12 O	3617

3615 **DRP. 220 314**, A. P. 928 891, E. P. 5998/09, F. P. 400 500

10 T. 1, 4-Diaminoanthrachinon + 20 T. Formamid + 40 T. Phenol $1^1/_2$ St. kochen, warm mit dem gleichen Volumen Sprit verdünnen, die Krystallmasse filtrieren und aus Pyridin umlösen. Gelbbraune Prismen von **4-Amino-1-anthrapyrimidin,** in Pyridin gelb mit grüner Fluorescenz, in Schwefelsäure orangerot, + Formaldehyd karmoisinrot löslich. Mit Formamid weitererhitzt entsteht **Anthrapyrimidin,** das man auch durch Erhitzen von 10 T. 1, 4-Diaminoanthrachinon mit 50 T. Formamid auf 180° direkt erhalten kann. Aus Nitrobenzol kaum gefärbte Nadeln, die in Pyridin farblos, in Schwefelsäure gelb löslich sind. — Oder nach

3616 **Zus. DRP. 225 982**

10 T. 1-Aminoanthrachinonurethan [3229] mit 200 T. Ammoniak (20%) im Rührautoklaven auf 150° erhitzen, filtrieren, waschen und aus Nitrobenzol umkrystallisieren. — Ebenso reagieren die Urethane des 1, 4-Diaminoanthrachinons ([3229] reduzieren), sowie 1-Amino-4-chloranthrachinon [3192]. In letzterem Falle entsteht durch gleichzeitigen Chlorersatz das **4-Amino-1-anthrapyrimidon.** — Aus 1-Acetylamino-2, 4-dibromanthrachinon wird analog **4-Amino-2-brom-1-μ-methylanthrapyrimidin** erhalten.

3617 **DRP. 205 035**

10 T. 1-Aminoanthrachinon + 50 T. Urethan + 20 T. Zinkchlorid auf 170°—180° erhitzen, bis das Ausgangsmaterial verschwunden ist. Verdünnen und das **1-Anthrapyrimidon** filtrieren. Aus Nitrobenzol goldgelbe Nadeln vom Sch.-P. 280°. Sauer und basisch, sehr schwer löslich, schwacher Farbstoffcharakter. — Ebenso **1, 5-Aminoanthrapyrimidon** (aus 1, 5-Diaminoanthrachinon), das in konz. Salzsäure rot, in Schwefelsäure orange mit stark grüner Fluorescenz löslich ist. — Ferner reagieren ebenso: p-Diaminoanthrarufin, Aminobromtolylanthrachinon usw. — Nach

3618 **Zus. DRP. 205 914**

entstehen die Pyrimidone auch aus 1-Halogenanthrachinonen mit Harnstoff (Kupferchlorid, Acetat und Nitrobenzol).

11. Anthraisopyrimidone (Anthraketazine)

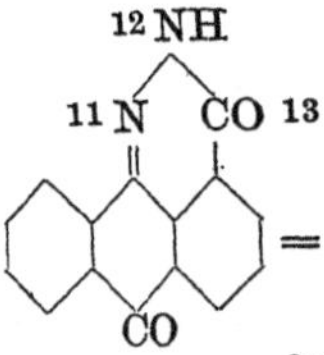

$= C_{15}H_8N_2O_2 = 248.$

12 $C_6H_5(C_6H_4 \cdot SO_3H)$ 3619

3619 **DRP. 230 454**, A. P. 1 001 325, E. P. 25 183/10, F. P. 423 720 — Ann. 338, 199; 338, 217

Aus Anthrachinoncarbonsäuren und Hydrazinen. — Man erwärmt z. B. 5 T. Anthrachinoncarbonsäurechlorid in 30 T. Pyridin und 2,4 T. Hydrazinhydrat (50%) unter Schütteln, setzt 2,5 T. Ätznatron in Wasser gelöst zu und fällt die goldgelbe Lösung mit Essigsäure. Fast farblose Blätter, die in Schwefelsäure gelb mit grüner Fluorescenz löslich sind. Aus 25 T. Anthrachinon-1-carbonsäure, 32 T. Phenylhydrazin und 250 T. Eisessig erhält man nach mehrstündigem Sieden (filtrieren, mit Sprit waschen, mit Soda auskochen) gelbe Nadeln des analogen Produktes. Sch.-P. 286°. — Ebenso mit Phenylhydrazin-p-sulfosäure. Dieser Körper löst sich in Schwefelsäure orangefarbig, die Lösung ist im durchfallenden Licht rot.

12. Anthraacridine (Anthranaphthacridine) und -acridone.

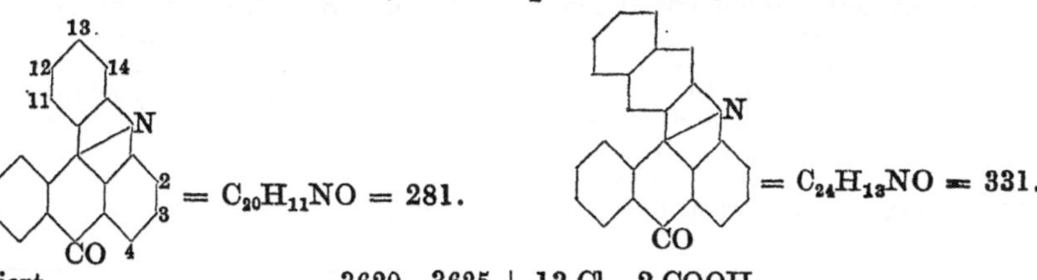

Unsubstituiert	3620—3625	13 Cl—2 COOH	3621
2 COOH	3621	Diacridone	3462

3620 **DRP. 126 444** 1-Alphylidoanthrachinone, z. B. 10 T. 1-p-Toluidoanthrachinon, mit wasserentziehenden Mitteln, z. B. 200 T. konz. Schwefelsäure, auf 150° erhitzen, bis sich der Farbton nicht mehr ändert. In Wasser gießen, Sulfat mit Ammoniak umsetzen, Base aus verdünntem Sprit umkrystallisieren. Die 1-p-Toluidoanthrachinonsulfosäure führt zu Farbstoffen.

3621 **DRP. 262 469** 1 T. 1-Phenylaminoanthrachinon-2-carbonsäure mit 10 T. Schwefelsäure (66°) bei 90°—100° verrühren, bis eine Probe mit Formaldehyd nicht mehr blau wird. Die braune Lösung in Wasser gießen, das Produkt mit verdünnter Sodalösung auskochen (gleichzeitig gebildetes Acridon bleibt ungelöst) und im Filtrat die **Acridinanthrachinon-2-carbonsäure** mit Salzsäure fällen. In Schwefelsäure rotbraun, in Nitrobenzol usw. schwer braunorange löslich. — 1-p-Chlorphenylaminoanthrachinon-2-carbonsäure gibt ebenso die **1-p-Chloracridinanthrachinon-2-carbonsäure,** 1-p-Tolylaminoanthrachinon-2-carbonsäure (aus 1-Nitroanthrachinon-2-carbonsäure [**3211**]; Ber. **17**, 891) durch Erhitzen mit p-Toluidin ein analoges Produkt.

3622 **DRP. 265 725** 45 T. 1-Aminoanthrachinon, 180 T. 2-Naphthol und 50 T. Chlorzink 1 St. bei 200°—220° verschmelzen, mit überschüssiger verdünnter Natronlauge auskochen und den Rückstand aus Pyridin umkrystallisieren. Rotes, krystallinisches Pulver, das in Schwefelsäure eosinrot, beim Stehen oder Erwärmen blau, in Oleum (20%) ebenfalls blau löslich ist. — Ebenso mit 1-Naphthol bzw. mit 1-Amino-4-chloranthrachinon. — Nach

3623 **Zus. DRP. 269 749** verläuft die Kondensation des letzteren Körpers mit der 4-fachen Menge 2-Naphthol und dem gleichen Gewicht Chlorzink bei nur 180°—190° (Öltemperatur) anders: Aus der mit Aceton extrahierten Schmelze erhält man nicht ein rotes, sondern ein tiefviolettes, in Pyridin sehr leicht, in Schwefelsäure blau, in Oleum (20%) fuchsinrot lösliches Pulver. Besitzt ein sehr reaktionsfähiges Chloratom. — Nach

3624 **Zus. DRP. 272 614** reagieren wie die Aminoanthrachinone auch die arylierten Aminoanthrachinone und die aus ihnen nach [**3620**] erhaltenen Acridinkörper (aus Xylol gelbe Krystalle vom Sch.-P. 215°, in konz. Salzsäure leicht löslich. Z. B.: 50 T. 1-β-Naphthylaminoanthrachinon (aus Xylol rote Krystalle, in Schwefelsäure (66%) unlöslich), [Farbstoff des **DRP. 107 730**] oder das Acridinderivat [**3620**] mit 200 T. 2-Naphthol und 50 T. Chlorzink wie [**2622**] verschmelzen und aufarbeiten. Das erhaltene Acridin schmilzt bei 215°.

3625 **DRP. 286 095** **Anthrachinonacridone,** vgl. auch DRP. **272 297, 275 671** u. v. a., sind schon Farbstoffe.

13. Coeroxenderivate

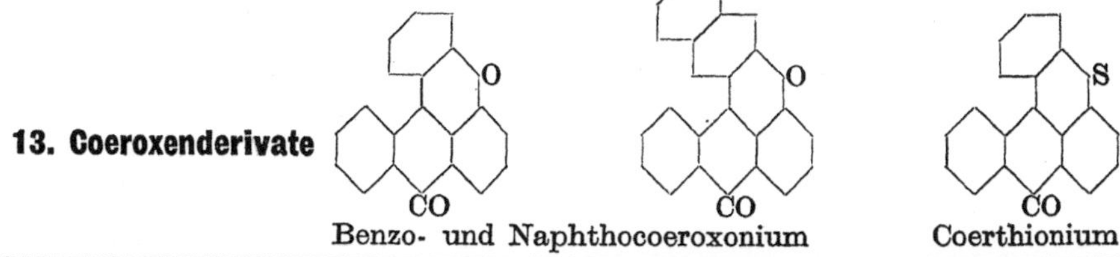

Benzo- und Naphthocoeroxonium Coerthionium

3626 **DRP. 186 882** — Ann. **348**, 210; Ber. **39**, 2245; DRP. 158 531; DRP. 164 129

10 T. Erythrooxyanthrachinonphenyläther [**3477**] mit 200 T. Schwefelsäure (65—70%) 12—18 St. unter Rückfluß auf 160°—180° oder mit dem gleichen Gewicht Chlorzink in essigsaurer Lösung im Salzsäuregasstrom auf 180° erhitzen, wobei die Essigsäure zugleich abdestilliert wird. Die Schwefelsäureschmelze mit der 3-fachen Menge Eiswasser verdünnen, vom unveränderten Äther filtrieren und im

dunkelroten Filtrat die Coeroxoniumbase mit Ammoniak fällen. Wiederholt in Schwefelsäure lösen und mit Ammoniak fällen. Aus Toluol oder Xylol weiße Krystalle. Die Chlorzinkschmelze wird in Sprit gelöst und in Ammoniak gegossen. — In verdünnten Säuren braunrot als Oxoniumsalz, in Schwefelsäure gelblichbraunrot löslich. Die Sulfatlösung + konz. Salzsäure + Eisenchlorid gibt ein rotes Eisenchloriddoppelsalz, das aus Eisessig umkrystallisiert bei 233° schmilzt. — Ebenso das **Naphthocoeroxonium** aus 1 T. Erythrooxyanthrachinon-2-naphthyläther mit 20—30 T. Schwefelsäure (65%) in 8—10 St. bei 165°. Das gebildete Sulfat geht mit Ammoniak in die Base vom Sch.-P. 186°—187° über. — Aus dem 1-Naphthyläther erhält man ebenso das **Isobenzocoeroxonium.**

3627 **DRP. 186 882** — Lit. wie [3626]

Coerthionium erhält man nach [3626]. — 1 T. Anthrachinon-1-thiophenoläther [3480] mit der 20—30-fachen Menge Schwefelsäure (65%) auf 165°—170° erhitzen. Wenn die rotviolette Probe, in die 20-fache Menge Salzsäure (15%) gegossen, keinen Niederschlag von Thioäther mehr gibt, die Schmelze in die doppelte Menge Wasser gießen, das violettrote Sulfat filtrieren, mit Alkali zerlegen und die Carbinolbase aus Sprit umkrystallisieren.

Phenanthren

(Chrysen und Phenanthrolin).

3628 **DRP. 109 344**

DRP. 96 565
Ber. **30**, 1464; **30**, 2563

Phenanthren-Phenol-Additionsprodukt und Phenanthrenderivate.

5 T. Phenol + 10 T. Phenanthrenchinon in 300 T. Eisessig lösen und mit 10 T. entwässertem Na-Acetat mehrere Stunden kochen. Die abgekühlte, schwarze Flüssigkeit nach 4 St. in Wasser gießen, den flockigen, hellen Niederschlag des Additionsproduktes (**Phenoxyphenanthrenhydrochinon**) aus Eisessig umkrystallisieren. Sch.-P. 204°. In verdünntem Alkali gelb löslich, mit Säuren weiß fällbar. Gibt eine Diacetylverbindung. — Ebenso erhält man mit 5,5 T. Resorcin die gelben, bei 215° schmelzenden Krystalle des **Phendioxyphenanthrenhydrochinons** und mit 7 T. 1-Naphthol und 20 T. Schwefelsäure (statt Acetat) das **1-Naphthoxyphenanthrenhydrochinon** als erstarrendes Öl. Die nur in Wasser unlöslichen Krystalle schmelzen bei 124°. Diacetylierbar. — Über das **9, 10-Dichlor-(brom-)phenanthren** (neue Bildungsweise des **o-Dichlorbenzols**), ferner über **9, 10-Diphenylphenanthren** und die Bildung des Phenanthrens aus Fluoren siehe Ber. **37**, 3026 bzw. 2887 bzw. 4145.

3629 **DRP. 43 802**

Ber. **43**, 423
DRP. 315623: Dinitroreten, ferner **Dinitroretenchinon** und **Nitroretensulfos.**

1-Methyl-4-i-propylphenanthren (Reten)

$= C_{18}H_{16} = 234.$

Harzöl (durch trockene Destillation von Colophonium erhalten) mit $^1/_3$ T. Schwefel im Eisengefäß unter Rückfluß erhitzen, bis die Schwefelwasserstoffentwicklung beendet ist. Rückstand mit Benzin, Sprit usw. extrahieren, Reten durch Umkrystallisation reinigen.

3630 **DRP. 151 981** **Dioxyreten** nach wie [**3633**] aus Retenchinon.

3631 **DRP. 129 990**

—

Ber. **33**, 3251; **34**, 1461
DRP. 247 415

Mononitrodihydrophenanthren

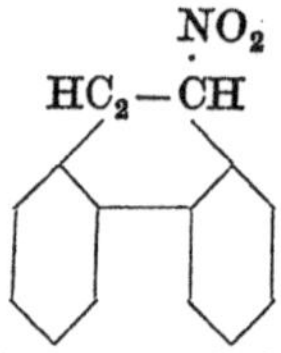

$= C_{14}H_{11}NO_2 = 225.$

Fein gepulvertes Phenanthren in Kältemischung langsam mit dem gleichen Gewicht der dunkelgrünen Flüssigkeit verrühren, die man durch Verdichtung nitroser Gase (aus Stärke oder arseniger Säure, mit Salpetersäure erwärmt) ohne Trocknung in der eisumlagerten Gasableitungsröhre erhält. Die breiartige Masse 20 St. bei 0° stehenlassen, unter Kühlung in kleinen Mengen in die 3-fache Menge Wasser gießen, das krystallinisch erstarrende Öl filtrieren, mit kaltem Wasser verreiben und dekantieren, bis die Waschwässer neutral sind. Bei gewöhnlicher Temperatur (im Laboratorium auf Ton) trocknen. Gelbes, in Chloroform, Benzol, Aceton und Essigäther leicht, in Eisessig oder Sprit schwer lösliches Krystallpulver, das bei 70° schmilzt und sich bei 100° zersetzt. — Über **Nitrophenanthrenchinone** siehe Ber. **26**, 3745; **9, 10-Dihydrophenanthren:** Ber. **41**, 4225.

3632 **DRP. 141 422**

—

Über **Phenanthrendisulfosäure** siehe Ber. **50**, 774

Aminooxyphenanthren

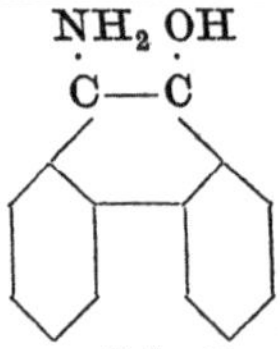

$= C_{14}H_{11}NO = 209.$

In 50 T. Phenanthrenchinonmonooxim vom Sch.-P. 158°—159° (aus dem Chinon und Hydroxylamin) in 750 T. Sprit suspendiert, siedend Schwefelwasserstoff einleiten, nach 15—20 Min. die hellgelbe Flüssigkeit mit konz. Salzsäure fällen und so das Chlorhydrat abscheiden. — Ebenso kann mit 200 T. Zinnchlorür und 300 T. konz. Salzsäure in siedender Eisessiglösung reduziert werden. Nur reinigbar durch Umkrystallisieren aus rauchender Salzsäure oder Fällen der Spritlösung mit Salzsäure, da es mit Wasser oder verdünnten Säuren in Hydrophenanthrenchinon, mit Oxydationsmitteln oder Alkalien in Phenanthrenchinon übergeht. Weiße Nadeln, die sich bei 120° rot färben, bei höherer Temperatur verkohlen.

3633 **DRP. 151 981** **o-Dioxyphenanthren** $C_{14}H_{10}O_2 = 210.$

5 T. Phenanthrenchinon in 150 T. saurem schwefligsaurem Natrium und der nötigen Wassermenge zur Bisulfitverbindung lösen, der klaren Lösung allmählich 50 T. Zinkstaub zusetzen, Niederschlag filtrieren, mit Essigsäure digerieren, filtrieren, Filtrat verdünnen und die abgeschiedene reine Dioxyverbindung filtrieren. Sch.-P. 146°.

3634 **DRP. 222 206**

Zusatz zu DRP. 222 205

—

Lit. wie [**3455**]

Anthrachinonaminophenanthrenchinon

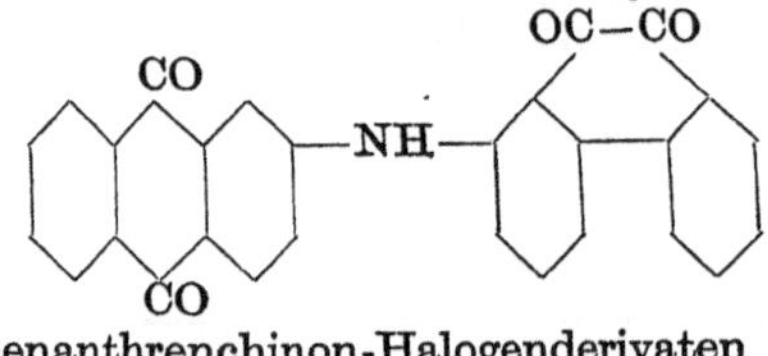

$= C_{28}H_{15}NO_4 = 429.$

Wie [**3455**], mit Phenanthrenchinon-Halogenderivaten und Aminoanthrachinon. — So erhält man aus 3 T. Monobromphenanthrenchinon und 2, 4 T. 1-Aminoanthrachinon wie oben ein violettbraunes, mit 1, 5-Diaminoanthrachinon ebenfalls ein dunkles Produkt; ähnlich reagieren ferner **Dibromphenanthrenchinon** (Bromieren des Chinons in Eisessig bei 100°, Sch.-P. 388°) und **Dichlorphenanthrenchinon** (ebenso durch Chlorieren, Sch.-P. über 300°) mit 1-Aminoanthrachinon.

3635 **DRP. 151 981**

—

Chrysensynthese: Monatshefte **1912**, 549

o-Dioxychrysen

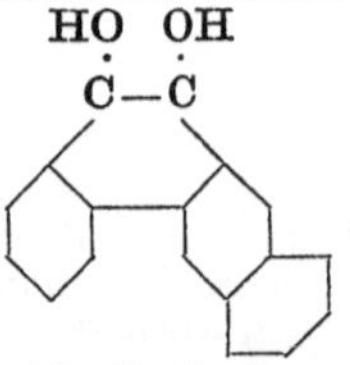

$= C_{18}H_{12}O_2 = 260.$

Wie [**3633**] aus Chrysenchinon. Sch.-P. 153°. Ist in konz. Schwefelsäure grün löslich, das Chinon dagegen blau.

3686 **DRP. 87 334**

Ber. 29, 703
Ann. 310, 84

Phenanthrolin 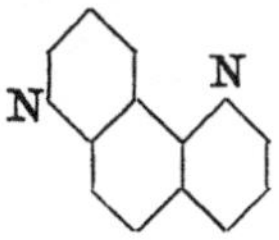 $= C_{12}H_8N_2 = 180$.

Wie [1995, 1999] mit m-Phenylendiamin statt m-Nitranilin. — Man erhält es auch im Gemenge mit m-Nitrochinolin [2005] beim Fällen des Tierkohlefiltrates mit Wasser.

3687 **DRP. 194 328**

F. P. 349 531

Phenanthroanthrachinon 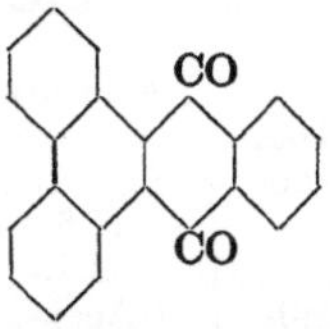 $= C_{22}H_{12}O_2 = 308$.

Gleiche Teile **Phenanthrylbenzoyl-o-carbonsäure** (aus Phenanthren, Phthalsäure und Aluminiumchlorid wie [2812]; gelblich, in Chloroform leicht, in Schwefelsäure (66°) zuerst gelb, dann über braun, violett, erhitzt rot, dann braun löslich. Sch.-P. 115°) und Phosphorsäureanhydrid auf 150° erhitzen, bis eine Probe in Alkali unlöslich ist. In Wasser gießen, das Chinon in alkalischer Hydrosulfitlösung lösen, filtrieren und das Filtrat mit Luft fällen. Aus Eisessig gelbe Nadeln vom Sch.-P. 234°. In Schwefelsäure violettblau, erhitzt braun löslich.

Sachregister.

D.

N.

O.

P.

R.

S.

T.

V.

X.

Z.

Verzeichnis der DRP.-Anmeldungen.

Klassen 12 oder 22.

Verzeichnis der deutschen Reichspatente.